F 69.2

VOGEL und PARTNER
Ingenieurbüro für Baustatik
Tel. 07 21 / 2 02 36, Fax 2 48 90
Postfach 6569, 76045 Karlsruhe
Leopoldstr. 1, 76133 Karlsruhe

Stahlbauten
Erläuterungen zu
DIN 18 800 Teil 1 bis Teil 4

Beuth-Kommentare

Stahlbauten

**Erläuterungen zu
DIN 18 800 Teil 1 bis Teil 4**

Herausgegeben von
J. Lindner, J. Scheer, H. Schmidt
unter Mitarbeit von
E. Gentz, R. Gietzelt, R. Greiner, W. Maier, M. Petersen, U. Vogel

2. Auflage 1994

Beuth Verlag GmbH · Berlin · Wien · Zürich
Ernst & Sohn · Berlin

> Die Deutsche Bibliothek — CIP-Einheitsaufnahme
>
> **Stahlbauten:** Erläuterungen zu DIN 18 800 Teil 1 bis Teil 4
>
> hrsg. von J. Lindner... unter Mitarb. von E. Gentz...
>
> 2. Aufl.
> Berlin; Köln: Beuth; Berlin: Ernst, 1994
>
>   (Beuth-Kommentare)
>   ISBN 3-410-13024-1 (Beuth)
>   ISBN 3-433-01402-7 (Ernst)
>
> NE: Lindner, Joachim [Hrsg.]

Titelaufnahme nach RAK entspricht DIN 1505.
ISBN nach DIN 1462. Schriftspiegel nach DIN 1504.

Übernahme der CIP-Kurztitelaufnahme auf Schrifttumskarten durch Kopieren und Nachdrucken frei.

452 Seiten A4, Zwischentitel, Hardcover
ISBN 3-410-12665-1 (1. Auflage Beuth)
ISBN 3-433-01399-3 (1. Auflage Ernst)

ISSN 0723-4228

> Maßgebend für das Anwenden jeder DIN-Norm
> ist deren Originalfassung mit dem neuesten Ausgabedatum
>
> Vergewissern Sie sich bitte im aktuellen DIN-Katalog
> mit neuestem Ergänzungsheft oder fragen Sie: (0 30) 26 01-22 60.

Dieser Beuth-Kommentar wurde vom DIN Deutsches Institut für Normung e.V. herausgegeben. Er wurde von Fachleuten verfaßt und gibt deren persönliche Meinung in eigener Verantwortung wieder. „Beuth-Kommentare" sollen das Anwenden von DIN-Normen erleichtern und übergreifende Zusammenhänge verständlicher machen. Durch seine Herausgeberschaft bekundet das DIN Deutsches Institut für Normung e.V. seine Überzeugung, daß „Beuth-Kommentare" nützlich und hilfreich sind und ihre Verbreitung gefördert werden soll.

© DIN Deutsches Institut für Normung e.V.
   1994

Das Werk einschließlich aller seiner Teile ist urheberrechtlich geschützt.

Jede Verwertung außerhalb der engen Grenzen des Urheberrechtsgesetzes ist ohne Zustimmung der Inhaber des Urhebernutzungsrechts unzulässig und strafbar. Das gilt insbesondere für Vervielfältigungen, Übersetzungen, Mikroverfilmungen und die Einspeicherung und Verarbeitung in elektronischen Systemen.

Printed in Germany.

Vorwort

In der Zeit von 1981 bis 1990 sind in vier Arbeitsausschüssen des Normenausschusses Bauwesen im Deutschen Institut für Normung (NABau im DIN) die Teile 1 bis 4 der neuen DIN 18 800 "Stahlbauten" erarbeitet worden.

Zur Geschichte und damit zu den Bedingungen, die den Ausschüssen vorgegeben waren, soll hier kurz berichtet werden.

DIN 4114 von 1952/53 war inhaltlich seit den 60er Jahren in immer mehr Teilen überholt, dies auf der einen Seite durch Änderungen der Stahlbauweise, auf der anderen durch Weiterentwicklung der Grundlagen. Beispiele für die geänderte Stahlbauweise sind große Kastenquerschnitte im Brückenbau, geschweißte Querschnitte mit dünnen Stegen im Hallenbau und Stahlleichtbau in "integrierter Bauweise" mit gegenseitiger Stabilisierung einzelner Tragglieder. Ein bekanntes Beispiel für Weiterentwicklungen der Grundlagen sind die "Europäischen Knickspannungslinien", die auf zahlreichen internationalen Versuchen und theoretischen Arbeiten beruhen. Als Fortschritt ist die heute weitgehend problemlose Berechnung von Stabwerken nach Elastizitäts- und Plastizitätstheorie, also auch mit planmäßiger Nutzung plastischer Reserven des Stahls - dies auch nach Theorie II. Ordnung - zu nennen. Schließlich soll hier auf neue, durch Theorie und Experiment gewonnene Kenntnisse und Erkenntnisse hingewiesen werden. Diese Entwicklung ermöglichte es, sich bei der Beurteilung von Traglasten in vielen Bereichen weitgehend von der Verzweigungstheorie als unmittelbarer Grundlage zu lösen.

Bei der Erarbeitung des 1980 veröffentlichten 1. Gelbdruckes von DIN 18 800 Teil 2 und der DASt-Richtlinie 012 "Plattenbeulen" von 1978 wurde deutlich, daß Stabilitätsnachweise in das zul σ-Konzept aller anderen deutschen Stahlbaunormen nicht mehr einzupassen waren.

Darüberhinaus waren drei parallel laufende Entwicklungen zu beachten:

- Die vom NABau-Ausschuß "Sicherheit von Bauwerken" erarbeiteten Grundlagen zur Festlegung von Sicherheitsanforderungen für bauliche Anlagen" - oft kurz "Grusibau" genannt - wurden nach ihrer Veröffentlichung im Jahr 1981 für die Neubearbeitung neuer sicherheitsrelevanter Normen im Bauwesen verbindlich.

- Der Deutsche Ausschuß für Stahlbau hatte die Neuordnung der Stahlbaunormen mit einer Einteilung in die Grundnormen DIN 18 800 Teil x und die Fachnormen DIN 18 80y beschlossen. Schon DIN 18 800 Teil 1 von 1981 war in diese Gliederung eingepaßt.

- Die internationale Zusammenarbeit hatte in den Nachkriegsjahren erheblich an Bedeutung gewonnen. Die veröffentlichten Empfehlungen der Europäischen Konvention für Stahlbau EKS belegen den Erfolg. Außerdem hat zu Beginn der 80er Jahre die Erarbeitung von Eurocodes begonnen.

So waren die Aufgaben für die vier Arbeitsausschüsse gestellt:

Schaffung neuer praxisgerechter und moderner Normen für Bemessung und Konstruktion sowie Nachweise auf der Basis des durch "Grusibau" vorgegebenen Sicherheitskonzeptes, eingebettet in die neue Ordnung der Stahlbaunormen und dies unter Berücksichtigung internationaler Entwicklungen und Normvorhaben.

Die Fortschritte der Europäischen Integration sind der Grund für die Tatsache, daß das nationale Normenwerk für den Stahlbau mit seinen Grund- und Fachnormen nicht mehr verwirklicht werden wird. Da die Eurocodes zunächst den Status einer Vornorm der Europäischen Normenorganisation CEN erhalten werden und der Regelbereich des bisher erarbeiteten Teiles von Eurocode 3 gegenüber DIN 18 800 Teile 1 bis 4 enger ist, wurden 1990 die Weißdrucke dieser vier Teile von DIN 18 800 veröffentlicht und die bauaufsichtliche Einführung betrieben. Sie sollte in der 2. Hälfte des Jahres 1992 erfolgen.

Mit dem Einführungserlaß für DIN 18 800 Teile 1 bis 4 ist eine Anpassungsrichtlinie verbunden. Sie klärt u.a., wie vorzugehen ist, wenn in einem Bauwerk Teile vorhanden sind, die nach Normen mit unterschiedlichen Sicherheitskonzepten - neu, d.h. nach DIN 18 800 Teile 1 bis 4, alt, d.h. z.Zt. nach fast allen anderen Normen - nachgewiesen werden müssen. Darüber werden in der Anpassungsrichtlinie "Festlegungen" zu einigen Abschnitten der vier neuen Normteile gegeben, und es wird z.B. gesagt, wie im Bereich des Stahlhochbaus DIN 18 801 von 1983 zusammen mit DIN 18 800 Teile 1 bis 4 von 1990 anzuwenden ist.

In diesem Kommentar werden auch Hilfen für die Anwendung der neuen Normteile in Form von Zahlenwerten gegeben. Ein Beispiel dafür sind Zahlenangaben zum Tragsicherheitsnachweis von Schrauben (Abscheren und Lochleibung).

Für Zahlenwerte bestand grundsätzlich die Möglichkeit, sie als charakteristische Werte (vgl. Teil 1, Elemente 304 und z.B. 408) oder als Bemessungswerte (vgl. Teil 1, Elemente 303, 702, 710 und z.B. 746, 804 und 805) anzugeben. Die Autoren für diesen Kommentar haben sich für die Angabe von charakteristischen Werten entschieden. Dafür waren vorwiegend folgende Gründe maßgebend:

- Es gibt schon publizierte Unterlagen, die mit charakteristischen Werten helfen, z.B. für Schnittgrößen im vollplastischen Zustand M_{Pl} und N_{Pl}, die für die Nachweisverfahren Elastisch-Plastisch und Plastisch-Plastisch benötigt werden. Ein Nebeneinander von Bemessungshilfen in Form von charakteristischen und von Bemessungswerten würde Verwechslungen wahrscheinlich machen.

- Es ist zu erwarten, daß der Teilsicherheitsbeiwert $\gamma_M = 1,1$ nach den Elementen 720 und 721 im Teil 1 nicht überall erhalten bleibt und im Rahmen der internationalen Fortschreibung von Stahlbaunormen, zumindest in Teilbereichen, geändert werden wird.

    Man sieht schon jetzt im Eurocode 3 Teil 1, daß es auch andere Werte als $\gamma_M = 1,1$ geben wird, dort z.B. im Entwurf vom November 1990 im Abschnitt 6.5 für den Nachweis der Tragsicherheit von Schrauben. Im Gegensatz zu DIN 18 800 Teil 1, Element 721 wird im Eurocode 3 nicht zwischen charakteristischen und Bemessungswerten der Steifigkeiten unterschieden. Prinzipiell wird von den Bearbeitern zwar die Notwendigkeit eines Teilsicherheitsbeiwertes $\gamma_M = 1,1$ hierfür anerkannt, aber man geht davon aus, daß dieses Sicherheitselement durch eine Vergrößerung der Vorverformungen ersetzt werden kann.

    Auch im Teil 4 steht im Element 206 ein Teilsicherheitsbeiwert $\gamma_M \geq 1,1$, und die Anpassungsrichtlinie legt zum Element 804 des Teils 1 für ungestützte einschnittig beanspruchte Schrauben einen höheren Wert fest.

    Änderungen bei der zahlenmäßigen Festlegung von Teilsicherheitsbeiwerten γ_M würden Bemessungshilfen in Form von Bemessungswerten wertlos machen.

- Nachweise werden sicher in Zukunft (vgl. Teil 1, Element 717, oder Teil 2, Element 117) auch unter γ_M-fachen Bemessungswerten der Einwirkungen und direkt mit den charakteristischen Werten der Widerstandsgrößen geführt werden.

    Dafür sind Hilfen in Form von charakteristischen Werten unmittelbar verwendbar.

    Nachweise mit γ_M-fachen Bemessungswerten der Einwirkungen entsprechen lediglich einer Umformung der Bedingung (10) im Teil 1, die $S_d / R_d \leq 1$ fordert. Da diese Umformung keine normative Regelung ist, ist dieser Variante im Teil 1 nur eine Erläuterung (= Anmerkung) im Element 717 gewidmet.

    Wichtig ist in diesem Zusammenhang auch der Hinweis, daß für Bauweisen, bei denen unterschiedliche Teilsicherheitsbeiwerte γ_M benutzt werden müssen, wie im Stahlverbundbau für den Beton, die Bewehrung und die Stahlbauteile, diese Variante nicht anwendbar ist, da die Voraussetzung nur eines einzigen Zahlenwertes für die Teilsicherheitsbeiwerte γ_M nicht erfüllt ist.

In DIN 18 800 Teile 1 bis 4 wurde erstmalig in einer Norm eine auf dem Siebke-Konzept aufgebaute neue Gestaltung verwendet. Sie unterscheidet deutlich zwischen Regeln, Erlaubnissen und Erläuterungen in Form von Anmerkungen, dies sowohl in bezug auf Inhalt als auch auf Darstellung, und benutzt die Gliederung in Elemente. Für die Durchsetzung haben sich viele Kollegen engagiert eingesetzt. Auch wenn das erreichte Ergebnis noch nicht den Vorstellungen der Arbeitsausschüsse entspricht (sie hätten es begrüßt, wenn die Form des Gelbdruckes beibehalten worden wäre), so ist mit diesen Normen auch in bezug auf die Gestaltung dennoch ein großer Fortschritt erzielt worden.

Normen können nur das "Normale" regeln und sollen auch keine Lehrbücher und Nachschlagwerke sein. Der Benutzer wird vielleicht Tabellen, wie z.B. die in DIN 18 800 Teil 1 von 1981 über "Zulässige übertragbare Scherkräfte ..." (dort Tabelle 8) in der neuen Norm vermissen. Es war erklärtes Ziel der Mitarbeiter der NABau-Arbeitsausschüsse, die Norm weitgehend von Angaben zu befreien, die keinen normativen Charakter haben, und sie damit übersichtlich zu gestalten. Die für die praktische Anwendung erforderlichen ergänzenden Angaben werden in Lehr- und Tabellenbüchern enthalten sein.

Der Kommentar nimmt hier eine Zwischenstellung ein. Ziel war die unmittelbare Hilfe für die Anwendung der Norm. Dies geschieht im allgemeinen durch Erläuterungen und Beispiele, oft mit Hilfen z.B. in Form von Tabellen und mit Hinweisen auf einschlägige Literatur.

Der Kommentar wurde von Autoren verfaßt, die an den Arbeiten der einzelnen Ausschüsse unmittelbar beteiligt waren. Damit ist sichergestellt, daß alle Informationen im Kommentar "aus erster Hand" stammen und sich nicht nur auf nachträgliche Interpretationen des Textes stützen. Die Autoren haben ihre Abschnitte eigenverantwortlich erarbeitet. Die drei Herausgeber haben sich um eine weitgehend einheitliche Gestaltung sowohl der Erläuterungen als auch der Beispiele bemüht. Da aber die Arbeiten an einzelnen Teilen aus Termingründen zeitlich parallel laufen mußten, sind gewisse Unterschiede im Aufbau und der Darstellung nicht zu vermeiden gewesen.

Die Bearbeitung der einzelnen Abschnitte erfolgte von folgenden Autoren:

- **DIN 18 800 Teil 1**

    Erläuterungen Univ.Prof.Dr.-Ing. J. Scheer, TU Braunschweig,
    Univ.Prof.Dr.-Ing. W. Maier, TU Hamburg-Harburg,

    Beispiele Dr.-Ing. M. Petersen, Greschbach Industrie, Herbolzheim.

- **DIN 18 800 Teil 2**

    Erläuterungen Alle Abschnitte, außer 5 und 6:
    Univ.Prof.Dr.-Ing. J. Lindner, TU Berlin,
    Abschnitte 5 und 6:
    Univ.Prof.Dr.-Ing. U. Vogel, Universität Karlsruhe,

    Beispiele Beispiele, Abschnitt 8.1 bis 8.12:
    Dr.-Ing. R. Gietzelt, Ingenieurgemeinschaft Lindner, Stucke und Gietzelt GmbH, Berlin,
    Univ.Prof.Dr.-Ing. J. Lindner, TU Berlin,
    Beispiele, Abschnitt 8.13 bis 8.16:
    Univ.Prof.Dr.-Ing. U. Vogel, Universität Karlsruhe.

- **DIN 18 800 Teil 3**

    Erläuterungen Univ.Prof.Dr.-Ing. J. Scheer, TU Braunschweig,
    Beispiele und Hilfen Dipl.-Ing. E. Gentz, Bundesbahn-Zentralamt München.

- **DIN 18 800 Teil 4**

    Erläuterungen und Univ.Prof.Dr.-Ing. H. Schmidt, Universität Essen,
    Beispiele Univ.Prof.Dr.techn. R. Greiner, TU Graz.

Die Kommentarautoren bauen bei ihren Manuskripten auf dem Ergebnis der Ausschußarbeit auf. Daher danken sie den Mitgliedern auch an dieser Stelle für die jahrelange kollegiale und - wie sie meinen - erfolgreiche Zusammenarbeit und möchten sie für die Leser nachfolgend namentlich nennen:

NABau-Arbeitsausschuß DIN 18 800 Teil 1: Konstruktion und Bemessung

Obmann
Univ.Prof.Dr.-Ing. J. Scheer TU Braunschweig

Unterstützt von
Dr.-Ing. M. Petersen TU Braunschweig, später Greschbach Industrie, Herbolzheim

Stellvertretender Obmann
Dipl.-Ing. K. Stirböck Stahlbau Lavis, Offenbach

Mitarbeiter

Dipl.-Ing. C. Ahrens	Schweißtechn. Lehr- u. Versuchsanstalt Duisburg
Dipl.-Ing. A. Coblenz	Beratender Ing. und Prüfingenieur, Dortmund
Dr.-Ing. H. Eggert	Institut für Bautechnik, Berlin
Dr.-Ing. F.-J. Floßdorf	Verein Deutscher Eisenhüttenleute, Düsseldorf
ORR Dipl.-Ing. G.H. Günther	Bundesminister für Verkehr, Bonn
Dipl.-Ing. R. Henrichs †	Noell GmbH, Würzburg
Dr.-Ing. H.-G. Hofmann	Ing.Büro Hofmann, Mülheim a.d. Ruhr
RBD Dipl.-Ing. E. Jasch	Min. d. Innern, Wiesbaden
RBD Dipl.-Ing. E. Klauke	Min. f. Stadtentwicklung, Düsseldorf
Univ.Prof.Dr.-Ing. W. Maier	TU Braunschweig, später TU Hamburg-Harburg
Univ.Prof.Dipl.-Ing. F. Nather	TU München
Dipl.-Ing. H. Panther	Roßdorf
Univ.Prof.Dr.-Ing. C. Petersen	Univ. d. Bundeswehr München
Dipl.-Ing. J. Rudnitzky	Deutscher Stahlbau-Verband, Köln
Dipl.-Ing. R. Saul	Ing. Büro Leonhardt, Andrä u. Partner, Stuttgart
Univ.Prof.Dr.-Ing. G. Sedlacek	RWTH Aachen
APr Dipl.-Ing. W. Stier	Bundesbahn-Zentralamt München
Univ.Prof.Dr.-Ing. G. Valtinat	TU Hamburg-Harburg
Dipl.-Ing. N. Ebeling	DIN-NABau, Berlin

NABau-Arbeitsausschuß DIN 18 800 Teil 2: Stabilitätsfälle, Knicken von Stäben und Stabwerken

Obmann

Univ.Prof.Dr.-Ing. J. Lindner	TU Berlin

Unterstützt von

Dipl.-Ing. T. Gregull	TU Berlin, später Krupp Stahlbau Berlin

Stellvertretender Obmann

Univ.Prof.Dr.-Ing. U. Vogel	Universität Karlsruhe

Mitarbeiter

Min.Rat Dr.-Ing. H.J. Bossenmayer	Min. des Inneren, Stuttgart
Dr.-Ing. K. Eckstein	Arnold Georg A.G., Neuwied
Dr.-Ing. H. Eggert	Institut für Bautechnik, Berlin
Dipl.-Ing. E. Gentz	Bundesbahn-Zentralamt München
ORR Dipl.-Ing. G.H. Günther	Bundesminister für Verkehr, Bonn
Univ.Prof.Dr.-Ing. O. Jungbluth	TU Darmstadt
Univ.Prof.Dr.-Ing. R. Kindmann	RU Bochum
RBD Dipl.-Ing. E. Klauke	Min. f. Stadtentwicklung, Düsseldorf
Dr.-Ing. J. Kruppe	Beratender Ing., Büro Grassl, Hamburg
Dr.-Ing. R. Möll	Beratender Ing., Darmstadt
Univ.Prof.Dr.-Ing. J. Oxfort	Universität Stuttgart
Univ.Prof.Dr.-Ing. H. Rubin	TU Wien
Dipl.-Ing. J. Rudnitzky	Deutscher Stahlbau-Verband, Köln
BOR Dr.-Ing. E. Schiedel	Hess. Landesprüfstelle für Baustatik, Darmstadt
Univ.Prof.Dr.-Ing. G. Sedlacek	RWTH Aachen
Dr.-Ing. B. Unger	TÜV Rheinland
Dipl.-Ing. N. Ebeling	DIN-NABau, Berlin

NABau-Arbeitsausschuß DIN 18 800 Teil 3: Stabilitätsfälle, Plattenbeulen

Obmann

Univ.Prof.Dr.-Ing. J. Scheer	TU Braunschweig

Unterstützt von

Dr.-Ing. G. Fuchs	TU Braunschweig, später W. Layher, Eibensbach

Stellvertretender Obmann

Dr.-Ing. H. Nölke	Universität Hannover

Mitarbeiter

Univ.Prof.tekn.dr.Hon.DSc. R. Baehre	Universität Karlsruhe
Dipl.-Ing. R. Bock	Noell GmbH, Würzburg
Univ.Prof.Dr.-Ing. M. Fischer	Universität Dortmund
Dipl.-Ing. E. Gentz	Bundesbahn-Zentralamt München
ORR Dipl.-Ing. G.H. Günther	Bundesminister für Verkehr, Bonn
Dipl.-Ing. R. Kahmann	Krupp Industrietechnik GmbH, Duisburg
Dr.-Ing. J. Kruppe	Beratender Ing., Büro Grassl, Hamburg
Univ.Prof.Dr.-Ing. J. Lindner	TU Berlin
Univ.Prof.Dr.-Ing. J. Oxfort	Universität Stuttgart
Univ.Prof.Dr.-Ing. K. Roik	RU Bochum
Univ.Prof.Dr.-Ing. H. Schmidt	Universität Essen
Univ.Prof.Dr.-Ing. G. Sedlacek	RWTH Aachen
RBR Dipl.-Ing. U. Schulte	Landesprüfamt für Baustatik, Düsseldorf
Dr.-Ing. U. Ullrich	Beratender Ing., Hirschberg
Dr.-Ing. B. Unger	TÜV Rheinland
Prof.Dr.-Ing. M. Wiechert	FH Würzburg
RBD Dipl.-Ing. H. Wildeshaus	Min. d. Finanzen, Mainz
Dipl.-Ing. N. Ebeling	DIN-NABau, Berlin

NABau-Arbeitsausschuß DIN 18 800 Teil 4: Stabilitätsfälle, Schalenbeulen

Obmann

Univ.Prof.Dr.-Ing. H. Schmidt	Universität Essen

Unterstützt von

Dipl.-Ing. H. Düsing	Universität Essen, später DSD Dillinger Stahlbau GmbH, Saarlouis

Stellvertretender Obmann

em.Univ.Prof.Dr.-Ing.Dr.-Ing.E.h. F.W. Bornscheuer	Universität Stuttgart

Mitarbeiter

Dipl.-Ing. A. Becker	Noell GmbH, Würzburg
Dr.-Ing. H. Eggert	Institut für Bautechnik, Berlin
Univ.Prof.Dr.techn. R. Greiner	TU Graz
RBD Dipl.-Ing. E. Jasch	Min. d. Innern, Wiesbaden
Dr.-Ing. P. Martens	Beratender Ing. VBI, Braunschweig
Dr.-Ing. H. Nölke	Universität Hannover
Univ.Prof.Dr.-Ing. H. Saal	Universität Stuttgart
Dr.-Ing. H.-J. Schröter	TÜV, Essen
RBR Dipl.-Ing. U. Schulte	Landesprüfamt für Baustatik, Düsseldorf
Prof.Dr.-Ing. U. Schulz	Universität Karlsruhe
Dipl.-Ing. S. Szusdziara	FDBR, Düsseldorf
Dipl.-Ing. J. Ure	Krupp Industrietechnik GmbH, Duisburg
Dipl.-Ing. N. Ebeling	DIN-NABau, Berlin

Um die Kosten des Kommentars klein zu halten und damit eine möglichst große Verbreitung zu sichern, wurde mit einem Textsystem auf PC geschrieben. Kleinere Unstimmigkeiten beim äußeren Bild waren nicht zu vermeiden. Dies ist auf der einen Seite dadurch bedingt, daß die Autoren keine Schreibprofis sind und der Aufwand für die Gestaltung in einem erträglichen Rahmen gehalten werden mußte. Ein anderer Grund ist die Übernahme eines Teils der Bilder aus anderen Veröffentlichungen, um soweit wie möglich Neuzeichnungen zu vermeiden. Die Herausgeber und Verlage hielten dieses Vorgehen für vertretbar, da damit nicht nur ein annehmbarer Verkaufspreis erzielt, sondern auch eine schnellere Fertigstellung erreicht wurde.

In den Beispielen werden Formeln und Bilder aus den Normen DIN 18 800 Teile 1 bis 4 i.d.R. nicht wiederholt. Dafür wird jeweils am rechten Rand eine Spalte für Hinweise auf entsprechende Stellen des betreffenden Normteiles von DIN 18 800, auf andere Regelwerke und auf Literaturquellen mitgeführt.

Die Hinweise auf Druckfehler im Kommentar zu den Teilen 1 und 3 beziehen sich auf die im November 1990 ausgelieferte Fassung dieser Teile. Die Druckfehler sind in später gelieferten Fassungen beseitigt.

Die Obleute danken auch im Namen der Mitglieder der Arbeitsausschüsse ganz besonders dem Geschäftsführer der vier Ausschüsse, Herrn Dipl.-Ing. N. Ebeling, Normenausschuß Bauwesen. Ohne seine engagierte und fachkundige Tätigkeit wären die Normen kaum fertig geworden.

Die Fertigstellung der druckreifen Vorlagen hat allen Autoren viel Geduld abverlangt. Sie hätten Ihr Ziel nicht erreicht, wenn sie dabei nicht von vielen Mitarbeitern unterstützt worden wären. Für die Teile 1 und 3 haben Herr Dipl.-Ing. M. Reininghaus, Frau R. Sacht und Herr cand.mach. S. Dannemeyer in Braunschweig, für Teil 2 Frau B. Rodewald und Herr Dipl.-Ing. P Magnitzke in Berlin sowie Frau A. Elicker, Frau S. Köllner und Herr Dr.-Ing. W. Heil in Karlsruhe und für Teil 4 Herr Dr.techn. W. Guggenberger in Graz und die Herren Dipl.-Ing. R. Krysik und P. Swadlo in Essen sachkundig und tatkräftig geholfen. Herr Dipl.-Ing. P. Magnitzke hat darüber hinaus gewissermaßen in der Funktion einer Zentrale entscheidend zur Gestaltung des Kommentars beigetragen. Allen Mitarbeiterinnen und Mitarbeitern danken Herausgeber und Autoren dafür.

Dem Beuth-Verlag und dem Verlag W. Ernst & Sohn danken wir für die gute Zusammenarbeit und die gefundenen Kompromisse bei der Gestaltung der druckfertigen Manuskripte.

Die Autoren des Kommentars   Die Herausgeber

E. Gentz   R. Gietzelt   R. Greiner   J. Lindner
J. Lindner   W. Maier   M. Petersen   J. Scheer
J. Scheer   H. Schmidt   U. Vogel   H. Schmidt

Berlin, Oktober 1992

Vorwort zur 2. Auflage

Erfreulicherweise stieß der Kommentar bei der Fachwelt auf sehr großes Interesse. Deshalb war die 1. Auflage bereits nach kurzer Zeit vergriffen. In der 2. Auflage wurden Druckfehler berichtigt und an wenigen Stellen Änderungen und Ergänzungen vorgenommen.

Der Kommentar enthält in verschiedenen Tabellen und Diagrammen Hilfswerte zur Berechnung von Beanspruchbarkeiten, z.B. zur Berechnung der Grenzabscherkräfte von Schrauben, mit denen dem Ingenieur in der Praxis bei der täglichen Arbeit geholfen werden soll; sie sind als charakteristische Werte bezeichnet, z.B. als charakteristische Werte der Abscherkräfte. Im Vorwort zur 1. Auflage des Kommentars ist angegeben, welche Überlegungen dazu geführt haben, anstelle der in der Norm als Bemessungswerte definierten Beanspruchbarkeiten bzw. Grenzwerte charakteristische Werte anzugeben.

Aufmerksame Leser des Kommentars weisen darauf hin, daß der im vorliegenden Kommentar verwendete Begriff der charakteristischen Werte der Beanspruchbarkeiten in der Norm so nicht existiert. Dort wird die Bezeichnung charakteristische Werte nach Element 304 im Teil 1 der Norm nur den Einwirkungs- und Widerstandsgrößen selbst zugeordnet. Die Beanspruchungen und Beanspruchbarkeiten sind genau genommen Bemessungswerte, und diese werden mit Hilfe der Teilsicherheitsbeiwerte und Kombinationsbeiwerte aus den charakteristischen Werten der Einwirkungs- und Widerstandsgrößen gewonnen.

Diese Klarstellung soll aufgetretene Unsicherheiten in der Begriffswahl ausräumen. Die Autoren des Kommentars halten es jedoch für vertretbar, den Begriff der charakteristischen Werte im Zusammenhang mit den Beanspruchbarkeiten in diesem Kommentar zu belassen, zumal dies der Verwendung der Begriffe charakteristische und Bemessungswerte im Eurocode 3 entspricht. Da die Bemessungswerte der Widerstandsgrößen nach Element 717 im Teil 1 aus den entsprechenden charakteristischen Werten durch Dividieren durch den Teilsicherheitsbeiwert γ_M berechnet werden, sind die im Kommentar mitgeteilten charakteristischen Werte von Widerständen gleich den entsprechenden γ_M-fachen Beanspruchbarkeiten bzw. Grenzwerten.

Die Herausgeber   J. Lindner   J. Scheer   H. Schmidt

Berlin, Oktober 1993

Inhalt

DIN 18 800 Teil 1

0	Vorbemerkungen	1
1	Allgemeines	1
2	Bautechnische Unterlagen	2
3	Begriffe und Formelzeichen	3
3.1	Grundbegriffe	3
3.2	Weitere Begriffe	7
3.3	Häufig verwendete Formelzeichen	7
4	Werkstoffe	7
4.1	Walzstahl und Stahlguß	7
4.2	Verbindungsmittel	9
4.3	Hochfeste Zugglieder	10
5	Grundsätze für die Konstruktion	10
5.1	Allgemeine Grundsätze	10
5.2	Verbindungen	10
5.2.1	Allgemeines	10
5.2.2	Schrauben- und Nietverbindungen	10
5.2.3	Schweißverbindungen	15
5.3	Hochfeste Zugglieder	16
6	Annahmen für Einwirkungen	16
7	Nachweise	16
7.1	Erforderliche Nachweise	16
7.2	Berechnung der Beanspruchungen aus den Einwirkungen	19
7.2.1	Einwirkungen	19
7.2.2	Beanspruchungen beim Nachweis der Tragsicherheit	20
7.3	Berechnung der Beanspruchbarkeiten aus den Widerstandsgrößen	24
7.3.1	Widerstandsgrößen	24
7.3.2	Beanspruchbarkeiten	26
7.4	Nachweisverfahren	26
7.5	Verfahren beim Tragsicherheitsnachweis	39
7.5.1	Abgrenzungskriterien und Detailregelungen	39
7.5.2	Nachweis nach dem Verfahren Elastisch-Elastisch	46
7.5.3	Nachweise nach dem Verfahren Elastisch-Plastisch	49
7.5.4	Nachweis nach dem Verfahren Plastisch-Plastisch	59
7.6	Nachweis der Lagesicherheit	64
7.7	Nachweis der Dauerhaftigkeit	66
8	Beanspruchungen und Beanspruchbarkeiten der Verbindungen	67
8.1	Allgemeine Regeln	67
8.2	Verbindungen mit Schrauben oder Nieten	67
8.2.1	Nachweis der Tragsicherheit	67
8.2.2	Nachweis der Gebrauchstauglichkeit	77
8.2.3	Verformungen	77
8.3	Augenstäbe und Bolzen	77
8.4	Verbindungen mit Schweißnähten	79
8.4.1	Verbindungen mit Lichtbogenschweißen	79
8.4.1.1	Maße und Querschnittswerte	79
8.4.1.2	Schweißnahtspannungen	79
8.4.1.3	Grenznahtschweißspannungen	80
8.4.1.4	Sonderregelungen für Tragsicherheitsnachweise nach dem Verfahren Elastisch-Plastisch und Plastisch-Plastisch	80
8.4.2	Andere Schweißverfahren	81
8.5	Zusammenwirken verschiedener Verbindungsmittel	81
8.6	Druckübertragung durch Kontakt	81
9	Beanspruchbarkeit hochfester Zugglieder beim Nachweis der Tragsicherheit	82
9.1	Allgemeines	82
9.2	Hochfeste Zugglieder und ihre Verankerungen	82
9.2.1	Tragsicherheitsnachweise	82
9.2.2	Beanspruchbarkeit von hochfesten Zuggliedern	82
9.2.3	Beanspruchbarkeit von Verankerungsköpfen	83
9.3	Umlenklager, Klemmen und Schellen	83
9.3.1	Grenzspannungen und Teilsicherheitsbeiwert	83
9.3.2	Gleiten	83
10	DIN 18801 "Stahlhochbau, Bemessung, Konstruktion, Herstellung"	84
0	Vorbemerkung	84
1	Anwendungsbereich	84
2	Allgemeines	84
3	Grundsätze für die Berechnung	84
3.1	Mitwirkende Plattenbreite (voll mittragende Gurtflächen)	84
4	Lastannahmen	84
5	Erforderliche Nachweise	84
6	Bemessungsannahmen für Bauteile	84
6.1	Besondere Bemessungsregeln für Bauteile aus Walzstahl, Stahlguß und Gußeisen	84
6.1.1	Zugstäbe	85
6.1.1.1	Gering beanspruchte Zugstäbe	85
6.1.1.2	Planmäßig ausmittig beanspruchte Zugstäbe	85

6.1.1.3	Zugstäbe mit einem Winkelquerschnitt	85	
6.1.2	Auf Biegung beanspruchte vollwandige Tragwerksteile	85	
6.1.2.1	Stützweite	85	
6.1.2.2	Auflagerkräfte von Durchlaufträgern	85	
6.1.2.3	Deckenträger, Pfetten, Unterzüge	85	
6.1.3	Fachwerkträger	85	
6.1.4	Aussteifende Verbände, Rahmen und Scheiben	86	
7	Bemessungsannahmen für Verbindungen der Bauteile	86	
7.1	Grundsätzliche Regeln für Anschlüsse und Stöße	86	
7.1.1	Kontaktstöße	86	
7.1.2	Schwerachsen der Verbindungen	86	
7.2	Schweißverbindungen	86	
7.2.1	Stirnkehlnähte	86	
7.2.2	Nicht zu berechnende Nähte	86	
7.2.3	Nicht tragend anzunehmende Schweißnähte	86	
7.2.4	Stumpfstöße in Form- und Stabstählen	86	
7.2.5	Punktschweißung	86	
8	Zulässige Spannungen	87	
9	Grundsätze für die Konstruktion	87	
9.1	Schraubenverbindungen	87	
9.2	Schweißverbindungen	87	
9.2.1	Punktschweißung	87	
10	Korrosionsschutz	87	
11	Anforderungen an den Betrieb	87	
11	**Beispiele**	**88**	
11.1	Allgemeines	88	
11.2	Bühnenträger	88	
11.2.1	Vorbemerkungen	88	
11.2.2	System und Einwirkungen	88	
11.2.3	Charakteristische Werte	88	
11.2.4	Bemessungswerte	89	
11.2.5	Beanspruchungen	90	
11.2.6	Abgrenzung zu anderen Teilen DIN 18 800	90	
11.2.7	Nachweis	90	
11.2.8	Nachweis des Anschlusses	92	
11.3	Offener Behälter	94	
11.3.1	Vorbemerkungen	94	
11.3.2	System und Einwirkung	95	
11.3.3	Charakteristische Werte	95	
11.3.4	Bemessungswerte	95	
11.3.5	Beanspruchungen	96	
11.4	Eingespannte Stütze	96	
11.4.1	Vorbemerkungen	96	
11.4.2	System und Einwirkungen	97	
11.4.3	Charakteristische Werte	97	
11.4.4	Bemessungswerte	97	
11.4.5	Imperfektionen	98	
11.4.6	Beanspruchungen	98	
11.4.7	Abgrenzung zu anderen Teilen DIN 18 800	99	
11.4.8	Nachweis	99	
11.5	Übergang zu anderen Sicherheitskonzepten	100	
11.5.1	Vorbemerkungen	100	
11.5.2	Dachträger	100	
11.5.3	Charakteristische Werte	100	
11.5.4	Bemessungswerte	100	
11.5.5	Beanspruchungen	100	
11.5.6	Nachweis	100	
11.5.7	Abgrenzung zu anderen Teilen DIN 18 800	101	
11.5.8	Köcherfundament	101	
11.6	Fachwerkanschlüsse	102	
11.6.1	Vorbemerkungen	102	
11.6.2	Geschweißter Diagonalanschluß	102	
11.6.3	Geschraubter Diagonalanschluß	104	
11.6.4	Geschraubte Fachwerkauflagerung	106	
11.7	Bühnenrandträger	108	
11.7.1	Vorbemerkungen	108	
11.7.2	System und Einwirkungen	108	
11.7.3	Charakteristische Werte	108	
11.7.4	Bemessungswerte	108	
11.7.5	Beanspruchungen	109	
11.7.6	Nachweis	109	
11.7.7	Krafteinleitung	111	
11.8	Außergewöhnliche Einwirkung	113	
11.8.1	Vorbemerkungen	113	
11.8.2	System und Einwirkungen	113	
11.8.3	Charakteristische Werte	113	
11.8.4	Bemessungswerte	113	
11.8.5	Beanspruchungen	114	
11.8.6	Nachweis	114	
11.9	Nachweis, Momentenumlagerung	114	
11.9.1	Vorbemerkungen	114	
11.9.2	System und Einwirkungen	115	
11.9.3	Charakteristische Werte	115	
11.9.4	Bemessungswerte	115	
11.9.5	Beanspruchungen	115	
11.9.6	Nachweis	116	
11.9.7	Alternativ: Schweißprofil	117	
11.9.8	Halsnaht	118	
12	**Hilfen**	**119**	
12.1	Vorbemerkungen	119	
12.2	Bauteilspannungen	119	
12.3	Abscherkräfte für Schrauben	119	
12.4	Lochleibungsspannungen in Schraubenverbindungen	121	
12.5	Schraubenzugkräfte	123	
12.6	Schweißnahtspannungen	125	
12.7	Einzuhaltende Grenzwerte grenz(b/t) von Querschnittsteilen	126	
12.8	Vorhandene Werte vorh (b/t) von Querschnittsteilen von Walzprofilen	127	
13	**Literatur**	**130**	

Inhalt

DIN 18 800 Teil 2

0	**Vorbemerkungen**	135
1	**Allgemeine Angaben**	135
1.1	Anwendungsbereich	135
1.2	Begriffe	136
1.3	Häufig verwendete Formelzeichen	137
1.4	Grundsätzliches zum Tragsicherheitsnachweis	138
1.4.1	Nachweisverfahren	138
1.4.2	Trennung von Biegeknicken und Biegedrillknicken	139
1.4.3	Werkstoffgesetz	140
1.4.4	Schnittgrößenermittlung und Einfluß der Verformungen	141
1.4.5	Nachweis mit γ_M-fachen Bemessungswerten der Einwirkungen	142
1.4.6	Schlupf	142
1.4.7	Querschnittsmitwirkung	142
1.4.8	Lochschwächungen	143
1.4.9	Schnittgrößen bei zweiachsiger Biegung	143
1.4.10	Begrenzung des plastischen Formbeiwertes	143
1.4.11	Grenzschnittgrößen unter Beachtung der Interaktion	144
1.5	Begrenzung des Schlankheitsgrades λ	144
2	**Imperfektionen**	145
2.1	Allgemeines	145
2.2	Vorkrümmungen	147
2.2.1	Allgemeines	147
2.2.2	Ersatzbelastungen und Ansatz von Vorkrümmungen	147
2.2.3	Ersatzimperfektionen bei Anwendung der Verfahren Elastisch-Plastisch und Plastisch-Plastisch	148
2.2.4	Ersatzimperfektionen bei Anwendung des Verfahrens Elastisch-Elastisch	153
2.3	Vorverdrehungen	155
2.3.1	Ansatz von Vorverdrehungen	155
2.3.2	Größe der Vorverdrehungen	155
2.3.3	Vorverdrehungen bei Aussteifungskonstruktionen	159
2.3.4	Verzicht auf den Ansatz von Vorverdrehungen	159
2.4	Gleichzeitiger Ansatz von Vorkrümmung und Vorverdrehung	159
2.5	Ergänzende Ersatzimperfektionen	160
3	**Einteilige Stäbe**	160
3.1	Allgemeines	160
3.1.1	Geltungsbereich	160
3.1.2	Anmerkungen zum Biegeknicken	160
3.1.3	Anmerkungen zum Biegedrillknicken	161
3.1.4	Einteilung der weiteren Nachweise	161
3.2	Planmäßig mittiger Druck	161
3.2.1	Biegeknicken	161
3.2.2	Biegedrillknicken	164
3.3	Einachsige Biegung ohne Normalkraft	165
3.3.1	Allgemeines	165
3.3.2	Behinderung der Verformung	166
3.3.2.1	Allgemeines	166
3.3.2.2	Behinderung der seitlichen Verschiebung	166
3.3.2.3	Behinderung der Verdrehung durch Nachweis ausreichender Drehbettung	167
3.3.2.4	Wegfall des genaueren Biegedrillknicknachweises durch Nachweis ausreichender Schubsteifigkeit	171
3.3.3	Nachweis des Druckgurtes als Druckstab	172
3.3.4	Biegedrillknicken	173
3.4	Einachsige Biegung mit Normalkraft	177
3.4.1	Stäbe mit geringer Normalkraft	177
3.4.2	Biegeknicken	177
3.4.3	Biegedrillknicken	178
3.5	Zweiachsige Biegung mit oder ohne Normalkraft	179
3.5.1	Biegeknicken nach Nachweismethode 1	179
3.5.2	Biegeknicken nach Nachweismethode 2	180
3.5.3	Biegeknicken	180
3.6	Planmäßige Torsion	180
3.7	Stabilisierungskräfte	181
3.7.1	Allgemeines	181
3.7.2	Aussteifung eines Druckstabes ohne Querbelastung	181
3.7.3	Aussteifung eines Druckstabes mit Querbelastung q_z	182
3.7.4	Anschlußmomente bei der Aussteifung von Biegeträgern	182
4	**Mehrteilige, einfeldrige Stäbe**	183
4.1	Allgemeines	183
4.2	Häufig verwendete Formelzeichen	183
4.3	Ausweichen rechtwinklig zur stofffreien Achse	184
4.3.1	Schnittgrößenermittlung am Gesamtstab	184
4.3.2	Nachweis der Einzelstäbe	185
4.3.3	Nachweis der Einzelfelder von Rahmenstäben	185
4.4	Mehrteilige Rahmenstäbe mit geringer Spreizung	186
4.5	Konstruktive Forderungen	186
4.6	Sonderfragen	186
5	**Stabwerke**	187
5.1	Fachwerke	187
5.1.1	Allgemeines	187
5.1.2	Knicklängen planmäßig mittig gedrückter Fachwerkstäbe	187
5.2	Rahmen und Durchlaufträger mit unverschieblichen Knotenpunkten	188
5.2.1	Vernachlässigbarkeit von Normalkraftverformungen	189
5.2.2	Definition der Unverschieblichkeit von Rahmen	189
5.2.3	Berechnung der Aussteifungselemente	189

5.2.4	Berechnung von Rahmen und Durchlaufträgern	191	8.2.4	Erforderliche Schubfestigkeit zum Erreichen einer gebundenen Drehachse 206
5.3	Rahmen und Durchlaufträger mit verschieblichen Knotenpunkten	191	8.2.5	Stabilisierung allein durch Nachweis ausreichender Drehbettung 206
5.3.1	Vernachlässigbarkeit von Normalkraftverformungen	193	8.2.6	Gemeinsame Wirkung von Schubsteifigkeit und Drehbettung 207
5.3.2	Verschiebliche ebene Rahmen	193	8.2.7	Bemessung der Verbindungsmittel ... 207
5.3.3	Elastisch gelagerte Durchlaufträger	194	8.3	Biegeknicknachweise einer einseitig ausgesteiften Stütze	208

6 Bogenträger 196

6.1	Mittiger Druck (Stützlinienbogen)	196
6.1.1	Ausweichen in der Bogenebene	196
6.1.2	Ausweichen rechtwinklig zur Bogenebene	197
6.2	Einachsige Biegung in Bogenebene mit Normalkraft	197
6.2.1	Ausweichen in der Bogenebene	197
6.2.2	Ausweichen rechtwinklig zur Bogenebene	198
6.3	Planmäßige räumliche Belastung	198

8.3.1	Vorbemerkung	208
8.3.2	System und Einwirkungen	208
8.3.3	Grenztragfähigkeiten für Druckbeanspruchung	208
8.3.4	Grenztragfähigkeit für Biegung um die y-Achse	209
8.4	Einfachsymmetrische Stütze aus Kaltprofilen	210
8.4.1	Vorbemerkungen	210
8.4.2	System und Einwirkungen	210
8.4.3	Profil und wesentliche Querschnittsgrößen	211
8.4.4	Biegeknicknachweis	211
8.4.5	Biegedrillknicknachweis	212
8.5	Bühnenträger	213
8.5.1	Vorbemerkungen	213
8.5.2	System und Einwirkungen	213
8.5.3	Biegedrillknicknachweis ohne Berücksichtigung der Querträger	214
8.5.4	Biegedrillknicknachweis mit Berücksichtigung der Querträger	214
8.5.5	Nachweis des Druckgurtes zwischen den Querträgern	216
8.6	Wabenträger eines Vordaches	216
8.6.1	Vorbemerkungen	216
8.6.2	System, Einwirkungen und Querschnittswerte	216
8.6.3	Biegedrillknicken des Wabenträgers	217
8.6.4	Druckgurt zwischen den IPE 100-Pfetten	218
8.7	Stütze mit zweiachsiger Biegung und Normalkraft	218
8.7.1	Vorbemerkungen	218
8.7.2	System, Abmessungen, Einwirkungen	219
8.7.3	Wesentliche Querschnittsgrößen des HE 260 B	219
8.7.4	$N_{Ki,y}$, $N_{Ki,z}$ und $M_{Ki,y}$	219
8.7.5	Abminderungsfaktoren und Grenztragfähigkeiten	220
8.7.6	Biegeknicken - Nachweismethode 1	220
8.7.7	Biegeknicken - Nachweismethode 2	220
8.7.8	Biegdrillknicken	220
8.7.9	Biegeknicken - Nachweis nach Tabelle 1	222
8.8	Rahmenstab aus zwei U 240	222
8.8.1	Vorbemerkungen	222
8.8.2	System, Abmessungen und Belastungen	223
8.8.3	Ansatz von Vorverformungen	223
8.8.4	Querschnittswerte des Rahmenstabes	223
8.8.5	Schnittgrößen nach Theorie II. Ordnung	224
8.8.6	Nachweise für die Einzelstäbe	224
8.9	Dünnwandige Stütze mit Normalkraft und Biegung	227
8.9.1	Vorbemerkungen	227
8.9.2	System, Abmessungen, Einwirkungen	227
8.9.3	Wirksamer Querschnitt	228
8.9.4	Vereinfachter Tragsicherheitsnachweis	228

7 Planmäßig gerade Stäbe mit ebenen dünnwandigen Querschnittsteilen .. 198

7.1	Allgemeines	198
7.2	Berechnungsgrundlagen	198
7.2.1	Modell des wirksamen Querschnitts	198
7.2.2	Tragsicherheitsnachweis durch direkte Anwendung der Zeilen 1 oder 2 der Tab.1	200
7.2.3	Näherungsverfahren	200
7.2.4	Schwerpunktsverschiebung infolge Querschnittsreduktion	201
7.3	Wirksame Breite beim Verfahren Elastisch-Elastisch	201
7.4	Wirksame Breite beim Verfahren Elastisch-Plastisch	202
7.5	Biegeknicken	202
7.5.1	Nachweise entsprechend Tab. 1	202
7.5.2	Vereinfachte Nachweise	202
7.5.2.1	Planmäßig mittiger Druck	202
7.5.2.2	Einachsige Biegung mit Normalkraft	203
7.5.2.3	Zweiachsige Biegung mit und ohne Normalkraft	203
7.6	Biegedrillknicken	203
7.6.1	Nachweis	203
7.6.2	Planmäßig mittiger Druck	203
7.6.3	Einachsige Biegung ohne Normalkraft	203
7.6.3.1	Nachweis des Druckgurtes als Druckstab	203
7.6.3.2	Nachweisformat des allgemeinen Nachweises	203
7.6.4	Einachsige Biegung mit Normalkraft	204
7.6.5	Zweiachsige Biegung mit Normalkraft	204

8 Beispiele 205

8.1	Allgemeines	205
8.2	Stabilisierung eines Trägers durch Trapezprofile	205
8.2.1	Vorbemerkungen	205
8.2.2	System und Belastungen	205
8.2.3	Vorhandene Schubfestigkeit des Trapezprofils	205

8.10	Dünnwandiger Biegeträger mit Querlasten	229	
8.10.1	Vorbemerkungen	229	
8.10.2	System, Abmessungen, Einwirkungen	229	
8.10.3	Einfluß von Schubspannungen	230	
8.10.4	Querschnittstragfähigkeit	230	
8.10.5	Biegedrillknicknachweis nach 7.6.3.2	231	
8.10.6	Biegedrillknicknachweis über eine kombinierte Traglastkurve	232	
8.10.7	Berücksichtigung von Normalkräften N	233	
8.11	Konische Stütze eines Hallenrahmens	234	
8.11.1	Vorbemerkungen	234	
8.11.2	System, Abmessungen, Schnittgrößen	234	
8.11.3	Profile und wesentliche Querschnittswerte	235	
8.11.4	Zusatzbedingungen bei veränderlichem Querschnitt	236	
8.11.5	Biegeknicken	236	
8.11.6	Biegedrillknicken	236	
8.12	Träger mit Biegung und Torsion	237	
8.12.1	Vorbemerkungen	237	
8.12.2	System, Abmessungen und Belastungen	238	
8.12.3	Wesentliche Querschnittswerte	238	
8.12.4	Tragsicherheitsnachweis mit der erweiterten Bedingung (30)	238	
8.12.5	Tragsicherheitsnachweis nach Theorie II. Ordnung, Verfahren: Elastisch-Plastisch	240	
8.13	Tragsicherheitsnachweise für einen Durchlaufträger mit vertikal unverschieblichen Auflagern	242	
8.13.1	System und γ_M-fache Bemessungswerte der Einwirkungen	242	
8.13.2	Tragsicherheitsnachweis mit dem Ersatzstabverfahren	242	
8.13.3	Tragsicherheitsnachweise mit den Nachweisverfahren der Tabelle 1 (zum Vergleich)	243	
8.14	Tragsicherheitsnachweis für einen Rahmen mit unverschieblichen Knotenpunkten	244	
8.14.1	System mit Bemessungwerten der Einwirkungen	244	
8.14.2	Berechnung der Aussteifungselemente	245	
8.14.3	Berechnung des Rahmens	247	
8.15	Tragsicherheitsnachweis für einen Rahmen mit verschieblichen Knotenpunkten	248	
8.15.1	System und γ_M-fache Bemessungswerte der Einwirkungen	249	
8.15.2	Tragsicherheitnachweis nach dem Ersatzstabverfahren	249	
8.15.3	Tragsicherheitsnachweis nach Elastizitätstheorie II. Ordnung (Abschn. 5.3.2.2)	250	
8.15.4	Tragsicherheitsnachweis nach der Fließgelenktheorie II. Ordnung (Abschn. 5.3.2.5)	251	
8.16	Tragsicherheitsnachweis für einen Parabelbogen mit abgehängtem Zugband	255	
8.16.1	System mit Bemessungwerten der Einwirkungen	255	
8.16.2	Tragsicherheitsnachweis für das Ausweichen in der Bogebene	256	
8.16.3	Tragsicherheitsnachweis für das Ausweichen rechtwinklig zur Bogenebene	256	
9	**Hilfen**	**258**	
9.1	Abminderungsfaktoren κ für das Biegeknicken	258	
9.2	Abminderungsfaktoren κ_M für das Biegedrillknicken	262	
9.3	Anschlußsteifigkeiten für den Nachweis ausreichender Drehbettung	265	
9.4	Diagramme zur Unterstützung des Biegedrillknicknachweises	268	
9.4.1	Interpolation von β_M-Werten	268	
9.4.2	Momentenbeiwerte k für Gl. (2 - 3.16), Einfeldträger mit Kragarm und gebundener Drehachse am Obergurt, doppeltsymmetrischer Querschnitt, [2 - 86]	268	
9.4.3	Momentenbeiwerte k für Gl. (2 - 3.16), Träger mit gebundener Drehachse am Obergurt, doppeltsymmetrischer Querschnitt, [2 - 39]	270	
9.4.4	Gleichzeitige Wirkung von Drehbettung und Schubsteifigkeit	271	
10	**Literatur**	**272**	

Inhalt

DIN 18 800 Teil 3

0	Vorbemerkung	277
1	Allgemeine Angaben	277
1.1	Anwendungsbereich	277
1.2	Begriffe	278
1.3	Randbedingungen	279
1.4	Formelzeichen	279
2	Bauteil ohne oder mit vereinfachtem Nachweis	279
3	Beulsteifen	280
4	Spannungen aus den Einwirkungen	281
5	Nachweise	281
6	Abminderungsfaktoren	282
7	Nachweis der Quersteifen	288
8	Einzelregelungen	291
9	Höchstwerte für unvermeidbare Herstellungsungenauigkeiten	292
10	Konstruktive Forderungen und Hinweise	292
11	Beispiele	293
11.1	Vorbemerkungen	293
11.2	Kastenträger einer Lasttraverse	293
11.2.1	Ausgangsdaten	293
11.2.2	Beulsicherheitsnachweis für Gesamtfelder	294
11.2.2.1	Druckgurt im Trägerbereich 2	294
11.2.2.2	Steg im Trägerbereich 1	295
11.3	Vollwandträger mit Längssteifen	296
11.3.1	Ausgangsdaten	296
11.3.2	Beulsicherheitsnachweis für Einzelfeld 1	296
11.3.3	Beulsicherheitsnachweis für das Gesamtfeld	297
11.4	Orthotrope Platte mit Trapezsteifen	300
11.4.1	Ausgangsdaten	300
11.4.2	Beulsicherheitsnachweis für Einzelfelder	301
11.4.2.1	Einzelfeld mit der Breite $b_{11} = 45$ cm	301
11.4.2.2	Einzelfeld mit Trapezsteife mit der Breite $b_{S1} = 28,3$ cm	301
11.4.3	Beulsicherheitsnachweis für Gesamtfeld	301
11.5	Planmäßig außermittig gedrückte Stütze	304
11.5.1	Ausgangsdaten	304
11.5.2	Beulsicherheitsnachweis für das Gesamtfeld mit Berücksichtigung des Einflusses aus Biegeknicken	305
11.6	Vollwandträger mit örtlicher Lasteinleitung	306
11.6.1	Ausgangsdaten	306
11.6.2	Beulsicherheitsnachweis für oberes Einzelfeld mit der Breite $b_{11} = 55$ cm	308
11.6.3	Beulsicherheitsnachweis für mittleres Einzelfeld mit der Breite $b_{12} = 55$ cm	311
11.6.4	Beulsicherheitsnachweis für unteres Einzelfeld mit der Breite $b_{13} = 110$ cm	311
11.6.5		
11.6.6	Beulsicherheitsnachweis für das Gesamtfeld	313
11.6.7	Nachweis der Längssteifen	317
12	Hilfen	320
12.1	Nachweise für unversteifte Beulfelder durch Einhalten von b/t-Werten	320
12.2	Nachweise für unversteifte Beulfelder durch Einhalten von grenz $\overline{\sigma}_{xP, R, d}$	323
12.3	Bezogene wirksame Breiten b_{ik}' / b_{ik}	325
13	Literatur	326

Inhalt

DIN 18 800 Teil 4

1	**Allgemeine Angaben**	329
1.1	Anwendungsbereich	329
1.2	Begriffe	331
1.3	Häufig verwendete Formelzeichen	331
1.4	Grundsätzliches zum Beulsicherheitsnachweis	333
2	**Vorgehen beim Beulsicherheitsnachweis**	335
2.1	Anmerkungen zum Nachweiskonzept	335
2.2	Ermittlung der idealen Beulspannungen	337
2.2.1	Ermittlung mit den Norm-Gleichungen	337
2.2.2	Ermittlung durch geeignete Berechnungsverfahren	338
2.3	Ermittlung der realen Beulspannungen und Grenzbeulspannungen (Beanspruchbarkeiten)	340
2.4	Ermittlung der Beanspruchungen	343
3	**Herstellungsungenauigkeiten**	344
4	**Kreiszylinderschalen mit konstanter Wanddicke**	348
4.1	Formelzeichen, Randbedingungen	348
4.1.1	Formelzeichen	348
4.1.2	Randbedingungen	349
4.2	Ideale Beulspannung	351
4.2.1	Druckbeanspruchung in Axialrichtung	351
4.2.1.1	Verzweigungstheorie des Basisbeulfalles	351
4.2.1.2	Regelungen für Druckbeanspruchung in Axialrichtung	353
4.2.2	Druckbeanspruchung in Umfangsrichtung	356
4.2.2.1	Verzweigungstheorie des Basisbeulfalles	356
4.2.2.2	Regelungen für Druckbeanspruchung in Umfangsrichtung	359
4.2.3	Schubbeanspruchung	360
4.2.3.1	Verzweigungstheorie des Basisbeulfalles	360
4.2.3.2	Regelungen für Schubbeanspruchung	361
4.3	Reale Beulspannung	361
4.4	Spannungen infolge Einwirkungen	364
4.5	Kombinierte Beanspruchung	366
4.5.0	Verzweigungstheorie der Kreiszylinderschale unter kombinierter Beanspruchung	366
4.5.1	Regelungen für Druck in Axialrichtung, Druck in Umfangsrichtung und Schub	367
4.5.2	Regelungen für Druck in Axialrichtung und Zug in Umfangsrichtung aus innerem Manteldruck	368
5	**Kreiszylinderschalen mit abgestufter Wanddicke**	370
5.0	Vorbemerkungen zum generellen Konzept mit Ersatz-Kreiszylinder	370
5.1	Formelzeichen, Randbedingungen	371
5.2	Planmäßiger Versatz	371
5.3	Beulsicherheitsnachweis für Axialdruck	372
5.4	Beulsicherheitsnachweis für Umfangsdruck	372
6	**Kegelschalen mit konstanter Wanddicke**	375
6.0	Ersatz-Kreiszylinder	375
6.1	Formelzeichen, Randbedingungen	375
6.2	Beulsicherheitsnachweis für Axialdruck	375
6.3	Beulsicherheitsnachweis für Umfangsdruck	376
6.4	Beulsicherheitsnachweis für Schubbeanspruchung	377
7	**Kugelschalen mit konstanter Wanddicke**	378
7.1	Formelzeichen, Randbedingungen	378
7.2	Ideale Beulspannung	379
7.2.1	Verzweigungstheorie des Basisbeulfalles	379
7.2.2	Regelungen zur idealen Beulspannung	380
7.3	Reale Beulspannung	381
7.4	Spannungen infolge Einwirkungen	383
7.5	Kombinierte Beanspruchung	383
8	**Beispiele**	384
8.1	Rohrförmige Stütze	384
8.1.1	Aufgabenstellung, System, technische Daten	384
8.1.2	Schalenbeulsicherheitsnachweis erforderlich?	384
8.2	Zylindrische Standzarge	384
8.2.1	Aufgabenstellung, System, technische Daten	384
8.2.2	Beanspruchung: Maßgebende Membranspannung	385
8.2.3	Beanspruchbarkeit: Grenzbeulspannung	385
8.2.4	Beulsicherheitsnachweis	385
8.3	Zylindrischer Glattblechsilo	385
8.3.1	Aufgabenstellung, System, technische Daten	385
8.3.2	Einwirkungen	385
8.3.3	Beanspruchung: Maßgebende Membranspannung	387
8.3.4	Beanspruchbarkeit: Grenzbeulspannung	387
8.3.5	Beulsicherheitsnachweis	387
8.4	Unterwasser-Pipeline	387
8.4.1	Aufgabenstellung, System, technische Daten	387
8.4.2	Einwirkung	388
8.4.3	Beanspruchung: Maßgebende Membranspannung	388
8.4.4	Beanspruchbarkeit: Grenzbeulspannung	388
8.4.5	Beulsicherheitsnachweis	388
8.5	Zylindrischer Vakuumbehälter	388
8.5.1	Aufgabenstellung, System, technische Daten	388

8.5.2	Einwirkungen	388		8.8.4.2	Beulsicherheitsnachweise	396
8.5.3	Beanspruchungen: Maßgebende Membranspannungen	389		8.8.5	Spezielle Vorgehensweise	397
8.5.4	Beanspruchbarkeiten: Grenzbeulspannungen	389		8.8.5.1	Beanspruchbarkeiten: Grenzbeulspannungen	397
8.5.5	Beulsicherheitsnachweise	390		8.8.5.2	Beulsicherheitsnachweise	398
8.6	Seiltrommel	390		8.9	Zylindrischer Festdachtank	399
8.6.1	Aufgabenstellung, System, technische Daten	390		8.9.1	Aufgabenstellung, System, technische Daten	399
8.6.2	Einwirkungen	390		8.9.2	Einwirkungen (Belastungen)	399
8.6.3	Beanspruchungen: Maßgebende Membranspannungen	391		8.9.3	Beanspruchungen: Maßgebende Membranspannungen	400
8.6.4	Beanspruchbarkeiten: Grenzbeulspannungen	391		8.9.4	Beanspruchbarkeiten: Grenzbeulspannungen	400
8.6.5	Beulsicherheitsnachweise	392		8.9.5	Beulsicherheitsnachweise	402
8.7	Zylindrische Apparatebau-Komponente	392		8.9.6	Anmerkungen zum Beispiel	403
8.7.1	Aufgabenstellung, System, technische Daten	392		8.10	Konusförmige Standzarge	403
8.7.2	Einwirkung	392		8.10.1	Aufgabenstellung, System, technische Daten	403
8.7.3	Beanspruchung: Maßgebende Membranspannung	393		8.10.2	Einwirkungen (Belastungen)	404
8.7.4	Beanspruchbarkeit: Grenzbeulspannung	393		8.10.3	Beanspruchungen: Maßgebende Membranspannungen	404
8.7.5	Beulsicherheitsnachweis	393		8.10.4	Beanspruchbarkeiten: Grenzbeulspannungen	405
8.8	Konischer Vakuumbehälterabschluß	394		8.10.5	Beulsicherheitsnachweise	407
8.8.1	Aufgabenstellung, System, technische Daten	394		8.10.6	Anmerkungen zum Beispiel	408
8.8.2	Einwirkungen	394		**9**	**Literatur**	**409**
8.8.3	Beanspruchungen: Maßgebende Membranspannungen	395		9.1	Monographien, Handbücher	409
8.8.4	Regelvorgehensweise	395		9.2	Tagungsbände	409
8.8.4.1	Beanspruchbarkeiten: Grenzbeulspannungen	395		9.3	Aufsätze, Einzelbeiträge Forschungsberichte	410

DIN 18 800 Teil 1 bis Teil 4

Regelwerke

Normen	413
Eurocodes	414
DASt-Richtlinien	415
Sonstige Regelwerke	415

Stichwortverzeichnis 417

Erläuterung zu DIN 18 800 Teil 1

0 Vorbemerkung

Auf einige wichtige Änderungen in DIN 18 800 von 1990 gegenüber DIN 18 800 Teil 1 von 1981 ist bereits im Vorwort hingewiesen worden. Für Teil 1 ist folgendes zusätzlich allgemein herauszustellen:

- Angaben zur Konstruktion sind jetzt im Abschnitt 5 zusammengefaßt. Sie stehen vor den Abschnitten, in denen Nachweise geregelt werden, da für diese die Anforderungen an die Konstruktion erfüllt sein müssen. Der Arbeitsausschuß hat sich für dieses Ordnungsprinzip entschieden, da Elemente aus dem Abschnitt 5 im umfangreichen Abschnitt 7 untergegangen wären. Dabei war ihm bewußt, daß auch das Einordnen einiger Elemente aus Abschnitt 5 in die Abschnitte 8 und 9 Vorteile gehabt hätte. So wären Wiederholungen von Stichwörtern, wie z. B. Umlenklager im El. 528 und in den El. 909 und 910, vermieden.

- Man findet in gleicher Gliederung wie im Abschnitt 5 zunächst die Regeln für die Nachweise im Abschnitt 7. Allerdings sind - dies allein aus Gründen der Übersichtlichkeit - die Regeln für die Nachweise der Verbindungen und für hochfeste Zugglieder aus Abschnitt 7 "Nachweise" in die Abschnitte 8 und 9 "ausgelagert" worden.

- Mit Abgrenzungskriterien im Abschnitt 7.5.1 gegen die Notwendigkeit von Nachweisen ausreichender Stabilitäts- und Ermüdungssicherheit wird erreicht, daß viele Stahlbauten allein nach Teil 1 nachgewiesen werden können.

- Durch die in den Teilen 1 und 2 verankerten Nachweisverfahren Elastisch-Plastisch und Plastisch-Plastisch wird die DASt-Richtlinie 008 "Anwendung des Traglastverfahrens im Stahlbau"/03.73 überflüssig. Sie ist inhaltlich überholt. Daher hat sie der Deutsche Ausschuß für Stahlbau im Herbst 1991 zurückgezogen. Sie darf statischen Berechnungen nicht mehr zugrundegelegt werden.

- Mit den Regeln
    - in den El. 749, 750 und 752 können für das Nachweisverfahren Elastisch-Elastisch im beschränktem Maße plastische Querschnittsreserven und mit denen
    - im El. 754 für das Nachweisverfahren Elastisch-Plastisch im beschränktem Maße plastische Systemreserven

  ausgenutzt werden. Dieses Vorgehen kann gegenüber genauen Nachweisen nach dem jeweils "höheren" Verfahren nur ein Hilfsweg sein, der aber in einer Übergangszeit bis zur Beherrschung der neuen Verfahren der Praxis die Teilnutzung der neuen Möglichkeiten erleichtert.

Der Ausschuß erwartet, daß von der Praxis die Vorteile des Nachweisverfahrens Elastisch-Plastisch erkannt werden und daß es daher schnell zum bevorzugten Nachweisverfahren wird.

1 Allgemeines

Zu Element 101, Anwendungsbereich

Der Begriff "Stahlbauten" im El. 101 kennzeichnet nicht etwa nur Bauten, die ganz aus Baustahl hergestellt sind oder werden, sondern auch Bauteile aus Stahl. Für sie alle ist die Norm ohne Einschränkung Grundnorm für Bemessung und Konstruktion.

Dies gilt allerdings nur insoweit, wie die Teile 1 bis 4 für den Einzelfall durch Fachnormen ergänzt sind, die sich auf diese Grundnorm beziehen. Für die Stahlhochbau-Norm DIN 18 801/09.83 wird dies durch eine aktuelle Anpassung erreicht (vgl. dazu die nachfolgenden Ausführungen zu El. 102).

Einschränkend wirkt sich z.Zt. das Fehlen eines Normteiles für die Bemessung bei nicht vorwiegend ruhender Belastung aus, wie er mit Teil 6 vorgesehen war, aber wegen der fortschreitenden europäischen Normung nicht mehr fertiggestellt worden ist. Hilfen für den Nachweis derartiger Konstruktionen, die die Abgrenzungskriterien der El. 741 und 811 nicht erfüllen, liefern die "EKS-Empfehlung für die Bemessung und Konstruktion von ermüdungsbeanspruchten Stahlbauten" [1 - 1]. Sie entspricht dem augenblicklichen Stand der Entwicklung (vgl. auch [1 - 2]).

Zu Element 102, Mitgeltende Normen

El. 102 öffnet mit seiner Anmerkung die Weiterverwendung von DIN 18 800 aus dem Jahr 1981. Dabei sind die im Entwurf des Einführungserlasses und der ihr beigefügten Anpassungsrichtlinie [1 - 3] gegebenen Hinweise, insbesondere das dort formulierte "Mischungsverbot", sorgfältig zu beachten. Hierzu siehe auch die Erläuterungen in [1 - 4].

Im Entwurf des Einführungserlasses heißt es u.a.:

"Für den Stahlhochbau (DIN 18 801/09.83) und dünnwandige Rundsilos aus Stahl (DIN 18 914/09.85) dürfen DIN 18 800 Teile 1 bis 4, Ausgabe November 1990, unter Beachtung der ergänzenden Festlegungen im Abschnitt 4 der Anpassungsrichtlinie angewandt werden. Dabei muß vollständig nach DIN 18 800 Teile 1 bis 4, Ausgabe November 1990, bemessen werden.

Bei Anwendung von anderen technischen Baubestimmungen, in denen auf DIN 18 800 Teil 1/03.81 oder DIN 1050/06.68 Bezug genommen wird, dürfen DIN 18 800 Teile 1 bis 4, Ausgabe November 1990, sinngemäß angewandt werden.

Eine Kombination von Stahlbaubestimmungen der Normenreihe DIN 18 800, Ausgabe November 1990 (neues Sicherheits- und Bemessungskonzept), mit DIN-Normen 18 800 Teil 1/03.81, 4114 Teil 1/07.52xx und 4114 Teil 2/02.53x sowie DASt-Richtlinie 012/10.78 und 013/07.80 (altes Sicherheits- und Bemessungskonzept) ist nicht zulässig (Mischungsverbot)."

Die Anpassungsrichtlinie enhält im Abschnitt 4 Festlegungen, die bei Anwendung von DIN 18 801/09.83 zu beachten sind. Sehr oft wird angegeben: "Dieser Abschnitt ist nicht anzuwenden. Es gilt DIN 18 800 Teil 1/11.90 ... ." Damit wird deutlich, wie wenig DIN 18 801 über DIN 18 800 hinaus regeln muß, um die Tragsicherheit von Stahlhochbauten nachzuweisen.

Im Abschnitt 10 der Erläuterungen zum Teil 1 wird eine in Übereinstimmung mit der Anpassungsrichtlinie verkürzte Fassung von DIN 18 801 wiedergegeben. In ihr ist alles weggelassen, was nach der Anpassungsrichtlinie nicht mehr anzuwenden ist. Damit soll die Anwendung von DIN 18 800 Teile 1 bis 4 /11.90 für den Stahlhochbau erleichtert werden.

Der Entwurf der Anpassungsrichtlinie [1 - 3] enthält auch die nachfolgend wiedergegebenen Hinweise, nach denen verfahren werden kann, wenn Stahlbauteile Lasten aus Bauteilen, z. B. aus einem Holzdach - DIN 1052 - oder aus Mauerwerk - DIN 1053 -, erhalten oder an Bauteile, z.B. aus Beton - DIN 1045 - oder eine Gründung - z.B. DIN 1054 - weiterleiten, für die die Normen noch nicht auf das neue Teilsicherheitskonzept umgestellt sind.

Für Nachweise von Bauwerksteilen, die innerhalb eines Bauwerks nach Normen mit unterschiedlichen Sicherheitskonzepten nachgewiesen werden müssen, wird gesagt:

"An der Schnittstelle zwischen Bauwerksteilen, die nach Teil 1 bis 4/11.90 und solchen, die nach einer noch nicht auf das neue Sicherheitskonzept umgestellten Norm berechnet wurden, sind die Schnitt- und Auflagergrößen auf der Grundlage des jeweils geltenden Sicherheitskonzeptes neu zu berechnen.

Vereinfachend darf aber wie folgt verfahren werden:

Fall A: Übergang von Bauwerksteilen nach "neuem" Sicherheitskonzept auf Bauwerksteile nach "altem" Sicherheitskonzept

Unter der Voraussetzung, daß alle Werte $\gamma_F \cdot \psi \geq 1{,}35$ eingesetzt werden, gilt:

Aus Grundkombinationen (El. (710) Teil 1/11.90) berechnete Schnitt- und Auflagergrößen dürfen für die Berechnung und Bemessung von Bauwerksteilen nach "altem" Sicherheitskonzept durch 1,35 dividiert werden.

Ist das Verhältnis der Schnittgrößen aus den Nennwerten - gemeint sind die in den Lastnormen angegebenen Lastwerte - "der Einwirkungen zu den Schnittgrößen aus Lastfallkombinationen mit γ_F-fachen bzw. $\gamma_F \cdot \psi$-fachen Einwirkungen (El. (710) bis (714) Teil 1/11.90) unter Berücksichtigung ansetzbarer Imperfektionen (El. (729) bis (732) Teil 1/11.90) abschätzbar, so darf nach diesem Verhältnis umgerechnet werden.

Fall B: Übergang von Bauwerksteilen nach "altem" Sicherheitskonzept auf Bauwerksteile nach "neuem" Sicherheitskonzept

Nach "altem" Sicherheitskonzept berechnete Schnitt- und Auflagergrößen dürfen für die Berechnung und Bemessung von Stahlbauteilen nach "neuem" Sicherheitskonzept für die Grundkombinationen mit 1,5fachen Werten berücksichtigt werden. Dort, wo geometrische Imperfektionen zu einer nicht vernachlässigbaren Vergrößerung der Beanspruchung führen (El.(729) bis (732) Teil 1/11.90), sind sie durch entsprechende Zuschläge zu berücksichtigen.

Ist das Verhältnis von Schnittgrößen aus Lastfallkombinationen mit γ_F-fachen bzw. $\gamma_F \cdot \psi$-fachen Einwirkungen (El. (710) bis (714) Teil 1/11.90) unter Berücksichtigung ansetzbarer Imperfektionen (El. (729) bis (732) Teil 1/11.90) zu Schnittgrößen aus den Nennwerten der Einwirkungen " - gemeint sind natürlich auch hier die in den Lastnormen angegebenen Lastwerte - "abschätzbar, so darf nach diesem Verhältnis umgerechnet werden."

Vereinfachend heißt hier auch, daß das für die Fälle A und B beschriebene Vorgehen im allgemeinen auf der sicheren Seite liegt.

Zu Element 103, Anforderungen

In El. 103 wird der Begriff Standsicherheit als Oberbegriff von Trag- und Lagesicherheit festgelegt. Im Abschnitt 7.2.2 und in den El. 720 und 721 werden genaue Angaben zu Teilsicherheitsbeiwerten, die in Tragsicherheitsnachweisen zu verwenden sind, gemacht. Diese werden im El. 761 auf die Nachweise der Lagesicherheit übertragen.

Zu einem guten Entwurf von Tragwerken und Konstruktionen gehört auch, daß sie unempfindlich gegen Einflüsse sind, die bei der Planung nicht oder nur näherungsweise erfaßbar sind. Das kann DIN 18 800 nicht regeln. Hinweise hierzu findet man u.a. in [1 - 5].

2 Bautechnische Unterlagen

Allgemeines

Es wäre zu begrüßen, wenn in Zukunft Forderungen für Inhalt und Form bautechnischer Unterlagen einheitlich für den gesamten Bereich baulicher Anlagen geregelt würden. Es gibt zwar gute Vorschläge, z.B. von der Vereinigung der Prüfingenieure für Baustatik in Rheinland-Pfalz zu "Form und Inhalt statischer Unterlagen" [1 - 6] und vom Österreichischen Stahlbauverband als " Richtlinien für die Erstellung und Prüfung von Zeichnungen im Stahlbau" [1 - 7]. Da aber z. Zt. ein allgemein verbindliches Regelwerk fehlt, hielt es der NABau-Arbeitsausschuß für erforderlich, zur Beseitigung von Mängeln auf diesem Gebiet nicht nur die Regeln aus DIN 18 800 von 1981 weitgehend zu übernehmen, sondern sie zu vervollständigen, sie zum Teil zu aktualisieren und zu präzisieren. Das betrifft auch die Verwendung von Begriffen, wie z.B. in Anpassung an [1 - 8] die Verwendung der Wörter "Tragsicherheit" und "Standsicherheit".

Zu Element 201, Nutzungsbedingungen

Mit El. 201 wird den Landesbauordnungen Rechnung getragen. Sie fordern (Zitat aus der Musterbauordnung [1 - 9], Erster Teil - "Allgemeine Vorschriften", § 3), daß bauliche Anlagen so anzuordnen, zu errichten, zu ändern, instandzuhalten und instandzusetzen (sind), daß die öffentliche Sicherheit oder Ordnung, insbesondere Leben und Gesundheit, nicht gefährdet werden. Um diese Forderung auch für die Nachweise der Tragsicherheit zu erfüllen und auch Nachweise der Gebrauchstauglichkeit führen zu können, müssen die dafür maßgeblichen Nutzungsbedingungen, wie z.B. Lasten in Lagerhäusern oder im Anlagenbau, Daten für Silogut, Temperatureinwirkungen auf Industrieanlagen, Unterhaltung des Korrosionsschutzes in aggressiver Umgebung, Heranziehen von Mauerwerks- oder Stahltrapezblechscheiben zur Aussteifung, festgehalten werden. Damit stehen sie auf der einen Seite als Grundlage für die Nachweise fest und sind auf der anderen Seite auch für den Bauherrn verständlich.

Zu Element 202, Inhalt, Element 203, Baubeschreibung, und Element 205, Quellenangaben und Herleitungen

Neu im Teil 1, wenn auch zum Teil selbstverständlich, sind einige der in der Anmerkung zum El. 202 genannten bautechnischen Unterlagen, wie die Baubeschreibung im El. 203 und die Quellenangaben und Herleitungen im El. 205.

Zu Element 206, Elektronische Rechenprogramme

Mit der im El. 206 genannten Richtlinie ist aktuell die von 1989 gemeint [1 - 10]. Die Festlegung, daß Beschreibungen benutzter Rechenprogramme Bestandteil statischer Berechnungen sind, wird z. Zt. weitgehend noch wenig beachtet.

Zu Element 207, Versuchsberichte

Mit El. 207 soll auch klargestellt werden, daß nicht jeder Nachweis der Brauchbarkeit durch Versuche Anlaß zu einer bauaufsichtlichen Zustimmung im Einzelfall oder einer allgemeinen bauaufsichtlichen Zulassung ist. Sie sind nach den Bauordnungen [1 - 9] nur dann erforderlich, wenn es um die Verwendung neuer Bauprodukte oder Bauarten geht (§ 20 und § 21 der Musterbauordnung, (vgl. auch [1 - 11])).

Im Einführungserlaß wird festgelegt:

- Als Versuchsberichte (siehe DIN 18 800 Teil 1/11.90, El. 207) dürfen nur solche anerkannt werden, die von dafür geeigneten Stellen (Materialprüfungs- bzw. Versuchsanstalten) erstellt wurden. (Verzeichnisse von Prüfstellen werden beim Institut für Bautechnik geführt und in den "Mitteilungen des IfBt" veröffentlicht.)

- Versuchsberichte über Eignungsprüfungen, die von Prüfstellen anderer EG-Mitgliedstaaten erbracht werden, können ebenfalls anerkannt werden, sofern die Prüfstellen nach Art. 16 Abs. 2 der Richtlinie 89/106/EWG vom 21.2.1988 hierfür von einem anderen Mitgliedstaat der Gemeinschaft anerkannt worden sind. (Der Abdruck der Liste und der Hinweis auf den Abdruck werden den Ländern bei der Einführung freigestellt).

3 Begriffe und Formelzeichen

3.1 Grundbegriffe

Allgemeines

Weitgehend neu sind die in den El. 301 bis 309 definierten und erläuterten Grundbegriffe. Sie müssen insbesondere beim Übergang von alten zu den neuen Normen sorgfältig und streng nach ihren Definitionen benutzt werden, um Mißverständnisse zu vermeiden. Ihre Verwendung wird auch dazu beitragen, Nachweise nach den neuen Normen von denen nach den alten schon äußerlich zu unterscheiden.

Daher sollen die neuen Begriffe in diesem Abschnitt ausführlicher als in der Norm auch mit Beispielen erläutert werden. Abschließend wird mit Hilfe eines Ablaufdiagramms (Bild 1 - 3.1) gezeigt, wie sie im Rahmen eines Nachweises verwendet werden. Es ist nicht zu vermeiden, daß dabei z.T. ein Vorgriff auf spätere Abschnitte der Norm und des Kommentars erfolgt.

Den "Grundlagen" [1 - 8] wurde in der neuen DIN 18 800 durch Anwendung der angebotenen, für die Praxis einfachen "Nachweisverfahren mit Hilfe von Teilsicherheitsbeiwerten" entsprochen.

Zu Element 301, Einwirkungen, Einwirkungsgrößen

Eine Unterscheidung in Lasten und Ursachen für Zwang, wie sie in anderen Normen - manchmal relativ unklar - vorkommt, ist hier nicht erforderlich (vgl. aber El. 721, in dem auf die Frage des Teilsicherheitsbeiwertes γ_M für den Fall von Zwangsbeanspruchungen eingegangen wird).

Ursachen für Kraft- und Verformungsgrößen werden unter dem Begriff Einwirkungen zusammengefaßt.

Beispiele sind sowohl Belastungen z.B. nach DIN 1055 Teile 1 bis 6 als auch Temperaturveränderungen, Setzungen, Kriechen und Schwinden.

Im NABau-Arbeitsausschuß wurde entschieden, bei den Regeln für den Nachweis im Abschnitt 7 sprachlich vereinfachend anstelle von Einwirkungsgrößen nur von Einwirkungen zu sprechen (Abschnitt 7.2.1), obwohl es im Gegensatz dazu bei den Widerständen aus sprachlichen Gründen bei Widerstandsgrößen bleiben mußte (Abschnitt 7.3.1).

Zu Element 302, Widerstand, Widerstandsgrößen

In der Norm wird unter Widerstand nur der gegen Einwirkungen in bezug auf Standsicherheit und Gebrauchstauglichkeit von Stahlbauten verstanden. Daher sind in DIN 18 800 nur Festigkeiten und Steifigkeiten Widerstandsgrößen. Sie sind wie z.B. die Biegefestigkeit oder die Biegesteifigkeit aus geometrischen Größen (z.B. Widerstands- oder Trägheitsmoment) und Werkstoffkennwerten (z.B. Streckgrenze oder Elastizitätsmodul) abgeleitet.

Zur Vereinfachung für die Normanwendung wird festgelegt, daß - wenn nichts anderes geregelt ist - alle Streuungen des Widerstandes allein den Festigkeiten und den Steifigkeiten zugeordnet werden. Dabei gehen alle Querschnittswerte mit ihren Nennwerten in die Nachweise ein. Wenn aus Vereinfachungsgründen in die Streuung einer Steifigkeit formal keine Streuung von Querschnittswerten eingeht, darf daraus nicht geschlossen werden, daß etwa der E-Modul eine stark streuende Größe sei. Die Streuung von Steifigkeiten stammt vorwiegend aus den Walztoleranzen, und nur wegen der normenmäßigen Vereinfachung ist sie scheinbar eine des E-Moduls.

Druckfehler: Anmerkung 3 müßte auch auf Seite 3 der Norm eingerückt gedruckt sein*. (* :In neueren Auflagen bereits korrigiert.)

Zu Element 303, Bemessungswerte

In diesem Element wird im Zusammenhang mit der Erläuterung des Begriffes Bemessungswerte das Prinzip der Sicherheitsnachweise nach dem im Abschnitt 6 von [1 - 8] vorgegebenen semi-probabilistischen Nachweisverfahren mit Hilfe von Teilsicherheitsbeiwerten beschrieben. Es wird deutlich gemacht, was mit den Nachweisen in bezug auf die Zuverlässigkeit in allen Teilen von DIN 18 800 erreicht wird:

Durch Sicherheitselemente, u.a. Teilsicherheitsbeiwerte, werden Bemessungswerte so festgelegt, daß mit ihnen

- ein Tragwerk mit in bezug auf Streuungen ungünstigen Eigenschaften

- unter in bezug auf Streuungen ungünstigen Einwirkungen

so nachgewiesen wird,

- daß ungünstigere Konstellationen in der Realität nur mit sehr geringer und in Hinblick auf die Sicherheit hinzunehmender Wahrscheinlichkeit zu erwarten sind.

Man kann auch sagen: durch Bemessungswerte wird ein Bemessungstragwerk beschrieben, das unter Bemessungslasten nachgewiesen wird. Den mit der stochastischen Betrachtung zusammenhängenden Problemen wird bei der Umrechnung der charakteristischen Werte auf die Bemessunsgwerte entsprochen, so daß, so wie gewohnt, das Bemessungstragwerk deterministisch nachgewiesen werden kann.

Zu Element 304, Charakteristische Werte

Einwirkungsgrößen **F** und Widerstandsgrößen **M - F** und **M** werden nach El. 315 als allgemeine Formelzeichen für diese Größen vewendet - sind durch charakteristische Werte F_k und M_k zu beschreiben.

Daß nach wie vor Mangel an Kenntnissen über charakteristische Werte, z.B. über Fraktilwerte, besteht, wird in der Norm deutlich:

- bei den Einwirkungen im El. 601, wo gesagt wird, daß die Werte der einschlägigen Normen als charakteristische Werte **gelten** und

- bei den Widerstandsgrößen in den Tab. 1 bis 4, in denen von "Als Charakteristische Werte für ... **festgelegte** Werte" gesprochen wird.

Zu Element 305, Teilsicherheitsbeiwerte

Zur Berücksichtigung der Streuungen der Einwirkungen und der Widerstandsgrößen in ihren Auswirkungen auf die Zuverlässigkeit in bezug auf Tragsicherheit und Gebrauchsstauglichkeit werden Teilsicherheitsbeiwerte benutzt. Zu ihrer Begründung wird auf die "Grundlagen" [1 - 8], dort insbesondere auf Abschnitt 6.1, verwiesen.

Aus den

- charakteristischen Werten der Einwirkungen F_k werden durch Multiplizieren mit dem Teilsicherheitsbeiwert γ_F und gegebenenfalls mit dem Kombinationsbeiwert ψ nach El. 306 Bemessungswerte der Einwirkungen F_d

und aus den

- charakteristischen Werten der Widerstandsgrößen M_k werden durch Dividieren mit dem Teilsicherheitsbeiwert γ_M Bemessungswerte M_d

berechnet.

Die beiden Anmerkungen zu El. 305 machen deutlich, daß mit den Teilsicherheitsbeiwerten γ_F und γ_M durch die Faktoren $\gamma_{f,sys}$ und $\gamma_{m,sys}$ auch Unsicherheiten im mechanischen Modell und Systemempfindlichkeiten sowohl bei der Berechnung der Beanspruchungen als auch der Beanspruchbarkeiten erfaßt sind.

Druckfehler: **F** und **M** in den Zeilen 2 und 3 des El. 305 müssen als allgemeine Formelzeichen nach El. 315 gerade und fett gesetzt werden *.

In der Anpassungsrichtlinie [1 - 3] wird ergänzt:

Für die Regelfälle sind γ_F und γ_M in dieser Norm festgelegt (El. (710) bis (725)). Der Hinweis auf die Literaturstelle [1] betrifft nur Sonderfälle für nicht geregelte Einwirkungen - z.B. Schüttgüter, die in DIN 1055 nicht genannt sind - und Widerstandsgrößen, die durch Auswertung von Meßreihen ermittelt werden müssen, weil eine Herleitung aus genormten Festigkeitswerten nicht möglich ist.

Siehe hierzu auch Erläuterungen zu El. 718.

Zu Element 306, Kombinationsbeiwerte

Sie erfassen die Wahrscheinlichkeit des gleichzeitigen Auftretens von mindestens zwei veränderlichen Einwirkungen. Sie kommen also bei Nachweisen für Situationen, in denen nur ständige und höchstens eine veränderliche Einwirkung auftreten, nicht vor.

Zu Element 307, Beanspruchungen

Auf den bei der Erarbeitung von DIN 18 800 entstandenen Vorschlag der Verwendung des Wortpaares Beanspruchung - Beanspruchbarkeit wird nachfolgend zu El. 309 eingegangen.

Druckfehler: In der 2. Zeile muß das allgemeine Symbol für Bemessungswerte der Einwirkungen wieder gerade und fett gesetzt werden *.

Zu Element 308, Grenzzustände

Wir haben den Begriff Grenzzustand nicht korrekt definiert. W. Weber hat völlig zu Recht in seiner Veröffentlichung "Zur Logik des Definierens" [1 - 12] auf Mängel dieser Definition hingewiesen und für den 1. Satz - leider für uns zu spät - vorgeschlagen:

Grenzzustände sind Beanspruchungszustände, nach deren Überschreiten die Tragfähigkeit oder Gebrauchstauglichkeit nicht mehr gegeben ist."

Für Grenzzustände müssen Grenzwerte für Schnittgrößen, Spannungen oder andere Zustandsgrößen berechnet werden.

Dafür zwei Beispiele:

- Der Grenzzustand Fließen: Der Bemessungswert der Streckgrenze $f_{y,d}$ ist nach El. 746 unmittelbar der Grenzwert.

- Grenzzustand Schrauben-Abscherbruch: Der Grenzwert wird nach El. 804 mit Hilfe des mechanischen Modells

    Abscherkraft = Scherfläche A · Grenzabscherspannung τ_a

    mit der Beziehung Grenzabscherspannung = Produkt aus

    - dem Bemessungswert der Schraubenzugfestigkeit $f_{u,b,k}/\gamma_M$

    und

    - dem Verhältnis α_a = Abscherfestigkeit τ_a zu Zugfestigkeit $f_{u,b}$

    berechnet, so daß die Grenzabscherkraft - so wird der Grenzwert hier bezeichnet - für eine Abscherfläche nach Gl. (48) im El. 804 mit

    $$V_{a,R,d} = A\,\tau_{a,R,d} = A\,\alpha_a\,f_{u,b,k}/\gamma_M$$

    folgt.

Grenzwerte nennen wir allgemein Beanspruchbarkeiten.

Zu Element 309, Beanspruchbarkeiten

Die Forderung, daß die

- Beanspruchung S_d = von den Bemessungswerten der Einwirkungen verursachte Zustandsgröße

nicht größer als die

- Beanspruchbarkeit R_d = die zum entsprechenden Grenzzustand mit den Bemessungswerten der Widerstandsgrößen M_d berechnete gleichartige Zustandsgröße

sein darf, ist verbal eingängig. Sie ist in Form der Bed. (10) im El. 702 die **"Grundnachweisgleichung"** für die Teile 1 bis 4:

$$S_d \leq R_d \quad \text{oder} \quad S_d / R_d \leq 1.$$

Zusammenfassung in einem Ablaufdiagramm

```
Charakteristische Werte           Charakteristische Werte
der Einwirkungen F_k              der Widerstandsgrößen M_k

Multiplizieren mit                Dividieren durch

Teilsicherheitsbeiwerten          Teilsicherheitsbeiwerte
γ_F und gegebenenfalls            γ_M
Kombinationsbeiwerten ψ

              Damit gewonnen
              Bemessungswerte

der Einwirkungen F_d              der Widerstandsgrößen M_d

                  Es folgen

Bilden von Einwirkungs-           Formulieren von Grenzzu-
kombinationen                     ständen

              und Berechnung von

Schnittgrößen oder                Grenzwerten der Grenzzu-
Spannungen mit                    stände mit Modellen für
statischen Berechnungen           die Grenzustände

                 das sind

Beanspruchungen S_d               Beanspruchbarkeiten R_d

                 NACHWEIS

         Beanspruchung S_d ≤ Beanspruchbarkeit R_d
                      oder
              Beanspruchung S_d
              ─────────────────── ≤ 1
              Beanspruchbarkeit R_d
```

Bild 1 - 3.1   Ablaufdiagramm

Im Bild 1 - 3.1 kommen alle 9 erläuterten Begriffe vor. Man erkennt im Zusammenhang nochmals ihre Bedeutung.

Wir erläutern zunächst die **linke** Spalte.

- Für die Einwirkungen **F** benötigt man zunächst deren charakteristischen Werte F_k.- Dafür zwei **Beispiele:**

    - Charakteristische Werte G_k für ständige Einwirkungen G, wie z.B. für Eigengewicht, Wasserlast in einer Kanalbrücke

    - Charakteristische Werte Q_k für veränderliche Einwirkungen Q - das sind nicht ständige -, wie z.B. für Verkehrslasten nach DIN 1055, Windlasten, Schneelasten.

- Durch Multiplizieren mit Teilsicherheitsbeiwerten γ_F und bei den veränderlichen Einwirkungen gegebenenfalls zusätzlich mit Kombinationsbeiwerten ψ werden aus den

    charakteristischen Werten F_k - gekennzeichnet mit dem Index k

    Bemessungswerte F_d - gekennzeichnet mit dem Index d.

Beispiele:

- Aus dem charakteristischen Wert für die Gewichtslast eines IPE 300 $g_k = 0{,}422$ kN/m wird mit dem Teilsicherheitsbeiwert $\gamma_F = 1{,}35$ nach El. 710 der Bemessungswert der Einwirkung

    $g_d = 1{,}35 \cdot 0{,}422 = 0{,}57$ kN/m.

- Aus dem charakteristischen Wert der Verkehrslast für Balkone nach DIN 1055 Teil 3 $p_k = 5$ kN/m² wird für einen Nachweis für die Grundkombination mit Berücksichtigung aller veränderlichen Einwirkungen mit dem Teilsicherheitsbeiwert $\gamma_F = 1{,}5$ und dem Kombinationsbeiwert ψ = 0,9 nach El. 710 der Bemessungswert

    $p_d = 0{,}9 \cdot 1{,}5 \cdot 5{,}0 = 6{,}75$ kN/m².

Man erkennt, daß man die Bemessungswerte für die veränderlichen Einwirkungen nur berechnen kann, wenn man zuvor festgelegt hat, für welche Einwirkungskombination sie verwendet werden sollen. Auf diese Störung des sonst "linearen" Ablaufes deutet der im Bild 1 - 3.1 eingetragene Pfeil hin.

- Für die mit den Bemessungswerten gebildeten Einwirkungskombinationen werden in statischen Berechnungen Schnittgrößen oder Spannungen berechnet:

Diese nennen wir allgemein Beanspruchungen.

Sie werden nach El. 307 auch als vorhandene Größen bezeichnet.

In der **rechten** Spalte gehen wir weitgehend analog vor:

- Für die Widerstandsgrößen **M** benötigt man zunächst deren charakteristischen Werte M_k.

Beispiele:

- Charakteristischer Wert für die Streckgrenze von St 37 mit $f_{y,k} = 240$ N/mm² nach Tabelle 1

- Charakteristischer Wert für die Druckfestigkeit von Kugel-Epoxidharz-Verguß in Seilverankerungen $f_{D,k} = 100$ N/mm², für den nach El. 418 dieser Wert als Grenzwert genannt ist, der nach 48 Stunden Aushärtung erreicht sein muß.

- Durch Dividieren mit Teilsicherheitsbeiwerten γ_M werden aus den

    charakteristischen Werten M_k - gekennzeichnet mit dem Index k

    Bemessungswerte M_d - gekennzeichnet mit dem Index d

Beispiel:

- Aus dem charakteristischen Wert für die Streckgrenze von St37 $f_{y,k}$ = 240 N/mm² wird durch Dividieren mit dem Teilsicherheitsbeiwert γ_M = 1,1 nach El. 720 der Bemessungswert der Streckgrenze $f_{y,d}$ = 240 / 1,1 = 218 N/mm².

- An die Stelle der statischen Berechnung auf der Einwirkungsseite tritt auf der Widerstandsseite die Konzeption von Grenzzuständen. Sie sind im El. 308 definiert.

- Mit der Bed. (10) im El. 702

    Beanspruchung S_d ≤ Beanspruchbarkeit R_d

    oder

    Beanspruchung S_d / Beanspruchbarkeit R_d ≤ 1

werden schließlich Einwirkungs- und Widerstandsseite miteinander verknüpft und so Tragsicherheit oder Gebrauchstauglichkeit nachgewiesen.

3.2 Weitere Begriffe

Allgemeine Bemerkung

Im Abschnitt 3.3 können mit Rücksicht auf Übersichtlichkeit nur die wichtigsten, häufig verwendeten Formelzeichen zusammengestellt werden. Daher wird hier darauf hingewiesen, daß es weitere Zeichen gibt, die im Normtext erläutert werden.

3.3 Häufig verwendete Formelzeichen

Ungewohnt, aber abgestimmt auf die international üblichen und auch in den Eurocode-Entwürfen benutzten Formelzeichen werden

   Quer- und Schraubenkräfte mit V und Festigkeiten mit f

bezeichnet.

Nebenzeichen sind oft dadurch leicht zu merken, weil sie aus der englischen Sprache abgeleitet sind. Auf die Verwendung eines Teiles von ihnen kann verzichtet werden, wenn keine Verwechselungen möglich sind (Anmerkung 2 zum El. 316). **Beispiele:**

- Ein Biegemoment im vollplastischen Zustand M_{pl} kann nur eine Widerstandsgröße sein. Sie kann nicht mit einer Beanspruchung verwechselt werden. Daher kann das Nebenzeichen R zur Kennzeichnung des Widerstandes entfallen (Beispiele im El. 757 mit Tabellen 16 und 17 und Bild 19).

- Eine Schraubenabscherkraft kann eine Beanspruchung (= vorhandene Größe) V_a, aber auch eine Beanspruchbarkeit (= Grenzgröße) $V_{a,R,d}$ sein. Daher muß eine der beiden Größen gekennzeichnet werden. In der Norm geschieht das in Übereinstimmung mit den Inhalten der El. 307 ("Hier wird im folgenden auf eine solche Kennzeichnung der Beanspruchungen verzichtet") und 309 bei den Beanspruchbarkeiten.

Hierzu stehen auch Angaben in Anmerkung 2 zu El. 303.

Druckfehler: Im El. 314 muß der Index bei der Knicklänge richtig s_K (großes K) geschrieben werden *.

4 Werkstoffe

4.1 Walzstahl und Stahlguß

Zu Element 401 und 402, Stahlsorten

Eine Reihe von Regeln dieser Norm setzt, oft implizite, gewisse Eigenschaften der Stahlsorten voraus, die nicht allein durch Werte für die in Tab. 1 angegebenen Größen und für die chemische Zusammensetzung festgelegt sind. Manchmal sind die Eigenschaften, "auf die es ankommt", auch den Aufstellern der Regel nicht explizit bekannt. Man weiß jedoch aus Erfahrung, daß die bisher hinreichend häufig verwendeten Stahlsorten die fraglichen Eigenschaften haben. In El. 401 sind diese Stahlsorten mit dem Prädikat üblich versehen und aufgelistet.

Eine Beschränkung des Geltungsbereiches auf die üblichen Stahlsorten wäre sachlich nicht gerechtfertigt, unwirtschaftlich und fortschrittshemmend. Die Idee der Norm ist es, alle Stahlsorten, welche die implizite vorausgesetzten Eigenschaften besitzen, in den Geltungsbereich aufzunehmen. El. 402 gibt an, auf welche Weise das Vorhandensein dieser Eigenschaften nachgewiesen werden kann und unterscheidet dazu drei Fälle.

Insbesondere im dritten Fall der Auflistung in El. 402 ist zu beachten, daß die implizite vorausgesetzten Eigenschaften von der Art der Bearbeitung der Halbzeuge, der Art der Beanspruchung der Bauteile im Tragwerk und der Höhe der Beanspruchung abhängen. Die Höhe der Beanspruchung wiederum ist eng mit dem verwendeten Nachweisverfahren verbunden. So muß man z.B. bei Verwendung des Nachweisverfahrens Plastisch-Plastisch die Beanspruchung des Werkstoffs durch große plastische Dehnungen unterstellen. Wichtige Beispiele sind die allgemeinen bauaufsichtlichen Zulassungen für nichtrostende Stähle [1 - 13] und für den hochfesten, schweißgeeigneten Feinkornbaustahl StE 460 [1 - 14].

Im ersten Fall ist entsprechend der Interpretation des Begriffs "zugeordnet" eine weitere Fallunterscheidung gegeben. Die engere Interpretation ist eine Zuordnung nach

Werten, und zwar für Größen, welche die chemische Zusammensetzung, die mechanischen Eigenschaften und die Schweißeignung beschreiben. Wenn diese Werte der betrachteten anderen Stahlsorte gleich denen einer der üblichen Stahlsorten sind, darf die betrachtete uneingeschränkt (d.h. z.B. auch bezüglich der charakteristischen Werte) wie die betreffende übliche Stahlsorte behandelt werden. Hier schließen die Aufsteller der Norm von der Gleichheit der Werte für bestimmte Größen auf das Vorhandensein der explizite vorausgesetzten Eigenschaften. Selbstverständlich dürfen die Werte der anderen Stahlsorte auch "besser" sein als die der entsprechenden üblichen, sofern "besser" uneingeschränkt und eindeutig definiert werden kann, jedoch darf davon kein Gebrauch gemacht werden. Diese, die Stahlsorten gleichsetzende Interpretation folgt dem Schlagwort "Sicherheit durch Ordnung". Ein Beispiel für eine so geregelte "andere Stahlsorte" sind aus Blechen kaltgeformte Profile. Die Mannigfaltigkeit der verwendeten Bleche und der Einfluß der Kaltformung auf die Festigkeit führt zu einer nahezu kontinuierlichen Palette von Festigkeitswerten.

Die zweite und weitere Interpretation von "zugeordnet" bezieht sich auf die Gleichheit der Art von der betrachteten anderen Stahlsorte mit einer oder mehreren der üblichen. Als charakteristische Werte für die betrachtete Stahlsorte sind hier die sorteneigenen und nicht die der zugeordneten üblichen Stahlsorte zu verwenden. Wenn die betrachtete Stahlsorte bezüglich der Werte für die Größen, welche die chemische Zusammensetzung, die mechanischen Eigenschaften und die Schweißeignung beschreiben, zwischen zwei üblichen Stahlsorten liegt, kann man sicherlich noch von Zuordnung im Sinne der Norm sprechen. Andernfalls ist die "Brauchbarkeit auf andere Weise" gemäß dem dritten Fall in der Auflistung im El. 402 nachzuweisen.

Im Einführungserlaß wird festgelegt:

- Für die Stahlsorte Fe 510 (St 52-3) muß der Nachweis über die chemische Zusammensetzung nach der Schmelzanalyse gemäß Sonderregelung A1 (gemeint ist El. A1 im Anhang zum Teil 1) beim Verarbeiter vorliegen.

- Die Sonderregelung A1 für die Stahlsorte Fe 510 (St 52-3) und die Regelung A3 für die Kennzeichnung der Erzeugnisse nach Anhang A DIN 18 800 Teil 1/11.90 gelten auch, wenn DIN 18 800 Teil 1/03.81 angewandt wird.

Auf das El. A1 im Anhang wird hier daher besonders hingewiesen.

Zu Element 404, Bescheinigungen

Es muß sichergestellt werden, daß der Werkstoff aller für ein Tragwerk verwendeten Halbzeuge die von der Norm explizite und implizite vorausgesetzten Eigenschaften besitzt. Nach El. 404 hat dies durch den Nachweis zu geschehen, daß das Halbzeug zur festgelegten Stahlsorte gehört. Die geforderte Aussagebreite und Zuverlässigkeit der Nachweise durch Bescheinigung ist abhängig von Art und Umfang der vorausgesetzten Eigenschaften.

Für Bauteile, an denen nicht geschweißt ist und die planmäßig nicht plastisch beansprucht werden (d.h. plastische Beanspruchungen sind lokal eng begrenzt), werden weniger Eigenschaften der Werkstoffe vorausgesetzt als im allgemeinen Fall. Bei einer möglichen Verwechselung der Stahlsorte ist bei den Stahlsorten St 37-2, USt 37-2, RSt 37-2 und St 37-3 eine Verwechselung nur mit solchen möglich, die bezüglich der vorausgesetzten Eigenschaften höchstens unwesentlich ungünstiger sind. Aus diesem Grunde kann bei Halbzeugen für solche Bauteile auf das Vorliegen einer Bescheinigung nach DIN 50 049 verzichtet werden. Daraus darf jedoch nicht abgeleitet werden, daß es hier auf die Stahlsorte überhaupt nicht ankommt.

"Beanspruchungen nach der Elastizitätstheorie nachgewiesen" im 2. Absatz bedeutet, daß Nachweise entweder nach dem Verfahren Elastisch-Elastisch oder Elastisch-Plastisch geführt werden.

Auf El. A2 und A3 im Anhang wird hingewiesen.

Zu Element 401 bis Element 404, Festlegungen in der Anpassungsrichtlinie

In der Anpassungsrichtlinie wird wegen der nach der Ausgabe von DIN 18 800, Teile 1 bis 4 im November 1990 erschienenen DIN EN 10 025/01.91 zu diesen Elementen festgelegt:

- Wird anstelle von DIN 17 100/01.80 Stahl nach DIN EN 10 025/01.91 verwendet, so gilt folgendes:

- Tab. 1 des Anhangs (zur Anpassungsrichtlinie, hier Tab. 1 - 4.1) enthält die Umschlüsselung der Stahlsorten entsprechend Tab. 2 bis 5 in DIN EN 10 025.

- Der zulässige CEV-Höchstwert (s. Abschnitt 7.3.3.2 in DIN EN 10 025) für Fe 510 (St 52-3) beträgt 0,43%, für Fe 360 (St 37) - 0,40%.

- Bei der Wahl der Stahlgütegruppen ist die DASt-Richtlinie 009/04.73 zu beachten. Dabei ist anstelle der Tab. 2 der DASt-Richtlinie 009 die Tab. 2 (der Anpassungsrichtlinie, hier Tab. 1 - 4.2) im Anhang dieser Anpassungsrichtlinie zu verwenden.

- Die Prüfung und Bekanntgabe der Schmelzanalyse gilt für alle Gütegruppen.

- Für Werkstoffe geschweißter Konstruktionen ist der Lieferzustand im Werkstoffnachweis anzugeben.

- Thermomechanisch behandelte Stähle dürfen keiner Wärmebehandlung unterzogen werden; evtl. Festigkeitseinbußen durch Flammrichten sind zu berücksichtigen.

Tabelle 1 - 4.1 (Tabelle 2 der Anpassungsrichtlinie) Umschlüsselung der zulässigen Stahlsorten

neu Kurzname [1] EN 10 025	Desoxydationsart	Flacherzeugnisse und Langerzeugnisse Kurzname	W.-Nr.	Flacherzeugnisse aus KQ-Sorten Kurzname	W.-Nr.	Flacherzeugnisse aus KP-Sorten Kurzname	W.-Nr.
Fe 360 B	frei	St 37-2	1.0037		1.0120	K St 37-2	1.0120
Fe 360 B	FU	U St 37-2	1.0036	UQ St 37-2	1.0121	UK St 37-2	1.0121
Fe 360 B	FN	R St 37-2	1.0038	RQ St 37-2	1.0122	RK St 37-2	1.0122
Fe 360 C	FN	St 37-3U	1.0114	Q St 37-3U	1.0115	K St 37-3U	1.0115
Fe 360 D 1	FF	St 37-3N	1.0116	Q St 37-3N	1.0118	K St 37-3N	1.0118
Fe 360 D 2	FF		1.0117		1.0119		1.0119
Fe 510 B	FN		1.0045				
Fe 510 C	FN	St 52-3U	1.0553	Q St 52-3U	1.0554	K St 52-3U	1.0554
Fe 510 D 1	FF	St 52-3N	1.0570	Q St 52-3N	1.0569	K St 52-3N	1.0569
Fe 510 D 2	FF		1.0577		1.0579		1.0579
Fe 510 DD1	FF		1.0595		1.0593		1.0593
Fe 510 DD2	FF		1.0596		1.0594		1.0594

[1] ggf. ist der Kurzname mit "FU", "FN", "KQ" oder "KP" zu ergänzen.

Tabelle 1 - 4.2 (Tabelle 2 der Anpassungsrichtlinie) Wahl der Stahlgütegruppen für Stähle nach DIN EN 10 025

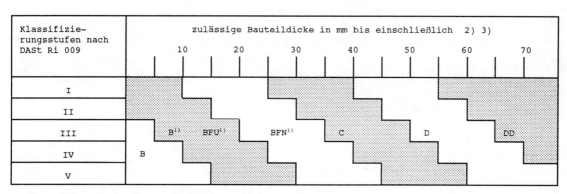

[1] Der Stahl muß mit der zusätzlichen Anforderung "Prüfung der Kerbschlagarbeit" (s. DIN EN 10 025 Tab. 5 und Abschn. 11) bestellt werden

[2] Bauteildicken sind nur in dem Rahmen zulässig, wie die Fachnorm dies ausweist.

[3] Der in den Fachnormen zusätzlich geforderte Sprödbruchnachweis, z.B. durch den Aufschweißbiegeversuch, ist ab den dort genannten Grenzwanddicken zu führen

Die Kennzeichnung hat beim Hersteller des Erzeugnisses zu erfolgen. Bei einer Werkstofftrennung muß eine sachgerechte Umstempelung vorgenommen werden.

Zu Element 405, Charakteristische Werte

Siehe hierzu den Kommentar zu den El. 718 und 719.

4.2 Verbindungsmittel

Geltungsbereich dornartiger Verbindungsmittel

Bezüglich des Geltungsbereiches von Schraubengarnituren, Nieten und Bolzen gilt die Kommentierung zu El. 401 und 402 sinngemäß. Bei der Beurteilung von anderen als den üblichen, in der Norm genannten Schraubengarnituren, Nieten und Bolzen sind auch diejenigen Eigenschaften der Verbindungsmittel zu beachten, die durch ihre Form (Gestalt) die Herstellverfahren und die Art des Korrosionsschutzes mitbedingt sind. Bei Schrauben können z.B die Form des Überganges vom Schaft zum Kopf und die Art der Gewindeherstellung (gerollt, geschnitten) das Tragverhalten beeinflussen.

Zu Element 407, Verzinkte Schrauben

Die Dicke der Zinkschicht wird bei der Herstellung der Schrauben und Muttern so berücksichtigt, daß für die Garnitur aus Mutter und Schraube die zulässigen Maßtoleranzen und die Toleranzen für die Reibungszahlen eingehalten sind. Die Art der Berücksichtigung kann von Hersteller zu Hersteller unterschiedlich sein. Eine Garnitur, bei der Schraube und Mutter von verschiedenen Herstellern stammt, könnte außerhalb der zulässigen Toleranzen liegen.

Zu Element 412, Bescheinigungen

In der Anpassungsrichtlinie wird festgelegt:

Die "Darf"bestimmung (grau angelegt) gilt nur beim Nachweisverfahren 1 nach Tab. 11.

Siehe auch Kommentar zu El. 404

4.3 Hochfeste Zugglieder

Allgemeine Anmerkungen zu hochfesten Zuggliedern

Der NABau-Arbeitsausschuß wollte das Bauen mit hochfesten Zuggliedern fördern. Er hat daher umfangreichere Regeln für Bemessung und Konstruktion von Stahlbauten mit hochfesten Zuggliedern in die Abschnitte 4, 5 und 9 von Teil 1 aufgenommen, als das in der vorhergehenden Norm der Fall war.

Er hat dabei auf alte Regelungen in DIN 4131 " Antennentragwerke aus Stahl " von 1969, im Beiblatt zu DIN 1073 " Stählerne Straßenbrücken " von 1974 sowie auf DIN 18 809 " Stählerne Straßen- und Wegebrücken " von 1987 zurückgegriffen und sie entsprechend dem Konzept "Grundnormen - Fachnormen" den Regelungen in DIN 18 800 von 1983 hinzugefügt, sie aktualisiert. Damit sind erstmalig in einer deutschen Grundnorm die wichtigsten Regeln für Bemessung und Konstruktion von Seilkonstruktionen in Stahlbauten zusammengefaßt.

Unter hochfesten Zuggliedern werden nicht nur Seile aus Stahldrähten verstanden, sondern auch solche aus Spanndrähten, Spannlitzen und Spannstählen, die unter dem eingeführten Begriff (vgl. [1 - 15]) "Zugglieder aus Spannstählen" zusammengefaßt wurden.

Für Seile aus Stahldrähten und deren End- und Zwischenverankerungen gibt es zahlreiche Normen. Auf die wichtigsten für Werkstoffe von hochfesten Zuggliedern wird im Abschnitt 4.3 hingewiesen (vgl. auch [1 - 16]).

Zu den El. 415 bis 429 werden hier mit drei Ausnahmen keine weiteren Erläuterungen gegeben. Allgemein wird für das Bauen mit hochfesten Zuggliedern auf die Literatur verwiesen, für die beispielhaft die Quellen [1 - 17] und [1 -18] angegeben werden.

Zu Element 415, Drähte von Seilen

In der Anpassungsrichtlinie wird festgelegt:

- Sofern die zur Anwendung vorgesehene Legierung nach DIN 17 440/07.85 nicht Bestandteil einer allgemeinen bauaufsichtlichen/baurechtlichen Zulassung ist, bedarf die Verwendung im Einzelfall der Zustimmung seitens der obersten Bauaufsichtsbehörde.

Zu Element 418, Verankerung mit Kugel-Epoxidharz-Verguß

El. A4 im Anhang ist zu beachten. Weitere Angaben findet man auch in [1 - 17] und [1 - 18] und dort angegebener Literatur.

Zu Element 429, Reibungszahlen

Die Reibungszahl $\mu = 0{,}1$ ist vorsichtig festgelegt, um die verhältnismäßig großen Streuungen zu berücksichtigen.

5 Grundsätze für die Konstruktion

5.1 Allgemeine Grundsätze

Zu Element 501, Mindestdicken

Nach DIN 18 801, Abschnitt 1 ist die Mindestdicke für den Stahlhochbau 1,5 mm.

Zu Element 503, Krafteinleitungen

Die vorsichtige Formulierung "... ist zu prüfen ..." wird der Tatsache gerecht, daß oft auf konstruktive Maßnahmen verzichtet werden kann, wenn man entsprechende Nachweise führt. Dies entspricht dem Trend zu den sogenannten Semi-rigid-Konstruktionen, deren weiches Verhalten beachtet und bei Tragsicherheitsnachweisen dann, wenn es von Bedeutung ist, berücksichtigt werden muß (vgl. z.B. [1 - 19] und [1 - 20]).

Das Verhalten derartiger Verbindungen unter wiederholter oder wechselnder Beanspruchung ist noch wenig erforscht. Daher sollte für Stahlkonstruktionen auch dann, wenn die Belastung nach den derzeitigen Kriterien, z.B. nach DIN 1055 Teil 3, Abschnitt 1.4, als "vorwiegend ruhend" gilt, zur Beurteilung nicht allein auf Untersuchungen mit einmaliger, monoton steigender Belastung zurückgegriffen werden.

5.2 Verbindungen

5.2.1 Allgemeines

Zu Element 504, Stöße und Anschlüsse

Diese Regel geht von der Idee der kontinuierlichen Konstruktion aus. Der Spannungs- und Kraftverlauf der kontinuierlich gedachten Konstruktion soll durch Stöße bzw. Anschlüsse, die Diskontinuität (Störung) bewirken, möglichst wenig gestört werden. Nur wenn die Forderung von El. 504 eingehalten ist, darf die Störung im Spannungs-

bzw. Kraftverlauf in der üblichen, stark vereinfachenden Weise (z.B. linearer Spannungsverlauf in Nettoquerschnitten) berücksichtigt werden.

Zu Element 505, Kontaktstoß

Die Möglichkeit, Druckkräfte durch Kontakt zu übertragen, ist offensichtlich; ein unmittelbares Versagen der die Druckkräfte übertragenden Teile kann ausgeschlossen werden. Die Kontaktfuge bewirkt jedoch eine Störung im Spannungsverlauf, insbesondere durch die praktisch unvermeidbaren Unebenheiten der Kontaktflächen und Abweichungen von der Parallelität, die Rückwirkung auf die zu stoßenden Teile hat. In Flanschen von Profilen kann dadurch lokales Beulen auftreten. Bei Stößen planmäßig gleicher Kontaktquerschnitte können die unvermeidbaren Abweichungen in bezug auf die Querschnittsflächen selbst und ihre Deckungsgleichheit dieselbe Auswirkung haben. Auch wenn in der Kontaktfuge planmäßig nur Druckkräfte zu übertragen sind, muß das Auftreten unplanmäßiger Querkräfte durch eine Lagesicherung berücksichtigt werden, wobei Reibungskräfte in der Kontaktfläche infolge der Druckkraft nicht in Rechnung gestellt werden dürfen (vgl. El. 837, Abs. 4).

Der Kontaktstoß eines Querschnitts oder Querschnittsteils besteht demnach in einem die Druckkraft übertragenden Teil und einem die übrigen Schnittkräfte (Querkräfte, Zugkräfte) übertragenden Teil. Abhängig von der konstruktiven Ausbildung und den Imperfektionen wird jedoch auch der zweitgenannte Teil mehr oder weniger durch Druckkräfte beansprucht, die so dessen Versagen auslösen oder zu dessen Versagen beitragen können. Ein Beispiel hierfür ist die Lagesicherung durch Schweißnähte. Sie übernehmen bis zum Schließen des Luftspaltes die gesamte auftretende Druckkraft. Um ihr Versagen durch große, überwiegend plastische Verformungen zu vermeiden, wird in El. 505 der Luftspalt - sehr vorsichtig - auf 0,5 mm begrenzt.

Besonders zu beachten ist das Zusammenwirken der einzelnen Stoßteile, wenn der Kontaktstoß durch stark schwellende Druckkräfte oder abwechselnd durch Druck- und Zugkräfte beansprucht wird. Dies gilt auch, wenn die zugehörenden Einwirkungen vorwiegend ruhend sind, d.h. bei "kleinen Lastspielzahlen". Beispiel hierfür ist der Stoß, bei dem die (kleineren) Zugkräfte durch Kehlnähte übertragen werden. In [1 - 42] wird über Versuche zu derartigen Stößen für gestoßene Teile aus St 37 und St 52 mit Luftspaltbreiten von 0,5 bis 2,0 mm und 100 Lastwechseln berichtet. Siehe hierzu auch Kommentar zu El. 837.

5.2.2 Schrauben- und Nietverbindungen

Zu Element 506, Schraubenverbindungen

DIN 18 800 unterscheidet bezüglich Lochspiel, Vorspannung und Ausbildung der Reibfläche sechs verschiedene Ausführungsformen von Schraubenverbindungen, wobei sich die Klassifizierung an der Scher-Lochleibungs-Verbindung ausrichtet. Die in Tab. 6 eingeführten Kurzzeichen (SL, SLV, GV und SLP, SLVP, GVP) folgen der bisherigen Tradition. Die Unterschiede im Verhalten der Verbindungen sind im wesentlichen gekennzeichnet durch den unter Beanspruchung auftretenden Schlupf. Auftreten von Schlupf ist zu unterstellen

- im Grenzzustand der Gebrauchstauglichkeit bei Verbindungen mit Lochspiel und ohne gleitfeste Reibfläche (SL und SLV)

- im Grenzzustand der Tragsicherheit bei Verbindungen mit Lochspiel (SL, SLV und GV).

Im Grenzzustand der Tragsicherheit übertragen die Schrauben aller Verbindungen die Kräfte ganz oder überwiegend auf Abscheren. Die Grenzabscherkräfte sind unabhängig von der Ausführungsform. Zu unterscheiden ist hier, ob der glatte Teil des Schaftes oder das Gewinde in der betrachteten Scherfuge liegt.

Für die Beanspruchung der zu verbindenden Teile (Nachweis Lochleibung) unterscheidet DIN 18 800 nur zwei Gruppen, vorgespannte Verbindungen mit gleitfester Reibfläche und die übrigen.

Bei Zugbeanspruchung wird nur bezüglich der Festigkeitsklassen der Schrauben unterschieden. Schrauben der Festigkeitsklassen 10.9 und 8.8 haben, bei gleicher Klemmlänge und gleichem Ausnutzungsgrad (bezogen auf die Grenzzustände), größere Verformungen als Schrauben der Festigkeitsklassen 4.6 und 5.6. In Verbindungen mit ersteren muß deshalb die Verformung der Verbindung (Klaffung) entweder durch Vorspannen weitgehend vermieden oder im Tragsicherheitsnachweis und Gebrauchstauglichkeitsnachweis berücksichtigt werden. Berücksichtigt meint hier das Abschätzen der Verformungen und Prüfen, ob diese Verformungen beachtlichen Einfluß auf die Nachweise haben können. Offenbar gilt dieser Sachverhalt prinzipiell auch für Verbindungen mit Schrauben der Festigkeitsklassen 4.6 und 5.6. Der NABau-Arbeitsausschuß DIN 18 800 war der Meinung, daß in diesem Falle i. allg. ein beachtlicher Einfluß der Verformungen zu verneinen ist.

Im Falle schwellender oder wechselnder Beanspruchung, insbesondere dann, wenn die Betriebsfestigkeit zu beachten ist, ist bei Scher-Lochleibungsverbindungen das Schlupfverhalten der Verbindungen wesentliches Unterscheidungsmerkmal, im allg. ist hierfür der Beanspruchungsbereich bis zur Grenze der Gebrauchstauglichkeit maßgebend. Es ist jedoch darauf hinzuweisen, daß zwischen der genannten Beanspruchung und dem Grenzzustand der Gebrauchstauglichkeit kein sachlicher Zusammenhang besteht. Bei Verbindungen mit zugbeanspruchten Schrauben wird durch Vorspannen eine schwellende Beanspruchung der Schrauben i. allg. erheblich reduziert. Siehe hierzu auch El. 741.

Aus der weitgehenden Einebnung der Unterschiede in der Bewertung des Tragverhaltens der unterschiedlichen

Ausführungsformen ergeben sich neue Auswahlkriterien, die eine Überprüfung bisheriger Praxis lohnenswert erscheinen läßt.

Zu Element 507, Schrauben, Muttern und Unterlegscheiben

Die Anordnung von Unterlegscheiben ist wie folgt erforderlich.

Tabelle 1 - 5.1 Erforderliche Unterlegscheiben

	1	2	3	4	5
	Festigkeitsklasse und Lochspiel	nichtvorgespannt		vorgespannt	
		Kopf	Mutter	Kopf	Mutter
1	4.6, 5.6	nein	nein	-	-
2	8.8, 10.9 $\Delta d<2mm$	ja	ja	ja	ja
3	8.8, 10.9 $\Delta d=2mm$	nein	ja	ja	ja

Planmäßig vorgespannte Schrauben benötigen die Unterlegscheiben zur ausreichend verteilten Einleitung der Vorspannkräfte. Unter den Muttern sind die Unterlegscheiben außerdem notwendig, um beim Anziehen die Reibkräfte in den erforderlichen Grenzen zu halten (definierte Reibflächen zwischen Mutter und Unterlegscheibe). Bei Lochspielen kleiner 2 mm sind im Falle nichtvorgespannter hochfester Schrauben Unterlegscheiben unter den Köpfen nur wegen der entsprechend großen Ausrundungsradien zwischen Kopf und Schaft notwendig.

In der Anpassungsrichtlinie wird bezüglich der Abmessungsnormen für Schrauben der Festigkeitsklasse 8.8 folgendes ergänzend zu El. 507 geregelt. Es heißt:

- In diesem Element sind nur Abmessungsnormen für Schrauben der Festigkeitsklassen 4.6, 5.6 und 10.9 aufgeführt. Für die nach El. 406 außerdem zulässigen Schrauben der Festigkeitsklasse 8.8 dürfen auch die Abmessungsnormen DIN 931 und DIN 933 verwendet werden (s. Festlegung zu El. (812)).

Es ist anzumerken, daß auch andere als in El. 406 aufgezählte Schrauben verwendet werden dürfen, sofern gewisse Voraussetzungen erfüllt sind (siehe Kommentar zu Abschnitt 4.2). El. 507 ist dann sinngemäß anzuwenden.

Zu Element 509, Zugkräfte in Nieten

Wenn in Ausnahmefällen Zugkräfte in Nieten auftreten, wird empfohlen, die Nachweise wie für nichthochfeste Schrauben mit den Festigkeitswerten nach DIN 18 800, Tab. 3 zu führen.

Zu Element 510, Mittelbare Stoßdeckung

Das Modell, das hinter der Regelung für den mittelbaren Stoß eines Trägers mit m+1 Gurten (m ist Anzahl der Zwischenlagen) und einer Stoßlasche steht, ist in Bild 1 - 5.1 am Beispiel des Stoßes eines Obergurtes mit drei Gurten und einer Stoßlasche dargestellt. Es ist offenbar ein reines Gleichgewichtsmodell, bei dem der Gurt i+1 die Funktion einer Stoßlasche für den Gurt i, der mit der Gurtnormalkraft N_i beansprucht ist, übernimmt. Zur Stoßdeckung des äußeren Gurtes, des m+1-ten und im Bild des dritten, ist eine Stoßlasche angeordnet.

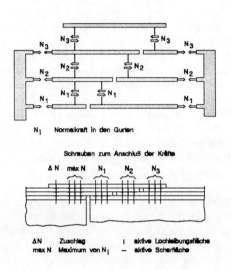

Bild 1 - 5.1 Modell des Kraftverlaufes für die mittelbare Stoßdeckung

Es ist zu beachten, daß auf der rechten Stoßseite je Schraube jeweils nur eine Scherfläche aktiv ist, auf der linken Stoßseite jedoch alle Scherflächen.

Die Beschränkung auf die Gleichgewichtsbetrachtung ist gerechtfertigt, da der Stoß ausreichend duktil ist. Dennoch wurde die Tradition beibehalten, auf der linken Stoßseite (im Bild) einen (Sicherheits-) Zuschlag von

$$\Delta N = 0{,}3\, m\, \max N \qquad (1 - 5.1)$$

anzusetzen.

In DIN 18 800 ist die Regelung am Sonderfall gleicher Gurtnormalkräfte N_i, gleicher Schrauben im Stoß und damit gleicher Schraubenanzahl n_i je Gurtanschluß dargestellt. Damit kann der Sicherheitszuschlag in der Anzahl der auf der linken Stoßseite erforderlichen Schrauben berücksichtigt werden.

Zu Element 511, Endanschlüsse zusätzlicher Gurtplatten mit Schrauben oder Nieten

Die Regelung in El. 511 bezieht sich auf den "Regelfall",

- daß zwischen den beiden "rechnerischen Anschlußpunkten" einer zusätzlichen Gurtplatte nur an einer Stelle die Querkraft Null ist und demzufolge nur ein Maximum des Biegemomentes (an eben dieser Stelle) auftritt und

- daß je Gurt nur eine zusätzliche Gurtplatte vorhanden ist oder im Falle mehrerer Gurtplatten die betrachtete die äußere ist.

Konstante Querkraft

Es hat sich gezeigt, daß die Regeln des El. 511 offenbar nicht leicht verständlich formuliert sind. Sie sollen deshalb ausführlich erläutert werden, zunächst am Sonderfall konstanter Querkraft zwischen dem rechnerischen Anschlußpunkt (i. allg. die Stelle, von der ab die zusätzliche Gurtplatte benötigt wird) und der Stelle der größten Beanspruchung (gemeint ist infolge des Biegemomentes).

In Bild 1 - 5.2 ist ein Beispiel für diesen Fall gegeben. Es zeigt einen nach der Fließgelenktheorie bemessenen Zweifeldträger mit über die Länge konstantem, doppeltsymmetrischen I-Querschnitt. Er ist in drei Bereichen durch gleiche zusätzliche Gurtplatten verstärkt. Für alle drei Bereiche gelten die vorgenannten Eigenschaften. Da er voll ausgenutzt ist, sind das Stützmoment und die Feldmomente gleich dem Grenzmoment im vollplastischen Zustand.

Das hinter der Regel stehende Modell ist das Balkenmodell der technischen Biegelehre, wobei die zusätzliche Gurtplatte über die Trägerlänge als durchlaufend angenommen wird (siehe Bild 1 - 5.3). Letzteres ist die Folge der Annahme vom Ebenbleiben der Querschnitte.

In diesem Modell ist die Anschlußkraft H die Resultierende der in der Fuge zwischen dem Träger und der zusätzlichen Gurtplatte wirkenden Schubspannungen, vom rechnerischen Anschlußpunkt x_e bis zur Stelle der größten Beanspruchung x_m. Im vorliegenden Falle ist dies zugleich die Endanschlußkraft H_A, mit der die zusätzliche Gurtplatte anzuschließen ist. Die Anschlußkraft H kann bekanntlich über den Verlauf der Querkraft zwischen dem rechnerischen Anschlußpunkt und der Stelle der größten Beanspruchung berechnet werden oder als Differenz der Gurtkräfte N_e und N_m an den genannten Stellen.

Selbstverständlich ist die Gurtkraft N_e dieses Modells an der rechnerischen Anschlußstelle nur eine "gedachte" und hat mit der wirklichen, die hier gegebenenfalls gleich Null ist nichts zu tun. An der rechnerischen Anschlußstelle ist die Annahme vom Ebenbleiben der Querschnitte sicherlich nicht zutreffend, weshalb alle nach der technischen Biegelehre berechneten Spannungen im Anfangs- bzw. Endbereich der zusätzlichen Gurtplatte nicht ausreichend wirklichkeitsnah sind. Dies gilt insbesondere für die in der Anschlußfuge wirkenden Schubspannungen. Mit der Regel des El. 511 soll erreicht werden, daß der Gurt möglichst kompakt an den Träger angeschlossen wird, um so dem Gurt dieselben Dehnungen aufzuzwingen wie dem Träger in der Anschlußfuge. Mit anderen Worten, durch den kompakten Anschluß sollen die Verschiebungen in der Anschlußfuge zwischen Gurtplatte und Träger begrenzt werden.

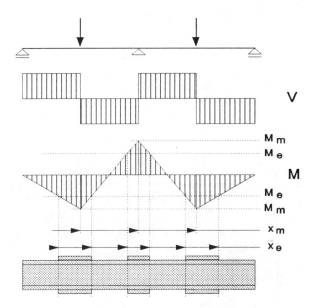

Index e rechnerischer Anschlußpunkt (Endpunkt)
m Stelle der größten Beanspruchung

Bild 1 - 5.2 Endanschluß zusätzlicher Gurtplatten, Beispiel zum Fall "konstanter Querkraftverlauf"

Im letzten Absatz des El. 511 wird für den Fall, daß die "rechnerisch erforderliche" Anschlußlänge kleiner ist als der Abstand zwischen dem rechnerischen Anschlußpunkt und der Stelle der größten Beanspruchung geregelt: "... ist die Gurtplatte im übrigen Bereich konstruktiv anzuschließen." Woraus folgt, daß die im Modell zur Einhaltung der Gleichgewichtsbedingung erforderliche Gurtnormalkraft N_e am rechnerischen Anschlußpunkt vernachlässigt wird.

Letztlich wird die Regelung des Elementes durch die Tradition gerechtfertigt.

Veränderliche Querkraft

Bei veränderlicher Querkraft im Bereich zwischen dem rechnerischen Anschlußpunkt x_e und der Stelle der größten Beanspruchung x_m sind die Endanschlüsse mit der größten Querkraft zu bemessen, d.h. im Bereich zwischen dem rechnerischen Anschlußpunkt x_e und der Stelle der größten Beanspruchung x_m ist ein fiktiver Querkraftverlauf $V(x)^*$ anzunehmen, und zwar mit der konstanten Größe max V anzunehmen. Dem entspricht an der Stelle der größten Beanspruchung x_m ein fiktives Biegemoment M_m^*

$$M_m^* = M_e + b \max V ,\qquad (1 - 5.2)$$

aus dem sich die zugehörige fiktive Gurtnormalkraft N_m^* berechnen läßt. Die Bezeichnung fiktiv wurde gewählt, weil es sich hier nicht um ein Modell handelt, sondern um eine isolierte Maßnahme zur Erhöhung der Endanschlußkraft H_A gegenüber der Anschlußkraft H des zugrundeliegenden Modells.

Ausgleich für die Vernachlässigung der Gurtnormalkraft N_e am rechnerischen Anschlußpunkt x_e geschaffen.

$$H_A = H \frac{b \max V}{M_m - M_e} \qquad (1 - 5.3)$$

Zusätzliche Gurtplatten mit mehr als einem Maximum des Biegemomentes zwischen den Endpunkten

Wenn die oben genannte Voraussetzung 1 nicht gegeben ist (im Falle des Trägers nach Bild 1 - 5.2 z.B. oben und unten nur je eine zusätzliche Gurtplatte statt dreier angeordnet wäre), ist "die Stelle der größten Beanspruchung" jeweils das dem Ende der zusätzlichen Gurtplatte nächstliegende relative Maximum des Biegemomentes im Bereich der zusätzlichen Gurtplatte.

Der nur "konstruktive" Anschluß der Gurtplatte "im übrigen Bereich" ist dann selbstverständlich nicht mehr möglich.

Zu Element 512, Futter

Der Hinweis auf El. 510 bezieht sich auf die Erhöhung der Anzahl der Schrauben. Im Anschlußteil mit nicht vorgebundenem Futter von mehr als 6 mm Dicke ist die Anzahl der Schrauben um 30 % zu erhöhen, wenn ein Futter zwischen den zu verbindenden Teilen angeordnet ist, bei zwei Futtern (= Zwischenlagen) um 60 %.

Die Betrachtung des Tragverhaltens gefutterter Scherverbindungen ohne Vorbindung (schwimmende Futter) zeigt, daß die Verformungen im Grenzzustand der Tragsicherheit erheblich größer sind als die der vergleichbaren ungefutterten Verbindung. Die Vergrößerung der Verformungen wird durch Biegeverformung der Schrauben und Lochleibungsverformung der Futter bewirkt und nimmt offensichtlich (siehe Bild 1 - 5.4) zu mit

- zunehmender Summe der Dicken der Futter zwischen den beiden zu verbindenden Teilen,

- zunehmendem Lochspiel in den Futtern und

- zunehmender Anzahl der Futter.

Die Anordnung von mehreren Futtern von nicht mehr als 6 mm Dicke anstelle eines Futters von mehr als 6 mm Dicke wäre also eine unzulässige Umgehung der Regel von El. 512.

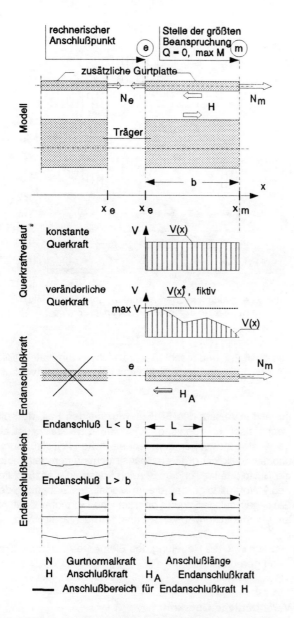

Bild 1 - 5.3   Modell für den Endanschluß einer zusätzlichen Gurtplatte

Bei konstantem Querschnitt im betrachteten Bereich läßt sich die Erhöhung aus der leicht nachvollziehbaren Beziehung ablesen. Mit dieser Erhöhung wird ein ungefährer

Durch Vorbinden der Futter können die Verformungen vermindert werden, jedoch nur, wenn das Lochspiel der vorbindenden Schrauben hinreichend klein ist.

Ein Einfluß der Vorspannung auf die Verformungen, auch in Zusammenhang mit gleitfesten Reibflächen, kann im Grenzzustand der Tragsicherheit nicht unterstellt werden.

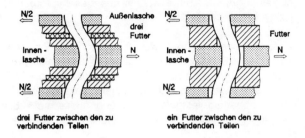

Bild 1 - 5.4   Verformung von Anschlüssen mit nichtvorgebundenen Futtern im Grenzzustand der Tragsicherheit

5.2.3 Schweißverbindungen

Vorbemerkung

Die Norm enthält nur wichtige Grundregeln für die Gestaltung von Schweißverbindungen, die für die im Abschnitt 8.4 festgelegten Nachweise der Tragsicherheit vorausgesetzt sind. Sie können dagegen keineswegs die Kenntnisse ersetzen, die für Entwurf und Ausführung von Schweißverbindungen vorhanden sein müssen. Hierzu ist auch DIN 18 800 Teil 7 und die einschlägige Literatur, z.B. [1 - 21], zu beachten.

Zu Element 514, Allgemeine Grundsätze

Der Begriff "schweißgerecht" umfaßt die Schweißeignung als Problem der Werkstoffe und die Schweißsicherheit als Problem

- der konstruktiven Durchbildung, z.B. gegeben durch Blechdicken, Lage der Schweißnähte, Fugenform, Nahtaufbau,
- der Art der Herstellung, z.B. gegeben durch Schweißverfahren, Zusatzwerkstoff, Vorwärmen, Schweißfolge und Nachbehandlung,
- der Beanspruchung, z.B. ruhend oder schlagartig, Richtung der Beanspruchung bezogen auf die Walzrichtung und auf die Richtung der Schweißnähte und
- der Temperaturbedingungen bei Herstellung und Nutzung der Konstruktion.

Auf die Frage des Überschweißens von Fertigungsbeschichtungen wird in El. A8 im Anhang eingegangen.

Zu Element 517, Geschweißte Endanschlüsse zusätzlicher Gurtplatten

Bei der Standardlösung nach Bild 7 ist auch berücksichtigt worden, daß nicht nur die zum Biegemomentengleichgewicht erforderliche Gurtkraft eingetragen werden kann, sondern daß die zusätzliche Gurtplatte wegen der relativ starren Verbindung und des Ebenbleibens der Querschnitte (Bernoulli-Hypothese, Naviertheorie) größere Kräfte als diese aufnimmt. Dies ist zu beachten, wenn von der Standardlösung abgewichen und ein Nachweis dafür geführt wird (vgl. Erläuterungen zu El. 511).

Zu Element 519, Grenzwerte der Kehlnahtdicken

Es war zunächst umstritten, ob die "alten" Bedingungen für die Grenzwerte aus Abschnitt 7.3.1.1 von DIN 18 800 von 1981 übernommen werden sollten. Die Zeit für eine neue allgemein gültige und normengemäß kurz zu haltende Regelung wurde als noch nicht für reif angesehen. Daher wurde der Regeltext wie 1981 zurückhaltend - hier mit "sollen" - formuliert und in der "Darf"bestimmung deutlich gemacht, daß es sich um Richtwerte handelt, von denen abgewichen werden kann. Dafür ist die in der Norm als [5] angegebene Quelle eine wichtige Hilfe.

Zu Element 513, Schrauben- und Nietabstände

Wesentliche Neuerung bei der Regelung der Rand- und Lochabstände ist die Abhängigkeit der Grenzlochleibungskräfte von diesen Abständen (siehe El. 805 und zugehörenden Kommentar).

Mit Bild 1 - 5.5 wurde der Versuch unternommen, die Regelung der Rand- und Lochabstände zusammenfassend so darzustellen, daß sie mit einem Blick erfaßbar ist.

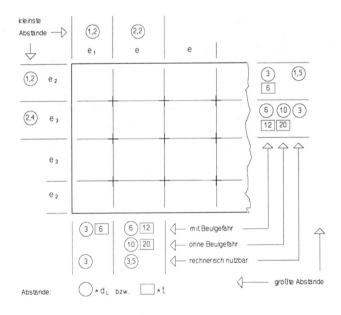

Bild 1 - 5.5   Rand- und Lochabstände

Zu Element 522, Schweißen in kaltgeformten Bereichen

In der Neufassung wurden gegenüber 1981 geändert:

- Tab. 9, indem an die Stelle der 3 schwer verständlichen Spalten jetzt 2 Spalten getreten sind, in denen klar geregelt ist, wie min(r / t) der stufenweise angegebenen maximalen Blechdicke max t zugeordnet ist (Zwischenwerte können linear interpoliert werden). Inhaltlich wurde nur insofern etwas verbessert, als aufgrund neuer Untersuchungen für St 37-3 die Forderungen für dünne Bleche reduziert werden konnten.

- Das Bild in Tab. 9, indem die Vermeidung des rechten Winkels zwischen den geraden Teilen zu einer allgemeingültigeren Aussage führt.

Auf die Veröffentlichungen [1 - 22] und [1 - 23] wird hingewiesen.

5.3 Hochfeste Zugglieder

Allgemeine Anmerkung

Aus dem gleichen Grund, wie zum Abschnitt 4.3 dargelegt, werden auch hier keine Erläuterungen für erforderlich angesehen.

6 Annahmen für Einwirkungen

Zu Element 601, Charakteristische Werte

Zur Regel des El. 601

"Als charakteristische Werte der Einwirkungen gelten die Werte der einschlägigen Normen über Lastannahmen."

präzisiert die Anpassungsrichtlinie

"Es gelten die Werte der Norm über Lastannahmen DIN 1055 Teile 1 bis 6."

Diese lapidaren Aussagen spiegeln das Dilemma wieder, vor das sich die Normen der neuen Generation, wie DIN 18 800 und die Eurocodes, gestellt sehen. Nach dem Sicherheitskonzept sind Einwirkungen statistisch zu beschreiben, charakteristische Werte sind danach Fraktilwerte, und sie müßten als solche festgelegt werden.

Lastnormen (Einwirkungsnormen), die auf dieses Sicherheitskonzept abgestellt sind, werden wohl erst in einigen Jahren praxisreif sein. Bis dahin muß man sich mit den alten Lastnormen behelfen und, z.B. wie in El. 601, die Werte der alten Normen pauschal **als** charakteristische Werte gelten lassen. Dieses Vorgehen scheint zunächst nicht nur kurios, sondern auch gefährlich. Da jedoch die Sicherheitsbeiwerte durch Kalibrationsrechnungen mit diesen alten Normwerten an bisherigen Bemessungsergebnissen geprüft sind, erwächst aus diesem Vorgehen keine erkennbare Gefahr.

Wenn charakteristische Werte festgelegt werden müssen, schreibt El. 601 die Festlegung als p%-Fraktile vor, allerdings ohne p zu quantifizieren. Da einerseits die Teilsicherheitsbeiwerte der Einwirkungen praktisch einwirkungsunabhängig festgelegt sind und andererseits die zulässige Versagenswahrscheinlichkeit (implizit) festgelegt ist, ist p von der Art der Last (z.B. der Streuung der Extremwerte) abhängig. Mit der Berechnung des charakteristischen Wertes aus dem Bemessungswert mit Hilfe der in DIN 18 800 angegebenen Teilsicherheits- und Kombinationsbeiwerte läßt sich das Problem auf die Festlegung des Bemessungswertes zurückführen, der einfacher zu ermitteln ist und einfacher abgeschätzt werden kann. Als grober Anhalt mag gelten:

- Bemessungswert der Einwirkung ist der Wert, von dem zu erwarten ist, daß er während der Nutzungsdauer bei tausend gleichgelagerten Fällen höchstens in einem Fall überschritten wird.

Wenngleich solche Faustregeln die solide Auswertung einer umfangreichen und sachgerechten Datensammlung nicht ersetzen können, kann sie im Falle unzulänglicher Datenbasis und zur ingenieurmäßigen Plausibilitätskontrolle statistischer Ergebnisse hilfreich sein.

7 Nachweise

7.1 Erforderliche Nachweise

Übersicht

Mit Bild 1 - 7.1 wird die Gliederung des Abschnittes 7 erläutert. Es sei wiederholt und vorausgeschickt, daß die Nachweise für Verbindungen in den Abschnitt 8 und die für hochfeste Zugglieder in den Abschnitt 9 allein aus Gründen der Übersichtlichkeit "ausgelagert" worden sind, und daß sich das Vorgehen aber nicht von dem im Abschnitt 7 unterscheidet. Im Eurocode 3 Teil 1 wird genau so verfahren, indem im Abschnitt 6 die Nachweise der Verbindungen aus dem Abschnitt 5 für den Nachweis der Tragsicherheit ausgegliedert sind.

Der Nachweis der **Gebrauchstauglichkeit** wird im Abschnitt 7.1 im El. 704 als erforderlicher Nachweis aufgeführt. Im Abschnitt 7.2 wird im bezug auf die Beanspruchungen beim Gebrauchstauglichkeitsnachweis auf andere Grundnormen, auf Fachnormen und auf Vereinbarungen verwiesen. Im Abschnitt 7.3 wird im El. 722, soweit in anderen Normen keine anderen Regelungen stehen, die Berechnung der Beanspruchbarkeiten beim Gebrauchstauglichkeitsnachweis abschließend geregelt. Schon hier soll auf die dem Anwender gemäß El. 726 überlassene **Wahl des Nachweisverfahrens** hingewiesen werden: falls die jeweils angegebenen Voraussetzungen erfüllt sind, gibt es für ihn dafür keine Einschränkungen.

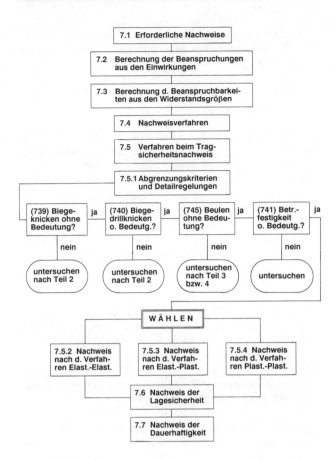

Bild 1 - 7.1 Übersicht über Nachweise nach Abschnitten

Allerdings führt die vom Nachweis nach dem Verfahren Elastisch-Elastisch über das Verfahren Elastisch-Plastisch zum Verfahren Plastisch-Plastisch im allgemeinen zunehmende Ausnutzung der Konstruktionen zu einer zunehmenden Bedeutung angemessener Nachweise ausreichender Gebrauchstauglichkeit.

Zu Element 701, Umfang

Da alle Nachweise der Standsicherheit - das sind Tragsicherheit und Lagesicherheit (vgl. Bemerkungen zu El. 103 - und der Gebrauchstauglichkeit allen denkbaren Zuständen "während der geplanten Nutzung" gerecht werden müssen, wird in Anmerkung 1 zum El. 701 auf Möglichkeiten von Veränderungen ausdrücklich hingewiesen.

Veränderung können auf der **Einwirkungsseite** unplanmäßig (Beispiel: Staubablagerungen) als auch planmäßig (Beispiel: Nutzungsänderung) sein. Im allgemeinen erfordern letztere neue Nachweise von Tragsicherheit und Gebrauchstauglichkeit.

Veränderungen auf der **Widerstandsseite** werden im allgemeinen unplanmäßig sein. Wegen ihres u.U. großen Einfusses auf die Tragsicherheit und die Gebrauchstauglichkeit wird daher im Abschnitt 7.7 ausführlich auf die Probleme der Dauerhaftigkeit eingegangen. Dabei steht das Korrosionsproblem im Vordergrund.

Die Grundnorm DIN 18 800 nennt **Gebrauchstauglichkeitsforderungen** nur allgemein: Im El. 701 findet man daher genau so wenig wie im El. 704 und auch nicht im El. 715 Quantifizierungen von Sicherheitselementen für diesen Nachweis. Grund hierfür ist die Tatsache, daß Grundnormen keine Angaben für spezielle Bauwerksarten machen können, weil Grenzzustände der Gebrauchstauglichkeit bauwerksspezifisch sind: Gebrauchstauglichkeitsanforderungen für eine Halle unterscheiden sich selbstverständlich von denen für einen Mehrgeschoßbau, für einen Funkmast oder eine Straßenbrücke.
(Vgl. z.B. [1 - 24].)

Wenn mit dem Verlust der Gebrauchstauglichkeit eine **Gefährdung von Leib und Leben** verbunden sein kann (vgl. El. 705), werden den Nachweisen der Gebrauchstauglichkeit nach den El. 716 und 722 dieselben Zahlenwerte für die Sicherheitselemente wie den Nachweisen der Tragsicherheit zugeordnet.

Zu Element 702, Allgemeine Anforderungen

Für alle Nachweise gilt die Forderung, daß Beanspruchungen S_d nicht größer als Beanspruchbarkeiten R_d sein dürfen. Die dafür formulierte Bed. (10) ist in Quotientenform geschrieben.

Diese Form der Bedingung ../.. ≤ 1 ist für Interaktionsprobleme unentbehrlich. Beispiele dafür sind im Teil 1 die Bedingungen im El. 757, Tab. 16, bei der Anwendung des Nachweisverfahrens Elastisch-Plastisch oder Plastisch-Plastisch für den Tragsicherheitsnachweis doppelsymmetrischer I-Profile mit Normalkraft N, Biegemoment M_y und Querkraft V_z und die Bedingung im El. 810 für den Tragsicherheitsnachweis von Schrauben, die gleichzeitig durch eine Zugkraft N und eine Abscherkraft V_a beansprucht werden. Die Arbeitsausschüsse haben sich geeinigt, die Quotientendarstellung in allen vier Teilen einheitlich zu verwenden, auch dann, wenn kein Interaktionsproblem vorliegt.

Die im Text stehende Angabe, wie Beanspruchungen S_d und Beanspruchbarkeiten R_d zu berechnen sind, ist eine als Hilfe gedachte Wiederholung der Angaben in den El. 307 und 309.

Anmerkung 1 kann durch den Hinweis ergänzt werden, daß den einzelnen Nachweisen, z.T. abhängig vom Nachweisverfahren, im Regelfall bestimmte "Nachweisebenen" zugeordnet sind. Dafür folgende Beispiele:

Beim Nachweisverfahren Elastisch-Elastisch wird man in der Regel die Bed. (10) auf Spannungen anwenden und so z.B. in Form der Bed. (35) im El. 747 den Quotienten aus Beanspruchung "Vergleichsspannung σ_V" und Beanspruchbarkeit "Grenznormalspannung $\sigma_{V,R,d}$" bilden. Dies gilt sinngemäß z.B. auch für den Nachweis der Tragsicherheit von Schweißnähten nach Abschnitt 8.4 von Teil 1 und der Beulsicherheit nach Teil 3 (vgl. dort Anmerkung 1 zu El. 101) und Teil 4 (vgl. dort El. 113).

Wenn man keine Vergleichsspannungsnachweise zu führen hat, kann man auch bei der Wahl des Nachweisverfahrens Elastisch-Elastisch abweichend von der Regel auf der Ebene der Schnittgrößen arbeiten, z.B. mit Interaktionsbeziehungen für die Grenzschnittgrößen im elastischen Zustand (= Beanspruchbarkeiten) $N_{el,d}$, $M_{y,el,d}$ und $M_{z,el,d}$.

Für die Nachweise der Tragsicherheit von Schrauben und Nieten nach Abschnitt 8.2 wird man die Nachweisebene der Schrauben- oder Nietkräfte wählen, also auch die von Schnittgrößen, so wie es durch die entsprechenden Bedingungen in der Norm hierfür vorgegeben ist.

Für Nachweise der Knicksicherheit führt man nach Teil 2 direkt oder indirekt Nachweise für Bauteile, da z.B. über die Knicklängen Systemeigenschaften des Bauteiles und seine Randbedingungen eingehen.

Schließlich kann der Nachweis eines Rahmens nach dem Verfahren Plastisch-Plastisch nach Abschnitt 7.5.4 ein Tragwerksnachweis sein, in dem unmittelbar die Beanspruchung "Lastkombination" mit der Beanspruchbarkeit "Grenzlastkombination" verglichen wird.

Zu Element 703, Grenzzustände für den Nachweis der Tragsicherheit

Die angegebenen vier Grenzzustände sind wieder bestimmten Tragsicherheitsnachweisen zugeordnet:

- Beginn des Fließens dem Tragsicherheitsnachweis von Querschnitten nach dem Nachweisverfahren Elastisch-Elastisch,

- Durchplastizieren eines Querschnittes dem Tragsicherheitsnachweis von Querschnitten nach den Nachweisverfahren Elastisch-Plastisch und Plastisch-Plastisch,

- Ausbilden einer Fließgelenkkette dem Tragsicherheitsnachweis von Tragwerken nach dem Nachweisverfahren Plastisch-Plastisch,

- Bruch dem Tragsicherheitsnachweis von Verbindungen nach allen Nachweisverfahren.

Daß nach Anmerkung 3 zum El. 703 in der Regel von der Verfestigung kein Gebrauch gemacht wird, bedeutet auch, daß in Sonderfällen, in denen das elasto-plastische Werkstoffverhalten berücksichtigt wird, auf die Verfestigung im allgemeinen verzichtet wird. Dem widerspricht nicht Eurocode 3 Teil 1, der im Abschnitt 5.2.1.4 mit Fig. 5.2.2 nur aus Gründen der numerischen Stabilität einer entsprechenden Berechnung eine geringe Verfestigung mit E/10000 vorgibt.

Zu Element 704, Grenzzustände für den Nachweis der Gebrauchstauglichkeit

Wie schon zuvor in den Abschnitten 7.1.1 und 7.1.2 begründet, werden im El. 704 keine Grenzzustände angegeben, es kann nur gesagt werden, daß sie anderen Grundnormen oder Fachnormen zu entnehmen oder zu vereinbaren sind. "... anderen Grundnormen oder Fachnormen ... entnehmen", wird wegen der Ablösung nationaler Normen durch Eurocodes und CEN-Normen eine Leerformel bleiben. Mit "... vereinbaren ..." wird dazu aufgefordert, immer angemessene Grenzzustände zwischen Bauherrn und ausführendem Unternehmen zu vereinbaren.

Im Gegensatz zu Situationen, bei denen mit dem Verlust der Gebrauchstauglichkeit eine Gefährdung von Leib und Leben verbunden sein kann, ist bei der Formulierung von Gebrauchstauglichkeitsanforderungen die Bauaufsicht nach Auffassung der Kommentatoren nicht einzuschalten, da die Sicherung der Gebrauchstauglichkeit im allgemeinen Fall keine hoheitliche Aufgabe ist.

Der NABau-Arbeitsausschuß durfte in den Grundnormen keine Angaben zu Gebrauchstauglichkeitsanforderungen machen, denn er hatte im Gegensatz zum Eurocode 3 Teil 1 eine Grundnorm und nicht eine Hochbaunorm zu erarbeiten. Für den Hochbau hätte er allerdings nicht ähnlich pauschale Angaben wie im Eurocode 3 Teil 1, Abschnitt 4.2 mit Tab. 4.1 und Figur 4.1 gemacht, da sie in bezug auf Gebrauchstauglichkeit wenig aussagen. Auf die Probleme, die sich bei der Formulierung einfacher und wirksamer Regeln für Gebrauchstauglichkeitsanforderungen ergeben, wird u.a. in [1 - 24] eingegangen.

Zu Element 705, Nachweis der Gebrauchstauglichkeit bei Gefährdung von Leib und Leben

Wenn mit dem Verlust der Gebrauchstauglichkeit eine Gefährdung von Leib und Leben verbunden sein kann, hat der Nachweis der Gebrauchstauglichkeit den Rang eines Tragsicherheitsnachweises. Denn in diesem Fall muß Gefährdung selbstverständlich genauso ausgeschlossen werden, wie die durch Kollaps eines Bauwerkes.

Daher sind in den El. 716 und 722 für diesen Fall dieselben Zahlenwerte für die Teilsicherheitsbeiwerte festgelegt wie für Tragsicherheitsnachweise.

Druckfehler: Im El. 705 wäre besser anstelle von "... verbunden ist ..." formuliert worden "... verbunden sein kann ..." [*].

7.2 Berechnung der Beanspruchungen aus den Einwirkungen

7.2.1 Einwirkungen

Zu Element 706, Einteilung

DIN 18 800 Teil 1 von 1981 setzte eine Einteilung der **Lasten** in Haupt- und Zusatzlasten voraus. Diese waren z.B. in DIN 18 801 im Abschnitt 4 für den Hochbau vorgegeben und mit der Bildung von **Lastfällen** - "Hauptlastfälle H" und "Haupt- und Zusatzlastfälle HZ" - verknüpft. Hierauf stützte sich die Angabe zulässiger Spannungen für die Lastfälle H und HZ ab. - Für Ausnahmebelastungen wurde im Abschnitt 8 auf Fachnormen verwiesen.

Was hat sich demgegenüber geändert?

Wir sprechen jetzt allgemein von **Einwirkungen F** (vgl.Bemerkungen zu El. 301). Diese teilen wir nach ihrer zeitlichen Veränderlichkeit zur Führung von Nachweisen mit Hilfe von Teilsicherheitsbeiwerten in die drei angegebenen Gruppen ein. Bild 1 - 7.2 zeigt qualitativ Beispiele zeitlicher Veränderlichkeit. Man erkennt an der Darstellung von Mittelwerten und Fraktilen in Übereinstimmung mit [1 - 8], dort Abschnitt 6.3.1, deutlich die Unterschiede im dargestellten Zeitabschnitt.

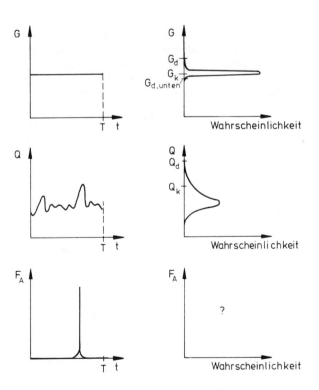

Bild 1 - 7.2 Charakterisierung verschiedener Einwirkungen

Man erkennt:

- Die **ständigen Einwirkungen G** ändern ihre Größe über die Zeit wenig oder nicht, als charakteristische Werte können ihre Mittelwerte benutzt werden. Sie haben einen kleinen Variationskoeffizienten.

- Die **veränderlichen Einwirkungen Q** - wir hätten im Gegensatz zu den ständigen Lasten lieber von nicht ständigen Einwirkungen gesprochen, haben aber in Anpassung an Eurocode 3 Teil 1, Abschnitt 2.2.2.1 darauf verzichtet - verändern sich über die Zeit stark. Wenn ihr Variationskoeffizient nicht größer als 0,1 ist, können sie gut durch ihre Mittelwerte, sonst durch eine p%-Fraktile, z.B. eine 99%-Fraktile, beschrieben werden (vgl. hierzu auch die vorhergehenden Erläuterungen zu El. 601).

- Die **außergewöhnlichen Einwirkungen F_A** treten im Lauf großer Zeiträume mit äußerst kleiner Wahrscheinlichkeit im allgemeinen höchstens einmal auf. Ihre Charakterisierung ist mit großer Unsicherheit behaftet, wird aber im allgemeinen normativ vorsichtig vorgegeben.

In allen neuen Normen wird davon ausgegangen, daß zur Vereinfachung für die praktischen Nachweise Bemessungswerte der Einwirkungen **unabhängig vom Baustoff** der Tragwerke festgelegt werden (vgl. z.B. [1 - 8], dort Abschnitt 6.4.1), obwohl die Festlegung von Teilsicherheitsbeiwerten γ_F für die Einwirkungen nicht unabhängig von der der Teilsicherheitsbeiwerte γ_M für Widerstandsgrößen ist (vgl. hierzu auch [1 - 8]. dort Abschnitt 5.5.1).

Wir sind gewohnt, Einwirkungen in Belastungsnormen normativ vorzugeben. Dabei kommt den in DIN 1055 Teil 1 angegebenen Zahlenwerten für ständige Belastungen weitgehend die Eigenschaft eines Mittelwertes mit kleinen Variationskoeffizienten zu. Die Zahlenwerte für veränderliche Lasten in DIN 1055 Teile 2 bis 6 haben in bezug auf ihre statistischen Kenngrößen sehr unterschiedliche Qualität. So sind z.B. die Verkehrslasten nach DIN 1055 Teil 3 normativ festgesetzt und bisher statistisch nur wenig untersucht worden. Die wetterabhängigen Lasten basieren z.T. auf vieljährigen Erhebungen, sind aber für die Praxis in sehr vereinfachten Regeln in Normen übernommen worden. Die Silolasten nach Teil 6 sind wiederholt erhöht worden und belegen zusammen mit immer wieder auftretenden Schäden an Silos die Unsicherheit bei der Beschreibung der Einwirkung Silolast.

Diesen und anderen Unsicherheiten in der statistischen Beschreibung der Einwirkungen angemessen waren nur einfache Regeln für die Erfassung der Einwirkungen in den Sicherheitsnachweisen. Sie sind so, wie sie jetzt in DIN 18 800 geregelt sind, zu verantworten, da man auch Ergebnisse von Nachweisen nach den neuen Normen mit solchen nach alten Normen verglichen hat. Dies ist sowohl bei der Entwicklung von DIN 18 800 als auch des Eurocodes 3 Teil 1 geschehen.

In der Anpassungsrichtlinie wird - was sicher selbstverständlich ist - festgelegt:

- Einwirkungen aus wahrscheinlichen Baugrundbewegungen, die Beanspruchungen verringern, dürfen bei der Berechnung - gemeint ist beim Nachweis der Tragsicherheit - nicht berücksichtigt werden.

Zu Element 707, Bemessungswerte

Im El. 707 wird zunächst kurz die Vorgehensweise wiederholt, die in den El. 303 bis 306 beschrieben worden ist. Gleichung (11) faßt dies in mathematisch korrekter Schreibweise zusammen.

Auf eine nur symbolisch deutbare Schreibweise, in der Größen mit verschiedenen Dimensionen in Gleichungen für die Bildung von Lastkombinationen addiert werden, wird im Gegensatz zum Eurocode 3 Teil 1, Abschnitt 2.3.2.2 verzichtet.

Zu Element 708, Charakteristische Werte

In der Anpassungsrichtlinie wird festgelegt:

- Es gelten die Werte der Normen über Lastannahmen DIN 1055 Teile 1 bis 6.

Zu Element 709, Dynamische Erhöhung der Einwirkungen

Da die dynamische Erhöhung nach El. 709 direkt bei den Einwirkungen berücksichtigt wird, geht sie in alle Nachweise ein, auch in die Nachweise der Tragsicherheit der Gründungen und die der Gebrauchstauglichkeit. Für den Tragsicherheitsnachweis werden damit gelegentlich geführte Diskussionen vermieden, ob eine dynamische Erhöhung z.B. auch in den Nachweis von Gründungen einzugehen hat (vgl. dazu z.B. die Regelungen in der inzwischen ungültigen Ausgabe der DIN 1072 von 1967, Abschnitt 5.3.6, zur Berücksichtigung des Schwingbeiwertes, wonach die dynamische Erhöhung der Lasten bei Pfeilern und Gründungen nicht zu berücksichtigen ist).

7.2.2 Beanspruchungen beim Nachweis der Tragsicherheit

Zu Element 710, Grundkombinationen

Im El. 710 stehen die Regeln für die Bildung der Grundkombinationen: diese treten in den neuen Normen an die Stelle von Lastfällen in den alten Normen.

Ein Vergleich zwischen beiden Vorgehensweisen macht deutlich:

- In allen Lastfällen wurden genauso wie jetzt in den Grundkombinationen alle ständigen Einwirkungen G berücksichtigt.

- Wenn man früher **alle** veränderlichen Einwirkungen Q_i berücksichtigte, also auch die sogenannten Zusatzlasten, wurde die Unwahrscheinlichkeit ihres gleichzeitigen Auftretens mit ihren Normwerten im Stahlbau durch eine Erhöhung der zulässigen Spannungen für den Lastfall HZ gegenüber denen für den Lastfall H honoriert: man löste ein Problem der Einwirkungen auf der Seite des Widerstandes.

In der neuen Normengeneration wird dieses Problem auf der Seite der Einwirkungen gelöst, dort wo es besteht. Dies geschieht, indem die Unwahrscheinlichkeit des gleichzeitigen Auftretens der veränderlichen Einwirkungen nach der ersten im El. 710 angegebenen Kombinationsregel mit einem Kombinationsbeiwert $\psi \leq 1$ erfaßt wird.

An die Stelle des Hauptlastfalles H tritt die als zweite im El. 710 genannte Grundkombination, in der neben allen ständigen Einwirkungen G nur eine, nämlich die jeweils ungünstigste veränderliche Einwirkung Q_i, berücksichtigt wird.

An die Stelle des Lastfalles HZ tritt die erste im El. 710 genannte Grundkombination, in der neben allen ständigen Einwirkungen G alle ungünstig wirkenden veränderlichen Einwirkungen Q_i berücksichtigt werden. Der dabei verwendete Kombinationsbeiwert $\psi = 0{,}9$ führt im Produkt

$$\psi\, \gamma_F = 0{,}9 \cdot 1{,}5 = 1{,}35$$

auf dieselbe Erhöhung der charakteristischen Werte der veränderlichen Einwirkungen auf ihre Bemessungswerte wie $\gamma_F = 1{,}35$ für die ständigen Lasten. Damit können bei der zweiten Grundkombination die Bemessungswerte aller Einwirkungen aus den charakteristischen Werten durch einheitliches Multiplizieren mit 1,35 berechnet werden.

Wenn man für Nachweise der Tragsicherheit, bei denen die Beanspruchungen linear von den Einwirkungen abhängen, die frühere und die neue Situation vergleicht, kann man erkennen, daß das Produkt 1,485 oder 1,65 aus dem Teilsicherheitsbeiwert $\gamma_F = 1{,}35$ oder 1,5 (El. 710) und dem Teilsicherheitsbeiwert $\gamma_M = 1{,}1$ (El. 720) im Bereich vieler Sicherheitsbeiwerte für den Lastfall H in früheren Normen liegt.

Bei diesem Vergleich fällt auf: beim Dominieren der ständigen Einwirkungen über die veränderlichen ist die Vergrößerung der charakteristischen Werte der Einwirkungen auf ihre Bemessungswerte im Mittel mit einem Faktor von etwas mehr als 1,35 kleiner als beim Dominieren der veränderlichen Einwirkungen mit einem Faktor von im Mittel etwas weniger als 1,5. Es wird deutlich, daß und wie das neue Sicherheitskonzept die geringere Streuung der ständigen Einwirkungen gegenüber den veränderlichen erfaßt.

Die "Darf"bestimmung im vorletzten Absatz des El. 710 (richtig "mindestens 2" anstelle von "mehr als 2") erlaubt die Benutzung zuverlässig ermittelter Kombinationsbeiwerte $\psi < 0{,}9$. Ein Beispiel dafür sind die beiden veränderlichen Einwirkungen "Temperaturdifferenz infolge

Sonneneinstrahlung" und "Windsog" beim Tragsicherheitsnachweis von Befestigungselementen für mindestens zweifeldrige, von der Traufe zum Boden gespannte Wandelemente.

Druckfehler: In der ersten "Darfbestimmung" muß es richtig "mindestens 2" anstelle von "mehr als 2" heißen *.

Die für kontrollierte veränderliche Einwirkungen im letzten Absatz des El. 710 erlaubte Reduktion des Teilsicherheitsbeiwertes γ_F ist auf 1,35 begrenzt, da die durch das Sicherheitsformat erreichte Zuverlässigkeit mit den Festlegungen des Teilsicherheitsbeiwertes $\gamma_M = 1,1$ (El. 720) verknüpft ist. Wenn z.B. man für die Wasserlast eines Behälters wegen der durch Überlaufen limitierten Größe den Bemessungswert mit dem Teilsicherheitsbeiwert $\gamma_F = 1,0 < 1,35$ berechnen würde, müßte man den Teilsicherheitsbeiwert γ_M deutlich über 1,1 erhöhen.

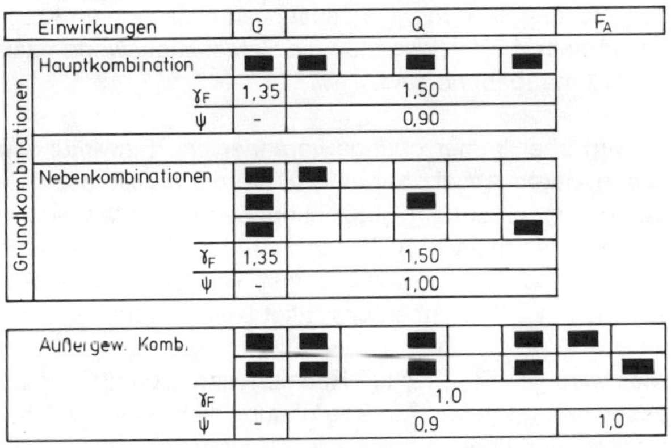

Bild 1 - 7.3 Übersicht über Bilder von Grund- und außergewöhnlichen Kombinationen

Im Bild 1 - 7.3 wird das Vorgehen zusammengefaßt dargestellt. Dabei wird die Grundkombination mit Berücksichtigung **aller** veränderlichen Einwirkungen **Hauptkombination** genannt. Da es im allgemeinen Fall mehrere Grundkombinationen mit Berücksichtigung jeweils **einer** der ungünstig wirkenden veränderlichen Einwirkungen gibt, werden diese mit dem Plural **Nebenkombinationen** bezeichnet. Im Vorgriff auf El. 714 wird in die Darstellung die Bildung außergewöhnlicher Kombinationen einbezogen.

Aus der Praxis werden Sorgen geäußert, daß die Bildung der beiden Grundkombinationen, insbesondere der Nebenkombinationen, und die sich anschließenden Nachweise zu großem Aufwand führen werden. Dies wird mit der Befürchtung begründet, daß man auf der einen Seite nicht weiß, ob bei einem Nachweis die erste, das ist die Hauptkombination nach Bild 1 - 7.3, oder eine der zweiten Grundkombinationen, also eine Nebenkombination, maßgebend sein wird und zusätzlich zunächst offen ist, welche der möglichen Nebenkombinationen dies ist. Man müsse daher bei einer größeren Anzahl veränderlicher Einwirkungen viel probieren und nachweisen.

Dazu kann man im Vergleich mit den bisherigen Regeln zu den Lastfällen H und HZ feststellen:

Die Suche nach den ungünstig wirkenden veränderlichen Lasten war immer notwendig und wird notwendig sein. In dieser Beziehung hat sich nichts geändert.

Die Untersuchungen der beiden Grundkombinationen ist gleichwertig - natürlich nicht gleich - mit dem bisherigen Nebeneinander von H- und HZ-Lastfällen.

Nur in Zweifelsfällen mußte man bisher beide Lastfälle nachweisen. Man wußte aber in den meisten Fällen aus Erfahrung, wann Zusatzlasten einen so großen Einfluß hatten, daß man den Nachweis für den Lastfall H nicht führen mußte und umgekehrt.

Man wird genauso Erfahrungen sammeln, um vorab zu wissen, wann die Hauptkombination oder wann eine Nebenkombination, dazu auch welche, maßgebend ist. Insbesondere wird man feststellen, daß dann, wenn viele veränderliche Einwirkungen vorhanden sind, im allgemeinen die erste Kombination mit Berücksichtigung aller Einwirkungen maßgebend ist. Dies ist in diesem Fall durchweg so, weil die Erhöhung einer Einwirkung mit dem Faktor 1,5 / 1,35 = 1,11 die Beanspruchungen deutlich weniger erhöht, als das Berücksichtigen der anderen veränderlichen Einwirkungen.

Wichtig ist die Festlegung in Anmerkung 3, nach der Verkehrslasten nach DIN 1055 Teil 3 im Sinne der Gln. (13) oder (14) nicht als mehrere veränderliche Einwirkungen aufgefaßt werden dürfen.

Dies gilt nach El. A5 im Anhang auch für die Kombination der Einwirkungen Schnee und Wind gemäß DIN 1055 Teil 5, da die geringe Wahrscheinlichkeit ihres gleichzeitigen Auftretens mit den in den Lastnormen angegebenen charakteristischen Werten bereits mit dem Abschlag auf 50% erfaßt ist. **Eine** veränderliche Einwirkung bedeutet - was eindeutig aus den Regeln für die Bildung der Grundkombinationen hervorgeht - hier für die

- Hauptkombination, daß für die charakteristischen Werte von s und w der Bemessungswert dieser beiden Einwirkungen der ungünstigere von den beiden Werten $1,5 \cdot 0,9(s + w/2) = 1,35(s + w/2)$ und $1,35(s/2 + w)$ und für die

- Nebenkombination der ungünstigere von $1,5(s + w/2)$ und $1,5(s/2 + w)$ ist.

Ein Beispiel für die Hauptkombination ist die gleichzeitig möglichen Einwirkungen "Kranlast" und "(s + w/2)" oder "(s/2 + w)".

In der Praxis ist für den häufigen Fall, in dem Einwirkungen nur als Gleichstreckenlasten auftreten, nach einem Vorschlag von Prof. Dr.-Ing. S. Riemann, Buxtehude, folgende ingenieurmäßige Vereinfachung für die Nebenkombinationen vertretbar:

Das Verhältnis von ständigen Gleichstreckenlasten g_k zu veränderlichen Gleichstreckenlasten p_k liegt im allgemeinen über $\alpha = 0,3$. Der mittlere $\gamma_{F,m}$-Wert
$\gamma_{F,m} = (1,35 + 1,5 / \alpha) / (1 + 1 / \alpha)$ ist für $\alpha > 0,3$
$\gamma_{F,m} < 1,465$. Es ist daher vertretbar, mit $\gamma_{F,m} = 1,45$ zu rechnen und damit für den ungünstigen Fall $\alpha = $ rd. 0,3 einen "Fehler" von etwa 1% hinzunehmen.

Zu Element 711, Ständige Einwirkungen, die Beanspruchungen verringern

Es ist selbstverständlich, daß wir **veränderliche** Einwirkungen bei Nachweisen nicht berücksichtigen, wenn sie eine Beanspruchung verringern. Beispiel: Unterwind auf eine Dachkonstruktion beim Nachweis für die Einwirkungen Eigengewicht und Schnee.

Es ist darüber hinaus auch heute die Regel, **ständige** Einwirkungen reduziert anzusetzen, wenn sie eine Beanspruchung aus veränderlichen Einwirkungen verringern, da sie ja auch nach unten streuen. Beispiel: Dachgewicht beim Nachweis für die Einwirkung Unterwind oder Windsog beim Tragsicherheitsnachweis der Verbindungsmittel zur Befestigung von Trapezblechen auf Unterkonstruktionen nach DIN 1055 Teil 4, Abschnitt 4 (08.86).

Im El. 711 wird dieses Vorgehen auf das Teilsicherheitskonzept übertragen, indem der Teilsicherheitsbeiwert für derartige ständige Einwirkungen von $\gamma_F = 1,35$ auf 1,0 zurückgenommen wird.

Ein weiteres Beispiel, bei dem El. 711 beachtet werden muß, ist der Dreifeldträger mit kleiner Spannweite im Innenfeld beim Nachweis nach dem Verfahren Elastisch-Elastisch: das positive Feldmoment im Innenfeld aus Verkehrslast wird durch die Eigengewichtslast in den Außenfeldern verringert. DIN 1045 [7.05] wird dieser Tatsache durch die Forderung im Abschnitt 14.4.1.3 gerecht, indem z.B. in Innenfeldern durchlaufender Träger immer auf das positive Biegemoment bemessen werden muß, das sich bei voller beidseitiger Einspannung ergibt.

Die Sonderregelung für Erddruck - nicht etwa für Erdgewichtslasten - mit $\gamma_F = 0,6$ für den Fall, daß er Beanspruchungen aus veränderlichen Einwirkungen verringert, ist durch seine großen Streuungen bedingt.

Die Festlegung in der Anpassungsrichtlinie zu El. 706 gilt auch hier.

Zu Element 712, Ständige Einwirkungen, von denen Teile Beanspruchungen verringern

Beanspruchungen aus ständigen Einwirkungen, in deren Einflußlinien oder -flächen Bereiche mit verschiedenen Vorzeichen auftreten, können größer werden, wenn anstelle eines für das ganze Tragwerk einheitlichen Teilsicherheitsbeiwertes γ_F vorzeichenabhängig unterschiedliche Beiwerte benutzt werden. Ein solches Vorgehen ist grundsätzlich erforderlich, um der in der vorhergehenden Erläuterung betonten Tatsache gerecht zu werden, daß ständige Einwirkungen um den Mittelwert auch nach unten streuen. Dieser Sachverhalt ist für wenige statisch bestimmte und für viele statisch unbestimmte Tragsysteme zu beachten.

Ein extremes Beispiel für statisch bestimmte Systeme ist der in der Anmerkung zu El. 712 erwähnte Waagebalken (Bild 1 - 7.4), bei dem im Falle der Symmetrie die Benutzung eines einzigen Teilsicherheitsbeiwertes γ_F für die Eigengewichtslasten im Pfeiler kein Biegemoment ergeben würde. Dieses Ergebnis entspricht nicht der Tatsache, daß schon geringe Streuungen der Eigengewichtslasten über die Tragwerkslänge hinweg dieses Ergebnis deutlich ändern können.

Der zuvor betrachtete symmetrische Waagebalken kann in der Praxis beim Freivorbau eines Brückenträgers nach zwei Seiten auftreten. Bild 1 - 7.4 macht deutlich, daß für den Waagebalken mit $g_k = $ const noch bis zu einem Kragarmverhältnis $\alpha = l_2 / l_1 = 1,34$ die Bemessungswerte nach El. 712 maßgebend sind.

Er wird aber immer geringe veränderliche Einwirkungen haben, deren Ansatz auf einer Seite die Nullsituation für das Biegemoment am Stützenkopf beseitigt. Man wird in vielen Fällen mit schon kleinen Störungen der Symmetrie oder kleinen Verkehrslasten zeigen können, daß der Ansatz nach El. 712 unberücksichtigt bleiben kann.

Dies wird im El. 712 für Rahmen und Durchlaufträger ausdrücklich erlaubt. Zur Begründung dienten Vergleichsrechnungen, deren Ergebnisse für einen Durchlaufträger über 4 Felder mit gleichen Stützweiten l nachfolgend auszugsweise wiedergegeben werden. Dabei werden die aus [1 - 25] entnommenen Zahlenwerte mit angegeben.

Verglichen werden für den Fall konstanter Eigengewichtslast g die $1 / (g\,l^2)$-fachen Biegemomente über der 1. Innenstütze (I) und der Mittelstütze (II).

Nach El. 710   Nach El. 712

$M_I = -1,35 \cdot 0,1071^2$ $M_I = -1,1 \cdot 0,1206 + 0,9 \cdot 0,134$
$M_I = -\mathbf{0,145}$ $M_I = -0,121$

$M_{II} = -1,35 \cdot 0,0714$ $M_{II} = -1,1 \cdot 0,1072 + 0,9 \cdot 0,035$
$M_{II} = -\mathbf{0,0964}$ $M_{II} = -0,0878$

Man erkennt, daß die Berechnung der Biegemomente über den Stützen nach El. 712 nicht maßgebend ist, da die Größe des Teilsicherheitsbeiwertes $\gamma_F = 1,35$ einen größeren Einfluß hat als die Differenzierung zwischen 1,1 und 0,9 auf dem "niedrigerem Teilsicherheitsniveau".

Mit der zweiten "Darf"-Bestimmung wurde insbesondere an Montagesituationen gedacht, bei denen man - ähnlich wie bei einem Waagebalken aus einen Walzprofil - Unter- und Überschreitungen der Normwerte durch Kontrolle beschränken kann. Auch hier führt die Tatsache, daß Festlegungen der Teilsicherheitsbeiwerte γ_F und γ_M miteinander verknüpft sind, auf die Vorgabe der angegebenen Schranken für γ_F.

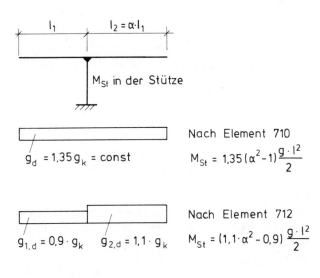

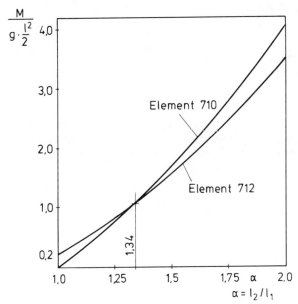

Bild 1 - 7.4 Beispiel für Element 712: Waagebalken

Zusammenfassende Bemerkung zu den Elementen 711 und 712

Die Grenzen zwischen den Forderungen, die in den beiden Elementen enthalten sind, sind z.T. fließend. Das Beispiel für das kurze Innenfeld eines Dreifeldträgers zu El. 711 könnte auch mit der Forderung des El. 712 erfaßt werden, indem in den Außenfeldern der Bemessungswert für die ständige Last mit $\gamma_F = 0,9$ und im Mittelfeld mit $\gamma_F = 1,1$ berechnet wird. Daß beide Vorgehensweisen nicht zu den gleichen Ergebnissen führen, muß im Rahmen einer Norm hingenommen werden: es geht weniger um das zahlenmäßige Ergebnis als um die Tatsache, daß das Problem überhaupt berücksichtigt wird. In Zweifelsfällen sollte das Element angewendet werden, das zu einer größeren Beanspruchung führt.

Zu Element 713, Erhöhung relativ kleiner Beanspruchung

Oft sind kleine Beanspruchungen gegen die Annahmen des Systems und des Lastbildes empfindlich.

Ein bekanntes Beispiel ist der Durchlaufträger, für den nach einer elastischen Berechnung in den Biegemomentennullpunkten Biegemomente ungleich Null auftreten, wenn man einen nur wenig veränderten Verlauf der Biegesteifigkeit oder der Belastung über das Tragwerk annimmt. Die mit auf einen solchen Tatbestand zurückgehenden Schäden im Bereich der Koppelfugen von Spannbetondurchlaufträgern im Brückenbau [1 - 26] zeigen, wie wichtig es ist, Vorkehrungen gegen eine solche Fehleinschätzung zu treffen: für den Spannbetonbau wurden daher zur Vermeidung weiterer Schäden nach DIN 4227, Abschnitt 15.9.2 u.a. Zuschläge zu den ermittelten Biegemomenten im Bereich der Koppelfugen vorgesehen.

Ein Beispiel aus dem Stahlbau ist der Windverband im Hallenbau. Wenn man bei einem einfeldrigen Verband eine konstante Windlast annimmt, erhalten die Verbandsdiagonalen in der Mitte des Verbandes keine oder nur sehr kleine Kräfte. Schon eine kleine Abweichung von der wirklichkeitsfernen Annahme einer konstanten Windlast kann zu deutlich größeren Diagonalkräften oder sogar zu solchen mit umgekehrten Vorzeichen führen.

Der im El. 713 erwähnte Fall des Vorzeichenwechsels liegt z.B. bei einem zweifeldrigen Fachwerkbinder einer Halle vor: Änderungen der Schneelast durch Verwehungen können dazu führen, daß Diagonalen, für die bei einem Ansatz der Schneelast nach DIN 1055 Teil 6 auch bei Beachtung von deren Abschnitt 2 (Einseitig verminderte Schneelast) Zugkräfte ermittelt wurden, Druckkräfte erhalten. Wenn sie sehr schlank ausgebildet sind, können sie ausknicken. In DIN 1055 Teil 6 wird im Abschnitt 3 (Schneeanhäufungen) auf dieses Problem eingegangen.

Zu Element 714, Außergewöhnliche Kombinationen

Die Regel für die Bildung der außergewöhnlichen Kombinationen wurde bereits im Bild 1 - 7.3 dargestellt. Dabei sind selbstverständlich gegebenenfalls die Regeln für die Sonderfälle gemäß El. 711 bis 713 zu berücksichtigen. Es wird darauf hingewiesen, daß in das Zitat von Gl. (13) auch der Ansatz des Kombinationsbeiwertes $\psi = 0,9$ eingeht, so wie es Bild 1 - 7.3 zeigt.

El. 714 sagt auch, daß in außergewöhnlichen Kombinationen immer alle ungünstig wirkenden veränderlichen Einwirkungen zu erfassen sind. Es gibt hier also nur ein der Hauptkombination entsprechendes Vorgehen, und es sind keine Kombinationen mit jeweils nur einer veränderlichen Einwirkung zu bilden.

Die Zahlenwerte $\gamma = 1{,}0$ führen zu ähnlichen Ergebnissen wie DIN 18 800 von 1983: $1 / \gamma_M = 1 / 1{,}1$ entspricht etwa der dortigen Abminderung der zulässigen Spannungen auf die $1{,}3 / 1{,}5 = (1 / 1{,}15)$-fache Streckgrenze.

Zu Element 715, Beanspruchungen beim Nachweis der Gebrauchstauglichkeit

Hier wird zunächst auf die Ausführungen unter der Übersicht (Bild 1 - 7.1) und zum El. 701 im Abschnitt 1.1 verwiesen.

Neben den in der Anmerkung erwähnten Verformungsnachweisen wird erreicht, daß auftretende Verformungen vorzugebende Grenzwerte (Beanspruchbarkeiten) einhalten. Wichtig sind aber auch von Fall zu Fall dynamische Untersuchungen, mit denen ausgeschlossen wird, daß z.B, Eigenfrequenzen in einem Bereich liegen, der wegen Resonanz zu Erregungen die Nutzung eines Bauwerkes einschränken könnte. Hierzu vgl. z.B. [1 - 27].

Bewußt wurde auf eine Quantifizierung von Teilsicherheitsbeiwerten γ_F verzichtet, um offen zu lassen, wie zuverlässig Gebrauchstauglichkeit im Einzelfall sein soll. Auf der Widerstandsseite gibt es dagegen im El. 722 eine feste Vorgabe für den Teilsicherheitsbeiwert $\gamma_M = 1{,}0$.

Zu Element 716, Verlust der Gebrauchstauglichkeit verbunden mit der Gefährdung von Leib und Leben

Dieses Element ist eine aus Gründen einer klaren Gliederung vorgenommene Wiederholung des Inhaltes von El. 705. Vgl. daher die dazu gemachten Ausführungen.

7.3 Berechnung der Beanspruchbarkeiten aus den Widerstandsgrößen

7.3.1 Widerstandsgrößen

Zu Element 717, Bemessungswerte

Der Regeltext ist bereits zum El. 302 erläutert worden. Die Norm wird der Tatsache gerecht, daß nicht nur Festigkeiten, sondern auch Steifigkeiten streuende Größen sind. Daß dies berücksichtigt werden muß, erkennt man am Beispiel von Stabwerken, bei denen der Einfluß der Verformungen auf die Gleichgewichtsbedingungen (Theorie II. Ordnung) überlinear mit den Abnahme der Steifigkeiten wächst. Dieser Einfluß wird im Eurocode 3 Teil 1 nicht erfaßt.

Die Begründung für die in der Anmerkung (vgl. auch El. 117 im Teil 2) festgehaltene Tatsache, daß der "Nachweis mit den γ_M-fachen Bemessungswerten der Einwirkungen und den charakteristischen Werten der Widerstandsgrößen zum gleichen Ergebnis (führt), wie der Nachweis

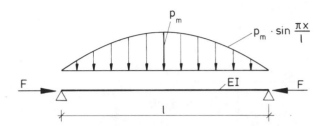

Bild 1 - 7.5 Zur Begründung der Gleichwertigkeit des Nachweises mit γ_M-fachen Bemessungswerten der Einwirkungen und den charakteristischen Werten der Widerstandsgrößen

mit den Bemessungswerten der Einwirkungen und der Widerstandsgrößen, **wenn für alle Widerstandsgrößen derselbe Wert γ_M gilt**", kann relativ allgemein mit dem Beispiel nach Bild 1 - 7.5 gezeigt werden (vgl. auch [1 - 28].

In Stabmitte gilt:

$$M_{2.0} = M_{1.0} \cdot \frac{1}{1 - \dfrac{F}{F_{Ki}}} = p_m (l/\pi)^2 \frac{1}{1 - \dfrac{F}{F_{Ki}}} \qquad (1 - 7.1)$$

Tragsicherheitsnachweis nach Theorie 2.Ordnung auf der Ebene der Spannungen mit Anwendung des Teilsicherheitsbeiwertes γ_M auch auf die Steifigkeiten, hier in

$$F_{Ki} = \frac{(EI/\gamma_M)\pi^2}{l^2} \qquad (1 - 7.2)$$

Es folgt:

$$\sigma = \frac{(\gamma_f F)}{A} + \frac{(\gamma_f p_m)(l/\pi)^2}{1 - \dfrac{(\gamma_f F)l^2}{(EI)/\gamma_M R^2}} \cdot \frac{1}{W} \leq (f_{y,k}/\gamma_M) \qquad (1 - 7.3)$$

Multipliziert mit γ_M und im Nenner des Vergrößerungswertes $1/\gamma_M$ als γ_M in den Zähler geschrieben:

$$\frac{(\gamma_M \gamma_F) F}{A} + \frac{(\gamma_M \gamma_F) p_m (l/\pi)^2}{1 - \dfrac{(\gamma_M \gamma_F) F l^2}{EI \pi^2}} \cdot \frac{1}{W} \leq f_{y,k} \qquad (1 - 7.4)$$

Es treten nur Produkte $(\gamma_M \gamma_F)$ und diese nur bei den Einwirkungen auf, so daß der Nachweis - wie nach der Spannungstheorie 2. Ordnung der DIN 4114 gewohnt - mit

(γ_{global})-fachen = ($\gamma_M \gamma_F$)-fachen Lasten und den charakteristischen Werten

- $f_{y,k}$ der Streckgrenze und

- $(EI)_k$ der Biegesteifigkeit

geführt werden kann:

$$\frac{\gamma_{global}F}{A} + \frac{\gamma_{global}p_m(l/\pi)^2}{1-\frac{\gamma_{global}Fl^2}{(EI)_k \pi^2}} \cdot \frac{1}{W} \leq f_{y,k} \qquad (1-7.5)$$

Zu Element 718, Charakteristische Werte der Festigkeiten

Zur Begriffsbestimmung der charakteristischen Werte der Festigkeiten bedarf es eines Rückgriffs auf das theoretische Sicherheitskonzept, das in [1 - 8] zusammenhängend dargestellt ist. Grenzgrößen (Größen der Beanspruchbarkeit), z.B. Grenznormalkräfte und Grenzbiegemomente von Stabquerschnitten, werden aus Querschnittsgrößen, z.B. Querschnittsflächen, Widerstandsmomente und Werkstoffgrößen der Festigkeit, z.B. Streckgrenze des Werkstoffs, berechnet. Nach dem theoretischen Konzept müßte jede Querschnittsgröße und jede Werkstoffgröße, deren Streuung berücksichtigt wird, als Zufallsgröße behandelt werden. Zufallsgrößen sind charakteristische Werte zuzuordnen sowie Sicherheitsbeiwerte zur Berechnung der Bemessungswerte. Die Erfahrung zeigt, daß die Streuungen von Werkstoffgrößen aber auch von Querschnittsgrößen zu berücksichtigen sind.

Offensichtlich würde die konsequente Verfolgung des theoretischen Konzepts zu einer aufwendigen Form der Berechnung führen. Die Norm geht einen anderen Weg. Er beruht auf der Tatsache, daß Querschnittsgrößen und Werkstoffgrößen stets als Produkte aus einer Querschnittsgröße und einer Werkstoffgröße auftreten; das Produkt kann als Querschnittsfestigkeit interpretiert werden. Die Norm betrachtet nun die Querschnittsfestigkeit als streuende Einflußgröße. Welche Zusammenhänge zwischen den Querschnittsfestigkeiten, Werkstoffgrößen und Querschnittsgrößen bestehen, soll im folgenden gezeigt werden.

Wenn wir - nur hier und zum Zweck der Erläuterung -

Querschnittsgrößen mit A
Werkstoffgrößen mit R
Querschnittsfestigkeiten mit F

bezeichnen, können wir für die Querschnittsfestigkeit F

$$F = A R \qquad (1-7.6)$$

schreiben, wobei wir uns erinnern, daß alle drei Größen Zufallsgrößen sind. Durch Division mit dem Nennwert A_N der Querschnittsfestigkeit F erhält man die bezogene Querschnittsfestigkeit f. Die Definitionsgleichung ist

$$f = F/A_N \qquad (1-7.7)$$

Weiter definieren wir hier die bezogene Querschnittsgröße a

$$a = A/A_N \qquad (1-7.8)$$

Damit gilt für die bezogene Querschnittsfestigkeit f

$$f = aR \qquad (1-7.9)$$

Vereinfachend ausgedrückt beinhaltet die bezogene Querschnittsfestigkeit f die Streuung der bezogenen Querschnittsgröße a und der Werkstoffgröße R.

Für die Werkstoffgröße obere Streckgrenze R_{eH} nennt die Norm die bezogene Querschnittsfestigkeit Streckgrenze f_y, der Werkstoffgröße Zugfestigkeit R_m ist die bezogene Querschnittsfestigkeit Zugfestigkeit f_u zugeordnet. Diese Zuordnung gilt für alle möglichen Querschnittsgrößen, z.B. Querschnittsfläche und Widerstandsmoment. Da die charakteristischen Werte für die Streckgrenze $f_{y,k}$ und die Zugfestigkeit $f_{u,k}$ unabhängig von den Querschnittsgrößen sind, unterstellt die Norm, daß die Unterschiede in der Streuung der bezogenen Querschnittsgrößen a vernachlässigt werden können.

In der Definition der bezogenen Querschnittsfestigkeiten verbirgt sich ein weiterer Unterschied zwischen ihnen und den zugeordneten Werkstoffgrößen. In Gl. (1 - 7.6) ist angenommen, daß der Wert der Werkstoffgröße konstant über den Querschnitt ist, eine Annahme, die z.B. für die obere Streckgrenze R_{eH} von warmgewalzten Profilen bekanntlich nicht zutrifft. Die Streckgrenze f_y hingegen ist per Definition konstant über die Querschnitte.

Die Anpassungsrichtlinie ergänzt El. 718 wie folgt:

Sind weder in Abschnitt 4 noch in Fachnormen charakteristische Werte für Festigkeiten (z.B. bei großen Blechdicken, bei Temperaturen >100 °C usw.) angegeben, so sind diese durch Auswertung von repräsentativen Stichproben, durchgeführt von einer dafür geeigneten Stelle, als 5%-Fraktile bei 75% Aussagewahrscheinlichkeit zu ermitteln. Sofern in Stoffnormen Kennwerte (R_{eH}, R_m) festgelegt und durch ein Abnahmezeugnis A nach DIN 50 049/08.86 bescheinigt werden, dürfen sie als charakteristische Werte genommen werden.

Zu Element 719, Charakteristische Werte für Steifigkeiten

Es wird auf die Erläuterungen zum El. 302 verwiesen.

Zu Element 720, Teilsicherheitsbeiwerte γ_M zur Berechnung der Bemessungswerte der Festigkeiten beim Nachweis der Tragsicherheit

In den Teilen 1 bis 4 wird in der Regel der hier festgelegte Teilsicherheitsbeiwert γ_M beibehalten.

→ + El. 725 ($\gamma_M = 1,2$)

Die einzige Ausnahme ist im El. 206 von Teil 4 für sehr imperfektionsempfindliche Schalenbeulfälle zu finden, in dem der Teilsicherheitsbeiwert in Abhängigkeit vom bezogenen Schlankheitsgrad bis auf $\gamma_M = 1,45$ angehoben wird.

In der Anpassungsrichtlinie ist außerdem für die Abschersicherheit von Schrauben in einschnittigen ungestützten Verbindungen gefordert, anstelle von $\gamma_M = 1,1$ mit $\gamma_M = 1,25$ nachzuweisen.

Zu Element 721, Teilsicherheitsbeiwerte γ_M zur Berechnung der Bemessungswerte der Steifigkeiten beim Nachweis der Tragsicherheit

Von der "Darf"bestimmung, mit einem Teilsicherheitsbeiwert $\gamma_M = 1,0$ zu rechnen, kann in vielen Fällen Gebrauch gemacht werden, da die Schnittgrößen nicht von den Steifigkeiten abhängig sind. Das gilt immer, wenn nach Theorie I. Ordnung gerechnet werden darf, also zum Beispiel für querbelastete Träger - Ausnahme Wassersackbildung - oder längbelastete Stäbe, bei denen der Einfluß der Verformungen auf die Gleichgewichtsbedingungen vernachlässigt werden darf (hierzu vgl. Bemerkungen zu El. 739).

Der Inhalt der Anmerkung ist eigentlich eine Regel. Da die Aussage selbstverständlich ist, steht die Forderung nicht im Regeltext, obwohl sie eigentlich dorthin gehört.

Da im Eurocode 3 Teil 1 die charakteristischen Werte der Steifigkeiten nicht auf Bemessungswerte abgemindert werden, soll hier besonders herausgestellt werden, daß diese Regelung in DIN 18 800 deswegen konsequent ist, weil über die Streuung von Querschnittsabmessungen auch Steifigkeiten streuende Größen sind. Zur Erläuterung mögen die Anmerkungen zuvor zu El. 717 dienen, die dort zum Beispiel der Widerstandsgröße "Festigkeit" gegeben wurden.

Ein entscheidender Vorteil der Regelung, auch bei den Steifigkeiten Bemessungswerte und charakteristische Werte zu unterscheiden, ist dadurch gegeben, daß sie im Gegensatz zur Ansicht, daß sie erschwerend wirkt, zu Vereinfachungen führt: sie erlaubt, wie zuvor zu El. 717 erläutert, auch bei Berechnungen nach Theorie 2. Ordnung, also bei nichtlinearen Zusammenhängen zwischen Einwirkungen und Beanspruchungen, anstelle der getrennten Berücksichtigung der Teilsicherheitsbeiwerte γ_F und γ_M mit den γ_{global}-fachen = ($\gamma_F \gamma_M$)-fachen Einwirkungen und den charakteristischen, also nicht durch γ_M dividierten Festigkeiten und Steifigkeiten zu rechnen, wenn - und auf diese Voraussetzung wird hier nochmals hingewiesen - γ_M für alle Widerstandsgrößen gleich groß ist.

Zu Element 722, Teilsicherheitsbeiwerte γ_M beim Nachweis der Gebrauchstauglichkeit

Auf die einheitliche Festlegung $\gamma_M = 1,0$ wurde bereits bei der Erläuterung von El. 715 hingewiesen.

7.3.2 Beanspruchbarkeiten

Zu Element 724, Ermittlung der Beanspruchbarkeiten

Wichtig ist hier der wiederholte Hinweis auf die Möglichkeit, Beanspruchbarkeiten auch durch Versuche zu bestimmen (vgl. Anmerkungen zu El. 207).

Zu Element 725, Einwirkungsunempfindliche Systeme

Auf den Zusammenhang der Teilsicherheitsbeiwerte für die Einwirkungen und für diese Widerstandsgrößen wurde wiederholt hingewiesen (vgl. z.B. Anmerkungen zum El. 710, 2. "Darf"bestimmung).

Die wichtigsten Beispiele für einwirkungsunempfindliche Systeme sind Seiltragwerke. Ein extremes Beispiel zeigt Bild 1 - 7.6. Man erkennt, daß die Vergrößerung der Belastung q die Seilkraft S fast nicht ändert, da sie am Ablauf von der Seilrolle durch das Gegengewicht G bestimmt wird. In Seilmitte wird lediglich S_{mitte} etwas kleiner, da G gleich der Resultierenden aus $(g + q)l / 2$ und S_{mitte} ist.

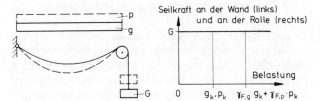

Bild 1 - 7.6   Beispiel für einwirkungsunempfindliche Systeme

7.4 Nachweisverfahren

Zu Element 726, Einteilung der Verfahren

Allgemeines zu den drei Verfahren

Die drei Verfahren

- Elastisch-Elastisch,

- Elastisch-Plastisch und

- Plastisch-Plastisch,

die zum Führen der Nachweise zur Auswahl genannt sind, werden im Kommentar an entsprechender Stelle jeweils für sich behandelt. Damit bleibt hier Raum für eine vergleichende Betrachtung mit Blick auf den Hintergrund der Verfahren.

Alle drei Verfahren sind dem Bauingenieur alte Bekannte. Das Verfahren Elastisch-Elastisch ist bisher das dominierende Standardverfahren im Stahlbau, neben dem das in der "Traglast-Richtlinie" (DASt Ri 008) unter dem Namen

Traglastverfahren geregelte Verfahren Plastisch-Plastisch eine eher untergeordnete Rolle gespielt hat. Im Stahlbetonbau spielt das Verfahren Elastisch-Plastisch die Rolle, die das Verfahren Elastisch-Elastisch im Stahlbau hat; es ist dort das Standardverfahren.

Gemeinsam ist für die drei Verfahren, daß sich deren Regelung in DIN 18 800 vornehmlich an der Anwendung auf Tragwerke (und dabei überwiegend auf Stabtragwerke) ausrichtet, sich jedoch nicht darauf beschränkt. Für die Anwendung auf lokale Tragwerksbereiche, wie z.B. Verbindungen, ist eine sinngemäße Übertragung der Regeln notwendig und möglich. Art und Umfang solcher Übertragungen sind jedoch verfahrensabhängig.

Gemeinsam ist den drei Verfahren die Forderung von DIN 18 800, daß sie auf realitätsnahe Tragwerksmodelle anzuwenden sind. Wir können drei Gruppen unterscheiden:

A) Eigenschaften des Tragwerks

Immer dann, wenn im wirklichen Tragwerk

- geometrische Imperfektionen, wie z. B. die Schiefstellung von planmäßig senkrechten Stützen oder die Krümmung von planmäßig geraden Stützen,

- Verformungen von Verbindungen, wie z. B. Schlupf oder Nachgiebigkeiten,

beachtlichen Einfluß auf das Tragverhalten des Tragwerks haben, und zwar bis zum jeweils zugeordneten Grenzzustand, müssen die Tragwerksmodelle geometrische Imperfektionen und wirklichkeitsnahe Kraftgrößen-Weggrößen-Beziehungen beinhalten.

B) Einfluß der Tragwerksverformungen auf die Einwirkungen

Immer dann, wenn im wirklichen Tragwerk

- Verformungen des Tragwerks beachtliche und beanspruchungssteigernde Rückwirkung auf die Einwirkung haben, und zwar bis zum jeweils zugeordneten Grenzzustand, z.B. wenn Lasten am verformten Tragwerk größer sind, als sie es am unverformten wären,

ist dies bei der Berechnung der Zustandsgrößen (z.B. Schnittgrößen, Spannungen) zu berücksichtigen.

C) Art des Einflusses der Einwirkungen auf die Beanspruchungen des Tragwerks

Immer dann, wenn im wirklichen Tragwerk

- die Beanspruchungen bei zunehmenden Einwirkungen überproportional zunehmen und deshalb der Grenzzustand bei beachtlich geringeren Einwirkungen erreicht wird, als dies bei proportionaler Zunahme (mit der am Beginn der Einwirkung) der Fall wäre,

müssen die Berechnungsverfahren die Gleichgewichtsbedingungen am verformten Tragwerk erfüllen (Theorie II. Ordnung).

Die vorgenannten Forderungen sind offensichtlich Selbstverständlichkeiten und galten auch bisher. In DIN 18 800 werden sie konsequenter und mit größerer Dichte in Regeln umgesetzt, als das bisher der Fall war.

Verfahren Elastisch-Elastisch

Der wesentliche Unterschied zwischen den Verfahren Elastisch-Elastisch und Plastisch-Plastisch (auf das Verfahren Elastisch-Plastisch wird später einzugehen sein) zeigt sich bei den Grenzzuständen der Tragsicherheit. Wir beginnen mit dem des Verfahrens Elastisch-Elastisch und betrachten ihn, in Hinblick auf das Verfahren Plastisch-Plastisch, aus möglicherweise ungewöhnlicher Perspektive. Ausgehend von der Betrachtung des Tragwerks (genauer des Tragwerkmodells) unter von Null an zunehmenden Einwirkungen gilt grundsätzlich:

- Der Grenzzustand der Tragsicherheit ist mit dem Beginn des Fließens erreicht. Dabei sind grundsätzlich alle Stellen des Tragwerks zu betrachten.

"Grundsätzlich alle Stellen" muß es heißen, weil es sein kann, daß lokale Bereiche, wie z. B. Verbindungen nach dem Verfahren Elastisch-Plastisch nachgewiesen werden. Solche Stellen sollen hier aber außer Betracht bleiben. Es sei darauf aufmerksam gemacht, daß hier die Beanspruchbarkeit des Tragwerks (= Grenzeinwirkungen im elastischen Zustand) auf die Beanspruchbarkeit des Werkstoffs zurückgeführt wird, und daß es sich somit um ein lokales, ja punktuelles Grenzkriterium handelt.

Aus obiger Formulierung des Grenzzustandes lassen sich zwei, scheinbar triviale, Fragen stellen:

- Wie weist man das nach, da doch üblicherweise keine Beanspruchungsgeschichten (Verlauf der Beanspruchung mit zunehmenden Einwirkungen) berechnet werden, sondern nur "Endzustände", d. h. die Beanspruchung infolge der Bemessungswerte der Einwirkungen?

- Welche Nachweise müssen zum Nachweis der Tragsicherheit neben dem Nachweis der Fließsicherheit (so können wir den Nachweis, daß Fließen nicht auftritt, in Anlehnung an die übliche Ausdrucksweise, z. B. "Nachweis der Biegedrillknicksicherheit", nennen) noch geführt werden?

Zunächst zum "Wie" des Fließnachweises. Traditionell wird er als Spannungsnachweis geführt. Zur Beschreibung des Werkstoffverhaltens wird die Fließbedingung (siehe El. 746 bis 748 mit den Gln. (31) bis (36)

$$\sigma_x^2+\sigma_y^2+\sigma_z^2-\sigma_x\sigma_y-\sigma_y\sigma_z-\sigma_z\sigma_x+ \\ +3\tau_{xy}^2+3\tau_{yz}^2+3\tau_{zx}^2 = \sigma_{R,d}^2 \qquad (1 - 7.10)$$

benutzt. Sie gibt an, unter welchen Bedingungen ideal-plastisches Fließen stattfindet und wird auch beim Verfahren Plastisch-Plastisch verwendet. Mit diesem "Werkstoffgesetz" einerseits ist nachzuweisen, daß unter andererseits der Annahme unbeschränkter Gültigkeit linearelastischen Werkstoffverhaltens die Bedingung

$$\sigma_x^2+\sigma_y^2+\sigma_z^2-\sigma_x\sigma_y-\sigma_y\sigma_z-\sigma_z\sigma_x+ \\ +3\tau_{xy}^2+3\tau_{yz}^2+3\tau_{zx}^2 \leq \sigma_{R,d}^2 \quad (1-7.11)$$

eingehalten ist. Im Gegensatz zur Fließbedingung könnte man hier - gedanklich "≤" durch "<" ersetzend - von einer "Nicht-Fließbedingung" sprechen.

In den beiden Bedingungen drückt sich die bekannte Tatsache aus, daß man anhand der Spannungen nicht entscheiden kann, ob die Fließgrenze eben erreicht ist (Beginn des Fließens) oder ob sich der Werkstoff schon "tief" im plastischen Zustand befindet. Es bedarf zusätzlicher Kenntnisse. Im vorliegenden Fall entweder über die Annahmen zum Werkstoffverhalten des zur Spannungsberechnung verwendeten Berechnungsverfahrens oder der Verzerrungen. Mit Hilfe der Grenzverzerrungen im elastischen Zustand,

- Grenzdehnung

$$\varepsilon_{R,d} = \sigma_{R,d}/E \quad (1-7.12)$$

- und Grenzgleitung

$$\gamma_{R,d} = \tau_{R,d}/G \quad (1-7.13)$$

kann der Nachweis, daß die Fließgrenze höchstens erreicht ist, als Verzerrungsnachweis

- für die Dehnungen mit

$$\varepsilon = \varepsilon_{R,d} \quad (1-7.14)$$

- und, wenn nur Schubspannungen wirken, mit den Gleitungen

$$\gamma = \gamma_{R,d} \quad (1-7.15)$$

geführt werden.

Bed. (1 - 7.11) verliert die Bedeutung als Grenzkriterium für das Verfahren Elastisch-Elastisch und wird zum verfahrensunabhängigen "Werkstoffgesetz". Der Nachweis nach Bed. (1 - 7.15) ist nur dann erforderlich, wenn primäre Schubspannungen ohne Normalspannungen wirken.

Die Frage, ob neben dem Nachweis der Fließsicherheit weitere Nachweise erforderlich sind, kann - diesmal grunddsätzlich - mit Nein beantwortet werden. Die "Stabilitätsphänomene" Biegeknicken, Biegedrillknicken und Beulen (lokal und global) sind vollständig abgedeckt (von Sonderfällen, z.B. Durchschlagproblemen abgesehen).

Allerdings sehen wir uns, mit der Ausnahme im Falle Biegeknicken, vor erheblichen praktischen Problemen, Spannungen in imperfekten Tragwerken nach Theorie II. Ordnung zu berechnen. Für die praktische Berechnung ist es notwendig, daß

- praxistaugliche Berechnungsverfahren und -programme

und

- Festlegungen über die anzunehmenden Imperfektionen

zur Verfügung stehen. Beides ist heute im Falle des Biegeknickens gegeben und beides fehlt für die übrigen Stabilitätsfälle. So bleibt in den Fällen Biegedrillknicken und Beulen nur die "Krücke", die früher auch im Falle des Biegeknickens erforderlich war: das Ersatzbauteil-Verfahren, d. h. das Ersatzstab-Verfahren, das Ersatzplatten-Verfahren.

Für das Verfahren Elastisch-Elastisch kann man die den Ersatzbauteil-Verfahren zugrunde liegende Hypothese wie folgt formulieren:

- Wenn im Bauteil eines perfekten Tragwerks im Verzweigungszustand, d.h. infolge der Verzweigungseinwirkung (Verzweigungslast), dieselben Dehnungen herrschen (nach Größe und Verteilung) wie im perfekten Ersatzbauteil infolge dessen Verzweigungseinwirkung, dann herrschen im Bauteil des imperfekten Tragwerks im elastischen Grenzzustand, d. h infolge der Grenzeinwirkung im elastischen Zustand, dieselben Verzerrungen (Dehnungen und Gleitungen) wie im imperfekten Ersatzbauteil infolge dessen Grenzeinwirkung im elastischen Zustand.

Es kann hier nicht auf die Problematik bei der Regelung der Ersatzbauteil-Verfahren eingegangen werden (siehe z.B. die Regelung des Ersatzstab-Verfahrens für das Biegeknicken in Teil 2). Deutlich zu machen ist jedoch, welches Verfahren im Zweifelsfalle der Maßstab ist.

Ein Ersatzplatten-Nachweis, der Nachweis der lokalen Beulsicherheit von Teilquerschnitten, ist in Teil 1 explizit geregelt. Es wird unterstellt, daß für die Berechnung der Beanspruchung keine entsprechenden Imperfektionen angenommen werden. Durch die Begrenzung der b/t-Verhältnisse wird sichergestellt, daß die sonst anzunehmenden Imperfektionen die Beanspruchungen (im elastischen Zustand) nur unwesentlich beeinflussen.

Verfahren Plastisch-Plastisch

Gegenüber dem Verfahren Elastisch-Elastisch entfallen beim Verfahren Plastisch-Plastisch die Grenzkriterien für die Verzerrungen, die nun beliebig groß werden dürfen. Bezüglich des Werkstoffverhaltens muß nur hinzugefügt werden, daß die Fließbedingung für beliebig große Dehnungen gilt.

Die Fließbedingung ist selbstverständlich nur eine annähernde Beschreibung des Werkstoffverhaltens und das nur für monoton wachsende Beanspruchung (Verzerrungen) bis in den Anfangsbereich der Verfestigung des Werkstoffs. So widersprechen gewisse ihrer Folgen der Anschauung und sind auch nicht experimentell belegbar. Trotz Vernachlässigung von "Widerstandsvermögen" des Werkstoffs führt die Fließbedingung für idealplastisches Fließen im betrachteten Anwendungsbereich zu hinreichend wirklichkeitsnahen Ergebnissen.

Eine Folge der Fließbedingung ist, daß anders als im elastischen Zustand, wo zu einem Verzerrungszustand genau ein Spannungszustand gehört, im plastischen Zustand zu einem Verzerrungszustand unendlich viele verschiedene Spannungszustände möglich sind (siehe Kommentar zu El. 735).

Was ist der Grenzzustand des Verfahrens Plastisch-Plastisch? Betrachten wir wie beim Verfahren Elastisch-Elastisch das gedachte (Modell-)Tragwerk unter monoton und langsam wachsenden Einwirkungen (Lasten und gegebenenfalls anderen Einwirkungen). Man sieht, der Grenzzustand der Tragsicherheit und damit die Grenzeinwirkung im plastischen Zustand, ist erreicht, wenn das Tragwerk plötzlich, unter Ausbildung eines Mechanismus (kinematische Kette), zusammenfällt.

(Für Einwirkungen, die nicht Lasten sind, z. B. Setzungen, sind Grenzzustände nicht definiert.) Was sich beim plötzlichen Zusammenbruch abspielt, können wir beim "weggesteuerten" (Gedanken-) Experiment sehen. Dabei wird z. B. die Last so aufgebracht (vergrößert oder verkleinert), daß eine gewisse, das Tragverhalten kennzeichnende Verformungsgröße, einem gewünschten Zeitverlauf folgt. Wir regeln mit sehr langsam zunehmender Verformung (quasi statische Belastung).

- Nun folgt i. allg. der Zusammenbruch des Tragwerks dem Erreichen der Grenzeinwirkung nicht unmittelbar. Die zum Gleichgewicht mit den inneren Kräften gehörenden (äußeren) Lasten fallen ab - das Gleichgewicht ist nicht mehr stabil. Schließlich bildet sich auch hier ein Mechanismus und das Tragwerk kollabiert plötzlich, da kein Gleichgewicht zwischen (äußeren) Lasten und inneren Kräften - weder stabil noch instabil - mehr möglich ist.

Es sei angemerkt, daß wir hier das Modell der Fließgelenktheorie betrachtet haben und dies auch im weiteren tun wollen. Der hier nicht weiter verfolgte Unterschied zwischen diesem Modell und dem allgemeinen des Verfahrens Plastisch-Plastisch gründet auf der Linearisierung des Querschnittsverhaltens (z. B. der Momenten-Krümmungsbeziehung), wie in Bild 1 - 7.7 schematisch dargestellt. Im übrigen siehe Kommentar zu El. 758.
Wenn in einem Querschnitt das vollplastische Biegemoment erreicht wird, hat der Querschnitt keinen Widerstand gegen die Zunahme der Krümmung - es bildet sich ein Mechanismus (Fließgelenk). Allgemeiner: Erreichen in

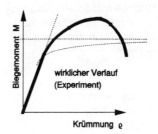

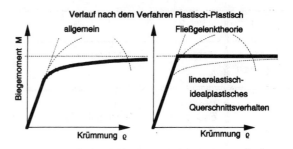

Bild 1 - 7.7   Querschnittsverhalten, Vergleich am Beispiel der Biegemomenten-Krümmungs-Beziehung

einem Querschnitt die Schnittgrößen die Grenzschnittgrößen im plastischen Zustand, dann bildet sich ein Mechanismus. In DIN 18 800 werden die Grenzschnittgrößen im plastischen Zustand durch Interaktionsgleichungen für die Schnittgrößen beschrieben und zwar in der in Gl. (1 - 7.16) am Beispiel "Biegung mit Querkraft" dargestellten Form. Man vergleiche die Bedingung für das Auftreten von Mechanismen in Querschnitten mit der Fließbedingung für den Werkstoff.

$$g(M,V) = 1 \qquad (1 - 7.16)$$

DIN 18 800 geht grundsätzlich von monoton wachsenden Einwirkungen aus, woraus die Forderung nach stabilem Gleichgewicht folgt (noch fehlt eine dem Schema "Nachweis der Beulsicherheit" entsprechende Bezeichnung wie z.B. "Nachweis der Kollapssicherheit"). Offenbar sind drei verschiedene Vorgehensweisen, wie in Tab. 1 - 7.1 dargestellt, möglich.

Das Vorgehen A hat den Vorzug, daß für nachfolgende Nachweise (z.B. Nachweisen von Verbindungen) die zugehörenden Schnittgrößen zur Verfügung stehen. Der Vorteil des Vorgehens C ist der vergleichsweise geringe Rechenaufwand, indem nicht die Traglast, sondern auf der sicheren Seite die zum Kollaps gehörende Last am statisch bestimmten System berechnet wird. Bei der einzigen, für die Praxis bisher bedeutsamen Methode des Verfahrens Plastisch-Plastisch, der Fließgelenkmethode, wird das offensichtlich. Im Kollapszustand ist der Mechanismus Fließgelenkkette ausgebildet, wodurch statisch unbestimmte Systeme statisch bestimmt werden. Für die Berechnung des Grenzzustandes selbst werden i. allg. keine Vorteile gesehen.

Die Frage, ob neben dem Nachweis stabilen Gleichgewichts zum Nachweis der Tragsicherheit weitere Nachweise erforderlich sind, ist wie im Falle des Verfahrens Elastisch-Elastisch zu beantworten.

Tabelle 1 - 7.1 Mögliche Vorgehensweisen für den Nachweis der Tragsicherheit als Nachweis stabilen Gleichgewichts

	1	2	3
1	Vorgehen	Berechnen	Nachweisen
2	A	Beanspruchungszustand	kein Mechanismus
3	B	Grenzzustand	Einwirkungen nicht größer als Grenzeinwirkungen
4	C	Kollapszustand	Einwirkungen nicht größer als Kollapseinwirkungen

Es ist zu bemerken, daß für die Imperfektion Stabkrümmung nach Teil 2 andere Werte als im Falle des Verfahrens Elastisch-Elastisch anzunehmen sind. Das bedeutet in diesen Fällen unterschiedliche Versagenswahrscheinlichkeiten für den Fließsicherheitsnachweis und den Nachweis stabilen Gleichgewichts. Begründet wird dies durch die "plastischen Reserven", die in den Differenzen zwischen den Grenzeinwirkungen im elastischen Zustand und den Grenzeinwirkungen im plastischen Zustand zum Ausdruck kommen.

Bezüglich des lokalen Beulens von Teilquerschnitten gilt das zum Verfahren Elastisch-Elastisch angemerkte sinngemäß. Hier wird sichergestellt, daß auch bei Beanspruchungen, die bei der Ausbildung von Mechanismen (z.B. Fließgelenkketten) auftreten, der Einfluß der sonst anzunehmenden Imperfektionen vernachlässigbar ist.

Die dem Ersatzbauteil-Verfahren zugrunde liegende Hypothese läßt sich wie im Falle des Verfahrens Elastisch-Elastisch formulieren, jedoch muß im "dann-Teil" anstelle "elastischen" jeweils "plastischen" gesetzt werden.

Verfahren Elastisch-Plastisch

Die Verfahren Elastisch-Elastisch und Plastisch-Plastisch sind in sich geschlossen und erfüllen die allgemeine Forderung nach innerer Widerspruchsfreiheit. Diese Forderung wird häufig als selbstverständlich erachtet oder zumindest sehr erstrebenswert angesehen. Verfahren und Methoden, die dieser Forderung nicht entsprechen, haftet aus dieser Sicht ein Makel an. Dennoch werden solche Verfahren verwendet, entweder, weil sie mit vertretbarem Aufwand nicht vermeidbar sind oder weil ihre Einfachheit überzeugt. Die Folgen innerer Widersprüche sind oft schwer und selten vollständig überschaubar. Deshalb wird die Anwendung von Verfahren mit inneren Widersprüchen meist auf enge Geltungsbereiche beschränkt, für die sie ausreichend überprüft sind.

Das Standard-Nachweisverfahren im Stahlbetonbau, dort auch unter der Bezeichnung "Nachweisverfahren linearelastisch-nichtlinear" geführt, ist ein Verfahren mit inneren Widersprüchen. Für die Berechnung der Beanspruchungen wird ein Tragwerksmodell mit unbeschränkt linearelastischem Werkstoffverhalten verwendet. Es entspricht dem des Verfahrens Elastisch-Elastisch. Für die Berechnung der Beanspruchbarkeit hingegen wird für den Betonstahl linearelastisch-idealplastisches Werkstoffverhalten angenommen und für den Beton dessen bekanntes Parabel-Rechteck-Diagramm für die Spannungs-Dehnungs-Beziehung. Dieses Tragwerksmodell entspricht dem des Verfahrens Elastisch-Plastisch. Für den Nachweis werden Beanspruchung und Beanspruchbarkeit auf der Ebene der Schnittkräfte miteinander verglichen.

Der innere Widerspruch dieses Modells führt zur Verletzung von Verträglichkeitsbedingungen; die Gleichgewichtsbedingungen sind erfüllt. Überbrückt wird der Widerspruch durch die "Schläue" des Werkstoffs, d. h. durch die Duktilität der "Werkstoffe" Betonstahl (mehr) und Beton (weniger).

Folgende Überlegungen waren Anlaß, die Anwendung dieses Verfahrens im Stahlbau zu prüfen:

- die praktischen Vorteile dieses Verfahrens sind erheblich (siehe Kommentar zu El. 753);

- das Verfahren ist im Stahlbetonbau allgemein akzeptiert;

- die zur Überbrückung des inneren Widerspruchs des Verfahrens notwendige Duktilität der Querschnitte ist auch im Stahlbau gegeben;

- die Übernahme der "Momentenumlagerungs-Methode", vermutlich ausweitbar, würde einen wesentlichen, sonst dem Verfahren Plastisch-Plastisch vorbehaltenen Anwendungsbereich abdecken können.

Das positive Ergebnis der Überprüfung ist das Verfahren Elastisch-Plastisch. Der vergleichsweise geringen Duktilität der gedrückten Zone des Stahlbetonquerschnitts mit der Gefahr des Abplatzens entspricht der durch lokales Beulen gefährdete schlanke, gedrückte Gurt des Stahlquerschnittes. Für Stahlbetonquerschnitte ist die Stauchung des Betons begrenzt. Für den Stahlquerschnitt hat man sich schließlich für die Begrenzung der Schlankheit (grenz(b/t)) entschieden. Auf eine Begrenzung der Zugdehnungen (entsprechend der des Betonstahls) kann verzichtet werden. Vergleichsrechnungen haben gezeigt, daß unvertretbar große Dehnungen nicht zu befürchten sind.

Die nach dem Verfahren Elastisch-Plastisch berechneten Zustandsgrößen (Schnittgrößen, Spannungen, ...) sind i.allg. weniger wirklichkeitsnahe als die nach dem Verfahren Plastisch-Plastisch berechneten, wobei die Unterschiede jedoch häufig gering sind. In bestimmten Fällen, insbesondere bei Anwendung der Schnittkraftumlagerung, führen beide Verfahren zum selben Schnittkraftverlauf und damit zum selben Bemessungsergebnis. Im Falle der Fließgelenktheorie gilt dies auch in bezug auf Spannungen und Dehnungen. Bild 1 - 7.8 zeigt ein Beispiel, bei dem das Vefahren Plastisch-Plastisch zum selben Bemessungsergebnis führt wie das Verfahren Elastisch-Plastisch, ohne Schnittkraftumlagerung. Der Schnittkraftverlauf ist hier sogar für alle drei Verfahren gleich.

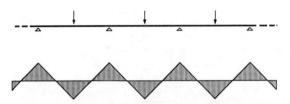

Bild 1 - 7.8   Beispiel für gleichen Schnittkraftverlauf bei den drei Verfahren

Was ist der zum Verfahren Elastisch-Plastisch gehörende Grenzzustand? Aufgrund der bisherigen Betrachtung offensichtlich derselbe wie beim Verfahren Plastisch-Plastisch. Da die Beanspruchung nach der Elastizitätstheorie berechnet wurde und deshalb die Fließbedingung noch nicht berücksichtigt ist, muß zusätzlich der Nachweis geführt werden, daß alle Querschnitte im elastischen oder plastischen Zustand sind.

Bezüglich des lokalen Beulens von Teilquerschnitten gilt das zu den beiden anderen Verfahren angemerkte sinngemäß. Die für den Geltungsbereich von DIN 18 800 zu unterstellenden Beanspruchungen der Teilquerschnitte können jedoch geringer als beim Verfahren Plastisch-Plastisch sein. Auch wenn der Grenzzustand Ausbildung eines Mechanismus erreicht wird, werden z.B. die Dehnungen gedrückter Teilquerschnitte deutlich geringer sein, als sie im Falle des Verfahrens Plastisch-Plastisch werden können.

Zusammenfassender Überblick

In Tab. 1 - 7.2 sind die drei Verfahren in bezug auf Beanspruchung, Beanspruchbarkeit und Nachweis gegenübergestellt. Die Verfahren lassen sich unter verschiedenen Blickwinkeln miteinander vergleichen. Betrachtet man z. B. linearelastisch-idealplastisches Werkstoffverhalten (Zeile 3, Spalte 3) als allen drei Verfahren gemeinsam, dann ist der Fließsicherheitsnachweis als "Verzerrungsnachweis" (Verfahren Elastisch-Elastisch) für alle Punkte des Tragwerks bzw. der Nachweis stabilen Gleichgewichts für das Tragwerk (Verfahren Elastisch-Plastisch und Plastisch-Plastisch) hinreichend. Betrachtet man hingegen das Werkstoffverhalten der Elastizitätstheorie als eigenständiges, dann kann man den Fließsicherheitsnachweis auch als Spannungsnachweis führen. Beim Verfahren Elastisch-Plastisch ist zusätzlich der Nachweis zu führen, daß die Beanspruchung aller Querschnitte im elastischen oder plastischen, d. h. in bezug auf die Annahmen in einem möglichen Zustand sind.

In den Bildern zum Werkstoffverhalten ist die Abhängigkeit der Fließnormalspannung von der gleichzeitig wirkenden Schubspannung angedeutet. Die Doppellinie der Interaktionskurven (Normalspannung-Schubspannung und Biegemoment-Querkraft) weist auf deren Doppeldeutigkeit hin:

Die Fließbedingung für den Werkstoff

- begrenzt den elastischen Zustand und

- definiert die Zustände, bei denen idealplastisches Fließen des Werkstoffs möglich ist.

Die Beanspruchbarkeit für Querschnitte im plastischen Zustand (= Grenzschnittgrößen im plastischen Zustand)

- begrenzt die möglichen Zustände und

- definiert die Zustände, bei denen Mechanismen (z. B. Fließgelenke) existieren, d. h. idealplastische Verformungen des Querschnitts (z. B. Verdrehungen in Fließgelenken) möglich sind (gilt streng nur für die Fließgelenktheorie).

Die Nachweise lokaler Beulsicherheit lassen sich als Nachweise auffassen, mit denen "lediglich" die Gültigkeit der Annahmen der Berechnung (z. B. formtreue und ebenbleibende Querschnitte und damit volles Mittragen aller Querschnittsteile) abgesichert wird. Deshalb kann auf sie verzichtet werden, wenn das Phänomen des lokalen Beulens imperfekter Teilquerschnitte (z. B. gedrückter Flansche) auf andere Weise berücksichtigt wird. Ein Beispiel dafür ist die für "dünnwandige" Querschnitte praktizierte Methode "wirksamer Querschnitt".

In der bisherigen Kommentierung zu diesem Element wurden die Verfahren von ihren Grundlagen her und insofern "rein" behandelt. In DIN 18 800 sind unter der Überschrift Nachweis nach dem Verfahren Elastisch-Elastisch mit den El. 749 und 750 örtlich begrenzte Plastizierungen erlaubt. Dies ist inhaltlich eine teilweise Einbeziehung des Verfahrens Elastisch-Plastisch. Dieser im Interesse der "Praxis" vorgenommene Verfahrens-Mix kann zu Interpretationsschwierigkeiten führen, wenn an anderer Stelle Bezug auf das Verfahren Elastisch-Elastisch genommen wird, etwa in der Form "... bei Anwendung des Verfahrens Elastisch-Elastisch darf der Wert auf 70 % abgemindert werden. " Zunächst darf sicherlich davon ausgegangen

Tabelle 1 - 7.2 Übersicht über die Verfahren (Beispiele für einachsige Biegung)

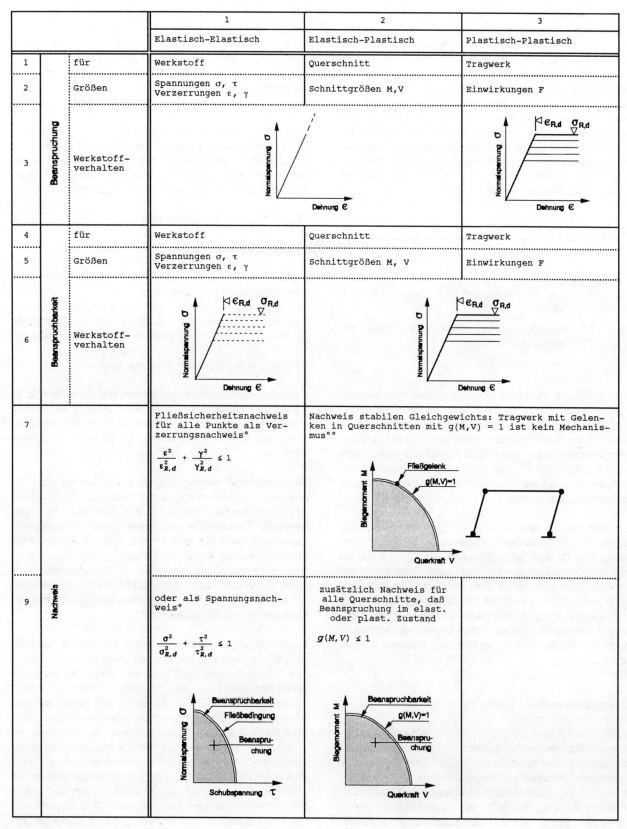

Fußnoten:
° siehe Kommentar zu El. 735   °° ist gleichbedeutend mit "an der Grenze zum Mechanismus"

werden, daß ein derartiger Bezug formal gemeint ist und somit die Anwendung der El. 749 und 750 eingeschlossen ist. Im Zweifelsfall, d. h. wenn sachliche Überlegungen Anlaß zum Zweifel geben, muß das formale Argument zurückstehen. Entsprechend ist die Erlaubnis zur Momentenumlagerung (El. 754) im Abschnitt Nachweise nach dem Verfahren Elastisch-Plastisch zu sehen, die man als originären Bestandteil dieses Verfahrens aber auch als importiertes Teil des Verfahrens Plastisch-Plastisch auffassen kann.

Zu Element 727, Allgemeine Regeln

Siehe Kommentar zu den entsprechenden Elementen und zu El. 726.

Zu Element 728, Tragwerksverformungen

Siehe Kommentar zu El. 739, insbesondere bezüglich der Erlaubnis.

Zu Element 729, Geometrische Imperfektionen von Stabwerken

Von den verschiedenen, im Tragwerksmodell gegebenenfalls zu berücksichtigenden Imperfektionen eines Tragwerks werden in DIN 18 800 nur die globalen, die Gesamtstabilität des Tragwerks und das Biegeknicken unmittelbar beeinflussenden Imperfektionen explizit behandelt. Auf die übrigen Imperfektionen (siehe Kommentar zu El. 726) sind diese Regelung gegebenenfalls sinngemäß anzuwenden.

Mit den Regeln in DIN 18 800 wird dem Ingenieur ein Werkzeug zur wirklichkeitsgerechten Modellierung der Imperfektionen angeboten. Den Regeln liegt das aus Tragwerksknoten und Stäben bestehende Modell des planmäßigen Tragwerks zugrunde. Im Modell des imperfekten Tragwerks weicht die Lage der Tragwerksknoten von der planmäßigen ab, und planmäßig gerade Stabachsen sind gekrümmt; ein Versatz, d. h. eine Veränderung der gegenseitigen Lage der Stabendknoten eines Tragwerksknotens ist nicht vorgesehen. Die Abweichung der Lage der Tragwerksknoten wird durch Stabdrehwinkel ausgedrückt. DIN 18 800 formuliert mit der Vorstellung, daß zunächst das planmäßige (perfekte) Tragwerk existiert und aus diesem durch "Vorverformen" das imperfekte entsteht.

Generell kann man sagen:

- Das Modell eines imperfekten Tragwerks (kurz Imperfektionsfigur) entsteht aus dem des perfekten durch (Vor-)verschieben eines oder mehrerer Stabwerksknoten und (Vor-)krümmen eines oder mehrerer Stäbe.

Da die geometrische Imperfektion Stab(vor)krümmung die Beanspruchung nur im Falle der Theorie II. Ordnung beeinflußt, wird diese in Teil 2, zusammen mit der Ersatzimperfektion Stab(vor)krümmung geregelt. Im Grundsatz gelten die Ausführungen von Teil 1 jedoch auch für die geometrische Imperfektion Stab(vor)krümmung.

Die Modellbildung für ein bestimmtes Tragwerk mag man sich wie folgt vorstellen:

- Feststellen der möglichen Imperfektionsfiguren für mögliche imperfekte Tragwerke und

- Auswählen der für den betrachteten Nachweis ungünstigsten Imperfektionsfigur.

Beim Feststellen möglicher Imperfektionsfiguren kann eine Norm nur wenig helfen. Der Blick hat sich auf das reale, in Zukunft entstehende Tragwerk zu richten. Mögliche Ursachen für Imperfektionen können entstehen

- bei der Herstellung der einzelnen Bauteile (z.B. Abweichungen von planmäßigen Maßen einzelner Bauteile, z.B. von Lochabständen bei Verbandsdiagonalen),

- beim Zusammenbau der Bauteile zu Bauteilgruppen und bei der Montage des Tragwerks (z.B. nicht lotrecht stellen planmäßig lotrechter Stützen oder Abweichungen vom planmäßigen Einbau von Ausgleichsfuttern zum Ausgleich von Toleranzen) und

- bei der Planung (z.B. durch nicht sachgerechte Berücksichtigung von Toleranzen).

Daß die Imperfektionsfiguren nicht von den geometrischen Randbedingungen des zugehörenden statischen Systems beeinflußt werden und mit dessen geometrischen Randbedingungen nicht verträglich sein müssen, versteht sich fast von selbst. Ein entsprechender Hinweis im El. 729 wurde für sinnvoll erachtet, da manchmal Imperfektionen als unmittelbare Eigenschaften statischer Systeme betrachtet werden.

Ob mögliche Ursachen von Imperfektionen wirksam werden können, d.h. zu einem imperfekten Tragwerk führen können, hängt schließlich von der Kontrolle nach den verschiedenen Produktionsstufen und am fertig montierten Tragwerk ab. Dies gilt insbesondere für die quantitative Feststellung möglicher Imperfektionsfiguren.

Die Feststellung möglicher Imperfektionsfiguren hat jeweils zu umfassen:

1) die Form (qualitativ) mit den ihr zugeordneten Ursachen,

2) die Größe der Winkel der Vorverdrehung der Stäbe des Tragwerks (quantitativ) und

3) die Abhängigkeit der Stabverdrehungen untereinander.

Formen und Abhängigkeiten ergeben sich allein aus dem Tragwerk. Die Größe der anzunehmenden Imperfektionen wird in El. 730 geregelt, ihre Reduktion aufgrund der möglichen Imperfektionsfiguren in El. 731.

Zu Element 730, Art und Größe der Imperfektionen

Der Grundwert des Winkels der Vorverdrehung beträgt 1/400. Er ist gegründet auf Erfahrung und bezieht sich auf die 5 m lange Stütze. Für sie ist dies gleichbedeutend mit einer relativen Verschiebung der Stabendknoten von 12,5 mm. Es wird angenommen, daß bei der üblichen Kontrolle größere Abweichungen nur vernachlässigbar selten vorkommen. Zu Vorverdrehungen von Stützen siehe z.B. [1 - 29].

Weiter wird aufgrund von Erfahrung angenommen, daß die relative Verschiebung der Stabendknoten langer Stützen, zwar mit geringerer absoluter, aber höherer relativer Genauigkeit kontrolliert wird. Diese Überlegung führte zum Reduktionsfaktor r_1 für den zugehörenden Stabdrehwinkel der Vorverformung. Für kürzere Stützen wird unterstellt, daß die Verschiebung der Stabendknoten mit derselben relativen Genauigkeit kontrolliert wird wie die der 5 m langen Stütze. Damit entfällt hier der Reduktionsfaktor r_1; er würde bei gleicher Regelung wie bei längeren Stützen zum Erhöhungsfaktor. Für kürzere Stützen ist dies sicherlich gerechtfertigt. Bei der Übertragung der Regelung auf Details jedoch ist dies kritisch zu überprüfen.

Die Regel zur Reduktion des Winkels der Vorverformung gilt nicht nur für Stützen und Stäbe, sondern auch für Stabzüge, wobei dann die Länge des Stabzuges maßgebend wird. Dabei ist nicht vorausgesetzt, wie die Bilder 12 und 13 in Teil 1 nahelegen könnten, daß der Stabzug gerade bleibt. Verallgemeinernd gilt das für jede relative Verschiebung zweier Stabwerksknoten senkrecht zu ihrer Verbindungslinie, wobei nun der Abstand der beiden Knoten maßgebend wird. Insgesamt dient die Regelung zum Reduktionsfaktor r_1 der wirklichkeitsgerechten Beschränkung der Imperfektionsannahmen.

Die Regelung zum Reduktionsfaktor r_2 setzt bei der Vorstellung eines Tragwerks mit vielen Stützen in einem Stockwerk an. Die Vorstellung, daß für alle Stützen derselbe Wert für die Vorverdrehung anzunehmen ist und für alle Stützen in derselben Richtung, widerspricht der Erfahrung und kennzeichnet diese Vorstellung als praktisch nicht vorkommenden Extremfall. Freilich, auch das ist ein praktisch nicht vorkommender Extremfall: Die Vorstellung, daß die relative Verschiebung der Stabendknoten nach Betrag und Richtung vollständig zufällig ist, d.h. daß keinerlei Abhängigkeit zwischen den Imperfektionen der einzelnen Stützen besteht.

Der Reduktionsfaktor r_2 stellt einen empirischen Kompromiß zwischen den beiden gezeigten Extremfällen dar. Der Bezug auf voneinander unabhängige Ursachen stellt sicher, daß auch die Fälle großer Abhängigkeit abgedeckt sind. Ein Beispiel für große Abhängigkeit ist der Dachverband einer Halle, der zur Knickaussteifung einer Vielzahl von Dachbindern herangezogen wird (Bild 1 - 7.9).

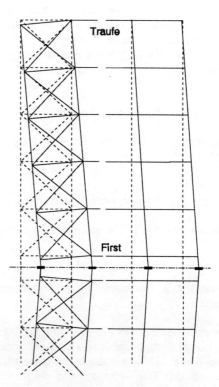

Bild 1 - 7.9   Geometrische Imperfektionen für einen Dachverband, Beispiel für eine Ursache für die Imperfektionsfigur

Einzige Ursache für die Imperfektionsfigur ist die Maßabweichung im Firststoß des zweiteiligen Randdachträgers. Die beiden Dachverbandshälften sind jeweils planmäßig. Durch die ebenfalls planmäßigen Abstände der übrigen Dachträger untereinander (festgelegt durch Bohrungen in den Pfetten und Dachträgerobergurten) erhalten alle Dachträgerobergurte denselben Winkel der Vorverdrehung. Bei einer Stützweite von 40 m ergibt sich der Winkel der Vorverdrehung zu $\phi_{0,r} = (1/400)(5/20)^{0,5} = 1/800$ woraus eine Verschiebung am Firstpunkt von 20000 / 800 = 25 mm folgt. Bei einem Dachbinderabstand von 4 m bedeutet dies, daß ein um 5 mm "zu kurzer Stoß" die Ursache ist.

Das Beispiel läßt sich verallgemeinern auf Tragwerke, die sich in einen aussteifenden Teil und in einen ausgesteiften zerlegen lassen (siehe Bilder 12 und 13 in Teil 1). Hier tritt häufig der Fall ein, daß das aussteifende Teil seine Imperfektionen dem auszusteifenden aufprägt, und deshalb schon eine oder wenige Ursachen zu maßgebenden Imperfektionfiguren führen können, bei denen eine Vielzahl von Stäben Vorverdrehungen aufweisen. Selbstverständlich kann auch hier letztlich nur in Kenntnis der Herstellung und der Montage entschieden werden. Wenn zum

Zeitpunkt der Aufstellung der Berechnung mangels ausreichender Kenntnisse über Herstellung und Montage Zweifel über die Abhängigkeit der Imperfektionen von der Anzahl der Ursachen bestehen, muß gegebenenfalls auf eine Reduktion verzichtet werden.

Die Erlaubnis des El. 729, für Rahmen die Anzahl der Ursachen der Anzahl von Rahmenstielen je Stockwerk gleichzusetzen, geht von der i. allg. sicherlich zutreffenden Annahme aus, daß die Imperfektionen (Winkel der Vorverdrehung) der Rahmenstiele weitgehend unabhängig voneinander sind.

In der statischen Berechnung werden zuweilen Fachwerke, wie z.B. der Dachverband nach Bild 1 - 7.9, als Träger behandelt, den wir hier als Ersatzträger bezeichnen wollen. Hier könnte die Frage auftreten, ob die Imperfektionen durch Vorverdrehungen der Fachwerkstäbe entstehen oder durch eine Vorkrümmung des Ersatzträgers.

Da die Imperfektionen unmittelbar dem Tragwerk zugehören und mit ihnen mögliche imperfekte Tragwerke beschrieben werden, sind bei Fachwerken, die im Sinne der DIN 18 800 zu den Stabwerken gehören, die Regeln für die Vorverdrehung von Stäben anzuwenden. Aus den so gewonnenen Imperfektionsfiguren können dann Vorkrümmungen für den Ersatzträger abgeleitet werden.

Beim Beispiel Dachverband könnte man nun weiter fragen: Nach welcher Regel sind die Imperfektionen der auszusteifenden Obergurte der Dachträger festzulegen? Wenn die Dachträger z.B. Einfeld-Fachwerkträger sind, dann sind deren Obergurte doch eindeutig als druckbeanspruchte Einzelstäbe zu betrachten? Wenn darüber hinaus der Dachverband vergleichsweise "weich" ist, so daß eine Berechnung nach Theorie II. Ordnung notwendig wird, müssen doch neben den geometrischen auch die strukturellen Imperfektionen nach Teil 2 berücksichtigt werden?

Dazu ist anzumerken:

- Wenn für die Nachweise des aussteifenden Teils eines Tragwerkes nach Theorie I. Ordnung gerechnet werden darf, brauchen bei der Festlegung der Vorverdrehungen der Stäbe des Tragwerks keine strukturellen Imperfektionen berücksichtigt zu werden. Wenn das aussteifende Teil ein Fachwerk oder ein fachwerkartig ausgesteifter Rahmen ist, genügt dafür die Bedingung, daß die globale Berechnung nach Theorie I. Ordnung geführt werden darf, d.h. daß die Stablängsverschiebungen vernachlässigt werden dürfen (Dehnsteifigkeiten gegen Unendlich).

Dazu folgende Betrachtung:

Das ausgesteifte Teil wird durch die Verschiebungen der Tragwerksknoten nur unwesentlich beeinflußt und seine Steifigkeit beeinflußt die Verschiebung der Tragwerksknoten nur unwesentlich. Strukturelle Imperfektionen von Stäben wirken sich bei Normalkraftbeanspruchung bekanntlich wie Ausmitten aus. Aufgrund der Art der strukturellen Imperfektionen sind die zugehörenden Ausmitten Bruchteile von Querschnittsabmessungen (z.B. des maßgebenden Trägheitsradius). Grundsätzlich müßten mit dieser Ausmitte Vorverdrehungen der Stäbe für die strukturellen Imperfektionen berechnet und denen für die geometrischen überlagert werden. Da sie klein sind gegenüber den geometrischen, können sie vernachlässigt werden. In DIN 18 800 wurde auf eine Regelung dieser Imperfektionen verzichtet. Der in Teil 2, El. 205, Gl. 1 angegebene Winkel der Vorverdrehung für die Ersatzimperfektionen (geometrische und strukturelle) gilt hier nicht; der Geltungsbereich dieser Gleichung ist offensichtlich auf aussteifende (Bild 5) und nicht ausgesteifte (Bild 5 und 6) Tragwerke begrenzt.

Wenn für die Nachweise des aussteifenden Teils eines Tragwerkes nach Theorie II. Ordnung gerechnet werden muß, sind bei der Festlegung der Vorverdrehungen der Stäbe des aussteifenden Teils des Tragwerkes die Ersatzimperfektionen nach Teil 2 anzuwenden. Für die Vorverdrehungen der Stäbe des ausgesteiften Teils des Tragwerks genügt es, aus den vorgenannten Gründen, nur die geometrischen Imperfektionen zu berücksichtigen. Freilich ist letzteres nur von theoretischer Bedeutung, da sich die Vorverformung des aussteifenden Teiles dem (perfekten) ausgesteiften Teil aufprägt.

Für mehrteilige Stäbe ergeben sich bei der Frage nach den anzuwendenden Regeln keine Probleme.

Druckfehler: Bild 13 und Anmerkung 1 sind fälschlicherweise mit einem Raster unterlegt *.

Zu Element 731, Reduktion der Grenzwerte der Stabdrehwinkel

Diese Erlaubnis zur Reduktion der Imperfektionen ist eine logische Konsequenz aus dem Geist der Regelungen der El. 729 und 730. Um der Gefahr zu optimistischer Festlegungen zum Zeitpunkt der Aufstellung der statischen Berechnung, die dann am Tragwerk nicht einzuhalten sind, zu begegnen, muß vorher plausibel gemacht werden, daß die angenommenen Imperfektionen eingehalten werden können. Der Nachweis, daß sie eingehalten sind, kann selbstverständlich erst später erbracht werden. Dafür kommen Kontrollen an den fertigen Bauteilen in der Werkstatt und am fertig montierten Tragwerk in Betracht.

Schließlich sei an dieser Stelle noch einmal darauf hingewiesen, daß auch der Ansatz größerer Imperfektionen als der in El. 730 festgelegten erforderlich werden kann. Beides, die Freiheit zur Reduktion und die Pflicht zu Erhöhung, gehört zur Verantwortung des Ingenieurs.

Zu Element 732, Stabwerke mit geringen Horizontallasten

Imperfektionen (Vorverdrehungen) in Verbindung mit Vertikallasten haben auf die Schnittgrößen gleichartigen

Einfluß wie Horizontallasten. Bei fehlenden oder geringen Horizontallasten reagiert das Tragwerk deshalb wesentlich empfindlicher auf Imperfektionen als in Fällen, in denen Horizontallasten bemessungsbedeutsamen Einfluß haben. Damit in beiden Fällen etwa dasselbe Sicherheitsniveau (gemessen als Versagenswahrscheinlichkeit) erreicht wird, muß im Falle fehlender oder geringer Horizontallasten durch Vergrößerung der anzunehmenden Vorverdrehung die Wahrscheinlichkeit, daß die angenommenen Imperfektionen überschritten werden, deutlich verringert werden. Dies wird durch die geforderte Verdoppelung der in El. 730 festgelegten Winkel der Vorverdrehung erreicht.

Die Regelung obigen Sachverhalts bezieht sich mit Horizontallasten und Vertikallasten auf den häufigsten Fall. Sie gilt generell, wenn durch Vorverdrehungen Abtriebskräfte geweckt werden und in Richtung dieser Abtriebskräfte keine oder nur geringe Kräfte infolge von Einwirkungen auftreten.

Schließlich noch eine Bemerkung, die dem besseren Verständnis des Zusammenhangs der Regel mit dem zugrundeliegenden Sicherheitskonzept dienen kann. Vom Grundsatz wären Imperfektionen ebenso zu behandeln wie andere streuende Größen, z.B. Festigkeiten. Es wäre zwischen charakteristischen Werten und Bemessungswerten der Winkel der Vorverdrehung zu unterscheiden, wobei letztere mit einem Teilsicherheitsbeiwert für Imperfektionen berechnet werden müßten. Aus Gründen der Einfachheit hat man auf diese in bezug auf das Sicherheitskonzept transparente Darstellung verzichtet und folglich auch die Kennzeichnung der Bemessungswerte der Größen der Imperfektionen als solche. Dennoch gilt: Anzusetzende Imperfektionen sind Eigenschaften der Bemessungstragwerke (siehe auch Kommentar zu El. 303).

Zu Element 733, Schlupf in Verbindungen

Zur Berechnung der mit Schlupf verbundenen Weggrößen (Verschiebungen, Verdrehungen) darf i. allg. von perfekten Verbindungen ausgegangen werden. Für die einfache Scherverbindung ergibt sich bei planmäßig deckungsgleichem Lochbild ein Schlupfweg von Δd (= Lochspiel, siehe El. 506).

Bei der Beurteilung von Schlupf in Verbindungen ist die Art der Auswirkung auf das Tragwerk zu beachten. Zwei Arten sind in dieser Hinsicht zu unterscheiden, die Auswirkung mit und ohne Abtriebskräfte.

Die Verformung des Tragwerks infolge Schlupf ist eng mit der Vorverformung des Tragwerks infolge der Imperfektion Stabverdrehung verwandt. Wie durch diese Imperfektion werden auch durch Schlupf Abtriebskräfte geweckt, wenn Kräfte (oder Kraftkomponenten) senkrecht zur Verschiebung der Stabendknoten wirken. Der Einfluß von Schlupf ist in den geometrischen Imperfektionen nicht enthalten.

Die Kriterien zur Beurteilung der Frage, ob Schlupf in der Berechnung zu berücksichtigen ist oder nicht, sind dieselben wie bei der genannten Imperfektion. Die Erlaubnis, daß bei Fachwerkträgern Schlupf i. allg. vernachlässigt werden darf, findet hier ihre Begrenzung (siehe auch Anmerkung 2).

Schlupf kann bewirken, daß sich Verbindungen partiell wie Gelenke verhalten, und zwar bezüglich aller Schnittgrößen. Die Folgen in statisch unbestimmten Systemen können geringere Schnittkräfte (von der Art der Gelenkwirkung) an der Stoßstelle und damit größere Schnittkräfte an anderen Stellen des Tragwerks sein, als dies ohne Schlupf der Fall wäre. Im Falle des Verfahrens Elastisch-Elastisch ist dies bekanntlich die notwendige Folge. Der Stoß wirkt bei dem in Anmerkung 1 genannten Durchlaufträger z.B. über der Innenstütze bei monoton wachsenden Einwirkungen zunächst wie ein Biegemomentengelenk, das erst mit weiterwachsender Einwirkung geschlossen wird. Erst danach stellt sich die "statische" Durchlaufwirkung ein. Das Biegemoment über der Innenstütze infolge der Bemessungswerte der Einwirkungen ist geringer als es ohne Schlupf wäre, solange der Durchlaufträger im elastischen Zustand ist. Im plastischen Zustand wird die Wirkung des Schlupfes auf den Schnittkraftverlauf ganz oder teilweise aufgehoben. Den Einfluß von Schlupf auf den Verlauf der Schnittkräfte (den der Gelenkwirkung zugeordneten) kann man wie folgt abschätzen. Man berechne die zum Schlupf gehörenden Weggröße des Gelenkes und vergleiche sie mit derjenigen, die sich ergäbe, wenn im Tragwerk anstelle der Verbindung ein "reines" Gelenk wäre. Im Falle des vorgenannten Durchlaufträgers ist das der infolge Schlupf mögliche Drehwinkel ϕ_s und die Differenz der Stabenddrehwinkel ϕ_o beidseits des über der Innenstütze anzuordnenden Biegegelenks.

Für die Abschätzung sind selbstverständlich auch grobe Vereinfachungen erlaubt. Im Beispiel des Durchlaufträgers bei 2 mm Lochspiel ist ϕ_s = 4/h mit h Trägerhöhe in mm. ϕ_o mag man mit $\phi_o \approx 3 \cdot (f_l / l_l + f_r / l_r) \approx 1/50$ abschätzen, wobei l die Stützweiten und f die Mittendurchbiegungen der Felder links und rechts vom Stoß sind.

Bei Berechnungen nach dem Verfahren Elastisch-Plastisch wird - wenn keine Abtriebskräfte geweckt werden - der Einfluß von Schlupf i. allg. vernachlässigbar sein. Das partielle Gelenk bewirkt, was nach El. 754 ohnehin als Manipulation erlaubt ist: eine Momentenumlagerung. Die Auswirkung von Schlupf bei Anwendung des Verfahrens Plastisch-Plastisch ist offensichtlich.

Zu Element 734, Planmäßige Außermittigkeiten

Im Falle der Erlaubnis bewirken Außermittigkeiten höchstens lokal begrenzte Plastizierungen, was auch im Falle des Verfahrens Elastisch-Elastisch erlaubt ist.

Zu Element 735, Spannungs-Dehnungs-Beziehungen

Linearelastisch-idealplastisches Werkstoffverhalten

Nachfolgend wird das linearelastisch-idealplastische Werkstoffverhalten für den häufig benutzten Fall, in dem nur die Normalspannung $\sigma_x = \sigma$ und und die Schubspannung $\tau_{xz} = \tau_{zx} = \tau$ auftritt, näher betrachtet.

Nach Teil 1 Gl. (35) und (36), kann man für die Fließbedingung

$$\sigma^2 + 3\tau^2 = f_{y,d}^2 \quad (1-7.17)$$

schreiben (siehe Bild 1 - 7.10).

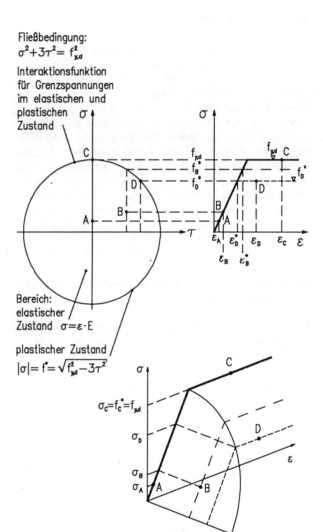

Bild 1 - 7.10 σ-ϵ-Beziehung bei gleichzeitig vorhandener Schubspannung τ

Demnach gilt für die Abhängigkeit der Normalspannung σ von der Dehnung ϵ bei gegebener Schubspannung τ die Beziehung

$$\sigma = \begin{matrix}\epsilon E \\ \text{sign}(\epsilon) f^*\end{matrix} \; f\ddot{u}r \; |\epsilon| \begin{matrix}\leq \\ >\end{matrix} \epsilon^* \quad (1-7.18)$$

mit dem Bemessungswert der bedingten Grenzspannung im elastischen Zustand f^*

$$f^* = \sqrt{f_{y,d}^2 - 3\tau^2} \quad (1-7.19)$$

und dem Bemessungswert der bedingten Grenzdehnung im elastischen Zustand ϵ^*

$$\epsilon^* = f^*/E \quad (1-7.20)$$

Diese bedingten Größen - unter der Bedingung gleichzeitig wirkender Schubspannungen - werden u. a. zur Verkürzung der Schreibweise eingeführt.

Bild 1 - 7.10 zeigt die Zusammenhänge für zwei elastische Zustände (A und B) und zwei plastische (C und D). Es ist zu beachten, daß für die Normalspannungen und die Schubspannungen unterschiedliche Maßstäbe gewählt wurden, indem die Abzisse mit $\sqrt{3}$ gestreckt wurde.

Zu gegebenen Verzerrungen (Dehnung ϵ und Gleitung γ) gibt es, im Gegensatz zum elastischen Zustand, im plastischen Zustand keine eindeutig festgelegten Spannungen (Normalspannung σ und Schubspannung τ), wie in Bild 1 -7.11 veranschaulicht ist. In Spannungen ausgedrückt, können wir die Fließbedingung mit

$$\frac{\sigma^2}{\sigma_{R,d}^2} + \frac{\tau^2}{\tau_{R,d}^2} = 1 \quad (1-7.21)$$

schreiben, wobei $\sigma_{R,d}$ die Grenznormalspannung und $\tau_{R,d}$ die Grenzschubspannung nach El. 746 ist (Kurve 2 im Bild). In Verzerrungen ausgedrückt (zu $\leq$ vgl. nachfolgende Erläuterung zu Bild 1 - 7.10) lautet die Fließbedingung

$$\frac{\epsilon^2}{\epsilon_{R,d}^2} + \frac{\gamma^2}{\gamma_{R,d}^2} \geq 1 \quad (1-7.22)$$

mit der Grenzdehnung

$$\epsilon_{R,d} = \sigma_{R,d}/E \quad (1-7.23)$$

und der Grenzgleitung

$$\gamma_{R,d} = \tau_{R,d}/G . \quad (1-7.24)$$

Im Verzerrungsraum wird die Fließbedingung nicht als Kurve sondern als Bereich abgebildet (im Bild Bereich 2). Im plastischen Zustand entspricht einem Punkt im Verzerrungsraum (im Bild Bv) im Spannungsraum ein Bereich auf der Kurve der Fließbedingung (im Bild der Bereich Bs auf der Kurve 2). Betrachten wir die beiden Endpunkte des Bereichs. An einem Ende ist $\sigma = \epsilon E$ und $\tau < \gamma G$ während am anderen $\tau = \gamma G$ und $\sigma < \epsilon E$ ist. Wie können wir uns das Entstehen der beiden Endzustände vorstellen? Nehmen wir an, daß wir die beiden Endpunkte des Bereiches, z. B. durch jeweils proportionale Steigerung der Spannungen bis zum Grenzzustand im elastischen Zustand, erreicht haben. An einem Endpunkt ist die vorgegebene Gleitung γ und am anderen Ende die vorgegebene Dehnung ε noch nicht erreicht. Der vorgegebene Punkt im Verzerrungsraum muß also durch Gleitfließen bzw. durch Dehnfließen erreicht werden.

Bei allen zwischen den Endpunkten liegenden Punkten werden die vorgegebenen Verzerrungen nach dem Erreichen des Grenzzustandes im elastischen Bereich durch eine Kombination aus Gleit- und Dehnfließen erreicht.

Die fehlende Eindeutigkeit in der Beziehung zwischen Verzerrungen und Spannungen ist selbstverständlich keine Eigenschaft des wirklichen Werkstoffs Baustahl; sie ist nur dem "genormten" Modellwerkstoff eigen. Bedenken gegen die willkürliche Ausnutzung der fehlenden Eindeutigkeit "zu Gunsten des Aufstellers der statischen Berechnung" bestehen nicht, solange die aufgezeigten Grenzen eingehalten werden (zur diskutierten Problematik siehe auch [1 - 30]).

Verfestigung des Werkstoffs

Wenn die Verfestigung des Werkstoffs in Anspruch genommen wird, insbesondere wenn dies bis zur Zugfestigkeit geschieht, sind damit stets große Verzerrungen (z.B. Dehnungen) verbunden. Solange der Bereich lokal eng begrenzt ist, integrieren sich die Verzerrungen nur zu "kleinen" Verschiebungen auf, die keinen beachtlichen Einfluß auf das Verhalten des Tragwerkes insgesamt haben. Bei Ausnutzung der Verfestigung über größere Bereiche besteht die Gefahr, daß die Verformungen (z.B. Durchbiegungen) im Sinne der Voraussetzungen der Berechnungsverfahren "groß" werden. Die üblichen Berechnungsverfahren setzen aber "kleine" Verformungen (z.B. Durchbiegung klein gegenüber der Trägerhöhe) voraus.

Zu Element 736, Kraftgrößen-Weggrößenbeziehungen für Stabquerschnitte

Kraftgrößen-Weggrößen-Beziehungen im Sinne dieses Elementes sind z. B. Momenten-Krümmungs-Beziehungen. Die Kraftgröße ist dabei immer eine Schnittgröße. Auch auf Fließgelenke, betrachtet als Stabquerschnitte besonderer Art, können die Regeln angewandt werden (z.B. Momenten-Rotations-Beziehung).

Die Erlaubnis, die üblichen vereinfachten Annahmen treffen zu dürfen, gilt für die Kraftgrößen-Weggrößenbeziehungen selbst und die zu ihrer Berechnung aus der Spannungs-Dehnungsbeziehung erforderlichen Annahmen (siehe auch Kommentar zu El. 755).

Zu Element 737, Kraftgrößen-Weggrößen-Beziehungen für Verbindungen

Für die Nachgiebigkeit von Verbindungen gelten die im Kommentar zu El. 733 angestellten Betrachtungen zur Auswirkung von Schlupf in Verbindungen sinngemäß. Die Nachgiebigkeit der Verbindung (bezogen auf das monolithisch gedachte Tragwerk) ergibt sich im wesentlichen aus Biegeverformungen (z. B. von Stirnplatten und Flanschen) und bei geschraubten Verbindungen zusätzlich aus der

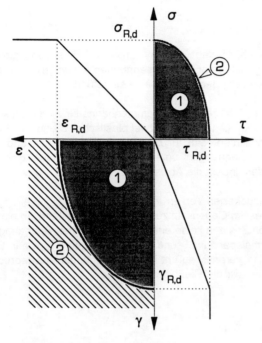

① elastischer Zustand
② plastischer Zustand

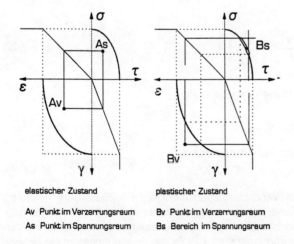

elastischer Zustand
Av Punkt im Verzerrungsraum
As Punkt im Spannungsraum

plastischer Zustand
Bv Punkt im Verzerrungsraum
Bs Bereich im Spannungsraum

Bild 1 - 7.11 Zur Beziehung zwischen Verzerrungen und Spannungen

Ovalisierung von Löchern, dem Scherversatz von Schrauben und der Verlängerung von Schrauben. Bei der Berechnung oder sonstigen Festlegung der Verformungen ist zu beachten, daß der gesamte Beanspruchungsbereich bis hin zu den Bemessungswerten der Einwirkungen einzubeziehen ist, i. allg. bis zum betrachteten Grenzzustand der Beanspruchung. Im lokalen Bereich der Verbindung ist dies oft mit großen plastischen Verformungen verbunden.

Bei geschraubten Verbindungen ist der Grenzzustand der Lochleibung, also das Erreichen der Grenzlochleibungskraft nach El. 805 mit starker Ovalisierung der Löcher und das Erreichen der Grenzabscherkraft bei Schrauben der Festigkeitsklassen 4.6 und 5.6 mit großen Scherversätzen verbunden. Für eine grobe Abschätzung können nach Auffassung der Autoren die in Bild 1 - 7.12 dargestellten Kraftgrößen-Verschiebungs-Beziehungen benutzt werden.

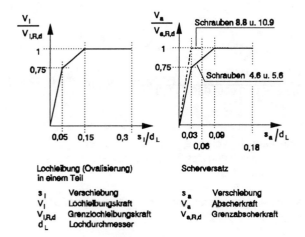

Bild 1 - 7.12 Zur Abschätzung der Verformung von Scherverbindungen infolge Lochleibung und Versatz der Schrauben

Die Beanspruchung von Verbindungen mit wechselndem Vorzeichen der Schnittkräfte kann zweierlei bewirken, Wechselbewegung und Wechselplastizierung. Bei geschraubten Scherverbindungen kann die Ovalisierung der Löcher zu einer erheblichen Vergrößerung des Schlupfes führen - bei wechselnder Beanspruchung "schlägt" die Verbindung "von einer Seite zur anderen". Vergleichbare Effekte können bei plastischen Verformungen zugbeanspruchter Schrauben auftreten. Die zweite Wirkung wechselnder Beanspruchung ist die Materialermüdung; bei Beanspruchung im plastischen Zustand führen weit weniger Beanspruchungswechsel zum Versagen als im elastischen.

Bei welchen Einwirkungen kann Wechselplastizierung oder Wechselbewegung gefährlich werden? Es wird angenommen, daß eine Einwirkung während der Nutzungsdauer genau einmal mit ihrem Bemessungswert auftritt. Der zweitgrößte der auftretenden Werte (es kann sich auch um relative Maxima handeln) ist kleiner als der Bemessungswert, der drittgrößte kleiner als der zweitgrößte usw. Zur Beurteilung der Gefährdung ist zu fragen: Wie oft treten Einwirkungen auf, die zu beachtlichen plastischen Verformungen führen. Mit grober, im Einzelfall zu überprüfender Vereinfachung: Wie oft treten Einwirkungen mit Werten auf, die größer als 80 % der Bemessungseinwirkungen sind. Die Lastnormen geben darauf keine Antwort, so daß im Einzelfall der gesunde Ingenieurverstand und Literatur weiterhelfen müssen. Ebenfalls mit grober, im Einzelfall zu überprüfender Vereinfachung kann man - sicher sehr vorsichtig vorgehend - sagen:

- Wechselbewegung ist zu berücksichtigen, wenn mehr als fünf wechselnde Beanspruchungen größer sind als 80 % der betreffenden Beanspruchbarkeit.

- Wechselplastizierung ist zu berücksichtigen, wenn mehr als 100 Wechselbeanspruchungen größer sind als die Beanspruchbarkeit im elastischen Zustand.

Zu Element 738, Einfluß von Neben-, Eigen- und Kerbspannungen

Eigenspannungen aus dem Herstellprozeß sind mit i. allg. einmaliger plastischer Verformung verbunden. Diese plastischen Verformungen haben, wie die damit verbundenen Eigenspannungen, keinen nachteiligen Einfluß auf das Tragverhalten, der nicht bereits berücksichtigt ist (z.B. bei den strukturellen Imperfektionen) oder der nicht vernachlässigbar klein ist. Beispielsweise wird beim Verfahren Elastisch-Elastisch die Tatsache, daß die Fasern eines Querschnitts bereits vorgedehnt bzw. vorgestaucht sind, ebenso wenig berücksichtigt, wie die Streuung der Streckgrenze über den Querschnitt.

Nebenspannungen und Kerbspannungen (eigentlich Nebendehnungen und Kerbdehnungen wenn man den Werkstoff Stahl und nicht den Werkstoff der Elastizitätstheorie betrachtet) wirken sich nur lokal aus und führen dort zu lokal begrenzter Plastizierung, was auch im Falle des Verfahrens Elastisch-Elastisch erlaubt ist.

7.5 Verfahren beim Tragsicherheitsnachweis

7.5.1 Abgrenzungskriterien und Detailregelungen

Zweck der Abgrenzungskriterien

Schon im Bild 1 - 7.1 wurde auf die Abgrenzungskriterien hingewiesen: mit ihnen wird gegen Nachweise nach anderen Teilen dieser Norm, z.B. Teil 2, "abgegrenzt". Abgrenzen bedeutet, daß Nachweise nach anderen Teilen nicht geführt werden müssen.

Die Abgrenzungskriterien gegen Nachweise der Beulsicherheit von Platten und von Schalen sind für das Nachweisverfahren Elastisch-Elastisch in den Tab. 12 bis 14 enthalten. Hierzu vgl. Kommentar zu El. 745.

Zu Element 739, Biegeknicken

Die "10%-Bedingung", d.h. die Erlaubnis, den Einfluß der Verformungen auf das Gleichgewicht (Theorie II. Ordnung) zu vernachlässigen, wenn der Zuwachs der maßgebenden Biegemomente infolge der nach Theorie I. Ordnung ermittelten Verformungen nicht größer als 10% ist, erscheint beim ersten Hinsehen als sehr großzügig.

Wenn man aber bedenkt, daß im Querschnittsnachweis gerade dann, wenn der Einfluß der Verformungen in den Gleichgewichtsbedingungen groß ist, neben den Biegemomenten die Normalkraft eine Rolle spielt, kommt man zu einer anderen Beurteilung.

Nach Bild 1 - 7.13 wird dieser Einfluß am Beispiel des beiderseits gelenkig gelagerten Balken in einem Nachweis nach dem Verfahren Elastisch-Elastisch gezeigt (vgl. auch Bild 1 - 7.5). Dabei wird nicht nur der Zuwachs des hier maßgebenden Biegemomentes in Stabmitte infolge der nach Theorie I. Ordnung ermittelten Verformungen erfaßt, sondern der vollständige Einfluß nach Theorie II. Ordnung.

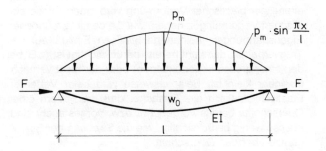

Bild 1 - 7.13 Beispiel zur Beurteilung der "10%-Bedingung" im El. 739

Für den Nachweis der Tragsicherheit nach Theorie II. Ordnung muß für den infolge Querlasten und Vorkrümmung planmäßig außermittig gedrückten Stab nach El. 112 im Teil 2 gezeigt werden, daß für die größte Randdruckspannung in Stabmitte die Bed. (33) im El. 747 von Teil 1 mit $\sigma / \sigma_{R,d} \leq 1$ erfüllt ist.

Die größte Randspannung berechnen wir nach Gl. (1 - 7.25), der wir den Einfluß des Biegemomentes infolge der Imperfektion Stabvorkrümmung mit dem Stich w_o hinzufügen mit

$$\sigma = \frac{F_d}{A} + \frac{F_d w_o + p_{m,d}(l/\pi)^2}{1 - \frac{F_d l^2}{(EI)_d \pi^2}} \cdot \frac{1}{W} \leq f_{y,d} \quad (1 - 7.25)$$

Wir wählen einen 480 cm langen Stab mit IPE-Profil 330 in St 37 ($f_{y,d}$ = 21,8 kN/cm²) und untersuchen Ausknicken rechtwinklig zur Achse y-y. Die Querschnittswerte sind

A = 62,6 cm², I_y = 11 770 cm⁴ und W_y = 713 cm³.

Der Querschnitt ist nach Tab. 5 im Teil 2 der Knickspannungslinie a zuzuordnen. Für den Nachweis nach Theorie II. Ordnung berücksichtigen wir daher nach Teil 2, Tab. 3, eine Vorkrümmung mit einem Stich

w_o = (2/3) · 480 / 300 = 1,07cm.

Die Reduktion der Vorkrümmung auf 2/3 der Tabellenwerte ist im Teil 2, El. 201, für Nachweise nach dem Verfahren Elastisch-Elastisch angegeben.

Die Nachweisgleichung lautet damit:

$$\frac{F_d}{62,6} + \frac{1,07 F_d + p_{m,d}(480/\pi)^2}{1 - \frac{F_d \, 480^2}{(21000 \cdot 11770/1,1)\pi^2}} \cdot \frac{1}{713} \quad (1 - 7.26)$$

$\leq 21,8 \, kN/cm^2$

oder

$$\frac{F_d}{62,6} + \frac{1,07 F_d + 23340 p_{m,d}}{(1 - 0,0001039 F_d) 713} \leq 21,8 kN/cm^2 \quad (1 - 7.27)$$

Man kann F_d vorgeben und die Querlast $p_{m,d,II}$, die zur vollen Ausnutzung des Träger führt, nach Theorie II. Ordnung bestimmen:

Mit dem Vergrößerungsfaktor κ = 1 / (1 - 0,0001039 · F_d) folgt:

$$\frac{713 F_d}{62,6 \kappa \, 23340} + \frac{1,07 F_d}{23340} + p_{m,d} = \frac{21,8 \cdot 713}{23340 \kappa} \quad (1 - 7.28)$$

$p_{m,d,II}$ = 0,666 / κ - (0,0000458 + 0,000488 / κ)F_d

Um die Ergebnisse verschiedener Berechnungsansätze miteinander vergleichen zu können, müssen die Gleichungen zur Berechnung der Querlast, die zur vollen Ausnutzung des Trägers nach Theorie I. Ordnung führt, angegeben werden:

- ohne Berücksichtigung der Imperfektion w_o

$p_{m,d,I}$ = 0,666 - (0,000488) · F_d,

- mit Berücksichtigung der Imperfektion w_o

$p_{m,d,I,imp}$ = 0,666 - (0,0000458 + 0,000488) · F_d.

In Tab. 1 - 7.3 werden vorgegebene Kräfte F_d angegeben:

- Vergrößerungsfaktor κ = 1 / (1 - 0,0001039 F_d)
- die 3 Querlasten $p_{m,d}$.

Tabelle 1 - 7.3   Vergleichsrechnungen zum Beispiel nach Bild 1 - 7.13 zur "10%-Bedingung" nach El. 739

F_d	κ	Aufnehmbares $p_{m,d}$ nach:		
		Th.II.O.	Th. I. O. mit Imp.	ohne Imp.
kN	-	$p_{m,d,II}$ kN/cm	$p_{m,d,I,imp}$ kN/cm	$p_{m,d,I}$ kN/cm
500	1,055	0,377	0,399	0,422
750	1,085	0,242	0,266	0,300
875	**1,100**	**0,177**	**0,198**	**0,239**
1000	1,116	0,113	0,132	0,178

Mit einem Nachweis nach <u>Theorie II. Ordnung</u> erhält man für die Querlasten $p_{m,d}$, die nach <u>Theorie I. Ordnung</u> ermittelt worden sind, die in Tab. 1 - 7.4 angegebenen Spannungen.

Tabelle 1 - 7.4 Nach Theorie II. Ordnung berechnete Spannungen für die $p_{m,d}$ aus Tab. 1 - 7.3

F_d	$p_{m,d,I,imp}$	σ		
kN	kN/cm	kN/cm²		
500	0,399	7,09 + 14,57 = 22,56	= 1,035	· 21,8
750	0,266	11,98 + 10,67 = 22,65	= 1,039	"
875	**0,198**	**13,98 + 8,61 = 22,59**	**= 1,036**	"
1000	0,126	15,97 + 6,28 = 22,25	= 1,030	"

F_d	$p_{m,d,I}$	σ		
kN	kN/cm	kN/cm²		
500	0,422	7,09 + 15,37 = 23,36	= 1,072	· 21,8
750	0,300	11,98 + 11,88 = 23,86	= 1,094	"
875	**0,239**	**13,98 + 10,05 = 24,03**	**= 1,102**	"
1000	0,178	15,97 + 8,18 = 24,15	= 1,108	"

Für F_d = 875 kN ist der Vergrößerungswert κ genau 1,1. Dafür würde man dann, wenn man die Imperfektionen auch beim Nachweis Theorie I. Ordnung berücksichtigen würde, einen Fehler von etwa 3,5%, ohne deren Berücksichtigung einen Fehler von etwa 10% in Kauf nehmen. Letzteres ist durch das Abgrenzungskriterium erlaubt.

Genau genommen wird sogar ein etwas großzügigeres Vorgehen geregelt, da es nicht um den Zuwachs der maßgebenden Biegemomente von einer Berechnung nach Theorie I. Ordnung auf die nach Theorie II. Ordnung geht, sondern um "den Zuwachs infolge der nach Theorie I. Ordnung berechneten Verformungen". Diesen kann man als 1. Schritt einer iterativen Berechnung interpretieren, deren Endwert gut mit einer geometrischen Reihe abgeschätzt werden kann. Daraus folgt anstelle von 10% genauer [1/(1 - 0,10) - 1] · 100 = 11%.

Die Arbeitsausschüsse für die Teile 1 und 2 hielten das Vorgehen, auch unter Würdigung der international erkennbaren Akzeptanz, z.B. im Eurocode 3 im Abschnitt 5.2.5, für vertretbar. Die Berücksichtigung der Imperfektionen in Form von Vorkrümmungen aus Teil 2 hätte den großen Gewinn des Abgrenzungskriteriums für die praktische Arbeit zunichte gemacht. Den Ausschüssen war auch bewußt, daß an der definierten Grenze ein Sprung in der Sicherheit entsteht, eine Frage, die immer beantwortet werden muß, wenn man für einen beschränkten Bereich zur Vereinfachung Vernachlässigungen zuläßt. Auch dies ist eine Aufgabe der Normung!

Die Näherungen, nach denen die "10%-Bedingung" als erfüllt angesehen werden darf, basieren auf Nachweisen nach dem Verfahren Elastisch-Elastisch. Sie sind anwenderfreundlich formuliert, und von der "10%-Bedingung" wird mit ihnen nur wenig abgewichen, z.B. dadurch, daß $1/(1-0,1) \approx 1,1$ gesetzt wird.

Am Beispiel nach Bild 1 - 7.13 soll die Anwendung der drei Bedingungen erläutert werden:

a) Ideale Knicklast, berechnet mit dem Bemessungswert $(EI)_d$ der Steifigkeit:

$$N_{Ki,d} = \frac{(EI)_d \pi^2}{l^2} = \frac{(21000 \cdot 11770/1,1)\pi^2}{480^2} = 9625 kN$$

Für N_d = 9625/10 ≤ 963 kN ist kein Nachweis nach Theorie II. Ordnung erforderlich. Die Näherung ist etwas großzügiger als nach der allgemeinen "Darf"bestimmung mit 875 kN.

b) Der bezogene Schlankheitsgrad wird mit

$\sigma_{Ki} = N_{Ki,d} / A$ = 9625 / 62,6 = 154 kN/cm² und

$f_{y,d}$ = 21,8 kN/cm² berechnet:

$\bar{\lambda}_K = \sqrt{(21,8 / 154)} = 0,376$ (man hätte auch mit Bemessungswerten der Streckgrenze und der Verzweigungsspannung rechnen können).

Dieser Wert muß kleiner als $0,3\sqrt{(f_{y,d} / \sigma_N)}$ sein. Wir können quadrieren und nach σ_N auflösen:

$\sigma_N \leq 0,3^2 \cdot 21,8 / 0,376^2 = 13,88$ kN/cm², d.h.

$N_d \leq 62,6 \cdot 13,88 = 868$ kN (≈ 875 kN nach der allgemeinen "Darf"bestimmung).

c) Mit ß = 1 gilt $\varepsilon = l \cdot \sqrt{(N_d / (EI)_d)} \leq 1$ oder quadriert und nach N_d aufgelöst:

$N_d \leq 21000 \cdot 11770 / (1,1 \cdot 480^2) = 975$ kN

(oder auch aus a) nach 9625 / π^2 = 975 kN), d.h. eine Abgrenzung etwa wie nach a). Der Unterschied zu a) stammt allein aus der Näherung 10 / π^2 = 1,013 = 1,0.

Der letzte Absatz des Elementes hilft bei Anwendung der Erlaubnisse a) bis c) für den häufigen Fall, daß entweder die Biegesteifigkeit EI oder die Normalkraft N oder beide nicht über eine Stablänge konstant sind. Das bedeutet, daß auch die Rechengröße Knicklänge $s_K = \pi \cdot \sqrt{EI / N_{Ki}}$ oder auch die Verzweigungslast N_{Ki} ebenfalls vom Bezugsort abhängig sind. Wegen des Fehlens der Eindeutigkeit müssen Angaben zum Vorgehen gemacht werden.

Die im El. 739 angegebene Regelung ist eine durch Parameterstudien mit der Berechnung von Traglasten kalibrierte Näherung.

Mit dem einfachen Beispiel nach Bild 1 - 7.14 soll der Fall nicht konstanter Biegesteifigkeit EI erläutert werden.

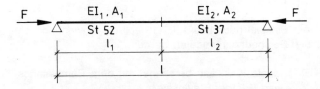

Bild 1 - 7.14 Beispiel 1 für die Anwendung der Erlaubnisse a) bis c) von El. 739

Der Querschnitt des Druckstabes nach Bild 1 - 7.14 verändert sich in Stabmitte sprungartig. Wir können die Knicklast F_{Ki} auf die Eulerlast F_E beziehen, aber willkürlich darüber verfügen, ob wir für F_E die Biegesteifigkeit $(EI)_1$ oder $(EI)_2$ verwenden. A. Pflüger [1 - 31] (dort Anhang I,A,b,1) wählt den Stababschnitt 2 und gibt Lösungen in der Form

$$\varphi = F_{Ki} / F_E \text{ mit } F_E = (EI)_2 \cdot \pi^2 / l^2$$

im Bereich l_1 / l = 0,2 bis 0,8 für $\sqrt{I_1 / I_2}$ = 0,1 bis 1,0 an.

Unabhängig von der Bestimmung von F_{Ki} und der zugehörigen Aufbereitung hat man zwei Möglichkeiten für die Definition des bezogenen Schlankheitsgrades $\overline{\lambda}$ und damit für die Berechnung der Knicklast F_{Ki}:

a) Bezug auf den Querschnitt 1

$$F_{Ki} = A_1 \frac{E \pi^2}{\lambda_1^2} = A_1 \frac{f_{y,k}}{\overline{\lambda}_1^2}$$

also $\lambda_1 = \pi \sqrt{EA_1 / F_{Ki}}$

oder $\overline{\lambda}_1 = \sqrt{A_1 f_{y,k} / F_{Ki}}$

b) Bezug auf den Querschnitt 2

$$F_{Ki} = A_2 \frac{E \pi^2}{\lambda_2^2} = A_2 \frac{f_{y,k}}{\overline{\lambda}_2^2}$$

also $\lambda_2 = \pi \sqrt{EA_2 / F_{Ki}}$

oder $\overline{\lambda}_2 = \sqrt{A_2 f_{y,k} / F_{Ki}}$

Beispiel:

$l_1 = l_2$ = 1 000 cm; $I_2 = 4 \cdot I_1$ = 2 · 10^5 cm^4

$A_2 = (5 / 3) \cdot A_1$ = 2,5 ·10^2 cm^2

$f_{y,k,1}$ = 36 kN/cm^2, $f_{y,d,1}$ = 32,7 kN/cm^2, $\lambda_{a,1}$ = 75,9

$f_{y,k,2}$ = 24 kN/cm^2, $f_{y,d,2}$ = 21,8 kN/cm^2, $\lambda_{a,2}$ = 92,9

Für die vorgegebenen Werte liest man aus [1 - 30] φ = 0,36 ab. Mit

$F_{Ki} = \varphi F_E$ = 0,36· π^2· 2,1·10^4· 2·10^5/(2·10^3)^2 = 3 730 kN

folgen

λ_1 = 91,3, $\overline{\lambda}_1$ = 1,203 und λ_2 = 117,9, $\overline{\lambda}_2$ = 1,269

Damit folgt aus der Bedingungsgleichung a):

Für $F_d \leq$ 3730 / 10 = 373 kN braucht die Biegeknicksicherheit nicht nachgewiesen zu werden. Ein Bezug auf Teil 1 oder Teil 2 des Stabes ist nicht gegeben.

Die Bedingungsgleichungen b) führen für beide Bezüge zum gleichen Ergebnis, wenn nur eine Stahlsorte verwendet wird. Das ist darin begründet, daß das Verhältnis der bezogenen Schlankheitsgrade $\overline{\lambda}_2/\overline{\lambda}_1$ im Verhältnis $\sqrt{A_1/A_2}$ steht, also die Grenzwerte für $F_{1,d}$ und $F_{2,d}$ über

$\overline{\lambda}_{1k} = 0,3\sqrt{f_{y,d}/\sigma_N}$ mit $\sigma_N = F_{1,d}/A_1$ im Verhältnis

(A_2/A_1) $(\overline{\lambda}_{1k}/\overline{\lambda}_{2,k})^2$ = 1 stehen.

Das gilt auch für den Fall verschiedener Werkstoffe in den beiden Stabteilen. Das folgt daraus, daß das Verhältnis der bezogenen Schlankheitsgrade $\overline{\lambda}_2 / \overline{\lambda}_1$ im Verhältnis $\sqrt{(A_1 f_{y,k,1}) / (A_2 f_{y,k,2})}$ steht, aber die Grenzwerte für F_d im Verhältnis von $(\lambda_1 / \lambda_2)^2 \cdot (A_2 f_{y,2}) / (A_1 f_{y,1})$, also auch 1 stehen.

Für das Beispiel, in dem der Stabteil 1 aus Stahl St 52 und der Stabteil 2 aus Stahl St 37 bestehen, soll das durch die Zahlenrechnung bestätigt werden:
- mit Bezug auf Teil 1

$$1,203 \leq 0,3 \sqrt{32,7 / (F_d / 150)}$$

d.h. ein Nachweis der Biegeknicksicherheit ist für

$F_d \leq 0{,}3^2 \cdot 32{,}7 \cdot 150 / 1{,}203^2 = 305$ kN nicht zu führen;

- mit Bezug auf Teil 2

$1{,}269 \leq 0{,}3\sqrt{(21{,}8 / (F_d / 250))}$

d.h. ein Nachweis der Biegeknicksicherheit ist für

$F_d \leq 0{,}3^2 \cdot 21{,}8 \cdot 250 / 1{,}269^2 = 305$ kN nicht zu führen.

Die Bedingungsgleichungen nach c) mit der Knicklänge $s_K = \beta l$ lauten:

- mit Bezug auf Teil 1

$s_K = \pi\sqrt{(E \cdot 0{,}5 \cdot 10^5 / 3730)} = 1667$ cm,

$1667 \cdot \sqrt{(N_d/(21000 \cdot 0{,}5 \cdot 10^5 / 1{,}1))} \leq 1{,}0$ oder

$N_d \leq 21000 \cdot 0{,}5 \cdot 10^5 / (1{,}1 \cdot 1667^2) = 343$ kN ;

- mit Bezug auf Teil 2

$s_K = \pi\sqrt{(E \cdot 2{,}0 \cdot 10^5 / 3730)} = 3333$ cm

$3333 \cdot \sqrt{(N_d / (21000 \cdot 2{,}0 \cdot 10^5 / 1{,}1))} \leq 1{,}0$ oder

$N_d \leq 21000 \cdot 2{,}0 \cdot 10^5 / (1{,}1 \cdot 3333^2) = 343$ kN.

Für das Vorgehen c) liefert die Wahl des Bezugsteiles keinen Unterschied, da die Zusammenhänge nur durch Steifigkeitsverhältnisse gesteuert sind, die sich gegenseitig aufheben.

Mit dem einfachen Beispiel nach Bild 1 - 7.15 soll der Fall nicht konstanter Normalkraft N erläutert werden.

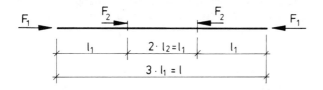

Bild 1 - 7.15 Beispiel 2 für die Anwendung der Erlaubnisse a) bis c) von El. 739

Die Knicklast des einfeldrigen Knickstabes nach Bild 1 - 7.15 bestimmt man wieder nach A. Pflüger [1 - 31] (dort Anhang, Fall I,A,c,2). Danach liest man für

$l_2 / l = 0{,}167$ und $\sqrt{(F_1 / (2F_1))} = 0{,}71$ $\varphi_{11} = $ rd. 0,92 ab.

Beispiel:

Wie Bild 1 - 7.8: $l = 480$ cm, $A = 62{,}6$ cm²

$(EI)_d = 21000 \cdot 11770 / 1{,}1 = 225 \cdot 10^6$ cm⁴

$N_{Ki,1,d} = 0{,}92\pi^2 \cdot 225 \cdot 10^6 / 480^2 = 8867$ kN oder

$\sigma_{Ki,1,d} = 8867 / 62{,}6 = 141{,}6$ kN/cm²

Im mittleren Drittel des Stabes folgt aus

$N_{Ki,m,d} = 2 \cdot N_{Ki,1,d} = 17\,734$ kN

$\sigma_{Ki,m,d} = 283{,}2$ kN/cm².

Damit lautet die Bedingungsgleichung nach a):

Für $N_{1,d} \leq 8867 / 10 = 867$ kN braucht die Biegeknicksicherheit nicht nachgewiesen zu werden. Das ist gleichbedeutend mit $N_{m,d} \leq 1734$ kN.

Die Bedingungsgleichungen nach b) lauten

- mit Bezug auf F_1

$\sqrt{21{,}8/(8867/62{,}6)} \leq 0{,}3\sqrt{21{,}8/(F_{m,d}/62{,}6)}$

oder nach Quadrieren und Kürzen durch den Bemessungswert der Streckgrenze $f_{y,d} = 21{,}8$ kN/cm² und die Querschnittsfläche A

$F_{1,d} \leq 8867 \cdot 0{,}3^2 = 798$ kN,

- mit Bezug auf F_m

$\sqrt{21{,}8/(17734/62{,}6)} \leq 0{,}3\sqrt{21{,}8/(F_{m,d}/62{,}6)}$

$F_{m,d} \geq 17\,734 \cdot 0{,}3^2 = 1596$ kN

Die Bedingungsgleichungen nach c) mit der Knicklänge $s_K = \beta l$ lauten

- mit Bezug auf Stababschnitt 1

$s_K = \pi\sqrt{(E \cdot 11770 / 8867)} = 525$ cm,

$525 \cdot \sqrt{(N_{1,d} / (21000 \cdot 11770 / 1{,}1))} \leq 1{,}0$ oder

$N_{1,d} \leq 21000 \cdot 11770 / (1{,}1 \cdot 525^2) = 815$ kN ;

- mit Bezug auf Stababschnitt 2

$s_K = \pi\sqrt{(E \cdot 11770 / 17734)} = 371$ cm

$371 \cdot \sqrt{(N_d / (21000 \cdot 2{,}0 \cdot 10^5 / 1{,}1))} \leq 1{,}0$ oder

$N_{m,d} \leq 21000 \cdot 11770 / (1{,}1 \cdot 371^2) = 1633$ kN ;

Das Ergebnis für das zweite Beispiel ist nach den drei Näherungen a) bis c) vom Bezug auf Stababschnitt 1 oder 2 unabhängig.

Die Unterschiede für die Abgrenzung gegen einen Knicksicherheitsnachweis nach DIN 18 800 Teil 2 in Abhängigkeit vom gewählten Vorgehen werden aus Tab. 1 - 7.5 deutlich.

Tabelle 1 - 7.5   Grenzen für einen Nachweis der Systeme nach den Bildern 1 - 7.14 und 1 - 7.15

Vorgehen	Bild 1 - 7.14 $F_d \leq$	Bild 1 - 7.15 $F_{1,d} \leq$
a)	373 kN	867 kN
b)	304 kN	798 kN
c)	343 kN	815 kN

Man erkennt, daß es sich um vertretbare Näherungen handelt, da sich die Vergrößerungsfaktoren für die berechneten Grenzkräfte weniger unterscheiden als die Grenzkräfte selbst.

Druckfehler: Nach c) muß es richtig $\beta = s_K / l$ heißen. Die letzten acht Zeilen gehören zur "Darf"-bestimmung und müssen daher unterlegt werden*.

Zu Element 740, Biegedrillknicken

Die Bedingung (24) beruht darauf, daß die Knickspannungslinie für Biegedrillknicken "bdk" im Bild 10 im Teil 2 den Wert $\kappa = 1,0$ bis zum bezogenen Schlankheitsgrad $\bar{\lambda}_M = 0,4$ hat und dafür nach Bild 2 - 3.14 im Kommentar zum Teil 2 der bezogene Schlankheitsgrad für Biegeknicken des Druckgurtes aller Walzprofile etwa $\bar{\lambda}_1 = $ rd. 0,5 ist. Daher folgt für den ungünstigen Fall $k_c = 1,0$ gemäß Tabelle 8 im Teil 2

$$\bar{\lambda}_1 = \lambda_1 / \lambda_a = (c / i_{z,G}) / \lambda_a = \leq 0,5 \text{ oder}$$

$c \leq 0,5 \cdot \lambda_a \, i_{z,G}$.

Durch den Quotienten $M_{pl,y,d} / M_y$ wird berücksichtigt, daß c dann größer sein darf, wenn der Träger nicht voll ausgenutzt ist.

Die Regelung beseitigt Mängel der Vorgehensweise in DIN 4114 Teil 1, Ziffer 15.3, in der unabhängig von Werkstoff und Ausnutzung für Biegeträger $c \leq 40 \cdot i_{z,G}$ gefordert worden war. Bei voller Ausnutzung, d.h. $M_{pl,y,d} / M_y = 1,0$ folgt nach neuer Regel für

St 37 mit $\lambda_a = 92,9$ $c \leq 46 \cdot i_{z,G}$ und für
St 52 mit $\lambda_a = 75,9$ $c \leq 38 \cdot i_{z,G} = $ rd. $40 \cdot i_{z,G}$.

Druckfehler: In der 1. Zeile der Anmerkung muß es Abschnitt 3.3.3 heißen*.

Zu Element 741, Betriebsfestigkeit

Die Abgrenzung gegen einen Betriebsfestigkeitsnachweis gemäß Absatz 1 dieses Elementes geht davon aus, daß die genannten veränderlichen Einwirkungen mit ihren charakteristischen oder normenmäßig vorgegebenen Werten so selten auftreten, daß eine Ermüdungsschädigung deswegen ausgeschlossen werden kann.

Die Bedingungen (25) und (26) sind - wie in der Anmerkung angegeben - u.a. am ungünstigsten Kerbfall bei sogenanntem vollem Kollektiv orientiert. Sie sind aus [1 - 1] abgeleitet. Beim Vergleich ist zu beachten, daß in [1 - 1] nach altem Konzept mit Spannungen aus Einwirkungen und nicht wie in DIN 18 800 mit Spannungen aus den Bemessungswerten der Einwirkungen nachgewiesen wird. Man findet in Gl. (26) die Neigung m = 3 als Exponenten aus Bild B1.1 (Seite 26 der EKS-Empfehlungen) wieder.

Wenn Gl. (25) oder (26) nicht erfüllt ist, kann für höhere Kerbgruppen dennoch nachgewiesen werden, daß ausreichende Betriebsfestigkeit vorhanden ist. Das Nichterfüllen besagt nur, daß dieser Nachweis geführt werden muß.

Zu Element 742, Lochschwächung

Die erste "Darf"bestimmung, nach der der Lochabzug im Druckbereich und bei Schub, bei Schub unter den angegebenen Bedingungen, entfallen darf, geht davon aus, daß das Ausfüllen der Löcher durch Schrauben oder durch Niete die Tragfähigkeit nicht beeinträchtigt, da lokale Plastizierungen neben den Löchern zur Kraftübertragung im Lochbereich führen.

Der Tatsache, daß lokale Stauchungen bei einem Lochspiel über 1 mm nennenswerte globale Verformungen des Tragwerkes zur Folge haben können, wird die Bedingung "wenn ... bei größerem Lochspiel die Tragwerksverformungen nicht begrenzt werden müssen" gerecht. Hierbei ist gegebenenfalls auch an Einflüsse auf die Gleichgewichtsbedingungen - Theorie II. Ordnung - zu denken.

Bei zugbeanspruchten Querschnitten oder Querschnittsteilen geht man ebenfalls davon aus (vgl. z.B. [1 - 32], daß bei vorwiegend ruhender Beanspruchung Plastizerungen neben den Löchern die Tragfähigkeit nicht begrenzen. Für den Grenzzustand der Tragfähigkeit ist die Zugfestigkeit maßgebend.

Für gestanzte Löcher ist dies bisher nur für Bauteile aus St 37 und St 52 abgesichert [1 - 33]. Trotz einer Einstufung in den Bereich "vorwiegend ruhend beansprucht" war für sie nicht von vornherein auszuschließen, daß kleine, beim Stanzen entstandene Anrisse durch nicht völlig auszuschließende Lastwiederholungen anwachsen und damit ein Versagen ohne Erreichen der Zugfestigkeit eintritt.

Aus diesen Gründen steht die in bezug auf die Art der Lochherstellung weitergehende "Darf"bestimmung in der von der Praxis direkt anwendbaren Bedingung (27) an erster Stelle: sie erfordert keine Unterscheidung in gebohrte oder gestanzte Löcher. Sie ist eine Umsetzung der Bedingung (28), mit der gesagt wird, daß der Nettoquerschnitt mit $1 / (1,25 \cdot \gamma_M)$-facher Zugfestigkeit keine höhere Zugkraft zuläßt als der Bruttoquerschnitt mit $1 / (\gamma_M)$-facher Streckgrenze gem. El. 747 Gl. 33.

Aus der 1992 revidierten Neuauflage der Norm von 1990 geht durch die Einführung "aus anderen Stählen" fälschlicherweise formal nicht hervor, daß Gl. (28) für

- St 37 und St52 unabhängig von der Lochherstellung und
- für andere Stähle nur im Falle gebohrter Löcher

angewandt werden darf. Die Unstimmigkeit ist offensichtlich, da Gl. (27) mit Gl. (28) hergeleitet worden ist.

Der Faktor 1,25 im Nenner der Bedingung (28) für das durch Erreichen der Zugfestigkeit bedingte Versagen ist in Teil 1 aus Gründen der Tradition übernommen worden. Danach wird - ähnlich wie in DIN 1045 beim biegebeanspruchten Querschnitt mit Versagen in der Betondruckzone - für sogenanntes Versagen ohne Vorankündigung besondere Vorsicht für erforderlich gehalten.

Die Forderung im letzten Absatz der "Darf"bestimmung ist aus Gleichgewichtsbedingungen erforderlich: wenn mit Ausnutzung der Zugfestigkeit nachgewiesen wird, stehen keine Reserven zur Aufnahme von Außermittigkeitsmomenten mehr zur Verfügung.

Rückfragen veranlassen zu dem Hinweis, daß die Regelungen nicht nur für Zugstäbe, sondern - wie der Text mit "zugbeanspruchten Querschnittsteilen" sagt - auch z.B. für die Zuggurte von Biegeträgern gelten.

Die Regelungen betreffen nur Lochschwächungen für Schrauben und Niete. Bei größeren Löchern, z.B. für Bolzen, muß der Lochabzug berücksichtigt werden. Dies kann für die beiden im Bild 1 - 7.16 dargestellten Beispiele näherungsweise für Querkraftschub wie angegeben erfolgen.

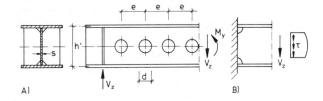

Bild 1 - 7.16 Beispiel für die näherungsweise Berechnung von Querkraftschubspannungen in I-Querschnitten bei größeren Löchern

- Beispiel A in Bild 1 - 7.16

Da die Schubspannungen immer paarweise in zwei Richtungen auftreten, müssen sie in diesen beiden Richtungen unter Berücksichtigung des Lochabzuges berechnet werden.

Am Beispiel einer längsverstellbaren Auflagerkonstruktion eines Lehrgerüstträgers, in dem in relativ engen Abständen Löcher zum Arretieren mit Hilfe von Bolzen angeordnet sind, muß man einmal in vertikaler Richtung orientiert näherungsweise

$\tau_{zx} = $ rd. $V_z / ((h'-d)\ s)$,

zum anderen horizontal orientiert

$\tau_{xz} = $ rd. $V_z\ S_y / (I_y\ s)\ e / (e-d)$

$= $ rd. $V_z / (h'\ s)\ e / (e-d)$

bestimmen.

Wenn e klein ist, kann $\tau_{xz} > \tau_{zx}$ sein, z.B. für einen Träger HE-B 240 mit d = 30 mm und e = 90 mm $\tau_{xz} = $ rd. $1,3 \cdot \tau_{zx}$.

- Beispiel B in Bild 1 - 7.16

Wenn man das Kontinuum Steg durch größere Ausschnitte stört, sind die Voraussetzungen für die Gleichung zur Berechnung der Querkraftschubspannungen

$\tau_{zx} = V_z\ S_y / (I_y\ s)$

nicht mehr gegeben.

Man kann die Zuverlässigkeit der dennoch am Bruttoquerschnitt durchgeführten Schubspannungsberechnung prüfen, indem man die Resultierende der Schubspannungen des <u>wirklich vorhandenen Querschnittes</u> berechnet und mit der zu übertragenden Querkraft vergleicht. Näherungsweise kann man die Schubspannungen mit dem Quotienten

$V_z / \int \tau_{zx}\ s\ dx$ (über den Stegquerschnitt integriert)

vergrößern. So hat man zumindest die Gleichgewichtsbedingungen erfüllt.

Zu Element 743, Unsymmetrische Anschlüsse

Diese Forderung resultiert aus der zuvor erläuterten Gleichgewichtsbedingung:

Die Zugkraft wird durch die Schraube, die am Anschluß wie ein Gelenkbolzen wirkt, zentriert. Daher kann und muß zusätzlich zur Teilfläche A^* nur eine gleich große Fläche (Faktor 2 in der Gleichung für A_{netto}) aktiviert werden.

Zu Element 744, Krafteinleitungen

Die unmittelbar für den Nachweis aufbereiteten Regeln gehen auf Versuche zurück (vgl. z.B. [1 - 34]). Sie erfassen das lokale Verhalten, für das Grenzlasten aus dem Produkt von einfach zu berechnenden Ersatzflächen l s und der Streckgrenze berechnet werden. Die Streckgrenze muß in Gl. (29) reduziert werden, um den zweiachsigen Spannungszustand, bei dem zu den

Krafteinleitungsspannungen σ_z nennenswerte Spannungen σ_x mit einem Betrag von mehr als 50% der Streckgrenze hinzukommen, zu berücksichtigen.

Da der Nachweis nur das lokale Problem betrifft, wird darauf hingewiesen, daß die Beulsicherheit des Steges bei größeren Stegschlankheiten nachgewiesen werden muß. Die Grenze h / s = 60 ist als Näherung aufgrund der Versuchsergebnisse vorsichtig festgelegt. Dabei wird sowohl auf einen Bezug auf die Streckgrenze als auch auf die Höhe des Stegbereiches zwischen den Halsausrundungen - im allgemeinen ist das Verhältnis dieser Höhe h_1 (nach Bild 16) zur Trägerhöhe h deutlich unter 0,9, z.B. für einen IPE 400 h_1 / h = 0,83 und für einen HE-B 400 h_1 / h = 0,75 - verzichtet.

In der Anpassungsrichtlinie wird festgelegt:

- Sofern ein Beulsicherheitsnachweis erforderlich ist, so ist dieser nach DIN 18 800 Teil 3, El. 504 zu führen. Auf die richtige Achsbezeichnung des Koordinatensystems ist dabei zu achten.

7.5.2 Nachweis nach dem Verfahren Elastisch-Elastisch

Zu Element 745, Grundsätze

Auf einen Kommentar zu den Abschnitten 1 und 2 und den Anmerkungen 1 und 2 kann verzichtet werden, da der Nachweis der Tragsicherheit nach dem Verfahren Elastisch-Elastisch von den mechanischen Grundlagen her dem gewohnten zul σ-Nachweis früherer Normen entspricht: Einhalten der Streckgrenze im Tragsystem, das sich im stabilen Gleichgewicht befindet.

Die Grenzwerte (b / t) nach den Tab. 12 und 13 erfüllen die gleiche Aufgabe einer Abgrenzung, hier gegen den Nachweis der Beulsicherheit der Querschnittsteile nach Teil 3, wie z.B. El. 739 in bezug auf den Nachweis der Biegeknicksicherheit im Teil 2. Entsprechendes gilt für die Grenzwerte (d / t) in Tab. 14 für den Nachweis der Beulsicherheit von Querschnittsteilen in Form kreiszylindrischer Schalen.

Die Herleitung der Grenzwerte erfolgt grundsätzlich in folgender Weise: Es wird das Verhältnis (b / t) gesucht, für das unter den angegebenen Lagerungsbedingungen bei der angegebenen Spannungen der Abminderungsbeiwert nach Teil 3, Tab. 1 oder Bild 9 $\kappa = 1,0$ ist. Das bedeutet, daß die Ausnutzung der Streckgrenze des Werkstoffes nicht durch die Gefahr von Plattenbeulen eingeschränkt wird.

Die Tab. 12 bis 14 gelten in der mitgeteilten Form wie angegeben nur für die Wirkung von längsgerichteten Druckspannungen σ_x. Auf Fälle, bei denen auch quergerichtete Normalspannungen σ_y (Richtung y nach Teil 3, Bild 4) und Schubspannungen τ zu berücksichtigen sind, wird am Ende dieses Kommentars zum El. 745 eingegangen.

Am Beispiel der Tab. 12 wird das Vorgehen erläutert:

Aus Tab. 1 im Teil 3 entnimmt man für allseitig gelagerte Rechteckplatten - in Stäben sind das zweiseitig gelagerte Plattenstreifen, wie z.B. Stege von I-Trägern -, daß sich der Abminderungsfaktor $\kappa = 1,0$ für

$$\kappa = c(1 / \bar{\lambda}_P - 0,22 / \bar{\lambda}_P^2) = 1,0$$

ergibt. Aus der Forderung $\kappa = 1$ folgt für $c = 1$ $\bar{\lambda}_P$ zu 0,673, wie es auch im Bild 9 im Teil 3 eingetragen ist, oder für den Größtwert c = 1,25 für das Spannungsverhältnis $\psi \leq = 0$ in Gesamtfeldern $\bar{\lambda}_P = 0,965$.

Die Gleichungen für die Beulwerte k_σ in Spalte 2 in der Tab. 12 interpolieren zwischen den durch Zahlenrechnungen bestimmten, in [1 - 35], dort in der Beulwerttafeln I/2, angegebenen Werten.

In Einzelfeldern treten 2 verschiedene Randspannungsverhältnisse auf: Für die Berechnung des Beulwertes das des Einzelfeldes ψ_E, für die Berechnung des Faktors c das des Teilfeldes ψ_T (vgl. Teil 3, Tab. 1, Zeile 1, Spalte 5). Bei Anwendung der Tafel 12 auf Einzelfelder ist daher auf der sicheren Seite von $\psi_E \geq \psi_T$ auszugehen. Natürlich ist eine genauere Berechnung von grenz(b / t) gelegentlich angezeigt.

Anstelle von $f_{y,k}$ wird mit $\sigma_1 \gamma_M$ gerechnet, um Vergünstigungen für den Fall $\sigma_1 \gamma_M < f_{y,k}$ auszunutzen.

Damit folgt

$$\bar{\lambda}_P = \sqrt{\sigma_1 \gamma_M / \sigma_{1Pi}} = \sqrt{\sigma_1 \gamma_M / (k_\sigma \sigma_e)}$$

und mit $\sigma_e = 189800(t / b)^2$ in N/mm² kommt man zu den in Tab. 12, Spalte 3 angegebenen Gleichungen für die Grenzwerte grenz(b / t).

Die Gleichsetzung von $f_{y,k}$ und $\sigma_1 \gamma_M$ liegt sehr auf der sicheren Seite, da man damit nicht nur den aktuellen Spannungszustand einfängt, sondern gleichzeitig unterstellt, daß die Streckgrenze $f_{y,k}$ nicht größer als $\sigma_1 \gamma_M$ ist. Dies wurde zu einer einfachen Darstellung in den Tab. 12 und 13 hingenommen. Es wird aber ausdrücklich darauf hingewiesen, daß nach Teil 3, auch mit den Bildern 5 und 6 für die in ihnen erfaßten Sonderfälle, nachgewiesen werden kann, daß für $\sigma_1 \gamma_M < f_{y,k}$, also dann, wenn im Nachweis nach El. 747 Reserven vorhanden sind, deutlich größere Werte (b / t) als nach den Tab. 12 und 13 erlaubt sind.

Beispiel für die Herleitung von Gleichungen in Spalte 3 der Tab. 12 und 13:

Für Tab. 12 folgt für $\psi \leq 0$ mit $\bar{\lambda}_P = 0,965$ für $\kappa = 1,0$

$$0,965 = \sqrt{(\sigma_1 \gamma_M / k_\sigma \, 189800)} \; grenz(b/t)$$

oder

$$grenz(b/t) = 0{,}965\sqrt{189800 k_\sigma/(\sigma_1 \gamma_M)}$$
$$= 420{,}4\sqrt{k_\sigma/(\sigma_1 \gamma_M)}$$

Die Zahlenwerte in den Zeilen 3 bis 7 sind durch Erweiterung von $\sqrt{(k_\sigma/(\sigma_1 \gamma_M))}$ mit 240 N/mm² für den häufigsten Fall eines Bauteiles in St 37 und für volle Ausnutzung unmittelbar verwendbar:

$$grenz(b/t) = (420{,}4/\sqrt{240})\sqrt{k_\sigma \cdot 240/(\sigma_1 \gamma_M)} \quad (1 - 7.29)$$

oder als Beispiele für

$\psi = 0$ mit $k_\sigma = 7{,}81$
$$grenz(b/t) = 27{,}1\sqrt{7{,}81}\sqrt{240/(\sigma_1 \gamma_M)} \quad (1 - 7.30)$$
$$= 75{,}8\sqrt{240/(\sigma_1 \gamma_M)}$$

$\psi = -1$ mit $k_\sigma = 23{,}9$
$$grenz(b/t) = 27{,}1\sqrt{23{,}9}\sqrt{240/(\sigma_1 \gamma_M)} \quad (1 - 7.31)$$
$$= 133\sqrt{240/(\sigma_1 \gamma_M)}$$

Die Zahlenwerte in Tab. 13 sind auf gleiche Weise hergeleitet. Eine Entscheidung für eine der beiden in Teil 3, Tab. 1, in den Zeilen 4 und 5 angegebenen Beulkurven ist nicht erforderlich, da beide bei $\lambda_P = 0{,}7$ das Niveau $\kappa = 1{,}0$ erreichen.

Bei den in Tabelle 13 für den einseitig gelagerten Plattenstreifen angegebenen Beulwerten k_σ findet man die in DIN 4114 Teil 2 in Tafel 8 als h) bezeichete Lagerung der Längsränder wieder.

Was ist in den häufig vorkommenden Fällen zu tun, in dem außer den längsgerichteten Druckspannungen σ_x auch Schubspannungen τ zu berücksichtigen sind?

Der in diesem Fall nach El. 748 zu führende Nachweis, daß die Vergleichspannung σ_v infolge der Bemessungswerte der Einwirkungen nicht größer als die Grenznormalspannung $\sigma_{R,d}$ ist, erlaubt z.B. im Fall alleiniger Wirkung von Schubspannungen τ nur eine Schubspannung $\tau \le \sigma_{R,d}/\sqrt{3}$. Hierfür ist für den zweiseitig gelagerten Plattenstreifen, der in Tab. 12 erfaßt wird, der Beulwert $k_\tau \ge 5{,}34$.

Wenn man grenz(b/t)

mit der Gleichung für das Randspannungsverhältnis $\psi = 1$ in Zeile 4 in Tab. 12 bestimmt und dabei an die Stelle der größten Randdruckspannung σ_1 die Vergleichspannung σ_v setzt,

kommt man - erläutert am Beispiel von St 37 und für volle Ausnutzung in bezug auf die Vergleichsspannung - zu folgendem Ergebnis:

$$grenz(b/t) = 37{,}8\ ;\ \tau = 240/(1{,}1 \cdot \sqrt{3}) = 126\ N/mm^2.$$

Die Beulsicherheit würde wie folgt nachzuweisen sein:

$\sigma_e = 189800/37{,}8^2 = 132{,}8\ N/mm^2;\ k_\tau = 5{,}34$
$$\lambda_P = \sqrt{240/(\sqrt{3} \cdot 5{,}34 \cdot 132{,}8)} = 0{,}44$$

(vgl. Teil 3, Tab. 1, Zeile 2)

Man liegt damit schon weit im Bereich des Niveaus $\kappa = 1{,}0$, ein Nachweis der Beulsicherheit ist nicht erforderlich. Für $\lambda_P = 0{,}44$ dürfte grenz(b/t) in diesem Fall

$$b/t = 0{,}84\sqrt{\sqrt{3} \cdot 5{,}34 \cdot 189800/240} = 71{,}8$$

betragen.

Die Regelung aus dem Gelbdruck, nach der Schubspannungen $\tau \le 0{,}2 \cdot \sigma_1$ vernachlässigt werden dürfen, ist ebenfalls vertretbar. Für unser Beispiel würde damit grenz(b/t) = 37,8 unabhängig von τ bestimmt. Über die Vergleichspannung ist aber σ_1 auf $\sigma_{R,d}/\sqrt{(1 + 3 \cdot 0{,}2^2)} = 0{,}945 \cdot \sigma_{R,d}$ beschränkt, d.h. bei voller Ausnutzung

$\sigma_1 = 0{,}945 \cdot 240/1{,}1 = 206\ N/mm^2$ und
$\tau = 0{,}2 \cdot 206 = 41\ N/mm^2$

Damit ist der Nachweis ausreichender Beulsicherheit z.B. nach Bild 5 im Teil 3 zu erbringen:

$\sigma = 206/216 = 0{,}95$ und $\sqrt{(3 \cdot 41/216)} = 0{,}32$

Das Wertepaar (0,95;0,32) liegt genau auf der Kurve für b/t = 37,8, d. h.: die durch $\tau = 0{,}2 \cdot \sigma_1$ über den Nachweis der Vergleichsspannung bewirkte Reduzierung der Normalspannung reicht aus, für grenz(b/t) = 37,8 auch für gleichzeitiges Wirken von σ und τ ausreichende Beulsicherheit zu erzielen.

<u>Zusammenfassung:</u>

Falls außer den länggerichteten Druckspannungen σ_x Schubspannungen τ zu berücksichtigen sind, kann grenz(b/t)

- im Fall $\tau \le 0{,}2 \cdot \sigma_1$ nach Tab. 12 oder 13 mit $f_{y,k}$ anstelle von $\sigma_1 \gamma_M$ und

- im Fall $\tau > 0{,}2 \cdot \sigma_1$ auf der sicheren Seite nach Tab. 12 oder 13 mit $\sigma_v \gamma_M$ anstelle von $\sigma_1 \gamma_M$ für $\psi = 1{,}0$

bestimmt werden.

Natürlich steht immer der Weg offen, genauer mit einem Nachweis der Beulsicherheit gemäß Ziffer 3 im El. 745 zu prüfen, ob das (b/t)-Verhältnis die Ausnutzung gegenüber dem Nachweis nach Gl. (36) - Vergleichsspannung - einschränkt. Dieser Weg ist unvermeidlich, wenn quergerichtete Normalspannungen σ_y vorhanden sind.

Zur Tab. 14 ist anzumerken, daß die Bedingungen ähnlich wie die für Tab. 12 und 13 aus Teil 3 hier aus Teil 4 hergeleitet sind.

Zu Element 747, Nachweise

Der Inhalt des letzten Absatzes ist die auf das neue Nachweiskonzept umgestellte Bedingung aus DIN 18 800 von 1981, Abschnitt 6.1.7.

Zu Element 749, Erlaubnis örtlich begrenzter Plastizierungen, allgemein

Im Teil 1 werden jetzt für Nachweise nach dem Verfahren Elastisch-Elastisch "in kleinen Bereichen" Plastizierungen allgemein erlaubt. Mit der Einschränkung "in kleinen Bereichen" soll erreicht werden, daß sich durch diese Plastizierungen die Spannungen in anderen Bereichen des betrachteten Querschnittes nicht so stark verändern, daß diese Veränderungen verfolgt werden müssen. Außerdem muß ausgeschlossen werden, daß durch die rechnerische Überschreitung der Vergleichsspannung das Gleichgewicht nicht mehr gewährleistet ist. In Wirklichkeit tritt, zumindest dann, wenn man ein linearelastisches-idealplastisches Werkstoffverhalten unterstellt, keine Überschreitung der Vergleichsspannung auf.

Das im El. 749 mit den Bedingungen (37a) und (37b) geregelte Beispiel ist aus DIN 18800 Teil 1 von 1981 bekannt (vgl. dort Abschnitt 6.1.6). "Kleine Bereiche" werden dadurch abgesichert, daß der Anteil der Biegemomente M_y und M_z an den Normalspannungen σ_x nicht zu klein ist und damit in relativ kleinen Bereichen in der Nähe der Kanten ausgeprägte Spannungsspitzen auftreten: Plastizieren in diesen kleinen Bereichen kann daher durch relativ kleine Erhöhungen der Spannungen in den noch nicht plastizierten Bereichen ausgeglichen werden, das Gleichgewicht ist nicht gefährdet.

Druckfehler: Wie an anderen Stellen der Teile 1 bis 4 wird in der Norm mehr der Gewohnheit als sprachlicher Exaktheit folgend das Wort "Plastizierung" und nicht "Plastifizierung" verwendet [*].

Zu Element 750, Erlaubnis örtlich begrenzter Plastizierung für Stäbe mit I-Querschnitt

Mit Gl. (38) wird ein vorsichtiger Schritt in das Bemessungsverfahren Elastisch-Plastisch getan, indem für einen eingeschränkten Anwendungsbereich nicht gegen die elastischen Grenzschnittgrößen sondern gegen plastische Grenzschnittgrößen oder untere Schranken für sie nachgewiesen wird. Der Nachweis ist in Anlehnung an die El. 746 bis 748 als Spannungsnachweis formuliert.

Wichtig ist. daß für die Querschnittsteile die Grenzwerte grenz(b/t) und grenz(d/t) nicht die gemäß Tab. 12, 13 und 14, sondern die schärferen gemäß Tab. 15 eingehalten werden müssen. Dies ist erforderlich, da die gedrückten Querschnittsteile große Stauchungen aufnehmen müssen, ohne daß deren Anteil an den Grenzschnittgrößen abfällt.

Das Vorgehen entspricht dem im El. 754, in dem ein vorsichtiger Schritt vom Nachweisverfahren Elastisch-Plastisch in das Nachweisverfahren Plastisch-Plastisch getan wird. Dort ist aber eine Reduzierung der Grenzwerte grenz (b/t) und grenz(d/t) aus der Tab. 15 auf die von Tab. 18 nicht erforderlich.

Zu Element 751, Vereinfachungen für Stäbe mit Winkelquerschnitt

Die Vereinfachung stand seit mehr als 20 Jahren in DIN 4131, dort im Abschnitt 4.4.3. Da sie nicht bauwerksspezifisch für stählerne Antennentragwerke ist, wurde sie in die Grundnorm übernommen. Genauere Nachweise unter Umgehung einer Berechnung über die Querschnittshauptachsen kann man mit Hilfstabellen für alle Winkelquerschnitte gemäß DIN 1028 und DIN 1029 nach [1 - 36] führen.

Zu Element 752, Vereinfachung für Stäbe mit I-förmigen Querschnitt

Die Vereinfachung in Gl. (39) betrifft den Nachweis der Schubspannungen im Steg infolge einer Querkraft V_z. Sie stand auch in DIN 18 800 Teil 1 von 1981 im Abschnitt 6.1.3, allerdings dort ohne erforderliche Einschränkungen. Man erkennt deren Notwendigkeit an den Zusammenhängen in Bild 1 - 7.17.

Wir betrachten zunächst den "Zweipunktquerschnitt" (auch Sandwichquerschnitt genannt). Die Beziehung

$$\tau = |V_z / A_{Steg}|$$

ist für ihn, auch mit verschiedenen Gurtflächen, exakt. Man erkennt das an folgenden Zusammenhängen:

Mit den Gurtflächen A_o und A_u und dem Abstand der Gurte h ist das statische Moment eines Gurtes

$$S_{y,G} = A_o A_u h / (A_o + A_u)$$

und das Trägheitsmoment des Querschnittes

$$I_y = A_o e_o^2 + A_u e_u^2 \text{ mit } e_o = A_u h / (A_o + A_u)$$
$$\text{und } e_u = A_o h / (A_o + A_u)$$

$$I_y = A_o A_u h^2 / (A_o + A_u).$$

Daraus folgt der Quotient der Dübelformel

$S_y / I_y = 1 / h$, also $\tau t = V_z / h$.

Dieses Ergebnis gilt selbstverständlich auch für den Sonderfall des doppelsymmetrischen Querschnittes.

Für den Rechteckquerschnitt gilt

$S_y / I_y = \{bh^2 / (2 \cdot 4)\} / \{bh^3 / 12\} = 1{,}5 / h$,
also $\tau t = 1{,}5 \cdot V_z / h$.

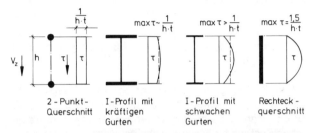

Bild 1 - 7.17 Abhängigkeit der Schubspannungsverteilung in Stegen von doppelsymmetrischen I-förmigen Querschnitten vom Verhältnis A_{Gurt}/A_{Steg}

Die Schubspannungen in Stegmitte für die "zwischen" Zweipunkt- und Rechteckquerschnitt liegenden doppelsymmetrischen I-Querschnitte kann man einfach mit der in Anmerkung 2 angegebenen Gleichung, bei der das statische und das Trägheitsmoment nicht berechnet werden müssen, ermitteln.

Mit $\mu = A_{Gurt} / A_{Steg}$ betragen die Schubspannungen in Stegmitte

$\max \tau = 1{,}5 \cdot V_z / A_{Steg} \cdot (1 + 4\mu) / (1 + 6\mu)$

oder für das zur Abgrenzung der Anwendung von Gl. (39) angegebene Verhältnis $\mu = 0{,}6 \max \tau = 1{,}11 \cdot V_z / A_{Steg}$.

Vorsicht bei Anwendung von Gl. (39) ist geboten, wenn Symmetrie zur y-Achse fehlt. Ein extremes Beispiel dafür ist das T-Profil. Für den Fall gleicher Querschnitte A im Gurt und im Steg ist $\max \tau = 1{,}35 \cdot (V_z / A)$. Das liegt u.a. daran, daß am freien Rand des Steges die Schubspannung τ gleich Null ist.

Druckfehler: Der Punkt in Anmerkung 2 vor der Gl. für max τ ist zu streichen *.

7.5.3 Nachweise nach dem Verfahren Elastisch-Plastisch

Zu Element 753

Die Mitarbeiter in den Arbeitsausschüssen für die Teile 1 und 2 erwarten, daß das Nachweisverfahren Elastisch-Plastisch von der Praxis am meisten benutzt werden wird.

Es erlaubt die Berechnung der Beanspruchungen - hier im allgemeinen der Schnittgrößen - nach den gewohnten Verfahren der Elastostatik bei Ausnutzung der plastischen Querschnittsreserven bei den Beanspruchbarkeiten. Die Vorteile einer Superposition von Schnittgrößen aus verschiedenen Lastfällen bleiben so erhalten. Dies gilt ohne Einschränkung für Berechnungen nach Theorie I. Ordnung. Aber auch für Berechnungen nach Theorie II. Ordnung kann man dann superponieren, wenn man in allen Lastfällen auf der sicheren Seite mit Normalkräften rechnet, die dem superponierten Zustand entsprechen (vgl. z.B. [1 - 37]).

Grund für die nachfolgend angegebene Korrektur "plastisch" anstelle von "vollplastisch" ist die Tatsache, daß Schnittgrößen gegenüber den Grenzschnittgrößen nicht mehr weiter gesteigert werden können. Die plastischen Reserven sind beim Erreichen der Grenzschnittgrößen voll ausgeschöpft, so daß "Grenzschnittgrößen im vollplastischen Zustand" diesen Sachverhalt doppelt ausdrücken würde. Daher muß es entweder Grenzschnittgrößen im plastischen Zustand oder - wie in der Anmerkung 2 zu El. 755 oder in der Überschrift zu El. 756 -Schnittgrößen im vollplastischen Zustand heißen.

Beim Erreichen von Grenzschnittgrößen im plastischen Zustand sind Querschnitte aus Gleichgewichtsgründen nicht immer voll durchplastiert, so daß elastische Restquerschnitte verbleiben. Beispiele dafür sind Winkelquerschnitte, beansprucht durch Biegemomente um die schenkelparallelen Achsen [1 - 38]. - Dagegen sind unter den im El. 756 mit Bild 18 angegebenen Schnittgrößen die I-Querschnitte immer ganz durchplastiert.

Druckfehler: Unter 2. muß es "plastischer Zustand" anstelle von "vollplastischer Zustand" heißen *.

Zu Tabelle 15

International ist eine Übereinkunft über die Grenzwerte grenz(b / t) für den Fall, in dem die plastischen Querschnittsreserven, dagegen die plastischen Systemreserven nicht ausgenutzt werden, noch nicht erreicht worden.

Beim Vergleich mit anderen Vorschlägen ist die Definition von b zu beachten. Im Eurocode 3 (vgl. Tab. 5.3.1) sind z.B. mit b Brutto- oder Achsmaße, dagegen in DIN 18 800 im Teil 1 und im Teil 2 Nettomaße festgelegt. Nur daher scheint grenz(b / t) = 11 für St 37 und $\alpha = 1$ (vergleiche nachfolgende Korrekturangabe) für den einseitig gelagerten Plattenstreifen im Vergleich zu anderen Regelwerken (vgl. z.B. [1 - 39], dort Tab. 10.3 - 1) recht hoch. Im Eurcode 3 wird im übrigen im allgemeinen in bezug auf grenz(b / t) zwischen gewalzten und geschweißten Querschnitten unterschieden. Die kleinen Unterschiede wurden in Anbetracht der doch relativ groben Festlegungen nicht in DIN 18 800 übernommen.

Druckfehler: Die Zahlenwerte 10 in den Gleichungen für grenz(b / t) für einseitig gelagerte

Plattenstreifen sind durch 11 zu ersetzen. Dies geschieht in Anpassung an Teil 2, Tab. 28 *.

Zu Element 754, Momentenumlagerung

Mit der angegebenen Regelung wird ein vorsichtiger Schritt in das Nachweisverfahren Plastisch-Plastisch getan, indem beschränkt Umlagerungen von Biegemomenten ohne genauen Nachweis berücksichtigt werden dürfen. Da die Umlagerungen beschränkt sind, hielt der Ausschuß eine Reduzierung der Grenzwerte grenz(b/t) und grenz(d/t) von Tab. 15 auf die von Tab. 16 nicht für erforderlich.

Das Vorgehen entspricht dem im El. 750, in dem ein vorsichtiger Schritt vom Nachweisverfahren Elastisch-Elastisch in das Nachweisverfahren Elastisch-Plastisch getan wird. Dort ist aber eine Reduzierung der Grenzwerte grenz(b/t) und grenz(d/t) aus den Tab. 12, 13 und 14 auf die von Tab. 15 erforderlich (vgl. Kommentar zu El. 750).

Eine beschränkte Umlagerung von Schnittgrößen ist im Stahlbetonbau nach DIN 1045, Abschnitt 15.1.2, 2. Absatz, seit vielen Jahren erlaubt. Mit der Begrenzung der Umlagerung auf 15% wurde diese für den Stahlbau neue Regel an die des Betonbaus angepaßt, obwohl größere Werte vertretbar erschienen. Da sie aber durch Nachweise der Tragsicherheit mit dem Verfahren Plastisch-Plastisch ausgenutzt werden können, wurde hier die Gleichsetzung bevorzugt.

Am Beispiel des Zweifeldträgers mit gleichen Stützweiten l unter der Gleichlast q soll der Effekt gezeigt werden. Im Grenzzustand gilt:

- Nachweis nach dem Verfahren Elastisch-Plastisch

Stützmoment $\quad M_S = -0{,}125 \cdot ql^2$

Maximales Feldmoment $\quad M_F = 0{,}0703 \cdot ql^2$
$\quad\quad\quad\quad\quad\quad\quad\quad\quad M_F = -0{,}562 \cdot M_S$.

Wenn über den Träger das plastische Widerstandsmoment wie bei einem Walzträger mit $W_{pl} = $ const vorgegeben ist, ergibt sich die aufnehmbare Streckenlast

$q_{1,d} = W_{pl} f_{y,d} / (0{,}125 \cdot l^2)$.

- Nachweis nach dem Verfahren Elastisch-Plastisch mit 15%-Umlagerung

Stützmoment $\quad M_S = -0{,}106 \cdot ql^2$

Maximales Feldmoment $\quad M_F = 0{,}0777 \cdot ql^2$
$\quad\quad\quad\quad\quad\quad\quad\quad\quad M_F = -0{,}773 \cdot M_S$.

Es folgt $q_{2,d} = W_{pl} f_{y,d} / (0{,}106 \cdot l^2) = 1{,}18 \cdot q_{1,d}$.

- Nachweis nach dem Verfahren Plastisch-Plastisch

Maximales Feldmoment $\quad M_F = 0{,}0858 \cdot ql^2$
$\quad\quad\quad\quad\quad\quad\quad\quad\quad M_F = -1{,}000 \cdot M_S$

Es folgt $q_{3,d} = W_{pl} f_{y,d} / (0{,}858 l^2) = 1{,}46 \cdot q_{1,d}$.

Man hätte in diesem speziellen Fall das Stützmoment um 31,4% = $(0{,}125 - 0{,}0858) \cdot 100 / 0{,}125$, also um mehr als das Doppelte der 15% abmindern können, um auf das Ergebnis des Nachweises nach dem Verfahren Plastisch-Plastisch zu kommen.

Zu Element 755, Grenzschnittgrößen im plastischen Zustand, allgemein

Die in El. 755 genannten Grundlagen für Grenzschnittgrößen im plastischen Zustand gelten in gleicher Weise für die Schnittgrößen-Weggrößen-Beziehungen im plastischen Zustand für Stabquerschnitte (siehe Kommentar zu El. 736). Da mit der Einführung des Verfahrens Elastisch-Plastisch Grenzschnittgrößen zunehmende Bedeutung erlangen werden, sollen die Grundlagen hier ausführlicher und mit Rückgriff auf die elementare Festigkeitslehre kommentiert werden. Wegen des engen Zusammenhangs zwischen Schnittgrößen und Grenzschnittgrößen werden beide hier gemeinsam abgehandelt.

Die Beanspruchbarkeit eines Stabquerschnittes wird i. allg. (bei mehr als einer im betrachteten Querschnitt wirkenden Schnittkraft) durch Interaktionsfunktionen für die Grenzschnittgrößen beschrieben (siehe z.B. Teil 1, Tab. 16); im Schnittkraftraum stellt sich die Beanspruchbarkeit eines Querschnitts als Interaktionskurve bzw. Interaktionsfläche der Grenzschnittgrößen dar (siehe z. B. Teil 1, Bild 19). Bild 1 - 7.18 zeigt beispielhaft den Bereich der Schnittgrößen im plastischen Zustand; er liegt zwischen den Interaktionskurven für die Grenzschnittgrößen im elastischen und im plastischen Zustand.

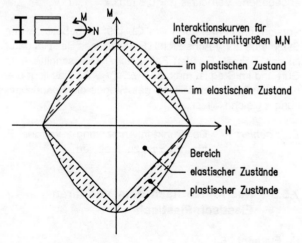

Bild 1 - 7.18 Zur Darstellung der Beanspruchbarkeit von Querschnitten

El. 755 gibt die grundlegenden Annahmen zur Berechnung der Normalspannungen σ und der Schubspannungen τ, aus denen die Schnittgrößen wie üblich berechnet werden können, an. Die Annahmen gelten unmittelbar für durch Normalkräfte, Biegemomente und Querkräfte beanspruchte Querschnitte; sie lassen sich jedoch sinngemäß auch auf Beanspruchung aus Torsion anwenden.

Die Berechnung von Grenzschnittgrößen im plastischen Zustand auf der genannten Grundlage erfordert i.allg. einen hohen Rechenaufwand. In der Praxis wird man deshalb für den Nachweis nach dem Verfahren Elastisch-Plastisch und dem Verfahren Plastisch-Plastisch auf Hilfsmittel, wie z.B. die in El. 757 gegebenen und auf Rechenprogramme, zurückgreifen. El. 755 wendet sich vornehmlich an die Ersteller solcher Rechenprogramme, die zur unmittelbaren Verwendung in der Praxis oder zum Aufstellen von Diagrammen und vereinfachten Formeln bestimmt sind.

Annahmen

Grundsätzlich gelten für die Berechnung der Schnittkräfte im plastischen Zustand dieselben Voraussetzungen, Annahmen und Vorgehensweisen wie für die Schnittkräfte im elastischen Bereich nach der technischen Biegelehre, insbesondere gilt

1) die Annahme vom Ebenbleiben der Querschnitte mit der Folge, daß die Dehnung ε_x und deren Ableitung $\varepsilon_x' = d\varepsilon_x / dx$ linear über den Querschnitt verteilt sind,

2) die Vorgehensweise, die Schubspannungen τ aus den Normalspannungen σ_x mittels Gleichgewichtsbedingung zu berechnen (gilt unmittelbar nur für Schubspannungen infolge von Querkräften) und

3) die Annahme der Fließbedingung nach Teil 1, Gln. 35 und 36 (siehe Kommentar zu El. 735).

Da keine anderen Normalspannungen als σ_x und keine anderen Dehnungen als ε_x auftreten, wird hier und im folgenden auf den Indes x verzichtet.

Im Unterschied zur Berechnung der Schnittgrößen im elastischen Zustand ist für den Werkstoff gemäß El. 735

4) anstelle der linearelastischen Spannungs-Dehnungs-Beziehung die linearelastisch-idealplastische anzunehmen.

Der Vergleich der Regelung zur Berechnung der Grenzschnittgrößen im elastischen und im plastischen Zustand auf der Grundlage der technischen Biegelehre zeigt, daß sich der Unterschied auf den Wegfall der Dehnungsbegrenzung beschränkt.

Begrenzung der Grenzbiegemomente

Die Beschränkung der Grenzbiegemomente im plastischen Zustand auf den 1,25fachen Wert der Grenzbiegemomente im elastischen Zustand ist nicht grundsätzlich. Durch sie sollen pauschal, über die Beschränkung der Krümmungen, die Verformungen der Tragwerke insgesamt begrenzt werden. Das gilt

- i.allg., damit durch große Verformungen (im Sinne der Berechnungsverfahren mit Berücksichtigung großer Verformungen) die üblicherweise getroffenen Voraussetzungen für die Berechnung der Beanspruchungen nicht verletzt werden, und

- im besonderen für die Fließgelenktheorie II. Ordnung, damit deren Voraussetzung vernachlässigbar kleiner plastischer Verformungen der Stäbe i. allg. erfüllt ist (vgl. El. 123 im Teil 2). Diese Näherung wird zu unsicher, wenn größere Fließzonen auftreten. (I. allg. wird mit der Krümmung auch die Ausdehnung der Fließzone in Richtung der Stabachsen begrenzt.)

Der erste Grund betrifft sowohl die Berechnungsverfahren selbst, die üblicherweise kleine Verformungen zur Voraussetzung haben, als auch die Annahmen über das Zusammenwirken von Tragwerksteilen, die getrennt berechnet werden. Damit zielt diese Regel offenbar auf die Tragwerke als Ganzes und nicht auf Details wie z.B. Anschlüsse. Wenn die Verformungen berücksichtigt werden oder wenn von vorn herein erkennbar ist, daß große Verformungen die Voraussetzungen der Berechnung nicht verletzen, kann die Beschränkung der Grenzbiegemomente entfallen. Letzteres ist bei Detailberechnungen, wie z.B. den Stirnplatten von geschraubten Stirnplattenstößen, häufig der Fall.

Die Befreiung von dieser Beschränkung der Grenzbiegemomente für Durchlaufträger mit über die gesamte Länge gleichbleibendem Querschnitt und für Einfeldträger (auch bei veränderlichem Querschnitt) ist wegen des überschaubaren Anwendungsbereiches möglich und gilt selbstverständlich nur, wenn nach Theorie I. Ordnung gerechnet werden darf.

zu Anmerkung 1

Diese Anmerkung bezieht sich auf die Verteilung der Schubspannungen über den Querschnitt für Interaktionsfunktionen für Grenzbiegemomente und Grenzquerkräfte. In [1 - 40], dort auf S.275, wird die gängige Praxis dargestellt. Es heißt "Es existieren diverse Näherungslösungen, die sich in der Annahme des Schubspannungsverlaufs im vollplastizierten Zustand unterscheiden; ... Nach dem statischen Tragkraftsatz (...) erhält man eine auf der sicheren Seite liegende Lösung, wenn der (angenommene) Gleichgewichtszustand zulässig ist und die Fließbedingung an keiner Stelle verletzt ist." Die Ableitung der Spannung in Richtung der Stabachse $\sigma' = d\sigma / dx = d\sigma / d\varepsilon \cdot d\varepsilon / dx$ ist wegen der Annahmen 1) und 4) entweder linear über den

Querschnitt verteilt (in elastischen Bereichen des Querschnitts) oder Null. Da die Schubspannung über eine Gleichgewichtsbedingung mit der Ableitung der Spannung in Richtung der Stabachse verknüpft ist, kann über deren Verlauf nicht frei verfügt werden. Die dem Arbeitsausschuß Teil 1 bekannt gewordenen, die Gleichgewichtsbedingungen verletzenden Näherungslösungen, sind von ihren Zahlenergebnissen her vertretbar. Allerdings behandeln sie nur eher einfache Anwendungsfälle.

Hinweise zur Berechnung von Grenzschnittgrößen und Schnittgrößen im plastischen Zustand

Nachfolgend soll der Rechengang für die Berechnung von Grenzschnittgrößen im plastischen Zustand für verschiedene Fälle, ausgehend von einfachen hin zu komplexeren, skizziert werden. Im weiteren werden offene Querschnitte vorausgesetzt, die aus dünnwandigen, rechteckigen Teilquerschnitten zusammengesetzt sind. Die Querschnitte sollen längs der Stabachsen unveränderlich sein. Außerdem wird vorausgesetzt, daß die Querschnitte infolge der Beanspruchung ihre Form nicht verändern (Querschnittstreue). Kraftgrößen-Weggrößen-Beziehungen und Grenzschnittgrößen von Querschnitten beziehen sich eigentlich auf Stababschnitte (da ein Querschnitt keine Dicke hat, kann er z. B. auch keine Dehnung haben). In Hinblick darauf setzen wir voraus, daß keine äußeren Kräfte (Lasten) an den Stababschnitten angreifen.

Allen Fällen gemeinsam ist das in Bild 1 - 7.19 dargestellte Grundschema des Rechenganges.

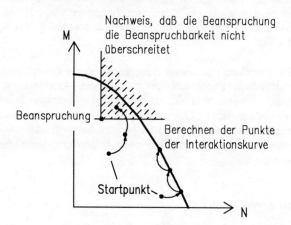

Bild 1 - 7.19 Vorgehen für die Berechnung von Grenzschnittgrößen und für den Nachweis, daß die Beanspruchbarkeit nicht überschritten ist

Grundaufgabe ist die Berechnung der Schnittgrößen zu gegebenem Verlauf der Dehnung ε und ihrer Ableitung ε' über dem Querschnitt. Durch gezielte, iterative Veränderung des Verlaufs der Dehnung ε und ihrer Ableitung ε' wird erreicht, daß die Schnittgrößen gewissen Bedingungen genügen. Diese Bedingungen sind ebenso wie die Strategien für die Veränderung des Verlaufs der Dehnung ε bzw. deren Ableitung ε' vom Zweck der Berechnung abhängig. Bild 1 - 7.20 veranschaulicht das Vorgehen anhand des Iterationspfades im Schnittkraftraum für den Zweck "Berechnen von Punkten auf der Interaktionskurve der Grenzschnittgrößen im plastischen Zustand" und den Zweck "Nachweis, daß die Beanspruchung die Beanspruchbarkeit nicht überschreitet" (siehe hierzu auch Kommentar zu El. 753). Wenn keine Schubspannungen auftreten, entfällt der rechte Zweig des Grundschemas. Offensichtlich gilt das Grundschema sowohl für analytische (Bild 1 - 7.19) als auch für numerische Verfahren (z.B. Fasermodell und Lamellenmodell). Auch im folgenden wird auf Besonderheiten der Verfahren nicht eingegangen.

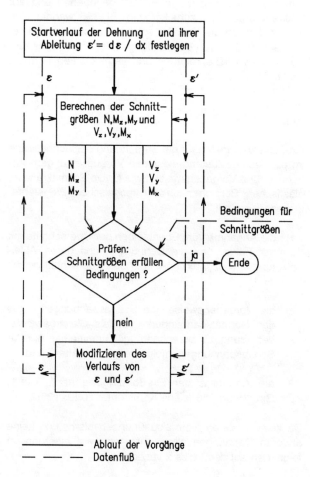

Bild 1 - 7.20 Grundschema für die Berechnung von Grenzschnittgrößen im plastischen Zustand

Fall 1, Zweiachsige Biegung mit Normalkraft

Es gelten die Bezeichnungen nach Bild 1 - 21. Im Teilbild a) ist der aus den rechteckigen Teilquerschnitten i=1,2,... der Dicke t_i und der Breite b_i zusammengesetzte Querschnitt dargestellt. Das Koordinatensystem entspricht dem von El. 311, jedoch ist seine Lage zum Querschnitt willkürlich (kein Hauptachsensystem). Entsprechend der bei dünnwandigen Querschnitten üblichen Idealisierung werden die Querschnittsflächen der Teilquerschnitte auf deren Mittellinie konzentriert (Teilbild b und e). Für die Teilquerschnitte werden lokale Koordinaten s_i eingeführt, deren Lage im globalen Koordinatensystem durch ihren Ursprung und den Winkel α_i festgelegt ist (Teilbild b und f). In Teilbild c sind mögliche Einteilungen des Querschnitts in Fasern angedeutet. Die gewöhnliche differentielle Faser mit den Abmessungen λ_1 und λ_2 entspricht dem Typ I, Typ III ist der für dünnwandige Querschnitte angemessene und Typ II ist Sonderfällen vorbehalten, in denen von der Idealisierung der Dünnwandigkeit nach Teilbild b) abgewichen wird.

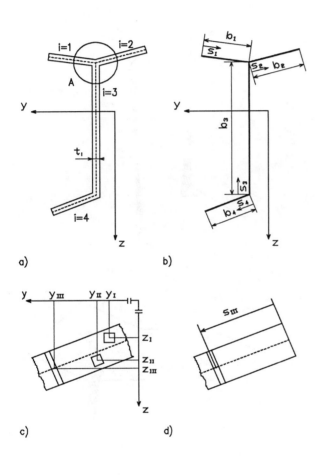

Bild 1 - 7.21 Querschnitt mit Bezeichnungen a) wirklicher b) idealisierter Querschnitt c) d) Fasern e) zur Idealisierung f) Orientierung von Teilquerschnitten

Gemäß der Grundaufgabe suchen wir nach dem Zusammenhang zwischen den Dehnungen des Querschnitts und den Schnittkräften Normalkraft und Biegemoment. Diese Schnittkräfte sind "Resultierende" von Normalspannungen und diese sind allein von den Dehnungen abhängig. Von den Dehnungen wissen wir zunächst nur, daß sie gemäß der Annahme 1) linear über den Querschnitt verteilt anzunehmen sind. Dem entspricht der Ansatz

$$\varepsilon = c_1 + c_z z + c_y y \qquad (1 - 7.32)$$

für den Verlauf der Dehnung über dem Querschnitt.

Es ist zu sehen, daß der Dehnungsverlauf und damit der Zustand des Querschnitts vollständig durch die drei Koeffizienten c_1, c_y und c_z festgelegt ist; man kann von drei Freiheitsgraden sprechen.

Um den Charakter von ε als Verlauf deutlich zu machen, kann man ε als Funktion der Faser schreiben. Bei Verwendung des globalen Koordinatensystems zur Beschreibung der Lage der Fasern erhält die Faser mit den Koordinaten (y,z) die Dehnung

$$\varepsilon(y,z) = c_1 + c_y y + c_z z. \qquad (1 - 7.33)$$

Bei Verwendung der lokalen Koordinaten der Teilquerschnitte erhält die Faser mit der Koordinate s_i die Dehnung

$$\varepsilon(s) = c_1 + c_y y(s) + c_z z(s) \qquad (1 - 7.34)$$

wobei der Index i zur Vereinfachung weggelassen ist.

Gl. (1 - 7.34) veranschaulicht die Interpretation der globalen Koordinaten y(s) und z(s) als Funktionen über dem Querschnitt, d.h. als Querschnittsfunktionen, so daß wir vom Verlauf von y und z über dem Querschnitt sprechen können. Dies entspricht dem Bemühen nach verallgemeinerter, einheitlicher und rechnerfreundlicher Darstellung der technischen Biegelehre, wie es z.B. in [1 - 41] zum Ausdruck kommt. Im weiteren wird nur die verkürzte Schreibweise nach Gl. (1 - 7.32) benutzt.

Bild 1 - 7.23 zeigt in Teil d) den Dehnungsverlauf über den Querschnitt für einen plastischen Zustand. Die Dehnungs-Null-Linie (DNL) trennt den gezogenen vom gedrückten Bereich, der elastische Bereich liegt zwischen der Grenz-Dehnungs-Linie im Zugbereich (GDL-Z) und der Grenz-Dehnungs-Linie im Druckbereich (GDL-D).

Nach Gl. (1 - 7.32) gilt für die Dehnungs-Null-Linie

$$z = -\frac{c_1}{c_z} - \frac{c_y}{c_z} y. \qquad (1 - 7.35)$$

Da im Querschnitt keine Schubspannungen τ auftreten, ist nach Gl. (1 - 7.19) für alle Fasern $f^* = f_{y,d}$. Mit Gl. (1 - 7.18) wird der Spannungsverlauf aus dem Dehnungsverlauf berechnet. Zur Berechnung der Schnittgrößen werden die bekannten Definitionsgleichungen

$$N = \int_A \sigma \, dA$$
$$M_y = \int_A \sigma z \, dA \qquad (1 - 7.36)$$
$$M_z = \int_A \sigma y \, dA$$

verwendet.

Die Veränderung des Dehnungsverlaufs wird durch die Veränderung der drei Koeffizienten c_1, c_y und c_z bewirkt. Die mechanische Bedeutung der drei Koeffizienten ist hier nicht von Belang.

Wie kommt man zu Grenzschnittgrößen? Wodurch zeichnen sie sich aus? Eine anschauliche Vorstellung erhält man aus der Betrachtung monoton wachsender Beanspruchung. Von Null beginnend, wird dem Querschnitt eine Änderung des Dehnungsverlaufs durch proportionales Steigern der drei Koeffizienten aufgeprägt. Bis zum Erreichen des elastischen Grenzzustandes hat dies offensichtlich das proportionale Zunehmen der Schnittkräfte zur Folge. Danach ist die Zunahme der Schnittkräfte geringer als proportional, die Schnittgrößen nähern sich asymptotisch einem Grenzwert, der jedoch erst erreicht wird, wenn die Koeffizienten und damit die Randdehnungen gegen Unendlich gehen. Selbstverständlich sind die praktischen Grenzen eher erreicht. DIN 18 800 kennt aber keine Grenzen, z. B. Grenzdehnungen im plastischen Zustand wie DIN 1045. Dieser Verzicht auf explizite Festlegung von Grenzkriterien für die Beanspruchbarkeit von Stabquerschnitten wird im wesentlichen mit zwei Argumenten begründet, nämlich

- bei stahlbautypischen Profilen werden ca. 97 % des "theoretischen", d. h. mit gegen unendlich gehenden Dehnungen verbundenen Wertes der Grenzschnittgrößen, schon bei wenigen Promille Randdehnung erreicht und

- außerdem ist mit der Verfestigung des wirklichen Werkstoffs noch immer "Reserve" vorhanden.

Für die praktische Berechnung kann man deshalb entweder die Randdehnungen auf z. B. den fünffachen Wert der elastischen Grenzdehnung $\varepsilon_{R,d}$ begrenzen, oder unmittelbar den theoretischen Grenzzustand verwenden.

In Bild 1 - 7.23 g) ist der Spannungsverlauf für den Grenzzustand im plastischen Zustand dargestellt, wobei gegenüber dem im plastischen Zustand die Dehnungsnullinie beibehalten wurde. Der zugehörige Dehnungsverlauf (Teilbild f) kann natürlich nur noch angedeutet werden.

Zur Strategie, um die Grenzschnittgrößen im plastischen Zustand für Schnittgrößen, die in vorgegebenen Verhältnissen zueinander stehen, zu bestimmen, muß auf einschlägige Literatur verwiesen werden, z.B auf [1 - 47].

Schließlich sei noch darauf aufmerksam gemacht, daß die Koeffizienten c_1, c_z und c_y der ersten Ableitung u' bzw. den zweiten Ableitungen w'' und v'' der Verschiebungen der durch den Koordinatenursprung festgelegten Stabachse entsprechen, wobei ' die Ableitung nach dx bezeichnet. Von dieser Bedeutung wird hier jedoch kein Gebrauch gemacht.

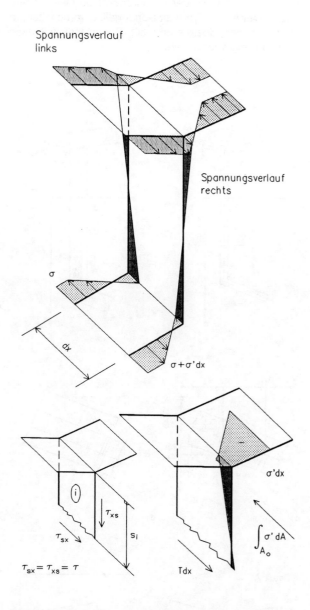

Bild 1 - 7.22 Zur Berechnung der Schubspannungen

Fall 2, Zweiachsige Biegung mit Querkraft und Normalkraft

Aus Annahme 1), dem Ebenbleiben der Querschnitte, folgt, daß die Verzerrungen infolge von Schubspannungen (Gleitungen γ) vernachlässigt werden. Für die Berechnung der Schubspannung sind Gleichgewichtsbedingungen ausreichend. Für unseren Zweck betrachten wir einen

Stababschnitt der Länge dx und schneiden ihn in Längsrichtung in zwei Teile (Bild 1 - 7.22).

In der linken Querschnittsfläche (an der Stelle x) wirken die Spannungen σ und in der rechten (an der Stelle x+dx) die Spannungen $\sigma + d\sigma = \sigma + (d\sigma / dx)dx = \sigma + \sigma'dx$. Im Bild ist das Gleichgewicht an der oberen Hälfte des Stababschnitts dargestellt. Selbstverständlich kann die Gleichgewichtsbetrachtung auch an der anderen Hälfte durchgeführt werden. Für die Vorzeichen fehlt noch eine Regelung. Wir wollen festlegen, daß eine, in einem Teilquerschnitt i wirkende Schubspannung τ genau dann positiv ist, wenn sie in Richtung der lokalen Koordinatenachse s_i wirkt. Dieselbe Regel soll auch für den Schubfluß $T = \tau \cdot t_i$ gelten. Damit erhalten wir für die Schubspannung τ und den Schubfluß T im Teilquerschnitt i

$$\tau \cdot t_i = T_i = - \int_{A_o} \sigma' dA = + \int_{\bar{A}_o} \sigma' dA$$
mit
$$\sigma' = \frac{d\sigma}{dx}$$
(1 - 7.37)

wobei sich die Integration entweder über den Querschnittsteil A_o erstreckt, in dem der Koordinatenursprung der lokalen Koordinatenachse s_i liegt, oder über den anderen Querschnittsteil, der mit $\bar{A}_o$ bezeichnet ist.

Die Spannungsänderung σ' längs der Stabachse kann auf die Dehnungsänderung ε' zurückgeführt werden:

$$\sigma' = \frac{d\sigma}{d\varepsilon} \cdot \varepsilon'$$
mit
$$\varepsilon' = \frac{d\varepsilon}{dx}$$
(1 - 7.38)

Da die Dehnungen ε linear über den Querschnitt verteilt sind, muß dies auch für die Dehnungsänderungen ε' gelten. Wir machen den Ansatz

$$\varepsilon' = c_1' + c_z' \cdot y + c_y' \cdot z \ .$$
(1 - 7.39)

Wie im Fall 1 für den Ansatz des Dehnungsverlaufs ε haben wir hier drei Freiheitsgrade für den Verlauf der Dehnungsänderung ε'. Dort standen dem die drei Schnittgrößen N, M_y und M_z gegenüber, hier stehen nur zwei Schnittgrößen, V_z und V_y zur Bestimmung der drei Koeffizienten zur Verfügung. Die dritte Bedingung ist stillschweigend schon bei der zu Gl. (1 - 7.37) angestellten Gleichgewichtsbetrachtung verwendet worden: Am Stababschnitt wirken keine äußeren Kräfte in Richtung der Stabachse, d. h. Normalkraftänderung N' (mit ' bezeichnen wir die Ableitung nach x) ist Null. Den drei Koeffizienten im Ansatz für die Dehnungsänderung ε' entsprechen so die drei Schnittkraftänderungen N', $M_y' = V_z$ und $M_z' = -V_y$.

Bis hier sind die Beziehungen noch unabhängig vom Werkstoffverhalten. Erst mit der Ableitung der Spannung nach der Dehnung kommt es ins Spiel. Wir können aus Bild 1 - 7.10 die Beziehungen

$$\frac{d\sigma}{d\varepsilon} = \begin{matrix} E \\ 0 \end{matrix} \quad \text{für } |\varepsilon| \begin{matrix} \leq \\ > \end{matrix} \varepsilon_{R,d}$$
(1 - 7.40)

und

$$\sigma' = \begin{matrix} \varepsilon' E \\ 0 \end{matrix} \quad \text{für } |\varepsilon| \begin{matrix} \leq \\ > \end{matrix} \varepsilon_{R,d}$$
(1 - 7.41)

ablesen, wobei E der Elastizitätsmodul ist. Diese Beziehungen haben die triviale Aussage, daß dort, wo der Querschnitt schon durch die Normalspannungen σ plastiziert ist, keine Spannungsänderungen σ' mehr möglich sind und deshalb keine Schubspannungen mehr auftreten können. Im elastischen Bereich gelten die üblichen Formeln, wenn sie auf den elastischen Restquerschnitt bezogen werden. In Bild 1 - 7.24 wird das Beispiel des Falles 1) weitergeführt. Es zeigt den Verlauf der Dehnungsänderung und der Spannungsänderung, die unter Zugrundelegung der Spannungsverteilung von Bild 1 - 7.23 daraus folgt. Damit sind der Schubflußverlauf nach Gl. (1 - 7.37) und die in den Teilquerschnitten wirkenden Schubkräfte mit

$$V_i = \int_{s_i=0}^{s_i=b_i} \tau \cdot t_i \cdot ds$$
(1 - 7.42)

berechnet. Teilbild d) zeigt die Schubkräfte als Pfeile. Aus deren Resultierenden V können direkt die Querkräfte V_z und V_y abgelesen werden. Die Wirkungslinie der Resultierenden V geht selbstverständlich durch den Schubmittelpunkt des elastischen Restquerschnitts. Da dieser i. allg. nicht mit dem willkürlich festgelegten Ursprung des Koordinatensystems zusammenfällt, bewirken die Schubkräfte der Teilquerschnitte auch ein Torsionsmoment M_x. Für die drei Schnittkräfte gilt:

$$\begin{aligned} V_y &= \sum^i V_{yi} \\ V_z &= \sum^i V_{zi} \\ M_x &= \sum^i V_{zi} y_{oi} - V_{yi} z_{oi} \end{aligned}$$
mit
$$\begin{aligned} V_{yi} &= V_i \cos(\alpha_i) \\ V_{zi} &= V_i \sin(\alpha_i) \end{aligned}$$
(1 - 7.43)

Zur Kontrolle der Fließbedingung wird aus dem Schubspannungsverlauf und dem Normalspannungsverlauf der Verlauf der Vergleichsspannung (Teilbild e, f und g) berechnet. In Teilbild h) ist der Verlauf der λ-fachen Schubspannungen dargestellt, der zu λ-fachen Koeffizienten $\lambda c_1'$, $\lambda c_y'$ und $\lambda c_z'$ gehört. Durch geeignete Wahl von λ kommt man, ausgehend von einem vorgegebenen Normalspannungsverlauf, zu einem Grenzzustand im plastischen Zustand (Teilbild i), bei dem i. allg. nicht alle Fasern des Querschnitts plastiziert sind. Mit den bisher benutzten Methoden ist jedoch eine weitere Steigerung der Schnitt-

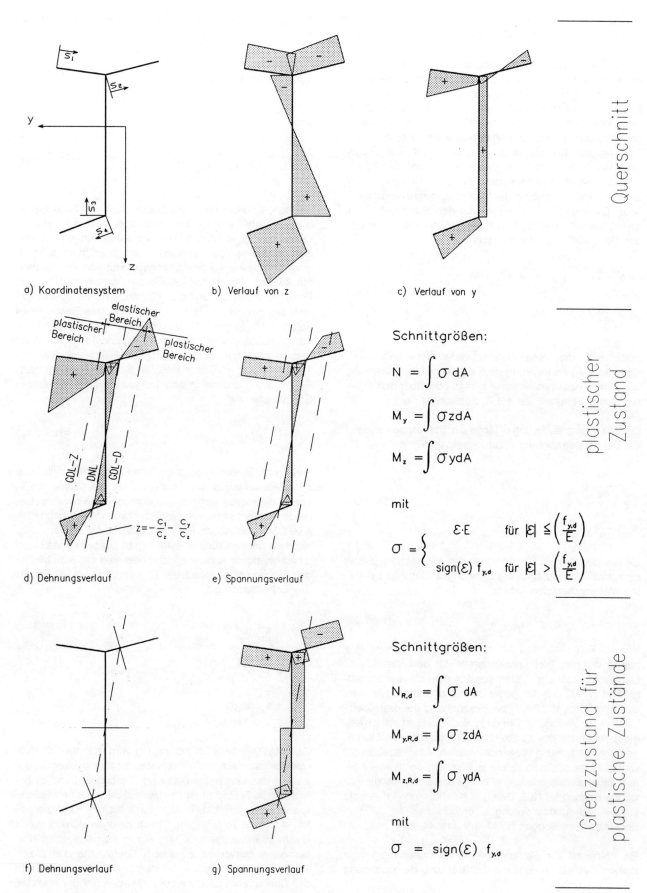

Bild 1 - 7.23 Schnittgrößen N, M_y und M_z und zugehörige Grenzschnittgrößen

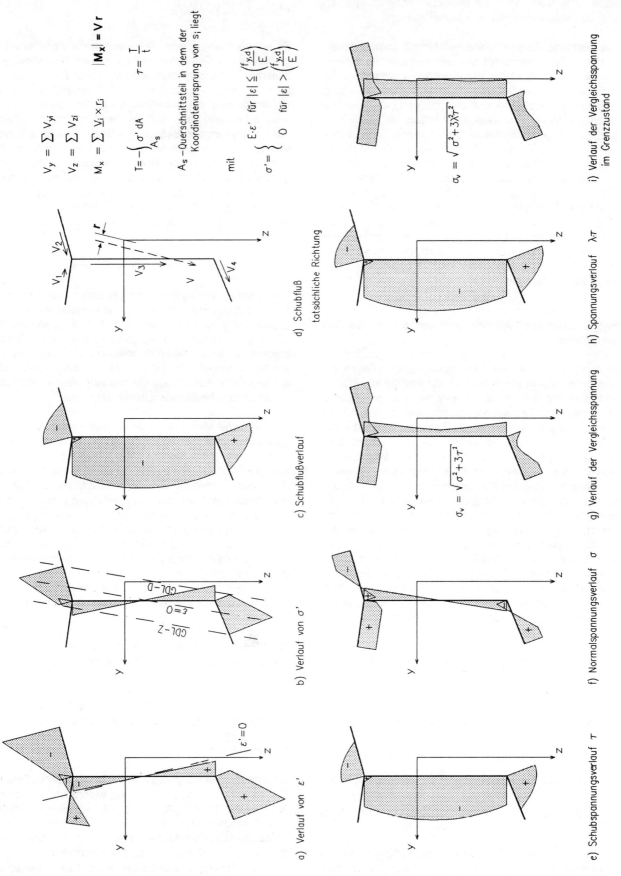

Bild 1 - 7.24 Schnittgrößen N, M_y, M_z, V_z und V_y

kräfte ohne Verletzung der Gleichgewichtsbedingungen oder der Fließbedingung oder beider nicht möglich.

Das bisherige Vorgehen, linearen Normalspannungsverlauf über den Querschnitt anzunehmen und die Streckgrenze voll für die Normalspannungen auszunutzen, ist nicht zwingend. Die fehlende Eindeutigkeit der Beziehung zwischen Verzerrungen und Spannungen des linearelastisch-idealplastischen Werkstoffs erlaubt im plastischen Zustand eine Manipulation der Spannungen (vergl. Kommentar zu El. 735). Wie auch an Gl. (1 - 7.18) zu ersehen ist, ist Proportionalität zwischen Dehnungen und Normalspannungen nur bis zur bedingten Grenzdehnung ε^* zwingend. Freilich dürfte es sehr schwierig sein, zu gegebenen Verläufen der Dehnung ε und der Dehnungsänderung ε' Verläufe für die Normalspannung σ und die Normalspannungsänderung σ' so zu finden, daß sowohl die Fließbedingung als auch die Gleichgewichtsbedingung für den Querschnitt eingehalten sind. Überdies wird i. allg. der Gewinn eher spärlich sein.

Fall 3, Zusätzlich Wölbbimoment und sekundäres Torsionsmoment

Auch hier wollen wir, wie in den beiden vorigen Fällen, zur gegebenen Verformung des Querschnitts die zugehörenden Schnittgrößen Wölbbimoment M_ω und sekundäres Torsionsmoment M_x suchen. Bisher war der Verlauf der Dehnung ε und der Dehnungsänderung ε' durch die Annahme vom Ebenbleiben der Querschnitte vorgegeben. Was tritt in dem nun vorliegenden Falle der Wölbkrafttorsion an die Stelle dieser Annahme? Erstaunlicherweise ist die Kenntnis, daß bei Torsionsbeanspruchung Teilquerschnitte mit gerader Mittellinie ebenbleiben, allgemein wenig bewußt. Dies gilt, in Verallgemeinerung der Annahme 1), auch im plastischen Zustand. Ohne weitere Annahmen, allein aus geometrischen Beziehungen, ergibt sich daraus, daß der Dehnungsverlauf ε für eine aufgeprägte Verdrehung des Querschnitts um einen Drehpunkt D bis auf einen additiven Anteil proportional zur nichtnormierten Einheitsverwölbung ω für diesen Drehpunkt ist. Offensichtlich gilt dies auch für den Verlauf der Dehnungsänderung ε'.

Für den Dehnungsverlauf ε wählen wir den Ansatz

$$\varepsilon = c_1 + c_y \cdot y + c_z \cdot z + c_\omega \cdot \omega \qquad (1 - 7.44)$$

und für den Verlauf der Dehnungsänderung ε'

$$\varepsilon' = c_1' + c_z' \cdot y + c_y' \cdot z + c_\omega' \cdot \omega \ . \qquad (1 - 7.45)$$

Für das Wölbbimoment M_ω gilt die Definitionsgleichung

$$M_\omega = \int_A \sigma \, \omega \, dA \qquad (1 - 7.46)$$

und für das sekundäre Torsionsmoment M_{Ds} gilt dieselbe Gleichung wie im Fall 2) für M_x, das wir nun, der üblichen Tradition folgend, mit dem Index Ds kennzeichnen.

$$M_{Ds} = \sum^j V_{zi} \cdot y_{oi} - V_{yi} \cdot z_{oi} \qquad (1 - 7.47)$$

Es sei noch angemerkt, daß den jeweils vier Freiheitsgraden für den Verlauf der Dehnung ε und der Dehnungsänderung ε' die Schnittkräfte N, M_y, M_z und M_ω sowie N', $M_y' = V_z$, $M_z' = -V_y$ und $M_\omega' = M_{Ds}$ gegenüberstehen. Scheinbar sind die Koordinaten des Drehpunktes zwei weitere Freiheitsgrade, sie erweisen sich jedoch als abhängig von den angesetzten Koeffizienten, was z.B. der Vergleich mit der Gleichung für die Transformation der Einheitsverwölbung von einem Drehpunkt D1 zu einem anderen Drehpunkt D2 zeigt. Das bedeutet andererseits, daß der Drehpunkt zur Berechnung der Einheitsverwölbung ω frei gewählt werden kann. Im übrigen ergeben sich keine Änderungen gegenüber den Fällen 1) und 2).

Fall 4, Zusätzlich primäres Torsionsmoment M_{Dp}

Das primäre Torsionsmoment resultiert aus primären Schubsspannungen, d.h. aus Schubspannungen, die aus Gleitungen γ zu berechnen sind. Für die gleichzeitige Wirkung von Normalspannungen σ und primären Schubspannungen gelten die im Kommentar zu El. 735 gemachten Ausführungen uneingeschränkt. Allerdings stehen der konsequenten Ausnutzung der dort aufgezeigten Möglichkeiten erhebliche Schwierigkeiten entgegen.

Eine einfache Methode ist, den Querschnitt zunächst im elastischen Zustand mit den primären Schubspannungen τ_p (der Index p soll hier zur Unterscheidung von den sekundären Schubspannungen, die mit τ_s bezeichnet werden sollen, verwendet werden) zu beaufschlagen. Für die nachfolgend aufzuprägenden Dehnungen ε wird der elastische Bereich durch die bedingte Grenzdehnung ε^* nach Gl. (1 - 7.20) begrenzt, wodurch sich die Normalspannung im plastischen Zustand von $f_{y,d} = \sigma_{R,d}$ auf die bedingte Grenzspannung f^* reduziert. Der elastische Restquerschnitt kann dann wie im Fall 2) für die sekundären Schubspannungen τ_s genutzt werden, wobei zu beachten ist, daß in die Vergleichsspannung $\tau = \tau_p + \tau_s$ eingeht.

Zu Element 756, Schnittgrößen im vollplastischen Zustand für doppelsymmetrische Querschnitte

Die in Bild 18 angegebenen Größen sind Bezugsgrößen für die Regelungen im El. 757. Sie sind auf die Mittellinien der Querschnittsteile bezogen, wie es der Theorie für dünnwandige Querschnitte entspricht (vgl. hierzu auch Anmerkung 1 zum El. 752).

Die Annahme eines über die Flansche konstanten Schubflusses $T = t\,\tau$ für $V_{pl,y,d} = 2 \cdot bt\,\tau_{R,d}$ widerpricht dem zweiten Absatz in El. 755 (Gleichgewichtsbedingungen), da an den Flanschrändern infolge einer Querkraft V_y keine Schubspannungen auftreten können. Wenn nur eine Querkraft V wirkt, muß man sie als Scherkraft deuten, für die, wie beim Abscheren von Schrauben, die zuvor genannte Bedingung nicht zutrifft und die Gleichung für $V_{pl,y,d}$ richtig ist. Wenn aber gleichzeitig nennenswerte Schnittgrößen N oder M_y oder beide auftreten, ist $V_{pl,y,d}$ die Bezugsgröße für die Interaktionsbeziehungen in den Tab. 16 und 17 und als solche vertretbar. Vergleiche hierzu auch Anmerkung 4 (nicht korrigiert 3) zum El. 757.

Druckfehler: In der Bildunterschrift 18 muß es richtig "doppelsymmetrisch" heißen *.

Zu Element 757, Interaktion von Grenzschnittgrößen im plastischen Zustand für I-Querschnitte

Für die Interaktion von Grenzschnittgrößen im plastischen Zustand werden für I-Querschnitte zwei wichtige Lösungen angeboten:

- für einachsige Biegung, Normalkraft und Querkraft mit den Tab. 16 und 17 und

- für zweiachsige Biegung und Normalkraft mit Gl. (40) und Bedingung (41) und (42) sowie mit Bild 19.

In den Tab. 16 und 17 sind die Richtungen y oder z der Schnittgrößenvektoren in den Überschriften festgelegt und zur Vereinfachung innerhalb der Tabellen nicht wiederholt.

Die Angaben zu I-Querschnitten mit zweiachsiger Biegung und Normalkraft gelten auch, wenn kleine Querkräfte V_z oder V_y oder beide gleichzeitig wirken (Vgl. *Druckfehler:* $V_{z,d} \leq 0{,}33 \cdot V_{pl,z,d}$ beachten!).

Die formelmäßige Darstellung der Interaktion wird durch folgende Umstellung und Ergänzung besser verständlich:

Mit

$$M_y^* = [1 - N/N_{pl,d}]^{1,2}] \cdot M_{pl,y,d} \qquad (1-7.48)$$

und

$$c_1 = (N/N_{pl,d})^{2,6} \qquad (1-7.49)$$

$$c_2 = (1-c_1)^{-N_{pl,d}/N} \qquad (1-7.50)$$

gilt

- für $M_y \leq M_y^*$

$$\frac{M_z}{M_{pl,z,d}} + c_1 + c_2 \left(\frac{M_y}{M_{pl,y,d}}\right)^{2,3} \leq 1 \qquad (1-7.51)$$

- für $M_y > M_y^*$

mit

$$\frac{M_z^*}{M_{pl,z,d}} = 1 - c_1 - c_2 \left(\frac{M_y^*}{M_{pl,y,d}}\right)^{2,3} \qquad (1-7.52)$$

$$\frac{1}{40}\left(\frac{M_z}{M_{pl,z,d}} - \frac{M_z^*}{M_{pl,z,d}}\right) + \left(\frac{N}{N_{pl,d}}\right)^{1,2} + \frac{M_y}{M_{pl,y,d}} \leq 1$$

Die Geraden in Bild 19 sind aus Vereinfachungsgründen näherungsweise parallel zur Ordinate gezeichnet worden.

Angaben zu Grenzschnittgrößen im plastischen Zustand findet man u.a in [1 - 43], dort S.300 - 310, und in [1 - 44].

Druckfehler:
- In der 3. Zeile hinter dem 2. Spiegelstrich muß es richtig heißen: $V_{z,d} \leq 0{,}33 \cdot V_{pl,z,d}$ (nicht $0{,}15 \cdot V_{pl,z,d}$)

- Auch hier muß es "im plastischen Zustand" heißen (vgl. dazu Erläuterung der Korrektur in El. 753)

- In den Überschriften der Tab. 16 und 17 müßte es anstelle von I-Profil in Übereinstimmung mit dem Text I-Querschnitt heißen.

- Das +-Zeichen vor $\leq$ in Gl. (41) ist zu streichen.

- Die 1. Anmerkung müßte Anmerkung 1 heißen, die nachfolgenden müßten jeweils um eine Ziffer erhöht werden.

- In Anmerkung 4 (nicht korrigiert 3) muß in der 4. Zeile anstelle von "Tab. 16" richtig "Bild 18" heißen. Vgl. im übrigen zur Frage plastisch-vollplastisch Kommentar zu El. 756.

- In Anmerkung 5 (nicht korrigiert 4) muß nach den 3 Schnittgrößen "in Tab. 16 und 17" ergänzt werden *.

7.5.4 Nachweis nach dem Verfahren Plastisch-Plastisch

Zu Element 758, Grundsätze

Hinweis: Die bisher für das Verfahren Plastisch-Plastisch benutzte DASt Ri 008 "Anwendung des Traglastverfahrens im Stahlbau" wurde vom Deutschen Stahlbau-Verband am 30.9.91 zurückgezogen.

Die Grenzwerte grenz(b/t) sind von der Beanspruchung des jeweiligen Querschnitts abhängig. Die Zuordnung zu den Verfahren in Teil 1:

Elastisch-Elastisch nach Tab. 12 und 13
Elastisch-Plastisch nach Tab. 15
Plastisch-Plastisch nach Tab. 18

richtet sich nach der größten Beanspruchung, die nach dem jeweiligen Verfahren erlaubt ist.

Für einen nach dem Fließgelenk-Verfahren (einem der Verfahren Plastisch-Plastisch) berechneten Durchlaufträger z.B. ist bezüglich der betrachteten Querschnittsteile zwischen drei Arten von Stababschnitten zu unterscheiden:

Der Stababschnitt befindet sich im

A elastischen Zustand

B im plastischen Zustand mit kleinen plastischen Dehnungen und

C im plastischen Zustand mit großen plastischen Dehnungen.

Eindeutig ist nur die erste Art, für die die Grenzwerte grenz(b/t) in Tab. 12 angegeben sind. Die obere Grenze der Beanspruchung ist durch die Grenzdehnung $\varepsilon_{R,d}$ nach Gl.(1 - 7.23) eindeutig festgelegt. Für die Abgrenzung der beiden letztgenannten Arten ist eine derart scharfe Grenze nicht gegeben. Unter großen Dehnungen sind solche zu verstehen, die dann auftreten, wenn im zugehörenden Fließgelenk große Rotationen auftreten. Dies ist i. allg. der Fall, wenn (bei wachsenden Einwirkungen) ein Fließgelenk bei 80 % der Grenzeinwirkung oder früher auftritt. Bei einem Fließgelenk, das erst im Grenzzustand oder wenig davor eintritt, sind die plastischen Dehnungen jedoch klein. Kleine Dehnungen sind implizit durch die Zuordnung zum Verfahren Elastisch-Plastisch "definiert". Nach El. 754 darf nach dem Auftreten des Fließgelenks die Einwirkung noch um 15 / (100 - 15) = 18 % zunehmen.

Die in DIN 18 800 verwendete Abhängigkeit der Grenzwerte grenz(b/t) von der Beanspruchung illustriert Bild 1 - 7.25 für den Fall des einseitig gelagerten Plattenstreifens unter über die Breite konstanter Normalspannung nach Tab. 13, Zeile 4, Spalte 3.

Für eine grobe, vergleichende Abschätzung mögen folgende Überlegungen dienen. Mit dem berechneten Biegemomentenverlauf kann an der Stelle der (potentiellen) Fließgelenke der Rotationswinkel (Differenz der Stabenddrehwinkel) und damit die (negative) Klaffung Δu für die betrachteten Querschnittsteile berechnet werden. Aus dieser Klaffung Δu und der Länge l_{pl} des Stababschnitts im plastischen Zustand läßt sich eine "mittlere plastisch Dehnung" $\varepsilon_M = \Delta u / l_{pl}$ als Vergleichswert berechnen. Für den Zweifeldträger nach Bild 1 - 7.25 z.B. ergibt sich an der Innenstütze im Falle voller Ausnutzung nach dem Verfahren Elastisch-Plastisch und unter Ausnutzung der Momentenumlagerungsmöglichkeit nach El. 754 für den gedrückten Flansch $\varepsilon_M = -2{,}9\varepsilon_{R,d}$ (mit $\alpha_{pl} = 1{,}15$). Wie man sich leicht überzeugen kann, ist dieser Wert nur vom Grad der Umlagerung (hier 15 % Verminderung) und dem Wert für den plastischen Formbeiwert α_{pl} abhängig.

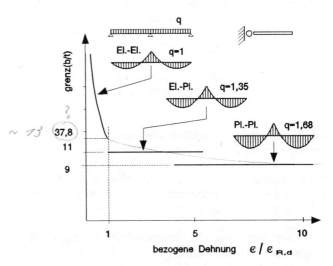

Bild 1 - 7.25 Beispiel zur Abhängigkeit der Grenzwerte grenz(b/t) von der Beanspruchung

In Bild 1 - 7.26 sind zwei Beispiele für die Einteilung eines Zweifeldträgers in Stababschnitte unterschiedlicher Beanspruchung gegeben. Die Einteilung ist in Hinblick auf die gedrückten Flansche vorgenommen. Im Falle der Belastung durch Einzellasten (Teilbild b) ist eine Verstärkung des Trägers im Bereich der Innenstütze angenommen, so daß sich in diesem Falle das "erste Fließgelenk" jeweils in den Feldern unter der Einzellast ausbildet.

Weitere Betrachtungen zu den Grundsätzen sind im Kommentar zu El. 755 zu finden [vgl. auch [1 - 30]].

Druckfehler: In 2. muß es ... Grenzschnittgrößen im plastischen Zustand ... lauten *.

Zu Element 759, Berücksichtigung oberer Grenzwerte der Streckgrenze

Im Grenzzustand des Tragwerks für das Verfahren Plastisch-Plastisch wird der Schnittkraftverlauf wesentlich durch die Grenzschnittgrößen, z.B. M_{pl}, in den Fließgelenken (beim Fließgelenk-Verfahren, sonst an den entsprechenden Stellen) bestimmt. Grenzschnittgrößen sind wie die Streckgrenze f_y streuende Größen. In fast allen Fällen führen kleinere Werte für Grenzschnittgrößen (Beanspruchbarkeiten von Querschnitten) zu kleineren Werten der Grenzeinwirkungen (Beanspruchbarkeit des Tragwerks), weshalb fast immer untere Bemessungswerte für die Grenzschnittgrößen zu verwenden sind und DIN 18 800 i. allg. auf die Kennzeichnung "unterer" Bemessungswert verzichtet. Die Regel des El. 759 ist selbstverständlich nur dann anzuwenden, wenn der Ansatz oberer Bemessungswerte der Streckgrenze zu einer beachtlichen Verringerung der Grenzeinwirkung führt. Annahmen über die Verteilung der Grenzschnittgrößen (oberer oder unterer Wert) sind "ungünstigst" anzunehmen, jedoch, ebenso selbstverständlich, nicht ungünstiger als bei der betrachteten Konstruktion möglich. "Ungünstig" bezieht sich hier auf die Verringerung der Grenzeinwirkung infolge von bereichsweiser Erhöhung der Grenzschnittgrößen.

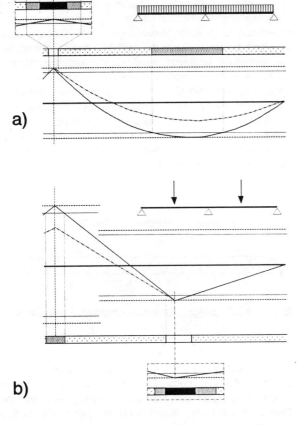

Bild 1 - 7.26 Beispiel zur Unterteilung von Stäben in Stababschnitte (Bereiche) unterschiedlicher Beanspruchung zur Berechnung der Grenzwerte grenz(b / t)

Da das Thema "Überfestigkeit" für die breite Praxis weitgehend neu ist, mit den Verfahren Elastisch-Plastisch und Plastisch-Plastisch an Bedeutung gewinnen wird und sich an dessen Regelung in DIN 18 800 eine Leitlinie dieser Norm aufzeigen läßt, soll nachfolgend der Hintergrund dieser Regelung beleuchtet werden.

Zum Hintergrund

Mit der statischen Berechnung werden auf der Grundlage der bis dahin vorliegenden planmäßigen Festlegungen alle für die Tragsicherheit und Gebrauchstauglichkeit maßgeblichen planmäßigen Eigenschaften des Tragwerks festgelegt. Das später wirklich ausgeführte Tragwerk unterscheidet sich in manchen Eigenschaften in zufälliger Weise von den planmäßigen. Wir sprechen von streuenden Größen und denken z.B. an geometrische Imperfektionen und Festigkeiten einzelner Bauteile und des Tragwerks insgesamt. Da diese zufälligen Unterschiede für den Einzelfall nicht vorhersehbar sind, müssen in der statischen Berechnung grundsätzlich alle Möglichkeiten in Betracht gezogen werden, d.h. es muß die Menge aller möglicherweise entstehenden Tragwerke betrachtet werden, die im Rahmen der planmäßigen Festlegungen möglich ist. Durch normative Festlegung werden die ungünstigsten x % der Fälle aus der zu betrachtenden Menge ausgeschlossen. Mit der statischen Berechnung wird die vom Ersteller zu verantwortende Behauptung aufgestellt, daß, wie immer das wirkliche, nach den planmäßigen Festlegungen errichtete Tragwerk im Einzelfall ausfallen mag, nur in x % der Fälle Versagen auftritt, das durch Abweichungen der Eigenschaften des wirklichen Tragwerks von den planmäßigen verursacht ist.

Offensichtlich ist es im Einzelfall praktisch unmöglich, alle möglichen Tragwerke dieser Menge zu untersuchen und die ungünstigsten x % auszusondern. Bewährte und gängige Praxis zur Lösung solcher Probleme ist es, eine bestimmte und möglichst kleine Menge von Tragwerken auszuwählen, die alle übrigen "abdecken". In DIN 18 800 sind das die Tragwerke mit Bemessungswerten oder kurz die Bemessungstragwerke. Man kann sich die Menge der Bemessungstragwerke auch implizit durch folgende Aussage definiert vorstellen: Wenn bei gegebenen Einwirkungen keines der Bemessungstragwerke versagt, dann versagt auch kein anderes Tragwerk der zu betrachtenden Menge.

DIN 18 800 gibt dem Ersteller der statischen Berechnung Hilfestellung bei der Festlegung der Bemessungstragwerke. Was im Einzelfall in Hinblick auf die planmäßigen Festlegungen vernünftigerweise als möglich zu betrachten ist, kann eine Norm offenbar nicht allgemein regeln. Es bedarf der verantwortlichen Festlegung durch den Ersteller der statischen Berechnung. Selbstverständlich ist es immer erlaubt, unabhängig von planmäßigen Festlegungen im Einzelfall mit "denkbar ungünstigsten" Tragwerken zu rechnen. Diese Zusammenhänge können im Falle der geometrischen Imperfektionen (mögliche Imperfektionsfiguren und Abhängigkeit von Stabvorverdrehungen) sehr deutlich gesehen werden.

Mit der Streuung von Festigkeiten verhält es sich ähnlich. Das erste und wichtigste Bemessungstragwerk ist ein Tragwerk, bei dem alle Festigkeitsgrößen den unteren Bemessungswert annehmen. Falls Tragwerke, die oder deren Teile höhere Festigkeiten haben, ungünstiger sind, so sind dafür weitere Bemessungstragwerke festzulegen.

Nach El. 759 nehmen die Festigkeitsgrößen der Bemessungstragwerke entweder den unteren oder den oberen Bemessungswert an. Die Streuungen der Festigkeitsgrößen innerhalb eines Halbzeuges (z.B. Walzprofil, Blechtafel) ist i. allg. vernachlässigbar gering. Das gilt auch für Halbzeuge, die aus einem Herstellvorgang stammen. Deshalb kann z. B. innerhalb eines aus einem Walzprofil gefertigten Durchlaufträgers der Bemessungswert der Streckgrenze konstant angenommen werden. Mit diesen Vorgaben sind grundsätzlich ungünstige Kombinationen zu bilden, wie wir das z. B. von Imperfektionsfiguren, Einwirkungskombinationen und der feldweisen oder schachbrettartigen Anordnung von Verkehrslasten kennen.

Bevor wir uns der Frage zuwenden, wann die Berücksichtigung oberer Grenzwerte der Streckgrenze überhaupt in Betracht kommt, sei darauf hingewiesen, daß sich die Frage der Überfestigkeit nicht auf die Streckgrenze beschränkt. Sie gilt grundsätzlich für alle Grenzgrößen, die die Beanspruchung beeinflussen.

In welchen Fällen kann die Berücksichtigung oberer Bemessungswerte angezeigt sein?

Betrachten wir zunächst ein Stabtragwerk das wir uns aus Bauteilen (im Sinne der Konstruktion, z.B. Obergurtabschnitte eines Fachwerkträgers), die jeweils mehrere Stäbe (im Sinne der Statik, z.B. Obergurtstäbe) umfassen, zusammengesetzt denken. Es habe folgende Eigenschaften:

a) Es ist monolithisch, d.h. es ist ein Tragwerk ohne Verbindungen,

b) die Stäbe eines Bauteils haben über die Stablängen konstanten oder nur mäßig veränderlichen Querschnitt,

c) die Grenzwerte grenz(b / t) nach Teil 1, Tab. 18 sind überall eingehalten und

d) eine Berechnung nach Theorie II. Ordnung ist nicht notwendig.

Wir vergleichen zwei Ausführungen des Tragwerks. Im Fall I sind die Werte der Grenzschnittgrößen für alle Stäbe gleich den unteren Bemessungswerten. Demgegenüber nehmen wir im Falle II für die Grenzschnittgrößen eines Bauteils, das im Falle I ein Fließgelenk aufweist und das wir Bauteil A nennen wollen, die oberen Bemessungswerte an. Das Bauteil soll einige Stäbe umfassen. Im Falle II werden die Schnittgrößen im Fließgelenk des Bauteils A größer sein als im Falle I, jedoch nicht größer als die Grenzschnittgrößen mit oberen Bemessungswerten. Damit verändert sich der Schnittkraftverlauf gegenüber dem Falle I auch in der Umgebung des Fließgelenks und in anderen Stäben. Das Bauteil A kann die höhere Beanspruchung selbstverständlich aufnehmen. Was geschieht bei den übrigen Bauteilen im Vergleich zu Fall I? Schnittgrößen können sich verändern, die Rotation in Fließgelenken kann sich verändern, Fließgelenke können entstehen oder verschwinden. Ein Mechanismus (Fließgelenkkette) kann

sich jedoch nicht ausbilden - die Grenzeinwirkungen sind im Falle II nicht kleiner als im Falle I.

Was verändert sich, wenn eine Berechnung nach Theorie II. Ordnung erforderlich ist? Die oben dargestellte Veränderung der Schnittkräfte beinhaltet grundsätzlich auch die Vergrößerung von Normalkräften. Die Zunahme von Normalkräften kann Stabilitätsversagen (z. B. Biegeknicken) auslösen, bevor sie durch die Ausbildung von Normalkraft-Fließgelenken begrenzt werden. Mit anderen Worten, durch die Zunahme von Normalkräften können durch die Bildung zusätzlicher Gelenke (i. allg. zwischen den Stabendknoten) Mechanismen entstehen - die Grenzeinwirkungen können im Falle II kleiner sein als im Falle I. Üblicherweise ist die mögliche Zunahme von Normalkräften jedoch vernachlässigbar gering (siehe auch Anmerkung 1). Eine Typische Ausnahme zeigt Bild 1 - 7.27.

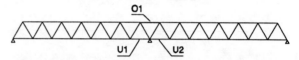

Bild 1 - 7.27 Beispiel für ein Normalkraft-Fließgelenk

Der zweifeldrige Fachwerkträger ist nach dem Verfahren Plastisch-Plastisch bemessen; der Obergurtstab über der Innenstütze bildet ein Normalkraft-Fließgelenk mit der Grenznormalkraft N_{pl}. Wenn die Streckgrenze dieses Stabes die oberen Bemessungswerte annehmen, vergrößern sich die Druckkräfte in den Untergurtstäben beidseits der Innenstütze gegenüber dem Fall mit unteren Bemessungswerten in derselben Größenordnung wie die Zugkraft im Fließgelenk.

Was verändert sich, wenn die Grenzwerte grenz(b / t) nur entsprechend der Beanspruchung im Fall I eingehalten sind? Die Veränderung des Schnittkraftverlaufs hat i. allg. eine Verschiebung der Bereichsgrenzen der drei für die Berechnung der Grenzwerte grenz(b / t) maßgebenden Beanspruchungsarten elastisch (A), plastisch mit kleinen Dehnungen (B) und plastisch mit großen Dehnungen (C) (siehe auch Kommentar zu El. 758) zur Folge. Im Extremfall kann sich ein Fließgelenk mit großen plastischen Dehnungen an einer Stelle ausbilden, die im Falle I im elastischen Zustand ist. Von Sonderfällen wie diesem abgesehen, kann, auch in Hinblick auf die grobe Regelung der Grenzwerte grenz(b / t), dieser Einfluß vernachlässigt werden.

Was verändert sich, wenn die Stäbe eines Bauteils über die Stablängen stark veränderlichen, insbesondere sprunghaft veränderlichen Querschnitt haben? Generell besteht die Gefahr, daß sich bei geringeren Einwirkungen als im Fall I Mechanismen ausbilden. Eine anschauliche Vorstellung erhält man aus der Betrachtung eines Querschnittsverlaufs, dessen Momentendeckungslinie sich eng gestuft an den Biegemomentenverlauf des Falles I anschmiegt. Im gedachten Extremfall, in dem die Momentendeckungslinie mit dem Verlauf der Absolutwerte der Biegemomente nach Fall I zusammenfällt, würde im Fall II eine "Kette" von Fließgelenken ausgelöst.

Was verändert sich durch Verbindungen? Wir betrachten hierzu Verbindungen, die wir uns als kurze Stababschnitte vorstellen. Nehmen wir weiter an, daß sie bezüglich ihrer Schnittgrößen im Falle I voll ausgenutzt sind. Die Schnittgrößen können an der Stelle der Verbindung nicht größer werden. Die Verbindung verhält sich wie ein Fließgelenk - oder sie bricht. Bild 1 - 7.28 verdeutlicht diesen Sachverhalt.

Zur einfacheren Darstellung ist dort das Grenzmoment der Verbindung etwas größer als die zugehörende Schnittkraft im Falle I. Damit die Verbindung im Falle II nicht zu kleineren Grenzeinwirkungen führt als im Falle I, muß sie entweder

- so duktil sein, daß sie Rotation (Differenz der Stabenddrehwinkel beidseits der Verbindung) ertragen kann, oder

- die Grenzschnittgrößen müssen mindestens so groß sein wie die zugehörenden Schnittgrößen im Falle II ohne Verbindung.

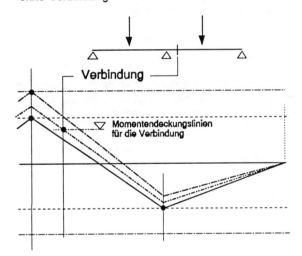

Biegemomente und Momentendeckungslinien
——— Fall I mit unteren Bemessungswerten
––––– Fall II mit oberen Bemessungswerten ohne Verbindung
.... Fall II mit oberen Bemessungswerten und mit Verbindung
• Fließgelenk

Bild 1 - 7.28 Zum Verhalten einer Verbindung im Falle oberer Grenzwerte der Streckgrenze

Geschraubte Verbindungen, insbesondere Scherverbindungen mit ausgenutzter Grenzlochleibungskraft, weisen i. allg. ausreichende Duktilität auf.

Zur Festlegung oberer Bemessungswerte für Grenzschnittgrößen

Die Regelung von El. 759 mit Gleichung (43) ist eine mittelbare. Sie zielt vornehmlich auf den Fall Grenzbiegemoment, d.h. Biegemomenten-Fließgelenk ab. Mit dem Wert 1,3 werden folgende Einflüsse abgedeckt:

- die Streuung der Werkstoffstreckgrenze R_{eH} und der Querschnittswerte, d. h. der Streckgrenze f_y (siehe auch Kommentar zu El. 718),

- die Unterschätzung der Grenzbiegemomente durch das mechanische Modell mit linearelastisch-idealplastischem Werkstoffverhalten (siehe z. B. Bild 1 - 7.7) und

- die Wahrscheinlichkeit des Auftretens der betrachteten Kombination oberer und unterer Bemessungswerte (z. B. nach Bild 1 - 7.27 oberer Bemessungswert der Streckgrenze für den Obergurtstab O1 und untere Bemessungswerte für die Untergurtstäbe U1 und U2).

Wenn die Modellunsicherheit sehr gering ist, wie z. B. im Falle eines Zugkraft-Fließgelenks, kann eine Verringerung des oberen Bemessungswertes in Betracht gezogen werden. Im genannten Fall ist eine Reduzierung des Faktors 1,3 auf 1,2 angemessen, wenn die Dehnung kleiner als 1 % ist.

In Sonderfällen gezielter, planmäßiger Beeinflussung des Schnittkraftverlaufs durch Fließgelenke kann es vorteilhaft sein, die zugehörige Grenzschnittkraft vorab experimentell zu bestimmen. In solchen Fällen kann eine Reduktion des Faktors 1,3 bis auf 1,05 angemessen sein.

Wenn ausnahmsweise die Überfestigkeit von Verbindungen zu berücksichtigen ist, können Gl. (43) und die obenstehenden Überlegungen sinngemäß auf die maßgebenden Grenzschnittgrößen der Verbindung angewendet werden.

Zu Element 760, Vereinfachte Berechnung der Beanspruchung

Die "richtige" Lage der Fließgelenke nach dem Fließgelenk-Verfahren erhält man durch schrittweise Belastung des Tragwerkes. Eine mit deutlich geringerem Aufwand verbundene Methode ist es, die Berechnung der Beanspruchbarkeit unmittelbar am Tragwerk im Zustand der Bildung der Fließgelenkkette durchzuführen und die Lage der Fließgelenke zu schätzen. Im Falle unverschieblicher "Systeme" können auch grobe Abweichungen von der richtigen Lage nicht zu größeren (manchmal freilich zu deutlich geringeren) Einwirkungen als nach der richtigen Lage führen. Deshalb konnte El. 760 so formuliert werden. Dies schließt jedoch nicht aus, daß in überschaubaren Fällen auch bei verschieblichen Tragwerken die Lage der Fließgelenke geschätzt werden kann und selbstverständlich auch darf.

7.6 Nachweis der Lagesicherheit

Zu Element 761, Grundsätze

Die Angabe "Nach den Regeln für den Nachweis der Tragsicherheit" wird für die Berechnung der Beanspruchungen durch El. 762 und für die Beanspruchbarkeiten für den Fall, daß die Lagesicherheit durch Verankerungen zu sichern ist, durch El. 763 mit Verweisen auf andere Teile der Norm verdeutlicht.

Der zweifeldrige Durchlaufträger nach Bild 1 - 7.29 ist ein einfaches Beispiel, bei dem Zwischenzustände bei Anwendung des Verfahrens Plastisch-Plastisch für die Abhebesicherheit maßgebend werden können. Unter "Zwischenzuständen" sind hier Zustände zu verstehen, bei denen die Einwirkungen kleiner als ihre Bemessungswerte sind.

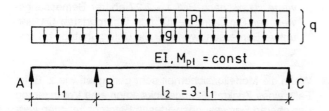

Bild 1 - 7.29   Beispiel für maßgebende Zwischenzustände beim Nachweis der Abhebesicherheit im Rahmen des Nachweisverfahrens Plastisch-Plastisch

Beim Nachweis nach dem Verfahren Plastisch-Plastisch - hier in der Form der Fließgelenktheorie angewandt - sind im Grenzzustand der Betrag des Stützmomentes M_B und das maximale Feldmoment im Feld 2 max M_2 gleich dem Bemessungswert des plastischen Grenzmomentes $M_{Pl,d}$ (vgl. Erläuterungen zum El. 754):

$$\max M_2 = |-M_B| = q_{2,Pl-PL,d} \cdot 0{,}0858 \cdot l_2^2 = M_{pl,d}.$$

Der Bemessungswert der Einwirkungen im rechten Feld 2 folgt daraus mit:

$$q_{2,Pl-PL,d} = M_{pl,d} / (0{,}0858 \cdot l_2^2).$$

In Beispiel nach Bild 1 - 7.29 wirken folgende Bemessungslasten:

Im Feld 2: $q_{2,d} = 1{,}35 \cdot g_k + 1{,}5 \cdot p_k$
            $q_{2,d} = 1{,}35 \cdot (g_k + 1{,}11 \cdot p_k)$

Im Feld 1: $q_{1,d} = 1{,}35 \cdot g_k$
            $q_{1,d} = \mu \, q_{2,d}$.

Nach dem Verfahren Elastisch-Plastisch bestimmt das Erreichen des plastischen Grenzmomentes $M_{pl,d}$ über der Stütze B die Grenzlast. Mit den Momentenbeiwerten aus [1- 25] für $l_2 / l_1 = 3$) folgt daraus:

$$M_B = -(0{,}0313 \cdot \mu + 0{,}8438) \cdot q_{2,d} \, l_1^2$$

$$M_B = -(0{,}00348 \cdot \mu + 0{,}09375) \cdot q_{2,d} \, l_2^2 = -M_{pl,d}$$

Daraus bestimmt sich die Grenzlast für eine Bemessung nach dem Verfahren Elastisch-Plastisch zu

$$q_{2,El-Pl,d} = M_{pl,d} / [(0{,}00348 \cdot \mu + 0{,}09375) \cdot l_2^2].$$

In diesem Grenzzustand ist die Auflagerkraft A (Beiwerte wieder aus [1 - 28])

$$A_{El-Pl} = (0{,}4688 \cdot \mu - 0{,}8438) \cdot q_{2,El-P,d} \, l_1 \cdot$$

$$(0{,}1563 \cdot \mu - 0{,}2813) \cdot q_{2,El-P,d} \, l_2 \cdot$$

A ist für Verhältnisse $\mu < 0{,}2813 / 0{,}1563 = $ rd. 1,8 negativ.

Mit der Steigerung der Grenzlast $q_{2,d}$ durch den Nachweis mit dem Verfahren Plastisch-Plastisch von $q_{2,El-Pl,d}$ auf $q_{2,Pl-Pl,d}$ ist eine Zunahme der Auflagerkraft verbunden, d.h.:

vor Erreichen des Grenzzustandes nach dem Verfahren Plastisch-Plastisch kann, wie im gewählten Beispiel, die Auflagerkraft in **Zwischenzuständen** zum Minimum werden: Anders ausgedrückt: der Extremwert der Auflagerkraft entsteht nicht durch die Bemessungswerte der Einwirkungen.

Dies soll durch die folgende Herleitung gezeigt und in Bild 1 - 7.30 dargestellt werden:

Im Grenzzustand nach dem Verfahren Plastisch-Plastisch gehört zum Grenzmoment $M_{pl,d}$ über der Stütze und im Feld 2 - wie zuvor schon angegeben - der Bemessungswert von q_2

$$q_{2,Pl-PL,d} = M_{pl,d} / (0{,}0858 \cdot l_2^2).$$

Daraus folgt für den Grenzzustand nach dem Verfahren Plastisch-Plastisch

$$A_{Pl-Pl} = (0{,}5 \cdot \mu \cdot q_{2,Pl-PL,d} \, l_1 - M_{pl,d} / l_1)$$

$$= (0{,}1667 \cdot \mu \cdot q_{2,Pl-PL,d} \, l_2 - 3 \cdot M_{pl,d} / l_2)$$

$$= (1{,}943 \cdot \mu - 3) \cdot M_{pl,d} / l_2.$$

Im Bild 1 - 7.30 ist über der Last $q_{2,d}$ für verschiedene Werte $\mu = q_{1,d} / q_{2,d}$ die Auflagerkraft A, beide in dimensionsloser, bezogener Darstellung aufgetragen.

Man erkennt, daß sich für $\mu = 0$ die Auflagerkraft A vom Grenzzustand nach dem Verfahren Elastisch-Plastisch zu dem nach dem Verfahren Plastisch-Plastisch nicht ändert, da sie wegen Fehlens einer Last im Feld 1 allein durch das sich nicht mehr ändernde Stützmoment $M_B = -M_{pl,d}$ bestimmt wird.

Für die Parameterfälle mit $\mu = 0{,}5$, 1,0 und 1,5 ist der Betrag der Auflagerkraft im Grenzzustand nach dem

Verfahren Elastisch-Plastisch größer als in dem nach dem Verfahren Plastisch-Plastisch: Der negative Auflagerkraftanteil aus der Belastung im Feld 2 wächst - wie zuvor - mit der Laststeigerung nicht mehr an, dagegen der positive aus der Belastung im Feld 1.

Der Sonderfall $\mu = 1,8$, in dem für den Grenzzustand nach dem Verfahren Elastisch-Plastisch die positiven Anteile an der Auflagerkraft aus der Belastung im Feld 1 sich gegen die negativen aus der Belastung im Feld 2 gerade aufheben, hat im Grenzzustand nach dem Verfahren Plastisch-Plastisch eine positive Auflagerkraft.

Für Verhältnisse $\mu > 1,8$ ist das hier erläuterte Problem nicht existent.

In beiden Fällen kann für den Nachweis der Lagesicherheit, z.B. der Gleitsicherheit, der Zwischenzustand "Grenzzustand für den Nachweis nach dem Verfahren Elastisch-Plastisch" maßgebend sein.

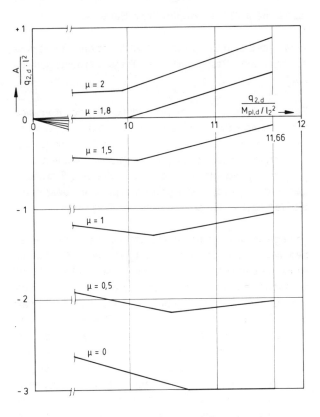

Bild 1 - 7.30   Auflagerkraft A in Abhängigkeit von der Einwirkung $q_{2,d}$ für das Beispiel nach Bild 1 - 7.28

Zu Element 762, Beanspruchungen

Mit dem 2. Absatz wird auch in der Norm festgehalten, was sich aus mechanischen Zusammenhängen als selbstverständlich ergibt, aber in der Praxis vergessen oder sogar bestritten wird:

> Wenn Verformungen in den Gleichgewichtsbedingungen eine nicht vernachlässigbare Rolle spielen, sind die Lagerfugen und auch die Fundamente mit den nach Theorie II. Ordnung berechneten Schnittgrößen nachzuweisen.

Wann dieser Einfluß vernachlässigbar ist, insbesondere bei Nachweisen der Sicherheit von Fundamenten, kann, wie immer bei Vernachlässigungen, ausgehend von den Grundsätzen ingenieurmäßig entschieden werden.

Zu Element 764, Gleiten

Einige für den Nachweis der Gleitsicherheit erforderliche Reibungszahlen werden in der Anpassungsrichtlinie [1 - 3] angegeben. Es heißt dort, auch als Festlegung für El. 767 deklariert:

> Die Grenzgleitkraft $V_{R,d}$ ist wie folgt zu ermitteln:
>
> $V_{R,d} = \mu_d \, |N_{z,d}| \, / \, 1,5 + V_{a,R,d}$
>
> μ_d ist der Bemessungswert für die Reibungszahl in der untersuchten Fuge
>
> - für Stahl/Stahl   0,20
> - für Stahl/Beton   0,50
> - für Stahl/Holz   0,24

Weitere Voraussetzungen bzw. Einschränkungen hinsichtlich der Oberflächenqualität siehe DIN 4141 Teil 1/09.84, Abschnitt 6.

Reibungszahlen hängen von vielen Einflüssen ab, so u.a.

- vom Zustand der Berührungsflächen, worauf in der Anpassungsrichtlinie (siehe zuvor) hingewiesen wird,

- von der Reibgeschwindigkeit und

- von der Einwirkungszeit der Reibungskraft, worauf in der Anmerkung zu El. 767 hingewiesen wird.

Die in der Anpassungsrichtlinie festgelegten Zahlenwerte basieren auf einer zusammenfassenden Untersuchung aus dem Jahr 1991 [1 - 45]. Sie weichen z.T. erheblich von den Werten ab, die auf der Grundlage von [1 - 46] in DIN 4421, Tab. 7 angegeben sind. Um Unsicherheiten abzudecken, wird in der Gleichung für den Bemessungswert der Grenzgleitkraft der Reibungsanteil auf den (1 / 1,5)fachen Wert abgemindert.

Zu Element 766, Umkippen

Ergänzend zur Anmerkung 1 kann darauf hingewiesen werden, daß der Nachweis der Berechnung der Bodenpressung unter starren Fundamenten nach DIN 1054 entspricht:

- Es ist eine beliebige Teilfläche beliebig anzunehmen, deren Schwerpunkt mit der Wirkungslinie der Kraft in der Lagerfuge zusammenfällt. Für diese Fläche ist die gleichverteilte Normaldruckspannung zu berechnen und nachzuweisen, daß sie nicht größer als die Grenzpressung ist.

Zur Hertzschen Pressung

In DIN 18 800 Teil 1 werden keine charakteristischen Werte zur Berechnung des Grenzdruckes nach Hertz in Stahllagern festgelegt.

Bis zum Erscheinen von Regelungen in anderen Baubestimmungen wird empfohlen, die Werte der Tab. 1 - 7.6 zu benutzen. Sie sind durch Umrechnung aus DIN 18 800 Teil 1/03.81 ermittelt.

Tabelle 1 - 7.6 Als charakteristische Werte für die Berechnung des Grenzdruckes nach Hertz $\sigma_{H,R,d} = \sigma_{H,k} / \gamma_M$ festgelegte Werte $\sigma_{H,k}$ in N/mm² für Lager mit nicht mehr als 2 Rollen

Werkstoff	$\sigma_{H,k}$ in N/mm²
St 37	800
St 52, GS-52	1 000
C 35 N	950

Die in der Anpassungsrichtlinie angegebenen Zahlenwerte beruhen auf einem Mißverständnis und werden korrigiert.

7.7 Nachweis der Dauerhaftigkeit

Zu Element 768, Grundsätze

Für die Erhaltung der Dauerhaftigkeit von Stahlbauten kann es erforderlich sein, daß die sachgemäßen Maßnahmen zur Instandhaltung explizit genannt werden (siehe auch El. 774).

Zu Element 769, Maßnahmen gegen Korrosion

Anlage A6 ist zu beachten.

Zu Element 770, Korrosionsschutzgerechte Konstruktion

Eine korrosionsschutzgerechte Konstruktion ist wesentliche Voraussetzung für die Wirksamkeit anderer Maßnahmen gegen Korrosion. Auch im Falle von Dickenzuschlägen zur Berücksichtigung von Korrosionsabtrag (siehe El. 769) kann darauf nicht verzichtet werden.

Ein Korrosionsschaden kann z.B. frühzeitig (rechtzeitig) erkannt werden, durch Auftreten von

- Korrosionsprodukten vor einem Versagen

  oder

- Verformungen, die ausgelöst wurden durch lokales, nicht personengefährdendes Versagen infolge Korrosion,

wenn das Auftreten in allgemein eingesehenen oder in regelmäßig kontrollierten Bereichen geschieht. Wenn nach menschlichem Ermessen eine solche Ankündigung eines personengefährdenden Versagens auch tatsächlich erkannt und als solches verstanden wird, spricht man von angekündigtem Versagen.

Zu Element 771, Unzugängliche Bauteile

Was bedeutet in El. 771 die Regel "... ist das Korrosionsschutzsystem Bestandteil des Tragsicherheitsnachweises"?

Ein Einfluß (z.B. aggressives Kleinklima), der Korrosion verursachen kann, ist im Grunde ebenso eine Einwirkung wie z.B. Verkehr auf einer Brücke, und Korrosionsmaßnahmen (z.B. Beschichtungen) sind ebenso Widerstandsgrößen zugeordnet wie Stabquerschnitte. Alle Einwirkungen und alle Widerstandsgrößen zusammen bestimmen die Versagenswahrscheinlichkeit der Tragwerke.

Im allgemeinen wird unterstellt, daß ein die Tragsicherheit beachtlich verminderndes Versagen der Korrosionsschutzmaßnahmen ausgeschlossen werden kann. D. h., die Wahrscheinlichkeit des Auftretens eines solchen Versagens während der planmäßigen Nutzungsdauer wird als vernachlässigbar gering angesehen. Das bedeutet, daß sie klein sein muß im Vergleich zu der Versagenswahrscheinlichkeit, die der Festlegung der Sicherheitsbeiwerte (und anderer Sicherheitselemente) zugrunde liegt. Die Unterstellung im allgemeinen Fall wird und ist gerechtfertigt unter der Bedingung hinreichender Kontrolle und Instandhaltung. Wenn beides nicht möglich ist und zudem unangekündigtes Versagen nicht ausgeschlossen werden kann, muß nachgewiesen werden, daß die Versagenswahrscheinlichkeit des Korrosionsschutzsystems hinreichend klein ist.

Wenn mit angekündigtem Versagen argumentiert wird, ist es empfehlenswert, dieses im Tragsicherheitsnachweis zu belegen (zum Begriff angekündigtes Versagen siehe auch Kommentar zu El. 770).

Zu Element 773, Hochfeste Zugglieder

Bei Zuggliedern aus Baustahl (St37 und St52) ist die Verringerung der Beanspruchbarkeit, die über den Einfluß der Querschnittsverminderung hinausgeht, vernachlässigbar. Bei hochfesten Zuggliedern sind dagegen die angegebenen weitergehenden Forderungen zur Erzielung ausreichender Dauerhaftigkeit erforderlich.

Zu Element 774, Überwachung des Korrosionsschutzes

Auf die große Bedeutung der Überwachung und der damit stillschweigend unterstellten sachgemäßen Instandhaltung wird im Kommentar zu El. 771 eingegangen.

8 Beanspruchungen und Beanspruchbarkeiten der Verbindungen

8.1 Allgemeine Regeln

Zu Element 801, Aufteilung von Schnittgrößen auf die Verbindungen von Teilquerschnitten

Für die Berechnung der "Schnittgrößenanteile" wird von der Vorstellung eines ungestoßenen, monolithischen Tragwerks ausgegangen. Siehe auch Kommentar zu El. 504.

8.2 Verbindungen mit Schrauben oder Nieten

8.2.1 Nachweis der Tragsicherheit

Vorbemerkung zu Verbindungen mit Schrauben

Der Abschnitt 8, Beanspruchungen und Beanspruchbarkeiten der Verbindungen, ist sachlich ein Teil des Abschnittes 7, Nachweise. Wegen des Umfanges der für Verbindungen notwendigen Regelungen wurden diese der besseren Handhabbarkeit wegen in einem eigenen Hauptabschnitt zusammengefaßt.

Es fällt auf, daß für Verbindungen keine der Tab. 11 entsprechenden Nachweisverfahren genannt sind und sich diese auch nicht unmittelbar auf Verbindungen anwenden lassen. Die Angaben der Norm zu den Grenzabscherkräften, Grenzlochleibungskräften und Grenzzugkräften gründen auf Versuche, wobei als Grenzkriterium das Auftreten der größten übertragbaren Kraft verwendet wurde. Durch den engen Bezug der Regelungen für geschraubte Verbindungen auf Versuche konnten sie insgesamt wirklichkeitsnäher gestaltet werden als bisher, wodurch zumindest teilweise auch eine höhere Ausnutzung des wirklichen Tragvermögens von Verbindungen möglich wurde. Für die Interpretation und Extrapolation von Regeln der Norm kann ein Verständnis des wirklichen Tragverhaltens hilfreich sein. In [1 - 50] ist ein Überblick über die Phänomenologie geschraubter Verbindungen gegeben. Über das Tragverhalten von Scherverbindungen kann man z. B. in [1 - 51 bis 59] und [1 - 33] Einblick bekommen. Besonders hinzuweisen ist auf [1 - 40], wo häufig und ausführlich auf experimentelle Befunde eingegangen wird.

Verbindungen, in denen die Schrauben überwiegend durch Zugkräfte beansprucht werden, sind im Unterschied zu Scherverbindungen in der Literatur mannigfaltig behandelt. Die nachfolgenden Ausführungen zum Thema Berechnung können deshalb auf letztere beschränkt werden.

Nachweisebenen für Scherverbindungen

Nachweisebene und statisches System

Der Nachweis für Verbindungen von Querschnitten kann auf zwei Ebenen geführt werden,

A) auf der Ebene der Verbindungen,

- durch Vergleich der Schnittgrößen infolge der Einwirkungen (Beanspruchung) mit den Grenzschnittgrößen der Verbindungen (Beanspruchbarkeit) und

B) auf der Ebene der einzelnen Schrauben und zu verbindenden Teile,

B1 durch Vergleich der Abscherkräfte (Beanspruchungen) mit den Grenzabscherkräften (Beanspruchbarkeit) für jede Schraube und Scherfuge und

B2 durch Lochleibungskräfte (Beanspruchungen) mit den Grenzlochleibungskräften (Beanspruchbarkeit) für jede Stelle, an denen Lochleibungskräfte von Schrauben auf die zu verbindenden Teile übertragen werden sowie

B3 durch Nachweis der zu verbindenden Teile,

wobei wir mit zu verbindendem Teil nicht nur die zu verbindenden Profile (Querschnitte) und deren Teile bezeichnen, sondern auch Verbindungsteile wie z.B. Stoßlaschen, bezeichnen wollen.

Sofern dadurch keine Mißverständnisse entstehen können, werden wir nachfolgend auf das "zu verbindende" des öfteren verzichten.

Für die zu verbindenden Teile von Scherverbindungen wird, neben den in Abschnitt 7 geforderten Nachweisen, der Nachweis für die Einleitung der Lochleibungskräfte V_l gefordert (El. 805). In ihm wird nur die Lochleibungskraft V_l berücksichtigt, alle übrigen Beanspruchungen bleiben außer Betracht. Sein Grenzzustand ist durch das Auftreten von Rissen gekennzeichnet. Wir können ihn deshalb als Nachweis lokaler Bruchsicherheit bezeichnen. Der Nachweis globaler Bruchsicherheit ist in El. 742, Lochschwächung geregelt.

In Bild 1 - 8.1 sind die geschilderten Zusammenhänge an einem sehr einfachen Beispiel dargestellt. Die Verbindung, bestehend aus den drei Teilen i = 1, 2, 3 und den drei Schrauben k = 1, 2, 3 wird durch die Normalkraft N_v beansprucht. Zur Bezeichnung der Scherfugen zwischen zwei Teilen i wird das erste Teil mit i und das zweite Teil mit j bezeichnet. Im Fall B sind die Abscherkräfte V_a^k der Schrauben k in den Scherfugen zwischen den Teilen i und j sowie die Lochleibungskräfte $V_l^{k,i}$ zwischen den Schrauben k und den Teilen i zu berechnen und den jeweiligen Grenzabscherkräften $V_{a,R,d}^{k,i,j}$ bzw. Grenzlochleibungskräften $V_{l,R,d}^{k,i}$ gegenüber zu stellen. Mit den Lochleibungskräften können dann die Normalkräfte $N_i^{k,i}$ in den Teilen i berechnet und mit den Grenznormalkräften in den Netto- und Bruttoquerschnitten verglichen werden.

Statisches System für Scherverbindungen

Eine Verbindung ist gewissermaßen ein Micro-Tragwerk. Die Schnittkräfte der Verbindung stellen die Einwirkungen dar, Abscherkräfte und Lochleibungskräfte spielen die Rolle von Schnittkräften. Im allgemeinen ist das statische System der Verbindung statisch unbestimmt, weshalb die Gleichgewichtsbedingungen zur Berechnung der Schnittgrößen nicht ausreichen.

Für die meisten in der Praxis vorkommenden Verbindungen können jedoch das Problem soweit vereinfachende Annahmen getroffen werden, daß die Gleichgewichtsbedingungen ausreichend sind. Allerdings hat sich gegenüber dem bisherigen Stand die Problemlage etwas verändert, da nun vom "Normalfall der Loch- und Randabstände" nach oben abweichende Werte zur Vergrößerung der Grenzlochleibungskräfte benutzt werden dürfen und kleinere Werte erlaubt sind, wenn eine entsprechende Verminderung der Grenzlochleibungskräfte berücksichtigt wird (siehe El. 805).

Die nachfolgenden in Bild 1 - 8.4 zusammengefaßten Ausführungen sollen helfen, die vereinfachenden Annahmen treffen zu können und gegebenenfalls zu erkennen, wann eine genauere Berechnung der Abscherkräfte erforderlich ist.

Bild 1 - 8.1 zeigt schematisch die Verbindung im verformten Zustand. Wir können unterscheiden:

- Die globale Verformung der Teile infolge ihrer Normalkräfte (Verschiebung $s_G^{k,i}$),

- die lokale Verformung der Teile als Ovalisierung der Löcher (Verschiebung $s_l^{k,i}$) und

- die Verformung der Schrauben als Versatz zwischen den Teilen (Verschiebung $s_v^{k,i,j}$).

Entsprechend können wir das statische System der Verbindung in Stabelemente (T für die Teile), Lochleibungselemente (L) und Versatzelemente (S für Schraube) gliedern, wobei wir den Lochleibungselementen gegebenenfalls noch Schlupf infolge Lochspiel zuweisen.

Bild 1 - 8.2 a zeigt schematisch das statische System des Beispiels von Bild 1 - 8.1, wobei die Elemente durch Federn symbolisiert sind (nach [1 - 59]). Für die Berechnung der Abscherkräfte werden neben den Kraftgrößen - Weggrößen - Beziehungen für die Stabelemente (Teile) die der Lochleibungs- und Versatzelemente benötigt (Bild 1 - 8.2 d). DIN 18 800 sagt über die beiden letzteren nichts aus (siehe El. 737). Im Kommentar zu El. 737 finden sich Abschätzungen für die Lochleibungselemente und Versatzelemente für Schrauben. Lochleibungselemente und Versatzelemente von Schrauben der Festigkeitsklassen 4.6 und 5.6 sind ausgesprochen duktil, Versatzelemente von Schrauben der Festigkeitsklassen 8.8 und 10.9 dagegen nur sehr wenig. Letztere sollen hier als nicht duktil gelten.

Vereinfachende Annahmen für Scherverbindungen

Grundlage für vereinfachende Annahmen ist der Vergleich des Verformungsverhaltens der drei Elementtypen im betrachteten Zustand. Das kann der Zustand der Beanspruchung der Verbindung oder der Grenzzustand der Verbindung sein, den wir hier, ohne Beschränkung der Allgemeinheit, betrachten wollen. Offensichtlich gilt:

Wenn der Anteil der Stabelemente an der Gesamtverformung klein ist, können die Stabelemente als starr betrachtet werden. Wir sprechen von der Annahme starrer Stabelemente, allgemeiner von der **Annahme starrer Teile**.

Diese Bedingung ist immer dann erfüllt, wenn die Stabelemente global im elastischen Zustand sind, **und** die

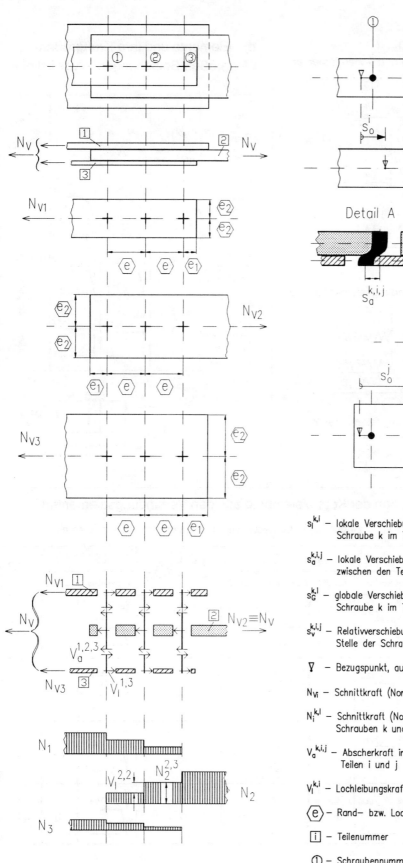
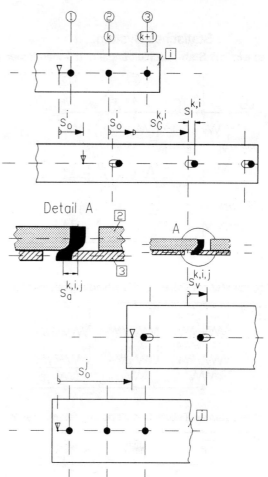

$s_l^{k,i}$ — lokale Verschiebung infolge Lochleibung der Schraube k im Teil i

$s_a^{k,i,j}$ — lokale Verschiebung infolge Abscheren der Schraube k zwischen den Teilen i und j

$s_G^{k,i}$ — globale Verschiebung infolge Nennbeanspruchung der Schraube k im Teil i

$s_v^{k,i,j}$ — Relativverschiebung zwischen den Teilen i und j an der Stelle der Schraube k

▽ — Bezugspunkt, auf Teil fest markiert

N_{Vi} — Schnittkraft (Normalkraft) der Verbindung im Teil i

$N_i^{k,l}$ — Schnittkraft (Normalkraft) im Teil i zwischen den Schrauben k und i

$V_a^{k,i,j}$ — Abscherkraft in der Schraube k zwischen den Teilen i und j

$V_l^{k,i}$ — Lochleibungskraft der Schraube k auf Teil i

⟨e⟩ — Rand- bzw. Lochabstand vom Typ e

⬜ i — Teilenummer

① — Schraubennummer

Bild 1 - 8.1   Beispiel Scherverbindung

Statisches System
a) allg. mit Stab-, Lochleibungs- und Scherelementen

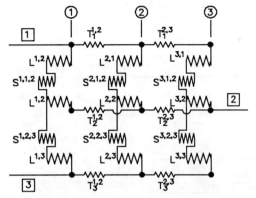

b) mit starren Teilen und Verbindungselementen L, S

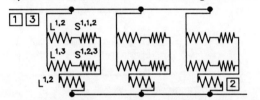

c) mit starren Teilen und Kopplungselementen K

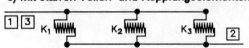

d) Elemente und ihre Kraftgrößen-Weggrößen-Beziehungen (Arbeitslinien)

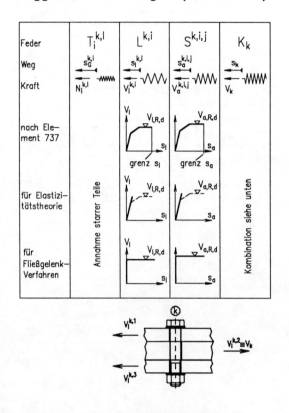

e) Konstruktion der Koppelelemente aus den Verbindungselementen

1. Schritt: Zusammenfassen jeweils zweier in Reihe geschalteter Elemente zu einem Element

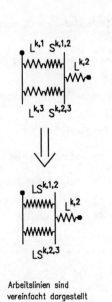

Arbeitslinien sind vereinfacht dargestellt

$L^{k,1}$		$S^{k,1,2}$		$V_{l,R,d}^{k,1} \lessgtr V_{a,R,d}^{k,1,2}$	$LS^{k,1,2}$		$V_{R,d}^{k,1,2}$
Arbeitslinie	duktil?	Arbeitslinie	duktil?		Arbeitslinie	duktil?	
	Ja		Ja	>		Ja	$V_{a,R,d}^{k,1,2}$
	Ja		Ja	<		Ja	$V_{l,R,d}^{k,1}$
	Ja		Nein	>		Nein	$V_{a,R,d}^{k,1,2}$
	Ja		Nein	<		Ja	$V_{l,R,d}^{k,1}$

Bild 1 - 8.2 Beispiel Scherverbindung, statisches System und Kraftgrößen-Weggrößen-Beziehungen der Elemente

2. Schritt: Zusammenfassen zweier paralleler Elemente zu einem Element

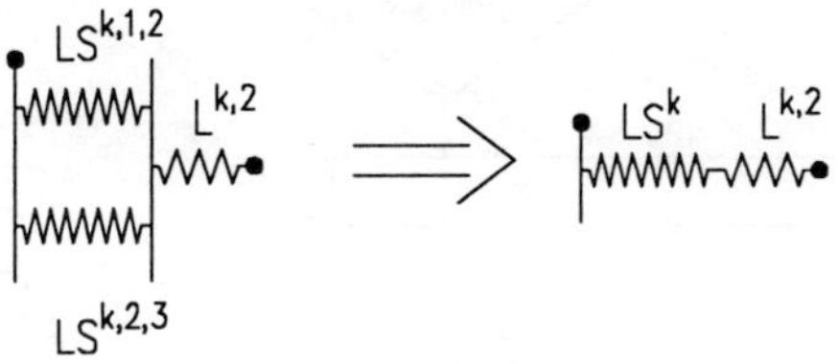 $LS^{k,1,2}$		$LS^{k,2,3}$		$V_{R,d}^{k,1,2}$ ○ $V_{R,d}^{k,2,3}$	$C_{R,d}^{k,1,2}$ ○ $C_{R,d}^{k,2,3}$	LS^k		$V_{R,d}$
Arbeitslinie	duktil?	Arbeitslinie	duktil?			Arbeitslinie	duktil?	
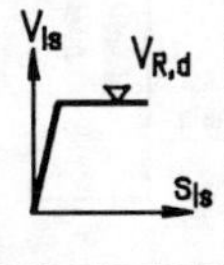 [Vₗₛ/Sₗₛ, VR,d]	Ja	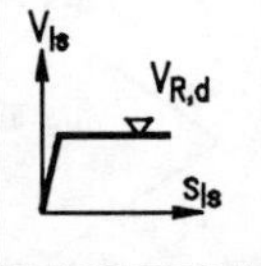 [Vₗₛ/Sₗₛ, VR,d]	Ja	>	=	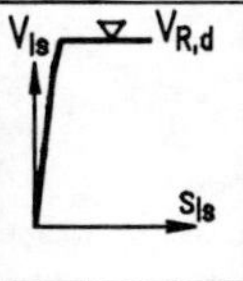 [Vₗₛ/Sₗₛ, VR,d]	Ja	$V_{R,d}^{k,1,2} + V_{R,d}^{k,2,3}$
					<>			
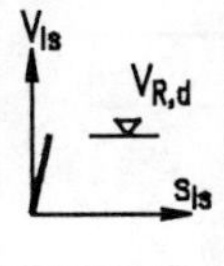 [Vₗₛ/Sₗₛ, VR,d]	Nein	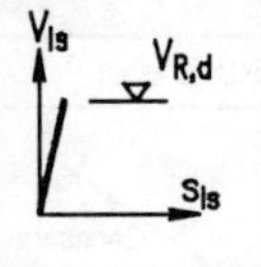 [Vₗₛ/Sₗₛ, VR,d]	Nein	<	=	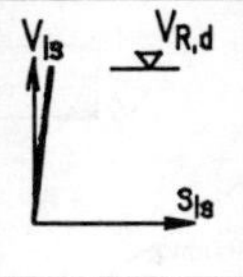 [Vₗₛ/Sₗₛ, VR,d]	Nein	$2\min(V_{R,d}^{k,1,2}, V_{R,d}^{k,2,3})$
					<>			
[Vₗ/Sₗ, VR,d]	Ja	[Vₐ/Sₐ, VR,d]	Nein	>	=		Nein	
					<>			
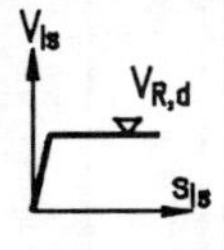 [Vₗₛ/Sₗₛ, VR,d]	Ja	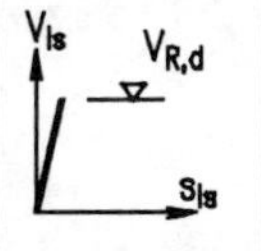 [Vₗₛ/Sₗₛ, VR,d]	Nein	<	=			
					<>			

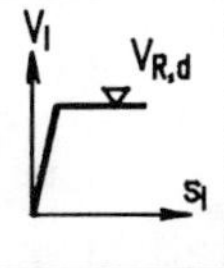

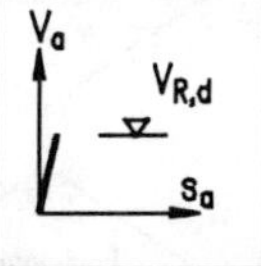

Arbeitslinien sind vereinfacht dargestellt

3. Schritt: Zusammenfassen zweier in Reihe geschalteter Elemente zu einem Element

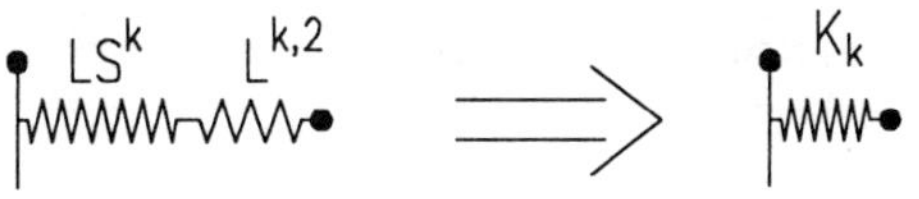

Bild 1 - 8.3 Beispiel Scherverbindung, Fortsetzung von Bild 1 - 8.2

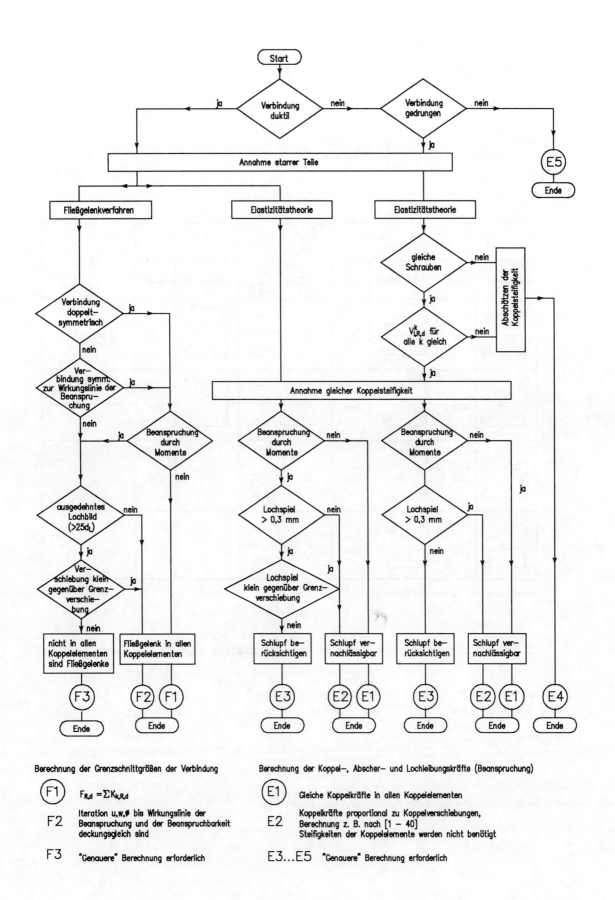

Bild 1 - 8.4 Scherverbindungen, Annahmen und Berechnungsverfahren für den Fall "Teile im elastischen Zustand"

Verbindung duktil ist. Bei gedrungen ausgebildeten Verbindungen gilt dies auch für nicht duktile Verbindungen.

Die Duktilität einer Verbindung kann auf unterschiedliche Weise durch die Duktilität von Lochleibungselementen und Scherversatzelementen für Schrauben der Festigkeitsklassen 4.6 und 5.6 verursacht sein. Im Beispiel von Bild 1 - 8.2 a ist die Verbindung z. B. schon dann duktil, wenn nur alle drei Lochleibungselemente $L^{k,2}$ duktil sind. Selbstverständlich dürfen im betrachteten Zustand in den nicht duktilen Verbindungselementen (Verbindungselemente wird als Oberbegriff für Lochleibungs- und Versatzelemente verwendet) die Grenzschnittgrößen noch nicht erreicht sein.

Betrachten wir die Verbindung aus der Sicht der Formänderungsgrößenverfahren. Bei Annahme starrer Teile reduziert sich die Anzahl unbekannter Verschiebungen i. allg. auf die drei gegenseitigen Verschiebungsgrößen zweier starrer Körper in der Ebene. Im Beispiel von Bild 1 - 8.1 erfahren die beiden Teile 1 und 3 dieselbe Verschiebung, die unbekannte Verschiebungsgröße ist s_o^1, die relative Verschiebung zwischen Teil 1 und 2. Damit kann das statische System in der Form von Bild 1 - 8.2 b dargestellt werden. Zur weiteren Vereinfachung können nun die jeweils einer Schraube zugeordneten Lochleibungs- und Scherversatzelemente zu einem Koppelelement zusammengefaßt werden (Bild 1 - 8.2 c). Der Zusammenhang zwischen den Lochleibungselementen und Versatzelementen einer Schraube einerseits und dem zugehörenden Koppelelement andererseits ist beispielhaft in Bild 1 - 8.2 e (Fortsetzung Bild 1 - 8.3) dargestellt.

Für die Berechnung der Schnittkräfte der Teile sowie der Lochleibungs- und Abscherkräfte können wir uns hier auf die der Abscherkräfte beschränken, da die übrigen Kräfte daraus mittels Gleichgewichtsbedingungen berechnet werden können. Als Verfahren kommen praktischerweise, wie für die Berechnung von Tragwerken, die Elastizitätstheorie und das Fließgelenk-Verfahren in Frage, die Elastizitätstheorie zur Berechnung der Abscherkräfte und das Fließgelenk-Verfahren zur Berechnung der Grenzschnittgrößen der Verbindung im plastischen Zustand.

Berechnung der Abscherkräfte nach der Elastizitätstheorie

Die Elastizitätstheorie muß angewendet werden, wenn die Verbindung nicht duktil ist und kann angewendet werden, wenn sie duktil ist. Lochleibungs- und Schraubenscherelemente sind in statischer Hinsicht lineare Federn. Aufgrund der Annahme starrer Teile kommt es nicht auf die absoluten Werte der (Feder-)Steifigkeiten an, sondern nur auf ihr Verhältnis, das z. B. mit den Angaben im Kommentar zu El. 737 abgeschätzt werden kann. Für die Berechnung der Abscherkräfte im elastischen Zustand ist es zweckmäßig, Schlupf und Steifigkeit der Koppelelemente zu unterscheiden. Mit der **Annahme gleicher Steifigkeit der Koppelelemente** und der **Annahme vernachlässigbar kleinen Schlupfs** kommen wir für das Beispiel von Bild 1 - 8.2 c zu gleichen Koppelkräften V_k für alle Schrauben und damit zu gleichen Abscherkräften $V_a^{k,i,j}$, k=1,2,3, i,j = 1,2, 2,3. Im allgemeinen Fall, in dem die Beanspruchung einer Verbindung durch Normalkraft N, Querkraft V_z und Moment M_y beschrieben werden kann, wird die gegenseitige Verschiebung der Teile durch die Verschiebungen u und w sowie die Verdrehung ϕ bestimmt und es gelten die bekannten Formeln zur Berechnung der Koppelkräfte, wie sie z. B. in [1 - 40] für Stegblechstöße angegeben sind.

Wann ist die Annahme gleicher Steifigkeiten der Koppelelemente und vernachlässigbaren Schlupfs berechtigt? Da die Beantwortung dieser Frage auch davon abhängt, welche Auswirkungen etwaige Abweichungen auf die Tragsicherheit haben, ist zwischen duktilen und nicht duktilen Verbindungen zu unterscheiden.

Bei **duktilen Verbindungen** ist die Beanspruchbarkeit der Verbindung im elastischen Zustand bei Annahme gleicher Steifigkeit der Koppelelemente nie größer als die Beanspruchbarkeit im plastischen Zustand unter Berücksichtigung unterschiedlicher Steifigkeiten. Damit gilt:

- Für die Berechnung der Abscherkräfte im elastischen Zustand von duktilen Verbindungen darf gleiche Koppelsteifigkeit angenommen werden.

Wenn Verbindungen nur durch Normalkräfte und Querkräfte beansprucht werden, hat Schlupf offensichtlich überhaupt keinen Einfluß auf die Größe der Abscherkräfte, da sich die Teile gegeneinander nur verschieben und nicht verdrehen, und deckungsgleiche Lochbilder angenommen werden können (siehe auch Kommentar zu El. 737). Alle Koppelelemente erfahren dieselbe Verschiebung nach Betrag und Richtung. Bei alleiniger oder zusätzlicher Beanspruchung der Verbindungen durch Momente verdrehen sich die Teile gegeneinander, die Verschiebungen der Koppelelemente, Betrag und Richtung der Verschiebung der Koppelelemente sind nicht mehr für alle Koppelelemente gleich. Damit wird auch der Schlupf in den Koppelelementen nicht gleichzeitig überwunden, und wir haben zu unterscheiden zwischen dem Schlupf der Verbindung und dem der Koppelelemente. So kann es z. B. sein, daß in einem Koppelelement bereits die Grenzkraft erreicht ist, während in einem anderen das Lochspiel noch nicht überwunden ist, und deshalb dort die Koppelkraft noch Null ist. Vernachlässigbar ist dieser Einfluß des Schlupfes, wenn die Unterschiede in den Verschiebungen der Koppelelemente bei Überwindung des Schlupfes der Verbindung klein sind gegenüber den Grenzverschiebungen der

Koppelelemente, wobei der jeweilige Anteil der Koppelkraft an den Schnittkräften der Verbindung zu berücksichtigen ist. Aufgrund dieser Überlegungen kann man allgemein sagen:

- Für die Berechnung der Abscherkräfte im elastischen Zustand von duktilen praxisüblichen Verbindungen darf Schlupf vernachlässigt werden.

Es bleibt darauf hinzuweisen, daß für Nachweise der Tragsicherheit planmäßig vorgespannte Verbindungen wie nicht vorgespannte Verbindungen zu behandeln sind.

Für nicht duktile Verbindungen sind die Koppelsteifigkeiten abzuschätzen. Allgemein gilt:

- Für die Berechnung der Abscherkräfte im elastischen Zustand von nicht duktilen Verbindungen können die Koppelsteifigkeiten gleich angenommen werden, wenn in einer Verbindung nur gleiche Schrauben (Festigkeitsklasse, Durchmesser und Lochspiel) verwendet werden, und die Grenzlochleibungskräfte aller Schrauben innerhalb eines Teiles gleich sind (siehe auch Kommentar zu El. 737).

Wesentliche und zu berücksichtigende Unterschiede der Koppelsteifigkeiten können sich z. B. ergeben, wenn in einer Verbindung große Lochabstände in Kraftrichtung mit den kleinsten Randabständen in Kraftrichtung kombiniert werden. Bei durch Momente beanspruchten Verbindungen mit Lochspiel $\Delta d > 0{,}3$ mm ist gegebenenfalls Schlupf zu berücksichtigen.

Berechnung der Grenzschnittgrößen der Verbindung im plastischen Zustand nach dem Fließgelenk-Verfahren

Die Ausführungen im Kommentar zu El. 726, Abschnitt "Verfahren Plastisch-Plastisch" zur Berechnung der Beanspruchbarkeit von Tragwerken können sinngemäß auf die Berechnung der Beanspruchbarkeit von Verbindungen übertragen werden. Den idealstarr-idealplastischen Momenten-Krümmungs-Beziehungen des Momenten-Fließgelenkes entsprechen idealstarr-idealplastische Kraft-Verschiebungs-Beziehungen der Lochleibungs- und Scherversatzelemente. Fließkraft ist die Grenzlochleibungskraft $V_{l,R,d}$ bzw. Grenzabscherkraft $V_{a,R,d}$ (Bild 1 - 8.2 d). Damit lassen sich auf elementare Weise die zugeordneten idealstarr-idealplastischen Koppelkraft-Koppelweg-Beziehungen herleiten (Bild 1 - 8.2 e und 1 - 8.3).

Offenbar können wir die Fließkraft eines Koppelelementes auch als Grenzkoppelkraft im plastischen Zustand interpretieren, durch welche seine Beanspruchbarkeit festgelegt wird. Im plastischen Grenzzustand herrscht in allen Koppelelementen deren Grenzkoppelkraft im plastischen Zustand. Deren Richtungen werden durch die Richtung der Verschiebung der Koppelelemente bestimmt, die allein von der gegenseitigen Verschiebung u und w der Teile sowie deren gegenseitiger Verdrehung ϕ abhängt. Die Resultierende der Grenzkoppelkräfte hält den Grenzschnittgrößen der Verbindung das Gleichgewicht. Die Wirkungslinie der Resultierenden der Koppelkräfte ist durch c u, c w und c ϕ festgelegt, wobei c eine beliebige, von Null verschiedene Konstante ist. Insofern besteht kein Unterschied zwischen der Berechnung nach der Elastizitätstheorie und nach dem Fließgelenkverfahren. Die Aufgabe, zu gegebenen Schnittkräften (Beanspruchungen) einer Verbindung die Grenzschnittgrößen (Beanspruchbarkeiten) zu finden, wird zurückgeführt auf die Aufgabe, u, w und ϕ so zu bestimmen, daß die Wirkungslinie der Resultierenden der Koppelgrenzkräfte mit der Wirkungslinie der Schnittkräfte zusammenfällt. Auf die Analogie zur Berechnung der Grenzschnittgrößen von Stabquerschnitten im plastischen Zustand für Beanspruchung durch Biegemomente M_z und M_y sowie Normalkraft N (siehe Kommentar zu El. 755) sei hingewiesen.

Im Beispiel von Bild 1 - 8.2 gehören zu einer Verschiebung u (in Richtung von N_V) Grenzkoppelkräfte $K_{k,R,d}$ in Richtung u, und die Grenznormalkraft $N_{V,R,d}$ ist die Summe der Grenzkoppelkräfte.

Bei doppeltsymmetrischer Ausbildung der Verbindung (Schrauben und Grenzkräfte) und Beanspruchung der Verbindung durch Normalkraft N und Querkraft V_z mit Moment $M_y = 0$ (bezogen auf den Schnittpunkt der Symmetrieachsen) gilt offensichtlich auch Verdrehung $\phi = 0$ und $u/w = N/V_z$. Die Wirkungslinie der Resultierenden der Beanspruchung verläuft wie die der Resultierenden der Grenzkoppelkräfte durch den Schnittpunkt der Symmetrieachsen.

Wir können zu einer allgemeineren Formulierung kommen, wenn wir die Beanspruchung durch die Resultierende F der Schnittgrößen N, V_z und M_y beschreiben (wobei N und V_z nicht gleichzeitig Null sein dürfen). Für diesen Fall gilt:

- Wenn die Verbindung zur Wirkungslinie von F bezüglich der Lochabstände r_k und der Grenzkräfte $K_{R,d}$ der Koppelelemente symmetrisch ist, ist die Grenzbeanspruchung $F_{R,d}$ gleich der Summe der Grenzkräfte $K_{k,R,d}$ aller Koppelelemente.

Beim Verfahren Plastisch-Plastisch für Stabtragwerke ist eine explizite Begrenzung der Dehnungen nicht erforderlich (siehe Kommentar zu El. 755). Auch für die Berechnung der Beanspruchbarkeit von Verbindungen nach der Fließgelenktheorie fordert DIN 18 800 explizit keine Begrenzung der Wege für die Lochleibungs- und Scherversatzelemente.

Bei ausgedehnten Lochbildern in Kraftrichtung (etwa ab 25d_L) ist jedoch eine Kontrolle der Verschiebungen zu empfehlen.

Zu Element 803, Begrenzung der Anzahl von Schrauben

Diese pauschale Regel beruht auf der Betrachtung des plastischen Grenzzustandes duktiler Verbindungen.

Zu Element 804, Abscheren

Druckfehler: Bedingung (48) muß durch ≤ 1 ergänzt werden *.

Die Anpassungsrichtlinie ergänzt El. 804 wie folgt:

- Mit diesem (neuen) Nachweis entfällt die Einschränkung in DIN 18 800 Teil7/05.83, Abschnitt 3.3.1.3.

- α_a = 0,6 gilt auch für Nietwerkstoffe gem. Tab. 3 und Bolzen gem. Tab. 4.

- Liegt bei Schrauben der Festigkeitsklasse 10.9 der Gewindeteil des Schaftes in der Scherfuge, so ist die Grenzabscherkraft um 20 % abzumindern. Es ist dann mit α_a = 0,44 zu rechnen.

- Bei einschnittigen, ungestützten Verbindungen ist γ_M = 1,25 anzunehmen.

Die Erlaubnis zur Addition der Grenzabscherkräfte einer Verbindung gilt selbstverständlich nur für Verbindungen, bei denen sie ein sinnvolles Ergebnis liefert. Das ist z. B. bei durch Momente beanspruchten Scherverbindungen (z. B. Steglaschen) nicht der Fall. Auch können Einschränkungen bei nicht duktilen Verbindungen erforderlich sein.

In Abschnitt 12.3 sind charakteristische Werte von Grenzabscherkräften für häufig vorkommende Fälle zusammengestellt.

Zu Element 805, Lochleibung

Druckfehler: In der Erlaubnis muß es "... von e_2 und e_3 ..." heißen *.

Die Regelung der Lochleibung hat sich gegenüber der bisherigen verändert, im Vergleich mit dem bisherigen durch Mindestabstände für Rand- und Lochabstände festgelegten Fall im wesentlichen durch

- eine starke Vereinfachung, die Grenzlochleibungsspannung ist nicht mehr von der Festigkeitsklasse der Schraube und vom Lastfall abhängig,

- eine deutlich höhere Ausnutzung für einen großen Anwendungsbereich,

- die "Belohnung" für größere Loch- und Randabstände mit größeren Grenzlochleibungsspannungen und

- die Freiheit zur Unterschreitung der Loch- und Randabstände.

Den Gln. (50) von El. 805 liegt die Vorstellung von mitwirkenden Streifen gemäß Bild 1 - 8.6 zugrunde. Mit den dort eingeführten Bezeichnungen kann die Interpolation der Randabstände e_2 und der Lochabstände e_3 in die Gleichungen für den Wert α_l einbezogen werden.

Im Abschnitt 12.4 sind charakteristische Werte für Lochleibungsspannungen angegeben. Durch hinreichend genaue Näherung der Gl. (50) kann erreicht werden, daß für die Grenzlochleibungsspannung $\sigma_{l,R,d}$ von Innenlöchern mit dem Lochabstand e = a dieselbe Gleichung gilt wie von Randlöchern mit dem Randabstand e1 = a - 0.5 d_L. Das bedeutet z. B., daß die Grenzlochleibungskraft eines Randloches mit e_1 = 2,5 d_L so groß ist wie die Grenzlochleibungskraft eines Innenloches mit e = 3 d_L, wenn die Abstände e_2 und e_3 gleich sind. Die Näherung und deren Güte kann aus den Tab. 1 - 8.1 und 1 - 8.2 ersehen werden. Dabei ist zu bedenken, daß die Gln. (50) aus einer vorsichtigen Anpassung an Versuchsergebnisse entstanden sind. Bild 1 - 8.7 zeigt die Grenzlochleibungsspannung bezogen auf den Fall ε = e/d_L = 3, β = (e_2+e_3)/d_L bzw. 2e_3/d_L = 3 in Abhängigkeit von ε bzw. ε_1 und β. Die Beziehung gilt entsprechend auch für Grenzlochleibungskräfte.

Für häufig vorkommende Fälle sind in Abschnitt 12.4 Bemessungshilfen zusammengestellt.

Rand- und Lochabstände sind manchmal nicht so eindeutig zu bestimmen, wenn die Lochbilder unregelmäßig sind und Ränder schräg zur Kraftrichtung verlaufen. Eine allgemein verwendbare Methode illustriert Bild 1 - 8.5.

Man begrenzt den Bereich vor dem Loch (in Kraftrichtung) durch zwei Ellipsenviertel so, daß weder ein Rand noch ein Loch geschnitten wird. Für die Randabstände e und e_2 und die Lochabstände e_1 und e_3 gelten die im Bild angegebenen Gleichungen. Unter Beachtung der Schranken für die Rand- und Lochabstände können die Ellipsenviertel beliebig manipuliert werden. Zur einfacheren Handhabung der Methode sind in der unteren Bildhälfte verschiedene Ellipsenviertel dargestellt.

Bezüglich der Erlaubnis, Grenzlochleibungskräfte addieren zu dürfen, gelten die Ausführungen im Kommentar zu El. 804 zur Addition von Grenzabscherkräften sinngemäß.

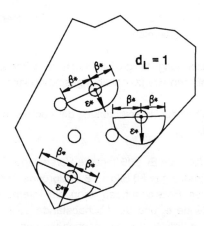

$e_1 = \varepsilon* \, d_L \qquad e = (\varepsilon* + 0{,}5) \, d_L$
$e_2 = \beta* \, d_L \qquad e_3 = (\beta* + 0{,}5) \, d_L$

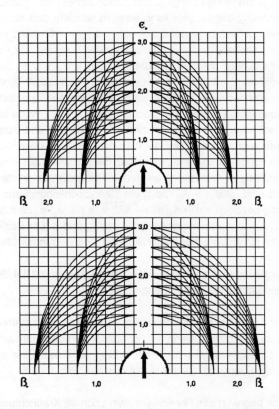

Bild 1 - 8.5 Rand- und Lochabstände bei unregelmäßigen Lochbildern

Bei planmäßig vorgespannten Verbindungen muß für den Grenzzustand der Tragfähigkeit im allgemeinen unterstellt werden, daß infolge Fließen in den beim Vorspannen gedrückten Bereichen die Vorspannkräfte weitgehend abgebaut worden sind. Deshalb werden die Verbindungsformen nach El. 506, Tab. 6 bezüglich Lochleibung unabhängig von der Art des Vorspannens und der Ausführung der Reibflächen gleich behandelt. Die Bedingung Gl. (51) gewährleistet, daß zumindest ein (kleiner) Teil der Vorspannkraft im Grenzzustand der Tragsicherheit erhalten bleibt und so die Lochleibungskraft in verminderter Größe auftritt (gegenüber dem Fall ohne Vorspannen). Bei der Formulierung der Erlaubnis wurde dieser Sachverhalt durch eine scheinbare Erhöhung der Grenzlochleibungskraft berücksichtigt.

Zu Element 806, Senkschrauben und -niete

Bei Verbindungen mit Schrauben- bzw. Nietenköpfen behindern diese im Grenzzustand der Tragfähigkeit die Querdehnungen und insbesondere das Aufwölben der außenliegenden Teile. Diese stützende Wirkung ist bei den Köpfen von Senkschrauben und -nieten deutlich geringer als bei den anderen Ausführungsformen. Der Bezug auf t_s trägt der Tatsache Rechnung, daß der Einfluß des Aufwölbens mit zunehmender Dicke t (über t/e bzw. t/e_1) abnimmt.

Zu Element 807, Einschnittige, ungestützte Verbindungen

Der Übergang von gestützten zu ungestützten Verbindungen ist naturgemäß fließend und, da es auf das Verdrehen der Verbindung im Grenzzustand der Tragfähigkeit ankommt, von der Beanspruchung abhängig. Beim Stoß von Flachstählen oder Blechen gemäß Bild 24 von El. 807 geht bei etwa 15 % Ausnutzung des Nettoquerschnitts die stützende Wirkung der zu verbindenden Teile durch die Ausbildung von Fließgelenken verloren, wenn beide Teile gleich dick sind und die Verbindung durch Zugkräfte beansprucht wird.

Mit der durch El. 807, Gl. (53) bewirkten Verminderung der Grenzlochleibungskraft ist die Auswirkung des Versatzmomentes der Verbindung auf die zu verbindenden Teile **nicht** abgedeckt. Für zugbeanspruchte Verbindungen ist dies im Falle plastischer Grenzzustände ohne Bedeutung.

Zu Element 808, Zusätzliche Bedingung für das Berechnungsverfahren Plastisch-Plastisch

Die Regel von El. 808 fordert Duktilität von allen Verbindungen, die in Bereichen potentieller Fließgelenke mit großer Rotation liegen. Dadurch können sich Fließgelenke in den Verbindungen selbst ausbilden und verdrehen. "Potentiell" bezieht sich hier auf die Streuung der Einwirkungen und Widerstandsgrößen und die Wirklichkeitsnähe der Berechnung.

Die folgenden Anmerkungen beziehen sich auf die einzelnen durch Spiegelstriche gekennzeichneten Absätze des Elementes:

- Durch die Beschränkung der Momentenumlagerung beim Nachweisverfahren Elastisch-Plastisch (siehe El. 754) wird auch die mögliche Rotation in Fließgelenken soweit beschränkt, daß die Forderung nach Duktilität der Verbindung nicht notwendig ist. Im Falle nicht duktiler Verbindungen ist jedoch El. 759 zu beachten.

- Bezüglich der Abscherkraft-Abscherweg-Beziehung gelten Schrauben der Festigkeitsklassen 8.8 und 10.9 i. allg. als nicht duktil.

- Die Beanspruchbarkeit der anzuschließenden Querschnitte ist mit oberen Grenzwerten der Streckgrenze zu rechnen. Selbstverständlich dürfen diese Werte dann auch zur Berechnung der Grenzlochleibungskräfte verwendet werden. Sinngemäß darf dann auch für die Zugfestigkeit mit oberen Grenzwerten gerechnet werden (z. B. für die Berechnung von Grenzzugkräften $N_{R,d}$ nach El. 742). Gl. (43) von El. 759 gilt mit demselben Faktor auch für die Zugfestigkeit $f_{u,R,d}$. Dennoch dürfte nur in Ausnahmefällen die Beanspruchbarkeit der Verbindungen kleiner sein als die der anzuschließenden Querschnitte.

- Im Bereich potentieller Fließgelenke kann man ausschließen, daß die Werte von Schnittkräften (Beanspruchungen von Bemessungstragwerken) größer sein können als die zweifachen Werte der berechneten. Im Bereich geringer Beanspruchung hingegen, z. B. in der Umgebung von Momenten-Nullpunkten, ist dies durchaus möglich.

Zu Element 810, Zug und Abscheren

Druckfehler: In Gleichung (58) muß das Pluszeichen vor dem Kleinergleichzeichen entfallen*.

Zu Element 811, Betriebsfestigkeit

Es wird auf [1 - 1] und den Kommentar zu El. 741 verwiesen.

8.2.2 Nachweis der Gebrauchstauglichkeit

Zu Element 812

Die Anpassungsrichtlinie ergänzt:

Die Vorspannkräfte F_v nach Tab. 1 DIN 18 800 Teil 7/ 05.83 gelten nur für Schrauben der Festigkeitsklasse 10.9 mit großer Schlüsselweite (DIN 6914 und DIN 7999). Die Vorspannkräfte F_v für Schrauben der Festigkeitsklasse 8.8 in den Abmessungen nach DIN 931 und DIN 933 sind auf 70 % dieser Werte zu ermäßigen.

Die Regel von El. 812 unterstellt, daß die Anforderungen an die Gebrauchstauglichkeit Schlupffreiheit derjenigen Verbindungen verlangen, die gleitfest und planmäßig vorgespannt sind (siehe El. 704 und 710).

8.2.3 Verformungen

Kein Kommentar erforderlich.

8.3 Augenstäbe und Bolzen

Zu Element 814, Grenzabmessungen

Die Konstruktionsformeln des Elementes beruhen auf Erfahrung und ergeben bei hoher Ausnutzung der Grenzlochleibungsspannung eine ausgewogene Dimensionierung [1 - 40].

Zu Element 815, Grenzabscherkraft

Durch die Verformungen im Grenzzustand der Tragsicherheit ist die Funktionsfähigkeit des Gelenkes i. allg. nicht beeinträchtigt, wenn die Bolzen nach El. 804 bemessen werden.

Zu Element 816, Grenzlochleibungskraft

Die gegenüber El. 805 deutlich geringeren Werte für die Grenzlochleibungskräfte sind begründet durch

- die fehlende seitliche Stützung (siehe auch Kommentar zu El. 806) und
- die Forderung, daß die Gelenkwirkung auch im Grenzzustand der Tragsicherheit erhalten bleiben muß.

Zu Element 817, Grenzbiegemoment

Der Reduktionsfaktor 1,25 soll auch im Grenzzustand der Tragsicherheit die Funktionsfähigkeit des Gelenkes sicherstellen. Wenn im Grenzzustand der Tragsicherheit die Funktion des Gelenkes nicht benötigt wird und dies bei der Berechnung der Beanspruchungen berücksichtigt wird, können die Bolzen wie "gewöhnliche" Bauteile berechnet werden. Im letzten Satz von El. 817 ist das Grenzbiegemoment $M_{R,d}$ nach Gl.(67) gemeint; der Nachweis nach

Tabelle 1 - 8.1 Grenzlochleibungskräfte $V_{l,R,d}$ in kN für 10 mm Dicke, $f_{y,k}$ = 240 N/mm² und γ_M = 1,1, berechnet nach Element 805, Gleichungen 50

	1		2	3	4	5
1	ε		3,00	3,50	3,00	3,50
2	ε_1		2,52	3,01	2,53	3,03
3	β		3,00	3,00	2,40	2,40
4	α_1		2,47	3,01	1,65	2,01
5	$\sigma_{l,R,d}$ N/mm²		539	657	360	439
6		12	64,7	78,8	43,2	52,6
7		16	86,2	105,1	57,6	70,2
8		20	107,8	131,4	72,0	87,7
9	d_{Sch}	22	118,6	144,5	79,2	96,5
10	mm	24	129,4	157,6	86,4	105,3
11		27	145,5	177,3	97,2	118,4
12		30	161,7	197,0	108,0	131,6
13		36	194,0	236,4	129,6	157,9

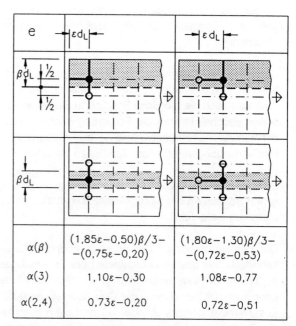

Bild 1 - 8.6 Mitwirkende Streifen zur Berechnung von α_l nach Element 805, Gleichungen 50

Tabelle 1 - 8.2 Grenzlochleibungskräfte $V_{l,R,d}$ in kN für 10 mm Dicke und γ_M = 1,1 nach untenstehender Näherungsformel

	1		2	3	4	5
1			St 37		St 52	
2	$f_{y,k}$ N/mm²		240	240	360	360
3	ε		**3,00**	3,50	**3,00**	3,50
4	ε_1		2,50	3,00	2,50	3,00
5	β		**3,00**	3,00	**3,00**	3,00
6	α_1		2,46	3,00	2,46	3,00
7	$\sigma_{l,R,d}$ N/mm²		537	655	805	982
8		12	64,4	78,6	96,6	117,8
9		16	85,9	104,7	128,8	157,1
10		20	107,4	130,9	161,0	196,4
11	d_{sch}	22	118,1	144,0	177,1	216,0
12	mm	24	128,8	157,1	193,2	235,6
13		27	144,9	176,7	217,4	265,1
14		30	161,0	196,4	241,5	294,6
15		36	193,2	235,6	289,8	353,5

$\alpha_1 = (1,85 \, \varepsilon_* - 0,5) \cdot \beta/3 - 0,76 \, \varepsilon_* + 0,23$

Innenlöcher: $\varepsilon_* = \varepsilon$, Randlöcher $\varepsilon_* = \varepsilon - 0,5$

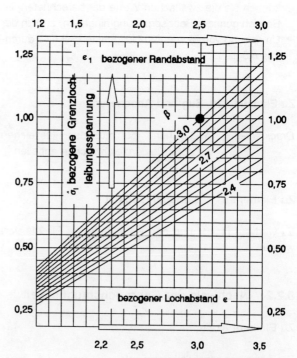

Bild 1 - 8.7 Bezogene Grenzlochleibungsspannung $\sigma_{l,R,d}$ für Rand- und Innenlöcher, Bezug: ε_1 = 2,5 bzw. ε = 3,0 und β = 3,0

Gleichung (68) ist selbstverständlich immer zu führen (unmittelbar oder mittelbar).

8.4 Verbindungen mit Schweißnähten

8.4.1 Verbindungen mit Lichtbogenschweißen

8.4.1.1 Maße und Querschnittswerte

Allgemeine Vorbemerkung

Die neuen Regeln unterscheiden sich - abgesehen natürlich vom Sicherheitssystem, nachdem auch hier der Quotient aus Beanspruchung und Beanspruchbarkeit höchstens gleich Eins sein darf - nicht von denen in 18 800 Teil 1/03.81. So findet man wieder:

- Definition der Schweißnahtfläche (El. 821) mit Hilfe der rechnerischen Schweißnahtdicke a (El. 819) und der rechnerischen Schweißnahtlänge l (El. 820).

- Die Festlegung, daß die Lage von Kehlnähten (El. 822) durch ihre Wurzellinie festgelegt ist.

- Gl. (72) für den Vergleichswert $\sigma_{w,v}$ für den Fall, daß in der Schweißnaht mehrere Beanspruchungen vorliegen. Das können Schweißnahtspannungen $\sigma_\perp$, $\tau_\perp$ und $\tau_\parallel$ sein. Die Spannung $\sigma_\parallel$ geht aufgrund von Versuchsergebnissen wie früher nicht in den Vergleichswert ein.

Angaben zu Schweißnahtflächenwerten findet man im Gegensatz zum Teil 1 von 1981 nicht mehr. Dies geht nicht nur darauf zurück, daß in der Norm kein Schulbuchwissen präsentiert werden soll. Wichtig war hier vor allem das Ziel, das in El. 801 für alle Verbindungen beschrieben wird:

Anzuschließen sind immer die Schnittgrößenanteile der einzelnen Querschnittsteile.

Dieses Ziel kann verfehlt werden, wenn man die einzelnen Anteile in Schweißnahtflächenwerten - das waren früher Schweißnahtquerschnittsfläche, -trägheits- sowie -widerstandsmoment - zusammenfaßt. Im übrigen waren derartige Nachweise sowieso nur für einfache Querschnitte noch handhabbar und daher nur dafür üblich.

Zu Element 819, Rechnerische Schweißnahtdicke a

Tab. 19 ist gegenüber Tab. 6 aus DIN 18 800 Teil 1/03.81 zum Teil neu geordnet. Die Nahtarten in den Zeilen 6 und 8 sind neu, andere sind etwas geändert und einige entfallen. Auf die u.U. erforderliche Reduzierung der Schweißnahtdicke a gemäß Fußnote 2 für die Nahtarten nach Zeile 5 bis 8 wird besonders hingewiesen.

Die neue Darstellung in Tab. 19 erlaubt eine Vereinfachung und bringt durch die Zusammenfassung der nicht durchgeschweißten Nähte in den Zeilen 5 bis 9 bessere Übersichtlichkeit. Durch sie ist auch die Vereinfachung von Tab. 21 für die Grenzschweißnahtspannungen gegenüber Tab. 11 der vorangegangenen Ausgabe von Teil 1 möglich.

Druckfehler: In der Fußnote 2 in Tab. 19 muß die Grenze für den Öffnungswinkel richtig 45° und nicht 60° heißen [*].

Zu Element 823, Unmittelbarer Stabanschluß

Der mechanische Hintergrund für die in Tab. 20 ähnlich wie früher in den Bildern 12 bis 14 dargestellten Stabanschlüsse mit Angabe der rechnerischen Nahtlänge Σl wird durch den Text der "Darf"bestimmung deutlich: Vernachlässigen der Momente aus der Außermittigkeit des Schweißnahtschwerpunktes zur Stabachse beim Nachweis der Tragsicherheit des Anschlusses planmäßig mittig beanspruchter Stäbe.

Druckfehler: In Zeile 5 von Tab. 20 ist die Schweißnaht eine Doppelkehlnaht [*].

Zu Element 824, Mittelbarer Anschluß

Bild 28 macht deutlich, daß der Kraftanteil des mittelbar angeschlossenen Teils, hier des Steges, in den unmittelbar angeschlossenen Teil des Querschnittes, hier den Flansch, über die Schweißnaht mit der Länge l übertragen werden muß. Der unmittelbare Anschluß kann auch ein geschweißter Anschluß sein.

Der Nachweis der Tragsicherheit des mittelbaren Anschlusses führt dann auf große Schweißnahtdicken a, wenn der Flächenanteil des mittelbar angeschlossenen Querschnittsteiles am Gesamtquerschnitt groß und die Länge des unmittelbaren Anschlusses, z.B. durch Verwendung hochfester, zweischnittig beanspruchter Schrauben, klein ist.

8.4.1.2 Schweißnahtspannungen

Zu Element 825, Nachweis für Stumpf- und Kehlnähte

Neu ist die Darstellung im Bild 29. Sie zeigt im Bildteil b) durch die paarweise Gleichheit der Spannungen $\sigma_\perp^{C-D}$ mit

$\tau_\perp^{D-E}$ und $\sigma_\perp^{D-E}$ mit $\tau_\perp^{C-D}$ für Kehlnähte besser als Bild 17 der vorangegangenen Norm, daß der Nachweis invariant gegen die Wahl der Nachweisebene C - D oder D - E ist.

Bild 29a ist als Pendant zu Bild 29b erforderlich, weil auch in Stumpfnähten Nachweise der Tragsicherheit mit dem Vergleichswert nach Gl. (72) vorkommen können.

Zu Element 826, Schweißnahtschubspannungen bei Biegeträgern

Druckfehler: In der 1. Zeile muß es $\tau_\parallel$ anstelle von $t_\parallel$ heißen *.

Zu Element 827, Exzentrisch beanspruchte Nähte

Der Begriff "ungestützt" wird im Kommentar zu El. 807 erläutert.

8.4.1.3 Grenzschweißnahtspannungen

Zu Element 829, $\sigma_{w,R,d}$ für alle Nähte

Die Grenznahtschweißspannungen sind auf die Streckgrenze des Werkstoffes der miteinander verbundenen Bauteile - bei Werkstoffen mit verschiedenen Streckgrenzen selbstverständlich auf die kleinere - mit dem Beiwert α_w bezogen. Nur der Ordnung halber werden in Tab. 21 für Stumpfnähte auch Werte $\alpha_w = 1,0$ angegeben. Die Fußnote in Tab. 21 stellt klar, daß für die betreffenden Nähte kein Nachweis der Tragsicherheit erforderlich ist, da die Tragsicherheit der Bauteile maßgebend ist.

Die Einschränkung "im allgemeinen" in der Fußnote in Tab. 21 ist erforderlich, da z.B. in einem Stumpfstoß nach Zeile 1 in Tab. 19 das dünnere Bauteil mit der Dicke t_1 aus einem höherfesten Werkstoff bestehen kann als das dickere mit der Dicke t_2. Dann muß der Nachweis der Naht mit der Schweißnahtdicke $a = t_1$ für den Werkstoff mit der kleineren Festigkeit geführt werden. Das leisten die Werkstoffnachweise nicht, daher reichen sie nicht aus.

Zu Element 830, Stumpfstöße von Formstählen

Diese waren früher nur in DIN 18 801 für den Hochbau geregelt, dort im Abschnitt 7.2.4. Die Entwicklung der Schweißtechnik erlaubt inzwischen die Herstellung solcher Stöße ohne große Schwierigkeiten. so daß die dort noch erforderliche Restriktion "Müssen ... ausnahmsweise.." entfallen kann. Gl. (75) für die Grenzschweißnahtspannung entspricht der früheren Regel.

8.4.1.4 Sonderreglungen für Tragsicherheitsnachweise nach dem Verfahren Elastisch-Plastisch und Plastisch-Plastisch

Zu Element 831, Nicht erlaubte Schweißnähte

Schweißnähte in den genannten Nahtarten dürfen nur dann im Bereich großer plastischer Verformungen - das sind beim Nachweis nach der Fließgelenkmethode die Bereiche der Fließgelenke - verwendet werden, wenn in ihnen nur Schubspannungen $\tau_\parallel$ auftreten. Da mit der Momentenumlagerung nach El. 754 auch beim Nachweisverfahren Elastisch-Plastisch evtl. größere plastische Verformungen hingenommen werden, ist dieser Fall in die Restriktion einbezogen. Grund für die Restriktion ist die zum Anschlußquerschnitt exzentrische Nahtlage, die unter den Schweißnahtspannungen $\sigma_\perp$ und $\tau_\perp$ keine großen plastischen Verformungen erlauben.

Zu Element 832, Schweißnähte mit Nachweis der Nahtgüte

Diese Vereinfachung geht davon aus, daß Stumpfnähte keine geringere Festigkeit haben als die mit ihnen verbundenen Bauteile (vgl. aber Erläuterung zu "im allgemeinen" im 2. Absatz zu El. 829). Das gilt für Stumpfnähte unter Zugbeanspruchung nur dann, wenn die Nahtgüte nachgewiesen wird.

Wann der Nachweis der Nahtgüte als erbracht gilt, ist im El. A7 im Anhang festgelegt.

Zu Element 833, Anschluß oder Querstoß von Walzträgern mit I-Querschnitt und I-Trägern mit ähnlichen Abmessungen

Da der im Bild 31 dargestellte einfache Anschluß oder Stoß für Konstruktionen, die nach dem Verfahren Elastisch-Elastisch nachgewiesen werden, im allgemeinen zu aufwendig sein kann, steht die Regelung im Abschnitt 8.4.1.4. Es wird aber in der Anmerkung 1 auf die selbstverständliche Tatsache hingewiesen, daß er auch für diesen Fall ohne Nachweis als ausreichend gilt.

Beim Vergleich mit einem Nachweis nach El. 825 mit Tab. 21 würde man feststellen, daß für Bauteile aus St 37 bei Ausnutzung der Kehlnähte nach diesem Element für sie wegen

2 · 0,5 · 0,95 ist < 1 (0,95 aus Tab. 21)

ein Nachweis ausreichender Tragsicherheit nicht zu führen wäre. Die Besserstellung im El. 833 trifft nur Stirnkehlnähte für diesen Werkstoff und ist nach Versuchsergebnissen berechtigt. Sie ist in Tab. 21 wegen 0,95 ~ 1,0 zur Vereinfachung nicht übernommen worden, denn diese Tabelle gilt allgemein für die drei möglichen Beanspruchungen der Kehlnähte durch Spannungen $\sigma_\perp$, $\tau_\perp$ und $\tau_\parallel$.

Die Unterscheidung in Tab. 22 mit z.B. $a_F \geq 0,5\, t_F$ für St 37, aber $a_F = 0,7 t_F$ für St 52 und StE 355 ist durch die Tatsache bedingt, daß für die höherfesten Stähle die angegebene Schweißnahtdicke aus Gründen der Tragfähigkeit erforderlich ist, aber aus schweißtechnischen Gründen nicht überschritten werden darf.

8.4.2 Andere Schweißverfahren

Keine Erläuterungen erforderlich.

Zu Element 834, Widerstandabbrennstumpfschweißen, Reibschweißen

In der Anpassungsrichtlinie wird festgelegt:

- Bei der Ermittlung der Beanspruchbarkeit gelten die El. 724 mit 207 und ggf. 304.

8.5 Zusammenwirken verschiedener Verbindungsmittel

Kein Kommentar erforderlich.

8.6 Druckübertragung durch Kontakt

Diese Regelung geht über die aus DIN 18 801 von 1983 hinaus.

Schwierigkeiten macht der Praxis die Forderung im El. 505, nach der für den in der Regel gegebenen Fall der Lagesicherung durch Schweißnähte der Luftspalt zwischen den für die Kontaktübertragung angesetzten Flächen nicht größer als 0,5 mm sein darf. Man kann größere Werte bei nicht gehobelten Platten nicht ausschließen und die Einhaltung kaum nachweisen.

Nach der Fertigstellung von Teil 1 wurde untersucht [1 - 42], ob auch ein größerer Luftspalt zugelassen werden kann. Damit verknüpft wurde die Klärung der Frage, ob Lastwechsel in derartigen Verbindungen die vorhandene Tragfähigkeit von Kehlnähten auf Zug beeinträchtigen.

Derartige Lastwechsel kommen z.B. in Schweißnähten zur Verbindung von eingespannte Stützen mit Fußplatten (Bild 1 - 8.8) vor, wenn die Stützen Seitenkräfte z.B. aus Wind und Kranseitenstoß und damit Biegemomente am Fuß aufnehmen müssen. Die Übertragung der Druckkraft auf der Biegedruckseite wird dem Kontakt zugewiesen, und die Schweißnähte werden für die Übertragung der infolge der Drucknormalkraft kleineren Zugkraft auf der Biegezugseite ausgelegt.

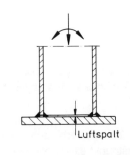

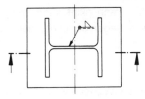

Bild 1 - 8.8 Zum Kontaktstoß bei Wechsel von Zug und Druck

Das Lastszenario bei den Versuchen deckt die sogenannte vorwiegend ruhende Beanspruchung ab, indem jeweils 100 Lastwechel mit

- Oberlasten (Druck) = Beanspruchbarkeit auf Kontakt und

- Unterlasten (Zug) = Beanspruchbarkeit der Schweißnähte auf Zugübertragung

angesetzt wurden. Für die Berechnung der Beanspruchbarkeit wurde hier wegen geringer Streuungen bei 5 Werkstoffuntersuchungen der Mittelwert der Streckgrenze als charakterischer Wert benutzt. Hiermit sind nach Auffassung der Autoren alle Einwirkungen abgedeckt, die wetterbedingt sind und die aus Kranbetrieb, soweit sie nicht nach DIN 4132, Abschnitt 3.1 als Hauptlasten einzustufen sind, stammen.

Die Ergebnisse der Untersuchungen erlauben für die Verbindung von Bauteilen aus St 37 folgende Zusammenfassung:

- Kontaktstöße mit einem Luftspalt bis zu 2 mm können auf Kontakt nach DIN 18 800 Teil 1, El. 837 und ihre Schweißnähte auf Zug nach DIN 18 800 Teil 1, El. 825 nachgewiesen werden. Sie ertragen im Rahmen vorwiegend ruhender Beanspruchungen Lastwechel zwischen Druck und Zug in den Schweißnähten, wenn deren Nachtdicke a mindestens

$$\min a = 0{,}15 \cdot \bar{t} + 1{,}15 \quad (\min a \text{ und } \bar{t} \text{ in mm})$$

ist, wobei

$$\bar{t} = (\sigma_{c,d} / f_{y,d}) \cdot t$$

die in Abhängigkeit von der Ausnutzung auf Druck abgeminderte Blechdicke t des angeschlossenen Bauteiles ist.

Untersuchungen für die Verbindung von Bauteilen aus St 52 sind zum Zeitpunkt dieser Niederschrift noch nicht abgeschlossen. Es kann nicht ausgeschlossen werden, daß die Ergebnisse wegen der etwas geringeren Duktilität schlechter ausfallen.

9 Beanspruchbarkeit hochfester Zugglieder beim Nachweis der Tragsicherheit

9.1 Allgemeines

Zu Element 901, Allgemeines

Die in den Abschnitten 9.2 und 9.3 angegebenen Regeln erfassen nur einen Teil üblicher Bauarten. Daher spielt im Bereich hochfester Zugglieder und ihrer Verankerungen sowie der Umlenklager, Klemmen und Schellen die Bestimmung charakteristischer Werte von Widerstandsgrößen eine größere Rolle als sonst bei den in DIN 18 800 geregelten Bauteilen.

Der Inhalt der El. 207, 304, 426 und 718 ist direkt oder sinngemäß zu beachten.

9.2 Hochfeste Zugglieder und ihre Verankerungen

9.2.1 Tragsicherheitsnachweise

Zu Element 902, Tragsicherheitsnachweise

Der Inhalt des Elementes ist mit Gl. (78) eine auf Zugkräfte Z spezialisierte Wiederholung der allgemeinen Regel in Gl. (10) in El. 702.

9.2.2 Beanspruchbarkeit von hochfesten Zuggliedern

Zu Element 903, Grenzzugkraft

Gl. (79) verlangt in bezug auf die Bruchkraft eine Reduktion auf den (1 / 1,5)fachen Wert. Die Begründung dafür ist ähnlich der, die in diesem Kommentar zu El. 742 gegeben wird. Man verläßt damit nicht das bisher gewohnte Sicherheitsniveau bei hochfesten Zuggliedern. Die nach DIN 4131, Abschnitt 4.4.1, verlangte Sicherheit gegenüber der wirklichen Bruchkraft von 2,3 wird bei linearen Zusammenhängen zwischen Einwirkungen und Beanspruchungen mit (1,35 bis 1,5) · 1,1 · 1,5 = 2,22 bis 2,47 etwa erhalten.

Zu Element 904, Durch Versuche bestimmte Bruchkraft

Die Begriffe "rechnerische" und "wirkliche" Bruchkraft sind neben anderen Begriffen in DIN 3051 definiert. Die in DIN 18 800 benötigten Definitionen werden hier und in El. 905 wiederholt.

Zu Element 905, Durch Rechnung ermittelte Bruchkraft

Gl. (80) ist die Definitionsgleichung für die in DIN 3051 Mindestbruchkraft genannte Grenzgröße. Es ist darauf zu achten, daß die in DIN 3051 "rechnerische" Bruchkraft genannte Grenzgröße etwas anderes ist als die hier durch Rechnung ermittelte Bruchkraft (vgl. nachfolgendes Beispiel).

Der metallische Querschnitt A_m (genauer dessen Querschnittsfläche) des Seiles ist die Summe der Drahtquerschnittsflächen. Er darf näherungsweise durch das Produkt aus Füllfaktor f nach Tab. 10 und dem (Brutto)-Flächeninhalt $d^2 \pi / 4$ (d = Durchmesser des das Seil umschreibenden Kreises) ersetzt werden.

In Tabellen der Seilhersteller werden üblicherweise die "rechnerische Bruchkraft" im Sinn von DIN 3051, also das Produkt $A_m f_{y,k}$ und die Mindestbruchkraft nach DIN 3051, das ist die in IN 18 800 nach El. 905 "durch Rechnung ermittelte Bruchkraft" angegeben.

Beispiel: Offenes Spiralseil 1 x 91 mit 91 Drähten in 5 Lagen um den Kerndraht, d = 60 mm

Querschnittsfläche mit f = 0,75 nach Tab. 10

$A_m = 0{,}75 \cdot 60^2 \cdot \pi/4 = 2121$ mm² (in Seilkatalogen 2090 mm² angegeben)

Für den charakteristischen Wert der Zugfestigkeit (wie in Anmerkung 3 angegeben in DIN 3051 und Katalogen Nennfestigkeit genannt) $f_{y,k}$ = 1570 N/mm² ergibt sich die rechnerische Bruchkraft nach DIN 3051

2121· 1570 / 1000 = 3330 kN (in Seilkatalogen 3280 kN angegeben)

und der charakteristischen Wert der durch Rechnung ermittelten Bruchkraft (nach DIN 3051 und in Katalogen Mindestbruchkraft genannt) mit dem Verseilfaktor k_s = 0,87 nach Tab. 23 und dem Verlustfaktor für metallischen Verguß k_e = 1,00 nach nach Tab. 24 mit Gl. (80) zu

cal $Z_{B,k}$ = 3300· 0,87· 1,00 = 2896 kN (in Seilkatalogen 2890 kN angegeben).

Druckfehler: In der 2. Zeile in Anmerkung 5 muß es "die" anstelle von "der" heißen *.

Zu Element 906, Dehnkraft von Seilen

In der 5 Zeile der Anmerkung müßte es korrekt anstelle von γ_F-facher Belastung "Bemessungswerte der Einwirkungen" heißen.

9.2.3 Beanspruchbarkeit von Verankerungsköpfen

Kein Kommentar erforderlich.

9.3 Umlenklager, Klemmen und Schellen

9.3.1 Grenzspannungen und Teilsicherheitsbeiwert

Zu Element 909, Nachweis

Die Beschränkung der Querpressung aus dem Anspannen von Klemmen oder Schellen ist durch die El. 909 und 910 so festgelegt, daß die damit einhergehende Verringerung der Grenzzugkraft $Z_{R,d}$ vernachlässigbar ist (vgl. Anmerkung zu El. 910). Daß dabei die Querpressung aus der Umlenkung der Seilkraft nicht berücksichtigt werden muß, wird in der Anmerkung festgehalten und mit Verweis auf El. 528 begründet.

Zu Element 910, Grenzquerpressung

Die Regeln gelten nur für vollverschlossene Spiralseile.

Die Gln. (90) und (91) betreffen das Seil in der Kontaktfläche z.B. mit dem Umlenklager. Dafür steht im Nenner von Gl. (89) dessen Auflagerbreite d'.

Dagegen betrifft Gl. (92) die Querpressung zwischen dem Rundstahlkern und der innersten Lage der Formdrähte. Dafür ist im Nenner von Gl. (89) für d' der Durchmesser des Kreises einzusetzen, der die Runddrähte im Kern des vollverschlossenen Spiralseiles umschreibt.

9.3.2 Gleiten

Zu Element 912, Grenzgleitkraft von Seilen

Mit U = Summe der Umlenkkräfte ist im Fall eines konstanten Krümmungsradius r das Produkt aus Umlenkkraft je Längeneinheit u = Z / r ("Kesselformel") und Bogenlänge l_2 (r und l_2 nach Bild 11) zu verstehen.

Der Beiwert α_u kann größer als 1 sein, z.B. für den Fall nach Bild 1 - 9.1: die Umlenkkraft je Längeneinheit u = Z/r wirkt über die Länge l_1 zweimal mit dem $(1 / \sqrt{2})$fachen Teil auf die beiden unter 90° zueinander stehenden Auflagerflächen. Damit wird

$\alpha_u = 2 / \sqrt{2} = \sqrt{2}$.

Der Beiwert α_k ist z.B. für eine einfache Seilklemme, bei der zwei Teile mit der Klemmkraft K gegen das Seil gespannt werden, gleich 2.

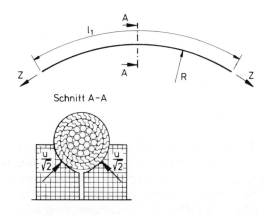

Bild 1 - 9.1 Beispiel für einen Umlenkkraftbeiwert $\alpha_u > 1$

10 DIN 18 801 "Stahlhochbau, Bemessung, Konstruktion, Herstellung"

mit Einarbeitung der Festlegungen der Anpassungsrichtlinie von 1992, Abschnitt 4.1

0 Vorbemerkung

Die nachfolgende Fassung von DIN 18801 ist durch Einarbeitung der Festlegungen der Anpassungsrichtlinie in die Ausgabe März 1984 entstanden. Sie ist mit dem Obmann des NABau-Arbeitsausschusses DIN 18801 "Stahlhochbau, Bemessung, Konstruktion, Herstellung", Dipl.-Ing. A. Coblenz, abgestimmt. Ihm ist für die Mitwirkung sehr zu danken.

In der folgenden Wiedergabe wird die Gliederung der Norm beibehalten und daher bei den Abschnittsnummern des Hauptabschnittes 10 dieses Kommentars nicht fortgeführt.

1 Anwendungsbereich

Diese Norm gilt für die Bemessung, Konstruktion und Herstellung tragender Bauteile aus Stahl von Hochbauten mit vorwiegend ruhender Beanspruchung mit Materialdicken $\geq$ 1,5 mm. Bauteile mit geringerer Materialdicke, z.B. Trapezprofile, können zusätzliche Regelungen erfordern.

Für Bauten in deutschen Erdbebengebieten gilt außerdem DIN 4149 Teil 1.

2 Allgemeines

Diese Fachnorm gilt nur in Verbindung mit den Grundnormen DIN 18 800 Teile 1 bis 4, Ausgabe November 1990 (alle entsprechenden Verweise beziehen sich auf diese Ausgabe) und DIN 18 800 Teil 7.

Es sind hier nur davon abweichende oder zusätzlich zu beachtende Regelungen aufgeführt.

3 Grundsätze für die Berechnung

3.1 Mitwirkende Plattenbreite (voll mittragende Gurtflächen)

Bei Trägern mit breiten Gurten, die vorwiegend durch Biegemomente mit Querkraft beansprucht werden, braucht beim Nachweis der Tragsicherheit nach dem Verfahren Elastisch-Elastisch die geometrisch vorhandene Gurtfläche nicht reduziert zu werden, es sei denn, auftretende Spannungsspitzen können durch Plastizierung nicht abgebaut werden (z.B. bei Stabilitätsproblemen).

Bei großen Einzellasten kann die verminderte Mitwirkung sehr breiter Gurte bei der Aufnahme der Biegemomente die Formänderungen nennenswert vergrößern, so daß dieser Einfluß beim Nachweis der Gebrauchstauglichkeit berücksichtigt werden muß.

4 Lastannahmen

Veränderliche Einwirkungen Q_i können aus mehreren Einzeleinwirkungen bestehen; z.B. ist die Summe **aller** vertikalen Verkehrslasten nach DIN 1055 Teil 3/06.71 eine Einwirkung Q_i. Beim Nachweis von Bauteilen, die Lasten von mehr als 3 Geschossen aufnehmen, dürfen diese jedoch entsprechend DIN 1055 Teil 3, Abschnitt 9 abgemindert werden.

5 Erforderliche Nachweise

Es gilt Teil 1, El. 738 und 728.

6 Bemessungsannahmen für Bauteile

6.1 Besondere Bemessungsregeln für Bauteile aus Walzstahl, Stahlguß und Gußeisen

6.1.1 Zugstäbe

6.1.1.1 Gering beanspruchte Zugstäbe

Es gilt Teil 1, El. 711 bis 713.

(Kommentarhinweis: Gegebenenfalls ist auch El. 725 zu beachten.)

6.1.1.2 Planmäßig ausmittig beanspruchte Zugstäbe

Bei planmäßig ausmittig beanspruchten Zugstäben ist im allgemeinen außer der Längskraft auch das Biegemoment infolge der Ausmittigkeiten zu berücksichtigen. Dieses Biegemoment darf vernachlässigt werden bei Ausmittigkeiten, die entstehen, wenn

a) Schwerachsen von Gurten gemittelt werden,
b) die Anschlußebene eines Verbandes nicht in der Ebene der gemittelten Gurtschwerachsen liegt,
c) die Schwerachsen der einzelnen Stäbe von Verbänden nicht erheblich aus der Anschlußebene herausfallen.

Zusätzlich ist El. 734 zu beachten.

6.1.1.3 Zugstäbe mit einem Winkelquerschnitt

Wenn die Zugkraft durch unmittelbaren Anschluß eines Winkelschenkels eingeleitet wird, darf die Biegespannung aus Ausmittigkeit unberücksichtigt bleiben,

- wenn bei Anschlüssen mit mindestens 2 in Kraftrichtung hintereinander liegenden Schrauben oder mit Flankenkehlnähten, die mindestens so lang wie die Winkelschenkelbreite sind, die Beanspruchbarkeit auf 80% abgemindert wird oder

- wenn bei einem Anschluß mit einer Schraube der Nachweis der Tragsicherheit nach DIN 18800 Teil 1/11.90, El. 743, geführt wird.

6.1.2 Auf Biegung beanspruchte vollwandige Tragwerksteile

6.1.2.1 Stützweite

Bei Lagerung unmittelbar auf Mauerwerk oder Beton darf als Stützweite die um 1/20, mindestens aber um 12 cm, vergrößerte lichte Weite angenommen werden.

6.1.2.2 Auflagerkräfte von Durchlaufträgern

Die Auflagerkräfte dürfen für die Stützweitenverhältnisse min l ≥ 0,8 max l - mit Ausnahme des Zweifeldträgers - wie für Träger auf zwei Stützen berechnet werden.

6.1.2.3 Deckenträger, Pfetten, Unterzüge

Wenn die Querschnitte von durchlaufenden Deckenträgern, Pfetten oder Unterzügen die Grenzwerte grenz(b/t) gemäß DIN 18 800 Teil 1, Tab. 19, einhalten, dürfen die Biegemomente für einen Nachweis nach dem Verfahren Elastisch-Elastisch vereinfacht mit

$M_E = ql^2 / 11$ in den Endfeldern,
$M_1 = ql^2 / 16$ in den Innenfeldern und
$M_S = ql^2 / 16$ an den Innenstützen

berechnet werden, wenn folgende Bedingungen erfüllt sind:

- Der Träger hat doppeltsymmetrischen Querschnitt.
- Stöße haben die gleiche Beanspruchbarkeit für Biegemomente wie die gestoßenen Träger.
- Die Belastung besteht aus feldweise konstanten, gleichgerichteten Gleichstrecklenlasten q ≥ 0.
- Die Stützweitenverhältnisse sind min l ≥ 0,8 max l.

DIN 18 800 Teil 1, Abschnitt 7.5.3, insbesondere El. 755, ist zu beachten.

Für die Berechnung von M_E und M_1 sind q und l der jeweiligen Felder anzusetzen, für M_S jedoch stets q und l des angrenzenden Feldes, das den größten Wert liefert.

6.1.3 Fachwerkträger

Die Stabkräfte von Fachwerkträgern dürfen unter Annahme reibungsfreier Gelenke in den Knotenpunkten berechnet werden.

Biegespannungen aus Lasten, die zwischen den Fachwerkknoten angreifen, sind zu erfassen. Dagegen brauchen Biegespannungen aus Wind auf die Stabflächen, und bei Zugstäben das Eigengewicht der Stäbe, im allgemeinen für den Einzelstab nicht berücksichtigt zu werden.

6.1.4 Aussteifende Verbände, Rahmen und Scheiben

Es gilt Teil 1, El. 728 und 737; siehe auch Teil 2, El. 728.

Scheiben aus Trapezprofilen, Riffelblechen, Beton, Stahlbeton, Stahlsteindecken, Mauerwerk (hierzu siehe Davies, *). Stählerne Rahmen, die durch Mauerwerk ausgesteift sind. Bautechnik 5 (1979) S. 158-163) können Aufgaben wie Verbände übernehmen.

Holzpfetten dürfen zur Aussteifung von Binderobergurten herangezogen werden.

(Kommentarhinweis: Hierbei geht es vornehmlich um die Behinderung der seitlichen Verschiebung und wegen der lokalen Verfomungen - vgl. für Stahltrapezbleche Teil 2, Erläuterungen zu $c_{\vartheta A,k}$ in Anmerkung 2 zu El. 309 - nur in gesicherten Sonderfällen um die Behinderung der Verdrehung.)

7 Bemessungsannahmen für Verbindungen der Bauteile

7.1 Grundsätzliche Regeln für Anschlüsse und Stöße

7.1.1 Kontaktstöße

Es gilt Teil 1, El. 505 und 837.

7.1.2 Schwerachsen der Verbindungen

Fallen bei Anschlüssen von Winkelstäben die Schwerlinien des Schweißnahtanschlusses oder die Rißlinien bei Schrauben- und Nietanschlüssen nicht mit der Schwerachse des anzuschließenden Stabes zusammen, dürfen die daraus entstehenden Exzentrizitäten beim Nachweis der Verbindungen unberücksichtigt bleiben.

Für Schweißnahtanschlüsse gilt Teil 1, El. 823.

7.2 Schweißverbindungen

7.2.1 Stirnkehlnähte

Es gilt Teil 1, Abschnitt 8.4.

7.2.2 Nicht zu berechnende Nähte

Es gilt Teil 1, Abschnitt 8.4.

7.2.3 Nicht tragend anzunehmende Schweißnähte

Es gilt Teil 1, El. 828.

7.2.4 Stumpfstöße in Form- und Stabstählen

Es gilt Teil 1, El. 830.

7.2.5 Punktschweißung

Punktschweißung ist zulässig für Kraft- und Heftverbindungen, wenn nicht mehr als drei Teile durch einen Schweißpunkt verbunden werden.

Bei Punktschweißung sind in der Berechnung zur Vereinfachung - wie bei der Nietung - die Scher- und Lochleibungsspannungen nachzuweisen. Hierzu ist der Durchmesser d der Schweißpunkte vom Hersteller durch Vorversuche festzulegen.

In der Berechnung ist $d \leq 5\sqrt{t}$ mit d und t in mm einzusetzen, wobei t die kleinste Dicke der zu verbindenden Teile ist.

Beim Nachweis der Verbindungen sind folgende Bedingungen einzuhalten:

a) Scherspannung $\quad$ vorh $\tau_a \leq 0{,}65 \cdot$ zulσ
b) Lochleibungsspannung
 - einschnittige Verbindung $\quad$ vorh $\sigma_l \leq 1{,}8 \cdot$ zulσ
 - zweischnittige Verbindung $\quad$ vorh $\sigma_l \leq 2{,}5 \cdot$ zulσ

mit zulσ nach DIN 18800, Teil 1 (Ausgabe März 1981), Tab. 7, Zeile 2.

Für die angegebenen zulässigen Spannungen ist Abschnitt 1 der Anpassungsrichtlinie (vgl. auch Kommentar zu Teil 1, El. 701) zum Nachweis "von Bauwerksteilen nach unterschiedlichen Sicherheitskonzepten" anzuwenden.

In Kraftrichtungen hintereinander sind mindestens 12 Schweißpunkte anzuordnen; es dürfen höchstens 5 in

Kraftrichtung hintereinanderliegende Schweißpunkte als tragend in Rechnung gestellt werden. Diese Einschränkung gilt nicht für die Verbindung von Blechen, die vorwiegend Schub in ihrer Ebene abtragen.

8 Zulässige Spannungen

Entfällt

9 Grundsätze für die Konstruktion

9.1 Schraubenverbindungen

An Bauteilen, die derart belastet werden, daß ein Lockern der Schrauben nicht ausgeschlossen werden kann, sind die Muttern von Schraubenverbindungen gegen unbeabsichtigtes Lösen zu sichern, z.B. durch Vorspannen von Schrauben der Festigkeitsklasse 10.9 oder durch Kontern.

9.2 Schweißverbindungen

9.2.1 Punktschweißung

Für die Abstände der Schweißpunkte untereinander und zum Rand sind die in Tab. 2 genannten Grenzwerte einzuhalten (auf eine Wiedergabe dieser Tabelle wird hier verzichtet).

10 Korrosionsschutz

Es gilt Teil 1, Abschnitt 7.7.

11 Anforderungen an den Betrieb

Betriebe, die geschweißte Stahlkonstruktionen nach dieser Norm herstellen, müssen den Anforderungen von DIN 18 800 Teil 7, Ausgabe Mai 1983, Abschnitt 6 im Sinne des Großen oder Kleinen Eignungsnachweises genügen. Werden Bauteile mit Wanddicken < 3 mm gefertigt, sind besondere Regeln hinsichtlich des schweißgerechten Konstruierens, der Fertigungstoleranzen und der Schweißfolge zu beachten.

11 Beispiele

11.1 Allgemeines

Die nachfolgenden Beispiele zeigen nur die Anwendung des Teiles 1 von DIN 18 800. Stabilitätsuntersuchungen werden in den Beispielen der Teile 2 bis 4 gezeigt. Bei der Auswahl der Beispiele wurde besonders darauf geachtet, die "neuen Regelungen" der DIN 18 800 Teil 1 vorzuführen.

11.2 Bühnenträger

11.2.1 Vorbemerkungen

In diesem Beispiel wird der allgemeine Fall eines 7 m langen Bühnenträgers gezeigt; es wird sowohl für das Bauteil als auch für den Anschluß der Nachweis der Tragsicherheit geführt.

11.2.2 System und Einwirkungen

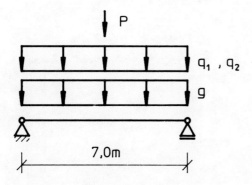

Bild 1 - 11.1 Bühnenträger

11.2.3 Charakteristische Werte

Der Bühnenträger wird durch ständige und durch drei veränderliche Einwirkungen belastet. Die Größen der drei veränderlichen Einwirkungen sind vom Bauherrn vorgegeben; die Einwirkungen sind voneinander unabhängig und sind daher als jeweils eine veränderliche Einwirkung anzusehen.

El. 710
Anmerkung 3

Ständige Einwirkungen

g - Eigengewicht (Träger und Decke)
g_k = 16 kN/m

Veränderliche Einwirkungen

DIN 18 800 Teil 1 11 Beispiele | Hinweise

q_1 - Verkehrslasten
$q_{1,k}$ = 12,5 kN/m

q_2 - Abhängelasten
$q_{2,k}$ = 5 kN/m

P - Einzellast aus Spezialfahrzeug
P_k = 80 kN

Widerstandsgrößen

Als Stahlsorte wird der St 37 gewählt.

$f_{y,k}$ = 24,0 kN/cm² | Tabelle 1

11.2.4 Bemessungswerte

Die Bemessungswerte der Einwirkungen werden mit Hilfe der Grundkombinationen nach El. 710 ermittelt.

Grundkombination 1 : Es werden die ständigen und **alle** ungünstig wirkenden veränderlichen Einwirkungen berücksichtigt.

$G_d = \gamma_F G_k$ mit γ_F = 1,35 | Gl.(12)

g_d = 1,35 · 16,0 = 21,6 kN/m

$Q_{i,d} = \gamma_F \psi_i Q_{i,k}$ mit γ_F = 1,5 und ψ_i = 0,9 | Gl.(13)

$q_{1,d}$ = 1,5 · 0,9 · 12,5 = 16,9 kN/m
$q_{2,d}$ = 1,5 · 0,9 · 5,0 = 6,75 kN/m
P_d = 1,5 · 0,9 · 80 = 108 kN

Grundkombination 2 : Es werden die ständigen und die ungünstigste wirkende veränderliche Einwirkung - hier die Einzellast - berücksichtigt.

$G_d = \gamma_F G_k$ | Gl.(12)

g_d = 1,35 · 16,0 = 21,6 kN/m

$Q_{i,d} = \gamma_F Q_{i,k}$ mit γ_F = 1,5 | Gl.(14)

P_d = 1,5 · 80 = 120 kN

Als Bemessungswert der Widerstandsgrößen wird der Bemessungswert der Streckgrenze ermittelt.

$f_{y,d} = f_{y,k}/\gamma_M$ mit γ_M = 1,1 | El. 717

= 24,0/1,1 = 21,8 kN/cm²

11.2.5 Beanspruchungen

Mit den Bemessungswerten der Einwirkungen werden das Moment in Feldmitte sowie die Auflagerkraft berechnet.

Für Grundkombination 1:

M_y = (21,6 + 16,9 + 6,75) · $7,0^2$/8 + 108 · 7,0/4   = 466,2 kNm
V_z = (21,6 + 16,9 + 6,75) · 7,0/2 + 108/2   = 212,4 kN

Für Grundkombination 2:

M_y = 21,6 · $7,0^2$/8 + 120 · 7,0/4   = 342,4 kNm
V_z = 21,6 · 7,0/2 + 120/2   = 135,6 kN

Die Beanspruchungen der Grundkombination 1 sind für die Bemessung des Bühnenträgers maßgebend. Bei mehreren Einwirkungen ist in den meisten Fällen die erste Grundkombination maßgebend, so daß oft eine Abschätzung ausreicht, um die Ermittlung der Beanspruchungen nach Grundkombination 2 wegzulassen.

11.2.6 Abgrenzung zu anderen Teilen DIN 18 800

Um auszuschließen, daß die anderen Teile der DIN 18 800 angewendet werden müssen, werden die im Abschnitt 7.5.1 angegebenen Abgrenzungskriterien überprüft.

		Hinweise
- Biegeknicken (DIN 18 800 Teil 2)	: entfällt, da N = 0 kN	El. 739
- Biegedrillknicken (DIN 18 800 Teil 2)	: entfällt, da der Druckgurt kontinuierlich durch die Decke gehalten ist	El. 740
- Betriebsfestigkeit	: entfällt, da die Lastspielzahlen der vorhandenen Abhängelasten und der Einzellast $n < 5 \cdot 10^6 \cdot (26/\Delta\sigma)^3$ sind	El. 741

Die Abgrenzung zu DIN 18 800 Teil 3 bzw. Teil 4 wird beim Nachweis bei der Wahl des Querschnittes überprüft.

11.2.7 Nachweis

Von den drei zugelassenen Nachweisverfahren wird das Verfahren Elastisch-Elastisch ausgewählt. Bei diesem Verfahren wird der Nachweis mit Spannungen nach Abschnitt 7.5.2 geführt. Die Grenzspannungen werden mit Hilfe des Bemessungswertes der Streckgrenze ermittelt.

Tabelle 11
El. 726

Grenznormalspannung   *El. 746*

$\sigma_{R,d} = f_{y,d} = 21,8$ kN/cm²   Gl.(31)

Grenzschubspannung

$\tau_{R,d} = f_{y,d}/\sqrt{3} = 12,6$ kN/cm²   Gl.(32)

Es ist nachzuweisen, daß die vorhandenen Spannungen die Grenzspannungen nicht überschreiten. Für die Berechnung der vorhandenen Spannungen wird als Profil zunächst ein IPE 550 gewählt (W_y = 2440 cm³; s = 11,1 mm; h - t = 532,8 mm).

El. 747

σ = M_y/W_y = 466,2 ·100 / 2440 = 19,1 kN/cm²

$\sigma/\sigma_{R,d}$ = 19,1/21,8 = 0,88 ≤ 1

Gl.(33)

τ = V_z/A_{Steg} = 212,4/(53,3 · 1,11) = 3,6 kN/cm²

$\tau/\tau_{R,d}$ = 3,6/12,6 = 0,29 ≤ 1

Gl.(34)

Ein Vergleichsspannungsachweis muß nicht geführt werden, da $\tau/\tau_{R,d}$ < 0,5 ist.

El. 747

Das Verfahren Elastisch-Elastisch ist nur für solche Querschnitte zulässig, die die Grenzwerte grenz (b/t) nach Tabelle 12 und 13 einhalten. Sind diese Grenzwerte eingehalten, braucht DIN 18 800 Teil 3 nicht angewendet zu werden.

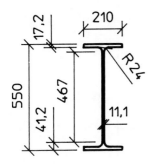

Bild 1 - 11.2 IPE 550

Nachweis des Flansches:

grenz(b/t) = 12,9 $\sqrt{24,0/(\sigma_1 \gamma_M)}$

Tabelle 13
Zeile 4

= 12,9· $\sqrt{24,0/(19,1 \cdot 1,1)}$ = 13,8

vorh(b/t) = (21 - 1,11 - 2 ·2,4)/(2 · 1,72) = 4,4

vorh(b/t)/grenz(b/t) = 0,32 ≤ 1

Nachweis des Steges (Schubspannungen werden vernachlässigt):

grenz(b/t) = 133 · $\sqrt{24,0/(\sigma_1 \gamma_M)}$

Tabelle 12
Zeile 7

= 133 · $\sqrt{24,0/(16,2 \cdot 1,1)}$ = 154

mit σ_1 = 19,1 · 4,67/5,5 = 16,2 kN/cm²

vorh(b/t)	= 46,7/1,11	= 42,1	
vorh(b/t) / grenz(b/t)		= 0,27 ≤ 1	

Die Überprüfung der (b/t)-Verhältnisse geht schneller mit den Tabellen des Abschnittes 12 Hilfen des Kommentars. Nach Tabelle 1 - 12.16 brauchen die Flansche der IPE-Profile nicht überprüft zu werden und für den Steg (St) des IPE 550 kann der Wert vorh(b/t) = 42,1 entnommen werden.

Obwohl beim Verfahren Elastisch - Elastisch der Grenzzustand das Fließen ist, wird für Stäbe mit I-Querschnitt örtlich begrenzte Plastizierung erlaubt, wodurch eine höhere Ausnutzung zu erreichen ist.   El. 750

$\sigma_x = M/(\alpha^*_{pl,y} W_y)$ Gl.(38)

Für gewalzte I-förmige Stäbe darf vereinfachend

$\alpha^*_{pl,y} = 1,14$

gesetzt werden.

Als Querschnitt wird jetzt ein IPE 500 in St 37 mit $W_y = 1930$ cm³ gewählt.

$\sigma = 466,2 \cdot 100/(1,14 \cdot 1930) = 21,2$ kN/cm²

$\sigma/\sigma_{R,d} = 21,2/21,8 = 0,97 \leq 1$ Gl.(33)

Die Nachweise der Schubspannungen τ und der b/t-Verhältnisse erfolgen wie beim IPE 550.

Das vorhandene System - der Einfeldträger - erlaubt auch unmittelbar die Anwendung des Verfahrens Elastisch-Plastisch nach Abschnitt 7.5.3. Dieser Nachweis erhöht nicht die Ausnutzung, da der plastische Formbeiwert α_{pl} des IPE 500 nicht größer als 1,14 ist.

11.2.8 Nachweis des Anschlusses

Der Bühnenträger besitzt einen Kopfplattenanschluß, für den nach Abschnitt 8 der Tragsicherheitsnachweis geführt wird.

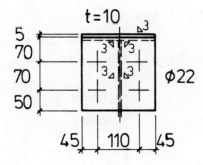

Bild 1 - 11.3 Kopfplattenanschluß

DIN 18 800 Teil 1	11 Beispiele	Hinweise

Die Beanspruchung - die Auflagerkraft - nach Abschnitt 11.2.5 ist:

V_a = 212,4 kN

Zuerst erfolgt der Nachweis des Steges im Anschlußbereich. Die Beanspruchbarkeit des Steges lautet (s = 10,2 mm):

$V_{\tau,R,d}$ = $\tau_{R,d}$ l s $\tau_{R,d}$ nach Gl.(32)

= 12,6 · 19,0 · 1,02   = 244 kN

$V_a/V_{\tau,R,d}$ = 212,4/244   = 0,87 ≤ 1

Die Schweißnaht wird nach Abschnitt 8.4 nachgewiesen. Die Grenzschweißnahtspannung ist das Produkt aus dem Bemessungswert der Streckgrenze und einem α_w-Wert.   El. 829

$\sigma_{w,R,d}$ = $\alpha_w f_{y,k}/\gamma_M$

Für die vorhandene Kehlnaht gilt: Tabelle 21 Zeile 4 Spalte 4

α_w = 0,95

Die Beanspruchbarkeit der Schweißnaht lautet dann:

$V_{w,R,d}$ = $\sigma_{w,R,d}$ l 2 a

= 0,95 · 24,0/1,1 · 18,0 · 2 · 0,3   = 224 kN

$V_a/V_{w,R,d}$ = 212,4/224   = 0,95 ≤ 1

Die Schrauben werden nach Abschnitt 8.2 nachgewiesen. Die Grenzabscherkraft ist das Produkt aus dem Abscherquerschnitt - hier der Schaftquerschnitt - , der Zugfestigkeit der Schrauben und einem Faktor α_a, der das Verhältnis von Abscherfestigkeit zu Zugfestigkeit angibt. Für Schrauben der Festigkeitsklasse 4.6 ist α_a = 0,6.   El. 804

Die Grenzabscherkraft der Schrauben lautet mit A = 3,14 mm²:

$V_{a,R,d}$ = n A $\alpha_a f_{u,b,k}/\gamma_M$ Gl.(47) $f_{u,b,k}$ nach Tabelle 2

= 4 · 3,14 · 0,6 · 40,0 / 1,1   = 274 kN

$V_a/V_{a,R,d}$ = 212,4 / 274   = 0,78 ≤ 1

Die Grenzabscherkraft kann auch mit Tabelle 1 - 12.2 des Kommentars berechnet werden. In dieser Tabelle sind die charakteristischen Werte der Abscherkräfte $V_{a,R,k}$ in SL-, SLV- und GV-Verbindungen für den Fall angegeben, daß der glatte Teil des Schaftes in der Scherfuge liegt.

Für eine Schraube M20 der Festigkeitsklasse 4.6 wird

$V_{a,R,k}$ = 75 kN

der Tabelle 1 - 12.2 entnommen.

$V_{a,R,d}$ = n $V_{a,R,k} / \gamma_M$

$= 4 \cdot 75 / 1{,}1 \quad = 273 \text{ kN}$

Für die Ermittlung der Grenzlochleibungskraft wird ein α_L-Wert benötigt, der abhängig von den Rand- und Lochabständen der Schrauben ist. Der Randabstand senkrecht zur Kraftrichtung ist: *Bild 22*
   El. 805

$e_2 \quad = 45 \text{ mm} \qquad > 1{,}5 \, d_L = 1{,}5 \cdot 22 \qquad = 33 \text{ mm},$

daher werden die Gln. (50 a) und (50 b) zur Berechnung des Wertes α_l angewendet. Für den Randabstand in Kraftrichtung e_1 gilt:

$\alpha_l \quad = 1{,}1 \, e_1 / d_L - 0{,}30$ Gl.(50a)

Dabei darf der Randabstand in Kraftrichtung e_1 höchstens mit $3{,}0 \, d_L$ in Rechnung gestellt werden.

$e_1 \quad = 70 \text{ mm} \qquad = 3{,}18 \, d_L \qquad > 3{,}0 \, d_L$

$\alpha_l \quad = 1{,}1 \cdot 3{,}0 - 0{,}3 = 3{,}0$

Für den Lochabstand in Kraftrichtung e ($\leq 3{,}5 \, d_L$) gilt

$\alpha_l \quad = 1{,}08 \, e/d_L - 0{,}77$ Gl.(50b)

$\qquad = 1{,}08 \cdot 70/22 - 0{,}77 = 2{,}67$

Vereinfachend wird mit einem - dem kleineren - α_l-Wert weitergerechnet, obwohl es nach El. 805 erlaubt ist, die jeweils maßgebenden Werte zu addieren. Die Grenzlochleibungskraft ergibt sich aus dem Produkt aus maßgebender Blechdicke, Schraubendurchmesser, α_l-Wert und dem Bemessungswert der Streckgrenze.

$V_{l,R,d} \quad = n \, t \, d_{Sch} \, \alpha_l \, f_{y,k} / \gamma_M$

$\qquad = 4 \cdot 1{,}0 \cdot 2{,}0 \cdot 2{,}67 \cdot 24{,}0 / 1{,}1 \quad = 466 \text{ kN}$

$V_a / V_{l,R,d} = 212{,}4 / 466 \qquad = 0{,}46 \leq 1$

Die Grenzlochleibungskraft kann ebenfalls mit Hilfe der Tabelle 1 - 12.6 ermittelt werden. In dieser Tabelle sind die charakteristischen Werte der Lochleibungsspannung $\sigma_{l,R,k}$ für Bauteile mit einer Streckgrenze $f_{y,k} = 240 \text{ N/mm}^2$ für bezogene Lochabstände e/d_L angegeben.

Für $e_2 > 1{,}5 \, d_L$ gilt für $e/d_L = 3{,}18 \approx 3{,}2$

$\sigma_{l,R,k} \quad = 645 \text{ N/mm}^2$

$V_{l,R,d} \quad = n \, t \, d_{Sch} \, \sigma_{l,R,k} / \gamma_M$

$\qquad = 4 \cdot 1{,}0 \cdot 2{,}0 \cdot 64{,}5 / 1{,}1 \quad = 469 \text{ kN}$

11.3 Offener Behälter

11.3.1 Vorbemerkung

Bei dem offenen Behälter tritt als Besonderheit die Einwirkung Erddruck auf, die die Beanspruchung verringert. Das Eigengewicht des Behälters wird hier vernachlässigt. Der Behälter ist sehr lang, der Nachweis der Tragsicherheit wird für einen Querschnitt in Behältermitte geführt.

11.3.2 System und Einwirkung

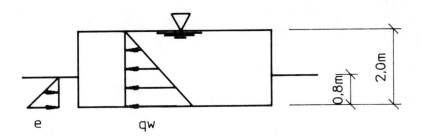

Bild 1 - 11.4 Offener Behälter mit Wasserfüllung, Querschnitt

11.3.3 Charakteristische Werte

Auf den offenen Behälter wirkt als ständige Einwirkung der aktive Erddruck des umgebenden Bodens.

$e_{ah,k} = \gamma \, k_{ah} \, h$ mit $\gamma = 18 \text{ kN/m}^3$ und $k_{ah} = 0{,}28$

$= 18 \cdot 0{,}28 \cdot 0{,}8 = 4{,}03 \text{ kN/m}^2$

Als veränderliche Einwirkung gilt die Wasserfüllung.

$q_{w,k} = \gamma \, h$ mit $\gamma = 10 \text{ kN/m}^3$

$= 10 \cdot 2{,}0 \qquad = 20{,}0 \text{ kN/m}^2$

Der vorhandenen Wasserfüllung wirkt als ständige Einwirkung der passive Erddruck entgegen.

$e_{ph,k} = \gamma \, k_{ph} \, h$ mit $k_{ph} = 5{,}74$

$= 18 \cdot 5{,}74 \cdot 0{,}8 = 82{,}6 \text{ kN/m}^2$

11.3.4 Bemessungswerte

Bei diesem System werden zwei Lastfälle untersucht.

Lf 1:   Der Behälter ist leer und es wirkt der aktive Erddruck.

$g_d = e_{ah,d} = \gamma_F \, e_{ah,k}$ mit $\gamma_F = 1{,}35$ Gl.(12)

$= 1{,}35 \cdot 4{,}03 = 5{,}44 \text{ kN/m}^2$

Lf 2 : Der Behälter ist voll, es wirken sowohl der passive Erddruck als auch der Wasserdruck. Da der Erddruck als ständige Einwirkung die Beanspruchung aus dem Wasserdruck verringert, muß er nach El. 711 verringert angesetzt werden. Als Besonderheit gibt die Norm beim Erddruck an, daß er als entlastende Einwirkung nur zu 60 % angesetzt werden darf, da seine Werte stark streuen.

El. 711

$g_d = e_{ph,d} = \gamma_F \, e_{ph,k}$ mit $\gamma_F = 0{,}6$

$= 0{,}6 \cdot 82{,}6 = 49{,}6 \text{ kN/m}^2$

Gl.(16)

Der Wasserdruck ist die einzige veränderliche Einwirkung. Es ist daher Grundkombination 2 maßgebend.

$q_d = q_{w,d} = \gamma_F \, q_{w,k}$

Gl.(14)

Beim Wasserdruck handelt es sich aber um eine kontrollierte veränderliche Einwirkung, da die Wassersäule nicht höher als die Behälterwand steigen kann. Nach der Erlaubnis des El. 710 dürfen kleinere Teilsicherheitsbeiwerte γ_F angesetzt werden. Diese Werte dürfen jedoch nicht kleiner als 1,35 sein.

$q_d = q_{w,d} = 1{,}35 \cdot 20{,}0 = 27{,}0 \text{ kN/m}^2$

11.3.5 Beanspruchungen

Es wird das Moment am Behälterboden berechnet.

Lastfall 1 :

$M_y = 5{,}44 \cdot 0{,}8/2 \cdot 0{,}8/3 = 0{,}58 \text{ kNm/m}$

Lastfall 2 :

$M_y = 27{,}0 \cdot 2{,}0/2 \cdot 2{,}0/3 - 49{,}6 \cdot 0{,}8/2 \cdot 0{,}8/3$

$= 18{,}0 - 5{,}3 = 12{,}7 \text{ kNm/m}$

Für das Moment aus dem Lastfall 2 muß für die Behälterwand der Tragsicherheitsnachweis geführt werden.

11.4 Eingespannte Stütze

11.4.1 Vorbemerkungen

Die besondere Regelung bei gleichzeitig vorhandener Einwirkung Schnee und Wind wird anhand einer eingespannten Stütze gezeigt.

11.4.2 System und Einwirkungen

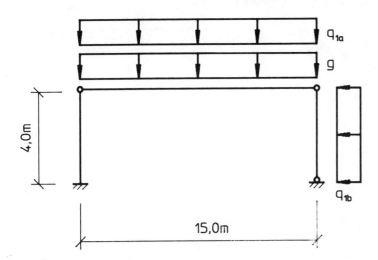

Bild 1 - 11.5 Hallenrahmen

11.4.3 Charakteristische Werte

Auf einen Hallenrahmen aus dem Stahlhochbau wirken ständige Einwirkungen aus Eigengewicht - Träger und Dach - und die veränderlichen Einwirkungen Schnee und Wind. Treten Schnee und Wind gleichzeitig auf, brauchen sie nicht gleichzeitig mit ihren Maximalwerten angesetzt zu werden, da die Wahrscheinlichkeit "voller Schnee bei vollem Wind" sehr gering ist. Durch diese Regelung muß die Kombination Schnee und Wind im Sinne von DIN 1055 als **eine** veränderliche Einwirkung angesetzt werden. Der Windsog auf dem Dach wird vernachlässigt.

El. A5

g - Eigengewicht
g_k = 2,5 kN/m

q_{1a} - Schnee
$q_{1a,k}$ = 4,5 kN/m

q_{1b} - Wind
$q_{1b,k}$ = 3,9 kN/m

Widerstandsgrößen

Als Stahlsorte wird der St 37 gewählt.

$f_{y,k}$ = 24,0 kN/cm²

Tabelle 1

11.4.4 Bemessungswerte

Da nur eine veränderliche Einwirkung vorhanden ist - die Kombination aus Schnee und Wind -, wird bei der Ermittlung der Bemessungswerte der Einwirkungen nur die Grundkombination 2 angewendet.

El. 710

g_d = 1,35 · 2,5 = 3,4 kN/m …Gl.(12)

Nach El. A5 werden die Kombination "voller Schnee und halber Wind" sowie die Kombination "voller Wind und halber Schnee" angesetzt.

$q_{1,d} = \gamma_F \, q_{1,k}$ mit $\gamma_F = 1,5$ …Gl.(14)

Grundkombination 2a : Schnee + Wind/2

$q_{1a,d}$ = 1,5 · 4,5 = 6,8 kN/m

$q_{1b,d}$ = 1,5 · 3,9/2 = 2,9 kN/m

Grundkombination 2b : Schnee/2 + Wind

$q_{1a,d}$ = 1,5 · 4,5/2 = 3,4 kN/m

$q_{1b,d}$ = 1,5 · 3,9 = 5,9 kN/m

Als Bemessungswert der Widerstandsgrößen wird wiederum der Bemessungswert der Streckgrenze ermittelt.

$f_{y,d}$ = 24,0/1,1 = 21,8 kN/cm² …El. 717

11.4.5 Imperfektionen

Da die Stützen durch Druckkräfte beansprucht werden, müssen für sie Vorverdrehungen angesetzt werden. Für den Stabdrehwinkel gilt nach El. 730 …El. 729 Bild 12b)

$\varphi_0 = 1/400 \, r_1 \, r_2$ …Gl.(23)

r_1 ist der Reduktionsfaktor für Stäbe > 5 m. Da die Längen der vorhandenen Stützen kleiner als 5 m sind, folgt:

$r_1 = 1$

r_2 berücksichtigt die Anzahl der voneinander unabhängigen Stäbe. Es sind zwei Stützen vorhanden:

$r_2 = 1/2 \, (1 + \sqrt{1/2} \,) = 0,85$

Der Stabdrehwinkel ergibt sich dann zu:

$\varphi_0 = 0,85 / 400 = 1/469$

11.4.6 Beanspruchungen

Als Beanspruchungen werden die Normalkraft und das Einspannmoment ermittelt.

Für Grundkombination 2a:

N = (3,4 + 6,8) · 15,0/2 = 76,5 kN
M_y = 2,9 · 4,0²/2 + 2 · 76,5/469 · 4,0 = 24,5 kNm

DIN 18 800 Teil 1 | 11 Beispiele | Hinweise

Für Grundkombination 2b:

$N = (3{,}4 + 3{,}4) \cdot 15{,}0/2 = 51{,}0$ kN
$M_y = 5{,}9 \cdot 4{,}0^2/2 + 2 \cdot 51{,}0/469 \cdot 4{,}0 = 48{,}1$ kNm

11.4.7 Abgrenzung zu anderen Teilen DIN 18 800

Um hier zu entscheiden, ob DIN 18 800 Teil 2 anzuwenden ist, muß der Querschnitt bekannt sein.
gewählt: Quadrat-Hohlprofil 250x250x6,3 mit $A = 60{,}1$ cm² und $W_y = W_z = 470$ cm³

Biegeknicken: Die Überprüfung erfolgt mit Bedingung b) | El. 739
b)

$$\bar{\lambda}_K < 0{,}3 \sqrt{f_{y,d}/\sigma_N}$$

mit $\beta = 2{,}7$ und $i_y = i_z = 9{,}89$ cm² ergibt sich

$\lambda_K = s_K/i = 2{,}7 \cdot 400/9{,}89 = 109{,}2$

$\bar{\lambda}_K = \lambda_K/\lambda_a = 109{,}2/92{,}9 = 1{,}175$

$\sigma_N = N/A = 76{,}5/60{,}1 = 1{,}27$ kN/cm²

$\bar{\lambda}_k = 1{,}175 < 0{,}3 \cdot \sqrt{21{,}8/1{,}27} = 1{,}242$

Biegedrillknicken: Bei Hohlprofilen entfällt der Nachweis. | El. 740

Betriebsfestigkeit: Bei den Einwirkungen Schnee und Wind entfällt der Nachweis. | El. 741

11.4.8 Nachweis

Es wird das Verfahren Elastisch-Elastisch gewählt, bei dem der Nachweis auf der Ebene der Spannungen erfolgt.

$\sigma_{R,d} = f_{y,d} = 21{,}8$ kN/cm² | Gl.(31)

Für Grundkombination 2a:

$\sigma = 76{,}5/60{,}1 + 24{,}5 \cdot 100/470 = 6{,}5$ kN/cm²

$\sigma/\sigma_{R,d} = 0{,}30 \le 1$ | Gl.(33)

Für Grundkombination 2b:

$\sigma = 51{,}0/60{,}1 + 48{,}1 \cdot 100/470 = 11{,}1$ kN/cm²

$\sigma/\sigma_{R,d} = 0{,}51 \le 1$

Es folgt die Überprüfung der (b/t)-Verhältnisse. | Tabelle 12

grenz(b/t) $= 37{,}8 \cdot \sqrt{24{,}0/(11{,}1 \cdot 1{,}1)} = 53$ | Zeile 3

vorh(b/t) $= 237/6{,}3 = 37{,}7$

vorh(b/t)/grenz(b/t) = 0,71 ≤ 1

11.5 Übergang zu anderen Sicherheitskonzepten

11.5.1 Vorbemerkungen

Anhand einer Halle mit Holzpfetten und einem Einspannfundament wird der Übergang zu anderen Bauweisen, d.h. der Übergang vom "alten" zum "neuen" Sicherheitskonzept und umgekehrt gezeigt.

Anpassungsrichtlinie

11.5.2 Dachträger

Auf einem 16,8 m langen Dachträger - einem Einfeldträger - liegen im Abstand von 1,2 m Holzpfetten auf.

11.5.3 Charakteristische Werte

Die Holzpfetten geben auf den Dachträger folgende Auflagerkräfte ab:

Aus Eigengewicht:
A_g = 1,8 kN

Aus Schnee
A_q = 4,5 kN

Diese Werte sind für den Dachträger die charakteristischen Werte der Einwirkungen.

11.5.4 Bemessungswerte

Die nach "altem" Sicherheitskonzept berechneten Auflagerkräfte dürfen vereinfachend für den Nachweis des Dachträgers nach dem "neuen" Sicherheitskonzept mit 1,5fachen Werten berücksichtigt werden. Es gibt daher nur eine Grundkombination:

g_d = 1,5 · 1,8 = 2,70 kN
q_d = 1,5 · 4,5 = 6,75 kN

11.5.5 Beanspruchungen

Als Beanspruchung ergibt sich das Feldmoment und die maximale Querkraft zu:

M_y = (2,70 + 6,75)/1,2 · 16,8²/8 = 277,8 kNm

V_z = (2,70 + 6,75)/1,2 · 16,8/2 = 66,2 kN

11.5.6 Nachweis

Der Nachweis erfolgt nach dem Verfahren Elastisch-Plastisch, bei dem der Nachweis mit Grenzschnittgrößen erfolgt.

gewählt : IPE 400   in St 37
mit W_{pl} = 1307 cm³; s = 8,6 mm; h-t = 386,5 mm

$V_{pl,z,d}$ = $\tau_{R,d}$ h s

   = 24,0/1,1/√3 · 38,65 · 0,86   = 419 kN   — Bild 18c) $\tau_{R,d}$ nach Gl.(32)

$M_{pl,y,d}$ = $\sigma_{R,d}$ W_{pl}

   = 24,0/1,1 · 1307/100   = 285,2 kNm   — Bild 18b) $\sigma_{R,d}$ nach Gl.(31)

V_z / $V_{pl,z,d}$ = 66,2/419   = 0,16 ≤ 0,333   — Tabelle 16

M_y / $M_{pl,y,d}$ = 277,8/285,2   = 0,97 ≤ 1

11.5.7 Abgrenzung zu anderen Teilen DIN 18 800

Biegeknicken: Der Nachweis entfällt, da N = 0 kN.

Biegedrillknicken: Der Nachweis entfällt, wenn   — El. 740

c ≤ 0,5 λ_a $i_{z,g}$ $M_{pl,y,d}$ / M_y — Gl.(24)

Da der Obergurt an jedem Pfettenauflager seitlich gehalten ist, ergibt sich mit $i_{z,g}$ = 4,5 cm und λ_a = 92,9 :

c = 1,2m ≤ 0,5 · 92,9 · 4,5/100 · 285,2/277,8 = 2,15 m

Betriebsfestigkeit: Der Nachweis entfällt, da als veränderliche Einwirkung nur Schnee vorhanden ist.   — El.741

(b / t) - Verhältnisse: - Steg -   — Tabelle 15

grenz(b / t)   = 37/0,5 · 1,0   = 74

vorh(b / t)   = 331/8,6   = 38,5

vorh(b / t)/grenz(b / t)   = 0,52 ≤ 1

- Flansch -   — Tabelle 15

grenz(b / t)   = 10/1   = 10

vorh(b / t)   = (180 - 8,6 - 2 · 21)/(2 · 13,5)   = 4,79

vorh(b / t)/grenz(b / t)   = 0,48 ≤ 1

11.5.8 Köcherfundament

Für die im Beispiel 11.4 berechnete eingespannte Stütze sollen die Schnittgrößen für den Nachweis des Köcherfundamentes berechnet werden. Die vorhandenen Schnittgrößen der eingespannten Stütze sind:

M_y = 48,1 kNm
N = 51 kN

Nach der Anpassungsrichtlinie gibt es zwei Möglichkeiten, den Übergang vom "neuen" Sicherheitskonzept zum "alten" Sicherheitskonzept zu vollziehen.

Möglichkeit 1:

Voraussetzung: Alle Werte wurden mit $\gamma_F \psi \geq 1{,}35$ eingesetzt.

Die Schnitt- und Auflagergrößen dürfen für die Berechnung und Bemessung von Bauwerksteilen nach "altem" Sicherheitskonzept durch 1,35 dividiert werden.

M_y^* = 48,1/1,35 = 35,6 kNm
N^* = 51/1,35 = 37,8 kN

Möglichkeit 2:

Ist das Verhältnis der Schnittgrößen aus den Nennwerten der Einwirkungen zu den Schnittgrößen aus den Lastfallkombinationen unter Berücksichtigung ansetzbarer Imperfektionen abschätzbar, so darf nach diesem Verhältnis umgerechnet werden.

Das Einspannmoment wird - nach Abzug der Imperfektionen - nur von der veränderlichen Einwirkung Wind verursacht.

M_y^* = (48 - 2 · 51/469 ·4)/1,5 = 31,5 kNm

Die Normalkraft ergibt sich aus der Einwirkungskombination Eigengewicht und halber Schnee. Daraus läßt sich ein "mittlerer" Sicherheitsbeiwert berechnen.

γ^* = (1,35 · 2,5 + 1,5 · 4,5/2)/(2,5 + 4,5/2) = 1,42

N^* = 51/1,42 = 35,9 kN

11.6 Fachwerkanschlüsse

11.6.1 Vorbemerkungen

Bei vorgegebenen Beanspruchungen werden für verschiedene Verbindungstypen die Tragsicherheitsnachweise geführt.

11.6.2 Geschweißter Diagonalanschluß

Die vorhandene Diagonalkraft D eines Fachwerkbinders beträgt:

D = 448 kN

Als Querschnitt wird ein L 120x80x10 mit A= 19,1 cm² in St 52 gewählt. Mit den vorhandenen Spannungen

σ = 448/19,1 = 23,5 kN/cm²

und der Grenznormalspannung beim St 52

$\sigma_{R,d}$ = 36/1,1 = 32,7 kN/cm² *Tabelle 1, Gl.(31)*

lautet der Nachweis:

$\sigma/\sigma_{R,d}$ = 23,5/32,7 = 0,72 ≤ 0,8 ≤ 1 *Gl.(33)*

Da das Verhältnis von vorhandener Spannung zu Grenznormalspannung kleiner als 0,8 ist und die Flankenkehlnähte mindestens so lang wie die Gurtschenkelbreite sind, darf nach DIN 18 801 die Exzentrizität des Anschlusses beim Nachweis des Winkelquerschnittes vernachlässigt werden. *DIN 18 801 (Abschnitt 10 des Kommentars)*

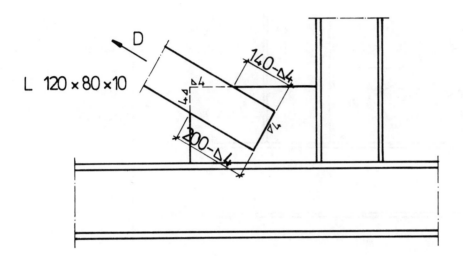

Bild 1 - 11.6 Geschweißter Diagonalenanschluß

Der Winkel ist rundherum mit einer Kehlnaht a = 4 mm an das Knotenblech geschweißt. Nach Tabelle 20 dürfen in die Berechnung der rechnerischen Schweißnahtlänge - die Schwerachse des Winkels ist näher zur längeren Naht - die Länge der Flankenkehlnähte und zweimal die Breite des Winkels eingesetzt werden.

$\sum l$ = 140 + 200 + 2 · 120 = 580 mm *Tabelle 20 Reihe 3*

Bei einer 4 mm starken Naht ergibt sich die vorhandene Schweißnahtspannung zu:

σ_w = 448/(58 · 0,4) = 19,3 kN/cm²

Die Grenzschweißnahtspannung wird aus einem Faktor α_w und dem Bemessungswert der Streckgrenze berechnet. Da der Winkel aus St 52, das Knotenblech aber aus St 37 besteht, ist das Knotenblech mit seiner geringeren Streckgrenze maßgebend. *El.829*

α_w = 0,95 *Tabelle 21*

$\sigma_{w,R,d}$ = 0,95 · 24/1,1 = 20,7 kN/cm² *Gl.(74)*

$\sigma_w / \sigma_{w,R,d}$ = 19,3/20,7 = 0,93 ≤ 1 *Gl.(71)*

11.6.2 Geschraubter Diagonalenanschluß

Als geschraubte Variante wird die Diagonale mit zwei Fl 100x12 mit $A_i = 12{,}0$ cm² in St 37 ausgeführt. Es ist:

σ = 448/(2 · 12,0) = 18,7 kN/cm²

$\sigma_{R,d}$ = 24/1,1 = 21,8 kN/cm² Gl.(31)

$\sigma/\sigma_{R,d}$ = 18,7/21,8 = 0,86 ≤ 1 Gl.(33)

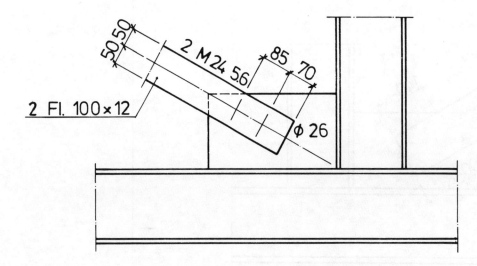

Bild 1 - 11.7 Geschraubter Diagonalenanschluß

Die Verbindung wird mit zwei Schrauben M 24 der Festigkeitsklasse 5.6 ausgebildet. Das Lochspiel beträgt 2 mm. Lochschwächungen müssen in Zugbereichen berücksichtigt werden. Der Lochabzug darf aber bei der Berechnung der Beanspruchbarkeiten entfallen, wenn das Verhältnis von Bruttoquerschnitt zu Nettoquerschnitt kleiner als 1,2 ist. Beim vorhandenen Querschnitt beträg tder Nettoquerschnitt: El. 742

A_{Netto} = 2 · (12 - 2,6 ·1,2) = 17,76 cm²

A_{Brutto} / A_{Netto} = 2 · 12,0/17,76 = 1,35 > 1,2 Gl.(27)

Es müssen folglich die Lochschwächungen berücksichtigt werden. Für diesen Fall erlaubt das El. 742, daß die Grenznormalkraft $N_{R,d}$ unter Zugrundelegung der Zugfestigkeit des Werkstoffes $f_{u,k}$ berechnet werden kann. Mit $f_{u,k} = 36$ kN/cm² ist: Tabelle 1

$N_{R,d}$ = $A_{Netto}\, f_{u,k}/(1{,}25\, \gamma_M)$ Gl.(28)

= 17,76 ·36/(1,25 · 1,1) = 465 kN

$D / N_{R,d}$ = 448/465 = 0,96 ≤ 1

Die Verbindung ist zweischnittig. Mit $\alpha_a = 0{,}6$ für Festigkeitsklasse 5.6 und $A_{sch} = 4{,}52$ cm² ergibt sich die Grenzabscherkraft zu:

DIN 18 800 Teil 1		11 Beispiele	Hinweise

$V_{a,R,d}$ = 2 · 2 · 4,52 · 0,6 · 50/1,1 = 493 kN Gl.(47)

$D / V_{a,R,d}$ = 448/493 = 0,91 ≤ 1 Gl.(48)

Für die Ermittlung der Grenzlochleibungskraft müssen zuerst die Randabstände e_2 senkrecht zur Kraftrichtung überprüft werden. Bild 22

e_2 = 50 mm

e_2/d_l = 50/26 = 1,9 ≥ 1,5 El. 805

Folglich sind die Gln. (50 a) für den Randabstand in Kraftrichtung e_1 = 70 mm und (50 b) für den Lochabstand in Kraftrichtung e = 85 mm maßgebend.

$\alpha_l(e_1)$ = 1,1 · 70/26 - 0,3 = 2,67 Gl.(50 a)

$\alpha_l(e)$ = 1,08 · 85/26 - 0,77 = 2,76 Gl.(50 b)

Mit dem kleineren α_l-Wert wird vereinfachend die Grenzlochleibungskraft berechnet (Nachweis des Knotenbleches ist nicht maßgebend).

$V_{l,R,d}$ = 2 · 2 · 1,2 · 2,4 · 2,67 · 24/1,1 = 671 kN

$D / V_{l,R,d}$ = 448/679 = 0,66 ≤ 1 Gl.(52)

Mit den Tabellen des Abschnittes 12 Hilfen lassen sich die Grenzabscherkraft und die Grenzlochleibungskraft aus den charakteristischen Werten folgendermaßen berechnen:

Der charakteristische Wert der Abscherkraft $V_{a,R,k}$ für eine Schraube M24 der Festigkeitsklasse 5.6 wird mit Tabelle 1 - 12.2 (SL-Verbindung, der glatte Teil des Schaftes liegt in der Scherfuge) ermittelt.

$V_{a,R,k}$ = 136 kN

$V_{a,R,d}$ = 2 · 2 · 136/1,1 = 494 kN

Die charakteristischen Werte der Lochleibungsspannung sind den Tabellen 1 - 12.5 (für Bauteile mit einer Streckgrenze $f_{y,k}$ = 240 N/mm² in Abhängigkeit von bezogenen Randabständen e_1/d_l) und 1 - 12.6 ($f_{y,k}$ = 240 N/mm², für bezogene Lochabstände e/d_l) zu entnehmen.

Tabelle 1 - 12.5 : $e_2 \geq 1,5 \, d_L$

e_1/d_L = 70/26 = 2,69 ≅ 2,7

$\sigma_{l,R,k}$ = (614 + 667)/2 = 641 N/mm²

Tabelle 1 - 12.6 : $e_2 \geq 1,5 \, d_L$

e/d_L = 85/26 = 3,27 ≅ 3,3

$\sigma_{l,R,k}$ = 671 N/mm²

Mit dem kleinsten charakteristischen Wert der Lochleibungsspannung wird dann die Grenzlochleibungskraft berechnet.

$V_{l,R,d}$ = 2 · 2 · 1,2 · 2,4 · 64,1/1,1   = 671 kN

11.6.3 Geschraubte Fachwerkauflagerung

Ein Fachwerkträger wird mit einer Kopfplatte an den Flansch einer Stütze (IPB 700) geschraubt. Das System des Fachwerkträgers liegt im Schwerpunkt der Stütze, so daß der Anschluß durch ein Moment und eine Querkraft beansprucht ist. Die vorhandene Auflagerkraft des Fachwerkbinders beträgt:

A   = 266,4 kN

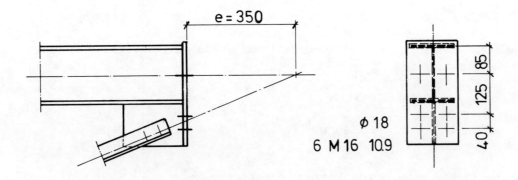

Bild 1 - 11.8 Stützenanschluß

Die Anschlußschnittgrößen sind dann:

M = 266,4 · 35 = 9324 kNcm
V = 266,4 kN

Der Fachwerkbinder ist mit 6 Schrauben M 16 der Festigkeitsklasse 10.9 angeschlossen. Die vorhandene Abscherkraft einer Schraube ist:

V_i = 266,4/6   = 44,4 kN

Die Grenzabscherkraft beträgt mit α_a = 0,55 für Festigkeitsklasse 10.9 und A_{Sch} = 2,01 cm²: El.804

$V_{a,R,d}$ = 2,01 · 0,55 · 100/1,1   = 100,5 kN   Gl.(47)

$V_{a,i} / V_{a,R,d}$ = 44,4/100,5   = 0,44 ≤ 1   Gl.(48)

Durch das vorhandene Moment werden die Schrauben auf Zug beansprucht. Um die Zugbeanspruchung der Schrauben zu berechnen, werden vereinfachend der Druckpunkt im oberen Flansch des Obergurtes und ein linearer Verlauf der Schraubenzugkräfte angenommen.

M   = 2 Z/h_3 ($h_1^2 + h_2^2 + h_3^2$)

    = 2 Z/25,0 · (8,5² + 21,0² + 25,0²)

DIN 18 800 Teil 1		11 Beispiele	Hinweise

Mit M = 9324 kNcm erhält man:

Z = 102,4 kN

Die Grenzzugkraft der Schrauben wird entweder aus dem Schaftdurchmesser und der Streckgrenze der Schraube oder dem Spannungsquerschnitt und der Zugfestigkeit der Schrauben sowie einem zusätzlichen Sicherheitsbeiwert berechnet. Bei der Festigkeitsklasse 10.9 ist immer die Gleichung mit dem Spannungsquerschnitt (hier: 1,57 cm²) maßgebend. — El. 809

$N_{R,d} = A_{sp} f_{u,b,k}/(1,25 \gamma_M)$ — Gl.(55)

$= 1,57 \cdot 100/(1,25 \cdot 1,1) = 114,2$ kN — Gl.(56 b)

$Z/N_{R,d} = 102,4/114,2 = 0,90 \leq 1$ — Gl.(57)

Im Gegensatz zu früheren Regelungen muß heute bei Schrauben, die gleichzeitig durch Abscheren und Zug beansprucht werden, ein Interaktionsnachweis geführt werden. — El. 810

$(N / N_{R,d})^2 + (V_a / V_{a,R,d})^2 \leq 1$ — Gl.(58)

Da der Interaktionsnachweis in einem Querschnitt geführt werden soll, ist nach El. 810 für $N_{R,d}$ derjenige Querschnitt einzusetzen, der in der Scherfuge liegt. Im vorhandenen Fall liegt der Schaftquerschnitt in der Scherfuge.

$N_{R,d} = A_{Sch} f_{y,b,k} / (1,1 \gamma_M)$ — Gl.(55)

$= 2,01 \cdot 90/(1,1 \cdot 1,1) = 149,5$ kN — Gl.(56 a)

Somit ergibt die Überprüfung der Interaktion:

$(102,4/149,5)^2 + 0,44^2 = 0,66 \leq 1$ — Gl.(58)

Die Grenzzugkräfte lassen sich auch mit Hilfe des Abschnittes 12 des Kommentars berechnen. Für SL-, SLV- und GV-Verbindungen stehen in Tabelle 1 - 12.9 die charakteristischen Werte der Schraubenzugkräfte $N_{R,k}$ für Einzelnachweise und in Tabelle 1 - 12.11 die charakteristischen Werte der Schraubenzugkräfte für Interaktionsnachweise für den Fall, daß der glatte Teil des Schaftes in der Scherfuge liegt.

Einzelnachweis mit Tabelle 1 - 12.9: Schraube M16 Festigkeitsklasse 10.9

$N_{R,k} = 126$ kN

$N_{R,d} = N_{R,k} / \gamma_M$

$= 126/1,1 = 114,5$ kN

Interaktionsnachweis mit Tabelle 1 - 12.11: Schraube M16 Festigkeitsklasse 10.9

$N_{R,k} = 164$ kN

$N_{R,d} = N_{R,k}/\gamma_M$

$= 164/1,1 = 149,1$ kN

Unterschiedliche Rundungen in den Tabellen und in der Berechnung bewirken die verschiedenen Zahlen nach dem Komma.

11.7 Bühnenrandträger

11.7.1 Vorbemerkungen

Vorhanden ist ein 8 m langer Bühnenrandträger, der durch Eigengewicht und Verkehrslasten vertikal belastet wird. Gleichzeitig ist als horizontale Einwirkung Wind vorhanden.

11.7.2 System und Einwirkungen

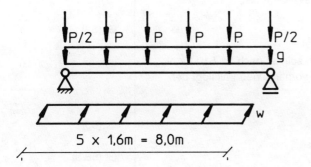

Bild 1 - 11.9 Randträger

11.7.3 Charakteristische Werte

Das Eigengewicht des Trägers beträgt:

g_k = 1,55 kN/m

Aus ständigen Einwirkungen erhält der Träger folgende Einzellasten:

$P_{g,k}$ = 42,3 kN

Die veränderlichen Einwirkungen bestehen aus Verkehrslasten und Wind.

$P_{q,k}$ = 28,8 kN
w_k = 4,0 kN/m

11.7.4 Bemessungswerte

In der Grundkombination 1 werden sämtliche Einwirkungen berücksichtigt.

g_d	= 1,35 · 1,55	= 2,09 kN/m	Gl.(12)
$P_{g,d}$	= 1,35 · 42,3	= 57,1 kN	

$P_{q,d}$	$= 1{,}5 \cdot 0{,}9 \cdot 28{,}8$	$= 38{,}9$ kN	Gl.(13)
w_d	$= 1{,}5 \cdot 0{,}9 \cdot 4{,}0$	$= 5{,}4$ kN/m	

Da nicht sofort erkennbar ist, ob die Verkehrslasten oder der Wind die am ungünstigsten wirkende veränderliche Einwirkung ist, werden in der Grundkombination 2 beide Varianten untersucht. Die Grundkombination 2a besteht dann aus

g_d	$= 1{,}35 \cdot 1{,}55$	$= 2{,}09$ kN/m	Gl.(12)
$P_{g,d}$	$= 1{,}35 \cdot 42{,}3$	$= 57{,}1$ kN	
$P_{q,d}$	$= 1{,}5 \cdot 28{,}8$	$= 43{,}2$ kN	Gl.(14)

und die Grundkombination 2b aus:

g_d	$= 2{,}09$ kN/m		
$P_{g,d}$	$= 57{,}1$ kN		
w_d	$= 1{,}5 \cdot 4{,}0$	$= 6{,}0$ kN/m	Gl.(14)

11.7.5 Beanspruchungen

Mit den Bemessungswerten der Einwirkungen wird das Moment in Feldmitte berechnet.

Für Grundkombination 1:

$M_y = 2{,}09 \cdot 8{,}0^2/8 + (57{,}1 + 38{,}9) \cdot 8{,}0/1{,}667 \quad = 477{,}4$ kNm
$M_z = 5{,}4 \cdot 8{,}0^2/8 \quad = 43{,}2$ kNm

Für Grundkombination 2a:

$M_y = 2{,}09 \cdot 8{,}0^2/8 + (57{,}1 + 43{,}2) \cdot 8{,}0/1{,}667 \quad = 498{,}1$ kNm
$M_z = 0$

Für Grundkombination 2b:

$M_y = 2{,}09 \cdot 8{,}0^2/8 + 57{,}1 \cdot 8{,}0/1{,}667 \quad = 290{,}7$ kNm
$M_z = 6{,}0 \cdot 8{,}0^2/8 \quad = 48{,}0$ kNm

11.7.6 Nachweis

Der Nachweis wird nach verschiedenen Nachweisverfahren geführt.

- Verfahren Elastisch - Elastisch mit El. 747

    gewählt: IPBl 500 in St 37   mit $W_y = 3550$ cm³ und $W_z = 691$ cm³

    und $\sigma_{R,d} = 24/1{,}1 = 21{,}8$ kN/cm²   Gl.(31)

  - Grundkombination 1

$$\sigma = \frac{477{,}4 \cdot 100}{3550} + \frac{43{,}2 \cdot 100}{691} = 19{,}7 \text{ kN/cm}^2$$

  - Grundkombination 2a

$$\sigma = \frac{498{,}1 \cdot 100}{3550} = 14{,}0 \text{ kN/cm}^2$$

- Grundkombination 2b

$$\sigma = \frac{290{,}7 \cdot 100}{3550} + \frac{48{,}0 \cdot 100}{691} = 15{,}1 \text{ kN/cm}^2$$

Die Grundkombination 1 ist maßgebend. Für sie gilt:

$\sigma/\sigma_{R,d} = 19{,}7/21{,}8 \qquad = 0{,}90 \leq 1$ | Gl.(33)

Eine höhere Ausnutzung ergibt sich durch die Zulassung örtlich begrenzter Plastizierung.

- Verfahren Elastisch - Elastisch mit El. 750

gewählt: IPBl 450 in St37 mit $W_y = 2900$ cm^3 und $W_z = 631$ cm^3

und $\sigma_{R,d} = 21{,}8$ kN/cm^2

$$\sigma = \frac{477{,}4 \cdot 100}{1{,}14 \cdot 2900} + \frac{43{,}2 \cdot 100}{1{,}25 \cdot 631} = 19{,}9 \text{ kN/cm}^2 \qquad \text{Gl.(38)}$$

$\sigma/\sigma_{R,d} = 19{,}9/21{,}8 \qquad = 0{,}91 \leq 1$ | Gl.(33)

Eine noch höhere Ausnutzung wird durch das volle Durchplastizieren des Querschnittes erreicht.

- Verfahren Elastisch - Plastisch nach Abschnitt 7.5.3

gewählt : IPBl 400 in St37 mit $W_y = 2310$ cm^3 und $W_z = 571$ cm^3

und $\sigma_{R,d} = 21{,}8$ kN/cm^2

Es werden die Schnittgrößen im vollplastischen Zustand ermittelt und dann mit ihnen ein Interaktionsnachweis nach El. 757 geführt.

$M_{pl,y,d} = \sigma_{R,d} \, \alpha_{pl,y} \, W_y = \sigma_{R,d} \, W_{pl,y}$ | Bild 18b)

Mit $W_{pl,y} = 2562$ cm^3 ergibt sich

$M_{pl,y,d} = 21{,}8 \cdot 2562/100 = 558{,}5$ kNm

$M_{pl,z,d} = \sigma_{R,d} \, \alpha_{pl,z} \, W_z = \sigma_{R,d} \, W_{pl,z}$ | Bild 18d)

Der vorhandene Formbeiwert beträgt $\alpha_{pl,z} = 1{,}5$. Nach El. 755 müssen jedoch die Grenzbiegemomente im plastischen Zustand auf den 1,25fachen Wert des elastischen Grenzmomentes begrenzt werden. Auf diese Reduzierung darf bei Einfeldträgern verzichtet werden. Daher ist

$M_{pl,z,d} = 1{,}5 \, \sigma_{R,d} \, W_z$ | El. 757 Anmerkung 4

$= 1{,}5 \cdot 21{,}8 \cdot 571/100 = 186{,}7$ kNm

Der Nachweis erfolgt mit den Interaktionsgln. (40) - (42). Da N = 0 kN, ist

$M^*_y = M_{pl,y,d}$
$c_1 = 0$
$c_2 = 1$

Gl.(40)

$$\frac{43{,}2}{186{,}7} + 0 + 1 \cdot \left(\frac{477{,}4}{558{,}5}\right)^{2{,}3} = 0{,}93 \leq 1{,}0$$

Gl.(41)

Mit dem Verfahren Elastisch-Plastisch läßt sich hier das Profil von einem IPBl 500 zu einem IPBl 400 reduzieren.

11.7.7 Krafteinleitung

Nachfolgend soll die Krafteinleitung in den Bühnenrandträger nachgewiesen werden. Auf den Bühnenrandträger (IPBl 400) sind Querträger (IPE 270) aufgelagert, deren Auflagerkräfte ohne Aussteifung eingeleitet werden sollen. Der Nachweis der Krafteinleitung ist sowohl für den Bühnenrandträger als auch für die Querträger zu führen.

Die Auflagerkraft des IPE 270 besteht aus:

$P_d = P_{g,d} + P_{q,d}$

$\quad = 1{,}35 \cdot 42{,}3 + 1{,}5 \cdot 28{,}8 \quad = 100{,}3$ kN

Der Nachweis der Krafteinleitung erfolgt nach El. 744. Es ist nachzuweisen, daß die Auflagerkraft sowohl kleiner als die Grenzkraft $F_{R,d,2}$ des IPBl 400 als auch kleiner als die Grenzkraft $F_{R,d,1}$ des IPE 270 ist. Nach der Ermittlung der mittragenden Länge l nach Bild 16 werden die Grenzkräfte nach den Gln. (29) und (30) berechnet.

- $F_{R,d,1}$ (IPE 270)

$l_1 = c_2 + 5(t_1 + r_1)$

Bild 16

c_2 ist die maßgebende Auflagerbreite des IPBl 400.

$c_2 = s_2 + 1{,}61\, r_2 + 5\, t_2$

$\quad = 11 + 1{,}61 \cdot 27 + 5 \cdot 19 \quad = 149{,}5$ mm

$l_1 = 149{,}5 + 5 \cdot (10{,}2 + 15) \quad = 275{,}5$ mm

Da die Auflagerkraft aber am Ende des IPE 270 eingeleitet wird, muß überprüft werden, ob die vorhandene Länge b/2 kleiner als die mittragende Länge $l_1/2$ ist.

$b/2 = 300/2 \quad = 150$ mm $\quad > l_1/2 = 137{,}8$ mm

l_1 kann folglich ganz angesetzt werden. Bei der Berechnung von $F_{R,d}$ ist zu überprüfen, ob σ_x und σ_z unterschiedliche Vorzeichen haben. Da beim IPE 270 $\sigma_x = 0$ ist (Trägerende), gilt Gl.(30).

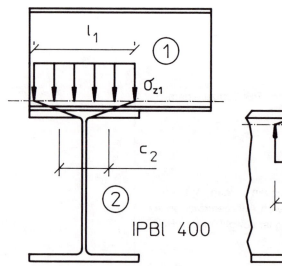 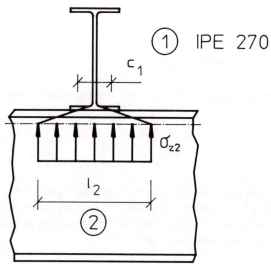

Bild 1 - 11.10 Krafteinleitung

$F_{R,d,1}$ = $s \, l \, f_{y,k}/\gamma_M$

       = $0{,}66 \cdot 27{,}6 \cdot 24{,}0/1{,}1$ = 397 kN

$P_d/F_{R,d,1}$ = 100,3/397   = 0,25 ≤ 1

Gl. (30)

- $F_{R,d,2}$ (IPBl 400)

l_2 = $c_1 + 5 \, (t_2 + r_2)$

c_1 ist die maßgebende Auflagerbreite des IPE 270.

c_1 = $s_1 + 1{,}61 \, r_1 + 5 \, t_1$

    = $6{,}6 + 1{,}61 \cdot 15 + 5 \cdot 10{,}2$ = 81,8 mm

l_2 = $81{,}8 + 5 \cdot (27 + 19)$ = 312 mm

Bild 16

Da σ_x beim IPBl 400 an der Krafteinleitungsstelle eine Druckspannung ist und damit σ_x und σ_z das gleiche Vorzeichen haben, ist wiederum Gl. (30) anzuwenden.

$F_{R,d,2}$ = $1{,}1 \cdot 31{,}2 \cdot 24{,}0/1{,}1$ = 749 kN

$P_d/F_{R,d,2}$ = 100,3/749   = 0,13 ≤ 1

Gl. (30)

11.8 Außergewöhnliche Einwirkung

11.8.1 Vorbemerkungen

Bei der eingespannten Stütze des Beispieles 11.4 muß der mögliche Anprall eines Gabelstaplers berücksichtigt werden. Diese Anprallast gilt als außergewöhnliche Einwirkung, da sie innerhalb des Nutzungszeitraumes mit äußerst kleiner Wahrscheinlichkeit einmal auftritt und die Dauer kurz ist.

11.8.2 System und Einwirkungen

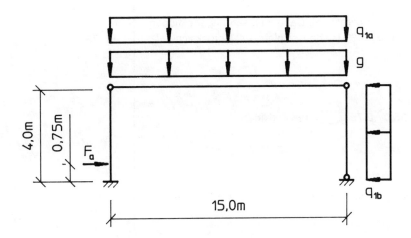

Bild 1 - 11.11 Hallenrahmen mit Anprallast

11.8.3 Charakteristische Werte

Die Anprallast aus Gabelstapler F_A ist nach DIN 1055 Blatt 3 in 0,75 m Höhe anzusetzen.

$F_{A,k}$ = 125,0 kN

Die übrigen Einwirkungen sind Eigengewicht, Schnee und Wind.

g_k = 2,5 kN/m

$q_{1a,k}$ = 4,5 kN/m   siehe Beispiel 11.4

$q_{1b,k}$ = 3,9 kN/m

11.8.4 Bemessungswerte

Beim Bilden von Einwirkungskombinationen mit außergewöhnlichen Einwirkungen sind die ständigen und sämtliche ungünstig wirkenden veränderliche Einwirkungen anzusetzen. Die äußerst kleine Wahrscheinlichkeit des Auftretens wird dadurch berücksichtigt, daß γ_F = 1,0 gesetzt wird.

El.714

$F_{A,d}$	$= 1{,}0 \cdot 125{,}0$	$= 125{,}0$ kN	Gl.(17)
g_d	$= 1{,}0 \cdot 2{,}5$	$= 2{,}5$ kN/m	Gl.(12)

Die Kombination Schnee und Wind gilt als eine Einwirkung. Nach Beispiel 11.4 ist für die Bemessung der eingespannten Stütze bei diesem System die Kombination "halber Schnee und voller Wind" maßgebend.
El. A5

$q_{1a,d}$	$= 1{,}0 \cdot 0{,}5 \cdot 4{,}5$	$= 2{,}25$ kN/m	Gl.(14)
$q_{1b,d}$	$= 1{,}0 \cdot 3{,}9$	$= 3{,}9$ kN/m	Gl.(14)

11.8.5 Beanspruchungen

Es werden die Normalkraft und das Einspannmoment berechnet. Dabei müssen Imperfektionen in Form eines Stabdrehwinkels von $\varphi_0 = 0{,}85/400 = 1/469$ (siehe Beispiel 11.4) berücksichtigt werden.
El. 730

$N = (2{,}5 + 2{,}25) \cdot 15{,}0/2 = 35{,}6$ kN

$M_y = 3{,}9 \cdot 4{,}0^2/2 + 2 \cdot 35{,}6/469 \cdot 4{,}0 + 125{,}0 \cdot 0{,}75 = 125{,}6$ kNm

11.8.6 Nachweis

Es wird wie im Beispiel 11.4 als Querschnitt ein Quadrat-Hohlprofil 250x250x6,3 in St 37 gewählt. ($W_y = 470$ cm^3 und $A = 60{,}1$ cm^2)

$\sigma_{R,d} = 21{,}8$ kN/cm^2

$\sigma = 35{,}6/60{,}1 + 125{,}6 \cdot 100/470 = 27{,}3$ kN/cm^2

$\sigma/\sigma_{R,d} = 27{,}3/21{,}8 = 1{,}25 > 1$ Gl.(33)

Der Querschnitt ist in Bezug auf den Grenzzustand des Verfahrens Elastisch-Elastisch nicht ausreichend. Da der Formbeiwert α_{pl} bei Hohlprofilen wesentlich kleiner als 1,25 ist, würde auch die Ausnutzung des plastischen Bereiches des Querschnittes nicht ausreichen. Daher muß eine geeignete Schutzvorrichtung angebracht werden, die den Anprall des Gabelstaplers von der Stütze fernhält oder ein anderes Profil gewählt werden.

11.9 Momentenumlagerung

11.9.1 Vorbemerkungen

Am Beispiel eines Dreifeldträgers wird die Möglichkeit der Momentenumlagerung gezeigt.

11.9.2 System und Einwirkungen

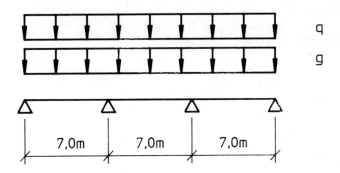

Bild 1 - 11.12 Dreifeldträger

11.9.3 Charakteristische Werte

Der Dreifeldträger wird durch ständige Einwirkungen (Eigengewicht Decke) und veränderliche Einwirkungen (Verkehrslasten) beansprucht. Die größten Momente ergeben sich dadurch, daß ein Dreifeldträger in allen Feldern durch g und in den ersten beiden Feldern durch q belastet wird.

g_k = 12,6 kN/m
q_k = 9,0 kN/m

11.9.4 Bemessungswerte

Da nur eine veränderliche Einwirkung vorhanden ist, wird nur die Grundkombination 2 (mit einer der ungünstig wirkenden veränderlichen Einwirkung) aufgestellt.

g_d = 1,35 · 12,6 = 17,0 kN/m   Gl.(12)
q_d = 1,5 · 9,0 = 13,5 kN/m   Gl.(14)
$p_d = g_d + q_d$ = 30,5 kN/m

11.9.5 Beanspruchungen

Die Stützmomente werden mit Hilfe von Momentenbeiwerten aus (1) ermittelt. (Die veränderlichen Einwirkungen werden nur in den ersten beiden Feldern angesetzt.)

$M_B = -0,1\ g_d\ l^2 - 0,117\ q_d\ l^2$

$= -0,1 \cdot 17,0 \cdot 7,0^2 - 0,117 \cdot 13,5 \cdot 7,0^2 = -160,7$ kNm

$M_C = -0,1\ g_d\ l^2 - 0,033\ q_d\ l^2$

$= -0,1 \cdot 17,0 \cdot 7,0^2 - 0,033 \cdot 13,5 \cdot 7,0^2 = -105,1$ kNm

Die nach der Elastizitätstheorie ermittelten Stützmomente dürfen um bis zu 15 % ihrer Maximal-   El.754

werte vermindert oder vergrößert werden. Dabei müssen bei der Bestimmung der zugehörigen Feldmomente die Gleichgewichtsbedingungen eingehalten werden. Hier soll das Stützmoment M_B um 15 % vermindert werden.

M_B^* = 0,85 · (-160,7) = -136,6 kNm

Zur Bestimmung der Feldmomente müssen zuerst die Auflagergrößen berechnet werden.

V_A^* = $p_d \, l/2 + M_B^*/l$

= 30,5 · 7,0/2 - 136,6/7,0 = 87,2 kN

V_{Bl}^* = $-p_d \, l/2 + M_B^*/l$

= -30,5 · 7,0/2 - 136,6/7,0 = -126,3 kN

V_{Br}^* = $p_d \, l/2 + (M_C - M_B^*)/l$

= 30,5 · 7,0/2 + (-105,1 + 136,6)/7,0 = 111,2 kN

M_1^* = $V_A^{*2}/(2 \, p_d)$

= 87,2²/(2 · 30,5) = 124,7 kNm

M_2^* = $V_{Br}^{*2}/(2 \, p_d) + M_B^*$

= 111,2²/(2 · 30,5) - 136,6 = 66,1 kNm

Die Feldmomente sind kleiner als das verminderte Stützmoment M_B^*, so daß dieses für den Nachweis maßgebend ist.

11.9.6 Nachweis

Als Querschnitt wird ein IPBl 240 in St 37 ($W_{pl,y}$ = 745 cm³, h - t = 218 mm, s = 7,5 mm) gewählt. Zuerst werden die Grenzschnittgrößen im plastischen Zustand ermittelt.

$\sigma_{R,d}$	= 21,8 kN/cm²		Gl.(31)
$\tau_{R,d}$	= 21,8/√3	= 12,6 kN/cm²	Gl.(32)
$M_{pl,y,d}$	= 21,8/100 · 745	= 162,4 kNm	Bild 18 b)
$V_{pl,z,d}$	= 12,6 · 21,8 · 0,75	= 206,0 kN	Bild 18 c)

$M_B^*/M_{pl,y,d}$ = 136,6/162,4 = 0,84 ≤ 1,0

$V_{Bl}^*/V_{pl,z,d}$ = 126,3/206,0 = 0,61 ≤ 1,0

Da die Beanspruchung aus einachsiger Biegung und Querkraft besteht, können die Interaktionsgleichungen der Tabelle 16 angewendet werden.

0,33 < $V_{Bl}^* / V_{pl,z,d}$ ≤ 0,9

$N/N_{pl,d} = 0$

Es muß folgende Interaktionsgleichung angewendet werden:

$$0{,}88 \frac{M^*_B}{M_{pl,y,d}} + 0{,}37 \frac{V^*_{Bl}}{V_{pl,z,d}} \leq 1$$

$0{,}88 \cdot 0{,}84 + 0{,}37 \cdot 0{,}61 = 0{,}96 \leq 1$

11.9.7 Alternativ: Schweißprofil

Alternativ soll ein Schweißprofil in St 52 nachgewiesen werden.

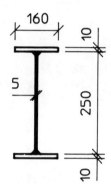

Bild 1 - 11.13 Schweißprofil

Es werden wiederum zuerst die plastischen Grenzschnittgrößen ermittelt.

$\sigma_{R,d}$	= 36,0/1,1	= 32,7 kN/cm²	Gl.(31)
$\tau_{R,d}$	= 32,7/√3	= 18,9 kN/cm²	Gl.(32)

$W_{pl,y} = 2 \cdot 16{,}0 \cdot 1{,}0 \cdot (25{,}0/2 + 1{,}0/2) + 2 \cdot 25{,}0/2 \cdot 0{,}5 \cdot 25{,}0/4$

$\qquad = 494{,}1 \text{ cm}^3$

$M_{pl,y,d}$	= 32,7/100 · 494,1	= 161,6 kNm	Bild 18b)
$Q_{pl,z,d}$	= 18,9 · 26,0 · 0,5	= 245,6 kN	Bild 18c)

$M^*_B / M_{pl,y,d}$ = 136,6/161,6 = 0,85 ≤ 1

$Q^*_{Bl} / Q_{pl,z,d}$ = 126,3/245,6 = 0,51 > 0,333
                                              ≤ 0,9

0,88 · 0,84 + 0,37 · 0,51 = 0,93 ≤ 1   Tabelle 16

		Hinweise
DIN 18 800 Teil 1	11 Beispiele	

Da der Querschnitt aus schlanken Teilen besteht, ist es erforderlich, die Schlankheiten (b/t) nachzuweisen.

- für den Steg:

$\text{grenz}(b/t) = \dfrac{37}{0,5} \sqrt{\dfrac{24,0}{36,0}} = 60,4$ Tabelle 15

$\text{vorh}(b/t) = 250/5 = 50$

$\text{vorh}(b/t)/\text{grenz}(b/t) = 0,82 \leq 1$

- für den Flansch

$\text{grenz}(b/t) = \dfrac{10}{1} \sqrt{\dfrac{24,0}{36,0}} = 8,16$

$\text{vorh}(b/t) = (160 - 5)/(2 \cdot 10) = 7,75$

$\text{vorh}(b/t)/\text{grenz}(b/t) = 0,95 \leq 1$

11.9.8 Halsnaht

Beim vorhandenen Schweißprofil wird als Halsnaht eine unterbrochene Doppelkehlnaht a = 4 mm vorgesehen (geschweißte Länge l = 100 mm, freie Länge e = 300 mm). Die Halsnaht wird nach El. 826 nachgewiesen.

$I_y = 0,5 \cdot 25,0^3/12 + 2 \cdot 16,0 \cdot 1,0 \cdot (25,0/2 + 1,0/2)^2 = 6059 \text{ cm}^4$

$S_y = 16,0 \cdot 1,0 \cdot (25,0/2 + 1,0/2) = 208 \text{ cm}^3$

Bei durchgehenden Nähten wäre:

$\tau_\parallel = \dfrac{V \, S}{I \, \Sigma a} = \dfrac{126,3 \cdot 208}{6059 \cdot 2 \cdot 0,4} = 5,4 \text{ kN/cm}^2$ Gl.(73)

Bei unterbrochenen Nähten ist $\tau_\parallel$ mit dem Faktor (e + l)/l zu erhöhen.

$\tau_\parallel = 5,4 \cdot (100 + 300)/100 = 21,7 \text{ kN/cm}^2$

Für die Ermittlung der Grenzschweißnahtspannung gilt El. 829. Der Faktor α_w ist für den Werkstoff St 52 der Tabelle 21 zu entnehmen.

$\alpha_w = 0,8$ Zeile 5

$\sigma_{w,R,d} = 0,8 \cdot 36,0/1,1 = 26,2 \text{ kN/cm}^2$ Gl.(74)

$\tau_\parallel/\sigma_{w,R,d} = 21,7/26,2 = 0,83 \leq 1$ Gl.(71)

12 Hilfen

12.1 Vorbemerkung

In den nachfolgenden Tabellen 1 - 12.1 bis 1 - 12.12 werden charakteristische Werte angegeben. Bemessungswerte sind aus ihnen durch Division durch den Teilsicherheitsbeiwert γ_M zu berechnen.

Die Angaben St 37 und St 52 stehen zur Vereinfachung. Sie gelten jeweils für alle in den Zeilen 1 und 2 bzw. 3 bis 6 der Tabelle 1 in DIN 18 800 Teil 1 angegebenen Stähle.

12.2 Bauteilspannungen

Berechnung: $\sigma_{R,k} = f_{y,k}$ und $\tau_{R,k} = f_{y,k} / \sqrt{3}$

Tabelle 1 - 12.1. Charakteristische Werte der Bauteilspannungen $\sigma_{R,k}$ und $\tau_{R,k}$ in N/mm²

Stahl	St 37		St 52	
Erzeugnisdicke in mm	t ≤ 40	40 < t ≤ 80	t ≤ 40	40 < t ≤ 80
Normalspannung	240	215	360	325
Schubspannung	139	124	208	188

12.3 Abscherkräfte für Schrauben

Berechnung nach El. 804 mit den Werten der Tabelle 2 in DIN 18 800 Teil 1:

$V_{a,R,k} = A_{Sch} \, \alpha_a \, f_{u,b,k}$ oder $V_{a,R,k} = A_{Sp} \, \alpha_a \, f_{u,b,k}$

Tabelle 1 - 12.2. Charakteristische Werte der Abscherkräfte $V_{a,R,k}$ je Schraube und Abscherfläche in SL-, SLV- und GV-Verbindungen in kN für den Fall, daß der **glatte Teil** des Schaftes in der Scherfuge liegt

Schraube	Abscher-fläche A_{Sch} in mm²	Festigkeitsklasse			
		4.6	5.6	8.8	10.9
M 12	113	27	34	54	62
M 16	201	48	60	96	111
M 20	314	75	94	151	173
M 22	380	91	114	182	209
M 24	452	108	136	217	249
M 27	573	138	172	275	315
M 30	707	170	212	339	389
M 36	1018	244	305	489	560

Tabelle 1 - 12.3. Charakteristische Werte der Abscherkräfte $V_{a,R,k}$ je Schraube und Abscherfläche in SLP-, SLVP- und GVP-Verbindungen in kN für den Fall, daß der **glatte Teil** des Schaftes in der Scherfuge liegt

Schraube	Abscher-fläche A_{Sch} in mm²	Festigkeitsklasse			
		4.6	5.6	8.8	10.9
M 12	133	32	40	64	73
M 16	227	54	68	109	125
M 20	346	83	104	166	190
M 22	415	100	125	199	228
M 24	491	118	147	236	270
M 27	616	148	185	296	339
M 30	755	181	227	362	415
M 36	1075	258	323	516	591

Tabelle 1 - 12.4. Charakteristische Werte der Abscherkräfte $V_{a,R,k}$ je Schraube und Abscherfläche für Schrauben in allen Ausführungsformen in kN für den Fall, daß der **Gewindeteil** des Schaftes in der Scherfuge liegt

Schraube	Abscher-fläche A_{Sp} in mm²	Festigkeitsklasse			
		4.6	5.6	8.8	10.9[*]
M 12	84,3	20	25	40	37
M 16	157	38	47	75	69
M 20	245	59	74	118	108
M 22	303	73	91	145	133
M 24	353	85	106	169	155
M 27	459	110	138	220	202
M 30	561	135	168	269	247
M 36	817	196	245	392	359

[*] Nach der Anpassungsrichtlinie ist bei Schrauben der Festigkeitsklasse 10.9 mit $\alpha_a = 0{,}44$ (anstelle von $\alpha_a = 0{,}55$ gemäß Element 804) zu rechnen, wenn der Gewindeteil in der Scherfuge liegt. Daher werden die charakteristischen Werte der Abscherkräfte $V_{a,R,k}$ und damit auch die Grenzabscherkräfte $V_{a,R,d}$ für Schrauben der Festigkeitsklasse 10.9 kleiner als für die der Festigkeitsklasse 8.8.

12.4 Lochleibungsspannungen in Schraubenverbindungen

Die charakteristischen Werte für die Lochleibungsspannung werden nach El. 805 mit dem charakteristischen Wert der Streckgrenze nach Tabelle 1 in DIN 18 800 Teil 1 berechnet. Dabei werden die Bezeichnungen für Randabstände e_1 und e_2 und die Lochabstände e und e_3 nach Bild 4 der Norm, hier als Bild 1 - 12.1 wiedergegeben, verwendet.

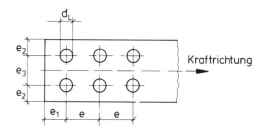

Bild 1 - 12.1.   Randabstände e_1 und e_2 und die Lochabstände e und e_3
(Bild 4 aus DIN 18 800 Teil 1)

Die Angaben erfolgen für die Streckgrenzen $f_{y,k} = 240$ und 360 N/mm² des Bauteilwerkstoffes. Auf deren Zuordnung zu den Baustählen und die Abhängigkeit von der Erzeugnisdicke nach Tabelle 1 in DIN 18 800 Teil 1 ist zu achten.

Berechnung: $\sigma_{l,R,k} = \alpha_l \, f_{y,k}$

Zur Berechnung der Grenzlochleibungskraft vgl. auch eine andere Aufbereitung in den Erläuterungen zum El. 805.

Tabelle 1 - 12.5. Charakteristische Werte der Lochleibungsspannung $\sigma_{l,R,k}$ in N/mm² für Bauteile mit einer Streckgrenze $f_{y,k}$ = 240 N/mm², angegeben für bezogene **Rand**abstände e_1/d_L

e_1/d_L	1,2	1,4	1,6	1,8	2,0	2,2	2,4	2,6	2,8	3,0
$e_2 \geq 1,5d_L$ $e_3 \geq 3,0d_L$	245	298	350	403	456	509	562	614	667	720
$e_2 \geq 1,4d_L$ $e_3 \geq 2,8d_L$	217	264	311	358	405	452	499	545	592	640
$e_2 \geq 1,3d_L$ $e_3 \geq 2,6d_L$	190	231	271	312	353	394	435	477	518	560
$e_2 \geq 1,2d_L$ $e_3 \geq 2,4d_L$	162	197	232	267	302	337	372	408	443	480

Tabelle 1 - 12.6. Charakteristische Werte der Lochleibungsspannung $\sigma_{l,R,k}$ in N/mm² für Bauteile mit einer Streckgrenze $f_{y,k}$ = 240 N/mm², angegeben für bezogene **Loch**abstände e/d_L

e/d_L	2,2	2,4	2,6	2,8	3,0	3,1	3,2	3,3	3,4	3,5
$e_2 \geq 1,5d_L$ $e_3 \geq 3,0d_L$	385	437	489	541	593	619	645	671	696	720
$e_2 \geq 1,4d_L$ $e_3 \geq 2,8d_L$	343	389	435	481	527	550	574	597	619	640
$e_2 \geq 1,3d_L$ $e_3 \geq 2,6d_L$	300	340	381	421	462	482	502	522	542	560
$e_2 \geq 1,2d_L$ $e_3 \geq 2,4d_L$	258	292	327	361	396	413	431	448	465	480

Tabelle 1 - 12.7. Charakteristische Werte der Lochleibungsspannung $\sigma_{l,R,k}$ in N/mm² für Bauteile mit einer Streckgrenze $f_{y,k}$ = 360 N/mm², angegeben für bezogene **Rand**abstände e_1/d_L

e_1/d_L	1,2	1,4	1,6	1,8	2,0	2,2	2,4	2,6	2,8	3,0
$e_2 \geq 1,5d_L$ $e_3 \geq 3,0d_L$	367	446	526	605	684	763	842	922	1001	1080
$e_2 \geq 1,4d_L$ $e_3 \geq 2,8d_L$	326	396	467	537	607	677	748	818	889	960
$e_2 \geq 1,3d_L$ $e_3 \geq 2,6d_L$	284	346	407	469	531	592	653	715	779	840
$e_2 \geq 1,2d_L$ $e_3 \geq 2,4d_L$	243	296	348	401	454	506	559	611	664	720

Tabelle 1 - 12.8. Charakteristische Werte der Lochleibungsspannung $\sigma_{l,R,k}$ in N/mm² für Bauteile mit einer Streckgrenze $f_{y,k}$ = 360 N/mm², angegeben für bezogene **Loch**abstände e/d_L

e_1/d_L	2,2	2,4	2,6	2,8	3,0	3,1	3,2	3,3	3,4	3,5
$e_2 \geq 1{,}5d_L$ $e_3 \geq 3{,}0d_L$	578	656	734	811	889	928	967	1006	1045	1080
$e_2 \geq 1{,}4d_L$ $e_3 \geq 2{,}8d_L$	514	583	653	721	791	825	860	895	929	960
$e_2 \geq 1{,}3d_L$ $e_3 \geq 2{,}6d_L$	451	511	571	632	692	723	753	783	814	840
$e_2 \leq 1{,}2d_L$ $e_3 \geq 2{,}4d_L$	387	438	490	542	594	620	646	672	698	720

12.5 Schraubenzugkräfte

Die charakteristischen Werte der Schraubenzugräfte $N_{R,k}$ werden nach El. 809 mit den dem charakteristischen Werten der Streckgrenze $f_{y,b,k}$ bzw. der Zugfestigkeit $f_{u,b,k}$ nach Tabelle 4 in DIN 18 800 Teil 1 nach

$$N_{R,k} = \min \begin{cases} A_{Sch} \, f_{y,b,k} / 1{,}1 \\ A_{Sp} \, f_{u,b,k} / 1{,}25 \end{cases}$$

berechnet.

Die Werte der Tabelle 1 - 12.9 gelten nach El. 809, 2. Absatz, **nicht** für Gewindestangen, Schrauben mit Gewinde bis annähernd zum Kopf und aufgeschweißte Gewindebolzen.

Tabelle 1 - 12.9. Charakteristische Werte der Schraubenzugkräfte $N_{R,k}$ in kN für Einzelnachweise von SL-, SLV- und GV-Verbindungen

Schraube	A_{Sch} in mm²	A_{Sp} in mm²	Festigkeitsklasse			
			4.6	5.6	8.8	10.9
M 12	113	84,3	24,7	30,8	54,0	67,4
M 16	201	157	43,9	54,8	100	126
M 20	314	245	68,5	85,6	157	196
M 22	380	303	82,9	104	194	242
M 24	452	353	98,6	123	226	282
M 27	573	459	125	156	294	367
M 30	707	561	154	193	359	449
M 36	1018	817	222	278	523	654

Tabelle 1 - 12.10. Charakteristische Werte der Schraubenzugkräfte $N_{R,k}$ in kN für Einzelnachweise von SLP-, SLVP- und GVP-Verbindungen

Schraube	A_{Sch} in mm²	A_{Sp} in mm²	Festigkeitsklasse			
			4.6	5.6	8.8	10.9
M 12	133	84,3	29,0	36,3	54,0	67,4
M 16	227	157	49,5	61,9	100	126
M 20	346	245	75,5	94,4	157	196
M 22	415	303	90,5	113	194	242
M 24	491	353	107	134	226	282
M 27	616	459	134	168	294	367
M 30	755	561	165	206	359	449
M 36	1075	817	235	293	523	654

Für den Nachweis von Schrauben, die gleichzeitig auf Zug und auf Abscheren beansprucht werden, sind in Gl. (58) im El. 810 von DIN 18 800 Teil 1 die Zugkräfte maßgebend, die für den Querschnitt gelten, der in der Scherfuge liegt. Daher werden in den Tabellen 1 - 12.11 bis - 12.14 die charakteristischen Werte für die 3 möglichen Fälle glatter Teil des Schaftes für nicht eingepaßte und für eingepaßte Verbindungen und für Gewindeteil in der Scherfuge angegeben.

Tabelle 1 - 12.11. Charakteristische Werte der Schraubenzugkräfte $N_{R,k}$ in kN für SL-, SLV- und GV-Verbindungen für **Nachweise auf Zug und Abscheren** nach El. 810 für den Fall, daß der **glatte Teil des Schaftes** in der Scherfuge liegt

Schraube	A_{Sch} in mm²	A_{Sp} in mm²	Festigkeitsklasse			
			4.6	5.6	8.8	10.9
M 12	113	84,3	24,7	30,8	65,7	92,5
M 16	201	157	43,9	54,8	117	164
M 20	314	245	68,5	85,6	183	257
M 22	380	303	82,9	104	221	311
M 24	452	353	98,6	123	263	370
M 27	573	459	125	156	333	469
M 30	707	561	154	193	411	578
M 36	1018	817	222	278	592	833

Tabelle 1 - 12.12. Charakteristische Werte der Schraubenzugkräfte $N_{R,k}$ in kN für SLP-, SLVP- und GVP-Verbindungen für **Nachweise auf Zug und Abscheren** nach El. 810 für den Fall, daß der **glatte Teil des Schaftes** in der Scherfuge liegt

Schraube	A_{Sch} in mm²	A_{Sp} in mm²	Festigkeitsklasse			
			4.6	5.6	8.8	10.9
M 12	133	84,3	29,0	36,3	77,4	109
M 16	227	157	49,5	61,9	132	186
M 20	346	245	75,5	94,4	201	283
M 22	415	303	90,5	113	241	340
M 24	491	353	107	134	286	402
M 27	616	459	134	168	358	504
M 30	755	561	165	206	439	618
M 36	1075	817	235	293	625	880

Tabelle 1 - 12.13. Charakteristische Werte der Schraubenzugkräfte $N_{R,k}$ in kN für Schrauben in allen Ausführungsformen für **Nachweise auf Zug und Abscheren** nach El. 810 für den Fall, daß der **Gewindeteil des Schaftes** in der Scherfuge liegt

Schraube	A_{Sp} in mm²	Festigkeitsklasse			
		4.6	5.6	8.8	10.9
M 12	84,3	27,0	33,7	54,0	67,4
M 16	157	50,2	62,8	100	126
M 20	245	78,4	98,0	157	196
M 22	303	97,0	121	194	242
M 24	353	113	141	226	282
M 27	459	147	184	294	367
M 30	561	180	224	359	449
M 36	817	261	327	523	654

12.6 Schweißnahtspannungen

Die charakteristischen Werte der Schweißnahtspannung $\sigma_{w,R,k} = \alpha_w \cdot f_{y,k}$ werden für die in Tabelle 19 festgelegten Nahtarten mit den in Tabelle 21 angegebenen α_w-Werten für die Streckgrenzen $f_{y,k}$ = 240 und 360 N/mm² berechnet. Auf deren Zuordnung zu den Baustählen und die Abhängigkeit von der Erzeugnisdicke nach Tabelle 1 in DIN 18 800 Teil 1 ist zu achten.

Tabelle 1 - 12.14 Charakteristische Werte der Schweißnahtspannungen $\sigma_{w,R,k}$

	Nahtart	Nahtgüte	Beanspruchungsart	St 37	St 52
1	Durch- oder gegengeschweißte Nähte	alle Nahtgüten	Druck	240[1]	360[1]
2		Nahtgüte nachgewiesen	Zug		
3		Nahtgüte nicht nachgewiesen			
4	Nicht durchgeschweißte Nähte, Kehlnähte, Dreiblechnaht, Steilflankennaht	alle Nahtgüten	Druck Zug	228	288
5	Alle Nähte		Schub		

Bei Stumpfstößen in Formstählen aus St 37-2 und USt 37-2 ist DIN 18800 Teil 1 Element 830 zu beachten.

[1] Diese Nähte brauchen im allgemeinen rechnerisch nicht nachgewiesen zu werden, da der Bauteilwiderstand maßgebend ist.

12.7 Einzuhaltende Grenzwerte grenz(b/t) von Querschnittsteilen

Die Breiten b, die zur Berechnung der (b/t)-Verhältnisse maßgebend sind, sind in den Tabellen 12, 13, 15 und 18 definiert. Für Walzprofile werden sie hier im Bild 1 - 12.2 zusammengestellt.

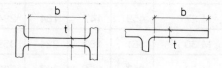

Bild 1 - 12.2 Definition von b/t für Flansch und Steg in Walzprofilen

In Abhängigkeit vom Nachweisverfahren sind für Teile von Querschnitten Grenzwerte grenz(b/t) einzuhalten.

Nach einem Vorschlag von Prof. Dr.-Ing. S. Riemann, Buxtehude, werden auf der sicheren Seite liegend in Tabelle 1 - 12.15 Werte grenz(b/t) angegeben, deren Einhaltung Tragsicherheitsnachweise nach den Verfahren Elastisch-Plastisch und damit auch nach dem Verfahren Elastisch-Elastisch erlaubt. Für nur durch eine Normalkraft beanspruchte Bauteile ist zur Erzeugung der Normalkraft N = A f_y keine plastische Stauchung erforderlich, daher gelten die Grenzwerte nach den Tabellen 12 und 13. Für Biegemomente M_y und M_z dagegen werden erst durch plastische Stauchungen die plastischen Grenzschnittgrößen erreicht, daher gelten hierfür die Grenzwerte nach Tabelle 15. Die angegeben Grenzwerte (b/t) gelten für den Fall, daß Schubspannungen vernachlässigbar klein sind (vgl. hierzu Erläuterungen zum El. 745).

Tabelle 1 - 12.15   Auf der sicheren Seite liegende Grenzwerte grenz(b/t) für Nachweise nach den Verfahren Elastisch-Elastisch und Elastisch-Plastisch für den Fall, daß Schubspannungen vernachlässigbar klein sind

Beanspruchung	Lagerung des Plattenstreifens	St 37	St 52
N	Einseitig	12,9	10,5
N	Zweiseitig	37,8	30,9
M_y, M_z	Einseitig	11,0	9,0
M_y, M_z	Zweiseitig	74,0	60,4

12.8 Vorhandene Werte vorh(b/t) von Querschnittsteilen von Walzprofilen

In den Tabellen 1 - 12.16 und 1 - 12.17 werden Werte vorh(b/t) für Walzprofile angegeben. Die Tabelle 1 - 12.16 für I-förmige Walzprofile beginnt erst bei den Profilen, für die die auf der sicheren Seite liegenden Grenzwerte (b/t) nach Tabelle 12.15 z.T. nicht mehr eingehalten sind.

Tabelle 1 - 12.16   Werte vorh(b/t) für gewalzte I-Profile

Nenn-höhe	IPE St	IPE0 St	IPEv St	HE-A/IPBl Fl	HE-A/IPBl St	HE-B/IPB St	HEM/IPBv St
< 270	keine Überschreitung von grenz (b/t) für die Nachweisverfahren El-El und El-Pl						
270	33,3	29,3		-	-	-	-
280	-	-		8,62	24,5	18,7	10,6
300	35,0	31,1		8,48	24,5	18,9	9,9
320	-	-		7,65	25,0	19,6	10,7
330	36,1	31,9		-	-	-	-
340	-	-		7,17	25,6	20,3	11,6
360	37,3	32,5		6,74	26,1	20,9	12,4
400	38,5	34,1	31,2	6,18	27,1	22,1	14,2
450	40,4	34,4	30,5	5,58	29,9	24,6	16,4
500	41,8	35,5	30,0	5,09	32,5	26,9	18,6
550	42,1	36,8	27,3	4,86	35,0	29,2	20,9
600	42,8	34,3	28,6	4,66	37,4	31,4	23,1
650				4,47	39,6	33,4	25,4
700				4,29	40,1	34,2	27,7
800				4,02	44,9	38,5	32,1
900				3,73	48,1	41,6	36,7
1000				3,60	52,6	45,7	41,3

Die Abkürzung Fl wird für die einseitig gelagerten Plattenstreifen der Flansche, die Abkürzung St für die zweiseitig gelagerten Plattenstreifen der Stege verwendet.

Tabelle 1 - 12.17 Werte vorh(b/t) für gewalzte gleichschenklige und ungleichschenklige Winkelprofile

a x s	vorh(b/t)
20 x 3	4,5
25 x 3 x 4	6,2 4,4
30 x 3 x 4 x 5	7,3 5,3 4,0
35 x 4 x 5	6,5 5,0
40 x 4 x 5	7,5 5,8
45 x 4 x 5	8,5 6,6
50 x 5 x 6 x 7	7,6 6,2 5,1
55 x 6	6,8
60 x 5 x 6 x 8	9,4 7,7 8,5
65 x 7	7,0
70 x 6 x 7 x 9	9,2 7,7 5,8
75 x 7 x 8	8,3 7,1
80 x 6 x 8 x 10	10,7 7,8 6,0
90 x 7 x 9	10,3 7,8
100 x 8 x 10 x 12	10,0 7,8 6,3
110 x 10	8,8
120 x 10 x 11 x 12	9,7 8,7 7,9
130 x 12	8,7
140 x 13	8,6
150 x 12 x 14 x 15	10,2 8,6 7,9
160 x 15 x 17	8,5 7,4
180 x 16 x 18	9,1 8,0
200 x 16 x 18 x 20 x 24	10,4 9,1 8,1 6,6

a x b x s	vorh(b/t)
30 x 20 x 3 x 4	7,8 5,6
40 x 20 x 3 x 4	11,2 8,1
40 x 25 x 4	8,0
45 x 30 x 3 x 4 x 5	12,5 9,1 7,1
50 x 30 x 4 x 5	10,4 8,1
50 x 40 x 4 x 5	10,5 8,2
60 x 30 x 5	9,8
60 x 40 x 5 x 6 x 7	9,8 8,0 6,7
65 x 50 x 5 x 7 x 9	10,8 7,4 5,6
70 x 50 x 6	9,7
75 x 50 x 7 x 9	8,8 6,6
75 x 55 x 5 x 7 x 9	12,6 8,7 6,6
80 x 40 x 6 x 8	11,2 8,1
80 x 60 x 7	9,3
80 x 65 x 8 x 10	8,0 6,2
90 x 60 x 6 x 8	12,8 9,4
100 x 50 x 6 x 8 x 10	14,2 10,4 8,1
100 x 65 x 7 x 9 x 11	11,9 9,0 7,2
100 x 75 x 7 x 9 x 11	11,6 9,0 7,2
120 x 80 x 8 x 10 x 12	12,6 9,9 8,1
130 x 65 x 8 x 10 x 12	13,9 10,9 8,9
130 x 90 x 12	8,8
150 x 75 x 9 x 11	14,5 11,7
150 x 100 x 10 x 12 x 14	12,7 10,4 8,8
160 x 80 x 12	11,3
180 x 90 x 10 x 12	15,6 12,8
200 x 100 x 10 x 12 x 14	17,5 14,4 12,2

13 Literatur zum Teil 1

[1 - 1] Empfehlungen für die Bemessung und Konstruktion von ermüdungsbeanspruchten Stahlbauten. EKS-Empfehlung Nr. 43. Herausgeber: Schweizer Zentralstelle für Stahlbau, Zürich 1987

[1 - 2] *Eggert, H. und R. Schneider:* Zum Nachweis der Betriebsfestigkeit bei Bauwerken. Mitt. des Institutes für Bautechnik 12 (1981), S. 73-77

[1 - 3] Muster für einen Einführungserlaß DIN 18 800 - Stahlbauten - Teil 1 bis 4, Ausgabe November 1990 (mit Anpassungsrichtlinie). Erscheint im Heft 2 der Mitt. des Institutes für Bautechnik 23 (1992)

[1 - 4] Erläuterungen zum Einführungserlaß von DIN 18800 Teile 1 bis 4. Erscheint im Heft 2 der Mitt. des Institutes für Bautechnik (1992)

[1 - 5] *Kersken-Bradley, M.:* Unempfindliche Tragwerke - Entwurf und Konstruktion. Bauingenieur 67 (1992), S. 1 - 5

[1 - 6] Merkblatt "Form und Inhalt statischer Unterlagen". Teil A: Grundregeln; Teil B: Ergänzende Einzelheiten. Vereinigung der Prüfingenieure für Baustatik in Rheinland-Pfalz, September 1985

[1 - 7] Richtlinien für die Erstellung und Prüfung von Zeichnungen im Stahlbau (1. Ausgabe, August 1984). Herausgegeben vom Österreichischen Stahlbauverband

[1 - 8] Grundlagen zur Festlegung von Sicherheitsanforderungen für bauliche Anlagen, Herausgegeben vom DIN. Berlin: Beuth Verlag 1981

[1 - 9] Musterbauordnung - Fassung vom 14. Januar 1991. Bearbeitet von B. Ammon. Berlin: Kulturbuch-Verlag 1991

[1 - 10] Richtlinie für das Aufstellen und Prüfen EDV-unterstützter Standsicherheitsnachweise. Dortmund: Verkehrsblatt-Verlag 1989

[1 - 11] *Scheer, J:* Klärung des Tragverhaltens durch Bauteilversuche. In: Deutscher Ausschuß für Stahlbau: Berichte aus Forschung, Entwicklung und Normung 9/1980, Köln 1981

[1 - 12] *Weber, W.:* Zur Logik des Definierens. Bauingenieur 66 (1991), S. 125-130

[1 - 13] Allgemeine bauaufsichtliche Zulassung für Bauteile und Verbindungsmittel aus nichtrostenden Stählen. Zulassungsbescheid Z-30.44.1 des Institutes für Bautechnik vom 1. Febr. 1989

[1 - 14] Allgemeine bauaufsichtliche Zulassung der Fa. ARBED für hochfeste, schweißgeeignete Feinkornbaustähle StE 460. Zulassungsbescheid Z-30.89.2 vom 1. Juni 1985

[1 - 15] *Wölfel, E.:* Zugglieder aus Spannstählen. Mitt. des Institutes für Bautechnik 5 (1977), S. 129 - 132

[1 - 16] DIN-Taschenbuch Nr. 59 "Normen über Drahtseile". Berlin: Beuth Verlag 1975

[1 - 17] *Feyrer, K.*, und 6 Mitautoren: Stehende Drahtseile und Seilendverbindungen. Esslingen: expert-Verlag 1990

[1 - 18] *Gabriel, K., u. J. Schlaich:* Seile und Bündel im Bauwesen, 1. Aufl., Mitt. 59/1981 des SFB 64. Düsseldorf: Ber. Stelle für Stahlverwendung 1981

[1 - 19] *Tschemmernegg, F. und K. Huber:* Rahmentragwerke in Stahl unter besonderen Berücksichtigung der steifenlosen Bauweise. - Theoretische Grundlagen und Bemessungstabellen.
Zürich: Verlag Schweizerische Zentralstelle für Stahlbau 1987

[1 - 20] *Lacher, G., und K. Diephaus:* Die Traglast von mehrfeldrigen Stockwerkrahmen mit nachgiebigen Anschlüssen und ihre Abschätzung. Bauingenieur 65 (1990), S. 563-569

[1 - 21] *Neumann, A.:* Schweißtechnisches Handbuch für Konstrukteure, Teil 1, 5. Auflage 1985, und Teil 2, 1983. Düsseldorf: Deutscher Verlag für Schweißtechnik

[1 - 22] *Bathke, W.:* Schweißen in kaltverformten Bereichen an Winkelproben mit 6 mm Schenkeldicke. Schweißen und Schneiden 37(1985) S. 580 - 584

[1 - 23] *Bathke, W.:* Untersuchungen zum Einfluß des Schweißens in kaltverformten Bereichen auf das Kerbschlagarbeit-Temperatur-Verhalten bei Verwenden von Kleinstproben. Schweißen und Schneiden 40 (1988) S. 555-559

[1 - 24] *Scheer, J., H. Pasternak und M. Hofmeister:* Gebrauchstauglichkeit - (k)ein Problem?.
Erscheint im Bauingenieur 67 (1992)

[1 - 25] *Zellerer, E.:* Durchlaufträger. Schnittgrößen für Gleichlasten, 4. Auflage. Berlin: W. Ernst & Sohn 1978

[1 - 26] *Kordina, K.:* Schäden an Koppelfugen. Beton- u. Stahlbetonbau 74 (1979), S. 95-100

[1 - 27] *Bachmann, H., und W. Ammann:* Schwingungsprobleme bei Bauwerken. Durch Menschen und Maschinen induzierte Schwingungen. IASBE Structural Engineering Document 3d. Zürich: ISSBE-AIPC-IVBH 1987

[1 - 28] *Vogel, U.:* Zur Anwendung des Teilsicherheitsbeiwertes ψ'_M beim Tragsicherheitsnachweis nach DIN 18 800 (11.90). Stahlbau 50 (1991), S. 167-171

[1 - 29] *Lindner, J., und R. Gietzelt:* Imperfektionsannahmen für Stützenschiefstellungen.
Stahlbau 52 (1984), S. 94 -101

[1 - 30] *Scheer, J. und W. Maier:* Zu einer dehnungsorientierten Bemessung stählerner Stabtragwerke,
In: Festschrift Heinz Duddeck, Mai 1988, S. 251-270

[1 - 31] *Pflüger, A.:* Stabilitätsprobleme der Elastostatik, 3. Auflage. Berlin: Springer 1975

[1 - 32] *Valtinat, G.:* Verbindungstechnik - Schraubenverbindungen. In Stahlbau-Handbuch, Band 1. Köln: Stahlbau-Verlag 1982 (dort Abschnitt 9.2.5, Seite 415)

[1 - 33] *Scheer, J., W. Maier und M. Hofmeister:* Lochleibungsfestigkeit von geschraubten Verbindungen mit gestanzten Löchern unter vorwiegend ruhender Belastung.
Bericht 6053 des Institutes für Stahlbau der TU Braunschweig 1989

[1 - 34] Verschiedene: Steifenlose Stahltragwerke und dünnwandige Vollwandträger. Berlin: W. Ernst 1977

[1 - 35] *Klöppel, K. und J. Scheer:* Beulwerte ausgesteifter Rechteckplatten. Berlin: W. Ernst 1960

[1 - 36] *Scheer, J.:* Eine vereinfachte Berechnung der Biegespannungen in Winkeln nach DIN 1028 und DIN 1029 mit Hilfe von Zahlentafeln. Stahlbau 34 (1965) S. 284-287

[1 - 37] *Vogel, U.:* Baustatik ebener Stabwerke. In Stahlbau-Handbuch, Band 1.
Köln: Stahlbau-Verlag 1982 (hier Abschnitt 3.1.1.2)

[1 - 38] *Scheer, J.*, und *G. Bahr:* Interaktionsdiagramme für die Querschnittstraglasten außermittig längsbeanspruchter, dünnwandiger Winkelprofile. Bauingenieur 56 (1981) S. 459-466

[1 - 39] *Scheer, J.:* Flächige, ebene Bauteile: Festigkeit und Stabilität. In Stahlbau-Handbuch, Band 1. Köln: Stahlbau-Verlag 1982 (dort Abschnitt 10.3, Seite 506-522)

[1 - 40] *Petersen, C.:* Stahlbau. Braunschweig: Vieweg 1988

[1 - 41] *Schardt, R.:* Verallgemeinerte technische Biegetheorie. Berlin: Springer 1989

[1 - 42] *Scheer, J., S. Krümmling* und *K. Plumeyer:* Zum Einfluß der Spaltbreite in Kehlnahtverbindungen auf die Tragfähigkeit von Kontaktstößen. In: Technologie und Anwendung der Baustoffe (Arbeitstitel) (Festschrift F.S. Rostásy). Berlin: W. Ernst & Sohn 1992

[1 - 43] *Petersen, C.:* Statik und Stabilität der Baukonstruktionen. Braunschweig: Vieweg 1980

[1 - 44] *Rubin. H.:* Ineraktionsbeziehungen zwischen Biegemoment, Querkraft und Normalkraft für einfachsymmetrische I- und Kastenquerschnitte bei Biegung um die starke und für doppelsymmetrische Querschnitte bei Biegung um die schwache Achse. Stahlbau 47 (1978), S. 76-85

[1 - 45] *Freundt* und *Frenzel:* Zuverlässigkeitsteoretische Ermittlung der Beanspruchbarkeit der Gleitfuge für den Nachweis der Gleitsicherheit bei Lagern. Schlußbericht der HAB Weimar, Fak. Bauingenieurwesen. Wissensch. Bereich Verkehrsbau, 1991

[1 - 46] *Möhler, K.* und *W. Herröder:* Ermittlung der oberen und unteren Reibbeiwertgrenzen für dem Gleitsicherheitsnachweis bei Traggerüsten (DIN 442). Univerisät Karlsruhe 1978

[1 - 47] *Sauer, R.* und *I. Szabo:* Mathematische Hilfsmittel des Ingenieurs Teil I bis IV. Berlin: Springer-Verlag 1967

[1 - 48] *Scheer, J., W. Maier* und *M. Rohde:* Zur Qualitätssicherung mechanischer Eigenschaften von Baustahl. Bericht 6087/1, Institut für Stahlbau, TU Braunschweig 1987

[1 - 49] *Scheer, J., W. Maier* und *M. Rohde:* Basisversuche zur statischen Streckgrenze. Stahlbau 66 (1987) S. 79-84

[1 - 50] *Scheer, J., W. Maier* und *O. Paustian:* Planung und Auswertung von Versuchen an geschraubten Verbindungen. Bericht 6065, Institut für Stahlbau, TU Braunschweig 1985

[1 - 51] *Scheer, J., W. Maier, M. Klahold* und *K. Vajen:* Bestimmung der reinen Lochleibungsfestigkeit und des Lochleibungspressungs-Verformungsverhaltens. Bericht 6066, Institut für Stahlbau, TU Braunschweig 1985

[1 - 52] *Scheer, J., W. Maier, M. Klahold* und *K. Vajen:* Zur "Lochleibungsbeanspruchung" in Schraubenverbindungen. Stahlbau 66 (1987) S. 129-136

[1 - 53] *Scheer, J., W. Maier* und *R. Zhu:* Lochleibung außenliegender Laschen. Bericht 6054, Institut für Stahlbau, TU Braunschweig 1990

[1 - 54] *Scheer, J., W. Maier* und *K. Vajen:* Tragfähigkeit von Nettoquerschnitten stählerner Tragwerke. Bericht 6019, Institut für Stahlbau, TU Braunschweig 1986

[1 - 55] *Scheer, J., W. Maier* und *K. Plumeyer:* Zur zyklischen Beanspruchung von Bauteilen mit Lochleibungsbeanspruchungen. Bericht 6702, Institut für Stahlbau, TU Braunschweig 1992

[1 - 56] *Knobloch, M.* und *H. Schmidt:* Tragfähigkeit und Tragverhalten stahlbauüblicher Schrauben unter reiner Scherbeanspruchung und unter kombinierter Scher-Zugbeanspruchung.
Forschungsbericht 41 aus dem Fachbereich Bauwesen, Universität - Gesamthochschule - Essen 1987

[1 - 57] *Knobloch, M.* und *H. Schmidt:* Statische Tragfähigkeitsdaten industriell gefertigter Schrauben unter vorwiegend ruhender Zug- und Abscherbeanspruchung im Gewinde.
Forschungsbericht 52 aus dem Fachbereich Bauwesen, Universität - Gesamthochschule - Essen 1990

[1 - 58] *Scheer, J., Maier, W., Jopp, T., Zhu, R.* und *Valtinat, G.:* Untersuchung der Grundlagen von EC 3 und DIN 18 800 (Gelbdruck) für die Regelung der Bemessungswerte der Abscherkräfte von Schrauben in geschraubten Verbindungen.
Bericht 6308, Institut für Stahlbau, TU Braunschweig, Bericht 6308 TU Hamburg - Harburg 1991

[1 - 59] *Valtinat, G., Kersten, O.:* Allgemeine Voraussage des Last-Verschiebungs-Verhaltens von Schraubenverbindungen. In Tagungsbericht zum 14. Stahlbau-Seminar 1992 der Bauakademie Biberach. Biberach 1992

Erläuterung zu DIN 18 800 Teil 2

0 Vorbemerkungen

Die DIN 18 800 Teil 2 tritt bezüglich der stabartigen Bauteile die Nachfolge der DIN 4114 an, die in ihrem Kerngehalt älter als 50 Jahre ist. Die DIN 4114 basiert vom Nachweisformat her auf dem Konzept der zulässigen Spannungen unter Gebrauchslasten, obwohl einzelne Nachweise (z.B. der ω-Nachweis) durchaus auf der Ermittlung von Traglasten beruhen. Charakteristisch ist außerdem das Prinzip des Ersatzstabverfahrens in der Form, daß beliebig belastete, gelagerte und ausgebildete Stäbe (z.B. mehrteilige Stäbe) durch Ermittlung einer entsprechenden fiktiven Schlankheit auf den beidseitig gelenkig gelagerten, planmäßig mittig gedrückten Stab zurückgeführt werden.

Neben diesem Ersatzstabverfahren bot die DIN 4114 für das Biegeknicken planmäßig außermittig gedrückter Stäbe in ihrer Richtlinie 10.2 die Anwendung der Elastizitätstheorie II. Ordnung. Dieses nun allgemein angebotene Nachweisverfahren und die zusätzliche Nutzung der plastischen Tragreserven treten mit der DIN 18 800 jetzt deutlich in den Vordergrund.

In DIN 18 800 Teil 2 wird daher in den meisten Bereichen auf Traglasten zurückgegriffen (z.B. beim Biegedrillknicken). Die Idee des Ersatzstabverfahrens findet zwar auch noch Anwendung, aber in geringerem Maße und im wesentlichen zur Berechnung von Eingangsparametern. Wegen der Entwicklung in den letzten Jahrzehnten zu immer dünnwandigeren Querschnitten hat gegenüber DIN 4114 das Biegedrillknicken jetzt eine größere Bedeutung. Durch die Ausnutzung der Ergebnisse der Forschungen der letzten 20 Jahre war es jedoch möglich, die in sehr vielen Fällen gegebene Abstützung durch angrenzende Bauteile auch quantitativ zu nutzen und vereinfachte realitätsnahe Nachweise anzubieten.

DIN 4114 bot zusätzlich zu den eigentlichen Regelungen insbesondere im Blatt 2 eine große Anzahl von Hilfen an, z.B. in Form von Knicklängenbeiwerten. Dies war in einer Zeit, in der Literatur nicht so leicht zugänglich war wie heute, sicherlich auch richtig. Wie bereits im Vorwort erwähnt, waren die Arbeitsausschüsse bemüht, kein Lehrbuchwissen zu regeln, weswegen solche Angaben in den meisten Fällen nicht aufgenommen wurden. Ausnahmen sind in den Abschn. 5 und 6 gemacht worden, wo Angaben über die Knicklängen s_K von Fachwerkstäben, die Federsteifigkeit C von Trogbrücken und Strebenfachwerken und die Knicklängen s_K von Bogenträgern enthalten sind. Trotzdem wurde auch in vielen anderen Fällen versucht, über den Weg der Anmerkungen den Anwendern Hilfestellung zu geben, und auch auf einige wichtige Literatur hingewiesen. Die Abminderungsfaktoren κ beim Biegeknicken und die Abminderungsfaktoren κ_M beim Biegedrillknicken sind durch die angegebenen Gleichungen eindeutig festgelegt. Daher wurden im Teil 2 keine Tabellen aufgenommen, die Auswertungen dieser Gleichungen enthalten. Diese Tabellen sind hier bei den Hilfen im Abschn. 9 angegeben.

Infolge der prinzipiell anderen Grundlagen der beiden vergleichbaren Normen sind eine Reihe von Umstellungen bei der praktischen Anwendung unumgänglich. Diese Erläuterungen bemühen sich um die Darstellung von Hintergrundinformationen und die Bereitstellung von Hilfen - beides soll die Anwendung erleichtern.

Bei der Numerierung der Abschnitte und der Überschriften in diesen Erläuterungen wurde weitgehend der Vorgabe der Norm selbst gefolgt. An einigen Stellen erschien es aus Gründen der Übersichtlichkeit jedoch geraten, in der Numerierung davon abzuweichen. Eine Orientierung ist anhand der Überschriften jedoch leicht möglich.

1 Allgemeine Angaben

1.1 Anwendungsbereich

Im Teil 2 werden die **Tragsicherheitsnachweise** für stabilitätsgefährdete Stäbe und Stabwerke aus Stahl geregelt. Dabei sind die Nachweise so aufgebaut, daß die tatsächlich vorhandene Tragsicherheit nicht berechnet wird, da dies wegen der nichtlinearen Zusammenhänge entweder ein iteratives Vorgehen erforderlich machen würde oder in manchen Fällen auch gar nicht möglich wäre. Vielmehr wird i. d. R. nachgewiesen, daß unter den Bemessungswerten der Einwirkungen die Bemessungswerte des Widerstandes nicht überschritten werden, so daß das für notwendig erachtete Sicherheitsniveau erreicht wird.

Im 2. Satz wird darauf hingewiesen, daß Teil 2 stets in Verbindung mit Teil 1 (und damit auch in Verbindung mit den Teilen 3 und 4) gilt. Dies hat zur Folge, daß viele Grundlagen, die bei der Anwendung von Teil 2 unbedingt zu beachten sind, hier im Teil 2 nicht noch einmal aufgeführt sind, da sie im Teil 1 festgelegt sind, und Wiederholungen weitgehend vermieden wurden. Nur an einigen wenigen Stellen wurden Festlegungen aus Teil 1 wiederholt, so bei den häufig verwendeten Formelzeichen.

Es wurde schon an anderer Stelle darauf hingewiesen, daß entweder nach dem neuen Normenkonzept der Teile 1 bis 4 oder nach dem alten Konzept mit DIN 18 800 Teil 1 (1981) und DIN 4114 gearbeitet werden muß, eine Mischung jedoch nicht vorgesehen ist. In bezug auf die stabilitätsgefährdeten Stäbe und Stabwerke ist dies jedoch sinnvoll auszulegen. Eine Mischung ist immer dann nicht gestattet, wenn dadurch eine Vermischung der Sicherheitskonzepte auftreten würde. Gerade die DIN 4114 Teil 2 enthält jedoch eine große Anzahl von Festlegungen, die Lehrbuchwissen darstellen. Hierzu zählen z.B. die vielen Angaben zu Knicklängenbeiwerten, gegen deren Anwendung keinerlei Bedenken bestehen. Eine Ausnahme hiervon stellen jedoch die Knicklängenbeiwerte für Fachwerkstäbe dar, die im Abschn. 5.1.2 von Teil 2 in zum Teil korrigierter Form übernommen wurden.

Es wird besonders betont, daß die Anwendung der DASt-Ri 008 bei den Stabilitätsuntersuchungen **nicht mehr dem Stand der Technik** entspricht. Dies trifft insbesondere auf Nachweise für das Biegedrillknicken zu. Aus diesem Grunde ist auch beabsichtigt, die DASt-Ri 008 zurückzuziehen.

Im Teil 1 ist im El. 202 geregelt, daß die Nachweise auch für den Bauzustand zu führen sind. Dies wird im Hinblick auf die erforderlichen Stabilitätsuntersuchungen hier noch einmal besonders betont. Nach den vorliegenden Erfahrungen treten Unfälle, deren Ursachen im Verlust der Stabilität liegen, überwiegend im Bauzustand auf. Die Ursache liegt oft darin, daß angrenzende Konstruktionsteile, die zur Stabilisierung der Gesamtkonstruktion beitragen (auch wenn sie rechnerisch nicht berücksichtigt werden), im Bauzustand entweder noch gar nicht oder nicht in der im Endzustand anzutreffenden Form vorhanden sind. Außerdem sind die Einwirkungen im Bauzustand in aller Regel mit ihren vollen Werten vorhanden (oft ist dies nur das Eigengewicht), während dies für den Endzustand nicht zutrifft.

Gebrauchstauglichkeitsnachweise sind im Teil 2 nicht geregelt. Spezielle Gebrauchstauglichkeitsnachweise ausschließlich wegen der ggf. vorhandenen Stabilitätsgefährdung von Bauteilen sind nicht erforderlich. Allgemein wird bezüglich des Vorgehens auf Teil 1 hingewiesen.

1.2 Begriffe

Die Stabilitätsuntersuchungen von Stäben gehen von kritischen Lasten aus, siehe Bild 2 - 1.1. Es ist zu sehen, daß der Zusammenhang zwischen Belastung und Verformung nichtlinear ist. Daraus folgt, daß es notwendig ist, die Grenzzustände zu betrachten, also alle Nachweise unter γ-fachen Lasten zu führen. Über die Aufspaltung des früheren globalen Sicherheitsbeiwertes γ in die Teilsicherheitsbeiwerte γ_M für den Widerstand und γ_F für die Einwirkungen sind ausführliche Erläuterungen im Kommentar zum Teil 1 angegeben.

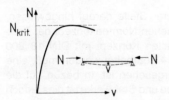

Bild 2 - 1.1   Kritische Lasten

In vielen Fällen sind bei den Querschnitten, die im Stahlbau üblich sind, mehrere Möglichkeiten des Ausweichens gegeben. Dies wird an zwei Beispielen gezeigt. Für einen doppeltsymmetrischen I-Querschnitt, der durch eine außermittige Normalkraft beansprucht ist, sind die Zusammenhänge aus Bild 2 - 1.2 zu ersehen. Die Knickprobleme sind bekannt. Beim **Biegeknicken** um die y-Achse tritt nur eine vertikale Verschiebung w, beim Biegeknicken um die z-Achse nur eine horizontale Verschiebung v auf. Nur beim allgemeinsten Fall des **Biegedrillknickens** treten beide Verschiebungen v, w und gleichzeitig Verdrehungen ϑ auf.

Für Biegeträger ist die Beanspruchbarkeit durch das Moment im vollplastischen Zustand beschränkt. Bei manchen Bauteilen besteht jedoch auch hier die Möglichkeit, daß sie sich seitlich verformen und gleichzeitig verdrehen, wie es aus Bild 2 - 1.3 zu ersehen ist. Dabei tritt auch hier eine räumliche Verformungskurve auf, bei der vertikale Verschiebungen w, horizontale Verschiebungen v und Verdrehungen ϑ vorhanden sind.

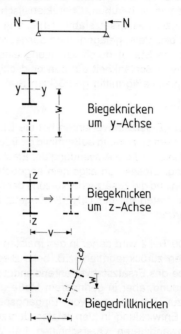

Bild 2 - 1.2   Versagensfälle beim gedrückten Stab

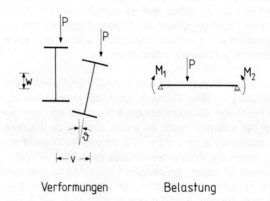

Bild 2 - 1.3   Biegedrillknicken beim Biegeträger

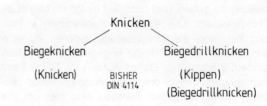

Bild 2 - 1.4   Begriffe

Die vorstehend beispielhaft erläuterte Unterscheidung wird im Abschnitt 1.2 von Teil 2 getroffen, siehe Bild 2 - 1.4. Als Oberbegriff für alle möglichen Versagensformen wird dabei der Begriff des Knickens verwendet, als Unterbegriffe Biegeknicken und Biegedrillknicken. Hierin besteht also ein Unterschied in der Bezeichnung zur DIN 4114, bei der das Biegeknicken als Knicken und das Biegedrillknicken zum Teil als Biegedrillknicken und zum Teil als Kippen bezeichnet wurde. Der altvertraute Begriff des Kippens wird also in Zukunft nicht mehr verwendet. Er ist nur in anderem Zusammenhang noch sinnvoll, nämlich dann, wenn vom Umkippen, also einem Lagesicherungsnachweis, die Rede ist. Dieses ist jedoch in Teil 1 geregelt.

1.3 Häufig verwendete Formelzeichen

In den El. 106 bis 111 sind einige häufig verwendete Formelzeichen aufgeführt. Diese Auflistung ist nicht vollständig. So wurden z.B. die Angaben zu den mehrteiligen Stäben im Abschn. 4.2 belassen und auch zusätzliche Bezeichnungen aus dem Abschn. 7 nicht in diese Zusammenstellung aufgenommen.

Bei den Schnittgrößen sind zwei Besonderheiten zu beachten. Im Gegensatz zum Teil 1 wird hier im Teil 2 die Normalkraft N als **Druckkraft** positiv definiert. Dies entspricht den Gepflogenheiten bei Stabilitätsuntersuchungen und ist auch in der DIN 4114 so gemacht worden, dort allerdings S genannt. Die allgemeine Systematik, wie sie auch im Teil 1 benutzt worden ist, geht dagegen davon aus, daß N als **Zugkraft** positiv ist. In dieser Form werden auch in EDV-Programmen üblicherweise die Ergebnisse ausgegeben.

Die Querkräfte werden einheitlich in allen Teilen mit dem Buchstaben V statt Q bezeichnet. Damit wurde den international üblichen Bezeichnungen Rechnung getragen und somit ein späterer Übergang zu internationalen Regelwerken erleichtert. Der gleiche Grund lag auch vor, die Streckgrenze nunmehr mit f_y statt mit β_S zu bezeichnen. Hierzu sind im Kommentar zum Teil 1 weitere Ausführungen gemacht.

Der Stabdrehwinkel φ_0 wurde bisher im Entwurf 1980 zum Teil 2 und auch weitgehend in der Literatur mit Ψ_0 bezeichnet. Die nun vollzogene Umstellung wurde schließlich vorgenommen, um sich den Bezeichnungen anzupassen, die dafür jetzt im Massivbau verwendet werden.

In einigen Fällen ist es möglich, daß die Formelzeichen sowohl durch charakteristische Werte als auch durch Bemessungswerte ausgedrückt werden können. Wenn das der Fall ist, dann enthalten die Formelzeichen weder den Index d noch den Index k. Im Detail soll dies an Werten N für die Normalkraft und daraus abgeleiteten Werten erläutert werden, siehe Bild 2 - 1.5. Der charakteristische Wert $N_{pl,k}$ wird mit dem charakteristischen Wert der Streckgrenze $f_{y,k}$ ermittelt, wie sie im Teil 1, Tabelle 1, angegeben ist. Der Bemessungswert $N_{pl,d}$ ergibt sich daraus durch Division durch γ_M. Entsprechend gilt für N_{Ki}, die Normalkraft unter der kleinsten Verzweigungslast nach der Elastizitätstheorie, für den charakteristischen Wert $N_{Ki,k}$ die Berechnung mit der Steifigkeit EI. Der Bemessungswert $N_{Ki,d}$ wird entsprechend durch γ_M dividiert.

N_{pl} Normalkraft im vollplastischen Zustand

$N_{pl,k} = A \cdot f_{y,k} \hat{=} N_{pl}$ in Tabellen

$N_{pl,d} = A \cdot f_{y,d} = A \cdot f_{y,k}/\gamma_M$

N_{Ki} „Eulerlast"

$N_{Ki,k} = \dfrac{\pi^2 EI}{s_k^2}$

$N_{Ki,d} = \dfrac{\pi^2 (EI)/\gamma_M}{s_k^2}$

$\lambda_K = \dfrac{s_k}{i}$ Schlankheitsgrad

$\lambda_a = \pi \sqrt{\dfrac{E}{f_{y,k}}}$ Bezugsschlankheitsgrad

$\bar{\lambda}_K = \dfrac{\lambda_K}{\lambda_a}$ bezogener Schlankheitsgrad bei Druck

$\bar{\lambda}_K = \sqrt{\dfrac{N_{pl}}{N_{Ki}}} = \sqrt{\dfrac{N_{pl,k}}{N_{Ki,k}}} = \sqrt{\dfrac{N_{pl,d}}{N_{Ki,d}}}$

$\varepsilon = \ell \sqrt{\dfrac{N}{(EI)_d}}$

Bild 2 - 1.5   Beispiele zu den Formelzeichen

Der bezogene Schlankheitsgrad $\bar{\lambda}_K$ für das Biegeknicken ergibt sich dadurch, daß die tatsächliche Schlankheit λ_K durch einen Bezugswert λ_a dividiert wird. Der Wert $\bar{\lambda}_K$ läßt sich auch durch die Normalkräfte ausdrücken, wobei in der Norm die allgemeine Formulierung ohne zusätzlichen Index k oder d steht. Es ist leicht zu ersehen, daß die Berechnung sowohl mit den beiden zugehörigen charakteristischen Werten als auch mit den beiden zugehörigen Bemessungswerten vorgenommen werden kann. Darauf wird in Anmerkung 3 auch noch einmal hingewiesen.

Ähnliche Formulierungen ergeben sich für den bezogenen Schlankheitsgrad $\bar{\lambda}_M$ bei Biegemomentenbeanspruchung.

Bei der Berechnung der Stabkennzahl ε ist der Bemessungswert der Steifigkeit $(EI)_d$ einzusetzen, da die in der Formel auch noch einzusetzende Normalkraft voraussetzungsgemäß als Bemessungswert vorhanden ist.

Im El. 111 sind die Teilsicherheitsbeiwerte γ_F und γ_M aufgeführt, ohne jedoch Zahlenwerte zu nennen, da diese im Teil 1, El. 721, angegeben sind, worauf in der Anmerkung hingewiesen wird. Der 2. Satz in der Anmerkung weist auf den Regelfall hin, für den $\gamma_M = 1,1$ gilt. Dies setzt natürlich voraus, daß sich durch den Ansatz des Teilsicherheitsbeiwertes $\gamma_M = 1,1$ die Beanspruchungen erhöhen. Das Wort "stets" soll nicht die Anmerkung von El. 721 im Teil 1 außer Kraft setzen, die für den genannten Fall natürlich auch bezüglich der Nachweise im Teil 2 zu beachten ist.

1.4 Grundsätzliches zum Tragsicherheitsnachweis

1.4.1 Nachweisverfahren

Der Anwender von DIN 18 800 Teil 2 hat generell zwei verschiedene Möglichkeiten der Nachweise. Entweder werden vereinfachte Tragsicherheitsnachweise nach den Abschnitten 3 bis 7 geführt, oder es wird eines der in Tab. 1 angegebenen Nachweisverfahren angewendet. Es ist zu erwarten, daß sich der Anwender in vielen Fällen für die vereinfachten Tragsicherheitsnachweise entscheidet. Mit vereinfachten Tragsicherheitsnachweisen sind allerdings nicht alle denkbaren Fälle geregelt, sondern nur diejenigen, für die entsprechende Untersuchungsergebnisse vorlagen und von denen angenommen wurde, daß sie in der Praxis häufig genug vorkommen. So konnten z.B. keine formelmäßigen Regelungen für den Fall der gleichzeitigen Biegung und Torsion, wie er bei Kranbahnträgern vorkommt, aufgenommen werden.

Die Anwendung der Fließgelenktheorie beim Nachweisverfahren 3 "Plastisch-Plastisch" ist möglich, dürfte jedoch mindestens am Anfang auf Sonderfälle beschränkt sein. Es ist also keineswegs so, daß die Fließgelenktheorie als Beweis dafür herangezogen werden kann, daß die neue Norm sehr viel komplizierter sei als die alte.

Obwohl die in Tab. 1 angegebenen Nachweisverfahren im Kommentar zum Teil 1 bereits erläutert worden sind, werden hier einige Anmerkungen angefügt.

Das Nachweisverfahren Elastisch-Elastisch entspricht dem Verfahren nach DIN 4114, Ri 10.2, wobei die Beanspruchbarkeit durch das Erreichen der Streckgrenze in der am ungünstigsten beanspruchten Faser angegeben ist. Das Nachweisverfahren Elastisch-Plastisch nutzt demgegenüber die plastischen Querschnittsreserven aus. In beiden Fällen erfolgt die Ermittlung der Schnittgrößen infolge der Einwirkungen nach der Elastizitätstheorie. Die Anwendung der Elastizitätstheorie erfordert den geringsten Rechenaufwand und entspricht am meisten dem üblichen Kenntnisstand des Ingenieurs. Sie kann jedoch bei statisch unbestimmten Konstruktionen zu unwirtschaftlichen Bemessungen führen, da die Tragreserven im inelastischen Bereich nicht ausgenutzt werden. Am häufigsten angewendet werden dürfte das Nachweisverfahren 2, da der Aufwand bei der Schnittgrößenermittlung identisch ist wie beim Nachweisverfahren 1, die Beanspruchbarkeiten jedoch nach der Plastizitätstheorie ermittelt werden.

Die Fließgelenktheorie entsprechend dem Nachweisverfahren 3 liegt stets auf der unsicheren Seite, da der Berechnung ein steiferes als das tatsächlich vorhandene System zugrunde gelegt wird. Wie viele Vergleichsrechnungen und Versuchsergebnisse zeigen, liefert sie aber trotzdem für die Praxis ausreichend genaue Ergebnisse, [2 - 5].

Für eine verstärkte Anwendung der Fließgelenktheorie bietet die Literatur weitere Hintergrundinformationen, z.B. [2 - 1] bis [2 - 3]. Da in der Lehre an den Technischen Universitäten diese Methode in Zukunft sicherlich verstärkt berücksichtigt werden wird, ist anzunehmen, daß damit auch die Anwendung verstärkt erfolgen wird.

Im Gegensatz zum ersten Entwurf 1980 des Teils 2 wurde die Fließzonentheorie in der jetzigen Fassung 1990 des Teils 2 nicht mehr aufgeführt. Daß damit die Anwendung aber nicht ausgeschlossen ist, geht aus der Anmerkung 1 zum El. 112 hervor. Jedoch sind dabei zusätzliche Grundsätze zu beachten, die in den Teil 2 nicht aufgenommen wurden, um ihn mit solchen speziellen Informationen nicht zu überfrachten. Solche ergänzenden Angaben sind in einer EKS-Veröffentlichung enthalten, [2 - 4], die z.T. auch im Eurocode 3, z.T. geringfügig geändert, übernommen wurden.

Bei einer Berechnung nach der Fließzonentheorie sind nach [2 - 4] folgende Annahmen zu berücksichtigen:

a) Berücksichtigung des Werkstoffgesetzes so genau wie möglich, für Stahl St 37 und St 52 ist die im Bild 2 - 1.2 angegebene Spannungs-Dehnungs-Beziehung "EKS" ausreichend,

b) Ausbreitung der plastischen Zonen über den Querschnitt und in Stablängsrichtung,

c) Einfluß der Verformungen auf die Steifigkeit, d.h., es ist eine Berechnung nach Theorie II. Ordnung erforderlich,

d) Imperfektionen.

Bei den Imperfektionen sind sowohl geometrische Imperfektionen als auch strukturelle Imperfektionen anzusetzen, vgl. auch Bild 2 - 2.1. Als geometrische Imperfektionen sind

Vorkrümmungen mit einem Stich von L/1000 in Feldmitte

und

Vorverdrehungen $\vartheta_o = (1/300) \, r_1 \, r_2$

mit

$r_1 = \sqrt{5/L}$ (entsprechend Teil 2, El. 205)

$r_2 = $ nach Gl. (2 - 2.14)

anzusetzen. Aufgrund der inzwischen vorliegenden Meßergebnisse bestehen aber gegen die Verwendung des Grundwertes 1/400 statt 1/300 und r_2 nach Teil 2 keine Bedenken. Daneben sind Eigenspannungen zu berücksichtigen, deren Größe und Verteilung in [2 - 4] für verschiedene Profiltypen angegeben sind, s. Bild 2 - 1.6. Etwas vereinfachte Darstellungen sind im Eurocode 3 enthalten, gegen deren Verwendung ebenfalls keine Bedenken bestehen.

Die dreieckförmigen Verteilungen bei I-Profilen wurden in dieser Form aus Gründen der Rechenvereinfachung gewählt. Eine weitere, in den USA übliche Vereinfachung besteht darin, im Steg eine konstante Zugeigenspannung anzunehmen. Beide Annahmen entsprechen nicht den Messungen an Profilen, die vielmehr einen etwa parabelförmigen Verlauf aufweisen. Aus diesem Grunde ist es sicherlich genauer, mit solchen parabelförmigen Verteilungen zu rechnen, wie sie beispielhaft ebenfalls im Bild 2 - 1.6 angegeben sind, wobei die größten Druckeigenspannungen denjenigen nach EKS entsprechen, die übrigen Werte ergeben sich dann aus Gleichgewichtsbedingungen. Wichtig für jede angenommene Eigenspannungsverteilung ist gerade die Erfüllung der Gleichgewichtsbedingungen. Diese besagen nämlich, daß aus den Eigenspannungen keine Normalkraft N, keine Momente M_y, M_z und bei räumlich belasteten Stäben auch kein Wölbbimoment M_w entstehen.

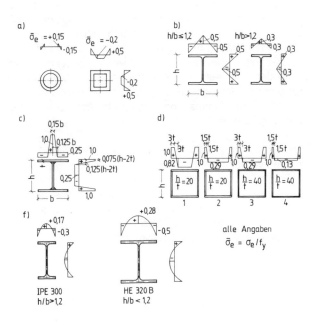

Bild 2 - 1.6 Eigenspannungen für Fließzonenberechnungen
a) gewalzte Rohre und geschweißte, warmgefertigte Rohre
b) gewalzte I-Profile
c) geschweißte I-Profile
d) geschweißte Kastenprofile: 1, 3 dicke Schweißnaht, 2, 4 dünne Schweißnaht
e) Annahmen bei Ansatz von quadratischen Parabeln

Da weitere Annahmen bezüglich des gewählten Rechenalgorithmus, der Abbruchkriterien bei Iterationen, Elementteilungen usw. ebenfalls die rechnerische Traglast wesentlich beeinflussen können, ist es unbedingt erforderlich, das jeweilige Programm an bewährten Programmen und, falls möglich, Versuchsergebnissen zu eichen. Für einfache Stäbe, die durch Biegeknicken oder durch Biegedrillknicken versagen, liegen aus der Literatur, meist Dissertationen, entsprechende Werte vor, die zur Eichung benutzt werden können. Für Rahmen hat sich eine Arbeitsgruppe innerhalb der EKS, TC 8, mit diesen Fragen beschäftigt. Das Ergebnis besteht darin, daß jedes EDV-Programm, mit dem Berechnungen nach der Fließzonentheorie für Rahmen vorgenommen werden, anhand von Vergleichsrechnungen an sog. Eichrahmen bezüglich seiner Zuverlässigkeit und Genauigkeit getestet werden soll, [2 - 5].

Grundsätzlich liefert ein Tragsicherheitsnachweis nach der Fließzonentheorie die genauesten, im Rahmen der getroffenen Voraussetzungen sogar die exakten Ergebnisse. Da dieser Nachweis jedoch sehr kompliziert ist und nur mit Hilfe umfangreicher EDV-Rechnungen zu erbringen ist, kommt er z.Z. nur für Sonderfälle, kaum für die tägliche Praxis in Betracht. Solch ein Sonderfall könnte sich im Rahmen einer Typengenehmigung jedoch eventuell lohnen. Die Entwicklung der EDV könnte jedoch dazu führen, daß in Zukunft auch Rechnungen nach der Fließzonentheorie Eingang in die Praxis finden könnten, [2 - 6]. Die oben zusammengestellten Grundlagen sollen dazu Hilfestellung geben, selbst wenn sie nicht Inhalt vom Teil 2 sind, sondern auf der Erfahrung des Autors auf der Grundlage der vorliegenden Erkenntnisse beruhen.

Generell ist jedoch anzumerken, daß die direkte Anwendung der in Tab. 1 genannten Nachweisverfahren sowieso **nicht** der Regelfall sein wird. Anstelle diese Verfahren direkt anzuwenden, sind in den Abschnitten 3 bis 7 jeweils vereinfachte Tragsicherheitsnachweise angegeben. Eine tabellarische Zusammensetzung dieser vereinfachten Tragsicherheitsnachweise enthält Tab. 2 der DIN 18 800 Teil 2.

Die vereinfachten Tragsicherheitsnachweise müssen den gesamten Anwendungsbereich ausreichend sicher abdecken. Aus diesem Grund kann nicht erwartet werden, daß bei Anwendung eines der Nachweisverfahren der Tab. 1 und dem jeweiligen vereinfachten Tragsicherheitsnachweis der Abschn. 3 bis 7 identische Ergebnisse vorhanden sind.

1.4.2 Trennung von Biegeknicken und Biegedrillknicken

Entsprechend El. 112 dürfen Biegeknicken und Biegedrillknicken **zur Vereinfachung** getrennt untersucht werden. Tatsächlich ist es so, daß bei einer Berechnung nach Theorie II. Ordnung aus Biegemomenten M_y und M_z nach Theorie I. Ordnung entsprechend Gl. (2 -1.1) stets Torsionsmomente M_x entstehen.

$$M_x = M_y\, v' + M_z\, w' \qquad (2 - 1.1)$$

Diese Torsionsmomente rufen i. d. R. dann auch Wölbnormalspannungen hervor, die die Normalspannungen aus den Biegemomenten und ggf. Normalkräften vergrößern. Damit müßten eigentlich alle Nachweise an räumlich belasteten Stäben oder Stabwerken durchgeführt werden. Dies wäre für die tägliche Praxis viel zu aufwendig und damit unzumutbar. Aus diesem Grunde ist die genannte Vereinfachung in Form der Trennung von Biegeknicken und Biegedrillknicken unabdingbar und auch vertretbar, da Torsionseffekte durch den Biegedrillknicknachweis erfaßt werden.

Durch den Nachweis des **Biegeknickens** wird das Verhalten des Stabes oder des gesamten Stabwerkes rechtwinklig zur y-Achse untersucht. Dabei ist es unerheblich, ob dies durch Anwendung einer der in Tabelle 1 genannten Nachweisverfahren oder durch die Anwendung der vereinfachten Tragsicherheitsnachweise der Abschnitte 3 bis 7 erfolgt.

Um das räumliche Tragverhalten zu erfassen, muß nun noch zusätzlich das **Biegedrillknicken** untersucht werden. Dies kann auch durch Untersuchung des Gesamtsystems, z.B. des Rahmens, erfolgen. Da dafür aber kaum aufbereitete vereinfachte Formeln zur Verfügung stehen, müßte dies durch Anwendung eines EDV-Programms erfolgen, was prinzipiell möglich ist und worüber auch in der Literatur schon berichtet worden ist, s. [2 - 7], [2 - 8]. Einfacher ist es jedoch, den Biegedrillknicknachweis für Einzelstäbe zu führen, die gedanklich aus dem Gesamtsystem herausgelöst worden sind. Dann ist es aber auch klar, daß die Stabendschnittgrößen M_y und N am ebenen Gesamtsystem berechnet sein müssen und dabei Effekte der Theorie II. Ordnung enthalten sind, sofern diese berücksichtigt werden müssen, was durch die Anwendung der Abgrenzungskriterien des Teils 1, El. 739, festzustellen ist. Der Einzelstab wird dann durch diese Endschnittgrößen und durch die Einwirkungen auf den Einzelstab selbst beansprucht.

Wenn für den Einzelstab, wie üblich, als Randbedingung eine Gabellagerung angenommen wird, dann bedeutet dies, daß an der Stelle dieser Gabellagerung keine Verdrehung auftritt und Torsionsmomente aufgenommen werden können. Solche Torsionsmomente enstehen z.B. nach Gl. (2 - 1.1), auch wenn sie rechnerisch nicht ausgewiesen werden. Konstruktiv muß aber sichergestellt werden, daß diese Torsionsmomente von der Gabellagerung an andere Konstruktionsteile, z. B. Randpfetten rechtwinklig zum betrachteten Rahmenriegel, weitergeleitet werden können. Für diese Randpfetten werden sie i.d.R. eine so geringe Beanspruchung darstellen, daß auf eine rechnerische Verfolgung des Einflusses verzichtet werden kann. Allgemeiner ausgedrückt besagt der besprochene Sachverhalt, daß Randbedingungen, die für den Biegedrillknicknachweis angenommen werden, im tatsächlichen Gesamtsystem auch durch die Art der Konstruktion realisiert werden müssen. Darauf wird in der Anmerkung 3 zum El. 112 hingewiesen.

1.4.3 Werkstoffgesetz

Im El. 113 wird für den Werkstoff ein ausreichendes Plastizierungsvermögen gefordert. Man könnte nun auf den Gedanken kommen, daß man darauf bei alleiniger Anwendung des Nachweisverfahrens Elastisch-Elastisch nach Tabelle 1 verzichten könnte, da die größte Beanspruchung die Streckgrenze f_y in der am ungünstigsten beanspruchten Faser nicht überschreitet. Voraussetzung wäre dann jedoch, daß keine Eigenspannungen vorhanden sind, was jedoch nicht zutrifft. Auch der Ansatz vergrößerter Ersatzimperfektionen zur Kompensation u.a. der Eigenspannungen ändert daran nichts, da die Größe des Stichs von Ersatzimperfektionen aus Traglastrechnungen unter Berücksichtigung der Plastizität rückgerechnet wurde, s. hier Abschn. 2.2.

Alle vereinfachten Tragsicherheitsnachweise der Abschnitte 3 bis 7 machen sowieso vom ausreichenden Plastizierungsvermögen Gebrauch. Das trifft auch auf den zentrisch gedrückten Stab zu. Bei einer realistischen Erfassung des Tragverhaltens sind stets geometrische und strukturelle Imperfektionen zu berücksichtigen, s. hier Abschn. 1.4.4. Damit entstehen vom Beginn der Laststeigerung an Biegemomente und Biegeverformungen. Die Tragfähigkeit ist dann erreicht, wenn an dem am ungünstigsten beanspruchten Querschnitt ein Gleichgewicht zwischen den äußeren angreifenden und den inneren widerstehenden Kräften gerade nicht mehr möglich ist und der Querschnitt durchplastiziert ist. Dieser Sachverhalt trifft auch dann zu, wenn die Schlankheit des Stabes so groß ist, daß das Versagen im sog. elastischen Bereich auftritt, da infolge der Eigenspannungen stets plastische Verformungen auftreten.

Die Festlegung, wann ausreichendes Plastizierungsvermögen vorhanden ist, ist schwierig, da dies vom Einzelfall (z.B. Schlankheit, Art der Beanspruchung) abhängt. Im Teil 1 wird im El. 726 für das Verhältnis Zugfestigkeit zu Streckgrenze mindestens ein Wert von 1,2 gefordert. Dieser Wert ist größer als der Wert von 1,1, der international abgestimmt von der EKS gefordert wurde, [2 - 4].

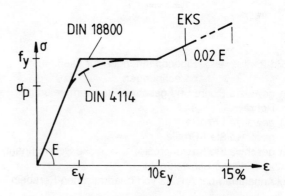

Bild 2 - 1.7   Spannungs-Dehnungs-Beziehungen

Das für eine bestimmte Stahlsorte vorhandene Werkstoffverhalten in Form der Spannungs-Dehnungs-Beziehung hängt sehr stark von den Versuchsbedingungen ab, z.B. Probenform, Belastungsgeschwindigkeit. Aus diesem Grunde ist es seit längerer Zeit international üblich, Rechnungen einer linearelastischen-idealplastischen Spannungs-Dehnungs-Beziehung nach Bild 2 - 1.3 zugrunde zu legen. Die gekrümmte Beziehung in der Nähe der Streckgrenze mit der Proportionalitätsgrenze σ_p, die in DIN 4114 verwendet wurde, wird also nicht mehr benutzt.

1.4.4 Schnittgrößenermittlung und Einfluß der Verformungen

Aus Bild 2 - 1.1 geht hervor, daß die Zusammenhänge zwischen Schnittgrößen und Verformungen nichtlinear sind. Daher sind die Schnittgrößen auch mit den Bemessungswerten der Einwirkungen zu ermitteln. Die dafür vorgesehene Kennzeichnung mit dem Index d wurde in allen Teilen der Norm aus Vereinfachungsgründen weggelassen. Die Regeln zur Berechnung der Bemessungswerte der Einwirkungen werden im Teil 2 nicht noch einmal wiederholt, dafür wird auf Teil 1 verwiesen.

Wegen der Nichtlinearität ist es in der Regel erforderlich, den Einfluß der Verformungen auf das Kräftegleichgewicht zu berücksichtigen. Dies bedeutet, daß die Theorie II. Ordnung angewendet wird. Dieses Prinzip kann aber für die praktischen Nachweise zum Teil aufgegeben werden. Dies ist einmal dadurch möglich, daß für viele Sonderfälle Abgrenzungskriterien geschaffen wurden, die angeben, wann auch eine Rechnung nach Theorie I. Ordnung noch zulässig ist. Diese Abgrenzungskriterien sind im Teil 1 enthalten und wurden bereits erläutert.

Eine weitere Möglichkeit, die Ermittlung der Schnittgrößen nach der Theorie II. Ordnung zu umgehen, besteht darin, daß spezielle Nachweisverfahren angewendet werden. Hierbei werden die Schnittgrößen nach Theorie I. Ordnung verwendet. Dies bedeutet nicht, daß die Theorie II. Ordnung vergessen wird, sondern sie wird indirekt, ohne daß der Anwender es merkt, durch die Form des Nachweises berücksichtigt. Dies war in DIN 4114 auch beim ω-Nachweis schon der Fall und betrifft hier im Teil 2 z.B. Nachweise für das Biegeknicken nach dem Ersatzstabverfahren, auf das noch eingegangen wird.

Bei der Berechnung von Verformungen gehen die Steifigkeiten ein. Dafür sind in konsequenter Anwendung des Teilsicherheitskonzeptes die Bemessungswerte der Steifigkeiten zu verwenden, d.h., die charakteristischen Werte der Steifigkeiten sind durch den Teilsicherheitsbeiwert γ_M zu dividieren. Diese Festlegung wäre für den Teil 1 nicht erforderlich gewesen, da dort die Verformungen keinen Einfluß auf die Nachweise der Tragsicherheit haben. Für den Teil 2 hingegen ist der Ansatz der Bemessungswerte der Steifigkeiten unbedingt erforderlich, da wegen des Effektes der Theorie II. Ordnung, wie bereits dargelegt, die Verformungen die Schnittgrößen und damit die Tragsicherheit beeinflussen. Dies kann am Beispiel eines durch eine Druckkraft N und ein Biegemoment M beanspruchten Stabes durch Vergleich der beiden Gleichungen (2 - 1.2) und (2 - 1.3) auch formelmäßig gesehen werden.

a) Berechnung mit geteilten Sicherheitsbeiwerten γ_F bei den Einwirkungen und γ_M bei f_y und (EI)

$$\sigma = \frac{\gamma_F N}{A} + \frac{\gamma_F M}{W\left(1 - \dfrac{\gamma_F N}{\dfrac{\pi^2 (EI)_k / \gamma_M}{L^2}}\right)} \leq f_y / \gamma_M$$

$$\sigma = \frac{\gamma_F \gamma_M N}{A} + \frac{\gamma_F \gamma_M M}{W\left(1 - \dfrac{\gamma_F \gamma_M N}{\pi^2 (EI)_k / L^2}\right)} \leq f_y \quad (2 - 1.2)$$

b) Globaler Sicherheitsbeiwert $\gamma = \gamma_F \gamma_M$

$$\sigma = \frac{\gamma_F \gamma_M N}{A} + \frac{\gamma_F \gamma_M M}{W\left(1 - \dfrac{\gamma_F \gamma_M N}{\pi^2 (EI)_k / L^2}\right)} \leq f_y \quad (2 - 1.3)$$

Dabei wird von der Tatsache ausgegangen, daß sich die Ergebnisse bei einer Berechnung mit Teilsicherheitsbeiwerten γ_F und γ_M und bei einer Berechnung mit globalem Sicherheitsbeiwert $\gamma = \gamma_F \gamma_M$ nicht unterscheiden dürfen.

Andere Regelwerke, wie der Entwurf von Eurocode 3, versuchen die aus Prinzip notwendige Berücksichtigung des Teilsicherheitsbeiwertes γ_M bei der Steifigkeit zu vermeiden, indem dessen Wirkung bei der Festlegung der geometrischen Ersatzimperfektionen berücksichtigt werden soll. Dies führt jedoch, mindestens in Teilbereichen, zu Sicherheitseinbußen, s. Abschnitt 2.2.3.

Im 2. Absatz von El. 116 wird als Erleichterung erlaubt, auf die Berücksichtigung der Verformungen aus **Querkraftschubspannungen** in der Regel zu verzichten. Dies folgt dem bisher bei Anwendung der DIN 4114 üblichen Vorgehen bei Stabilitätsuntersuchungen. Der Anwender von Teil 2 ist aber natürlich aufgerufen, sich über die Zulässigkeit dieser Vernachlässigung Gedanken zu machen. Dies wird immer dann der Fall sein, wenn Stäbe oder Stabwerke vorliegen, bei denen die Verformungen aus Querkraftschubspannungen einen bemerkenswerten Anteil an den Gesamtverformungen haben, also insbesondere bei kurzen, hohen Stäben. Als Anhaltswert kann eine Grenze von L/h < 5 gelten, mit L = Trägerlänge, h = Höhe der querkraftübertragenden Fläche, bei I-Trägern unter V_z ist dies die Steghöhe. Solche kurzen Träger weisen dann jedoch i.d.R. eine geringe Schlankheit auf, so daß die Verformungen insgesamt von geringem Einfluß sind.

Anders kann der Fall liegen, wenn aufgrund der Anwendung besonderer Konstruktionsprinzipien zusätzliche Schubverformungen auftreten. Dies kann bei bestimmten Ausbildungen von Anschlüssen, z.B. Rahmenecken, der Fall sein, sog. **semi-rigid-joints**, s. z.B. [2 - 9]. Dort kommen neben den Schubverformungen auch noch weitere Verformungsmöglichkeiten, z.B. aus Anschlüssen (s. Anmerkung 3), hinzu. Bei den "semi-rigid-joints" ist das tatsächliche Verformungsverhalten also hinreichend genau zu berücksichtigen.

Anmerkung 4 andererseits macht darauf aufmerksam, daß die Vernachlässigung von Querkraftverformungen bei **mehrteiligen Stäben**, wie bekannt, nicht erlaubt ist. Dort ist dieser Einfluß bei den vereinfachten Tragsicherheitsnachweisen des Abschn. 4 von Teil 2 enthalten. Wenn der Nachweis nach einem der Verfahren in Tabelle 1 geführt wird, sind die Querkraftverformungen in jedem Falle zu berücksichtigen.

1.4.5 Nachweis mit γ_M-fachen Bemessungswerten der Einwirkungen

Die Gleichungen und Bedingungen in DIN 18 800 Teil 2 wurden in Übereinstimmung mit Teil 1 so formuliert, daß sowohl bei der Ermittlung der Schnittgrößen als auch bei den Beanspruchbarkeiten die Bemessungswerte eingesetzt werden (Ausnahme Bedingung (8)). Die Bemessungswerte werden durch den Index d ausgedrückt. Abweichend davon dürfen nach El. 117 die Schnittgrößen und Verformungen auch mit den γ_M-fachen Bemessungswerten der Einwirkungen berechnet werden. Dies ist möglich, da im Gegensatz zum Verbundbau im Stahlbau im Regelfall ein einheitlicher Wert von $\gamma_M = 1{,}1$ vorgesehen ist. Wenn man so vorgeht, dann sind z.B. bei den Tragsicherheitsnachweisen auch die charakteristischen Werte der Festigkeiten und Steifigkeiten zu verwenden. In den Gleichungen der Abschnitte 3 bis 7 des Teils 2 müssen dann statt der Bemessungswerte des Widerstandes, ausgedrückt durch den Index d, jeweils die charakteristischen Werte des Widerstandes, ausgedrückt durch den Index k, verwendet werden.

Diese alternative Berechnungsmöglichkeit wird vielen Ingenieuren willkommen sein. Sie entspricht der jetzt nach DIN 4114 möglichen Berechnung nach der Elastizitätstheorie II. Ordnung unter γ-fachen Einwirkungen.

Weitere Einzelheiten zu dieser alternativen Nachweismöglichkeit sind einem Aufsatz zu *Vogel* [2 - 11] zu entnehmen.

Einige Beispiele zum Teil 2 machen vom El. 117 Gebrauch.

1.4.6 Schlupf

Schlupf entsteht bei geschraubten Verbindungen durch die Überwindung des Lochspiels bis zur Anlage der Schraubenschäfte an den Lochwandungen. Je nach Ausbildung der Verbindung können daraus lastfreie Verformungen (Vorverformungen) in Stablängsrichtung oder Stabquerrichtung entstehen. In den meisten Fällen werden sich zusätzliche Stabdrehwinkel (Knickwinkel rechtwinklig zur Stablängsachse) einstellen, so daß der Schlupf insbesondere bei verschieblichen Stabwerken eine Rolle spielen kann.

Im El. 118 ist zunächst allgemein ausgesagt, daß in bestimmten Fällen der Schlupf zu berücksichtigen ist. In der Anmerkung ist dies dann dahingehend eingeschränkt, daß diese Berücksichtigung nur dann erforderlich ist, wenn durch den Schlupf die Stabilitätsgefährdung deutlich vergrößert wird. Diese pauschale Formulierung in der Anmerkung zu El. 118 war erforderlich, da einesteils vermieden werden sollte, daß im Gegensatz zu der jetzigen Berechnungspaxis nun in allen Fällen geschraubter Verbindungen

zusätzliche Vorverformungen anzusetzen sind, andererseits aber in den erforderlichen Fällen nicht auf die Berücksichtigung des Schlupfes verzichtet werden darf.

Bei Kontaktstößen von Druckstäben tritt bei SL-Laschenstößen infolge des Schlupfes ein zusätzlicher Knickwinkel zwischen den beiden gestoßenen Teilen des Stabes auf, s. Bild 2 - 1.8, der das Stabilitätsverhalten solcher Druckstäbe ungünstig beinflußt. In solchen Fällen ist der Schlupf also unbedingt zu berücksichtigen. In [2 - 10] sind Angaben zu dem anzusetzenden Stabdrehwinkel gemacht, und es ist ein allgemeingültiges Berechnungsverfahren entwickelt worden, das auch die anderen bei Kontaktstößen noch anzusetzenden Imperfektionen berücksichtigt. In Rechenbeispielen ist die Anwendung gezeigt.

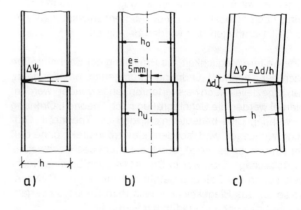

Bild 2 - 1.8   Zusätzlicher Knickwinkel infolge Schlupfes bei Kontaktstößen

Da Paßschraubenverbindungen nach Tabelle 6 des Teils 1 nur ein geringes Nennlochspiel aufweisen, braucht in diesen Fällen der Schlupf nicht berücksichtigt zu werden, andererseits ist dies aber bei SL- und SLV-Verbindungen erforderlich.

1.4.7 Querschnittsmitwirkung

El. 119 fordert die Einhaltung von Grenzwerten grenz (b/t) und grenz (d/t) bei druckbeanspruchten Querschnittsteilen. Der Grund liegt darin, daß bei der Berechnung üblicherweise unterstellt wird, daß der gesamte Querschnitt mitträgt. Daher ist eine Begrenzung der (b/t)- und (d/t)-Verhältnisse erforderlich, um zu verhindern, daß vor Erreichen des beim Tragsicherheitsnachweis zugrunde gelegten Grenzzustandes ein Beulen einzelner Querschnittsteile auftritt. Das Beulen führt nämlich zu einer Verringerung der aufnehmbaren Schnittgrößen. Außerdem kann dadurch auch bei nur durch Biegeknicken beanspruchten Stäben der Beginn des Biegedrillknickens eingeleitet werden, wodurch sich das gesamte Tragverhalten ungünstig ändert.

Die Grenzwerte grenz (b/t) sind vom angewendeten Nachweisverfahren nach Tabelle 1 abhängig, sie sind im Teil 1 angegeben. Die vereinfachten Nachweisverfahren nach den Abschnitten 3 bis 6 des Teils 2 setzen stets mindestens die Einhaltung der Grenzwerte entsprechend den Nachweisverfahren Elastisch-Plastisch bzw. Plastisch-Plastisch voraus, sofern nicht eindeutig die Anwendung des Verfahrens Elastisch-Elastisch angegeben ist. Zur Anwendung der Grenzwerte grenz (b/t) bei Schubspannungen oder kombinierter Wirkung von Schubspannungen und Normalspannungen vergleiche diesen Kommentar zu Teil 1.

Falls die Grenzwerte grenz (b/t) nicht eingehalten sind, dann ist das Zusammenwirken von Biegeknicken und Beulen bzw. von Biegedrillknicken und Beulen zu berücksichtigen. Dies kann in den jeweils zutreffenden Fällen durch Anwendung des Abschnittes 7 von Teil 2, von Teil 3, von Teil 4 oder von der DASt-Ri 015 erfolgen.

1.4.8 Lochschwächungen

Lochschwächungen nach El. 120 im Sinne dieser Norm haben nur örtlichen Einfluß, ohne daß sie örtlich zu einem vorzeitigen Versagen führen. Sie beeinträchtigen jedoch nicht das gesamte Tragverhalten eines Stabes oder Stabwerkes, so daß sie bei der Ermittlung der Schnittgrößen und Verformungen vernachlässigt werden dürfen.

Gedacht ist daher insbesondere an Lochschwächungen infolge von Verbindungsmitteln. Sollten Lochschwächungen in Form von Ausschnitten, z.B. zur Durchführung von Leitungen, vorhanden sein, so ist deren Einfluß ggf. anderweitig zu berücksichtigen. Dies kann z.B. durch Anwendung der DASt-Ri 015, Abschn. 5, erfolgen.

1.4.9 Schnittgrößen bei zweiachsiger Biegung

Bei zweiachsiger Biegung mit Normalkraft liegt ein räumlich belasteter Stab oder ein räumlich belastetes Stabwerk vor. Für diesen zuletzt genannten Fall wird im El. 122 eine Erleichterung für die Ermittlung der Schnittgrößen angegeben. Es wird erlaubt, daß die Schnittgrößen des Gesamtsystems aus denjenigen zweier ebener Teilsysteme zusammengesetzt werden.

1.4.10 Begrenzung des plastischen Formbeiwertes

Eine Begrenzung des plastischen Formbeiwertes entsprechend El. 123 ist unter verschiedenen Gesichtspunkten diskutiert worden.

Ein Gesichtspunkt bestand darin, den Formbeiwert deshalb zu begrenzen, um das Auftreten plastischer Verformungen unter Gebrauchslasten auszuschließen. Dazu hätte für den Einfeldträger eine Begrenzung auf $\alpha_{pl} \approx 1{,}50$ genügt. Nach Meinung des Ausschusses war eine solche Einschränkung aus Gründen der Tragsicherheit jedoch nicht erforderlich. Im Bereich vorwiegend ruhender Beanspruchung, für die Teil 2 zunächst gilt, treten beim Erreichen der Traglast in jedem Falle plastische Verformungen auf. Bei den üblichen Konstruktionen im Hochbau kann ein nach der Plastizitätstheorie theoretisch mögliches zunehmendes Versagen ausgeschlossen werden, [2 - 12]. Daher ist es dann auch unerheblich, ob schon bei einer geringeren Last als der Traglast ebenfalls plastische Verformungen vorhanden sind. Es kommt hinzu, daß beim Verfahren Plastisch-Plastisch nach Tabelle 1 im Versagenszustand je nach statischem System mehrere Fließgelenke möglich sind, so daß auch bei Begrenzung des plastischen Formbeiwertes plastische Verformungen im Bereich der Fließgelenke und damit für das gesamte System auftreten können. Inwieweit bei Anwendung des Verfahrens Plastisch-Plastisch Begrenzungen im Auftreten plastischer Verformungen aus Gründen der Gebrauchstauglichkeit sinnvoll oder erforderlich sind, gehörte nicht zu dem Regelungsbedarf des Teils 2.

Der andere Gesichtspunkt, der dann schließlich zur Begrenzung des plastischen Formbeiwertes geführt hat, hängt mit dem Ansatz geometrischer Ersatzimperfektionen zusammen. Wie im Abschn. 2.2 erläutert ist, wurden diese geometrischen Ersatzimperfektionen im wesentlichen so zurückgerechnet, daß sich für den zentrisch gedrückten Stab unter dem Ansatz dieser Ersatzimperfektionen die gleiche Tragfähigkeit ergab wie nach den Knickspannungslinien. Für Querschnitte mit sehr großem plastischem Formbeiwert, z.B. I-Träger bei Beanspruchung um die z-Achse mit $\alpha_{pl} \approx 1{,}50$, ergaben sich dann Schwierigkeiten, wenn von dem Fall des zentrisch gedrückten Stabes abgewichen wurde. Für den Fall eines gedrückten Einfeldträgers mit Einzellast in Feldmitte ergaben sich sehr große erforderliche Stiche der Vorkrümmung v_o, die außerdem je nach Stablänge auch stark veränderlich waren. Durch die Begrenzung des plastischen Formbeiwertes auf $\alpha_{pl} = 1{,}25$ wurde diese Schwierigkeit beseitigt, und der Stich der Vorkrümmung v_o ergab sich in etwa bei gleicher Knickspannungslinie gleich, unabhängig davon, ob Biegeknicken um die y-Achse oder um die z-Achse vorliegt.

Für zweiachsige Biegung könnte man auch einen kombinierten plastischen Formbeiwert $\alpha_{pl,yz}$ definieren. Um einer Vielzahl von möglichen Unterscheidungen aus dem Wege zu gehen, wurde jedoch der zweite Absatz des El. 123 aufgenommen. Damit ist klargestellt, daß bei zweiachsiger Biegung die Begrenzung des plastischen Formbeiwertes getrennt für jede der beiden Hauptachsen y und z vorzunehmen ist.

Wenn geometrische Ersatzimperfektionen beim Tragsicherheitsnachweis nicht benutzt werden, kann auf die Beschränkung des plastischen Formbeiwertes verzichtet werden. Der Einfluß von möglicherweise auftretenden plastischen Verformungen muß dann jedoch in anderer geeigneter Weise erfaßt sein.

Im Rahmen von Teil 2 ist die Begrenzung des plastischen Formbeiwertes in folgenden Fällen zu beachten:

- bei den vereinfachten Tragsicherheitsnachweisen des Abschnittes 3 beim Biegeknicken bei Anwendung der El. 314 und 322,
- bei den vereinfachten Tragsicherheitsnachweisen des Abschnittes 4 für die Einzelfelder von Rahmenstäben bei Anwendung des El. 408,
- bei den vereinfachten Tragsicherheitsnachweisen des Abschnittes 5 beim Biegeknicken bei Anwendung des El. 523,
- bei den vereinfachten Tragsicherheitsnachweisen des Abschnittes 6 bei Anwendung der El. 607 und 611,
- bei Anwendung des Verfahrens Elastisch-Plastisch nach Tabelle 1, Zeile 2,
- bei Anwendung des Verfahrens Plastisch-Plastisch nach Tabelle 1, Zeile 3.

Bei den Tragsicherheitsnachweisen für das Biegeknicken nach El. 321 und für das Biegedrillknicken nach El. 323 dagegen braucht die Begrenzung des plastischen Formbeiwertes **nicht** beachtet zu werden. In diesen Nachweisen ist in den Formulierungen, die durch Vergleiche mit gerechneten Traglasten unter Beachtung der Plastizierungen und mit Versuchen bestätigt wurden, der Effekt der plastischen Verformungen bereits berücksichtigt.

1.4.11 Grenzschnittgrößen unter Beachtung der Interaktion

Im El. 121 wird für das Verfahren Elastisch-Plastisch und im El. 124 wird für das Verfahren Plastisch-Plastisch gefordert, daß die Schnittgrößen unter Beachtung der Interaktion nicht zu einer Überschreitung der Grenzschnittgrößen im vollplastischen Zustand führen dürfen. Dabei ist bezüglich der Interaktionsbedingungen jeweils beispielhaft auf diejenigen von Teil 1, Tabellen 16 und 17, verwiesen. Damit soll klargestellt werden, daß auch die Anwendung anderer Interaktionsbedingungen möglich ist, wenn sie hinreichend genau sind, z.B. nach [2 - 82]. Solche Interaktionsbedingungen können für einfache Fälle auch exakt ermittelt werden. So ergeben sich folgende Gleichungen:

a) Rechteckquerschnitt

$$\frac{M}{M_{pl}} + \left(\frac{N}{N_{pl}}\right)^2 + \left(\frac{V}{V_{pl}}\right)^2 = 1 \qquad (2 - 1.4)$$

b) I-Querschnitt nach Bild 2 - 1.4 bei einem Biegemoment M_y, Normalkraft N und vernachlässigbarer Querkraft V

- Bereich $e \leq h/2$

$$\frac{M}{M_{pl,y}} + \left(\frac{N}{N_{pl}}\right)^2 \frac{A^2}{8\,s\,S} = 1 \qquad (2 - 1.5)$$

- Bereich $e > h/2$

$$\frac{M}{M_{pl,y}} + \left(\frac{N}{N_{pl}} - 1\right)\frac{A\,h}{4\,S} + \left(\frac{N}{N_{pl}} - 1\right)^2 \frac{A^2}{8\,b\,S} = 1 \qquad (2 - 1.6)$$

mit

$$S = b\,t\,0{,}5\,(h + t) + s\,h^2\,0{,}125$$

$$e = \frac{N}{N_{pl}}\,\frac{A}{2s}$$

Falls die Querkraft V nicht vernachlässigbar ist, kann dies durch Ersatz der Dicke s durch

$$s' = s\sqrt{1 - (V/V_{pl})^2}$$

berücksichtigt werden.

In den Gl. (2 - 1.4) bis (2 - 1.6) sind sowohl für die Schnittgrößen M, N, V als auch für die Schnittgrößen im vollplastischen Zustand M_{pl}, N_{pl}, V_{pl} entweder die Bemessungswerte oder die charakteristischen Werte einzusetzen.

Eventuell vorhandene Ausrundungsradien können der Stegdicke s zugeschlagen werden.

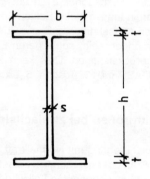

Bild 2 - 1.9   I-förmiger Querschnitt

Auswertungen der genauen Interaktionsbedingungen für gewalzte I-Profile sind in [2 - 13] angegeben.

1.5 Begrenzung des Schlankheitsgrades λ

In DIN 4114, Abschn. 5, ist der Schlankheitsgrad λ der Druckstäbe auf 250 begrenzt. DIN 18 800 Teil 2 sieht eine solche Begrenzung nicht mehr vor, da sie nach heutiger Erkenntnis überflüssig ist. Im Gegensatz zu DIN 4114 wird in DIN 18 800 Teil 2 im Bereich geringer und im Bereich großer Schlankheiten ein einheitliches Nachweisverfahren angewendet, das insbesondere die Wirkung von Imperfektionen beinhaltet und durch Versuche zusätzlich abgesichert ist. DIN 4114 dagegen basiert beim Druckstabnachweis bei Schlankheiten ab ca. 115 bei St 37 auf der idealen Knicklast nach der Elastizitätstheorie, gegenüber der eine erhöhte Sicherheit von $v_{Ki} = 2,5$ (LF H) berücksichtigt wird. Der prinzipielle Wechsel in der Art des Tragsicherheitsnachweises, nämlich: Traglast im Bereich geringer Schlankheiten λ, Verzweigungslast im Bereich großer Schlankheiten λ, hat jedoch ausschließlich historische Gründe. Von der erforderlichen Gesamttragsicherheit her läßt sich ein vergrößerter Sicherheitsbeiwert im Bereich großer Schlankheiten λ nicht begründen.

Es kommt hinzu, daß Stäbe mit sehr großen Schlankheiten sehr selten ausgeführt werden, da dies unwirtschaftlich ist. Bei einer guten Konstruktion wird stets eine möglichst große Ausnutzung der Querschnittstragfähigkeit angestrebt, die jedoch bei großen Schlankheiten nicht möglich ist.

2 Imperfektionen

2.1 Allgemeines

Berücksichtigung der Imperfektionen

Da die Schnittgrößen nach Theorie II. Ordnung zu berechnen sind, müssen die Einflüsse, die diese Schnittgrößen vergrößern, berücksichtigt werden. Dazu zählen die Imperfektionen, die wirklichkeitsnah anzunehmen sind. DIN 18 800 Teil 2 geht daher im Gegensatz zu DIN 4114 generell von imperfekten Stäben und Stabwerken aus. Damit wird dem Umstand Rechnung getragen, daß selbst bei den im Stahlwerk sehr genauen Herstellungsverfahren und den in der Stahlbauwerkstatt sehr genauen Fertigungsverfahren perfekte Bauteile mit erträglichem Aufwand nicht herzustellen sind. Dabei treten sowohl **geometrische** Imperfektionen (wie z.B. Vorkrümmungen, ungewollte Lastaußermittigkeiten) als auch **strukturelle** Imperfektionen (wie z.B. Eigenspannungen, Fließgrenzenstreuungen) auf. Deshalb sind geometrische Imperfektionen und strukturelle Imperfektionen zu berücksichtigen. Zu den geometrischen Imperfektionen gehören z.B. Lastausermittigkeiten und Vorkrümmungen der Stäbe, während als strukturelle Imperfektionen Eigenspannungen aus der Herstellung der Stahltragwerke und Fließgrenzenstreuungen anzusehen sind, s. Bild 2 - 2.1.

Um den Aufwand für die praktische Arbeit erträglich zu halten, bieten sich für die Berücksichtigung dieser verschiedenen Imperfektionen im wesentlichen zwei Möglichkeiten an:

1. Verwendung geometrischer Ersatzimperfektionen,
2. Veränderungen an den Querschnitten und/oder den Spannungs-Dehnungs-Beziehungen der verwendeten Profile.

Im El. 201 ist im 2. Satz die Erlaubnis gegeben, geometrische Ersatzimperfektionen anzunehmen. Dazu sind dann in den folgenden Sätzen des El. 201 und in den Abschn. 2.2 bis 2.4 nähere Ausführungen gemacht. Zur Berücksichtigung der Imperfektionen über die 2. obengenannte Möglichkeit sind im Teil 2 keine Angaben gemacht. Dieser mögliche Weg, der im Massivbau üblich ist, wurde für den Stahlbau bisher nicht so intensiv untersucht, so daß nicht so viele für die Baupraxis verwendbare Ergebnisse vorliegen. Nach *Kreutz* [2 - 14] bieten sich folgende Ersatzimperfektionen an:

a) Veränderungen an den Spannungs-Dehnungs-Beziehungen durch Abminderung der rechnerischen Streckgrenze oder durch Abminderung des rechnerischen E-Moduls,
b) Veränderungen an den Querschnitten durch Abminderung der rechnerischen plastischen Momente oder durch Abminderung der Steifigkeiten.

Die Abminderung des rechnerischen E-Moduls wurde schon in frühen Arbeiten von *Engeßer* (hat Eingang in die DIN 4114 gefunden) und *Shanley* verfolgt, allerdings ohne die Berücksichtigung fester Werte für die Imperfektionen. Zur Abminderung der Steifigkeiten unter Berücksichtigung von geometrischen Imperfektionen, elastisch-plastischem Werkstoffverhalten und Eigenspannungen wurden in [2 - 17], Abschn. 2.3, Angaben auf der Grundlage der Arbeiten von *Massonnet* und *Marincek* gemacht.

In Anmerkung 2 des El. 201 wird darauf hingewiesen, daß durch die geometrischen Ersatzimperfektionen neben den geometrischen Imperfektionen auch die Eigenspannungen infolge Walzens, Schweißens und von Richtarbeiten sowie der Einfluß der Ausbreitung der plastischen Zonen auf die Traglast im Mittel abgedeckt sind. Nicht damit abgedeckt sind jedoch weitere in Einzelfällen denkbare Einflüsse auf die Traglast. Dazu gehört auch die Nachgiebigkeit von Gründungen. Starre Einspannungen in die Gründung dürfen, wie bisher auch, nur dann angenommen werden, wenn sie sicher quantifiziert sind. Auf zusätzliche Einflüsse wird im Abschn. 2.5 noch eingegangen.

Zur Vereinfachung werden zwei Arten von geometrischen Ersatzimperfektionen unterschieden:
- Vorkrümmungen,
- Vorverdrehungen.

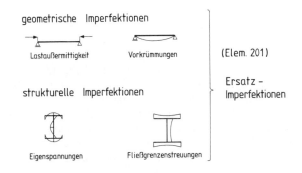

Bild 2 - 2.1   Imperfektionen

Diese Ersatzimperfektionen sind durch den Vergleich der Ergebnisse genauerer Rechnungen nach der Fließzonentheorie, bei denen geometrische und strukturelle Imperfektionen berücksichtigt wurden, mit den Ergebnissen vereinfachter Rechnungen unter Ansatz der Ersatzimperfektionen ermittelt worden. Da zum anderen aber die Rechnungen nach der Fließzonentheorie durch umfangreiche experimentelle Untersuchungen abgesichert sind, sind letztlich auch die Ersatzimperfektionen experimentell bestätigt.

Da beim Verfahren Elastisch-Elastisch die plastische Querschnittstragfähigkeit nicht ausgenutzt wird, dürfen die Ersatzimperfektionen für Vollstäbe auf 2/3 der Werte nach den El. 202 und 203 reduziert werden. Da dies ein mittlerer Wert ist, ist eine Übereinstimmung der Ergebnisse bei der Berechnung nach den Verfahren Elastisch-Elastisch und Plastisch-Plastisch nur im Mittel erreichbar, im Einzelfall können daraus merkbare Unterschiede vorhanden sein. Eine generelle Präferenz für eines der beiden Verfahren aus Gründen der Ausnutzbarkeit der Profile (Wirtschaftlichkeit) ist nicht möglich.

Ansatz der Ersatzimperfektionen

Im 1. Satz von El. 202 wird gefordert, daß die geometrischen Ersatzimperfektionen so anzusetzen sind, daß sie sich der zum niedrigsten Knickeigenwert gehörenden Verformungsfigur möglichst gut anpassen. Es werden jedoch im Teil 2 ausdrücklich **keine** Vorverformungen gefordert, die zur Knickbiegelinie **affin** sind. Dies würde nämlich bedeuten, daß man in jedem Falle zunächst das Verzweigungsproblem nach der Elastizitätstheorie lösen müßte. Dabei wäre die Ermittlung der Verzweigungs**last** ("Eulerlast") noch gar nicht so aufwendig, weil es dafür sehr viele Hilfsmittel gibt - aber die Ermittlung der Eigenfunktionen wäre praxisfern, weil das nur mit EDV machbar wäre. Es muß nur sichergestellt sein, daß eine genügend große Komponente des 1. Eigenwertes in den Annahmen der Vorverformungen enthalten ist [2 - 15], weil dann die Lastverformungskurve gegen den 1. Eigenwert strebt. Mit den anzusetzenden Vorkrümmungen und Vorverdrehungen ist diese Forderung erfüllbar. Wenn andererseits ein EDV--Programm zur Verfügung steht, mit dem die Knickbiegelinie exakt ermittelt wird, dann ist gegen den Ansatz affiner Vorverformungen natürlich nichts einzuwenden, nur generell gefordert wird dies nicht. Man muß sich aber bewußt sein, daß letztlich auch die Größe der Ersatzimperfektionen in gewissem Rahmen Vereinbarungssache war, so daß eine zu große Genauigkeit dem nicht gerecht wird.

Der 2. Satz von El. 202 sagt, daß die Ersatzimperfektionen in ungünstigster Richtung anzusetzen sind. Dabei ist mit ungünstigst nicht eine bestimmte Schnittgröße gemeint, sondern ungünstigst heißt: in bezug auf die Tragsicherheit. Es muß also verhindert werden, daß sich die Wirkungen der Ersatzimperfektionen und der äußeren Lasten gegenseitig abmindern oder gar aufheben. Wenn es nicht eindeutig ersichtlich ist, in welcher Richtung wirkend die Ersatzimperfektionen anzusetzen sind, dann sind beide Richtungen zu untersuchen. Dies wird sich i.d.R. jedoch auf ungewöhnliche oder unübersichtliche Systeme beschränken. Es wird jedoch im Interesse eines erträglichen Aufwandes für die Berechnung ausdrücklich **nicht** gefordert, daß die Ersatzimperfektionen stets als Wechsellastfall anzusetzen sind.

Beim Biegeknicken infolge Normalkraft allein oder infolge einachsiger Biegung mit Normalkraft braucht die Vorkrümmung nur in derjenigen Richtung angesetzt zu werden, die zur jeweils untersuchten Ausweichrichtung gehört. Wenn z.B. ein Stab vorliegt, der durch Biegemomente M_y und Normalkraft N beansprucht ist, kann es daher erforderlich sein, das Ausweichen rechtwinklig zur y-Achse mit der Vorkrümmung w_o und den Schnittgrößen M_y und N zu untersuchen und außerdem das Ausweichen rechtwinklig zur z-Achse mit der Vorkrümmung v_o und der Normalkraft N. Dies stellt, abgesehen von der Vorkrümmung, keine Änderung gegenüber der DIN 4114 dar.

Beim Biegeknicken infolge zweiachsiger Biegung wurde eine Erleichterung dadurch geschaffen, daß nur eine Vorkrümmung angesetzt werden muß, nämlich diejenige, die zur Ausweichrichtung bei planmäßig mittigem Druck gehört. Trotzdem ist sichergestellt, daß sich nach Theorie II. Ordnung eine räumliche Vorverformungskurve mit v, w und ϑ einstellt. Dies ist aus Gl. (2 - 1.1) im Abschn. 1.4.2 zu ersehen. Es wurde für den Fall der zweiachsigen Biegung auch bewußt darauf verzichtet, eine zusätzliche Vorverformung in Form einer Vorverdrehung ϑ um die Stablängsachse anzugeben. Dies hat zwei Gründe. Einmal liegen über Messungen von Vorverdrehungen ϑ_o an Bauteilen oder Bauwerken sehr viel weniger Informationen vor als über Vorverformungen w_o und v_o. Zum anderen wird die Notwendigkeit, daß sich bei einer Berechnung nach Theorie II. Ordnung eine räumliche Verformungskurve ergibt, auch, wie dargelegt, mit dem Ansatz einer Vorkrümmung erreicht.

Wie im Abschn. 1.2 erläutert, ist das Biegedrillknicken stets mit dem Auftreten einer räumlichen Verformungskurve verbunden, wobei die Verschiebung v und die Verdrehung ϑ besonders große Bedeutung haben. Aus diesem Grunde wird auch für das Biegedrillknicken, ähnlich wie bei zweiachsiger Biegung mit Normalkraft, nur eine Vorkrümmung, hier allerdings in y-Richtung mit dem Stich 0,5 v_o, gefordert. Wie bereits ausgeführt, stellt sich auch hiermit eine räumliche Verformungskurve ein. Die Reduktion des Stiches auf 0,5 v_o ergab sich aus Vergleichsrechnungen, u.a. durch *Friemann*.

In der Literatur wurde vielfach auch eine Außermittigkeit e_y der Querlast P_z in bezug auf die Stegachse von I-Profilen angesetzt. Auch dies führt bei einer Berechnung nach Theorie II. Ordnung zu der angestrebten räumlichen Verformungskurve. Aus Gründen der Vereinfachung und Vereinheitlichung wurde von der Angabe einer entsprechenden Ersatzimperfektion im Teil 2 Abstand genommen.

Geometrische Ersatzimperfektionen brauchen mit den geometrischen Randbedingungen des Systems nicht verträglich zu sein.

Imperfektionen für Sonderfälle

Wenn Fachnormen spezielle Imperfektionen festlegen, dann sind diese den Schnittgrößenermittlungen zugrunde zu legen. Daher kann deren Wirkung in den vereinfachten Tragsicherheitsnachweisen der Abschn. 3 bis 7 auch nicht erfaßt sein, weshalb diese Abschnitte bei vom Teil 2 abweichenden Imperfektionsannahmen auch nicht ohne weiteres angewendet werden dürfen.

Gedacht ist z.B. an Gerüste, wo z.B. nach DIN 4420 Teil 1 besondere Vorverdrehungen für Ständerstöße und Fußspindeln festgelegt sind. Dies beeinträchtigt die Anwendung vereinfachter Tragsicherheitsnachweise, in die Vorverdrehungen nicht eingehen, nicht.

2.2 Vorkrümmungen

2.2.1 Allgemeines

Im Teil 2 sind die Vorkrümmungen für das Verfahren Elastisch-Plastisch und Plastisch-Plastisch entsprechend Tabelle 3 festgelegt. Für das Nachweisverfahren Elastisch-Elastisch dürfen kleinere Ersatzimperfektionen gewählt werden, da die plastischen Querschnittsreserven bei diesem Nachweisverfahren nicht ausgenutzt werden. Es wird angestrebt, daß sich bei der Anwendung der Verfahren Elastisch-Elastisch und Elastisch-Plastisch im Mittel gleiche Traglasten ergeben.

Es muß betont werden, daß die Vorkrümmungen jeweils auf die Stablänge bezogen sind und nicht auf die Knicklänge. Deshalb dürfen sie auch dann angewendet werden, wenn anders gelagerte Stäbe vorliegen als der beidseitig gelenkig gelagerte Einfeldträger.

2.2.2 Ersatzbelastungen und Ansatz von Vorkrümmungen

Ersatzbelastungen

Im El. 204, Bild 2, ist dargestellt, daß die Vorkrümmung entweder als quadratische Parabel oder als Sinus-Halbwelle angenommen werden darf. Diese Zweigleisigkeit wurde aus mehreren Gründen gewählt. Einmal wurden viele Untersuchungen zu den Europäischen Knickspannungslinien für planmäßig mittigen Druck mit sinusförmiger Vorverformung durchgeführt, dann stellt für den beidseitig gelenkig gelagerten Stab mit Normalkraftbeanspruchung die Sinus-Halbwelle die exakte Eigenfunktion nach der Elastizitätstheorie dar, und zum anderen erweist sich aber die quadratische Parabel für die Berechnungen in der Praxis als besonders vorteilhaft.

Zur rechnerischen Vereinfachung ist es oft wünschenswert, die Berechnung eines vorverformten Systems am planmäßig geraden System durchzuführen, z.B. weil ein entsprechendes Programm vorliegt oder um die Systemeingabe zu vereinfachen, [2 - 15]. Zur Erfassung der Vorverformung gibt es mehrere Möglichkeiten:

- Eine über die Höhe ungleiche Temperaturänderung bewirkt bei statisch bestimmten Systemen eine spannungsfreie Krümmung der Stabachse und kann deshalb zur Erfassung der Krümmung verwendet werden, bei anderen Systemen treten jedoch i. a. Zwängungen auf.
- Es kann eine statisch gleichwertige Ersatzbelastung verwendet werden.

Als beliebig anwendbar und zudem besonders einfach erweist sich der zuletzt genannte Fall. Dabei wird nach [2 - 16] die Ersatzbelastung als Abtriebslast durch die Normalkraft N am vorverformten Stab definiert. Damit ergibt sich
- bei stetigem Verlauf der Vorverformung w_v

$$q_e = - N\, w_v'' \qquad (2 - 2.1)$$

mit $w_v'' =$ Krümmung

- bei Knick in w_v

$$V_e = N\, w_v' \qquad (2 - 2.2)$$

mit $w_v' =$ Knickwinkel.

Als Ergebnis erhält man

- wirkliche Schnittgrößen = rechnerische Schnittgrößen nach Theorie II. Ordnung aus vorhandenen Einwirkungen und Ersatzbelastung,
- zusätzliche Verformung = rechnerische Verformung nach Theorie II. Ordnung aus vorhandenen Einwirkungen und Ersatzbelastung,
- Gesamtverformung = rechnerische Verformung und Vorverformung.

Im Teil 2 wurde nur diese Möglichkeit mit den Ersatzbelastungen behandelt. Im Bild 2 - 2.2 sind die Ersatzbelastungen für die beiden erlaubten Verläufe der Vorkrümmungen angegeben.

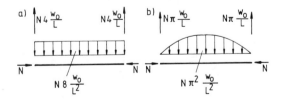

Bild 2 - 2.2 Ersatzbelastungen
a) bei parabelförmiger Vorkrümmung
b) bei sinusförmiger Vorkrümmung

Ansatz der Vorkrümmungen

Beispiele für den Ansatz der Vorkrümmungen sind aus Bild 4 zu ersehen. Weitere Fälle sind hier im Bild 2 - 2.3 dargestellt.

Im Fall von c1) im Bild 2 - 2.3 ist die Vorkrümmung für die Vorverformung nur so lange anzusetzen, wie die Federsteifigkeit c der am Mittellager dargestellten Feder größer ist als die Mindeststeifigkeit c*, bei der die Knickbiegelinie in den antimetrischen Fall umschlägt. Anderenfalls ist das System konsequenterweise als ein verschiebliches System anzusehen, das nach El. 205 Stabdrehwinkel aufweist, weshalb dann Vorverdrehungen anzusetzen sind. Bezüglich der Beanspruchungen ist allerdings dann kein nahtloser Übergang zwischen den beiden Systemen c1) und c2) möglich. Außerdem besteht die Unschönheit, daß bei sehr weicher Feder sich andere Beanspruchungen ergeben, als wenn man die Feder ganz wegnehmen würde. Dies ist leider nicht zu vermeiden, da aufgrund der unterschiedlichen Ableitungen der Ersatzimperfektionen Vorkrümmung und Vorverdrehung diese nicht ineinander zu überführen sind, was auch daran liegt, daß die Vorverdrehungen vereinfachend nicht in Abhängigkeit von den Knickspannungslinien definiert sind.

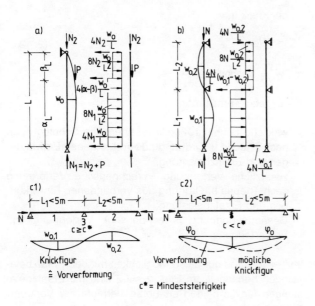

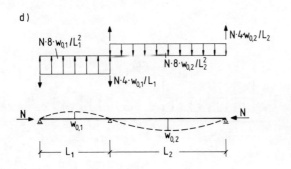

Bild 2 - 2.3 Beispiele für den Ansatz von Vorkrümmungen, a) nach [2 - 15]

2.2.3 Ersatzimperfektionen bei Anwendung der Verfahren Elastisch-Plastisch und Plastisch-Plastisch

Die geometrische Ersatzimperfektion wird dadurch ermittelt, daß das Moment M, das sich für den vorverformten gedrückten Stab nach der Elastizitätstheorie II. Ordnung ergibt, in eine geeignete Interaktionsbedingung eingesetzt wird.

Untersuchungen für planmäßig mittig gedrückte Stäbe

Erste Untersuchungen stammen von *Vogel* [2 - 18], dessen Ergebnisse für die Knickspannungslinien b und c im Teil 2, Tab. 3 Eingang gefunden haben. Er untersuchte einen sinusförmig vorverformten Stab und benutzte ein Interaktionsdiagramm für verschiedene Querschnitte.

Das Vorgehen wird beispielhaft für den zentrisch gedrückten Stab und eine lineare Interaktion gezeigt, wobei eine sinusförmige Vorverformung angenommen wird:

$$\frac{N}{N_{pl}} + \frac{M}{M_{pl}} = 1 \qquad (2 - 2.3)$$

$$M = \frac{N\, w_o}{1 - \dfrac{N}{N_{Ki}}} \qquad (2 - 2.4)$$

Mit

$$N = \kappa\, N_{pl} \qquad (2 - 2.5)$$

$$\bar{\lambda}_K^2 = \frac{N_{pl}}{N_{Ki}} \qquad (2 - 2.6)$$

$$w_o = \frac{L}{j} \qquad (2 - 2.7)$$

$$L = \bar{\lambda}_K \lambda_a\, i \qquad (2 - 2.8)$$

erhält man daraus

$$j = \frac{\kappa\, \bar{\lambda}_K \lambda_a\, i}{(1 - \kappa)\left(1 - \kappa\, \bar{\lambda}_K^2\right)} \frac{N_{pl}}{M_{pl}} \qquad (2 - 2.9)$$

Dabei ergeben sich N_{pl}, M_{pl}, i für das jeweils untersuchte Profil, zugehörig zu der untersuchten Biegeachse, κ ist der Abminderungsfaktor, zugehörig zum bezogenen Schlankheitsgrad $\bar{\lambda}_K$ und zur untersuchten Knickspannungslinie, λ_a ist der Bezugsschlankheitsgrad nach Teil 2, El. 110.

Es bietet sich an, als Bezugsgrößen die Werte der Knickspannungslinien zu nehmen, die nach Teil 2, El. 304, die Grundlage der Bemessung für planmäßig mittigen Druck darstellen.

Wenn eine parabelförmige Vorverformung unterstellt wird, so ergibt sich statt Gl. (2 - 2.9) die Gl. (2 - 2.10)

$$j = \frac{\kappa \, 8 \, \bar{\lambda}_K \, \lambda_a \, i}{1 - \kappa} \, \frac{\left(\frac{1}{\cos \varepsilon/2} - 1\right)}{\varepsilon^2} \, \frac{N_{pl}}{M_{pl}} \qquad (2 - 2.10)$$

mit

$$\varepsilon^2 = \kappa \, \bar{\lambda}_K^2 \, \pi^2 \qquad (2 - 2.11)$$

Statt Gl. (2 - 2.3) können entsprechend weitere Interaktionsbedingungen untersucht werden. Dazu gehören

bei Biegung um die y-Achse:

a) Interaktionsbedingung nach Teil 1, Tab. 16,
b) genaue Interaktion, für I-Träger nach Gl. (2 - 1.5) bzw. (2 - 1.6),

bei Biegung um die z-Achse:

c) Interaktionsbedingung nach Teil 1, Tab. 17, mit $\alpha_{pl} = 1{,}25$,
d) Interaktionsbedingung nach Teil 1, Tab. 17, mit $\alpha_{pl} = 1{,}5$,
e) genaue Interaktionsbedingung, für I-Träger nach Gl. (2 - 1.4) mit $\alpha_{pl} = 1{,}25$,
f) genaue Interaktionsbedingung, für I-Träger nach Gl. (2 - 1.4) mit $\alpha_{pl} = 1{,}5$.

Diese verschiedenen Interaktionsbedingungen (und zusätzlich die lineare Interaktion mit dem elastischen Grenzmoment M_{el} - Verfahren Elastisch-Elastisch) wurden für alle gewalzten I-Profile ausgewertet. Für einen ausgewählten Fall sind die Ergebnisse in der Tab. 2 - 2.1 angegeben. Für den Bereich des bezogenen Schlankheitsgrades $\bar{\lambda}_K$ von 0,4 bis 3,2 sind die Ergebnisse im Bild 2 - 2.4 dargestellt.

Aus den Ergebnissen der Tab. 2 - 2.1 und des Bildes 2 - 2.4 kann folgendes ersehen werden:

a) Die Ergebnisse unterscheiden sich nur gering bezüglich der Annahme einer sinusförmigen und der Annahme einer parabelförmigen Vorverformung.
b) Die gewählte Interaktion hat einen sehr großen Einfluß auf die Ergebnisse.
c) Der Stich der Vorkrümmung $w_o = L / j$ ist um so größer, je größer die angesetzten plastischen Reserven sind.
d) Der nach El. 123 nicht gestattete plastische Formbeiwert $\alpha_{pl} = 1{,}50$ würde zu einer deutlichen Vergrößerung des zu wählenden Stichs der Vorkrümmung führen.

Tabelle 2 - 2.1 Vergleich verschiedener Imperfektionen - Divisor j für die geometrische Ersatzimperfektion $v_o = L/j$, HE 400 B, Biegeknicken rechtwinklig zur z-Achse $\bar{\lambda}_K = 0{,}8$, Linie b

	Interaktion	Verlauf der Vorverformung	
		sinusförmig	parabelförmig
1	genau, $\alpha_{pl} = 1{,}25$	344	348
2	genau, $\alpha_{pl} = 1{,}5$	286	290
3	Teil 1, $\alpha_{pl} = 1{,}25$	313	317
4	Teil 1, $\alpha_{pl} = 1{,}5$	261	264
5	linear, elastisch	739	749
6	linear, plastisch $\alpha_{pl} = 1{,}25$	592	601
7	linear, plastisch $\alpha_{pl} = 1{,}5$	494	500

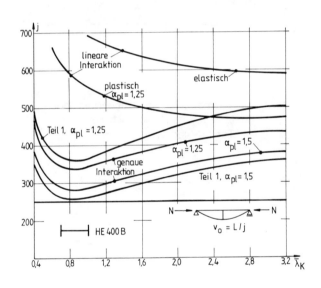

Bild 2 - 2.4 Vergleich verschiedener Interaktionen - Divisor j für die geometrische Ersatzimperfektionen $v_o = L/j$, HE 400 B, Biegeknicken rechtwinklig zur z-Achse, Linie b

Aus b) ist der Schluß zu ziehen, daß für die Festlegung von Zahlenwerten von der ungünstigsten Interaktion, die für die Anwendung erlaubt ist, auszugehen ist. In anderen Regelwerken, z.B. dem Eurocode 3, wurde von noch anderen, dort erlaubten Interaktionen ausgegangen. Daher sind Werte für den Stich der Vorkrümmung auf der Basis dieser Interaktionen nicht direkt mit denjenigen von Teil 2 vergleichbar.

Die Ergebnisse der erwähnten Auswertungen sind für ausgewählte Profile, die für das gesamte Walzprogramm bezüglich der Ergebnisse repräsentativ sind, aus den Bildern 2 - 2.5 bis 2 - 2.7 zu ersehen. Dabei ist in diesen Bildern jeweils der Divisor j aufgetragen, der über Gl. (2 - 2.7) zum Stich der Vorkrümmung führt. Es ist zu ersehen, daß der Wert j eine z.T. beträchtliche Abhängigkeit vom bezogenen Schlankheitsgrad $\bar{\lambda}_K$ aufweist. Im Teil 2, Tab. 3, wurde hingegen zur Vereinfachung ein konstanter Wert festgelegt, der zusätzlich in den Bildern eingetragen ist.

In den Bildern 2 - 2.5 bis 2 - 2.7 wurden auch Ergebnisse eingetragen, die sich ergeben, wenn man entgegen der Forderung von Teil 2, El. 116, den Teilsicherheitsbeiwert γ_M bei der Steifigkeit **nicht** berücksichtigt. Man sieht, daß dann die Abhängigkeit vom bezogenen Schlankheitsgrad $\bar{\lambda}_K$ extrem groß wird und die Ergebnisse in weiten Bereichen auf der unsicheren Seite liegen. Der in anderen Regelwerken vorgeschlagene Weg, γ_M bei der Steifigkeit unberücksichtigt zu lassen, erscheint damit aus Sicherheitsgründen nicht vertretbar.

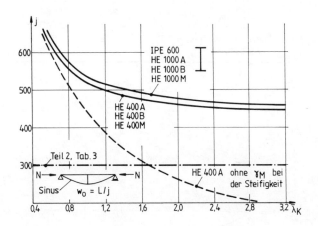

Bild 2 - 2.5   Geometrische Ersatzimperfektionen Linie a, Interaktion nach Teil 1, Tab. 16 und 17

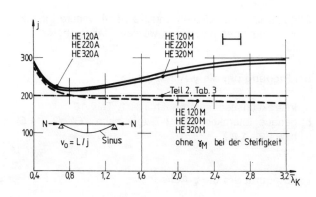

Bild 2 - 2.7   Geometrische Ersatzimperfektionen Linie c, Interaktion nach Teil 1, Tab. 16 und 17

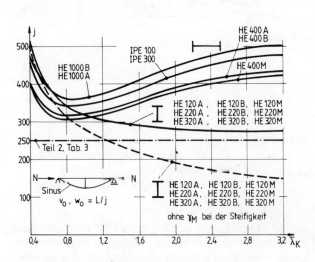

Bild 2 - 2.6   Geometrische Ersatzimperfektionen Linie b, Interaktion nach Teil 1, Tab. 16 und 17

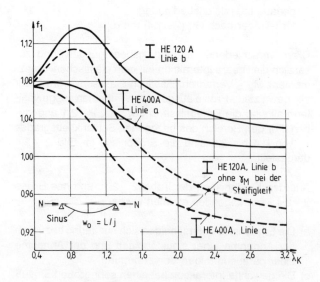

Bild 2 - 2.8   Faktor f_1, mit dem die Traglast bei Ansatz der pauschalen Vorverformung nach Teil 2, Tab. 3, multipliziert werden muß, um die genaue Traglast nach den Knickspannungslinien zu erhalten

Das Überschreiten oder Unterschreiten der im Teil 2 gewählten pauschalen Werte für den Stich der Vorkrümmung allein erlaubt noch keine Beurteilung der sich damit ergebenden Tragsicherheit. Aus diesem Grunde wurde zusätzlich iterativ derjenige Faktor ermittelt, mit dem die Traglast $N = \kappa \, N_{pl}$ unter Ansatz der pauschalen Werte für die Vorkrümmung nach Teil 2, Tab. 3, zu multiplizieren ist, damit gerade die Interaktion erfüllt ist. Die Ergebnisse sind auszugsweise aus Bild 2 - 2.8 zu ersehen. Für die dargestellten Fälle führt die Wahl der pauschalen Werte für den Stich der Vorkrümmung zu Ergebnissen auf der sicheren Seite zwischen 1 und 12 %. Die Vernachlässigung des Teilsicherheitsbeiwertes γ_M dagegen würde zu Ergebnissen auf der unsicheren Seite von bis zu 7 % führen.

Aus Gl. (2 - 2.8) ist ersichtlich, daß der Stich der Vorkrümmung von der Streckgrenze abhängig ist, da der Wert λ_a vom charakteristischen Wert der Streckgrenze abhängt. Daraus könnte man den Schluß ziehen, daß für höhere Streckgrenzen als dem Wert $f_{y,k} = 24$ kN/cm², der allen vorhergehenden Auswertungen zugrunde liegt, auch mit vergrößerten Ersatzimperfektionen zu rechnen ist. Dies ist jedoch **nicht** zutreffend.

Tabelle 2 - 2.2 Einfluß verschiedener Streckgrenzen auf den Divisor j für den Stich der Vorkrümmung $v_o = L/j$ - HE 200 A, Linie c, Biegeknicken rechtwinklig zur z-Achse

$\bar{\lambda}_K$	$f_{y,k}$ = 24 [kN/cm²] St 37	$f_{y,k}$ = 70 [kN/cm²] ~ StE 690
0,525	281	373
0,811	234	301
1,11	244	351
1,80	315	489
2,80	368	595

Den Auswertungen liegen die Knickspannungslinien zugrunde, die vereinfachend als für alle Stahlsorten gültig angesehen werden. Tatsächlich ergeben sich jedoch bei Stählen mit höheren Streckgrenzen größere Traglasten und damit größere Abminderungsfaktoren κ als bei der Streckgrenze für St 37. Der Grund liegt darin, daß die Eigenspannungen der Walzprofile etwa bei allen Stahlsorten die gleichen Werte erreichen, auch bei geschweißten Profilen steigen sie nicht proportional mit der Streckgrenze. Damit geht der traglastmindernde Einfluß der Eigenspannungen bei höheren Streckgrenzen zurück, da der Wert σ_e / f_y kleiner wird. Entsprechende Zahlenwerte sind im Abschn. 3.1 angegeben, [2 - 19]. Hier wurden diese Werte benutzt, um die notwendigen geometrischen Ersatzimperfektionen zu ermitteln. Die Auswertung erfolgt dabei unter der Annahme einer parabelförmigen Vorverformung und dem Ansatz der Interaktionsbedingungen von Teil 1, Tab. 16. Die Ergebnisse sind in Tab. 2 - 2.2 angegeben. Es ist zu ersehen, daß sich für den Stahl mit der Streckgrenze $f_{y,k} = 70$ kN/cm² in allen Fällen größere Werte j und damit kleinere geometrische Ersatzimperfektionen ergeben.

Untersuchungen für Stäbe, die durch Druck und Biegung beansprucht werden

In Erweiterung der vorstehend dargestellten Ergebnisse für planmäßig gedrückte Stäbe wurden Untersuchungen für Beanspruchung durch Druck und Biegung durchgeführt [2 - 20].

Für die Berechnung nach der Fließgelenktheorie II. Ordnung wurden geometrische Ersatzimperfektionen $w_o = L/j$ untersucht, wobei j zwischen 150 und 500 variiert wurde. Mit den geometrischen Ersatzimperfektionen wurden die exakten Schnittgrößen nach der Elastizitätstheorie II. Ordnung ermittelt und damit die für jedes Profil zugehörige exakte Querschnittsinteraktion N-M ausgewertet. Dabei wurde unterstellt, daß die Querkraft zu keiner Abminderung führt, also $V \leq V_{pl} / 3$ ist.

Diese Ergebnisse wurden denjenigen gegenübergestellt, die sich als Traglast nach der Fließzonentheorie ergeben. Die Berechnung erfolgte mit dem Programm LIDUR (Fassung 1984), das in [2 - 21] beschrieben ist. Dabei wurden Eigenspannungen nach Bild 2 - 2.9 angesetzt und parabelförmige Vorverformungen mit einem Stich von $w_o = l/1000$ in Feldmitte berücksichtigt.

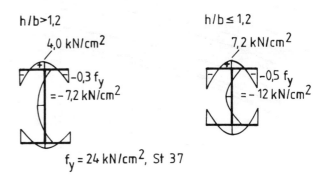

Bild 2 - 2.9 Eigenspannungen

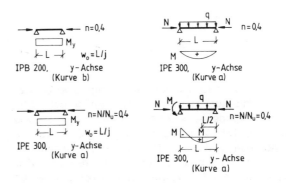

Bild 2 - 2.10 Untersuchte Systeme und Profile

Als statisches System wurde ein Einfeldträger untersucht, wobei verschiedene Belastungen berücksichtigt wurden. Es wurden jeweils verschiedene Längen untersucht. Diese wurden so gewählt, daß sich bezogene Schlankheitsgrade von $\bar{\lambda}_K$ = 0,6 , 0,8 , 1,0 , 1,5 , 2,0 , 2,5 und 3,0 ergaben. Es wurden die im Bild 2 - 2.8 angebenen Profile und Belastungen untersucht.

Aus der Darstellung von Traglastkurven in dimensionsloser Form n-m mit n = N/N_u , m = M/M_{pl} ist bekannt, daß diese im Bereich mittlerer n-Werte besonders stark von der geradlinigen Verbindung abweichen. Aus diesem Grunde wurden ungünstig alle Untersuchungen für ein Verhältnis von n = 0,4 durchgeführt.

In den Bildern 2 - 2.11 bis 2 - 2.13 sind die Traglastfaktoren F aufgetragen, mit denen die Lasten aus der Traglastrechnung zu multiplizieren sind, um die Nachweisgleichungen der Fließgelenktheorie II. Ordnung zu erfüllen. Ergeben sich also Faktoren kleiner als 1, liegt das Ergebnis nach der Fließgelenktheorie II. Ordnung auf der sicheren Seite, bei Faktoren größer als 1 auf der unsicheren Seite.

Bei der Wertung für die praktische Anwendung sind zwei Dinge zu berücksichtigen:

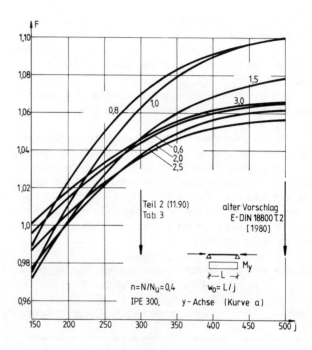

Bild 2 - 2.12   Traglastfaktoren für verschiedene Ersatzimperfektionen w_o = L/j, Knickspannungskurve a

- Der Lastfall des konstanten Moments tritt in der Praxis nur sehr selten auf.
- Für den Nachweis nach der Fließgelenktheorie werden üblicherweise die κ-Werte benutzt, die im Teil 2 angegeben sind. Diese sind im allgemeinen kleiner als die tatsächlichen, hier gerechneten Abminderungsfaktoren κ nach der Fließzonentheorie für planmäßig mittigen Druck, wodurch sich insgesamt eine kleinere Traglast und damit auch kleinere Ersatzimperfektionen ergeben.

Weiterhin ist noch einmal zu wiederholen, daß die Untersuchungen für das besonders ungünstige Längskraftverhältnis n = 0,4 durchgeführt wurden. Unter Beachtung dieser Argumente wurde in einem kleinen Bereich eine Abweichung von 7 % akzeptiert.

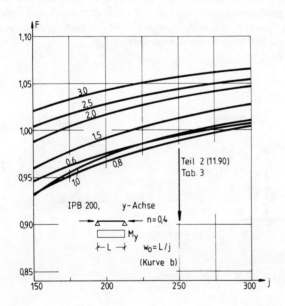

Bild 2 - 2.11   Traglastfaktoren für verschiedene Ersatzimperfektionen w_o = L/j, Knickspannungskurve b

Aus Bild 2 - 2.11 für die Knickspannungskurve b ist zu ersehen, daß nur im Bereich sehr großer bezogener Schlankheitsgrade $\bar{\lambda}_K$ > 2,5 bei Anwendung des Vorschlags des Teils 2 die Abweichungen größer als 5 % sind. Aus dem Bild 2 - 2.12 für die Knickspannungskurve a ergeben sich generell ungünstigere Werte. Zum Erreichen von nur 5 % Abweichung ist bei $\bar{\lambda}_K$ = 0,8 ein Wert j von ca. 250 erforderlich, bei 7 % Abweichung ein Wert von ca. 300.

Für j = 300 ergibt sich für das hier untersuchte Profil IPE 300 für die betrachteten Werte 0,6 < $\bar{\lambda}_K$ < 3,0 dann eine mittlere Abweichung von ca. 5 %. Für zwei weitere Belastungsfälle mit Gleichlast sind die Ergebnisse in den Bildern 2 - 2.13 und 2 - 2.14 aufgetragen. Auch hier ist deutlich zu erkennen, daß der alte Vorschlag nach EDIN 18 800 Teil 2 (1980) zu Ergebnissen weit auf der unsicheren Seite führt, die zum Teil beim Fall mit Eckmoment bei kleinen bezogenen Schlankheitsgraden $\bar{\lambda}_K$ Werte von 10 % erreichten. Für den geänderten Wert j = 300 ergeben sich größte Abweichungen von ca. 6 % beim Lastfall Gleichlast mit Eckmoment und von ca. 5 % beim Lastfall Gleichlast, jeweils bei kleinen bezogenen Schlankheitsgraden $\bar{\lambda}_K$.

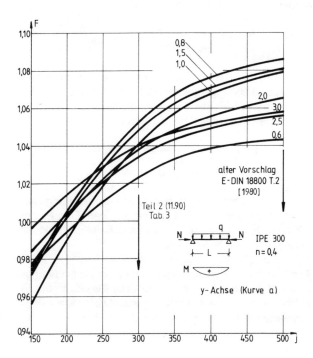

Bild 2 - 2.13 Traglastfaktoren für verschiedene Ersatzimperfektionen $w_o = L/j$, Knickspannungskurve a

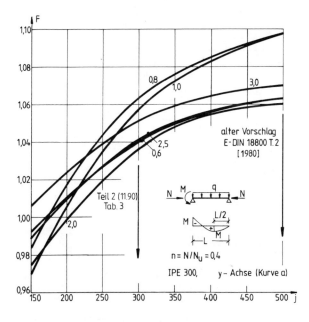

Bild 2 - 2.14 Traglastfaktoren für verschiedene Ersatzimperfektionen $w_o = L/j$, Knickspannungskurve a

Ähnliche Untersuchungen wurden für quadratische Hohlprofile, beansprucht durch Gleichstreckenlast und Druckkräfte, angestellt. Dabei wurden Traglastergebnisse nach der Fließzonentheorie (einschl. Einfluß von Eigenspannungen und Ausbreitung der Fließzonen) von *Kreutz* [2 - 22] und eigene Rechnungen, bei denen das Hohlprofil näherungsweise als I-Träger idealisiert wurde, benutzt. Auch hier ergab sich, daß bei Ansatz der geometrischen Ersatzimperfektion $w_o = L/500$ Faktoren F entspechend der Bilder 2 - 2.9 bis 2 - 2.12 bis zu 1,13 auftraten (d. h. Traglastfehler bis zu 13 %), während bei Ansatz des Wertes von L/300 die Faktoren zwischen 0,95 und 1,07 schwankten.

2.2.4 Ersatzimperfektionen bei Anwendung des Verfahrens Elastisch-Elastisch

Zur Festlegung des Abminderungsfaktors, mit dem die Ersatzimperfektionen der Tab. 3 vom Teil 2 bei der Anwendung des Verfahrens Elastisch-Elastisch multipliziert werden dürfen, wurden ebenfalls umfangreiche Untersuchungen durchgeführt. Auch hier wurden zunächst Untersuchungen für planmäßig mittig gedrückte Stäbe auf der Grundlage der Knickspannungslinien durchgeführt. Diese wurden dann durch Untersuchungen für Stäbe, durch die Druck und Biegung beansprucht werden, auf der Grundlage von Traglastrechnungen nach der Fließzonentheorie ergänzt.

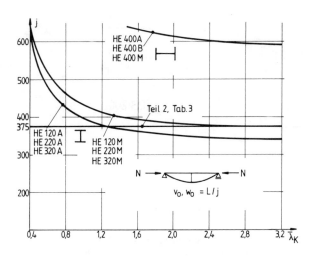

Bild 2 - 15 Divisor j für die Vorkrümmung L / j Knickspannungslinie b, Verfahren Elastisch-Elastisch

Untersuchungen für planmäßig mittig gedrückte Stäbe

Die im Abschn. 2.2.2 beschriebenen Auswertungen wurden auch für eine lineare Interaktion mit elastischem Grenzmoment durchgeführt. Dies entspricht der Anwendung des Verfahrens Elastisch-Elastisch nach Teil 2, Tab. 1, Zeile 3. Die Ergebnisse sind auszugsweise aus

Bild 2 - 2.15 für die Knickspannungslinie b zu ersehen. Dargestellt ist wieder der Divisor j, der über Gl. (2 - 2.7) zum Stich der Vorkrümmung führt. Zusätzlich ist auch der konstante Wert j = 250/(2/3) = 375 nach Teil 2, Tab. 3, eingetragen. Es ist zu sehen, daß die Ergebnisse für alle Profile, bei denen Biegeknicken um die z-Achse auftritt, weit auf der sicheren Seite liegen. Dagegen ergeben sich für die Profile, bei denen Biegeknicken um die y-Achse auftritt, bei großen bezogenen Schlankheitsgraden $\bar{\lambda}_K$ Ergebnisse, die leicht auf der unsicheren Seite liegen. Die Differenzen in der Traglast entsprechend Bild 2 - 2.6 sind allerdings sehr gering.

Untersuchungen für Stäbe, die durch Druck und Biegung beansprucht werden

Es wurden Rechnungen nach der Fließzonentheorie durchgeführt, bei denen die Traglasten mit den Ergebnissen des vorverformten Stabes nach der Elastizitätstheorie II. Ordnung verglichen wurden.

Auch hier wurden die Traglastrechnungen mit dem Programm LIDUR (Fassung 1984) durchgeführt, dessen Grundlagen in [2 - 21] beschrieben sind. In diesem Programm werden die Wirkungen von Vorverformungen, von Eigenspannungen und von in Stablängsrichtung ausgebreiteten Fließzonen berücksichtigt.

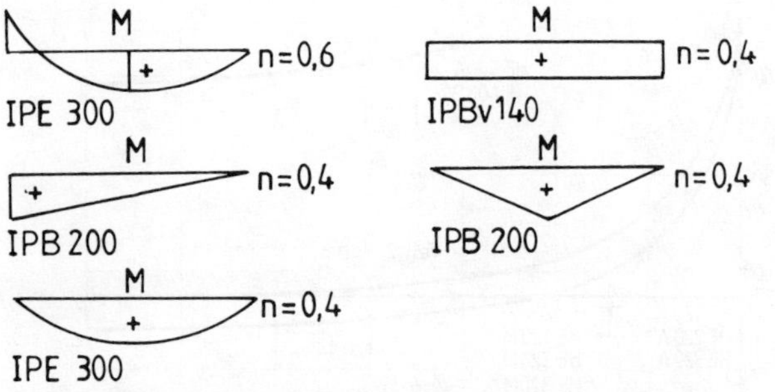

te von $n = N/N_u = 0,4$ bzw. $0,6$ durchgeführt. Es wurden die Profile und Belastungen nach Bild 2 - 2.16 untersucht, wobei die Momente um die y-Achse wirkten.

Für die Berechnung der Elastizitätstheorie II. Ordnung wurden die Vorverformungen

$\bar{w}_o = (2/3)L/300$ für Kurve a
$\bar{w}_o = (2/3)L/250$ für Kurve b

angesetzt. Die Lasten aus der Traglastrechnung wurden proportional so lange gesteigert, bis nach der Elastizitätstheorie II. Ordnung die Streckgrenze erreicht wurde. Der Laststeigerungsfaktor F ist das Verhältnis

$$F = \frac{\text{Last nach der Elastizitätstheorie II. Ordnung}}{\text{Last nach der Traglastrechnung}}$$

Ergeben sich also Faktoren < 1, ist die Rechnung nach der Elastizitätstheorie II. Ordnung mit den Ersatzimperfektionen $\bar{w}_o = 2/3\, w_o$ auf der sicheren Seite, bei Faktoren > 1 auf der unsicheren Seite.

Aus Bild 2 - 2.17 ist zu ersehen, daß der Abminderungsfaktor 2/3 für das Verfahren Elastisch-Elastisch gute Ergebnisse liefert. Die Abweichung von etwa 10% zur sicheren Seite bei kleinen bezogenen Schlankheitsgraden $\bar{\lambda}_K$

Bild 2 - 2.16 Untersuchte Profile und Belastungen

In Anlehnung an Festlegungen im Rahmen der Europäischen Konvention für Stahlbau, TC 8, TWG 8.1, werden Eigenspannungen nach Bild 2 - 2.9 berücksichtigt. Die Vorverformungen wurden parabelförmig mit einem Stich in Feldmitte von v_o bzw. $w_o = L / 1000$ angenommen. Als statisches System wurde ein Einfeldträger unter verschiedenen Belastungen behandelt. Es wurden jeweils verschiedene Längen untersucht, die so gewählt wurden, daß sich ein bezogener Schlankheitsgrad von

$\bar{\lambda} = 0,6\ ,\ 0,8\ ,\ 1,0\ ,\ 1,5\ ,\ 2,0\ ,\ 2,5\ ,\ 3,0$

ergab.

Die Untersuchungen wurden für ungünstige, mittlere Wer-

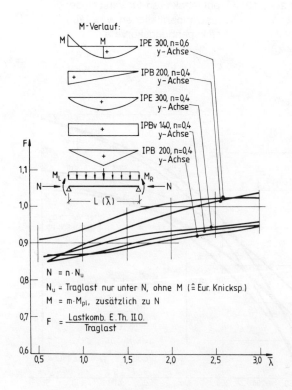

Bild 2 - 2.17 Traglastfaktor F aus dem Vergleich von Berechnungen nach der Elastizitätstheorie mit $\bar{w}_o = (2/3)\, w_o$ und Berechnung nach der Fließzonentheorie sind unter Beibehaltung einer konstanten Ersatzimperfektion im gesamten Schlankheitsbereich unvermeidbar, da bei kleineren Schlankheiten die Eigenspannungen nur einen geringen Einfluß auf die Traglast haben. In den Ersatzimperfektionen ist Ihr Anteil aber enthalten. Wollte man dies abändern, müßte man eine schlankheitsabhängige Ersatzimperfektion definieren, z.B. in Form eines schlankheitsabhängigen Reduktionsfaktors statt des konstanten Wertes 2/3. Dies wäre aber für die praktische Handhabung zu umständlich.

Zusammenfassend ist festzustellen, daß die geometrischen Ersatzimperfektionen der Tabelle 3 mit dem Faktor 2/3 abgemindert werden dürfen, wenn das Verfahren Elastisch-Elastisch angewendet wird.

2.3 Vorverdrehungen

2.3.1 Ansatz von Vorverdrehungen

Die Wirkung einer Vorverdrehung ist aus Bild 2 - 2.18 zu ersehen, das Bild 7 im Teil 2 entspricht. Im Regelfall ist unter der Vorverdrehung eine Stützenschiefstellung zu verstehen.

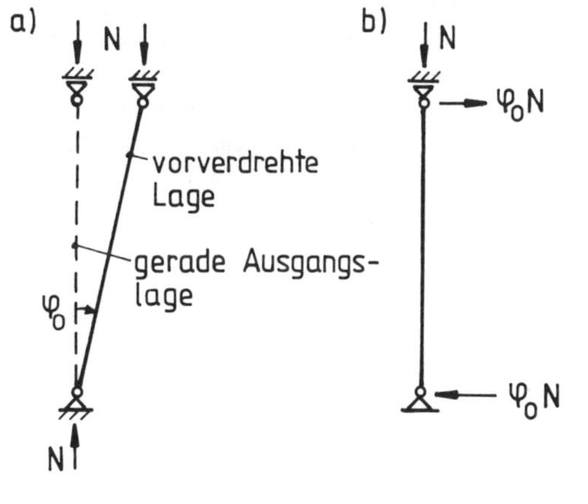

Bild 2 - 2.18   Vorverdrehung
a) tatsächliches System
b) Ersatzbelastung

Es ist zu ersehen, daß im Falle einer planmäßig geradestehenden Stütze mit einer infolge der Vorverdrehung schiefgestellten Stütze zu rechnen wäre. Bei einem Rahmensystem z.B., das aus rechtwinklig zueinanderstehenden Stäben besteht und das mehrere vorverdrehte Stäbe aufweist, würde dies bedeuten, daß Systeme aus nicht rechtwinklig zueinanderstehenden Stäben zu untersuchen wären, s. Bilder 5 und 6 im Teil 2. Aus diesem Grunde ist es für die Berechnung einfacher, die Vorverdrehung durch eine Ersatzbelastung zu ersetzen, die bezüglich der H-Lasten aus einer Gleichgewichtsgruppe besteht.

Aus dieser im Bild 2 - 2.18 b) eingetragenen Gleichgewichtsgruppe ist auch sofort ersichtlich, daß Vorverdrehungen nur Auswirkungen haben, wenn

a) Normalkräfte vorhanden sind, da anderenfalls keine Abtriebskräfte $\Delta H = \varphi_0 N$ entstehen,

und

b) am verformten Stabwerk Stabdrehwinkel möglich sind. Wäre diese Voraussetzung nicht erfüllt, wie z.B. bei einem unverschieblichen Rahmen, dann würden die Abtriebskräfte in die Lager (Festhaltungen) gehen und für das System keine weiteren Schnittgrößen hervorrufen.

El. 205 fordert daher im 1. Absatz auch nur in den durch a) und b) gegebenen Fällen den Ansatz von Vorverdrehungen.

Dies bedeutet, daß für die Riegel von Stockwerkrahmen mit verschieblichen oder unverschieblichen Knoten keine Vorverdrehungen φ anzusetzen sind, wohl aber für die Stiele.

Da die Vorverdrehung bezüglich der H-Lasten durch eine Gleichgewichtsgruppe zu ersetzen ist, die die gleichen Beanspruchungen hervorruft, können insgesamt aus dieser Gleichgewichtsgruppe für das gesamte Tragwerk auch keine Auflagerkräfte entstehen. Es ist aus Bild 2 - 18 auch zu ersehen, daß infolge der Ersatzbelastung ein resultierendes Moment $M = N \varphi_0 L$ entsteht. Dieses Moment M tritt zusätzlich zu Momenten aus den Einwirkungen auf.

Im 2. Satz des El. 205 wird auf die verminderten Vorverdrehungen nach Teil 1 eingegangen. Auch die Vorverdrehungen stellen Ersatzimperfektionen dar, bei denen die geometrischen Imperfektionen durch die Wirkung der Eigenspannungen und der Ausbreitung der Fließzonen vergrößert werden. Dies ist aber nur dann der Fall, wenn die dadurch hervorgerufene Steifigkeitsminderung von Einfluß ist, also bei einer Berechnung nach Theorie II. Ordnung. Daher ist es verständlich, daß immer dann mit kleineren Vorverdrehungen gerechnet werden kann, wenn der Effekt der Theorie II. Ordnung ohne Einfluß ist oder aus Vereinfachungsgründen unberücksichtigt bleiben darf. Dies ist dann der Fall, wenn die entsprechenden Abgrenzungskriterien nach Teil 1, El. 739, erfüllt sind. Daher wurden im Teil 1 im El. 730 verminderte Vorverdrehungen mit einem Grundwert von 1/400 statt 1/200 nach Teil 2, Gl. (1), erlaubt, die aufgerundet dem reinen geometrischen Anteil an der Vorverdrehung entsprechen, siehe Abschn. 2.3.2. Aus diesen Erläuterungen ist auch ersichtlich, daß die Vorverdrehungen von Teil 1, El. 730, und Teil 2, El. 205, **nicht gleichzeitig** anzusetzen sind.

Beispiele für den Ansatz von Vorverdrehungen sind im Bild 6 des Teils 2 und in der Literatur, z.B. [2 - 16], angegeben.

2.3.2 Größe der Vorverdrehungen

Zur Festlegung der Größe der Vorverdrehungen wurden umfangreiche Messungen an Bauwerken durchgeführt. Diese wurden erforderlich, obwohl aus Kanada solche

Messungen von *Beaulieu* bereits bekannt waren, [2 - 23]. Die kanadischen Messungen wurden an 2 Hochhäusern und einem Industriebau durchgeführt, die alle geringe Stützenhöhen, überwiegend h = 3,6 m, aufwiesen. Dies ist für die einzelnen Stützen hinreichend, allerdings war es damit (und wegen der gewählten Meßmethodik) nicht möglich, den zweifellos vorhandenen Effekt größerer Höhen bei den Gesamtbauwerken zu erfassen. Außerdem bestanden Unklarheiten, ob die in Amerika üblichen Fertigungs- und Montagevorgänge direkt mit denen in Deutschland und Europa vergleichbar sind.

In [2 - 24] bis [2 - 26] wurde über die Ergebnisse berichtet, einige Einzelheiten zu den vermessenen Bauwerken sind im Bild 2 - 2.19 angegeben. Es ist zu ersehen, daß unterschiedlichste Bauwerkstypen erfaßt wurden. Neben solchen mit hohen Genauigkeitsanforderungen (wie z.B. Hochregallager) waren auch solche des üblichen Stahlbaus (wie z.B. Zweigelenkrahmen) enthalten. Es lagen insgesamt mehr als 900 Meßwerte vor, deren Auswertungen die Zuverlässigkeit von Gl. (1) im Teil 2 belegen. Dabei besteht diese Gl. (1) aus drei Anteilen:

a) dem Absolutwert von 1/200,
b) dem Reduktionsfaktor r_1 für Stützenlängen > 5 m,
c) dem Reduktionsfaktor r_2 für mehrere voneinander unabhängige Ursachen, z.B. mehrere Stützen in einer Reihe.

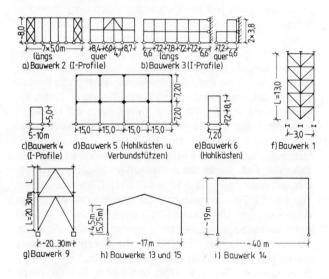

Bild 2 - 2.19 Angaben zu einigen der untersuchten Bauwerke

Für die Untersuchung des Längeneinflusses auf den Absolutwert der Vorverdrehung und den Reduktionsfaktor r_1 sind auch die unterschiedlichen Bauwerkstypen, unbeschadet eventuell etwas unterschiedlicher Genauigkeitsanforderungen, gleich gut geeignet. Bei längeren Bauteilen oder Bauwerken erfolgt während bzw. nach der Montage der Einzelteile ein Ausrichten. Damit sind die Vorverdrehungen zum großen Teil durch die bei der Montage erreichbaren Lotabweichungen Δ bestimmt. Steht z.B. ein Teil einer Stütze zu schief nach einer Seite, so wird beim nächsten Teil ein Ausrichten in entgegengesetzter Richtung erfolgen, so daß auch bei großen Gesamtlängen die Lotabweichungen Δ des gesamten Bauwerks beschränkt sind.

Zum Absolutwert von 1/200

Dieser Wert stellt den Wert der Ersatzimperfektion dar und enthält demzufolge einen geometrischen Anteil und einen Anteil zur Berücksichtigung der weiteren Effekte wie Eigenspannungen und Fließzonenausbreitung, die sog. strukturellen Imperfektionen.

Bei Messungen in Bauwerken ergibt sich der **geometrische** Wert der Vorverdrehungen sowohl positiv als auch negativ, so daß bei einer genügend großen Zahl von Messungen innerhalb eines Bauwerkes sich der Mittelwert zu Null ergibt und die Verteilung einer Normalverteilung entspricht. Dies wurde durch die Messungen von [2 - 23] bestätigt. Wenn man die Messungen verschiedener Bauwerke mit jeweils einer relativ geringen Anzahl von Messungen vergleicht, ist diese Vorgehensweise nicht möglich, da die Definition positiv/negativ willkürlich vom jeweiligen Meßstandort wählbar ist. Die Auswertung kann dann nur mit den Absolutwerten erfolgen, was zu einer halben Normalverteilung führt, wenn man die Meßwerte aufträgt. Unter Zugrundelegung der 5%-Fraktile zur Ermittlung des charakteristischen Wertes ergab sich nach [2 - 26]

$$\varphi_o = \frac{1}{481} \, r_1 \qquad (2 - 2.12)$$

Dieser Wert von 1/481 stellt natürlich nur die geometrische Vorverdrehung dar, die in Teil 1, El. 730, hätte Eingang finden können. Dort wurde dieser Wert dann auf 1/400 aufgerundet.

Der Einfluß **struktureller** Imperfektionen wurde über Traglastrechnungen nach der Fließzonentheorie erfaßt, [2 - 24], indem eine zusätzliche Vorverdrehung φ_{pl} ermittelt wurde, die zu dem Wert nach Gl. (2 - 2.12) zu addieren ist. Dabei zeigte sich, daß sehr große zusätzliche Vorverdrehungen nur bei großen Schlankheitsgraden, geringer Normalkraftauslastung und großem Plastizierungsvermögen der Querschnitte (großer Wert α_{pl}) erforderlich sind. Auf eine Unterscheidung bezüglich verschiedener bezogener Schlankheitsgrade konnte im Arbeitsausschuß dann verzichtet werden, da aufgrund der erweiterten Auswertungen nach [2 - 26] sich der Wert von 1/481 gegenüber 1/380 nach [2 - 24] ergeben hatte. Auf die ebenfalls in [2 - 24] vorgeschlagenen vergrößerten Vorverdrehungen bei Beanspruchung um die z-Achse konnte verzichtet werden, da das El. 123 die Begrenzung des plastischen Formbeiwertes α_{pl} = 1,25 vorsieht.

Von *Kreutz* wird in [2 - 14] bemängelt, daß die Reduktionsfaktoren r_1 und r_2 nicht nur für die geometrischen Anteile der Vorverdrehungen, wie im Teil 1, sondern auch bei den Ersatzimperfektionen nach Teil 2 angesetzt werden. Die in [2 - 14] angestellten Überlegungen gehen jedoch davon aus, daß überwiegend biegebeanspruchte Stäbe, z.B. Rahmenstiele, vorliegen, bei denen der Einfluß der Normalkräfte und der Eigenspannungen auf die Steifigkeit vernachlässigbar ist. Diese Voraussetzung ist jedoch für die besonders stabilitätsgefährdeten Fälle nicht zutreffend, da die Instabilitätsgefahr gerade bei großen Normalkräften besonders hoch ist. Es kommt hinzu, daß der geometrische Anteil selbst auf der sicheren Seite liegend angesetzt wurde (1/400 statt 1/481), so daß sich auch hieraus noch gewisse Reserven ergeben. Weiterhin ist zu berücksichtigen, daß auch die strukturellen Imperfektionen im Sinne der Statistik streuende Größen sind. Von daher ist bei mehreren Stützen in jedem Fall auch eine Abminderung der Auswirkungen der strukturellen Imperfektionen gegeben.

Beim Vergleich des Einflusses der strukturellen Imperfektionen auf die gesamten geometrischen Ersatzimperfektionen ist ein deutlicher Unterschied zwischen den Vorkrümmungen und den Vorverdrehungen festzustellen. Während bei den Vorkrümmungen (bezogen auf Knickspannungslinie a) der geometrische Anteil von L/1000 sich auf den vierfachen Wert L/250 bei der Ersatzimperfektion erhöht, ändert sich dies bei den Vorverdrehungen von einem geometrischen Wert von 1/400 auf den doppelten Wert 1/200 bei den Ersatzimperfektionen. Der anschauliche Grund dürfte darin liegen, daß bei den Vorkrümmungen immer ein ausgedehnter Fließbereich im Feld vorhanden ist, weil das Moment dort in einem größeren Bereich nur wenig von dem Maximalmoment verschieden ist und die Eigenspannungen sich in einem großen Bereich traglastmindernd auswirken. Bei den Momenten, die sich infolge von Vorverdrehungen ergeben, liegen jedoch immer Momentenflächen mit starkem Gradienten vor, z.B. dreieckförmig oder trapezförmig. Damit geht der Einfluß der Fließzonenausbreitung und der Eigenspannungen sehr stark zurück.

Für mehrteilige Stäbe ergibt sich die Vorverdrehung nach Gl. (2) vom Teil 2, indem der Zahlenwert 1/200 aus Gl. (1) durch 1/400 in Gl. (2) ersetzt wurde. Auch dies ist durch Messungen in [2 - 24] gestützt.

Reduktionsfaktor r_1

Die Formulierung für den Reduktionsfaktor r_1 selbst wurde empirisch festgelegt und hat sich durch die Auswertung der Messungen dann bestätigt. In der Fassung 1980 des ersten Entwurfes zu Teil 2 wurde der Zahlenwert unter der Wurzel zunächst vorsichtig mit 10 angesetzt. Aufgrund der vorher beschriebenen Auswertungen konnte dies dann auf 5 geändert werden.

Reduktionsfaktor r_2

Bei den Diskussionen im Rahmen der Arbeitsausschüsse von Teil 1 und Teil 2 gab es z.T. unterschiedliche Auffassungen bezüglich der Frage, inwieweit das Ansetzen des Reduktionsfaktors r_2 bei den durch die Verwendung numerisch gesteuerter Werkzeugmaschinen geprägten Fertigungsmethoden des modernen Stahlbaus generell gerechtfertigt ist. Zunächst ist klar, daß dieser Reduktionsfaktor nur dann angesetzt werden darf, wenn die Ursachen für das Auftreten der Vorverdrehungen z.B. mehrerer Stützen in einer Reihe voneinander unabhängig sind. Das Ablängen mehrerer gleichartiger Teile, z.B. der Riegel zwischen Stützen, könnte dann zu einer Abhängigkeit führen, wenn eine Toleranz Null vorhanden wäre, was jedoch nicht der Fall ist. Wenn Toleranzen vorhanden sind, dann stehen nicht alle Stützen in einer Reihe gleich schief. Es ist weiterhin sehr unwahrscheinlich, daß alle Stützenfüße exakt gleich sind, und auch die Betonfundamente werden sich etwas unterscheiden. Dies ist auch schon dann der Fall, wenn z.B. Ankerplatten jeweils etwas anders einbetoniert sind. Als Ergebnis ist festzuhalten, daß sich auch dann, wenn die Riegel zwischen Stützen aufgrund gleicher Fertigungsmethoden hergestellt werden, Unterschiede in den Vorverdrehungen der Stützen ergeben. Nicht anders liegen die Verhältnisse, wenn mehrere Stützen in einer Reihe an einem Verband oder einem anderen Festpunkt ausgerichtet werden. In Tab. 2 - 2.3 sind die Ergebnisse von Messungen und deren Auswertungen angegeben, die die vorstehend genannten Überlegungen stützen.

Dabei wurde wie folgt vorgegangen:
a) Ermittlung einer mittleren Schiefstellung φ_m aus den Messungen nach [2 - 26], vorzeichengerecht.
b) Berechnung des Abminderungsfaktors $F_2 = \varphi_m / \max \varphi$ mit $\max \varphi$ nach [2 - 26].
c) Vergleich mit

$$r_2 = 0{,}5 \left(1 + \sqrt{\frac{1}{n}}\right) \qquad (2 - 2.13)$$

mit n = Anzahl der anrechenbaren Stützen in einer Reihe.

Es ist aus Tab. 2 - 2.3 zu sehen, daß bis auf einen Fall, bei dem der Absolutwert der Vorverdrehung jedoch nur 1/869 beträgt, also sehr klein ist, der Abminderungsfaktor r_2 nach Teil 2, El. 205, weit auf der sicheren Seite liegt. Der Faktor r_2 wurde aufgrund statistischer Überlegungen prinzipieller Art schon zum Entwurf des Teils 2 1980 in Form der Gl. (2 - 2.14) beschlossen.

$$r_2 = 0{,}5 \, (1 + 1/n) \qquad (2 - 2.14)$$

Auf Wunsch von Kollegen des Massivbaus wurde im Zuge einer bauartübergreifenden Harmonisierung diese Abminderung dann noch etwas vorsichtiger formuliert, indem bei dem zweiten Glied in der Klammer der Gl. (2 - 2.14) das Wurzelzeichen eingeführt wurde. Damit wurde bei einer großen Anzahl n eine weniger starke Abminderung erreicht, wobei allerdings im Eurocode 2 dann dort doch davon abgewichen wurde. Andere internationale Regelungen gestatten auch eine stärkere Berücksichtigung von n, wie z.B. die schwedische mit Gl. (2 - 2.15):

Tabelle 2 - 2.3   Auswertungen von Messungen zum Reduktionsfaktor r_2

Bauwerk Nr. und Bezeichnung nach [2 - 2.23]		n	$\varphi_m \cdot 10^3$	max $\varphi \cdot 10^3$	$\bar{r}_2$	r_2	Bemerkungen
15	Längsrichtung, Achse A	6	0,306	1,530	0,200	0,704	Ausrichtung Verband
15	Längsrichtung, Achse B	6	0,760	1,587	0,479	0,704	Ausrichtung Verband
15	Querrichtung	2			0,525	0,854	Mittelwert 7 Reihen
14	Giebelwand	10	0,302	0,690	0,437	0,658	
14	Wand $M_n - M_a$	12	0,921	1,151	0,798	0,644	max $\varphi = 1/869$
14	Wand $M_a - M_n$	12	0,308	0,977	0,318	0,644	
13	Längsrichtung, Achse A	5	1,871	4,118	0,454	0,724	Ausrichtung Verband
13	Längsrichtung, Achse B	5	0,757	2,990	0,254	0,724	Ausrichtung Verband
12	Wandriegel	10	0,065	0,731	0,089	0,658	
3	Achse 1	6	1,296	3,472	0,373	0,704	Ausrichtung Kern
3	Achse 2	6	1,366	4,115	0,332	0,704	Ausrichtung Kern
3	Achse 7/1	3	1,216	2,299	0,529	0,789	Ausrichtung Kern
3	Achse 7/2	3	0,422	1,517	0,278	0,789	Ausrichtung Kern
2	Achsen 2.18 bis 2.14	4	2,157	4,115	0,524	0,750	
2	Achsen 2.27 bis 2.50	3	2,295	4,065	0,565	0,789	

$$r_2 = \left(0{,}2 + \frac{0{,}8}{\sqrt{m_i \, n_i}}\right) \qquad (2 - 2.15)$$

mit

m_i Anzahl der Stockwerke über dem betrachteten Stockwerk i

n_i Anzahl der Stützen im Stockwerk i

In Deutschland ist eine ähnliche Abminderung wie r_2 in DIN 4421 bei der Berechnung der Kräfte in aussteifenden Verbänden vorgesehen.

Unterschiedliche Vorverdrehungen in den einzelnen Geschossen mehrstöckiger Stabwerke

Der Reduktionsfaktor r_1 ergibt unterschiedliche Zahlenwerte je nach Berücksichtigung der maßgebenden Länge L. Aus den vorstehenden Erläuterungen ist klargeworden, daß bei einem hohen Bauwerk die mittlere Vorverdrehung kleiner ist als bei einem niedrigeren Bauwerk. Andererseits kann aber nicht ausgeschlossen werden, daß in einem einzelnen Geschoß eine größere Vorverdrehung als die mittlere vorhanden ist. Dies führte zu der Formulierung der Erläuterung zum Reduktionsfaktor r_1 und die Anmerkung 1. Andere Regelwerke, wie die DIN 1052, berücksichtigen dies nicht, was aus Sicherheitsgründen bedenklich ist.

Aufgrund der nach El. 205 unterschiedlichen Vorverdrehungen in einzelnen Geschossen und für das Gesamtbauwerk ergibt sich die Möglichkeit, dies auch bei der Berechnung zu berücksichtigen. Entsprechend zeigt das Bild 6 solche Möglichkeiten. Ob in der Praxis von dieser **Erlaubnis** Gebrauch gemacht wird, wird sich zeigen. Eine weitere Variante in den Vorverdrehungen stellt schließlich einen weiteren Lastfall dar. Die Berücksichtigung hängt dann sicherlich auch von der Art der Berechnung ab, bei einem EDV-Programm bereitet dies kaum zusätzliche Mühe. Aus Vereinfachungsgründen darf man natürlich stets mit der größeren Stockwerks-Vorverdrehung in allen Geschossen und für das Gesamtbauwerk rechnen.

Vorverdrehungen bei Rahmenstäben

Aus dem dritten Bild von links in der obersten Reihe von Bild 6 geht hervor, daß bei einem einzelnen Rahmenstab die beiden Stiele dieses Rahmenstabes **nicht** im Sinn des Reduktionsfaktors r_2 gesondert zu berücksichtigen sind. Das gleiche trifft auf den Fall zu, daß mehr als zwei Stiele innerhalb eines einzelnen Rahmenstabes vorhanden sind. Der Abminderungsfaktor r_2 kommt erst dann zum Zuge, wenn mehrere Rahmenstäbe nebeneinander vorhanden sind, was in der Praxis selten der Fall sein dürfte. Der Grund für diese Festlegung liegt darin, daß die Messungen entsprechend ausgewertet worden sind. Für Gitterstäbe dagegen gilt Abschn. 2.3.3.

Vorverdrehungen aus Schlupf

Anmerkung 3 macht darauf aufmerksam, daß Vorverdrehungen aus Schlupf von Schrauben gegebenenfalls zusätzlich zu berücksichtigen sind, siehe hierzu 2.2.5 und das Beispiel 2 - 8.12.

2.3.3 Vorverdrehungen bei Aussteifungskonstruktionen

Im El. 206 ist festgelegt, daß Stiele von Aussteifungskonstruktionen wie die Stiele von verschieblichen Rahmen zu behandeln sind. Auch hier liegt der Grund darin, daß die Messungen an Gitterstäben in die vorstehend erläuterten Auswertungen der Vorverdrehungen mit eingegangen sind, so daß zwischen Stützen in Rahmen und Stielen von Gitterstäben prinzipiell kein Unterschied besteht.

Dieses Element soll auch für die Berechnung horizontaler Trägerverbände herangezogen werden. Der Vorteil liegt darin, daß dann die Ersatzimperfektionen bzw. Ersatzlasten nicht von der Knickspannungslinie abhängig werden, in die die Gurtstäbe einzuordnen wären. Zu den Abtriebskräften vgl. Abschn. 3.7.

2.3.4 Verzicht auf den Ansatz von Vorverdrehungen

Auf den Ansatz von Vorverdrehungen könnte verzichtet werden, wenn der Einfluß auf die Schnittgrößen und damit auf den gesamten Tragsicherheitsnachweis gering ist. Als Anhalt kann hier ein Zuwachs der maßgebenden Biegemomente infolge der Vorverdrehungen von 10 % gelten. Diese Annahme liegt auch den Abgrenzungskriterien des El. 739 im Teil 1 zugrunde.

Für einstöckige oder als einstöckig nachweisbare verschiebliche Rahmen kann nach *Kreutz* [2 - 14] auf den Ansatz von Vorverdrehungen verzichtet werden, wenn die Bedingungen der Gl. (2 - 16) bis (2 - 18) erfüllt sind und keine biegebeanspruchten SL-Verbindungen vorhanden sind, siehe auch Bild 2 - 2.20.

$$2 \sum P_i / h_{P_i} < V / h \qquad (2 - 2.16)$$

$$h/L < 0{,}7 \qquad (2 - 2.17)$$

$$\sum H > 0{,}03 \left(\sum V + \sum P_i \right) \qquad (2 - 2.18)$$

Es ist jedoch zu beachten, daß Teil 1, El. 730, stets den Ansatz von Vorverdrehungen fordert. Bei Erfüllung der Bed. (2 - 2.16) bis (2 - 2.18) sind daher im Rahmen der DIN 18 800 die reduzierten Vorverdrehungen des Teils 1 anzusetzen.

2.4 Gleichzeitiger Ansatz von Vorkrümmung und Vorverdrehung

Wenn man dem System der imperfekten Stäbe und Stabwerke folgt, müßten für alle Einzelstäbe Vorkrümmungen und für die verschieblichen Stabwerke zusätzlich Vorverdrehungen angesetzt werden. Um den daraus resultierenden Aufwand für die Berechnung zu vermeiden, wurde die Einschränkung des El. 207 aufgenommen. Andererseits war die Frage zu diskutieren, ob zusätzlich zur Vorverdrehung überhaupt eine Vorkrümmung anzusetzen ist.

Eine Vorkrümmung zusätzlich zur Vorverdrehung ist immer dann anzusetzen, wenn ein einzelner Stab die Tragfähigkeit des gesamten Stabwerks bestimmt, also z.B. der einzelne Stiel in einem Rahmen. Dieser Fall ist nach der Elastizitätstheorie gegeben, wenn der maximal beanspruchte Querschnitt im Feld eines Stiels liegt, nach der Fließgelenktheorie, wenn ein einzelner Stiel durch eine "Trägerkette" versagt. In diesen Fällen sind Vorverdrehungen allein weitgehend unschädlich, die Forderung nach der möglichst guten Anpassung der Ersatzimperfektion an die zum niedrigsten Knickeigenwert gehörende Verformungsfigur entsprechend El. 202 ist dann nicht erfüllt.

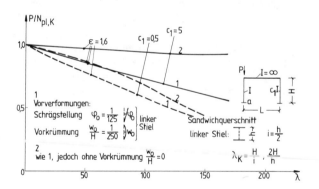

Bild 2 - 2.21   Vergleiche zum Einfluß der zusätzlich zur Vorverdrehung zu berücksichtigenden Vorkrümmung (nach *Rubin*)

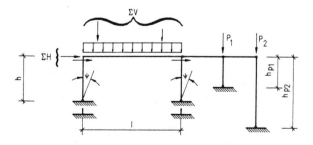

Bild 2 - 2.20   Erläuterungen zur Vernachlässigung von Vorverdrehungen

Als Beispiel wird ein Rahmen mit sehr unterschiedlichen Stielsteifigkeiten betrachtet. Ein solcher Rahmen verhält sich nahezu wie ein unverschiebliches System, die Vorverdrehungen bleiben weitgehend ohne Einfluß auf die Schnittgrößen der Stiele. Knickbiegelinie und Imperfektion sind in diesem Fall völlig verschieden. Entsprechende

Untersuchungen wurden von *Rubin* durchgeführt, die im Bild 2 - 21 auszugsweise dargestellt sind. Im Interesse einer einfachen Rechnung wurden gewisse Annahmen und Einschränkungen getroffen, die die prinzipiellen Aussagen jedoch nicht sehr stark beeinträchtigen. Bei dem gewählten Beispiel ergibt sich bei dem kleineren c_1-Wert Systemversagen, während sich bei dem größeren c_1-Wert Einzelstabversagen einstellt. Es ist ersichtlich, daß die Vernachlässigung der Vorkrümmung die Tragfähigkeit stets unterschätzt. Im Bereich kleiner Schlankheiten und damit kleiner ε-Werte kann dies im Interesse einer einfacheren Rechnung für die Paxis vernachlässigt werden. Im Bereich mittlerer Schlankheiten ist dies jedoch nicht mehr der Fall.

Trotz der hier aufgezeigten Sicherheitseinbußen verzichten andere Regelwerke, wie die Schweizer Norm SIA 161, auf den gleichzeitigen Ansatz von Vorkrümmung und Vorverdrehung.

2.5 Ergänzende Ersatzimperfektionen

Durch diese Ausführungen besteht die Möglichkeit, Effekte zu erfassen, die entsprechend Anmerkung 2 zu El. 201 in den im Teil 2 angegebenen Ersatzimperfektionen nicht enthalten sind. Diese Ausführungen gehen auf Vorschläge von *Kreutz* in [2 - 14] zurück.

Für in Fundamente eingespannte Stützen wird eine lineare Drehfeder nach Gl. (2 - 19) vorgeschlagen, um die Nachgiebigkeit der Einspannkonstruktion und die Nachgiebigkeit von nicht bindigem Baugrund zusammen zu erfassen.

$$c_{\varphi, Gr} = 60 \, M_{pl} \qquad (2 - 2.19)$$

Dies gilt für IPE-Profile, bei HEA- und HEB-Profilen ist der Zahlenwert 60 in der Gl (2 - 2.19) durch 40 zu ersetzen.

Für die Nachgiebigkeit von Rahmenecken in verschieblichen Rahmen wird zusätzlich eine lineare Drehfeder nach Gl. (2 - 2.20) vorgeschlagen, wobei die Profile Biegemomente rechtwinklig zur y-Achse zu übertragen haben.

$$c_{\varphi, Ra} = G \, W_{min} \, \frac{\alpha - 30°}{90°} \qquad (2 - 2.20)$$

mit

G   8100 kN/cm²
W_{min} Widerstandsmoment des geringer tragfähigen Profils
α Winkel, um den das Biegemoment umgeleitet wird.

Mit der Angabe dieser Drehfeder soll die Praxis darauf aufmerksam gemacht werden, daß zu weiche Konstruktionen in den Rahmenecken bei verschieblichen Rahmen vermieden werden müssen. Es müßte aber der Bereich noch eingegrenzt werden, in dem der Ansatz dieser Drehfeder tatsächlich aus Sicherheitsgründen unumgänglich ist, um den Aufwand für Berechnungen bei gängigen Konstruktionen nicht zu hoch zu treiben und auf die bisherigen positiven Erfahrungen Rücksicht zu nehmen.

3 Einteilige Stäbe

3.1 Allgemeines

3.1.1 Geltungsbereich

Im El. 301 ist angegeben, daß die Nachweise der Abschn. 3.2 bis 3.5 für Einzelstäbe und für Stäbe von Stabwerken gelten, die gedanklich aus dem Stabwerk herausgelöst werden. Unter den gedanklich aus dem Stabwerk herausgelösten Stäben sind z.B. die einzelnen Stäbe eines Fachwerks (s. El. 502), die einzelnen Stäbe eines Rahmens (s. El. 523) oder die einzelnen Stäbe eines starr oder elastisch gelagerten Durchlaufträgers (s. El. 529) zu verstehen.

Auf die Regelungen für einteilige Stäbe wird also in weiten Bereichen des Teils 2 zurückgegriffen. Dazu gehört, daß auch im Abschn. 7 auf die Regelungen des Abschn. 3 in veränderter Form Bezug genommen wird.

Über die Trennung von Biegeknicken und Biegedrillknicken und die zu beachtenden Randbedingungen wurden hier bereits im Abschn. 1.4.2 Ausführungen gemacht.

3.1.2 Anmerkungen zum Biegeknicken

In den Abschn. 3.2 bis 3.5 sind vereinfachte Tragsicherheitsnachweise angegeben. Daher finden hier die in Tab. 1 aufgeführten Nachweisverfahren keine Anwendung. Demzufolge sind die Wirkung von Imperfektionen sowie der Einfluß aus der Berechnung nach Theorie II. Ordnung bereits durch die Form der Nachweisgleichungen berücksichtigt. Die Imperfektionen sind also nicht noch einmal anzusetzen und die Schnittgrößen dürfen nach Theorie I. Ordnung ermittelt werden.

Bei den sog. Ersatzstabverfahren wird ein Stab mit beliebigen Randbedingungen und ggf. veränderlichen Querschnitten und Einwirkungen auf den Fall des beidseitig gelenkig gelagerten Druckstabes mit über die Stablänge konstanten Querschnitten und Einwirkungen zurückgeführt. Dies geschieht durch die Verwendung der für den jeweiligen Einzelfalls gültigen Knicklänge oder die Normalkraft N_{Ki} unter der kleinsten Verzweigungslast nach der Elastizitätstheorie. Ein solches Ersatzstabverfahren war Grundlage der Stabilitätsnachweise in der DIN 4114, Abschn 7.1, mit dem bekannten ω-Nachweis, auf den ein großer Teil der übrigen Nachweise in der DIN 4114 zurückgeführt wurde.

Über die Zulässigkeit der Anwendung der Ersatzstabverfahren insbesondere für Stabwerke gab es im Zuge der Bearbeitung der DIN 18 800 Teil 2 zunächst unterschiedliche Meinungen, weshalb im Entwurf des Teils 2 im Jahre 1980 ein solches Verfahren nicht aufgenommen wurde. Letztlich hat sich dann aber herausgestellt, daß beim Vergleich von Rechenergebnissen nach den Ersatzstabverfahren und Rechenergebnissen nach der Fließzonentheorie ausreichende Übereinstimmung und damit ausreichende Tragsicherheit vorhanden ist.

3.1.3 Anmerkungen zum Biegedrillknicken

Wie bereits im Abschn. 1.4.2 dargelegt, werden zur Vereinfachung die Biegedrillknickuntersuchungen i. a. für Stäbe geführt, die aus dem Stabwerk gedanklich herausgelöst werden. Biegedrillknickuntersuchungen an Gesamtsystemen sind selbstverständlich gestattet, da sie die Wirklichkeit besser erfassen. Auch auf die Notwendigkeit, bei herausgelösten Stäben die Stabendmomente ggf. nach der Theorie II. Ordnung zu bestimmen, wurde bereits hingewiesen. Wie beim Biegeknicken dürfen auch beim Biegedrillknicken die Feldmomente dann unter Berücksichtigung dieser Endmomente nach Theorie I. Ordnung berechnet werden.

Im 2. Absatz von El. 303 werden einige Fälle aufgeführt, bei deren Vorliegen keine Biegedrillknickuntersuchungen erforderlich sind:

a) Stäbe mit Hohlquerschnitten, für die sich nach der Elastizitätstheorie zeigen läßt, daß kein Biegedrillknicken möglich ist. Dies ist leicht verständlich, da für solche Querschnitte der St. Venantsche Torsionswiderstand I_T um ein Vielfaches größer ist als für offene Querschnitte, so daß selbst bei Anwendung der Bedingungen für das Biegedrillknicken sich ausreichende Tragsicherheit ergeben würde.

b) Stäbe, deren Verdrehung ϑ oder seitliche Verschiebung v **ausreichend** behindert ist. Da nach den Ausführungen hier im Abschn 1.2 das Biegedrillknicken durch das Auftreten der Verdrehung ϑ und der seitlichen Verschiebung v charakterisiert ist, ist es einleuchtend, daß kein Biegedrillknicken auftritt, wenn diese Verformungen ausreichend behindert sind. Dabei ist allerdings zu beachten, daß die seitliche Behinderung der seitlichen Verschiebung eines Querschnittspunktes allein das Biegedrillknicken nicht immer ausschließt, z.B. Durchlaufträger mit negativen Stützmomenten und gebundener Drehachse des Obergurtes. Bezüglich des Nachweises der ausreichenden Behinderung wird im Teil 2 auf Abschn. 3.3.2 verwiesen.

c) Stäbe mit planmäßiger Biegung, wenn der bezogene Schlankheitsgrad für das Biegedrillknicken $\bar{\lambda}_M \leq 0,4$ ist. Nun mutet dies vielleicht überflüssig an, da die Berechnung des bezogenen Schlankheitsgrad $\bar{\lambda}_M$ ja bereits einen wesentlichen Teil des Biegedrillknicknachweises darstellt. Gedacht ist hier jedoch daran, daß es in manchen Fällen möglich ist, $\bar{\lambda}_M$ sehr einfach mit wenig Aufwand abzuschätzen, so daß dies dann einen genaueren Nachweis ersetzt.

3.1.4 Einteilung der weiteren Nachweise

Wie aus dem Inhaltsverzeichnis vom Teil 2 zu ersehen ist, sind die vereinfachten Tragsicherheitsnachweise des Abschn. 3 wie folgt gegliedert:
- 3.2 Planmäßig mittiger Druck
- 3.3 Einachsige Biegung ohne Normalkraft
- 3.4 Einachsige Biegung mit Normalkraft
- 3.5 Zweiachsige Biegung mit oder ohne Normalkraft.

Es wäre ausreichend gewesen, nur den allgemeinen Fall der zweiachsigen Biegung zu behandeln. Alle anderen Fälle gehen dann durch Streichen gewisser Anteile daraus hervor. Gerade von den Vertretern der Stahlbaupraxis wurde im Arbeitsausschuß jedoch darum gebeten, die Anwender der Norm nicht mit diesem allgemeinen Fall zu belasten, da er in der Praxis nicht so häufig vorkommt. Statt dessen sollten die Nachweise für den Regelfall, nämlich insbesondere den planmäßig mittigen Druck, vorangestellt werden.

3.2 Planmäßig mittiger Druck

3.2.1 Biegeknicken

Nachweisformat

Die Gl. (3) im Teil 2 ersetzt den ω-Nachweis aus der DIN 4114, Abschn. 7.1. Der Abminderungsfaktor κ stellt das Verhältnis der Traglast zur Normalkraft im vollplastischen Zustand dar.

Der Abminderungsfaktor κ wurde im Rahmen der Europäischen Konvention der Stahlbauverbände (EKS), Kommission 8: Stabilität, erarbeitet und kennzeichnet die sog. Europäischen Knickspannungslinien, die inzwischen in viele nationale Normen in Europa Eingang gefunden haben. Er wurde aus Rechnungen nach der Fließzonentheorie erhalten, die von *Schulz* durchgeführt wurden, wobei geometrische Imperfektionen in Form der Vorkrümmung der Stabachse von L/1000 und profilabhängige Eigenspannungen ähnlich 1.4.1 berücksichtigt wurden, [2 - 29]. Zusätzlich wurden mehr als 1000 Großversuche an planmäßig mittig gedrückten Stäben statistisch ausgewertet, die in verschiedenen westeuropäischen Ländern und den USA um 1960 bis 1970 durchgeführt wurden. Bei den theoretischen und den experimentellen Untersuchungen zeigte sich, daß eine dimensionslose Darstellung der Ergebnisse besonders günstig war. Dabei ergab sich, daß die Vielzahl der Profile im wesentlichen in 3 Gruppen eingeteilt werden konnten, die sich insbesondere im Hinblick auf ihre Eigenspannungen unterschieden, [2 - 17]. Diese 3 Gruppen wurden als Knickspannungslinien a, b und c bezeichnet.

Die theoretischen Berechnungen für diese 3 Linien wurden mit folgenden Profiltypen durchgeführt, [2 - 17], [2 - 29]:
- Linie a: runde Rohre
- Linie b: geschweißte quadratische Kastenprofile
- Linie c: I-Profile beim Biegeknicken um die z-Achse (HE200A).

Alle anderen Profile wurden dann anhand der zu erwartenden Eigenspannungen in diese 3 Knickspannungslinien eingestuft, so daß sich daraus die Tab. 5 im Teil 2 mit der Zuordnung der Querschnitte zu den Knickspannungslinien ergab. Diese Tabelle stellt eine Vereinfachung gegenüber derjenigen Tabelle dar, die ursprünglich von der EKS in den European Recommendations for Steel Constructions veröffentlicht worden ist. Insbesondere wurde auf die Verwendung erhöhter Streckgrenzen bei geringen Blechdikken und die Unterscheidung in gewalzte und flammgeschnittene Bleche bei den geschweißten I-Profilen verzichtet.

Durch die dimensionslose Darstellung werden die Knickspannungslinien äußerlich unabhängig von der Streckgrenze. Tasächlich ist eine gewisse Abhängigkeit über den bezogenen Schlankheitsgrad $\bar{\lambda}_K$ vorhanden, da der Bezugsschlankheitsgrad λ_a von der Streckgrenze abhängt. Da die Druck-Eigenspannungen nicht proportional mit den Streckgrenzen steigen (s. 1.4.1), ergeben sich für die Stahlsorten mit größerer Streckgrenze bei einer Berechnung nach der Fließzonentheorie tatsächlich auch in dimensionsloser Darstellung etwas größere Abminderungsfaktoren. Für die hohen Streckgrenzen der Feinkornbaustähle, die allerdings in DIN 18 800 nicht behandelt werden, sind die Unterschiede beachtlich, s. Tab. 3 - 2.1, und betragen im mittelschlanken Bereich bis zu 25 %, die durch die dimensionslose Darstellung verschenkt werden.

Tabelle 2 - 3.1   Abminderungsfaktoren κ für Stähle unterschiedlicher Streckgrenzen $f_{y,k}$ [2 - 19]

$\bar{\lambda}_K$	Streckgrenze $f_{y,k}$ [kN/cm²]				
	Schulz EKS	Teil 2	[2 - 19]		
	24,5	24	24	36	70
0,525	0,829	0,829	0,847	0,880	0,927
0,811	0,647	0,656	0,663	0,720	0,797
1,11	0,480	0,479	0,486	0,540	0,609
1,80	0,241	0,235	0,243	0,279	0,280
2,80	0,111	0,108	0,111	0,117	0,121

Natürlich ließen sich die Abminderungsfaktoren κ auch in bezug auf die tatsächliche Schlankheit λ darstellen, nur hätte man dann eine entsprechend größere Anzahl von Tabellen.

Die Abminderungsfaktoren κ, die von *Schulz* berechnet wurden, lagen in Form von Einzelwerten für bestimmte bezogene Schlankheitsgrade vor, sie stellten jedoch keine mathematische Funktion dar. Aufgrund von Untersuchungen von *Marquoi* wurden diese Werte dann näherungsweise formelmäßig dargestellt, wobei die geringen Unterschiede bezüglich der ursprünglichen Werte und denjenigen aus der Formel akzeptiert wurden. Die Gl. (4b) im Teil 2 mit den Parametern α in Tab. 4 entsprechen dieser Änderung nach *Marquoi*. Im Bereich oberhalb eines bezogenen Schlankheitsgrades $\bar{\lambda}_K$ von 3,0 ergaben sich trotzdem Unstimmigkeiten, weshalb eine weitere, auf *Rubin* zurückgehende Näherung im Teil 2 übernommen wurde.

Halbe T-Profile, die einem Doppelwinkel entsprechen, sind in die Knickspannungslinie c einzuordnen. Dabei ergab sich die Frage, ob beim Biegeknicken um die y-Achse noch zusätzlich nach den beiden möglichen Ausweichrichtungen unterschieden werden muß. Diese Frage tauchte insbesondere in bezug auf die Ersatzimperfektionen der Tab. 3 auf. Die Ergebnisse entsprechender Untersuchungen sind im Bild 2 - 3.2 dargestellt. Es ist zu ersehen, daß für den Fall, daß die Vorverformung so angesetzt wird, daß der Steg aus der Biegung zusätzliche Druckspannungen erhält, sich nach der Elastizitätstheorie II. Ordnung und der Fließgelenktheorie II. Ordnung Tragfähigkeiten unterhalb der Knickspannungslinie c ergeben, die Traglasten nach der Fließzonentheorie jedoch darüber liegen.

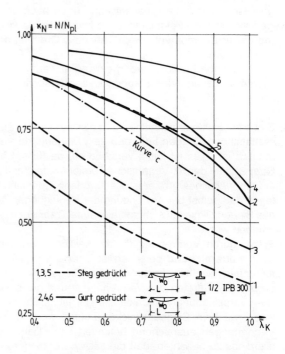

Bild 2 - 3.1   Biegeknicken eines 1/2 HE300B
1, 2   Elastizitätstheorie, $w_o = 0,75 \, L/200$,
3, 4   Fließgelenktheorie, $w_o = L/200$,
5, 6   Traglast Lindner, $w_o = L/1000$, σ_e

Da der Doppelwinkel dasjenige Profil ist, das den ω-Zahlen der DIN 4114 zugrunde liegt, ist daraus zu ersehen, daß durch die stärkeren Differenzierungen in den Profilen im Prinzip wirtschaftliche Vorteile durch die neuen Knickspannungslinien zu erwarten sind. Obwohl die κ-Werte die Kehrwerte der ω-Werte darstellen, kann jedoch aus dem Vergleich dieser beiden Werte allein nicht auf die Wirtschaftlichkeit geschlossen werden, da das Sicherheitssystem in beiden Normen völlig unterschiedlich ist. Aus der Gegenüberstellung der beiden Nachweise für den planmäßig mittig gedrückten Stab aus den Gl. (2 - 3.1) und (2 - 3.2) ist außerdem zu ersehen, daß beide Nachweise im Prinzip identisch sind.

$$\frac{N_d}{\kappa \, N_{pl.\,d}} \leq 1 \qquad \text{Teil 2, Bed. (3)}$$

$$\frac{\gamma_F \, N_k}{\kappa \, A \, f_y / \gamma_M} \leq 1$$

$$\frac{1}{\kappa} \, \frac{N_k}{A} \leq \frac{f_y}{\gamma_F \, \gamma_M} \qquad (2 - 3.1)$$

$$\omega \, \frac{S}{F} \leq zul \, \sigma \qquad DIN \; 4114 \qquad (2 - 3.2)$$

Aus Tab. 5 ist zu ersehen, daß die gewalzten I-Profile in eine günstigere Knickspannungslinie einzustufen sind, wenn die Bedingung h/b > 1,2 erfüllt ist. Der Grund dafür liegt in der günstigeren Eigenspannungsverteilung bei den hohen Profilen gegenüber den gedrungeneren, s. Bild 2 - 1.6. Im Rahmen einer Diplomarbeit an der TU Berlin wurden von *Zahn* Vergleichsrechnungen nach der Fließzonentheorie mit dem Programm nach [2 - 19] durchgeführt, um die Einstufung der gewalzten I-Profile zu überprüfen. Dabei zeigte es sich, daß die Einstufung nach EKS bzw. Teil 2 in allen Fällen auf der sicheren Seite liegt. Beispielhaft ist das in den Bildern 2 - 3.2 und 2 - 3.3 zu sehen, die zeigen, daß die hier untersuchten Profile näher an der Knickspannungslinie a als an b liegen.

warm gefertigte und kalt gefertigte Hohlprofile vorgenommen, worauf in der EKS und im Eurocode 3 aus Vereinfachungsgründen (auf der unsicheren Seite liegend) verzichtet wurde. Diese Unterscheidung ist bei der praktischen Anwendung etwas hinderlich, da man den Profilen auf der Baustelle das Fertigungsverfahren nicht mehr ansieht. Es bleibt dann hier nur der Nachweis über den Händler bzw. den Hersteller. Falls die kalt gefertigten Hohlprofile nachträglich normalisiert werden und dies im Fall der praktischen Anwendung auch sicher nachweisbar ist, ist eine Einstufung wieder in die Knickspannungslinie a möglich.

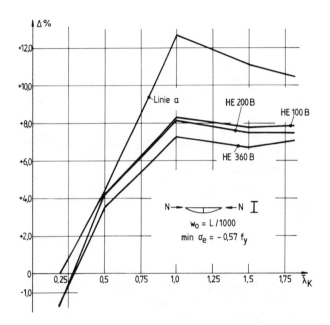

Bild 2 - 3.3   Prozentuale Abweichungen zur Knickspannungslinie b

Im Teil 2 wird in Tab. 5 in Zeile 2 zwischen geschweißten Kastenprofilen, die eine "dicke Schweißnaht" aufweisen, und solchen, bei denen das nicht der Fall ist, unterschieden. Der Grund liegt in der unterschiedlichen Wärmeeinbringung beim Schweißen und den damit unterschiedlich großen Eigenspannungen. Nach [2 - 17] kann unter einer dicken Schweißnaht eine solche verstanden werden, die über die gesamte Blechdicke t_z reicht, was bei überwiegend druckbeanspruchten Stäben sehr selten der Fall sein wird.

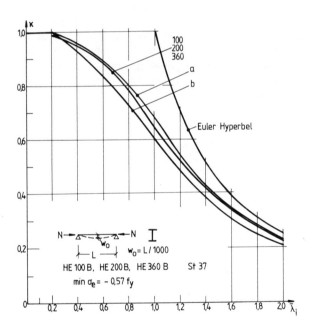

Bild 2 - 3.2   Tragfähigkeiten der rechnerisch untersuchten Profile HE100B, HE200B und HE360B im Vergleich zu den Knickspannungslinien

Bei den in Zeile 1 von Tab. 5 angegebenen Hohlprofilen wurde aufgrund der Untersuchungen von *Kreutz/Haller* [2 - 28], die insbesondere die unterschiedlichen Eigenspannungen berücksichtigten, eine Unterscheidung in

Den in Tab. 5 in Zeile 3 aufgeführten gewalzten I-Profilen mit großen Dicken t > 40 mm liegen Untersuchungen der *Arbed* zugrunde, [2 - 30]. Die im Teil 2 vorgenommene Einstufung entspricht den Empfehlungen der Arbeitskommission 8 der EKS, worauf der Eurocode 3 z.T. verzichtet hat.

In Ergänzung zu den Profilen, die in der Tabelle der EKS aufgeführt sind, wurden in Zeile 5 der Tab. 5 im Teil 2 runde und eckige Vollprofile aufgenommen, wobei dabei an Profile geringer Abmessungen (bis ca. 50 mm Durchmesser bzw. geringste Kantenlänge) gedacht war. Die Einstufung erfolgte dabei trotz weniger Kenntnisse über Eigenspannungsverteilungen, so daß sich in der Zukunft noch andere Erkenntnisse ergeben könnten. Wenn Vollprofile größerer Abmessungen im Sonderfall verwendet werden sollen, sollten Erkenntnisse über die Eigenspannungen und über die Verteilung der Streckgrenze über die Profildicke vorliegen.

In der Zeile 6 von Tab. 5 wird darauf hingewiesen, daß hier nicht aufgeführte Profile sinngemäß nach den möglichen Eigenspannungen und Blechdicken erfolgen soll. Eine darauf basierende Einstufung von Kreuzprofilen mit und ohne Gurte ist aus Bild 2 - 3.5 zu ersehen.

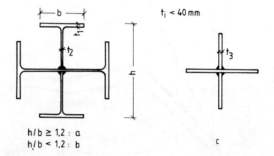

Bild 2 - 3.4   Mögliche Einstufung von Kreuzprofilen

Zur Berechnung des bezogenen Schlankheitsgrades $\bar{\lambda}_K$ wird die Knicklänge benötigt. Angaben über die vier sog. Eulerfälle sind im Bild 9 gemacht, für andere Fälle sind viele Angaben in der Literatur zu finden, z.B. [2 - 31] bis [2 - 33]. Zu dieser Literatur kann auch die DIN 4114 Teil 2 gezählt werden, wo für viele Rahmensysteme Angaben zu Knicklängenbeiwerten β gemacht sind. Für verschiebliche und unverschiebliche Systeme aus sich rechtwinklig kreuzenden Stäben können vorteilhaft auch die Bilder 27 und 29 des Teils 2 verwendet werden, [2 - 34]. In Anmerkung 1 zu El. 304 wird auch darauf hingewiesen, daß eine am Stab angreifende Last, die ihre Richtung beim Ausweichen nicht beibehält (sog. poltreue Last), bei der Ermittlung der Knicklänge zu berücksichtigen ist, wobei auf die Bilder 36 bis 38 des Teils 2 verwiesen wird. Der Effekt der poltreuen Last kann sich sowohl positiv als auch negativ auswirken.

Bei der Berechnung der Knicklänge dürfen natürlich, wie schon bisher, auch elastische Einspannungen berücksichtigt werden. So werden bei Stützen die Stabenden sehr selten mit echten konstruktiven Gelenken ausgebildet. Über Kopf- und Fußplatten sind stets Teileinspannungen vorhanden. Sollen diese angesetzt werden, dann ist allerdings das Verhalten der Gesamtkonstruktion sorgfältig zu betrachten.

Die zahlenmäßige Auswertung der Gl. (4a) bis (4c) kann den Tab. 2 - 9.1 bis 2 - 9.4 entnommen werden.

Zusatzbedingungen bei veränderlichen Querschnitten und Normalkräften

Der Nachweis erfolgt ebenfalls mit Bed. (3). Wie in Anmerkung 1 zu El. 110 schon angegeben, ist dann, wenn die maßgebende Stelle nicht von vornherein erkennbar ist, der Tragsicherheitsnachweis im Zweifelsfall für mehrere Stellen zu führen. Für jede der untersuchten Stellen sind jeweils die zu dieser Stelle gehörigen Werte (E I), N_{Ki} und s_K zu verwenden. Für ein bestimmtes System mit zugehöriger Belastung gibt es natürlich nur einen Verzweigungslastfaktor η_{Ki}, aus dem jedoch durch Multiplikation mit der an der untersuchten Stelle vorhandenen Normalkraft N die zugehörige Verzweigungslast N_{Ki} berechnet werden kann. Die Bedingungen (5) und (6) sichern dagegen ab, daß sonst eine nach der Fließzonentheorie berechnete Traglast zu sehr von derjenigen nach dem Ersatzstabverfahren abweichen könnte.

3.2.2 Biegedrillknicken

Nach El. 306 wird beim Biegedrillknicken des planmäßig mittig gedrückten Stabes genauso vorgegangen wie beim Biegeknicken, d.h., es findet Bed. (3) Anwendung.

Theoretische Untersuchungen haben gezeigt, daß die Traglasten bei zentrischer Belastung im Schwerpunkt i. d. R. im Fall des Biegedrillknickens nur wenig von denjenigen im Fall des Biegeknickens um die schwache Achse abweichen. Als Beispiel sind im Bild 2 - 3.5 die Ergebnisse an einem Profil 1/2 IPE 160 [2 - 33] zu sehen, die aus Traglastberechnungen unter Ansatz von geometrischen Vorkrümmungen, Eigenspannungen und Berücksichtigung der Fließzonenausbreitung stammen.

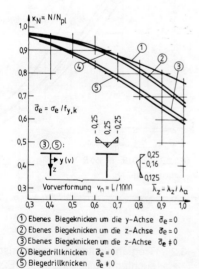

Bild 2 - 3.5   Einfluß des Biegedrillknickens bei planmäßig zentrisch gedrückten Stäben, [2 - 33]

Nach El. (110) wird der bezogene Schlankheitsgrad $\bar{\lambda}_K$ aus der Verzweigungslast für Drillknicken bzw. das Biegedrillknicken (oder aus den zugehörigen Spannungen) bestimmt. Mit dem bezogenen Schlankheitsgrad $\bar{\lambda}_K$ erfolgt dann der Nachweis nach Bed. (3), wobei der Abminderungswert κ für die maßgebende Knickspannungslinie bezüglich des Ausweichens rechtwinklig zur z-Achse zu bestimmen ist.

Ob die kleinste Verzweigungslast für das Drillknicken oder das Biegedrillknicken auftritt, hängt vom zu untersuchenden Profil ab.

Bei **punktsymmetrischen** Querschnitten (z.B. Z-Profile) und doppeltsymmetrischen Querschnitten (z.B. I-Profile) ergeben sich 3 unabhängige Verzweigungslasten $N_{Ki,z}$, $N_{Ki,y}$, $N_{Ki,\vartheta}$ für das Ausweichen um die z-Achse, die y-Achse und das Verdrehen um die Stablängsachse x. Es ist dann festzustellen, ob die Drillknicklast $N_{Ki,\vartheta}$ den kleinsten Wert ergibt. Das ist für den beidseitig gabelgelagerten Stab dann der Fall, wenn gilt:

$$i_p^2 > c^2 \qquad (2 - 3.1)$$

$$\frac{I_y + I_z}{A} > \frac{I_\omega + 0{,}039\ L^2\ I_T}{I_z} \qquad (2 - 3.2)$$

Bei **unsymmetrischen** oder **einfachsymmetrischen** Querschnitten (z.B. L, C, T-Profile) ergibt sich die kleinste Verzweigungslast aus einer Kombination der 3 Verzweigungslasten $N_{Ki,z}$, $N_{Ki,y}$, $N_{Ki,\vartheta}$. Diese ergeben sich aus der Determinante einer Matrix der Größe 3 x 3, s. z. B. [2 - 40]. Im allgemeinen ist die Biegedrillknicklast nur bei kleinerem Schlankheitsgrad λ (etwa bis $\lambda = 60$ für St 37, abhängig vom Profil) kleiner als die kleinste Biegeknicklast. Dies ist der Fall, wenn das Verhältnis $\lambda_D / \lambda_z > 1$ ist. Dieses Bild 2 - 3.6 kann dann zur Berechnung der Drillknicklast herangezogen werden.

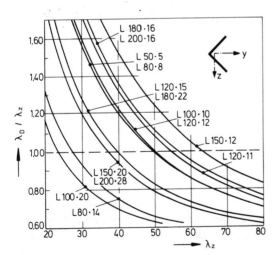

Bild 2 - 3.6 Vergleich von Biegeknicken und Drillknicken bei gleichschenkligen Winkelprofilen

Beispiel: L 100 · 100 · 10
$N_{pl} = 461$ kN (St 37)

a) $L = 1{,}56$ m, $\lambda_z = 80$
Biegeknicklast
$\qquad N_{Ki} = 623$ kN (maßgebend)
Biegedrillknicklast
$\qquad N_{Ki,\vartheta} = 1240$ kN (nicht maßgebend)

b) $L = 0{,}78$ m, $\lambda_z = 40$
Biegeknicklast
$\qquad N_{Ki} = 2490$ kN (nicht maßgebend)
Biegedrillknicklast
$\qquad N_{Ki,\vartheta} = 1640$ kN (maßgebend)

Im Beispiel 8.4 wird die Knicklast $N_{Ki,\vartheta}$ maßgebend.

Bei gewalzten I-Profilen ist Bed. (2 - 3.1) fast immer erfüllt, oder die Unterschiede zwischen der Drillknicklast $N_{Ki,\vartheta}$ und der kleinsten Biegeknicklast $N_{Ki,z}$ sind sehr gering. Daher darf entsprechend dem 2. Absatz im El. 306 für diese Profile und geschweißte Profile mit ähnlichen Abmessungen ein Nachweis entfallen. Falls bei geschweißten Profilen Zweifel bezüglich der Ähnlichkeit bestehen, ist Bed. (2 - 3.2) auszuwerten.

3.3 Einachsige Biegung ohne Normalkraft

3.3.1 Allgemeines

Der Stabilitätsfall des Biegedrillknickens wurde in DIN 4114 und meistens in der Literatur mit "Kippen" bezeichnet. Entsprechend den Erläuterungen im Abschn. 1.2 wird dieser Begriff im Teil 2 nicht mehr verwendet.

Nach El. 307 ist der Tragsicherheitsnachweis nach Abschn. 3.3.4 von Teil 2 zu führen. Es sind jedoch Fälle angegeben, in denen dies **nicht** erforderlich ist:

a) Im Bild 2 - 3.7 ist ein bezüglich der z-Achse einfachsymmetrisches I-Profil zu sehen. Falls ein Biegemoment M_y vorhanden ist, entstehen bei Verformungen v Abtriebskräfte, die das Profil verdrehen, d. h. Biegedrillknicken muß untersucht werden. Wenn dagegen ein Biegemoment M_z vorhanden ist, entstehen keine Abtriebskräfte, die zu Verdrehungen führen können, daher braucht Biegedrillknicken nicht untersucht zu werden.

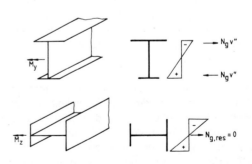

Bild 2 - 3.7 Möglichkeit des Biegedrillknickens bei Beanspruchung durch Biegemomente M_y und M_z

b) Aus den Bildern 2 - 1.2 und 2 - 1.3 ging hervor, daß Biegedrillknicken immer mit dem Auftreten von Verformungen v und Verdrehungen ϑ um die Stablängsachse verbunden ist. Wenn diese Verformungen konstruktiv also **ausreichend** behindert sind, kann auf einen Nachweis des Biegedrillknickens verzichtet werden. Die Feststellung, ob diese Behinderung in ausreichendem Maße vorhanden ist, kann durch die Einhaltung der Bedingungen im Abschn. 3.3.2 festgestellt werden.

c) Auf einen Tragsicherheitsnachweis nach Abschn. 3.3.4 kann auch dann verzichtet werden, wenn der vereinfachte Nachweis nach Abschn. 3.3.3 geführt wird.

3.3.2 Behinderung der Verformung

3.3.2.1 Allgemeines

Der Abschn. 3.3.2 trägt den positiven Auswirkungen Rechnung, die in vielen Fällen dadurch gegeben sind, daß angrenzende Bauteile ein freies Biegedrillknicken behindern. Er stellt eine große Erleichterung für die Praxis dar, weil bisherige Vorschriften, z.B. die DIN 4114, solche Regelungen nicht enthielten, und bekundet die großen Fortschritte, die durch intensive Forschungen auf diesem Gebiet in den letzten 15 Jahren möglich wurden. Die Behinderung der Verformung war natürlich auch früher schon bekannt, allerdings konnte dies früher nicht ausreichend belegt werden.

3.3.2.2 Behinderung der seitlichen Verschiebung

Die Bezeichnung "seitliche Verschiebung" geht vom Normalfall eines I-Profils aus, das durch Biegemomente M_y beansprucht ist, woraus Verschiebungen v entstehen, s. Bild 2 - 1.3.

Die Aussteifung durch **Mauerwerk** ist seit langem gebräuchlich. Erfahrungen liegen aber im wesentlichen mit Mauerwerk nach DIN 1053 vor, weshalb die Anwendung von El. 308 zunächst darauf zu beschränken ist. Beim Bild 11 ist auch vorausgesetzt, daß das Mauerwerk bis unmittelbar an den Steg herangeführt ist und am Druckgurt anliegt, so daß seitliche Abtriebskräfte durch Druckkontakt übertragen werden können. Weiterhin ist unterstellt, daß die Breite des Mauerwerks so groß ist, daß eine ausreichende Schubsteifigkeit des Mauerwerks vorliegt. Sollten daran Zweifel bestehen, so kann das durch Anwendung von Bed. (7) in Verbindung mit Tab. 17, 1. Zeile, überprüft werden.

Für **Stahltrapezprofile** liegen seit längerer Zeit auch positive Erfahrungen vor, die die Steifigkeit in der Trapezblechebene betreffen. Das in den früheren Zulassungen angegebene Verfahren zur Bestimmung der Schubfeldwirkung, das auf die Arbeiten von *Schardt/Strehl* [2 - 34] zurückgeht, wird nun in DIN 18 807 zitiert. Zahlenwerte finden sich in den Typenentwürfen für die Stahltrapezprofile der jeweiligen Hersteller, s. [2 - 35]. Die im Ausland übliche Schubfeldberechnung nach *Bryan/Davies* wurde von *Baehre/Wolfram* in [2 - 36] aufbereitet, wobei im Gegensatz zu [2 - 34] insbesondere Verformungen aus der Nachgiebigkeit von Befestigungen und Verbindungsmitteln berücksichtigt werden.

Wenn die Schubsteifigkeit S nach Bed. (7) vorhanden ist, dann darf angenommen werden, daß die Anschlußstelle von Trapezblechen nach DIN 18 807 so geringe Verformungen aufweist, daß die Anschlußstelle als in Trapezblechebene unverschieblich angesehen werden kann. Damit darf dann eine gebundene Drehachse (s. Bild 2 - 3.8) in bezug auf das Biegedrillknicken angenommen werden, so daß z.B. bei Einfeldträgern unter Biegemomenten M_y ohne Vorzeichenwechsel, bei denen der gedrückte Gurt durch die Trapezbleche gehalten ist, kein Biegedrillknicken auftritt.

Die Bed. (7) ist dabei aus der Gegenüberstellung der kritischen Biegedrillknickmomente M_{Ki} für Biegedrillknicken mit freier Drehachse unter Berücksichtigung von S und dem Ergebnis für Biegedrillknicken mit gebundener Drehachse entstanden. Unter Berücksichtigung üblicher baupraktischer Genauigkeiten kann die gebundene Drehachse als erreicht gelten, wenn S so groß ist, daß damit 95 % desjenigen M_{Ki} erreicht werden, das sich bei gebundener Drehachse ergibt. Aus der Untersuchung verschiedener Belastungen und Profile ergab sich Bed. (7), die von einer Lösung von *Fischer* [2 - 37] ausgeht. Der Zahlenwert 70 in Bed. (7) setzt voraus, daß das Mittelfeld eines Durchlaufträgers betrachtet wird und Querlast und Schubsteifigkeit am Obergurt von I-Profilen angreifen, für alle übrigen Fälle liegt dies auf der sicheren Seite. So kann für Fälle ohne Querlast der Zahlenwert 70 durch 20 ersetzt werden.

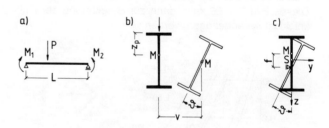

Bild 2 - 3.8 Verformungsmöglichkeiten beim Biegedrillknicken, a) System, b) freie Drehachse, c) gebundene Drehachse

Die Anwendung der Werte S setzt voraus, daß für den betrachteten Träger für S nur derjenige Anteil der Schubsteifigkeit der gesamten Trapezblechscheibe angesetzt wird, der auf diesen betrachteten Träger entfällt, bei n gleichmäßig ausgenutzten Trägern im gleichen Abstand also $S = S_{ges} / n$.

Die Schubsteifigkeit S liegt immer dann vor, wenn das Schubfeld an **allen** Randträgern befestigt ist und die aus der Schubfeldwirkung resultierenden Kräfte aufgenommen werden können. Dabei muß die Befestigung der Profillängsränder in etwa gleichen Abständen, die der Profilquerränder an jeder Sicke erfolgen, s. Bild 2 - 3.9.

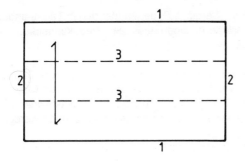

Bild 2 - 3.9 Schubfeld über mehrere Träger
1: Randträger in Trapezprofilquerrichtung,
2: Randträger in Trapezprofillängsrichtung,
3: innerer Träger

Sofern das Schubfeld ungestoßen über mehrere Träger verläuft, sind an den inneren Trägern keine Schubfeldkräfte zu übertragen. Aus diesem Grunde genügt hier eine Befestigung in jeder zweiten Sicke auch dann, wenn die volle Schubsteifigkeit S im Sinne der Bed. (7) ausgenutzt werden soll, s. Bild 2 - 3.9. Die Abtriebskräfte des Trägers wirken rechtwinklig zum Träger, also in Trapezblechlängsrichtung, und können daher auch bei Befestigung in jeder zweiten Sicke eingeleitet werden, sofern die Verbindungsmittel hierfür bemessen werden. Die nachteiligen Verformungen des Trapezbleches im Sinne einer Rahmenverformung treten nur dann auf, wenn Kräfte aus dem Schubfeld rechtwinklig zur Längsrichtung, in Querrrichtung, einzuleiten sind. Für diesen Fall geht die Schubsteifigkeit sehr stark zurück, vereinfachend darf dann der vorhandene Wert S durch 0,2 S ersetzt werden. Dieser Wert wurde aus Untersuchungen von Strehl abgeleitet.

Anmerkung 5 im El. 205 darf nicht auf die Ermittlung der erforderlichen Schubsteifigkeit nach El. 308 übertragen werden.

In der Anmerkung zu El. 308 wird darauf hingewiesen, daß eine hinreichende Behinderung der seitlichen Verschiebung zur Erzielung einer gebundenen Drehachse auch durch andere Bekleidungen als Stahltrapezprofile erreicht werden kann, wenn die Anschlußstellen entsprechend befestigt sind und die Aufnahme der Kräfte nachgewiesen wird. Dazu zählen z.B. Trapezprofile aus Aluminium, für die die Ermittlung der vorhandenen Schubsteifigkeit nach [2 - 36] erfolgen kann. Weiterhin kann prinzipiell auch die Schubsteifigkeit von Scheiben aus Holzwerkstoffen nach DIN 1052 angesetzt werden, allerdings bietet die DIN 1052 keine Angaben zur Ermittlung der vorhandenen Schubsteifigkeit, da die Aufbereitung nur im Hinblick auf die Aussteifung von hölzernen Trägern vorgenommen wurde. Die früher verwendeten Wellasbestzementplatten und die diese ersetzenden Faserzementplatten weisen wegen der Art ihrer Befestigung und der Tatsache, daß Längsstöße i. a. ohne Verbindungsmittel ausgeführt werden, nur eine sehr geringe Schubsteifigkeit auf, die außerdem aufgrund bisher fehlender systematischer Untersuchungen nicht eindeutig quantifizierbar ist. Deshalb ist hier von einer Berücksichtigung der Schubsteifigkeit abzusehen. Dafür ist über die Biegung der Befestigungsschrauben eine horizontale Federsteifigkeit c_y [kN/m²] aktivierbar, die aber auch zuverlässig nur über Versuche zu bestimmen ist.

3.3.2.3 Behinderung der Verdrehung durch Nachweis ausreichender Drehbettung

Bedingung (8)

Der im El. 309 mit Bed. (8) angegebene vereinfachte Biegedrillknicknachweis besteht darin, daß von der vorhandenen Drehbettung $c_{\vartheta,k}$ gefordert wird, daß sie größer ist als die erforderliche Drehbettung, die häufig auch als Mindeststeifigkeit bezeichnet wird. Die prinzipielle Art dieses Nachweises hat in Deutschland bereits lange Tradition, wurde wiederholt in der Literatur behandelt und fand auch Eingang in die DASt-Ri 008 (1973). Es zeigte sich allerdings dann später, daß die zunächst als ausreichend angesehenen Nachweise nicht ausreichend waren, weil die Wirkung der Imperfektionen durch diese Art des Nachweises nicht genügend genau erfaßt wurde. Zur Entwicklung dieses Tragsicherheitsnachweises s. [2 - 38].

Bei der Ermittlung der erforderlichen Drehbettung geht man vom Biegedrillknickmoment M_{Ki} aus. Der Wert M_{Ki} ist u. a. von der Stützweite L, der Höhe z_p des Lastangriffspunktes der Querlast und von den Steifigkeitswerten abhängig. Zu den Steifigkeitswerten gehören
- der S. Venantsche Torsionswiderstand I_T,
- der Wölbwiderstand I_ϖ,
- das Trägheitsmoment I_z,
- die Wegfeder c_y,
- die Schubsteifigkeit S,
- die Drehbettung c_ϑ.

Eine Vereinfachung erhält man dadurch, daß man, auf der sicheren Seite liegend, die Stützweite L unendlich groß annimmt. Wenn man ferner davon ausgeht, daß die Mindeststeifigkeit dann als erreicht angesehen werden kann, wenn 95 % des Biegemoments im vollplastischen Zustand erreicht werden, dann erhält man aus der Traglastkurve für das Biegedrillknicken nach Gl. (18) des Teils 2 für den Trägerbeiwert n = 2,5

$$\text{erf } c_\vartheta = \frac{M_{pl}^2}{E \, I_z} k_\vartheta \qquad (2 - 3.3)$$

mit

k_ϑ Drehbettungsbeiwert bei Ausnutzung der plastischen Tragfähigkeit

$M_{pl}=M_{pl,y}$ Biegemoment im vollplastischen Zustand um die y-Achse

erf c_ϑ nach Gl. (2 - 3.3) ist im El. 309 als charakteristischer Wert definiert, da die vorhandenen Werte nach Gl. (9) aus Versuchen als charakteristische Werte angesehen wurden, obwohl eine statistische Auswertung erfolgte

$$k_\vartheta \cong \frac{5}{\zeta^2} \qquad (2 - 3.4)$$

bzw.

$$k_\vartheta = \frac{59}{k^2} \qquad (2 - 3.5)$$

Dabei stellen ζ und k Momentenbeiwerte für die Ermittlung des idealen Biegedrillknickmomentes M_{Ki} dar, je nachdem, ob M_{Ki} nach Gl. (19) des Teils 2 oder nach Gl. (2 - 3.6) ermittelt wird.

$$M_{Ki} = \frac{k}{L}\sqrt{GI_T\, EI_z} \qquad (2 - 3.6)$$

Beiwerte k_ϑ

Die Auswertung von Gl. (2 - 3.4) bzw (2 - 3.5) für einige häufige Fälle von Biegemomentenverläufen führt zu den Beiwerten k_ϑ, die in Tab. 6 des Teils 2 angegeben sind, [2 - 38]. Weitere Werte sind in [2 - 39] angegeben oder können dadurch ermittelt werden, indem in der Literatur angegebene Werte für ζ (z.B. nach [2 - 40]) bzw. k in die Gl. (2 - 3.4) bzw. (2 - 3.5) eingesetzt werden.

Bei der Ermittlung der Werte in Tab. 6 wurde davon ausgegangen, daß die durch den Trägerbeiwert n = 2,5 nach Tab. 9 gekennzeichnete Biegedrillknick-Traglastkurve gültig ist. Für die anderen Trägerbeiwerte n, die kleiner sind als 2,5, also insbesondere für geschweißte Träger mit n = 2,0, sind daher die Anforderungen an den Beiwert k_ϑ zu erhöhen. In Anlehnung an [2 - 38] sind (ohne weitere Fallunterscheidung) die Beiwerte k_ϑ mit dem Faktor 1,85 zu multiplizieren, bei Anwendung des Nachweisverfahrens Elastisch-Elastisch mit dem Faktor 1,45.

Etwas andere k_ϑ-Werte sind in Tab. 404 der DASt-Ri 016 für gebundene Drehachse am Obergurt angegeben. Diese beziehen sich dort auf das Fließmoment M_{el} und gelten für Ein- und Mehrfeldträger unter Gleichstreckenlast.

In Tab. 6 sind in Sp. 2 k_ϑ-Werte für freie Drehachse und in Sp. 3 solche für gebundene Drehachse angegeben. Hieraus ist der große positive Einfluß der gebundenen Drehachse ersichtlich, die zu sehr viel geringeren Anforderungen als bei freier Drehachse führt, [2 - 39]. In Tab. 6, Z. 4, ist ein negatives Moment gemeint.

Verminderung der Anforderung in Bed. (8)

Wenn unter dem Absolutwert des größten vorhandenen Moments maximal die Streckgrenze erreicht wird (damit also das Verfahren Elastisch-Elastisch angewendet wird), dann dürfen geringere Anforderungen an die Mindeststeifigkeit gestellt werden. Unter Berücksichtigung eines bei I-Profilen im Mittel vorhandenen plastischen Formbeiwertes α_{pl} = 1,14 ergibt sich gegenüber den in Tab. 6 angegebenen Werten abgerundet ein Reduktionsfaktor von k_v = 0,35.

Von diesem Reduktionsfaktor 0,35 darf **kein** Gebrauch gemacht werden, wenn der Tragsicherheitsnachweis nach Teil 1, El. 750, geführt wird, da dort die plastischen Querschnittsreserven mindestens teilweise genutzt werden.

Wenn im Anwendungsfall das vorhandene Moment vorh M unter den γ_M-fachen Bemessungswerten der Einwirkungen kleiner ist als $M_{pl,k}$, kann dies dadurch berücksichtigt werden, daß das vorhandene Moment in Bed. (8) eingeführt wird. Falls die Beanspruchung unter den γ_M-fachen Bemessungswerten der Einwirkungen kleiner ist als das Fließmoment M_{el} = f_y W, darf dies ebenfalls berücksichtigt werden. Die Reduktion darf dann allerdings nur im Verhältnis der Gl. (2 - 3.7) vorgenommen werden, da der plastische Formbeiwert schon im Wert k_v = 0,35 enthalten ist.

$$(vorh\, M\, /\, M_{el})^2 \qquad (2 - 3.7)$$

Die vorhandene Drehbettung ergibt sich als Widerstand der angrenzenden stabilisierenden Bauteile. Dabei wurde zunächst in der Literatur ausschließlich die Biegesteifigkeit der angrenzenden Bauteile $c_{\vartheta M,k}$ betrachtet.

Dies setzt voraus, daß keine zusätzlichen Verdrehungsanteile auftreten - also insbesondere eine starre Verbindung zwischen dem zu stützenden Träger und dem angrenzenden Bauteil vorhanden ist. Darauf wurde u. a. auch in der DASt-Ri 008 hingewiesen. Bei weiteren Untersuchungen, die meist erst in neuerer Zeit vorgenommen worden sind, wurde klar, daß die Voraussetzung der starren Verbindung nicht immer vorliegt. Es ist dann eine allgemeinere Betrachtung notwendig.

Allgemein kann man die vorhandene Drehbettung als ein System von mehreren hintereinandergeschalteten Federn betrachten, s. Bild 2 - 3.10. Daraus ergibt sich dann die Gl. (9) im Teil 2.

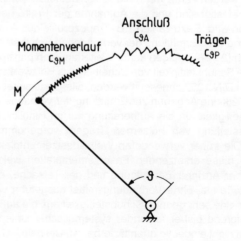

Bild 2 - 3.10   Drehbettungsanteile

Theoretische Drehbettung $c_{\vartheta M,k}$

Die theoretische Drehbettung $c_{\vartheta M,k}$ aus der Biegesteifigkeit des abstützenden Bauteils "a" läßt sich für beliebige Systeme leicht ermitteln, s. z.B. [2 - 40]. Zur Vereinfachung sind entsprechende Werte für Einfeldträger und Mehrfeldträger gleicher Stützweite des abstützenden Bauteils in der Anmerkung 2 des El. 309 angegeben. Falls der zu untersuchende gestützte Träger sich nur in einer Richtung verdrehen kann, dürfen die angegebenen Werte mit dem Faktor 3 malgenommen werden. Dies ist der Fall, wenn der gestützte Träger in einem Dach mit Dachneigung Verwendung findet.

Der Drehbettungsanteil $c_{\vartheta P,k}$ aus der Profilverformung ist abhängig von der Art der Übertragung des Momentes zwischen dem zu stabilisierenden Träger und dem angrenzenden Bauteil. Wenn die flächenhafte Kontaktwirkung, die nur schwer zu erfassen ist, und die Abtragung über Torsionsmomente im Gurt unberücksichtigt bleiben, ergeben sich die im Bild 2 - 3.11 angegebenen Verhältnisse, s. auch [2 - 38].

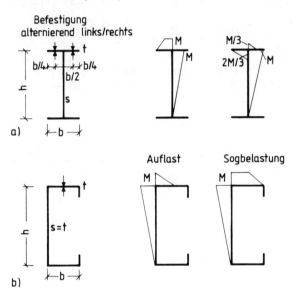

Bild 2 - 3.11   Momentenzustände zur Ermittlung der Profilverformung

Allgemein gilt:

$$c_{\vartheta P,k} = 5770 \frac{1}{\dfrac{h}{s^3} + c_1 \dfrac{b}{t^3}} \quad [kNm/m] \qquad (2 - 3.8)$$

wobei 5770 für 0,25 $E/(1-\mu^2)$ steht, mit h, s, b, t in [cm].

Der Faktor c_1 beträgt:
- für I-Profile bei Auflast oder Sogbelastung $c_1 \approx 0,5$,
- für C-Profile o. ä. bei Auflast $c_1 = 0,5$ und
- für C-Profile o. ä. bei Sogbelastung $c_1 = 2,0$.

Näherungsweise ergibt sich für übliche Stahlträger im Regelfall

$$c_{\vartheta P,k} \sim 5000 \; s^3 / h \qquad (2 - 3.9)$$

und für C-Profile aus Stahl bei Sogbelastung

$$c_{\vartheta P,k} \sim 2500 \; s^3 / h \qquad (2 - 3.10)$$

Die Ergebnisse einer Auswertung von Gl. (2 - 3.8) für Profile der HE- und IPE-Reihe sind aus Tabelle 2 - 3.2 zu ersehen. Es ist zu beachten, daß örtlich eingeleitete große Einzellasten zum Stegkrüppeln oder örtlichen Stegbeulen führen könnten. Da solche Effekte in Gl. (2 - 3.8) nicht berücksichtigt sind, ist sicherzustellen, daß Einzellasten höchstens 50 % der Traglasten für steifenlose Konstruktionen erreichen.

Für gewalzte I-Profile liegt $c_{\vartheta P,k}$ häufig in der gleichen Größenordnung wie $c_{\vartheta M,k}$. Bei Kaltprofilen mit den dort üblicherweise vorhandenen geringen Blechdicken ist $c_{\vartheta P,k}$ in der Regel kleiner als $c_{\vartheta M,k}$ und ist daher von größerem Einfluß.

Drehbettung $\bar{c}_{\vartheta A}$ aus der Verformung des Anschlusses

Mit dem Drehbettungsanteil $\bar{c}_{\vartheta A}$ werden Einflüsse erfaßt, die im Anschlußbereich zwischen dem gestützten Träger und dem abstützenden Bauteil a aus der Verformung des Anschlusses selbst oder aus der Verformung von Verbindungsmitteln entstehen können. Wenn Verbindungsmittel ohne Schlupf vorhanden sind, ist dieser Anteil i. d. R. zu vernachlässigen.

Anders verhält es sich, wenn die Verbindungsmittel selbst eine weiche Feder darstellen, die angrenzenden Bauteile sich selbst verformen oder andere Verformungseinflüsse möglich sind (z.B. durch zusätzliche zwischengelegte Wärmedämmschichten). Verformungen der angrenzenden Bauteile selbst treten stets auf bei Trapezprofilen, bei denen die Kraftübertragung zum überwiegenden Teil über Biegung der sehr dünnen Bleche erfolgt, s. Bild 2 - 3.12. In solchen Fällen ist eine wirklichkeitsnahe Ermittlung der Drehbettung nur über Versuche möglich.

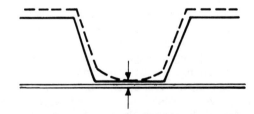

Bild 2 - 3.12   Örtliche Verformungen durch die punktförmige Befestigung von Trapezblechen

Über solche Versuche wird z.B. in [2 - 41] berichtet. Die vorliegenden Ergebnisse, die über die Angaben der Tab. 7 des Teils 2 hinausgehen, sind in Tabelle 2 - 9.6 zusammengestellt, wobei die Werte auf eine einheitliche Gurtbreite von 100 mm bezogen sind. Die Werte bei a) in der 1. Zeile, Sp. 2 und 3, der Tab. 2 - 9.6 sind etwas größer als in Tab. 7, wobei keine Bedenken bestehen, auch diese Werte zu verwenden. Für die tatsächlich vorliegende Gurtbreite ist die Anschlußsteifigkeit dann nach Gl. (11a) bzw. (11b) des Teils 2 zu berechnen. Weitere Angaben zu Anschlußsteifigkeiten sind in Tab. 2 - 9.7 für Aluminiumprofile unter Auflast und in Tab. 2 - 9.8 für verschiedene Dachdeckungen unter Sogbelastung angegeben.

Es liegen bisher keine Versuche mit Trägern vor, die eine größere Gurtbreite als 200 mm aufweisen. Aus den bisherigen anderen Ergebnissen kann jedoch geschlossen werden, daß sich wahrscheinlich keine merkbare Vergrößerung der Anschlußsteifigkeit mehr ergibt. Deshalb können bei Gurtbreiten vorh b > 200 mm die Werte nach Gl. (11b) für vorh b = 200 mm benutzt werden.

In der Literatur sind auch früher schon vorhandene Drehbettungswerte mitgeteilt worden. Sofern es sich um Versuchswerte handelt, sind jedoch stets Gesamtwerte angegeben worden, und eine Trennung der Einzeleinflüsse nach Gl. (9) ist nicht vorgenommen worden. Entscheidender ist jedoch, daß diese Werte stets aus Großversuchen rückgerechnet worden sind, aber keine gesonderten Versuche nur zur Bestimmung der vorhandenen Drehbettung vorgenommen wurden. Außerdem war in den Versuchen eine zusätzliche Schubsteifigkeit wirksam, die nicht gesondert erfaßt werden konnte. Aus diesen Gründen können die ermittelten Werte für den untersuchten Einzelfall durchaus zutreffend sein, eine Übertragung auf andere Fälle ist jedoch kaum möglich. Daher sind auch die vom Verfasser selbst in [2 - 42, Tab. 3.2 - 9] und [2 - 43, Tab. 10.2 - 17] angegebenen Drehbettungswerte für Last auf der Dachhaut nicht weiter verwendbar. Die Angaben für Unterwind dagegen sind verwendbar, da sie auf Versuchen beruhen.

Anschlußsteifigkeiten nach Tab. 7

In Tab. 7 sind Werte der Anschlußsteifigkeiten für Stahltrapezprofile angegeben, die sich aus Versuchen an t = 0,75 mm dicken Blechen ergeben haben, [2 - 41]. Dabei wurden die Versuche für eine große Verdrehung von ϑ_{rad} = 0,10 ausgewertet, um auch alle ungünstigen Anwendungsfälle zu erfassen. Bei sehr kleinen Verdrehungen, insbesondere bis zum Erreichen des Kontaktmomentes, sind größere Steifigkeiten vorhanden. Aus diesem Grunde wurde in [2 - 41] vorgeschlagen, bis zum Erreichen einer Verdrehung von ϑ_{rad} = 0,01 (die dann allerdings auch nachzuweisen ist) die Werte der Tab. 7 zu verdoppeln. Eine völlige Vernachlässigung des Drehbettungsanteils aus der Anschlußsteifigkeit bis zum Erreichen des Kontaktmomentes, wie in [2 - 46] und [2 - 47] vorgeschlagen, erscheint aber auch in diesem Fall nicht zulässig. In Versuchen ist deutlich erkennbar, daß insbesondere bei hohen Auflasten auch vor dem Erreichen des Kontaktmomentes sich bereits Verformungen im Anschlußbereich in der Größenordnung bis zu ϑ = 0,01 einstellen. Dies ist u. a. darauf zurückzuführen, daß durch das Auswandern

Tabelle 2 - 3.2 Drehbettungsanteil $c_{\vartheta P,k}$ [kNm/m] aus der Profilverformung für HE- und IPE-Profile

HEA	$c_{\vartheta P,k}$	HEB	$c_{\vartheta P,k}$	HEM	$c_{\vartheta P,k}$
100	72,0	100	124,0	100	895,0
120	59,8	120	131,0	120	852,0
140	66,9	140	139,0	140	828,0
160	74,8	160	178,0	160	901,0
180	67,7	180	190,0	180	895,0
200	76,4	200	204,0	200	896,0
220	87,4	220	218,0	220	903,0
240	98,4	240	233,0	240	1294,0
260	91,6	260	216,0	260	1201,0
280	102,0	280	230,0	280	1208,0
300	114,0	300	248,0	300	1643,0
320	130,0	320	269,0	320	1565,0
340	145,0	340	289,0	340	1487,0
360	160,0	360	310,0	360	1416,0
400	192,0	400	352,0	400	1290,0
450	198,0	450	354,0	450	1161,0
500	204,0	500	357,0	500	1056,0
550	210,0	550	359,0	550	964,0
600	216,0	600	364,0	600	887,0
650	224,0	650	369,0	650	822,0
700	256,0	700	410,0	700	765,0
800	248,0	800	392,0	800	671,0
900	268,0	900	412,0	900	599,0
1000	264,0	1000	401,0	1000	540,0
IPE	$c_{\vartheta P,k}$	IPEo	$c_{\vartheta P,k}$	IPEv	$c_{\vartheta P,k}$
80	37,8				
100	38,0				
120	39,4				
140	41,4				
160	43,6				
180	46,4	180	66,8		
200	49,2	200	66,5		
220	52,6	220	73,1		
240	56,0	240	79,9		
270	59,6	270	87,7		
300	66,3	300	95,2		
330	71,4	330	104,0		
360	80,1	360	121,0		
400	80,0	400	128,0	400	167,0
450	104,0	450	166,0	450	237,0
500	120,0	500	195,0	500	321,0
550	141,0	550	210,0	550	502,0
600	164,0	600	317,0	600	542,0

der Auflagerkraft zur Flanschaußenkante sich für das Trapezprofil eine Schneidenlagerung mit entsprechend geringer Tragfähigkeit und größeren örtlichen Verformungen ergibt.

Die in Tab. 7 angegebenen Werte gelten nur für die angegebene Befestigungsart mit **Schrauben** und den angegebenen Unterlegscheiben. Die unter den Unterlegscheiben vorhandene Dichtung wird beim Anziehen der Schrauben auf das Blech gepreßt und stellt eine weitere Feder dar, die in den Werten der Tab. 7 enthalten ist.

Häufig werden als Befestigungsmittel jedoch auch **Setzbolzen** nach Zulassung verwendet, für die bisher keine detaillierten Untersuchungen vorliegen. Einmal ist damit ein positiver Effekt verbunden, da hier die weiche Dichtung entfällt. Andererseits ist aber ein ungünstiger Effekt dadurch vorhanden, daß der Hebelarm für die Blechbiegung bei den Setzbolzen wegen des kleineren Durchmessers gegenüber dem Scheibendurchmesser größer wird. Es ist zu erwarten, daß dieser ungünstige Effekt stark überwiegt. Zahlenwerte liegen bisher nicht vor.

Falls die Trapezprofile größere Blechdicken aufweisen als 0,75 mm, ergeben sich größere Anschlußsteifigkeiten. Bisher liegen zwar erst wenige Ergebnisse dazu vor, aber näherungsweise dürfen die entsprechenden Werte mit (vorh t (mm) / 0,75)^2 multipliziert werden.

Sonderbefestigungen

Für den Drehbettungsanteil $\bar{c}_{\vartheta A,k}$ aus der Verformung des Anschlusses liegen bisher nicht für alle denkbaren konstruktiven Ausbildungen detaillierte Untersuchungen vor, die die Angabe von Zahlenwerten möglich machen. Für andere Befestigungen, z.B. für den Fall, daß Stahlträger, z.B. Rahmenriegel, durch Holzträger stabilisiert werden sollen, kommt es ebenfalls entscheidend auf die konstruktive Ausbildung an. Für zwei übliche Holzverbinder, nämlich klauenartige genagelte Anschlußplatten und an die Holzträger genagelte winkelförmige dünnwandige Verbinder, ähnlich den bei Verbunddecken üblichen Schenkeldübeln, ergaben sich aus Versuchen relativ niedrige Werte für den Drehbettungsanteil aus der Verformung des Anschlusses. Falls die Befestigung mit gewalzten Winkeln aus Stahl über Stahlbauschrauben erfolgt, kann die Anschlußsteifigkeit größer sein. Aber auch hier wird dies stark durch die Größe des Spiels in den Schraubenlöchern beeinflußt werden. Solange keine detaillierten Untersuchungen vorliegen, kann der Ansatz sehr großer, nur theoretisch ermittelter Zahlenwerte für $\bar{c}_{\vartheta A,k}$ nicht gestattet werden.

Schraubenabstände

Im Bild 13 sind Beispiele für die Schraubenanordnung beim Trapezprofilanschluß zu sehen. Dabei ist im linken Teil des Bildes 13 (I-Profil) ein Schraubenabstand $e = b_r$ dargestellt, während im rechten Teil des Bildes (U-Profil) ein Schraubenabstand $e = 2 b_r$ angegeben ist. Beim Anschluß an das I-Profil ist für den Fall, daß sich das I-Profil nach links verdreht, die mittlere Schraube kaum wirksam. Dafür ist bezüglich der wirksamen Schrauben aber ein großer Hebelarm von etwa 0,75 b bis zur Druckkante vorhanden. Da im Stabilitätsfall die Verdrehung sowohl nach links als auch nach rechts erfolgen kann, müssen die Schrauben alternierend links/rechts angeordnet werden, um die angegebenen Drehbettungswerte ausnutzen zu können. Eine z.T. in der Praxis übliche Anordnung der Schrauben nur auf einer Seite des Flansches kann die Wirksamkeit der Drehbettung stark vermindern, während eine gleichmäßige Anordnung über der Stegachse mit der alternierenden Anordnung etwa gleichwertig wäre. Wenn nur eine einsinnige Verdrehung möglich ist, wie z.B. bei einem geneigten Dach, dann ist auch bei I-Profilen eine einsinnige Anordnung der Schrauben auf der Talseite nicht zu beanstanden. Beim U-Profil ist wegen des außerhalb des Querschnittes liegenden Schubmittelpunktes nur eine einsinnige Verdrehung möglich, weshalb jede Schraube wirksam ist und gegen eine gleichmäßige Anordnung der Schrauben in einer Linie keine Bedenken bestehen.

Die Bed. (8) des Teils 2 führt zur Dimension kNm/m, da eine kontinuierlich vorhandene Drehbettung unterstellt worden ist. Gl. (10) führt zur gleichen Dimension, wenn es sich bei dem abstützenden Bauteil a um ein flächenhaftes Bauteil, z.B. ein Trapezprofil, handelt. Sollte das abstützende Bauteil nur an einzelnen Stellen vorhanden sein, z.B. ein Querträger, dann ist der Anteil $\bar{c}_{\vartheta M}$ noch auf die Trägerlänge zu verschmieren. Wenn im gleichmäßigen Abstand n abstützende Bauteile vorhanden sind, dann ist das Verschmieren auf einer Länge von

$$L / (n + 1) \qquad (2 - 3.11)$$

vorzunehmen. Umgekehrt ist es natürlich auch möglich, die kontinuierliche Drehbettung in eine Einzeldrehbettung durch Multiplikation mit Gl. (2 - 3.11) umzurechnen.

3.3.2.4 Wegfall des genaueren Biegedrillknicknachweises durch Nachweis ausreichender Schubsteifigkeit

Wenn die Schubsteifigkeit S angrenzender Bauteile groß genug ist, dann wird in manchen Fällen die Verformung soweit behindert, daß kein Biegedrillknicken mehr auftreten kann. Dieser Fall ist besonders einsichtig, falls die Momentenlinie ohne Vorzeichenwechsel ist und der Druckgurt durch S ausgesteift wird. Für doppeltsymmetrische Querschnitte, bei einer parabelförmigen Momentenlinie und Angriff der Querlast am Druckgurt ergibt sich die zugehörige Schubsteifigkeit S_1 nach Bed. (2 - 3.12), die in ähnlicher Weise auch von *Heil* abgeleitet wurde.

$$S_1 \geq \frac{10{,}2\, M_{pl}}{h} \qquad (2 - 3.12)$$

mit h = Trägerhöhe.

Bed. (2 - 3.12) ergibt sich dadurch, daß ein ideales Biegedrillknickmoment unter Berücksichtigung der Schubsteifigkeit S_1 berechnet wird, das zu einem bezogenen Schlankheitsgrad $\bar{\lambda}_M = 0{,}4$ führt. Die zugehörige Berechnung nach der Energiemethode unter Verwendung eines einwelligen Sinusansatzes für die Verdrehung ϑ und die Verschiebung v ist für den genannten Fall der Gleichlast am Einfeldträger hinreichend genau, bei anderen Belastungsfällen und bei größeren Werten der Schubsteifigkeit jedoch empfindlich. Daher sind für Durchlaufträger mit den zugehörigen Stützenmomenten bisher keine verläßlichen Zahlenwerte bekannt, die die Zahl 10,2 in Bed. (2 - 3.12) ersetzen könnten.

Andererseits weisen z.Z. laufende Untersuchungen darauf hin, daß sich Träger, die durch Schubsteifigkeit angrenzender Bauteile stabilisiert werden, günstiger verhalten, als es mit der Anwendung der Gl.(18) zum Ausdruck kommt.

Die Schubsteifigkeit S_1 nach Bed. (2 - 3.12) unterscheidet sich von der Schubsteifigkeit S nach Bed. (7): Bei Einhaltung der Bed. (2 - 3.12) wird ein Biegedrillknicken vollständig verhindert, bei Bed. (7) wird M_{Ki} auf den Wert angehoben, der sich bei gebundener Drehachse ergibt.

3.3.3 Nachweis des Druckgurtes als Druckstab

Aus den Verformungen, die beim Biegedrillknicken auftreten, s. Bild 2 - 1.3, ist zu ersehen, daß der Druckgurt bei einem I-Profil seitlich ausweicht. Daher liegt es nahe, den Biegedrillknicknachweis in Form eines vereinfachten Biegeknicknachweises zu führen. Regelungen in anderen Ländern verzichten daher z.T. auf einen besonderen Biegedrillknicknachweis und führen statt dessen nur einen vereinfachten Biegeknicknachweis.

Der vereinfachte Nachweis nach El. 310 gilt für I-Träger, die zur y-Achse unsymmetrisch sein können, bezüglich der z-Achse aber einen symmetrischen Querschnitt aufweisen müssen. Vorausgesetzt ist, daß der Druckgurt in konstanten Abständen c in y-Richtung, also seitlich, unverschieblich gehalten ist. Dies wird konstruktiv in den meisten Fällen durch rechtwinklig zur Stabachse des betrachteten Stabes verlaufende Träger (z.B. Querträger) oder durch Verbände erreicht. Rohrkupplungsverbände im Gerüstbau erfüllen dabei nicht die Voraussetzung der Unverschieblichkeit der Haltepunkte. Falls die Normalkraft im Druckgurt ihr Vorzeichen wechselt, ist die Festhaltung also an beiden Gurten erforderlich. Ist dies nicht der Fall, dann darf die Untersuchung nicht nach diesem El. 310 erfolgen, vielmehr ist eine Biegedrillknickuntersuchung mit gebundener Drehachse durchzuführen.

Der vereinfachte Nachweis mit Hilfe der Bed. (12) war im Prinzip auch schon in der DIN 4114, Abschn. 15.3, vorhanden, s. Bild 2 - 3.13. Er entspricht also dem sog. c/40-Nachweis. Der Nachweis ist im Teil 2 auf bezogene Schlankheitsgrade $\bar{\lambda}$ umgeschrieben.

Ausgangspunkt der Bed. (12) ist die Festlegung, daß für das Biegedrillknicken von Biegeträgern ohne Normalkraft bis zu einem bezogenen Schlankheitsgrad $\bar{\lambda}_M = 0,4$ für das Biegedrillknicken kein Nachweis erforderlich ist. Eine Umrechnung der bezogenen Schlankheitsgrade $\bar{\lambda}_M$ für Biegedrillknicken und $\bar{\lambda}_1$ für das Biegeknicken des Druckgurtes für ausgewählte Walzprofile ist aus Bild 2 - 3.14 zu ersehen. Daraus geht hervor, daß der Wert von $\bar{\lambda}_1 = 0,5$ sehr gut dem Wert $\bar{\lambda}_M = 0,4$ entspricht.

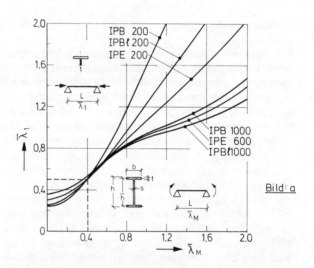

Bild 2 - 3.14 Beziehung zwischen $\bar{\lambda}_M$ und $\bar{\lambda}_1$

Der Wert 0,5 darf im Verhältnis des vorhandenen Momentes M_y zum vollplastischen Moment $M_{pl,y,d}$ erhöht werden, wenn der Träger nicht voll ausgenutzt ist.

Bei der Berechnung des bezogenen Schlankheitsgrades $\bar{\lambda}$ darf der Verlauf der Normalkraft im Gurt berücksichtigt werden. Da es sich aber um das Biegedrillknicken und **nicht** um das Biegeknicken handelt, darf diese Reduktion **nicht** mit dem Knicklängenbeiwert des Biegeknickens vorgenommen werden. Die Reduktion ergibt sich vielmehr über die Wurzel der betreffenden idealen Biegedrillknickmomente, die durch den Momentenbeiwert ζ charakterisiert werden. Daher ergibt sich der Beiwert k_c für den Verlauf der Druckkraft im Druckgurt aus Gl. (2-3.13)

$$k_c \approx 1/\sqrt{\zeta} \qquad (2 - 3.13)$$

DIN 4114:

$$i_y \geq \frac{c}{40}$$

$$i_y < \frac{c}{40}:$$

$$\sigma_R \leq \frac{1,14 \cdot zul\ \sigma}{\omega}$$

DIN 18800 Teil 2:

$$\bar{\lambda} = \frac{c \cdot k_c}{i_{z,g} \cdot \lambda_a} \leq 0,5 \sqrt{\frac{M_{pl,y,d}}{M_y}}$$

St 37: $i_{z,g} \geq \frac{c}{46,5}$

$$\bar{\lambda} > 0,5 \sqrt{\frac{M_{pl,y,d}}{M_y}}$$

$$\frac{0,843 \cdot M_y}{\kappa \cdot M_{pl,y,d}} \leq 1$$

$k_c = f$ (Druckkraftverlauf)

Bild 2 - 3.13 Gegenüberstellung von Nachweisen für den Druckgurt als Druckstab

Eine vereinfachte Auswertung für häufige Fälle ohne Berücksichtigung der tatsächlich vorhandenen Einflüsse aus der Länge L und dem Verhältnis der Torsionssteifigkeit I_ω und I_T ist in Tabelle 8 angegeben.

Der Druckkraftbeiwert ist im Teil 1, El. 740, das dem El. 310 im Teil 2 entspricht, aus Vereinfachungsgründen weggelassen worden.

Sofern Bed. (12) nicht erfüllt ist, darf Bed. (14) angewendet werden. Diese Bedingung entspricht den Regelungen von DIN 4114, Abschn. 15.4. Bed. (14) drückt aus, daß der rechnerisch vorausgesetzte zentrisch gedrückte Stab im Verhältnis des Abminderungsfaktors κ bei dem vorhandenen bezogenen Schlankheitsgrad $\bar{\lambda}$ zu dem Abminderungsfaktor $\kappa = 0{,}843$ für Knickspannungslinie c bei $\bar{\lambda} = 0{,}5$ ausgenutzt werden darf. Auch hier darf wieder die ggf. nicht vollständige Ausnutzung durch das Verhältnis der Momente $M_y / M_{pl,y,d}$ berücksichtigt werden.

Die Regelungen des El. 310 gelten für biegebeanspruchte Stäbe. Für normalkraftbeanspruchte Stäbe ist dagegen El. 739 aus Teil 1 einzuhalten, sofern kein Biegeknicknachweis geführt wird.

Es kann gezeigt werden, daß im gesamten baupraktischen Schlankheitsbereich die Bed. (12) gegenüber dem genaueren Biegedrillknicknachweis nach Gl. (18) auf der sicheren Seite liegt, falls keine Querlast q_z mit Lastangriff am Obergurt vorhanden ist. Ist diese Voraussetzung nicht erfüllt, ist eine Zusatzbedingung einzuhalten.

Die Ableitung dieser Zusatzbedingung wurde durch die Untersuchungen von Lohse [2 - 48] angeregt.

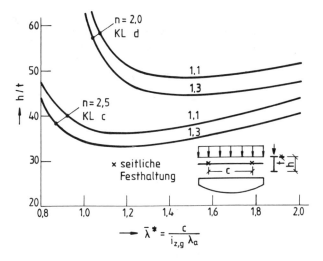

Bild 2 - 3.15   Maximal erlaubte Werte h/t, damit Bed. (12) angewendet werden darf. Kurvenparameter $1 + A_s/(5 A_g)$, KL = Knickspannungslinie, St 37

Durch Gleichsetzen der Gl. (18) für den genaueren Biegedrillknicknachweis und der Bed. (14) für den vereinfachten Nachweis ergab sich nach Einsetzen der Querschnittswerte und der Gl. (19) eine Bedingung für den höchsten erlaubten Wert h/t, die in [2 - 27] abgeleitet ist. Dabei ist h der Abstand der Gurtschwerachsen und t die Gurtdicke. Es wurde zugelassen, daß sich zwischen Gl. (18) und Bed. (14) eine Traglastdifferenz von 3 % ergeben kann. Dieser Wert h/t ist abhängig vom Verhältnis der Stegfläche A_s zur Gurtfläche A_g. Die Bedingung aus [2 - 27] ist für St 37 im Bild 2 - 3.15 ausgewertet. Daraus ist zu ersehen, daß sich für den Trägerbeiwert n = 2,0 und Knickspannungslinie (KL) d ein kleinster Wert von 44 ergibt, der in Bed. (15) übernommen worden ist, wobei dort zur Vereinfachung h als Trägerhöhe definiert ist. Aus Bild 2 - 3.15 ist auch zu ersehen, daß sich für n = 2,5 und Knickspannungslinie c ein minimaler Wert von 33 ergibt. Auf die Einhaltung dieses Wertes im Teil 2 konnte verzichtet werden, da er bei den gewalzten I-Profilen, für die n = 2,5 gilt, nicht überschritten wird.

Die Anwendung des El. 310 auf einfachsymmetrische Querschnitte setzt voraus, daß der Zuggurt nicht vor dem Druckgurt versagt. Dazu muß die Bed. (2 - 3.14) eingehalten sein.

$$\kappa_z \leq \frac{e_d}{e_z} \qquad (2 - 3.14)$$

mit e_d = Abstand Schwerachse zur Achse Druckgurt
e_z = Abstand Schwerachse zur Achse Zuggurt

Im El. 310 wird das Biegedrillknicken durch die Untersuchung des Biegeknickens des Druckgurtes erfaßt. Trotzdem darf bei allgemeiner Anwendung der Nachweisverfahren der Tab. 1 die dann anzusetzende Ersatzimperfektion **nicht** nach El. 202, letzter Satz, reduziert werden.

3.3.4 Biegedrillknicken

El. 311 gilt für einfachsymmetrische I-Profile sowie U- und C-Profile, <u>sofern keine planmäßige Torsion auftritt.</u>

Nachweisformat

Der genauere Biegedrillknicknachweis nach Bed. (16) entspricht im Prinzip demjenigen, der nach Bed. (3) für planmäßig mittigen Druck gefordert wird, wobei die Momente an die Stelle der Normalkräfte treten. Das Moment $M_{pl,y,d}$ im vollplastischen Zustand ist mit einem Abminderungsfaktor κ_M zu multiplizieren, der sich aus dem bezogenen Schlankheitsgrad $\bar{\lambda}_M$ ergibt, der wiederum vom idealen Biegedrillknickmoment M_{Ki} abhängt. Sofern das Biegemoment M_y über die Stablänge veränderlich ist, ist darunter der größte Absolutwert zu verstehen, also ggf. auch das Stützenmoment. Der Einfluß der Form der Biegemomentenfläche wird über das ideale Biegedrillknickmoment erfaßt.

Der Abminderungsfaktor κ_M ist der Wert der Biegedrillknickkurve, die für n = 2,5 auch im Bild 10 eingetragen ist. Dieser Wert κ_M entspricht dem Abminderungsfaktor κ bei den Knickspannungslinien. Der Zahlenwert für κ_M kann aus der Kurve des Bildes 10 entnommen werden, aus Gl. (18) berechnet werden oder aus Tabellen abgelesen werden. Hier ist bei den Hilfen die Tab. 2 - 9.5 abgedruckt.

Die Form der Gl. (18) ergibt sich aus der Merchant-Rankine-Formulierung der Gl. (2 - 3.15), die erstmals von *Unger* angegeben wurde.

$$\frac{1}{M_{u,y}^n} = \frac{1}{M_{pl,y}^n} + \frac{1}{M_{Ki,y}^n} \qquad (2 - 3.15)$$

mit $M_{u,y}$ = Tragbiegemoment = $\kappa_M \, M_{pl,y}$.

Sie hat den Vorteil, daß sie für sehr kurze Trägerlängen wegen M_{Ki} gegen Unendlich zu dem Ergebnis $M_{u,y} = M_{pl,y}$, $\kappa_M = 1,0$ führt. Für sehr große Trägerlängen dagegen ergibt sich wegen $M_{pl,y} \gg M_{Ki}$ das Ergebnis $M_{u,y} = M_{Ki}$. Beide Grenzfälle sind mechanisch sinnvoll und einleuchtend.

Eine Gegenüberstellung der Vorgehensweise nach DIN 4114 und Teil 2 ist aus Bild 2 - 3.16 zu ersehen. Es ist zu erkennen, daß die Vorgehensweise in beiden Fällen auf dem idealen Biegedrillknickmoment bzw. der entsprechenden Spannung beruht und vom Aufwand her vergleichbar ist.

Bild 2 - 3.16 Gegenüberstellung von Nachweisen beim Biegedrillknicken

Trägerbeiwert n

Der Abminderungsfaktor κ_M ist neben dem bezogenen Schlankheitsgrad $\bar{\lambda}_M$ vom Trägerbeiwert n abhängig. Dieser Trägerbeiwert n hängt seinerseits von einer Vielzahl von Parametern ab. Dazu gehören:

a) Typ des Querschnitts (z.B. IPE, HEB),
b) Art der Belastung (konstantes oder veränderliches Moment, Gleichlast, Einzellast),
c) Eigenspannungen aufgrund unterschiedlicher Herstellungsverfahren (gewalzt, geschweißt),
d) Form und Größe von Vorverformungen oder Lastaußermittigkeiten,
e) Art der Lasteinleitung (Punktlast, über angrenzende Querträger),
f) Stahlsorte,
g) Hebelarm der Last in bezug auf den Schubmittelpunkt,
h) statisches System.

Davon wurden im Teil 2 die Parameter a) bis c) näherungsweise berücksichtigt. Der Stand der Kenntnisse reicht nicht aus, um eine weitergehende Klassifizierung vorzunehmen, die auch aus Gründen der Übersichtlichkeit umstritten wäre. Die Festlegung der Zahlenwerte für den Trägerbeiwert n beruht auf Traglastrechnungen unter Berücksichtigung von Vorverformungen, Eigenspannungen und Ausbreitung der Fließzonen in Stablängsrichtung und auf der statistischen Auswertung von Versuchen, die weltweit durchgeführt worden sind.

Bei diesen statistischen Auswertungen wurden nach Abstimmung mit *Janss* (Belgien), *Nethercot* (England), *Sedlacek* (Deutschland) nur diejenigen Versuche berücksichtigt, für die eine hinreichende Dokumentation über Versuchsablauf, Streckgrenzen, Querschnittswerte u. ä. vorlag. Nach der im Eurocode 3 angebenen Methode ergaben sich dabei die Ergebnisse der Tab. 2 - 3.4 und 2 - 3.5. Diesen liegt als Variationskoeffizient der Streckgrenze 0,07, als Sicherheitsindex 3,8 und die Annahme zugrunde, daß alle Querschnittswerte gemessen waren, was auf die wichtigsten Versuche zutrifft. Maßgebend für die Beurteilung ist der Teilsicherheitsbeiwert γ_m^*, der etwa den Wert 1,10 erreichen soll, wie für γ_M im Teil 1 vorgesehen.

Tab. 2 - 3.3 Statistische Auswertung von N = 67 Biegedrillknickversuchen an gewalzten Trägern, Belastung: Einzellast, Trägerbeiwert n = 2,5

N	n	$\bar{\lambda}_M$	γ_m^*	$\bar{\gamma}_m^*$
35	2,5	0,4 ... 1,0	1,08-1,10	1,09
32	2,5	> 1,0	1,05-1,09	1,06

Es ist deutlich zu erkennen, daß die Belastung durch konstante Momente ungünstigere Ergebnisse liefert als die Belastung durch Einzellasten. Aus diesem Grunde wurde im Teil 2 zusätzlich der Faktor k_n nach Bild 14 eingeführt, der für konstantes Moment zu einer Reduktion auf 80 % führt. Da sich geschweißte Träger aufgrund der gegenüber gewalzten Trägern größeren Eigenspannungen ungünstiger als gewalzte Träger verhalten, wird im Teil 2 dafür ein auf n = 2,0 reduzierter Trägerbeiwert verwendet.

Tab. 2 - 3.4 Statistische Auswertung von N = 65 Biegedrillknickversuchen an gewalzten Trägern, Belastung: konstantes Moment, Trägerbeiwert n = 2,5 und 2,0

N	n	$\bar{\lambda}_M$	γ_m^*	$\bar{\gamma}_m^*$
35	2,5	0,4 ... 1,0	1,13-1,15	1,15
30	2,5	> 1,0	1,11-1,12	1,12
35	2,0	0,4 ... 1,0	1,11-1,12	1,12
30	2,0	> 1,0	1,04-1,09	1,06

Auswertungen von Versuchen werden häufig ohne Entfernen von aus verschiedenen Gründen nicht zu wertenden Versuchen vorgenommen, z.B. [2 - 50]. Damit ist die Anzahl der in die Statistik eingehenden Versuche zwar wesentlich höher, das Ergebnis wird aber gerade durch solche nicht wertbaren Versuche stark verzerrt.

Der für die europäische Harmonisierung wichtige Eurocode 3 [2 - 49] ist einen anderen Weg als Teil 2 gegangen. Den vorgesehenen Tragsicherheitsnachweis hat man **ausschließlich** an der statistischen Auswertung von Versuchen kalibriert. Dies erscheint bedenklich, da man gerade bei der Vielzahl der Parameter beim Biegedrillknicken nicht für jeden wichtigen Parameter genügend eindeutig zuzuordnende Versuche hat, so daß man keine Unterscheidung nach den einzelnen Parametern vornahm. Aus Gründen der Vereinfachung hat man dann in [2 - 49] auf eine besondere Biegedrillknickkurve ganz verzichtet und hat auch für das Biegedrillknicken eine der Kurven für das Biegeknicken gewählt. Damit verschenkt man zwangsläufig Tragfähigkeit, was bei einem eventuellen Vergleich der beiden Regelungen zu berücksichtigen ist.

Die Trägerbeiwerte n für **Wabenträger** gehen auf Untersuchungen in [2 - 51] zurück, die für ausgeklinkte Träger auf [2 - 52].

Einfachsymmetrische I- Profile kommen häufig als Kaltprofile vor. Für solche Profile empfiehlt [2 - 80] einen Trägerbeiwert n = 2,0, falls der kleinere Gurt gedrückt ist. Es ist allerdings anzumerken, daß die DASt-Ri 016 eine solche Unterscheidung nicht trifft.

Rechteckprofile sind in Tab. 9 nicht enthalten, da dafür bisher keine speziellen Untersuchungen vorliegen. Aus Untersuchungen von Gitterrosten, die rechteckige Tragstäbe aufweisen, kann jedoch geschlossen werden, daß näherungsweise ein Trägerbeiwert n = 1,5 genommen werden darf.

Voutenträger

Voutenträger wurden von *Stoverink* [2 - 7] untersucht, auf dessen Ergebnissen Zeile 5 der Tab. 9 basiert. Die Gl. für den Trägerbeiwert in Tab. 9 wurde dabei gegenüber dem Vorschlag in [2 - 7] aus Vereinfachungsgründen linearisiert. Zu beachten ist bei den Voutenträgern jedoch, daß nach [2 - 7] bei der Berechnung des bezogenen Schlankheitsgrades $\bar{\lambda}_M$ nach El. 110 für M_{pl} und für M_{Ki} die Querschnittswerte am höheren Ende der Voute einzusetzen sind. Dies bedeutet insbesondere, daß für M_{Ki} **nicht** der Fall des Trägers mit in Längsrichtung veränderlichen Querschnittswerten berechnet werden muß.

Dieser Vorschlag konnte in [2 - 7] durch Traglastrechnungen nur für eine begrenzte Anzahl von Fällen abgesichert werden. Aus diesem Grunde wird hier vorgeschlagen, alternativ auch eine zweite Berechnungsmöglichkeit anzuwenden: Dabei sollte der Trägerbeiwert n nach Zeile 1 (Schweißnaht in Stegmitte) bzw. Zeile 2 (Schweißnaht am Übergang Steg-Flansch) verwendet werden. Dann ist M_{Ki} jedoch unter Berücksichtigung des in Stablängsrichtung veränderlichen Querschnitts zu bestimmen. Zur Berechnung des bezogenen Schlankheitsgrades $\bar{\lambda}_M$ sind weiterhin entsprechend Anmerkung 5 in El. 110 die Werte M_{Ki} und M_{pl} für diejenige Stelle einzusetzen, für die der Tragsicherheitsnachweis geführt wird. Im Zweifelsfall sind mehrere Stellen zu untersuchen.

Ideales Biegedrillknickmoment

Für die Berechnung des bezogenen Schlankheitsgrades $\bar{\lambda}_M$ muß das ideale Biegedrillknickmoment bekannt sein, das in der Literatur häufig als Kippmoment bezeichnet wird.

Es sind eine große Anzahl von Veröffentlichungen verfügbar, aus denen Angaben entnommen werden können, z.B. [2 - 31], [2 - 40], [2 - 54]. Außerdem existieren auch eine Anzahl von Rechenprogrammen, z.B. [2 - 7], [2 - 8], KIBAL2, als Grundlage vieler Veröffentlichungen des Autors. Für diejenigen Anwender, die einfache Faustformeln bevorzugen, wurden die Gl. (19) und (20) in den Teil 2 aufgenommen. Gl. (19) entspricht dabei den Angaben in DIN 4114, Ri 15.3, wobei mit Gl. (19) nur doppeltsymmetrische Träger erfaßt werden. Vereinfachte Angaben für den Momentenbeiwert ζ sind für gabelgelagerte Träger für einige Momentenverläufe in Tab. 10 angegeben. Tatsächlich sind diese Werte auch von der Torsionskennzahl $\chi = (E I_\omega / (L^2 G I_T))$ und dem Lasthebelarm z_p abhängig, [2 - 40].

Das ideale Biegedrillknickmoment M_{Ki} ist also vom Lasthebelarm z_p abhängig, wenn Querlasten p_z oder P_z vorhanden sind. Dies geht auch aus Gl. (19) hervor. Falls bei einer Orientierung des Stabes nach Bild 1 die Last am Obergurt angreift, dann ist aufgrund des gewählten Achsenkreuzes z_p negativ und vermindert daher M_{Ki}, umgekehrt ist bei Lastangriff am Untergurt z_p positiv und wirkt sich daher lasterhöhend aus. Diese Betrachtung ist unabhängig vom statischen System und damit unabhängig von der Festlegung Druckgurt und Zuggurt und auch für den Kragarm gültig. Dies ist auch aus Bild 23 von DIN 4114 Teil 2 zu ersehen.

Eine **Vereinfachung** von Gl. (19) ist durch Gl. (20) gegeben, die aus Gl. (19) hervorgeht, wenn die Querschnittswerte dort eingesetzt werden und Vereinfachungen vorgenommen werden. Die Gl. (20) liefert jedoch bei kleinen Werten L/h Ergebnisse, die u. U. weit auf der sicheren Seite liegen, s. Bild 2 - 3.17. Auf der Vereinfachung von Gl. (20) beruht auch die Bed. (21).

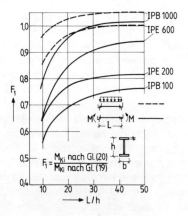

Bild 2-3.17 Vergleich der Näherung Gl. (20) mit Gl. (19)

Das ideale Biegedrillknickmoment kann auch anders als in Gl. (19), nämlich nach Gl. (2 - 3.6), dargestellt werden. Außerdem ist es für Walzprofile auch möglich, vorliegende Auswertungen von σ_{Ki} nach DIN 4114, Ri 15.15 zu benutzen, die in Form von Diagrammen vorliegen, [2 - 64]. Durch Multiplikation mit dem Widerstandsmoment der Gurtschwerachse erhält man daraus M_{Ki}.

Der Momentenbeiwert k ist sehr stark von der Torsionskennzahl χ und dem Lasthebelarm z_p abhängig, wobei sich in vielen Fällen auch ein ausgeprägtes Minimum ergibt, das zur Vereinfachung verwendet werden darf. Angaben für k sind der Literatur zu entnehmen, z.B. [2 - 40], [2 - 54], und sind auch im Abschn. 2 - 9 angegeben.

Über das ideale Biegedrillknickmoment können auch konstruktive Besonderheiten erfaßt werden. Dazu gehört die Wirkung von **Kopfplatten**, die Obergurt und Untergurt verbinden. Sie rufen eine Drillkopplung hervor und können M_{Ki} bemerkenswert vergrößern, [2 - 53]. Weiterhin gehören **Ausklinkungen** dazu, die i. a. zu einer bemerkenswerten Reduktion von M_{Ki} führen, [2 - 52].

Wenn eine **Drehbettung** c_ϑ vorhanden ist, die jedoch nicht eine solche Größe erreicht, daß der Nachweis entsprechend El. 309 geführt werden kann, dann kann deren Wirkung über das ideale Biegedrillknickmoment nach Gl. (19) oder (2 - 3.15) (mit der aus Genauigkeitsgründen erforderlichen Einschränkung $\beta = \beta_0 = 1$) erfaßt werden. Dabei darf dann I_T durch I_T^* näherungsweise nach Gl. (2 - 3.16) ersetzt werden.

$$I_T^* = I_T + c_\vartheta L^2 / (G \pi^2) \qquad (2 - 3.16)$$

Die darin eingehenden Momentenbeiwerte ζ für Gl. (19) oder k für Gl. (2 - 3.6) sind im Prinzip auch von c_ϑ abhängig, jedoch kann dies i. a. vernachlässigt werden, so daß dann die gleichen Werte verwendet werden, die ohne Drehbettung c_ϑ gelten.

Auch die Wirkung der **Schubsteifigkeit** S kann über das ideale Biegedrillknickmoment berücksichtigt werden, sofern nicht El. 308 oder hier Abschn. 3.3.2.4 benutzt werden können. Allerdings besteht hier die Schwierigkeit, daß Gebrauchsformeln (wie Gl. (19) oder (2 - 3.6)) auf einfachen mathematischen Ansätzen beruhen, die bei großen Schubsteifigkeiten nicht immer hinreichend genaue Werte liefern.

Eine einfache Gebrauchsformel wurde in [2 - 55] angegeben, die jedoch nur bei positivem Moment und kleinen Schubsteifigkeiten S gilt.

Gebundene Drehachse

Sofern eine gebundene Drehachse vorliegt, s. Bild 2 - 3.7, wird M_{Ki} in aller Regel größer. Auswertungen für Durchlaufträger sind in [2 - 54] angegeben, Auswertungen für Einfeldträger im Abschn. 2 - 9. Für Einfeldträger darf das ideale Biegedrillknickmoment bei einwelligem Ausweichen näherungsweise auch aus Gl. (2 - 3.17) berechnet werden.

$$\nu_{Ki} = \frac{E(I_\omega + I_z f^2)\pi^2/L^2 + G I_T + c_\vartheta L^2/\pi^2}{2,0 M_1 f + 1,13 M_2 f + M_3(1,74 f - 0,81 z_p) + M_4(1,41 f - 0,81 z_p)} \qquad (2 - 3.17)$$

mit ν_{Ki} = Laststeigerungsfaktor zum Erreichen des idealen Biegedrillknickmomentes

Die in Gl. (2 - 3.17) angegebenen Momente sind aus Bild 2 - 3.18 zu ersehen.

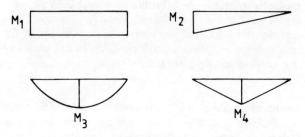

Bild 2 - 3.18 Momentenverläufe für Gl. (2 - 3.18)

Gabellagerung

Die meisten Angaben für ideale Biegedrillknickmomente oder die zugehörigen Beiwerte ζ, k gehen von der Annahme der Gabellagerung aus. Dies bedeutet, daß an den betreffenden Stellen die Verdrehung ϑ verhindert ist und Torsionsmomente übertragen werden können. Durch die konstruktive Ausführung ist sicherzustellen, daß dies erreicht wird, [2 - 43].

Für Unterflanschkatzträger und Traversen, die i. d. R. nur am Obergurt aufgehängt sind, trifft dies i. a. nicht zu, Angaben dazu z.B. nach [2 - 87].

3.4 Einachsige Biegung mit Normalkraft

3.4.1 Stäbe mit geringer Normalkraft

Die Vereinfachung des El. 312 beruht auf der Form der Interaktionskurven zwischen Normalkraft und Biegemoment. Entsprechend Tab. 16 im Teil 1 darf eine Normalkraft in der Größe von 10 % der Grenznormalkraft in ihrer reduzierenden Wirkung auf das Biegemoment vernachlässigt werden.

3.4.2 Biegeknicken

Vereinfachter Nachweis für Sonderfälle

Das El. 313 gibt eine auf *Rubin* zurückgehende Vereinfachung an, bei der die Wirkung des Biegemomentes aus Gleichstreckenlast oder Einzellast durch eine Vergößerung des bezogenen Schlankheitsgrades $\bar{\lambda}$ für das Biegeknicken erfaßt wird. Im Falle von El. 510 darf näherungsweise $\bar{\lambda}'_K$ anstelle von $\bar{\lambda}_K$ verwendet werden.

Ersatzstabverfahren nach El. 314

Die Regelungen dieses Abschnittes gehen auf die Arbeiten von *Roik* und *Kindmann* zurück, [2 - 56]. Gegenüber den Originalveröffentlichungen sind jedoch einige Änderungen und Ergänzungen vorgenommen worden: Bed. (25), Einhaltung der Bed. (5) und (6) in El. 316, El. 317, El. 318, geänderte Werte für β_m nach Tab. 11, Spalte 2. Damit wurde der teilweise gegen Gl. (24) vorgebrachten Kritik Rechnung getragen. Im Bereich großer bezogener Schlankheitsgrade $\bar{\lambda}$ ist trotzdem in manchen Fällen noch eine gewisse Abweichung zur unsicheren Seite vorhanden, die jedoch vom Ausschuß unter Beachtung üblicher baupraktischer Ungenauigkeiten als tolerabel angesehen wurde.

Mit Gl. (24) wird rechnerisch ein beliebig gelagerter und belasteter Stab auf den beidseitig gelenkig gelagerten Stab unter konstanter Druckkraft zurückgeführt. Diese Grundidee ist damit die gleiche wie beim ω-Nachweis der DIN 4114, Abschn. 7.1 und 10.02. Die Wirkung von geometrischen und strukturellen Imperfektionen ist über die aus den Knickspannungslinien zurückrechenbaren Ersatzimperfektionen nach Gl. (2 - 2.10) berücksichtigt und als Tragfähigkeitsbedingung das Erreichen des 1. Fließgelenkes nach einer vereinfachten Theorie II. Ordnung (Vergrößerungsfaktor) eingearbeitet. Damit ist es möglich, die in Gl. (24) eingehenden Schnittgrößen nach Theorie I. Ordnung zu berechnen.

Die Möglichkeit, die Schnittgrößen nach Theorie I. Ordnung zu berechnen, wird von Praktikern vielfach als großer Vorteil von solchen Ersatzstabnachweisen angesehen. Dabei ist jedoch folgendes zu beachten:
- Der Nachweis kann zu völlig unzutreffenden Ergebnissen führen, wenn die Biegemomentenverteilung nach Theorie II. Ordnung nicht in etwa affin zu der nach Theorie I. Ordnung verläuft, [2 - 57].
- Das Ersatzstabverfahren liefert i. d. R. bei verschieblichen Systemen bessere Ergebnisse als bei unverschieblichen Systemen, insbesondere wenn große Normalkräfte vorhanden sind.
- Die Bemessung von Verbindungen muß mit den Schnittgrößen nach Theorie II. Ordnung erfolgen; erfolgt dies nicht, dann ist die volle Tragfähigkeit des Querschnittes unter Beachtung von M, N, V zu decken, s. auch El. 317.
- Falls Biegedrillknicken nicht konstruktiv verhindert oder ausreichend behindert ist, also ein entsprechender Nachweis mit Schnittgrößen zu führen ist, dann sind dort die Schnittgrößen nach Theorie II. Ordnung zu berücksichtigen, s. El. 320.
- Schnittgrößen für die Berechnung von Gründungen müssen i. d. R. die Effekte der Theorie II. Ordnung berücksichtigen.

Ersatzstabverfahren nach El. 321

Entsprechend Anmerkung 1 vom El. 321 darf auch ein Nachweis mit der aus Bed. 28 hervorgehenden Bed. (2 - 3.18) geführt werden.

$$\frac{N}{\kappa\, N_{pl,\,d}} + \frac{M}{M_{pl,\,d}}\, k \leq 1 \qquad (2 - 3.18)$$

Dabei sind $\bar{\lambda}_K$, κ, M, M_{pl}, k, a, β_M, α_{pl} zugehörig zu der untersuchten Biegeebene einzusetzen.

Auch bei Anwendung der Bed. (2 - 3.18) dürfen die Schnittgrößen nach Theorie I. Ordnung berechnet werden. Die Effekte der Theorie II.Ordnung werden dadurch erfaßt, daß der bezogene Schlankheitsgrad $\bar{\lambda}_K$ über die Knicklänge des Gesamtsystems erfaßt wird. Dabei gelten bezüglich der Anwendung die gleichen Einschränkungen, die am Ende von Abschn. 3.4.2.2 angegeben sind.

Besonders zu beachten ist, daß beim Nachweis nach El. 321 die Begrenzung des Wertes α_{pl} nach El. 123 nicht notwendig ist.

Momentenbeiwerte

Bei den in Tab. 11 angegebenen Momentenbeiwerten sind einige Besonderheiten zusätzlich zu beachten:

1. Der Momentenbeiwert β_m in Z. 1, Spalte 2, darf nur dann < 1 angenommen werden, wenn beide Stabenden unverschieblich gelagert sind, [2 - 56]. Dies entspricht der Regelung in DIN 4114, 10.04. Außerdem fordert [2 - 56] für β_m < 1 auch EI = const, N = const.

2. Die Momentenbeiwerte β_M nach Spalte 3 gelten auch für das Biegeknicken nach El. 321. Dies geht auch aus dem Zusammenhang dieses Elementes hervor.

3. Die Momentenbeiwerte $\beta_{M,\psi}$ nach Z. 1, Spalte 3, sind nach [2 - 60] begrenzt auf höchstens α_{pl} + 1.

4. Die Momente M_Q sind jeweils die Werte in Feldmitte.

5. Die Momente M_1 sind in Z. 3, Spalte 2, jeweils als Absolutwerte einzusetzen.

3.4.3 Biegedrillknicken

Nachweisformat

Die Bed. (27) im El. 320 entstand durch den Vergleich verschiedener anderer international diskutierter Bemessungskonzepte. Die Beiwerte a_y und k_y wurden durch Anpassung der Ergebnisse von Rechnungen nach Bed. (27) an den Verlauf rechnerischer Traglastkurven (unter Berücksichtigung von Vorkrümmungen, Eigenspannungen und Fließzonenausbreitung) ermittelt, [2 - 58]. Die Zuverlässigkeit von Bed. (27) wurde durch Vergleich mit Traglastrechnungen und durch die statistische Auswertung der verfügbaren Versuche nachgewiesen.

In Bed. (27) geht der Beiwert k_y zur Berücksichtigung des Biegemomentenverlaufes ein, wozu der Hilfswert a_y zu ermitteln ist. Falls k_y = 1 eingesetzt wird, liegt dies stets auf der sicheren Seite.

Der Hauptvorteil der Formulierung von Bed. (27) besteht in der Zusammensetzung aus den beiden Anteilen für die Wirkung der Normalkraft und die Wirkung der Biegemomente. Damit geht Bed. (27) in Bed. (3) über, wenn kein Biegemoment M_y vorhanden ist, und in Bed. (16), wenn keine Normalkraft vorhanden ist. Im Rahmen der langjährigen Arbeit des Ausschusses wurden auch Lösungen diskutiert, bei denen die Wirkung beider Schnittgrößen in einem Glied erfaßt wird. Auch dafür können Nachweisformate entwickelt werden, die in Sonderfällen sogar Vorteile bieten können.

Da beim Biegedrillknicken eine räumliche Vorformungskurve auftritt mit seitlichen Verschiebungen v und Verdrehungen ϑ, muß als Abminderungsfaktor beim Normalkraftanteil immer κ_z eingesetzt werden, womit ja das Ausweichen rechtwinklig zur Achse z (mit Verschiebungen v) erfaßt wird. Das Einsetzen des Abminderungsfaktors κ_y, wie verschiedentlich auch in der Literatur vorgeschlagen, ist aus prinzipiellen Gründen nicht richtig, selbst wenn κ_y einen kleineren Zahlenwert hat als κ_z.

Obwohl in El. 320 angegeben ist, daß dieses nur für konstante Normalkraft gilt, bestehen nach Meinung des Verfassers auch gegen die Berücksichtigung veränderlicher Normalkräfte keine Bedenken, wenn der Beiwert k_y = 1 gesetzt wird. In Verbindung mit der gleichzeitigen Wirkung von Biegemomenten liegen zwar keine detaillierten Untersuchungen vor. Der Fall mit dem größten Einfluß veränderlicher Normalkräfte in diesem Abschnitt dürfte jedoch gegeben sein, wenn ausschließlich Normalkräfte wirken. Dafür gestattet Bed. (3) dies jedoch sowieso. Der Einfluß auf den Biegemomentenanteil wird durch die Heraufsetzung von k_y erfaßt.

Drillknicklast

Zur Berechnung von κ_z ist der bezogene Schlankheitsgrad $\lambda_{K,z}$ zu berechnen, in den N_{Ki} eingeht. Unter N_{Ki} ist hierbei die Normalkraft unter der kleinsten Verzweigungslast für das Ausweichen rechtwinklig zur z-Achse oder die **Drillknicklast** zu verstehen. Für doppeltsymmetrische gewalzte I-Profile ist die Drillknicklast stets größer als die Biegeknicklast $N_{Ki,z}$. Bei einfachsymmetrischen Profilen, wie sie häufig als Kaltprofile eingesetzt werden, kann dies jedoch anders sein, s. Beispiele in Abschn. 2 - 8. Weiterhin ist die Drillknicklast auch maßgebend, wenn eine gebundene Drehachse vorliegt, worauf in Anmerkung 4 hingewiesen wird.

Profilform

Die Beschränkung auf die im El. 320 angegebenen Profilformen ist darin begründet, daß nur dafür Untersuchungen vorliegen. Die Beschränkung auf I-förmige Querschnitte, deren Abmessungsverhältnisse denen der Walzprofile entsprechen, ist darauf zurückzuführen, daß in Versuchen sehr viel mehr Walzprofile untersucht wurden als geschweißte Profile. Zu vermeiden ist im Sinne dieser Beschränkung, daß die Trägerhöhe zu groß wird im Verhältnis zur Trägerbreite, weil sonst der Einfluß einer am Obergurt angreifenden Querlast stark anwächst und Imperfektionen sich besonders ungünstig auswirken können. Die angegebene Beschränkung kann näherungsweise als erfüllt gelten, wenn

$$\frac{h}{b} \leq 4{,}75 \qquad (2 - 3.19)$$

eingehalten ist, mit h = Trägerhöhe, b = Breite des Druckgurtes.

Entsprechend Anmerkung 2 im El. 320 sind auch T-Profile hier nicht erfaßt. Dies liegt daran, daß hierfür keine detaillierten Untersuchungen vorliegen. Es erscheint jedoch vertretbar, El. 320 auch darauf anzuwenden, wenn
- k_y = 1 gesetzt wird und
- n = 1,5 statt 2,5 angenommen wird.

Die Anwendung auf U- und C-Profile ist nur dann erlaubt, wenn dabei keine planmäßige **Torsion** auftritt. Dies ist durch konstruktive Gegebenheiten sicherzustellen. Anderenfalls ist die Wirkung dieser Torsion zu berücksichtigen, wofür im Rahmen von Teil 2 jedoch keine vereinfachten Tragsicherheitsnachweise angegeben sind, siehe 3.6.

Für U-Profile in Dächern wurde der Einfluß der Torsion z.B. in [2 - 59] untersucht, wo eine Berechnung mit Hilfe von Tabellen möglich ist.

Momentenbeiwerte

Zur Ermittlung der Momentenbeiwerte β_m für das Biegeknicken sind in [2 - 56] Hinweise gegeben.

Die Momentenbeiwerte β_M für das Biegedrillknicken wurden im Zug der Untersuchungen [2 - 58] ermittelt. Näherungsweise gilt, sofern in Tab. 11 keine Werte angegeben sind, Gl. (2 - 3.20).

$$\beta_M \approx \zeta \qquad (2 - 3.20)$$

In Zeile 3 wird zwischen den $\beta_{M,\psi}$-Werten für Endmomente nach Zeile 1 und den $\beta_{M,Q}$-Werten der Zeile 2 linear interpoliert. Die Zulässigkeit dieses Vorgehens wurde mit Hilfe von Traglastberechnungen kontrolliert. Die Traglasten wurden mit dem Programm LIDUR unter Berücksichtigung von geometrischen Imperfektionen L/1000, Eigenspannungen und Fließzonenausbreitung berechnet. Der Teil der Ergebnisse für 2 Profile und Lastfälle ist in den Bildern 2 - 3.19 und 2 - 3.20 zu sehen. Es ist zu erkennen, daß in diesen Fällen die Annahmen von Tab. 11 auf der sicheren Seite liegen.

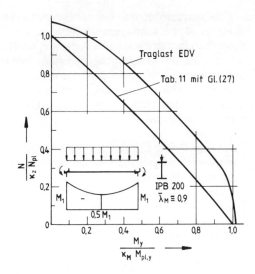

Bild 2 - 3.20 Vergleich von Traglasten nach EDV und unter Anwendung von Tab. 11 für IPB 200

3.5 Zweiachsige Biegung mit oder ohne Normalkraft

3.5.1 Biegeknicken nach Nachweismethode 1

Nachweisformat

Wie beim El. 320 wurde auch beim El. 321 der gesamte Nachweis der linken Seite von Bed. (28) aus Einzelanteilen zusammengesetzt. Dabei kommt gegenüber Abschn. 3.4 jetzt der Anteil aus dem Biegemoment M_z hinzu. Auch hier ergeben sich bei Wegfall von einem oder von zwei Schnittgrößenanteilen die vorher erwähnten Tragsicherheitsnachweise für reinen Druck oder Druck und einachsige Biegung.

Das Format der Bed. (28) wurde gewählt, um ein einheitliches Format für die Fälle mit und ohne Biegedrillknicken zu erhalten, [2 - 60]. Dabei wurde der Beiwert a_y aus Vereinfachungsgründen vom Aufbau her wie a_z gewählt. Damit liegen in einigen Fällen (einseitiges Eckmoment) die Ergebnisse stärker auf der sicheren Seite. Dies könnte man vermeiden, wenn der Ausdruck für a_y anders formuliert werden würde. Die einheitliche Formulierung hat andererseits den Vorteil, daß doppeltsymmetrische Profile bei Beanspruchung um beide Hauptachsen auch gleich behandelt werden.

In Bed. (28) dürfen, wie schon in 3.4.2 erwähnt, die Schnittgrößen nach Theorie I. Ordnung eingesetzt werden.

Sofern die Extremalwerte von M_y und M_z nicht an der gleichen Stelle auftreten, dann dürfen die jeweils zugehörigen Schnittgrößen verwendet werden, [2 - 60]. Es sind in diesem Falle dann ggf. mehrere Stellen zu untersuchen.

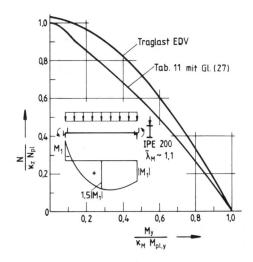

Bild 2 - 3.19 Vergleich von Traglasten nach EDV und unter Anwendung von Tab. 11 für IPE 200

Besonders zu beachten ist, daß bei der Berechnung des Biegemomentes M_z im vollplastischen Zustand nicht die Begrenzung des plastischen Formbeiwertes α_{pl} nach Abschn. 1.4.2, El. 123, berücksichtigt werden muß. Dies liegt daran, daß bei der Ermittlung der Beiwerte a_y, k_y, a_z, k_z über den Vergleich von gerechneten Traglasten und Versuchen stets das vollplastische Moment ohne α-Beschränkung berücksichtigt wurde.

Dies ist u. a. ein Grund für die in einigen Fällen unterschiedlichen Berechnungsergebnisse bei Anwendung der beiden alternativen Nachweismethoden 1 und 2.

Abminderungsfaktor κ

Die Angabe im El. 321, daß für κ der minimale Wert von κ_y oder κ_z einzusetzen ist, stellt eine auf der sicheren Seite liegende Näherung dar. Dies kann bei größeren Unterschieden zwischen κ_y und κ_z und bei einem sehr kleinen Wert eines der beiden Momentenanteile M_y oder M_z zu einem Sprung im Berechnungsergebnis führen, der mechanisch nicht sinnvoll ist. Im Zuge der Diskussionen der verschiedenen möglichen Nachweisformate war vom Verfasser auch Gl. (2 - 3.21) vorgeschlagen worden, die jedoch als für Praktiker zu kompliziert verworfen wurde. Diese Gl. vermeidet einen solchen Sprung, so daß gegen die Anwendung von Gl. (2 - 3.21) keine Bedenken bestehen. Außerdem ist dann auch formelmäßig ein nahtloser Übergang zu den beiden Fällen der jeweils einachsigen Biegung mit Normalkraft gegeben.

$$\kappa = \kappa_z\, m_z/(m_y + m_z) + \kappa_y\, m_y/(m_y + m_z) \quad (2 - 3.21)$$

mit

$$m_y = \frac{M_y\, k_y}{M_{pl,y,d}} \quad (2 - 3.22)$$

$$m_z = \frac{M_z\, k_z}{M_{pl,z,d}} \quad (2 - 3.23)$$

3.5.2 Biegeknicken nach Nachweismethode 2

Die Bed. (29) stellt eine Erweiterung von Bed. (24) dar. Sie geht auf Untersuchungen von *Roik* und *Kuhlmann* zurück, [2 - 61]. Auch hier wurde der Vorschlag mit Versuchen und Traglastrechnungen verglichen.

Die Schnittgrößen sind in Bed. (29) wie in Bed. (24) nach Theorie I. Ordnung zu ermitteln. Bezüglich möglicher Einschränkungen bei der Anwendung gelten die Ausführungen von Abschn. 3.4.2.2.

Auch wenn die Extremalwerte von M_y und M_z nicht an der gleichen Stelle auftreten, sind in Bed. (29) die Extremalwerte einzusetzen, da bei der Ableitung dieser Bedingung nur dieser Fall berücksichtigt wurde. Dies dürfte in manchen Fällen stärker auf der sicheren Seite liegen.

3.5.3 Biegedrillknicken

Bed. (30) stellt eine Erweiterung von Bed. (27) dar. Die im Abschn. 3.4.3 gemachten Ausführungen gelten auch hierfür.

Bezüglich des Biegemomentes M_z in vollplastischen Ausführungen gilt wie im Abschn. 3.5.1, daß die Begrenzung des α-Wertes nicht erforderlich ist.

Zur Vereinfachung dürfen, auf der sicheren Seite liegend, $k_y = 1$ und $k_z = 1{,}5$ gesetzt werden.

Sofern die Extremalwerte von M_y und M_z nicht an der gleichen Stelle auftreten, dürfen die jeweils zugehörigen Schnittgrößen verwendet werden, [2 - 27]. Es sind in diesem Falle dann ggf. mehrere Stellen zu untersuchen.

3.6 Planmäßige Torsion

Ein allgemeingültiges Kriterium, wann die Torsion und damit die Verdrehung ϑ ohne zu große Tragsicherheitseinbuße vernachlässigt werden dürfen, liegt bisher nicht vor.

Für doppeltsymmetrische I-Querschnitte kann näherungsweise davon ausgegangen werden, daß die Verdrehungen ϑ vernachlässigt werden dürfen, sofern Gl. (2 - 3.24) erfüllt ist [2 - 42]:

$$\vartheta \leq 0{,}10\, \frac{M_{pl,z}}{M_{pl,y}} \quad (2 - 3.24)$$

Dabei ist ϑ unter den γ_M-fachen Bemessungswerten der Einwirkungen nach der Elastizitätstheorie II. Ordnung zu berechnen. Der Gl. (2 - 3.24) liegt die Überlegung zugrunde, daß bei geringem Längskraftanteil die aus den Verdrehungen resultierenden zusätzlichen Querbiegemomente M_z das aufnehmbare bezogene Tragbiegemoment $m_y = M_y / M_{u,y}$ um maximal 5 % reduzieren. Der Nachteil von Bed. (2 - 3.24) liegt darin, daß dazu die hier aufwendige Berechnung nach Theorie II. Ordnung durchgeführt werden muß.

Auch im El. 323 ist die Wirkung planmäßiger **Torsion** nicht erfaßt. Für die Berechnung bietet sich das Vorgehen nach einem der in Tab. 1 angegebenen Nachweisverfahren an. Bei der Ermittlung der Schnittgrößen sind Imperfektionen anzusetzen. Der Tragsicherheitsnachweis kann bei Anwendung des Nachweisverfahrens Elastisch-Elastisch in Form eines Spannungsnachweises geführt werden, wobei die Wirkung der Torsion durch die Normalspannungen aus dem Wölbbimoment eingeht.

Falls ein Nachweis nach dem Verfahren Elastisch-Plastisch geführt wird, ist in den zu verwendenden Interaktionsbedingungen auch die Wirkung der Torsionsschnittgrößen zu berücksichtigen.

Dabei kann wie folgt vorgegangen werden: Das Torsionsmoment wird in einen Anteil aufgespalten, der über St. Venantsche Torsion abgetragen wird (M_{Tp} = primäres Torsionsmoment), und einen Anteil, der über Wölbnormalspannungen abgetragen wird (M_{Ts} = sekundäres Torsionsmoment). Die Schubspannungen aus M_{Tp} werden in eine äquivalente Querkraft umgerechnet, die Wölbnormalspannungen aus M_{Ts} in ein äquivalentes Querbiegemoment $M_{z,ä}$. Bei offenen Querschnitten entspricht dieses Vorgehen einer vereinfachten Erweiterung der Querschnittsinteraktion bei N, M_y, M_z (z.B. nach Teil 1, Bed. (41) oder (42)) durch einen Anteil aus dem Wölbbimoment M_ω. Vereinfachend kann zu Bed. (41) oder (42) im Teil 1 auf der linken Seite der Anteil D nach Gl. (2 - 3.25) hinzugefügt werden.

$$D = \frac{M_\omega}{M_{pl,\omega,d}} \qquad (2 - 3.25)$$

mit

M_ω = Wölbbimoment [kNm²]

$M_{pl,\omega,d}$ = Wölbbimoment im vollplastischen Zustand

= bei doppeltsymmetrischem I-Profil

$M_{pl,\omega,d}$ = $0{,}25\ \bar{h}\ t\ b^2\ f_{y,k} / \gamma_M$ \qquad (2 - 3.26)

$\bar{h}$ = Abstand der Gurtschwerachsen

t = Flanschdicke

b = Flanschbreite.

Bei geschlossenen Querschnitten hat das Wölbbimoment üblicherweise keine Bedeutung.

Beispiel 8.12 zeigt den Nachweis für einen torsionsbeanspruchten Träger unter Anwendung dieser Nachweismöglichkeit und zusätzlich unter Verwendung der erweiterten Bed. (30).

3.7 Stabilisierungskräfte

3.7.1 Allgemeines

Der Teil 2 geht von imperfekten Stäben und Stabwerken aus. Wenn diese nun durch angrenzende Bauteile in ihrer Verformung behindert werden, dann entstehen zwischen den zu stabilisierenden Bauteilen und den angrenzenden Bauteilen Kontaktkräfte, nämlich Stabilisierungskräfte.

3.7.2 Aussteifung eines Druckstabes ohne Querbelastung

Die Aussteifung von Druckstäben erfolgt in den meisten Fällen durch Verbände, kann aber auch durch flächenhafte Elemente, wie z.B. Trapezprofile, erfolgen.

Die anzusetzenden Ersatzimperfektionen regelt El. 206. Danach sind Vorverdrehungen zu berücksichtigen, s. Bild 2 - 3.21. Es bestehen keine Bedenken dagegen, zur Berechnung der Abtriebskräfte auch mit einer fülligeren Vorverformungslinie zu rechnen. Wenn dafür eine Parabel angesetzt wird, ergibt sich die gleichmäßig verteilte Ersatzbelastung in Verbindung mit Bild 3 nach Gl. (2 - 3.27)

$$q_{e,y} = \frac{N\ r_1\ r_2}{50\ L} \qquad (2 - 3.27)$$

mit

r_1, r_2 nach El. 205, wobei für L die halbe Länge des Druckstabes einzusetzen ist und unter

n die Anzahl der mit einem Verband auszusteifenden Druckstäbe zu verstehen ist.

Sofern N über die Stablänge nicht konstant ist, ist dafür der Maximalwert einzusetzen.

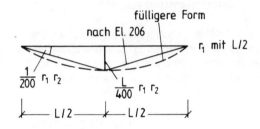

Bild 2 - 3.21 Ersatzimperfektion zur Berechnung von Aussteifungskonstruktionen

Die Ersatzimperfektion nach Bild 2 - 3.21 sollte unabhängig vom Nachweisverfahren angesetzt werden (also keine Reduktion beim Verfahren Elastisch-Elastisch), da für Trägerverbände bisher nur eine begrenzte Anzahl von Messungen vorliegt. Die Abtriebskraft $q_{a,y}$ nach Gl. (2 - 3.28) ergibt sich daraus näherungsweise durch Multiplikation mit dem Vergrößerungsfaktor

$$q_{a,y} = \frac{N\ r_1\ r_2}{50\ L} \cdot \frac{1}{\left(1 - N / N_{Ki}^*\right)} \qquad (2 - 3.28)$$

mit

$$N_{Ki}^* = \frac{\pi^2\ EI / L^2}{1 + \dfrac{\pi^2\ EI}{L^2\ S}} \qquad (2 - 3.29)$$

S = Schubsteifigkeit
EI = Biegesteifigkeit des Verbandes

Die maximale Querkraft ergibt sich dann nach Gl. (2 - 3.30).

$$\max V_y = \frac{N\,r_1\,r_2}{100}\,\frac{1}{\left(1 - N/N_{Ki}^*\right)} \qquad (2\text{-}3.30)$$

Wenn statt der parabelförmigen Vorverformung eine sinusförmige Vorverformung angenommen wird (was nach Bild 3 erlaubt ist), dann ergibt sich statt des Zahlenwertes 100 in Gl. (2 - 3.30) ein Zahlenwert von 127. Dieser führt dann für $r_1 = 1{,}0$ und $n = 2$ zu einem ähnlichen Ergebnis wie nach Abschn. 4.3.1. Auch der aus der Literatur bekannte Ansatz der pauschalen Vorverformung nach *Gerold* von $v_o = L/500$ führt zu sehr ähnlichen Ergebnissen.

Gl. (2 - 3.28) und (2 - 3.30) gelten für Stäbe, die ausschließlich durch Normalkräfte beansprucht sind, wobei eine mögliche Verdrehung des Stabes nicht berücksichtigt ist. Bei der Aussteifung der Druckgurte von Biegeträgern ist daher ein zusätzlicher Nachweis erforderlich, wenn die auszusteifenden Profile biegedrillknickgefährdet sind, also z.B. keine Hohlprofile sind. Die Möglichkeit des Biegedrillknickens wird in 3.7.3 in Betracht gezogen.

3.7.3 Aussteifung eines Druckstabes mit Querbelastung q_z

Ein parabelförmiger Normalkraftverlauf entsteht in der Regel durch Querbelastung q_z. Wenn dieser Fall vorliegt, dann besteht die Gefahr des Biegedrillknickens. Die Stabilisierungskräfte, die durch die Querbelastung hervorgerufen werden, müssen berücksichtigt werden.

Unter Ansatz einer sinusförmigen Vorverformung ändert sich für einen biegebeanspruchten Träger mit dem Maximalmoment M die Gl. (2 - 3.28) dann in Gl. (2 - 3.31), [2 - 84].

$$q_{a,y} = \qquad (2\text{-}3.31)$$

$$\frac{N\,r_1\,r_2}{50\,L}\,\frac{1}{N_{Ki,\vartheta}^*/N + 0{,}534 - N/N_{Ki}^*}\,\sin(\pi x/L)$$

mit

$N = M/h \qquad (2\text{-}3.32)$

N_{Ki}^* nach Gl. (2 - 3.29)

h Trägerhöhe

$N_{Ki,\vartheta}^* = (GI_T + EI_\omega \pi^2/L^2)/h^2 \qquad (2\text{-}3.33)$

Im Nenner von Gl. (2 - 3.31) wurde der Momentenbeiwert $\zeta = 1$ gesetzt, um auch durchschlagenden Momentenverläufen näherungsweise Rechnung zu tragen.

Wenn der Anteil aus der Torsionssteifigkeit nach Gl. (2 - 3.33) groß ist, kann Gl. (2 - 3.31) auch zu kleineren Abtriebskräften führen als nach Gl. (2 - 3.28). Der größere der beiden Werte sollte dann verwendet werden.

Für die Berücksichtigung der Reduktionsfaktoren r_1 und r_2 gilt 3.7.2.

3.7.4 Anschlußmomente bei der Aussteifung von Biegeträgern

Wenn die vorhandene Drehbettung der angrenzenden Bauteile ausgenutzt wird, muß auch sichergestellt sein, daß zwischen dem zu stabilisierenden Träger und dem angrenzenden Bauteil ein entsprechendes Anschlußmoment übertragen werden kann. Dies kann durch Kontakt und/oder Verbindungsmittel erfolgen. Die Größe des Anschlußmomentes kann für eine freie Drehachse nach Gl. (2 - 3.34) ermittelt werden

$$m_\vartheta = \frac{1/\zeta^2}{c_\vartheta\,E\,I_z/M_{pl}^2 - 1/\zeta^2}\,c_\vartheta\,\vartheta_o \qquad (2\text{-}3.34)$$

Wenn als Stich der Ersatzvorverdrehung ϑ_o ungünstig ein Zahlenwert von $\vartheta_o = 0{,}06$ angesetzt wird und für c_ϑ Gl. (2 - 3.3) eingesetzt wird, dann ergibt sich Gl. (2 - 3.35).

$$m_\vartheta = k_m\,\frac{M_{pl}^2}{E\,I_z} \qquad (2\text{-}3.35)$$

mit

$$k_m = \frac{0{,}075}{\zeta^2} \qquad (2\text{-}3.36)$$

Der Anschlußbeiwert k_m ist in Tabelle 2 - 3.5 für einige Fälle ausgewertet.

Tabelle 2 - 3.5 Drehbettungswerte k_ϑ und Anschlußbeiwerte k_m

	1	2	3
		\multicolumn{2}{c}{freie Drehachse}	
Zeile	Momentenverlauf	k_ϑ	k_m
1	+M (parabelförmig)	4,0	0,060
2a	+M / -M	3,5	0,050
2b	-M / +M / -M	3,5	0,050
3	+M (dreieckförmig)	2,8	0,042
4	-M	1,6	0,024
5	-M / -0,3·M	1,0	0,019

Ein genauerer Rechenweg, der in der Anwendung jedoch einigen Aufwand erfordert, ist in [2 - 44] angegeben.

Aus Gl. (2 - 3.34) ist ersichtlich, daß bei einem kleineren Wert c_ϑ sich ein größeres Anschlußmoment ergeben kann. Dies liegt daran, daß bei einem kleineren Wert c_ϑ sich eine größere Verdrehung einstellt, die zu einem größeren Anschlußmoment führen kann. Dies bedeutet aber auch, daß bei einer Rechnung nach der Elastizitätstheorie, die über den Reduktionsfaktor k_v zu einer kleineren erforderlichen Drehbettung führt, das erforderliche Anschlußmoment **nicht** durch Multiplikation der Gl. (2 - 3.33) mit k_v ermittelt werden darf.

Da die vor dem Erreichen des Kontaktmomentes sich ergebende Beanspruchung der Schrauben (im Gegensatz zu den Verformungen) gering ist, darf näherungsweise so vorgegangen werden, daß durch Verbindungsmittel nur jeweils der Teil des Anschlußmomentes abgedeckt werden muß, der nicht durch das Kontaktmoment übertragbar ist.

4 Mehrteilige, einfeldrige Stäbe

4.1 Allgemeines

Ausweichen rechtwinklig zur Stoffachse

Im El. 401 ist geregelt, daß mehrteilige Stäbe, die eine Stoffachse haben, für das Ausweichen rechtwinklig zu dieser Stoffachse wie einteilige Stäbe nach Abschn. 3 zu berechnen sind. Für I-Profile ist dies unmittelbar einleuchtend. Bei allen Profilen ist jedoch vorausgesetzt, daß die Querverbindungen so ausgebildet sind, daß sie ein Verdrehen der Einzelquerschnitte verhindern, so daß für den Gesamtstab keine Torsion auftritt. Zweiteilige Stäbe aus U-Profilen, die z.B. nicht nach Bild 16, linker Teil, ausgebildet wären, sondern bei denen z.B. ein Steg nach außen und ein Steg nach innen zeigen würde, würden die Voraussetzung dieses Abschnittes nicht erfüllen. Die Querverbindungen sind also bei mehrteiligen Stäben auch dann erforderlich und die konstruktiven Anforderungen nach Abschn. 4.5 zu erfüllen, wenn gar kein Ausweichen rechtwinklig zur stofffreien Achse auftreten kann. Anderenfalls bestände die Gefahr, daß sich jeder Einzelquerschnitt verdreht.

Die Feststellung im letzten Satz vom El. 401, daß die Berechnung als einteiliger Stab für Beanspruchungen aus $N + M_y$ nur gilt, wenn kein Biegemoment M_z vorhanden ist, hat den gleichen Grund. Bei gleichzeitiger Wirkung von N, M_y und M_z entstehen am Einzelstab nach Theorie II. Ordnung Verdrehungen und damit Torsionsmomente. Da Torsion bei den vereinfachten Tragsicherheitsnachweisen des Abschn. 3.5 nicht erfaßt ist, kann in dem Falle der gleichzeitigen Wirkung von $N + M_y + M_z$ die Berechnung nicht nach Abschn. 3 vorgenommen werden.

Ausweichen rechtwinklig zur stofffreien Achse

Beim Ausweichen rechtwinklig zur stofffreien Achse erhalten die Querverbindungen zwischen den Einzelstäben Querkräfte, die zu zusätzlichen Verformungen aus diesen Querkräften führen. Diese zusätzlichen Querkraftverformungen sind in der Berechnung zu berücksichtigen.

Teil 2 bietet für die Berechnung zwei Möglichkeiten an, wobei in beiden Fällen Ersatzimperfektionen zu berücksichtigen sind:
- es kann ein Stabwerk unter Berücksichtigung aller Einzelstäbe berechnet werden,
- es kann ein schubweicher Vollstab als Gesamtstab berechnet werden.

Die Einzelglieder des mehrteiligen Stabes sind jeweils für ihre Schnittgrößen zu berechnen, die sich aus den Gesamtschnittgrößen ergeben. Dafür gilt folgendes:

Die Querkräfte des Gesamtstabes rufen in den Querverbindungen dort Schnittgrößen hervor. Bei Gitterstäben entstehen Normalkräfte mindestens in den Diagonalen, bei Rahmenstäben Biegemomente M und Schubkräfte T in den Bindeblechen. Aus Vereinfachungsgründen werden im Teil 2 alle Angaben für mehrteilige Stäbe nur für zweiteilige Stäbe gemacht, da diese in der Praxis überwiegend angewendet werden. Sind mehr als zwei Einzelstäbe vorhanden, sind entsprechende Angaben der Literatur zu entnehmen, z.B. [2 - 62].

Querschnitte mit zwei stofffreien Achsen sind dann um beide Achsen so wie für Ausweichen rechtwinklig zur stofffreien Achse zu behandeln. Neben dem im Bild 17 dargestellten Stab aus vier Winkelstäben sind natürlich auch andere Querschnitte, wie z.B. Dreigurtstäbe, möglich.

Vergleich mit DIN 4114

Die DIN 4114 sieht für das Ausweichen rechtwinklig zur Stoffachse ebenfalls die Behandlung als Einzelstab vor. Für das Ausweichen rechtwinklig zur stofffreien Achse wird die Schubverformung über eine Vergrößerung der Schlankheit erfaßt, also ein Ersatzstab berechnet, der ansonsten wie ein Vollstab als Einzelstab behandelt wird. In DIN 4114 war nur der Fall des planmäßig mittigen Druckes vorgesehen. Teil 2 dagegen gilt auch für Normalkraft und einachsige Biegung.

4.2 Häufig verwendete Formelzeichen

Die im El. 404 angegebenen Werte ergänzen die Angaben der El. 106 bis 110. Sie sind an dieser Stelle angeordnet, da sie nur hier im Abschn. 4 benötigt werden.

Zu beachten ist die Unterscheidung zwischen den Trägheitsmomenten I_z und I_z^*, die auf die Untersuchungen von

Uhlmann und *Ramm* [2 - 62] zurückgeht. Der Wert I_z ist das volle Trägheitsmoment unter der Annahme schubstarrer Verbindung der Gurte. Es wird nur zur Berechnung des bezogenen Schlankheitsgrades $\bar{\lambda}_{K,z}$ benötigt. Für die Ermittlung der Schnittgrößen nach Theorie II. Ordnung und die Berechnung der Normalkräfte in den Gurten von Rahmenstäben und Gitterstäben dagegen wird der Rechenwert I_z^* des Trägheitsmoments benötigt. Hierbei ist dann zwischen Gitterstäben und Rahmenstäben zu unterscheiden. Die Gitterstäbe sind weit gespreizt, so daß die Vernachlässigung der Eigenträgheitsmomente der Gurte ohne wesentliche Einbuße von Wirtschaftlichkeit möglich ist. Dies ist bei den Rahmenstäben anders, da diese i. d. R. nicht so weit gespreizt sind. Hier werden aus diesem Grunde die Eigenträgheitsmomente nicht vernachlässigt. Sie können jedoch nicht immer voll ausgenutzt werden, da bei größeren Schlankheiten $\lambda_{K,z}$ Plastizierungen am Gesamtstab auftreten, die am Gesamtstab größere Verformungen und damit größere Gurtkräfte hervorrufen. Daher ist in Tab. 12 ein Korrekturwert η für den Anteil der Eigenträgheitsmomente bei Rahmenstäben angegeben, der zwischen der Schlankheit $\lambda_{K,z} = 75$ und 150 linear von 1 auf 0 zurückgeht.

Sofern die Berechnung als schubweicher Vollstab erfolgt, wird die Schubsteifigkeit S_z^* benötigt. Die Definition der Schubsteifigkeit ist in Anmerkung 1 gegeben: Dies ist diejenige Querkraft, die in dem betrachteten Stababschnitt den Schubwinkel 1 erzeugt. Als Sonderfall entspricht die Stockwerkssteifigkeit nach El. 513 der Schubsteifigkeit. Beispiele für die formelmäßige Darstellung der Schubsteifigkeit von Rahmenstäben und Gitterstäben sind in Tab. 13 angegeben, weitere Angaben können der Literatur entnommen werden, z.B. [2 - 1], [2 - 40]. Bei den Rahmenstäben ist in Tab. 13 die Schubsteifigkeit in Übereinstimmung mit der Vorgehensweise in DIN 4114 mit $\pi^2/12$ multipliziert, um reines Schubknicken zu verhindern. Andererseits sind die Anteile aus der Querkraftverformung der Bindebleche und Gurte vernachlässigt. Angaben für Gitterstäbe mit veränderlichem Querschnitt, wie sie z.B. bei Freileitungsmasten vorkommen, sind in [2 - 63] enthalten.

4.3 Ausweichen rechtwinklig zur stofffreien Achse

4.3.1 Schnittgrößenermittlung am Gesamtstab

Die Ermittlung der Schnittgrößen des schubweichen Stabes ist eine Aufgabe der Baustatik, z.B. nach [2 - 1]. Die Berechnung erfolgt nach der Elastizitätstheorie.

Zur Erleichterung für den Anwender sind für den beidseitig gelenkig unverschieblich gelagerten Stab mit konstantem Querschnitt unter planmäßig mittigem Druck die Schnittgrößen für das maximale Biegemoment M_z mit Gl. (31) und die maximale Querkraft max V_y mit Gl. (33) angegeben.

Die Normalkraft $N_{Ki,z,d}$ unter der kleinsten Verzweigungslast nach der Elastizitätstheorie ist nach Gl. (32) von der üblichen Eulerlast (mit I_z^*) und der Schubsteifigkeit S_z^* abhängig. Es ist zu ersehen, daß für sehr kleine Werte der Schubsteifigkeit, wie sie allerdings nur im Gerüstbau vorkommen, als unterer Grenzwert $N_{Ki,z} \approx S_z$ gilt.

Die Schnittgrößen sind linear abhängig von der Größe der Ersatzimperfektion v_o, die in Tab. 3 angegeben ist. Der Wert L/500 ergab sich aus den theoretischen und experimentellen Untersuchungen von *Uhlmann* und *Ramm* im Zusammenhang mit dem gewählten Berechnungsverfahren nach der Elastizitätstheorie. Daher darf der Wert der Ersatzimperfektion nach Tab. 3, Zeile 5, und folgerichtig auch nach Gl. (2) **nicht** mit dem sonst bei Berechnung der Schnittgrößen nach der Elastizitätstheorie möglichen Faktor 2/3 entsprechend El. 201 multipliziert werden.

Die Querkraft max V_y nach Gl. (33) entspricht für diesen Fall der ideellen Querkraft Q_i nach DIN 4114. Die Ergebnisse einer Auswertung von Gl. (33) ergeben sich nach Gl. (2 - 4.1), wobei der Divisor c in Tab. 2 - 4.1 angegeben ist.

$$\max V_y = N / c \qquad (2 - 4.1)$$

Im Stahlbau sind sehr weiche Systeme, bei denen die Normalkraft N der idealen Biegeknicklast $N_{Ki,z}$ nahekommt, selten. Daher ergeben sich nach Gl. (2 - 4.1) kleinere Werte als nach DIN 4114.

Falls die mehrteiligen Stäbe planmäßig durch Biegemomente beansprucht sind, sind die sich daraus ergebenden Querkräfte natürlich mit den vorher genannten zu überlagern.

Tab. 2 - 4.1 Divisor für Gl. (2 - 4.1)

$N/N_{Ki,z,d}$	0,10	0,15	0,20	0,25	0,3
c	143	135	127	117	111

$N/N_{Ki,z,d}$	0,4	0,5	0,6	0,7
c	95	80	64	48

4.3.2 Nachweis der Einzelstäbe

Gurte von Gitterstäben und Rahmenstäben

Die Normalkraft des meistbeanspruchten Gurtes ergibt sich aus der bekannten Überlagerungsformel der Gl. (34). Wegen der Vernachlässigung der Eigenträgheitsmomente bei den Gitterstäben ergibt sich für Gitterstäbe der 2. Anteil der rechten Seite der Gl. (34) zu M_z / h_y.

Mit der Normalkraft N_G ist der Tragsicherheitsnachweis für den untersuchten Gurtabschnitt unter der Annahme beidseitig gelenkiger Lagerung nach Abschn. 3.2.1 zu führen, die Berücksichtigung einer elastischen Einspannung in Nachbarfelder (z.B. durch unterschiedliche Normalkräfte) ist demnach nicht zugelassen. Mit diesem Nachweis werden also die Imperfektionen des untersuchten Gurtabschnittes berücksichtigt, die in die Untersuchung des Gesamtstabes ja nicht eingegangen sind. Falls Querlasten innerhalb der Gurtlänge angreifen, entstehen Biegemomente im Teilstab. Der Nachweis erfolgt dann nach Abschn. 3.4.

Wenn die Gurte von Rahmenstäben entsprechend El. 406 nachgewiesen werden, dann ist dabei unterstellt, daß die Stelle der größten Normalkraft des meistbeanspruchten Gurtes nicht mit der Stelle einer großen Querkraft zusammenfällt, die an den Enden des Gurtabschnittes Biegemomente hervorruft. Dies trifft zu für den häufigen Fall der unverschieblichen Lagerung beider Stabenden. Falls jedoch z.B. ein Kragarm mit einseitig freier Lagerung vorliegt, dann ist diese Voraussetzung **nicht** erfüllt. Dann ist der Gurtabschnitt für Druck und einachsige Biegung nach Abschn. 3.4 nachzuweisen, vgl. dazu das Beispiel eines Rahmenstabes.

Als Knicklänge ist i.d.R. der Abstand a der Knotenpunkte des mehrteiligen Stabes einzusetzen, bei vierteiligen Gitterstäben sind jedoch größere Werte entsprechend Tab. 13 zu berücksichtigen.

Da sowohl für den Gesamtstab als auch für jeden Einzelstab Imperfektionen (z.B. durch Ansatz der Werte entsprechend den Knickspannungslinien) berücksichtigt werden, konnte im Teil 2 auf eine Begrenzung der Einzelstabschlankheit, die in DIN 4114, 8.213 gefordert wird, verzichtet werden.

Füllstäbe von Gitterstäben

Die Normalkräfte in den Füllstäben ergeben sich aus den Querkräften V_y des Gesamtstabes nach der üblichen Fachwerktheorie unter der Annahme gelenkiger Knoten. Der Nachweis für den Füllstab selbst erfolgt nach Abschn. 3.2 unter der Annahme beidseitig gelenkiger Lagerung, wobei sich die Knicklänge nach Abschn. 5.1.2 ergibt.

4.3.3 Nachweis der Einzelfelder von Rahmenstäben

Einzelfeld zwischen zwei Bindeblechen

Der Nachweis des Biegeknickens des Gurtabschnittes ist i.a. unter der Annahme planmäßig mittigen Druckes nach El. 406 zu erbringen. Daher ist hier dann nur noch die Wirkung der gleichzeitig vorhandenen Biegemomente und Querkräfte im betrachteten Gurtabschnitt zu untersuchen.

Dieses Einzelfeld stellt einen geschlossenen Rahmen dar. Im Sinne der Fließgelenktheorie ist die Tragfähigkeit dann erreicht, wenn an allen vier Ecken am Anschluß der Bindebleche das Biegemoment M_{pl} im vollplastischen Zustand unter Berücksichtigung der Interaktion mit N_G und V_G erreicht ist. Dies wurde speziell im Hinblick auf verschiedene Rahmenstäbe in [2 - 62] nachgewiesen. Dieser Tatsache trägt Anmerkung 1 und die Erlaubnis des Nachweises über den Mittelwert der aufnehmbaren Momente an den beiden Enden des untersuchten Gurtabschnittes Rechnung.

Bei U-Profilen und anderen einfachsymmetrischen Querschnitten empfiehlt sich die Verwendung der genaueren Interaktion anstelle derjenigen von Teil 1 Tab. 17. Darauf bezieht sich Anmerkung 2 im El. 408. Diese genauere Interaktion ist aus Bild 2 - 4.1 beispielhaft zu ersehen.

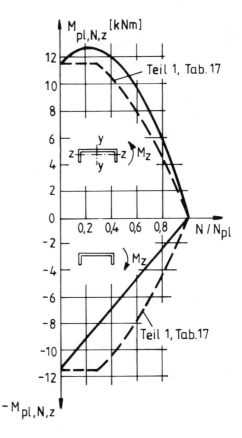

Bild 2 - 4.1 Genauere Interaktion zwischen Biegemoment und Querkraft beim U 180

Bindebleche

Die Schnittgrößenverteilung in den Bindeblechen zweiteiliger Rahmenstäbe sind Tab. 14 zu entnehmen. Bei mehr als zwei Gurten finden sich entsprechende Angaben z.B. in DIN 4114 oder [2 - 62].

Eine Erleichtung für den Nachweis ist dadurch gegeben, daß die Momente in den Schwerpunkten der Bindeblechanschlüsse ermittelt werden dürfen. Zusätzlich zu den Momenten sind auch die Schubkräfte beim Nachweis zu berücksichtigen, dies betrifft sowohl das Bindeblech selbst als auch die Anschlüsse.

Bei Flachstahlfutterstücken als Querverbindung sind die entstehenden Biegemomente so klein, daß sie vernachlässigt werden dürfen.

4.4 Mehrteilige Rahmenstäbe mit geringer Spreizung

Querschnitte mit einer stofffreien Achse

Diese Stäbe, dargestellt im Bild 19, verhalten sich praktisch wie Vollstäbe, weshalb die besondere Berücksichtigung der Schubweichheit entfallen kann. Da die Schubkraft T damit nicht individuell ermittelt wird, ist dafür im letzten Absatz vom El. 410 ein pauschaler Wert von 2,5 % der Druckkraft angegeben.

Querschnitte aus zwei über Eck gestellten Winkelprofilen

Die Regelungen entsprechen denen der DIN 4114, Abschn. 8.221.

4.5 Konstruktive Forderungen

Erhaltung der Querschnittsform

Bei Querschnitten mit zwei stofffreien Achsen ist die Erhaltung der Querschnittsform durch Querschotte zu sichern. Wäre dies nicht der Fall, dann bestände die Gefahr, daß sich durch das Ausweichen einzelner Gurtstäbe das Trägheitsmoment des Gesamtstabes und damit die Traglast ungünstig ändern würde.

Anordnung der Bindebleche und Flachstahlfutterstücke

Da an den Stabenden i.d.R. die größten Querkräfte auftreten und aus Gründen der Lasteinleitung sind dort Bindebleche anzuordnen. Bei Gitterstäben dürfen diese entfallen, wenn gekreuzte Diagonalen vorhanden sind, da dann beide Gurte in ihrer Lage gehalten sind und keine Querkräfte bekommen.

Bed. (41) begrenzt die Einzelstabschlankheit bei **Rahmenstäben** nach Abschn. 4, auch solchen mit geringer Spreizung, auf 70. Dieser Wert ersetzt den Wert 50 in DIN 4114, 8.233. Dort ist für den Hochbau ein größerer Abstand zulässig, wenn der Stab nicht voll ausgenutzt ist. Diese Erleichterung ist im Teil 2 aus Vereinfachungsgründen weggelassen worden. Es bestehen jedoch keine Bedenken, von dieser Erleichterung nach wie vor sinngemäß Gebrauch zu machen.

Wie bereits im Abschnitt 4.1 erwähnt, liegt der wesentliche Grund für diese Begrenzung darin, die Möglichkeit des individuellen Biegedrillknickens der Einzelgurte einzuschränken. Außerdem erhöht ein enger Bindeblechabstand auch die Torsionssteifigkeit des Gesamtstabes. Auf die Einhaltung der Bed.(41) kann man dann verzichten, wenn der Nachweis nicht als schubweicher Vollstab, sondern als Stabwerk mit der Erfassung jedes Einzelstabes erfolgt.

4.6 Sonderfragen

In [2 - 62] sind Angaben zur Behandlung der folgenden Probleme gemacht:

- Nachgiebigkeiten in den Anschlüssen der Querverbindungen,
- Anschlußexzentrizitäten bei Füllstäben von Gitterstäben,
- verminderte Wirksamkeit von Einspannungen beim schubweichen Vollstab,
- Schlupf in den Verbindungen.

Der zuletzt genannte Fall sollte nicht, wie z.T. im Gerüstbau üblich, über eine Verminderung der Schubsteifigkeit berücksichtigt werden, sondern in eine zusätzliche Vorverformung umgerechnet werden. Diese ist dann zusätzlich zu der anzusetzenden Ersatzimperfektion zu berücksichtigen. Darauf wird in der Legende von Tab. 13 hingewiesen.

5 Stabwerke

5.1 Fachwerke

5.1.1 Allgemeines

Nach El. 501 dürfen, wie bisher üblich, die Längskräfte in den einzelnen Stäben eines Fachwerks nach der bekannten Fachwerktheorie unter der Annahme gelenkiger Knotenpunktausbildung berechnet werden. Die infolge der im Regelfall durch Schweiß-oder Schraubverbindungen biegesteifen Knotenausbildung entstehenden Stabendmomente (hier mit Nebenspannungen bezeichnet) dürfen also beim Stabilitätsnachweis vernachlässigt werden. Der Regelfall, in dem auch die Außermittigkeit des Kraftangriffes unberücksichtigt bleiben darf, wenn bei Druckstäben die gemittelte Schwerachse mit der Systemlinie des Druckgurtes übereinstimmt, liegt dann vor, wenn diese Außermittigkeit lediglich auf Querschnittsabstufungen zurückzuführen ist. Größere als diese Außermittigkeiten, sowie planmäßige Biegemomente infolge von örtlichen Querlasten müssen selbstverständlich berücksichtigt werden. In solchen Fällen sind die Regelungen für die Tragsicherheitsnachweise bei einachsiger Biegung und Normalkraft anzuwenden. Das El. 502, nach welchem druckbeanspruchte Stäbe nach Abschnitt 3, 4 bzw. 7 nachgewiesen werden dürfen, gilt damit sowohl für planmäßig mittig gedrückte als auch für planmäßig außermittig gedrückte Fachwerkstäbe.

Selbstverständlich dürfen sowohl ganze Fachwerksysteme mit realistischen Annahmen über die Knotensteifigkeiten als auch Einzelstäbe nach Ermittlung ihrer Stabkräfte mit Hilfe der oben erwähnten Gelenkfachwerktheorie nach einem der in El. 112, Tabelle 1, angegebenen Nachweisverfahren untersucht werden. In diesen Fällen sind dann für die Einzelstäbe Imperfektionen in Form von Vorkrümmungen nach El. 204 unter Beachtung von El. 202 anzusetzen.

5.1.2 Knicklängen planmäßig mittig gedrückter Fachwerkstäbe

Die nach El. 503 zulässige Abminderung der beim Stabilitätsnachweis in der Fachwerkebene anzusetzenden Knicklänge von Füllstäben (Pfosten und Streben, außer Endstreben von Trapezträgern, da diese zu den Gurtstäben gehören) auf 90 % der Systemlänge stellt eine praktische Vereinfachung der Forderung von DIN 4114, Abschnitt 6.3.1 dar, nach welcher der Abstand der nach der Zeichnung geschätzten Schwerpunkte der Anschlüsse an beiden Stabenden anzusetzen ist. Mit dieser Regelung wird pauschal der Einfluß der elastischen Einspannung der Füllstäbe in die in der Regel wesentlich steiferen, an den Knoten durchlaufenden, Gurtstäbe berücksichtigt.

Beim Tragsicherheitsnachweis für das Ausknicken rechtwinklig zur Fachwerkebene ist diese Erleichterung nicht zulässig, da in der Regel wegen torsionsweicher Gurte oder wegen nicht vorhandener Torsionseinspannung torsionssteifer Gurte keine ausreichende Drehbehinderung in den Knotenpunkten vorliegt.

Lediglich beim - praktisch nur im Brückenbau ausgeführten - Anschluß von Streben und Pfosten an Querträger oder Querriegel, die horizontal (z.B. durch Windverbände) gehalten sind, darf nach El. 504 die Knicklänge für das Ausweichen rechtwinklig zur Fachwerkebene in Abhängigkeit von der konstruktiven Ausbildung (an den Enden gelenkig angeschlossen oder elastisch eingespannt nach Bild 22) abgemindert werden. Dies kann mit Hilfe des Bildes 27 geschehen (s. Kommentar zu El. 517).

Auch im Fall der nicht richtungstreuen Belastung, der in El. 505 beschrieben wird, ist die Knicklänge für das Ausweichen rechtwinklig zur Fachwerkebene in der Regel kleiner als die Systemlänge des untersuchten Stabes. Dies ist unmittelbar aus den Bildern 36 bis 38 ersichtlich, da hier h/h_r stets positiv ist (siehe auch Kommentar zu El. 606).

In den El. 506 - 508 des Abschnittes 5.1.2.2 werden Fachwerkstäbe, die durch einen anderen Fachwerkstab gestützt sind, angesprochen:

Die Forderung von El. 506, im Falle des Durchlaufens beider Stäbe an der Kreuzungsstelle deren Verbindung für eine Mindestkraft, rechtwinklig zur Fachwerkebene wirkend, zu bemessen, berücksichtigt die Tatsache, daß infolge von Imperfektionen - spätestens jedoch beim Ausknicken - Querkräfte, bzw. Abtriebskräfte rechtwinklig zur Fachwerkebene auftreten.

Die Forderung von El. 507, für das Knicken in der Fachwerkebene als Knicklänge die Netzlänge bis zum Kreuzungspunkt der sich kreuzenden Stäbe anzusetzen, liegt geringfügig auf der sicheren Seite, da hierbei eine elastische Einspannung in den Knotenpunkten der Gurte (wie sie nach El. 503 mit Gl. (42) ausgenutzt werden darf) nicht berücksichtigt wird. Da andererseits eine elastische Einspannung am Kreuzungspunkt nur in sehr geringem Maße vorhanden ist, bleibt jedoch in der Regel die hierdurch entstehende zusätzliche Tragreserve gering.

Die für das Ausknicken rechtwinklig zur Fachwerkebene nach El. 508 aus Tabelle 15 zu entnehmenden Knicklängen sind im allgemeinen größer als die Netzlänge bis zum Kreuzungspunkt. Die in Tabelle 15 angegebenen Formeln für die Knicklänge (nicht nur formal, sondern z. T. auch inhaltlich gegenüber DIN 4114, Ri. 6.4 geändert) wurden aus der exakten Lösung des jeweiligen Verzweigungsproblems erhalten. Bei Anwendung dieser Formeln ist sorgfältig auf die Auswahl des richtigen Falles zu achten, da die Ergebnisse wesentlich davon beeinflußt werden, ob der kreuzende Stab z.B. Druck- oder Zugstab ist, bzw. gelenkig oder durchlaufend angeschlossen ist.

Nach Abschnitt 5.1.2.3, El. 509, dürfen die Knicklängen von Fachwerkfüllstäben, die in ihrer Mitte federnd durch einen Halbrahmen gestützt sind, in Abhängigkeit von der

Rahmensteifigkeit mit Gl. (44) bestimmt werden. Die Rahmensteifigkeit C_d ist dabei nach Bild 23 definiert als diejenige Kraft, die den Verschiebungsweg 1 in Rahmenebene ergibt. Bei ihrer praktischen Ermittlung setzt man am einfachsten die Einheitskraft 1 an und bestimmt mit Hilfe des Prinzips der virtuellen Kräfte die daraus resultierende Verschiebung. Der Reziprokwert dieser Verschiebung ist dann gleich der gesuchten Rahmensteifigkeit C. (Der Index d ist zu verwenden, wenn für die Ermittlung von C die Bemessungswerte der Biegesteifigkeiten der Rahmenstäbe verwendet werden. In diesem Fall ist in Gl. (44) auch die Beanspruchung N aus den Bemessungswerten die Einwirkungen zu ermitteln. Entsprechend El. 117 ist es jedoch auch möglich, mit den $\gamma_M$fachen Bemessungswerten der Einwirkungen die Stabkräfte N zu ermitteln. In diesem Fall müssen dann für die Biegesteifigkeiten des Halbrahmens die charakteristischen Werte eingesetzt werden, um C ($=C_k$) zu bestimmen. Beide Möglichkeiten führen zu dem gleichen Ergebnis in Gl. (44), da sich dort der Faktor γ_M herauskürzt.) Die in El. 509 angegebene Begrenzung des Zahlenwertes von C_d ist notwendig, da die Knicklänge des in der Mitte im Extremfall starrgestützten Stabes im Fall von $N = N_1 = N_2$ nicht kleiner als 0,5 l werden kann.

Die Forderung von Abschnitt 5.1.2.4, El. 510, bei Winkelprofilen, die gelenkig, z.B. nur mit einer Schraube, angeschlossen sind, den Einfluß der Exzentrizität zu berücksichtigen, beruht auf der Tatsache, daß es in diesem Fall konstruktiv nicht möglich ist, die Last planmäßig mittig in den Druckstab einzuleiten. Im Regelfall liegt sogar eine in bezug auf beide Querschnittshauptachsen exzentrische Krafteinleitung vor. Da das Winkelprofil darüber hinaus höchstens einfachsymmetrisch ist, ist hier stets eine Biegedrillknickuntersuchung erforderlich. Die Norm macht hierzu jedoch keine Angaben (El. 323 gilt nur für Stäbe mit doppelt- oder einfachsymmetrischem I-förmigem Querschnitt). Ausreichend genaue Näherungsverfahren für den Tragsicherheitsnachweis liegen nicht vor. Wenn also kein für die Lösung dieses Problems anwendbares Computerprogramm zur Verfügung steht, empfiehlt es sich, die konstruktiv ohnehin bessere Lösung mit 2 Schrauben oder einen geschweißten Anschluß vorzusehen. In diesem Fall darf der Einfluß der Exzentrizität vernachlässigt werden und die Biegeknickuntersuchung mit Gl. (3) der Norm durchgeführt werden, wobei der Abminderungswert κ mit dem bezogenen Schlankheitsgrad $\bar{\lambda}'_K$ nach Tabelle 16 geführt werden darf. Die in Tabelle 16 angegebenen Formeln für den bezogenen Schlankheitsgrad $\bar{\lambda}'_K$ ergeben im Bereich kleinerer und mittlerer bezogener Schlankheitsgrade ($\bar{\lambda}_K \leq \sqrt{2}$) größere, im Bereich großer bezogener Schlankheitsgrade ($\bar{\lambda}_K > \sqrt{2}$) kleinere, beim Tragsicherheitsnachweis anzusetzende rechnerische bezogene Schlankheitsgrade. Damit wird der Tatsache Rechnung getragen, daß bei gedrungenen Stäben der traglastmindernde Einfluß der Anschlußexzentrizität des Einzelwinkels überwiegt, während bei sehr schlanken Stäben der traglasterhöhende Einfluß der elastischen Einspannung in die Gurte merkbar wird [2 - 66].

Abschließende Bemerkung zum Abschnitt 5.1 Fachwerke:

Auf ein erläuterndes Zahlenbeispiel für diesen Abschnitt kann verzichtet werden, da hier nach Ermittlung der Knicklängen die Druckstäbe wie Einzelstäbe nach den Abschnitten 3, 4 bzw. 7 behandelt werden (siehe zugehörige Kommentarteile und Beispiele).

5.2 Rahmen und Durchlaufträger mit unverschieblichen Knotenpunkten

Vorbemerkung:

In der Regel wird man heute Rahmen und Durchlaufträger mit unverschieblichen Knotenpunkten (jedoch auch mit verschieblichen Knotenpunkten, s. Abschnitt 5.3) mit einem der allgemeinen Nachweisverfahren nach Tabelle 1 (s. El. 112) untersuchen, wobei für die Schnittgrößenermittlung nach Theorie II. Ordnung ein allgemeines Stabwerksprogramm für einen leistungsfähigen Personalcomputer (PC) verwendet wird. Liegt ein solches Programm nicht vor, oder will man aus anderen Gründen (Überschlagsberechnungen, Vordimensionierungen, unabhängige Überprüfung von Computerergebnissen oder auch der Übersichtlichkeit der statischen Berechnung wegen) eine Berechnung "von Hand" vornehmen, so können die Regelungen des Abschnittes 5.2 nützlich sein.

Bei Anwendung des Ersatzstabverfahrens (hierauf weist El. 517 hin, ohne den Begriff ausdrücklich zu verwenden) ist jedoch zu beachten, daß bei der Biegedrillknickuntersuchung entsprechend El. 303 die Stabendmomente erforderlichenfalls nach Theorie II. Ordnung zu bestimmen sind. "Erforderlichenfalls" bedeutet hier, daß die Kriterien für die Anwendung der Theorie I. Ordnung nach El. 739 Teil 1 nicht erfüllt sind, also Teil 2 angewendet werden muß. Selbstverständlich müssen dann auch Anschlüsse und Stöße mit den Schnittgrößen nach Theorie II. Ordnung nachgewiesen werden, da die Tragwerksverformungen zu einer Vergrößerung der Beanspruchungen führen (s. El. 727 und 728 von Teil 1). Insofern ist die Anwendung des Ersatzstabverfahrens bei Stabsystemen nicht sinnvoll. Es ist nämlich in der Praxis stets einfacher, nach einer ohnehin notwendigerweise nach Theorie II. Ordnung durchgeführten Schnittgrößenermittlung nur noch lokale Spannungs- oder Interaktionsnachweise im Rahmen der Biegeknickuntersuchung zu führen, als zusätzlich noch einmal die Schnittgrößen nach Theorie I. Ordnung und für sämtliche Stäbe die Knicklängen zu ermitteln, um dann für jeden einzelnen Stab den Tragsicherheitsnachweis gegen Biegeknicken mit dem Ersatzstabverfahren (Bed. (24)) zu führen.

Diese Vorbemerkung gilt auch für den Abschnitt 5.3, insbesondere für den Unterabschnitt 5.3.2.3 mit den El. 523 bis 525.

Das Flußdiagramm in Bild 2 - 5.1 erleichtert die Übersicht über die im folgenden näher bezeichneten Regelungen für die Berechnung von Rahmen mit unverschieblichen Knotenpunkten.

5.2.1 Vernachlässigbarkeit von Normalkraftverformungen

Das El. 511 gilt auch für den Abschnitt 5.3, also bei Rahmen und Durchlaufträgern mit verschieblichen Knotenpunkten (s. El. 518)!

Die Anmerkung 1 zur Bed. (45) wird durch Bild 2 - 5.2 verdeutlicht:

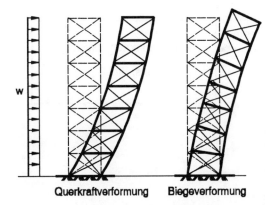

Bild 2 - 5.2   Verformungsanteile eines ausgesteiften Stockwerkrahmens

Bei dem im Bild 2 - 5.2 dargestellten ausgesteiften Stockwerkrahmen werden die Querkraftverformungen durch Längenänderungen der Verbandsstäbe und die Biegeverformungen durch Längenänderungen der Stiele (Gurtstäbe) erzeugt. Bei nichtausgesteiften Stockwerkrahmen entsprechen die Querkraftverformungen den S-förmigen Biegeverformungen der Stiele.

Die Bed. (45) ist bei 1- bis 3stöckigen Rahmen im allgemeinen erfüllt. Bei Rahmen mit mehr Stockwerken (oder auch bei Nichterfüllung des Kriteriums bei 1- bis 3stöckigen Rahmen) wird man ohnehin ein Computerprogramm verwenden, welches die Normalkraftverformungen berücksichtigt. Dann benötigt man die vereinfachten Regelungen des Abschnittes 5.2 nicht und führt den Tragsicherheitsnachweis nach einem der Verfahren von Tabelle 1.

Die Deutung der Gleichung (46) gelingt am einfachsten durch Gleichsetzen von A_{li} und A_{re}. Dann entspricht diese Formel dem Flächenmoment zweiten Grades (Trägheitsmoment) eines zweiteiligen Querschnitts bei Vernachlässigung der Eigenträgheitsmomente der Stielquerschnitte.

Auf die Einhaltung der (nicht mit einer Nummer versehenen) Bedingung "$\varepsilon \leq 1$ für die Riegel" bei Anwendung der Abschnitte 5.2 und 5.3 wird ausdrücklich hingewiesen!

5.2.2 Definition der Unverschieblichkeit von Rahmen

Bei Durchlaufträgern und Durchlaufstützen ist es von der gegebenen Konstruktion her im allgemeinen leicht zu beurteilen, ob eine unverschiebliche Stützung vorliegt oder mit elastisch nachgiebiger Stützung gerechnet werden muß. Daher enthält die Norm hierfür auch kein besonderes Kriterium.

Die Aussteifungen von Stockwerkrahmen hingegen - insbesondere wenn es sich um Verbände aus Einzelstäben handelt können jedoch so nachgiebig sein, daß die Rahmenknoten nicht mehr ohne weiteres als unverschieblich angesehen werden können. Will man daher die Regeln des Abschnittes 5.2 anwenden, so ist zunächst die Einhaltung der Bed. (47) nachzuweisen. Ist diese Bedingung erfüllt, so wird eine näherungsweise Berechnung des Rahmens unter Annahme unverschieblicher Knotenpunkte als ausreichend genau angesehen. Da sich die Horizontalkräfte aus planmäßigen Horizontallasten (z.B. Wind), Schiefstellung und Imperfektionen im Verhältnis der Steifigkeiten auf Aussteifungselemente und Rahmen verteilen, bedeutet das Kriterium (47), daß die Aussteifungselemente mindestens 5/6 (~83 %) der Kraft übernehmen und somit der Rahmen höchstens 1/6 (~17 %) übernehmen muß. Auf diese Aufteilung im Verhältnis der Steifigkeiten wird jedoch in den vereinfachten Regelungen des Abschnittes 5.2 insofern verzichtet, als nach El. 514 den Aussteifungselementen die volle Größe aller Horizontallasten zugewiesen wird und der Rahmen dann als an diesen dafür bemessenen Aussteifungselementen unverschieblich gehalten angesehen werden darf. Ist die Bed. (47) nicht erfüllt, so ist eine genauere Untersuchung nach Theorie II. Ordnung erforderlich, bei welcher die Kräfte zwangsläufig in richtiger Weise entsprechend den Steifigkeiten auf Rahmen und Aussteifungssystem aufgeteilt werden.

Die Definition der Stockwerksteifigkeit S eines Rahmens oder eines aussteifenden Bauteils nach Gleichung (48) und Bild 26 entspricht der Schubsteifigkeit $S^{*}_{z,d}$ mehrteiliger Stäbe nach El. 404. Insofern kann Tabelle 17 als eine Ergänzung zu Tabelle 13 angesehen werden.

5.2.3 Berechnung der Aussteifungselemente

Im Abschnitt 5.2.2 wurde bereits auf die Grundforderung von El. 514 hingewiesen, nach welcher die Aussteifungselemente nach Theorie II. Ordnung unter Ansatz aller horizontalen Lasten sowie der Abtriebskräfte aus Imperfektionen für Aussteifungssystem und Rahmen zu berechnen sind. Die Abtriebskräfte aus Imperfektionen können dabei stockwerksweise durch Aufsummierung der Ersatzbelastungen aller Stiele eines Stockwerks entsprechend Bild 7 berücksichtigt werden. Zu beachten ist, daß diese horizontalen Abtriebskräfte zwar keine horizontale Resultierende haben, jedoch als Kräftepaare resultierende Momente besitzen, welche zu einer Umlagerung der Vertikallasten in den Stielen und damit auch in den Fundamenten führen.

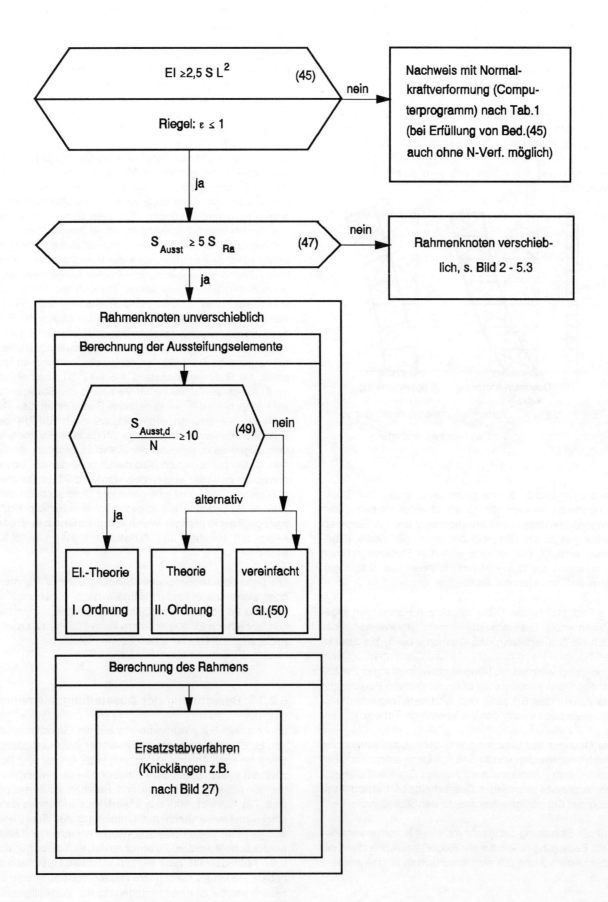

Bild 2 - 5.1   Tragsicherheitsnachweise für Rahmen mit unverschieblichen Knotenpunkten nach DIN 18 800 Teil 2, Abschnitt 5.2 (anstelle der Nachweisverfahren nach Tab. 1)

(Dies gilt selbstverständlich auch für die Abtriebskräfte aus den elastischen Stielverdrehungen nach Theorie II. Ordnung.)

Nach El. 516 darf bei Anwendung der Elastizitätstheorie zur Ermittlung der Schnittgrößen der Aussteifungselemente nach Theorie I. Ordnung gerechnet werden, wenn für jedes Stockwerk die Bed. (49) erfüllt ist.

In diesem Fall darf selbstverständlich auch in Übereinstimmung mit El. 205 mit verminderten Vorverdrehungen nach Teil 1, El. 730, gerechnet werden. Da für ein Aussteifungselement die ideale Biegeknicklast $N_{Ki,d} = S_{Ausst,d}$ ist (s. Anmerkung zu El. 516), wird mit Erfüllung von Bed. (49) auch die "10 %-Regel" nach Element 739 aus Teil 1 erfüllt. ($N_{Ki,d} = S_{Ausst,d}$ folgt unmittelbar aus Gl. (32) in El. 405 mit $N_{Ki,z,d} = N_{Ki,d}$ und $(EI_z^*)_d = \infty$ als Knicklast des biegestarren, jedoch schubelastischen Stabes.) Die Bed. (49) läßt sich auch so deuten, daß bei ihrer Erfüllung der Einfluß der Querkraft V_r^H aus äußeren Horizontallasten im Stockwerk r auf die Beanspruchung der Aussteifungselemente mindestens 10mal so groß ist wie der Einfluß der Abtriebskräfte infolge einer elastischen Schiefstellung φ_r der Stützen. Dies läßt sich zeigen, indem man die linke Seite der Bed. (49) mit φ_r erweitert:

$$\frac{\varphi_r S_{Ausst,d}}{\varphi_r N} \geq 10$$

und entsprechend Gl. (48) $\varphi_r S_{Ausst,d}$ durch V_r^H ersetzt:

$$\frac{V_r^H}{\varphi_r N} \geq 10 \qquad (2 - 5.1)$$

womit die oben gemachte Aussage formelmäßig bestätigt ist.

Gl. (50) stellt den bekannten, vereinfachten Vergrößerungsfaktor für die Schnittgrößen nach Theorie II. Ordnung dar, wobei gegenüber der schärferen Formel

$$\alpha = \frac{\eta_{Ki} + \delta}{\eta_{Ki} - 1} = \frac{1 + \dfrac{\delta}{\eta_{Ki}}}{1 - \dfrac{1}{\eta_{Ki}}} \qquad (2 - 5.2)$$

der "Dischinger-Faktor" δ zu Null gesetzt wurde.

5.2.4 Berechnung von Rahmen und Durchlaufträgern

Auf die Problematik der nach El. 517 zulässigen Anwendung des Ersatzstabverfahrens sowie nach Abschnitt 3 bei Stabsystemen hinsichtlich der zusätzlich erforderlichen Nachweise des Biegedrillknickens der Anschlüsse und Stöße mit Schnittgrößen nach Theorie II. Ordnung wurde bereits in der Vorbemerkung zu Abschnitt 5.2 dieses Kommentars hingewiesen.

Auf nähere Erläuterungen der stabilitätstheoretischen Hintergründe des Bildes 27 und seiner Anwendung wird hier verzichtet und statt dessen auf [2 - 32] verwiesen. Die dort angegebenen Knickdeterminanten (6) oder (7) können in Verbindung mit den Beziehungen (8) bis (13) auch zum Programmieren der in dem Nomogramm des Bildes 27 angegebenen Kurven verwendet werden.

Bevor man bei Erfüllung der Bed. (45) und (47) - auch wenn Bed. (49) nicht erfüllt ist - einen Nachweis des Rahmens mit unverschieblichen Knotenpunkten nach Theorie II. Ordnung (oder einen Nachweis der einzelnen Stäbe des Systems mit dem Ersatzstabverfahren nach Abschn. 3) durchführt, empfiehlt es sich, zu überprüfen, ob die Bed. c) in der nicht verbindlichen Regelung von El. 739 aus Teil 1 erfüllt ist. Erfahrungsgemäß ist dies bei vielen ausgesteiften Rahmen im üblichen Hochbau der Fall. Dann genügt die Berechnung der Schnittgrößen des Rahmens nach Theorie I. Ordnung, und ein Stabilitätsnachweis für Biegeknicken kann vollständig entfallen. Die Überprüfung des Kriteriums c) aus El. 739 (Teil 1) läßt sich sehr einfach durchführen, da die Normalkräfte der Stiele des Rahmens mit ausreichender Genauigkeit aus Gleichgewichtsbedingungen abgeschätzt werden können. Eine weitere Erleichterung ist dadurch möglich, daß man nicht sofort die wahren Knicklängen der Stiele mit Hilfe des Bildes 27 ermittelt, sondern zunächst - stets auf der sicheren Seite liegend - $\beta = 1$, also $s_K = l$, setzt. Erst wenn hiermit die Erfüllung des Kriteriums c) nach El. 739 (Teil 1) nicht nachgewiesen werden kann, ist die Anwendung des Bildes 27 sinnvoll.

Bezüglich der Berechnung von Durchlaufträgern mit rechtwinklig zur Stabachse unverschieblichen Lagerpunkten bei Beanspruchung infolge Biegung und Druckkraft wird auf folgendes hingewiesen:

- Für die Anwendung der Elastizitätstheorie II. Ordnung (Verfahren Elastisch-Elastisch oder Elastisch-Plastisch) zur Ermittlung der Schnittgrößen gibt es leistungsfähige und preiswerte Software für PCs. Hat man mit solch einem Programm die Schnittgrößen ermittelt, so braucht nur noch ein Spannungsnachweis oder ein Interaktionsnachweis geführt zu werden.
- [2 - 67] enthält ein geschlossenes Lösungsverfahren nach Elastizitätstheorie II. Ordnung mit Erweiterung auf die Fließgelenktheorie II. Ordnung sowie erläuternde Zahlenbeispiele hierzu.
- In [2 - 68] findet man praktische Bemessungstabellen nach der Fließgelenktheorie II. Ordnung für häufig in der Praxis vorkommende Fälle. Bei Anwendung dieser Tabellen ist von El. 117 Gebrauch zu machen (d. h. mit den γ_M-fachen Bemessungswerten der Einwirkungen zu rechnen), da für die Widerstandsgrößen (Festigkeiten und Steifigkeiten) die charakteristischen Werte verwendet wurden.

5.3 Rahmen und Durchlaufträger mit verschieblichen Knotenpunkten

Vorbemerkung:

Es wird auf die Vorbemerkung zu Abschnitt 5.2 dieses Kommentars hingewiesen.

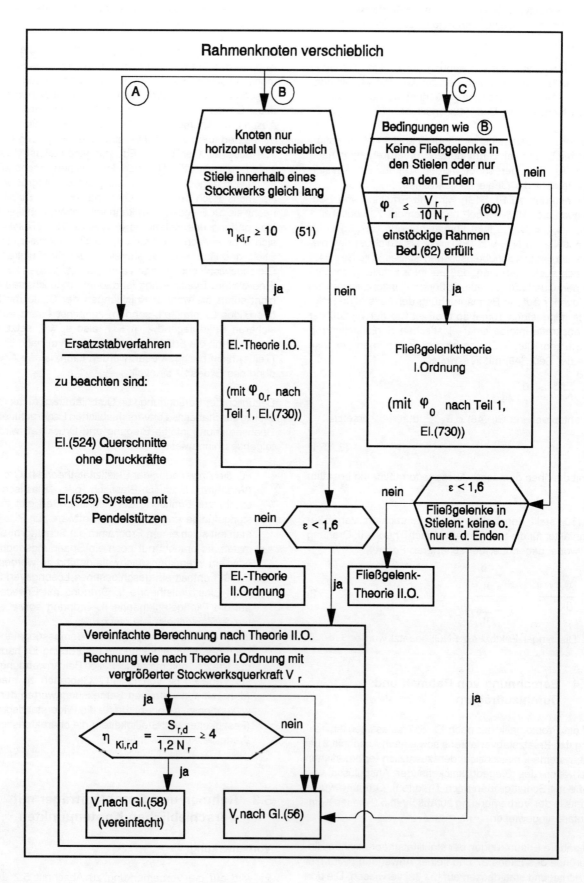

Bild 2 - 5.3 Tragsicherheitsnachweise für Rahmen mit verschieblichen Knotenpunkten nach DIN 18 800 Teil 2, Abschnitt 5.3 (anstelle der Nachweisverfahren nach Tab. 1)

Das Flußdiagramm in Bild 2 - 5.3 erleichtert die Übersicht über die im folgenden näher erläuterten Regelungen für die Berechnung von Rahmen mit verschieblichen Knotenpunkten.

5.3.1 Vernachlässigbarkeit von Normalkraftverformungen

Siehe Kommentar zu Abschnitt 5.2.1, El. 511.

5.3.2 Verschiebliche ebene Rahmen

Zur Anmerkung:

Hilfsmittel und Verfahren zur Berücksichtigung des Trag- und Verformungsverhaltens steifenloser Riegel-Stützen-Verbindungen findet man z.B. in [2 - 9], [2 - 69], [2 - 70] und [2 - 71] (s. a. Abschnitt 2.5 dieses Kommentars).

Berechnung nach Elastizitätstheorie

Bed. (51) in El. 519 entspricht dem Abgrenzungskriterium a) der nicht verbindlichen "10 %-Regel" des Elementes 739 (Teil 1), wobei hier $\eta_{Ki,r}$ eine auf der sicheren Seite liegende Abschätzung des Verzweigungslastfaktors eines Rahmenstockwerks darstellt.

Bei Verwendung der im El. 519 angegebenen Formel für $\eta_{Ki,r}$ in der Bed. (51) ist jedoch zu beachten, daß die im ersten Satz genannten Forderungen bezüglich der Rahmenausführung auch tatsächlich erfüllt sind.

Bezüglich des Hintergrundes und der alternativen Anwendung des Bildes 29 zur Ermittlung von $\eta_{Ki,r}$ entsprechend Anmerkung 2 zu El. 519 wird wiederum auf [2 - 32] hingewiesen. Die dort angegebenen Knickdeterminanten (15) oder (16) können in Verbindung mit den Beziehungen (8) bis (13) auch zum Programmieren der in dem Nomogramm des Bildes 29 angegebenen Kurven verwendet werden.

Wegen der Deutung von Gl. (55) s. Kommentar zu Abschnitt 5.2.3, Bed. (49), mit dem Resultat der Bed. (2 - 5.1).

Eine weitere Möglichkeit zur Bestimmung von $\eta_{Ki,r}$ bietet die Anwendung des Nomogramms in Bild 10.2-19 bzw. 11.2-19, in [2 - 72].

Um die im Abschnitt 5.3.2.2 angegebene vereinfachte Berechnung nach Elastizitätstheorie II. Ordnung zu verstehen, ist es notwendig, sich zunächst zu vergegenwärtigen, daß bei Rahmentragwerken im wesentlichen folgende zwei Einflüsse II. Ordnung von Bedeutung sind (s. auch [2 - 72] und [2 - 73]:

1. die zwischen den Knotenpunkten infolge der Biegeverformungen ("ε-Effekt") vorhandenen Abweichungen δ der Stabachse von der geraden Sehne und dadurch entstehenden Zusatzmomente (auch "P-δ-Effekt" genannt) aus den Längskräften (wirkend an Hebelarmen, die gleich den auf die Sehne bezogenen Stabauslenkungen δ sind);

2. die infolge der Knotenverschiebungen entstehenden Zusatzmomente, in der Fachliteratur häufig auch "P-Δ-Effekt" genannt. Dieser P-Δ-Effekt ist bei Rahmen mit verschieblichen Knotenpunkten in der Regel wesentlich größer als der häufig für kleine ε-Werte vernachlässigbare "ε-Effekt" nach Ziffer 1. (Bei unverschieblichen Stockwerkrahmen - d. h. solchen, bei denen die Knoten nur Verdrehungen, jedoch keine Verschiebungen erfahren - entfällt der P-Δ-Effekt.)

Bei einer Berechnung nach Theorie II. Ordnung, welche sowohl den P-δ-Effekt (ε-Effekt) als auch den P-Δ-Effekt berücksichtigt, entstehen Stockwerksquerkräfte.

$$V_r = V_r^H + \varphi_o N_r + \varphi_r N_r \qquad (2 - 5.3)$$

Bei Anwendung der Gl. (56) im Rahmen der vereinfachten Elastizitätstheorie II. Ordnung (wobei die Berechnungsschritte wie bei Theorie I. Ordnung durchgeführt werden) wird der P-δ-Effekt durch Vergrößerung des P-Δ-Effektes mit dem Faktor 1,2 am letzten Summanden ($\varphi_r N_r$) näherungsweise (im allgemeinen auf der sicheren Seite liegend) berücksichtigt. φ_r muß hierbei entweder in mehreren Berechnungsschritten iterativ ermittelt oder zu Beginn der Rechnung - nach Möglichkeit auf der sicheren Seiten liegend - geschätzt und am Ende der Rechnung überprüft werden, falls nicht eine direkte Berechnung entsprechend der Anmerkung zu El. 521 nach dem Drehwinkelverfahren durchgeführt wird [2 - 73].

Gl. (58) in El. 522 benutzt wieder den bekannten, vom Verzweigungslastfaktor abhängigen Vergrößerungsfaktor für die Schnittgrößen nach Theorie II. Ordnung. Es ist besonders sinnvoll, Gl. (58) anzuwenden, wenn sich vorher ergeben hatte, daß Bed. (51) nicht erfüllt ist. Dann sind nämlich bereits alle Größen bekannt, und es kann die Berechnung wie nach Theorie I. Ordnung durchgeführt werden.

Ersatzstabverfahren

Bezüglich der El. 523 und 524 zur Anwendung des Ersatzstabverfahrens nach Abschnitt 5.3.2.3 wird auf den Kommentar zu Abschnitt 3.4.2.2 mit den El. 314 bis 319 hingewiesen. Auch die Vorbemerkung zu Abschnitt 5.2 des Kommentars sollte beachtet werden, um unnötige Doppelarbeit zu vermeiden.

Die nach El. 525 bei Systemen mit Pendelstützen zusätzlich am untersuchten Rahmen anzusetzende Ersatzbelastung V_o ist erforderlich, da bei Anwendung des Ersatzstabverfahrens zwar der ungünstige Einfluß der Abtriebskräfte der Pendelstützen beim Biegeknicken auf die Knicklänge (und damit auf den Abminderungsfaktor κ) berücksichtigt ist, jedoch nicht der Einfluß von Vorverdrehungen der Pendelstützen. Zu beachten ist auch, daß trotz der Anwendung der Theorie I. Ordnung zur Ermittlung der in Bed. (24) einzusetzenden Schnittgrößen die Imperfektionen $\varphi_{o,i}$ nach El. 205 aus Teil 2 - und nicht mit den verkleinerten Werten aus El. 730 aus Teil 1 - zu verwenden sind, da es sich hier um einen Stabilitätsnachweis handelt, der ersatzweise für die Anwendung der Theorie II. Ordnung geführt wird. Die Anmerkung zum Bild 30 in El. 525 berücksichtigt die Tatsache, daß in der Ersatzstabformel bereits der Einfluß von Imperfektionen der einzelnen Rahmenstiele berücksichtigt ist.

Berechnung nach Fließgelenktheorie

Die in El. 526 im Abschnitt 5.3.2.4 für die Zulässigkeit der Berechnung nach Fließgelenktheorie I. Ordnung angegebene Bed. (60) entspricht den Bed. (49) und (51), wie man leicht durch algebraische Umformung erkennen kann (s. auch Kommentar zu den Bed. (49) und (51)). Sie sagt also aus, daß die Stockwerksquerkräfte aus den äußeren Horizontallasten und Imperfektionen mindestens 10mal so groß sind wie die Abtriebskräfte der Vertikallasten infolge der seitlichen Verformung des Systems. Die Forderung, daß die Anwendung der Fließgelenktheorie I. Ordnung bei Erfüllung der Bed. (60) nur zulässig ist, wenn keine Fließgelenke zwischen den Enden der Stiele auftreten, ist notwendig, um zu vermeiden, daß ein örtliches Stielversagen auftritt. Da eine Prüfung, ob die Bed. (60) erfüllt ist, erst nach Abschluß einer Berechnung nach Theorie I. Ordnung erfolgen kann (s. Definition von φ_r), wird in der Anmerkung zu El. 526 auf die Lit. [12] der Norm hingewiesen. Auch die Tabelle 9 in [2 - 74] enthält solche Abschätzformeln für einstöckige Rahmen. Für mehrstöckige Rahmen lassen sich - zumindest bisher - solch einfache Abschätzformeln nicht angeben.

Das in El. 527 für die Zulässigkeit der Anwendung der Fließgelenktheorie I. Ordnung angegebene Kriterium (62) kann - wie in der Anmerkung zu diesem Element vermerkt- im einzelnen Anwendungsfall weit auf der sicheren Seite liegen. Die Ursache hierfür liegt insbesondere in der Tatsache, daß dieses Kriterium auch - wie aus Bild 31 hervorgeht - zusätzliche Normalkräfte in den Stielköpfen oder infolge von Kranlasten berücksichtigt. Einstöckige Hallenrahmen, die im wesentlichen durch verteilte Lasten auf dem Dach infolge von Eigengewicht und Schnee sowie durch horizontale Windlasten beansprucht werden, sind jedoch weniger stabilitätsgefährdet und können daher häufig auch dann noch mit ausreichender Sicherheit nach der Fließgelenktheorie I. Ordnung berechnet werden, wenn das Kriterium (62) nicht erfüllt ist. In Abhängigkeit von Steifigkeits-, Geometrie- und Lastverhältnissen gibt hierzu [2 - 75] den zulässigen Anwendungsbereich an.

Bezüglich des El. 528 im Abschnitt 5.3.2.5 für die Anwendung einer vereinfachten Berechnung nach Fließgelenktheorie II. Ordnung wird auf den Kommentar zu den El. 520 und 521 hingewiesen, da hier die gleichen Überlegungen zugrunde liegen.

5.3.3 Elastisch gelagerte Durchlaufträger

Bei einer Berechnung elastisch gelagerter Durchlaufträger mit planmäßigen Querlasten und Normalkraft entsprechend El. 529 nach dem Ersatzstabverfahren des Abschnittes 3.4.2 sind keine zusätzlichen Vorverformungen anzusetzen.

Im allgemeinen wird jedoch die Anwendung eines Computerprogramms nach der Elastizitätstheorie II. Ordnung mit den Nachweisverfahren nach Zeile 1 oder Zeile 2 der Tabelle 1 sinnvoller sein. Dann sind zusätzlich die Vorverdrehungen nach Abschnitt 2.3 (s. auch Bild 6 rechts oben) anzusetzen. Gegebenenfalls (bei $\varepsilon > 1{,}6$) sind auch zusätzlich zu den Vorverdrehungen die Vorverkrümmungen nach Abschnitt 2.2 in ungünstigster Richtung anzusetzen (s. hierzu Abschnitt 2.4 und Bild 8). Da nach El. 202 die geometrischen Ersatzimperfektionen so anzusetzen sind, daß sie sich der zum niedrigsten Knickeigenwert gehörenden Verformungsfigur möglichst gut anpassen und auch ggf. für die Anwendung der Bed. (24) zur Ermittlung von κ die Knicklänge des Ersatzstabes bekannt sein muß, ist es notwendig, Knicklänge oder Knicklast und Knickfigur zu kennen. Dies kann bei den vorliegenden Systemen Schwierigkeiten bereiten (s. DIN 4114, Ri. 7.8 und [2 - 31]). Daher werden im nachfolgenden Kommentar zu Abschnitt 5.3.3.2 hierzu Hinweise gegeben.

Auch hier empfiehlt es sich, bei der praktischen Berechnung anstelle von geometrischen Ersatzimperfektionen die statisch gleichwertigen Ersatzlasten anzusetzen ([2 - 1], [2 - 16]).

Druckgurte von Trogbrücken

Für Druckgurte von Trogbrücken enthält Abschnitt 5.3.3.2 Sonderregelungen. Diese gelten sowohl für die Anwendung des Ersatzstabverfahrens mit Bed. (3) als auch für Tragsicherheitsnachweise nach Tab. 1. Da im letztgenannten Fall für das Ausweichen rechtwinklig zur Fachwerkebene bzw. zum Vollwandträgersteg keine planmäßigen Horizontallasten anzusetzen sind, entstehen Biegebeanspruchungen lediglich infolge von Vorverdrehungen nach El. 205, ggf. mit zusätzlichen Vorkrümmungen entsprechend El. 207. Um die praktische Berechnung zu erleichtern, sind in den Tabellen 18 und 19 Formeln für die Federsteifigkeiten der in der Anmerkung zum El. 530 erwähnten Halbrahmen verschiedener Trogbrückenarten angegeben. (Die Formel von Tabelle 18 kann auch für die Knicklängenberechnung eines in der Mitte federnd gestützten Fachwerkfüllstabes nach Gl. (44) in El. 509 verwendet werden.)

Die nach El. 531 zulässige Mittelung der Normalkraft im Fall von Vollwandträgern stellt eine das Rechenergebnis nur unwesentlich beeinflussende Rechenvereinfachung dar. Die Mitnahme von ein Fünftel der Stegfläche zum Querschnitt des Druckgurtes ist erforderlich, weil die in diesem Querschnittsteil enthaltene Druckkraft wesentlich zu den Abtriebskräften aus den Stabdrehwinkeln beitragen kann.

Nach El. 202 sind die geometrischen Ersatzimperfektionen so anzunehmen, daß sie sich der zum niedrigsten Knickeigenwert gehörenden Verformungsfigur möglichst gut anpassen und dabei in ungünstigster Richtung wirken. Als Anhaltspunkt für das Auffinden der Knicklängen und der

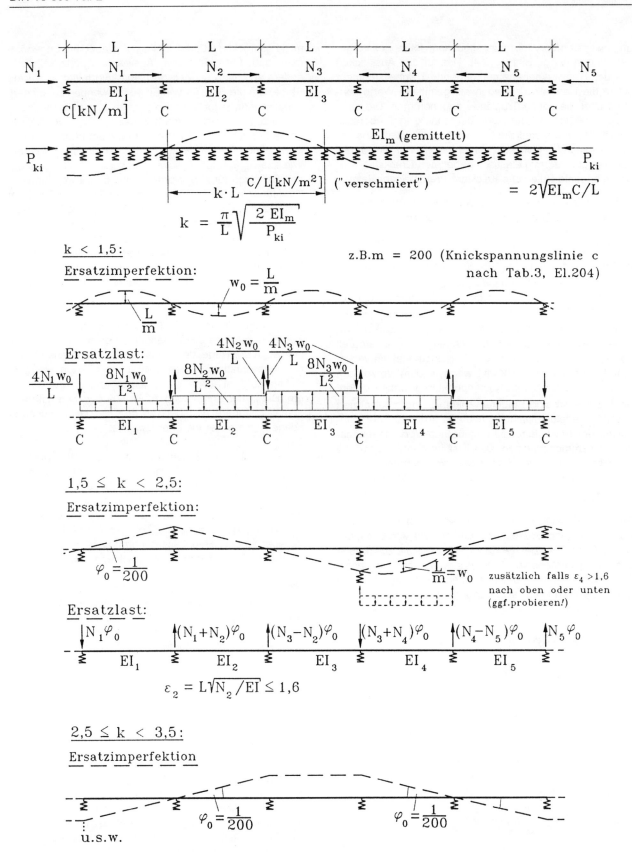

Bild 2 - 5.4 Möglichkeiten für die Wahl von geometrischen Ersatzimperfektionen, bzw. statisch gleichwertigen Ersatzlasten, beim elastisch gelagerten Durchlaufträger

ungünstigsten Vorverformungsfigur kann folgendes Vorgehen dienen (vergl. Bild 2 - 5.4): Das für das Ausknicken aus der Tragwerksebene maßgebende Trägheitsmoment sowie die Normalkraft werden als gemittelte Werte konstant über die ganze Troglänge angenommen. Die nach Tabelle 18 oder 19 der Norm berechnete (ggf. ebenfalls gemittelte) Federsteifigkeit C wird durch den Knotenpunktsabstand L dividiert ("verschmiert"). Für diesen gedachten gleichförmig elastisch gebetteten Druckstab werden die ideale Eulersche Knicklast (Verzweigungslast)

$P_{Ki} = 2\sqrt{EI_m C/L}$ (bei der i. a. zutreffenden Annahme unverschieblicher Endlagerung) und daraus mit der Halbwellenlänge $kL = \pi\sqrt[4]{EI_m L/C}$ der Knickbiegelinie der Halbwellenbeiwert $k = (\pi/L)\sqrt{2EI_m/P_{Ki}}$ erhalten. Die diesem k-Wert am nächsten liegende ganze Zahl wird dann der nach Abschnitt 2 zu wählenden Vorverformungsfigur zugrunde gelegt. Ist $k \leq 1{,}5$ deutet dies darauf hin, daß die Halbrahmen so steif sind, daß mit einem Ausknicken zwischen den Knotenpunkten zu rechnen ist. In diesem Fall sollte eine parabelförmige (oder sinusförmige) Vorverformungsfigur nach El. 204 mit wechselndem Vorzeichen zwischen den einzelnen Knotenpunkten gewählt werden. Ist $k \geq 1{,}5$, so sind Stabdrehwinkel φ_0 - ggf. multipliziert mit dem Reduktionsfaktor r_1 nach El. 205 - zu einer sinnvollen, der Knickbiegelinie angepaßten Vorverformungsfigur zusammenzusetzen. Diese ist für den Fall, daß die Stabkennzahlen ε der Einzelstäbe zwischen den Knotenpunkten größer als 1,6 werden, entsprechend El. 207 noch mit der zusätzlichen Vorkrümmung zu überlagern.

Für die endgültige Berechnung des so spannungslos vorverformt angenommenen bzw. anstelle der Vorverformungen mit den Ersatzlasten ([2 - 1], [2 - 16]) als zusätzliche Einwirkung versehenen Systems sind wieder die tatsächlichen Normalkräfte und Steifigkeiten der einzelnen Stäbe sowie die diskrete elastische Lagerung zugrunde zu legen.

6 Bogenträger

6.1 Mittiger Druck (Stützlinienbogen)

Dieser Fall liegt dann vor, wenn die Lage des resultierenden Schnittkraftvektors in jedem Querschnitt des Bogens mit der Tangente an die Bogenachse zusammenfällt. Um diese Forderung zu erfüllen, muß z.B. für eine konstante Streckenlast je Längeneinheit in horizontaler Richtung eine parabelförmige, für konstantes Gewicht je Längeneinheit des Bogens eine nach der cosh-Linie (Kettenlinie) geformte und für äußeren hydrostatischen Druck eine kreisförmige Bogenachse vorliegen.

6.1.1 Ausweichen in der Bogenebene

Bei gleichbleibendem Querschnitt wird nach El. 601 die Anwendung der europäischen Knickspannungslinien auch für den Tragsicherheitsnachweis gekrümmter planmäßig mittig gedrückter Stäbe zugelassen. Dabei wird angenommen, daß diese sich beim Ausweichen prinzipiell nicht anders verhalten als gerade planmäßig mittig gedrückte Stäbe. Um die Bed. (3) von El. 304 anwenden zu können, benötigt man jedoch die Knicklänge s_K zur Bestimmung des bezogenen Schlankheitsgrades $\bar{\lambda}_K$. Die Knicklängenbeiwerte nach Gl. (63) können für die am häufigsten vorkommenden Regelfälle aus Bild 33 entnommen werden. Wie aus Gl. (64) für N_{Ki} sowie aus der im El. 601 gegebenen Definition für N hervorgeht, sind bei Anwendung der Knicklängenbeiwerte β die an den Auflagern (Kämpfern) auftretenden Werte der Normalkraft beim Tragsicherheitsnachweis zu verwenden. Weiterhin ist bei den angegebenen Knicklängenbeiwerten vorausgesetzt, daß die Normalkraftverformungen vernachlässigbar sind. Dies ist in der Regel dann der Fall, wenn das Pfeilverhältnis f/l > 0,2 ist und eine Gefahr des Durchschlagens wie bei flachen Bögen (s. El. 603) nicht existiert.

Der wichtige Hinweis in El. 602, daß bei einem Bogen mit Zugband, welches durch Hänger mit dem Bogen verbunden ist, in der Regel der Tragsicherheitsnachweis für den Bogenabschnitt zwischen zwei benachbarten Hängern nicht genügt, ist auf neuere Untersuchungen zurückzuführen. Die in der Anmerkung zu El. 602 erwähnte Literatur enthält genauere Angaben, so daß hier keine weitergehende Kommentierung erforderlich ist.

Wenn bei flachen Bögen die Bed. (65) nicht erfüllt ist, kann das Durchschlagen maßgebend werden. Man erkennt aus dieser Formel, daß hier nicht nur die Biegesteifigkeit, sondern auch die Dehnsteifigkeit von Einfluß ist. In der Norm sind keine Hinweise für den Tragsicherheitsnachweis gegen Durchschlagen von solch flachen Bögen gegeben, da nur Regelfälle genormt werden. Ein Tragsicherheitsnachweis gegen Durchschlagen ist wegen der anzuwendenden nichtlinearen Theorie außerordentlich kompliziert. Zudem sind Bögen, bei denen er maßgebend wird, i. d. R. sehr unwirtschaftlich dimensioniert. Es empfiehlt sich daher, bei Nichterfüllung des Kriteriums (65) eine Neudimensionierung so vorzunehmen, daß Durchschlagen nicht maßgebend wird und somit die Konstruktion auf einen der genormten Regelfälle zurückgeführt werden kann.

Da für die Vielzahl der möglichen Fälle, den Querschnitt des Bogens längs der Achse sowohl hinsichtlich der Querschnittsfläche als auch hinsichtlich des Trägheitsmoments zu verändern, keine allgemeingültigen Knicklängenbeiwerte angegeben werden können, wird im El. 604 der Tragsicherheitsnachweis nach Theorie II. Ordnung gefordert. Die geometrischen Ersatzimperfektionen sind dabei nach Tabelle 23 des Abschnittes 6.2.1 zu wählen. Durch die damit gegebenen Abweichungen von der Stützlinienform entstehen Biegemomente im Bogen, die wie planmäßige Biegemomente behandelt werden können. Bei der praktischen Berechnung nach Elastizitätstheorie II. Ordnung kann man dabei - falls nicht ein geeignetes Computerprogramm vorliegt - iterativ nach dem bekannten Engesser-Vianello-Verfahren vorgehen. Gute Näherungslösungen erhält man in beiden Fällen, wenn man die gekrümmte Biegeachse durch einen Polygonzug mit mindestens 10 Abschnitten ersetzt.

6.1.2 Ausweichen rechtwinklig zur Bogenebene

Auch für das Ausknicken rechtwinklig zur Bogenebene darf nach El. 605, neben den stets genaueren Nachweisen nach Tabelle 1, näherungsweise ein Tragsicherheitsnachweis wie für den planmäßigen zentrisch gedrückten geraden Stab mit Hilfe der Bed. (3) geführt werden. Der zur Ermittlung des Abminderungsfaktors κ erforderliche bezogene Schlankheitsgrad $\bar{\lambda}_K$ nach Gl. (66) ist hier jedoch nicht allein von Steifigkeitsverlauf und Pfeilverhältnis f/l, sondern auch von der möglichen Lastrichtungsänderung beim seitlichen Ausweichen abhängig. Wird der Bogen - wie z.B. bei einem Dachbinder - lediglich von oben durch Eigengewicht und Schnee (also richtungstreue Gewichte) belastet, so wird die Knicklänge allein durch den Beiwert β_1 nach Tab. 21 festgelegt und beträgt $s_K = \beta_1 l$ (mit $\beta_2 = 1$). Wird die Belastung jedoch mindestens teilweise über Hänger eingeleitet, so entstehen beim Ausweichen aus der Bogenebene durch die Neigung der auf Zug beanspruchten Hänger Rückhaltekräfte, welche die Knicklänge mit dem Faktor $\beta_2 < 1$ nach Tab. 22, Zeile 2, verringern. Bei Einleitung von Lasten über Ständer entstehen jedoch beim Ausweichen infolge der auf Druck beanspruchten Ständer zusätzliche abtreibende Kräfte, welche die Knicklänge mit dem Faktor $\beta_2 > 1$ nach Tab. 22, Zeile 3, vergrößern.

Liegt der Fall eines gabelgelagerten Kreisbogens mit unveränderlichem, doppelsymmetrischem Querschnitt und konstanter, radialgerichteter, richtungstreuer Belastung vor, so kann Gl. (68) für die Normalkraft unter der kleinsten Verzweigungslast verwendet werden, um den bezogenen Schlankheitsgrad $\bar{\lambda}_K = \sqrt{N_{pl}/N_{Ki,Kr}}$ zu bestimmen.

Einen besonderen Fall stellen die in El. (606) im Abschnitt 6.1.2.2 behandelten Bogenpaare mit Windverband und Endportalen dar. Untersuchungen in Lit. [15] der Norm haben gezeigt, daß es hier genügt, den Tragsicherheitsnachweis für die Endportale zu führen. Die Knicklängen der Rahmenstiele sind nämlich i. d. R. größer als die des Bogenabschnitts im Bereich des Windverbandes. Diese für Bogentragwerke (deshalb Einordnung in Abschnitt 6 statt Abschnitt 5 der Norm) gefundene Tatsache gilt auch für Fachwerkbrücken mit unten liegender Fahrbahn (s. El. 505). In beiden Fällen neigen sich beim seitlichen Ausweichen der zu untersuchenden Rahmen die Haupttragwerksebenen (Bogen- oder Fachwerkträger), in welchen die die Rahmen belastenden Kräfte wirken. Damit liegt der Fall der nicht richtungstreuen Belastung vor. Je nach Lagerungsart bzw. konstruktiver Ausbildung, der Portal- oder Querrahmen können die Knicklängenbeiwerte (für den Tragsicherheitsnachweis nach Bed. (3) oder Bed. (24), falls nicht eines der allgemeinen Verfahren der Tabelle 1 angewendet wird) für die Regelfälle aus den Bildern 36 bis 38 der Norm entnommen werden. Für $h_r = \infty$ liegt auch hier der Sonderfall richtungstreuer Belastung vor. (So liest man beispielsweise für den Zweigelenkrahmen mit starrem Riegel, d. h. $E_o I_o = \infty \rightarrow \eta = 0$, aus Bild 36 für $h/h_r = 0$ den bekannten Wert $\beta = 2$ ab.) Bei endlichem, kleiner werdendem h_r wird auch die Knicklänge kleiner, so daß im Regelfall des Brückenbaus diese Belastungsart günstiger ist als der Fall der richtungstreuen Belastung (s. a. Kommentar zu El. 505). Lediglich im Fall von Bogenbrücken mit aufgeständerter Fahrbahn, in welchem h_r (Definition s. Anmerkung 2 zu El. 606) negativ einzusetzen ist, wird die nicht richtungstreue Belastung ungünstiger als die richtungstreue und damit die Knicklänge größer. Da in diesem Fall allerdings der Verkehr nicht zwischen den beiden Bogenebenen geführt wird, kann der Windverband bis zu den Kämpfern heruntergeführt werden, so daß i. d. R. keine Notwendigkeit für die Ausbildung solcher erheblich stabilitätsgefährdeter - und damit unwirtschaftlicher - Endportale besteht.

6.2 Einachsige Biegung in Bogenebene mit Normalkraft

Dieser Fall liegt stets vor, wenn bei festem Belastungsbild die zu diesem Belastungsbild gehörende Stützlinie nicht mit der Bogenachse zusammenfällt oder wenn ein veränderliches Lastbild (z.B. infolge wandernder Verkehrslasten) und damit eine veränderliche Stützlinie vorliegen.

6.2.1 Ausweichen in der Bogenebene

Bei Anwendung der in El. 607 genannten Nachweisverfahren nach Tab. 1 wird wegen der Kompliziertheit des genaueren Traglastnachweises nach Zeile 3 in der Regel die Elastizitätstheorie (Zeilen 1 oder 2) zur Anwendung kommen. Die nach Tabelle 23 zusätzlich zu den planmäßigen Belastungen in ungünstiger Richtung anzusetzenden geometrischen Ersatzimperfektionen mögen für Bögen mit großer Spannweite sehr hoch erscheinen. Es wird daher daran erinnert, daß diese geometrischen Ersatzimperfektionen nicht nur die rein geometrischen Abweichungen von der planmäßigen Bogenform, sondern auch weitere baupraktisch unvermeidbare Imperfektionen wie Eigenspannungen, Querschnittsabweichungen usw. berücksichtigen sollen. Es bestehen jedoch keine grundsätzlichen Bedenken gegen die sinngemäße Anwendung von El. 731 aus Teil 1. Dies kann im Einzelfall nach sorgfältiger Prüfung des Sachverhaltes zu einer Reduzierung der hier angegebenen Werte der Ersatzimperfektionen führen.

Bei vielen im Hochbau vorkommenden Bogen kleinerer Abmessungen (z.B. Hallendachbinder) wird die Bed. (70) erfüllt sein, so daß ein Nachweis nach Theorie I. Ordnung (hier ohne Imperfektionen!) zulässig ist. Die Bed. (70) entspricht der El. 739 in Teil 1 unter c) gestellten Forderung $\beta\varepsilon \leq 1$ bei Anwendung der Elastizitätstheorie. Sollte ausnahmsweise einmal die Fließgelenktheorie angewendet werden, so ist es notwendig, auch die in El. 739 in Teil 1 unter a) in Klammern genannte Forderung zu erfüllen, falls der Tragsicherheitsnachweis nach Theorie I. Ordnung erfolgt.

6.2.2 Ausweichen rechtwinklig zur Bogenebene

Die in El. 608 angegebene Regelung, den Tragsicherheitsnachweis gegen Ausweichen rechtwinklig zur Bogenebene bei planmäßig einachsiger Biegung in der Bogenebene mit Normalkraft nach Abschnitt 6.1.2 führen zu dürfen, stellt eine vereinfachende Näherung dar. In Wirklichkeit entstehen räumliche, d. h. in und aus der Bogenebene - auch über Verdrehungen um die Bogenachse - gekoppelte Verformungen. Im Regelfall wird dieser Nachweis nur geringfügig und damit in vernachlässigbarem Ausmaß auf der unsicheren Seite liegen. In Zweifelsfällen - insbesondere bei Tragwerken mit ungewöhnlich großer Spannweite - sollte man prüfen, ob nicht ein Nachweis entsprechend Abschnitt 6.3 für planmäßig räumliche Belastung sinnvoller wäre. In diesem Falle könnten rechtwinklig zur Bogenebene geometrische Ersatzimperfektionen nach Tabelle 24 angesetzt werden, um räumliche Belastungen zu erhalten.

Auch in der Sehne gedrückte oder gezogene kreisförmige Bögen mit veränderlichem, rechteckigem oder I-förmigem Querschnitt dürfen nach El. 609 mit der Bed. (3) nachgewiesen werden. Entsprechend der Gliederung des Abschnittes 6 bezieht sich der hier angegebene bezogene Schlankheitsgrad $\bar{\lambda}_K$ auf das Ausweichen rechtwinklig zur Bogenebene. Man erkennt aus den Überschriften zu den Gl. (73) und (74), daß solch ein Ausweichen auch bei Zugbeanspruchung des Bogens auftreten kann. Für diesen Fall besteht natürlich in der Bogenebene keine Stabilitätsgefährdung. Ein Tragsicherheitsnachweis mit Imperfektionen nach Abschnitt 6.2.1 ist daher nicht erforderlich (dieser ist nur bei Druckbeanspruchung zu führen); es genügt vielmehr der Spannungs- oder Interaktionsnachweis mit den Schnittgrößen nach Theorie I. Ordnung.

Um Mißverständnisse zu vermeiden, wird an dieser Stelle ausdrücklich darauf hingewiesen, daß die in Bild 39 angegebene Druck- oder Zugbelastung die alleinige Belastung des Bogens darstellt und daher die angegebenen Formeln nicht gültig sind, wenn zusätzlich weitere Belastungen in der Bogenebene auftreten.

Der für gabelgelagerte Kreisbogenabschnitte mit gleichbleibendem, I-förmigem Querschnitt nach El. 610 durchzuführende Tragsicherheitsnachweis entspricht (mit $\bar{\lambda}_K = \bar{\lambda}_{K,z}$) der Biegedrillknickuntersuchung nach Abschnitt 3.4.3 für gerade Stäbe, so daß hier auf die dort gegebenen Erläuterungen (unter Beachtung von El. 303) verwiesen wird.

6.3 Planmäßige räumliche Belastung

Mit dem ersten Satz wird darauf hingewiesen, daß bei planmäßig räumlicher Belastung der Tragsicherheitsnachweis für einen Bogen mit für die Praxis erträglichem Rechenaufwand - auch bei Einsatz eines geeigneten Computerprogramms - nur nach Elastizitätstheorie II. Ordnung geführt werden kann.

Beim Ansatz der nur in einer Richtung anzusetzenden geometrischen Ersatzimperfektionen läßt sich allgemein nicht angeben, welche Richtung die ungünstigere ist. In Zweifelsfällen sind jedoch die Ersatzimperfektionen für den Tragsicherheitsnachweis nacheinander einmal in der Bogenebene und einmal rechtwinklig zur Bogenebene anzusetzen, um den ungünstigeren Fall zu finden.

Bei den Ersatzimperfektionen rechtwinklig zur Bogenebene nach Tabelle 24 ist für Stützweiten über 20 m bereits ein Reduktionsfaktor angegeben, so daß unverhältnismäßig große Ersatzimperfektionen aus der Bogenebene heraus nicht angesetzt werden müssen.

Durch den letzten Satz von El. 611 (vor der Anmerkung) soll sichergestellt werden, daß bei Imperfektionsannahmen rechtwinklig zur Bogenebene keine reine Stabkörperdrehung des ganzen Systems (Bogen mit Hängern oder Ständern) angenommen wird, die dann keine ungünstige Wirkung hätte.

7 Planmäßig gerade Stäbe mit ebenen dünnwandigen Querschnittsteilen

7.1 Allgemeines

Anwendungsbereich

Dieser Abschnitt ist anzuwenden, wenn die einzelnen Querschnittsteile eines Querschnitts (z.B. die Gurte, der Steg) so schlank sind, daß Beulen auftritt. Dies ist dann der Fall, wenn die Grenzwerte grenz (b/t) der einzelnen Querschnittsteile überschritten sind. Sofern nur das Stabilitätsproblem des Beulens auftritt, erfolgt die Berechnung nach Teil 3 (Beulen ebener Querschnittsteile - Plattenbeulen) oder nach Teil 4 (Beulen gekrümmter Querschnittsteile - Schalenbeulen). In manchen Fällen treten jedoch Beulen und Knicken gleichzeitig auf, dann ist die gegenseitige Beeinflussung zu berücksichtigen.

Da im Teil 2 Stäbe und Stabwerke behandelt werden, wird unterstellt, daß das Knicken dominiert. Dabei wird der Einfluß des Plattenbeulens auf das Knicken berücksichtigt, der Einfluß des Schalenbeulens wird im Abschn. 7 nicht erfaßt. Die in den Abschn. 1 bis 4 dargestellten Berechnungsgrundlagen werden prinzipiell beibehalten, sie werden den Erfordernissen entsprechend modifiziert. Damit kann verbunden sein, daß in den Fällen, in denen das Plattenbeulen dominiert, die im Abschn. 7 von Teil 2 angegebenen vereinfachten Tragsicherheitsnachweise stärker auf der sicheren Seite liegen können.

Die Berücksichtigung der Beeinflussung zwischen Plattenbeulen und Knicken war bisher überwiegend bei Kaltprofilen erforderlich. Dort werden die Profile aus dünnen Blechen hergestellt, so daß Plattenbeulen häufig nicht zu vermeiden ist. Daneben kann aber auch bei geschweißten Profilen die Berücksichtigung der Interaktion zwischen Plattenbeulen und Knicken erforderlich werden, während Walzprofile i. a. solche Querschnittsabmessungen aufweisen, daß Plattenbeulen ausgeschlossen ist.

Neben den Regelungen im Abschn. 7 vom Teil 2 ist bei Kaltprofilen auch die DASt-Richtlinie 016 zu berücksichtigen, die in einigen Bereichen umfassendere Regelungen hat, als sie im Abschn. 7 vom Teil 2 angegeben sind. Von daher ergänzen sich diese beiden Regelwerke. Ansonsten sind in den anderen Bereichen die Regelungen weitgehend identisch.

Nachweisverfahren

Im El. 702 ist betont, daß der Tragsicherheitsnachweis nur nach den Verfahren Elastisch-Elastisch oder Elastisch-Plastisch geführt werden darf, nicht jedoch nach dem Verfahren Plastisch-Plastisch. Der Grund liegt darin, daß für das zuletzt genannte Verfahren keine hinreichende Absicherung, insbesondere durch Versuche, vorliegt. Sofern die vereinfachten Tragsicherheitsnachweise nach den Abschn. 7.2 bis 7.6 geführt werden, drückt sich die Anwendung der betreffenden Verfahren durch die Verwendung der zugehörigen Querschnittstragfähigkeiten aus.

Auch die Anwendung des Verfahrens Elastisch-Plastisch stellt eine Erweiterung gegenüber bisherigen Regelungen, wie sie z.B. für Kaltprofile üblich waren, dar. Sie war erwünscht, um einen nahtlosen Übergang zu gewährleisten

a) von Querschnitten, bei denen infolge örtlichen Beulens einzelner Querschnittsteile das aufnehmbare Biegemoment unterhalb des Fließmomentes bleibt,

zu

b) Querschnitten, bei denen maximal das Fließmoment erreicht wird,

zu

c) Querschnitten, die ein Biegemoment der Größe M_{pl} aufnehmen können.

Der Eurocode 3 bezeichnet diese Querschnittstypen mit class 4-sections (hier a)), class 3-sections (hier b)) und class 2-sections (hier c)).

Die Anwendung des Verfahrens Elastisch-Plastisch wurde möglich, da entsprechende theoretische und experimentelle Untersuchungen vorliegen, [2 - 88].

Einfluß von Schubspannungen

Beim Beulen dünnwandiger Querschnittsteile kann das Beulen infolge Schubspannungen nach Teil 3 berücksichtigt werden. Eine andere Möglichkeit besteht für Kaltprofile durch die Regelungen der DASt-Richtlinie 016.

Da bei den hier im Abschn. 7 behandelten Stäben davon ausgegangen worden ist, daß sie insbesondere durch Normalkräfte beansprucht sind, ist aus Vereinfachungsgründen auf die Berücksichtigung von Schubspannungen verzichtet worden.

Die angegebenen Begrenzungen der Bed. (79) und (80) sollen sicherstellen, daß neben den dominierenden Normalspannungen nur Schubspannungen vorhanden sind, die in bezug auf die Beanspruchbarkeit vernachlässigbar sind.

Der Zahlenwert 0,2 in Bed. (79) wurde als Grenze gewählt, weil dabei über die Mises-Interaktion zwischen σ und τ nur eine geringe rechnerische Abweichung von ca. 6 % bei der Normalspannung σ auftritt. Er korrespondiert auch gut mit dem Wert 0,25 bis zu dem im Teil 1, Tab. 17, der Einfluß der Querkraft bei der Interaktion vernachlässigt werden darf.

Der Zahlenwert 0,3 in Bed. (80) berücksichtigt die Interaktion zwischen σ und τ bei der idealen Beulvergleichsspannung. Weiterhin ist der Tatsache Rechnung getragen, daß bei einer allseitig gelenkig gelagerten unendlich langen Platte der Beulwert mit 5,34 für Schub höher ist als bei konstanter Normalspannung mit 4,0.

Zulässige Profilformen

Die Anwendung der vereinfachten Tragsicherheitsnachweise wurde auf die angegebenen Profilformen beschränkt, da dafür Untersuchungen, insbesondere experimentelle Bestätigungen, vorliegen. Die meisten Profilformen sind dem Bereich der Kaltprofile zuzuordnen, für die seit vielen Jahren besonders viele experimentelle Untersuchungen vorliegen.

7.2 Berechnungsgrundlagen

7.2.1 Modell des wirksamen Querschnitts

Wenn bei dünnwandigen Querschnittsteilen die grenz (b/t)-Werte überschritten sind, dann entziehen sich diese Querschnittsteile bei Druckbeanspruchung der Lastaufnahme durch Ausbeulen. Bei schlanken Querschnittsteilen ist die Tragfähigkeit mit dem Auftreten der kritischen Beulspannung jedoch nicht erschöpft. Sofern steife Lagerungen vorhanden sind, können vielmehr an diesen Stellen weitere Spannungen bis zum Erreichen der Streckgrenze aufgenommen werden, während sich der Bereich maximaler Verformungen stärker der Aufnahme der Spannungen entzieht, s. Bild 2 - 7.1. Für den Grenzspannungszustand läßt sich der tatsächlich vorhandene nichtlineare Spannungsverlauf in einen gedachten flächengleichen rechteckigen Spannungsverlauf mit reduzierter Breite umrechnen. Bei diesem Modell der **wirksamen Breite** werden aus dem tatsächlich vorhandenen Querschnitt also Teile gedanklich herausgeschnitten, die als nicht vorhanden betrachtet werden, während der verbleibende Querschnitt als voll mitwirkend angenommen wird.

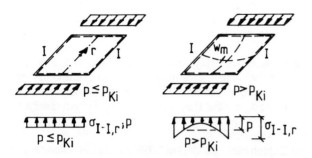

Bild 2 - 7.1 Verhalten einer allseitig gelagerten Platte

Während im Teil 3 die Tragfähigkeit des ungünstigsten Querschnittsteils i. a. als maßgebend für die Tragfähigkeit des Gesamtquerschnittes angesehen wird, hat man hier im Teil 2 mehr die Tragfähigkeit des Gesamtquerschnittes im Auge. Die sog. überkritische Tragreserve über die Tragfähigkeit aus der Grenzbeulspannung des ungünstigsten Querschnittsteils hinaus ist von den Abmessungen und der Beanspruchungsart abhängig. Zu beachten ist, daß die Nutzung der überkritischen Tragreserven mit größeren Verformungen der Querschnittsteile im Traglastbereich, ggf. auch im Gebrauchslastbereich, verbunden sein kann. Besonders im Hochbau, in dem die Regelungen des Abschn. 7 vorwiegend zur Anwendung kommen, sind eventuell Grenzen für die Gebrauchstauglichkeit im wesentlichen auf Erfahrung gegründet. Für Kaltprofile, für die die Methode der wirksamen Breite international seit langem angewendet worden ist, liegen in der Anwendung positive Erfahrungen z.B. aus den USA, Schweden und Großbritannien vor, wobei man keine zusätzlichen Gebrauchstauglichkeitsnachweise gefordert hat.

Der Begriff "wirksamen Breite" wurde bewußt als Unterscheidung zur "mittragenden Breite" gewählt. Während dort die nichtlineare Spannungsverteilung auf Schubverformungen beruht, handelt es sich bei der wirksamen Breite also um den Einfluß des Beulens.

Die wirksame Breite, die in der Literatur häufig mit b_{eff} bezeichnet wird, wird hier unterschiedlich je nach dem angewendeten Nachweisverfahren bezeichnet, [2 - 76]. Sofern das Verfahren Elastisch-Elastisch nach Tab. 1, Zeile 1, angewendet wird, wird die wirksame Breite mit b' bezeichnet; falls das Verfahren Elastisch-Plastisch nach Tab. 1, Zeile 2, angewendet wird, lautet die Bezeichnung b". Dem Anwender steht es dabei frei, welches Verfahren angewendet wird.

Nach der Ermittlung der wirksamen Breiten aller Querschnittsteile eines Querschnitts ergeben sich dann alle Querschnittsgrößen. Auch diese werden entsprechend gekennzeichnet: A', I', N_{pl}' usw. bei Anwendung des Verfahrens Elastisch-Elastisch, A", I", N_{pl}" usw. bei Anwendung des Verfahrens Elastisch-Plastisch.

Die Verwendung des Begriffs N_{pl}' usw. könnte vielleicht als irreführend empfunden werden, da tatsächlich ja das Verfahren Elastisch-Elastisch angewendet wird. Dieser Begriff wurde jedoch aus Gründen der Systematisierung im Hinblick auf die Anwendung des Verfahrens Elastisch-Plastisch gewählt.

Zu beachten ist, daß die Querschnittsgrößen A', A", N_{pl}', N_{pl}" usw. unter Berücksichtigung der gemeinsamen Wirkung aller Schnittgrößen, ggf. nach der Theorie II. Ordnung berechnet, zu bestimmen sind. Bei Beanspruchung durch eine Druckkraft N und ein Biegemoment M ergibt sich z.B. beim I-Profil daraus, ob auch derjenige Gurt, der aus dem Biegemoment Zugspannungen erhält, insgesamt Druckspannungen einer solchen Größe erhält, daß eine Reduzierung auch dieses Querschnittsteils erforderlich ist. Vgl. Ergänzung S. 204.

Bei der Ermittlung der wirksamen Breiten b' nach dem Verfahren Elastisch-Elastisch darf die tatsächlich größte Druckspannung unter den Bemessungswerten der Einwirkungen berücksichtigt werden. Auf der sicheren Seite liegend, kann jedoch als größte Druckspannung σ_D stets $f_{y,k} / \gamma_M$ angenommen werden.

7.2.2 Tragsicherheitsnachweis durch direkte Anwendung der Zeilen 1 oder 2 der Tab. 1

Bei der Berechnung ist wie folgt vorzugehen:

a) Das Modell der wirksamen Breite ist für alle Querschnittsteile anzuwenden. Falls in allen Querschnittsteilen Drucknormalspannungen vorhanden sind (z.B. beim Fall des planmäßig mittigen Drucks unter Ansatz von Imperfektionen), dann ist nicht nur der Biegedruckgurt, sondern ggf. auch der Steg und der Biegezuggurt zu reduzieren. Unter dem Biegezuggurt wird dabei derjenige Gurt verstanden, der aus der Normalkraft Druckspannungen erhält und aus dem Biegemoment infolge der Imperfektionen Zugspannungen.

b) Die Veränderlichkeit der Querschnittsgrößen über die Stablänge wird bei der Ermittlung der Schnittgrößen berücksichtigt.

c) Die Verschiebung e beim Übergang vom vollen auf den wirksamen Querschnitt einschließlich ihrer Veränderlichkeit über die Stablänge wird berücksichtigt.

d) Es sind Imperfektionen nach Abschn. 2.1 anzusetzen.

e) Die vorhandene Beanspruchung ist der Beanspruchbarkeit unter Berücksichtigung der wirksamen Querschnitte gegenüberzustellen.

Diese Methode ist i. a. mit einem größeren Rechenaufwand verbunden. Daher wurde aufgrund der Untersuchungen von *Rubin* [2 - 77] ein Näherungsverfahren im Teil 2 aufgenommen.

7.2.3 Näherungsverfahren

Hierbei werden nach [2 - 77] die Forderungen a) und b) aus 7.2.2 aufgegeben. Es wird erlaubt, daß der wirksame Querschnitt ausschließlich aus der Reduktion des Biegedruckbereiches ermittelt wird und der Biegezugbereich nicht reduziert wird. Dafür ist das Trägheitsmoment I' bzw I" jedoch über die Stablänge konstant anzusetzen. Weiterhin sind bei Biegemomenten mit verschiedenen Vorzeichen (z.B. positives Feldmoment, negatives Stützenmoment) und einfachsymmetrischen Querschnitten zwei Trägheitsmomente für die verschiedenen Vorzeichen der Biegemomente zu ermitteln. Der kleinere Wert ist maßgebend.

Auch bei dieser Vorgehensweise bleiben die Forderungen c) bis e) aus Abschn. 7.2.2 erhalten. Dabei braucht bei c) jedoch die Veränderlichkeit über die Stablänge nicht berücksichtigt zu werden, wenn dafür die El. 709 und 710 angewendet werden.

7.2.4 Schwerpunktsverschiebung infolge Querschnittsreduktion

Beim Übergang vom vollen zum reduzierten Querschnitt ergibt sich stets eine Verschiebung des Schwerpunktes. Daraus ergeben sich zusätzliche Schnittgrößen, z.B. $\Delta M = N \cdot e$ bei einem durch Normalkräfte beanspruchten Stab. Die Schwerpunktsverschiebung muß also stets berücksichtigt werden. Es gibt auch Vorschläge in der Literatur, dies zu vernachlässigen. In [2 - 77] ist gezeigt, daß dies zu erheblichen Fehlern führen kann.

Die Schwerpunktsverschiebung darf im Teil 2 vereinfachend durch die Regelungen der El. 709 und 710 berücksichtigt werden. Dabei ist für diejenigen Stäbe, für die eine Vorkrümmung w_o anzunehmen ist, eine Differenzvorkrümmung Δw_o nach Tabelle 25 zu berücksichtigen. Dies gilt für v_o sinngemäß. Bei denjenigen Stäben, für die eine Vorverdrehung anzusetzen ist (z.B. Stützen in verschieblichen Rahmen), ist entsprechend eine Differenzvorverdrehung $\Delta \varphi_o$ zu berücksichtigen. In der Anmerkung zu El. 710 ist darauf aufmerksam gemacht, daß dieser Effekt bei Anwendung der Ersatzstabverfahren des Abschn. 3 noch nicht enthalten ist, also zusätzlich zu berücksichtigen ist.

7.3 Wirksame Breite beim Verfahren Elastisch-Elastisch

Spannungsverteilung

Wie aus Bild 2 - 7.1 zu ersehen ist, ist die Spannungsverteilung in denjenigen Querschnittsteilen, die ausbeulen, nichtlinear verteilt. Da dies über die wirksamen Breiten erfaßt ist, kann rechnerisch von einer linearen Spannungsverteilung ausgegangen werden.

Größe der wirksamen Breite

Die Größe der wirksamen Breite ergibt sich aus den bezogenen Tragbeulspannungen des Teils 3. Gl. (81b) entspricht im Teil 3 Tab. 1, Zeile 1, wobei jedoch auf die Berücksichtigung des Faktors c nach Teil 3 verzichtet wurde. Dies erfolgte im wesentlichen, um in Übereinstimmung mit der DASt-Richtlinie 016 und internationalen Regelungen, wie den EKS-Empfehlungen und Entwürfen zum Eurocode 3, zu sein.

Damit ist allerdings eine Unschönheit verbunden. Die Grenzwerte grenz (b/t) für die volle Querschnittsmitwirkung nach Teil 1 bei Anwendung des Verfahrens Elastisch-Elastisch berücksichtigen auf der Basis von Teil 3 den Faktor c. Bei der Frage, wann der Abschn. 7 anzuwenden ist, wird auch im El. 119 des Teils 2 auf diese Grenzwerte des Teils 1 verwiesen. Im Abschn. 7 ergeben sich dann bei veränderlicher Spannung (i. d. R. im Steg eines Profils) bei Anwendung des Verfahrens Elastisch-Elastisch kleinere wirksame Breiten als sie sich nach Teil 3 ergeben würden. Der Einfluß auf die Tragsicherheit ist i. d. R. allerdings gering.

Entsprechend stimmt Gl. (82) mit Teil 3, Tab. 1, Zeile 5, überein. Auf die Anwendung vom Teil 3, Tab. 1, Zeile 4, statt Gl. (82) konnte verzichtet werden, da hier im Teil 2 die sich einstellende Schwerpunktsverschiebung des wirksamen Querschnitts zusätzlich berücksichtigt wird. Die Nichtberücksichtigung vom Teil 3, Tab. 1, Zeile 4, steht für die im Teil 2 behandelten Fälle auch in Übereinstimmung mit der Vorgehensweise im internationalen Bereich.

Für den bezogenen Schlankheitsgrad $\bar{\lambda}_{P\sigma}$ nach Gl. (83) wurde eine andere Bezeichnung als im Teil 3, Tab. 1, gewählt, da dort stets von der Streckgrenze $f_{y,k}$, hier im Teil 2 jedoch von der unter den γ_M-fachen Bemessungswerten der Einwirkungen berechneten maximalen Druckspannung σ ausgegangen wird, die kleiner sein kann als $f_{y,k}$. Im Grenzfall gehen entsprechend Anmerkung 2 im El. 712 die Werte ineinander über.

Bei der Berechnung des bezogenen Schlankheitsgrades $\bar{\lambda}_{P\sigma}$ geht der Beulwert k ein. Dieser hängt bei veränderlichen Spannungen vom Randspannungsverhältnis ψ ab, das aus den Spannungen zu bestimmen ist, die am wirksamen Querschnitt vorhanden sind. Als Erleichterung ist dann angegeben, daß bei beidseitiger Lagerung des betrachteten Querschnittsteils das Spannungsverhältnis unter der Annahme des vollen, nicht reduzierten Querschnittes bestimmt werden darf. Diese Erleichterung steht im Zusammenhang mit der Aufteilung der wirksamen Breiten entsprechend El. 713.

Die Vorgehensweise ist beispielhaft für einen doppeltsymmetrischen I-Träger unter einachsiger Biegung im Bild 42 gezeigt:

a) Für die Ermittlung der wirksamen Breite im Druckgurt wird $\psi_1 = -1{,}0$ angenommen, s. Bild 42 a).

b) Für die Ermittlung der wirksamen Stegbreite ist diejenige Spannungsverteilung zugrunde zu legen, die sich aus dem Querschnitt ergibt, der im Druckgurt bereits reduziert ist, im Steg selbst aber noch den vollen Querschnitt aufweist. Daher ist die Schwerachse zum Zuggurt hin verschoben und damit $\psi_2 > \psi_1$, s. Bild 42 b).

Beulwerte k sind in Tab. 26 angegeben, wobei die in den Zeilen 4 und 6 angegebenen Zahlenwerte aufgrund inzwischen bekannter genauerer Beulwerte gegenüber DIN 4114 geändert wurden.

Beidseitige Lagerung darf angenommen werden, wenn die Unterstützung der Plattenränder ausreichend steif ist. Dies ist bei I-Trägern in bezug auf den Steg durch die Gurte gegeben. Bei geschweißten Profilen oder Kaltprofilen sind die Ränder von Gurten häufig durch Steifen oder Lippen verstärkt. Hier ist die ausreichende Steifigkeit der Unterstützung der Plattenränder ggf. nachzuweisen, sofern sie nicht aus Erfahrung ausreicht. Der Nachweis kann z.B. mit der Methode geführt werden, die in der DASt-Richtlinie 016 beschrieben ist. Daher weist Anmerkung 1 im El. 712 darauf hin, daß für Kaltprofile entsprechende Angaben für erforderliche Steifigkeiten der DASt-Richtlinie 016 entnommen werden können.

Die Aufteilung der wirksamen Breite nach Tab. 27, Zeile 1, geht auf Arbeiten von *Schardt* zurück. Dabei stellt die Gleichung für ρ eine Modifizierung von Gl. (81b) dar.

7.4 Wirksame Breite beim Verfahren Elastisch-Plastisch

Die Regelungen dieses Abschnittes gehen auf Arbeiten von *Fischer* und *Grube* zurück, [2 - 76]. Die Zahlenwerte wurden gegenüber [2 - 76] etwas geändert, um Übereinstimmung mit den Grenzwerten grenz (b/t) nach Teil 1, Tab. 15, zu erzielen.

Bei einem doppeltsymmetrischen I-Profil mit gleichen Streckgrenzen in allen Querschnittsteilen und Beanspruchung durch M_y, bei dem nur eine Reduktion im Steg erforderlich ist, ist keine Interaktion erforderlich.

7.5 Biegeknicken

7.5.1 Nachweise entsprechend Tab. 1

Spannungsnachweis beim Verfahren Elastisch-Elastisch

Bed. (88) entspricht einem Nachweis nach Tab. 1, Zeile 1. Dabei setzt sich die maximale Spannung σ_D aus den Anteilen der Normalkraft und des Biegemomentes zusammen, da auch beim planmäßig mittigen Druck immer ein Biegemoment aus Imperfektionen vorhanden ist. Diese Gleichung darf auch angewendet werden, wenn planmäßige einachsige oder zweiachsige Biegung vorhanden ist, wobei dann die entsprechenden Biegemomentenanteile zu berücksichtigen sind. Falls sogar Torsion hinzukommt, sind die Normalspannungen aus Verwölbung zu berücksichtigen. Außerdem sind bei Beanspruchung aus Biegung und/oder Torsion ggf. zusätzlich die Anteile aus den Schubspannungen zu berücksichtigen.

Nachweis beim Verfahren Elastisch-Plastisch

Ein analoger Tragsicherheitsnachweis in Form der Gegenüberstellung von Schnittgrößen kann im Prinzip für die Anwendung des Verfahrens Elastisch-Plastisch formuliert werden.

7.5.2 Vereinfachte Nachweise

7.5.2.1 Planmäßig mittiger Druck

Nachweis nach El. (716)

Dieser Nachweis geht auf die Untersuchungen von *Rubin* zurück, [2 - 77]. Er entspricht El. 304, wobei hier die Änderungen infolge des Überganges zum wirksamen Querschnitt nach dem Verfahren Elastisch-Elastisch berücksichtigt sind, die sich in einer Änderung aller Beiwerte bemerkbar machen. Da bei der Betrachtung als planmäßig mittig gedrückter Stab die Biegemomente aus Imperfektionen nicht explizit berechnet werden, ist die Spannung am Biegezuggurt nicht bekannt. Auf der sicheren Seite liegend, kann die Spannungsverteilung für den Steg mit $\psi_2 = +1$ angenommen werden.

Beim doppeltsymmetrischen Ausgangsquerschnitt kann ψ auch näherungsweise nach Gl. (2 - 7.1) bestimmt werden. Diese Gl. geht davon aus, daß als Biegemomentenanteil an der Gesamtspannung der Wert $(1-\kappa')$ vorhanden ist, der am Biegezuggurt im Verhältnis der Abstände zum Biegedruckrand/Biegezugrand zu reduzieren ist.

$$\psi \approx \kappa' - (1 - \kappa') \, r_D' \, / \, (h - r_D') \qquad (2 - 7.1)$$

Infolge der Verschiebung e des Schwerpunktes beim Übergang vom vollen auf den wirksamen Querschnitt liegt tatsächlich der Fall der einachsigen Biegung mit Normalkraft vor. Dies macht sich hier durch das Zusatzglied $\Delta w_0 \, r_D' \, / \, i'^2$ beim Parameter k bemerkbar.

Zusätzlich zum Nachweis nach El. 716 ist noch ein zweiter Nachweis nach El. 717 zu führen, der im Prinzip ein reiner Festigkeitsnachweis ohne Stabilitätseinfluß ist. Anderenfalls könnte die Tragfähigkeit im Bereich geringer Schlankheit überschätzt werden.

Nachweis nach Abschn. 7.5.2.2

Da infolge der Schwerpunktsverschiebung e auch beim Fall des planmäßig mittigen Druckes tatsächlich der Fall der einachsigen Biegung mit Normalkraft vorliegt, kann dies auch so behandelt werden. Darauf weist Anmerkung 2 im El. 716 hin.

Nachweis mit Hilfe von Elementschnittgrößen

In [2 - 78] ist eine Methode beschrieben, bei der statt der ggf. mehrmaligen Bestimmung des wirksamen Querschnitts infolge des unbekannten Spannungsverhältnisses ψ eine einfachere Iteration von sog. Elementschnittgrößen erfolgt. Diese ist auch für den Fall des planmäßig mittigen Drucks anwendbar.

7.5.2.2 Einachsige Biegung mit Normalkraft

Die Nachweise erfolgen wie bei den nichtreduzierten Querschnitten nach Abschn. 3.4. Dazu kann Bed. (24) oder die auf einachsige Biegung mit Normalkraft verkürzte Bed. (28) benutzt werden. Auch hier sind alle Querschnittsgrößen und die daraus berechneten Systemgrößen unter Beachtung der wirksamer Querschnitte zu berechnen. Je nachdem, ob nach dem Verfahren Elastisch-Elastisch oder dem Verfahren Elastisch-Plastisch gerechnet wird, sind die betreffenden Größen entsprechend El. 719 oder El. 720 zu ersetzen.

In [2 - 78] ist die Ermittlung des wirksamen Querschnittes über sog. Elementschnittgrößen gezeigt. Dies kann auch für diesen Fall verwendet werden, worauf in der Anmerkung zu El. 718 hingewiesen ist. Dabei ist ein Druckfehler vorhanden, da auf Literaturstelle [18] statt [19] verwiesen ist.

7.5.2.3 Zweiachsige Biegung mit oder ohne Normalkraft

Es dürfen auch hier im El. 721 wieder die Nachweise wie bei nichtreduzierten Querschnitten nach Abschn. 3.5.1 geführt werden. Alle Querschnittsgrößen und die daraus berechneten Systemgrößen sind für die wirksamen Querschnitte zu ermitteln.

7.6 Biegedrillknicken

7.6.1 Nachweis

Zunächst erfolgt auch hier im El. 722 der Verweis auf die Nachweise des Abschn. 3. Bei der Berücksichtigung des Einflusses des Beulens auf das Biegedrillknicken findet jedoch nicht nur die Methode der wirksamen Querschnitte Anwendung.

7.6.2 Planmäßig mittiger Druck

Nach El. 723 erfolgt wieder die Berechnung nach Abschn. 3.2.2 unter Berücksichtigung der wirksamen Querschnitte, die hier in die Berechnung der Normalkraft N_{pl}' und die Berechnung der Biegedrillknicklast bzw. Drillknicklast N_{Ki}' eingehen.

7.6.3 Einachsige Biegung ohne Normalkraft

7.6.3.1 Nachweis des Druckgurtes als Druckstab

Im El. 724 sind als Besonderheiten gegenüber Abschn. 3.3.3 festgehalten, daß die Veränderlichkeit des Momentenverlaufes durch den Beiwert k_c hier nicht berücksichtigt werden darf, wie sich aus Untersuchungen von *Fischer* ergeben hat. Aus Vergleichsrechnungen hat sich außerdem ergeben, daß die Berücksichtigung von $A_s/5$ am reduzierten Querschnitt unsicher sein kann, da der Normalkraftanteil des Steges gerade am Übergang zum Gurt wegen der nichtlinearen Spannungsverteilung (s. Bild 2 - 7.1) vollständig vorhanden ist und daher nicht zu reduzieren ist.

7.6.3.2 Nachweisformat des allgemeinen Nachweises

In den El. 726 und 727 ist angegeben, daß der Nachweis jeweils mit Bed. (16) erfolgt. Zur Berechnung des bezogenen Schlankheitsgrades $\bar{\lambda}_M$ ist sowohl das Moment im vollplastischen Zustand erforderlich als auch das ideale Biegedrillknickmoment. Je nach dem angewendeten Verfahren ist M_{pl}' oder M_{pl}'' einzusetzen. Die reduzierten Momente M_{pl}', M_{pl}'' sind dabei am reduzierten Querschnitt, aber bezogen auf die Neigung der ursprünglichen Hauptachsen des vollen Querschnitts zu ermitteln. Die Berücksichtigung des Beulens auf das Biegedrillknicken erfolgt über eine Korrektur des idealen Biegedrillknickmomentes nach Gl. (99). Diese Gl. (99) entstand aus Vergleichen mit Rechenergebnissen, bei denen das ideale Biegedrillknickmoment direkt unter Berücksichtigung des Beulens der Einzelteile des Querschnitts berechnet wurde, wie in Anmerkung 1 zu El. 725 angegeben.

Es wäre naheliegend, wenn man das Konzept der wirksamen Breite auch bei der Berücksichtigung des Einflusses des Beulens auf das Biegedrillknicken konsequent anwenden würde. Dies würde bedeuten, daß man das ideale Biegedrillknickmoment mit den Querschnittsgrößen des reduzierten Querschnitts berechnen würde, statt Gl. (99) zu verwenden. Gegen die Anwendung des Konzeptes mit $I_{z,ef}$ bestehen jedoch Bedenken:

- Falls bei einem zum Steg symmetrischen Profil (z.B. I) das Beulen ausschließlich im Steg auftritt, ergibt sich trotzdem tatsächlich eine Reduzierung von $M_{Ki,y}$. Bei Anwendung des Konzepts der wirksamen Breite würde I_T geringfügig reduziert, I_z und I_ω dagegen nicht, so daß sich bei kurzen Trägerlängen praktisch keine Reduzierung von $M_{Ki,y}$ ergeben würde - ein Ergebnis, das unzutreffend ist.

- Falls bei einem zum Steg symmetrischen Profil (z.B. I) das Beulen im Druckgurt auftritt, ergibt sich tatsäch-

l) das Beulen im Druckgurt auftritt, ergibt sich tatsächlich und auch nach dem Konzept der wirksamen Breite über $I_{z,ef}$ eine Reduzierung von $M_{Ki,y}$.

- Falls ein zur Achse y-y symmetrisches, aber zur Achse z-z unsymmetrisches Profil vorhanden ist (z.B. U, C) und das Beulen im Druckgurt auftritt, dann ergibt sich nach dem Konzept der wirksamen Breite auch eine Änderung der Lage der Hauptachsen, insbesondere tritt eine Neigung der Hauptachsen ein. Dies bedeutet, daß die Einwirkungen in die Richtung der Hauptachsen zu zerlegen sind und damit der Fall der zweiachsigen Biegung vorliegt. Nur wenn die Komponente in Richtung der Achse z-z von angrenzenden Bauteilen (z.B. dem Dach - Trapezprofile) vollständig aufgenommen wird, liegt der Fall der einachsigen Biegung vor.

Die Verwendung von Bed. (16) und Gl. (99) bedeutet, daß das Biegedrillknicken als vorherrschend angesehen wird und der Einfluß des Beulens einzelner Querschnittsteile als Korrektur des Biegedrillknickens aufgefaßt wird. Daher erfolgt die Berechnung der Beanspruchbarkeit auch über die Traglastkurve des Biegedrillknickens.

Wenn das Beulen dominiert, dann ergibt sich aus dieser Formulierung der Nachteil, daß das günstigere Verhalten des Beulens gegenüber dem Biegedrillknicken nicht ausgenutzt werden kann. Dies trifft insbesondere bei großen Plattenschlankheitsgraden zu, wo beim Beulen allein i. a. größere überkritische Tragreserven vorhanden sind. Dieser Nachteil wird durch die Verwendung einer kombinierten Traglastkurve vermieden, bei der der Abminderungsfaktor nach Gl. (2 - 7.2) berechnet wird, [2 - 81].

$$\kappa_{MP} = \kappa_M \kappa_P \qquad (2 - 7.2)$$

mit

κ_M = Abminderungsfaktor für das Biegedrillknicken nach Gl. (17) oder (18),

κ_P = Abminderungsfaktor für das Beulen analog zu Gl. (81a), (81b) oder (82).

Gl. (2 - 7.2) stellt eine analoge Formulierung dar, wie sie im Teil 3 im El. 503 für die Berechnung der Grenzbeulspannung mit Knickeinfluß angegeben ist. Da Gl. (2 - 7.2) auch durch die Auswertung von Versuchen belegt ist, ([2 - 81], [2 - 85]), bestehen gegen die Anwendung keine Bedenken. Der Vorteil bei der Anwendung von Gl. (2 - 7.2) besteht darin, daß alle Werte am vollen Querschnitt berechnet werden, die Bestimmung wirksamer Breiten und daraus folgender Werte nicht erforderlich ist.

7.6.4 Einachsige Biegung mit Normalkraft

Im El. 728 ist auf Bed. (27) im Abschn. 3.4.3 verwiesen. Bei der Berechnung der Querschnittsgrößen und Systemgrößen sind die Regelungen des Abschn. 7.5.2 für κ_z und $N_{pl,y,d}$ und des Abschn. 7.6.3 für κ_M, $M_{pl,y,d}$ und k_y zu berücksichtigen. Dies erfolgt je nach dem angewendeten Nachweisverfahren am wirksamen Querschnitt mit den Breiten b' bzw. b".

7.6.5 Zweiachsige Biegung mit Normalkraft

Im El. 729 ist auf Bed. (30) im Abschn. 3.5.2 verwiesen. Bei der Berechnung der Querschnittsgrößen und Systemgrößen ist sinngemäß wie bei 7.6.4 zu verfahren.

Ergänzung zu:
7.2.1 Modell des wirksamen Querschnitts

Zur Vereinfachung dürfen die reduzierten Querschnittswerte auch unter alleiniger Berücksichtigung von jeweils nur der Normalkraft N und nur des Biegemomentes M bestimmt werden. Dann ergeben sich z. B. A', N_{pl}', α', k', λ'_k, κ', Δn, k'_y, a'_y, k'_z, a'_z am reduzierten Querschnitt, dessen wirksame Breite nur unter N bestimmt wurde. Am reduzierten Querschnitt, dessen wirksame Breiten nur unter M bestimmt wurden, ergeben sich dann alle Werte, die den Momentenanteil betreffen, z. B. W', M'_{pl}, w_o (im El. 716).

DIN 18 800 Teil 2 | 8 Beispiele | Hinweise

8 Beispiele

8.1 Allgemeines

Im folgenden sind einige Beispiele angegeben, die die Anwendung von Teil 2 erleichtern sollen. Für die Beispiele im Rahmen dieses Kommentars gelten einige Besonderheiten:

- sie sind mit relativ umfangreichem Text versehen, der über den Text, der üblicherweise in statischen Berechnungen verwendet wird, hinausgeht,
- es sind in mehreren Fällen verschiedene Möglichkeiten der Berechnung angegeben, die in üblichen statischen Berechnungen entfallen würden,
- es wurden i. a. etwas kompliziertere Beispiele gewählt, da einfache Beispiele (z.B. der zentrisch gedrückte Stab) auch in anderer Literatur vorhanden sind,
- i. a. ist die Ermittlung der Schnittgrößen aus den Einwirkungen nicht gezeigt, da dies Inhalt der Erläuterungen zum Teil 1 ist,
- es ist eine Spalte "Hinweise" vorhanden, wo auf die zutreffenden Stellen von DIN 18 800, anderen Regelungen oder die Literatur hingewiesen wird. Diese Hinweise können in statischen Berechnungen mindestens teilweise ebenfalls entfallen,
- bei mehreren Beispielen ist von der Möglichkeit der Anwendung von El. 117 Gebrauch gemacht. Dies bedeutet, daß mit den γ_M-fachen Bemessungswerten der Einwirkungen gerechnet wird und deshalb die charakteristischen Werte des Widerstandes verwendet werden.

8.2 Stabilisierung eines Trägers durch Trapezprofile

8.2.1 Vorbemerkungen

Der durchlaufende Dachträger IPE 220 (St 37) eines mit Trapezprofilen gedeckten Daches soll durch diese Profile gegen ein mögliches Biegedrillknicken gesichert werden. Hierfür sollen die Schubsteifigkeit der Trapezprofile und die Wirkung der Drehbettung herangezogen werden. Die Trapezprofile sollen möglichst nur in jeder zweiten Sicke verschraubt werden, wobei für die Verschraubung die Angaben der Tab. 7 erfüllt sind. Für die Befestigung der Trapezprofile gilt DIN 18 807 Teil 3, Bild 6. Die Trapezprofile werden als Vierfeldträger eingesetzt, wobei jedes Feld eine Länge von 3,75 m hat. Die Schubfeldlänge entspricht hier der Trapezprofillänge von 15 m.

8.2.2 System und Belastungen

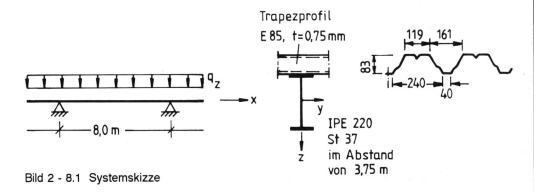

Bild 2 - 8.1 Systemskizze

8.2.3 Vorhandene Schubsteifigkeit des Trapezprofils

Die vorhandene Schubsteifigkeit ist nach DIN 18 807 Teil 1 zu ermitteln. Dort wird auf das in [2 - 34] vorgeschlagene Berechnungsverfahren verwiesen, daß gleichzeitig die Grundlage für die in den Zulassungen angegebenen Schubsteifigkeitswerte ist. Die Werte aus den Zulassungen dürfen daher hier verwendet werden:

I_{eff} = 91 cm^4/m
K_1 = 0,229 m/kN } Werte aus einer Zulassung
K_2 = 18,0 m^2/kN

S' = 10000/(0,229 + 18,0/15) = 6998 kN/m

Die Einflußbreite für einen IPE 220 beträgt 3,75 m:

S = 6998 · 3,75 = 26243 kN

Bei einer Verschraubung in jeder zweiten Sicke dürfen davon nur 20 % in Rechnung gestellt werden: | El. 308

S = 26243 · 0,2 = 5249 kN

8.2.4 Erforderliche Schubsteifigkeit zum Erreichen einer gebundenen Drehachse

Die erforderliche Schubsteifigkeit hängt von den Querschnittswerten des Trägers und von dessen Stützweite ab: | El. 308

I_ω = 22670 cm^6 I_T = 9,10 cm^4

I_z = 205 cm^4 h = 22 cm

L = 800 cm

Für die erforderliche Schubsteifigkeit gilt Gl. (7):

$E\,I_\omega\,\pi^2/L^2$ = 21000 · 22670 π^2/800^2 = 7342 kNcm^2

$G\,I_T$ = 8100 · 9,10 = 73710 kNcm^2

$E\,I_z\,\pi^2\,h^2/4\,L^2$ = 21000 · 205 π^2 22^2/4 · 800^2 = 8033 kNcm^2

erf S = (7342 + 73710 + 8033) 70 / 22^2 = 12884 kN > 5249 kN | Gl. (7)

Bei einer Verschraubung in jeder zweiten Sicke ist eine ausreichende Behinderung der seitlichen Verschiebung nicht sichergestellt. Zusätzlich soll daher die Behinderung der Verdrehung überprüft werden.

8.2.5 Stabilisierung allein durch Nachweis ausreichender Drehbettung

Vorhandene Drehbettung durch die Trapezprofile

$c_{\vartheta M,k}$ = k (E I_a)$_k$ / a = 4 · 21000 · 0,0091/3,75 = 204 kNm/m | Gl. (10)

$c_{\vartheta A,k}$ = $\bar{c}_{\vartheta A,k}$ (vorh b/100)^2 = 3,100 (110 / 100)^2 = 3,75 kNm/m

$c_{\vartheta P,k}$ = 52,6 kNm/m | [2 - 38, Tab. 2]

$c_{\vartheta,k} = 1/(1/204 + 1/3{,}75 + 1/52{,}6)$		=	3,44 kNm/m	Gl. (9)

Erforderliche Drehbettung zur Stabilisierung des IPE 220

$\text{erf } c_{\vartheta,k} = 68{,}5^2 \cdot 3{,}5 \cdot 1{,}0 / 21000 \cdot 0{,}0205$ = 38,1 kNm/m > 3,44 kNm/m   Gl. (8)

Die erforderliche Drehbettung ist erheblich größer als die mit dem Trapezprofil erreichbare Drehbettung.

8.2.6 Gemeinsame Wirkung von Schubsteifigkeit und Drehbettung

Die Nachweise der Abschnitte 8.2.3 bis 8.2.5 setzen die alleinige Wirkung der Schubsteifigkeit oder der Drehbettung voraus. Im Zusammenwirken ergeben sich demgegenüber geringere erforderliche Steifigkeitswerte. Für IPE-Profile ist dies in [2 - 39] ausgewertet. Für die hier vorhandene Schubsteifigkeit von 5249 kN folgt:

$\text{erf } c_\vartheta \approx 1{,}7$ kNm/m   < 3,44 kNm/m   [2 - 39, Bild 7]

Durch das Zusammenwirken der Schubsteifigkeit und der Drehbettung wird die Stabilisierung des IPE 220 sichergestellt. Eine Verschraubung in jeder 2. Sicke ist hierfür ausreichend.

8.2.7 Bemessung der Verbindungsmittel

Bei der Nutzung der Drehbettung ist sicherzustellen, daß ein Anschlußmoment vom Trapezprofil auf den Träger übertragen werden kann. Nach [2 - 38] gilt hierfür: bei alleiniger Wirkung der Drehbettung und freier Drehachse

$m_\vartheta = k_m M_{pl,k}^2 / E\, I_{z,k}$ [2 - 38, Gl. 14]

$\quad = 0{,}06 \cdot 68{,}5^2 / 21000 \cdot 0{,}0205$ =   0,654 kNm/m

Dieser Wert darf im Verhältnis der erforderlichen Drehbettungswerte (mit und ohne Schubsteifigkeit) und der Auslastung des Trägers ($M_y/M_{pl,y}$) reduziert werden. Bei voller Auslastung gilt:

$m_\vartheta = 0{,}654 \cdot 1{,}70 / 38{,}1$ =   0,029 kNm/m

Der Hebelarm zwischen den Trägeraußenkante und den Schrauben beträgt im Mittel b/2 = 11/2 = 5,5 cm, der doppelte Sickenabstand beim Profil E 85 beträgt 56 cm. Hieraus ergibt sich folgende Schraubenzugkraft:

$F_z = 0{,}029 \cdot 0{,}56 / 0{,}055$ =   0,30   kN/Schraube

Die Abscherkraft in der Schraube ist über die in Rechnung gestellte Schubsteifigkeit S = 5249 kN zu ermitteln. Für den dabei zugrunde gelegten maximalen Gleitwinkel $\gamma_S = 1/750$ und der Einflußbreite b = 3,75 m ergibt sich:

$T = 5249 / 750 \cdot 3{,}75$ =   1,87   kN/m

$F_a = 1{,}87 \cdot 0{,}56$ =   1,05   kN/Schraube

Die Verbindungsmittel sind für die Aufnahme von F_z und F_a nach der Zulassung Z-14.1-4 zu bemessen.

8.3 Biegeknicknachweise einer einseitig ausgesteiften Stütze

El. 304, 306

8.3.1 Vorbemerkung

Das Stützensystem ist im Bild 2 - 8.2 dargestellt. Die Stützen HE 240 B aus St 52, die auch Teil eines Stabilisierungsverbandes sind, werden durch eine Druckkraft N und ein Biegemoment M_y am Stützenkopf belastet, die aus einer Berechnung mit Bemessungswerten der Einwirkungen stammen. An den Stützen ist oben eine Kopfplatte und unten eine Fußplatte vorhanden, so daß dort jeweils eine Gabellagerung vorhanden ist. Der Verband wird mit Blechen, die im Schwerpunkt der Stützen angeschweißt sind, an die Stützen angeschlossen (Bild 2 - 8.3). Die Stützen sind damit in der Mitte nicht gegen ein mögliches Verdrehen gesichert. Bei der Berechnung der kritischen Lasten sind dementsprechend verschiedene Knicklängen in Rechnung zu stellen.

8.3.2 System und Einwirkungen

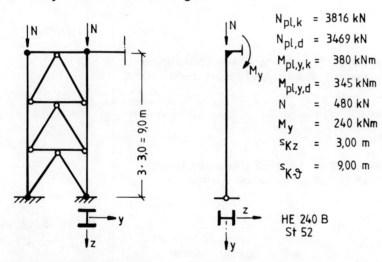

Bild 2 - 8.2 Systemskizze, Querschnittsgrößen unter den Bemessungswerten der Ermittlung

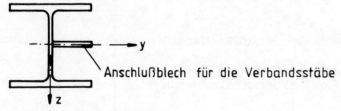

Bild 2 - 8.3 Anschlußdetail

8.3.3 Grenztragfähigkeiten für Druckbeanspruchung

El. 304

Es sind die Grenztragfähigkeiten für den Fall des Knickens um die schwache Achse ($\kappa_z \, N_{pl}$) und den Fall des Drillknickens ($\kappa_\vartheta \, N_{pl}$) zu bestimmen. Der Nachweis für das Knicken um die starke Achse wurde zuvor nach dem Verfahren Elastisch-Elastisch geführt.

Für den Abminderungsfaktor κ, der hier für das Profil mit Hilfe der Knickspannungslinie c zu bestimmen ist, ist die kleinere der beiden kritischen Lasten $N_{Ki,z}$ oder $N_{Ki,\vartheta}$ in Rechnung zu stellen:

El. 306

DIN 18 800 Teil 2 — 8 Beispiele | Hinweise

$N_{Ki,z,k} = E\, I_z\, \pi^2 / s_{K,z}^2$

$\quad\quad\quad = 21000 \cdot 3920\, \pi^2 / 300^2 \quad = \quad 9027 \quad kN$

$N_{Ki,\vartheta,k} = (E\, I_\omega\, \pi^2 / s_{K,\vartheta}^2 + G\, I_T) / i_M^2$

Für Walzprofile der Reihen IPE, HEA, HEB und HEM und andere doppeltsymmetrische Profile gilt:

$i_M^2 = i_y^2 + i_z^2 \quad = 10{,}3^2 + 6{,}08^2 \quad = \quad 143{,}1 \quad cm^2$

$N_{Ki,\vartheta,k} = (21000 \cdot 486900\, \pi^2 / 900^2 + 8100 \cdot 103) / 143{,}1 \quad = \quad 6701 \quad kN$

Die Drillknicklast ist hier also für die Berechnung von κ maßgebend.

$\bar{\lambda}_K = \sqrt{3816/6701} \quad = 0{,}755 \quad \rightarrow \quad \kappa_c = 0{,}690$ | Tab. 2 - 9.3

$\kappa_c\, N_{pl,d} = 0{,}690 \cdot 3469 \quad = \quad 2394 \quad kN$

$N / (\kappa_c\, N_{pl,d}) = 480 / 2394 \quad = 0{,}201 \quad < \quad 1{,}0$ | Gl. (3)

8.3.4 Grenztragfähigkeit für Biegung um die y-Achse

Die Stützen werden in den Drittelspunkten durch den Verband in den Profilen gehalten. Obwohl an dieser Stelle eine Verdrehung ϑ möglich wäre, stellt sich wegen der ausschließlich vorhandenen Momentenbelastung eine Knickbiegelinie ein, bei der ein Ausweichen der Stützen in Richtung der y-Achse nur zwischen den Drittelspunkten möglich ist. Der Fall der gebundenen Kippung des Gesamtstabes ist nicht zu untersuchen, da bei der Wirkung von Endmomenten und kontinuierlicher Lagerung der Profilschwerachse dieser Fall ausgeschlossen ist. Aus diesem Grund ist nur das hier maßgebende obere Stützendrittel (der Bereich mit dem größten M_y) im Hinblick auf ein mögliches Biegedrillknicken zu untersuchen. Zur Berechnung von $M_{Ki,y}$ wird hier die Gl. (19) verwendet, wobei für ζ das Biegemomentenhältnis $\psi = 2/3 = 0{,}667$ berücksichtigt wird.

$\zeta = 1{,}77 - 0{,}77 \cdot 0{,}667 \quad = \quad 1{,}26$ | Tab. 10

$c^2 = (486900 + 0{,}039 \cdot 300^2 \cdot 103) / 3920 \quad = \quad 216 \quad cm^2$

$M_{Ki,y,k} = 1{,}26 \cdot 9027 \sqrt{216 / 100} \quad = \quad 1672 \quad kNm$ | Gl. (19)

$\bar{\lambda}_M = \sqrt{380 / 1672} \quad = \quad 0{,}477$

Wegen $\psi > 0{,}5$ wird der Trägerbeiwert n nach Bild 14 mit $n = 2{,}5 \cdot 0{,}8 = 2{,}0$ in Rechnung gestellt. | Bild 14

$\kappa_M = (1 / (1 + 0{,}477^4))^{0{,}5} \quad = \quad 0{,}975$ | Gl. (18) oder Tab. 2 - 9

Beim Biegedrillknicknachweis wird von der Vereinfachung, daß der Beiwert k_y in allen Fällen vereinfachend gleich 1 gesetzt werden darf, Gebrauch gemacht, der Nachweis nach Abschnitt 3.4.3 lautet dann:

$N / (\kappa\, N_{pl,d}) + M / (\kappa_M\, M_{pl,y,d}) \quad \leq \quad 1$ | Bed. (27)

$480 / 2394 + 240 / (0{,}975 \cdot 345) = 0{,}201 + 0{,}714 = 0{,}915 \quad < \quad 1{,}0$

8.4 Einfachsymmetrische Stütze aus Kaltprofilen

8.4.1 Vorbemerkungen

Das Stützenprofil wird aus zwei nebeneinanderstehenden Kaltprofilen (Bild 2 - 8.4) gebildet. Diese beiden Profile werden durch Schrauben mit voller Vorspannung oder mit Schweißnähten so miteinander verbunden, daß ein gemeinsamer Querschnitt vorhanden ist. Aus einer zuvor nach dem Verfahren Elastisch-Elastisch durchgeführten Tragwerksberechnung wurden die Stabendschnittgrößen N, $M_{y,o}$ und $M_{y,u}$ übernommen, für die eine ausreichende Tragfähigkeit des Querschnitts selbst nachgewiesen worden ist. Es werden daher hier allein die zusätzlich zu führenden Biegeknick- und Biegedrillknicknachweise (El. 314 und 320) erbracht.

Da bei einfachsymmetrischen Profilen die kleinste kritische Last die Biegedrillknicklast und nicht die Drillknicklast ist, wird diese beim Nachweis nach El. 320 zugrunde gelegt.

8.4.2 System und Einwirkungen

Für die Nachweise werden die γ_M-fachen Bemessungswerte der Einwirkungen verwendet, [2 - 11].

Diese Schnittgrößen dürfen sowohl für den Biegeknicknachweis als auch für den Biegedrillknicknachweis verwendet werden, da wegen $N < 0,1 \cdot N_{Ki,y}$ (Teil 1, El. 739) auf die Berechnung nach Theorie II. Ordnung verzichtet werden darf.

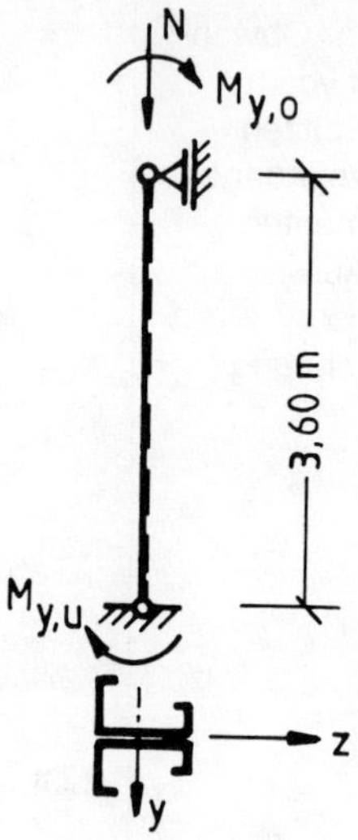

$N = 310$ kN

$M_{y,o} = -58,8$ kNm

$M_{y,u} = 14,4$ kNm

$\psi = 14,4 / -58,8 = -0,245$

Bild 2 - 8.4 System, Schnittgrößen unter den γ-fachen Bemessungswerten der Einwirkungen

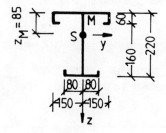

Bild 2 - 8.5 Profilabmessungen in [mm]

8.4.3 Profil und wesentliche Querschnittsgrößen

Blechdicke t = 6 mm

A	=	61,7 cm²	I_y	=	4330 cm⁴
i_y	=	8,38 cm	I_z	=	3108 cm⁴
i_z	=	7,10 cm	I_ω	=	143420 cm⁶
I_T	=	7,40 cm⁴			

Material St 37:

$N_{pl,k}$	=	1480 kN	$M_{pl,y,k}$	=	109 kNm
			$\alpha_{pl,y}$	=	1,38

8.4.4 Biegeknicknachweis

Der Nachweis erfolgt nach El. 314 mit Hilfe des dort angegebenen Ersatzstabverfahrens.

$\lambda_{K,y}$ = 360 / 8,38 = 43,0

$\bar{\lambda}_{K,y}$ = $\lambda_{K,y} / \lambda_a$ = 43,0 / 92,9 = 0,463

κ_c = 0,863   *Tab. 2 - 9.3*

$N / (\kappa_c \, N_{pl,k})$ = 310 / (0,863 · 1480) = 0,243

Δn = 0,1 (Vereinfachung für Δn)

β_m = 0,66 - 0,44 · 0,245 = 0,552   *Tab. 11*

Tragsicherheitsnachweis:

0,243 + 0,552 · 58,8 · 1,38 / (109 · 1,25) + 0,10 = 0,672 < 1   *Bed. (24)*

Als Alternative zu dem Nachweis nach Bed. (24) darf der Nachweis auch nach der Bed. (28) geführt werden, wobei im vorliegenden Fall die Anteile für Biegung um die schwache Achse entfallen:

$\beta_{M,y}$ = 1,8 + 0,7 · 0,245 = 1,97

a_y = 0,463 (2 · 1,97 - 4) + 0,38 = 0,352 < 0,80

k_y = 1 - 0,243 · 0,352 = 0,915 < 1,50

Tragsicherheitsnachweis

0,243 + 0,915 · 58,8 / 109 = 0,736 < 1   *Bed. (28)*

8.4.5 Biegedrillknicknachweis

Für diese einfachsymmetrischen Profile besteht die Gefahr des Biegedrillknickens. Beim Nachweis ist dementsprechend die Biegedrillknicklast $N_{Ki,\vartheta}$, die hier die kleinste kritische Last ist, zugrunde zu legen:

$$N_{Ki,\vartheta} = N_{Ki,z} / \left(\frac{c^2 + i_M^2}{2c^2} \left(1 + \sqrt{1 - \frac{4 c^2 i_p^2}{(c^2 + i_M^2)^2}} \right) \right) \qquad [2-7]$$

Für das einfachsymmetrische Profil ergeben sich i_M^2 und i_p^2 aus i_y und i_z und den Abstand z_M (Bild 2 - 8.5).

$i_p^2 = i_y^2 + i_z^2 = 8{,}38^2 + 7{,}10^2 = 121$ cm²

$i_M^2 = i_p^2 + z_M^2 = 121 + 8{,}5^2 = 193$ cm²

$N_{Ki,z} = 21000 \cdot 3108 \, \pi^2 / 360^2 = 4970$ kN

$c^2 = (143420 + 0{,}039 \cdot 7{,}40 \cdot 360^2) / 3108 = 58{,}2$ cm² El. 311

$( ) = \dfrac{58{,}2 + 193}{2 \cdot 58{,}2} \left(1 + \sqrt{1 + \dfrac{4 \cdot 58{,}2 \cdot 121}{(58{,}2 + 193)^2}} \right) = 3{,}76$

$N_{Ki,\vartheta} = 4970 / 3{,}76 = 1321$ kN

$\bar{\lambda}_K = \sqrt{1480 / 1321} = 1{,}06$

$\kappa_\vartheta = 0{,}530$ (Knickspannungslinie c)   Tab. 2 - 9.3

Biegedrillknickmoment $M_{Ki,y}$:

$M_{Ki,y} = \zeta \, N_{Ki,z} \, c$ Gl. (19)

$\zeta = 1{,}77 + 0{,}77 \cdot 0{,}245 = 1{,}96$

$M_{Ki,y} = 1{,}96 \cdot 4970 \, \sqrt{58{,}2} / 100 = 743$ kNm

$\bar{\lambda}_M = \sqrt{109 / 743} = 0{,}383 < 0{,}4$ Gl. (17)

Tragsicherheitsnachweis:

$a_y = 0{,}15 \cdot 1{,}06 \cdot 1{,}97 - 0{,}15 = 0{,}160 < 0{,}9$

$k_y = 1 - 0{,}395 \cdot 0{,}16 = 0{,}937$

$310 / (0{,}530 \cdot 1480) + 58{,}8 / (1{,}0 \cdot 109) = 0{,}395 + 0{,}539 = 0{,}934 < 1{,}0$ Bed. (27)

Bemerkung:

Für einfachsymmetrische Profile, bei denen der kleinere Gurt gedrückt ist (was hier der Fall ist),

DIN 18 800 Teil 2	8 Beispiele	Hinweise

wird in [2 - 80] ein Trägerbeiwert von n = 2,0 empfohlen. Wenn man nicht von Gl. (17) Gebrauch machen, sondern Gl. (18) verwenden würde, dann ergäbe sich:

$\kappa_M = 0{,}989 \approx 1{,}0$

Tab. 2 - 9.5

Die Auswirkung auf den Tragsicherheitsnachweis wäre gering.

8.5 Bühnenträger

El. 309, 310 und 311

8.5.1 Vorbemerkungen

Der Bühnenhauptträger IPE 550 aus St 37 wird durch Einzellasten, die von Querträgern (HE 240 B) eingeleitet werden, und von einer Gleichlast belastet. Die Querträger werden dabei so angeschlossen, daß ihre stabilisierende Wirkung für den Bühnenträger genutzt werden kann (Bild 2 - 8.6).

8.5.2 System und Einwirkungen

Für die Nachweise werden die γ_M-fachen Bemessungswerte der Einwirkungen verwendet, [2 - 11].

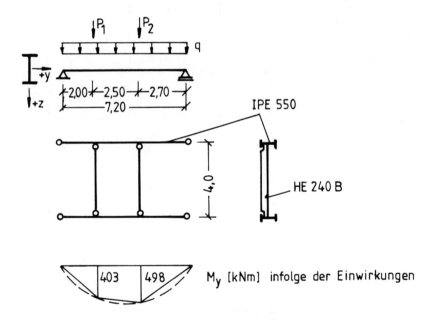

Bild 2 - 8.6 System und Biegemomentenverlauf unter den γ_M-fachen Bemessungswerten der Einwirkungen

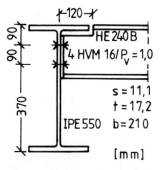 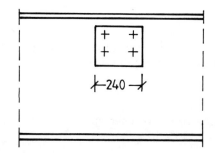

Bild 2 - 8.7   Anschlußdetail

8.5.3 Biegedrillknicknachweis ohne Berücksichtigung der Querträger

Es wird zunächst auf den rechnerischen Ansatz der stabilisierenden Wirkung des Querträgers verzichtet.

Das Biegedrillknickmoment $M_{Ki,y}$ darf näherungsweise mit Gl. (20) oder genauer mit Gl. (19) errechnet werden. Die Nutzung der Nomogramme von G. Müller [2 - 64] ist ebenfalls möglich, es gilt dann $M_{Ki,y} = \sigma_{Ki} \cdot W_{el,GS}$ ($W_{el,GS}$: Widerstandsmoment, bezogen auf die Gurtschwerachse).

a) Näherungsweise Berechnung von $M_{Ki,y}$

$M_{Ki,y}$	$= 1{,}32 \cdot 0{,}21 \cdot 1{,}72 \cdot 21000 \cdot 67120 / 720 \cdot 55^2$	= 308 kNm	Gl. (20)

b) Genauere Berechnung von $M_{Ki,y}$

$N_{Ki,z}$	$= 21000 \cdot 0{,}267 \, \pi^2 / 7{,}20^2$	= 1067 kN	
c^2	$= (188{,}4 + 0{,}039 \cdot 7{,}2^2 \cdot 124) / 2670$	= 0,164 m²	
z_p	$= -0{,}55 / 2$	= −0,275 m	
ζ	$\approx 1{,}12$		
$M_{Ki,y}$	$= 1{,}12 \cdot 1067 \sqrt{0{,}164 + 0{,}25 \cdot 0{,}275^2} - 0{,}5 \cdot 0{,}275$	= 347 kNm	Gl. (19)

Tragsicherheitsnachweis

$M_{pl,y}$	= 669 kNm		
$\bar{\lambda}_M$	$= \sqrt{669 / 347}$	= 1,389	
κ_M	$= (1 / (1 + 1{,}389^5))^{0{,}4}$	= 0,483	Gl. (18), Tab. 2 - 9.5
$498 / (0{,}483 \cdot 669)$		= 1,54 > 1	Bed. (16)

Der Tragsicherheitsnachweis ist damit ohne die Berücksichtigung der stabilisierenden Wirkung der beiden Querträger **nicht** erbracht.

8.5.4 Biegedrillknicknachweis mit Berücksichtigung der Querträger

Die Regelungen des Elements 309 setzen eine kontinuierliche Drehbettung über die gesamte Trägerlänge voraus.

Liegt statt der kontinuierlichen Drehbettung eine diskrete Drehbettung, wie hier durch die beiden Querträger HE 240 B, vor, darf diese in eine kontinuierlich wirkende Drehbettung umgerechnet werden. Für den dazwischenliegenden freien Bereich ist dann noch ein weiterer Nachweis erforderlich. Dieser wird hier vereinfacht nach Abschnitt 3.3.3 erbracht. Zunächst wird untersucht, ob auf plastische Tragreserven zurückgegriffen werden muß:

$M_{el,y} = W_{el,y} \cdot f_{y,k}$ = 24,40 · 24 = 586 kNm

M_y = 498 kNm < 586 kNm

Es ist demnach die Anwendung des Nachweisverfahrens Elastisch-Elastisch möglich.

a) Erforderliche Drehbettung c_ϑ

erf $c_{\vartheta,k}$ = 669² · 4,0 · 0,35 / (21000 · 0,267) = 112 kNm/m   Bed. (8)

Da $M_{el,y}$ nicht voll ausgenutzt wird, ist eine Abminderung um $(M_y / M_{el,y})^2$ möglich:

erf $\bar{c}_{\vartheta,k}$ = 112 (498 / 586)² = 80,9 kNm/m

b) Vorhandene Drehbettung $c_{\vartheta,k}$

Durch die Querträger wird der Hauptträger im mittleren Abstand von (2,5 + 2,7) / 2 = 2,6 m stabilisiert. Dadurch sind zunächst nur diskrete Federsteifigkeiten vorhanden. Die vorhandene Drehbettung ergibt sich aus diesen Federsteifigkeiten, dividiert durch den mittleren Abstand von 2,60 m. Von den in Gl. (9) angegebenen Werten darf hier der Anteil aus der Anschlußverformung unberücksichtigt bleiben, da die hier vorhandene Verbindung als nahezu starr angesehen werden kann.

Diskrete Drehfedersteifigkeiten

$C_{\vartheta M,k}$ = 2 · 21000 · 1,126 / 4,00 = 11823 kNm   Gl. (10)

$C_{\vartheta P,k}$ = 141 (0,24 + 0,55) = 111 kNm   Tab. 2 - 3.2

Dabei wird für den Anteil aus der Profilverformung die Einflußbreite näherungsweise aus der Kopfplattenbreite (24 cm) und der Trägerhöhe (55 cm) bestimmt.

Diese diskrete Federsteifigkeit gilt nach [4] für den am Obergurt angeschlossenen Querträger. Für einen am Steg angeschlossenen Querträger verringert sich die freie Verformbarkeit des Stegbleches. Dies führt zu einer größeren Federsteifigkeit $c_{\vartheta,P}$:

$C_{\vartheta P,k}$ = 111 (55³ / (37³ + 9³)) = 359 kNm

Nach [2 - 38] ist gefordert, daß die einzuleitende Einzellast 75 % der Grenzlast für steifenlose Lasteinleitung nicht überschreiten. Dies ist hier o.b.N. erfüllt.

Kontinuierliche Drehbettung

$c_{\vartheta,k}$ = 1 / ((1 / 11823 + 1 /359) 2,60) = 134 kNm/m   Gl. (9)

vorh $c_{\vartheta,k}$ = 134 kNm/m > 80,9 = erf $c_{\vartheta,k}$ Bed. (8)

8.5.5 Nachweis des Druckgurtes zwischen den Querträgern

Maßgebend für den Nachweis ist der mittlere Bereich mit c = 2,5 m.

ψ	=	403 / 498	=	0,81	
k_c	=	1 / (1,33 - 0,33 · 0,81)	=	0,941	Tab. 8
$I_{z,g}$	=	21^3 · 1,72 / 12	=	1327 cm^4	
A_{st}	=	(55 - 2 · 1,72) 1,11	=	57,2 cm^2	
A_g	=	(134 - 57,2) / 2	=	38,4 cm^2	
$i_{z,g}$	=	$\sqrt{1327 / (38,4 + 57,2 / 5)}$	=	5,16 cm	
λ_a	=	92,9 (St 37)			
$\bar{\lambda}$	=	250 · 0,941 / 5,16 · 92,9	=	0,491 < 0,5	Gl. (13)

Eine genauere Untersuchung des Biegedrillknickens ist damit nicht erforderlich.

Wird anstelle von $i_{z,g}$ vereinfachend der Trägheitsradius i_z des Gesamtprofils in Rechnung gestellt, ergibt sich hier $\bar{\lambda}$ > 0,5. Es ist dann folgender Nachweis für den gedrückten Gurt erforderlich:

$\bar{\lambda}$	=	250 · 0,941 / 4,45 · 92,9	=	0,569 > 0,5	Gl. (13)
κ_c	=	0,804			Tab. 2 - 9.3
0,843 · 498 / 0,804 · 669			=	0,781 < 1	Bed. (14)

In beiden Fällen ist damit eine ausreichende Tragsicherheit nachgewiesen.

8.6 Wabenträger eines Vordaches

8.6.1 Vorbemerkungen

Für einen Wabenträger, der aus dem Walzprofil IPE 400 hergestellt wird, soll der Biegedrillknicknachweis geführt werden. Auf dem Wabenträger sind Pfetten IPE 100 mit einer Stützweite von a = 5,50 m im Abstand von 2,50 m vorhanden. Auf den Pfetten sind Trapezbleche angeordnet, die so schubsteif sind, daß die Pfetten auch eine gebundene Drehachse für den Binderobergurt darstellen.

8.6.2 System, Einwirkungen und Querschnittswerte

Für die Nachweise werden hier die γ_M-fachen Bemessungswerte der Einwirkungen verwendet, [2 - 11].

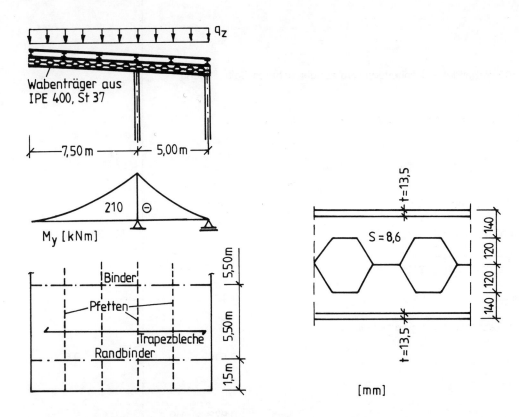

Bild 2 - 8.8 System, Momente unter den γ_M-fachen Bemessungswerten der Einwirkungen

Bild 2 - 8.9 Wabenträger

Für die Nachweise sind nach [2 - 110] die Querschnittswerte im Bereich der Lochschwächung zugrunde zu legen:

A	= 84,5 - 12 · 0,86	=	74,2	cm²
I_z	= 1320 - 12 · 0,86³ / 12	=	1319	cm⁴
I_T	= 51,4 - 12 · 0,86³ / 3	=	48,8	cm⁴
I_ω	≈ 1319 (52 - 1,35)² / 4	=	846000	cm⁶

Beim statischen Moment S werden die Rundungen des Walzprofils näherungsweise über eine entsprechend vergrößerte Stegfläche (A_s^*) einbezogen:

Fläche der vier Ausrundungen:

A_r	= 74,2 - 2 · 18 · 1,35 - 2 · 12,65 · 0,86	=	3,84	cm²
S	= 18 · 1,35 · 24,65 + (3,84 / 2 + 12,65 · 0,86) 18,3	=	833	cm³
	A_G $\qquad\qquad$ A_s^*			
M_{pl}	= 2 · 8,33 · 24	=	400	kNm

8.6.3 Biegedrillknicken des Wabenträgers

Für den Nachweis wird das Biegedrillknickmoment $M_{Ki,y}$ nach DIN 4114, Ri 15.1.3 mit einem Momentenbeiwert k nach [2 - 38, Bild 11] errechnet, da hier von einer gebundenen Drehachse ausgegangen werden kann. Diese und weitere Momentenbeiwerte k für eine freie Drehachse sind im Abschn. 9 angegeben. Entsprechende Werte für gebundene Drehachse sind u. a. in [2 - 40] zu finden.

$$M_{Ki,y} = (k / L_k) \sqrt{E I_z G I_T}$$

		Hinweise
DIN 18 800 Teil 2	8 Beispiele	

Die durch die Pfetten IPE 100 vorhandene Drehbettung wird auf der sicheren Seite liegend vernachlässigt.

Eingangswert für die Ermittlung von k ist die Kennzahl χ.

$$\chi = \frac{E\,I_\omega}{G\,I_T\,L_K^2}$$

χ = 21000 · 846000 / 8100 · 48,8 · 750 = 0,080

k ≈ 6,9   (für L/L_k = 5 / 7,5 = 0,67)   [2 - 38, Bild 11]

$M_{Ki,y}$ = (6,9 / 750) $\sqrt{21000 \cdot 1319 \cdot 8100 \cdot 48,8}$ = 304   kNm

$\bar{\lambda}_M$ = $\sqrt{400 / 304}$ = 1,15

Der Trägerbeiwert n ist nach Tab. 9 zu n = 1,5 zu wählen.

κ_M = $(1 / (1 + 1,15^3))^{1/1,5}$ = 0,540   Tab. 2 - 9.5

Tragsicherheitsnachweis:

210 / 0,540 · 400 = 0,972 < 1,0

8.6.4 Druckgurt zwischen den IPE 100 Pfetten

El. 310

Da im vorliegenden Fall die gebundene Drehachse aus den im Abstand von 2,50 m vorhandenen Pfetten tatsächlich als Einzelabstützung vorhanden ist, muß hier noch zusätzlich nachgewiesen werden, daß der Binder zwischen den Pfettenanschlußpunkten nicht ausweichen kann. Hierfür wird der Druckgurt vereinfacht als Druckstab mit der Knicklänge von 2,50 m betrachtet. Der veränderliche Momentenverlauf (ψ = 5^2 / $7,5^2$ = 0,44) wird mit Hilfe des Druckkraftbeiwertes k_c gem. Tab. 8 berücksichtigt:

k_c = 1 / (1,33 - 0,33 ψ) = 1 / (1,33 - 0,33 · 0,44) = 0,844

$\bar{\lambda}$ = 250 · 0,844 / 3,95 · 92,9 = 0,575 > 0,5   Bed. (12)

Nach El. 310 ist Knickspannungslinie c maßgebend. Es liegt zwar ein geschweißter Träger nach Tab. 9, Zeile 1, vor, in dem hier zu untersuchenden Bereich zwischen zwei Pfetten ist jedoch **keine** Querbelastung am Obergurt vorhanden.

κ_c = 0,800   Tab. 2 - 9.4

0,843 · 210 / (0,800 · 400) = 0,553 < 1,0   Bed. (14)

8.7 Stütze mit zweiachsiger Biegung und Normalkraft

Abschn. 3.5

8.7.1 Vorbemerkungen

Die Stütze eines Rahmensystems wird durch die Biegemomente M_y, M_z und die Normalkraft N beansprucht. Für diese Stütze sind der Nachweis des Biegeknickens und der Nachweis des Biegedrillknickens zu führen. Bei den vorab durchgeführten Rahmenberechnungen, die hier nicht angegeben sind, wurde eine ausreichende Tragfähigkeit für die Stabendschnittgrößen be-

El. 301

reits nachgewiesen. Es ergaben sich nach Theorie I. Ordnung unter den Bemessungswerten der Einwirkungen die im Bild 2 - 8.10 angegebenen Schnittgrößen.

8.7.2 System, Abmessungen, Einwirkungen

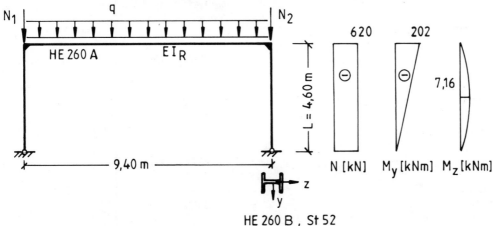

Bild 2 - 8.10 Hochbaustütze mit Einwirkungen und Schnittgrößen unter den Bemessungswerten der Einwirkungen

8.7.3 Wesentliche Querschnittsgrößen des HE 260 B

$N_{pl,k}$	= 4248 kN	$N_{pl,d}$	= 3862 kN	I_y	=	14920	cm⁴
$M_{pl,y,k}$	= 462 kNm	$M_{pl,y,d}$	= 420 kNm	I_z	=	5130	cm⁴
$M_{pl,z,k}$	= 217 kNm	$M_{pl,z,d}$	= 197 kNm	I_T	=	124	cm⁴
$\alpha_{pl,y}$	= 1,12			I_ω	=	753700	cm⁶
$\alpha_{pl,z}$	= 1,53						

8.7.4 $N_{Ki,y}$, $N_{Ki,z}$ und $M_{Ki,y}$

Eingangsgrößen für die Nachweise sind in allen Fällen die Verzweigungslasten nach der Elastizitätstheorie $N_{Ki,y}$, $N_{Ki,z}$ und $M_{Ki,y}$, die hier als charakteristische Werte berechnet werden. Der Knicklängenbeiwert β für das Knicken in der Rahmenebene wird zuvor mit $\beta_y = 2{,}3$ errechnet. Für das Knicken aus der Rahmenebene gilt $\beta_z = 1{,}0$.

$N_{Ki,y,k}$ = 21000 · 14920 π² / 460² · 2,3² = 2763 kN

$N_{Ki,z,k}$ = 21000 · 5130 π² / 460² = 5024 kN

Für die Berechnung von $M_{Ki,y}$ wird die genauere Gl. (19) statt der Gl. (20) genutzt; dabei gilt bei alleiniger Wirkung von Endmomenten $z_p = 0$:

ζ = 1,77

c^2 = (753700 + 0,039 · 124 · 460²) / 5130 = 346 cm²

				Hinweise

$M_{Ki,y,k}$ = 1,77 · 5024 $\sqrt{0,0346}$ = 1654 kNm   Gl. (19)

8.7.5 Abminderungsfaktoren und Grenztragfähigkeiten

$\bar{\lambda}_{K,y}$ = $\sqrt{4248 / 2763}$ = 1,24

κ_y = 0,457 (Knickspannungslinie b)   Tab. 2 - 9.2

$\kappa_y N_{pl,d}$ = 0,457 · 3862 = 1765 kN

$\bar{\lambda}_{K,z}$ = $\sqrt{4248 / 5024}$ = 0,920

κ_z = 0,588 (Knickspannungslinie c)   Tab. 2 - 9.3

$\kappa_z N_{pl,d}$ = 0,588 · 3862 = 2271 kN

$\bar{\lambda}_M$ = $\sqrt{462 / 1654}$ = 0,529

κ_M = $(1 / (1 + 0,529^5))^{0,4}$ = 0,984   Tab. 2 - 9.5

$\kappa_M M_{pl,y,d}$ = 0,984 · 462 = 413 kNm

8.7.6 Biegeknicken - Nachweismethode 1

El. 321

Für den Nachweis mit der Bed. (28) sind zunächst die Beiwerte k_y und k_z zu bestimmen, bei denen der jeweilige Biegemomentenverlauf über die Momentenbeiwerte $\beta_{M,y}$ und $\beta_{M,z}$, die auch für das Biegedrillknicken gelten, eingeht:

$\beta_{M,y}$ = 1,8

a_y = 1,24 (2 · 1,8 - 4) + (1,12 - 1) = - 0,376

k_y = 1 - (620 / 1765) (- 0,376) = 1,132

$\beta_{M,z}$ = 1,3

a_z = 0,920 (2 · 1,3 - 4) + (1,53 - 1) = - 0,758

k_z = 1 - (620 / 2271) (- 0,758) = 1,21

Tragsicherheitsnachweis

Beim Tragsicherheitsnachweis dürfen die jeweils zugehörigen Schnittgrößen verwendet werden. Daß die Extremalwerte von M_y und M_z nicht an der gleichen Stelle auftreten, sind verschiedene Stellen des Stabes zu untersuchen.

a) Nachweis am Stützenkopf

620/1765 + 202 · 1,132 / 420

= 0,351 + 0,544 = 0,895 < 1

DIN 18 800 Teil 2   8 Beispiele | Hinweise

b) Nachweis im oberen Viertelspunkt

An dieser Stelle sind sowohl von M_y als auch bei M_z jeweils 75 % des Extremwertes vorhanden.

620 / 1765 + (202 · 1,132 / 420 + 7,16 · 1,21 / 197) 0,75   *Bed. (28)*

   = 0,351 + (0,544 + 0,044) 0,75   =   0,792 < 1

8.7.7 Biegeknicken - Nachweismethode 2

El. 322

Es sind ebenfalls die Beiwerte k_y und k_z zu ermitteln, die hier nicht vom Biegemomentenverlauf abhängig sind. Der Momentenverlauf wird mit Hilfe der Momentenbeiwerte $\beta_{m,y}$ und $\beta_{m,z}$ (Tab. 11, Spalte 2) berücksichtigt.

Wegen der Verschieblichkeit des Rahmens ist dabei $\beta_{m,y} = 1{,}0$ zu setzen.

$\beta_{m,y}$ = 1,0 $\beta_{m,z}$ = 1,0

Wegen $\kappa_y < \kappa_z$ gilt: *El. 322*

k_y = 1

k_z = (1 - (620 / 3862) $1{,}24^2$) / (1 - (620 / 3862) $0{,}92^2$)

k_z = 0,765

Für die Berechnung von Δn gilt El. 314, wobei der größere Wert von Δn_y oder Δn_z zu berücksichtigen ist. Hier wird von der möglichen Vereinfachung bei Δn kein Gebrauch gemacht.

$N / (\kappa_y N_{pl,d})$ = 620 / 1765   =   0,351

Δn = 0,351 (1 - 0,351) $0{,}457^2 \cdot 1{,}24^2$ =   0,073

Tragsicherheitsnachweis   *Bed. (29)*

620 / 1765 + 1,0 · 202 · 1,0 / 420 + (1,0 · 7,16 · 0,765 / 197) 1,53 / 1,25 + 0,073

   = 0,351 + 0,481 + 0,034 + 0,073   =   0,939 < 1

Beim Anteil des Biegemomentes M_z wurde die Anmerkung von El. 123 berücksichtigt.

Die Nachweise nach 8.7.6 und 8.7.7 führen nahezu zum gleichen Ergebnis.

8.7.8 Biegedrillknicken

El. 323

Für den Biegedrillknicknachweis sind gegenüber den Biegeknicknachweisen die Schnittgrößen nach Theorie II. Ordnung einzusetzen. Hierbei ist zu berücksichtigen, daß bei den im Bild 2 - 8.10 angegebenen Schnittgrößen nach Theorie I. Ordnung noch nicht die Wirkung von Imperfektionen berücksichtigt ist. Es ist zu überprüfen, ob dabei gleichzeitig Vorkrümmungen und Vorverdrehungen angesetzt werden müssen.

ε_y = $\sqrt{\pi^2 N / N_{Ki,y,d}}$ = $\sqrt{\pi^2\, 620 \cdot 1{,}1 / 2763}$ = 1,56 < 1,6   *El. 207*

Als Vorverdrehung ist anzusetzen:

φ_o = r_2 / 200 = 0,5 (1 + $\sqrt{1/2}$) / 200 = 1 / 234   Gl. (1)

Vereinfachend werden die Momente nach Theorie II. Ordnung mit Hilfe des Vergrößerungsfaktors

α = 1 / (1 - N / N_{Ki}) = 1 / (1 - 620 · 1,1 / 2763) = 1,328

berechnet. Das Eckmoment beträgt damit

M^{II} = (202 + 620 · 4,60 / 234) 1,328 = 284   kNm

Für den Biegedrillknicknachweis sind gegenüber der Nachweismethode 1 beim Biegeknicken ein geänderter Beiwert k_y, statt $M_{pl,y,d}$ der Wert $\kappa_M M_{pl,y,d}$ und beim Normalkraftanteil die Grenznormalkraft für das Ausweichen rechtwinklig zur z-Achse in Rechnung zu setzen.

N / κ_z $N_{pl,d}$ = 620 / 2271 = 0,273

a_y = 0,15 · 0,920 · 1,8 - 0,15 = 0,0984 < 0,9   El. 320

k_y = 1 - 0,273 · 0,0984 = 0,973 < 1

Tragsicherheitsnachweis

0,273 + 284 · 0,973 / 413 + 7,16 · 1,21 / 197 = 0,273 + 0,669 + 0,044 = 0,986 < 1,0   Bed. (30)

8.7.9 Biegeknicken - Nachweis nach Tabelle 1

Da für den Biegedrillknicknachweis sowieso die Schnittgrößen nach Theorie II. Ordnung ermittelt werden müssen, bietet es sich an, für den Biegeknicknachweis keine der beiden Nachweismethoden 1 oder 2 zu verwenden, sondern mit den Schnittgrößen Theorie II. Ordnung einen Nachweis der Querschnittsinteraktion zu führen. Maßgebend ist im vorliegenden Fall die Rahmenecke, da M_z einen relativ kleinen Wert hat und sich damit ein weiterer Nachweis in Stützenmitte erübrigt.

620 / 3862 + 0,9 · 284 / 420 = 0,161 + 0,609 = 0,770 < 1   Teil 1, Tab. 16

8.8 Rahmenstab aus zwei U 240

8.8.1 Vorbemerkungen

Der Rahmenstab wird als Kragarm ausgeführt. Er wird am Kopf durch eine horizontale und eine vertikale Kraft belastet. Für dieses System sind in DIN 18 800 Teil 2 keine Berechnungsgleichungen direkt angegeben. Es wird aber im El. 405, Anmerkung 1, auf weiterführende Literatur verwiesen. Dieses Berechnungsbeispiel veranschaulicht den Rechengang hierfür.   Anmerkung 1

Die Vorgehensweise bei der Ermittlung der Schnittgrößen nach Theorie II. Ordnung ist prinzipiell auch auf Gitterstäbe oder auch schubstarre Stäbe übertragbar.

8.8.2 System, Abmessungen und Belastungen

Für die Nachweise werden die γ_M-fachen Bemessungswerte der Einwirkungen verwendet [2-11]. Dementsprechend sind die angegebenen Lasten die $\gamma_M \gamma_F$-fachen Gebrauchslasten.

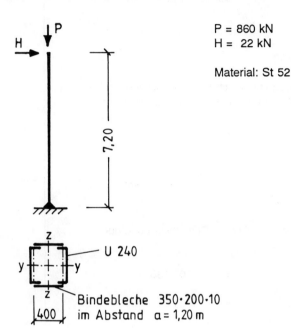

P = 860 kN
H = 22 kN

Material: St 52

Bild 2 - 8.11   Systemskizze

8.8.3 Ansatz von Vorverformungen

r_1	=	$\sqrt{5/7,20}$		=	0,833
φ_o	= $0,833 \cdot 1/400$	= 0,00208		=	1 / 480
$N \varphi_o$	= 860 / 480			=	1,79 kN
ΣH	= 22,0 + 1,79			=	23,79 kN

El. 205, Anmerkung 2

8.8.4 Querschnittswerte des Rahmenstabes

El. 404

A_G = 42,3 cm² $I_{z,G}$ = 248 cm⁴ i_1 = 2,42 cm

I_z = $2 \cdot 42,3 \cdot 20^2 + 2 \cdot 248$ = 34336 cm⁴

$s_{K,z}$ = $2 \cdot 7,20$ = 14,40 m

$\lambda_{K,z}$ = $1440 / \sqrt{34336 / (2 \cdot 42,3)}$ = 71,5

$\lambda_{K,z}$ = 71,5 < 75   → η = 1,0

Tab. 2 - 12

I_z^*	$= I_z$		=	34336	cm⁴
W_z^*	= 34336 / 20		=	1717	cm³
$S_{z,k}^*$	= 2 π² 21000 · 248 / 120²		=	7139	kN

Tab. 2 - 13

8.8.5 Schnittgrößen nach Theorie II. Ordnung

Zur Schnittgrößenbestimmung werden die im Stahlbau-Handbuch [2 - 1] angegebenen Formeln verwendet. Dabei wird der Einfluß der Querkraftverformung mit Hilfe von γ berücksichtigt.

γ	= 1 / (1 - 860 / 7139)	=	1,14
ε	= 720 √(1,14 · 860 / (21000 · 34336))	=	0,840
M	= 1,14 tan 0,84 (22 + 1,79) 7,20 / 0,84	=	259 kNm

[2-1, Tab. 3.1-5]

Die maßgebende Querkraft V ergibt sich aus dem Knickwinkel am Stützenkopf und der horizontalen Belastung.

φ_k	= (1 / cos 0,84 - 1) (23,79 /860)	=	0,0138
V	= 860 · 0,0138 + 23,79	=	35,6 kN

8.8.6 Nachweise für die Einzelstäbe

El. 408

a) Einspannstelle

Einzelstab mit der größten Normalkraft

N_G	= 860 / 2 + 25900 · 42,3 / 1717	=	1068 kN
$\lambda_{K,1}$	= 120 / 2,42	=	49,6
$\bar{\lambda}_{K,1}$	= 49,6 / 75,9	=	0,653
κ_c	= 0,755		

Gl. (38)

El. 110

Gl. (4) oder Tab. 2 - 9.3

An der Einspannstelle, die hier die größte Normalkraft hat, ist auch eine nicht zu vernachlässigende Querkraft vorhanden.

V_y =   23,8   kN

Das zugehörige Biegemoment im Einzelgurt beträgt:

M_G = 23,8 · 0,5 · 1,20 · 0,5 = 7,14 kNm

Zur Ermittlung der Beanspruchbarkeit wird das Moment $M_{pl,z}$ im vollplastischen Zustand für den idealisierten Querschnitt des Bildes 2 - 8.12 ermittelt.

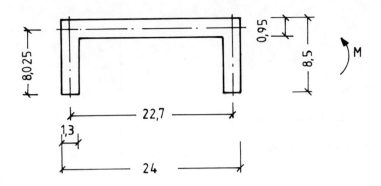

Bild 2 - 8.12   Idealisierter Querschnitt

A_1 Gurtfläche auf Momentendruckseite

= 22,7 · 0,95   =   21,57   cm²

A_2 Gurtfläche auf Momentenzugseite = 0

A_3 Stegfläche = 2 · 8,025 · 1,3   =   20,87   cm²

ΣA = 42,44 ~ 42,3 cm² = Tabellenwert

δ_1 = 21,57 / 42,44 = 0,508 , δ_3 = 0,492 , δ_2 = 0

Nach *Rubin* [2 - 82]

$V_{pl,k}$ = 20,87 · 36 $\sqrt{3}$ =   434   kN

$V/V_{pl,k}$ = 23,8 / 434   = 0,055 < 1 / 3 → η =   1

$N_{pl,k}$ = 42,44 · 36   =   1528   kN

$N/N_{pl,k}$ = 1068 / 1528   =   0,699

$2\delta_1 - 1$ = 0,016 , Bereich III

$M_{pl,k}$ = h N_{pl} 0,5 δ_3 = 0,08025 · 1528 · 0,5 · 0,492   =   30,2   kNm

$W_{z,r}$ = 248 / (8,5 - 2,23)   =   39,6   cm³

$M_{el,k}$ = 36 · 0,396   =   14,3   kNm

$\alpha_{pl,z}$ = 30,2 / 14,3   =   2,11

a_y = 0,653 (2 · 2,5 - 4) + (2,11 - 1)   =   1,765 > 0,8

a_y = 0,8

k_y = 1 - 0,8 · 0,699 / 0,755   =   0,259

Tragsicherheitsnachweis

0,699 / 0,755 + 7,14 · 0,259 / 30,2 = 0,929 + 0,061   =   0,990 < 1

Zusätzlich ist die Querschnittsinteraktion des Einzelstabes am Bindeblechanschluß nachzuweisen. Dies erfolgt unter Berücksichtigung von El. 408, Anmerkung 2, nach [2 - 82].

[2 - 62]

		Hinweise
DIN 18 800 Teil 2	8 Beispiele	

Für positives Moment:

$(2\delta_1 - 1) = 0{,}016 < 0{,}699 < 1 = (1 - 2\delta_2) \rightarrow$ Bereich II

$M_{pl,N,k}/(h\, N_{pl,k}) = (\delta_1 + 0{,}5\, \delta_3)(1 - N/N_{pl,k}) - 0{,}25\, (1 - 2\delta_2 - N/N_{pl,k})^2 / \delta_3$

$\qquad = (0{,}508 + 0{,}5 \cdot 0{,}492)(1 - 0{,}699) - 0{,}25\,(1 - 0{,}699)^2 / 0{,}492$

$\qquad = 0{,}227 - 0{,}046 \qquad = 0{,}181$

$M_{pl,N,k} = 0{,}08025 \cdot 1528 \cdot 0{,}181 \qquad = 22{,}2 \quad \text{kNm}$

Für negatives Moment:

$\delta_1 = 0, \quad \delta_2 = 0{,}508, \quad \delta_3 = 0{,}492$

$1 - 2\delta_2 = -0{,}016 < 0{,}699 < 1 \rightarrow$ Bereich I

$N_{pl,N,k}/(h\, N_{pl,k}) = (\delta_1 + 0{,}5\, \delta_3)(1 - N/N_{pl,k})$

$\qquad = 0{,}5 \cdot 0{,}492\,(1 - 0{,}699) \qquad = 0{,}0740$

$M_{pl,N,k} = 0{,}08025 \cdot 1528 \cdot 0{,}074 \qquad = 9{,}08 \quad \text{kNm}$

$M_{pl,N,G} > 0{,}5\,(22{,}2 + 9{,}08) \qquad = 15{,}6 \quad \text{kNm} > 7{,}14 = M_G$

Die rechnerische Beanspruchbarkeit könnte gesteigert werden, wenn auch der 2. Gurt, der aus dem Biegemoment eine Zugkraft erhält, in die Rechnung einbezogen werden würde. [El. 408, Anmerkung 2]

b) Stützenkopf

Hier ist im vorliegenden Fall das Einzelfeld mit der größten Querkraft vorhanden.

$M_G = 35{,}6 \cdot 1{,}20 / 2 \cdot 2 \qquad = 10{,}7 \quad \text{kNm}$ — Gl. (36)

$V_G = 35{,}6 / 2 \qquad = 17{,}8 \quad \text{kN}$ — Gl. (37)

$N_G = 860 / 2 \qquad = 430 \quad \text{kN}$ — Gl. (38)

Die Querkraft V_G ist hier vernachlässigbar klein. — Teil 1, Tab. 17

Der Tragsicherheitsnachweis wird vereinfachend unter Benutzung der Zahlenwerte aus a) geführt, indem die Anteile aus Normalkraft und Biegemoment im Verhältnis der Schnittgrößen umgerechnet werden:

$0{,}929 \cdot 430 / 1068 + 0{,}061 \cdot 10{,}2 / 7{,}14 = 0{,}374 + 0{,}087 \qquad = 0{,}461 < 1$

Da die Normalkraft kleiner ist als im Einzelfeld an der Einspannstelle, ist die Beanspruchbarkeit $M_{pl,N,G}$ größer als dort berechnet. Daher liegt der folgende Interaktionsnachweis auf der sicheren Seite:

$10{,}7 < 15{,}6 \quad \text{kNm}$

c) Nachweise für die Bindebleche — El. 409

$M = 35{,}6 \cdot 1{,}20 / 2 \qquad = 21{,}4 \quad \text{kNm}$ — Tab. 14, Zeile 3

T	= 35,6 · 1,20 / 0,40	=	107	kN	Tab. 14, Zeile 4

Vereinfachend werden für die Bindebleche Spannungsnachweise geführt.

σ	= 2140 / (2 · 1 · 20² / 6)	=	16,0	kN/cm²	
σ/σ$_{R,k}$	= 16,0 / 36,0	=	0,444 < 1		Teil 1, Gl. (33)
τ	= 1,5 · 107 / 2 · 1 · 20	=	4,01	kN/cm²	
τ/τ$_{R,k}$	= 4,01 / 20,8	=	0,193 < 1		Teil 1, Gl. (34)

Weitere Nachweise für den Anschluß der Bindebleche mit Schrauben oder mit Schweißnähten sind nach DIN 18 800 Teil 1 zu führen.

8.9 Dünnwandige Stütze mit Normalkraft und Biegung

Abschn. 7

8.9.1 Vorbemerkungen

Die aus zwei Kaltprofilen U 100/250/100 x 6 (r = 1,5 s) bestehende Gebäudestütze wird durch die Schnittgrößen N und M$_y$ und die Querlast q beansprucht. Diese Schnittgrößen nach Theorie I. Ordnung entstammen einer zuvor durchgeführten Rahmenberechnung zu einem mehrgeschossigen Bürogebäude unter γ$_M$-fachen Bemessungswerten der Einwirkungen. Das Ausweichen der Stütze rechtwinklig zur Achse z-z wird konstruktiv durch angrenzende Bauteile verhindert, so daß hier nur das Biegeknicken rechtwinklig zur Achse y-y zu untersuchen ist. Die beiden U-Profile sind so miteinander verschweißt, daß ein gemeinsamer Querschnitt wirksam ist.

8.9.2 System, Abmessungen, Einwirkungen

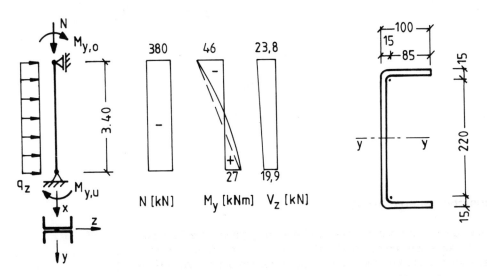

Bild 2 - 8.13 Systemskizze, Schnittgrößen unter γ$_M$-fachen Bemessungswerten der Einwirkungen und Profilabmessungen eines Kaltprofiles [mm]

8.9.3 Wirksamer Querschnitt

Die geometrische Breite der Einzelbleche ist bei der Berechnung der Querschnittswerte durch die wirksame Breite zu ersetzen. Dabei dürfen die b/t-Verhältnisse ohne Ansatz der Rundungsbereiche (vgl. Bild 2 - 8.13) errechnet werden.

a) Wirksame Breite des Biegedruckgurtes

El. 712

b/t = 85 / 6 = 14,1

σ_e = 18980 / 14,1² = 95,5 kN/cm²

k = 0,43

$\bar{\lambda}_{P,\sigma}$ = $\sqrt{24,0 / 0,43 \cdot 95,5}$ = 0,765 > 0,7   Gl. (83)

b' = 0,7 · 8,5 / 0,765 = 7,78 cm   Gl. (82)

b) Wirksame Breite des Steges

b/t = 220 / 6 = 36,7

σ_e = 18980 / 36,7² = 14,1 kN/cm²

ψ < 1,0 → k_σ > 4,0

$\bar{\lambda}_{P,\sigma}$ < $\sqrt{24,0 / 4,0 \cdot 14,1}$ = 0,652 < 0,673

Der Steg wirkt also voll mit.

c) Querschnittswerte der Stütze

2 U 100/250/100 x 6

A = 51,0 cm² I_y = 4680 cm⁴

i = 9,58 cm r_D = 12,5 cm

Wirksamer Querschnitt

A' = 50,1 cm² I' = 4550 cm⁴

i' = 9,53 cm r_D' = 12,7 cm

Δw_o = 0,21 cm

8.9.4 Vereinfachter Tragsicherheitsnachweis

Der Tragsicherheitsnachweis wird im Prinzip mit der gleichen Bedingung geführt, die auch für nicht dünnwandige Querschnitte verwendet werden darf. Dabei sind jedoch die Querschnittswerte des wirksamen Querschnitts und die Verschiebung der Schwerachse um Δw_o zu berücksichtigen.

$\bar{\lambda}_K'$ = 340 / 9,53 · 92,9 = 0,384   Gl. (93)

α'	= 0,34 · 9,58 · 12,7 / 9,53 · 12,5	=	0,347	Gl. (92)
k'	= 0,5 (1 + 0,347 · 0,184 + 0,384² + 0,21 · 12,7 / 9,53²) =		0,620	Gl. (91)
κ'	= 1 / (0,620 + $\sqrt{0,620^2 - 0,384^2}$)	=	0,904	Gl. (90)

Für den Nachweis nach Bed. (24) sind noch Δn und der Momentenbeiwert β_m zu ermitteln. Vereinfachend wird hier mit β_m = 1,0 und Δn = 0,1 gerechnet. Eine genauere Berechnung dieser beiden Werte nach Tabelle 1 und El. (314) erlaubt eine etwas größere Ausnutzung des Querschnitts.

$$\frac{380}{0,904 \cdot 50,1 \cdot 24} + \frac{1,0 \cdot 4600 \cdot 12,7}{4550 \cdot 24} + 0,1 = 0,350 + 0,535 + 0,1 = \quad 0,985 < 1,0$$

El. 718
Bed. (24)

8.10 Dünnwandiger Biegeträger mit Querlasten

Abschn. 7.4

8.10.1 Vorbemerkungen

Der geschweißte Biegeträger diente zur Aufnahme von Lasten aus einem Industriebau. Das Profil ist an der Stelle der Einzellasteinleitung und an den beiden Lagern ausgesteift. Sofern auf eine Profilaussteifung verzichtet werden soll, ist die Einleitung der Kräfte nach DIN 18 800 Teil 1, El. (744), nachzuweisen.

8.10.2 System, Abmessungen, Einwirkungen

Für die Nachweise werden die γ_M-fachen Bemessungswerte der Einwirkungen verwendet, [2 - 11].

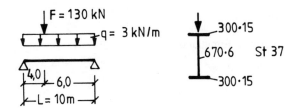

Bild 2 - 8.14 Systemskizze, γ_M-fache Bemessungswerte der Einwirkungen

Querschnittswerte des Trägers

I_z	= 6750 cm⁴	I_ω	= 7918000 cm⁶	I_T	= 72,3 cm⁴
W_r	= 3446 cm³	I_y	= 120600 cm⁴	W_s	= 3600 cm³
A	= 130,2 cm²				

Schnittgrößen

max M = 130 · 4 · 6 / 10 + 3 · 10² · 0,125 · 4 (0,4 - 0,4²) = 312 + 36 =   348   kNm

max V = 130 · 6 / 10 + 3 · 10 / 2   =   93   kN

8.10.3 Einfluß von Schubspannungen

Die Anwendung der Berechnungsverfahren des Abschnittes 7 setzt voraus, daß die Schubspannungen nur einen zu vernachlässigenden Einfluß auf die Aufnahme von Normalspannungen besitzen. Hierfür sind die Bedingungen (79) und (80) einzuhalten.

τ = 93 / (67 · 0,6) = 2,31 kN/cm²

$0,2\, f_{y,k}$ = 0,2 · 24 = 4,80 kN/cm² > 2,31 kN/cm²

$0,3\, \tau_{Pi,k}$ = 0,3 · 5,34 · 18980 (6 / 670)² = 2,44 kN/cm² > 2,31 kN/cm²

Die Vernachlässigung der Schubspannungen ist danach gerechtfertigt.

8.10.4 Querschnittstragfähigkeit

Für die Berechnung der Querschnittstragfähigkeit sind zunächst die wirksamen Breiten für den Druckgurt und den Steg zu bestimmen. Es wird hierfür das Verfahren Elastisch-Plastisch angewendet (Abschnitt 7.4).

a) Wirksame Breite des Druckgurtes

Für konstante Druckspannung im Gurt gilt:
grenz (b/t) = 11

b/t = (300 / 2 - 6 / 2 - 3) / 15 = 9,6 < 11

Der gesamte Druckgurt wirkt mit.

b) Wirksame Breite des Steges

Da Druckgurt und Zuggurt die gleiche Kraft aufnehmen, ist hier keine iterative Ermittlung der wirksamen Breiten erforderlich.

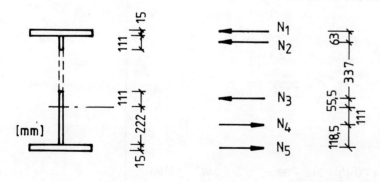

Bild 2 - 8.15 Querschnitt für die Berechnung der reduzierten Tragfähigkeit
(Abmessungen nicht maßstäblich)

b_1''	$= 18{,}5 \cdot 0{,}6$	$= 11{,}1$ cm	(Druck)	Gl. (85) und Tab. 28
b_2''	$= 18{,}5 \cdot 0{,}6$	$= 11{,}1$ cm	(Druck)	Gl. (86)
b_3''	$= 37 \cdot 0{,}6$	$= 22{,}2$ cm	(Zug)	Gl. (87)
N_1	$= 30 \cdot 1{,}5 \cdot 24$	$= 1080$ kN		
N_2	$= N_3 = 11{,}1 \cdot 0{,}6 \cdot 24$	$= 160$ kN		
N_4	$= 2\,N_2 = 2 \cdot 160$	$= 320$ kN		
N_5	$= N_1$	$= 1080$ kN		

Reduziertes M_{pl}''

$M_{pl,k}'' = (1080 \cdot 45{,}55 + 160 \cdot 39{,}25 + 160 \cdot 5{,}55 + 320 \cdot 11{,}1 + 1080 \cdot 22{,}95) / 100 = 847$ kNm

Da dieses Profil nicht gegen Verdrehen oder seitliches Ausweichen gesichert ist, darf M_{pl}'' nur in Rechnung gestellt werden, wenn sich aus dem Biegedrillknicknachweis keine geringere Tragfähigkeit ergibt.

8.10.5 Biegedrillknicknachweis nach 7.6.3.2

Der Nachweis darf prinzipiell wie für kompakte Profile geführt werden. Dabei ist jedoch das vorzeitige Beulen einzelner Querschnittsteile zu berücksichtigen. Im vorliegenden Fall erfolgt das dadurch, daß ein reduziertes M_{Ki} (red M_{Ki} nach Gl. (99)) berechnet wird:

a) Biegedrillknickmoment ohne Einfluß des Beulens

$$N_{Ki,z} = \frac{\pi^2 \cdot 21000 \cdot 0{,}675}{10^2} = 1399 \text{ kN}$$

$$c^2 = \frac{0{,}07918 + 0{,}039 \cdot 10^2 \cdot 0{,}00723}{0{,}675} = 0{,}159 \text{ m}^2$$

$$0{,}5\,z_p = -0{,}175 \text{ m}$$

Für $\zeta = 1$:   Gl. (19)

$$M_{Ki,y,k} = 1399 \left(\sqrt{0{,}159 + 0{,}175^2} - 0{,}175 \right) = 364 \text{ kNm} \quad \text{Tab. 10}$$

Gleichlast $\zeta = 1{,}12$ $M_{Ki} = 408$ kNm

Einzellast $\zeta \approx 1{,}35$ $M_{Ki} = 491$ kNm

$$M_{Ki,y,k} \approx \frac{36}{348} \cdot 408 + \frac{312}{348} \cdot 491 = 482 \text{ kNm}$$

b) Moment beim Erreichen der idealen Beulspannung des Steges

σ_e = 18980 / 112² = 1,513 kN/cm²

$M_{Ki,P,k}$ = 23,9 · 1,513 · 36,0   (k_σ = 23,9) = 1300 kNm | Tab. 26

c) Reduziertes Biegedrillknickmoment

$$\text{red } M_{Ki,k} = 482 \sqrt{\frac{1}{1 + \left(\frac{482}{1300}\right)^2}} = 452 \text{ kNm}$$

Gl. (99)

d) Abminderungsfaktor

Aus dem reduzierten Biegedrillknickmoment und dem der wirksamen Querschnittstragfähigkeit M_{pl}'' ergibt sich der bezogene Schlankheitsgrad.

$\bar{\lambda}_M$ = $\sqrt{847 / 452}$ = 1,369 kNm

κ_M = 0,471   (n = 2,0 , da geschweißter Träger) | Tab. 2 - 9.5

Tragsicherheitsnachweis

348 / 0,471 · 847 = 0,873 < 1 | Gl. (16)

8.10.6 Biegedrillknicknachweis über eine kombinierte Traglastkurve

In [2 - 81] ist gezeigt, daß auch für das Biegedrillknicken ein Nachweis mit einer kombinierten Traglastkurve möglich ist, so wie er im Teil 3, El. 503, für das Beulknicken vorgesehen ist. Dabei werden der Abminderungsfaktor κ_M für das Biegedrillknicken ohne Beuleinfluß und der Abminderungsfaktor κ_P für das Plattenbeulen getrennt ermittelt und daraus ein kombinierter Abminderungsfaktor

κ_{MP} = $\kappa_M \kappa_P$ (2 - 8.1)

ermittelt.

Bei dieser Vorgehensweise entfällt die Ermittlung wirksamer Querschnitte.

Nach Bild 2 - 8.15:

$M_{pl,k}$ = 2 · 24 (30 · 1,5 · 34,25 + 0,6 · 33,5² · 0,5) / 100 = 901 kNm

a) Abminderungsfaktor κ_M für das Biegedrillknicken

$\bar{\lambda}_M$ = $\sqrt{901 / 482}$ = 1,367 | El. 110

Trägerbeiwert n = 2,0 (geschweißter Träger) | Tab. 9

κ_M = 0,472 | Tab. 2 - 9.5

b) Abminderungsfaktor κ_P für das Plattenbeulen

σ_{xPi} = 23,9 · 1,513 = 36,2 kN/cm²

$\bar{\lambda}_P$	=	$\sqrt{24 / 36{,}2}$	=	0,814
κ_P	=	$1 / 0{,}814 - 0{,}22 / 0{,}814^2$	=	0,897

Gl. (81b)

Auf die Berücksichtigung des Faktors 1,25 nach Teil 3, Tab. 1, wird entsprechend [2 - 82] verzichtet.

κ_{MP} = $0{,}472 \cdot 0{,}897$ = 0,423

Tragsicherheitsnachweis

Bed. (16)

$348 / (0{,}423 \cdot 901)$ = $0{,}913 < 1$

Im Vergleich zum Ergebnis des Abschn. 8.10.5 ist die mögliche Ausnutzung in diesem Beispiel hier ca. 5 % geringer, der Rechenaufwand aber auch sehr viel kleiner.

Der vorstehende Nachweis ist jedoch zu ungünstig, da bei der Ermittlung des bezogenen Schlankheitsgrades $\bar{\lambda}_P$ von der Streckgrenze ausgegangen worden ist. Tatsächlich ist der Querschnitt jedoch nicht voll ausgenutzt. Dies darf nach Gl. (83) ausgenutzt werden.

σ	=	$348 / 34{,}46$	=	10,1	kN/cm²
$\bar{\lambda}_P$	=	$\sqrt{10{,}1 / 36{,}2}$	=	$0{,}528 < 0{,}673$	
κ_P			=	1,0	
κ_{MP}	=	κ_M	=	0,472	

Für den Tragsicherheitsnachweis gilt dann:

$348 / (0{,}472 \cdot 901)$ = $0{,}818 < 1$

Dieser Nachweis ist jetzt günstiger als nach 10.8.5, da dort generell mit Gl. (89) eine Reduktion infolge des Plattenbeulens vorgenommen wird, auch wenn Gl. (81a) erfüllt ist.

8.10.7 Berücksichtigung von Normalkräften N

Der Träger soll zusätzlich eine Normalkraft von 180 kN aufnehmen. Es ist zunächst die Grenzbeanspruchbarkeit N_{pl}'' unter alleiniger Wirkung der Normalkraft ($\varepsilon_o = \varepsilon_u$) zu bestimmen. Hierfür können die Teilkräfte N_1 und N_2 direkt verwendet werden:

N_{pl}'' = $2 (1080 + 160)$ = 2480 kN

Wegen $N_{Ki,y} \gg N_{Ki,z}$ sind hier nur das Biegeknicken um die schwache Achse und das Biegedrillknicken zu untersuchen.

a) Biegeknicken rechtwinklig zur Achse z-z

Da die beiden Gurte im Querschnitt voll wirksam sind, tritt keine Schwerpunktverschiebung e_y ein. Daher kann bei der Anwendung von Gl. (89) bis Gl. (94) auf den Anteil von Δw_o verzichtet werden. Dies führt zur Anwendung der Knickspannungslinie c, ohne die Modifikationen des El. 716.

$\bar{\lambda}_z$ = $\sqrt{2480 / 1399}$ = 1,33

κ_c = 0,376

Der Nachweis darf gemäß El. 718 mit der Bed. (24) geführt werden, wobei β_m = 1,0 und Δn = 0,1 (vereinfachend) berücksichtigt werden:

$$\frac{180}{0,376 \cdot 2480} + \frac{348}{847} + 0,1 =$$

0,193 + 0,411 + 0,1 = 0,704 < 1

b) Biegedrillknicken

Der Nachweis für einachsige Biegung mit Normalkraft darf gemäß El. 728 nach der Bedingung (27) geführt werden.

a_y = 0,15 · 1,33 · 1,4 - 0,15 = 0,129

k_y = 1 - 0,193 · 0,129 = 0,975

Nachweis:

0,193 + 0,963 · 0,975 = 1,03 > 1

Die Nachweisbedingung ist in diesem Fall um ca. 3 % überschritten. Es sind dementsprechend nur um ca. 3 % geringere Einwirkungen aufnehmbar.

8.11 Konische Stütze eines Hallenrahmens

8.11.1 Vorbemerkungen

Die konische Stütze eines Hallenrahmens wird überwiegend durch Biegemomente und durch eine geringe Normalkraft beansprucht. Die Stütze wird oben in Hallenlängsrichtung durch einen druck- und zugfest angeschlossenen Fassadenriegel horizontal unverschieblich gehalten. Zusätzlich sind im Abstand von 1,30 m Fassadenprofile (U 160) vorhanden, die zur Stabilisierung der Stütze herangezogen werden sollen. Der innenliegende Biegedruckrand bleibt ungestützt.

8.11.2 System, Abmessungen, Schnittgrößen

Die im Bild 2 - 8.20 angegebenen Schnittgrößen wurden zuvor nach dem Verfahren Elastisch-Plastisch unter den Bemessungswerten der Einwirkungen nach Theorie II. Ordnung ermittelt.

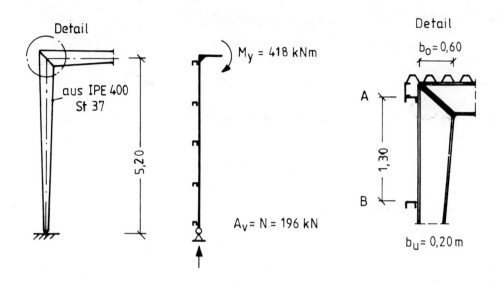

Bild 2 - 8.16 System, Schnittgrößen unter den Bemessungswerten der Einwirkungen und Detail

8.11.3 Profile und wesentliche Querschnittswerte

El. 305, 316

Nach Tab. 9 sind die Querschnittswerte für die höchstbeanspruchte Stelle der Stütze zu ermitteln.

a) Maximale Querschnittswerte (oben)

A_r = 0,2146 · 2,1² = 0,95 cm²

A = 2 · 18 · 1,35 + 57,3 · 0,86 + 4 · 0,95 = 102 cm²

I_z = 1320 cm⁴

I_ω = 1320 (60 - 1,35)² / 4 = 1135000 cm⁶

I_T = 51,4 + 0,86³ · 20 / 3 = 55,6 cm⁴

S = 18 · 1,35 · 29,3 + 2 · 0,95 · 28,2 + 28,6² · 0,86 / 2

S = 1117 cm³

Vollplastische Schnittgrößen

$N_{pl,d}$ = 102 · 24 / 1,1 = 2225 kN

$M_{pl,d}$ = 2 · 1117 · 24 / 1,1 · 100 = 487 kNm

b) Minimale Querschnittswerte (unten)

A = 2 · 18 · 1,35 + 17,3 · 0,86 + 4 · 0,95 = 67,3 cm²

I_z = 1320 cm⁴

DIN 18 800 Teil 2   8 Beispiele

I_ω = 1320 (20 − 1,35)² / 4 = 114700 cm⁶

S = 18 · 1,35 · 9,3 + 2 · 0,95 · 8,2 + 8,6² · 0,86/2 = 273 cm³

Vollplastische Schnittgrößen

$N_{pl,d}$ = 67,3 · 24 / 1,1 = 1470 kN

$M_{pl,d}$ = 2 · 273 · 24 / 1,1 · 100 = 119 kNm

8.11.4 Zusatzbedingungen bei veränderlichem Querschnitt

$N_{Ki,d}$ = 21000 · 1320 π² / 130² · 1,1 = 14700 kN

η_{Ki} = 14700 / 196 = 75 > 1,2   Bed. (5)

min $M_{pl,d}$ / max $M_{pl,d}$ = 119 / 487 = 0,244 > 0,05   Bed. (6)

8.11.5 Biegeknicken

Der Biegeknicknachweis in der Rahmenebene ist mit den zuvor durchgeführten Berechnungen, aus denen die Normalkraft N = 196 kN und M_y = 468 kNm stammen, bereits erbracht. Zusätzlich zu untersuchen sind jedoch die 1,30 m langen freien Teilbereiche im Hinblick auf das Knicken um die schwache Achse.

a) Stütze oben

$\bar{\lambda}_z$ = √(2225 / 14700) = 0,389

κ_c = 0,903   Tab. 2 - 9.3

N / (κ_c $N_{pl,d}$) = 170 / 0,903 · 2225 = 0,085 < 1,0   Bed. (3)

b) Stütze unten

$\bar{\lambda}_z$ = √(1470 / 14700) = 0,316

κ_c = 0,941   Tab. 2 - 9.3

N / (κ_c $N_{pl,d}$) = 170 / 0,941 · 1470 = 0,123 < 1,0   Bed. (3)

8.11.6 Biegedrillknicken

Die Drehbettung der Fassadenriegel U 160 wird berücksichtigt. Für den Anteil aus der Profilverformung wird nach Bild 2 - 8.20 näherungsweise wegen des Kopfplattenstoßes eine wirksame Höhe von 0,30 cm und eine Einflußbreite von ü + 1,30 / 2 = 0,95 m in Rechnung gestellt.

Für den Biegedrillknicknachweis ist zu berücksichtigen, daß der Zuggurt der Stütze etwa in den Viertelspunkten durch die Fassadenriegel horizontal unverschieblich gehalten wird, der Druckgurt aber keine direkte Aussteifung durch angrenzende Bauteile erhält. Es ist daher der Fall des Biegedrillknickens mit gebundener Drehachse zu untersuchen.

Nach Gl. (10)

$C_{\vartheta M,k}$ = 2 · 21000 · 0,0925 / 8,0 = 486 kNm

$c_{\vartheta P,k}$ = 5770 / (30 / 0,86³ + 0,5 · 18 / 1,35³) = 114 kNm/m   Gl. 2 - 3.8

$C_{\vartheta P,k}$ = 114 (0,16 + 0,30) = 52,4 kNm

$c_{\vartheta,k}$ = 1 / ((1 / 486 + 1 / 52,4) 0,95) = 49,8 kNm/m

Das ideale Biegedrillknickmoment wird nach Gl. (2 - 3.24) berechnet. Dabei beträgt hier an der Stelle der maximalen Querschnittswerte der Abstand f von der Ebene der Aussteifung zum Schubmittelpunkt des Profils f = - 0,30 m.

Damit

$$M_{Ki,y} = \frac{21000\,(0,01135 + 0,132 \cdot 0,3^2)\,\pi^2 / 5,5^2 + 8100 \cdot 0,00556 + 49,8 \cdot 5,5^2 / \pi^2}{1,13\,(-0,30)}$$ Gl. (2 - 3.17)

= - 1053 kNm

$M_{Ki,y,d}$ = 1053 / 1,1 = 957 kNm

$\bar{\lambda}_M$ = $\sqrt{487 / 957}$ = 0,713

n = 0,7 + 1,8 · 20 / 60 = 1,30

κ_M = $(1 / (1 + 0,713^{2,60}))^{1/1,30}$ = 0,765

Da an der Stütze oben der Normalkraftanteil < 0,1 ist, darf er beim Tragsicherheitsnachweis entsprechend El. 312 entfallen.

Tragsicherheitsnachweis

$M_y / (\kappa_M M_{pl,y,d})$ = 468 / (0,765 · 487) = 1,256 > 1

Der Nachweis ist also **nicht** erfüllt.

Wenn die Geometrie der Stütze so geändert wird, daß b_o = 550 mm und b_u = 250 mm ist, wird der Tragsicherheitsnachweis günstiger, aber auch dann ergibt sich noch 1,18 > 1.

8.12 Träger mit Biegung und Torsion

8.12.1 Vorbemerkungen

Die vereinfachten Tragsicherheitsnachweise der Abschnitte 3.3, 3.4 und 3.5, enthalten keine Angaben zur Einwirkung von Torsionsmomenten. Es bietet sich daher ein Nachweis nach Tab. 1, Zeilen 1 oder 2, an.

Für die danach zu erbringenden Nachweise ist zu beachten, daß ein genauerer Nachweis nach Theorie II. Ordnung immer dann erforderlich ist, wenn durch die Verdrehung eines Trägers eine wesentliche Vergrößerung der Torsionsbeanspruchung erfolgt. Dies kann z.B. bei einem Kranbahnträger mit exzentrischen Radlasten der Fall sein.

Im folgenden Beispiel wird kein Kranbahnträger mit zwei unterschiedlichen Radlasten untersucht, da die Ermittlung der Schnittgrößen dann etwas aufwendiger ist, was hier aus Platzgründen unterbleiben sollte. Die Methode ist aber übertragbar. Die exzentrische Einleitung der Last P_y nach Bild 2 - 8.17 wurde der Vollständigkeit halber berücksichtigt.

8.12.2 System, Abmessungen und Einwirkungen

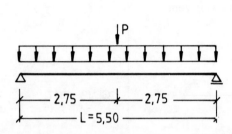
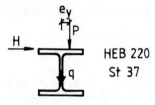

Bild 2 - 8.17   System und Einwirkungen

Einwirkungen				Bemessungswerte				
g	=	1	kN/m	g_d	=	1,35	kN/m	(γ_F = 1,35)
P	=	50	kN	P_d	=	75	kN	(γ_F = 1,50)
H	=	4	kN	H_d	=	6	kN	(γ_F = 1,50)
e_y	=	3	cm (planmäßige Außermitte)					

8.12.3 Wesentliche Querschnittswerte

A	=	91	cm²	$N_{pl,d}$	=	1980	kN
I_y	=	8090	cm⁴	$M_{pl,y,d}$	=	181	kNm
I_z	=	2840	cm⁴	$M_{pl,z,d}$	=	85,9	kNm
I_T	=	76,8	cm⁴	$M_{pl,\omega,d}$	=	8,62	kNm²
I_ω	=	295400	cm⁶				

Kommentar

8.12.4 Tragsicherheitsnachweis mit der erweiterten Bedingung (30)

a) Maßgebende Schnittgrößen

Die Schnittgrößen werden unter den Bemessungswerten der Einwirkungen berechnet. Dabei wird unterstellt, daß P, H und die Wirkung aus e_y als eine Einwirkungseinheit aufgefaßt werden können.

Die Wirkung des Eigengewichts wird hier vereinfachend durch die Vergrößerung der vertikalen Einzellast um $\Delta P = 1{,}35 \cdot 2{,}75 = 3{,}7$ kN einbezogen.

$M_{y,d}$	$= (75 + 3{,}7)\, 5{,}5 / 4$	=	108	kNm
$M_{z,d}$	$= 6 \cdot 5{,}5 / 4$	=	8,3	kNm
$M_{x,d}$	$= (75 \cdot 0{,}03 + 6 \cdot 0{,}11) / 2$	=	1,46	kNm

b) Grenztragfähigkeit im Fall des Biegedrillknickens

Für die Berechnung von $M_{Ki,y}$ werden die Auswertungen von *Müller* [2 - 64] benutzt.

σ_{Ki}	$\sim 1{,}35 \cdot 38{,}5$	=	52,0	kN/cm²	[2-64, Tafel 10]
W_m	$= 793$ cm³				
$M_{Ki,y}$	$= 52{,}0 \cdot 793 / 100$	=	412	kNm	
$M_{Ki,y,d}$	$= 412 / 1{,}1$	=	375	kNm	
$\bar{\lambda}_M$	$= \sqrt{181 / 375}$	=	0,695		
κ_M	$= 0{,}942$				Tab. 9, Z. 1, Tab. 2 - 9.5
$\kappa_M\, M_{pl,y,d}$	$= 0{,}942 \cdot 181$	=	170	kNm	

c) Wölbbimoment in Feldmitte

M_ω	$= M_D\, (\sinh \lambda L / 2)^2 / \lambda \sinh \lambda L$				[2 - 40, Tab. 4.2 Lastfall 1]
λL	$= \sqrt{G I_T / E I_\omega}\, L$				
	$= \sqrt{8100 \cdot 76{,}8 / 21000 \cdot 295400} \cdot 550 =$		5,51		
$\sinh \lambda L / 2$	$= 7{,}83$				
$\sinh \lambda l$	$= 124$				
$M_{D,d}$	$= 2\, M_{x,d} = 2 \cdot 1{,}46$	=	2,92	kNm	
$M_{\omega,d}$	$= 2{,}92 \cdot 7{,}83^2 / (5{,}51 / 5{,}50)\, 124$	=	1,44	kNm²	

Das Wölbbimoment wird vereinfachend durch ein Moment $M_{z,d}^*$ erfaßt.

$M_{z,d}^*$	$= 2\, M_{\omega,d} / \bar{h} = 2 \cdot 1{,}44 / 0{,}204$	=	14,1	kNm

d) Tragsicherheitsnachweis

Vereinfachend wird mit $k_y = 1{,}0$ und $k_z = 1{,}5$ gerechnet.

Abschnitt 3.5.2
Anmerkung 3

			Hinweise
DIN 18 800 Teil 2		8 Beispiele	

$$\frac{108}{170} + \frac{8{,}3 + 14{,}1}{85{,}9} \cdot 1{,}5 = 0{,}635 + 0{,}391 \qquad = \qquad 1{,}026 > 1 \qquad \text{Bed. (30) erweitert}$$

8.12.5 Tragsicherheitsnachweis nach Theorie II. Ordnung
Verfahren: Elastisch-Plastisch

Es ist hier nachzuweisen, daß unter Berücksichtigung der Verdrehungen des Trägers nach Theorie II. Ordnung die Grenztragfähigkeit nicht überschritten wird. Hierzu wird auf bekannte Lösungen, die u. a. in [2 - 40] zusammengestellt sind, zurückgegriffen.

Da die unplanmäßige Außermitte der vertikalen Last P bei diesem Nachweis nicht über die Biegedrillknickkurve erfaßt wird, ist bei diesem Nachweis die seitliche Vorverformung zugehörig zur Knickspannungslinie zusätzlich anzusetzen.

$e = 0{,}03 + 0{,}5 \cdot 5{,}50 / 200 \qquad = \qquad 0{,}0438 \text{ m}$ — Abschn. 2.2, Tab. 3 und El. 202

a) Verdrehung ϑ_m in Feldmitte und M_ω

$k_1 = 78{,}7 \cdot 0{,}5 \cdot 0{,}0438 + 6 \cdot 0{,}11 \qquad = \qquad 4{,}11 \text{ kNm}$ — [2-40, 6.2.2]

$$k_2 = \frac{108 \cdot 8{,}3 \,(8090 - 2840)}{21000 \cdot 8090 \cdot 0{,}2840} \qquad = \qquad 0{,}0975 \text{ kN}$$

$k_3 = 108^2 / (21000 \cdot 0{,}284) + 8{,}3^2 / (21000 \cdot 0{,}809) \qquad = \qquad 1{,}96 \text{ kN}$

$k_4 = -78{,}7 \cdot (-0{,}11) - 6 \cdot 0{,}0438 \qquad = \qquad 8{,}39 \text{ kNm}$

$$\vartheta_m = \frac{2 \cdot 4{,}11 / 5{,}5 + 0{,}589 \cdot 0{,}0975}{26{,}9 - 0{,}536 \cdot 1{,}96 - 2{,}0 \cdot 8{,}39 / 5{,}5} \qquad = \qquad 0{,}0681$$

b) Momente nach Theorie II. Ordnung

$M_y = 108 - 8{,}3 \cdot 0{,}0681 \qquad = \qquad 107{,}4 \text{ kNm}$

$M_z = 8{,}3 + 108 \cdot 0{,}0681 \qquad = \qquad 15{,}7 \text{ kNm}$

Das zugehörige äußere Torsionsmoment wird näherungsweise mit $\cos \vartheta \approx \vartheta$ berechnet. M_ω ergibt sich aus M_D wie beim Abschnitt 8.12.4 c).

$M_D = 78{,}7 \,(0{,}0438 + 0{,}0681 \cdot 0{,}11) + 6 \cdot 0{,}11 \qquad = \qquad 4{,}70 \text{ kNm}$

$M_\omega = 4{,}70 \cdot 7{,}83^2 / (5{,}51 / 5{,}50) \, 124 \qquad = \qquad 2{,}32 \text{ kNm}^2$

$\sigma_{My} = 10740 \cdot 10{,}2 / 8090 \qquad = \qquad 13{,}5 \text{ kN/cm}^2$

$\sigma_{Mz} = 1570 \cdot 11 / 2840 \qquad = \qquad 6{,}1 \text{ kN/cm}^2$

$\sigma_\omega = 23200 \cdot 10{,}2 \cdot 11 / 295400 \qquad = \qquad 8{,}8 \text{ kN/cm}^2$

Die Formeln für die Tragsicherheitsnachweise nach Teil 1, Tab. 16 und 17, sind nicht ohne weiteres anwendbar, da darin kein Torsionsanteil berücksichtigt wird.

c) Erweiterter Interaktionsnachweis

Der Einfluß des Wölbbimomentes wird näherungsweise durch eine Erweiterung von El. 757 im Teil 1 erfaßt. Dabei wird entsprechend Teil 1, El. 757, Anm. 4, $M_{pl,z,d}$ auf einen Formbeiwert von 1,25 beschränkt. *(Kommentar Abschn. 3.5.4)*

$$\text{red } M_{pl,z,d} = 1{,}6 \cdot 22^2 \cdot 1{,}25 \cdot 2 \cdot 0{,}24 / (1{,}1 \cdot 6) = 70{,}4 \text{ kNm}$$

$$\frac{M_z}{M_{pl,z,d}} + \left(\frac{M_y}{M_{pl,y,d}}\right)^{2,3} + \frac{M_\omega}{M_{pl,\omega}} < 1 \qquad (2 - 8.2)$$

$$\frac{17{,}5}{70{,}4} + \left(\frac{107{,}3}{181}\right)^{2,3} + \frac{2{,}32}{8{,}62} = 0{,}249 + 0{,}300 + 0{,}269 = 0{,}818 < 1$$

d) Grenztragfähigkeit nach *Unger*

Nach [2 - 83] ist die Grenztragfähigkeit erreicht, wenn das höchstbeanspruchte Querschnittsteil (hier der Obergurt) plastiziert ist. Die Bedingungen der Tab. 17 im Teil 1 können daher hier für den Obergurt angewendet werden, wenn das Querbiegemoment unter Berücksichtigung von M_z und M_ω errechnet wird (M^*) und die Obergurtdruckspannung aus M_y in eine anteilige Normalkraft N^* umgerechnet wird.

$W_{OG} = 22^2 \cdot 1{,}6 / 6 = 129$ cm³

$M^* = (6{,}1 + 8{,}8) \cdot 1{,}29 = 19{,}2$ kNm

$A_{OG} = 22 \cdot 1{,}6 = 35{,}2$ cm²

$N^* = 13{,}5 \cdot 35{,}2 = 475$ kN

$N_{pl,d}^* = 35{,}2 \cdot 24 / 1{,}1 = 768$ kN

$M_{pl,d}^* = 1{,}29 \cdot 1{,}25 \cdot 24 / 1{,}1 = 35{,}2$ kNm

$N^* / N_{pl,d}^* = 475 / 768 = 0{,}619 > 0{,}3$

$0{,}91 \cdot 19{,}2 / 35{,}2 + 0{,}619^2 = 0{,}496 + 0{,}383 = 0{,}880 < 1{,}0$ *(Teil 1, Tab. 17)*

8.13 Tragsicherheitsnachweise für einen Durchlaufträger mit vertikal unverschieblichen Auflagern

Abschn. 5.2

8.13.1 System und γ_M-fache Bemessungswerte der Einwirkungen

El. 117!

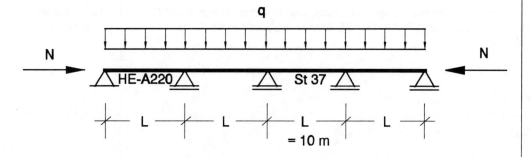

Bild 8 - 13.1 System und Belastung

γ_M-fache Bemessungswerte: $q = \gamma_M \, q_d = 8{,}70$ kN/m, $N = \gamma_M \, N_d = 190$ kN

Voraussetzung:
Der Durchlaufträger ist durch eine Dach- oder Deckenscheibe seitlich und gegen Verdrehen so gehalten, daß Biegedrillknicken ausgeschlossen ist.

Querschnittswerte, charakteristische Werte der Festigkeiten und Steifigkeiten

A	= 64,30	cm²		E	=	21 000	kN/cm²
A_{Steg}	= 13,93	cm²		$f_{y,k}$	=	24	kN/cm²
I_y	= 5 410	cm⁴		$E\,I_y$	=	$113{,}61 \cdot 10^6$	kN cm²
i_y	= 9,17	cm					
W	= 515	cm³					
$W_{pl,y}$	= 568	cm³	(= $2S_y$)				
N_{pl}	= 64,3 · 24		= 1 543	kN			
M_{pl}	= 568 · 24		= 13 632	kNcm			
V_{pl}	= 13,93 · 24/$\sqrt{3}$		= 193,02	kN			

Abgrenzungskriterium

$\beta \, \varepsilon = 1{,}0 \cdot 1000 \sqrt{190 / 113{,}61 \cdot 10^6} = 1{,}29 > 1{,}0$

→ Tragsicherheitsnachweis nach Teil 2 erforderlich!

El. 739, Teil1, Bed. c)

8.13.2 Tragsicherheitsnachweis mit dem Ersatzstabverfahren

El. 517

$\bar{\lambda}_K = \dfrac{1000}{9{,}17 \cdot 92{,}9} = 1{,}17$

El. 110

Tab. 5: Knickspannungslinie b maßgebend
→ $\kappa = 0{,}493$

Gl. (4) o. Bild 10

Größter Absolutwert des Biegemomentes nach Elastizitätstheorie I. Ordnung (Tabellenwert):

El. 313

$M = 0{,}1071 \cdot 8{,}7 \cdot 10^2 = 93{,}18$ kNm (1. Innenstütze)
$\psi = 0 \rightarrow \beta_m = 1{,}0$

Tab. 11, Zeile 3

Überprüfung des Querkrafteinflusses:
Tabellenwert: max V = 0,607 · 8,7 · 10 = 52,81 kN
V/V_{Pl} = 52,81/193,02 = 0,27 < 0,33
→ keine Abminderung von M_{Pl} erforderlich!

$$\frac{190}{0{,}493 \cdot 1543} + \frac{1{,}0 \cdot 93{,}18}{136{,}32} + 0{,}250 \, (1 - 0{,}250) \, 0{,}493^2 \cdot 1{,}17^2 =$$

$\quad$ 0,250 $\quad$ + $\quad$ 0,684 $\quad$ + $\quad$ 0,062 $\quad$ = $\quad$ <u>0,996 ≤ 1</u>

→ Tragsicherheit gegen Biegeknicken ausreichend !

8.13.3 Tragsicherheitsnachweise mit den Nachweisverfahren der Tabelle 1 (zum Vergleich)

Schnittgrößen nach Elastizitätstheorie II. Ordnung mit Computerprogramm ermittelt:

für: $w_o = \frac{1000}{250} = 4$ cm $\quad$ (entsprechend Bild 4 anzusetzen)

max |M| = 98,53 kNm
max $|V_y|$ = 57,96 kN

Verfahren "Elastisch-Elastisch":

$$\sigma = \frac{190}{64{,}30} + \frac{9853}{515} = 2{,}96 + 19{,}13 = 22{,}09 \; kN/cm^2 < 24 \; kN/cm^2$$

→ $\quad$ Nachweis erfüllt (dies wäre natürlich auch der Fall bei Ansatz der verminderten Imperfektion von $w_o = \frac{2}{3} \cdot 4 = 2{,}667$ cm)!

Verfahren "Elastisch-Plastisch"

V_y / V_{Pl} = 57,96 / 193,02 = 0,30 < 0,33

$0{,}9 \, \frac{98{,}53}{136{,}32} + \frac{190}{1543} = 0{,}651 + 0{,}123 = 0{,}744 < 1$

→ Nachweis erfüllt !

Verfahren "Plastisch-Plastisch":

Aus [2 - 68], S. 54 (2. A.), liest man ab, daß nach der Fließgelenktheorie II. Ordnung das Profil <u>HE - A 200 ausreichend</u> ist,

mit den Traglasten: $\quad$ N = 200 kN $\quad\quad$ > 190 kN
$\quad\quad\quad\quad\quad\quad\quad\quad\quad$ q = 8,71 kN/m $\quad\quad$ > 8,70 kN/m.

(Hinweis: Mit dem Ersatzstabverfahren sowie den Verfahren "Elastisch-Elastisch" und "Elastisch-Plastisch" gelingt der Tragsicherheitsnachweis für das Profil HE - A 200 nicht.)

Hinweise:
El. 317
Tab. 16, Teil 1
Bed. (24)
Tab. 3
Tab. 1, Zeile 1
El. 121
El. 201
Tab. 1, Zeile 2
Tab. 16, Teil 1
Tab. 1, Zeile 3

DIN 18 800 Teil 2 — 8 Beispiele — Hinweise

8.14 Tragsicherheitsnachweis für einen Rahmen mit unverschieblichen Knotenpunkten

Abschn. 5.2

8.14.1 System mit Bemessungswerten der Einwirkungen

El. 115 + 116

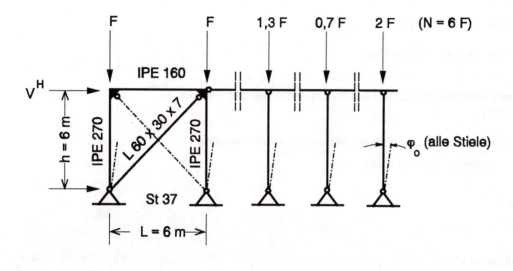

$$\varphi_o = \frac{1}{200} \cdot \sqrt{\frac{5}{6}} \cdot \frac{1}{2}\left(1+\sqrt{\frac{1}{5}}\right) = \frac{1}{303}$$

El. 205, Gl. (1)

Bild 8 - 14.1 System und Belastung

Bemessungswerte: $F = F_d = 682$ kN, $V^H = V_d^H = 45{,}45$ kN

Voraussetzungen:

1. Die Rahmenstiele sind durch Wandscheiben oder Verbände rechtwinklig zur Tragwerksebene gegen Biegeknicken sowie gegen Biegedrillknicken gesichert.

2. Die angeschlossenen Pendelstützen sind je für sich knicksicher.

3. Nur der infolge der äußeren Lasten auf Zug beanspruchte Verbandsstab ist statisch mitwirkend.

4. Die Verbandsstäbe werden mit SL-Verbindungen an Knotenblechen angeschlossen. Das Lochspiel beträgt an beiden Enden $\Delta d = 2$ mm.

Tab. 6, Teil 1

Überprüfung der Anwendbarkeit des Abschnittes 5.2

vergl. Bild 2 - 5.1

a) Vernachlässigbarkeit von Normalkraftverformungen:

El. 511

$$I = \frac{600^2}{\frac{1}{45{,}9} + \frac{1}{45{,}9}} = 8{,}262 \cdot 10^6 \; cm^4$$

Gl. (46)

$$S = S_{Ausst} + S_{Ra} \approx S_{Ausst} = 21\,000 \cdot 5{,}85 \sin 45° \cdot \cos^2 45°/1{,}1 = 43{,}434 \cdot 10^3 \; kN/1{,}1$$

Tab. 17, Zeile 2

$21\,000 \cdot 8{,}262 \cdot 10^6 / 1{,}1 \geq 2{,}5 \cdot (43{,}434 \cdot 10^3 / 1{,}1) \cdot 600^2$ Bed. (45)

$\underline{173{,}50 \cdot 10^9 \text{ kNcm}^2 / 1{,}1 \;>\; 39{,}09 \cdot 10^9 \text{ kNcm}^2 / 1{,}1}$

b) $\underline{\varepsilon_{\text{Riegel}}} \cong 600 \sqrt{45{,}45 \cdot 1{,}1 / 21000 \cdot 869} = \underline{0{,}993 < 1}$ El. 511

c) Unverschieblichkeit des Rahmens (Erfüllung von Bedingung (47)):   El. 512

Zur Berechnung von S_{Ra} wird anstelle von Gl. (48) entsprechend der nicht verbindlichen Regelung in Element 513 die Gl. (53) aus El. 519 mit $S_{\text{Ausst}} = 0$ verwendet.

$C_1 = \dfrac{1}{600}(5\,790 + 5\,790) = 19{,}3 \text{ cm}^3$

$B_1 = 2\,\dfrac{869}{600} = 2{,}9 \text{ cm}^3$

$k_1 = \dfrac{19{,}3 + 0}{2{,}9} = 6{,}66$

$S_{Ra} = \dfrac{6}{2 + 6{,}66} \cdot \dfrac{(21\,000 \cdot 19{,}3)/1{,}1}{600} = 468 \text{ kN}/1{,}1$ Gl. (53)

$43{,}434 \cdot 10^3 / 1{,}1 \text{ kN} \overset{?}{\geq} 5 \cdot 468 \text{ kN}/1{,}1$ Bed. (47)

$\underline{43{,}434 > 2{,}340}$

→ Der Rahmen ist als unverschieblich anzusehen.

Damit sind die 3 Bedingungen der El. 511 und 512 erfüllt, und der Tragsicherheitsnachweis darf nach Abschnitt 5.2 geführt werden.

8.14.2 Berechnung der Aussteifungselemente

Abschn. 5.2.3

$\dfrac{43\,434 / 1{,}1}{6 \cdot 682} = 9{,}65 < 10$,   Bed. (49)

→ Anwendung der Theorie II. Ordnung erforderlich! Es wird die vereinfachte Theorie mit dem Vergrößerungsfaktor α nach Gl. (50) angewendet.   El. 516

Der Schraubenschlupf im wirksamen Verbandsstab ist zu berücksichtigen. Da der Schlupf dazu führt, daß der (nicht vorgespannte) Verbandsstab erst wirksam wird, wenn die Stützenköpfe sich um das Maß Δ_S nach Bild 8-14.2 verschoben haben, wird zusätzlich zu der Vorverdrehung φ_0 nach Bild 8-14.1 eine Vorverdrehung von $\varphi_S = \Delta_S/h$ für die Ermittlung der Stockwerksquerkraft angesetzt.   El. 118 u. Anmerkung 2 zu El. 733, Teil 1

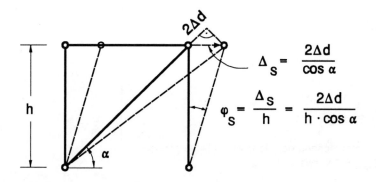

Bild 8 - 14.2   Ermittlung des zusätzlichen Stabdrehwinkels infolge Schlupf im Verbandsstab

$$\varphi_s = \frac{2 \cdot 2 \text{ mm}}{6\,000 \text{ mm} \cdot \cos 45°} = \frac{1}{1\,060}$$

$$\varphi_o + \varphi_s = \frac{1}{303} + \frac{1}{1\,060} \approx \frac{1}{235}$$

Der Schlupf vergrößert also den anzusetzenden Vorverdrehungswinkel um fast 30 %!

Stockwerksquerkraft nach Theorie I. Ordnung:

$$V^I = V^H + (\varphi_o + \varphi_s)\, N$$

$$V^I = 45{,}45 + \frac{1}{235} \cdot 6 \cdot 682 = 62{,}86 \text{ kN}$$

Vergrößerungsfaktor:

$$\alpha = \frac{1}{1 - \frac{1}{9{,}65}} = 1{,}116$$

Gl. (50)

Stockwerksquerkraft nach Theorie II. Ordnung:

El. 516

$$V^{II} = 1{,}116 \cdot 62{,}86 = 70{,}15 \text{ kN},$$

d. h. infolge Imperfektion, Schlupf und Einfluß der Verformung (Theorie II. Ordnung) ist V^{II} um 24,70 kN (rd. 54 %) größer als die äußere Horizontalkraft V^H = 45,45 kN!

Von dieser Vergrößerung entfallen rd. 78 % auf die Abtriebskraft infolge φ_o und rd. 22 % auf die zusätzliche Abtriebskraft infolge φ_s. Der Schlupfanteil an der Stockwerksquerkraft ist somit in diesem Beispiel mit ≈ 0,54 · 0,22 · 45,45 ≈ 5,4 kN gegenüber V^H = 45,45 kN nicht vernachlässigbar und daher nach El. 118 zu berücksichtigen.

Zugkraft im Verbandsstab:

$$Z = \frac{70{,}15}{\cos 45°} = 99{,}21 \text{ kN}$$

Der Anschluß erfolgt mit 2 Schrauben M 16, Festigkeitsklasse 5.6.

L 60 x 30 x 7: $A_{Brutto} = 5{,}85 \text{ cm}^2$
$A_{Netto} = 5{,}85 - 1{,}8 \cdot 0{,}7 = 4{,}59 \text{ cm}^2$

Ungelochter Querschnitt: *El. 745, Teil 1 mit DIN 18 801, Abschn. 6.1.1.3*

$$\sigma = \frac{99{,}21}{5{,}85} = 16{,}96 \text{ kN/cm}^2 < 0{,}8 \, f_{y,k}/1{,}1 = 0{,}8 \cdot 24/1{,}1 = 17{,}45 \text{ kN/cm}^2$$

Gelochter Querschnitt: *aus Gl. (28), Teil 1*

$$\sigma = \frac{99{,}21}{4{,}59} = 21{,}61 \text{ kN/cm}^2 < \frac{f_{u,k}}{1{,}25 \cdot 1{,}1} = \frac{36}{1{,}25 \cdot 1{,}1} = 26{,}18 \text{ kN/cm}^2$$

Nachweis der Schrauben: $V_a = V_l = \dfrac{99{,}21}{2} = 49{,}61 \text{ kN}$

$V_{a,R,d} = 2{,}01 \cdot 0{,}60 \cdot 50 / 1{,}1 = 54{,}82 \text{ kN}$ *Gl. (47), Teil 1*

$49{,}61 / 54{,}82 = 0{,}90 < 1$ *Bed. (48), Teil 1*

$V_{l,R,d} = 0{,}7 \cdot 1{,}6 \cdot (0{,}73 \cdot 5{,}4/1{,}8 - 0{,}20) \cdot 24 / 1{,}1 = 48{,}63 \text{ kN}$ *Gl. (49) + (50c), Teil 1*

$49{,}61 / 48{,}63 = 1{,}02 \approx 1{,}0$ *Bed. (52), Teil 1*

8.14.3 Berechnung des Rahmens

Abschn. 5.2.4

Da der Rahmen als unverschieblich angesehen werden darf und keine planmäßigen Biegemomente vorhanden sind, genügt offensichtlich der Tragsicherheitsnachweis für den am stärksten belasteten rechten Rahmenstiel mit Bed. (3):

$$N_{re} = F + V'' \cdot \frac{h}{L} = 682 + 70{,}15 \frac{6}{6} = 752{,}15 \text{ kN}$$

Bei auf der sicheren Seite liegender Vernachlässigung der elastischen Einspannung des Stieles im wesentlich geringer beanspruchten Riegel gilt:

$$s_K = h = 6 \text{ m}$$

$$\lambda = \frac{600}{11{,}2} = 53{,}57 \rightarrow \bar{\lambda}_K = \frac{53{,}57}{92{,}9} = 0{,}58$$

Tab. 5: Knickspannungslinie a maßgebend $\rightarrow \kappa = 0{,}91$ *Gl. (4) o. Bild 10*

$$\frac{752{,}15}{0{,}91 \cdot 45{,}9 \cdot 24/1{,}1} = 0{,}83 < 1$$

Bed. (3)

8.15 Tragsicherheitsnachweis für einen Rahmen mit verschieblichen Knotenpunkten

Abschn. 5.3

8.15.1 System und γ_M-fache Bemessungswerte der Einwirkungen

El. 117 !

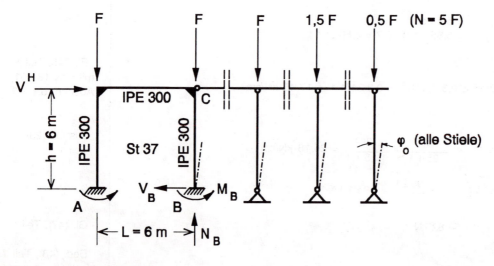

Bild 8 - 15.1   System und Belastung

γ_M-fache Bemessungswerte: $F = \gamma_M F_d = 250$ kN, $V^H = \gamma_M V_d^H = 55$ kN

Voraussetzungen:

1. Die Rahmenstiele sind durch Wandscheiben oder Verbände rechtwinklig zur Tragwerksebene gegen Biegeknicken sowie gegen Biegedrillknicken gesichert.
2. Die angeschlossenen Pendelstützen sind je für sich knicksicher.

Überprüfung der Anwendbarkeit des Abschnittes 5.3

vergl.
Bild 2 - 5.1
und
Bild 2 - 5.3
El. 518 bzw. 511

a) Vernachlässigbarkeit der Normalkraftverformungen:

$$I = \frac{600^2}{\frac{1}{53,8} + \frac{1}{53,8}} = 9,684 \cdot 10^6 \text{ cm}^4$$

Gl. (46)

Die Rahmensteifigkeit wird entsprechend der nicht verbindlichen Regelung in El. 513 nach El. 519 berechnet:

$$C_1 = \frac{1}{600}(8\,360 + 8\,360) = 27,87 \text{ cm}^3$$

DIN 18 800 Teil 2   8 Beispiele | Hinweise

$B_1 = 2 \cdot \dfrac{8\,360}{600} = 27{,}87 \text{ cm}^3$

$k_1 = \dfrac{27{,}87}{27{,}87} = 1$

$S_1 = \dfrac{6\,(6+1)}{3+2\cdot 1} \cdot \dfrac{21\,000 \cdot 27{,}87}{600} = 8{,}194 \cdot 10^3 \text{ kN}$ Gl. (52)

$21\,000 \cdot 9{,}684 \cdot 10^6 \text{ kNcm}^2 \geq 2{,}5 \cdot 8{,}194 \cdot 10^3 \cdot 600^2 \text{ kNcm}^2$ Bed. (45)

$$\underline{203{,}364 \cdot 10^9 > 7{,}375 \cdot 10^9}$$

Aus diesem Zahlenvergleich erkennt man, daß die Vernachlässigbarkeit der Normalkraftverformungen bei *verschieblichen* Rahmen i. a. gegeben ist und daher nicht überprüft werden muß.

b) Die Stabkennzahl ε des Riegels ist jedoch zu überprüfen:

$\underline{\varepsilon_{Riegel}} \cong 600 \sqrt{\dfrac{0{,}5 \cdot 55}{21\,000 \cdot 8\,360}} = \underline{0{,}24 < 1}$ El. 511

→ Der Rahmen darf nach Abschnitt 5.3 berechnet werden.
Im folgenden werden verschiedene Alternativen für den Tragsicherheitsnachweis gezeigt.

8.15.2 Tragsicherheitsnachweis nach dem Ersatzstabverfahren
Abschn. 5.3.2.3

Da $\varepsilon_{Riegel} \cong 0{,}24 < 0{,}3$ ist, darf zur Knicklängenbestimmung Bild 29 herangezogen werden:

$c_o = \dfrac{1}{1 + \dfrac{4 I_R / L}{2 I_S / h}} = \dfrac{1}{3}$, $c_u = \dfrac{1}{1 + \infty} = 0$

Bild 29 → β = 1,16

$\eta_{Ki} = \left(\dfrac{\pi}{1{,}16}\right)^2 \dfrac{21\,000 \cdot 2 \cdot 8\,360/600}{5 \cdot 250 \cdot 600} = 5{,}72$

$\beta_j = \beta_{BC} = \sqrt{\dfrac{5 F \cdot I_S/h}{F \cdot 2 I_S/h}} \cdot 1{,}16 = 1{,}834$ (rechter Stiel)

$\bar{\lambda}_K = \dfrac{1{,}834 \cdot 600}{12{,}5 \cdot 92{,}9} = 0{,}95$ El. 110

Knickspannungslinie a maßgebend:
→ κ = 0,7.   Tab. 5
     Gl. (4) o. Bild 10

Zusätzliche horizontale Ersatzbelastung V_o nach El. 525, Bild 30:

$V_o = 3 \cdot 250 \cdot \dfrac{1}{200} \cdot \sqrt{\dfrac{5}{6}} \cdot \dfrac{1}{2} \left(1 + \dfrac{1}{\sqrt{3}}\right) = \dfrac{750}{278} = 2{,}70 \text{ kN}$

Schnittgrößen nach Elastizitätstheorie I. Ordnung (s. z. B. Stahlbaukalender 1982, S. 213):

$$M_B = \frac{(55 + 2{,}70) \cdot 6{,}0}{2} \cdot \frac{3 \cdot 1 + 1}{6 \cdot 1 + 1} = 98{,}91 \quad \text{kNm}$$

$$M_C = -\frac{(55 + 2{,}70) \cdot 6{,}0}{2} \cdot \frac{3}{7} = -74{,}18 \quad \text{kNm}$$

$$V_B = \frac{57{,}7}{2} = 28{,}85 \quad \text{kN}$$

$$N_B = 250 + 57{,}7 \frac{3}{7} = 278{,}9 \quad \text{kN}$$

$\beta_m = 1{,}0$ El. 314

IPE 300: $M_{pl} = 150{,}8$ kNm, $N_{pl} = 1291$ kN, $V_{pl} = 284{,}6$ kN   aus Profiltabellen

$A_s/A \cong 20{,}5/53{,}8 = 38{,}1\,\% > 18\,\%$

$\dfrac{N}{N_{pl}} = 0{,}216 > 0{,}2$ Bed. (25)

$\dfrac{V}{V_{pl}} = 0{,}1 < 0{,}33$ El. 315

$\dfrac{278{,}9}{0{,}7 \cdot 1\,291} + \dfrac{1{,}0 \cdot 98{,}91}{1{,}1 \cdot 150{,}8} + 0{,}1 = 1{,}00 = 1$ Bed. (24)

8.15.3 Tragsicherheitsnachweis nach Elastizitätstheorie II. Ordnung (Abschn. 5.3.2.2)

vergl. Bild 2 - 5.3

$$\varepsilon \cong 600 \sqrt{\frac{250}{21\,000 \cdot 8\,360}} = 0{,}72 < 1{,}6$$
→ Gl. (56) anwendbar.   El. 521

$$\eta_{Ki} = \frac{8{,}194 \cdot 10^3 \; kN}{1{,}2 \cdot 5 \cdot 250 \; kN} = 5{,}46 > 4$$ Bed. (57)

→ Näherung Gl. (58) statt Gl. (56) anwendbar.   El. 522

(Zum Vergleich: Im Abschnitt 8.15.2 ergab sich mit Bild 29 der genauere Wert $\eta_{Ki} = 5{,}72$.)   s. Anmerkung 2 zu El. 519

$$\varphi_o = \frac{1}{200} \cdot \sqrt{\frac{5}{6}} \cdot \frac{1}{2} \left(1 + \frac{1}{\sqrt{5}}\right) = \frac{1}{303}$$ El. 205

$$V_1 = \frac{1}{1 - \dfrac{1}{5{,}46}} \left(55 + \frac{1\,250}{300}\right) = 72{,}38 \; \text{kN}$$ Gl. (58)

$$M_B = |\max M| = \frac{72{,}38 \cdot 6}{2} \cdot \frac{4}{7} = 124{,}08 \; \text{kNm}$$ El. 520

$N_B = |\max N| = 250 + 72{,}38 \cdot \dfrac{3}{7} = 250 + 31 = 281$ kN

Nachweisverfahren "Elastisch-Elastisch":

$\sigma = \dfrac{281}{53{,}8} + \dfrac{12\,408}{557} = 5{,}22 + 22{,}28 = 27{,}50$ kN > 24 kN/cm²

→ Der Nachweis ist nicht erfüllt (auch nicht mit dem 2/3fachen Wert der Imperfektionen).

Nachweisverfahren "Elastisch-Plastisch": | Tab. 16, Teil 1

$0{,}9 \cdot \dfrac{124{,}08}{150{,}8} + \dfrac{281}{1\,291} = 0{,}74 + 0{,}22 = 0{,}96 < 1$

→ Die Tragsicherheit ist ausreichend!

8.15.4 Tragsicherheitsnachweis nach der Fließgelenktheorie II. Ordnung (Abschn. 5.3.2.5)

vergl. Bild 2 - 5.3

Vorbemerkung

Aus Abschnitt 8.15.3, Nachweisverfahren "Elastisch-Plastisch" geht hervor, daß sich unter der gegebenen Belastung (s. Bild 8 - 15.1) noch kein Fließgelenk gebildet hat. Bei einer Laststeigerung um ca. 4 % wird jedoch ein 1. Fließgelenk in B und erst danach (wegen der kleineren Normalkraft in A) bei einer weiteren, ebenfalls nur geringen Laststeigerung ein 2. Fließgelenk in A auftreten. Es ist zu erwarten, daß der Rahmen mit Bildung des 3. Fließgelenks in C seine Traglast erreicht.

Um das Vorgehen nach der Fließgelenktheorie II. Ordnung (Verfahren "Plastisch-Plastisch" nach Tab. 1, Zeile 3) zeigen zu können, ist es daher erforderlich, die unter dem Bild 8 - 15.1 gegebenen γ_M-fachen Bemessungslasten zu erhöhen. Es wird eine Vergrößerung um 6 % gewählt, d. h., der Nachweis wird mit folgenden Werten geführt:

$F = \gamma_M F_d = 265$ kN, $\quad V^H = \gamma_M V_d^H = 58{,}3$ kN

Alle anderen Angaben in Bild 8 - 15.1 bleiben unverändert. Auch für φ_o bleibt der in Abschnitt 8.15.3 ermittelte Wert von $\varphi_o = \dfrac{1}{303}$ gültig.

Annahme für das zu untersuchende System mit 2 Fließgelenken in A und B:

An den Stellen der Fließgelenke werden gedanklich reibungsfreie Gelenke eingeführt und als äußere Einwirkung Momente im vollplastischen Zustand (ggf. abgemindert durch die Einflüsse aus N und V) angesetzt. (Bei Fließgelenken, die nicht an Einspannungsstellen auftreten, wären Doppelmomente auszusetzen, s. [2 - 2].)
Das zu untersuchende System ist im Bild 8 - 15.2 dargestellt.

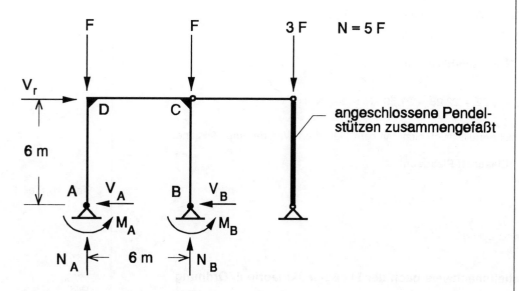

Bild 8 - 15.2   System mit 2 Fließgelenken

Ermittlung von M_A und M_B :

Aus der Zahlenrechnung von Abschnitt 8.15.2 ist ersichtlich, daß die Querkräfte V_A und V_B auch bei den nunmehr vergrößerten Lasten sicher $\leq 0{,}33\ V_{pl}$ sein werden und damit vernachlässigbar sind.

Die Normalkräfte in A und B werden unter Verwendung der Werte von Abschnitt 8.15.3 geschätzt zu:

$N_{B,gesch.} = 1{,}08 \cdot 281 \cong 303$ kN

$N_{A,gesch.} = 2 \cdot 265 - 303 = 227$ kN

(Der Zuwachs der Schnittgrößen und Auflagerreaktion ist bei einer Laststeigerung um 6 % wegen der Nichtlinearität größer als 6 %.)

Aus der Interaktionsformel $\quad 0{,}9\ \dfrac{M}{M_{pl}} + \dfrac{N}{N_{pl}} \leq 1\quad$ von Teil 1, Tab. 16, folgt durch Auflösen nach $M = M_{pl,N}$ und Verwendung des Gleichheitszeichens:

$M_{pl,N} = 1{,}11\ M_{pl}\ (1 - \dfrac{N}{N_{pl}})$

Durch Einsetzen der oben geschätzten Werte für N_A und N_B wird damit:

$M_A = 1{,}11 \cdot 150{,}8\ (1 - \dfrac{227}{1\ 291}) = 138{,}09$ kNm

$M_B = 1{,}11 \cdot 150{,}8\ (1 - \dfrac{303}{1\ 291}) = 128{,}23$ kNm

Schätzung des Stieldrehwinkels φ_r und Berechnung der Stockwerksquerkraft V_r :

Es ist eine wesentlich größere Verformung als φ_o zu erwarten. Die Abschätzung könnte nach

[2 - 74], Tab. 9, erfolgen. Hier wird jedoch direkt geschätzt:

$$\varphi_{r,gesch.} \cong \frac{1}{70} \quad \varphi_{r,gesch.} \cong \frac{1}{70}$$

$$\varepsilon = 600 \sqrt{\frac{303}{21\,000 \cdot 8\,360}} = 0{,}79 < 1{,}6$$

El. 521

$$V_r = 58{,}3 + \frac{1\,325}{303} + 1{,}2 \, \frac{1\,325}{70} = 85{,}39 \text{ kN}$$

Gl. (56)

Berechnung der Schnittgrößen und Auflagerreaktionen:

El. 528 u. 520

Aus $\sum M(B) = 0$ folgt:

$$N_{A,ger.} = \frac{1}{6}(265 \cdot 6 - 85{,}39 \cdot 6 + 138{,}09 + 128{,}23)$$

$$= 224 \text{ kN} = 0{,}99 \cdot N_{A,gesch.} \cong N_A$$

$\sum V = 0$: $N_{B,ger.} = 2 \cdot 265 - 224 = 306 \text{ kN} = 1{,}01 \cdot N_{B,gesch.} \cong N_B$

→ Eine Normalkraft-Iteration ist nicht notwendig.

$$V_A = V_B = \frac{1}{2} \cdot 85{,}39 = 42{,}70 \text{ kN}$$

$$M_C = -42{,}70 \cdot 6 + 128{,}23 = -127{,}93 \text{ kNm} < M_{pl,N_B} = M_B$$

$$M_D = +42{,}70 \cdot 6 - 138{,}09 = +118{,}11 \text{ kNm} < M_{pl,N_A} = M_A$$

→ Die aufnehmbaren Biegemomente im vollplastischen Zustand sind an keiner Stelle überschritten, d. h., die Interaktionsbedingungen nach Teil 1, Tab. 16, sind eingehalten.

El. 124

Es ergibt sich die Momentenverteilung nach Bild 8 - 15.3a):

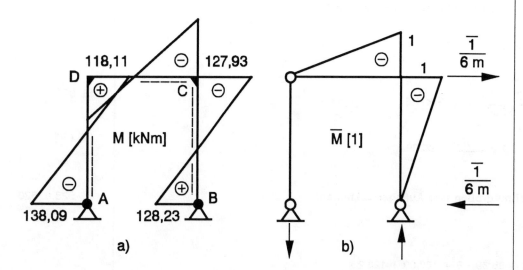

Bild 8 - 15.3   Biegemomente nach dem 1. Berechnungsschritt und virtuelle Momente zur Bestimmung von φ_r

Berechnung (Kontrolle) von φ_r:

Mit Hilfe des Prinzips der virtuellen Kräfte folgt aus Bild 8 - 15.3:

$$\varphi_{r,ger.} = \frac{1 \cdot 1 \cdot 600}{6 \cdot 21\,000 \cdot 8\,360} \, [\, 2 \cdot 2 \cdot 12\,793 - 11\,811 - 12\,823 \,]$$

$$= 0{,}0151 = \frac{1}{66{,}15} = 1{,}058 \; \varphi_{r,gesch.}$$

Das Ergebnis liegt zwar geringfügig auf der unsicheren Seite. Eine Iteration von φ_r zur Verbesserung des Ergebnisses wird jedoch nicht für erforderlich angesehen, da der Faktor 1.2 in Gl. (56) bei Stabkennzahlen $\varepsilon \leq 1{,}0$ in den Stielen auf der sicheren Seite liegt und auch mit dem Wert 1,1 gewählt werden könnte ([2 - 73], Abschn. 7.13).

Fließgelenke treten nur an den Stielenden auf! — El. 528

Nachweis des stabilen Gleichgewichts für das System mit 2 Fließgelenken: — El. 124

Die Knicksicherheit ist für den <u>Zwei</u>gelenkrahmen zu ermitteln. Sie ergibt sich näherungsweise
mit $S_1 = \frac{6}{2 + 1} \cdot \frac{21\,000 \cdot 27{,}87}{600} = 1\,951$ kN (vergl. Abschnitt 8.15.1) zu: — Gl. (53)

$$\eta_{Ki} = \frac{1\,951}{1{,}2 \cdot 1\,325} = 1{,}23 > 1$$

Gl. (57)

→ Das System befindet sich mit 2 Fließgelenken unter den für das Bild 8 - 15.2 angegebenen Lasten noch im stabilen Gleichgewicht. <u>Ausreichende Tragsicherheit ist damit nachgewiesen!</u>

Das Ergebnis zeigt auch, daß sich bei einer weiteren geringen Laststeigerung um wenige Prozent ein 3. Fließgelenk in C bilden wird. Der dann entstandene Dreigelenkrahmen wird unter der zugehörigen Last sicher instabil sein, so daß damit die Traglast des Systems erreicht ist.

Eine Computerrechnung mit dem Programm NILTRA (Verfasser *Wriggers* und *Klee*) ergab tatsächlich nach der Fließgelenktheorie II. Ordnung einen möglichen Laststeigerungsfaktor von

$\gamma = 1{,}109$

gegenüber den Lasten unter dem Bild 8 - 15.1, bis das System versagt. Damit ist bestätigt, daß man mit dem hier gezeigten Näherungsverfahren des Abschnittes 5.3.2.5 und dem angenommenen Laststeigerungsfaktor von $\gamma = 1{,}06$ auf der sicheren Seite liegende Ergebnisse erhält.

Weitere Hinweise für das Vorgehen nach der Fließgelenktheorie II. Ordnung sowie ein ausführliches Zahlenbeispiel sind z.B. in [2 - 2] enthalten. Ein Flußdiagramm hierzu findet man in [2 - 72], 3. A., Bild 11.2 - 20.

8.16 Tragsicherheitsnachweis für einen Parabelbogen mit abgehängtem Zugband

8.16.1 System mit Bemessungswerten der Einwirkungen

El. 115 + 116

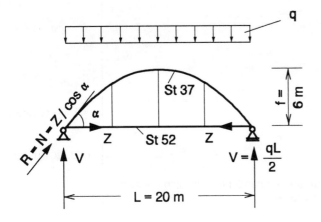

$\tan \alpha = \dfrac{4 \cdot 6}{20} = 1{,}2$

$\cos \alpha = 0{,}64$

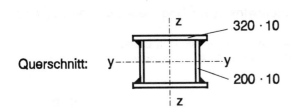

Querschnitt:

$A = 104 \text{ cm}^2$

$I_y = 8\,390 \text{ cm}^4$

$I_z = 13\,870 \text{ cm}^4$

$i_y = 8{,}98 \text{ cm}$

$i_z = 11{,}55 \text{ cm}$

Bild 8 - 16.1   System und Belastung

Bemessungswert: $q = q_d = 54{,}55$ kN/m

Voraussetzungen:

Der Bogenbinder ist an beiden Enden quer zur Bogenebene eingespannt, jedoch zwischen den Kämpfern seitlich nicht gehalten.

Das Zugband aus St 52 wird mit der Kraft vorgespannt, die sich als Horizontalschub für den horizontal unverschieblich gelagerten Stützlinienbogen ergibt:

$Z = H = qL^2 / 8f = 54{,}55 \cdot 20^2 / 8 \cdot 6 = 454{,}58$ kN

→ erf. $A_z = 454{,}54 / (36/1{,}1) \cong 14$ cm² (z.B. 2 ⌀ 30)

8.16.2 Tragsicherheitsnachweis für das Ausweichen in der Bogenebene | Abschn. 6.1.1

$N = Z / \cos \alpha = 454{,}58 / 0{,}64 = 710{,}28$ kN

Pfeilverhältnis: $\dfrac{f}{L} = \dfrac{6}{20} = 0{,}3$

Anzahl der Hänger: $m = 3$

Knicklängenbeiwert: $\beta = 0{,}67$ | Bild 34

Halbe Bogenlänge:

$$\bar{s} \cong \dfrac{L}{2} \left[1 + \dfrac{8}{3} \left(\dfrac{f}{L}\right)^2 - \dfrac{32}{5} \left(\dfrac{f}{L}\right)^4 + \ldots \right]$$

$$\bar{s} \cong 10 \left[1 + \dfrac{8}{3} \cdot 0{,}3^2 - \dfrac{32}{5} \cdot 0{,}3^4 \right] = 11{,}88 \text{ m}$$

$$\bar{\lambda}_{K,y} = \dfrac{0{,}67 \cdot 1\,188}{8{,}98 \cdot 92{,}9} = 0{,}954$$

Knickspannungslinie b ist maßgebend. | Tab. 5

→ $\kappa_y = 0{,}62$ | Gl. (4) o. Bild 10

Bed. (3): $\dfrac{710{,}28}{0{,}62 \cdot 104 \cdot 24 / 1{,}1} = \underline{0{,}51 < 1}$ | El. 601 u. 602

(Damit sind in der Bogenebene noch Biegetragreserven für ggf. vorhandene zusätzliche unsymmetrische Lastanteile, z.B. aus einseitiger Schneelast, vorhanden.)

8.16.3 Tragsicherheitsnachweis für das Ausweichen rechtwinklig zur Bogenebene | Abschn. 6.1.2

Da die Hänger i. W. nur das Zugband tragen, werden keine nennenswerten planmäßigen Lasten q_H über die Hänger in den Bogen eingeleitet. Die Belastung ist daher als richtungstreu anzusehen.

→ $\beta_2 = 1$ | Tab. 22

→ $\beta_1 = 0{,}82$ | Tab. 21

$$\bar{\lambda}_{K,z} = \dfrac{0{,}82 \cdot 1{,}0 \cdot 2\,000}{11{,}55 \cdot 92{,}9} = 1{,}528$$ | Gl. (66)

Knickspannungslinie b ist maßgebend. | Tab. 5

→ $\kappa = 0{,}33$ | Gl. (4) o. Bild 10

Bed. (3): $\dfrac{710{,}28}{0{,}33 \cdot 104 \cdot 24 / 1{,}1} = \underline{0{,}95 < 1}$ | El. 605

	8 Beispiele	Hinweise

Weitere Hinweise:

Ein Zahlenbeispiel für den Tragsicherheitsnachweis nach Theorie I. Ordnung eines auf Druck und Biegung beanspruchten Bogenbinders findet man in [2 - 72] im Abschnitt 10.2.1.9.2 bzw. 11.2.1.9.2.
Ein weiteres Zahlenbeispiel für den Tragsicherheitsnachweis nach Theorie II. Ordnung eines auf Druck und Biegung beanspruchten weitgespannten Bogens findet man in [2 - 1] im Abschnitt 3.5.

Abschn. 6.2.1,
Bed. (70)

9 Hilfen

9.1 Abminderungsfaktoren κ für das Biegeknicken

Tabelle 2 - 9.1 Abminderungsfaktoren κ für das Biegeknicken
Knickspannungslinie a

$\bar{\lambda}_K$	.00	.01	.02	.03	.04	.05	.06	.07	.08	.09
0.2	1.000	.998	.996	.993	.991	.989	.987	.984	.982	.980
0.3	.977	.975	.973	.970	.968	.966	.963	.961	.958	.955
0.4	.953	.950	.947	.945	.942	.939	.936	.933	.930	.927
0.5	.924	.921	.918	.915	.911	.908	.905	.901	.897	.894
0.6	.890	.886	.882	.878	.874	.870	.866	.861	.857	.852
0.7	.848	.843	.838	.833	.828	.823	.818	.812	.807	.801
0.8	.796	.790	.784	.778	.772	.766	.760	.753	.747	.740
0.9	.734	.727	.721	.714	.707	.700	.693	.686	.680	.673
1.0	.666	.659	.652	.645	.638	.631	.624	.617	.610	.603
1.1	.596	.589	.582	.576	.569	.562	.556	.549	.543	.536
1.2	.530	.524	.518	.511	.505	.499	.493	.487	.482	.476
1.3	.470	.465	.459	.454	.448	.443	.438	.433	.428	.423
1.4	.418	.413	.408	.404	.399	.394	.390	.385	.381	.377
1.5	.372	.368	.364	.360	.356	.352	.348	.344	.341	.337
1.6	.333	.330	.326	.323	.319	.316	.312	.309	.306	.303
1.7	.299	.296	.293	.290	.287	.284	.281	.279	.276	.273
1.8	.270	.268	.265	.262	.260	.257	.255	.252	.250	.247
1.9	.245	.243	.240	.238	.236	.234	.231	.229	.227	.225
2.0	.223	.221	.219	.217	.215	.213	.211	.209	.207	.205
2.1	.204	.202	.200	.198	.197	.195	.193	.192	.190	.188
2.2	.187	.185	.184	.182	.180	.179	.178	.176	.175	.173
2.3	.172	.170	.169	.168	.166	.165	.164	.162	.161	.160
2.4	.159	.157	.156	.155	.154	.152	.151	.150	.149	.148
2.5	.147	.146	.145	.143	.142	.141	.140	.139	.138	.137
2.6	.136	.135	.134	.133	.132	.131	.130	.129	.129	.128
2.7	.127	.126	.125	.124	.123	.122	.122	.121	.120	.119
2.8	.118	.117	.117	.116	.115	.114	.114	.113	.112	.111
2.9	.111	.110	.109	.108	.108	.107	.106	.106	.105	.104
3.0	.104	.103	.102	.102	.101	.100	.100	.099	.098	.098

DIN 18 800 Teil 2

Tabelle 2 - 9.2 Abminderungsfaktoren κ für das Biegeknicken
Knickspannungslinie b

$\bar{\lambda}_K$

	.00	.01	.02	.03	.04	.05	.06	.07	.08	.09
0.2	1.000	.996	.993	.989	.986	.982	.979	.975	.971	.968
0.3	.964	.960	.957	.953	.949	.945	.942	.938	.934	.930
0.4	.926	.922	.918	.914	.910	.906	.902	.897	.893	.889
0.5	.884	.880	.875	.871	.866	.861	.857	.852	.847	.842
0.6	.837	.832	.827	.822	.816	.811	.806	.800	.795	.789
0.7	.784	.778	.772	.766	.761	.755	.749	.743	.737	.731
0.8	.724	.718	.712	.706	.699	.693	.687	.680	.674	.668
0.9	.661	.655	.648	.642	.635	.629	.623	.616	.610	.603
1.0	.597	.591	.584	.578	.572	.566	.559	.553	.547	.541
1.1	.535	.529	.523	.518	.512	.506	.500	.495	.489	.484
1.2	.478	.473	.467	.462	.457	.452	.447	.442	.437	.432
1.3	.427	.422	.417	.413	.408	.404	.399	.395	.390	.386
1.4	.382	.378	.373	.369	.365	.361	.357	.354	.350	.346
1.5	.342	.339	.335	.331	.328	.324	.321	.318	.314	.311
1.6	.308	.305	.302	.299	.295	.292	.289	.287	.284	.281
1.7	.278	.275	.273	.270	.267	.265	.262	.259	.257	.255
1.8	.252	.250	.247	.245	.243	.240	.238	.236	.234	.231
1.9	.229	.227	.225	.223	.221	.219	.217	.215	.213	.211
2.0	.209	.208	.206	.204	.202	.200	.199	.197	.195	.194
2.1	.192	.190	.189	.187	.186	.184	.182	.181	.179	.178
2.2	.176	.175	.174	.172	.171	.169	.168	.167	.165	.164
2.3	.163	.162	.160	.159	.158	.157	.155	.154	.153	.152
2.4	.151	.149	.148	.147	.146	.145	.144	.143	.142	.141
2.5	.140	.139	.138	.137	.136	.135	.134	.133	.132	.131
2.6	.130	.129	.128	.127	.126	.125	.125	.124	.123	.122
2.7	.121	.120	.119	.119	.118	.117	.116	.115	.115	.114
2.8	.113	.112	.112	.111	.110	.109	.109	.108	.107	.107
2.9	.106	.105	.105	.104	.103	.103	.102	.101	.101	.100
3.0	.099	.099	.098	.098	.097	.096	.096	.095	.095	.094

Tabelle 2 - 9.3   Abminderungsfaktoren κ für das Biegeknicken
Knickspannungslinie c

$\bar{\lambda}_K$	.00	.01	.02	.03	.04	.05	.06	.07	.08	.09
0.2	1.000	.995	.990	.985	.980	.975	.969	.964	.959	.954
0.3	.949	.944	.939	.934	.929	.923	.918	.913	.908	.903
0.4	.897	.892	.887	.881	.876	.871	.865	.860	.854	.849
0.5	.843	.837	.832	.826	.820	.815	.809	.803	.797	.791
0.6	.785	.779	.773	.767	.761	.755	.749	.743	.737	.731
0.7	.725	.718	.712	.706	.700	.694	.687	.681	.675	.668
0.8	.662	.656	.650	.643	.637	.631	.625	.618	.612	.606
0.9	.600	.594	.588	.582	.575	.569	.563	.558	.552	.546
1.0	.540	.534	.528	.523	.517	.511	.506	.500	.495	.490
1.1	.484	.479	.474	.469	.463	.458	.453	.448	.443	.439
1.2	.434	.429	.424	.420	.415	.411	.406	.402	.397	.393
1.3	.389	.385	.380	.376	.372	.368	.364	.361	.357	.353
1.4	.349	.346	.342	.338	.335	.331	.328	.324	.321	.318
1.5	.315	.311	.308	.305	.302	.299	.296	.293	.290	.287
1.6	.284	.281	.279	.276	.273	.271	.268	.265	.263	.260
1.7	.258	.255	.253	.250	.248	.246	.243	.241	.239	.237
1.8	.235	.232	.230	.228	.226	.224	.222	.220	.218	.216
1.9	.214	.212	.210	.209	.207	.205	.203	.201	.200	.198
2.0	.196	.195	.193	.191	.190	.188	.186	.185	.183	.182
2.1	.180	.179	.177	.176	.174	.173	.172	.170	.169	.168
2.2	.166	.165	.164	.162	.161	.160	.159	.157	.156	.155
2.3	.154	.153	.151	.150	.149	.148	.147	.146	.145	.144
2.4	.143	.141	.140	.139	.138	.137	.136	.135	.134	.133
2.5	.132	.132	.131	.130	.129	.128	.127	.126	.125	.124
2.6	.123	.123	.122	.121	.120	.119	.118	.118	.117	.116
2.7	.115	.115	.114	.113	.112	.111	.111	.110	.109	.109
2.8	.108	.107	.107	.106	.105	.104	.104	.103	.102	.102
2.9	.101	.101	.100	.099	.099	.098	.097	.097	.096	.096
3.0	.095	.095	.094	.093	.093	.092	.092	.091	.091	.090

DIN 18 800 Teil 2

Tabelle 2 - 9.4 Abminderungsfaktoren κ für das Biegeknicken
Knickspannungslinie d

$\bar{\lambda}_K$

	.00	.01	.02	.03	.04	.05	.06	.07	.08	.09
0.2	1.000	.992	.984	.977	.969	.961	.954	.946	.938	.931
0.3	.923	.916	.909	.901	.894	.887	.879	.872	.865	.858
0.4	.850	.843	.836	.829	.822	.815	.808	.800	.793	.786
0.5	.779	.772	.765	.758	.751	.744	.738	.731	.724	.717
0.6	.710	.703	.696	.690	.683	.676	.670	.663	.656	.650
0.7	.643	.637	.630	.624	.617	.611	.605	.598	.592	.586
0.8	.580	.574	.568	.562	.556	.550	.544	.538	.532	.526
0.9	.521	.515	.510	.504	.499	.493	.488	.483	.477	.472
1.0	.467	.462	.457	.452	.447	.442	.438	.433	.428	.423
1.1	.419	.414	.410	.406	.401	.397	.393	.388	.384	.380
1.2	.376	.372	.368	.364	.361	.357	.353	.349	.346	.342
1.3	.339	.335	.332	.328	.325	.321	.318	.315	.312	.309
1.4	.306	.302	.299	.296	.293	.291	.288	.285	.282	.279
1.5	.277	.274	.271	.269	.266	.263	.261	.258	.256	.254
1.6	.251	.249	.247	.244	.242	.240	.237	.235	.233	.231
1.7	.229	.227	.225	.223	.221	.219	.217	.215	.213	.211
1.8	.209	.207	.206	.204	.202	.200	.199	.197	.195	.194
1.9	.192	.190	.189	.187	.186	.184	.183	.181	.180	.178
2.0	.177	.175	.174	.172	.171	.170	.168	.167	.166	.164
2.1	.163	.162	.160	.159	.158	.157	.156	.154	.153	.152
2.2	.151	.150	.149	.147	.146	.145	.144	.143	.142	.141
2.3	.140	.139	.138	.137	.136	.135	.134	.133	.132	.131
2.4	.130	.129	.128	.127	.127	.126	.125	.124	.123	.122
2.5	.121	.121	.120	.119	.118	.117	.116	.116	.115	.114
2.6	.113	.113	.112	.111	.110	.110	.109	.108	.108	.107
2.7	.106	.106	.105	.104	.104	.103	.102	.102	.101	.100
2.8	.100	.099	.098	.098	.097	.097	.096	.095	.095	.094
2.9	.094	.093	.093	.092	.091	.091	.090	.090	.089	.089
3.0	.088	.088	.087	.087	.086	.086	.085	.085	.084	.084

9.2 Abminderungsfaktoren κ_M für das Biegedrillknicken

Tabelle 2 - 9.5   Abminderungsfaktoren κ_M für das Biegedrillknicken

n	$\bar{\lambda}_M$	.00	.01	.02	.03	.04	.05	.06	.07	.08	.09
2.5	.4	1.000	.995	.995	.994	.993	.993	.992	.991	.990	.989
2.0	.4	1.000	.986	.985	.983	.982	.980	.978	.976	.974	.972
1.5	.4	1.000	.957	.953	.950	.947	.944	.940	.936	.932	.929
2.5	.5	.988	.987	.985	.984	.982	.981	.979	.977	.975	.973
2.0	.5	.970	.968	.965	.963	.960	.957	.954	.951	.948	.944
1.5	.5	.924	.920	.916	.912	.907	.902	.898	.893	.888	.883
2.5	.6	.970	.968	.966	.963	.960	.957	.954	.951	.947	.944
2.0	.6	.941	.937	.933	.929	.925	.921	.917	.912	.908	.903
1.5	.6	.878	.873	.867	.862	.856	.851	.845	.839	.833	.827
2.5	.7	.940	.936	.932	.927	.923	.918	.914	.909	.904	.898
2.0	.7	.898	.893	.888	.883	.877	.872	.866	.860	.854	.848
1.5	.7	.822	.815	.809	.803	.797	.791	.785	.778	.772	.766
2.5	.8	.893	.887	.881	.876	.870	.863	.857	.851	.844	.837
2.0	.8	.842	.836	.830	.824	.817	.811	.804	.797	.791	.784
1.5	.8	.759	.753	.746	.740	.733	.727	.720	.714	.707	.701
2.5	.9	.831	.824	.817	.810	.802	.795	.788	.780	.773	.765
2.0	.9	.777	.770	.763	.756	.749	.742	.735	.728	.721	.714
1.5	.9	.694	.688	.681	.675	.668	.662	.655	.649	.643	.636
2.5	1.0	.758	.750	.743	.735	.727	.720	.712	.704	.697	.689
2.0	1.0	.707	.700	.693	.686	.679	.672	.665	.658	.651	.644
1.5	1.0	.630	.624	.617	.611	.605	.599	.593	.587	.581	.575
2.5	1.1	.681	.674	.666	.658	.651	.643	.636	.629	.621	.614
2.0	1.1	.637	.630	.623	.617	.610	.603	.596	.590	.583	.577
1.5	1.1	.569	.563	.557	.551	.546	.540	.534	.529	.523	.518
2.5	1.2	.607	.599	.592	.585	.578	.571	.565	.558	.551	.544
2.0	1.2	.570	.564	.558	.551	.545	.539	.533	.527	.521	.515
1.5	1.2	.512	.507	.501	.496	.491	.486	.481	.476	.471	.466
2.5	1.3	.538	.531	.525	.519	.512	.506	.500	.494	.488	.482
2.0	1.3	.509	.503	.498	.492	.487	.481	.476	.470	.465	.460
1.5	1.3	.461	.456	.451	.446	.442	.437	.433	.428	.424	.419

Abminderungsfaktoren κ_M für das Biegedrillknicken: noch Tabelle 2 - 9.5

n		$\bar{\lambda}_M$									
		.00	.01	.02	.03	.04	.05	.06	.07	.08	.09
2.5	1.4	.477	.471	.465	.460	.454	.449	.444	.438	.433	.428
2.0	1.4	.454	.449	.444	.439	.434	.430	.425	.420	.415	.411
1.5	1.4	.415	.410	.406	.402	.398	.394	.390	.386	.382	.378
2.5	1.5	.423	.418	.413	.408	.404	.399	.394	.390	.385	.381
2.0	1.5	.406	.402	.397	.393	.389	.384	.380	.376	.372	.368
1.5	1.5	.374	.370	.366	.363	.359	.355	.352	.348	.345	.341
2.5	1.6	.377	.372	.368	.364	.360	.356	.352	.348	.344	.340
2.0	1.6	.364	.360	.356	.352	.348	.345	.341	.338	.334	.330
1.5	1.6	.338	.334	.331	.328	.324	.321	.318	.315	.312	.309
2.5	1.7	.337	.333	.329	.326	.322	.319	.315	.312	.309	.306
2.0	1.7	.327	.324	.320	.317	.314	.310	.307	.304	.301	.298
1.5	1.7	.306	.303	.300	.297	.294	.291	.289	.286	.283	.280
2.5	1.8	.302	.299	.296	.293	.290	.287	.284	.281	.278	.275
2.0	1.8	.295	.292	.289	.286	.283	.280	.278	.275	.272	.270
1.5	1.8	.278	.275	.273	.270	.267	.265	.263	.260	.258	.255
2.5	1.9	.273	.270	.267	.265	.262	.259	.257	.254	.252	.249
2.0	1.9	.267	.264	.262	.259	.257	.254	.252	.250	.247	.245
1.5	1.9	.253	.251	.248	.246	.244	.242	.240	.237	.235	.233
2.5	2.0	.247	.245	.242	.240	.238	.235	.233	.231	.229	.227
2.0	2.0	.243	.240	.238	.236	.234	.231	.229	.227	.225	.223
1.5	2.0	.231	.229	.227	.225	.223	.221	.219	.217	.215	.214
2.5	2.1	.225	.223	.220	.218	.216	.214	.213	.211	.209	.207
2.0	2.1	.221	.219	.217	.215	.213	.211	.210	.208	.206	.204
1.5	2.1	.212	.210	.208	.206	.205	.203	.201	.200	.198	.196
2.5	2.2	.205	.203	.201	.200	.198	.196	.194	.193	.191	.189
2.0	2.2	.202	.201	.199	.197	.195	.194	.192	.191	.189	.187
1.5	2.2	.195	.193	.191	.190	.188	.187	.185	.184	.182	.181
2.5	2.3	.188	.186	.185	.183	.182	.180	.179	.177	.176	.174
2.0	2.3	.186	.184	.183	.181	.180	.178	.177	.175	.174	.172
1.5	2.3	.179	.178	.176	.175	.174	.172	.171	.170	.168	.167
2.5	2.4	.173	.171	.170	.169	.167	.166	.165	.163	.162	.161
2.0	2.4	.171	.170	.168	.167	.166	.164	.163	.162	.160	.159
1.5	2.4	.166	.164	.163	.162	.161	.159	.158	.157	.156	.155

Abminderungsfaktoren κ_M für das Biegedrillknicken: noch Tabelle 2 - 9.5

n	$\bar{\lambda}_M$	.00	.01	.02	.03	.04	.05	.06	.07	.08	.09
2.5	2.5	.159	.158	.157	.156	.154	.153	.152	.151	.150	.149
2.0	2.5	.158	.157	.156	.154	.153	.152	.151	.150	.149	.147
1.5	2.5	.154	.152	.151	.150	.149	.148	.147	.146	.145	.144
2.5	2.6	.147	.146	.145	.144	.143	.142	.141	.140	.139	.138
2.0	2.6	.146	.145	.144	.143	.142	.141	.140	.139	.138	.137
1.5	2.6	.143	.142	.141	.140	.139	.138	.137	.136	.135	.134
2.5	2.7	.137	.136	.135	.134	.133	.132	.131	.130	.129	.128
2.0	2.7	.136	.135	.134	.133	.132	.131	.130	.129	.128	.127
1.5	2.7	.133	.132	.131	.130	.129	.128	.127	.126	.126	.125
2.5	2.8	.127	.126	.125	.125	.124	.123	.122	.121	.120	.119
2.0	2.8	.127	.126	.125	.124	.123	.122	.121	.121	.120	.119
1.5	2.8	.124	.123	.122	.121	.121	.120	.119	.118	.117	.117
2.5	2.9	.119	.118	.117	.116	.115	.115	.114	.113	.112	.112
2.0	2.9	.118	.117	.116	.116	.115	.114	.113	.113	.112	.111
1.5	2.9	.116	.115	.114	.113	.113	.112	.111	.111	.110	.109
2.5	2.9	.111	.110	.109	.109	.108	.107	.107	.106	.105	.105
2.0	2.9	.110	.110	.109	.108	.108	.107	.106	.106	.105	.104
1.5	2.9	.108	.108	.107	.106	.106	.105	.104	.104	.103	.102
2.5	3.0	.104	.103	.103	.102	.101	.101	.100	.099	.099	.098
2.0	3.0	.103	.103	.102	.102	.101	.100	.100	.099	.098	.098
1.5	3.0	.102	.101	.101	.100	.099	.099	.098	.097	.097	.096
2.5	3.1	.098	.097	.096	.096	.095	.095	.094	.093	.093	.092
2.0	3.1	.097	.097	.096	.095	.095	.094	.094	.093	.093	.092
1.5	3.1	.096	.095	.095	.094	.093	.093	.092	.092	.091	.091
2.5	3.2	.092	.091	.091	.090	.090	.089	.088	.088	.087	.087
2.0	3.2	.091	.091	.090	.090	.089	.089	.088	.088	.087	.087
1.5	3.2	.090	.090	.089	.089	.088	.088	.087	.087	.086	.086

9.3 Anschlußsteifigkeiten für den Nachweis ausreichender Drehbettung

Tabelle 2 - 9.6 Charakteristische Werte $\bar{c}_{\vartheta A,k}$ für die Anschlußsteifigkeiten bei Auflast, [2 - 41]
  a) Trapezprofile (Negativlage ohne und mit Wärmedämmung, bezogen auf Gurtbreite b = 100 mm)
  b) Sandwichelemente, unabhängig von Gurtbreite
  c) Faserzementplatten, bezogen auf Gurtbreite b = 100 mm

a)	Art der Befestigung	Obergurt $e=b_r$	Obergurt $e=2b_r$	Untergurt $e=b_r$	Untergurt $e=2b_r$
		1	2	3	4	5
1	ohne Wärmedämmung	11,1	5,8	3,1	2,0
2	Styrodur 3000S d=60 mm	5,0	3,2	4,7	2,9
3	Styrodur 3000S d=100 mm	5,6	3,5	4,8	3,4
4	SPW-A Mineralfaser d=80 mm mit Distanzleiste	5,9	3,3	4,9	2,9
5	SPW-A Mineralfaser d=80 mm ohne Distanzleiste	2,1	0,85	2,4	0,97

b)	Art der Befestigung	Obergurt $e=2b_r$ mit Kalotten	Obergurt $e=2b_r$ mit Dichtscheiben ⌀ 22	Untergurt $e=2b_r$ mit Dichtscheiben ⌀ 22
1	HOESCH isodach TL 75	2,2	2,1	1,8
2	HOESCH isodach TL 95	2,5	2,6	2,3

c)	Wärmedämmung	$\bar{c}_{\vartheta A}$ [kNm/m]
1	ohne Wärmedämmung	5,3
2	Styrodur PS 20 d=60 mm	1,4
3	Styrodur PS 20 d=100 mm	1,4
4	SPW-A Mineralfaser d=80 mm mit Distanzleiste	2,4

Tabelle 2 - 9.7 Charakteristische Werte $\bar{c}_{\vartheta A,k}$ für die Anschlußsteifigkeiten von Trapezprofilen aus Aluminium bei Auflast, bezogen auf eine Gurtbreite b = 100 mm

Profil (schmaler Gurt unten)	Schraubenabstand	
	b_r	$2b_r$
29/124/0,7	7,0	4,0
25/100/0,7		
35/200/0,7	3,2	2,0
50/167/0,7		

Tabelle 2 - 9.8 Charakteristische Werte für Anschlußsteifigkeiten $\bar{c}_{\vartheta A,k}$ bei Sogbelastung, bezogen auf eine Gurtbreite b = 100 mm, [2 - 84]

Dehnung	Schraubenabstand	
	b_r	$2b_r$
Stahltrapezprofil Positivlage max b_t = 40 mm, t_N = 0,75 mm	2,6	1,7
Aluminiumtrapezprofil max b_t = 63 mm, t_N = 0,8 mm		
- Schrauben, Scheiben Ø19 mm		1,3
- Abdeckkappen, Scheiben Ø16 mm		3,0
Aluminiumtrapezprofil max b_t = 20 mm, t_N = 0,8 mm - Schrauben, Scheiben Ø19 mm		4,1
Wellasbestzementplatten (≙ Faserzementplatten): - ohne Wärmedämmung - mit Wärmedämmung 50 mm Styropor	2,6 1,3	

9.4 Diagramme zur Unterstützung des Biegedrillknicknachweises

9.4.1 Interpolation von β_M-Werten

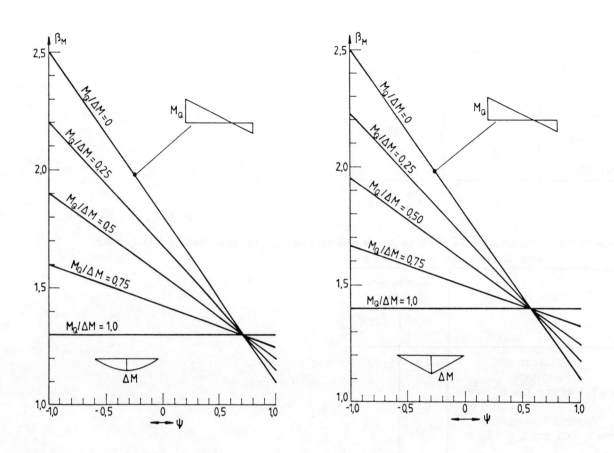

Bild 2 - 9.1 Endmomente und Gleichstreckenlast   Bild 2 - 9.2 Endmomente und Einzellast in Feldmitte

9.4.2 Momentenbeiwerte k für Gl. (2 - 3.6), Einfeldträger mit Kragarm und gebundener Drehachse am Obergurt, doppeltsymmetrischer Querschnitt, [2 - 86]

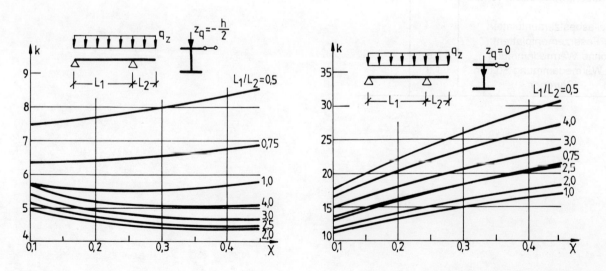

Bild 2 - 9.3 Gleichstreckenlast, Last am Obergurt   Bild 2 - 9.4 Gleichstreckenlast, Last im Schubmittelpunkt

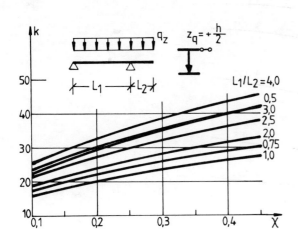

Bild 2 - 9.5 Gleichstreckenlast, Last am Untergurt

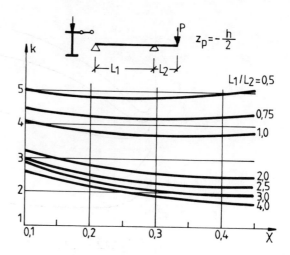

Bild 2 - 9.6 Einzellast am Kragarmende, Last am Obergurt

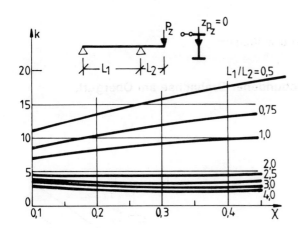

Bild 2 - 9.7 Einzellast am Kragarmende, Last im Schubmittelpunkt

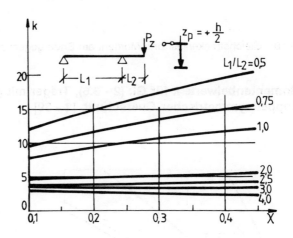

Bild 2 - 9.8 Einzellast am Kragarmende, am Untergurt

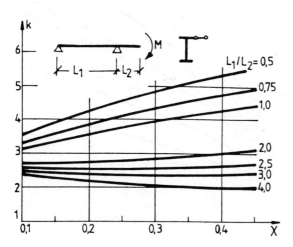

Bild 2 - 9.9 Moment am Kragarmende

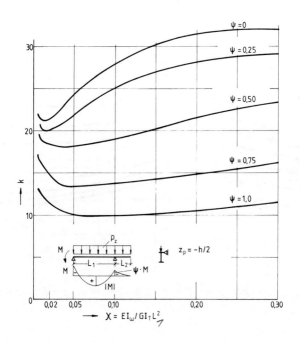

Bild 2 - 9.10 Gleichstreckenlast und Moment am Ende gegenüber dem Kragarm

9.4.3 Momentenbeiwerte k für Gl. (2 - 3.6), Träger mit gebundener Drehachse am Obergurt, doppeltsymmetrischer Querschnitt, [2 - 39]

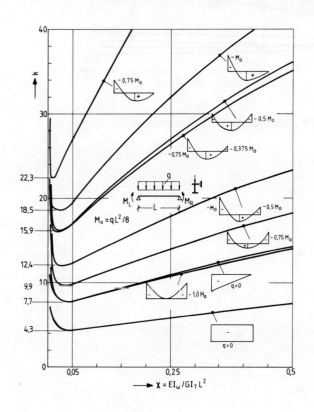

Bild 2 - 9.11 Einfeldträger

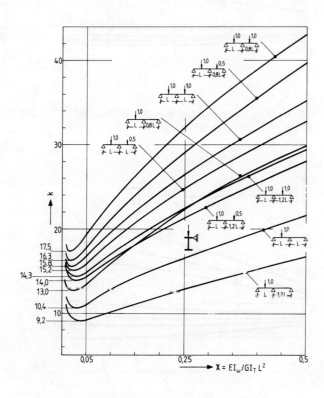

Bild 2 - 9.12 Zweifeldträger mit Einzellasten

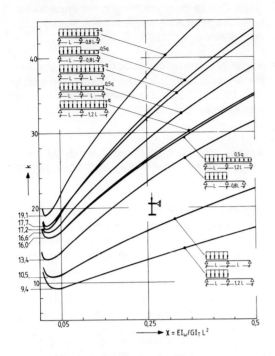

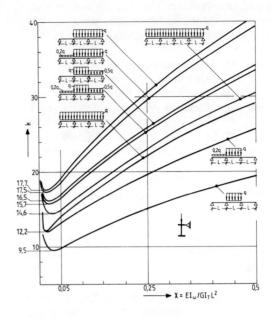

Bild 2 - 9.13 Zweifeldträger mit Gleichstreckenlast

Bild 2 - 9.14 Dreifeldträger mit Gleichstreckenlast

9.4.4 Gleichzeitige Wirkung von Drehbettung und Schubsteifigkeit

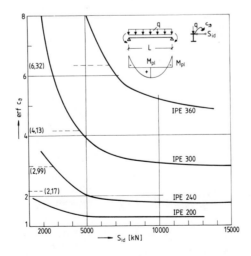

Bild 2 - 9.15 Mindeststeifigkeit erf c_ϑ zur Erfüllung der rechten Seite von Gl. (8) im Teil 2, [2 - 39]

10 Literatur

[2 - 1] *Vogel, U. und Rubin, H.*: Baustatik ebener Stabwerke. In: Stahlbau-Handbuch, Band 1, Köln, Stahlbau-Verlags-GmbH, 1982.

[2 - 2] *Vogel, U.*: Praktische Hinweise zur Anwendung der Fließgelenktheorie II. Ordnung. In: DASt-Berichte aus Forschung und Entwicklung, H. 16 / 1988, Köln: Stahlbau-Verlagsgesellschaft, 1988.

[2 - 3] *Hees, G.*: Einführung in die Fließgelenktheorie II. Ordnung. Düsseldorf, Werner Verlag, 1984.

[2 - 4] *ECCS-CECM-EKS, Publication No. 33:* Ultimate Limit State Calculation of Sway Frames with Rigid Joints. Brüssel, 1984.

[2 - 5] *Vogel, U.*: Calibrating Frames - Vergleichsrechnungen an verschieblichen Rahmen. Stahlbau 54 (1985), S. 295-301.

[2 - 6] *Fink, Th., und Kreutz, J.-St.*: Fließzonentheorie II. Ordnung für räumliche Rahmensysteme aus metallischen Werkstoffen am Mikrocomputer. Bauingenieur 64 (1989), S. 393-400.

[2 - 7] *Sedlacek, G. und Stoverink, H.*: Zum Biegedrillknicknachweis von Hallenrahmen mit voutenförmig ausgebildeten Stützen und Riegeln. Stahlbau 55 (1986), S. 225-232.

[2 - 8] *Friemann, H.; Lichtenthäler, K. und Schäfer, P.*: Biegedrillknicklasten und Traglasten von ebenen Stabtragwerken mit I-förmigen Querschnitten. Stahlbau 57 (1988), S. 229-236.

[2 - 9] *Tschemmernegg, F.; Tautschnig, A.; Klein, H.; Braun, Ch. und Humer, Ch.*: Zur Nachgiebigkeit von Rahmenknoten. Stahlbau 56 (1987), S. 299-306, 2. Teil: Stahlbau 58 (1989), S. 45-52.

[2 - 10] *Lindner, J. und Gietzelt, R.*: Kontaktstöße in Druckstäben. Stahlbau 57 (1988), S. 39-49.

[2 - 11] *Vogel, U.*: Zur Anwendung des Teilsicherheitsbeiwertes γ_M beim Tragsicherheitsnachweis nach DIN 18 800 Teil 2. Stahlbau 60 (1991), S. 167-171.

[2 - 12] *Vukov, A.*: Alternating Plasticity Analysis of Industrial Frames. Schlußbericht 12. IVBH Kongreß, Vancouver 1984, S. 637-644.

[2 - 13] *Lindner, J.*: Interaktion zwischen den vollplastischen Schnittgrößen N und M_y bei I-Profilen. Stahlbau 59 (1984), S. 249-250, 352.

[2 - 14] *Kreutz, J.-St.*: Fragen zum Begriff der "Geometrischen Ersatzimperfektionen" für verschiebliche Systeme in DIN 18 800 Teil 2. Stahlbau 58 (1989), S. 111-117.

[2 - 15] *Strigl, G.*: Die Berücksichtigung der Imperfektion beim Traglastnachweis gedrückter Konstruktionen. Stahlbau 47 (1978), S. 294-302.

[2 - 16] *Vogel, U.*: Praktische Berücksichtigung von Imperfektionen beim Tragsicherheitsnachweis nach DIN 18 800 Teil 2 (Knicken von Stäben und Stabwerken). Der Stahlbau 50 (1981), S. 201-205.

[2 - 17] *Second International Colloquium on Stability, Liége 1977*: Introductory Report, ECCS - IABSE - SSRC - CRCJ.

[2 - 18] *Vogel, U.*: Application of the buckling curves of the european convention of constructional steelwork to frame column. International colloquium on column strength, Berichte der Arbeitskommissionen, Band 23, Zürich 1975, pp 413-424.

[2 - 19] *Lindner, J.*: Näherungen für die Europäischen Knickspannungskurven. Bautechnik 55 (1978), S. 344 - 347.

[2 - 20] *Lindner, J.*: Vergleich verschiedener Nachweise für Druck und einachsige Biegung. Bericht 2059A des Instituts für Baukonstruktionen und Festigkeit der TU Berlin, Berlin 1984. (intern)

[2 - 21] *Lindner, J.*: Der Einfluß von Eigenspannungen auf die Traglast von I-Trägern. Stahlbau 43 (1974), S. 39 - 45, 86 - 91.

[2 - 22] *Kreutz, J.-St.*: Ein Beitrag zum teilplastischen Interaktionsverhalten von gewalzten rechteckigen Hohlprofilen bei zweiachsiger Biegung mit Normalkraft. Heft 20, Mitteilungen aus dem Lehrstuhl für Stahlbau TU München, 1984, S. 160-182.

[2 - 23] *Beaulieu, D.*: The destabilizing forces caused by gravity loads acting on initially out-of-plumb members in structures. Ph.D.thesis, Dep. of Civil Eng., University of Alberta, 1977.

[2 - 24] *Lindner, J. und Gietzelt, R.*: Imperfektionsannahmen für Stützenschiefstellungen. Stahlbau 53 (1984), S. 94-101.

[2 - 25] *Lindner, J.*: Ungewollte Schiefstellungen von Stahlstützen. Schlußbericht 12. IVBH Kongreß, Vanvouver 1984, S. 669-676.

[2 - 26] *Lindner, J.*: Reduktionswerte für Stützenschiefstellungen. Bericht 2076 des Instituts für Baukonstruktionen und Festigkeit der TU Berlin, 1985. (intern)

[2 - 27] *Lindner, J.*: Koordinierung der Bautechnik auf dem Gebiet der Stabstabilität im Stahlbau. Bericht 2099 des Instituts für Baukonstruktionen und Festigkeit der TU Berlin, 1989. (intern)

[2 - 28] Kreutz, J.-St. und Haller, W.: Zur Einstufung von rechteckigen und quadratischen Hohlprofilen in DIN 18 800 Teil 2. Stahlbau 57 (1988), S. 129-134, 382-384.

[2 - 29] Beer, H. und Schulz, G.: Die Traglast des planmäßig mittig gedrückten Stabes mit Imperfektionen. VDI-Z. Bd. 111 (1969), Nr. 21, S. 1537, Nr. 23, S. 1683, Nr. 24, S. 1767.

[2 - 30] Aschendorf, K.K.; Bernard, A.; Bucak, Ö.; Mang, F. und Plumier, A.: Knickuntersuchungen an gewalzten Stützen mit I-Querschnitt aus St 37 und St 52 mit großer Flanschdicke und aus StE 460 mit Standardabmessungen. Bauingenieur 58 (1983), S. 261-268.

[2 - 31] Petersen, Chr.: Statik und Stabilität der Baukonstruktionen. Braunschweig, Wiesbaden: Friedr. Vieweg und Sohn, 2. Auflage 1982.

[2 - 32] Rubin, H.: Näherungsweise Bestimmung der Knicklängen und Knicklasten von Rahmen nach E-DIN 18 800 Teil 2, Stahlbau 58 (1989), S. 103-109.

[2 - 33] Randl, E.: Beitrag zur Berechnung von Stäben aus Baustahl mit strukturellen und geometrischen Imperfektionen unter Berücksichtigung der räumlichen Verformungsgeometrie. Dissertation Graz 1972.

[2 - 34] Schardt, R. und Strehl, C.: Stand der Theorie zur Bemessung von Trapezblechscheiben. Stahlbau 49 (1980), S. 235-334.

[2 - 35] Schwarz, K. und Kech, J.: Bemessung von Stahltrapezprofilen nach DIN 18 807 - Schubfeldbeanspruchung. Stahlbau 60 (1991), S. 65-76.

[2 - 36] Baehre, R. und Wolfram, R.: Zur Schubfeldberechnung von Trapezprofilen. Stahlbau 55 (1986), S. 175-179.

[2 - 37] Fischer, M.: Zum Kipp-Problem von kontinuierlich seitlich gestützen Trägern. Stahlbau 45 (1976), S. 120 - 124.

[2 - 38] Lindner, J.: Stabilisierung von Biegeträgern durch Drehbettung - eine Klarstellung. Stahlbau 56 (1987), S. 365-373.

[2 - 39] Lindner, J.: Stabilisierung von Trägern durch Trapezbleche. Stahlbau 56 (1987), S. 9-15.

[2 - 40] Roik, K., Carl, J., und Lindner, J.: Biegetorsionsprobleme gerader dünnwandiger Stäbe. Berlin, München, Düsseldorf, Ernst & Sohn 1972.

[2 - 41] Lindner, J. und Gregull, T.: Drehbettungswerte für Dachdeckungen mit untergelegter Wärmedämmung. Stahlbau 58 (1989), S. 173-179.

[2 - 42] Vogel, U. und Lindner, J.: Kommentar zu DIN 18 800 Teil 2 (Gelbdruck) - Stabilitätsfälle im Stahlbau. Berichte aus Forschung und Entwicklung des DASt, Köln: Stahlbau-Verlag, 1980.

[2 - 43] Lindner, J.: Biegedrillknicken in Theorie, Versuch und Praxis. In: Berichte aus Forschung und Entwicklung des Deutschen Ausschusses für Stahlbau H. 9/1980, Köln, Stahlbau-Verlag, 1980.

[2 - 44] Oxfort, J.: Zur Kippstabilisierung stählerner I-Dachpfetten mit Imperfektionen in geneigten Dächern bis zum Erreichen der plastischen Grenzlast durch die Biege- und Schubsteifigkeit der Dacheindeckung. Stahlbau 45 (1976), S. 307-311, 365-371.

[2 - 45] Kanning, W.: Dachsysteme mit Kaltprofilpfetten. Stahlbau 52 (1983), S. 20-25.

[2 - 46] Osterrieder, P., Voigt, M., und Saal, H.: Zur Neuregelung des Biegedrillknicknachweises nach EDIN 18 800 Teil 2 (Ausgabe März 1988). Stahlbau 58 (1989), S. 341-347.

[2 - 47] Osterrieder, P.: Bemessung drehelastisch gestützter Pfetten nach Biegetorsionstheorie II. Ordnung. Bauingenieur 65 (1990), S. 469-475.

[2 - 48] Lohse, W.: Die Kippnachweise nach DIN 4114 und EDIN 18 800 Teil 2 (3.88), ein Hinweis für die Praxis. Baehre-Festschrift, S.   -   . Karlsruhe 1989.

[2 - 49] Lindner, J.: Stahlbau. In: Hütte Bautechnik, Band VI, Teil G. Springer, 1992.

[2 - 50] Fukumoto, Y.: Numerical Data Bank for the Ultimate Strength of Steel Structures. Stahlbau 51 (1982), S. 21-27.

[2 - 51] Gietzelt, R., Nethercot, A.: Biegedrillknicken von Wabenträgern. Stahlbau 52 (1983), S. 346-349.

[2 - 52] Lindner, J. und Gietzelt, R.: Zur Tragfähigkeit ausgeklinkter Träger. Stahlbau 54 (1985), S. 39-45.

[2 - 53] Lindner, J. und Gietzelt, R.: Stabilisierung von Biegeträgern mit I-Profil durch angeschweißte Kopfplatten. Stahlbau 53 (1984), S.69-74.

[2 - 54] Dickel, T., Klemens, H.-P. und Rothert, R.: Ideale Biegedrillknickmomente. Braunschweig, Vieweg 1991.

[2 - 55] Lindner, J. und Stickel, I.: Zur Stabilisierung von I-Trägern durch Gitterroste. Stahlbau 54 (1985), S. 369-374.

[2 - 56] *Roik, K. und Kindmann, R.:* Das Ersatzstabverfahren - Tragsicherheitsnachweise für Stabwerke bei einachsiger Biegung und Normalkraft, Stahlbau 51 (1982), S. 137-145.

[2 - 57] *Vogel, U.:* Gedanken zum Sinn und zur Zuverlässigkeit des Tragsicherheitsnachweises am Ersatzstab bei Stabsystemen. Festschrift Roik, RU Bochum, Mitteilung 84-3, S. 333-346.

[2 - 58] *Lindner, J. und Gietzelt, R.:* Zweiachsige Biegung und Längskraft. Vergleiche verschiedener Bemessungskonzepte. Stahlbau 53 (1984), S. 328-333.

[2 - 59] *Höss, R., Heil, W., und Vogel, U.:* Traglasten für drehgelagerte Träger bei U-Profilen. Stahlbau 61 (1992).

[2 - 60] *Lindner, J. und Gietzelt, R.:* Zweiachsige Biegung und Längskraft - ein ergänzender Bemessungsvorschlag. Stahlbau 54 (1985), S. 265-271.

[2 - 61] *Roik, K. und Kuhlmann, U.:* Beitrag zur Bemessung von Stäben für zweiachsige Biegung mit Druckkraft. Stahlbau 54 (1985), S. 271-279.

[2 - 62] *Ramm, W. und Uhlmann, W.:* Zur Anpassung des Stabilitätsnachweises für mehrteilige Druckstäbe an das europäische Nachweiskonzept. Stahlbau 50 (1981), S. 161-172.

[2 - 63] *Palkowski, S.:* Beitrag zum Ausknicken von Gitterstäben mit veränderlichem Querschnitt. Stahlbau 56 (1987), S. 117-121.

[2 - 64] *Müller, G.:* Nomogramme für die Kippuntersuchung frei aufliegender I-Träger. Stahlbau-Verlags GmbH.

[2 - 65] *Lindner, J. und Kurth, W.:* Drehbettungswerte bei Unterwind. Bauingenieur 55 (1980), S. 365-369.

[2 - 66] *Heil, W.:* Traglasten von gedrückten Stäben mit Winkelprofil. In: Der Metallbau im Konstruktiven Ingenieurbau, Festschrift Rolf Baehre, Herausgeber O. Steinhardt und K. Möhler, Karlsruhe, S. 431-444.

[2 - 67] Merkblatt 502, Berechnungsbeispiele zu DIN 0018 800, Teil 2, Vorlage Juli 1979 zum Gelbdruck-Entwurf, Beratungsstelle für Stahlverwendung, Düsseldorf 1980.

[2 - 68] *Vogel, U. und Heil, W.:* Traglast-Tabellen, Tabellen für die Bemessung durchlaufender I-Träger mit und ohne Längskraft nach dem Traglastverfahren (DIN 18 800 Teil 2), Verlag Stahleisen m.b.H., Düsseldorf, 2. Auflage 1981 (3. Aufl. in Vorbereitung).

[2 - 69] Rahmentragwerke in Stahl unter besonderer Berücksichtigung der Steifenlosen Bauweise, Theoretische Grundlagen - Beispiele - Bemessungstabellen, Österr. Stahlbauverband Wien und Schweizerische Zentralstelle für Stahlbau, Zürich 1987.

[2 - 70] *ECCS-CECM-EKS, Publication No. 67*: Analysis and Design of Steel Frames with Semi-Rigid-Joints, Brüssel 1992.

[2 - 71] *Valtinat, G.:* Rippenlose Stahlkonstruktionen. In: Stahlbau-Handbuch, Band 1, Stahlbau-Verlags-GmbH, 2. A., Abschnitt 10.9, Köln 1982 und 3. A., Abschnitt 11.3.7, Köln 1992.

[2 - 72] *Vogel, U.:* Druck- und Biegedruckfälle. In: Stahlbau-Handbuch, Band 1, Stahlbau-Verlags-GmbH, 2. A., Abschnitt 10.2.1, Köln 1982 und 3. A., Abschnitt 11.2.1, Köln 1992.

[2 - 73] *Vogel, U.:* Nichtlineare Probleme der Baustatik I (Vorlesungsumdruck), Universität Karlsruhe, Institut für Baustatik, WS 1991/92.

[2 - 74] Beiblatt 1 zu DIN 18 800 Teil 2, Gelbdruck-Entwurf Dezember 1980.

[2 - 75] *ECCS-CECM-EKS, Publication No 61*: Practical Analysis of Single-Storey Frames, Brüssel 1991.

[2 - 76] *Fischer, M. und Grube, R.:* Querschnittstragfähigkeit von normalspannungsbeanspruchten Querschnitten, die beulgefährdete Platten aufweisen. Stahlbau 55 (1986), S. 129-135.

[2 - 77] *Rubin, H.:* Beul-Knick-Problem eines Stabes unter Druck und Biegung. Stahlbau 55 (1986), S. 79-86.

[2 - 78] *Grube, R. und Priebe, J.:* Zur Methode der wirksamen Querschnitte bei einachsiger Biegung und Normalkraft. Stahlbau 59 (1990), S. 141-148.

[2 - 79] *Rubin, H.:* Europäische Knickspannungsfunktion und ihre Erweiterung auf Stäbe mit planmäßiger Biegung. Stahlbau 54 (1985), S. 200-204.

[2 - 80] *Lindner, J. und Gietzelt, R.:* Biegedrillknicken. DASt Berichte aus Forschung und Entwicklung, H. 10, Stahlbau Verlag, Köln 1980.

[2 - 81] *Lindner, J. und Gregull, T.:* Zur Traglast von Biegeträgern, die durch gleichzeitiges Auftreten von Beulen und Biegedrillknicken versagen. Stahlbau 61 (1992), S. 19-25.

[2 - 82] *Rubin, H.:* Interaktionsbeziehungen zwischen Biegemoment, Querkraft und Normalkraft für einfachsymmetrische I- und Kasten-Querschnitte bei Biegung um die schwache Achse. Stahlbau 47 (1978), S. 76-85.
- Interaktionsbeziehungen für doppeltsymmetrische I- und Kastenquerschnitte bei zweiachsiger Biegung und Normalkraft. Stahlbau 47 (1978), S. 145-151 und S. 174-181.

[2 - 83] *Unger, B.:* Einige Überlegungen zur Zuschärfung der Traglastberechnung von normalkraft-, biege- und torsionsbeanspruchten Trägern mit Hilfe der Spannungstheorie II. Ordnung. Stahlbau 44 (1975), S. 330-335, S. 367-373.

[2 - 84] *Schukora, K. und Ostermeier, B.:* Betrachtungen zur Beanspruchung stabilisierender Verbände. Bauingenieur 62 (1987), S. 189-195.

[2 - 85] *Lindner, J., und Aschinger, R.:* Ergänzende Auswertungen zur Interaktion zwischen Biegedrillknicken und örtlichem Beulen. Stahlbau 61 (1992), S. 188-191.

[2 - 86] *Lindner, J.:* Verzweigungslasten für das Biegedrillknicken beim Einfeldträger mit Kragarm und gebundener Drehachse. Stahlbau 61 (1992), S. 157-159.

[2 - 87] *Goeben, H., Loos, W. und Oheim, H:* Kippstabilität von Einfeldträgern mit doppeltsymmetrischem I-Querschnitt unter mittiger Einzellast bei speziellen Bedingungen des Lastangriffs und der Lagerung. IfL-Mitteilungen Leipzig, 7(1968), S. 362-369.

[2 - 88] *Fischer, M. und Priebe, J.:* Experimentelle Untersuchungen zur Querschnittstragfähigkeit beulgefährdeter, normalspannungsbeanspruchter Querschnitte aus Baustahl. Stahlbau 61 (1992), S. 341-347.

Erläuterung zu DIN 18 800 Teil 3

0 Vorbemerkung

Nach vier z.T. schweren Montageunfällen beim Bau von Stahlbrücken um das Jahr 1970 in verschiedenen Ländern wurden die einschlägigen Baubestimmungen für den Nachweis der Beulsicherheit von Platten nach DIN 4114 schnell und aus Gründen der Sicherheit zunächst einschneidend verschärft. Es mußte zunächst - noch wenig differenziert - unterstellt werden, daß das Versagen auf Mängel in diesen Baubestimmungen zurückzuführen sei. Dies traf nur zum Teil zu, denn Ursachen für Schäden waren auch Fehlanwendungen von DIN 4114 und Mängel in der konstruktiven Ausbildung.

Nach dem Erscheinen des Runderlasses des Bundesministers für Verkehr aus dem Jahr 1972 und der Ergänzenden Bestimmungen zu DIN 4114 von 1973 entstand unter großem Zeitdruck und angepaßt an das übrige Normenwerk die DASt-Ri. 012 "Beulsicherheitsnachweise für Platten" mit Ausgabedatum Oktober 1978.

Durch die vorhandenen Bedingungen, z.B. den Zeitdruck und den Zwang zur Anpassung an das vorhandene Normenwerk, hafteten dieser Richtlinie Mängel an, die den Erarbeitern durchaus bewußt waren. Sie betrafen Fragen der Handhabung und der Wirtschaftlichkeit, aber nicht der Zuverlässigkeit der mit der Richtlinie nachgewiesenen Bauteile. Diese Schwächen sind mit Teil 3 von DIN 18 800 beseitigt.

Im folgenden sollen zunächst verschiedene Regelungen der neuen Norm denen der DASt-Richtlinie gegenübergestellt werden. Sie betreffen:

- Heute werden durch das neue Sicherheitskonzept klare Festlegungen zur Berechnung von Beanspruchungen und Beanspruchbarkeiten mit einem einzigen Satz von Sicherheitselementen erreicht. Sie ersetzen die bisher unterschiedlichen Sicherheitsbeiwerte zur indirekten Erfassung von Beanspruchbarkeiten auf der Basis einer einzigen Beulkurve.

- Heute werden 7 Beulkurven - jetzt in Abstimmung mit den Teilen 2 und 4 sowie dem Eurocode 3 Abminderungsfaktoren genannt - verwendet, die den einzelnen "Beulfällen" angepaßt sind. Sie ersetzen die früher vorgegebene einzige Beulkurve.

- Heute wird die Beulsicherheit bei gleichzeitiger Wirkung mehrerer Beanspruchungen mit einem deutlich einfacheren Verfahren als früher nachgewiesen.

- Heute können, womit über frühere Regelungen hinausgegangen wird, überkritische Reserven von Einzelfeldern ausgenutzt werden.

- Der Nachweis der Sicherheit beim Beulen mit knickstabähnlichem Verhalten ist im Detail heute zwar etwas aufwendiger, aber wegen der durchweg höheren Ausnutzung überkritischer Reserven erforderlich.

- Der Beulsicherheitsnachweis für Querschnittsteile knickgefährdeter Bauteile kann heute einfacher, allerdings mit einer oft weit auf der sicheren Seite liegenden Näherung nachgewiesen werden.

- Wie im Teil 1 ist der Inhalt im Teil 3 auf normative Festlegungen beschränkt.

Bewährt haben sich mehrere Regelungen, die bereits in die DASt-Ri. 012 neu aufgenommen wurden. Sie konnten daher ohne inhaltliche Änderungen in die neue Norm übernommen werden. Es handelt sich im wesentlichen um:

- Definition von Gesamt-, Teil- und Einzelfeldern,

- Beschreibung von Konstruktionen, für die ein Nachweis der Beulsicherheit nicht erforderlich ist,

- Regeln für die Berechnung der maßgebenden Steifigkeiten von Beulsteifen,

- Näherungen für Fälle mit über die Plattenlänge veränderlichen Spannungen und Werten zur Beschreibung des zu untersuchenden Beulfeldes, wie z.B. Blechdicken und Lage, Anzahl und Steifigkeiten von Steifen,

- Begriff des Beulens mit knickstabähnlichem Verhalten und

- die konstruktiven Forderungen.

Der Vergleich zwischen DASt-Ri. 012 und DIN 18 800 Teil 3 wird den Lesern dieses Kommentars dadurch erleichtert, daß die Beispiele im Abschnitt 11 aus dem Kommentar zur DASt-Ri. 012 [3 - 1] entnommen sind.

Nach wie vor müssen Verzweigungsspannungen - hier Beulspannungen nach der linearen Beultheorie - für die Nachweise der Beulsicherheit benutzt werden. Sie haben gegenüber DIN 4114 ihre Bedeutung als unmittelbar für die Tragbeulspannungen aussagefähige Größe verloren. Sie dienen heute zum Vergleich von Tragbeulspannungen jeweils innerhalb der Parameterfelder der 7 "Beulfälle", die im Teil 3 als Grundbeulfälle deklariert werden.

1 Allgemeine Angaben

1.1 Anwendungsbereich

Zu Element 101, Tragsicherheitsnachweis

Der im Teil 3 geregelte Nachweis **entspricht** - wie es in Anmerkung 1 formuliert ist - einem Nachweis nach dem Verfahren Elastisch-Elastisch. Tatsächlich werden nur die Beanspruchungen, im allgemeinen Spannungen, aus den Bemessungswerten der Einwirkungen nach der Elastizitätstheorie berechnet werden. Dagegen geht in die

Berechnung der Beanspruchbarkeiten auch das elastoplastische Werkstoffverhalten ein, wie z.B. in die Versuchsergebnisse, die Grundlage für die Abminderungsfaktoren in Tab. 1 oder Bild 9 sind.

Die Feststellung in Anmerkung 1, nach der "Querschnitts- und Systemreserven durch plastischen Ausgleich rechnerisch nicht in Anspruch genommen werden", betrifft nur die Bauteile, z.B. Träger oder Rahmenriegel und -stützen, für deren Querschnittsteile die Beulsicherheit nachgewiesen werden soll.

Die "Darf"bestimmung, nach der Platten, deren Form vom Rechteck abweicht, "entsprechend nachgewiesen werden" dürfen, kann z.B. durch die Annahme eines ein trapezförmiges Beulfeld umschreibendes Rechteck oder für ein parallelogrammförmiges Beulfeld durch die Verwendung von entsprechenden Beulwerten (vgl. z.B. [3 - 2]) erfüllt werden.

Für den Nachweis der Beulsicherheit von Querschnittsteilen in Bauteilen, für die der Nachweis der Biegeknicksicherheit erforderlich ist, ist im El. 503 ein einfaches, aber in den meisten Fällen weit auf der sicheren Seite liegendes Vorgehen angegeben. Anmerkung 2 weist darauf hin, daß ausreichende Stabilitätssicherheit für den Sonderfall biegeknickgefährdeter Stäbe mit nicht versteiften Querschnittsteilen mit dem im Teil 2, Abschnitt 7, Nachweise, angegebenen Regeln nachgewiesen werden kann.

Angaben zu den Sicherheitselementen auf der Seite der Einwirkungen, also zu den Teilsicherheitsbeiwerten γ_F und zum Kombinationsbeiwert ψ kommen im Teil 3 nicht vor, da man von den Bemessungswerten der Einwirkungen ausgeht. Die Ermittlung der Bemessungswerte der Einwirkungen ist im Teil 1, Abschnitt 7.2, geregelt. Angaben zur Sicherheit erscheinen in DIN 18 000 Teil 3 also nur im Zusammenhang mit der Berechnung der Beanspruchbarkeiten beim Tragsicherheitsnachweis in Form des Teilsicherheitsbeiwertes γ_M. Er ist im Teil 1, El. 720 allgemein mit $\gamma_M = 1,1$ festgelegt.

Druckfehler: Die 4. und 5. Zeile in Anmerkung 1 muß eingerückt gedruckt werden.

Zu Element 102, Gebrauchstauglichkeitsnachweis

Gebrauchstauglichkeitsanforderungen in bezug auf das Beulen plattenartiger Querschnittsteile können allgemein nicht formuliert werden. Sie sind kaum technischer Art und eher psychologisch bedingt. So vermeidet man z.B., daß sich Fußgänger durch das Erkennen von Beulen in der Tragkonstruktion einer Brücke verunsichert fühlen.

Zum Hinweis auf die Fachnormen vgl. Erläuterungen zu El. 701 im Teil 1.

1.2 Begriffe

Der Abschnitt dient der einheitlichen Begriffsbildung und damit der Verständigung.

Zu Element 104, Beulfelder

Bild 1 ist gegenüber Bild 1 der DASt-Ri. 012 inhaltlich nicht geändert worden, es sind lediglich die Steifen als solche deutlich gemacht. Am Beispiel eines quer- und längsausgesteiften Beulfeldes sind die in der Norm benutzten Begriffe Gesamt-, Teil- und Einzelfeld erläutert. Weitere Festlegungen stehen in den El. 105 bis 107.

Läßt man im Beulfeld nach Bild 1 die Längssteifen fort, entfallen die Einzelfelder, und die Regeln des Teiles 3 sind für das Gesamt- und für die Teilfelder, oft natürlich nur für das in bezug auf die Beulsicherheit ungünstigste Teilfeld, anzuwenden. Entsprechend gilt beim Fortfall der Quersteifen, daß die Teilfelder entfallen und nur ein Gesamtfeld und Einzelfelder übrig bleiben und die dafür erforderlichen Nachweise zu führen sind. Schließlich verbleibt beim Fortfall sowohl der Quer- als auch der Längssteifen nur ein Gesamtfeld.

Zu Element 105, Gesamtfeld

Für den Fall der elastischen Stützung von Rändern sind zu beachten

- allgemein der 1. Absatz in der "Darf"bestimmung von El. 109,

- für Längsränder der 2. Absatz in der "Darf"bestimmung von El. 109 und

- für Querränder die "Darf"bestimmung im El. 701.

Zu Element 108, Maßgebende Beulfeldbreite

In anderen Regelwerken werden zum Teil andere Definitionen der Beulfeldbreiten benutzt, z.B. im Eurocode, Tab. 5.3.1. Auf die Unterschiede ist zu achten.

Druckfehler: Im Bild 3 sind die Angaben s und r beim Rechteckhohlquerschnitt zu streichen. In Übereinstimmung mit den anderen Querschnitten müßte die Schraffur für diesen Querschnitt entfallen.

1.3 Randbedingungen

Für den Fall, daß eine Randsteife ein Teilfeld oder ein Gesamtfeld am Längsrand begrenzt, muß diese Steife die Verbesserung der Tragwirkung vom dreiseitig zum vierseitig gelagerten Beulfeld bewirken. Das kann sie nur - wie es in der Anmerkung, die zur "Darf"bestimmung gehört, gesagt wird -, wenn sie die Druckkraft, die die dreiseitig gelagerte Platte nicht aufnehmen kann, als Knickstab mit ausreichender Knicksicherheit abtragen kann. Für die Annahme des Querschnittes dieses Druckstabes sind die Angaben im 2. Absatz der Anmerkung wichtig.

1.4 Formelzeichen

Zu Element 110, Koordinaten, Spannungen (Bild 4)

Die Bezeichnungen der Achsen x und y sind auf die Rechteckplatte in Bild 1 bezogen. Wenn diese Platte z.B. der Steg eines Walzprofiles ist, liegen mit Bild 1 im Teil 1 (gleich Bild 1 im Teil 2) und Bild 4 im Teil 3 zwei verschiedene Bezugssysteme vor. Das ist nicht zu vermeiden. Es ist daher zu beachten, daß im genannten Beispiel Spannungen σ_x und σ_z nach den Teilen 1 und 2 Spannungen σ_x und σ_y nach Teil 3 sind.

Zu Element 113, Systemgrößen

Der bezogene Schlankheitsgrad $\bar{\lambda}_P$ kann so wie in Tab. 1 direkt in der Form

$$\bar{\lambda}_P = \sqrt{f_{y,k}/\sigma_{Pi}} \quad \text{oder} \quad \bar{\lambda}_P = \sqrt{f_{y,k}/(\sqrt{3}\tau_{Pi})}$$

geschrieben werden oder mit

$$\sigma_{Pi} = k_\sigma \sigma_e \quad \text{und} \quad \tau_{Pi} = k_\tau \sigma_e \quad \text{mit}$$

$$\bar{\lambda}_P = \sqrt{f_{y,k}/(k_\sigma \sigma_e)} \quad \text{oder} \quad \bar{\lambda}_P = \sqrt{f_{y,k}/(\sqrt{3} k_\tau \sigma_e)}$$

Die in Anmerkung 2 in N / mm² angegebene Bezugsspannung für Stahl $\sigma_e = 189800 \cdot (t/b)^2$ wird auch gern in der Form
$\sigma_e = 18{,}98 \cdot (100\,t/b)^2$ benutzt, da $100\,t/b$ in der Größenordnung 1 liegt.

2 Bauteile ohne oder mit vereinfachtem Nachweis

In vielen Fällen kann der Nachweis ausreichender Beulsicherheit entfallen oder einfach nach diesem Abschnitt geführt werden. Daher hat dieser Abschnitt für viele Bereiche des Stahlbaus große Bedeutung. Vor der Führung eines Nachweises der Beulsicherheit nach den Regeln des Abschnittes 5 von Teil 3 sollte daher geprüft werden, ob ein einfacher Nachweis nach Abschnitt 2 gelingt.

Tabelle 3 - 2.1 Randspannungsverhältnisse ψ von Walzprofilstegen, für die kein Beulsicherheitsnachweis erfoderlich ist.

Profil aus mit $f_{y,k}$	St 37 240 N/mm²	St 52 360 N/mm²
I, U	bei ψ beliebig ($\psi < 1$)	
HE-A, HE-B HE-M, IPE	bei $\psi \leq 0{,}7$	bei $\psi \leq 0{,}4$

Nachweise der Beulsicherheit sind nach den El. 201 bis 205 nicht erforderlich,

- für Platten, deren Ausbeulen durch angrenzende Bauteile verhindert wird,

- für Stege von Walzprofilen und σ_x- und τ-Beanspruchungen (σ_y nach Bild 4 ist vernachlässigbar), wenn die Randspannungsverhältnisse ψ nach Tabelle 3-2.1 eingehalten sind.

- für Platten mit gedrungenen Querschnitten unter σ_x- und τ-Beanspruchungen (σ_y nach Bild 4 ist vernachlässigbar), wenn

$$b/t \leq 0{,}64 \sqrt{k_{\sigma x} \cdot E/f_{y,k}}$$

- in Einzelfeldern längsversteifter Platten unter den im El. 205 angegebenen Bedingungen.

Zu Element 201, Beulsicherung durch angrenzende Bauteile

Ein anderes als in der Anmerkung angegebenes Beispiel ist eine ausbetonierte Kastenstütze, deren Wände ein größeres (b / t)-Verhältnis haben, als es z.B. in den Bildern 5 und 6 mit grenz (b / t) angegeben ist.

Zu Element 203, Platten mit gedrungenen Querschnitten

Die Bed. (1) sichert die Beulsicherheit in einem unversteiften Gesamt- oder Teilfeld mit unverschieblich gelagerten Längsrändern ab, in der keine oder nur vernachlässigbare Randspannungen σ_y auftreten. Der Zahlenwert 0,64 gilt für den ungünstigsten Fall, in dem im Fließsicherheitsnachweis nach Teil 1, El. 747 die Vergleichsspannung allein durch über die Plattenbreite konstante ($\psi = +1$) Normalspannungen σ_x ausgeschöpft wird.

Dafür folgt für den bezogenen Schlankheitsgrad $\bar{\lambda}_P \leq 0{,}673$, daß wegen des Abminderungsfaktors $\kappa = 1{,}0$

(Bild 9) der Nachweis der Beulsicherheit nicht maßgebend ist:

Aus

$$\bar{\lambda}_P = \sqrt{f_{y,k}/(k_\sigma \sigma_e)} = \sqrt{f_{y,k} \cdot 12 \cdot (1-\mu^2)/(k_\sigma E)\pi^2} \; (b/t) \leq 0{,}673$$

folgt

$$b/t \leq 0{,}673 \sqrt{\pi^2/12 \cdot 0{,}91} \cdot \sqrt{k_\sigma E/f_{y,k}}$$

$$\leq 0{,}64 \sqrt{k_\sigma E/f_{y,k}}$$

Zu Element 204, Nachweis durch Einhalten von b/t-Werten

Die Herleitungen und weitere Ergebnisse für Randspannungsverhältnisse $\psi < 1{,}0$ sind in [3 - 8] mitgeteilt und zusätzlich in Abschnitt 12.1 wiedergegeben.

Druckfehler: Im Bild 5 ist die Richtung der Schubspannungen an den Querrändern umzukehren.

Aus den Erläuterungen zum Teil 1, dort zu El. 745, wird wiederholt, daß nach Teil 3, Tab. 1, Zeile 1 - und damit für ein Randspannungsverhältnis $\psi = 1$ auch mit den Bildern 5 und 6 - für spannungsmäßig nicht ausgenutzte Beulfelder größere Verhältnisse b/t als zulässig nachgewiesen werden können, als mit den auf der sicheren Seite liegenden Angaben in Tab. 12 von Teil 1. Dies gilt auch für Randspannungsverhältnisse $\psi < 1$ für die Bilder in [3 - 8].

Zu Element 205, Einzelfelder

Die Regel zielt darauf, in längsgedrückten Beulfeldern, die mit Längssteifen versteift sind, die Stahlquerschnittsfläche optimal auf Blech und Steifen zu verteilen.

Die Beulsicherheit des Gesamtfeldes hängt im wesentlichen von der Steifigkeit der Versteifungen und weniger von der Blechdicke ab, die Beulsicherheit der Einzelfelder von deren (b/t)-Verhältnis. Wenn man in Kauf nimmt, daß die Einzelfelder beulen, kann ihr (b/t)-Verhältnis über den Werten liegen, die sich aus dem Nachweis ausreichender Beulsicherheit ergeben. Bei durch den Steifenabstand vorgegebener Einzelfeldbreite b bedeutet dies eine Verringerung der Blechdicke t. Die dadurch gewonnene Querschnittsfläche kann man in die Steifenquerschnitte verlagern.

Man erkennt schon an dieser einfachen Betrachtung, daß das Verlagern von Querschnittsfläche vom Blech auf die Steifen die Tragfähigkeit des versteiften Bauteils erhöhen kann. Unter Inkaufnahme von Beulen in den Einzelfeldern kommt man - so wie im Flugzeugbau - zu wirtschaftlicheren Konstruktionen.

Natürlich muß man bei der Berechnung der Beanspruchungen, das sind hier die Normalspannungen σ_x, darauf achten, daß die Einzelfelder wegen ihres Beulens nicht mehr voll mittragen. Dies geschieht, wie im El. 205 angegeben, über den Ansatz eines wirksamen Querschnitt der untersuchten längsversteiften Platte.

In [3 - 4] werden die Probleme ausführlich diskutiert, das Vorgehen für die Praxis dargestellt und die Vorteile an Beispielen gezeigt.

3 Beulsteifen

Zu Element 301, Gurtbreite gedrückter Längssteifen

Gl. (4) ist hergeleitet für eine längsgedrückte Rechteckplatte. Die mittlere Spannung $\sigma_{x,m,d}$ folgt aus der Tatsache (vgl. Bild 3 - 3.1), daß mit der Grenzspannung $\sigma_{P,R,d} = \sigma_{x,m,d}$ die Längsspannungen an den Längsrändern die Fließgrenze erreichen.

Indem man die wahre Spannungsverteilung über die Breite b_{ik} mit dem Mittelwert $\sigma_{P,R,d} = \sigma_{x,m,d}$ durch die konstante Spannung $f_{y,d}$ über die Breite b'_{ik} ersetzt, folgt:

$b'_{ik} f_{y,d} = b_{ik} \sigma_{x,m,d}$ und mit

$\sigma_{x,m,d} = \sigma_{P,R,d} = \kappa f_{y,d} = \kappa f_{y,k} / \gamma_M$ gemäß El. 502

$b'_{ik} / b_{ik} = \sigma_{P,R,d} / f_{y,d} = \kappa$

sowie mit

$\kappa = 1 / (\lambda_P / \lambda_a) - 0{,}22 / (\lambda_P / \lambda_a)^2$
$= \lambda_a \cdot (1 / \lambda_P - 0{,}22 \cdot \lambda_a / \lambda_P^2)$

und $\lambda_P = \pi \sqrt{E / (k_\sigma \sigma_e)}$ und schließlich mit

$\sigma_e = 189800 \cdot (t/b)^2$ und $k_\sigma = 4$

$b'_{ik} = 0{,}605 \cdot t \lambda_a (1 - 0{,}605 \cdot 0{,}22 \cdot t \lambda_a / b_{ik})$
$= 0{,}605 \cdot t \lambda_a (1 - 0{,}133 \cdot t \lambda_a / b_{ik})$

Diese Herleitung macht auf der einen Seite deutlich, daß die Reduzierung der geometrischen Gurtbreite b_{ik} auf die wirksame Gurtbreite b'_{ik} dann mehr oder weniger weit auf der sicheren Seite liegt, wenn die Spannungen σ_x kleiner als die Grenzbeulspannungen für die Einzelfelder sind und damit die Beulsicherheit nicht ausgeschöpft wird. Sie rechtfertigt auf der anderen Seite das Vorgehen nach El. 205 mit dem dortigen Verweis auf El. 302 und die anderen dort genannten Elemente.

Die Grenze $a_i / 3$ berücksichtigt, daß die infolge Einzelfeldbeulen notwendige Reduktion der Breite b_{ik} auf die wirksame Breite b'_{ik} u.U. nicht maßgebend ist, da die Reduktion infolge Schubverformungen größer ist. Mit dem Begriff "wirksame Breite" soll, wie schon in der DASt-Ri. 012, geholfen werden, dieses Problem von dem der mitwirkenden Breite, z.B nach DIN 18 801, zu unterscheiden.

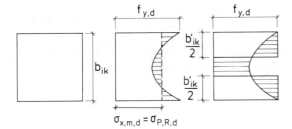

Bild 3 - 3.1   Zur wirksamen Gurtbreite gedrückter Längssteifen

Die bezogenen wirksamen Breiten b'_{ik}/b_{ik} nach Gl. (4) können in Abhängigkeit vom Verhältnis b_{ik}/t aus Tabelle 3 - 12.2 im Abschnitt 12.3 dieses Kommentars direkt entnommen werden.

Zu Element 302, Gurtbreite gedrückter Randsteifen

Gl. (6 b) folgt unmittelbar aus dem Ausdruck

$\kappa = 0{,}7 \cdot \lambda_a / \lambda_P$.

Da diese Gleichung nicht direkt verwendbar ist, wird die für die Praxis wichtigere Gl. (6 a) angegeben, die durch folgende Umformung aus der Gl. (6 b) abzuleiten ist:

$b'_{ik}/b_{ik} = \sigma_{P,R,d}/f_{y,d} = \kappa$

Einsetzen von $\kappa = 0{,}7 \cdot \lambda_a / \lambda_P$ nach Zeile 5 in Tab. 1 und $k_\sigma = 0{,}43$:

$$b'_{iO}/b_{iO} = \kappa = \frac{0{,}7 \lambda_a}{\pi} \sqrt{0{,}43 \cdot 189800/E} \cdot t/b_{iO}$$

oder $b'_{iO} = 0{,}138 \cdot t \cdot \lambda_a$.

Druckfehler: In den Gl. (7) und (8) muß rechts der Beistrich bei b_{ik} bzw. b_{iO} entfallen.

4 Spannungen aus den Einwirkungen

Zu Element 401, Spannungsberechnung

Der Grund für die Einschränkung im 2. Satz, die Spannungsberechnung nicht mit den geometrisch vorhandenen Querschnittsflächen durchzuführen, ist im Kommentar zu El. 205 erläutert.

Zu den Elementen 403 bis 406, Näherungen für Spannungsberechnungen

Die angegebenen Näherungen sind allein aus Plausibilitätsbetrachtungen entwickelt worden und zwar so, daß sie in der Praxis einfach anwendbar sind.

5 Nachweise

Zu Element 501, Nachweis bei alleiniger Wirkung von Randspannungen σ_x, σ_y oder τ

Die Gl. (9) und (10) sind die auf den Nachweis der Beulsicherheit bei alleiniger Wirkung von Randspannungen σ_x, σ_y und τ angeschriebene Bed. (10) aus Teil 1, El. 702: $S_d / R_d \leq 1$.

Anmerkung 1 fußt auf folgender Tatsache: In den Beulwerttafeln [3 - 5] und [3 - 6] werden für versteifte Felder keine Beulwerte angegeben, die zu größeren Verzweigungsspannungen gehören, als die für das ungünstigste, durch die Steifen erzeugte Teil- oder Einzelfeld. Dabei wird für die Teil- und Gesamtfelder Naviersche Lagerung an allen vier Rändern angenommen.

Zu Element 502, Grenzbeulspannungen ohne Knickeinfluß

Die Gl. (11) und (12) brauchen nicht erläutert zu werden, auf die Abminderungsfaktoren selbst wird in der Erläuterung von El. 601 eingegangen.

Grenzbeulspannungen sind Beanspruchbarkeiten, also mit den Bemessungswerten der Widerstandsgrößen zu berechnen. Der Begriff Tragbeulspannung wird dagegen allgemein so wie z.B. Streckgrenze benutzt, also ohne die Festlegung, ob sie mit charakteristischen oder Bemessungswerten der Widerstandsgrößen ermittelt wird. Eine Tragbeulspannung ist somit dann eine Grenzbeulspannung, wenn sie, wie mit den Gl. (11) und (12), mit dem Bemessungswert der Streckgrenze berechnet wird.

Zu Element 503, Grenzbeulspannungen mit Knickeinfluß

Was unter Knickeinfluß hier verstanden wird, ist im ersten Satz erklärt. Für Beulen mit Knickeinfluß wird mit dem Produkt $\kappa_K \kappa_x$ die Wechselwirkung der beiden Instabilitäten eingefangen. Sie besteht z.B. darin, daß durch das Ausbeulen von Querschnittsteilen die effektive Biegesteifigkeit der knickgefährdeten Stütze verkleinert wird, und umgekehrt darin, daß durch das Ausweichen der Stütze die für das Beulen von Querschnittsteilen maßgebenden Druckspannungen vergrößert werden.

Der Nachweis mit Hilfe der einfach zu berechnenden Grenzbeulspannung $\sigma_{xP,R,d}$ nach Gl. (13) ist durch Parameterstudien für knickgefährdete Stützen mit nicht versteiften Querschnittsteilen unter planmäßig mittigem Druck abgesichert. Danach wird der gegenseitige Einfluß von Knicken und Beulen durch das Produkt $\kappa_K \kappa_x$ ausreichend berücksichtigt. Deshalb dürfen die Schnittgrößen nach Theorie I. Ordnung und die Spannung σ_x und der bezogene Schlankheitsgrad $\bar{\lambda}_K$ mit Brutto-Querschnittswerten berechnet werden. El. 402 gilt also hier nicht.

Für knickgefährdete Stützen mit nicht versteiften Querschnittsteilen ist Gl. (13) abgesichert, der Nachweis liegt sogar oft weit auf der sicheren Seite, besonders für die in der Anmerkung angegebenen Fälle.

Bisher gibt es keine Untersuchungen, die Grundlage für eine Interpolation zwischen den beiden Fällen, in denen die Normalspannungen σ_x allein aus Normalkraft oder allein aus einem Biegemoment stammen, sein können. Daher kann man dann, wenn man nicht nach Theorie II. Ordnung gemäß El. 402 nachweist oder nachweisen kann, oder nach El. 205 vorgeht, nur auf der sicheren Seite nach diesem El. vorgehen, indem man annimmt, daß die Normalspannungen σ_x allein durch eine Normalkraft verursacht sind.

Zu Element 504, Nachweis bei gleichzeitiger Wirkung von Randspannungen σ_x, σ_y und τ

Gegenstand von berechtigter Kritik an der DASt-Ri. 012 waren die umständlichen Regelungen für den Nachweis der Beulsicherheit bei gleichzeitiger Wirkung mehrerer Beanspruchungen, vor allem von Randspannungen σ_x, σ_y und τ. Die alte Regelung im Abschnitt 8.3 der Richtlinie hatte den Vorteil, daß sie die für die Verzweigungsspannungen bekannte Interaktion berücksichtigte, so auch z.B. die Stabilisierung eines schubbeanspruchten Feldes durch Zugspannungen (vgl. z.B. [3 - 7]). Für das Extrapolieren vom Bereich der idealen Beulspannungen in den Bereich der Tragbeulspannungen sprach lediglich Plausibilität, die sich allerdings durch viele Vergleiche von Rechenergebnissen mit Versuchsergebnissen als vertretbar erwies. Der Aufwand für den Nachweis war unverhältnismäßig groß.

Die neue Regelung im El. 504 beruht auf einer Auswertung von Grenzbeulspannungen, die in Versuchen oder Traglastberechnungen für "Beulfälle" mit gleichzeitiger Beanspruchung durch mehrere Beanspruchungen an unversteiften Platten ermittelt wurden. Sie erfaßt diese Ergebnisse sehr gut und ist einfach zu handhaben. Sie bringt einen stetigen Übergang zur v. Mises-Hypothese für den Fall konstanter Spannungen ($\psi = +1$), wenn die Grenzbeulspannungen mit $\kappa \Rightarrow 1$ gegen den Bemessungswert der Streckgrenze anwachsen. Die Extrapolation auf versteifte Platten ist plausibel, und Vergleiche mit allerdings nur wenigen bekannten Versuchsergebnissen an solchen Platten mit gleichzeitiger Wirkung mehrerer Beanspruchungen lassen sie als vertretbar erscheinen.

Die Herleitung der Gl. (14) bis (19) ist in [3 - 8] dargestellt.

Druckfehler: In Gl. (17) muß der Exponent 6 durch 2 ersetzt werden.

6 Abminderungsfaktoren

Zu Element 601, Beulen ohne knickstabähnliches Verhalten

Der Begriff "knickstabähnliches Verhalten" wurde für das Problem des Plattenbeulens erstmalig in der DASt-Ri. 012 benutzt. Da er sich zur Beschreibung des Verhaltens von Platten unter bestimmten Bedingungen als nützlich erwiesen hat, wurde er in den Teil 3 übernommen. Er wird im Kommentar zu den El. 602 und 603 erläutert.

Die Abminderungsfaktoren κ und κ_τ - das sind die auf den Bemessungswert der Streckgrenze bezogenen Grenzbeulspannungen $\sigma_{P,R,d} / f_{y,d}$ oder $\tau_{P,R,d} / (\sqrt{3} \cdot f_{y,d})$ - werden 7 "Beulfällen", gekennzeichnet durch
- die Art des Feldes (Einzel-, Teil- oder Gesamtfeld),
- die Lagerung und
- die Beanspruchung,

zugeordnet. Die "Beulfälle" sind in den Spalten 1 bis 3 der Tab. 1 definiert.

Die Gleichungen für die Abminderungsfaktoren $\kappa = f(\lambda_P)$ sind Näherungen, mit denen experimentell oder rechnerisch ermittelte Beultragspannungen $\sigma_{P,R,k}$ und $\tau_{P,R,k}$ erfaßt werden. In die Auswertung zur Festlegung der Gleichungen wurden alle bekannten und zugleich zuverlässig ermittelten sowie zweifelsfrei dokumentierten Ergebnisse von Beulversuchen bzw. von Berechnungen einbezogen.

Grundlage dafür ist der Bericht [3 - 9], in den Daten für 705 Beulversuche an unversteiften und versteiften Platten eingegangen sind. Sie alle wurden in die Darstellung $\kappa = f(\lambda_P)$ übertragen. In [3 - 10] ist eine frühere Zusammenstellung zu finden.

Bild 3 - 6.1 zeigt die "Punktwolke" für 492 ausgewählte Beispiele aus den insgesamt 705 Ergebnissen. Viele mußten bei der Auswertung wegen Unbrauchbarkeit ausgesondert werden.

Über das Vorgehen bei der Auswertung wird in [3 - 9], zusammengefaßt auch in [3 - 11] berichtet. Hier müssen folgende Hinweise genügen:

- Bei der Auswertung wurde berücksichtigt, daß für eine große Anzahl von Versuchen die Kriterien für das knickstabähnliche Verhalten nach El. 602 zutreffen (vgl. dazu Erläuterungen zu El. 602 und 603).

- Für Versuche, bei denen die Längsränder der Versuchsplatten nicht gelenkig gelagert, aber auch nicht starr eingespannt waren, mußte eine angemessene Auswertung gefunden werden. Die Lösung dieses Problems wurde mit einer Sensibilitätsuntersuchung in bezug auf die Auswirkung getroffener Annahmen verknüpft.

- Eine Auswertung war nur dann möglich, wenn für einen Versuch neben anderen Kennwerten auch die Streckgrenze des Werkstoffes und die Ist-Abmessungen der Versuchskörper ermittelt und zweifelsfrei mitgeteilt worden sind.

- Werkstoffkennwerte sind u.a. von der Form der zu ihrer Bestimmung benutzten Versuchskörper und den Versuchsbedingungen, insbesondere der Dehngeschwindigkeit, abhängig. Um Vergleiche zu ermöglichen, werden daher in den Ländern, in denen nach DIN-Normen gearbeitet wird, die Probeform im allgemeinen nach DIN 50 125 festgelegt und die Versuche nach DIN 50 145 durchgeführt.

- Die Ergebnisse von Plattenbeulversuchen hängen auch von der Geschwindigkeit ab, mit der die Belastung gesteigert oder die Verkürzung der Versuchskörper vorgenommen wird.

- Oft fehlen in den Versuchsberichten Angaben in bezug auf die vorgenannten Einflüsse, oder gemachte Angaben sind nicht eindeutig.

- Letzteres gilt insbesondere für mitgeteilte Streckgrenzen. Das ist besonders dadurch bedingt, daß eine große Anzahl der in die Auswertung einbezogenen Versuche in Ländern durchgeführt wurde, in denen andere Standards als die DIN-Normen gelten.

- Um aus der Auswertung nicht zu viele Versuche aussondern zu müssen, wurden sie zum Teil auf der sicheren Seite interpretiert. Dies geschah z.B. durch die Annahme, daß mitgeteilte Streckgrenzen als untere Streckgrenzen gedeutet und für die Auswertung auf obere oder statische Streckgrenzen [3 - 12] "hochgerechnet" wurden.

- Bei der Auswertung wurden z.T. nebeneinander verschiedene Wege beschritten. Das für viele Versuchsberichte individuelle Vorgehen verlangte ein genaues Studium jedes Prüfberichtes. Oft wurde - leider vielfach erfolglos - versucht, durch Korrespondenz mangelhafte Angaben in den Berichten zu ergänzen.

- Die beschriebenen Schwierigkeiten erlaubten nicht, eine statistische Auswertung mit der Bestimmung von Fraktilen vorzunehmen, wie sie im Teil 1, dort in den El. 304 und 718 geregelt sind.

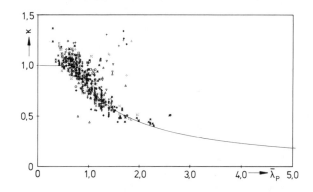

Bild 3 - 6.1. Eintragung von 492 Versuchsergebnissen in die Darstellung $\kappa = f(\bar{\lambda}_P)$

Durch den Bezug auf Beulversuche sind in den Beziehungen $\kappa = f(\bar{\lambda}_P)$ geometrische und strukturelle Imperfektionen so eingeflossen, wie sie in den Versuchskörpern vorhanden waren. Das Vorgehen entspricht damit dem der Verwendung der "Europäischen Knickspannungslinien" im Teil 2.

Ein wichtiges Ergebnis der Auswertung ist, daß die für konstanten Druck international gebräuchliche "Winterkurve" [3 - 13]

$$\kappa = 1 / \bar{\lambda}_P - 0{,}22 / \bar{\lambda}_P^2$$

mit ausreichender Zuverlässigkeit bestätigt wurde, obwohl sie von G. Winter nur für Querschnittsteile kaltgewalzter und damit dünnwandiger Bauteile hergeleitet worden ist.

Mit diesem Ergebnis werden im Teil 3 im Gegensatz zur DASt-Ri. 012 (vgl. "Beulkurve" im Bild 9 dieser Richtlinie) im höherschlanken Bereich ($\bar{\lambda}_P >$ rd. 1,3) sogenannte überkritische Reserven ausgenutzt. "Überkritische Reserven" liegen vor, wenn die Tragbeulspannungen größer als die nach der linearen Beultheorie berechneten Verzweigungsspannungen sind. Die Tragspannungen können auch mit einer geometrisch und werkstofflich nichtlinearen Beultheorie berechnet werden.

Überkritische Reserven sind bei Platten im schlanken Bereich (λ_P deutlich über 1) besonders groß. Sie beruhen auf der Verbesserung der Tragwirkung der Platte zum Abtragen von Scheibenbeanspruchungen durch große Verformungen (vgl. hierzu auch Bild 3 - 6.5).

Man erkennt die Zusammenhänge im Bild 3 - 6.2.

Die Eulerhyperbel, die für **alle** Stabilitätsprobleme die Verzweigungsspannungen, also die Ergebnisse der linearen Theorie, wiedergibt, lautet in der Darstellung im Bild 3 - 6.2 $\kappa = 1 / \bar{\lambda}_P^2$. Sie soll hier dazu dienen, die jetzt mit Teil 3 in Gegensatz zur DASt-Ri. 012 nutzbaren überkritischen Reserven darzustellen.

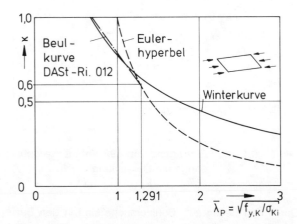

Bild 3 - 6.2. Vergleich von Eulerhyperbel, "Winterkurve" und "Beulkurve" nach DASt-Ri. 012

Natürlich wird die Praxis Konstruktionen mit beulgefährdeten Platten im hochschlanken Bereich so weit wie möglich vermeiden, da der damit verbundene relativ kleine κ-Wert nur eine geringe Ausnutzung für die Abtragung von Lasten erlaubt. Aber oft sind derartige Abmessungsverhältnisse durch andere Ziele als die einer großen Tragfähigkeit vorgegeben.

Mit dem Ersatz der Beulkurve aus der DASt-Ri. 012 durch die Winterkurve ist auch der Widerspruch beseitigt, der der Verwendung der Eulerhyperbel als Beulkurve im schlanken Bereich anhaftete: wenn man die Breite einer gedrückten Platte von b_1 auf b_2 vergrößerte, mußte man eine Verkleinerung der von der Platte aufnehmbaren Normalkraft

$$D = A \, \sigma_{P,R,d} = A \, \kappa \, f_{y,k} / \gamma_M$$

hinnehmen. Das ergab sich daraus, daß mit

$b_2 / b_1 = \mu$ zunächst $\bar{\lambda}_2 / \bar{\lambda}_1 = \mu$ und

damit nach der Eulerhyperbel $\kappa = 1 / \bar{\lambda}_P^2$

$\kappa_2 / \kappa_1 = 1 / \mu^2$ folgten und sich so mit

$A_2 / A_1 = \mu$ schließlich $D_2 / D_1 = 1 / \mu$ ergab,

d.h. mit der Vergrößerung der Plattenbreite b auf μ-fachen Wert fiel die Grenzlast D auf den $(1 / \mu)$-fachen Wert ab.

Heute zeigt der Vergleich z.B. mit

$\mu = b_2 / b_1 = 3 / 2 = 1{,}5$ und $\bar{\lambda}_1 = 2$, also $\bar{\lambda}_2 = 3$

mit $\kappa_2 / \kappa_1 = 0{,}309 / 0{,}445 = 1 / 1{,}44$,

daß die Traglast D mit der Vergrößerung der Plattenbreite steigt, wenn auch wenig, hier z.B. für die 1,5fache Breite auf den $(1{,}5 / 1{,}44) = 1{,}04$fachen Wert.

Der Vergleich der "Winterkurve" im Bild 3 - 6.2 mit der "Beulkurve" der DASt-Ri. 012 zeigt im übrigen, daß im mittelschlanken Bereich um λ_P um 1,0 keine nennenswerten Änderungen vorgenommen wurden. (Die "Beulkurve" der DASt-Ri. 012 fällt für $\lambda_P \geq 1{,}291$ mit der Eulerhyperbel zusammen.)

Für die Erläuterungen zu den El. 602 und 603 wird schon hier im Bild 3 - 6.3 ein Vergleich der Grundbeulkurve (= "Winterkurve") mit der günstigsten Biegeknickkurve a aus Teil 2 vorgenommen. Zusätzlich wird die Schalenbeulkurve 1 für normal imperfektionsempfindliche Schalenbeulfälle nach Teil 4 eingetragen, womit der folgende Vergleich von Biegeknicken, Platten- und Schalenbeulen untermauert werden kann.

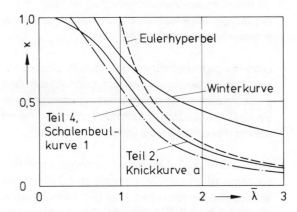

Bild 3 - 6.3. Vergleich von Eulerhyperbel, der Grundbeulkurve für das Plattenbeulen (= Winterkurve), Biegeknickkurve a nach Teil 2 und Schalenbeulkurve 1 nach Teil 4

Nur beim Beulen allseitig gelagerter Platten sind die Traglasten im höherschlanken Bereich größer als die Verzweigungslasten. Im Gegensatz dazu beruht die Tatsache, daß Traglasten beim Schalenbeulen zum Teil dramatisch kleiner als Verzweigungslasten sind, auf der Verschlechterung der Tragwirkung einer Schale durch Abweichungen von der planmäßigen Form, wie sie infolge von Imperfektionen oder durch große Verformungen auftreten können.

Beim Stabknicken kann mit einer Theorie, die große Verformungen berücksichtigt, eine im allgemeinen allerdings nur unwesentlich bessere Tragwirkung nachgewiesen werden, als mit einer geometrisch linearen Theorie. Dieser Effekt wird aber durch das unterlineare Werkstoffverhalten aufgezehrt. Daher liegen nicht nur Schalenbeul-, sondern auch Biegeknickkurven immer unter der Eulerhyperbel.

Die Anhebung des Abminderungsfaktors κ durch den Beiwert c in den Zeilen 1 und 3 von Tab. 1, der schon in der DASt-Ri. 012 in Tab. 7 in den erforderlichen Beulsicherheiten versteckt war, wurde ebenfalls durch die Auswertung der Beulversuche bestätigt. Er wurde bei der Festlegung der Grenzwerte grenz (b / t) für volles Mittragen beim Nachweisverfahren Elastisch-Elastisch im Teil 1, El. 745, Tab. 12 berücksichtigt. Das ist aber nicht bei allen beulabhängigen Regelungen von DIN 18 800 der Fall. Darauf wird besonderes hingewiesen (vgl. Teil 1, El. 745, Anmerkung 3).

Besondere Beachtung verdient die Unterscheidung zwischen beiden Zeilen 4 und 5 für dreiseitig gelagerte Teil- und Gesamtfelder unter Druckspannungen σ_x:

Der Unterschied zwischen den beiden Zeilen wird in der Anmerkung 2 (*Druckfehler:* muß Anmerkung 3 heißen) zum El. 601 erläutert. Ergänzend dazu soll Bild 3 - 6.4 zum besseren Verständnis beitragen.

- Fall b, den man sich als den Gurt eines I-Profiles vorstellen kann, gehört zur Zeile 5:

  Alle Fasern der beiden dreiseitig gelagerten Platten - das sind die halben Gurte - werden durch ein Biegemoment M_y gleichermaßen gestaucht. Das wird mit "konstanter Randverschiebung u" (beachte Druckfehler) charakterisiert. Die überkritischen Reserven im Bereich des am Steg gelagerten Randes können mobilisiert werden, da sich Spannungen vom ausweichenden Steg "umlagern" können. Die Lage der Resultierenden jeder Gurthälfte wird damit zwar verlagert, die Resultierende des ganzen Gurtes dagegen nicht. Daher liegen die Abminderungswerte in Zeile 5 relativ hoch, z.B. ist für $\bar{\lambda}_P = 1,3$ κ = 0,54.

- Den Fall a kann man sich als Gurt eines U-Profils vorstellen.

Das Bild zeigt den Fall, in dem die Lage der Resultierenden R aus Gleichgewichtsgründen erhalten bleiben muß. Die dafür erforderlichen Spannung am freien Rand sind wegen des Ausbeulens nur mit einer größeren Verkürzung der Fasern am freien Längsrand als am gelagerten Längsrand zu erreichen. Dadurch tritt eine Flanschkrümmung auf, und überkritische Reserven sind nicht zu mobilisieren. Die Abminderungswerte liegen daher in Zeile 4 relativ niedrig, z.B. ist für $\bar{\lambda}_P = 1,3$ κ = 0,45.

Denkbar ist auch eine Verlagerung der Resultierenden zum gelagerten Längsrand, wenn eine seitliche Krümmung durch die konstruktiven Bedingungen verhindert wird. Ein Beispiel sind zwei U-Profile, die Rücken an Rücken angeordnet sind und ein Biegemoment M_y übertragen. In diesem Fall liegt auch bei U-Profilen konstante Stauchung u vor, und die günstigere Zeile 5 ist zutreffend.

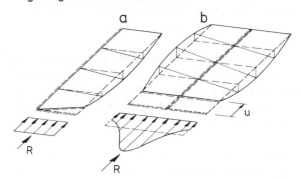

Bild 3 - 6.4.   Zur Unterscheidung der Beulfälle in den Zeilen 4 und 5 in Tab. 1

Die im 2. Absatz der Anmerkung (nach Korrektur richtig Anmerkung 1) angegebene Näherung zu Berechnung von Beulwerten in längsversteiften Platten, in denen die Steifigkeiten der Steifen sehr groß sind, hat Bedeutung für die Fälle, in denen auf den Nachweis der Beulsicherheit der Einzelfelder in Übereinstimmung mit El. 205 unter den dort angegebenen Voraussetzungen verzichtet wird.

Mit Gl. (20) wird von dem für ein vorgegebenes Flächenverhältnis $\sum \delta^L$ zur Mindeststeifigkeit $\sum \gamma^{L*}$ gehörenden Beulwert k_σ^* auf den Beulwert k_σ für das Flächenverhältnis $\sum \delta^L$ und die Steifigkeit $\sum \gamma^L > \sum \gamma^{L*}$ vorsichtig extrapoliert. Die Vergrößerung des Beulwertes wird so berechnet, als wenn es sich um ein Biegeknickproblem handelt, bei dem die Verzweigungsspannung linear mit der Biegesteifigkeit zunimmt.

Druckfehler: Die Anmerkung auf Seite 7 ist Anmerkung 1, die Ziffern für die beiden Anmerkungen 1 und 2 auf Seite 9 müssen in 2 und 3 geändert werden.

In Anmerkung 1 muß es in der 2. Zeile unter Gl. (20) σ^*_{Ki} anstelle von σ_{Ki} heißen.

In Tab. 1 muß es in Zeile 5, Spalte 3, u anstelle von µ heißen, ferner muß Zeile 7, Spalte 5, in $\kappa_\tau = 1,16 / \overline{\lambda}^2_P$ für $\overline{\lambda}_P > 1,38$ geändert werden.

In der letzte Zeile in Tab. 1 muß es min $k_\sigma(\alpha)$ anstelle von $k_\sigma(a)$ heißen.

Zu den Elementen 602 und 603, Beulen und Abminderungsfaktor bei knickstabähnlichem Verhalten

Mit dem Begriff "knickstabähnlichen Verhalten" werden "Beulfälle" gekennzeichnet, die - wie dies in Anmerkung 1 beschrieben wird - nur geringe oder keine überkritischen Tragreserven haben. In bezug auf den Nachweis der Sicherheit können sie damit einfach und zutreffend erfaßt werden.

Die Bezeichnung "knickstabähnlich" wurde aus der DASt-Ri. 012 unverändert übernommen, da "knickstabähnlich" inzwischen zu einem festen Begriff geworden ist. Nach der Terminologie von Teil 2 müßte es jetzt "biegeknickstabähnlich" heißen.

Knickstabähnliches Verhalten liegt z.B. (vgl. Bild 3 - 6.5) bei einer sehr breiten Platte (Seitenverhältnis α sehr klein, Fall c) vor, wenn sie in Längsrichtung gedrückt ist: der mittlere Bereich der Platte kann nicht von der Lagerung der Längsränder profitieren, er verhält sich wie eine Schar nebeneinander liegender Knickstäbe, und die Platte hat keine überkritischen Reserven (vgl. dazu Erläuterungen zuvor mit Bild 3 - 6.2). Beim Ausbeulen ist der mittlere Bereich der Platte im Gegensatz z.B. zur Beulfläche einer quadratischen Platte (Fall a) nur in einer Richtung gekrümmt und daher abwickelbar. Damit stimmt überein, daß sich die Platte c im Gegensatz zur annähernd quadratischen Platte a beim Beulen vorwiegend auf die Querränder und kaum auf die Längsränder abstützt. Aber gerade die Abstützung auf alle Ränder bringt eine Veränderung der Membranspannungszustände beim Ausbeulen und damit die überkritischen Reserven.

Wir müssen also folgern, daß nichtversteifte Platten mit kleinem Seitenverhältnis α oder längsversteifte mit weitgehend beliebigen Seitenverhältnissen α (Fall d) keine überkritischen Reserven besitzen und sich ihre Steifen im Mittelbereich wie nebeneinander liegende Knickstäbe verhalten. - Auf die Folgerungen wird schon in [3 - 6], dort auf Seite 14/15 eingegangen.

In Teil 3 wird Beulen mit knickstabähnlichem Verhalten zwischen "normales" Beulen und Biegeknicken eingeordnet. Die Einordnung wird nach Gl. (24) mit Hilfe des Wichtungsfaktors ϱ nach Gl. (21) vorgenommen: ist $\varrho = 0$ liegt Beulen ohne knickstabähnliches Verhalten vor, ist $\varrho = 1$ muß die Knicksicherheit mit der Knickspannungslinie b aus Teil 2 nachgewiesen werden.

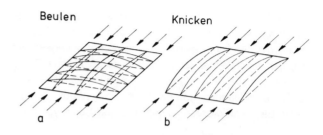

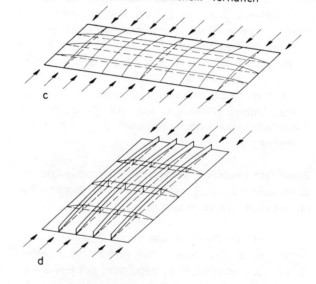

a: plattenartiges Verhalten
b: knickstabartiges Verhalten durch Beseitigen der Längsrandlagerungen
c: knickstabähnliches Verhalten einer unversteiften Platte mit kleinem Seitenverhältnis α
d: knickstabähnliches Verhalten einer längsversteiften Platte mit großem Seitenverhältnis α

Bild 3 - 6.5   Zum Begriff des Knickstabähnlichen Verhaltens beulgefährdeter Platten, erläutert an einer in Längsrichtung gedrückten Platte.

Der Wichtungsfaktor ϱ ist - wie schon in der DASt-Ri. 012 vom Verhältnis der idealen Beulspannung σ_{Pi} zur Eulerschen Knickspannung σ_{Ki} des als Knickstab aufgefaßten, also an den Längsrändern nicht gelagert gedachten Beulfeldes (Fall b im Bild 3 - 6.5) abhängig.

Dieses Verhältnis ist ein guter Maßstab für das mehr platten- oder mehr knickstabähnliche Verhalten. Für das Beispiel der unversteiften Platte zeigt Bild 3 - 6.6 die Zusammenhänge.

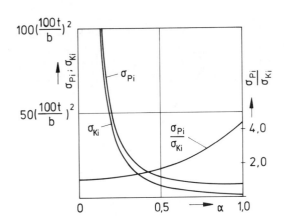

Bild 3 - 6.6 Verhältnis $\sigma_{Pi} / \sigma_{Ki}$ für eine unversteifte Platte in Abhängigkeit vom Seitenverhältnis α

Das Verhältnis $\sigma_{Pi} / \sigma_{Ki}$ beträgt für die quadratische Platte ($\alpha = 1$) $k_\sigma / (1 - \mu^2) = 4/0,91 = 4,4$. Für das Seitenverhältnis $\alpha \Rightarrow 0$ geht $k_\sigma / (1 - \mu^2)$ gegen $1/0,91 = 1,1$: Platte und Stäbe haben nahezu die gleiche Verzweigungsspannung, da keine Abtragung auf die Längsränder erfolgt. - Der Faktor $1/(1 - \mu^2)$ spiegelt die Verhinderung der Querdehnung der aneinanderliegenden Plattenstreifen wieder.

Für unausgesteifte Platten kann aus Gl. (21) für den Fall $\Lambda \leq 2$, d.h. es wird wegen nicht zu großem bezogenen Schlankheitsgrad $\bar{\lambda}$ mit $\Lambda = 2$ gerechnet, in Abhängigkeit vom Randspannungsverhältnis ψ das Grenzseitenverhältnis α_{1Grenz} für die Berücksichtigung knickstabähnlichen Verhaltens angegeben werden. In Bild 3 - 6.7 ist dies einmal unter Verwendung der Beulwerte k_σ aus DIN 4114, zum anderen mit den genaueren Beulwerten aus [3 - 5] dargestellt.

Einbezogen in das Beurteilungskriterium $\sigma_{Pi} / \sigma_{Ki}$ sind Platten mit großem Seitenverhältnis α, aber kräftiger Längsaussteifung. Auch sie haben kleine Verhältnisse $\sigma_{xPi}/\sigma_{xKi}$, weil sie sich beim Ausbeulen vorwiegend in Richtung der Steifen, also auf die Querränder stützen.

Gl. (23) gibt das Verhältnis σ_{Pi}/σ_{Ki} für längsversteifte Platten an, die Gleichung gilt daher für $\sigma_{xPi}/\sigma_{xKi}$ und ist wie folgt herzuleiten:

$\sigma_{xPi} = k_{\sigma x} \sigma_e$

$\sigma_{xKi} = \pi^2 EI / (a^2 A)$

Mit $I = b t^3/[12(1 - \mu^2)] \cdot (1 + \sum \gamma^L)$

$A = b t \cdot (1 + \sum \delta^L)$

$a = \alpha b$

folgt

$\sigma_{xKi} = (\sigma_e/\alpha^2) \cdot (1 + \sum \gamma^L)/(1 + \sum \delta^L)$

$\sigma_{xPi}/\sigma_{xKi} = k_{\sigma x} \alpha^2 \cdot (1 + \sum \delta^L)/(1 + \sum \gamma^L)$

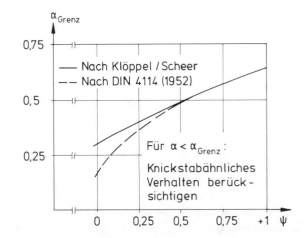

Bild 3 - 6.7. Seitenverhältnis α_{Grenz} für die Berücksichtigung knickstabähnlichen Verhaltens bei unversteiften Platten

Neu ist die Abhängigkeit des Wichtungsfaktors ϱ vom bezogenen Plattenschlankheitsgrad $\bar{\lambda}_P$. Mit ihm wird der Tatsache Rechnung getragen, daß in DIN 18 800 Teil 3 gegenüber der DASt-Richtlinie im höherschlanken Bereich überkritische Reserven ausgenutzt werden. Darauf wurde in der Erläuterung zu El. 601 mit Bild 3 - 6.2 hingewiesen. Durch diese Verbesserung wird die Berücksichtigung des knickstabähnlichen Verhaltens hier wichtiger als früher.

Für den Beiwert Λ in Gl. (21) gilt $2 \leq \Lambda \leq 4$. Der untere Grenzwert $\Lambda = 2$ entspricht nach Gl. (22) $\bar{\lambda}_P = \sqrt{(2 - 0,5)} = 1,22$. Für $\Lambda = 2$ kann ϱ nur größer oder gleich Null werden (Druckfehler beachten: es muß heißen $\varrho = ... \geq 0$ anstelle von > 0), wenn $\sigma_{Pi} / \sigma_{Ki} \geq 2$ ist. Das ist gleichbedeutend mit der Formulierung in der DASt-Ri. 012, Abschnitt 8.2.2, wenn der dort benutzte Kehrwert $\sigma_{Ki} / \sigma_{Pi} \leq 0,5$ ist. Für $\bar{\lambda}_P \leq 1,22$ ändert sich also nichts. Das entspricht der Tatsache, daß die überkritischen Reserven (vgl. Bild 3 - 6.2) erst bei einem bezogenen Schlankheitsgrad von etwa $\bar{\lambda}_P = 1,22$ gegenüber der früheren Regelung in den Nachweis der Beulsicherheit eingehen.

Für bezogene Schlankheitsgrade $\bar{\lambda}_P > 1,22$ wird der Wichtungsfaktor ϱ angehoben. Das geschieht durch die Vergrößerung von $\Lambda = 2$ für $\bar{\lambda}_P = 1,22$ auf $\Lambda = 4$ für

$\bar\lambda_P = \sqrt{(4 - 0{,}5)} = 1{,}87$. Die Interpolation erkennt man im Bild 3 - 6.8.

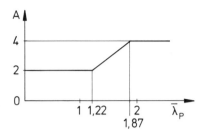

Bild 3 - 6.8 Beiwert Λ nach Gl. (22)

Die Auswirkung des Beiwertes Λ über den Wichtungsfaktor ϱ auf den Abminderungsfaktor κ_{PK} verdeutlicht Bild 3 - 6.9. Mit der Darstellung folge ich einem Vorschlag von Univ. Prof. Dr.-Ing. Fischer, Dortmund, den er 1988 bei der Vorstellung des Gelbdruckes vorgelegt hat.

Für die beiden Beispiele gedrungener Platten mit $\bar\lambda_P \leq 1{,}22$ und schlanker Platten mit $\bar\lambda_P \geq 1{,}87$ erkennt man, wie die Anteile Beulen über κ und Knicken über κ_K im Abminderungsfaktor κ_{PK} durch Interpolation zwischen der "Winterkurve" und der Knickspannungskurve b (Bild 3 - 6.10) gewichtet werden.

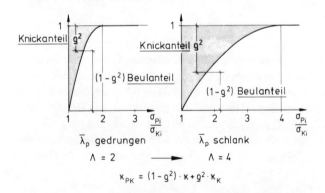

Bild 3 - 6.9 Abhängigkeit der Wichtung von Beulen und Biegeknicken vom bezogenen Schlankheitsgrad $\bar\lambda_P$, damit vom Beiwert Λ, und vom Verhältnis $\sigma_{Pi} / \sigma_{Ki}$

Wichtig im Gegensatz zu anderen Vorschlägen ist die durch das gewählte Vorgehen gegebene Möglichkeit, zwischen den beiden Grenzfällen "Beulen" und "Knicken" zu interpolieren. Damit muß man z.B. nicht gleich einen zu ungünstigen Biegeknicknachweis führen, wenn nur eine schwache Neigung zum knickstabähnlichen Verhalten vorliegt. Man kann aber auch den Einfluß von Schubspannungen, z.B. auf die Grenzlasten von längsversteiften und längsgedrückten Bodenplatten in Hohlkastenquerschnitten einfangen, indem man sie gemäß El. 504 berücksichtigt.

Der beschriebene Nachweis ist zunächst nur durch Plausibilität begründet. Die Nachrechnung von Versuchen ergab zufriedenstellende Ergebnisse, so daß der Arbeitsausschuß das einfache Vorgehen in die Norm aufgenommen hat.

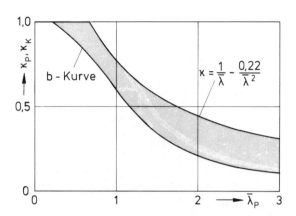

Bild 3 - 6.10 "Winterkurve" und Biegeknickkurve b als Grenzen für die Interpolation beim Beulen mit knickstabähnlichem Verhalten

Druckfehler: In Anmerkung 2 zum El. 602 wird auf El. 113 (nicht 112), in Anmerkung 3 auf El. 114 (nicht 113) verwiesen.

7 Nachweis der Quersteifen

Der Nachweis der Beulsicherheit nach Abschnitt 5 schließt Beulfelder mit Quersteifen ein.

Beulfelder mit mehr als zwei Quersteifen kommen in der Praxis häufig vor, da Querkonstruktionen, z.B. in Form von Schotten, mit denen ein Querrand eines Gesamtfeldes gegeben wäre, fehlen. Für diese Gesamtfelder mit mehr als zwei Quersteifen gibt es keine Beulwerttabellen.

Zu Element 701, Schubspannungen τ

Für den Nachweis der Beulsicherheit eines Gesamtfeldes mit mehr als zwei Quersteifen darf für Schubspannungen τ ein Beulwert k_τ benutzt werden, der gleich ist dem kleinsten für das Teilfeld oder für Gesamtfelder mit einer oder zwei Quersteifen. Für die Berechnung der Beanspruchungen sind beim Nachweis der Beulsicherheit die El. 404 und 405 zu beachten.

Bei der Berechnung der Mindeststeifigkeit γ^{Q*} ist entsprechend vorzugehen: maßgebend ist der größere der beiden für ein Gesamtfeld mit einer oder mit zwei Quersteifen zutreffende Wert γ^{Q*}.

Beide Vorgehensweisen sind möglich, um ausreichende Steifigkeit der Quersteife nachzuweisen.

Zu Element 702, Normalspannungen σ_x bei einem Wichtungsfaktor $\varrho \leq 0,7$ der angrenzenden Teilfelder

Der relativ kleine Wichtungsfaktor $\varrho \leq 0,7$ belegt für die an die betrachtete Quersteife angrenzenden Teilfelder, daß beim Beulen das knickstabähnliche Verhalten keine große Rolle spielt. Daher sind in diesem Fall keine über einen "normalen" Nachweis der Beulsicherheit hinausgehenden Absicherungen erforderlich. So kann auch der Beulwert k_σ so ermittelt werden, wie es im El. 701 für Schubspannungen angegeben ist.

Wie im El. 701 wird mit dem Vorgehen ausreichende **Steifigkeit** der Quersteifen nachgewiesen. Dies geschieht entweder indirekt über die Abhängigkeit des Beulwertes k_τ von der Steifigkeit γ^ϱ der Quersteife oder der Quersteifen oder direkt durch Forderung, daß die Steifigkeit γ^ϱ größer als die Mindeststeifigkeit $\gamma^{\varrho*}$ sein muß.

Bei gleichzeitiger Wirkung mehrerer Randspannungen ist der Nachweis der Beulsicherheit mit den nach den El. 701 und 702 ermittelten Beulwerten k_σ für die Normalspannungen σ_x und k_τ nach El. 503 zu führen.

Zu Element 703, Normalspannungen σ_x bei einem Wichtungsfaktor $\varrho > 0,7$ der angrenzenden Teilfelder

Der relativ große Wichtungsfaktor $\varrho > 0,7$ belegt für die an die betrachtete Quersteife angrenzenden Teilfelder, daß beim Beulen das knickstabähnliche Verhalten beachtet werden muß. Es wirkt sich dadurch auf die Quersteifen aus, daß sich die angrenzenden Teilfelder vorwiegend auf die Querränder, also auf die Quersteifen, abstützen und damit auf diese große Abtriebskräfte ausüben. Hierfür wird im Gegensatz zum Vorgehen für Wichtungsfaktoren $\varrho \leq 0,7$ ein Steifigkeitsnachweis nicht als ausreichend angesehen und daher ein **Tragsicherheits-** und ein **Verformungsnachweis** gefordert.

Der Tragsicherheitsnachweis ist als Nachweis nach dem Verfahren Elastisch-Elastisch nach Theorie II. Ordnung, - in DIN 4114 Ri., Abschnitt 10.02 als "Tragsicherheitsnachweis planmäßig außermittig gedrückter Stäbe nach der Spannungstheorie II. Ordnung" genannt - zu führen.

Bild 3 - 7.1 verdeutlicht das Vorgehen in Ergänzung zu Bild 10 der Norm und dem Text im El. 703.

Der Nachweis erfolgt für ein Gesamtfeld mit einer Quersteife. An den Querrändern ist also starre Stützung anzunehmen. Für Teilfelder gilt in der Regel gelenkige Lagerung an den Querrändern und an der Quersteife (Folgerungen aus der Annahme durchlaufender Biegesteifigkeit: vgl. 2. Absatz nach 3. Spiegelstrich).

Die Quersteife hat im lastfreien Zustand eine sinusförmige Vorkrümmung mit einem Stich w_o. Für w_o ist der kleinere der beiden Werte

- $b_G / 300$ (b_G = Breite des Gesamtfeldes = Breite der Teilfelder) und

- $\min a_i / 300$ ($\min a_i$ = Länge des kürzeren der beiden angrenzenden Teilfelder)

einzusetzen.

Die für das beschriebene System geforderte Nachweise sind in El. 703 genannt:

- Nachweis max $\sigma_x / \sigma_{x,R,d} \leq 1$ nach Teil 1, El. 747, Gl. (33) (kurz als Spannungsnachweis bezeichnet) und

- Nachweis, daß die elastischen Durchbiegung w der Quersteife in ihrer Mitte nicht größer als $b_G / 300$ ist.

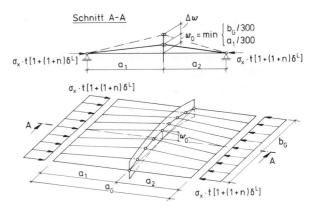

Bild 3 - 7.1. Zum Tragsicherheitsnachweis von Quersteifen nach El. 703

Aus den Regeln von El. 703 ergibt sich auch die Begründung der "Darf"bestimmung im El. 109, nach der "für die Querränder von Teilfeldern, die durch Quersteifen gebildet werden, ... beim Nachweis der Teilfelder unverschiebliche Lagerung angenommen werden" darf. Dies ist erlaubt, weil im Abschnitt 7 ein entsprechender Nachweis für die Quersteifen geführt werden muß.

Gl. (25) ist wie folgt hergeleitet (vgl. hierzu auch [3 - 14]):

Die Spannung σ_m ist ein Rechenwert in der Dimension einer Spannung, der, multipliziert mit der Durchbiegung der Quersteife in ihrer Mitte, die Querlast auf die Quersteife in ihrer Mitte ergibt. σ_m ergibt sich aus dem Produkt aus

- der mittleren Querschnittsfläche der versteiften Platte je Breiteneinheit

  $A / b_G = t \cdot [1 + (n^L + 1) \cdot \delta^L]$,

- dem Mittelwert der Längsspannung

  $\sigma_{1x} \cdot 0{,}5 \cdot (1 + \psi)$,

- dessen Verringerung um das Verhältnis

  $\sigma_{Ki} / \sigma_{Pi} = (1 + \sum \gamma^L) / [k_\sigma \alpha^2 (1 + \sum \delta)]$

  (das ist der Kehrwert der Gl. (23) im El. 602) zur Berücksichtigung der Tatsache, daß sich Teilfelder beim Ausbeulen mit abnehmenden Wichtungsfaktoren ϱ nicht allein auf die Querränder abstützen, und

- dem Verhältnis der Abtriebskraft auf die Quersteife zur Längskraft für die Durchbiegung "1" der Quersteife

  $(1 / a_1 + 1 / a_2)$.

Der **Spannungsnachweis** nach Theorie I. Ordnung erfordert, für den Zustand mit der Vorverformung w_o und der elastischen Durchbiegung Δw, daß für die Biegespannung im Querträger $f_{y,k} / \gamma_M$ eingehalten wird:

$\sigma_m \cdot (w_o + \Delta w) \cdot (b_G / \pi)^2 / (I_Q / \max e) \leq f_{y,k} / \gamma_M$.

Der **Durchbiegungsnachweis** nach Theorie I. Ordnung fordert, wenn die elastische Durchbiegung infolge der durch w_o und Δw bedingten Querlast den zulässigen Wert $b_G / 300$ nicht überschreiten darf,

$\sigma_m \cdot (\Delta w + w_o) \cdot (b_G / \pi)^4 / (EI_Q) = \Delta w$.

Man kann umformen in

$\Delta w = w_o \sigma_m b^4_G / (EI_Q \pi^4 - \sigma_m b^4_G)$,

dies in die Spannungsgleichung einsetzen und zunächst mit $(EI_Q \pi^4 - \sigma_m b^4_G)$ erweitern:

$\sigma_m (b_G / \pi)^2 \cdot w_o \, EI_Q \pi^4 \max e / I_Q \leq$
$(f_{y,k} / \gamma_M) \cdot (EI_Q \pi^4 - \sigma_m b^4_G)$

Mit $v = (\gamma_M / f_{y,k}) \cdot \pi^2 E \cdot \max e / (300 \cdot b_G)$
$= \gamma_M \lambda^2_a \cdot \max e / (300 \cdot b_G)$

folgt

$\sigma_m (b_G / \pi)^2 \cdot w_o \pi^2 v \leq (EI_Q \pi^4 - \sigma_m b^4_G) / (300 \cdot b_G)$
und nach weiterer Umformung mit der Auflösung nach I_Q schließlich Gl. (25).

Beispiel: Für die längs- und querversteifte Bodenplatte eines Hohlkastenquerschnittes nach Bild 3 - 7.2 möge gelten:

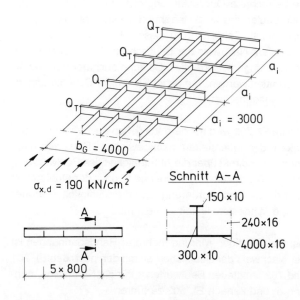

Bild 3 - 7.2   Beispiel für Nachweis der Quersteifen

Abmessungen und Längsspannung $\sigma_{x,d}$ wie eingetragen

Baustahl St 37

Längssteifen: $240 \cdot 16$ mit $\quad A = 38{,}4$ cm²
$\delta = 38{,}4 / (400 \cdot 1{,}6)$
$= 0{,}06$

T-förmige Quersteifen mit Steg $300 \cdot 10$
Gurt $150 \cdot 10$
wirksamer Gurt $1333 \cdot 16$,
wirksame Breite $a_i / 3$ nach El. 303/304

$I = 21{,}0 \cdot 10^3$ cm⁴, $\max e = 27{,}9$ cm (Gurtmitte)

Vorverformung $w_o = 3000 / 300 = 10$ mm (gegenüber $4000 / 300$ nicht maßgebend, auch nicht größer als Grenzwert 10 mm)

- **Nachweis nach Theorie II. Ordnung**

Berechnung in kN und cm.

Abtragung der Abtrieblasten auf die Längsränder wird vernachlässigt, da wegen $\sigma_{Ki} / \sigma_{Pi}$ = rd. 1 unbedeutend.

Mit

σ_m = 1,0 · 19,0 · 1,6 · (1 + 5 · 0,06) · (2 / 300)

= 0,2635 kN / cm²

Durchbiegung:

Δw = (1+ Δw) · 0,2635 · (400/π)4/(2,1·10⁴ · 21· 10³)

= (1 + Δw) · 0,157 oder Δw (1 - 0,157) = 0,157,

Δw = 0,186 cm < b_G / 300 = 400 / 300 = 1,44 cm

Biegespannung

σ_B = (1+0,186) · 0,2635 · (400/π)² / (21,0· 10³ / 27,9)

= 5066 / 753 = 6,73 kN/cm² < 24 / 1,1 = 21,8 kN/cm².

- **Vereinfachter Nachweis nach Gl. (25)**

    Mit v = 1,1· 92,9² 27,9 / (300 · 400) = 2,21

    I_Q = 21 000 cm⁴

    ≥ (0,2635 / 21 000)· (400 / π)⁴· (1+1· (300 /400) ·2,21)

    = 8 757 cm⁴

- **Näherung nach Gl. (26) nach Theorie I. Ordnung ohne iterative Berechnung der elastischen Durchbiegung Δw**

    q < π / 4 · 0,2635 · (1 + b_G / 300) = 0,482 kN / cm

    Δw < (5 / 384) / (2,1· 10⁴· 21,0 · 10³) · 0,482 · 400⁴
    = 0,36 cm

    M = 0,482 · 400² / 8 = 9640 kNcm, σ_B = 9640 / 753
    = 12,8 kN / cm²

Man erkennt, daß der Näherungsnachweis weit auf der sicheren Seite liegt, da anstelle von Δ = 0,186 cm mit 1,33 cm gerechnet wurde.

Zu Element 705, Endquersteifen

Die gegenüber der DASt-Ri. 012 neuen Forderungen gehen auf die Ausnutzung überkritischer Reserven auch für Schubspannungen zurück. Das erkennt man im Bild 9 an der Beulkurve für den Beulfall nach Zeile 5. Sie liegt fast so hoch wie die "Winterkurve" (vgl. dazu Erläuterungen zu El. 601, insbesondere mit Bild 3 - 6.2).

Mit der hohen Ausnutzung geht man in den Bereich der Zugfeldwirkung (vgl. z.B. [3 - 14]) und muß daher den Teil der Querkraft, der die zur Verzweigungsspannung τ_{Pi} gehörenden Querkraft V_{Pi} nach Gl. (27) übersteigt, wie bei der Mobilisierung eines Zugfeldes abtragen.

8 Einzelregelungen

Zu Element 801, Zusätzlicher Nachweis bei Platten mit quergerichteten Druckspannungen σ_y

Der Nachweis ist aus der DASt-Ri. 012, Abschnitt 10, übernommen worden (Seiten 71/72). Er wird (vgl. [3 - 1]) wie folgt begründet:

Für längsversteifte Platten mit quergerichteten Druckspannungen σ_y liegen nicht genügend Beulwerte vor. Deshalb werden hier für die Längssteifen Nachweise nach der Elastizitätstheorie II. Ordnung gefordert. Diese zusätzlichen Nachweise sind nur erforderlich, wenn die quergerichteten Druckspannungen σ_y aus einer oder mehreren konzentrierten Einzellasten (z.B. Radlasten bei Kranen) herrühren, wobei die Belastungslänge nach Bild 4 i. a. kleiner als die Teilfeldlänge ist. Die am Ort der Längssteife vorhandenen Normalspannungen σ_x (parallel zur Steifenachse) und σ_y (senkrecht zur Steifenachse) gehen in die Berechnung ein. Letztere kann z.B. nach [3 - 16] und [3 - 17] ermittelt werden.
Ein Beispiel ist im Abschnitt 11.6 durchgerechnet.

Zu Element 802, Platten mit Lasten rechtwinklig zur Plattenebene

Es wird ein Doppelnachweis gefordert:

- Der erste Absatz bezieht sich auf den Nachweis der Beulsicherheit nach Teil 3. Dabei bleiben die Biegespannungen infolge der Querlasten unberücksichtigt. Das heißt aber nicht, daß u.U. vorhandene Spannungen in der Plattenmittelfläche infolge der Querlasten außer Ansatz bleiben, wie z.B. in dem Fall, in dem Einzelfelder Gurte von Steifen sind.

Dieser Nachweis kann dann gegenüber dem Nachweis nach dem zweiten Absatz maßgebend werden, wenn die Verformungen infolge der Lasten rechtwinklig zur Plattenebene von der Eigenform, die zur Belastung in der Plattenebene gehören, abweichen.

- Der im 2. Absatz geforderte Nachweis auf Einhaltung der Grenzspannungen kann heute mit entsprechenden Rechenprogrammen geführt werden. Oft genügt aber eine Näherung [3 - 15], z.B. auch mit einem Trägerrost, mit dem die im allgemeinen versteifte Platte durch ein Stabwerk ersetzt wird. Ob nach Theorie II. Ordnung gerechnet werden muß, ist im Einzelfall zu entscheiden.

Ein Beispiel für den Fall, daß der Nachweis nach dem ersten Absatz maßgegend sein kann, ist eine längsgedrückte Platte mit großem Seitenverhältnis α, die eine gleichmäßig verteilte Flächenlast rechtwinklig zur Plattenebene aufzunehmen hat: zur Belastung in der Plattenebene gehört eine Beulform, die über die Längsrichtung mehrwellig, z.B. 3wellig ist, zur Belastung senkrecht zur Plattenebene gehört dagegen eine über die Plattenlängsrichtung einwellige Verformung. Dies kann z.B. für den gedrückten Obergurt eines Brücken-Kastenträgers der Fall sein.

Zu Element 803, Planmäßig schwach gekrümmte Platten

Dieses El. ist als Pendant zu El. 115 des Teils 4, Ebene Platten als Näherung zu sehen. Der Ersatz der Schale durch eine Platte liegt auf der sicheren Seite, da die Verbesserung der Tragwirkung durch die Schalenform nicht berücksichtigt wird.

Ein Beispiel ist das Teilfeld einer orthogonal versteiften Zylinderschale, die durch Kräfte in Axial- oder in Umfangsrichtung oder durch Schub oder mehrere dieser Belastungen gleichzeitig belastet wird.

Die Bilder 12, 13 und 14 im Teil 4 helfen, wenn man für die drei Belastungsfälle Plattenbeulen als Grenzfall für das Schalenbeulen vorstellen will.

Zu Element 804, Unversteifte Platten in schwach gekrümmten Trägern

Die Abgrenzung $r \geq b^2 / t$ gegenüber einem Nachweis für Schalenbeulen nach Teil 4 wurde aus der DASt-Richtlinie übernommen. Damit können planmäßig schwach gekrümmte Querschnittsteile, z.B. Gurte gekrümmter Kastenquerschnitte, vereinfachend wie Platten nachgewiesen werden.

9 Höchstwerte für unvermeidbare Herstellungsungenauigkeiten

Die Regeln sind gegenüber der DASt-Richtlinie etwas modifiziert und präzisiert.

Beachtung verdient die Forderung in El. 902, in dem das Einhalten der Höchstwerte nach Tab. 2 für den Fall des Beulens mit knickstabähnlichem Verhalten absolut gefordert
wird. Dagegen steht für den allgemeinen Fall im El. 901, daß die Forderungen eingehalten werden **sollen**, und im El. 903 wird geregelt, was zu tun ist, wenn sie überschritten werden.

10 Konstruktive Forderungen und Hinweise

Schadensfälle, die auf Versagen beulgefährdeter Bauteile zurückgingen, sind oft durch mangelhafte konstruktive Ausbildungen verursacht worden. Daher wurden schon in die DASt-Ri.012 Abschnitte aufgenommen, in denen wichtige Forderungen für die konstruktive Ausbildung stehen. Sie sind z.T. aus der Analyse von Schadensfällen entwickelt worden.

Die Mitglieder des Arbeitsausschusses halten die Beachtung der El. 1001 bis 1011 für ebenso wichtig wie den Nachweis der Beulsicherheit nach den Abschnitten 1 bis 9 des Teiles 3.

Die Regeln wurden aus der DASt-Richtlinie mit wenigen Änderungen in Teil 3 übernommen und so formuliert, daß keine Erläuterungen gegeben werden müssen. Angaben findet man in [3 - 1], dort auf den Seiten 75 bis 80

11 Beispiele

11.1 Vorbemerkung

In diesem Kapitel werden für häufig vorkommende Fälle Beulsicherheitsnachweise beispielhaft durchgerechnet. Dabei wurde unterstellt, daß die angegebenen Beanspruchungen (Schnittgrößen und Spannungen) aus den Bemessungswerten der Einwirkungen stammen.

Die Beispiele wurden dem Kommentar zur DASt-Ri 012 [3 - 1] entnommen, damit aus dem Vergleich des bisherigen und des künftigen Vorgehens deutlich wird, wo und in welchem Umfang sich Änderungen ergeben haben.

Die Beispiele nach DASt-Ri 012 wurden - wie seinerzeit üblich - nach dem zul. σ-Konzept berechnet. Da dieses Konzept mit den neuen Normen verlassen wurde und künftig mit Teilsicherheitsbeiwerten für Einwirkungen und Widerstände zu rechnen ist, wurden die Beanspruchungen mit fiktiven Teilsicherheitsbeiwerten bestimmt, um zu vergleichbaren Ergebnissen zu kommen. Es wurden gewählt

- für die Einwirkungsseite:
  - Beispiele mit Lastfall H: $\gamma_F = 1{,}50 / 1{,}1 = 1{,}36$
  - Beispiele mit Lastfall HZ: $\gamma_F = 1{,}33 / 1{,}1 = 1{,}21$
- für die Widerstandsseite: $\gamma_M = 1{,}1$

Für Fälle in der Praxis müssen das neue Sicherheitskonzept und die Kombinationsregeln des Teils 1 beachtet werden. Für Beulsicherheitsnachweise müssen die Beanspruchungen (Schnittgrößen und Spannungen) aus den Bemessungswerten der Einwirkungen, d.h. aus den γ_F-fachen Einwirkungen, nach der Elastizitätstheorie ermittelt werden (vgl. El. 101).

Für einige Nachweisdetails schien es sinnvoll, Hilfen zu erstellen, die es erlauben, benötigte Werte aus Diagrammen oder Tabellen zu entnehmen anstatt sie aus Formeln zu berechnen. Diese Nachweishilfen sind im Abschnitt 12 abgedruckt.

11.2 Kastenträger einer Lasttraverse

[3 - 1, Seite 97 ff.]

11.2.1 Ausgangsdaten

Werkstoff: Stahl St 52

Querschnittswerte: $I_y = 186\,600\ \text{cm}^4$; $W_y = 4\,850\ \text{cm}^3$

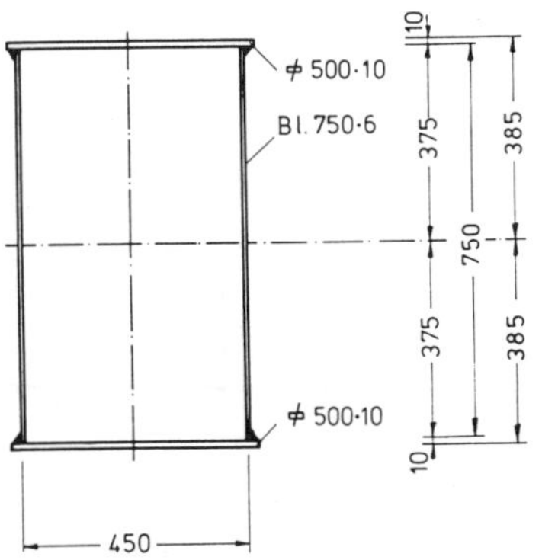

Bild 3 - 11.1 Querschnitt des Kastenträgers

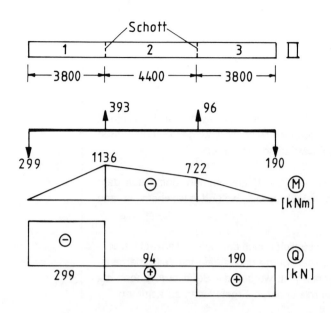

Bild 3 - 11.2 Abmessungen [mm], System, Einwirkungen (Belastung) [kN], Beanspruchungen (Schnittgrößen) [kN, kNm]

11.2.2 Beulsicherheitsnachweise für Gesamtfelder

Hinweis: Einzel- und Teilfelder kommen hier nicht vor.   El. 105 bis 107

11.2.2.1 Druckgurt im Trägerbereich 2

Beanspruchungen (Schnittgrößen und Spannungen):

$Q = 94$ kN

$M = \max M - Q \, b / 2 = 1\,136 - 94 \cdot 0{,}45 / 2 = 1\,115$ kNm   El. 404

$\sigma = \dfrac{M}{W_{Gurtmitte}} = \dfrac{1\,115 \cdot 100}{186\,600 / 38} = 22{,}7$ kN/cm² (Spannung in Mittelebene der Gurtplatte)

$\psi = 1$

$\tau \approx 0$ (vernachlässigbar)

$\bar{\sigma} = \dfrac{\sigma}{f_{y,k} / \gamma_M} = \dfrac{22{,}7}{36 / 1{,}1} = 0{,}694$

Nachweis durch Einhalten von b/t-Werten: El. 204

vorh $(b/t) = 450 / 10 = 45 < 54 = $ grenz (b/t) für $(\bar{\sigma}, \bar{\tau})$ Bild 6

⇒ Die Beulsicherheit ist ausreichend.

Alternative: Vereinfachter Nachweis nach Abschnitt 12.2:

vorh $(b/t) = 450 / 10 = 45$

grenz $\bar{\sigma} = 0{,}791 > 0{,}694 = $ vorh $\bar{\sigma}$ Tab. 3 - 12.1

⇒ Die Beulsicherheit ist ausreichend.

11.2.2.2 Steg im Trägerbereich 1

Beanspruchungen (Schnittgrößen und Spannungen):

Q = 299 kN

M = max M − Q b / 2 = 1 136 − 299 · 0,75 / 2 = 1 024 kNm   El. 404

$\sigma = \dfrac{M}{W_{Stegrand}} = \dfrac{1\,024 \cdot 100}{186\,600 / 37,5} = 20,6$ kN/cm² (Spannung am Stegrand)   Bild 3

$\psi = -1$

$\tau = \dfrac{Q}{A_{Steg}} = \dfrac{299}{2 \cdot 75,0 \cdot 0,6} = 3,3$ kN/cm²

$\bar{\sigma} = \dfrac{\sigma}{f_{y,k} / \gamma_M} = \dfrac{20,6}{36 / 1,1} = 0,629$

$\bar{\tau} = \dfrac{\sqrt{3}\,\tau}{f_{y,k} / \gamma_M} = \dfrac{\sqrt{3} \cdot 3,3}{36 / 1,1} = 0,175$

Nachweis durch Einhalten von b / t - Werten: El. 204

vorh (b / t) = 750 / 6 = 125 < 136 = grenz (b / t) für ($\bar{\sigma}, \bar{\tau}$)   Bild 3 - 12.10

⇒ Die Beulsicherheit ist ausreichend.

11.3 Vollwandträgersteg mit Längssteifen

11.3.1 Ausgangsdaten

Werkstoff: Stahl St 37

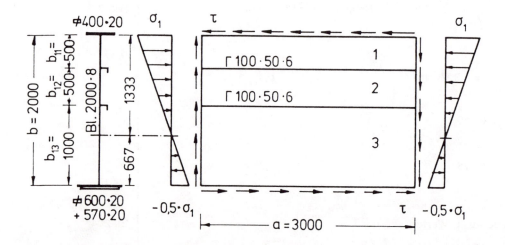

Bild 3 - 11.3   Abmessungen und Beanspruchungen (Spannungen)

Spannungen: $\sigma_1 = 15{,}1$ kN/cm²; $\tau = 3{,}78$ kN/cm²

Querschnittswerte (ohne Längssteifen): $I_y = 326 \cdot 10^4$ cm⁴

11.3.2 Beulsicherheitsnachweis für Einzelfeld 1

Hinweis: Wie die Untersuchung des Gesamtfeldes im folgenden Abschnitt 11.3.3 zeigt, ist die Steifigkeit γ^L der Einzelsteifen größer als die Mindeststeifigkeit γ^{L^*}. In solchen Fällen wird nach den Beulwerttafeln [3 - 5], [3 - 6] für den Nachweis des Gesamtfeldes die Einzelfeldbeulung maßgebend: Der Beulwert $k_\sigma = 77{,}9$ wird durch Einzelfeld 1 und der Beulwert $k_\tau = 23{,}2$ durch Einzelfeld 3 bestimmt. Da für Einzelfelder die Abminderungsfaktoren i.d.R. größer sind als für Teil- und Gesamtfelder, können die Einzelfeldnachweise im vorliegenden Fall nicht maßgebend werden.

Bei der Festlegung der Steifenlagen geht man in der Praxis i.a. so vor, daß man für ausreichende Beulsicherheit in den Einzelfeldern sorgt. Aus diesem Grunde werden in diesem Beispiel die Beulsicherheitsnachweise für Einzelfelder wiedergegeben.

Beanspruchungen (Spannungen):

$\sigma_1 = 15{,}1$ kN/cm²

$\sigma_2 = 15{,}1 \cdot 833 / 1\,333 = 9{,}44$ kN/cm²

$\psi = \sigma_2 / \sigma_1 = 9{,}44 / 15{,}1 = 0{,}625$

$\tau = 3{,}78$ kN/cm²

$$\bar{\sigma} = \frac{\sigma_1}{f_{y,k}/\gamma_M} = \frac{15,1}{24/1,1} = 0,692$$

$$\bar{\tau} = \frac{\sqrt{3}\,\tau}{f_{y,k}/\gamma_M} = \frac{\sqrt{3}\cdot 3,78}{24/1,1} = 0,300$$

Nachweis durch Einhalten von b/t-Werten: — El. 204

vorh $(b/t) = 50 / 0,8 = 62,5 < 72 =$ grenz (b/t) für $(\bar{\sigma}, \bar{\tau})$ — Bild 3 - 12.1 und 3 - 12.2 Interpolation

⇒ Die Beulsicherheit ist ausreichend.

Hinweis: Die Werte grenz (b/t) für Einzelfelder können größer sein als nach den Bildern des Abschnittes 12.1. Ein genauerer Nachweis kann daher u.U. lohnen.

11.3.3 Beulsicherheitsnachweis für das Gesamtfeld

Beulsteifen:

L 100 · 50 · 6   mit A = 8,73 cm², I_s = 89,7 cm⁴, h = 10,0 cm, e_x = 3,49 cm.

Einzelfeldbreiten:

$b_{11} = b_{12} = b_{ik} = 50$ cm

Wirksame Einzelfeldbreiten — El. 301

– nach Gleichung 4:

$b'_{ik} = 0,605\, t\, \lambda_a\, (1 - 0,133\, t\, \lambda_a / b_{ik})$ — Gl. (4)

$\quad = 0,605 \cdot 0,8 \cdot 92,9 \cdot (1 - 0,133 \cdot 0,8 \cdot 92,9 / 50) = 36,1$ cm $< a/3 = 100$ cm

– alternativ nach Abschnitt 12:

$b_{ik}/t = 50 / 0,8 = 62,5$

$b'_{ik}/b_{ik} = 0,722$ — Tab. 3 - 12.2

$b'_{ik} = 0,722 \cdot 50 = 36,1$ cm $< a/3 = 100$ cm

Steifenkennwerte: — El. 306 und 114

$A' = 0,5\,(b_{11} + b_{12})\, t = 36,1 \cdot 0,8 = 28,9$ cm²

$I = I_s + \dfrac{A \cdot A'}{A + A'}\, e^2 = 89,7 + \dfrac{8,73 \cdot 28,9}{8,73 + 28,9} \cdot (10,0 - 3,49 + 0,8/2)^2 = 410$ cm⁴

$\gamma^L = 10,92\,\dfrac{I}{b\,t^3} = 10,92 \cdot \dfrac{410}{200 \cdot 0,8^3} = 43,7$ — El. 114

$\delta^L = \dfrac{A}{b\,t} = \dfrac{8,73}{200 \cdot 0,8} = 0,055$ — El. 114

DIN 18 800 Teil 3 | 11 Beispiele | Hinweise

Beanspruchungen (Spannungen):

$\sigma = \sigma_1 = 15{,}1$ kN/cm²

$\psi = -0{,}5$

$\tau = 3{,}78$ kN/cm²

Systemgrößen: | El. 113

$\alpha = a / b = 300 / 200 = 1{,}5$

$k_\sigma = 77{,}9$ zugehörig zu $\gamma^{L*} = 18$ | [3 - 5]

$k_\tau = 23{,}2$ zugehörig zu $\gamma^{L*} = 30$ | [3 - 5]

$\sigma_e = 18\,980\,(t/b)^2 = 18\,980 \cdot (0{,}8/200)^2 = 0{,}304$ kN/cm²

$\sigma_{Pi} = k_\sigma\,\sigma_e = 77{,}9 \cdot 0{,}304 = 23{,}7$ kN/cm²

$\tau_{Pi} = k_\tau\,\sigma_e = 23{,}2 \cdot 0{,}304 = 7{,}05$ kN/cm²

Wirkung der Randspannungen σ_x:

– Abminderungsfaktor für das Beulen | Tab. 1

$\bar{\lambda}_P = \sqrt{f_{y,k}/\sigma_{Pi}} = \sqrt{24/23{,}7} = 1{,}01$

$c = 1{,}25 - 0{,}25\,\psi = 1{,}25 - 0{,}25 \cdot (-0{,}5) = 1{,}375 > 1{,}25$

$c = 1{,}25$

$\kappa_x = c\,(1/\bar{\lambda}_P - 0{,}22/\bar{\lambda}_P^2) = 1{,}25 \cdot (1/1{,}01 - 0{,}22/1{,}01^2) = 0{,}968$

– Knickstabähnliches Verhalten | El. 602

$\rho = \dfrac{\Lambda - \sigma_{Pi}/\sigma_{Ki}}{\Lambda - 1} = \dfrac{2 - 5{,}26}{2 - 1} = -3{,}26 < 0$ | Bed. (21)

mit

$\Lambda = \bar{\lambda}_P^2 + 0{,}5 = 1{,}01^2 + 0{,}5 = 1{,}52 < 2$ | Gl. (22)

$\Lambda = 2$

$\sigma_{Pi}/\sigma_{Ki} = k_\sigma\,\alpha^2\,\dfrac{1 + \Sigma\delta^L}{1 + \Sigma\gamma^L} = 77{,}9 \cdot 1{,}5^2 \cdot \dfrac{1 + 2 \cdot 0{,}055}{1 + 2 \cdot 18} = 5{,}26 > 1$ | Gl. (23)

Da $\rho < 0$, liegt kein knickstabähnliches Verhalten vor.

– Grenzbeulspannung | El. 502

$\sigma_{P,R,d} = \kappa_x\,f_{y,k}/\gamma_M = 0{,}968 \cdot 24 / 1{,}1 = 21{,}1$ kN/cm² | Gl. (11)

Wirkung der Randspannungen τ:

– Abminderungsfaktor für das Beulen | Tab. 1

$\bar{\lambda}_P = \sqrt{f_{y,k}/(\tau_{Pi}\,\sqrt{3})} = \sqrt{24/(7{,}05\,\sqrt{3})} = 1{,}40 > 1{,}38$

$\kappa_\tau = 1{,}16/\bar{\lambda}_P^2 = 1{,}16/1{,}40^2 = 0{,}592 < 1$

– Grenzbeulspannung

$$\tau_{P,R,d} = \kappa_\tau f_{y,k} / (\sqrt{3}\,\gamma_M) = 0{,}592 \cdot 24 / (\sqrt{3} \cdot 1{,}1) = 7{,}46 \text{ kN/cm}^2$$

El. 502
Gl. (12)

Nachweis für gleichzeitige Wirkung von Randspannungen σ_x und τ:

El. 504

$$\left\{ \frac{|\sigma|}{\sigma_{P,R,d}} \right\}^{e_1} + \left\{ \frac{|\tau|}{\tau_{P,R,d}} \right\}^{e_3} = 0{,}716^{1{,}88} + 0{,}507^{1{,}34} = 0{,}936 < 1$$

Bed. (14)

mit

$$\frac{\sigma}{\sigma_{P,R,d}} = \frac{15{,}1}{21{,}7} = 0{,}716 < 1$$

$$\frac{\tau}{\tau_{P,R,d}} = \frac{3{,}78}{7{,}46} = 0{,}507 < 1$$

$$e_1 = 1 + \kappa_x^4 = 1 + 0{,}968^4 = 1{,}88$$

Gl. (15)

$$e_3 = 1 + \kappa_x \kappa_\tau^2 = 1 + 0{,}968 \cdot 0{,}592^2 = 1{,}34$$

Gl. (17)

⇒ Die Beulsicherheit ist ausreichend.

Hinweis:

El. 601, Anm.

Für ausgesteifte Platten, bei denen die Steifigkeit der Längssteifen γ^L größer ist als die Mindeststeifigkeit γ^{L*}, sind die Beulwerte größer als k_σ^*.

Im vorliegenden Beispiel wird ausreichende Beulsicherheit nachgewiesen, obwohl lediglich die Beulwerte k_σ^* für den Gesamtfeldnachweis benutzt wurden und für das Gesamtfeld eigentlich höhere Beulwerte gelten.

Für Fälle, in denen höhere Beulwerte für das Gesamtfeld ausgenutzt werden sollen, kann die Rechnung zugeschärft werden, indem k_σ nach Gleichung 20 genauer ermittelt wird:

$$k_\sigma = k_\sigma^* \left[1 + \frac{\sigma_{Ki}^*}{\sigma_{Pi}^*} \left(\frac{1 + \Sigma\gamma^L}{1 + \Sigma\gamma^{L*}} - 1 \right) \right] = 77{,}9 \cdot \left[1 + \frac{1}{5{,}26} \cdot \left(\frac{1 + 2 \cdot 43{,}7}{1 + 2 \cdot 18} - 1 \right) \right]$$

Gl. (20)

$$= 77{,}9 \cdot 1{,}26 = 98{,}5 < 3\,k_\sigma^*$$

Im vorliegenden Beispiel kann also ein um 26 % größerer Beulwert ausgenutzt werden, der zu folgenden Änderungen führt:

– Geänderter Abminderungsfaktor für das Beulen

Tab. 1

$$\sigma_{Pi} = k_\sigma \sigma_e = 98{,}5 \cdot 0{,}304 = 29{,}9 \text{ kN/cm}^2$$

$$\bar{\lambda}_P = \sqrt{f_{y,k} / \sigma_{xPi}} = \sqrt{24 / 29{,}9} = 0{,}896$$

$$c = 1{,}25 \quad \text{(wie vorher)}$$

$$\kappa_x = c\,(1/\bar{\lambda}_P - 0{,}22/\bar{\lambda}_P^2) = 1{,}25 \cdot (1/0{,}896 - 0{,}22/0{,}896^2) = 1{,}05 > 1$$

$$\kappa_x = 1{,}0 \quad \text{(vorher: 0,968)}$$

– Geänderte Grenzbeulspannung

El. 502

$$\sigma_{P,R,d} = \kappa_x f_{y,k} / \gamma_M = 1{,}0 \cdot 24 / 1{,}1 = 21{,}8 \text{ kN/cm}^2$$

– Geänderter Nachweis El. 504

$$\left\{\frac{|\sigma_x|}{\sigma_{P,R,d}}\right\}^{e_1} + \left\{\frac{|\tau|}{\tau_{P,R,d}}\right\}^{e_3} = 0{,}693^2 + 0{,}507^{1{,}35} = 0{,}880 \text{ (vorher: 0,963)} < 1$$ Bed. (14)

mit

$$\frac{\sigma}{\sigma_{P,R,d}} = \frac{15{,}1}{21{,}8} = 0{,}693 \quad \text{(vorher: 0,716)}$$

$$\frac{\tau}{\tau_{P,R,d}} = 0{,}507 \quad \text{(unverändert)}$$

$e_1 = 1 + \kappa_x^4 = 1 + 1{,}0^4 = 2$ (vorher: 1,88) Gl. (15)

$e_3 = 1 + \kappa_x \kappa_\tau^2 = 1 + 1{,}0 \cdot 0{,}592^2 = 1{,}35$ (vorher: 1,34) Gl. (17)

⇒ Das Ergebnis zeigt wie erwartet, daß das Gesamtfeld höher ausnutzbar ist.

11.4 Orthotrope Platte mit Trapezsteifen [3 - 1, Seite 119]

11.4.1 Ausgangsdaten

Werkstoff: Stahl St 52

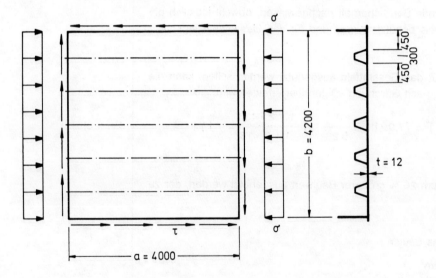

Bild 3 - 11.4 Orthotrope Platte mit Trapezsteifen;
Abmessungen und Beanspruchungen (Spannungen)

Beanspruchungen (Spannungen):

$\sigma = 24{,}5 \text{ kN/cm}^2$

$\psi = 1{,}0$

$\tau = 4{,}1 \text{ kN/cm}^2$

11.4.2 Beulsicherheitsnachweis für Einzelfelder

11.4.2.1 Einzelfeld mit der Breite $b_{11} = 45$ cm

Beanspruchungen (Spannungen):

$\sigma = 24{,}5$ kN/cm²

$\psi = 1{,}0$

$\tau = 4{,}1$ kN/cm²

$\bar{\sigma} = \dfrac{\sigma}{f_{y,k}/\gamma_M} = \dfrac{24{,}5}{36/1{,}1} = 0{,}749$

$\bar{\tau} = \dfrac{\sqrt{3}\,\tau}{f_{y,k}/\gamma_M} = \dfrac{\sqrt{3}\cdot 4{,}1}{36/1{,}1} = 0{,}217$

Nachweis durch Einhalten von b/t-Werten: | El. 204

vorh $(b/t) = 450/12 = 37{,}5 < 44 =$ grenz (b/t) für $(\bar{\sigma}, \bar{\tau})$ | Bild 3 - 12.6

$\Rightarrow$ Die Beulsicherheit ist ausreichend.

11.4.2.2 Einzelfeld der Trapezsteife mit der Breite $b_{s1} = 28{,}3$ cm

Beanspruchungen (Spannungen):

$\sigma = 24{,}5$ kN/cm²

$\bar{\sigma} = \dfrac{\sigma}{f_{y,k}/\gamma_M} = \dfrac{24{,}5}{36/1{,}1} = 0{,}749$

$\psi = 1{,}0$

$\tau \approx 0$

Vereinfachter Nachweis: | Abschn. 12.2

vorh $(b/t) = 283/6 = 47{,}2$

grenz $\bar{\sigma} = 0{,}865 > 0{,}749 =$ vorh $\bar{\sigma}$ | Tab. 3 - 12.1

$\Rightarrow$ Die Beulsicherheit ist ausreichend.

11.4.3 Beulsicherheitsnachweis für Gesamtfeld

Längssteifen:

Trapezprofil 2 / 275 / 6 mit $A = 41{,}1$ cm², $I_s = 3\,150$ cm⁴, $h = 27{,}5$ cm, $e = 11{,}5$ cm

Einzelfeldbreiten:

$b_{11} = 45$ cm

$b_{12} = 30$ cm

| | | 11 Beispiele | Hinweise |

Wirksame Einzelfeldbreiten:

$b_{11}/t = 450/12 = 37{,}5$

$b'_{11}/b_{11} = 0{,}895$

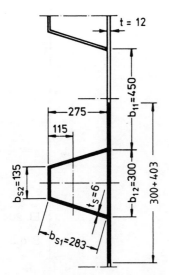

$b'_{11} = 0{,}895 \cdot 45 = 40{,}3$ cm

$b_{12}/t = 300/12 = 25{,}0$

$b'_{12}/b_{12} = 1{,}0$

$b'_{12} = 30{,}0$ cm

El. 301

Tab. 3 - 12.2

Tab. 3 - 12.2

Bild 3 - 11.5 Steifenabmessungen

Steifenkennwerte:

$A' = (40{,}3 + 30) \cdot 1{,}2 = 84{,}4$ cm²

$e = 27{,}5 + 0{,}6 - 11{,}5 = 16{,}6$ cm

$I = I_s + \dfrac{A \cdot A'}{A + A'} e^2 = 3\,150 + \dfrac{41{,}1 \cdot 84{,}4}{41{,}1 + 84{,}4} \cdot 16{,}6^2 = 10\,767$ cm⁴

$n^L = 420/75 = 5{,}6$ (rechnerische Steifenzahl)

$\gamma^L = 10{,}92 \dfrac{I}{b\,t^3} = 10{,}92 \cdot \dfrac{10\,767}{420 \cdot 1{,}2^3} = 162$

$\Sigma \gamma^L = n^L \gamma^L = 5{,}6 \cdot 162 = 907$

$\delta^L = \dfrac{A}{b\,t} = \dfrac{41{,}1}{420 \cdot 1{,}2} = 0{,}082$

$\Sigma \delta^L = n^L \delta^L = 5{,}6 \cdot 0{,}082 = 0{,}459$

El. 306 und 114

El. 114

El. 114

Beanspruchungen (Spannungen):

$\sigma = 24{,}5$ kN/cm²

$\psi = 1{,}0$

$\tau = 4{,}1$ kN/cm²

Systemgrößen:	El. 113

$\alpha = a/b = 400/420 = 0{,}95$

Bei gleichen Längssteifenabständen und konstantem Längsdruck ($\psi_T = 1$) und bei Vernachlässigung der Drillsteifigkeit der Längssteifen ist der Beulwert

$k_\sigma = \dfrac{1}{1+\Sigma\delta^L}\,[\,(1/\alpha+\alpha)^2 + (1/\alpha)^2 \cdot \Sigma\gamma^L\,]$

$= \dfrac{1}{1+0{,}459}\,[\,(1/0{,}95+0{,}95)^2 + (1/0{,}95)^2 \cdot 907\,] = 692$

$k_\tau = 630$ [3 - 9]

$\sigma_e = 18\,980\,(b/t)^2 = 18\,980 \cdot (12/4\,200)^2 = 0{,}155\ \text{kN/cm}^2$

$\sigma_{Pi} = k_\sigma\,\sigma_e = 692 \cdot 0{,}155 = 107{,}3\ \text{kN/cm}^2$

$\tau_{Pi} = k_\tau\,\sigma_e = 630 \cdot 0{,}155 = 97{,}7\ \text{kN/cm}^2$

Wirkung der Randspannungen σ_x:

– Abminderungsfaktor für das Beulen   Tab. 1

$\bar{\lambda}_P = \sqrt{f_{y,k}/\sigma_{Pi}} = \sqrt{36/107{,}3} = 0{,}579 < 0{,}673$ Bild 9

$c = 1{,}25 - 0{,}25\,\psi = 1{,}25 - 0{,}25 \cdot 1{,}0 = 1{,}0$

$\kappa_x = 1{,}0$ Bild 9

– Knickstabähnliches Verhalten   El. 602

$\rho = \dfrac{\Lambda - \sigma_{Pi}/\sigma_{Ki}}{\Lambda - 1} = \dfrac{2-1{,}0}{2-1} = 1{,}0 > 0$ Bed. (21)

mit

$\Lambda = \bar{\lambda}_P^2 + 0{,}5 = 0{,}579^2 + 0{,}5 = 0{,}835 < 2$

$\Lambda = 2$

$\sigma_{Pi}/\sigma_{Ki} = k_\sigma\,\alpha^2\,\dfrac{1+\Sigma\delta^L}{1+\Sigma\gamma^L} = 692 \cdot 0{,}95^2\,\dfrac{1+0{,}459}{1+907} = 1{,}0$

Die Plattenwirkung ist bedeutungslos. Die Platte wirkt wie ein Knickstab.

– Abminderungsfaktor für knickstabähnliches Verhalten   El. 603

$\kappa_{PK} = (1-\rho^2)\,\kappa_x + \rho^2\,\kappa_K = (1-1{,}0^2) \cdot 1{,}0 + 1{,}0^2 \cdot 0{,}847 = 0{,}847$ Gl. (24)

mit $\kappa_K = 0{,}847$ für $\bar{\lambda}_P = 0{,}579$ (Linie b)   Tab. 2 - 9.2

– Grenzbeulspannung   El. 502

$\sigma_{P,R,d} = \kappa_{PK}\,f_{y,k}/\gamma_M = 0{,}847 \cdot 36/1{,}1 = 27{,}7\ \text{kN/cm}^2$

Wirkung der Randspannungen τ:

– Abminderungsfaktor für das Beulen

$\bar{\lambda}_P = \sqrt{f_{y,k} / (\tau_{Pi} \sqrt{3})} = \sqrt{36 / (97{,}7 \sqrt{3})} = 0{,}461 < 0{,}84$

$\kappa_\tau = 1{,}0$

Tab. 1

– Grenzbeulspannung

$\tau_{P,R,d} = \kappa_\tau f_{y,k} / (\sqrt{3} \gamma_M) = 1{,}0 \cdot 36 / (\sqrt{3} \cdot 1{,}1) = 18{,}9 \text{ kN/cm}^2$

El. 502
Gl. (12)

Nachweis für gleichzeitige Wirkung von Randspannungen σx und τ:

El. 504

$\left\{\dfrac{|\sigma|}{\sigma_{P,R,d}}\right\}^{e_1} + \left\{\dfrac{|\tau|}{\tau_{P,R,d}}\right\}^{e_3} = 0{,}884^{1{,}51} + 0{,}217^{1{,}85} = 0{,}889 < 1$

Bed. (14)

mit

$\dfrac{\sigma}{\sigma_{P,R,d}} = \dfrac{24{,}5}{27{,}7} = 0{,}884 < 1$

$\dfrac{\tau}{\tau_{P,R,d}} = \dfrac{4{,}10}{18{,}9} = 0{,}217 < 1$

$e_1 = 1 + \kappa_x^4 = 1 + 0{,}847^4 = 1{,}51$

Gl. (15)

$e_3 = 1 + \kappa_x \kappa_\tau^2 = 1 + 0{,}847 \cdot 1{,}0^2 = 1{,}85$

Gl. (17)

⇒ Die Beulsicherheit ist ausreichend.

11.5 Planmäßig außermittig gedrückte Stütze

[3 - 1, Seite 130]

11.5.1 Ausgangsdaten

Werkstoff: Stahl St 52

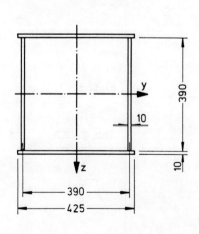
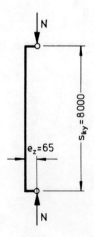

Bild 3 - 11.6 Planmäßig außermittig gedrückte Stütze;
Abmessungen und Einwirkungen

Querschnittswerte:

$A = 163 \text{ cm}^2$

$I_y = 43\,890 \text{ cm}^4$

$i_y = 16{,}4 \text{ cm}$

$W_y = 43\,890 / 20{,}5 = 2\,141 \text{ cm}^3$

Beanspruchungen (Schnittgrößen):

Normalkraft $\quad N = 2\,520 \text{ kN}$

Biegemoment $\quad M_y = 2\,520 \cdot 6{,}5 = 16\,380 \text{ kNcm}$

11.5.2 Beulsicherheitsnachweis für das Gesamtfeld mit Berücksichtigung des Einflusses aus Biegeknicken

Beanspruchungen (Spannungen):

$\sigma = N/A + M_y/W_y = 2\,520/163 + 16\,380/2\,141 = 15{,}5 + 7{,}6 = 23{,}1 \text{ kN/cm}^2$

$\psi = 1$

$\tau = 0$

Erfassung des Beuleinflusses:

– Systemgrößen | El. 113

$\alpha > 1$

$k_\sigma = 4{,}0$

$\sigma_e = 18\,980 \, (b/t)^2 = 18\,980 \cdot (10/390)^2 = 12{,}48 \text{ kN/cm}^2$

$\sigma_{Pi} = k_\sigma \, \sigma_e = 4{,}0 \cdot 12{,}48 = 49{,}9 \text{ kN/cm}^2$

– Abminderungsfaktor für das Beulen | Tab. 1

$\overline{\lambda}_P = \sqrt{f_{y,k}/\sigma_{xPi}} = \sqrt{36/49{,}9} = 0{,}849$

$c = 1{,}25 - 0{,}25 \, \psi = 1{,}25 - 0{,}25 \cdot 1{,}0 = 1{,}0$

$\kappa_x = c \, (1/\overline{\lambda}_P - 0{,}22/\overline{\lambda}_P^{\,2}) = 1{,}0 \cdot (1/0{,}849 - 0{,}22/0{,}849^2) = 0{,}873$

Erfassung des Knickeinflusses:

– Bezogener Schlankheitsgrad | Teil 2, El. 110

$s_{Ky} = 800 \text{ cm}$

$\overline{\lambda}_{Ky} = s_{Ky}/(i_y \cdot \lambda_a) = 800/(16{,}4 \cdot 75{,}9) = 0{,}643$

– Abminderungsfaktor für Biegeknicken (Linie b)

$\kappa_K = 0{,}815$ | Tab. 2 - 9.2

Grenzbeulspannung:

$\sigma_{P,R,d} = \kappa_K \kappa_x f_{y,k} / \gamma_M = 0{,}815 \cdot 0{,}873 \cdot 36 / 1{,}1 = 23{,}3 \text{ kN/cm}^2$

El. 503
Gl. (13)

Nachweis:

$\dfrac{\sigma}{\sigma_{P,R,d}} = \dfrac{23{,}1}{23{,}3} = 0{,}991 < 1$

El. 501
Bed. (9)

⇒ Die Beulsicherheit ist ausreichend.

Hinweis:

In der Grenzbeulspannung ist der Abminderungsfaktor für Beulen und der für Biegeknicken berücksichtigt. Da diese Grenzspannung der Summe der Spannungsanteile aus der Normalkraft und aus dem Biegemoment gegenübergestellt wird, liegt der Nachweis auf der sicheren Seite. Denn indirekt wird so auch beim Biegemomentenanteil ein Knickeinfluß unterstellt, obwohl er nicht vorhanden ist.

El. 503, Anm.

11.6 Vollwandträgersteg mit örtlicher Lasteinleitung

[3 - 1, Seite 107]

11.6.1 Ausgangsdaten

Werkstoff: Stahl St 52

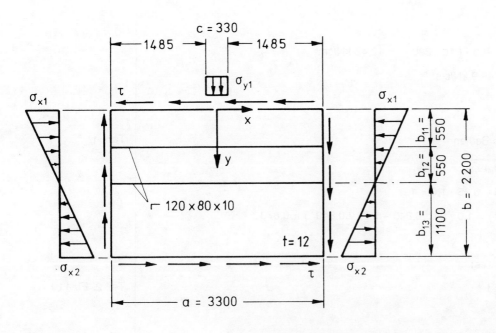

Bild 3 - 11.7 Abmessungen und Beanspruchungen (Spannungen)

306

Beanspruchungen (Spannungen):

$\sigma_{x1} = 23{,}1 \text{ kN/cm}^2$

$\sigma_{x2} = -23{,}1 \text{ kN/cm}^2$

$\tau = 7{,}5 \text{ kN/cm}^2$

$\sigma_{y1} = 10{,}9 \text{ kN/cm}^2$

$P_{y1} = \sigma_{y1}\, t\, c = 10{,}9 \cdot 1{,}2 \cdot 33{,}0 = 432 \text{ kN}$

Die Spannungen werden im Schnitt x = 0 durch folgende Funktion näherungsweise beschrieben:

$$\sigma_y(y) = \frac{\sigma_{y1}}{\pi} \left[2 \arctan \frac{c}{2y} - 2 \arctan \frac{c}{4b - 2y} + \frac{4cy}{c^2 + 4y^2} - \frac{4c(2b-y)}{c^2 + (4b-2y)^2} \right]$$ Gl. (3 - 11.1)

Die Belastungslänge c ist von der Koordinate y abhängig. Mit der Näherung

$\tau_P \approx F_y / (2\,b\,t) = \sigma_{y1}\, c(0) / (2\,b)$

folgt aus der Gleichgewichtsbedingung $\Sigma V = 0$

$\sigma_{y1}\, c(0) = 2\,\tau_P\, y + \sigma_y(y)\, c(y)$

und daraus

$$c(y) = \frac{\sigma_{y1}}{\sigma_y(y)}\, c(0)\,(1 - y/b).$$ Gl. (3 - 11.2)

Aus den Gl. (3 - 11.1) und (3 - 11.2) erhält man im Schnitt x = 0

- für y = 0 cm: $\sigma_y(0) = \sigma_{y1} = 10{,}9 \text{ kN/cm}^2$ und c(0) = 33,0 cm
- für y = 55 cm: $\sigma_y(55) = 3{,}34 \text{ kN/cm}^2$ und c(55) = 80,8 cm
- für y = 110 cm: $\sigma_y(110) = 1{,}36 \text{ kN/cm}^2$ und c(110) = 132,4 cm

Die Ergebnisse sind in Bild 3 - 11.8 wiedergegeben.

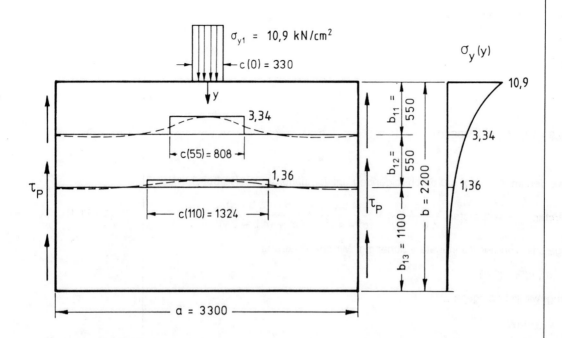

Bild 3 – 11.8 σ_y-Verteilung

11.6.2 Beulsicherheitsnachweis für oberes Einzelfeld mit der Breite b_{11} = 55 cm

Beanspruchungen (Spannungen):

σ_{x1} = 23,1 kN/cm²

σ_{x2} = σ_{x1} / 2

ψ_x = σ_{x2} / σ_{x1} = 0,5   El. 110

ψ_{Tx} = −1   Tab. 1

τ = 7,5 kN/cm²

σ_{y1} = 10,9 kN/cm²

σ_{y2} = 3,34 kN/cm²

ψ_y = ψ_{Ty} = 1   (Hinweis: Für σ_y = const in x-Richtung ist ψ_y = 1.)

Systemgrößen: El. 113

α = a / b_{11} = 330 / 55 = 6,0

σ_e = 18 980 (t / b)² = 18 980 (1,2 / 55)² = 9,04 kN/cm²

$k_{\sigma x} = \dfrac{8,2}{\psi + 1,05} = \dfrac{8,2}{0,5 + 1,05} = 5,29$ Teil 1 Tab. 12

k_τ = 5,34 + 4 / α^2 = 5,34 + 4 / 6,0² = 5,45   DIN 4114/1 Tab. 6

σ_{xPi} = $k_{\sigma x}$ σ_e = 5,29 · 9,04 = 47,8 kN/cm²

τ_{Pi} = k_τ σ_e = 5,45 · 9,04 = 49,3 kN/cm²

Systemgrößen für σ_y-Beanspruchung:

– Belastung am oberen Längsrand des Einzelfeldes

c_1/a = 33 / 330 = 0,1

$k_{\sigma y1}$ = 0,39 [3 - 16]

F_{y1Pi} = $k_{\sigma y1}$ σ_e a t = 0,39 · 9,04 · 330 · 1,2 = 1 396 kN

– Belastung am unteren Längsrand des Einzelfeldes

c_2/a = 80,8 / 330 = 0,245

$k_{\sigma y2}$ = 0,55 [3 - 16]

F_{y2Pi} = $k_{\sigma y2}$ σ_e a t = 0,55 · 9,04 · 330 · 1,2 = 1 969 kN

– Belastung gleichzeitig an beiden Längsrändern des Einzelfeldes

Mit den resultierenden Lasten

F_{y1} = 432 kN und

F_{y2} = 3,34 · 80,8 · 1,2 = 324 kN

folgt aus der Dunkerleyschen Formel

$$\frac{1}{F'_{y1Pi}} = \frac{1}{F_{y1Pi}} + \frac{F_{y2}}{F_{y2Pi} \cdot F_{y1}} = \frac{1}{1396} + \frac{324}{1969 \cdot 432}$$

F'_{y1Pi} = 911 kN

σ'_{y1Pi} = 911 / (33 · 1,2) = 23,0 kN/cm²

Wirkung der Randspannungen σ_x:

– Abminderungsfaktor für das Beulen Tab. 1

σ_{xPi} = 47,8 kN/cm² (s. o.)

$\overline{\lambda}_P$ = $\sqrt{f_{y,k} / \sigma_{xPi}}$ = $\sqrt{36 / 47,8}$ = 0,868

c = 1,25 – 0,12 ψ_{Tx} = 1,25 – 0,12 · (–1,0) = 1,37 > 1,25

c = 1,25

κ_x = c (1 / $\overline{\lambda}_P$ – 0,22 / $\overline{\lambda}_P^2$) = 1,25 · (1 / 0,868 – 0,22 / 0,868²) = 1,08 > 1

κ_x = 1

– Knickstabähnliches Verhalten El. 602

$$\rho = \frac{\Lambda - \sigma_{xPi}/\sigma_{xKi}}{\Lambda - 1} = \frac{2 - 190}{2 - 1} = -188 < 0$$ Bed. (21)

mit

Λ = $\overline{\lambda}_P^2$ + 0,5 = 0,868² + 0,5 = 1,25 < 2 Gl. (22)

Λ = 2

$\sigma_{xPi} / \sigma_{xKi}$ = $k_{\sigma x}$ α^2 = 5,29 · 6² = 190 > 1 Gl. (23)

	11 Beispiele / Hinweise

Da $\rho < 0$, liegt kein knickstabähnliches Verhalten vor.

- Grenzbeulspannung   El. 502

$\sigma_{xP,R,d} = \kappa_x \, f_{y,k} / \gamma_M = 1 \cdot 36 / 1{,}1 = 32{,}7 \text{ kN/cm}^2$ Gl. (11)

Wirkung der Randspannungen τ:

- Abminderungsfaktor für das Beulen   Tab. 1

$\tau_{Pi} = 49{,}3 \text{ kN/cm}^2$ (s. o.)

$\overline{\lambda}_P = \sqrt{f_{y,k} / (\tau_{Pi} \sqrt{3})} = \sqrt{36 / (49{,}3 \sqrt{3})} = 0{,}649 < 0{,}84$

$\kappa_\tau = 0{,}84 / \overline{\lambda}_P = 0{,}84 / 0{,}649 = 1{,}29 > 1$ vgl. Bild 9

$\kappa_\tau = 1$

- Grenzbeulspannung   El. 502

$\tau_{P,R,d} = \kappa_\tau \, f_{y,k} / (\sqrt{3} \, \gamma_M) = 1 \cdot 36 / (\sqrt{3} \cdot 1{,}1) = 18{,}9 \text{ kN/cm}^2$ Gl. (12)

Wirkung der Randspannungen σ_y:

- Abminderungsfaktor für das Beulen   Tab. 1

$\sigma_{yPi} = \sigma'_{yPi} = 23{,}0 \text{ kN/cm}^2$ (s. o.)

$\overline{\lambda}_P = \sqrt{f_{y,k} / \sigma_{yPi}} = \sqrt{36 / 23{,}0} = 1{,}25$

$c = 1{,}25 - 0{,}12 \, \psi_{Ty} = 1{,}25 - 0{,}12 \cdot 1 = 1{,}13$

$\kappa_y = c \, (1 / \overline{\lambda}_P - 0{,}22 / \overline{\lambda}^2_P) = 1{,}13 \cdot (1 / 1{,}25 - 0{,}22 / 1{,}25^2) = 0{,}745$

- Knickstabähnliches Verhalten   El. 602

$\rho = \dfrac{\Lambda - \sigma_{yPi} / \sigma_{yKi}}{\Lambda - 1} = \dfrac{2{,}06 - 2{,}25}{2{,}06 - 1} = -0{,}179 < 0$ Bed. (21)

mit

$\Lambda = \overline{\lambda}^2_P + 0{,}5 = 1{,}25^2 + 0{,}5 = 2{,}06$ Gl. (22)

$\sigma_{yKi} = \sigma_{yKi}' = \dfrac{1{,}88 \, \sigma_e}{1 + 0{,}88 \, F_{y2} / F_{y1}}$ Gl. (3 - 11.3)

$\phantom{\sigma_{yKi} = \sigma_{yKi}'} = \dfrac{1{,}88 \cdot 9{,}04}{1 + 0{,}88 \cdot 324 / 432} = 10{,}2 \text{ kN/cm}^2$

$\sigma_{yPi} / \sigma_{yKi} = 23{,}0 / 10{,}2 = 2{,}25$

Hinweis: Die Eulersche Knickspannung σ_{yKi} des Beulfeldes mit frei angenommenen Querrändern kann im vorliegenden Beispiel mit quergerichteten Druckkräften auf beiden Längsrändern nach DIN 4114 Teil 2 Tab. 5 Gl. 6 bestimmt werden. Die Umformung führt zu der oben angegebenen Gleichung (3 - 11.3). Damit wird die Forderung erfüllt, daß bei der Ermittlung von σ_{yPi} und von σ_{yKi} der gleiche Spannungsverlauf in Beanspruchungsrichtung zu berücksichtigen ist.

Da $\rho < 0$, liegt kein knickstabähnliches Verhalten vor.

– Grenzbeulspannung — El. 502

$\sigma_{yP,R,d} = \kappa_y\, f_{y,k} / \gamma_M = 0{,}745 \cdot 36 / 1{,}1 = 24{,}4\ \text{kN/cm}^2$ — Gl. (11)

Nachweis für gleichzeitige Wirkung von Randspannungen σ_x, σ_y und τ: — El. 504

$$\left\{\frac{|\sigma_x|}{\sigma_{xP,R,d}}\right\}^{e_1} + \left\{\frac{|\sigma_y|}{\sigma_{yP,R,d}}\right\}^{e_2} - V\left\{\frac{|\sigma_x\,\sigma_y|}{\sigma_{xP,R,d}\,\sigma_{yP,R,d}}\right\} - \left\{\frac{|\tau|}{\tau_{P,R,d}}\right\}^{e_3}$$

$= 0{,}706^2 + 0{,}447^{1,31} - 0{,}171 \cdot 0{,}706 \cdot 0{,}447 + 0{,}397^{1,75} = 0{,}991 > 1$ — Bed. (14)

mit

$\dfrac{\sigma_x}{\sigma_{xP,R,d}} = \dfrac{23{,}1}{32{,}7} = 0{,}706 < 1$

$\dfrac{\sigma_y}{\sigma_{yP,R,d}} = \dfrac{10{,}9}{24{,}4} = 0{,}447 < 1$

$\dfrac{\tau}{\tau_{P,R,d}} = \dfrac{7{,}50}{18{,}9} = 0{,}397 < 1$

$e_1 = 1 + \kappa_x^4 = 1 + 1^4 = 2$ — Gl. (15)

$e_2 = 1 + \kappa_y^4 = 1 + 0{,}745^4 = 1{,}31$ — Gl. (16)

$e_3 = 1 + \kappa_x\,\kappa_y\,\kappa_\tau^2 = 1 + 1 \cdot 0{,}745 \cdot 1^2 = 1{,}75$ — Gl. (17)

$V = (\kappa_x\,\kappa_y)^6 = (1 \cdot 0{,}745)^6 = 0{,}171$ — Gl. (18)

$\Rightarrow$ Die Beulsicherheit ist ausreichend.

11.6.3 Beulsicherheitsnachweis für mittleres Einzelfeld mit der Breite $b_{12} = 55$ cm

Hinweis: Nachweise sind nicht maßgebend.

11.6.4 Beulsicherheitsnachweis für unteres Einzelfeld mit der Breite $b_{13} = 110$ cm

Beanspruchungen (Spannungen):

$\sigma_{x1} = 0\ \text{kN/cm}^2$

$\sigma_{x2} = -23{,}1\ \text{kN/cm}^2$ (Zug)

$\tau = 7{,}5\ \text{kN/cm}^2$

$\sigma_{y1} = 1{,}36\ \text{kN/cm}^2$

$\psi_y = \psi_{Ty} = 1$

Systemgrößen: — El. 113

$\alpha = a / b_{13} = 330 / 110 = 3{,}0$

$\sigma_e = 18\,980\,(t/b)^2 = 18\,980 \cdot (1{,}2/110)^2 = 2{,}26\ \text{kN/cm}^2$

$k_\tau = 5{,}34 + 4/\alpha^2 = 5{,}34 + 4/3{,}0^2 = 5{,}78$　　　　　　　　　　DIN 4114/1 Tab. 6

$\tau_{Pi} = k_\tau\,\sigma_e = 5{,}78 \cdot 2{,}26 = 13{,}1\ \text{kN/cm}^2$

Systemgrößen für σ_y-Beanspruchung:

$c/a = 132{,}4/330 = 0{,}401$

$k_{\sigma y} = 1{,}07$　　　　　　　　　　　　　　　　　　　　　　　　　　　　　　[3 - 10]

$F_{yPi} = k_{\sigma y}\,\sigma_e\,a\,t = 1{,}07 \cdot 2{,}26 \cdot 330 \cdot 1{,}2 = 958\ \text{kN}$

$\sigma_{yPi} = 958/(132{,}4 \cdot 1{,}2) = 6{,}03\ \text{kN/cm}^2$

Wirkung der Randspannungen σ_x:

Hinweis: Die Randspannungen σ_x sind Zugspannungen mit $\sigma_x = 0$ am maßgebenden Rand.
Als Abminderungsfaktor für das Beulen ist $\kappa_x = 1$ zu setzen.　　　　El. 504

Wirkung der Randspannungen τ:

- Abminderungsfaktor für das Beulen　　　　　　　　　　　　　　　　　　　Tab. 1

$\tau_{Pi} = 13{,}1\ \text{kN/cm}^2\ (\text{s. o.})$

$\bar{\lambda}_P = \sqrt{f_{y,k}/(\tau_{Pi}\,\sqrt{3})} = \sqrt{36/(13{,}1\,\sqrt{3})} = 1{,}26$

$\kappa_\tau = 0{,}84/\bar{\lambda}_P = 0{,}84/1{,}26 = 0{,}667$

- Grenzbeulspannung　　　　　　　　　　　　　　　　　　　　　　　　　El. 502

$\tau_{P,R,d} = \kappa_\tau\,f_{y,k}/(\sqrt{3}\,\gamma_M) = 0{,}667 \cdot 36/(\sqrt{3}\cdot 1{,}1) = 12{,}6\ \text{kN/cm}^2$　　Gl. (12)

Wirkung der Randspannungen σ_y:

- Abminderungsfaktor für das Beulen　　　　　　　　　　　　　　　　　　　Tab. 1

$\sigma_{yPi} = 6{,}03\ \text{kN/cm}^2\ (\text{s. o.})$

$\bar{\lambda}_P = \sqrt{f_{y,k}/\sigma_{yPi}} = \sqrt{36/6{,}03} = 2{,}44$

$c = 1{,}25 - 0{,}12\,\psi_{Ty} = 1{,}25 - 0{,}12 \cdot 1 = 1{,}13$

$\kappa_y = c\,(1/\bar{\lambda}_P - 0{,}22/\bar{\lambda}_P^2) = 1{,}13 \cdot (1/2{,}44 - 0{,}22/2{,}44^2) = 0{,}421$

- Knickstabähnliches Verhalten　　　　　　　　　　　　　　　　　　　　　El. 602

$\rho = \dfrac{\Lambda - \sigma_{yPi}/\sigma_{yKi}}{\Lambda - 1} = \dfrac{4 - 1{,}42}{4 - 1} = 0{,}860 > 0$　　　　　　　Bed. (21)

mit

$\Lambda = \bar{\lambda}_P^2 + 0{,}5 = 2{,}44^2 + 0{,}5 = 6{,}45 > 4$　　　　　　　　　　　　Gl. (22)

$\Lambda = 4$

$\sigma_{yPi}/\sigma_{yKi} = \sigma_{yPi}/(1{,}88\,\sigma_e) = 6{,}03/(1{,}88 \cdot 2{,}26) = 1{,}42 > 1$

Hinweis: Bei quergerichteter Druckkraft auf nur einem Längsrand vereinfacht sich die Gl. (3 -11.3) zu $\sigma_{yKi} = 1{,}88\, \sigma_e$.

Da $\rho > 0$, liegt knickstabähnliches Verhalten vor.

- Abminderungsfaktor bei knickstabähnlichem Verhalten   *El. 603*

$\kappa_{yPK} = (1 - \rho^2)\,\kappa_y + \rho^2\,\kappa_K = (1 - 0{,}860^2) \cdot 0{,}421 + 0{,}860^2 \cdot 0{,}146 = 0{,}218$

mit $\kappa_K = 0{,}146$ für $\bar{\lambda}_P = 2{,}44$ *Tab. 2 - 9.2*

- Grenzbeulspannung   *El. 502*

$\sigma_{yP,R,d} = \kappa_{yPK}\, f_{y,k} / \gamma_M = 0{,}218 \cdot 36 / 1{,}1 = 7{,}13\ \text{kN/cm}^2$ *Gl. (11)*

Nachweis für gleichzeitige Wirkung von Randspannungen σ_x, σ_y und τ: *El. 504*

$$\left\{\frac{|\sigma_x|}{\sigma_{xP,R,d}}\right\}^{e_1} + \left\{\frac{|\sigma_y|}{\sigma_{yP,R,d}}\right\}^{e_2} - V\left\{\frac{|\sigma_x\,\sigma_y|}{\sigma_{xP,R,d}\,\sigma_{yP,R,d}}\right\} - \left\{\frac{|\tau|}{\tau_{P,R,d}}\right\}^{e_3}$$

$= 0 + 0{,}191^{1{,}00} - 0 + 0{,}595^{1{,}10} = 0{,}756 < 1$ *Bed. (14)*

mit

$\dfrac{\sigma_x}{\sigma_{xP,R,d}} = 0$

$\dfrac{\sigma_y}{\sigma_{yP,R,d}} = \dfrac{1{,}36}{7{,}13} = 0{,}191 < 1$

$\dfrac{\tau}{\tau_{P,R,d}} = \dfrac{7{,}50}{12{,}6} = 0{,}595 < 1$

$e_1 = 1 + \kappa_x^4 = 1 + 1^4 = 2$ *Gl. (15)*

$e_2 = 1 + \kappa_{yPK}^4 = 1 + 0{,}218^4 = 1{,}00$ *Gl. (16)*

$e_3 = 1 + \kappa_x\,\kappa_{yPK}\,\kappa_\tau^2 = 1 + 1 \cdot 0{,}218 \cdot 0{,}667^2 = 1{,}10$ *Gl. (17)*

⇒ Die Beulsicherheit ist ausreichend.

11.6.6 Beulsicherheitsnachweis für das Gesamtfeld

Beulsteifen:

L 120 · 80 · 10 mit $A = 19{,}1\ \text{cm}^2$, $I_s = 276\ \text{cm}^4$, $h = 12{,}0\ \text{cm}$, $e_y = 3{,}92\ \text{cm}$.

Einzelfeldbreiten:

$b_{11} = b_{12} = b_{ik} = 55\ \text{cm}$

	11 Beispiele	Hinweise

Wirksame Einzelfeldbreiten — El. 301

– nach Gleichung 4:

b'_{ik} = 0,605 t λ_a (1 – 0,133 t λ_a / b_{ik})   — Gl. (4)

= 0,605 · 1,2 · 92,9 · (1 – 0,133 · 1,2 · 92,9 / 55) = 49,3 cm < a/3 = 110 cm

– alternativ nach Abschnitt 12:

b_{ik} / t = 55 / 1,2 = 45,8

b'_{ik} / b_{ik} = 0,896   — Tab. 3 - 12.2

b'_{ik} = 0,896 · 55 = 49,3 cm

Steifenkennwerte:

A' = 0,5 (b'_{11} + b'_{12}) t = 49,3 · 1,2 = 59,2 cm²

e = 12,0 – 3,92 + 1,2 / 2 = 8,68 cm

I = I_s + $\dfrac{A \, A'}{A + A'}$ e^2 = 276 + $\dfrac{19,1 \cdot 59,2}{19,1 + 59,2}$ · $8,68^2$ = 1 364 cm⁴

e_1 = (59,2 · 0,6 + 19,1 · 9,28) / (19,1 + 59,2) = 2,72 cm

e_2 = 12,0 + 1,2 – 2,72 = 10,48 cm

W_1 = 1 364 / 2,72 = 501 cm³

W_2 = 1 364 / 10,48 = 130 cm³

γ^L = 10,92 $\dfrac{I}{b \, t^3}$ = 10,92 · $\dfrac{1\,364}{220 \cdot 1,2^3}$ = 39,2

δ^L = $\dfrac{A}{b \, t}$ = $\dfrac{19,1}{220 \cdot 1,2}$ = 0,072

Beanspruchungen (Spannungen):

σ_{x1} = 23,1 kN/cm²

σ_{x2} = –23,1 kN/cm²

ψ_x = –1

τ = 7,5 kN/cm²

σ_{y1} = 10,8 kN/cm²

ψ_y = 1

Systemgrößen: — El. 113

α = a / b = 330 / 220 = 1,5

σ_e = 18 980 (t/b)² = 18 980 · (1,2 / 220)² = 0,565 kN/cm²

$k_{\sigma x}$ = 84,0   zugehörig zu γ^{L*} = 13   — [3 - 8]

k_τ = 23,2   — [3 - 8]

σ_{xPi} = $k_{\sigma x}$ σ_e = 84,0 · 0,565 = 47,5 kN/cm²

τ_{Pi} = k_τ σ_e = 23,2 · 0,565 = 13,1 kN/cm²

Systemgrößen für σ_y-Beanspruchung:

Mit den Ausgangswerten

$\gamma^L = 39{,}2$, $\delta^L = 0{,}072$, $\eta_1 = 55/220 = 0{,}25$, $\eta_2 = 110/220 = 0{,}5$ und $c/a = 33/330 = 0{,}1$

entnimmt man aus Diagrammen

$\bar{k}_{\sigma y} = 6{,}3$ für $\gamma^L = 10$,   [3 - 17, Bild 19]

$\bar{k}_{\sigma y} = 8{,}4$ für $\gamma^L = 50$,   [3 - 17, Bild 20]

$\bar{k}_{\sigma y} = 8{,}9$ für $\gamma^L = 100$.   [3 - 17, Bild 21]

Die nichtlineare Interpolation liefert

$\bar{k}_{\sigma y} = 8{,}0$ für $\gamma^L = 39{,}2$.

$k_{\sigma y} = \bar{k}_{\sigma y} \cdot a/c \cdot 1/\alpha = 8{,}0 \cdot 10 / 1{,}5 = 53{,}3$

$\sigma_{yPi} = k_{\sigma y} \sigma_e = 53{,}3 \cdot 0{,}565 = 30{,}1 \text{ kN/cm}^2$ El. 113

Wirkung der Randspannungen σ_x:

- Abminderungsfaktor für das Beulen   Tab. 1

$\sigma_{xPi} = 47{,}5 \text{ kN/cm}^2$ (s. o.)

$\bar{\lambda}_P = \sqrt{f_{y,k}/\sigma_{xPi}} = \sqrt{36/47{,}5} = 0{,}871$

$c = 1{,}25 - 0{,}25 \psi_x = 1{,}25 - 0{,}25 \cdot (-1{,}0) = 1{,}50 > 1{,}25$

$c = 1{,}25$

$\kappa_x = c(1/\bar{\lambda}_P - 0{,}22/\bar{\lambda}_P^2) = 1{,}25 \cdot (1/0{,}871 - 0{,}22/0{,}871^2) = 1{,}07 > 1$

$\kappa_x = 1$

- Knickstabähnliches Verhalten   El. 602

$\rho = \dfrac{\Lambda - \sigma_{xPi}/\sigma_{xKi}}{\Lambda - 1} = \dfrac{2 - 8{,}01}{2 - 1} = -6{,}01 < 0$ Bed. (21)

mit

$\Lambda = \bar{\lambda}_P^2 + 0{,}5 = 0{,}871^2 + 0{,}5 = 1{,}26 < 2$ Gl. (22)

$\Lambda = 2$

$\sigma_{xPi}/\sigma_{xKi} = k_{\sigma x} \alpha^2 \dfrac{1 + \Sigma\delta^L}{1 + \Sigma\gamma^{L*}} = 84{,}0 \cdot 1{,}5^2 \cdot \dfrac{1 + 2 \cdot 0{,}072}{1 + 2 \cdot 13} = 8{,}01 > 1$ Gl. (23)

Hinweis: Beachte El. 602, Anm. 4.

Da $\rho < 0$, liegt kein knickstabähnliches Verhalten vor.

- Grenzbeulspannung   El. 502

$\sigma_{xP,R,d} = \kappa_x f_{y,k}/\gamma_M = 1 \cdot 36 / 1{,}1 = 32{,}7 \text{ kN/cm}^2$ Gl. (11)

		Hinweise

Wirkung der Randspannungen τ:

- Abminderungsfaktor für das Beulen — Tab. 1

$\tau_{Pi} = 13{,}1$ kN/cm² (s. o.)

$\bar{\lambda}_P = \sqrt{f_{y,k} / (\tau_{Pi} \sqrt{3})} = \sqrt{36 / (13{,}1 \sqrt{3})} = 1{,}26 < 1{,}38$

$\kappa_\tau = 0{,}84 / \bar{\lambda}_P = 0{,}84 / 1{,}26 = 0{,}667$

- Grenzbeulspannung — El. 502

$\tau_{P,R,d} = \kappa_\tau f_{y,k} / (\sqrt{3}\, \gamma_M) = 0{,}667 \cdot 36 / (\sqrt{3} \cdot 1{,}1) = 12{,}6$ kN/cm² — Gl. (12)

Wirkung der Randspannungen σ_y:

- Abminderungsfaktor für das Beulen — Tab. 1

$\sigma_{yPi} = 30{,}1$ kN/cm² (s. o.)

$\bar{\lambda}_P = \sqrt{f_{y,k} / \sigma_{yPi}} = \sqrt{36 / 30{,}1} = 1{,}09$

$c = 1{,}25 - 0{,}25\, \psi_y = 1{,}25 - 0{,}25 \cdot 1 = 1$

$\kappa_y = c\,(1/\bar{\lambda}_P - 0{,}22/\bar{\lambda}_P^2) = 1 \cdot (1/1{,}09 - 0{,}22/1{,}09^2) = 0{,}732$

- Knickstabähnliches Verhalten — El. 602

$\rho = \dfrac{\Lambda - \sigma_{yPi}/\sigma_{yKi}}{\Lambda - 1} = \dfrac{2 - 28{,}3}{2 - 1} = -26{,}3 < 0$ — Bed. (21)

mit

$\Lambda = \bar{\lambda}_P^2 + 0{,}5 = 1{,}09^2 + 0{,}5 = 1{,}69 < 2$ — Gl. (22)

$\Lambda = 2$

$\sigma_{yPi} / \sigma_{yKi} = \sigma_{yPi} / (1{,}88\, \sigma_e) = 30{,}1 / (1{,}88 \cdot 0{,}565) = 28{,}3 > 1$

Hinweis: Bei quergerichteter Druckkraft auf nur einem Längsrand vereinfacht sich die Gl. (3-11.3) zu $\sigma_{yKi} = 1{,}88\, \sigma_e$.

Da $\rho < 0$, liegt kein knickstabähnliches Verhalten vor.

- Grenzbeulspannung — El. 502

$\sigma_{yP,R,d} = \kappa_y f_{y,k} / \gamma_M = 0{,}732 \cdot 36 / 1{,}1 = 24{,}0$ kN/cm² — Gl. (11)

Nachweis für gleichzeitige Wirkung von Randspannungen σ_x, σ_y und τ: — El. 504

$\left\{\dfrac{|\sigma_x|}{\sigma_{xP,R,d}}\right\}^{e_1} + \left\{\dfrac{|\sigma_y|}{\sigma_{yP,R,d}}\right\}^{e_2} - V\left\{\dfrac{|\sigma_x\, \sigma_y|}{\sigma_{xP,R,d}\, \sigma_{yP,R,d}}\right\} - \left\{\dfrac{|\tau|}{\tau_{P,R,d}}\right\}^{e_3}$

$= 0{,}706^2 + 0{,}454^{1{,}29} - 0{,}154 \cdot 0{,}706 \cdot 0{,}454 + 0{,}595^{1{,}33} = 1{,}31 > 1$ — Bed. (14)

mit

$\dfrac{\sigma_x}{\sigma_{xP,R,d}} = \dfrac{23{,}1}{32{,}7} = 0{,}706 < 1$

$$\frac{\sigma_y}{\sigma_{yP,R,d}} = \frac{10,9}{24,0} = 0,454 < 1$$

$$\frac{\tau}{\tau_{P,R,d}} = \frac{7,50}{12,6} = 0,595 < 1$$

$e_1 = 1 + \kappa_x^4 = 1 + 1^4 = 2$ Gl. (15)

$e_2 = 1 + \kappa_y^4 = 1 + 0,732^4 = 1,29$ Gl. (16)

$e_3 = 1 + \kappa_x \kappa_y \kappa_\tau^2 = 1 + 1 \cdot 0,732 \cdot 0,667^2 = 1,33$ Gl. (17)

$V = (\kappa_x \kappa_y)^6 = (1 \cdot 0,732)^6 = 0,154$ Gl. (18)

⇒ Die Beulsicherheit ist **nicht** ausreichend.

Hinweis: Die Einwirkungen müßten mit dem Faktor 0,838 vermindert werden, um die Bed. (14) zu erfüllen.

Bei der Durchrechnung dieses Beispiels in [3 - 17] mit den Interaktionsformeln der DASt-Ri 012 ergab sich ebenfalls, daß die Beulsicherheit nicht ausreichend ist.

Bei Benutzung eines globalen Beulwertes konnte jedoch ausreichende Beulsicherheit nachgewiesen werden.

11.6.7 Nachweis der Längssteifen

El. 801

Hinweis: Der in El. 801 geforderte Zusatznachweis ist für den Fall gedacht, daß der Beulsicherheitsnachweis für längsversteifte Beulfelder wegen fehlender Beulwerte $k_{\sigma y}$ nicht geführt werden kann.

Für diese Fälle wird der Zusatznachweis hier beispielhaft gebracht.

Annahmen:

Für den Nachweis wird ein System nach Bild 13 untersucht, bei dem die an die Längssteifen anschließenden Einzelfelder an ihren Längsrändern gelenkig gelagert sind. Durch die untersuchte Längssteife werden die angrenzenden Einzelfeldränder elastisch gestützt.

Für die Vorkrümmung und die elastische Verformung der Längssteife werden über die Steifenlänge sinusförmige Verläufe angenommen. Wenn die Lage des Koordinatensystems wie in Bild 4 gewählt wird, ergibt sich:

$w_o(x) = w_o \sin(\pi x/a)$ Vorkrümmung

mit $w_o = \min b_{ik} / 250$ Stich der Vorkrümmung   El. 801

$w_{el}(x) = w_{el} \sin(\pi x/a)$ elastische Verformung

$p_a(x) = p_a \sin(\pi x/a)$ auf die Steife wirkende Abtriebslast

$w_{el}(x) = \dfrac{a^4}{\pi^4 E I} p_a(x)$ elastische Verformung der Steife durch die Abtriebslast $p_a(x)$

$c_f = \dfrac{p_a(x)}{w_{el}(x)} = \dfrac{\pi^4 E I}{a^4}$ elastische Bettung durch die Steife

$$= N_{xKi} \frac{\pi^2}{a^2}$$

mit

$$N_{xKi} = \frac{\pi^2 E I}{a^2}$$ Normalkraft in der Längssteife unter der kleinsten Verzweigungslast

Normalkraft in der Längssteife:

Die Normalkraft in der Längssteife muß mit der geometrisch vorhandenen Fläche ermittelt werden.

$N_x = \sigma_x [A + 0{,}5 (b_{11} + b_{12}) t]$

Ersatzbeanspruchung $\bar{\sigma}_y$ für die Länge a:

Die nach Abschnitt 11.6.1 ermittelte Spannung σ_y am Ort der Steife wirkt dort über die Teilstrecke c. Die Beanspruchung kann über eine Energiebetrachtung auf eine äquivalente, konstante Belastung $\bar{\sigma}_y$ umgerechnet werden, die über die ganze Steifenlänge a wirkt.

Aus $\Pi(\sigma_y t, c) = \bar{\Pi}(\bar{\sigma}_y t, a)$ ergibt sich

$$\bar{\sigma}_y = \sigma_y \left(\frac{c}{a} + \frac{1}{\pi} \sin \frac{\pi c}{a} \right)$$

Abtriebslasten aus N_x und $\bar{\sigma}_y$:

$p_a[N_x](x) = (\pi/a)^2 N_x (w_0 + w_{el}) \sin(\pi x/a)$

$p_a[\bar{\sigma}_y](x) = \bar{\sigma}_y t (1/b_{11} + 1/b_{12})(w_0 + w_{el}) \sin(\pi x/a)$

Lösung nach Theorie II. Ordnung:

Aus der Gleichgewichtbedingung an der Längssteife erhält man

$p_a[N_x](x) + p_a[\bar{\sigma}_y](x) - c_f w_{el}(x) = 0$

$[(\pi/a)^2 N_x + \bar{\sigma}_y t (1/b_{11} + 1/b_{12})](w_0 + w_{el}) - c_f w_{el} = 0$

Mit der Abkürzung

$q = (\pi/a)^2 N_x + \bar{\sigma}_y t (1/b_{11} + 1/b_{12})$

ergibt sich nach Theorie II. Ordnung als elastische Durchbiegung

$$w^{II}_{el} = \frac{q w_0}{c_f - q}$$

und als Biegemoment in der Längssteife

$M^{II} = N_{xKi} w^{II}_{el}$

Für die Längssteife ist nachzuweisen, daß die Beanspruchungen die Beanspruchbarkeiten nicht überschreiten:

$\sigma_x + M^{II}/W \leq f_{y,k}/\gamma_M$

Nachweis:

– Geometrie und Steifenkennwerte

$a = 330$ cm

$t = 1{,}2$ cm

$b_{11} = b_{12} = b_{ik} = 55$ cm

$w_0 = \min b_{ik} / 250 = 55 / 250 = 0{,}22$ cm

$c = 80{,}8$ cm

$c/a = 80{,}8 / 330 = 0{,}245$

$I = 1\,364$ cm^4

$W = \min (W_1, W_2) = W_2 = 130$ cm^3

$$N_{xKi} = \frac{\pi^2 E I}{a^2} = \frac{\pi^2 \cdot 21\,000 \cdot 1\,364}{330^2} = 2\,596 \text{ kN}$$

$$c_f = \frac{\pi^2}{a^2} N_{xKi} = \frac{\pi^2}{330^2} \cdot 2\,596 = 0{,}235 \text{ kN/cm}^2$$

– Beanspruchungen der Steife

$\sigma_x = 23{,}1 / 2 = 11{,}55$ kN/cm^2

$N_x = \sigma_x [A + 0{,}5 (b_{11} + b_{12}) t] = 11{,}55 \cdot (19{,}1 + 55 \cdot 1{,}2) = 11{,}55 \cdot 85{,}1 = 983$ kN

$\sigma_y = 3{,}34$ kN/cm^2

$\bar{\sigma}_y = \sigma_y [c/a + (1/\pi) \sin(\pi c/a)] = 3{,}34 [0{,}245 + (1/\pi) \sin(\pi \cdot 0{,}245)] = 1{,}56$ kN/cm^2

$$q = \frac{\pi^2}{a^2} N_x + \bar{\sigma}_y t (1/b_{11} + 1/b_{12}) = \frac{\pi^2}{330^2} \cdot 983 + 1{,}56 \cdot 1{,}2 \cdot 2 / 55 = 0{,}157 \text{ kN/cm}^2$$

– Zustandsgrößen nach Theorie II. Ordnung

$$w^{II}_{el} = \frac{q\, w_0}{c_f - q} = \frac{0{,}157 \cdot 0{,}22}{0{,}235 - 0{,}157} = 2{,}01 \cdot 0{,}22 = 0{,}443 \text{ cm}$$

$M^{II}_S = N_{xKi}\, w^{II}_{el} = 2\,596 \cdot 0{,}443 = 1\,150$ kNcm

– Nachweis

$\sigma_x + M^{II} / W = 11{,}55 + 1\,150 / 130 = 11{,}55 + 8{,}85 = 20{,}4 \le 32{,}7 = 36 / 1{,}1 = f_{y,k} / \gamma_M$

$\Rightarrow$ Nach diesem Nachweis ist die Beulsicherheit für das Gesamtfeld ausreichend.

12 Hilfen

12.1 Nachweise für unversteifte Beulfelder durch Einhalten von b/t-Werten
(vgl. El. 204)

Wenn unversteifte allseitig gelagerte Beulfelder nur durch Randspannungen σ_x und τ beansprucht werden, kann ausreichende Beulsicherheit dadurch nachgewiesen werden, daß für die geometrisch vorhandenen b/t-Verhältnisse Grenzwerte eingehalten werden, d.h. daß die Bedingung

$b/t \leq$ grenz (b/t)   Bed. (2)

erfüllt ist.

Für Teil- und Gesamtfelder können die Werte grenz (b/t) den Bildern 3 - 12.1 bis 3 - 12.10 entnommen werden. Sie stammen aus [3 - 7]. Für Einzelfelder und bei kleinen Seitenverhältnissen α können die Grenzwerte größer sein als in den Bildern.

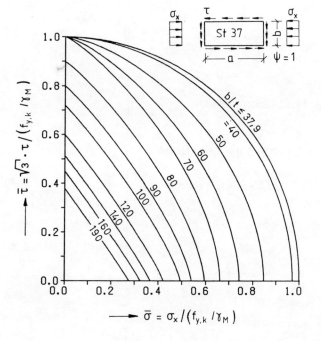

Bild 3 - 12.1   grenz (b/t) für St 37 und $\psi = 1$

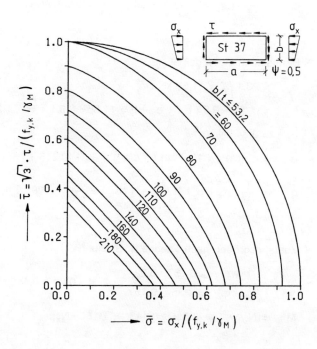

Bild 3 - 12.2.   grenz (b/t) für St 37 und $\psi = 0{,}5$

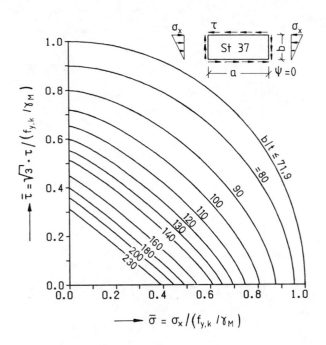

Bild 3 - 12.3 grenz (b/t) für St 37 und $\psi = 0$

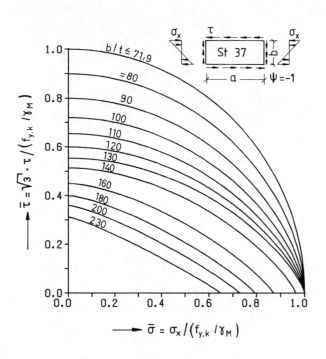

Bild 3 - 12.5 grenz (b/t) für St 37 und $\psi = -1$

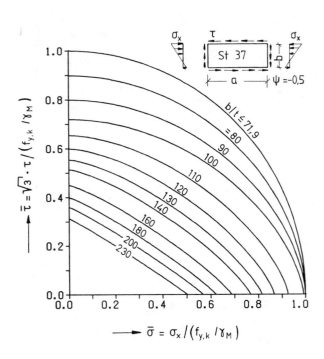

Bild 3 - 12.4 grenz (b/t) für St 37 und $\psi = -0{,}5$

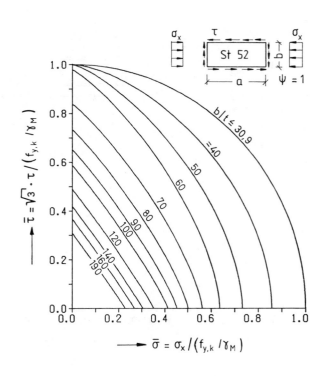

Bild 3 - 12.6 grenz (b/t) für St 52 und $\psi = 1$

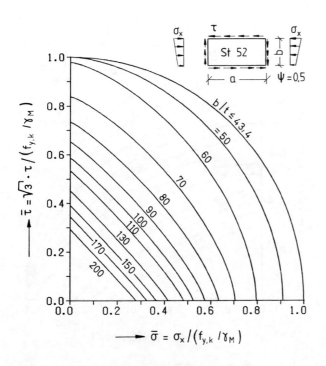

Bild 3 - 12.7   grenz (b/t) für ST 52 und $\psi = 0.5$

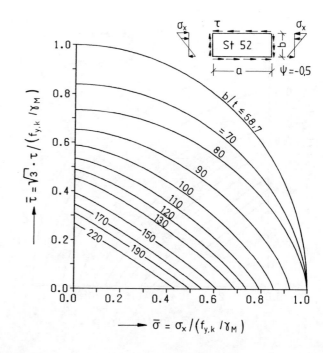

Bild 3 - 12.9   grenz (b/t) für St 52 und $\psi = -0{,}5$

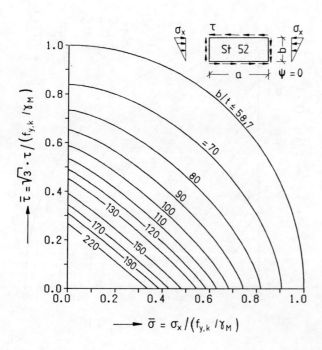

Bild 3 - 12.8   grenz (b/t) für St 52 und $\psi = 0$

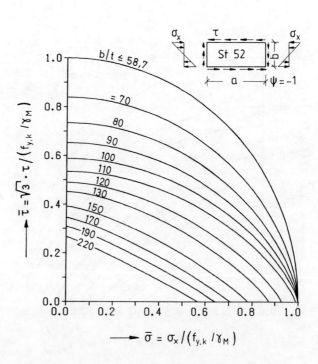

Bild 3 - 12.10   grenz (b/t) für St 52 und $\psi = -1$

12.2 Nachweise für unversteifte Beulfelder durch Einhalten von grenz $\overline{\sigma}_{xP,R,d}$

Wenn unversteifte allseitig gelagerte Beulfelder nur durch Randspannungen σ_x beansprucht werden, kann ausreichende Beulsicherheit auch dadurch nachgewiesen werden, daß für die vorhandenen bezogenen Spannungen $\overline{\sigma}_x$ Grenzwerte, die vom b/t-Verhältnis abhängig sind, eingehalten werden, d.h. daß die Bedingung

$$\overline{\sigma}_x = \sigma_x/(f_{y,k}/\gamma_M) \leq \text{grenz } \overline{\sigma}_{xP,R,d}$$

erfüllt ist.

Für Einzel-, Teil- und Gesamtfelder können die Nachweise mit Hilfe der Bilder 3 - 12.11 und 3 - 12.12 geführt werden. Die Werte grenz $\overline{\sigma}_{xP,R,d}$ können auch der Tabelle 3 - 12.1 entnommen werden. Sie entsprechen den Abminderungsfaktoren κ nach Tab. (1) Zeilen 1 bzw. 3.

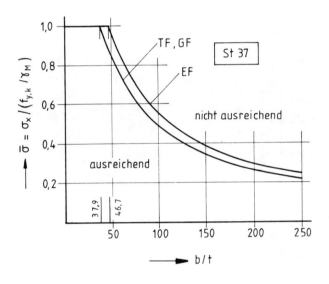

Bild 3 - 12.11 Vereinfachter Beulsicherheitsnachweis für Einzel-, Teil- und Gesamtfelder aus St 37 mit dem Randspannungsverhältnis $\psi = 1$ und vernachlässigbaren Schubspannungen ($\tau \approx 0$) in Abhängigkeit von den bezogenen Spannungen $\overline{\sigma}_x = \sigma_x/(f_{y,k}/\gamma_M)$ und dem b/t-Verhältnis

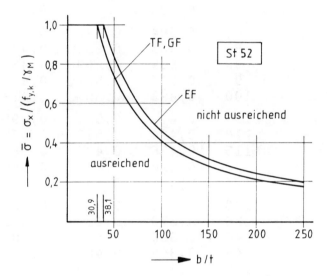

Bild 3 - 12.12 Vereinfachter Beulsicherheitsnachweis für Einzel-, Teil- und Gesamtfelder aus St 52 mit dem Randspannungsverhältnis $\psi = 1$ und vernachlässigbaren Schubspannungen ($\tau \approx 0$) in Abhängigkeit von den bezogenen Spannungen $\overline{\sigma}_x = \sigma_x/(f_{y,k}/\gamma_M)$ und dem b/t-Verhältnis

Tabelle 3 - 12.1 Bezogene Grenzbeulspannungen

Bezogene Grenzbeulspannungen
$\sigma_{xP,R,d}$ bei $\psi = 1$

b/t	St 37 TF,GF	St 37 EF	St 52 TF,GF	St 52 EF
≤30	1,000	1,000	1,000	1,000
35	1,000	1,000	0,933	1,000
40	0,971	1,000	0,858	0,970
45	0,906	1,000	0,791	0,894
50	0,846	0,957	0,733	0,828
55	0,793	0,896	0,682	0,770
60	0,744	0,841	0,637	0,719
65	0,701	0,792	0,597	0,674
70	0,661	0,747	0,561	0,634
75	0,626	0,708	0,530	0,599
80	0,594	0,672	0,502	0,567
85	0,565	0,639	0,476	0,538
90	0,539	0,609	0,453	0,512
95	0,515	0,582	0,432	0,488
100	0,493	0,557	0,413	0,467
105	0,473	0,534	0,395	0,447
110	0,454	0,513	0,379	0,428
115	0,436	0,493	0,364	0,412
120	0,420	0,475	0,350	0,396
125	0,405	0,458	0,338	0,382
130	0,391	0,442	0,326	0,368
135	0,378	0,428	0,315	0,356
140	0,366	0,414	0,304	0,344
145	0,355	0,401	0,295	0,333
150	0,344	0,389	0,286	0,323
155	0,334	0,377	0,277	0,313
160	0,324	0,367	0,269	0,304
165	0,315	0,356	0,261	0,295
170	0,307	0,347	0,254	0,287
175	0,299	0,337	0,247	0,279
180	0,291	0,329	0,241	0,272
185	0,284	0,321	0,235	0,265
190	0,277	0,313	0,229	0,259
195	0,270	0,305	0,223	0,252
200	0,264	0,298	0,218	0,246
205	0,258	0,291	0,213	0,241
210	0,252	0,285	0,208	0,235
215	0,247	0,279	0,204	0,230
220	0,241	0,273	0,199	0,225
225	0,236	0,267	0,195	0,220
230	0,231	0,261	0,191	0,216
235	0,227	0,256	0,187	0,211
240	0,222	0,251	0,183	0,207
245	0,218	0,246	0,180	0,203
250	0,214	0,242	0,176	0,199

12.3 Bezogene wirksame Breiten b'_{ik}/b_{ik}

Die wirksamen Breiten b'_{ik} können statt mit Gl. (4) mit Hilfe des Bildes 3 - 12.13 oder der Tabelle 3 - 12.2 bestimmt werden.

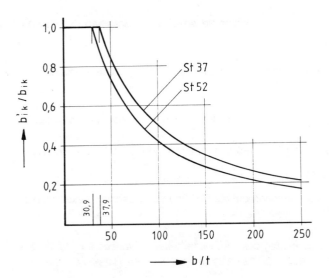

Bild 3 - 12.13 Bezogene wirksame Breiten b_{ik}'/b_{ik}

Tabelle 3 -12.2 Bezogene wirksame Breiten b'_{ik}/b_{ik}

b_{ik}/t	Bezogene wirksame Breiten b'_{ik}/b_{ik}	
	St 37	St 52
≤30	1,000	1,000
35	1,000	0,933
40	0,971	0,858
45	0,906	0,791
50	0,846	0,733
55	0,793	0,682
60	0,744	0,637
65	0,701	0,597
70	0,661	0,561
75	0,626	0,530
80	0,594	0,502
85	0,565	0,476
90	0,539	0,453
95	0,515	0,432
100	0,493	0,413
105	0,473	0,395
110	0,454	0,379
115	0,436	0,364
120	0,420	0,350
125	0,405	0,338
130	0,391	0,326
135	0,378	0,315
140	0,366	0,304
145	0,355	0,295
150	0,344	0,286
155	0,334	0,277
160	0,324	0,269
165	0,315	0,261
170	0,307	0,254
175	0,299	0,247
180	0,291	0,241
185	0,284	0,235
190	0,277	0,229
195	0,270	0,223
200	0,264	0,218
205	0,258	0,213
210	0,252	0,208
215	0,247	0,204
220	0,241	0,199
225	0,236	0,195
230	0,231	0,191
235	0,227	0,187
240	0,222	0,183
245	0,218	0,180
250	0,214	0,176

13 Literatur

[3 - 1] *Scheer, J., H. Nölke* und *E. Gentz:* Beulsicherheitsnachweise für Platten - DASt-Richtlinie 012, Grundlagen, Erläuterungen, Beispiele. Köln: Stahlbau-Verlag 1979, 2. Aufl. 1980

[3 - 2] *Petlic, P.:* Zum Beulen parallelogrammförmiger, an den Längsrändern in Gurte eingespannter Stegblechfelder infolge linear verteilter Belastungen der Querränder - Verzweigungslast. Bauingenieur 63 (1988), S. 471-474

[3 - 3] *Lindner, J.:* Kurventafeln für einen vereinfachten Beulsicherheitsnachweis. Stahlbau 50 (1981), S. 294-297

[3 - 4] *Fischer, M.:* Zum Tragverhalten und zur Auslegung von längsausgesteiften, druckbeanspruchten Blechen. Stahlbau 53 (1984), S. 111-117

[3 - 5] *Klöppel, K.,* und *J. Scheer:* Beulwerte ausgesteifter Rechteckplatten. Berlin: W. Ernst und Sohn 1960

[3 - 6] *Klöppel, K.,* und *K.H. Möller:* Beulwerte ausgesteifter Rechteckplatten, Band II. Berlin: W. Ernst und Sohn 1968

[3 - 7] *Scheer, J.:* Der stabilisierende Einfluß von Zugspannungen auf die Beulung schubbeanspruchter, unausgesteifter Rechteckplatten. Stahlbau 31 (1962), S. 233-238

[3 - 8] *Lindner, J.,* und *W. Habermann:* Zur Weiterentwicklung des Beulsicherheitsnachweises für Platten bei mehrachsiger Beanspruchung. Stahlbau 50 (1977), S. 333-339 u. Stahlbau 50 (1989), S. 349-351 (Berichtigung)

[3 - 9] *Scheer, J., U. Peil* und *G. Fuchs:* Auswertung von internationalen Veröffentlichungen, Versuchsberichten, Kommissionspapieren u. ä. auf dem Gebiet des Beulens von Platten aus Stahl". Bericht 6095 des Institutes für Stahlbau, TU Braunschweig 1987

[3 - 10] *Fukomoto, F.:* Numerical Data Bank of the ultimate Strength of Steel Structures. Stahlbau 51 (1982), S. 21-27

[3 - 11] *Scheer, J.,* and *G. Fuchs:* A critical evaluation of 705 buckling tests on plates. Stability of plate and shell structures. Coll. Ghent, 1987

[3 - 12] *Scheer, J., W. Maier* und *M. Rohde:* Basisversuche zur statischen Streckgrenze. Stahlbau 56 (1987), S. 79-84

[3 - 13] *Winter, G.:* Stresses distribution in equivalent width of flanges of wide, thin-walled steel beams. N.A.C.A.Techn. Note No. 784 1940

[3 - 14] *Wöller, G.:* Zur Bemessung von Beulsteifen nach der Elastizitätstheorie II. Ordnung. Stahlbau 49 (1980) S. 176-180

[3 - 15] *Wickert, G.,* und *G. Schmaußer:* Stahlwasserbau. Berlin: Springer 1971

[3 - 16] *Protte, W.:* Zum Scheiben- und Beulproblem längsversteifter Stegblechfelder bei örtlicher Lasteinleitung und bei Belastung aus Haupttragwirkung. Stahlbau 45 (1976), S. 251-252 und Techn. Mitt. Krupp, Forschungsber. 33 (1975), S. 59-76, vgl. auch [3 - 19]

[3 - 17] *Kutzelnigg, E.:* Beulwerte nach der linearen Theorie für längsversteifte Platten unter Längsrandbelastung. Stahlbau 51 (1982), S. 76-84

[3 - 18]   *Ullrich, U.:* Zu statischen Problemen in den Auflagerbereichen bei der Montage der Sauertalbrücke im Taktschiebeverfahren. Festschrift Joachim Scheer (1987) S. 289-309

[3 - 19]   *Protte, W.:* Beulwerte für Rechteckplatten unter Belastung beider Längsränder. Stahlbau 62 (1993), S. 189-194

Erläuterung zu DIN 18 800 Teil 4

1 Allgemeine Angaben

1.1 Anwendungsbereich

Zu Element 101, Geltungsbereich
Mit DIN 18 800 Teil 4 liegt erstmals eine deutsche Grundnorm für Stahlbauten vor, die Regeln für Stabilitätsfälle des Schalenbeulens enthält. Bisher gab es lediglich Einzelregelungen in Anwendungsnormen, die vom Konzept her sehr unterschiedlich waren. Vorläufer von DIN 18 800 Teil 4 war die 1980 erschienene DASt-Richtlinie 013 (vgl. [4-30]). Von ihr wurden Regelumfang und -inhalt weitgehend übernommen, in einzelnen Punkten aufgrund der inzwischen gemachten Erfahrungen und aufgrund neuer Forschungsergebnisse auch ergänzt und verbessert. Vor allem wurde das Nachweiskonzept der DASt-Ri 013 so umgeschrieben, daß eine durchgängige Kompatibilität mit den anderen Teilen der Stahlbau-Grundnormenreihe DIN 18 800 erreicht wurde. Als Preis dafür mußte die in der DASt-Ri 013 teilweise noch gegebene Nähe zu den in anderen Technikbereichen, z.B. im Flugzeugbau, gebräuchlichen Nachweiskonzepten für Schalenbeulfälle aufgegeben werden. Die Unterschiede in den Nachweiskonzepten sind im übrigen rein formaler Natur, sie werden in Abschn. 2.1 in knapper Form erläutert.

El. 101 schreibt vor, daß DIN 18 800 Teil 4 stets zusammen mit DIN 18 800 Teil 1 anzuwenden ist. Daraus wird unmißverständlich klar, daß es sich hier um eine Norm für Schalenkonstruktionen des **Stahlbaus** handelt. Das schließt aber nicht aus, daß auch für andere Schalenkonstruktionen aus Stahl oder aus anderen Metallen der Beulsicherheitsnachweis sinngemäß nach DIN 18 800 Teil 4 geführt werden kann. Allerdings ist dabei zu beachten, ob und wie sich die betreffenden Werkstoffeigenschaften und Fertigungsmethoden von denen des Stahlbaus unterscheiden.

Werkstoffeigenschaften
Die für Stahlbauten üblicherweise verwendeten Stahlsorten (vgl. Teil 1, El. 401) haben annähernd linearelastisch-idealplastische Werkstoffkennlinien, die sich mit den beiden Werkstoffkenngrößen Elastizitätsmodul E und Streckgrenze f_y eindeutig beschreiben lassen (s. Bild 4 - 1.1a) und die Gleichmaßdehnungen von deutlich mehr als 10% aufweisen (duktile Werkstoffe). Die Quotienten E/f_y liegen zwischen ca. 500 und ca. 900 (konkret: E/f_y = 875 für Fe 360, E/f_y = 583 für Fe 510). Der in der Anmerkung zu El. 101 gegebene Hinweis, bei Berücksichtigung der entsprechenden Werkstoffkenngrößen seien die Regelungen auch für Stahl bei höheren Temperaturen und für andere Metalle zu verwenden, ist also insofern zu präzisieren, als außerdem auch mögliche Abweichungen von den vorstehend genannten typischen Baustahleigenschaften beachtet werden müssen. Folgende Hinweise lassen sich geben:
- Die Querkontraktionszahl hat einen untergeordneten Einfluß auf die idealen Beulspannungen. Weicht sie deutlich von $\mu = 0,3$ ab, so sind statt der in den Abschnitten 4 bis 7 des Teils 4 angegebenen Gleichungen, in die bereits $\mu = 0,3$ eingearbeitet ist, die allgemeineren Gleichungen dieses Kommentars zu verwenden.
- Als Streckgrenze f_y darf in der Regel die Werkstoffkenngröße $R_{p,0,2}$ (0,2%-Dehngrenze) verwendet werden (s. Bild 4 - 1.1b,c).
- Weicht die Spannungsdehnungslinie deutlich von einem linearelastisch-idealplastischen Verlauf ab, so darf der Anfangstangentenmodul nur dann als Elastizitätsmodul E verwendet werden, wenn es sich um rein elastisches Beulen sehr dünnwandiger Schalen handelt, deren reale Beulspannungen nicht größer sind als ca. 30% von $R_{p,0,2}$ (s. hierzu Abschn. 2.3 zu El. 204). Bei mittelschlanken bis gedrungenen Schalen ist, wenn die Spannungsdehnungslinie nicht genauer erfaßt wird, ggf. eine auf der sicheren Seite liegende Annahme für E zu treffen (s. Bild 4 - 1.1.c).
- Leider gibt es keine systematischen Schalenbeuluntersuchungen mit nichtlinear verfestigender Werkstoffkennlinie. Ein grober Anhalt kann aus den Regeln für den Knicksicherheitsnachweis von Aluminiumkonstruktionen nach DIN 4113 Teil 1 und für Bauteile aus nichtrostenden austenitischen Stählen nach Zulassung Z-30.44.1 gewonnen werden. Vergleicht man die ω-Knickfaktoren für die austenitischen Stähle - sie gehen auf Untersuchungen von *SCHARDT* zurück [4-70] - auf geeignete Weise mit den bekannten ω-Zahlen für Baustähle, die ja auf linearelastisch-idealplastischen Spannungsdehnungslinien basieren, so läßt sich ein negativer Einfluß von bis zu 20% feststellen. Das würde (mit allem Vorbehalt) bedeuten, daß Abminderungsfaktoren κ, die unter Verwendung des Anfangstangentenmoduls als E und der 0,2%-Dehngrenze als f_y mit den Regeln dieser Norm ermittelt werden, im kritischen elastisch-plastischen Übergangsbereich auf 80% reduziert werden müßten. Dieser kritische Bereich erstreckt sich etwa von κ = 0,5 bis κ = 0,8.

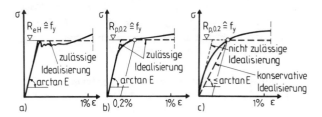

Bild 4 - 1.1 Typische Spannungsdehnungslinien duktiler metallischer Werkstoffe:
    a) annähernd linearelastisch-idealplastisch,
    b) annähernd linearelastisch-verfestigend,
    c) nichtlinear-verfestigend

- Bei Metallen mit Quotienten $E/f_y > 900$ ist Vorsicht geboten, da die Beulkurven nicht durch entsprechende Versuche abgedeckt sind. Sollte dieser Fall trotzdem vorkommen (z.B. bei infolge hoher Temperatur stark reduzierter Streckgrenze), so wird empfohlen, den Beulsicherheitsnachweis mit einem fiktiven Elastizitätsmodul $E_{fikt} = 875 \cdot f_y$ zu führen.
- Auf Metalle mit Quotienten $E/f_y < 500$ (z.B. Aluminiumlegierungen) sind die Regeln anwendbar, sofern der

Wert nicht unter ca. 250 liegt und die anderen hier genannten Bedingungen eingehalten sind. Hinweise zum praktischen Vorgehen werden in Abschn. 2.3 gegeben.
- Bei spröden Metallen mit Gleichmaßdehnungen < 10% ist ebenfalls Vorsicht geboten. Empfehlungen für solche Fälle können nicht gegeben werden, es sind in jedem Fall besondere Überlegungen erforderlich.
- Auf Schalenkonstruktionen aus nichtmetallischen Werkstoffen sollten die Regeln keinesfalls ohne besondere Überlegungen angewendet werden.

Fertigungsmethoden
Stahlbauten werden in der Regel individuell als gezielte Lösung einer konkreten Bauaufgabe erstellt; sie sind sogenannte "Unikate". Ihre Abmessungen sind meist groß, so daß sie auf der Baustelle aus vielen Werkstatteinheiten, z.B. Behälterschüssen oder segmenten, zusammengesetzt werden müssen. Die äußeren Bedingungen dabei sind oft schwierig. Die Werkstatteinheiten ihrerseits werden aus handelsüblichen Walzstahlerzeugnissen, wie Profilen und Grobblechen, gefertigt. Die Bearbeitungs- und Verbindungstechniken sind, der Aufgabenstellung entsprechend, vergleichsweise grob: Pressen, Walzen, Brennschneiden, Schweißen, Schrauben usw. Stahlbauten weisen aus den vorgenannten Gründen zwangsläufig gewisse Abweichungen von den Solleigenschaften, sogenannte **Imperfektionen** auf. Diese werden von dem Beulsicherheitsnachweis nach Teil 4 abgedeckt, wenn sie im branchenüblichen Rahmen bleiben. Der branchenübliche Rahmen ist durch die im Abschn. 3 des Teils 4 gegebenen Toleranzwerte für Herstellungsungenauigkeiten definiert.

Ingenieure aus anderen Technikbereichen, die DIN 18 800 Teil 4 anwenden wollen, sollten sich des geschilderten Hintergrundes bewußt sein. Überspitzt formuliert: Es ist klar, daß ein kugelkalottenförmiges Bauteil einer Rakete perfekter gefertigt sein wird als das kugelkalottenförmige Dach eines Tankbehälters. Die Regelungen des Teils 4 sind nicht ohne weiteres auf alle metallischen Schalenkonstruktionen übertragbar, wenn sie auch in der Regel auf der sicheren Seite liegen dürften.

Zu Element 102, Tragsicherheitsnachweis
Teil 4 regelt als Grundnorm den Tragsicherheitsnachweis für stabilitätsgefährdete schalenartige Bauteile aus Stahl, analog zum Teil 2 für stabartige und zum Teil 3 für plattenartige Bauteile. Der Tragsicherheitsnachweis wird aus historischen Gründen als "Beulsicherheitsnachweis" bezeichnet. Das heißt aber nicht, daß mit ihm das Nichtauftreten jeglicher sichtbarer Beulen nachgewiesen wird. Sofern diese für die Tragsicherheit unschädlich sind, gehören sie in den Bereich der Gebrauchstauglichkeit, und Gebrauchstauglichkeitsnachweise sind - wie bei stabilitätsgefährdeten Stäben und Platten auch - nur dann zu führen, wenn sie in Fachnormen gefordert werden. Es kann allerdings in der Regel davon ausgegangen werden, daß bei Anwendung von Teil 4 unter Gebrauchseinwirkungen ($\gamma_F = 1,0$) keine nennenswerten Beulverformungen zu erwarten sind.

Die Frage, ob weitere Tragsicherheitsnachweise für andere mögliche Grenzzustände, z.B. Durchplastizieren der Schalenwandung, geführt werden müssen, wird durch den Beulsicherheitsnachweis nicht berührt; siehe hierzu Abschn. 1.4.

Schalentypen
Ein wesentlicher Unterschied zwischen Teil 4 und den beiden Teilen 2 und 3 besteht in der größeren Lückenhaftigkeit des geregelten Bereiches. Während mit Teil 2 für fast jeden knick- oder biegedrillknickgefährdeten Stab und mit Teil 3 für fast jedes beulgefährdete "ebene Stück Blech" in einer Stahlkonstruktion der Stabilitätsnachweis geführt werden kann, ist das für jedes beulgefährdete "gekrümmte Stück Blech" mit Teil 4 nicht möglich - auch nicht beabsichtigt gewesen. Der Umfang der Regelungen in Teil 4 betrifft eine begrenzte Auswahl stahlbaupraktisch wichtiger Rotationsschalenbeulfälle, nämlich unversteifte isotrope Kreiszylinder-, Kegel- und Kugelschalen mit konstanter Wanddicke sowie Kreiszylinderschalen mit abgestufter Wanddicke. Die Anwendung auf kreiszylindrische, kegelförmige oder kugelförmige Schalenteile, Teilfelder versteifter Schalen oder Abschnitte zusammengesetzter Schalen (s. Bild 4 - 1.2) ist möglich, wenn die Randbedingungen aufgrund ingenieurmäßiger Abschätzung zuverlässig beurteilt werden können.

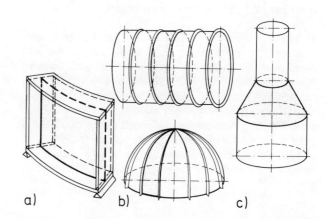

Bild 4 - 1.2 Beispiele für a) Schalenteile, b) Teilfelder versteifter Schalen und c) Abschnitte zusammengesetzter Schalen

Es war dem Arbeitsausschuß für Teil 4 klar, daß die Formulierung "bei entsprechender Berücksichtigung der Randbedingungen" vage und in Zweifelsfällen wenig hilfreich ist. Er hielt jedoch diesen Fragenkomplex für noch nicht "normungsfähig" geklärt. Die wichtigste Frage im Zusammenhang mit den Randbedingungen ist die Frage nach der Unverschieblichkeit rechtwinklig zur Schalenmittelfläche ($w = 0$?) an Schalenrändern, die durch Steifen gebildet werden. Es sei daran erinnert, daß bei versteiften Blechkonstruktionen grundsätzlich zwei Vorgehensweisen für den Stabilitätsnachweis möglich sind:
- Entweder man weist nach, daß die Steifen ausreichend steif sind, um eindeutig lokales Beulen der isotropen Teilfelder zwischen den Steifen zu erzwingen (Stichwort "Mindeststeifigkeit", z.B. [4-39]). In diesem Fall gilt für die Ränder nachweislich $w \cong 0$. Einige Abschätzformeln für die Mindeststeifigkeit werden bei der Kom-

mentierung der entsprechenden Elemente für die einzelnen Schalentypen und Beanspruchungsfälle mitgeteilt.
- Oder man führt auf geeignete Weise für die Steifen einen Tragsicherheitsnachweis gegen "globales" Beulen unter Einschluß von Steifenverformungen. In diesem Fall ist der Beulsicherheitsnachweis der Teilfelder mit unverschieblich angenommenen Rändern (w = 0) die erste Stufe eines zweistufigen Nachweises (stabilitätstheoretisch: der Nachweis für eine von mehreren Eigenformen) und insofern korrekt. Regeln für den Tragsicherheitsnachweis der Steifen einiger Typen versteifter Schalen finden sich - neben den in Teil 4 zitierten ECCS-Recommendations - auch im ASME-Code, in BS 5500 und in den DNV-Rules. Es sei erwähnt, daß eine DASt-Richtlinie 017 in Arbeit ist, die für die beiden häufigen Fälle
- längsversteifte Kreiszylinderschalen unter Axialdruck,
- ringversteifte Kreiszylinderschalen unter Manteldruck
Regeln für den Beulsicherheitsnachweis enthalten wird. Ferner wird in [4-59] ein Nachweisverfahren für eng ringversteifte und eng orthogonal versteifte Kreiszylinderschalen unter Axialdruck mitgeteilt.

1.2 Begriffe

Zu Element 103, Ideale Beullast

Die ideale Beullast beschreibt die Lösung des Verzweigungsproblems der elastostatischen Stabilitätstheorie. Sie ist jeweils einer bestimmten Lastart oder Lastgruppe (bzw. in der DIN 18 800-Terminologie: einer bestimmten Einwirkungskombination) zugeordnet. Man denke sich eine solche Einwirkungskombination auf die perfekt idealisierte Struktur aufgebracht und proportional gesteigert. Der zugehörige, im stabilen Gleichgewicht befindliche Spannungs- und Verformungszustand, der sogenannte Grundzustand, wird oberhalb eines bestimmten Laststeigerungsfaktors instabil bzw. labil (s. Bild 4 - 1.3). Genau in Höhe dieses kritischen Laststeigerungsfaktors zweigt von dem Lastverformungspfad des Grundzustandes ein weiterer Lastverformungspfad mit möglichen Gleichgewichtszuständen ab, die aber mit Beulen verbunden sind. Der erste dieser beulenbehafteten neuen Gleichgewichtszustände ist dem Grundzustand unmittelbar benachbart und wird deshalb in der Stabilitätstheorie "Nachbarzustand" genannt. Die im Augenblick der Gleichgewichtsverzweigung vorhandene, d.h. vom Grundzustand gerade noch getragene "Verzweigungslast" ist die ideale Beullast.

Für diese allgemeine verzweigungstheoretische Definition der idealen Beullast ist es zunächst unerheblich, wie genau der Grundzustand - er wird auch Vorbeulzustand genannt - berechnet wird. Gerade bei Schalen gibt es für den Grundzustand sehr viele Genauigkeitsgrade bzw. Approximationsgüten, die den theoretisch weniger versierten Tragwerksplaner verwirren. Sie sind mit Stichworten wie "mit oder ohne Biegeanteile", "mit oder ohne Vernachlässigung der Verformungen", "klassisch oder linear oder geometrisch nichtlinear" usw. verbunden. Gleichfalls zunächst unerheblich ist die schalentheoretische Schärfe bei der Formulierung des Nachbarzustandes. Hier gibt es im wesentlichen die vereinfachte DONNELLsche [4-36/4-37] und die genauere FLÜGGEsche [4-46] Schalentheorie. Natürlich beeinflussen beide Genauigkeitsgrade, also der des Grundzustandes, auf den die Verzweigungsanalyse angesetzt wird, und der des Nachbarzustandes, in den der Grundzustand verzweigen soll, die **Größe** der berechneten idealen Beullast. Für ein vertieftes Studium der Stabilitätstheorie der Schalen sei auf die einschlägigen Monographien verwiesen [4-1/4-4/4-9/4-10/4-12/4-13/4-15/4-18/4-19/4-22/4-23].

Die ideale Beullast einer Schale ist - vereinfacht formuliert - das begriffliche Äquivalent zur idealen Knicknormalkraft N_{Ki} oder zum idealen Biegedrillknickmoment M_{Ki} von Stäben in Teil 2. Beispielsweise entspricht bei einer allseitig außendruckbeanspruchten, an den Enden geschlossenen Kreiszylinderschale die ideale Beullast dem idealen Beuldruck q_{Ki}, unter dem der aus Umfangsdruckspannungen σ_φ und Axialdruckspannungen σ_x bestehende Grundzustand instabil wird. Die ideale Beullast ist keine Lastgröße, sondern eine Systemeigenschaft; sie ist im weiteren Sinne eine Widerstandsgröße. Wie in den Teilen 2 und 3, kann sie wegen der Realitätsferne der ihr zugrundeliegenden perfekten Struktur nicht direkt für den Beulsicherheitsnachweis verwendet werden, sondern lediglich als Basis für die schlankheitsmäßige Einordnung des betreffenden Schalenbeulfalles.

Die Realitätsferne ist bei Schalen besonders eklatant und gefährlich, weil ihr elastisches "Nachbeulverhalten" im Gegensatz zu Stäben und Platten besonders "bösartig" ist. Unter dem Nachbeulverhalten versteht man das theoretische Verhalten der ursprünglich perfekten Schale nach der Gleichgewichtsverzweigung. Es kann von unterschiedlichem Typ sein (s. Bild 4 - 1.3). Aus der Art des Nachbeulverhaltens lassen sich Rückschlüsse auf den Charakter des Beulversagens ziehen ("gutartig" oder "bösartig").

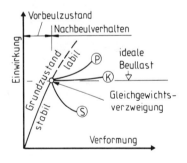

Bild 4 - 1.3 Zum Begriff der idealen Beullast: Elastostatische Verzweigungsprobleme Typ "Platte" (P), Typ "Stab" (K) und Typ "Schale" (S)

Das realitätsnahe Gegenstück zur idealen Beullast ist die **reale Beullast**. Sie wird zwar im Teil 4 nicht explizit als Begriff eingeführt, weil sie formal nicht benötigt wird. Sie ist aber der übergeordnete Begriff zu den weiter unten kommentierten realen Beulspannungen. Die reale Beullast beschreibt die von der baupraktisch realen Struktur unter der betreffenden Lastart oder Lastgruppe bzw. Einwirkungskombination tatsächlich getragene Last, könnte also auch als "Beultraglast" bezeichnet werden. Bei ihrer Ermittlung müssen alle baupraktisch unvermeidbaren Einflüsse, wie sie in den Anmerkungen 1 und 2 zu El. 105 näher beschrieben sind, und das nichtelastische Werkstoffverhalten berücksichtigt werden. Die reale Beullast stellt im Sinne von DIN 18 800 Teil 1, El. 302 und 304, den charakteristischen Wert des Widerstandes der Schale gegen Instabilwerden dar, ist also ebenfalls im weiteren Sinne eine Widerstandsgröße. Bei einem Beulsicherheitsnachweis mit Hilfe von Versuchen wäre die reale Beullast als 5%-Fraktile der Versuchstraglasten zu bestimmen.

Zu Element 104, Ideale Beulspannung
Die idealen Beulspannungen sind im Prinzip ein nachgeordneter Begriff. Er wird nur deshalb benötigt, weil wir es nicht mit unbeschränkt elastischen Werkstoffen zu tun haben. Mit Hilfe der idealen Beulspannungen wird in Form der bezogenen Schlankheitsgrade der Bezug zu den Werkstoffeigenschaften hergestellt, konkret zur Streckgrenze $f_{y,k}$. Bei den idealen Beulspannungen handelt es sich um Nennwerte der drei beulrelevanten (beulauslösenden) Membranspannungskomponenten in Rotationsschalen, nämlich

- Membrandruckspannungen σ_x in Meridian- bzw. Axialrichtung,
- Membrandruckspannungen σ_φ in Umfangsrichtung und
- Membranschubspannungen τ.

Ihnen liegt in der Regel jeweils die ideale Beullast einer speziellen Lastgruppe bzw. Einwirkungskombination zugrunde, unter der der Grundzustand (zumindest näherungsweise) ausschließlich Membranspannungen **einer** Art aufweist. Beispielsweise liefert der elementare Beulfall eines gleichmäßig zentrisch axialgedrückten Kreiszylinders die ideale Axialbeulspannung für Kreiszylinderschalen als Quotienten aus idealer Axialbeullast und Zylinderquerschnittsfläche. Die idealen Schalenbeulspannungen sind demnach das begriffliche Äquivalent zu den idealen Plattenbeulspannungen in Teil 3, die auch jeweils "bei alleiniger Wirkung von σ_x, σ_y oder τ" gelten (vgl. Teil 3, El. 113).

Zu Element 105, Reale Beulspannung
Die realen Beulspannungen verhalten sich zur realen Beullast wie die idealen Beulspannungen zur idealen Beullast. Auch sie sind Nennwerte von gedacht "reinen" Membranspannungszuständen unter der realen Beullast. Für das elementare Beispiel der axialgedrückten Kreiszylinderschale ist die reale Axialbeulspannung der Quotient aus realer Axialbeullast (z.B. aus einer Versuchsreihe) und Zylinderquerschnittsfläche. Der wirkliche Spannungszustand in der Zylinderwandung unter der realen Axialbeullast ist wesentlich komplexer und weist neben Membranspannungen σ_x auch alle anderen Schalenspannungen auf.

Die realen Beulspannungen (und die ihnen gedanklich zugrundeliegende reale Beullast) spielen in Teil 4 eine zentrale Rolle. Das steht nur scheinbar im Widerspruch zu den Teilen 2 und 3, wo solche Begriffe nicht vorkommen: Dort ist lediglich dafür kein eigenes Wort eingeführt worden. Der Arbeitsausschuß Teil 4 war im Gegensatz dazu der Meinung, dem Anwender der Norm den Unterschied zwischen charakteristischen Werten und Bemessungswerten der Beulwiderstandsgrößen auch durch zwei getrennte Begriffe, nämlich reale Beulspannungen und Grenzbeulspannungen, klar machen zu müssen. Das geschah unter anderem im Hinblick auf Anwender aus anderen Technikbereichen als dem Stahlbau.

Zu Element 106, Grenzbeulspannung
Die Grenzbeulspannungen stellen - nun wieder in vollständiger Analogie zu den Teilen 1 bis 3 - die Beanspruchbarkeiten beulgefährdeter Schalenkonstruktionen dar.

1.3 Häufig verwendete Formelzeichen

Zu Element 107, Geometrische Größen
Der Breitenkreisradius r bildet mit der Rotationsachse einen rechten Winkel. r ist deshalb nur bei Kreiszylinderschalen ein Hauptkrümmungsradius, nicht bei Kegel- und Kugelschalen. Ebenfalls weisen z und w nur bei Kreiszylinderschalen in Richtung von r, bei Kegel- und Kugelschalen bilden sie je nach Neigung der Erzeugenden (des Meridians) einen Winkel mit r.

Die Koordinate φ ist kein Winkel, sondern hat die Dimension [Länge]. Der zugehörige Winkel im Bogenmaß ist φ/r.

Zu Element 108, Physikalische Kenngrößen, Festigkeiten
Die Werkstoffkenngrößen E und f_y wurden bereits im Zusammenhang mit der Anwendung von Teil 4 auf andere als die in Teil 1, Tab. 1, enthaltenen Stähle und auf andere Metalle kommentiert, vgl. Abschn. 1.1. Es sei hier noch einmal darauf hingewiesen, daß es sich bei den verwendeten Zahlenwerten nach dem Sicherheitskonzept der DIN 18 800 um 5%-Fraktilwerte handeln soll (vgl. auch Teil 1, El. 718). Entnimmt man die Zahlenwerte Werkstoffblättern der Herstellerfirmen, so ist sicherzustellen, daß es sich um gewährleistete und qualitätskontrollierte Mindestwerte handelt. Diese können in der Regel hinreichend genau als 5%-Fraktil-Schätzwerte angesehen werden.

Zu Element 110, Lastgrößen, Beanspruchungsgrößen
Vorweg: Es müßte gemäß DIN 18 800-Terminologie statt "Lastgrößen" eigentlich "Einwirkungsgrößen" heißen.

Die Vorzeichenregelung für Flächendrücke q und für Membrannormalspannungen σ_x und σ_φ entspricht der in Stabilitäts-Regelwerken üblichen Vorzeichenregelung. Bei der Übernahme von Formeln aus anderen Regelwerken oder aus dem Schrifttum ist darauf zu achten, daß dort meist Innendruck und Zugspannungen als positiv definiert sind.

Die Schubspannung τ müßte korrekterweise eigentlich mit $\tau_{x\varphi}$ bezeichnet werden. Da aber im gesamten Teil 4 keine anderen Schalenschnittgrößen als die drei Membranschnittkräfte formelmäßig angesprochen werden, besteht keine Verwechslungsmöglichkeit mit anderen Schubspannungen, so daß die Indices "$x\varphi$" weggelassen werden konnten.

Die drei Membranspannungen σ_x, σ_φ und τ sind, wenn sie ohne weitere Indizierung verwendet werden, stets Beanspruchungen unter den Bemessungswerten der Einwirkungen. Sie müßten eigentlich mit $\sigma_{xS,S,d}$, $\sigma_{\varphi S,S,d}$ und $\tau_{S,S,d}$ bezeichnet werden. Die Indizes "S" für Schale und "S,d" für Beanspruchung werden jedoch - wie in den anderen Teilen 1 bis 3 auch, vgl. z.B. Teil 1, El. 307 - weggelassen.

Zu Element 109, Nebenzeichen und zu Element 111, Systemwerte
Die Indizierung der realen und Grenzbeulspannungen mag dem Anwender anfangs schwerfällig erscheinen. Sie war aber im Interesse einer einheitlichen Bezeichnungsregelung für die gesamte Normenreihe DIN 18 800 unumgänglich. Der Index "S" für Schalen wird benötigt, um die Stabilitätsfälle des Schalenbeulens nach Teil 4 von denen des Plattenbeulens nach Teil 3 und des Stabknickens nach Teil 2 unterscheiden zu können. Der Index "R,k" bzw. "R,d" wird benötigt, um die "Widerstandsseite" des Beulsicherheitsnachweises eindeutig von der "Einwirkungsseite" unterscheiden zu können. Da bei den Beanspruchungen auf die Indizes verzichtet wird, müssen sie bei den Beanspruchbarkeiten bleiben.

Zu Element 112, Teilsicherheitsbeiwerte
Hinsichtlich des Systems der Teilsicherheitsbeiwerte γ_F für die Einwirkungen sei dem Anwender aus stahlbaufremden Bereichen ein sorgfältiges Studium des Abschnittes 7.2 in Teil 1 ans Herz gelegt. Die Handhabung der Regeln für die Berechnung der Beanspruchungen aus den Einwirkungen wird außerdem in den Beispielen dieses Kommentars gezeigt. Auf den Begriff der "kontrollierten veränderlichen Einwirkung" gemäß Teil 1, El. 710, und den dafür ansetzbaren kleineren Teilsicherheitsbeiwert $\gamma_F = 1{,}35$ sei besonders hingewiesen, da er bei Schalenbeulfällen des Behälter- und Apparatebaus verhältnismäßig häufig anwendbar ist (Vakuumbehälter, offene Behälter mit Flüssigkeitsfüllung usw.).

1.4 Grundsätzliches zum Beulsicherheitsnachweis

Zu Element 113, Erforderlicher Nachweis
In der Anmerkung 2 zu El. 113 wird eine leidige Regelungslücke für schalenartige Stahlbaukonstruktionen angesprochen, die auch mit der neuen Grundnorm DIN 18 800 nicht geschlossen wurde. Es handelt sich um die Frage, in welcher Form neben dem Tragsicherheitsnachweis für den Grenzzustand Instabilität (der als Beulsicherheitnachweis Regelungsgegenstand des Teils 4 ist) der Tragsicherheitsnachweis für den Grenzzustand Werkstoffversagen (ohne Ermüdung) geführt werden soll.

Teil 1 ist dabei nicht hilfreich, weil vom ganzen Aufbau her auf stabartige Stahlkonstruktionen ausgerichtet. Zwar gelten die im El. 703 des Teils 1 aufgelisteten Grenzzustände
- Beginn des Fließens,
- Durchplastizieren eines Querschnittes,
- Ausbilden einer Fließgelenkkette,
- Bruch

allgemein für alle Arten von Stahlkonstruktionen; doch ist von den dann folgenden Detailregelungen lediglich der beim Verfahren Elastisch-Elastisch geforderte Vergleichsspannungsnachweis nach El. 747 und 748 auf schalenartige Konstruktionen anwendbar. Er würde bei konsequenter Anwendung, d.h. Einbeziehung aller elastisch berechneten Schalenschnittgrößen in den Vergleichsspannungsnachweis unter Verwendung der Grenzspannungen nach Teil 1, El. 746, zwar auf der sicheren Seite liegen, dem komplexen Tragverhalten und den vielfältigen plastischen Tragreserven von Schalenstrukturen aber in keiner Weise gerecht werden. Was fehlt, sind Regeln für die Anwendung der Verfahren Elastisch-Plastisch (Grenzzustand Durchplastizieren der Schalenwandung) und insbesondere Plastisch-Plastisch (Grenzzustand Ausbilden eines Fließgelenklinienmechanismus in der Schalenwandung) auf schalenartige Konstruktionen.

Es ist nicht Aufgabe dieses Kommentars, hier detaillierte Hilfestellung zu geben. Das ist die Aufgabe von Fachnormen. Folgende Hinweise müssen hier genügen:

- Der Beulsicherheitsnachweis einer Schale darf in aller Regel - unter Vernachlässigung der Schalenbiegemomente - allein mit den Membranspannungen geführt werden, wie in Teil 4 angegeben. Das stimmt im übrigen mit der entsprechenden Regelung für plattenartige Konstruktionen in Teil 3, El. 802, überein.

- Es kann in Sonderfällen erforderlich sein, die Verformungen (nicht die Spannungen!) aus Schalenbiegemomenten beim Beulsicherheitsnachweis zu beachten. Sie bedeuten für die beulauslösenden Membrandruckspannungen quasi geometrische Imperfektionen (s. Bild 4 - 1.4).

Folgerichtig können sie näherungsweise mit den Toleranzwerten der Herstellungsungenauigkeiten nach Abschn. 3 überprüft werden. *SAMUELSON* [4-69] hat auf der Grundlage dieses Gedankens tolerierbare radiale Punktlasten auf Kreiszylinder- und Kugelschalen ermittelt, und er hat vorgeschlagen, die von ihnen verursachten Verformungen w (s. Bild 4 - 1.4b) wie Überschreitungen der Toleranzwerte von Herstellungsungenauigkeiten zu behandeln. (Letztere sind in Teil 4 in Abschn. 3, El. 305 geregelt.)

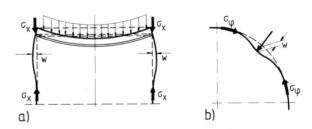

Bild 4 - 1.4 Beeinflussung des Beulverhaltens von Schalen durch Biegeverformungen

- Es ist in jedem Falle nach Teil 1, El. 746 - 748, der **Vergleichsspannungsnachweis** mit den **Membranspannungen** zu führen.

- Die Art der Einbeziehung von elastisch berechneten Biegespannungen in den Vergleichsspannungsnachweis hängt, wie in der Anmerkung 2 zu El. 113 angeführt, davon ab, ob es sich um primäre Biegespannungen aus Gleichgewichtsbiegemomenten oder um sekundäre Biegespannungen aus Zwängungsbiegemomenten handelt und ob sie einmalig oder wiederholt auftreten. Führt man den Nachweis formal als Spannungsnachweis nach Verfahren Elastisch-Elastisch, so können je nach Spannungskategorie höhere Grenzspannungen als nach Teil 1, El. 746, eingesetzt werden (bis zur fiktiv zweifachen Streckgrenze). Überlegungen hierzu sind beispielsweise in der im El. 113 zitierten KTA-Regel 3401.2 zu finden. Zieht man diese heran, so ist zu bedenken, daß sie einen Anwendungsbereich mit höchsten Sicherheitsanforderungen betrifft, die nicht automatisch auf andere Anwendungsbereiche übertragbar sind.

Zu Element 114, Ermittlung der realen Beulspannung

In El. 114 wird die Anwendung der Regeln der folgenden Abschnitte davon abhängig gemacht, daß die für die einzelnen Schalenformen angegebenen Randbedingungen vorliegen. Das könnte mißverstanden werden: Die Einschränkung bezieht sich auf die Verwendung der in den Abschnitten 4 bis 7 angegebenen Gleichungen für die idealen Beulspannungen, welche für ganz bestimmte Randbedingungen hergeleitet wurden - nicht auf das ganze Konzept. Sonst wäre die "Darf-Regel" in El. 201, auf die in Abschn. 2.2.2 eingegangen wird, nutzlos.

In El. 114 wird ferner auf den Unterschied zwischen unvermeidlichen Unebenheiten der Auflagerung und ungleichmäßigen Nachgiebigkeiten der Auflagerung oder Bodensetzungen aufmerksam gemacht: Erstere seien mit dem Nachweiskonzept des Teils 4 erfaßt, d.h. werden als "Imperfektionen" eingestuft, letztere seien dagegen im allgemeinen noch nicht erfaßt. Der Hinweis bezieht sich vor allem auf große kreiszylindrische Tankbehälter, die auf vergleichsweise weichen Fundamentringen stehen. Ungleichmäßig über den Umfang verteilte Absenkungen des unteren Zylinderrandes verursachen im Zylindermantel Axialdruck- und Schubspannungen, die zu unschönen Beulerscheinungen führen können, unter Umständen sogar schon während der Montage [4-44/4-45]. Bild 4 - 1.5 zeigt ein Beispiel, bei dem Setzungsunterschiede in der Größenordnung von nur Δu = ca. 1,0 · t bereits axiale Membrandruckkräfte erzeugen, die rechnerisch eindeutig zum Beulen führen (für r = 25000 mm und t = 12 mm beträgt die ideale Axialbeulspannung nach Gl. (26) σ_{xSi} = 61,3 N/mm²). Bei der sicherheitsmäßigen Beurteilung solcher Beulen ist allerdings zu berücksichtigen, daß es sich um Zwängungsbeulen handelt, die unter Umständen kein Problem der Tragsicherheit, sondern der Gebrauchstauglichkeit darstellen.

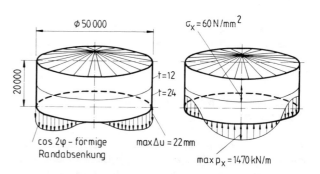

Bild 4 - 1.5 Beispiel für einen Tankbehälter unter ungleichmäßigen Absenkungen des unteren Randes

Schalenbeulversuche

Der Entwurf zu Teil 4 enthielt an dieser Stelle als nicht verbindliche Regel noch den Hinweis, daß die reale Beulspannung auch

- durch "geeignete Berechnungsmethoden (z.B. FEM)", abgesichert durch Versuche, oder
- allein durch wirklichkeitsnahe und werkstoffgerechte Versuche

ermittelt werden durfte. Diese Angaben wurden als Ergebnis des Einspruchsverfahrens ersatzlos gestrichen. Grund dafür war die Erkenntnis, daß für eine baurechtlich einwandfreie Regelung eines Tragsicherheitsnachweises durch Versuche die Prüfmodalitäten und die Auswertungsverfahren viel ausführlicher zu fixieren wären, als das mit den diesbezüglichen Erläuterungen im Entwurf zu Teil 4 geschehen war. Der Arbeitsausschuß sah sich nicht in der Lage, das für ein experimentell so schwieriges Metier wie das Schalenbeulen zu leisten. (Beim Beispiel der DIN 18 807 für Stahltrapezprofile wurde zur Festlegung der technischen Prüfbedingungen ein eigener Teil 2 erforderlich!). Das heißt aber nicht, daß nicht in speziellen Anwendungsfällen auch für eine schalenartige Stahlkonstruktion der Tragsicherheitsnachweis durch geeignete Versuche geführt werden kann, wie in den Bauordnungen alternativ zum rechnerischen Nachweis grundsätzlich vorgesehen. Nur müssen die Versuchsbedingungen dann im Einzelfall überlegt und mit der prüfenden Instanz abgestimmt werden. Es sollte in solchen Fällen ferner bedacht werden, daß nicht jedes in "normaler" Materialprüftechnik erfahrene Prüfinstitut automatisch auch in der Lage ist, qualifizierte Schalenbeulversuche durchzuführen. In Zweifelsfällen wird empfohlen, das Institut für Bautechnik, Berlin, zu Rate zu ziehen.

Zu Element 115, Ebene Platten als Näherung

Der Widerstand von Schalen gegen Beulen setzt sich aus Membrananteilen und Biegeanteilen zusammen. Läßt man die Krümmung gegen Null gehen, so bleiben nur die Biegeanteile übrig. Eine Platte hat dem Beulen von vornherein nur ihren Biegewiderstand entgegenzusetzen. Deswegen liegt der Beulsicherheitsnachweis einer Schalenkonstruktion als gedachte ebene Platte stets auf der sicheren Seite. Wichtig ist allerdings, daß konsequent wie folgt vorgegangen wird (s. Bild 4 - 1.6):

1. Schritt: Berechnung der Membranschnittkräfte bzw. -spannungen an der vorliegenden Schalenkonstruktion.
2. Schritt: Festlegung der w - Randbedingungen längs der Ränder des nachzuweisenden Schalenfeldes (frei, gelenkig unverschieblich, eingespannt).
3. Schritt: Gedankliches "Geradebiegen" des Schalenfeldes unter Beibehaltung der Membranspannungen und Randbedingungen.
4. Schritt: Beulsicherheitsnachweis für den entstandenen Plattenbeulfall nach Teil 3.

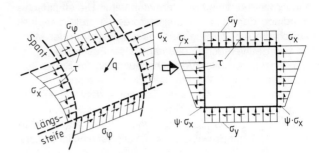

Bild 4 - 1.6 Näherungsweiser Beulsicherheitsnachweis eines zylindrischen Teilfeldes einer orthogonal versteiften Stauwand als ebene Platte

2 Vorgehen beim Beulsicherheitsnachweis

2.1 Anmerkungen zum Nachweiskonzept

Bevor die einzelnen Elemente des Nachweiskonzeptes kommentiert werden, müssen zwei Vorbemerkungen vorangestellt werden.

Erste Vorbemerkung: Warum halbempirisches Nachweiskonzept?

Das Stabilitätsverhalten von Schalenstrukturen ist viel komplexer und verwickelter als das von Stabwerken. Deshalb ist vorläufig noch nicht daran zu denken, für den Beulsicherheitsnachweis von "normalen" Schalenkonstruktionen des Stahlbaus ein ausschließlich numerisch gestütztes, in sich geschlossenes Konzept, etwa ähnlich dem für Stabwerke in Teil 2, anzubieten. Das mag zwar manchem berechnungsgläubigen Tragwerksplaner im Computerzeitalter verwunderlich erscheinen, jedoch ist das Problem nicht die "numerische Potenz" des zur Verfügung stehenden FE-Programmes, sondern vor allem die Frage nach den anzusetzenden geometrischen Ersatzimperfektionen. Die bereits erwähnte DASt-Ri 017 wird versuchsweise erste Regelungen für einen Beulsicherheitsnachweis von Schalen mit Hilfe numerisch ermittelter Beullasten enthalten; vgl. auch [4-71/4-73]. Im Gegensatz dazu enthält der Teil 4 nur das einfach zu handhabende, halbempirische "κ-Konzept"; es wird in diesem Abschnitt ausführlich kommentiert. Selbstverständlich bleibt es dem schalenbeulversierten Tragwerksplaner unbenommen, für außergewöhnliche Bauwerke, bei denen der Engineering-Anteil in den Erstellungskosten genügend Spielraum bietet, durch ausführliche numerische Analysen (z.B. membranreduzierte Verzweigungsanalysen, Störanalysen, "vollständig" nichtlineare Grenzlastanalysen) den Tragsicherheitsnachweis außerhalb des Teils 4 zu führen.

Zweite Vorbemerkung: Warum "κ-Nachweiskonzept"?

Das "κ-Konzept" ist nur eines von vielen veröffentlichten halbempirischen Nachweiskonzepten für Stabilitätsfälle. Sie lassen sich grob zu drei Gruppen zusammenfassen, die mit den nachfolgenden drei Gleichungssätzen beschreibbar sind.

"α-η-Konzept":

$$\sigma_{R,k} = \eta \cdot \sigma_{R,k}^{elast} = \eta \cdot \alpha \cdot \sigma_i \quad (4 - 2.1)$$

mit $\alpha = f(r/t,$ Schalentyp, Einwirkungsfall$),$ (4 - 2.2)
$\eta = f(r/t,$ Werkstoff$).$ (4 - 2.3)

"α-ϕ-Konzept":

$$\sigma_{R,k} = \phi \cdot f_{y,k} = \phi \cdot \overline{\lambda}_\alpha^2 \cdot \sigma_{R,k}^{elast} = \phi \cdot \overline{\lambda}_\alpha^2 \cdot \alpha \cdot \sigma_i \quad (4 - 2.4)$$

mit α wie vor,

$$\phi = f(\overline{\lambda}_\alpha) , \quad (4 - 2.5)$$

$$\overline{\lambda}_\alpha = \sqrt{\frac{f_{y,k}}{\alpha \, \sigma_i}} . \quad (4 - 2.6)$$

"κ-Konzept":

$$\sigma_{R,k} = \kappa \cdot f_{y,k} = \kappa \cdot \overline{\lambda}^2 \cdot \sigma_i \quad (4 - 2.7)$$

mit $\kappa = f(\overline{\lambda}),$ (4 - 2.8)

$$\overline{\lambda} = \sqrt{\frac{f_{y,k}}{\sigma_i}} . \quad (4 - 2.9)$$

Die drei Gleichungssätze (4 - 2.1) bis (4 - 2.9) beschreiben alternative Abminderungsprozeduren von der idealisierten Berechnungsebene der perfekten, elastischen Schale mit ihrer idealen Beulspannung σ_i auf die reale Ebene der imperfekten, ggf. nichtelastischen Schale mit ihrer realen Beulspannung $\sigma_{R,k}$. α ist ein empirischer elastischer Imperfektionsfaktor (im englischsprachigen Schrifttum auch "knock-down-factor" genannt), η und ϕ sind empirische Plastizitätsfaktoren, κ erfaßt beide Einflüsse empirisch gemeinsam. $\overline{\lambda}_\alpha$ und $\overline{\lambda}$ sind bezogene Schlankheitsparameter.

Zwischen dem elastischen Imperfektionsfaktor α und dem Abminderungsfaktor κ besteht bei rein elastischem Beulen, wie leicht ablesbar, die einfache Beziehung

$$\alpha = \kappa \cdot \overline{\lambda}^2 . \quad (4 - 2.10)$$

Die Unterschiede zwischen den drei alternativen Abminderungsprozeduren sind rein formaler Natur. Die empirische Grundlage der Abminderungsfaktoren ist stets dieselbe, nämlich die Auswertung mehr oder weniger großer Mengen von Beulversuchen und daraus die Festlegung unterer Grenzkurven aller Versuchsbeullasten im Sinne von charakteristischen Werten der Beulwiderstandsgrößen. Unglücklicherweise führte die Tatsache, daß man sich in sehr unterschiedlichen Technikbereichen mit Schalenbeulproblemen auseinandersetzte (vgl. die Anmerkungen in Abschn. 1.1), zur Entwicklung solch unterschiedlicher Konzepte. Ihre faktische Identität ist für den Praktiker oft nicht erkennbar. Der ASME-Code verwendet beispielsweise das "α-η-Konzept", die DASt-Ri 013 verwendete das "α-ϕ-Konzept", Teil 4 verwendet das "α-freie κ-Konzept", die ECCS-Recommendations verwenden - je nach Schalenbeulfall - beide letztgenannten Konzepte.

Der Arbeitsausschuß Teil 4 entschied sich aus pragmatischen Gründen für das κ-Konzept nach Gl. (4 - 2.7) bis (4 - 2.9), obwohl es bei rein elastisch beulenden Schalen durchaus Nachteile hat (s. Abschn. 2.3, zu El. 204). Jedoch werden nicht nur in der Grundnormenreihe DIN 18 800, sondern auch in den zukünftigen Euronormen für Stahlbau und Verbundbau alle Stabilitätsfälle in der formal gleichen Weise mit dem κ-Konzept geregelt. Dadurch ordnen sich für den Stahlbau-Praktiker die Stabilitätsfälle des Schalenbeulens überschaubar und konsistent in das Spektrum aller in Stahlkonstruktionen zu beachtenden Stabilitätsfälle ein. Die Vorteile eines solchen einheitlichen Nachweiskonzeptes wurden u.a. in [4-32/4-33] beschrieben.

Grundelemente des κ-Nachweiskonzeptes in Teil 4

Die Grundelemente des Beulsicherheitsnachweises nach Teil 4 sind in Bild 4 - 2.1 in Form eines Ablaufdiagrammes dargestellt.

Bei der Ermittlung der **Beanspruchbarkeiten** ("Widerstandsseite" des Nachweises) ist gedanklich sorgfältig zwischen
- der idealisierten Ebene der perfekten, elastischen Schale,
- der realen Ebene der imperfekten, ggf. nichtelastischen Schale und
- der Bemessungsebene der tragsicheren Schale
zu unterscheiden.

Auf der **idealisierten Ebene** wird bei der Ermittlung der **idealen Beulspannungen** (Definition s. Abschn. 1.2) theoretische Strukturmechanik betreiben. Hier erfolgt die stabilitätstheoretische Berücksichtigung von Schalengeometrie, Einwirkungsarten, Rand- und Lagerungsbedingungen. Die idealen Beulspannungen werden in der Regel mit Hilfe der in den Abschnitten 4 bis 7 für die einzelnen Schalentypen gegebenen Gleichungen ermittelt, und zwar jeweils konsequent nach den drei beulrelevanten Beanspruchungsfällen
- Druckbeanspruchung σ_x in Meridian- bzw. Axialrichtung,
- Druckbeanspruchung σ_φ in Umfangsrichtung,
- Schubbeanspruchung τ

getrennt. Den Gleichungen liegen jeweils einfache "Basisbeulfälle" mit konstanten oder zumindest großflächig gleichmäßigen Membranspannungsfeldern und Standard-Randbedingungen zugrunde; sie werden in den entsprechenden Abschnitten dieses Kommentars mit ihren Merkmalen beschrieben. Alternativ besteht die Möglichkeit, in Sonderfällen die idealen Beulspannungen durch "geeignete Berechnungsverfahren" zu ermitteln (s. Abschn. 2.2.2).

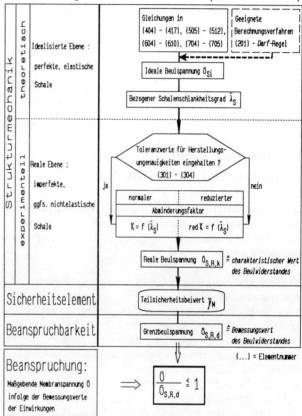

Bild 4 - 2.1 Ablaufdiagramm für Beulsicherheitsnachweis nach Teil 4

Der Übergang von der idealisierten zur **realen Ebene**, d.h. von den idealen zu den **realen Beulspannungen**, erfolgt mit Hilfe der **Abminderungsfaktoren** κ auf der Grundlage von Gl. (4 - 2.7) bis (4 - 2.9). Die angegebenen κ-Werte haben, wie bereits erwähnt, zwar eine experimentelle Basis, sind aber in ihrer Größenordnung durch eine Vielzahl theoretischer Untersuchungen (auf die hier nicht eingegangen werden kann) zusätzlich abgesichert. Sie sind mehr oder weniger schlankheitsabhängig, was beim κ-Konzept über den **bezogenen Schlankheitsgrad** $\bar{\lambda}$ erfaßt wird. Mit seiner Hilfe werden verschiedene Schalenbeulfälle untereinander vergleichbar gemacht.

Die Abminderungsfaktoren gelten nur innerhalb bestimmter **Toleranzwerte für Herstellungsungenauigkeiten** (s. Abschn. 3). Werden diese nicht eingehalten, so braucht die Konstruktion nicht automatisch verworfen oder aufwendig nachgearbeitet zu werden, sondern es besteht unter Umständen die Möglichkeit, den Beulsicherheitsnachweis mit reduzierten Abminderungsfaktoren red κ zu führen.

Der Übergang von der realen Ebene zur **Bemessungsebene** erfolgt mit Hilfe des Sicherheitselementes **Teilsicherheitsbeiwert** γ_M. Er berücksichtigt die Streuungen der den Beulwiderstand beeinflussenden Größen und deckt auch Systemempfindlichkeiten ab. Die **Grenzbeulspannung** beschreibt den Fall eines - innerhalb der Toleranzwerte für Herstellungsungenauigkeiten - besonders ungünstig geratenen Tragwerkes; ungünstigere Fälle sind in der Realität nur mit sehr geringer Wahrscheinlichkeit zu erwarten.

Als **Beanspruchung** ("Einwirkungsseite" des Nachweises) dient die jeweils **maßgebende Membranspannung**. Sie muß einer schalenstatischen Berechnung für die jeweilige Einwirkungskombination entnommen werden. Genaue Angaben, welche Spannungswerte bei veränderlichen Membranspannungsfeldern konkret als "maßgebende Membranspannungen" einzusetzen sind, finden sich in den einzelnen Abschnitten des Teils 4.

Erzeugt eine Einwirkungskombination mehr als eine der drei beulrelevanten Membranspannungskomponenten, so ist neben den Einzelnachweisen ein **Interaktionsnachweis** zu führen.

Die Grundelemente des Nachweiskonzeptes werden nun eingehender kommentiert.

2.2 Ermittlung der idealen Beulspannungen
(Zu Element 201)

2.2.1 Ermittlung mit den Norm-Gleichungen

In einer frühen Version der Normvorlage für Teil 4 waren die verbindliche und die nicht verbindliche ("Darf-")Regelung in El. 201 in umgekehrter Reihenfolge angeordnet. Das wäre im Prinzip logischer gewesen - ähnlich wie in Teil 2 keine verbindlichen Formeln für das ideale Biegedrillknickmoment und in Teil 3 keine verbindlichen Formeln für die idealen Plattenbeulspannungen vorgeschrieben werden. Die normativ festzuschreibende Regel lautet sinngemäß eigentlich: "Man berechne exakt oder auf der sicheren Seite die idealen Beulspannungen gemäß der in Abschn. 1.2 gegebenen Definition und verfahre dann, wie im weiteren festgelegt ..." Wie man die idealen Beulspannungen berechnet, ist strenggenommen strukturmechanisches "Lehrbuchwissen" und bedarf keiner Normung.

Man war jedoch im Arbeitsausschuß Teil 4 nach ausführlicher Diskussion der Auffassung, bei Schalen aus Sicherheitsgründen etwas anders verfahren zu müssen: Erstens gebe es für das Schalenbeulen nicht so umfangreiche, anwendungsorientiert aufbereitete Hilfsmittel mit verzweigungstheoretischen Ergebnissen wie etwa für das Biegedrillknicken oder Plattenbeulen; es sei deshalb sinnvoll, einfache Gleichungen anzugeben. Zweitens basierten alle angegebenen Gleichungen auf wenigen "Basisbeulfällen", die sozusagen als Normbeulfälle einzuführen seien. Und drittens sei selbst die Berechnung dieser Basisbeulfälle theoretisch mit so vielen verschiedenen Genauigkeitsgraden durchführbar (vgl. Abschn. 1.2), daß es geboten sei, die auf der untersten Genauigkeitsstufe, nämlich mit der klassischen linearen Beultheorie, hergeleiteten Gleichungen für die idealen Beulspannungen, denen meistens sogar noch weitere Näherungen zugrundeliegen, verbindlich einzuführen.

Die Gleichungen für die idealen Beulspannungen stellen quasi mit den Abminderungsfaktoren zusammen ein Gesamtsystem dar. Würde man beispielsweise mit einer genaueren Methode für einen der Basisbeulfälle eine höhere ideale Beulspannung ausrechnen, als in den Abschnitten 4 bis 7 angegeben, so dürfte auf diese höhere ideale Beulspannung nicht unbesehen der in Teil 4 genormte Abminderungsfaktor κ angewendet werden, da er seinerseits an den mit der klassischen linearen Beultheorie berechneten idealen Beulspannungen der Basisbeulfälle kalibriert wurde. Andererseits braucht aber auch eine ggf. kleiner berechnete ideale Beulspannung eines Basisbeulfalles nicht angesetzt zu werden, da auch dieser Einfluß natürlich bereits in den Abminderungsfaktoren enthalten ist (s. Anmerkung zu El. 201).

Klassische lineare Beultheorie
Mit "klassischer linearer Beultheorie" (s. Anmerkung zu El. 201) ist gemeint, daß der Vorbeulzustand unter Vernachlässigung seiner Verformungen, insbesondere seiner Biegeverformungen, als reiner Membranzustand angesetzt wird. Das ist nur für solche Fälle möglich, in denen die Schale unter der gegebenen Einwirkungskombination allein mit Membranschnittgrößen einen Gleichgewichtszustand aufbauen kann. Alle Basisbeulfälle gehören zu dieser Kategorie. Bei Werkstoffen mit einer Querkontraktionszahl $\mu \neq 0$ bedeutet die Voraussetzung eines biegungsfreien Membran-Vorbeulzustandes in der Regel, daß man die an den Schalenrändern vorliegende Querdehnungsbehinderung vernachlässigt; man setzt quasi voraus, daß sich die Schalenränder "membrangerecht" verschieben können. Wenn die Ränder aber in Wirklichkeit nicht verschieblich sind - auch gar nicht verschieblich sein sollen, um die gewünschte Beulsicherheit zu gewährleisten -, so unterstellt man mit der klassischen linearen Beultheorie de facto einen physikalisch nicht realisierbaren Sachverhalt: daß nämlich für den Grundzustand und für den Nachbarzustand im Augenblick der Gleichgewichtsverzweigung unterschiedliche Randbedingungen gelten. Dieser Modellierungsfehler der klassischen linearen Beultheorie ist in Bild 4 - 2.2 für den Basisbeulfall der axialgedrückten Kreiszylinderschale verdeutlicht. Die Größe dieses Fehlers gegenüber der nichtlinearen Lösung wird, soweit dem Schrifttum entnehmbar, an den entsprechenden Stellen des Kommentars angegeben.

Auf den der klassischen linearen Beultheorie anhaftenden Modellierungsfehler wurde hier deshalb so ausführlich eingegangen, weil er bei Einsatz eines Rechenprogramms für die Beulberechnung (siehe nachfolgenden Abschnitt) nicht gemacht wird, wenn das Programm randbedingungskonsistent arbeitet bzw. die Modellierung randbedingungskonsistent erfolgt. In solchen Fällen braucht man sich nicht zu wundern, wenn man aus einer numerischen Stabilitätsanalyse für einen Basisbeulfall nicht dieselbe ideale Beulspannung erhält, wie aus der entsprechenden Gleichung des Teils 4. Wie oben erläutert, ist dieser Unterschied seit langem bekannt und im Nachweiskonzept abgedeckt.

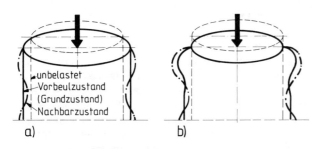

Bild 4 - 2.2 Zum Modellierungsfehler der klassischen linearen Beultheorie:
a) reiner Membran-Vorbeulzustand (klassisch),
b) randbedingungskonsistenter Vorbeulzustand

2.2.2 Ermittlung durch geeignete Berechnungsverfahren

Der Regelnachweis mit den Norm-Gleichungen für die idealen Beulspannungen kann bei vielen Einwirkungsfällen sehr konservativ sein und deshalb zu unwirtschaftlichen Abmessungen führen. Darauf wurde bereits hingewiesen; es ist der unvermeidliche Preis für "einfache" Regeln. Auch liegen manchmal andere Randbedingungen vor, als sie den Norm-Gleichungen zugrundeliegen. Für solche Fälle sieht Teil 4 mit der "Darf-Regel" in El. 201 explizit die Möglichkeit vor, die ideale Beulspannung genauer mit Hilfe "geeigneter Berechnungsverfahren" zu ermitteln. Unter einem "geeigneten Berechnungsverfahren" ist - neben dem natürlich in erster Linie angesprochenen und nachfolgend ausführlich diskutierten Einsatz eines Rechenprogramms - auch die Verwendung verläßlicher verzweigungstheoretischer Ergebnisse aus dem Fachschrifttum zu verstehen, z.B. aus einschlägigen Monographien und Handbüchern [4-5/4-13/4-15/4-18/4-19/4-20/4-21].

Beim Einsatz eines Rechenprogrammes auf FEM- oder ähnlicher Basis wird als erster Schritt für die gegebene Einwirkungskombination eine numerische Eigenwertanalyse des elastisch berechneten Grundzustandes der geometrisch perfekt idealisierten Schale durchgeführt. Diejenige Belastungshöhe, bei der erstmals Gleichgewichtsverzweigung rechnerisch angezeigt wird, stellt die numerisch ermittelte ideale Beullast dar (s. Bild 4 - 2.3). Sie liefert die idealen Beulspannungen anstelle der im vorstehenden Abschnitt erläuterten "Norm-Gleichungen". Der weitere Ablauf des Beulsicherheitsnachweises folgt dann dem Nachweiskonzept des Teils 4 mit Abminderungsfaktoren κ.

Diese Vorgehensweise entspricht etwa der Ermittlung von Knicklängenbeiwerten beim Ersatzstabverfahren für Stabwerke in Teil 2. Sie ist im Prinzip unproblematisch, sofern bei der Berechnung der idealen Beullast folgende Punkte beachtet werden:
- Die Rand-, Übergangs- und Lagerungsbedingungen müssen wirklichkeitsgetreu formuliert werden. In Zweifelsfällen muß die Idealisierung auf der sicheren Seite liegen, z.B. durch Annahme eines meridional verschieblichen Randes statt eines meridional unverschieblichen (wölbbehinderten) Randes. Teilfelder versteifter Schalen dürfen nur dann als an den Steifen radial unverschieblich gelagert angenommen werden, wenn deren Steifigkeit ausreichend groß ist (vgl. Abschn. 1.1); im Zweifelsfall sind die Steifen mit ihren Steifigkeiten in die zu berechnende Schalenstruktur einzubeziehen.
- Das verwendete Rechenprogramm muß das zur erstmaligen Gleichgewichtsverzweigung führende kritische Beulmuster, d.h. die zum niedrigsten Eigenwert führende Eigenform, zuverlässig auffinden. Diese Forderung ist angesichts der Komplexität des möglichen theoretischen Beulversagens von Schalen (Verzweigungsversagen oder Durchschlagsversagen, siehe weiter unten) nicht so trivial, wie sie möglicherweise erscheint. In der Regel ist es zweckmäßig bzw. sogar notwendig, auch benachbarte Eigenwerte mit ihren Eigenformen zu berechnen, um sich einen besseren Einblick zu verschaffen.
- Die Berechnung von Teilbereichen der Schale anstelle der gesamten Schale (um Rechenzeit und -kosten zu sparen) ist nur dann zulässig, wenn zweifelsfrei feststeht, daß damit die Verformungsfreiheit der gesamten Schale nicht wesentlich eingeschränkt wird. Keinesfalls darf der berechnete Teilbereich kleiner sein als eine Beule des kritischen Beulmusters.
- In Sonderfällen kann es erforderlich sein, den elastischen Grundzustand der geometrisch perfekten Schale geometrisch nichtlinear zu berechnen. Das ist beispielsweise bei axialbelasteten flachen oder radial in Grundkreisebene verschieblich gelagerten Kegelschalen und Kugelkalottenschalen der Fall. Tritt in einem solchen Fall vor Erreichen des Lastmaximums keine Gleichgewichtsverzweigung auf, so gilt die zum Lastmaximum gehörende Durchschlagslast als ideale Beullast, s. Bild 4 - 2.3. (Die ideale Beullast wird im weiteren mit R_{Si} bezeichnet, um ihre Eigenschaft als globale Widerstandsgröße der Schale deutlich zu machen.)

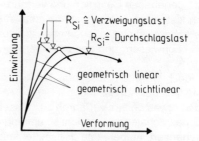

Bild 4 - 2.3 Elastische Verzweigungs- und Durchschlagslasten als ideale Beullasten

Berechnungsvarianten in Computerprogrammen zur Ermittlung der idealen Beullast

Zusammenfassend zur rechnerischen Bestimmung der Beullasten elastischer perfekter Schalen, d.h. der idealen Beullasten, werden nachfolgend - geordnet nach zunehmender Approximationsgüte des Vorbeulzustandes - drei in Computerprogrammen gebräuchliche Varianten der Stabilitätsberechnung aufgelistet:

- **Lineare Anfangsbeulanalysen**
  a) ohne Berücksichtigung der Vorbeulverformungen:
  Bei diesen Eigenwertanalysen wird der linear elastisch berechnete Spannungszustand als allein abtriebswirksam angenommen; vernachlässigt man dabei die Biegestörungen, so entspricht eine solche Eigenwertanalyse der in diesem Kommentar als "klassisch linear" apostrophierten Vorgehensweise;
  b) mit näherungsweiser Berücksichtigung der Vorbeulverformungen:
  Zusätzlich zu obigem werden hier auch die aus den linear berechneten Verformungen herrührenden Abtriebseffekte mitberücksichtigt.

  Der Näherungscharakter liegt in beiden Fällen in einer Nichtberücksichtigung allenfalls gegebener Spannungsumlagerungen (aus Nichtlinearitäten des Vorbeulzustandes); weiterhin in einer völligen Vernachlässigung (im ersten Falle) bzw. einer groben, linearisierten Erfassung (im zweiten Falle) des Effektes der Geometrieänderungen im Vorbeulzustand. Letzterer Zusatzeffekt kann in verformungsintensiven Fällen - wie z.B. den oben erwähnten flachen, verschieblichen Kegel- und Kugelschalen - zu einer Dominanz des Verformungseinflusses und so zu einer Fehlbewertung des Tragverhaltens führen.

- **Lineare Beulanalysen an definierten höheren Laststufen**
  Zufolge des nichtlinear berechneten Vorbeulzustandes der jeweiligen Laststufe ergeben sich zunehmend bessere Approximationen der tatsächlichen idealen Beullasten.

- **Nichtlineare Beulanalysen**
  Zufolge der korrekten Erfassung der geometrischen Nichtlinearität des Vorbeulzustandes stellen diese Analysen die höchste Stufe der Modellierung des Vorbeulzustandes dar. Rechnerisches Versagen der perfekten Struktur kann je nach System und Belastung durch Verzweigen oder Durchschlagen erfolgen (vgl. Bild 4 - 2.3).

Die zwei erstgenannten Varianten liefern nur Näherungswerte für die tatsächlichen idealen Beullasten. Im vorliegenden Norm-Konzept werden sie für Kreiszylinder- und Kegelschalen trotzdem als Referenzwerte zugrundegelegt, weil bei ihnen das nichtlineare Systemverhalten - zumindest, wenn es zu einem Abfall der idealen Beullast führt - nicht allzu ausgeprägt ist und in den Abminderungsfaktoren κ, wie erläutert, mit abgedeckt ist. Die unterschiedlichen Approximationsgüten innerhalb dieser zwei Varianten könnte man bei einer konkreten Inanspruchnahme der "Darf-Regel" in El. 201 nicht berücksichtigen, da für die Ermittlung der realen Beullasten stets nur dieselben κ-Faktoren zur Verfügung stehen. Als sinnvollster Referenzwert erweist sich somit der erstbesprochene lineare Anfangsbeuleigenwert; er besitzt einerseits den mechanisch einfachsten Hintergrund und geht andererseits bei Vernachlässigung der Biegestörungen auch in die Basisbeulfälle über.

Bei ausgeprägt nichtlinearem Systemverhalten wird der Näherungscharakter der beiden erstgenannten Varianten sehr grob. Deshalb sind z.B. in Teil 4 flache Kegelschalen von der Ermittlung der idealen Beulspannungen mit den Norm-Gleichungen ausgeschlossen (s. Abschn. 6). Und deshalb werden in Teil 4 für Kugelkalottenschalen die korrekt nichtlinear berechneten idealen Beulspannungen zugrundegelegt (s. Abschn. 7).

In Zweifelsfällen sollte man nach der drittgenannten Variante rechnen. Ihre Resultate haben in der obigen Reihe die zweifellos höchste mechanische Relevanz. Wollte man sie grundsätzlich zugrundelegen, so wäre ein Gesamtkonzept erforderlich, in dem durch differenzierte Abminderungsfaktoren das spezielle reale Beulverhalten beschrieben wird. Dazu reichen die derzeitigen Kenntnisse bei weitem nicht aus.

Definition der idealen Beulspannungen

Ein zweiter bedeutender Faktor bei einem numerisch gestützten Beulsicherheitsnachweis nach El. 201 ist neben der Ermittlung der idealen Beullast, d.h der computerunterstützten Lösung des idealen Beulproblems, die anschließende Definition der idealen Beulspannung, um den Beulsicherheitsnachweis nach den Regeln des Teils 4 führen zu können. Dieser Schritt ist nur dann elementar, wenn die betrachtete Einwirkungskombination lediglich eine der drei beulrelevanten Membranspannungskomponenten erzeugt. In diesem Fall ist der Größtwert dieser Membranspannung unter der idealen Beullast als ideale Beulspannung zu verwenden.

Erzeugt beispielsweise eine veränderliche Manteldruckbelastung in einer Kreiszylinderschale ausschließlich Umfangsdruck- und Umfangszugspannungen, so ist die unter der idealen Beullast (hier : dem idealen Beulmanteldruck) vorhandene größte Umfangsdruckspannung als ideale Umfangsbeulspannung zu verwenden:
max $\sigma_{\varphi}(R_{Si}) = \sigma_{\varphi Si}$.
Abschn. 8.7 enthält ein Beispiel hierzu.

Erzeugt die betrachtete Einwirkungskombination aber zwei oder alle drei beulrelevanten Membranspannungskomponenten, so gestaltet sich die Ermittlung der zwei bzw. drei idealen Beulspannungen, die für die Nachweise nach den Regeln des Teils 4 benötigt werden, schwieriger. Der Sachverhalt wird in Bild 4 - 2.4 am Beispiel gleichzeitig vorhandener Axial- und Umfangsdruckspannungen (ohne Schubspannungen) erläutert.

Am naheliegensten ist es, näherungsweise die unter der idealen Beullast vorhandenen Größtwerte zu verwenden:
$$\max \sigma_x (R_{Si}) \cong \sigma_{xSi} ,$$
$$\max \sigma_{\varphi} (R_{Si}) \cong \sigma_{\varphi Si} . \qquad (4 - 2.11)$$
$$\max \tau (R_{Si}) \cong \tau_{Si} .$$

Läßt sich mit diesen Werten der Beulsicherheitsnachweis führen, so ist man am Ziel, denn diese Vorgehensweise liegt stets auf der sicheren Seite. Die numerische Eigenwertanalyse erfaßt bereits automatisch einen Teil des beulfördernden Zusammenwirkens der "beteiligten" Membranspannungen, nämlich den auf der idealisierten Berechnungsebene der perfekten Schale. Der zusätzliche Interaktionsnachweis mit Bed. (50) des Teils 4 ist nur deshalb zu fordern, weil die "ideale" Interaktionskurve (s. Bild 4 - 2.4) manchmal völliger (konvexer) ist als die mit Bed. (50) beschriebene "reale" Interaktionskurve; weitere Erläuterungen hierzu s. Abschn. 4.5.1, zu El. 426.

$$\max \sigma_{xSi} = \sigma_{xSi},$$
$$\max \sigma_{\varphi Si} = \sigma_{\varphi Si}, \quad (4 - 2.12)$$
$$\max \tau_{Si} = \tau_{Si}.$$

In Abschn. 8.8 ist ein Beispiel für diese Vorgehensweise wiedergegeben.

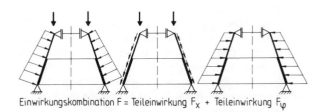

Bild 4 - 2.5 Einfaches Beispiel für die Zerlegung einer Einwirkungskombination in Teileinwirkungen mit "reinen" Membranspannungsfeldern

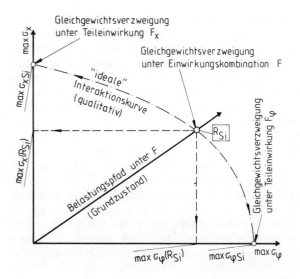

Bild 4 - 2.4 Zur Ermittlung der idealen Beulspannungen beim numerisch gestützten Beulsicherheitsnachweis

2.3 Ermittlung der realen Beulspannungen und Grenzbeulspannungen (Beanspruchbarkeiten)

Zu Element 202, Bezogene Schalenschlankheitsgrade
Der bezogene Schlankheitsgrad $\bar{\lambda}$ ist die Bezugsgröße des allgemeinen κ-Konzepts für Stabilitätsfälle, vgl. Gl. (4 - 2.9). Mit seiner Hilfe werden die beiden kennzeichnenden Widerstandsmerkmale einer stabilitätsgefährdeten Struktur aus Baustahl, nämlich die ideale Beulspannung und die Streckgrenze, so miteinander verknüpft, daß durchgängige Kurvenzüge $\kappa = f(\bar{\lambda})$ im Sinne von Gl. (4 - 2.8) für die reale Struktur formuliert werden können (s. Bild 4 - 2.6).

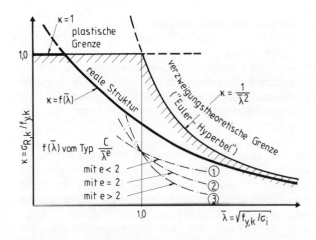

Bild 4 - 2.6 Das allgemeine κ-Konzept für Stabilitätsfälle

Läßt sich der Beulsicherheitsnachweis auf die vorstehend beschriebene konservative Weise nicht führen, so ist die Einwirkungskombination F, sofern mechanisch möglich, derart in gedachte Teileinwirkungen F_x, F_φ und F_τ zu zerlegen, daß (zumindest näherungsweise)
- die Teileinwirkung F_x nur das unter F vorhandene "reine" Membranspannungsfeld $\sigma_x(x,\varphi)$ mit seiner größten Druckspannung $\max \sigma_x$,
- die Teileinwirkung F_φ nur das unter F vorhandene "reine" Membranspannungsfeld $\sigma_\varphi(x,\varphi)$ mit seiner größten Druckspannung $\max \sigma_\varphi$ und
- die Teileinwirkung F_τ nur das unter F vorhandene "reine" Membranspannungsfeld $\tau(x,\varphi)$ mit seiner größten Schubspannung $\max \tau$

erzeugt. Eine solche Zerlegung ist bei axialsymmetrischen Einwirkungen in der Regel möglich; Bild 4 - 2.5 zeigt ein einfaches Beispiel.

Für die Spannungszustände der Teileinwirkungen sind nun ebenfalls numerische Eigenwertanalysen durchzuführen. Daraus ergeben sich die bei erstmaliger Gleichgewichtsverzweigung unter den Teileinwirkungen vorhandenen Membranspannungsgrößtwerte als die (im Sinne des Konzeptes des Teils 4) beultheoretisch richtigen idealen Beulspannungen:

Der bezogene Schlankheitsgrad bekommt, obwohl theoretisch stets durch dieselbe Grundgleichung (4 - 2.9) definiert, Indizes zur eindeutigen Kennzeichnung des jeweils betrachteten Stabilitätsfalles, also beim Schalenbeulen den Index "S" und zusätzlich noch den Index "x", "φ" oder "τ" der jeweils gemeinten beulrelevanten Membranspannungskomponente, vgl. Gl. (1) bis (3) in El. 202. Auf die in der Anmerkung zu El. 202 angesprochene Verwechslungsmöglichkeit mit dem genauso indizierten, aber anders definierten bezogenen Schalenschlankheitsgrad der DASt-Ri 013 sei hier noch einmal besonders hingewiesen; die dortige Größe entspricht dem bezogenen Schlankheitsgrad $\bar{\lambda}_\alpha$ nach Gl. (4 - 2.6) dieses Kommentars.

Die mit Gl. (4 - 2.9) vollzogene Verknüpfung der Werkstoffkenngrößen E und f_y ist natürlich bei sehr schlanken Strukturen, die rein elastisch beulen bzw. knicken, "künstlich", weil dort die reale Beul- bzw. Knickspannung nur von der Werkstoffkenngröße E abhängig ist. Das bringt den einzigen Nachteil des κ-Konzepts mit sich, s. Kommentar zu El. 204.

Zu Element 203, Reale Beulspannungen
Die Gl. (4) bis (6) in El. 203 entsprechen, getrennt nach den drei beulrelevanten Beanspruchungsfällen geschrieben, der allgemeinen Gl. (4 - 2.7) des κ-Konzepts für Stabilitätsfälle. Um die Offenheit des Nachweiskonzepts für andere als die in Teil 4 konkret geregelten Beulfälle zu demonstrieren, wurde bewußt darauf verzichtet, bereits in El. 203 den drei Beanspruchungsfällen κ-Kurven zuzuordnen. Damit wird zum Ausdruck gebracht, daß es beispielsweise durchaus denkbar ist, in einem speziellen Anwendungsfall aufgrund von Versuchen oder anderen Sonderuntersuchungen für die Meridiandruckspannung σ_x einen anderen κ-Wert als κ_2, wie in Teil 4 für den Regelfall gefordert, anzusetzen.

Zu Element 204, Abminderungsfaktoren
Die Abminderungsfaktoren κ sind das Kernstück des κ-Konzepts für Stabilitätsfälle. Sie erfassen, wie in der Anmerkung zu El. 204 dargelegt, primär den Einfluß der Imperfektionen auf das Tragverhalten der realen Struktur. Das gilt für den gesamten Schlankheitsbereich von kleinen bis zu großen $\bar{\lambda}$-Werten. Darüberhinaus erfassen sie
- im Bereich kleiner und mittlerer Schlankheitsgrade $\bar{\lambda}$, wo der Beulvorgang vom nichtelastischen Werkstoffverhalten negativ beeinflußt wird, auch diesen Einfluß, und
- im Bereich großer Schlankheitsgrade $\bar{\lambda}$, wo nicht nur der Beulvorgang selbst, sondern auch das Nachbeulverhalten mit rein elastischen Spannungen verbunden ist, den positiven Einfluß ggf. vorhandener "überkritischer Tragreserven".

Der letzere Einfluß wird hier nicht weiter vertieft, weil Schalen - im Gegensatz zu Platten, vgl. Teil 3 - in den meisten Fällen keine überkritischen Tragreserven aufweisen, die ausgenutzt werden könnten. Im Gegenteil: Ihr elastisches Nachbeulverhalten ist, wie bereits erwähnt, in der Regel besonders "bösartig" (s. Bild 4 - 1.3). Es sei aber nicht verschwiegen, daß es auch Schalenbeulfälle mit "gutartigem" elastischen Nachbeulverhalten vom Typ "Platte" gibt (s. Bild 4 - 1.3). Für diese sind dann die κ-Werte des Teils 4, die solche Effekte grundsätzlich nicht berücksichtigen, unter Umständen sehr konservativ.

Der Einfluß des nichtelastischen, d.h. des plastischen Werkstoffverhaltens spielt eine Rolle, wenn die reale Beulspannung größer als ca. 30 bis 40% der Streckgrenze ist; einige Regelwerke (z.B. die ECCS-Recommendations) setzen die Grenze erst bei 50% an. Abminderungsfaktoren κ < ca. 0,3 ÷ 0,4 beschreiben also "**elastisches Beulen**". Von den Teilgleichungen für κ in El. 204 beschreiben
- Gl. (7c) für κ_1,
- Gl. (8c) und (8d) für κ_2
elastisches Beulen.

Stabilitätsfälle lassen sich in **Kategorien der Imperfektionsempfindlichkeit** einteilen. Die strukturmechanischen Ursachen dafür können hier nicht vertieft werden; sie können im einschlägigen Fachschrifttum nachgelesen werden, z.B. [4-7/4-15/4-19/4-23/4-40]. Nur soviel sei gesagt : Je steiler der theoretische Nachbeul-Lastverformungspfad abfällt (s. Bild 4 - 1.3), desto größer ist die Imperfektionsempfindlichkeit und desto kleiner sind deshalb die κ-Werte. Teil 4 unterscheidet zwischen "normal imperfektionsempfindlichen" und "sehr imperfektionsempfindlichen" Schalenbeulfällen. Die zugehörigen Kurvenzüge $\kappa_1 = f(\bar{\lambda}_s)$ und $\kappa_2 = f(\bar{\lambda}_s)$ werden mit Hilfe der Gl. (7) und (8) in El. 204 beschrieben, vgl. auch Bild 2 in Teil 4. Diese Einteilung in nur zwei Kategorien, die noch dazu so weit auseinanderklaffen, ist sehr grob. Sie unterscheidet Teil 4 von den Teilen 2 und 3, wie aus einem Vergleich der Bilder 10 in Teil 2, 9 in Teil 3 und 2 in Teil 4 deutlich wird. Der Grund liegt in der derzeit noch mangelhaften Wissensdichte über Schalenbeulfälle, deren Imperfektionsempfindlichkeit möglicherweise zwischen κ_1 und κ_2 liegt. Deshalb müssen alle Fälle, für die nicht eindeutig eine "normale Imperfektionsempfindlichkeit" experimentell nachgewiesen ist, der κ_2-Kurve zugewiesen werden. Will man in Sonderfällen größere Wirtschaftlichkeit erreichen, so ist das nur mit gezielten Versuchsreihen möglich.

In Bild 4 - 2.7 sind die Bandbreiten der κ-Kurven für Stabknicken in Teil 2 und für Plattenbeulen in Teil 3 den beiden κ-Kurven für Schalenbeulen in Teil 4 noch einmal direkt gegenübergestellt. Man erkennt, daß die "normal" imperfektionsempfindlichen Schalenbeulfälle sich im wesentlichen in das Band der Stabknickfälle einordnen, während die "sehr" imperfektionsempfindlichen Schalenbeulfälle deutlich aus dem gesamten Spektrum der übrigen Stabilitätsfälle des Stahlbaus nach unten herausfallen. Das hat - um es noch einmal herauszustellen - seine Ursache in dem bereits mehrfach angesprochenen, besonders "bösartigen" Nachbeulverhalten der Beulfälle, die der κ_2-Kurve zugrundeliegen. Man sollte sehr vorsichtig mit dem Ansetzen günstigerer Abminderungsfaktoren bei vermuteter geringerer Imperfektionsempfindlichkeit sein.

Die κ_1-Kurve wurde an den Basisbeulfällen
- Kreiszylinderschale unter konstantem Manteldruck und
- Kreiszylinderschale unter konstantem Torsionsschub
kalibriert. Sie stellt im Prinzip eine Übernahme der Regelung für diese Beulfälle in der DASt-Ri 013 dar; Einzelheiten s. Abschn. 4.3, zu den El. 420 und 421.

Die κ_2-Kurve wurde an den Basisbeulfällen
- Kreiszylinderschale unter konstantem Axialdruck und
- Kugelschale unter konstantem Manteldruck
kalibriert. Sie stellt - sehr vereinfacht formuliert - im Prinzip

eine vom zusätzlichen Teilsicherheitsbeiwert 1,33 = 1/0,75 (s. weiter unten) bereinigte Übernahme der Regelung für diese Beulfälle in der DASt-Ri 013 dar. Wegen ihrer grossen Bedeutung wurde jedoch der gesamte Verlauf der κ_2-Kurve erneut durch alle zugänglichen Versuche überprüft; Einzelheiten s. Abschn. 4.3, zu El. 419.

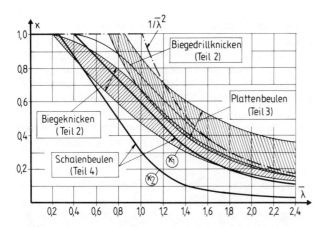

Bild 4 - 2.7 Vergleich der Abminderungsfaktoren κ für Stabilitätsfälle nach DIN 18 800 Teile 2, 3, 4

Über die Entwicklung der beiden Schalenbeulkurven κ_1 und κ_2 aus den Regeln der DASt-Richtlinie 013 wurde von BORNSCHEUER ausführlich berichtet [4-31/4-34]. Die Zuordnung der in Teil 4 geregelten Schalenarten und Beanspruchungsfälle zu den beiden Kategorien erfolgt erst in den entsprechenden Abschnitten des Teils 4. Das soll wieder, wie bereits bei El. 203 erläutert, die Offenheit des Nachweiskonzepts für spezielle Anwendungsfälle demonstrieren. Aus demselben Grund wird in diesem Kommentar die Absicherung der Abminderungsfaktoren gegenüber Versuchen, soweit vorhanden, erst in den entsprechenden Abschnitten dargestellt. Zwei für die praktische Handhabung des Beulsicherheitsnachweises wichtige Eigenschaften der κ-Kurven, eine angenehme und eine unangenehme, müssen aber hier noch besprochen werden.

Plastische Plateaus der κ-Kurven

Für beide Abminderungsfaktoren κ_1 und κ_2 ist mit der jeweiligen Gl. (7a) bzw. (8a) ein Bereich definiert, in dem die Schale so dickwandig ist, daß ihre beulrelevanten Membranspannungen die Streckgrenze erreichen, ohne daß Beulerscheinungen auftreten. In der graphischen Darstellung bedeutet das ein "plastisches Plateau" mit $\kappa = 1$ (vgl. Bild 4 - 2.6). Die plastischen Plateaus bieten die für die praktische Handhabung angenehme Möglichkeit, für alle Beulfälle "Dickwandigkeitskriterien" zu formulieren, etwa in Form von Grenzwerten grenz (r/t), unterhalb derer ein Beulsicherheitsnachweis entfallen kann. Die plastischen Plateaus lassen sich mit der üblichen linearelastisch-idealplastischen Spannungsdehnungslinie nicht theoretisch nachvollziehen. Sie sind experimentell auf der Tatsache begründet, daß alle Bau- und Konstruktionsstähle in ihrer Arbeitslinie oberhalb der Streckgrenze noch eine Verfestigungsreserve haben (vgl. Bild 4 - 1.1).

Scheinbare "Unstimmigkeit" des Abminderungsfaktors κ_2 im Übergangsschlankheitsbereich

In Bild 4 - 2.6 sind drei mögliche Grundtypen von κ-Kurven einskizziert. Sie haben folgende Eigenschaften:
Kurventyp 1 fällt mit wachsendem $\bar{\lambda}$ langsamer ab als die Euler-Hyperbel. Erhöht man bei einem Stabilitätsfall, für den eine solche κ-Kurve gilt, die Streckgrenze, so erhält man auch eine größere reale Beul- oder Knickspannung. Die Vergrößerung fällt allerdings bei großen Schlankheitsgraden zunehmend geringfügiger aus. Das ist mechanisch einsichtig, denn das Instabilwerden schlanker Strukturen hängt fast nur von der Werkstoffkenngröße E und kaum von der Werkstoffkenngröße f_y ab. Alle κ-Kurven in Teil 2 und fast alle in Teil 3 gehören zu diesem Typ 1, außerdem in Teil 4 auch die κ_1-Kurve für $\bar{\lambda}_s < 1,2$ und die κ_2-Kurve für $\bar{\lambda}_s < 1,0$; vgl. Gl. (7b) und (8b) in El. 204.
Kurventyp 2 fällt affin zur Euler-Hyperbel ab. Das bedeutet, daß eine Erhöhung der Streckgrenze gar keinen Einfluß auf die ermittelte reale Beul- oder Knickspannung hat. (Man kann das leicht ausprobieren!) Zu diesem Typ 2 gehören in Teil 4 die κ_1-Kurve für $\bar{\lambda}_s \geq 1,2$ und die κ_2-Kurve für $\bar{\lambda}_s \geq 1,5$; vgl. Gl. (7c) und (8d) in El. 204. Auch das ist mechanisch einsichtig, denn bei dünnen Schalen ist die reale Beulspannung tatsächlich ausschließlich von der Werkstoffkenngröße E abhängig. Die Verknüpfung mit der Werkstoffkenngröße f_y ist dort, wie bereits erwähnt, "künstlich", schadet aber nicht weiter. Anders ist das bei **Kurventyp 3**, der mit wachsendem $\bar{\lambda}$ schneller abfällt als die Euler-Hyperbel. Eine solche κ-Kurve liefert rein formal das mechanisch unsinnige Ergebnis, daß eine Erhöhung der Streckgrenze scheinbar zu einer kleineren realen Beulspannung führt. Zu diesem Typ 3 gehört als einzige aller κ-Kurven der DIN 18 800 die κ_2-Kurve in Teil 4 im Übergangsbereich $1,0 < \bar{\lambda}_s < 1,5$; vgl. Gl. (8c) in El. 204.

Die Ursache für diese scheinbare Unstimmigkeit der κ_2-Kurve liegt im speziellen Beulverhalten der ihr zugrundeliegenden axialgedrückten Kreiszylinderschale. Dieses ist u.a. dadurch gekennzeichnet, daß mit wachsender Schlankheit der Imperfektionseinfluß zunimmt. Das kam beispielsweise in der DASt-Ri 013 durch einen elastischen Imperfektionsfaktor α (im Sinne von Gl. (4 - 2.2)) zum Ausdruck, der mit wachsendem r/t kleiner wurde. Ein solches Beulverhalten ist mit einer einzigen werkstoffunabhängigen κ-Kurve grundsätzlich nicht beschreibbar. In Wirklichkeit existiert für den fraglichen Bereich der κ_2-Kurve in Teil 4 eine ganze Schar von κ-Kurven mit dem Kurvenparameter "Werkstoff", konkret: dem Quotienten E/f_y. Bild 4 - 2.8 zeigt die beiden Kurven für die Baustähle Fe 360 (St 37) und Fe 510 (St 52); weitere Kurven mit noch kleineren E/f_y-Werten (z.B. für hochfeste Feinkornbaustähle oder für Aluminiumlegierungen) muß man sich darüber vorstellen.

Der Arbeitsausschuß Teil 4 hat sich dafür entschieden, der Übersichtlichkeit wegen nicht mehrere κ_2-Kurven anzugeben, sondern die Fe 360-Kurve als κ_2-Kurve zu normieren. Damit werden alle baupraktischen Metalle mit ihren Quotienten $E/f_y < 875$ auf der sicheren Seite erfaßt, die seltenen Fälle mit Quotienten > 875 jedoch auf der unsicheren Seite; vgl. hierzu die Angaben über den Geltungsbereich Werkstoffeigenschaften in Abschn. 1.1 zu El. 101. In Bild 4 - 2.8 ist auch dargestellt, daß es nicht vertretbar war, für die ganze κ_2-Kurve - abgesehen vom gradlinigen Anfangsverlauf - den problemlosen Kurventyp 2 oder gar 1 zu wählen. Das wäre entweder im mittelschlanken Bereich viel zu unwirtschaftlich oder im schlanken Bereich viel zu unsicher gewesen. Beides war nach Sachlage der vorhandenen Versuchsergebnisse nicht vertretbar (s. Abschn. 4.3, zu El. 419 und 7.3, zu El. 706).

Für die praktische Handhabung wird folgendes Vorgehen empfohlen:
- Man sollte sich stets darüber im klaren sein, daß κ-Werte unter ca. 0,4 **elastisches Beulen** signalisieren, vgl. weiter oben. Für eine Konstruktion, die schlankheitsmäßig dort angesiedelt ist, kann man demnach grundsätzlich die Beulsicherheit nicht durch eine höhere Festigkeit anheben. Man wird es dort also in der Regel mit Baustahl Fe 360 (St 37) oder ähnlichen Stählen mit $E/f_y \approx 875$ zu tun haben, für die κ_2 direkt gültig ist.
- Liegt in Ausnahmefällen doch ein höherfester Stahl mit kleinerem E/f_y-Wert vor, so befindet man sich mit einem routinemäßig geführten Beulsicherheitsnachweis nach Teil 4 stets auf der sicheren Seite.
- Ergibt sich in einem solchen Ausnahmefall die Beulsicherheit zahlenmäßig als nicht ausreichend, so kann man ihn - unter Beibehaltung des Zahlenwertes für E - mit einer fiktiven Streckgrenze $f_{y,fikt} = E/875$ zu führen versuchen.
- Ergibt sich danach die Beulsicherheit zahlenmäßig immer noch als nicht ausreichend, so ist sie wirklich nicht ausreichend ! Keinesfalls darf mit einer fiktiv noch kleineren Streckgrenze gerechnet werden, da man damit den Gültigkeitsbereich für E/f_y nach oben verlassen würde; vgl. Abschn. 1.1, zu El. 101 - Geltungsbereich Werkstoffeigenschaften.

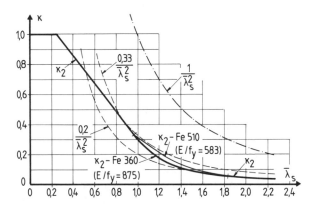

Bild 4 - 2.8 Zur scheinbaren "Unstimmigkeit" der κ_2-Kurve im Übergangsbereich

Zu Element 205, Grenzbeulspannungen
Die Gl. (9) bis (11) in El. 205 liefern die Einzel-Beanspruchbarkeiten für die drei beulrelevanten Beanspruchungsfälle. Der Teilsicherheitsbeiwert γ_M wird aus dem bereits genannten Grund wieder bewußt offen gehalten.

Zu Element 206, Teilsicherheitsbeiwerte für den Widerstand
Nicht nur die Abminderungsfaktoren κ, sondern auch die Teilsicherheitsbeiwerte γ_M sind unterschiedlich für die beiden "normal" bzw. "sehr" imperfektionsempfindlichen Kategorien von Schalenbeulfällen. Während zusammen mit κ_1 der in allen Teilen der DIN 18 800 einheitlich verwendete Wert $\gamma_{M1} = \gamma_M = 1,1$ angesetzt wird, war man im Arbeitsausschuß Teil 4 der Auffassung, zusammen mit κ_2 nicht auf einen zusätzlichen Teilsicherheitsbeiwert $\gamma_{M,Imp} = 1,33$ für dünne Schalen verzichten zu können. Er soll, wie in der Anmerkung zu El. 206 ausgeführt, die in einer besonders großen Streuung der experimentellen Beullasten zum Ausdruck kommende besondere Systemempfindlichkeit gegen Imperfektionen abfangen. Die Meinung des Arbeitsausschusses wurde u.a. dadurch bekräftigt, daß auch in den ECCS-Recommendations für den Basisbeulfall der axialgedrückten Kreiszylinderschale ein solcher zusätzlicher Teilsicherheitsbeiwert explizit angesetzt wird. Er war im übrigen auch in der DASt-Ri 013 enthalten, allerdings dort implizit in die Formel für den Imperfektionsfaktor α eingearbeitet. Das ist auch der Grund, warum im Entwurf für Teil 4 der zusätzliche Teilsicherheitsbeiwert ebenfalls noch in den Abminderungsfaktor κ_2 eingearbeitet war. Auf Einspruch des Koordinierungsausschusses "Sicherheit von Bauwerken" im NABau mußte das bereinigt werden, um strukturmechanische Elemente und Sicherheitselemente im Beulsicherheitsnachweis einwandfrei auseinanderhalten zu können (vgl. Bild 4 - 2.1).

Der volle erhöhte Teilsicherheitsbeiwert $\gamma_{M2} = \gamma_{M1} \cdot \gamma_{M,Imp} = 1,1 \cdot 1,33 \approx 1,45$ wird, um keine unnötige Unwirtschaftlichkeit zu verursachen, erst dort in voller Größe angesetzt, wo er von seiner Sicherheitsfunktion her vom Ausschuß für unabdingbar gehalten wurde, nämlich bei hochschlanken Schalen mit $\bar{\lambda}_s \geq 2$. Er geht für gedrungene Schalen $\bar{\lambda}_s \to 0,25$ in den normalen DIN 18 800-Wert $\gamma_{M2} = \gamma_M = 1,1$ über; vgl. Gl. (13) in El. 206.

Auf den letzten Absatz der Anmerkung zu El. 206 sei besonders aufmerksam gemacht : Das Ziel des Teils 4, "einfache" Regeln für eine große Vielfalt möglicher Schalenbeulfälle zur Verfügung zu stellen (siehe hierzu den Kommentar zu den folgenden El. 207 und 208), bringt es unvermeidbar mit sich, daß einige Sonderfälle imperfektionsempfindlicher behandelt werden, als sie wirklich sind.

2.4 Ermittlung der Beanspruchungen

Zu Element 207, Einzelnachweise
Die Nachweisgleichungen (14) bis (16) bedürfen keines Kommentars, die anschließende Definition "Beanspruchung gleich maßgebende Membrandruck- bzw. -schubspannung" aber um so mehr. Dahinter verbirgt sich ein ehrgeiziges Ziel des Arbeitsausschusses Teil 4 (wie bereits des Vorgängerausschusses für die DASt-Ri 013) - nämlich "einfache" Regeln zur Verfügung zu stellen, mit denen für fast alle Einwirkungsfälle, die in kreiszylindrischen oder kegelförmigen oder kugelförmigen dünnwandigen Stahlbauteilen "irgendwelche" Membrandruckspannungen σ_x oder Membrandruckspannungen σ_φ oder Mem-

branschubspannungen τ erzeugen, der Nachweis ausreichender Beulsicherheit geführt werden kann. Dazu bedurfte es zweier (unausgesprochener) Postulate:
- Das Beultragverhalten einer Schale kann für baupraktische Zwecke ausreichend sicher allein mit Hilfe der Membrankräfte bzw -spannungen, d.h. unter Vernachlässigung der Schalenbiegemomente, beurteilt werden.
- Das Beultragverhalten einer Schale kann unter einem veränderlichen Membranspannungsfeld nicht ungünstiger sein als unter dem konstanten oder zumindest großflächig gleichmäßigen Membranspannungsfeld eines geeignet definierten Basisbeulfalles.

Das erste Postulat ist nur unter der Voraussetzung vertretbar, daß Ausnahmefälle mit großen primären Schalenbiegemomenten zuverlässig durch einen Vergleichsspannungsnachweis abgefangen werden. Auf die Anmerkungen dazu in Abschn. 1.4 dieses Kommentars sei noch einmal hingewiesen.

Das zweite Postulat ist ingenieurmäßig plausibel. Seine regelungstechnische Umsetzung bedeutet, daß man - sofern nichts Besseres bekannt ist - den **Größtwert** der jeweiligen beulrelevanten Membranspannung als "maßgebende Membranspannung" in die Nachweisgleichungen (14) bis (16) einsetzen muß, um zuverlässig auf der sicheren Seite zu bleiben. In diesem Sinne sind die entsprechenden Angaben in den Abschnitten 4 bis 7 zu verstehen. Ein derart geführter Beulsicherheitsnachweis liegt natürlich um so mehr auf der sicheren Seite, je veränderlicher und/oder kleinflächiger das betreffende Membranspannungsfeld, aus dem der Größtwert entnommen wird, im Vergleich zum Basisbeulfall ist, dessen Grenzbeulspannung als Beanspruchbarkeit in die entsprechende Nachweisgleichung eingesetzt wird. Ist einem Anwender die ggf. in Kauf zu nehmende Unwirtschaftlichkeit als "Preis" für die Einfachheit der Nachweisführung zu hoch, so hat er zwei Möglichkeiten, zu einer zutreffenderen Grenzbeulspannung zu kommen:

3 Herstellungsungenauigkeiten

Zu Element 301, Toleranzwerte
Stahlkonstruktionen weichen nach Fertigstellung unvermeidbar von ihren Solleigenschaften ab. Diese sogenannten "Imperfektionen" sind bis zu einem gewissen Grade branchenspezifisch. Sie sind bei Stahlbauten aufgrund der besonderen Fertigungsmethoden anders als in anderen Technikbereichen, insbesondere sind sie u.U. größer; hierauf wurde in Abschn. 1.1 bereits hingewiesen. Imperfektionen setzen sich zusammen aus Anteilen, die bei der Herstellung, d.h. bei der Werkstattfertigung und Montage einer konkreten baulichen Anlage, nicht beeinflußt werden können (z.B. inhomogene Werkstoffeigenschaften oder streuende Walzmaße), und solchen, die bei der Herstellung beeinflußbar sind. Letztere sind mit "Herstellungsungenauigkeiten" gemeint. Dabei sind hier nur solche Herstellungsungenauigkeiten angesprochen, die die Tragsicherheit beeinträchtigen; Herstellungstoleranzen aufgrund anderer Kriterien und mit anderen Zielen (z.B. allgemeine

- Entweder er macht von der Möglichkeit nach El. 201 Gebrauch, das Verzweigungsproblem für den betreffenden Beulfall genauer zu lösen und somit zu einer zutreffenderen idealen Beulspannung zu kommen (vgl. Abschn. 2.2.2). Ob der Aufwand sich lohnen wird oder ob möglicherweise die numerische Beulrechnung nur die Norm-Gleichung des Teils 4 bestätigen wird, sollte er sich vorher überlegen; Hinweise dazu werden an mehreren Stellen dieses Kommentars gegeben.
- Oder er versucht, im Sinne der Anmerkung zu El. 206 nachzuweisen, daß der betreffende Beulfall weniger imperfektionsempfindlich ist als der zugrundeliegende Basisbeulfall. Das wird - von Ausnahmefällen abgesehen - nur mit Hilfe von Versuchen möglich sein. Auch hier sollte man sich die Erfolgsaussichten vorher überlegen; dazu werden an mehreren Stellen dieses Kommentars ebenfalls Hinweise gegeben.

Zu Element 208, Nachweis bei kombinierter Beanspruchung
Erzeugt eine Einwirkungskombination mehr als eine der drei beulrelevanten Membranspannungskomponenten, so muß ihr möglicherweise ungünstiges Zusammenwirken beim Beulvorgang berücksichtigt werden. Es ist naheliegend, das zweite der im Zusammenhang mit El. 207 formulierten Postulate dahingehend zu erweitern, daß das beulfördernde Zusammenwirken mehrerer Membranspannungskomponenten in einem veränderlichen Membranspannungsfeld nicht ungünstiger sein kann als in einer geeignet zu definierenden Kombination aus Basisbeulfällen. Daraus folgt auch hier zunächst das simple Prinzip, als Beanspruchungen in die entsprechenden Interaktionsbedingungen, obwohl ihnen großflächig zusammenwirkende Spannungsfelder zugrundeliegen, Membranspannungs**größtwerte** einzusetzen. Das führt unter Umständen noch weiter auf die sichere, aber unwirtschaftliche Seite. Der Arbeitsausschuß Teil 4 hat deshalb versucht, dazu einige mildernde Hinweise zu geben; siehe die entsprechenden Stellen in den Abschnitten 4 bis 7.

Maßhaltigkeit nach VOB) bleiben unberührt.

Die drei in Teil 4, Abschn. 3, spezifizierten Typen von Herstellungsungenauigkeiten - Vorbeulen, Unrundheit, Exzentrizitäten - stehen stellvertretend für alle bei der Herstellung beeinflußbaren Imperfektionen. Sie sind geometrische Imperfektionen und deshalb meßbar, und sie haben einen besonders klar erkennbaren Einfluß auf das Beulverhalten und die Beulsicherheit. Es wird aus Erfahrung unterstellt, daß ein schalenartiges Tragwerk, welches die Toleranzwerte für diese drei Typen von Herstellungsungenauigkeiten einhält, insgesamt gesehen einen solchen Qualitätsstandard besitzt, daß seine Imperfektionen im Sinne des Sicherheitskonzepts der DIN 18 800 durch die Abminderungsfaktoren κ abgedeckt sind. Letztere stellen also zusammen mit den Toleranzwerten für die Herstellungsungenauigkeiten ein Gesamtsystem dar: Hätte man die Toleranzwerte noch großzügiger formuliert, um auch den "schlampigsten" Stahlbauer noch statistisch einzufangen, so hätten die κ-Werte kleiner oder die γ_M-Werte größer festgelegt werden müssen. Hätte man, um größere κ-Werte verantworten zu können, die Toleranzwerte wesentlich schärfer gefaßt, so hätte man unverhältnismäßig hohe Werkstatt- und Montagekosten verursacht.

Es sei hier noch einmal darauf hingewiesen, daß ungleichmäßige Nachgiebigkeiten der Auflagerung stehender Kreiszylinder **keine** Herstellungsungenauigkeiten im vorstehenden Sinn sind; vgl. die Erläuterungen zu El. 114 in Abschn. 1.4.

Die festgelegten Toleranzwerte beruhen weniger auf theoretischen Überlegungen als auf Erfahrungen. Sie sind nach Meinung des Arbeitsausschusses Teil 4 vergleichsweise liberal (s. nachfolgende Kommentare zu den Einzelelementen) und sollten bei durchschnittlichem Werkstatt- und Montagestandard problemlos eingehalten werden können. Es wird dringend empfohlen, sie ernst zu nehmen, wenn Schadensfälle vermieden werden sollen.

Zur Anzahl der **Stichproben** können keine Empfehlungen gegeben werden; sie ist abhängig von den Abmessungen und von der Fertigungsmethode der Schale. Wichtiger als die Anzahl der Stichproben ist ihre Position: Man sollte dort messen, wo die Beanspruchbarkeit am höchsten ausgenutzt ist und/oder wo vom Fertigungsprozeß her besondere Probleme zu bewältigen sind (z.B. schwierige Schweißungen). Es ist auch besser, **während** der Montage durch wenige Stichproben z.B. die gewählte Schweißfolge zu überprüfen (um ggf. noch korrigieren zu können), als nach Abschluß der Montage durch viele Stichproben ein unbefriedigendes Ergebnis festzustellen.

Die Anmerkung 2 zu El. 301, "die Toleranzwerte seien im allgemeinen nicht geeignet, als Grundlage für Imperfektions-Rechenannahmen zu dienen", bedeutet nicht, daß man aus einer numerischen Berechnung mit solchen Rechenannahmen unvernünftige Ergebnisse erhielte. Die Toleranzwerte stellen nur nicht ein solch ausgeklügeltes und in sich geschlossenes System dar, wie etwa die geometrischen Ersatzimperfektionen in Teil 2; vgl. hierzu die Anmerkungen am Anfang von Abschn. 2.1.

Zu Element 302, Vorbeulen
Unter Vorbeulen werden beulenartige Vorverformungen verstanden, d.h. Abweichungen der tatsächlichen Schalenmittelfläche von der Sollform, bevor Einwirkungen auftreten. Der Begriff Vorbeulen ist etwas irreführend: Er hat weder etwas mit dem stabilitätstheoretischen "Vorbeulzustand" (vgl. Abschn. 1.2, zu El. 103) zu tun, noch bedeutet er, daß bereits ein Beulvorgang stattgefunden haben muß; er beschreibt lediglich einen geometrischen Sachverhalt. Allerdings sind es oft unbeabsichtigte Zwängungsbeulvorgänge, z.B. Schweißverwerfungen, die Vorbeulen verursachen.

Vorbeulen lassen sich durch zwei Merkmale beschreiben, das sind ihre Ausdehnung und Form sowie ihre Tiefe t_v. Die Form ist dann besonders kritisch, wenn sie mit dem Beulmuster korreliert, mit dem die Schale "gern beulen möchte". Deshalb ist es sinnvoll, Toleranzwerte zul t_v auf Bezugslängen (Meßlängen) l_m zu beziehen, die - zumindest näherungsweise - solche kritischen Beulmuster beschreiben. Das würde konsequenterweise bedeuten, daß die Meßlängen vom Beanspruchungsfall abhängig gemacht werden müßten; es gibt Regelwerke, die das tun. Der Arbeitsausschuß Teil 4 hielt das nicht für praktikabel, sondern legte die in den Gl. (17) bis (19) in El. 302 vorgeschriebenen Meßlängen aufgrund folgender Überlegungen fest:

Auf Formabweichungen der **Kreiszylinder- und Kegelmeridiane** von ihrer geraden Sollform reagiert das Umfangsdruck- und das Schubbeulen nur wenig, das Meridian- bzw. Axialdruckbeulen dagegen sehr empfindlich. Deshalb wurde in Meridianrichtung die kritische Beulenlänge für das Axialdruckbeulen als Meßlänge l_{mx} gewählt. Der Wert $4 \cdot \sqrt{rt}$ gibt größenordnungsmäßig die Abmessungen des in vielen Versuchen und bei vielen Schadensfällen beobachteten (und auch berechenbaren) "Rautenbeulmusters" wieder. Dieses Rautenbeulmuster ist ein "Nachbeulmuster", d.h. es kann erst nach erfolgtem Beulversagen beobachtet werden und entspricht nicht dem theoretischen Verzweigungsbeulmuster. Letzteres hat aber ähnliche Abmessungen, s. Abschn. 4.2.1.1.

Bei **Kugelschalen** gibt es im vorstehenden Sinne keine Unterscheidung zwischen Meridian- und Umfangsdruckbeulen. Deshalb wird für alle Richtungen dieselbe Meßlänge l_{mK} festgelegt. Der Formelausdruck $4 \cdot \sqrt{Rt}$ hat denselben beulmechanischen Hintergrund wie bei l_{mx}, s. Abschn. 7.2.1.

Auf Formabweichungen der **Zylinder- und Kegelquerschnitte** von der kreisförmigen Sollform (Breitenkreise) reagiert das Umfangsdruck- und Schubbeulen empfindlicher als das Meridian- bzw. Axialdruckbeulen. Deshalb wurde in Umfangsrichtung die kritische Beulenbreite für Umfangsdruckbeulen als Meßlänge $l_{m\varphi}$ gewählt. Der Formelausdruck in Gl. (19a) gibt größenordnungsmäßig die Beulenbreite des in Versuchen und bei Schadensfällen zu beobachtenden Nachbeulmusters unter Manteldruck an. Dieses besteht aus nach innen gerichteten Beulen, die sich über die gesamte Zylinder- bzw. Kegellänge erstrecken, mit scharfen Graten dazwischen; der Abstand der Grate entspricht nach [4-80] näherungsweise der doppelten Beulenbreite des theoretischen Verzweigungsbeulmusters für diesen Beulfall, s. Abschn. 4.2.2.1. (Gl. (19a) läßt sich unmittelbar aus Gl. (4 - 4.28) dieses Kommentars herleiten.) Die Begrenzung von $l_{m\varphi}$ nach Gl. (19b) hat mit dem Übergang zur Herstellungsungenauigkeit "Unrundheit" zu tun, sie wird dort erläutert.

Die Begrenzung aller Meßlängen, wenn sie rechtwinklig Schweißnähte überqueren (nicht parallel zu Schweißnähten!), auf 500 mm soll sicherstellen, daß die knickartigen Aufdachungen und Einziehungen infolge Schweißnahtschrumpfens scharf genug erfaßt werden. Da der Toleranzwert "1% der Meßlänge" mit der Meßlänge wächst, bestünde bei größerer Meßlänge über eine Schweißnaht hinweg die Gefahr, daß ein zwar örtlich begrenzter, aber deutlich stabilitätsmindernder Knick als tolerierbar eingestuft würde. Die generelle Beschränkung aller Meßlängen auf 2000 mm hat rein pragmatische Gründe; sie entspricht langjähriger Erfahrung.

Der Zahlenwert 1% für den Toleranzwert ist im Prinzip "gegriffen"; er entspricht ebenfalls langjähriger Erfahrung.

Insgesamt gesehen wurde mit dem in El. 302 fixierten Kontrollsystem für stabilitätsgefährdende Vorbeulen ein praktikabler Kompromiß zwischen sicherheitstechnischer Notwendigkeit und Aufwand angestrebt. Die Regelungen sind im Vergleich zu anderen Regelwerken mit ähnlicher Zielsetzung (API-RP2A, ASME-Code, BS 5500, DNV-Rules, ECCS-Recommendations, CODAP) vergleichsweise einfach handhabbar und liberal.

Zur praktischen Messung der Abweichungen von der Kreisform sei angemerkt, daß die Darstellung einer von außen angesetzten, gekrümmten "Meßlehre" in Bild 3 des Teils 4 nur symbolisch zu verstehen ist. Man wird in der Regel einfacher von innen mit Meßlinealen oder mit Meßdrähten messen (s. Bild 4 - 3.1).

Die Anmerkung 2 zu El. 302 soll deutlich machen, daß mit der Vorbeultiefe t_v Abweichungen rechtwinklig zur Schalenmittelfläche gemeint sind. Der Wert t_v bei Kegelschalen im Sinne von Bild 4 kann auch indirekt aus einer Messung des Stiches in Breitenkreisebene mittels Division durch $\cos \varrho$ ermittelt werden (ϱ = Kegelwinkel, s. Bild 23 in Teil 4).

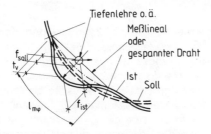

Bild 4 - 3.1 Zur Messung der Herstellungsungenauigkeit in Umfangsrichtung

Bei veränderlichen Wanddicken t oder Breitenkreisradien r sollte der oben beschriebene beulmechanische Hintergrund und Näherungscharakter der Gl. (17) bis (19) im Auge behalten werden. Das bedeutet konkret, daß bei Kreiszylinderschalen mit abgestufter Wanddicke und bei Kegelschalen etwa folgendes Vorgehen denkbar wäre

- Für l_{mx} nach Gl. (18) werden drei Mittelwerte, gültig jeweils ein Drittel der Schalenlänge l verwendet - l geringer Veränderlichkeit ggf. nur ein Mittelwert für (gesamte Schale.

- Für $l_{m\varphi}$ nach Gl. (19a) wird über die ganze Schalenlä ge l nur ein Wert verwendet, berechnet mit der rec nerischen Länge l* und rechnerischen Wanddicke des beultheoretischen Ersatz-Kreiszylinders für Umfangsdruckbeanspruchung; s. Abschn. 5.3.2 und 6.2.3 in Teil 4.

Zu Element 303, Unrundheit

Der Gl. (20) für die Unrundheit U liegt primär die Vorstellung einer Ovalität im Sinne von Bild 5a zugrunde. Herstellungstoleranzen dieses Typs sind in praktisch allen Regelwerken enthalten, die in irgendeiner Weise die Qualität kreisrunder Bauteile spezifizieren - auch aus ganz anderen als Stabilitätsgründen. Aus der Sicht des Schalenbeulens muß die Ovalität aus zwei Gründen beschränkt werden:

- Ein elliptischer Querschnitt bedeutet im Bereich der kleinen Halbachse (bei min d) einen im Vergleich zum Nennradius r effektiv größeren Krümmungsradius r_{eff}. Das heißt, dieser Bereich verhält sich unter **Druckbeanspruchung in Meridianrichtung** wie die Teilfläche einer Rotationsschale mit größerem Radius. Angesichts des kleinflächigen kritischen Beulmusters unter Meridiandruckbeanspruchung (s. Abschn. 4.2.1.1) führt das zu niedrigeren Meridianbeulspannungen. (Anmerkung: Hieraus läßt sich eine einfache Methode herleiten, um generell bei größeren festgestellten Formabweichungen den Einfluß auf das Meridiandruckbeulen abzuschätzen. Sie besteht darin, aus dem Aufmaß näherungsweise den größten effektiven Krümmungsradius zu ermitteln und mit diesem die ideale Meridianbeulspannung zu berechnen).

- Ein elliptischer Querschnitt stellt für **Druckbeanspruchung in Umfangsrichtung** den Grenzfall des kritischen Beulmusters bei großer Schalenlänge dar (m = 2 Beulwellen in Umfangsrichtung, s. Abschn. 4.2.2.1). Der Zusammenhang zwischen der Vorbeulenbegrenzung nach El. 302 mit größtmöglicher Meßlänge $l_{m\varphi}$ nach Gl. (19b) und der Unrundheitsbegrenzung nach El. 303 ist in Bild 4 - 3.2 dargestellt. Setzt man bei ungünstigst regelmäßigen Vorbeulen mit zul t_v die dann resultierenden Messungen max d und min d in Gl. (20) ein, so folgt

$$U = \frac{2 \cdot zul\, t_v}{d} \cdot 100 = \frac{0{,}01 \cdot d}{d} \cdot 100 = 1\% > 0{,}5\% \ .$$

In diesem Falle würde also bei kreiszylindrischen Querschnitten mit d > 1000 mm die Unrundheitsbegrenzung anstelle der Vorbeulenbegrenzung "greifen".

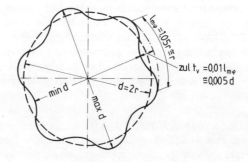

Bild 4 - 3.2 Zum Zusammenhang zwischen den Toleranzwerten für Unrundheit und Vorbeulen in Umfangsrichtung

Die Darstellung in Bild 5b in Teil 4 soll verdeutlichen, daß nicht nur eine regelmäßig elliptische Unrundheit, sondern auch "schiefe" Unrundheiten zu vermeiden sind, da die geschilderten beulmechanischen Folgen dieselben wären. Dagegen würde eine Abweichung des mittleren Durchmessers vom Nenndurchmesser erst bei solchen Größenordnungen beulkritisch, wie sie baupraktisch nicht vorkommen. Deshalb wurde in Teil 4 im Sinne der einleitenden Erläuterung zu diesem Abschnitt keine Begrenzung der Durchmesserabweichung aufgenommen.

Die Zahlenwerte nach Gl. (21a) und (21b) sind Erfahrungswerte aus dem Bereich des Behälter- und Rohrleitungsbaus, die bei entsprechender Sorgfalt problemlos eingehalten werden können. In [4-56] wird beispielsweise über einen 1976 erstellten Zementklinkersilo mit d = 35 m und l = 28 m berichtet, für den vom Auftraggeber zul U = 0,2% (!) vorgegeben worden war und auch eingehalten wurde. Viele Regelwerke (z.B. BS 5500, DNV-Rules, ECCS-Recommendations) stellen die Rundheit mit Hilfe einer Begrenzung der Radiusabweichung auf

$$\frac{\Delta r}{r} \leq 0{,}005 \equiv 0{,}5\,\% \qquad (4 - 3.1)$$

sicher, wobei diese an mindestens 24 Punkten über dem Umfang gemessen werden muß. Eine solch aufwendige Forderung hielt der Arbeitsausschuß Teil 4 nicht für erforderlich.

Der Vollständigkeit halber sei darauf hingewiesen, daß El. 303 die Unrundheit der Breitenkreise **aller** in Teil 4 behandelten Rotationsschalen regelt, also auch der Kugelschalen.

Zu Element 304, Exzentrizitäten
Unplanmäßige Exzentrizitäten an geschweißten oder geschraubten Stößen spielen für den Beulsicherheitsnachweis nur dann eine Rolle, wenn rechtwinklig über die Exzentrizität hinweg Membrandruckkräfte übertragen werden sollen, welche primäre Biegestörungen in der Schalenwandung erzeugen. Mit der Regelung in El. 304 sind also
- bei Druckbeanspruchung in Meridian bzw. Axialrichtung die Umfangsstöße und
- bei Druckbeanspruchung in Umfangsrichtung die Längsstöße

angesprochen. Die jeweils andere Stoßrichtung ist nur sekundär beulrelevant und deshalb in Teil 4 nicht geregelt (was nicht ausschließt, daß möglicherweise andere Herstellungstoleranzen allgemeiner Maßhaltigkeit beachtet werden müssen, vgl. Erläuterung am Beginn des Abschn. 3).

Die Zahlenwerte in Gl. (22) sind Erfahrungswerte. Sie liegen im Vergleich mit anderen Regelwerken eher am liberalen Rand des Spektrums (weitverbreitet ist z.B. $e \leq 0{,}15 \cdot t$ statt $e \leq 0{,}2 \cdot t$).

Etwas unübersichtlich für den Anwender von Teil 4 wird die Regelsituation bei Kreiszylinderschalen mit abgestufter Wanddicke (Teil 4, Abschn. 5). Im Vorgriff auf den zugehörigen Kommentar zeigt Bild 4 - 3.3 die höchstens zulässigen Ausführungen von axialgedrückten Umfangsstößen zwischen benachbarten Zylinderschüssen in unabgestuft und abgestuft bündiger und in unabgestuft und abgestuft überlappter Ausführung. Es ist sorgfältig zu unterscheiden zwischen einer unplanmäßigen Exzentrizität als Imperfektion und einer planmäßigen Exzentrizität bei abgestufter Wanddicke, die ihrerseits natürlich auch wieder unvermeidbar imperfekt hergestellt wird, d.h. mit einer zusätzlichen unplanmäßigen Exzentrizität versehen. Zur sprachlichen Unterscheidung wird in Teil 4 die planmäßige Exzentrizität als "planmäßiges Versatzmaß" bezeichnet; weitere Erläuterungen s. Abschn. 5.2. In Bild 4 - 3.3 sind - ebenfalls im Vorgriff auf spätere Elemente des Teils 4, die noch zu kommentieren sein werden - die jeweils gültigen Abminderungsfaktoren für die reale Axialbeulspannung angegeben.

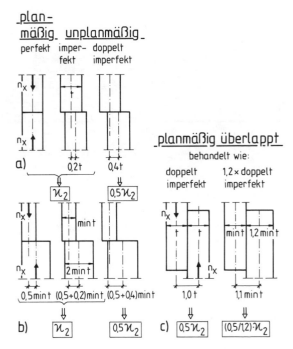

Bild 4 - 3.3 Zulässige Fälle planmäßiger Versatzmaße und unplanmäßiger Exzentrizitäten an axialgedrückten Umfangsstößen zwischen Kreiszylinderschüssen ($\lambda_{sx} \geq 1{,}5$):
a) Wanddicke konstant,
b) Wanddicke abgestuft - bündig,
c) Wanddicke konstant oder abgestuft - überlappt

Zu Element 305, Überschreitung der Toleranzwerte
Herstellungsungenauigkeiten haben zwar in der Regel eine herstellungstechnische Ursache, die tendenziell beeinflußbar ist - sonst hätte die Spezifizierung von Toleranzwerten keinen Sinn -, sie sind aber ihrem Erscheinungsbild nach Zufallsgrößen. Der Begriff "Überschreitung" darf deshalb nicht deterministisch, sondern muß statistisch gesehen werden. Wenn beispielsweise von 25 gleichmäßig über einen Silo verteilten Vorbeulenmessungen eine um 8% über dem Toleranzwert liegt, kann nicht von einer "Überschreitung" im Sinne von El. 305 gesprochen werden. Als grober Anhalt mag - ähnlich wie beim

vergleichbaren Plattenbeulproblem, vgl. Teil 3, El. 901, und in Anlehnung an Vorgehensweisen in der Materialprüfung - die 10%-Fraktil-Regel gelten: Man kann die Forderung in der Regel als erfüllt ansehen, wenn von einer größeren Anzahl gleichartiger Meßwerte nicht mehr als 10% größer sind als der Toleranzwert. Um wieviel dabei der größte Einzelwert über dem Toleranzwert liegen darf, ist im Einzelfall zu entscheiden.

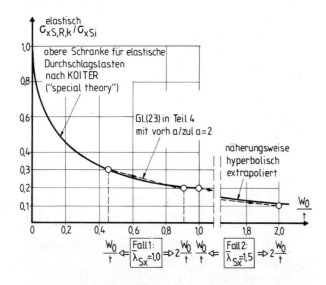

Bild 4 - 3.4   Regelung in Teil 4, Gl. (23), im Vergleich zur Imperfektionsempfindlichkeitskurve der axialgedrückten Kreiszylinderschale nach [4-52].

Die mit Gl. (23) gegebene Regel für einen reduzierten Abminderungsfaktor red κ bei Überschreitung der Toleranzwerte stellt eine ingenieurmäßige Abschätzung dar; vgl. Anmerkung 2 zu El. 305. Sie beschreibt im ungünstigsten Falle, wie in Bild 4 - 3.4 am Beispiel zweier bezogener Schlankheitsgrade λ_{sx} dargestellt, etwa den theoretischen Abfall der elastischen Axialdruckdurchschlagslast von Kreiszylindern mit wachsender Imperfektionsamplitude w_0 nach KOITER [4-52].

Zur Anmerkung 1 in El. 305 kann ergänzend eigentlich nur an den "Ingenieurverstand" der Beteiligten appelliert werden. Weder überzogene Forderungen nach Richtarbeiten mit der Folge unbekannter Eigenspannungszustände noch vollständiges Ignorieren sind geeignete Reaktionen auf größere Überschreitungen der Toleranzwerte.

Zu Element 306, Unterschreitung der Nenndicke
Wenn die Nenndicke eines Bleches im Rahmen der jeweiligen Liefernorm geringfügig unterschritten wird, ist das strenggenommen keine Herstellungsungenauigkeit, sondern das Streuen einer geometrischen Größe. Sie wird im Rahmen des Sicherheitskonzepts DIN 18 800 stellvertretend über die charakteristischen Werte der Festigkeiten erfaßt; vgl. Teil 1, El. 302. Da aber Fein- und Mittelbleche (t ≤ 4,75 mm) zum einen in den einschlägigen Liefernormen prozentual größere Unterschreitungen der Nennblechdicke zugestanden bekommen als Grobbleche, zum anderen erfahrungsgemäß besonders stark zu Vorverformungen neigen, hielt es der Arbeitsausschuß Teil 4 für erforderlich, hier etwas zu tun. Ergebnis ist die Regelung in El. 306.

4 Kreiszylinderschalen mit konstanter Wanddicke

4.1 Formelzeichen, Randbedingungen

4.1.1 Formelzeichen

Zu Element 401, Geometrische Größen
Ein Kommentar erübrigt sich, vgl. die Erläuterungen zu Abschn. 1.3.

Im weiteren wird das Wort Kreiszylinderschale im Text meist mit KZS und das Wort Kreiszylinder mit KZ abgekürzt.

Zu Element 402, Beanspruchungsgrößen, Beulspannungen

Die drei beulrelevanten (beulauslösenden) Membrankomponenten wurden als Hauptgliederungsprinzip des Teils 4 bereits genannt. In El. 402 werden ihre Bezeichnungen sowohl für die Beanspruchungen (ohne Indizes) als auch für die zugeordneten Größen der Widerstandsseite noch einmal zusammengestellt; zu ergänzen wären als eigentliche Beanspruchbarkeiten noch die Grenzbeulspannungen $\sigma_{xS,R,d}$, $\sigma_{\varphi S,R,d}$ und $\tau_{S,R,d}$.

In den Bildern 8 bis 10 in El. 402 stellt jeweils der unter a) dargestellte Einwirkungsfall den **Basisbeulfall** dar. Die drei Basisbeulfälle sind - bei Vernachlässigung der Randstörungen, vgl. Abschn. 2.2.1 - durch reine Membranspannungszustände der einfachst möglichen Art gekennzeichnet. Das heißt, es ist jeweils nur eine Membranspannung vorhanden, und diese ist konstant über Zylinderumfang und Zylinderlänge:

$\sigma_x(x,\varphi)$ = const = $P/(2\pi r t)$ in Bild 8a,
$\sigma_\varphi(x,\varphi)$ = const = $q \cdot r/t$ in Bild 9a,
$\tau(x,\varphi)$ = const = $M_T/(2\pi r^2 t)$ in Bild 10a.

Die anderen in den Bildern 8 bis 10 dargestellten Einwirkungsfälle sind **Beispiele** für Membranspannungsfelder, die über den Zylinderumfang und/oder die Zylinderlänge

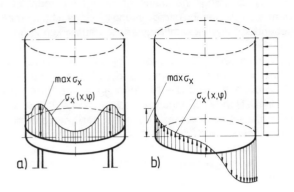

Bild 4 - 4.1 Weitere Beispiele für Druckbeanspruchung in Axialrichtung:
a) Silo mit Auflagerring auf Einzelstützen,
b) stehender Kreiszylinder unter Windbelastung (Berechnung nach Schalentheorie)

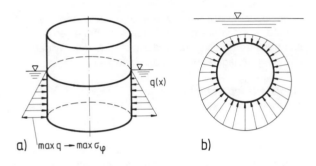

Bild 4 - 4.2 Weitere Beispiele für Druckbeanspruchung in Umfangsrichtung:
a) Behälter unter Teil-Flüssigkeitsdruck oder Teil-Erddruck,
b) zylindrisches Rohr unter Wasser

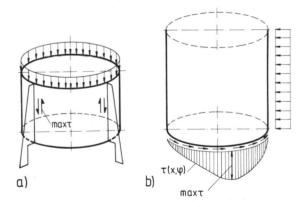

Bild 4 - 4.3 Weitere Beispiele für Schubbeanspruchung:
a) Ringträger eines Baggers,
b) stehender Kreiszylinder unter Windbelastung (Berechnung nach Schalentheorie)

veränderlich sind. Die Auflistung soll in keiner Weise vollständig sein. Sie soll für einige einfache und häufig vorkommende Fälle Hilfestellung bei der Ermittlung der Membranspannungen für die "Einwirkungsseite" des Nachweises geben. In anderen Fällen sind möglicherweise ge-nauere schalenstatische Berechnungen erforderlich. Insbesondere sollen die Bilder 8b und 10b nicht präjudizieren, daß die in ihnen dargestellte einfache σ_x- und τ-Ermittlung nach der Stabtheorie (Rohrstab) in allen Fällen genau genug ist. Es ist Sache der Fachnormen, ggf. die erforderliche Genauigkeit bei der Ermittlung der Schalenschnittgrößen zu regeln.

Die Bilder 4 - 1.5 und 4 - 1.6 stellen ebenfalls Beispiele für veränderliche Membranspannungsfelder dar. Weitere Beispiele enthalten die nachfolgenden Bilder 4 - 4.1 bis 4 - 4.3.

4.1.2 Randbedingungen
(Zu Element 403)

Die Definition der "richtigen" Randbedingungen ist bei Schalen im Hinblick auf ein wirklichkeitsnahes Rechenmodell eine besonders wichtige Aufgabe. Diese verdient schon deshalb besondere Beachtung, als die Auswirkung von Fehleinschätzungen von Randbedingungen auf den Beulwiderstand der Schale in vielen Fällen größenmäßig jener bei Stäben oder Platten durchaus vergleichbar ist und in manchen Fällen diese sogar wesentlich übersteigen kann.

Die richtige Festlegung der Randbedingungen ist bei Schalen - abgesehen von den stets notwendigen Idealisierungen der konstruktiven Ausbildung der Lagerungen - insofern etwas "schwieriger" als bei Stäben und Platten, da es sich einerseits um vier Randgrößen handelt und diese andererseits je nach Schalengeometrie sehr verschiedene Bedeutung für das Tragverhalten haben können. So wird in Abschn. 4.2 dargelegt werden, daß sich sehr kurze KZS ähnlich wie abgewickelt betrachtete Plattenstreifen verhalten, während sehr lange KZS die Struktur eines langen Rohres annehmen und z.B. bei Axialdruck zu einem Knickstab werden. In diesen Grenzfällen, bei denen das Tragverhalten im einen Fall nur durch die Biegesteifigkeit, im anderen Fall nur durch die Membransteifigkeit bestimmt wird, ist die unterschiedliche Bedeutung der speziellen Randbedingungsanteile leicht verständlich. Für die vielen dazwischen liegenden Schalengeometrien sind alle Übergänge denkbar, so daß in El. 403 - allein wegen des ansonsten großen Umfangs der Fälle und zur besseren praktischen Anwendbarkeit - eine beschränkte Auswahl von Randlagerungsfällen definiert ist. Diese orientieren sich im wesentlichen an den baupraktisch am häufigsten vorkommenden konstruktiven Lösungen von KZS.

Die exakte Definition der Randbedingungen erfolgt in der technischen Schalentheorie bei KZS bekanntlich entweder durch die geometrischen Randgrößen (vgl. Bild 1)
$u = v = w = w' = 0$,
oder die statischen Randgrößen (vgl. Bild 7)
$n_x = n_{x\varphi} = q_x^* = m_x = 0$,
wobei die Vertauschung entsprechender Verformungs- und Kraftgrößen theoretisch beliebig denkbar ist. (Dabei bedeuten w' die Randverdrehung, m_x das Randeinspannmoment und q_x^* die KIRCHHOFFsche Randquerkraft nor-

mal zur Schalenmittelfläche).

Die Randlagerungsfälle RB1, RB2 und RB3 des El. 403 entsprechen demgemäß folgenden Definitionen:

RB1: $u = v = w = (w') = 0$ (4 - 4.1)
($w' = 0$ nur bei kurzen KZS erforderlich, bei mittellangen KZS auch $m_x = 0$ möglich),
RB2: $n_x = v = w = m_x = 0$,   (4 - 4.2)
RB3: $n_x = n_{x\varphi} = q_x^* = m_x = 0$.   (4 - 4.3)

Die folgenden Erläuterungen beziehen sich auf verbale Formulierungen des El. 403 und auf typische Auswirkungen von Randlagerungen, und zwar in beiden Fällen zum leichteren Verständnis von "Praktikern".

"Wölbbehindert" oder "wölbfrei"
Es bedeutet dies axial unverschieblich oder axial verschieblich, bzw. $u = 0$ oder $n_x = 0$. Da die Beulverformungen der perfekten Schale, wie sie der Bestimmung der idealen Beulspannungen zugrundeliegen, cos $m\varphi$-förmige Zustände darstellen (m ... Umfangsbeulwellenzahl), ist die beulrelevante Axialverschiebung durch $u \cdot \cos m\varphi$ definiert.

Es bedeutet dies, daß es für den idealen Beulwiderstand nur bestimmend ist, ob die aus der Randkreisebene heraustretende, wellenförmig über den Umfang verlaufende Komponente der Axialverschiebung verhindert wird oder frei auftreten kann, und nicht, ob die gesamte Randkreisebene eine konstante u-Verschiebung (Starrkörperverschiebung) erfährt. Da diese aus der Randkreisebene heraustretenden Verschiebungskomponenten $u \cdot \cos m\varphi$ bei Betrachtung des Gesamtzylinders als Stab wie die aus dem ebenbleibenden Querschnitt heraustretenden "Verwölbungen" in der Stabtheorie aufgefaßt werden können, haben sich die Ausdrücke "wölbbehindert" und "wölbfrei" gebildet. Ersteres bedeutet, daß bei Ausbildung der Beulfigur - beim Umspringen in die verformte Lage, d.h. beim Übergang vom Grundzustand in den Nachbarzustand - jede axiale Relativverschiebung aus der Randkreisebene verhindert wird, während bei letzterem dieser Verschiebung kein Widerstand entgegenwirkt, daher keine Längskräfte $n_x \cdot \cos m\varphi$ aktiviert werden, d.h. $n_x = 0$ gilt.

Eine "Wölbbehinderung" ist konstruktiv bei längsverankertem Rand in ein steifes Fundament oder bei Einspannung des Randes in einer sehr biegesteifen Endplatte gegeben. In Abschn. 4.2.2.2 wird beim Kommentar zu El. 412 eine einfache Abschätzung der Mindeststeifigkeit der axialen "Wölb"-Verankerung für den Fall eines umfangsdruckbeanspruchten KZ gegeben.

Beim Beulversagen sehr langer axialgedrückter KZS in Form des "Stabknickens" mit der Wellenzahl m = 1 bedeutet die wölbbehinderte Lagerung die Randeinspannung des rohrförmigen Stabes. In diesem Falle muß die Gesamtverdrehung der Randkreisebene verhindert werden, d.h. die Axialverschiebungskomponente $u \cdot \cos \varphi = 0$ sein.

Einfluß axialer Unverschieblichkeit
Da durch die Verhinderung der axialen Beulverformung am Schalenrand die axiale Dehnsteifigkeit aktiviert wird, wirkt sich dieser Einfluß im Grunde beullaststeigernd aus.

Dies ist allerdings nur dann größenmäßig bedeutsam, wenn sich die Membrantragwirkung in Längsrichtung maßgebend auf das Gesamttragverhalten auswirken kann.

Es ist dies bei der umfangsgedrückten KZS mittlerer Länge der Fall, da dort die von Rand zu Rand mit nur einer Halbwelle auftretende Beulverformung (s. Abschn. 4.2.2.1) durch die Randeinspannung eine wesentliche Stützung erfährt. Dagegen ist dieser Einfluß bei der axialgedrückten KZS unbedeutend, da sich wegen des in Längsrichtung kurzwelligen Beulmusters (s. Abschn. 4.2.1.1) durch die Randeinspannung keine wesentliche Stützung aufbauen kann.

Besondere Bedeutung hat die Wölbbehinderung im Falle umfangsgedrückter KZS mit einem freien Rand, wie z.B. in der Baupraxis bei einem oben offenen Behälter (ohne Randaussteifung), z.B. im Montagezustand unter Windlast. Dieser Fall ist in Tabelle 2, Fall 4 oder 5, behandelt. Bei fehlender Längsverankerung (Fall 5) kann keine Membransteifigkeit aktiviert werden (dieser Fall wird als "dehnungsloser Verformungszustand" bezeichnet), und die Schalenwand versagt gegenüber Fall 4 bei einem wesentlich niedrigeren Beuldruck, der sich aus dem Widerstand der Biegesteifigkeit der Schalenwand allein ergibt.

Radiale Unverschieblichkeit
"Radiale" Unverschieblichkeit ist immer dann gegeben, wenn entlang von Rändern oder Ringsteifen $\cos m\varphi$-förmige v- und w-Verschiebungen verhindert werden, sich dort in der Beulfigur also Knotenlinien ausbilden. Der Ausdruck "radiale" Unverschieblichkeit ist demgemäß ungenau, ist doch zugleich auch tangentiale Unverschieblichkeit vorzuschreiben. In der Randbedingung $v = w = 0$ ist bei Schalen mit ausgeprägter Membranwirkung die "Membran-Randbedingung" $v = 0$ theoretisch sogar wichtiger. Praktisch stellt sich das Problem jedoch nicht so scharf, da konstruktive Randausbildungen (Böden, Deckel, Ringsteifen) in der Regel beide Bedingungen etwa gleichwertig erfüllen.

Darüber hinaus zeigen rechnerische Untersuchungen auch kaum Unterschiede, wenn $v = 0$, $w \neq 0$ oder $w = 0$, $v \neq 0$ gesetzt wird, da sich die dünnwandige Schale mit Hilfe ihrer vergleichsweise hohen Umfangsdehnsteifigkeit die jeweils andere Randbedingung quasi selbst erfüllt. Dies heißt, daß auch Deckel, die reibungsfrei v-Verschiebungen zuließen - was praktisch zwar schwer verwirklichbar ist - als unverschiebliche Randbedingung gelten könnten.

Biegeeinspannung
Diese Randbedingung $w' = 0$ wirkt sich bei KZS in der Regel nur dann bedeutend aus, wenn die Schalenlänge sehr kurz ist, so daß die Schale zum Plattenstreifen übergeht und somit die axiale Biegesteifigkeit im Tragverhalten bestimmend wird.

Bei RB2 wird eine allfällig vorhandene Biegeeinspannung auf der sicheren Seite abgedeckt, bei RB1 wird die Randeinspannung nur bei kurzen KZS gefordert. Bei mittellangen KZS verschwindet der Einfluß der Randeinspannung, so daß sich RB1 und RB2 nur mehr durch die Wölbbehinderung des Randes unterscheiden.

4.2 Ideale Beulspannung

4.2.1 Druckbeanspruchung in Axialrichtung

4.2.1.1 Verzweigungstheorie des Basisbeulfalles
Basisbeulfall ist der in Bild 8a in Teil 4 dargestellte KZ unter konstanter Axialdruckbeanspruchung. Die mit Hilfe der klassischen linearen Beultheorie für gelenkig gelagerte Ränder (RB2) berechneten idealen Beulspannungen lassen sich nach *FLÜGGE* [4-9/4-10] wie in Bild 4 - 4.4 darstellen. Danach lassen sich drei Längenbereiche unterscheiden: Kurze, mittellange und lange KZ.

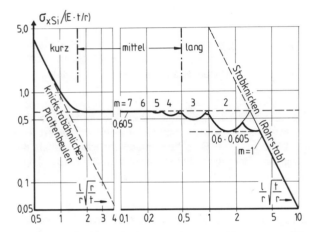

Bild 4 - 4.4   Ideale Axialbeulspannungen nach *FLÜGGE*

Mittellange Kreiszylinder - ideale Axialbeulspannung
Über einen mittleren Längenbereich ist die Axialbeulspannung konstant bzw. nahezu konstant. Dieser Längenbereich reicht, wie aus Bild 4 - 4.4 ablesbar, etwa von

$$\frac{l}{r}\sqrt{\frac{r}{t}} = 1{,}7 \quad \text{bis} \quad \frac{l}{r}\sqrt{\frac{t}{r}} = 0{,}5 \; .$$

Um sich eine Vorstellung von diesem Längenbereich machen zu können, sei ein konkreter Zylinderquerschnitt mit d = 2r = 3000 mm und t = 3 mm betrachtet: Sein mittlerer Längenbereich reicht von l = 114 mm bis l = 16770 mm (!). Der mittlere Längenbereich ist also sehr groß, erfaßt die Mehrzahl aller baupraktischen kreiszylindrischen Konstruktionen und ist deshalb von zentraler Bedeutung.

Das Beulverhalten in diesem mittleren Längenbereich läßt sich ausreichend genau mit Hilfe der vereinfachten *DONNELL*schen Version der klassischen linearen Beultheorie beschreiben. Sie liefert für die ideale Beulspannung folgenden allgemeinen Ausdruck (vgl. z.B. [4-18]):

$$\sigma_{xSi} = E \cdot \left\{ \frac{(n\pi r/l)^2}{[(n\pi r/l)^2 + m^2]^2} + \frac{(t/l)^2}{12(1-\mu^2)} \cdot \frac{[(n\pi r/l)^2 + m^2]^2}{(n\pi r/l)^2} \right\} . \quad (4 - 4.4)$$

In Gl. (4 - 4.4) bedeuten
n ... Anzahl der Beulhalbwellen über die Zylinderlänge l,
m ... Anzahl der Beulvollwellen über den Zylinderumfang 2πr.

Wenn man Gl. (4 - 4.4) nach n und m minimiert, erhält man folgende Beziehung zwischen n und m:

$$\frac{(n\pi r/l)^2}{[(n\pi r/l)^2 + m^2]^2} = \frac{t}{r}\sqrt{\frac{1}{12(1-\mu^2)}} = \frac{t}{r} \cdot 0{,}3026 \quad (4 - 4.5)$$

Einsetzen in Gl. (4 - 4.4) liefert den Minimalwert der idealen Beulspannung zu

$$\sigma_{xSi} = \frac{1}{\sqrt{3(1-\mu^2)}} \cdot E \cdot \frac{t}{r} \quad (4 - 4.6a)$$

$$= 0{,}605 \cdot E \cdot \frac{t}{r} \quad \text{für } \mu = 0{,}3 \; . \quad (4 - 4.6b)$$

Die überraschend einfache Beulformel Gl. (4 - 4.6) ist seit langem bekannt. Sie findet sich bereits 1910 bei *TIMOSHENKO* [4-86] und 1908 bei *LORENZ* [4-57]. Sie hat zwei bemerkenswerte Eigenschaften, deren Kenntnis für eine sachkundige Beurteilung vieler baupraktischer Axialbeulprobleme sehr nützlich sein kann:

- Die ideale Beulspannung mittellanger KZS ist unabhängig von der Zylinderlänge l. Sie ist bei radial und tangential unverschieblich gelagerten Rändern auch unabhängig von den übrigen Randbedingungen, d.h. sie läßt sich beispielsweise durch eine Einspannung der Ränder nicht anheben. (Sind allerdings die Ränder radial und tangential verschieblich, so fällt σ_{xSi} auf etwa 50% ab; vgl. Erläuterungen zur "radialen Unverschieblichkeit" in Abschn. 4.1.2.)
- Das kritische Beulmuster, das sich unter der Axialdruckspannung σ_{xSi} theoretisch einstellt, bleibt bei mittellangen KZS unbestimmt. Sein Wertepaar m-n muß nur Gl. (4 - 4.5) erfüllen. Dazu sind aber eine große Anzahl unterschiedlicher Wertepaare m-n in der Lage.

Mittellange Kreiszylinder - Beulmuster unter Axialdruckbeanspruchung
Die letztgenannte Eigenschaft soll zum besseren Verständnis noch etwas eingehender beleuchtet werden. Gl. (4 - 4.5) wird u.a. von folgenden drei Wertepaaren m-n erfüllt:

$$m = 0 \; ; \qquad n = \frac{l}{1{,}73\sqrt{rt}} \; ,$$

$$m = \frac{2\pi r}{6{,}91\sqrt{rt}} \; ; \qquad n = \frac{l}{3{,}46\sqrt{rt}} \; ,$$

$$m = \frac{2\pi r}{2 \cdot l} \cdot \sqrt{\frac{l}{1{,}73\sqrt{rt}} - 1} \; ; \quad n = 1 \; .$$

Diese drei ausgewählten Wertepaare beschreiben in der genannten Reihenfolge
- ein **Ringbeulmuster** mit der axialen Halbwellenlänge

$$l_{xl} = 1{,}73\sqrt{rt} \; ; \quad (4 - 4.7)$$

- ein **quadratisches Schachbrettbeulmuster** mit der axialen Halbwellenlänge bzw. Umfangshalbwellenlänge

$$l_{xl} = l_{\varphi l} = 3{,}46\sqrt{rt} \,, \qquad (4 - 4.8)$$

d.h. genau doppelt so groß wie die Ringbeulen;

- ein **Längsbeulmuster** mit der Umfangshalbwellenlänge

$$l_{\varphi l} = l / \sqrt{l / (1{,}73\sqrt{rt}) - 1} \,. \qquad (4 - 4.9)$$

Bild 4 - 4.5 veranschaulicht die drei ausgewählten Beulmuster an einem konkreten Beispiel; dabei ist der geringfügige Fehler, daß Zylinderlänge und Zylinderumfang keine ganzzahligen Vielfache der Beulenlängen und -breiten sind, vernachlässigbar.

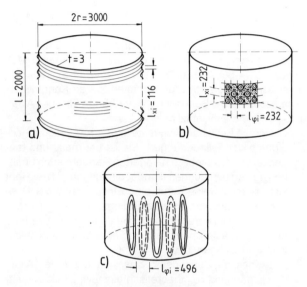

Bild 4 - 4.5 Einige ausgewählte Beulmuster eines mittellangen Kreiszylinders unter Druckbeanspruchung in Axialrichtung:
a) Ringbeulmuster,
b) quadratisches Schachbrettbeulmuster,
c) Längsbeulmuster

Zwischen den Beulmustern nach Bild 4 - 4.5a und b bzw. b und c erfüllen viele weitere schachbrettartige Beulmuster mit mehr länglichen oder mehr breiten Beulen ebenfalls die Beziehung (4 - 4.5). Fazit: Ein mittellanger KZ hat unter ein und derselben Axialbeulspannung σ_{xSi} viele verschiedene kritische Beulmuster "zur Auswahl". Dieses sogenannte "multimodale" Verzweigungsverhalten ist eine der Hauptursachen für die große Imperfektionsempfindlichkeit dieses Basisbeulfalles.

Diese Vielzahl von Beulmustern läßt sich durch eine alternative Darstellung der Gl. (4 - 4.5) verdeutlichen:

$$\left(\frac{n\pi r}{l} - \rho\right)^2 + m^2 = \rho^2 \qquad (4 - 4.10)$$

mit $\rho = 0{,}09\sqrt{r/t}$ für $\mu = 0{,}3$.

Die Gl. (4 - 4.10) entspricht graphisch einem Halbkreis in der $(n\pi r/l, m)$-Ebene (s. Bild 4 - 4.6). Dies geht auf *KOITER* zurück ("Koiter circle") und ist für eine beulformorientierte Betrachtung sehr geeignet.

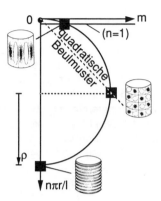

Bild 4 - 4.6 Mögliche Beulmuster des axialgedrückten Kreiszylinders unter σ_{xSi} nach Gl. (4 - 4.6) in Halbkreisdarstellung (*KOITER* circle)

Die Gesamtheit der Eigenwerte und Eigenformen (Beulformen) läßt sich in axonometrischer Form darstellen. Bild 4 - 4.7 zeigt eine Schichtendarstellung der Vielfalt der möglichen Beulwerte, deren Talsohle durch obigen Halbkreis gebildet wird, also zur idealen Beulspannung σ_{xSi} nach Gl. (4 - 4.6) gehört. Aus der Darstellung geht hervor, daß für eine bestimmte Schalengeometrie bereits hunderte Eigenwerte in einer nur um wenige Prozente über der klassischen idealen Beullast liegenden Schicht auftreten. Zum Beispiel sind es für $r/t = 500$ etwa 400 Werte innerhalb von 10% oberhalb σ_{xSi}. Dies bedeutet, daß ebensoviele Nachbeuläste innerhalb dieses engen Intervalls vom linearen Vorbeulpfad abgehen ("multiple, clustered bifurcations"), was allein schon aus Wahrscheinlichkeitsgründen ein extrem komplexes Nachbeulverhalten zur Folge haben muß. Welche der vielen möglichen Eigenformen (Beulmuster) bzw. ihrer Linearkombinationen versagensrelevant werden, hängt von der Steilheit der abfallenden Nachbeulkurve der jeweiligen Beulform ab, was sich in entsprechender Imperfektionsempfindlichkeit äußert.

Mittellange Kreiszylinder - Approximationsgüte

Abschließend zu den Ausführungen über mittellange KZ einige Anmerkungen zur Approximationsgüte der hier herangezogenen einfachsten Verzweigungstheorie:

- Nach *YAMAKI* [4-23] liefert die *DONNELL*sche Schalentheorie bei randbedingungskonsistentem (vgl. Bild 4 - 2.2), nichtlinear gerechnetem Vorbeulzustand gegenüber dem klassischen Wert nach Gl. (4 - 4.6) im Mittel um ca. 15% kleinere ideale Axialbeulspannungen. Dieser Modellierungsfehler ist, wie in Abschn. 2.2.1 bereits ausgeführt, im Konzept des Teils 4 abgedeckt.

ve der gegen das Plattenbeulen asymptotisch ansteigenden idealen Beulspannungen [4-23]. Diese Kurve läßt sich durch einfache Formeln beschreiben, s. Kommentar zu El. 407.

Lange Kreiszylinder

Bei größer werdender Zylinderlänge (s. rechte Seite in Bild 4 - 4.4) fällt die ideale Beulspannung allmählich girlandenartig ab. Das Zylinderbeulen geht schließlich in das Stabknicken des Gesamtzylinders als Rohrstab nach *EULER* über. Die ideale Beulspannung wird damit - wie beim kurzen KZ - abhängig von der Länge und von den Randbedingungen. Ab $(l/r) \cdot \sqrt{t/r}$ = 0,5 beträgt der Abfall gegenüber dem klassischen Wert nach Gl. (4 - 4.6) mehr als 10% . Maßgebend hierfür sind großflächige Beulen mit n=1/m=3 und n=1/m=2. Man kann also verzweigungstheoretisch von langen KZ sprechen, wenn

$$\frac{l}{r}\sqrt{\frac{t}{r}} \geq 0{,}5 \; . \qquad (4 - 4.12)$$

Der größte Abfall der idealen Axialbeulspannung beträgt, bevor das Stabknicken mit m = n = 1 maßgebend wird, 40% .

Für das Beulverhalten langer KZ muß die *FLÜGGE*sche Schalentheorie herangezogen werden (sie liegt Bild 4 - 4.4 zugrunde), da die *DONNELL*sche Theorie hier zu ungenaue Ergebnisse liefert. Der Vorbeulzustand braucht aber nicht randbedingungskonsistent gerechnet zu werden [4-23].

4.2.1.2 Regelungen für Druckbeanspruchung in Axialrichtung

Zu Element 404, Voraussetzungen

Hier wird explizit noch einmal die radiale Unverschieblichkeit (w = 0) der Ränder als wichtigste Voraussetzung für die Gültigkeit der nachfolgenden Gleichungen genannt. Die übrigen Randbedingungen spielen, wie oben ausgeführt, theoretisch eine untergeordnete Rolle - mit Ausnahme der Unverschieblichkeit in Umfangsrichtung (v = 0). Sie wird in den nachfolgenden Gleichungen ebenfalls (implizit!) vorausgesetzt, vgl. Erläuterungen hierzu in Abschn. 4.1.2.

Bei radial verschieblichen bzw. freien Rändern würde die ideale Axialbeulspannung, wie im vorhergehenden Abschnitt ausgeführt, auf ca. 50% abfallen. Für solche KZ liegen kaum Untersuchungen vor, insbesondere nicht experimenteller Art. Sie sind deshalb derzeit noch nicht "normungsfähig". Freie oder radial verschiebliche Ränder in axialgedrückten KZ sollten unbedingt konstruktiv vermieden werden; das ist mit Hilfe von Ringsteifen stets möglich.

Für die Abschätzung der Mindeststeifigkeit einer Endringsteife, die beim Beulsicherheitsnachweis unter Druckbeanspruchung in Axialrichtung die Voraussetzung w = v = 0 gewährleisten soll, geben die ECCS-Recommendations

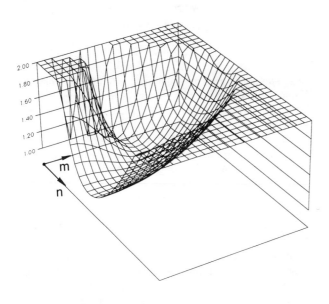

Bild 4 - 4.7 Gesamtheit der Eigenwerte und Eigenformen des axialgedrückten Kreiszylinders in Schichtendarstellung, bezogen auf σ_{xSi} nach Gl. (4 - 4.6)

- Die *FLÜGGE*sche Schalentheorie liefert, ebenfalls nach [4-23], sowohl in der klassischen linearen Version als auch in der randbedingungskonsistenten nichtlinearen Version im größten Teil des mittleren Längenbereiches praktisch dieselben Ergebnisse, am rechten Rand des mittleren Längenbereiches zunehmend kleinere Werte (vgl. Bild 4 - 4.4).

Kurze Kreiszylinder

Bei kürzer werdender Zylinderlänge (s. linke Seite in Bild 4 - 4.4) steigt die ideale Beulspannung ab einer gut bestimmbaren Grenze stark an. Das Zylinderbeulen geht schließlich in das Plattenbeulen der unendlich breiten, streifenförmigen Rechteckplatte über (vgl. Bild 12 in Teil 4). Dieses Plattenbeulen ist "knickstabähnlich" und deshalb von der Zylinderlänge und von den Randbedingungen abhängig. Bei klassischen Randbedingungen RB2 liegt die Grenze bei dem oben erwähnten Wert $(l/r) \cdot \sqrt{r/t}$ = 1,7, bei axial eingespannten Rändern etwas höher, bei biegeeingespannten Rändern etwa beim doppelten Wert. Man kann also verzweigungstheoretisch von kurzen KZ sprechen, wenn

$$\frac{l}{r}\sqrt{\frac{r}{t}} \leq 1{,}7 \; . \qquad (4 - 4.11)$$

Diese Grenze bleibt auch gültig, wenn man mit randbedingungskonsistentem Beulzustand rechnet, ebenso die Kur-

die nachfolgend wiedergegebenen Gl. (4 - 4.13) und (4 - 4.14) an (vgl. Bild 4 - 4.8). Sie gehen auf Empfehlungen in den DNV-Rules zurück. Gl. (4 - 4.14) wird in [4-6] aufgrund eines Vergleichs mit Versuchen als zuverlässig bestätigt. Man erhält mit den Gl. (4 - 4.13) und (4 - 4.14) vergleichsweise geringe erforderliche Ringsteifigkeiten. Daraus kann geschlossen werden, daß übliche konstruktive Randausbildungen in der Regel w = v = 0 liefern; vgl. auch Abschn. 4.1.2.

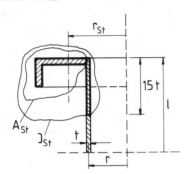

Bild 4 - 4.8 Endringsteife

$$A_{St} \geq l \cdot t \cdot \left[0{,}06 + 2{,}2 \cdot \left(\frac{t}{r}\right)^2 \cdot \left(\frac{r}{l}\right)^4\right] \, , \qquad (4 - 4.13)$$

$$J_{St} \geq l^2 r_{St} \cdot t \cdot \left[0{,}001 \cdot \frac{\sigma_{xS,R,k}}{E} \cdot \left(\frac{r_{St}}{l}\right)^3\right] \, . \qquad (4 - 4.14)$$

Zu Element 405, Kein Nachweis erforderlich

Bed. (25) gibt einen Grenzwert grenz (r/t) an, unterhalb dessen der Kreiszylinderquerschnitt so dickwandig ist, daß er in jedem Falle - unabhängig von seiner Länge - unter zentrischer Axialdruckbeanspruchung die vollplastische Normalkraft $2\pi r t f_y$ ohne Schalenbeulerscheinungen (auch ohne den berüchtigten "elephant's foot") erreicht. Es handelt sich um das "Dickwandigkeitskriterium" für diesen Beanspruchungsfall. Das Thema wurde bereits in Abschn. 2.3 im Zusammenhang mit der Begründung für die "plastischen Plateaus" der Beulkurven behandelt. Bed. (25) ist, wie nachfolgend gezeigt, nichts anderes als eine alternative Schreibweise für die Kennzeichnung des "plastischen Plateaus" der κ_2-Kurve in Gl. (8a) in Teil 4. Mit den Gl. (26) und (1) wird nämlich aus $\bar{\lambda}_S \leq 0{,}25$:

$$\bar{\lambda}_{Sx} = \sqrt{\frac{r}{t} \cdot \frac{1}{0{,}605\, C_x} \cdot \frac{f_{y,k}}{E}} \leq 0{,}25 \, ,$$

$$\frac{r}{t} \leq C_x \cdot \frac{E}{26{,}4\, f_{y,k}} \approx C_x \cdot \frac{E}{25\, f_{y,k}} \, . \qquad (4 - 4.15)$$

Setzt man nun noch $C_x = 1$, so entsteht Bed. (25). Man hat im Interesse einer einfachen baupraktischen Regelung sowohl auf eine Anhebung des Grenzwertes grenz (r/t) bei kurzen KZ als auch auf eine Abminderung bei langen KZ verzichtet. Letzteres war vertretbar, weil im internationalen Vergleich von Regelwerken der Nennerfaktor 25 in Bed. (25) eher am restriktiven Rand des Spektrums liegt; er beträgt beispielsweise 16 in der Schweizer Norm SIA 161 und 18 in den DNV-Rules.

An dieser Stelle muß auf den Zusammenhang zwischen Bed. (25) in Teil 4 und den in Teil 1 in den Tabellen 14, 15 und 18 angegebenen Grenzwerten grenz (d/t) für rohrförmige Stäbe hingewiesen werden. Bed. (25) liefert mit $E = 2{,}1 \cdot 10^5$ N/mm², $f_{y,k} = 240$ N/mm² und $d = 2r$

$$\frac{d}{t} \leq 70 \, . \qquad (4 - 4.16)$$

Dies entspricht dem in Teil 1, Tab. 15, für das Verfahren Elastisch-Plastisch für $f_{y,k} = 240$ N/mm² angegebenen Grenzwert grenz (d/t) = 70. Er gilt unter reiner Normalkraftbeanspruchung auch für das Verfahren Elastisch-Elastisch, weil es bei Normalkraftstäben keinen Unterschied zwischen den Grenzzuständen "Beginn des Fließens" und "Durchplastizieren" gibt. Dagegen wurde er für das Verfahren Plastisch-Plastisch auf 50 abgemindert, um ausreichende plastische Stauchungskapazität für Normalkraft-Fließgelenke sicherzustellen. Für reine Biegebeanspruchung wurden für die Verfahren Plastisch-Plastisch und Elastisch-Plastisch sicherheitshalber keine größeren Grenzwerte eingeführt, während für das Verfahren Elastisch-Elastisch der Grenzwert auf grenz (d/t) = 90 angehoben wurde (vgl. Teil 1, Tab.14), um hier den Anschluß an EC 3 zu haben. Zwar liefert Teil 4 für r/t = 45 bei $f_{y,k} = 240$ N/mm² einen Abminderungsfaktor $\kappa_2 = 0{,}96$, jedoch wurde diese geringe Unstimmigkeit in Kauf genommen.

Zu Element 406, Kreiszylinder allgemein

Wie in Abschn. 4.2.1.1. ausgeführt, beschreibt Gl. (26) in El. 406 ohne den Faktor C_x die ideale Axialbeulspannung nach der klassischen linearen Beultheorie für mittellange KZ. Diese "klassische" Beulformel wurde, obwohl gegenüber einer randbedingungskonsistenten Berechnung zu große Werte liefernd (vgl. ebenfalls Abschn. 4.2.1.1), bewußt als zentrale Bezugsgröße des Beulsicherheitsnachweises für Axialdruckbeulen beibehalten. Der Faktor C_x wurde hinzugefügt, um die Besonderheiten kurzer und langer KZ formulieren zu können.

Zu Element 407, Mittellange und kurze Kreiszylinder

Gemäß Anmerkung zu El. 407 erfaßt der Beiwert C_x nach Gl. (28) den Anstieg von σ_{xSi} beim Übergang zum Plattenbeulen (vgl. Bild 4 - 4.4). Dieser beginnt verzweigungstheoretisch nach Gl. (4 - 4.11) bei $(l/r) \cdot \sqrt{r/t} \leq 1{,}7$. Gl. (28) liefert bei dieser Grenzlänge aber bereits $C_x = 1{,}52$. Das ist kein Widerspruch, sondern ist darin begründet, daß Gl. (28) keinen rein verzweigungstheoretischen Hintergrund hat. Kurze KZ haben nicht nur eine größere ideale Beulspannung als mittellange KZ, sondern auch eine geringere Imperfektionsempfindlichkeit. Der ASME-Code erlaubt beispielsweise ab $(l/r) \cdot \sqrt{r/t} \leq 10$ eine Anhebung der Imperfektionsfaktoren. Man war aber im Arbeitsausschuß Teil 4 der Meinung, daß für eine explizite Anhebung des Abminderungsfaktors κ für kurze KZ - dies wäre der vom Konzept her "saubere" Weg gewesen - die Kenntnisse nicht ausreichten. Statt dessen wurde, um wenigstens einen kleinen Teil des günstigen Verhaltens kurzer KZ nutzbar zu machen, der Beiwert C_x größer angesetzt als verzweigungstheoretisch begründbar. Konkret stellt Gl. (28) nichts anderes dar als eine Addition der idealen Beulspannungen der mittellangen KZS und der

Platte:

$$\sigma_{xSi}+\sigma_{xPI} = 0{,}605E\frac{t}{r}+\frac{\pi^2 Et^2}{12(1-\mu^2)l^2}$$

$$= 0{,}605E\frac{t}{r}\left[1+1{,}494\left(\frac{r}{l}\right)^2\cdot\left(\frac{t}{r}\right)\right] \quad \text{für } \mu = 0{,}3. \quad (4-4.17)$$

Die Gl. (4 - 4.17) liefert automatisch bei $r/t \to \infty$ die ideale Plattenbeulspannung. Es läßt sich zeigen (hier nicht wiedergegeben), daß die durch den Beiwert C_x nach Gl. (28) indirekt angehobenen Imperfektionsfaktoren gegenüber den Versuchen von SCHULZ [4-79] weit auf der sicheren Seite bleiben.

Eine Unterscheidung in kurze und mittellange KZ, wie noch in der DASt-Ri 013 vorgenommen, erübrigt sich, da Gl. (28) für mittellange KZ $C_x \cong 1{,}00$ liefert. Die Bezeichnung "mittellange und kurze KZ" wurde aber beibehalten, um den Anschluß an die einschlägige Fachliteratur zu wahren. Es müßte statt dessen eigentlich heißen: "Keine langen KZ".

Zu Element 408, Lange Kreiszylinder

Der Beiwert C_x nach Gl. (30) erfaßt den in Abschn. 4.2.1.1 beschriebenen Abfall von σ_{xSi} mit wachsender Zylinderlänge, bevor Zylinderbeulen vom Stabknicken abgelöst wird (vgl. Bild 4 - 4.4). Die in diesem Längenbereich vorhandene Abhängigkeit von den Randbedingungen wird mit dem Beiwert η erfaßt. Für $\eta = 1$, d.h. gelenkige Randlagerung, ist Gl. (30) in Bild 4 - 4.9 der FLÜGGEschen Girlandenkurve gegenübergestellt. (Die weiteren in Bild 4 - 4.9 eingezeichneten Kurven werden weiter unten erörtert.)

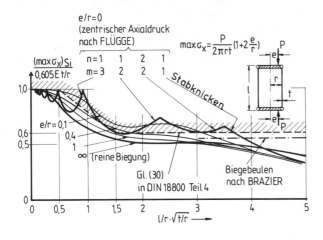

Bild 4 - 4.9 Ideale Axialbeulspannungen langer Kreiszylinder mit gelenkig gelagerten Endquerschnitten unter zentrischem und exzentrischem Axialdruck (n. SAAL et al. [4-67])

Zu Element 409, Knicken von langen Kreiszylindern

Daß für Stäbe mit kreiszylindrischem Querschnitt der Tragsicherheitsnachweis nach Teil 2 geführt werden muß, ist selbstverständlich. Er wird vorsichtshalber bereits ab $l/r > 0{,}5\cdot\sqrt{r/t}$ verlangt, obwohl bis $l/r = $ ca. $3\cdot\sqrt{r/t}$ verzweigungstheoretisch das Zylinderbeulen maßgebend bleibt (vgl. Bilder 4 - 4.4 und 4 - 4.9).

Es sollte ebenfalls selbstverständlich sein, daß in rohrförmigen Stäben, deren Querschnitt den Grenzwert grenz (d/t) nach Teil 1, Tab. 14, überschreitet und deshalb durch einen Beulsicherheitsnachweis nach Teil 4 abgesichert werden muß, dieser Nachweis mit einer Normalspannung max σ_x geführt wird, die nach den Regeln der Teile 1 und 2 für Stäbe und Stabwerke ermittelt wurde. Das schließt eine Berechnung der Schnittgrößen nach Theorie II.Ordnung ein, sofern das nach Teil 1, El. 739, erforderlich ist. In der Anmerkung zu El. 409 wird das deutlich gemacht.

Weniger selbstverständlich ist, daß in El. 409 auf einen besonderen Nachweis der Interaktion zwischen Stabknicken und Schalenbeulen verzichtet wird, denn de facto gibt es eine solche Interaktion natürlich - wie bei Druckstäben mit plattenbeulgefährdeten Querschnittsteilen auch. Hinter der Regelung in El. 409 steht folgende, in Bild 4 - 4.10 illustrierte Überlegung: Knicktraglastversuche an Rohrstäben zeigen in der Regel auf der Biegedruckseite des ausgeknickten Stabes ein kurzwelliges Einbeulen, d.h. es findet eine Interaktion mit kurzwelligem Schalenbeulen statt. Solche kurzwelligen Beulmuster werden in Teil 4 auf der idealisierten Ebene mit Gl. (26) und auf der realen

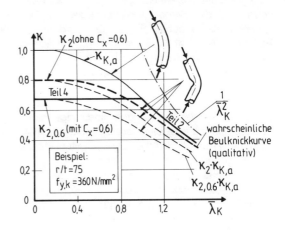

Bild 4 - 4.10 Zur Interaktion Zylinderbeulen-Stabknicken

Ebene mit dem Schalenbeul-Abminderungsfaktor κ_2 beschrieben. Zusammen mit dem Knick-Abminderungsfaktor $\kappa_{K,a}$ nach Teil 2 für Rohrstäbe läßt sich nun das Produkt $\kappa_2 \cdot \kappa_{K,a}$ als sehr konservative untere Schranke für das interaktive Beulknicken abschätzen (etwa wie in Teil 3, El. 503, für den entsprechenden Fall beim Plattenbeulen). In der Tat werden in vielen Regelwerken der Offshore-Technik dünnwandige Rohrstäbe derart nachgewiesen [4-6]. In fast keinem dieser Regelwerke wird aber - wie in Teil 4 - die ideale Schalenbeulspannung des langen KZ vorher gegenüber dem mittellangen KZ mit $C_x = 0{,}6$ noch einmal abgemindert. Würde man aus dem entstehenden, reduzierten Schalenbeul-Abminderungsfaktor $\kappa_{2,0.6}$ eine noch konservativere Beulknickkurve $\kappa_{2,0.6}\cdot \kappa_{K,a}$ konstruieren (s. Bild 4 - 4.10), so hätte man nach Meinung des Arbeitsausschusses Teil 4 "zu viel des Guten" getan. Man verzichtete deshalb auf den Nachweis einer Interaktion Zylinderbeulen-Stabknicken.

Zu Element 410, Sehr lange Kreiszylinder

Dies ist ein "Service-Element". Es soll dem Tragwerksplaner bei rohrförmigen Druckstäben, die nicht dickwandig genug sind, um Bed. (25) zu erfüllen, bei denen aber der Biegeknicksicherheitsnachweis nach Teil 2, Abschn. 3.2.1, "greift", den sowieso nicht maßgebenden Schalenbeulsicherheitsnachweis ersparen. Mit dem (möglicherweise etwas unglücklich gewählten) Begriff "sehr lange Kreiszylinder" sollte der Stabcharakter des hier betrachteten Kreiszylinders kenntlich gemacht werden.

Die Regelung darf keinesfalls auf biegebeanspruchte lange KZ angewendet werden. Diese beulen auf der Biegedruckseite unabhängig davon, ob sie kurz oder lang sind.

Ideale Axialbeulspannung biegebeanspruchter Kreiszylinder

Biegebeanspruchte bzw. außermittig axialgedrückte KZS werden in Teil 4 nicht besonders behandelt. Alle angegebenen Gleichungen für σ_{xSi} gelten auch dann, wenn auf der Einwirkungsseite als Beanspruchung die größte Axialdruckspannung max σ_x auf der Biegedruckseite steht, vgl. Bild 8b in Teil 4. Das wird wie folgt begründet:

- Kurze und mittellange KZ beulen unter Biegebeanspruchung auf der Biegedruckseite kurzwellig. Das wird praktisch exakt durch die Gl. (26) und (28) in den El. 406 und 407 beschrieben. Betrachtet man Bild 4 - 4.5b, so leuchtet das unmittelbar ein: Die kleinen Beulen auf der Biegedruckseite "merken nichts" von der Biegezugseite.

- Bei größer werdender Zylinderlänge findet unter Biegebeanspruchung eine Querschnittsabplattung (Ovalisierung) des kreiszylindrischen Querschnittes statt, so daß das Biegebeulen unter rechnerisch zunehmend kleineren idealen Biegedruckspannungen erfolgt als bei zentrischem Axialdruck, vgl. Bild 4 - 4.9, Kurve e/r = ∞. Da diese Beulformen aber gleichzeitig zunehmend weniger imperfektionsempfindlich werden [4-68], ist es vertretbar, für die Axialbeulspannung unter Biegebeulen keinen kleineren Faktor C_x als den nach Gl. (30) in El. 408 einzuführen.

- Bei sehr großer Zylinderlänge bricht der kreiszylindrische Querschnitt unmittelbar infolge der Ovalisierung zusammen. Dieser Effekt wurde erstmals 1927 von BRAZIER analysiert [4-29] und wird deshalb nach ihm benannt. Die von ihm berechnete ideale Beulspannung beträgt

$$\sigma_{xSi,BRAZIER} = 0{,}544 \cdot 0{,}605 \, E \frac{t}{r} \, . \qquad (4 - 4.18)$$

Nach den Ergebnissen von SAAL liegt sie sogar noch etwas tiefer (vgl. Bild 4 - 4.9]. Trotzdem ist es vertretbar, es auch hier bei dem Faktor $C_x = 0{,}6$ nach Gl. (30) in El. 408 bewenden zu lassen, da diese Instabilitätsform noch weniger imperfektionsempfindlich ist.

4.2.2 Druckbeanspruchung in Umfangsrichtung

4.2.2.1 Verzweigungstheorie des Basisbeulfalles

Vorbemerkungen zum Basisbeulfall

Diese allgemeinen Erläuterungen machen bereits einen Vorgriff auf die Abschnitte 4.3 bis 4.5 und zwar, um die generelle Problematik der Definition der Einwirkungsfälle darzustellen.

Viele Regelwerke für Schalenbeulen, wie z.B. die DASt-Ri 013, die ECCS-Recommendations u.a.m., regeln den Einwirkungsfall "Hydrostatischer oder allseitiger Außendruck" (Manteldruck und Deckeldruck, d.h. die in den Bildern 8a und 9a dargestellten Einwirkungsfälle gemeinsam). Teil 4 geht hiervon ab und regelt den Basisbeulfall "Umfangsdruckbeanspruchung", und zwar in einer Form, wie sie sich an einer KZS unter konstantem Manteldruck allein (ohne Deckeldruck) ergeben würde. Der Einwirkungsfall allseitiger Außendruck ist somit als Kombination (Interaktion) von Umfangsdruck- und Axialdruckbeanspruchung zu behandeln.

Der Grund hierfür liegt zum einen im Grundkonzept dieser Norm, die Nachweise auf der Ebene der Einzelmembranspannungskomponenten σ_x, σ_φ und τ zu führen und kombinierte Beanspruchungen mittels der Interaktionsbedingung nachzuweisen. Zum anderen bestehen weitere Begründungen darin, daß der Einfluß des Deckeldrucks bei kurzen KZS sehr groß wird und sich daraus bei Zugrundelegen des allseitigen Außendrucks auf der Ebene der realen Beulspannungen Ungereimtheiten ergeben würden:

- Nach der DASt-Ri 013 sowie den ECCS-Recommendations kommt es bei kurzen KZS vor, daß der aus dem realen allseitigen Außendruck rückgerechnete Axialdruck höher ist als der reale Axialbeuldruck selbst. (Es folgt dies aus den stark unterschiedlichen κ-Werten für Axialdruck und Umfangsdruck).
- Bei Aufspaltung des Außendruckfalls in Manteldruck und Deckeldruck liegen die mit den realen Beulspannungen ermittelten Interaktionspunkte der beiden genannten Regelwerke teils erheblich außerhalb der Interaktionskurve für KZS unter σ_x- und σ_φ-Beanspruchung.

Die Bereinigung dieser Differenzen unter Beibehaltung des allseitigen Außendrucks als Basisbeulfall würde l/r- und r/t-abhängige κ-Werte für Außendruck bedeuten (wie sie z.B. in den DNV-Rules vorliegen). Da es sich hierbei jedoch wiederum nur um eine spezielle Einwirkung handelt und allgemeinere Einwirkungsfälle doch wieder mittels Interaktionsbeziehungen zu behandeln wären, wurde davon Abstand genommen und die vorliegende Lösung mit reiner Umfangsdruckbeanspruchung gemäß Bild 9a in Teil 4 als Basisbeulfall gewählt.

Ideale Umfangsbeulspannung - Übersicht

Bei KZS unter Umfangsdruckbeanspruchung sind die idealen Beulspannungen bzw. die ihnen zugrundeliegenden idealen Beuldrücke

$$q_{ki} = \sigma_{\varphi Si} \cdot \frac{t}{r} \qquad (4 - 4.19)$$

stark von den Randbedingungen und der Zylinderlänge abhängig, im Gegensatz zur Axialdruckbeanspruchung. Die auf der Grundlage der klassischen linearen Verzweigungstheorie und unter der Voraussetzung elastischen Werkstoffverhaltens bestimmten Werte q_{Ki} lassen sich, ähnlich wie bei Axialdruckbeanspruchung, bei kleinen und mittleren Längen in Abhängigkeit von $l/r \cdot \sqrt{r/t}$ und bei großen Längen in Abhängigkeit von $l/r \cdot \sqrt{t/r}$ in geschlossener Form darstellen.

Bild 4 - 4.11 gibt solche Werte für den Einwirkungsfall "allseitiger Außendruck" an (ausgenommen ist der Fall mit freiem oberen Rand, der nur durch Manteldruck beansprucht ist). Der Einfluß der Randbedingungen ist deutlich ablesbar. Die Bezeichnungen C_3, C_4 für "clamped", S_3, S_4 für "simply supported" und F für "free" sind aus der einschlägigen Literatur übernommen und bedeuten:
C_3 : $n_x = v = w = w' = 0$,
C_4 : $u = v = w = w' = 0$,
S_3 : $n_x = v = w = m_x = 0$,
S_4 : $u = v = w = m_x = 0$,
F : $n_x = n_{x\varphi} = q_x^* = m_x = 0$.

Bei Bezug des Beuldrucks auf $E(r/l)(t/r)^{2,5}$ (vgl. Bild 4 - 4.11) bleiben die Beulwerte in einem mittleren Längenbereich für bestimmte Lagerungsfälle konstant. Maßgebend wirken sich dabei die Membranrandbedingungen aus. Bei kürzer werdenden Längen nimmt der Einfluß der axialen Biegesteifigkeit und folglich auch jener der Biegerandbedingungen zu; die Beulwerte streben jenen des entsprechend gelagerten, abgewickelt gedachten Plattenstreifens zu (vgl. Bild 13 in Teil 4). Es verzweigen die einzelnen Kurvenäste so, daß die mit denselben Biegerandbedingungen versehenen Fälle in jeweils einem gemeinsamen Ast zusammenlaufen.

im kurzen Bereich auf, und zwar derart, daß dort - wegen des Fehlens des Deckeldrucks - größere Beulwerte auftreten. Auch der abgewickelte Plattenstreifen verhält sich, da der Querdruck nun fehlt, entsprechend günstiger. In Bild 4 - 4.12 sind die Unterschiede ersichtlich. Der zusätzliche Deckeldruck wirkt sich somit verzweigungstheoretisch nur bei kurzen KZS deutlich aus, und sein Einfluß verschwindet bereits bei mittleren Längen gänzlich.

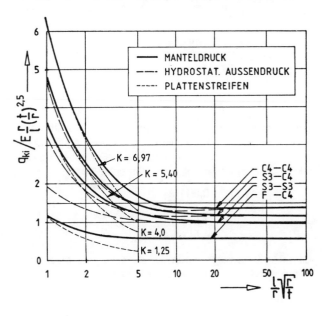

Bild 4 - 4.12 Ideale Beuldrücke für Manteldruck bei kurzen Kreiszylindern

Ideale Umfangsbeulspannung - Gleichungen für RB2-RB2

Der Fall der KZS mit beidseitiger gelenkiger Randlagerung (RB2-RB2, vgl. Gl. (4 - 4.2)) ist auf der Grundlage der klassischen, linearen Beultheorie für Manteldruck geschlossen lösbar (vgl. *FLÜGGE* [4-9/4-10]). Da sich die Anzahl der Beulhalbwellenzahl über die Zylinderlänge stets mit n = 1 maßgebend erweist, ist für die ideale Beulspannung die Minimierung nur mehr für die Umfangsbeulwellenzahl m vorzunehmen. Aus der exakten *FLÜGGE*-schen Lösung lassen sich durch je nach Längenbereich abgestimmte Vernachlässigungen folgende vereinfachte Gleichungen herleiten:

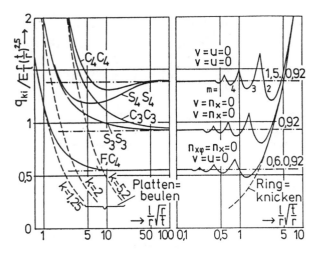

Bild 4 - 4.11 Ideale Beuldrücke für Außendruck

Bei größer werdenden Zylinderlängen geht das Zylinderbeulen in das Beulen des freien Rohres (bzw. Knicken des Kreisringes) über und wird damit unabhängig von der Zylinderlänge und den Randbedingungen.

Diese bezogenen Beulwerte - im Bild 4 - 4.11 für allseitigen Außendruck dargestellt - haben für reinen Umfangsdruck (konstanten Manteldruck) im mittellangen und langen Bereich die gleichen Größen. Unterschiede treten nur

Kurze und mittellange KZS:

$$\sigma_{\varphi Si} = \frac{E}{m^2}\left[\frac{1}{\left(1+\frac{m^2}{\pi^2}\left(\frac{l}{r}\right)^2\right)^2}+\frac{\left(\frac{t}{r}\right)^2}{12(1-\mu^2)}\left(m^2+\pi^2\left(\frac{r}{l}\right)^2\right)^2\right] \quad (4 - 4.20)$$

Die maßgebende niedrigste Beulspannung ist durch Variation der Wellenzahl m zu ermitteln.

Bei **sehr kurzer Zylinderlänge** wird das zweite Glied des Klammerausdrucks bestimmend, und es läßt sich zeigen, daß die Beulspannung der KZS in die des Plattenbeulens des abgewickelt gedachten Zylindermantels übergeht. Diese ideale Plattenbeulspannung wird, wenn l als Breite und $r\pi$ als Länge des Plattenfeldes definiert wird (vgl. Bild 13 in Teil 4), zu

$$\sigma_{\varphi Pi} = \frac{E\pi^2}{12(1-\mu^2)}\left(\frac{t}{l}\right)^2\left[\frac{ml}{r\pi}+\frac{r\pi}{ml}\right]^2$$

$$= \frac{E}{m^2}\frac{\left(\frac{t}{r}\right)^2}{12(1-\mu^2)}\left[m^2+\pi^2\left(\frac{r}{l}\right)^2\right]^2 \quad (4-4.21a)$$

und entspricht somit dem zweiten Glied des Klammerausdrucks von Gl. (4 - 4.20). Die zu der Darstellung der Bilder 4 - 4.11 und 4 - 4.12 passende Formulierung der Gl. (4 - 4.21a) lautet (mit k als Plattenbeulwert):

$$\sigma_{\varphi Pi} = E\left(\frac{r}{l}\right)\left(\frac{t}{r}\right)^{1.5}\cdot\left[\frac{0{,}904\cdot k}{\left(\frac{l}{r}\right)\sqrt{\frac{r}{t}}}\right] \quad (4-4.21b)$$

Gl. (4 - 4.21b) liefert die in Bild 4 - 4.12 links eingezeichneten Kurven für den Plattenstreifen.

Mittellange und lange KZS:

$$\sigma_{\varphi Si} = E\left[\frac{\pi^4}{m^4(m^2-1)}\left(\frac{r}{l}\right)^4+\frac{\left(\frac{t}{r}\right)^2}{12(1-\mu^2)}(m^2-1)\right]$$

$$= E\frac{r}{l}\left(\frac{t}{r}\right)^{1.5}\left[\frac{\pi^4}{m^4(m^2-1)}\frac{1}{\left(\frac{l}{r}\sqrt{\frac{t}{r}}\right)^3}+\frac{m^2-1}{12(1-\mu^2)}\left(\frac{l}{r}\sqrt{\frac{t}{r}}\right)\right] \quad (4-4.22)$$

Für die **mittellange KZS** führt die Minimierung der Gl. (4 - 4.22) auf folgende Gleichung für die kritische Beulwellenzahl, wobei $(m^2 - 1) \approx m^2$ gesetzt wurde:

$$m^2 = \pi\sqrt[4]{36(1-\mu^2)}\cdot\sqrt{\frac{r}{l}\sqrt{\frac{r}{t}}} \quad (4-4.23)$$

Daraus folgt durch Einsetzen in Gl. (4 - 4.22)

$$\sigma_{\varphi Si} = \frac{0{,}855}{(1-\mu^2)^{0{,}75}}E\cdot\frac{r}{l}\left(\frac{t}{r}\right)^{1{,}5} \quad (4-4.24a)$$

$$= 0{,}92\,E\frac{r}{l}\left(\frac{t}{r}\right)^{1{,}5} \quad \text{mit } \mu = 0{,}3. \quad (4-4.24b)$$

Gl. (4 - 4.24) beschreibt den mittleren konstanten Bereich der Kurven S_3S_3 und C_3C_3 in Bild 4 - 4.11.

Für die **lange KZS** ist die Girlandenform von $\sigma_{\varphi Si}$ nach Gl. (4 - 4.22) in Abhängigkeit von der Beulwellenzahl m umso ausgeprägter, je kleiner m wird. Bei m = 2 geht

Gl. (4 - 4.22) in folgende Form über:

$$\sigma_{\varphi Si} = E\left(\frac{t}{r}\right)^2\left[\frac{0{,}25}{(1-\mu^2)}+\frac{1}{48}\left(\frac{\pi}{\frac{l}{r}\sqrt{\frac{t}{r}}}\right)^4\right] \quad (4-4.25a)$$

$$= E\left(\frac{t}{r}\right)^2\left[0{,}275+2{,}03\left(\frac{1}{\frac{l}{r}\sqrt{\frac{t}{r}}}\right)^4\right] \quad \text{mit } \mu = 0{,}3. \quad (4-4.25b)$$

Gl. (4 - 4.25) beschreibt den rechten Teil der Kurven S_3S_3 und C_3C_3 in Bild 4 - 4.11.

Gl. (4 - 4.24) wurde von EBNER [4-38] hergeleitet. Es sei darauf verwiesen, daß der Fall der KZS mit "klassischer" Randlagerung unter Außendruck schon sehr früh und eingehend untersucht wurde. So bestehen für den idealen Beuldruck im gesamten Längenbereich - mit und ohne Deckeldruck - verschiedene, teils genäherte Formeln, z.B. von SOUTHWELL, von MISES [4-58] u.a., deren Nachteil es jedoch ist, daß jeweils die Beulwellenzahl m variiert werden muß (vgl. auch die ECCS-Recommendations).

Hervorzuheben ist dagegen die Gl. (4 - 4.26) von WINDENBURG/TRILLING [4-84], die für kurze und mittellange KZ unter Außendruck recht genaue Beulspannungen liefert und bei Vernachlässigung des zweiten Gliedes im Nenner auf dieselbe ideale Beulspannung führt wie Gl. (4 - 4.24).

$$\sigma_{\varphi Si} = \frac{r}{t}\cdot\frac{2{,}60\,E\left(\frac{t}{d}\right)^{2{,}5}}{\left(\frac{l}{d}\right)-0{,}45\left(\frac{t}{d}\right)^{0{,}5}} \quad (4-4.26)$$

(mit $\mu = 0{,}3$ und $d = 2\,r$).

Ideale Umfangsbeulspannung - andere Randbedingungen

Bei anderen Randbedingungen lassen sich geschlossene Herleitungen der idealen Beulspannungen generell nicht mehr durchführen. Insbesondere gilt dies für den Bereich der kurzen KZS. Die Beulwerte in Bild 4 - 4.12 wurden mittels numerischer Berechnung bestimmt.

Für den Bereich mittellanger und langer KZS ist eine geschlossene Formulierung dagegen möglich [4-48]. Sie läuft darauf hinaus, daß in den Gl. (4 - 4.22), (4 - 4.23) und (4 - 4.25) der Wert π jeweils durch $(\pi\cdot C_\varphi)$ ersetzt werden muß. C_φ ist ein von den Randbedingungen abhängiger Beiwert. Er beträgt z.B. $C_\varphi = 1{,}5$ bei RB1-RB1 (vgl. Bild 4 - 4.11, Kurven C_4C_4 und S_4S_4) und $C_\varphi = 0{,}6$ bei RB1-RB3 (vgl. Bild 4 - 4.11, Kurve FC_4).

Beulmuster unter Umfangsdruckbeanspruchung

Die Beulform der KZS unter Umfangsdruck ist, wie bereits erwähnt, dadurch gekennzeichnet, daß sich in Längsrichtung zwischen den beiden radial gehaltenen Rändern nur eine Halbwelle ausbildet (n = 1). In Umfangsrichtung stellen sich je nach Geometrie mehrere Wellen (m ≥ 2) ein.

Für mittellange KZS folgt die Beulwellenzahl m mit guter Näherung aus Gl. (4 - 4.23) mit $\mu = 0{,}3$ und dem Randbedingungsbeiwert C_φ zu:

$$m = 2{,}74 \sqrt{C_\varphi \cdot \frac{r}{l} \sqrt{\frac{r}{t}}} \qquad (4 - 4.27)$$

Im Gegensatz zur Axialdruckbeanspruchung ist demnach bei Umfangsdruckbeanspruchung das kritische Beulmuster eindeutig definiert. Zur idealen Umfangsbeulspannung $\sigma_{\varphi Si}$ nach den obigen Gleichungen gehört jeweils **ein einziges Beulmuster**. Es ähnelt dem unter Axialdruck u.a. möglichen Längsbeulmuster (vgl. Abschn. 4.2.1.1), hat aber eine andere Umfangshalbwellenlänge; sie folgt aus Gl. (4 - 4.27) zu:

$$l_{\varphi i} = \frac{1{,}15 r}{\sqrt{C_\varphi \cdot \frac{r}{l} \sqrt{\frac{r}{t}}}} \qquad (4 - 4.28)$$

Für das konkrete Beispiel des Bildes 4 - 4.5 liefert Gl. (4 - 4.28) $l_{\varphi i}$ = 421 mm, also dem unter Axialdruck u.a. möglichen Längsbeulmuster sehr ähnlich. Für ein anderes konkretes Beispiel ist das kritische Beulmuster unter Umfangsdruck in Bild 4 - 4.13 dargestellt. (Die gezeichnete "Beulenbreite" entspricht der Umfangsvollwellenlänge $2 \cdot l_{\varphi i}$.)

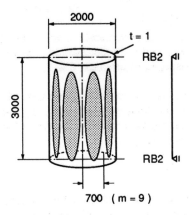

Bild 4 - 4.13 Beulmuster eines mittellangen Kreiszylinders unter Druckbeanspruchung in Umfangsrichtung

4.2.2.2 Regelungen für Druckbeanspruchung in Umfangsrichtung

Zu Element 411, Kein Nachweis erforderlich

Die Abgrenzungsbedingung (32) folgt aus dem Plateauwert $\bar\lambda_s = 0{,}4$ der κ_1-Kurve (vgl. Gl. (7a)) und der Beulspannung $\sigma_{\varphi Si}$ des unendlich langen KZ nach Gl. (4 - 4.25) dieses Kommentars bzw. Gl. (36) in Teil 4. Sie stellt daher für alle kürzeren KZ, die ja höhere Beulwiderstände aufweisen, einen unteren, auf der sicheren Seite liegenden Grenzwert dar.

Zu Element 412, Mittellange und kurze Kreiszylinder

Die in El. 412 angegebene Gl. (34) korrespondiert mit Gl. (4 - 4.24) dieses Kommentars, ergänzt um den Beiwert C_φ. Die Beiwerte C_φ nach Tab. 2 erfassen den Einfluß der Randlagerung bei der mittellangen KZS. Wölbbehinderte Ränder bewirken eine erhebliche Erhöhung des Beulwiderstandes; im Falle der Anwendung dieser Randbedingung (RB1) ist sicherzustellen, daß diese Lagerungsart zweifelsfrei konstruktiv gegeben ist.

Die Abschätzung der Mindeststeifigkeit der axialen "Wölb"-Verankerung, die beim Beulsicherheitsnachweis die Voraussetzung u = 0 für RB1 (vgl. Gl. (4 - 4.2)) gewährleisten soll, kann nach folgender Festlegung erfolgen [4-48]. Es wird die axiale Federsteifigkeit K je Längeneinheit in Umfangsrichtung, welche die Verankerungs- oder Anschlußkonstruktion bereitstellen muß, mit einem Mindestwert vorgegeben:
bei Fall 1 (RB1/RB1): K ≥ 50 E · t/l,
bei Fall 2 (RB2/RB1): K ≥ 30 E · t/l. (4 - 4.29)
(Diese Werte sind so festgelegt, daß die idealen Beulspannungen zu 97% erreicht werden.)

Die Beiwerte C_φ^* gelten für kurze KZ und beschreiben formelmäßig den Übergang vom kurzen Zylinder zum Plattenstreifen; sie sind Näherungen der numerisch ermittelten Kurvenverläufe in Bild 4 - 4.12. Die Beiwerte C_φ^* treten an die Stelle der Beiwerte C_φ für mittellange KZ. Eine formale Unterscheidung in kurze und mittellange KZ erübrigt sich aus den gleichen Gründen wie bei Axialdruck (vgl. Abschn. 4.2.1.2, zu El. 407).

Bei RB2 wird nicht zwischen eingespannt und gelenkig unterschieden (vgl. Gl. (4 - 4.2)). Bei Vorhandensein einer zusätzlichen Biegeeinspannung wird dieser Fall durch die vorliegende Regelung auf der sicheren Seite abgedeckt.

Bei Fall 5 in Tab. 2 liegt oben ein freier, unten ein radial gelagerter, jedoch nicht längsverankerter Rand vor. Dieser Fall ist nur geringfügig günstiger als der Fall 6 mit zwei ungestützten Rändern und wird in konservativer Weise wie letzterer behandelt.

El. 412 beschreibt Zylindergeometrien bis zu jenen Längen, ab denen der Einfluß der Randlagerung auf das Beulverhalten - grob gesprochen - unwirksam wird. Bei größeren Längen werden die KZ als "lange Kreiszylinder" bezeichnet. Als Abgrenzung der beiden Bereiche wird Gl. (33) festgelegt. Dieser Wert definiert jenen Punkt in Bild 4 - 4.11, in dem sich die Beulkurve des langen KZ (Umfangswellenzahl m = 2) mit der horizontalen Verlängerung des mittellangen Bereichs schneidet. Die Abweichungen der Girlandenkurve im mittellangen Bereich von der horizontalen Geraden, die sich im Anschluß an den Schnittpunkt bei höheren Umfangswellenzahlen m = 3, 4, 5 ergeben, sind verhältnismäßig gering und werden im Hinblick auf die erzielbare Genauigkeit vernachlässigt.

Zu Element 413, Lange Kreiszylinder

El. 413 beschreibt die lange KZS, welche in Umfangsrichtung mit der Beulwellenzahl m = 2 versagt. Nur im ersten Übergangsbereich zum mittellangen Bereich ist die Randlagerung noch von Einfluß. Bei weiter zunehmender Länge geht das Zylinderbeulen in das längenunabhängige Beulen des freien Rohres über, welches zugleich dem Knicken eines ebenen Ringes mit der radialen Knicklast $3EJ/r^3$ und der Umfangswellenzahl m = 2 entspricht. Gl. (36) korrespondiert mit Gl. (4 - 4.25) dieses Kommentars, ergänzt um den Beiwert C_φ. Sie gibt die Kurvenverläufe ganz rechts in Bild 4 - 4.11 formelmäßig wieder. Das zweite Glied in der eckigen Klammer beschreibt den vom Ringknicken abzweigenden Kurvenast. Das erste Glied in der eckigen Klammer beschreibt die KZS mit freien Rändern bzw. die unendlich lange KZS, deren ideale Umfangsbeulspannung aus der radialen Knicklast des ebenen Ringes folgt:

$$\sigma_{\varphi Si} = \frac{3Et^3}{12(1-\mu^2)r^3} \cdot \frac{r}{t} = 0{,}275 \cdot E \cdot \left[\frac{t}{r}\right]^2 . \qquad (4 - 4.30)$$

4.2.3 Schubbeanspruchung

4.2.3.1 Verzweigungstheorie des Basisbeulfalles

Ideale Schubbeulspannung - Übersicht

Für den idealen Beulwiderstand der KZS bei Schubbeanspruchung wird als Basisbeulfall "konstantes Torsionsmoment" zugrundegelegt (Bild 10a in Teil 4). Der baupraktisch häufiger auftretende Einwirkungsfall "Querkraftschub" mit seiner sinusförmig über den Zylinderumfang verteilten Schubspannung (Bild 10b in Teil 4) wird auf der sicheren Seite abgedeckt, wenn der Nachweis mit dem Größtwert der Schubspannung geführt wird, wie nach dem Konzept des Teils 4 grundsätzlich gefordert.

Den idealen Beulspannungen τ_{Si} liegt außer der konstanten Torsionsbeanspruchung elastisches Materialverhalten und die klassische lineare Verzweigungstheorie zugrunde. Sie sind in bezogener Form in Bild 4 - 4.14 dargestellt. Auch hier läßt sich - ähnlich wie bei der umfangsgedrückten KZS - der mittellange Bereich bei geeigneter Wahl der Bezugsspannung durch eine horizontale Gerade darstellen (von leichten Girlandenbildungen abgesehen). Zu kleineren Längen hin findet ein kontinuierlicher Übergang zum schubbeanspruchten Plattenstreifen statt (vgl. Bild 14 in Teil 4). Zu größeren Längen hin geht die KZS in ein "langes Rohr" über, bei welchem das Schubbeulen mit der Umfangswellenzahl m = 2 auftritt; die Beulspannung wird längenunabhängig.

Ideale Schubbeulspannung - Gleichungen

Der Fall der schubbeanspruchten KZS ist auch auf der Ebene der klassischen linearen Beultheorie nicht geschlossen lösbar. Es ist dies im komplexeren Beulmuster gegenüber den anderen Beanspruchungsfällen Axialdruck und Umfangsdruck begründet. Eine Ausnahme hiervon bildet der sehr lange KZ, bei dem der Einfluß der Randbedingungen verschwindet.

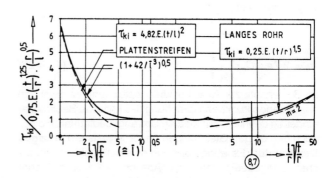

Bild 4 - 4.14 Ideale Beulspannungen für Schubbeanspruchung

Kurze und mittellange KZS:

Die Beulwerte in Bild 4 - 4.14 wurden durch numerische Auswertung einer vielgliedrigen, analytisch darstellbaren Beuldeterminante gewonnen. Die Untersuchungen gehen auf *KROMM* [4-54] und *YAMAKI* [4-23] zurück.

Diese Auswertungen ergeben für den **mittellangen Bereich** als formelmäßien Ausdruck für die ideale Schubbeulspannung:

$$\tau_{Si} = \frac{0{,}85\pi^2}{12(1-\mu^2)^{0{,}625}} E\left[\frac{t}{r}\right]^{1{,}25} \cdot \left[\frac{r}{l}\right]^{0{,}5} \qquad (4 - 4.31a)$$

$$\approx 0{,}75\, E\left[\frac{t}{r}\right]^{1{,}25} \cdot \left[\frac{r}{l}\right]^{0{,}5} \quad \text{für } \mu = 0{,}3. \qquad (4 - 4.31b)$$

Sie gilt für radial unverschiebliche, wölbfreie Ränder. Die Wölbeinspannung der Ränder bewirkt eine Erhöhung der idealen Beulspannung um max. 9%.

Bei kleiner werdenden Zylinderlängen geht die Beulspannung in jene des Plattenstreifens über, der dem abgewickelten Zylindermantel entspricht. Letzterer hat die ideale Plattenbeulspannung

$$\tau_{Pl} = 4{,}82\, E\left[\frac{t}{l}\right]^2 . \qquad (4 - 4.32)$$

Sie ist in Bild 4 - 4.14 links gestrichelt eingezeichnet. Der Übergang vom mittellangen KZ nach Gl. (4 - 4.31) zum Plattenstreifen nach Gl. (4 - 4.32) läßt sich mit einem Beiwert

$$C_\tau = \left[1 + 42\left(\frac{r}{l}\right)^3 \cdot \left(\frac{t}{r}\right)^{1{,}5}\right]^{0{,}5} \qquad (4 - 4.33)$$

näherungsweise beschreiben.

Lange KZS:

Der Fall des torsionsbeanspruchten langen Rohres kann durch einen eingliedrigen Verformungsansatz analytisch gelöst werden, wenn der Einfluß der Randbedingungen unberücksichtigt bleibt (*SCHWERIN* [4-77]). Der minimale Beulwert ergibt sich für die Umfangsbeulwellenzahl m = 2 und folgt der Formel

$$\tau_{Si} = \frac{E}{3\sqrt{2}\,(1-\mu^2)^{0,75}} \left[\frac{t}{r}\right]^{1,5} \quad (4 - 4.34a)$$

$$= 0,25\, E \left[\frac{t}{r}\right]^{1,5} \quad \text{für } \mu = 0,3. \quad (4 - 4.34b)$$

Beulmuster unter Schubbeanspruchung
Die Beulform der schubbeanspruchten KZS ist dadurch gekennzeichnet, daß sich in Längsrichtung zwischen den beiden radial gehaltenen Rändern - analog zur umfangsgedrückten KZS - nur eine Halbwelle ausbildet (n = 1), die sich schraubenförmig um den Zylindermantel wickelt und sich in Umfangsrichtung entsprechend der Wellenzahl m wiederholt.

Für die mittellange KZS mit der Randlagerung RB2-RB2, die unter τ_{Si} nach Gl. (4 - 4.31) beult, gilt:

$$m = 3,74 \cdot \sqrt{\frac{r}{l}\sqrt{\frac{r}{t}}} \quad . \quad (4 - 4.35)$$

Bei wölbeingespannten Rändern wird m um etwa 12% angehoben. Für dasselbe konkrete Beispiel wie bei der umfangsgedrückten KZS ist in Bild 4 - 4.15 das kritische Torsionsbeulmuster dargestellt. (Die gezeichnete "Beulenbreite" entspricht wieder der Umfangsvollwellenzahl $2 \cdot l_{qi}$.)

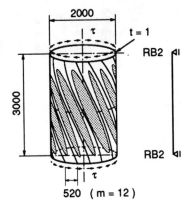

Bild 4 - 4.15 Beulmuster eines mittellangen Kreiszylinders unter Torsionsschubbeanspruchung

Bei der langen KZS entartet das Beulmuster zu einer schraubenförmig verlaufenden Ovalisierung mit der Wellenzahl m = 2.
Es besteht insgesamt eine ausgeprägte Analogie im Verzweigungsverhalten zwischen schubbeanspruchter KZS und umfangsdruckbeanspruchter KZS. Beide beulen
- unter einem eindeutig definierten kritischen Beulmuster
- mit n = 1 Halbwelle über die Zylinderlänge l.

Die Beulwellen sind bei Schubbeanspruchung lediglich schief ausgerichtet und etwas schmaler als bei Umfangsdruck. Auf das im Gegensatz dazu völlig andersartige Verzweigungsbeulverhalten der axialgedrückten KZS sei ausdrücklich noch einmal hingewiesen.

4.2.3.2 Regelungen für Schubbeanspruchung

Zu Element 414, Voraussetzung
Die verwendeten Gleichungen für die idealen Beulspannungen sind an der KZS mit gelenkigen Randbedingungen (RB2) hergeleitet worden. Falls Randbedingungen RB1 - oder RB2 mit zusätzlicher Biegeeinspannung - vorliegen, werden diese auf der sicheren Seite abgedeckt.

Die bei RB2 vorausgesetzte radiale und tangentiale Unverschieblichkeit (w = v = 0) läßt sich - ähnlich wie bei Axialdruck, vgl. Abschn. 4.2.1.2, zu El. 404 - bei Vorliegen einer Endringsteife mit einer in den ECCS-Recommendations gegebenen und ebenfalls auf die DNV-Rules zurückgehenden Bedingung überprüfen:

$$J_{St} \geq l^2 r_{St} t \cdot \left[0,5 \cdot \left(\frac{\tau_{s,R,k}}{E}\right)^{1,6} \cdot \left(\frac{r_{St}}{l}\right)^{0,2}\right] \quad . \quad (4 - 4.36)$$

Zu Element 415, Kein Nachweis erforderlich
Die Abgrenzungsbedingung (37) wurde aus dem Plateauwert $\underline{\lambda}_s = 0,4$ der κ_1-Kurve und der idealen Beulspannung τ_{Si} der unendlich langen KZS nach Gl. (4 - 4.34) dieses Kommentars bzw. Gl. (42) in Teil 4 abgeleitet. Für mittellange oder kurze KZS liefert diese Grenzbedingung nur einen groben unteren Grenzwert zum Zwecke der Abschätzung.

Zu Element 416, Mittellange und kurze Kreiszylinder
Gl. (39) korrespondiert mit Gl. (4 - 4.31) dieses Kommentars und ist die Darstellung des mittellangen Bereiches in Bild 4 - 4.14. Der Anstieg zum schubbeanspruchten Plattenstreifen wird durch den Beiwert C_τ nach Gl. (4 - 4.33) bzw. Gl. (40) erfaßt. Die Abgrenzung zur langen KZS hin wird durch Gl. (38) festgelegt, ihre Lage ist aus Bild 4 - 4.14 ersichtlich.

Zu Element 417, Lange Kreiszylinder
Die längenunabhängige Beulspannung des langen Rohres wird durch Gl. (42) beschrieben, vgl. auch Bild 4 - 4.14.

4.3 Reale Beulspannung

Zu Element 418, Gültigkeitsgrenzen
Der in der Anmerkung zu El. 418 angesprochene Erfahrungsbereich, der bei r/t > 2500 verlassen wird, bezieht sich weniger auf ausgeführte Konstruktionen - es gibt durchaus solche mit dünneren Wandungen -, als vielmehr auf die unzureichende Absicherung durch Versuche. Der Grund ist sehr einfach: Solche Versuche lassen sich als Modellversuche wegen der Dünnwandigkeit kaum noch praxisgerecht durchführen.

Es ist aber unstrittig, daß sich die beulmechanischen Sachverhalte oberhalb der genannten Grenzen nicht grundsätzlich ändern. Die Gleichungen für die idealen Beulspannungen bleiben exakt gültig, die Abminderungsfaktoren näherungsweise. Bei letzteren ist zu beachten, daß sie für hochschlanke Konstruktionen ausschließlich den Einfluß von Imperfektionen auf das **elastische** Beulverhalten, also ohne jeden Einfluß nichtelastischen Werkstoffverhaltens, beschreiben. Das kommt bekanntlich formal durch den Typ der κ-Gl. (7c) und (8d) zum Ausdruck, vgl. hierzu die Ausführungen in Abschn. 2.3 zu El. 204.

Extrem dünnwandige KZ haben auch nach dem Ausbeulen noch rein elastische Spannungszustände, so daß das elastische **Nachbeulverhalten** entscheidend ist. Dieses ist aber bei den drei beulrelevanten Membrankomponenten sehr unterschiedlich. Während KZS unter Manteldruck (σ_φ) und unter Torsion (τ) ungünstigstenfalls Nachbeulminima von ca. 60% der idealen Beulspannung aufweisen (das entspricht etwa dem in Teil 4 angesetzten elastischen Imperfektionsfaktor $\alpha_1 = \kappa_1 \cdot \lambda_s^2 = 0{,}65$!), ist das Nachbeulverhalten von KZS unter Axialdruck (σ_x) durch sehr niedrige Nachbeulminima gekennzeichnet. Sie können theoretisch noch unter 20% der idealen Beulspannung liegen (also unter dem in Teil 4 angesetzten elastischen Imperfektionsfaktor $\alpha_2 = \kappa_2 \cdot \lambda_s^2 = 0{,}20$!).

Soll in Ausnahmefällen mit einem Radius/Dicken-Verhältnis r/t > 2500 ohne besondere Untersuchungen (z.B. zum Nachbeulverhalten) ein Beulsicherheitsnachweis in Anlehnung an Teil 4 geführt werden, so wird empfohlen, einen zusätzlichen Teilsicherheitsbeiwert $\gamma_{M,dünn}$ anzusetzen. Nach dem vorstehend Erläuterten muß er bei Axialdruckspannungen σ_x deutlich größer sein als bei Umfangsdruckspannungen σ_φ und Schubspannungen τ.

Zu Element 419, Druckbeanspruchung in Axialrichtung

Im Kommentar zu El. 204 wurde bereits gesagt, daß der Abminderungsfaktor κ_2 am Basisbeulfall "KZ unter konstantem Axialdruck" kalibriert wurde; insofern ist die mit Gl. (43) vorgenommene Zuordnung selbstverständlich. Ebenfalls bereits gesagt wurde, daß die κ_2-Kurve aus den Tragbeulspannungen der DASt-Ri 013 für KZ unter Axialdruck entwickelt wurde. Der Vollständigkeit halber sind die beiden Kurven in Bild 4 - 4.16 einander gegenübergestellt. Um sie vergleichbar zu machen, wurden die bezogenen Tragbeulspannungen der DASt-Ri 013 auf den bezogenen Schlankheitsgrad λ_s nach Teil 4 umgerechnet; sie müssen, da sie den zusätzlichen Teilsicherheitsbeiwert $\gamma_{M,Imp} = 1{,}33$ (vgl. Abschn. 2.3, zu El. 206) implizit enthalten, mit den $(1{,}1/\gamma_{M2})$-fachen κ_2-Werten verglichen werden. Der Vergleich zeigt, daß die Axialbeulspannungen gegenüber der DASt-Ri 013 über den gesamten Schlankheitsbereich mehr oder weniger angehoben wurden.

Die κ_2-Kurve ist wegen ihrer zentralen Bedeutung für Teil 4 sehr intensiv und z.T. kontrovers im Arbeitsausschuß diskutiert worden. Ihre Absicherung gegen Versuche ist schwierig, wie Bild 4 - 4.17 verdeutlicht. Die breit streuende "Punktwolke" zeigt Versuchsbeullasten aus über 1200 Beulversuchen, die als Ergebnis 60-jähriger, weltweiter, experimenteller Schalenbeulforschung (1928 - 1988) in über 60 Literaturstellen veröffentlicht und im Rahmen einer Essener Diplomarbeit ausgewertet wurden.

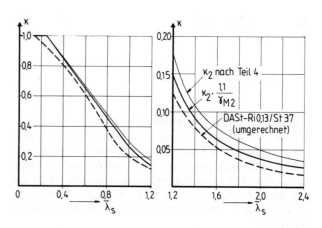

Bild 4 - 4.16 Vergleich der bezogenen Axialbeulspannungen nach DASt-Ri 013 und DIN 18 800 T. 4

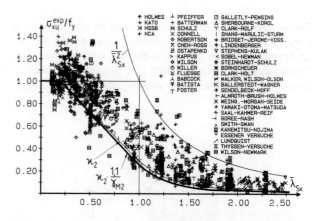

Bild 4 - 4.17 Ergebnisse veröffentlichter Axialbeulversuche im Vergleich zum Abminderungsfaktor κ_2

Ähnliche Auswertungen sind bereits wiederholt durchgeführt worden, z.B. in [4-6/4-32/4-65/4-74/4-75]. Dabei ist vor allem angestrebt worden, "tief liegende" Versuchswerte nach sorgfältiger Durchsicht der Original-Versuchsberichte zu eliminieren, wenn berechtigte Zweifel an einer "ordentlichen" Versuchsdurchführung oder an den mitgeteilten Versuchsdaten bestehen (in Bild 4 - 4.17 wurde bewußt keine solche Wertung vorgenommen).

Bild 4 - 4.18 zeigt als Beispiel einer qualifizierten Auswertung eine aus [4-6] entnommene Auswertung von ca. 400 als vertrauenswürdig ausgewählten Versuchen an Modellzylindern aus Metall, etwa die Hälfte davon aus Stahl. Ihre experimentellen Tragbeulspannungen wurden u.a. mit den von der DASt-Ri 013 vorhergesagten rechnerischen Tragbeulspannungen verglichen. Wie zu erkennen, war das Ergebnis zufriedenstellend. Würde man den Vergleich mit Teil 4 durchführen, so würden gemäß Bild 4 - 4.16 alle

Versuchspunkte in Bild 4 - 4.18 etwas nach rechts rutschen. Die κ_2-Kurve erweist sich also - wie auch in allen anderen Auswertungen, die hier nicht wiedergegeben werden können - als vom Standpunkt der Sicherheit gerade noch vertretbar. Sie liegt demnach nicht - wie aus Kreisen der Stahlbaupraxis hin und wieder zu hören - unreflektiert tief. Der Arbeitsausschuß Teil 4 einigte sich auf diese Kurve als eine nach bestem Wissen und Gewissen untere Fraktilkurve aller nicht ohne weiteres zu ignorierenden Versuchsbeullasten.

deutlich unter $0{,}2 \cdot 1{,}1/1{,}45 = 0{,}15$ liegen; das ist aber bereits außerhalb des Gültigkeitsbereiches von Teil 4, vgl. Kommentar zu El. 418. Im übrigen wird auch im ASME-Code ab $r/t > 600$ konstant $\alpha_2 = 0{,}207$ gesetzt.

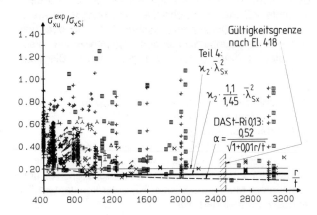

Bild 4 - 4.19 Ergebnisse veröffentlicher Axialbeulversuche im Vergleich zum elastischen Imperfektionsfaktor $\alpha = \kappa_2 \cdot \bar{\lambda}_{Sx}^2$

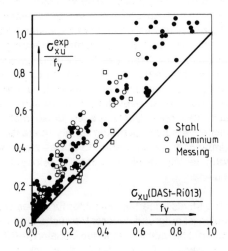

Bild 4 - 4.18 Vergleich zwischen ausgewählten Axialbeulversuchen und DASt-Ri 013 (nach [4-6])

Die beiden Grenzbereiche der κ_2-Kurve (links und rechts in Bild 4 - 4.17) bedürfen ergänzender Anmerkungen:

- Der Bereich **kleiner Schlankheitsgrade** wurde mit Hilfe einer speziellen Versuchsreihe noch einmal gezielt daraufhin untersucht, ob das "plastische Plateau" in der κ_2-Kurve tatsächlich zu verantworten ist; das wurde eindeutig bestätigt [4-72]. Bei den in Bild 4 - 4.17 in diesem Bereich sehr tief liegenden Versuchswerten ist vermutlich die versuchsbegleitende Werkstoffprüfung, aus der die rechnerische vollplastische Bezugsnormalkraft für die bezogene Darstellung der experimentellen Ergebnisse zu ermitteln ist, nicht mit der erforderlichen Schärfe durchgeführt worden.

- Im Bereich **großer Schlankheitsgrade** wird von der DASt-Ri 013 insofern deutlich nach oben abgewichen (vgl. Bild 4 - 4.16), als dort der elastische Imperfektionsfaktor **nicht** als mit r/t weiterhin kontinuierlich fallend angesetzt wird - wie von den klassischen Arbeiten hierzu suggeriert [4-60/4-61/4-74/4-81/4-82] -, sondern konstant auf $\alpha_2 = \kappa_2 \cdot \bar{\lambda}_{Sx}^2 = 0{,}20$ gehalten wird. Zur Begründung sind in Bild 4 - 4.19 die im schlanken Bereich vorhandenen Versuchsbeullasten noch einmal über r/t aufgetragen. Der Vergleich mit $\kappa_2 \cdot \bar{\lambda}_{Sx}^2 = 0{,}20$ ist gegen das linke Ende der Darstellung nicht für alle Versuche korrekt, da dort in Abhängigkeit vom Quotienten E/f_y die Kurve $\kappa_2 \cdot \bar{\lambda}_{Sx}^2$ bereits ansteigen müßte. Man erkennt, daß erst ab $r/t > 2500$ einige Versuchswerte

Reale Axialbeulspannung biegebeanspruchter Kreiszylinder

Biegebeanspruchte bzw. außermittig axialgedrückte KZS werden in Teil 4 nicht besonders behandelt. Der Abminderungsfaktor κ_2 in Gl. (43) gilt auch, wenn auf der Einwirkungsseite als Beanspruchung die größte Axialdruckspannung $\max \sigma_x$ aus Rohrbiegung mit oder ohne zusätzliche Normalkraft steht. Diese Regelung ist ungünstiger als in der DASt-Ri 013, wo bei Biegung der elastische Imperfektionsfaktor α um 20% angehoben werden durfte. Hinter der restriktiveren Regelung steht folgende Begründung:

- Die günstigeren Imperfektionsfaktoren in der DASt-Ri 013 waren - wie auch in anderen Regelwerken, die eine ähnliche Anhebung bei Biegung zulassen, z.B. die DNV-Rules und die ECCS-Recommendations - nahezu ausschließlich auf eine Versuchsserie von *WEINGARTEN/MORGAN/SEIDE* [4-78/4-81/4-82] an mittellangen KZ abgestützt. Gerade im mittleren Längenbereich ist aber das kurzwellige Beulmuster unter Biegung praktisch identisch mit dem unter konstantem Axialdruck, vgl. Erläuterungen hierzu am Ende von Abschn. 4.2.1.2. Es gibt deshalb keinen rationalen Grund, warum das kurzwellige Biegeaxialdruckbeulen weniger imperfektionsempfindlich sein sollte als sonstiges kurzwelliges Axialdruckbeulen - es sei denn, einen statistischen: Es ist weniger wahrscheinlich, daß eine der wenigen Einzelbeulen im Biegedruckbereich mit einer ungünstigen Imperfektion zusammentrifft als eine der vielen Einzelbeulen im Basisbeulfall. Das würde aber, selbst wenn es zuträfe, bei wechselnden Biegerichtungen (z.B. Maste oder Schornsteine unter Windeinwirkung) wieder kompensiert.

- Es ist unstrittig, daß die Beulformen längerer KZ bis hin zum *BRAZIER*-Beulen weniger imperfektionsempfindlich sind als die kurzwelligen Beulen im mittellangen Bereich [4-68]. Dieser Effekt wird in Teil 4 aber bereits auf der idealisierten Ebene "verbraucht", vgl. Erläuterungen hierzu am Ende von Abschn. 4.2.1.2.

Es ist denkbar, daß die Regelung für lange biegebeanspruchte KZ mit mittelschlanken Wandungen etwas zu konservativ ist. Der Arbeitsausschuß Teil 4 sah aber beim vorhandenen unbefriedigenden Kenntnisstand keine Grundlage für eine günstigere Einstufung des Biegebeulens.

Zu Element 420, Druckbeanspruchung in Umfangsrichtung, und Element 421, Schubbeanspruchung

Die Gl. (44) und (45) spiegeln die im Kommentar zu El. 204 gemachte Aussage wieder, daß der Abminderungsfaktor κ_1 an den beiden Basisbeulfällen "KZ unter konstantem Manteldruck" und "KZ unter konstantem Torsionsschub" kalibriert wurde.

Für **Schubbeanspruchung** stellt κ_1 eine praktisch vollständige Übernahme der Regelung der DASt-Ri 013 mit konstantem elastischen Imperfektionsfaktor $\alpha = 0{,}65$ dar. Man kann das formal erkennen, wenn man die für den elastischen Bereich gültige Gl. (7c) in die zweite Variante der allgemeinen Gl. (4 - 2.7) dieses Kommentars einsetzt:

$$\tau_{S,R,k} = \left[\frac{0{,}65}{\bar{\lambda}_{S_\tau}^2}\right] \cdot \bar{\lambda}_{S_\tau}^2 \cdot \tau_{Si} = 0{,}65 \cdot \tau_{Si} = const \cdot \tau_{Si} \; .$$

Der Wert 0,65 hat sich bewährt und ist experimentell belegt. Es liegen allerdings nicht annähernd so viel Versuche vor wie für die axialgedrückte KZS. Bild 4 - 4.20 zeigt eine

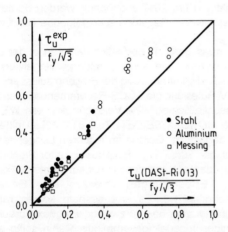

Bild 4 - 4.20 Vergleich zwischen ausgewählten Torsionsbeulversuchen an KZS und DASt-Ri 013 (nach [4-6])

Auswahl von Versuchsergebnissen nach [4-6] im Vergleich mit den rechnerischen Werten nach DASt-Ri 013. Der Wert 0,65 hat außerdem auch einen gewissen theoretischen Hintergrund: Die untere Schranke der elastischen Nachbeulminima liegt bei ca. 60% der idealen Torsionsbeulspannung [4-23].

Für **Umfangsdruckbeanspruchung** stellt κ_1 eine knapp 10%-ige Schlechterstellung im Vergleich zur DASt-Ri 013 dar, in der diesem Beulfall ein elastischer Imperfektionsfaktor $\alpha = 0{,}70$ zugeordnet war. Der Imperfektionsfaktor für diesen Basisbeulfall wird im Schrifttum und in anderen Regelwerken viel weniger einheitlich angegeben als der für Schubbeanspruchung; die Angaben schwanken zwischen 0,5 [BS 5500, ECCS-Recommendations] und 0,8 [ASME-Code/4-74]. Dafür gibt es zwei Ursachen: Erstens werden im Schrifttum die Versuchsergebnisse oft unbesehen auf die ideale Umfangsbeulspannung der RB2-gelagerten KZS bezogen, obwohl eine vollkommen wölbfreie Randlagerung (vgl. Abschn. 4.1.2) versuchstechnisch sehr schwierig zu realisieren ist und wohl meistens nicht vorgelegen hat. Dies führt zu einer **Unterschätzung** der Imperfektionsempfindlichkeit. Zweitens wurden praktisch alle Versuche mit allseitigem Außendruck durchgeführt, dessen anteiliger Deckeldruck zwar die ideale Umfangsbeulspannung nur wenig beeinflußt (vgl. Abschn. 4.2.2.1), dafür aber das reale Beulversagen umso mehr. Wenn man solche Versuche nicht korrekt als Interaktion Axialdruck-Umfangsdruck auswertet, führt das zu einer **Überschätzung** der Imperfektionsempfindlichkeit des Umfangsdruckbeulens.

Der Wert 0,65 als Imperfektionsfaktor für reines Umfangsdruckbeulen ist aufgrund neuerer Versuchsreihen an realistisch imperfekten stählernen Modellschalen [4-80] vertretbar, wenn - wie in Teil 4 - der Deckeldruck des Einwirkungsfalls "allseitiger Außendruck" nicht mit abgedeckt sein soll, sondern als Kombination aus Axial- und Umfangsdruckbeanspruchung behandelt wird; s. hierzu Abschn. 4.5.1 zu El. 426. Im übrigen hat auch für Umfangsdruckbeanspruchung der Wert 0,65 einen gewissen theoretischen Hintergrund als unterer Schrankenwert für die elastischen Nachbeulminima [4-7/4-44].

Zu Element 422, Kurzer Kreiszylinder

Hierzu sei auf den Kommentar zu El. 115 verwiesen. Der Hinweis auf den Ersatznachweis als ebene Platte nach Teil 3 wurde an dieser Stelle des Teils 4 noch einmal aufgenommen, um ganz deutlich zu machen, daß er immer auf der sicheren Seite liegt. Liefert er ein günstigeres Ergebnis als der Nachweis als kurzer KZ nach Teil 4, so liegt das eben daran, daß letzterer für den betreffenden Fall noch mehr auf der sicheren Seite liegt.

4.4 Spannungen infolge Einwirkungen

Zu Element 423, Maßgebende Membranspannungen

Im Kommentar zu El. 207 wurde ausführlich das Konzept des Teils 4 dargestellt, den Beulsicherheitsnachweis auf der Einwirkungsseite mit "maßgebenden Membranspannungen" zu führen, wobei - wenn nichts Besseres bekannt ist - auf der sicheren Seite deren Größtwerte als "maßgebend" betrachtet werden. El. 423 schreibt dieses Konzept für KZS fest. In der Anmerkung zu El. 423 wird zum wiederholten Male daran erinnert, daß die Spannungen aus den Bemessungswerten der Einwirkungen zu berechnen sind, d.h. aus den γ_F-fachen Einwirkungsgrößen (Lastgrößen). Es sei hier zusätzlich daran erinnert, daß die Berechnung nach der Elastizitätstheorie erfolgt (Verfahren

Elastisch-Elastisch nach Teil 1) und daß bei langgestreckten "stabförmigen" (rohrförmigen) Kreiszylinderschalen oder leicht-konischen Kegelschalen (s. Abschn. 6) der Einfluß der Theorie II. Ordnung in der Schnittkraftberechnung des "Stabes" zu berücksichtigen ist; vgl. Kommentar zu El. 409. Beispiele hierfür sind Schalentragwerke wie Türme, Maste u. dgl.

Im Kommentar zu El. 207 wurden zwei Möglichkeiten genannt, bei größerer Diskrepanz zwischen dem Größtwert eines stark veränderlichen Membranspannungsfeldes auf der Einwirkungsseite und der Grenzbeulspannung des betreffenden Basisbeulfalles auf der Widerstandsseite zu einer wirtschaftlichen Dimensionierung zu gelangen. Dazu nachstehend einige Hinweise für KZS:

Bei **Druckbeanspruchung in Axialrichtung** weist der Basisbeulfall mehrdeutige kritische Beulmuster auf, unter denen viele mit sehr kleinen bzw. kurzwelligen Einzelbeulen sind (vgl. Abschn. 4.2.1.1). Man darf also von einer genaueren Berechnung der idealen Axialbeulspannung σ_{xSi} nur dann einen deutlich größeren Wert als den nach Gl. (26) in Teil 4 erwarten, wenn die Teilfläche der Zylinderwand, welche dem Größtwert max σ_x unterworfen ist, deutlich kleinere Abmessungen als die Einzelbeulen des Basisbeulfalles hat. Anschaulich formuliert: Solange im Bereich des Größtwertes max σ_x eine Beule des Beulmusters des Basisbeulfalles "Platz findet", wird diese Stelle der perfekten Zylinderwandung näherungsweise unter σ_{xSi} nach Gl. (26) beulen. Als Anhalt für die Mindestabmessungen eines solchen lokalen Beulbereiches kann gemäß Gl. (4 - 4.7) bis (4 - 4.9) der Schätzwert $4 \cdot \sqrt{rt}$ in beiden Richtungen x und φ dienen. Man betrachte Bild 4 - 4.5b, um sich ein Gefühl dafür zu verschaffen, wie "relativ" klein axialdruckbeanspruchte Teilflächen nur zu sein brauchen, um näherungsweise unter σ_{xSi} nach Gl. (26) zu beulen!

Im Gegensatz zur idealisierten Ebene sind beim Übergang auf die reale Ebene bei Axialdruckbeanspruchung durch genauere Untersuchungen unter Umständen deutlich günstigere Ergebnisse erzielbar. Das folgt zum einen daraus, daß der Abminderungsfaktor κ_2, wie im Kommentar zu El. 419 ausführlich geschildert, die stochastische Vielfalt möglicher Imperfektionen in einem über die gesamte Zylinderfläche konstant axialgedrückten KZ abdeckt. Bei Einwirkungsfällen mit kleineren Bereichen großer Axialdruckspannungen ist rein statistisch die Wahrscheinlichkeit des Zusammentreffens einer lokalen Imperfektion mit einer potentiellen Beule des kritischen Beulmusters kleiner. Beispielsweise sind die in den Bildern 4 - 4.1b, 4 - 1.5 und 4 - 4.1a dargestellten Einwirkungsfälle in der genannten Reihenfolge mit κ_2 zunehmend konservativ geregelt. Es ist ferner denkbar, daß sich bei speziellen Konstruktionen belegen läßt, daß gerade am Ort der größten Axialdruckspannung max σ_x die Toleranzwerte für die Herstellungsungenauigkeiten nach Abschn. 3 des Teils 4 aus systemspezifischen Gründen (z.B. Fertigung) nachweislich deutlich unterschritten werden. In solchen Fällen sollte jedoch - neben den bisher ausschließlich betrachteten herstellungsbedingten Imperfektionen - der praktisch fast immer mögliche Einfluß betriebsbedingter Effekte (Erschütterungen, Stöße etc.) nicht vergessen werden, da sich auch bei weitestgehend perfekt gefertigten Schalen aus diesem Grund ein Abfall des Beulwiderstandes einstellt.

Zum anderen folgt das oben ausgesprochene günstigere Verhalten bei ungleichmäßiger σ_x-Teilbeanspruchung daraus, daß das reale Tragverhalten an sich günstiger ausfällt, da der Abfall im Nachbeulbereich bei Teilbeanspruchung in der Regel geringer ist. Die Axialbeanspruchung kann sich in benachbarte Bereiche, die weniger axialgedrückt sind und deshalb noch nicht beulen, umlagern.

Bei **Druckbeanspruchung in Umfangsrichtung** und bei Schubbeanspruchung stellt sich der Sachverhalt genau umgekehrt dar. Weil der Abminderungsfaktor κ_1 bereits relativ hoch liegt und größenordnungsmäßig mit dem von Knickstäben vergleichbar ist (vgl. Bild 4 - 2.7), gibt es bei veränderlichen Membranspannungsfeldern σ_φ oder τ im Übergang von der idealisierten zur realen Ebene kaum versteckte Sicherheiten, die durch genauere Untersuchungen aktivierbar wären. Jedoch kann hier die Verwendung der idealen Beulspannungen der Basisbeulfälle sehr konservativ sein, weil deren kritische Beulmuster eindeutig und großflächig sind, insbesondere sich stets über die gesamte Zylinderlänge erstrecken (vgl. Abschn. 4.2.2.1 und 4.2.3.1). Eine genauere Berechnung der idealen Umfangsbeulspannung $\sigma_{\varphi Si}$ oder Schubbeulspannung τ_{Si} bei veränderlichen Membranspannungsfeldern ist also in der Regel erfolgversprechend. Abschn. 8.8 enthält ein Beispiel dazu.

In [4-35] wurden z.B. ideale Mantelbeuldrücke für Kreiszylinderschalen veröffentlicht, die nur teilweise durch äußeren Flüssigkeitsdruck belastet wurden (ähnlich Bild 4 - 4.2a). Danach ist beispielsweise für einen über die gesamte Zylinderlänge dreieckförmig verteilten Manteldruck q(x) die ideale Umfangsbeulspannung $\sigma_{\varphi Si}$ fast doppelt so groß wie nach Gl. (34).

Auch das nachfolgende El. 424 stellt ein Beispiel hierzu dar, wobei dort der besseren Handhabung wegen die genauer berechnete, größere ideale Umfangsbeulspannung durch eine fiktiv geringere Ersatzbelastung erfaßt wird.

Zu Element 424, Ersatz-Windbelastung für die Ermittlung der Umfangsdruckspannung

Die Windbelastung auf Zylinderschalen stellt eine stark von der Rotationssymmetrie abweichende Druckverteilung dar (vgl. Bild 15 in Teil 4). Würde man für den Beulsicherheitsnachweis die Größtwerte der Membrandruck- und -schubspannungen ansetzen, so wäre damit der allgemeinen Regel des El. 423 entsprochen und der Nachweis - mehr oder weniger - auf der sicheren Seite liegend geführt.

El. 424 stellt nun eine Regel bereit, mittels welcher der günstige, beullaststeigernde Effekt der seitlich zum Winddruckbereich liegenden Sogbereiche erfaßt werden kann, und zwar in seiner Auswirkung auf das Beulversagen unter Umfangsdruckbeanspruchung. Anstatt mit dem Größtwert der Umfangsdruckspannung, d.h. mit einem einhüllenden, rotationssymmetrischen Ersatzmanteldruck der Größe max q_w zu rechnen, darf nach Gl. (46) und (47) mit einem Ersatz-Manteldruck der Größe $\delta \cdot$ max q_w gerechnet werden, welcher in vielen Fällen günstiger ist als der oben genannte Größtwert. Es sei ausdrücklich betont, daß dieser Ersatz-Manteldruck nur für die Bestimmung der Umfangsbeulspannung allein gilt und daß die Ermittlung der Axialdruckspannungen sowie Schubspannungen zufolge der Windbelastung davon völlig unberührt bleibt.

Den δ-Werten der Gl. (47) liegen Untersuchungen im Windkanal zugrunde [4-64], aus denen erkannt wurde, daß eine Beziehung zwischen der Beultragfähigkeit der Zylinderschale und der theoretischen Beulwellenzahl m_B bei rotationssymmetrischem Manteldruck besteht. Je weniger solcher Beulwellen in dem unter Umfangsdruck stehenden Anströmbereich des Winddrucks zu liegen kommen, umso günstiger wird das Tragverhalten. Dieses günstige Verhalten wird durch den δ-Wert in einer Verringerung des Ersatz-Manteldruckes ausgedrückt, wobei gilt:

$$\delta = 0{,}46(1 + 0{,}037\, m_B) \ . \qquad (4 - 4.37)$$

Setzt man die theoretische Beulwellenzahl m_B für KZS mit konstanter Wanddicke nach Gl. (4 - 4.27) ein, so entsteht Gl. (47) in El. 424.

Diese Regelung ist versuchsmäßig ab $m_B \geq 16$ abgesichert, hat sich aber durch numerische Vergleichsrechnung auch zu kleineren m_B-Werten - d.h. geometrisch ausgedrückt zu langgestreckten Zylindern - hin bestätigt. Allerdings ist bei diesen Schalenformen (z.B. lange, schlanke Zylinder, wie Silos, Schornsteine u. dgl.) zu beachten, daß dort der Einfluß der Axialdruckspannungen und allenfalls der Schubspannungen eine deutliche beullastmindernde Wirkung ausüben kann und nicht unberücksichtigt bleiben darf (Interaktion!).

Zu Element 425, Manteldruck bei sehr kurzen Kreiszylindern

Für sehr kurze KZS, wie sie praktisch wohl nur als Teilfelder von ringversteiften KZS auftreten werden, gibt El. 425 eine Regelung, mittels welcher berücksichtigt werden kann, wenn die aus Manteldruck q entstehende Umfangsdruckspannung σ_φ gegebenenfalls kleiner wird als $q \cdot (r/t)$.

Es tritt dies dann ein, wenn die Schale so kurz ist, daß ein Teil des Manteldrucks aus Steifigkeitsgründen von den Rändern oder den Ringsteifen aufgenommen wird, der Schalenbereich somit entlastet wird. Es handelt sich hierbei um einen günstigen Effekt im Sinne höherer Ausnutzbarkeit der Struktur, welcher natürlich unberücksichtigt bleiben kann, indem in Gl. (49) für $\psi = 1$ gesetzt wird (z.B. bei genäherten Abschätzungen u. dgl.).

Die in Tabelle 3 in Teil 4 gegebenen Beiwerte ψ sind durch Linearisierung gewonnene Näherungsformeln. Genaue Formeln für dieses Zusammenwirken von KZS und Ringsteifen sind in den ECCS-Recommendations gegeben (vgl. dort R.5.3.1):

$$\sigma_\varphi = \frac{qr}{t} \cdot (1 - \omega\zeta) \ , \qquad (4 - 4.38)$$

$$\text{mit } \omega = \frac{A_R(1 - \mu/2)}{A_R + bt + \dfrac{2\eta t l}{\delta}} \ ,$$

$$\delta = 1{,}285\frac{l}{\sqrt{rt}} \ ,$$

$$\eta = \frac{ch\,\delta - \cos\delta}{sh\,\delta + \sin\delta} \ ,$$

$$\zeta = 2\frac{\left[sh\!\left(\dfrac{\delta}{2}\right)\cos\!\left(\dfrac{\delta}{2}\right) + ch\!\left(\dfrac{\delta}{2}\right)\sin\!\left(\dfrac{\delta}{2}\right)\right]}{sh\,\delta + \sin\delta} \ .$$

4.5 Kombinierte Beanspruchung

4.5.0 Verzweigungstheorie der Kreiszylinderschale unter kombinierter Beanspruchung

Axiallast und Manteldruck

Nach *FLÜGGE* [4-9/4-10] liefert die lineare Verzweigungstheorie für die perfekte mittellange KZS das in Bild 4 - 4.21 dargestellte typische Beulverhalten unter kombinierter Einwirkung von Axiallast und Manteldruck.

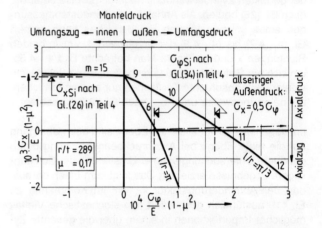

Bild 4 - 4.21 Beulverhalten der perfekten mittellangen Kreiszylinderschale unter kombinierter Beanspruchung aus Axiallast und Manteldruck nach *FLÜGGE* [4-9/4-10]

Aus Bild 4 - 4.21 ist folgendes zu entnehmen:
- Linker oberer Quadrant: Umfangszug aus innerem Manteldruck erhöht die ideale Axialbeulspannung praktisch **nicht** gegenüber dem elementaren Wert nach Gl. (26). Die beulmechanischen Ursachen für diese vordergründig überraschende Tatsache können hier nicht vertieft werden; vgl. einschlägiges Schrifttum (z.B. [4-15]).
- Rechter oberer Quadrant: Zwischen idealer Axialbeulspannung nach Gl. (26) und idealer Umfangsbeulspannung nach Gl. (34) besteht eine fast lineare, nur ge-

ringfügig konvexe Interaktion.
- Rechter unterer Quadrant: Axialzug erhöht die ideale Umfangsbeulspannung nach Gl. (34).

Axialdruck und Torsionsschub, Umfangsdruck und Torsionsschub

Unter kombinierter Einwirkung von Umfangsdruck (aus äußerem Manteldruck) und Torsionsschub oder von Axialdruck und Torsionsschub beult eine mittellange KZS gemäß linearer Beultheorie unter Membranspannungspaaren, die eine stark konvex gekrümmte Interaktionsbeziehung beschreiben [4-9/4-10/4-15/4-23]. Diese sieht so aus, daß geringe Membrandruckspannungen σ_x oder σ_φ die ideale Schubbeulspannung nach Gl. (39) stärker abmindern, als geringe Schubspannungen τ die idealen Druckbeulspannungen nach Gl. (26) oder Gl. (34). Die Interaktionsbeziehungen lassen sich näherungsweise durch quadratische Parabeln beschreiben:

$$\frac{\sigma_x}{\sigma_{xSi}} + \left(\frac{\tau}{\tau_{Si}}\right)^2 \approx 1 \quad , \qquad (4 - 4.39a)$$

$$\frac{\sigma_\varphi}{\sigma_{\varphi Si}} + \left(\frac{\tau}{\tau_{Si}}\right)^2 \approx 1 \quad . \qquad (4 - 4.39b)$$

4.5.1 Regelungen für Druck in Axialrichtung, Druck in Umfangsrichtung und Schub

Zu Element 426, Interaktionsbedingung

Gemäß dem im Kommentar zu El. 208 beschriebenen Grundkonzept des Teils 4 wird hier eine experimentell belegte Interaktionsbeziehung der drei Basisbeulfälle
- KZS unter konstantem Axialdruck,
- KZS unter konstantem Umfangsdruck (Manteldruck),
- KZS unter konstantem Torsionsschub

benötigt. Die vorsichtigste Regelung wäre eine lineare Interaktionsgleichung im Sinne der sogenannten *DUNKERLEY*-Gerade; das hätte in Gl. (50) Exponenten 1 für alle drei Summanden bedeutet. Die ECCS-Recommendations geben eine solche Interaktionsbedingung an. Der Arbeitsausschuß Teil 4 hielt jedoch die in Gl. (50) verwendeten Exponenten 1,25 bei den Druckspannungen und 2 bei der Schubspannung für vertretbar. Dahinter stehen folgende Überlegungen:
- Die verzweigungstheoretische Interaktion zwischen Druck und Schub (vgl. weiter oben) wurde durch eine Reihe von Versuchen an elastischen Modellschalen für imperfekte KZS bestätigt [4-6]. Der Exponent 2 bei der Schubbeanspruchung in Gl. (50) kann deshalb als abgesichert angesehen werden, zumal er bereits in der DASt-Ri 013 verwendet wurde.
- Die wesentlich ungünstigere verzweigungstheoretische Interaktion unter kombinierter Axialdruck-/Manteldruckeinwirkung (vgl. weiter oben) wurde in der DASt-Ri 013 durch Exponenten 1,1 berücksichtigt. Die Absicherung durch Versuche stellte sich etwa so dar, wie in Bild 4 - 4.22, das [4-6] entnommen wurde, dargestellt. Auftragungen wie diese legten es nahe, bei der Erarbeitung von Teil 4 die Exponenten noch etwas größer zu wählen. Bild 4 - 4.23 zeigt einen Vergleich zwischen der Interaktionskurve nach Teil 4 mit Exponenten 1,25 und einer Beulversuchsreihe an kurzen bis mittellan-

gen, realistisch imperfekten KZS aus Stahl unter allseitigem Außendruck [4-80]. Die Versuche wurden im Sinne der Anmerkung zu El. 426 als Kombination aus σ_φ aus Manteldruck und σ_x aus Deckeldruck ausgewertet; vgl. dazu auch Abschn. 4.2.2.1 und Abschn. 4.3 zu El. 420. Die Auftragung in Bild 4 - 4.23 bestätigt nicht nur - wenn auch knapp - die Zulässigkeit der Exponenten 1,25, sondern indirekt auch des Zahlenwertes 0,65 im Zähler der Gl. (7c) für den Abminderungsfaktor κ_1, der den Bezugspunkt 1,0 auf der Abszisse festlegt.

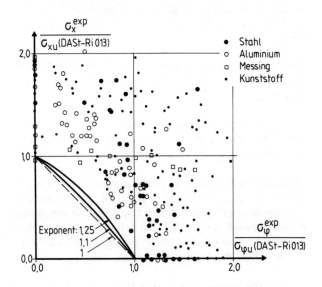

Bild 4 - 4.22 Vergleich zwischen ausgewählten Beulversuchen an Kreiszylinderschalen unter kombinierter Axialdruck-/Manteldruckbelastung und DASt-Ri 013 (nach [4-6])

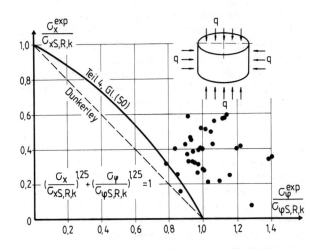

Bild 4 - 4.23 Vergleich zwischen Beulversuchen an Kreiszylinderschalen unter allseitigem Außendruck [4-80] und Gl. (50) in Teil 4

Zu Element 427, Zu kombinierende Membranspannungen

Über die gegenseitige Beeinflussung von Spannungsfeldern, deren Größtwerte nur lokal ausgedehnt und zudem an unterschiedlichen Stellen der Schalenwand auftreten, im Hinblick auf das Beulverhalten ist derzeit wenig bekannt. Die Regelung in El. 427 schreibt daher, wie im Kommentar zu El. 208 bereits ausgeführt, in konservativer Weise eine Kombination aller Größtwerte der gleichzeitig auftretenden Beanspruchungsarten vor.

Es wird eine gewisse Erleichterung nur dahingehend gegeben, daß ein Spannungsanstieg im unmittelbaren Randbereich der Schale beim Interaktionsnachweis unterschiedlicher Beanspruchungsgrößen außer Acht gelassen werden kann, da eine gegenseitige Beeinflussung solcher Größen mechanisch unplausibel und zu konservativ erscheint.

Als Breite dieses Randbereiches wird 10% der Zylinderlänge, jedoch höchstens 10% der Grenzlänge der mittellangen KZS definiert.

Bei langen Schalen ist eine Kombination überdies nur für jene Größtwerte vorzunehmen, welche innerhalb von 80% der Grenzlänge gemeinsam auftreten.

Es handelt sich bei diesen Regelungen weder um numerisch, noch versuchsmäßig begründete Regeln, sondern um ingenieurmäßig begründete, plausibel und konservativ eingeschätzte Festlegungen. Sie betreffen jedoch nicht die Einzelnachweise der Beulsicherheit, welche in jedem Falle mit den Größtwerten zu führen sind.

4.5.2 Regelungen für Druck in Axialrichtung und Zug in Umfangsrichtung aus innerem Manteldruck

Zu Element 428, Voraussetzung

In Abschn. 4.5.2 von Teil 4 wird die bemessungstechnische Inanspruchnahme der beullasterhöhenden Wirkung des inneren Manteldruckes geregelt. Es ist selbstverständlich, daß sie im Beulsicherheitsnachweis nur dann berücksichtigt werden darf, wenn bei Einwirkung des beulgefährdenden Axialdrucks die Umfangszugspannungen aus innerem Manteldruck auch tatsächlich vorhanden sind. Sie sind z.B. zweifelsfrei vorhanden, wenn der innere Manteldruck aus Luft-, Gas- oder Flüssigkeitsdruck entsteht. Bei Silos entsteht der innere Manteldruck als Horizontallast des Silogutes gegen die Silowandung. Die Horizontallast ist bei körnigem Schüttgut, das ohne Schwierigkeiten ausfließt, zweifelsfrei vorhanden, wenn der Auslauf nicht zu exzentrisch ist. Bei stark kohäsiven Silogütern ist dagegen Vorsicht geboten, da diese u.U. in der Lage sind, "innere" statische Systeme auszubilden, ohne - zumindest in Teilbereichen - sich dabei an der Silowandung abstützen zu müssen. Diese Teilbereiche stehen dann allein unter Axialdruckbeanspruchung und beulen in Anbetracht des kleinflächigen Axialbeulmusters (vgl. Abschn. 4.2.1.1) unabhängig von der möglicherweise günstigeren Beanspruchungssituation anderer Teilbereiche aus. Weitere Informationen zur Einwirkungssituation in metallischen Silos siehe DIN 1055 Teil 6 und vor allem [4-17]. In Abschn. 8.4 dieses Kommentars ist ein einfaches Silobeispiel wiedergegeben.

Eine andere Frage im Zusammenhang mit dem beullasterhöhenden inneren Manteldruck ist seine physikalische Kopplung mit dem Axialdruck. Ist sie gegeben (z.B. in einer Silowandung bei Horizontallast und Wandreibungslast aus Silogut), so stellen beide gemeinsam **eine** veränderliche Einwirkung im Sinne von Teil 1, Anmerkung 3 zu El. 710, dar, und der innere Manteldruck darf mit demselben γ_F-Wert multipliziert werden wie der Axialdruck. Ist die Kopplung nicht gegeben (z.B. in einer Behälterwandung bei Betriebsüberdruck und Schneelast auf dem Dach), so ist der innere Manteldruck, sofern er überhaupt zweifelsfrei vorhanden ist, wie eine unabhängige ständige Einwirkung, die die Beanspruchung verringert, zu behandeln, d.h. mit $\gamma_F = 1,0$ nach Teil 1, El. 711.

Zu Element 429, Beullasterhöhende Wirkung des inneren Manteldruckes

Eine günstige Wirkung des inneren Manteldruckes auf das Axialdruckbeulen ist auf der idealisierten Ebene der perfekten Schale nicht vorhanden, vgl. Abschn. 4.5.0 ! Erst die reale Axialbeulspannung **elastisch beulender mittellanger KZS** wird durch inneren Manteldruck deutlich angehoben, wie durch Versuche vielfach nachgewiesen. Eine Auswertung solcher Versuche führte zum "NASA-Vorschlag" [4-2/4-63] eines vom "Innendruckparameter" $(q_i/E) \cdot (r/t)^2$ abhängigen Zuschlags $\Delta\alpha$ zum elastischen Imperfektionsfaktor α. Er wurde in mehrere Regelwerke, u.a. auch in die DASt-Ri 013, übernommen. Gl. (53c) in Teil 4 stellt eine näherungsweise Umformulierung dieser $\Delta\alpha$-Kurve aus der DASt-Ri 013 auf das κ-Konzept dar. In den ECCS-Recommendations wird - unter Berufung auf die Versuche [4-83] - eine wesentlich stärkere Anhebung des elastischen Imperfektionsfaktors von "α_0 auf α_p" erlaubt; von einer Verwendung dieser α_p-Werte ist abzuraten [4-66].

Die beullasterhöhende Wirkung hat den in Bild 4 - 4.24a skizzierten mechanischen Hintergrund. Die Umfangszugspannungen ziehen jene Vorverformungen "glatt", die in Umfangsrichtung kurzwellig veränderlich sind, und behindern damit das Einspringen von in Umfangsrichtung periodisch veränderlichen Beulmustern (m ≠ 0, vgl. Abschn. 4.2.1.1). Gerade diese Beulmuster - sie sind verzweigungstheoretisch "schachbrettartig" (Bild 4 - 4.5b) und nachbeultheoretisch "rautenförmig" - sind aber diejenigen, die am empfindlichsten auf Imperfektionen reagieren und die letztlich mit dem Abminderungsfaktor κ_2 beschrieben werden. Die Anhebung von κ_2 auf κ_{2q} nach Gl. (53c) erfaßt diesen günstigen Effekt der Umfangszugspannungen.

Es ist logisch, daß die beullasterhöhende Wirkung nicht auftreten kann, wenn das von der Schale "bevorzugte" kritische Beulmuster in Umfangsrichtung nicht kurzwellig, sondern langwellig oder gar nicht veränderlich ist (Bild 4 - 4.24b). Das ist bei drei Typen von KZS der Fall:
- Bei **kurzen KZS**; deshalb wird in El. 429 die Verwendung von κ_{2q} ausgeschlossen, wenn kurze KZS unter Inanspruchnahme ihrer Vergünstigung als "kurze" bzw. als "plattenartige" KZS nachgewiesen werden.
- Bei **langen KZS**; für sie wird eine Erhöhung von κ_2 generell ausgeschlossen.
- Bei **dickwandigen mittellangen KZS**, d.h. kleinem

Schlankheitsgrad $\bar{\lambda}_{Sx}$; diese beulen in der Regel mit Ringbeulen und werden deshalb mit Hilfe von Gl. (53a) ebenfalls von einer Anhebung ihres Abminderungsfaktors κ_2 ausgeschlossen.

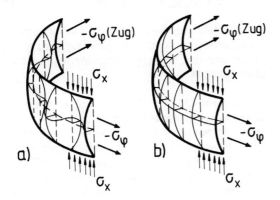

Bild 4 - 4.24 Zur beullasterhöhenden Wirkung von Umfangszugspannungen aus innerem Manteldruck
a) bei in Umfangsrichtung periodischem Beulmuster,
b) bei axialsymmetrischem Ringbeulmuster

In Bild 4 - 4.25 ist die Regelung für Axialdruck und Umfangszug anschaulich dargestellt. Der Abszissenmaßstab σ_φ/f_y für die Umfangszugspannung wurde gewählt, um den Zusammenhang zwischen Beulsicherheitsnachweis und Vergleichsspannungsnachweis direkt darstellen zu können (v. MISES-Ellipse). Zwischen der bezogenen Umfangszugspannung σ_φ/f_y und dem in Teil 4 verwendeten Innendruckparameter besteht, wie leicht nachzuvollziehen, folgende Beziehung:

$$\sigma_\varphi/f_y = [q_i/E \cdot (r/t)^2] \cdot (E/f_y)/(r/t) . \qquad (4 - 4.40)$$

Bei dickwandigen KZS, die Elastisch-Plastisch beulen, kommt nun über die nicht vorhandene beullasterhöhende Wirkung hinaus sogar noch ein gegenteiliger Effekt der Umfangszugspannungen hinzu: In den Ringbeulen erreicht an den Schalenoberflächen die Vergleichsspannung früher die Streckgrenze als bei Axialdruck allein. Das heißt, der innere Manteldruck wirkt bei beginnendem Plastizieren von Ringbeulen nicht nur nicht stabilisierend, sondern sogar destabilisierend. Es wäre deshalb mechanisch konsequent, den Abminderungsfaktor κ_2 bei kleinen Schlankheitsgraden (z.B. $\bar{\lambda}_{Sx} \leq 0,7$) mit wachsendem Innendruck q_i abzumindern statt konstant zu halten. Selbst bei größeren Schlankheitsgraden (also z.B. $\bar{\lambda}_{Sx} > 0,7$) dürfte von einem bestimmten σ_φ/f_y-Wert an der Abminderungsfaktor κ_{2q} eigentlich nicht mehr weiter erhöht, sondern müßte bei Annäherung an die v. MISES-Ellipse wieder reduziert werden. In den ECCS-Recommendations ist eine solche Regelung enthalten. Die den einzelnen Beispiel-Schlankheitsgraden $\bar{\lambda}_{Sx}$ in Bild 4 - 4.25 zugeordneten ECCS-Kurven sind - soweit sie **unterhalb** der Regelung in Teil 4 liegen - in Bild 4 - 4.25 eingetragen.

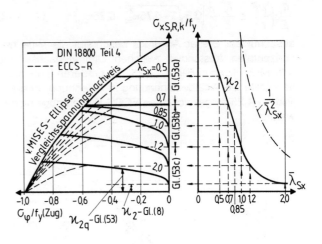

Bild 4 - 4.25 Regelung in Teil 4 für mittellange Kreiszylinder unter Axialdruck und Umfangszug

Der Arbeitsausschuß in Teil 4 hielt eine solche oder ähnliche Reduzierungsregelung für nicht erforderlich. Argumente dafür waren:
- Die κ_2-Werte ohne Innendruck seien in Teil 4 in diesem Schlankheitsbereich von vornherein konservativer als diejenigen der ECCS-Recommendations.
- Die Anhebung der κ_2-Werte auf κ_{2q} bei Innendruck werde in Teil 4 ebenfalls vorsichtiger gehandhabt als in den ECCS-Recommendations (vgl. weiter oben).
- Der beullastmindernde Einfluß des Plastizierens in den Ringbeulen könne wegen der Verfestigungsreserven der Baustähle nicht sehr groß sein.
- Die DASt-Ri 013 habe, obwohl selbst bei kleinen Schlankheitsgraden noch eine Anhebung zulassend, zu keinen bekannten Schäden infolge zugspannungsbeeinflußten Axialdruckbeulens geführt.

Neueste Versuchsergebnisse [4-55/4-76], insbesondere die zweitgenannten von SCHULZ, lassen Zweifel an der Vertretbarkeit dieser Entscheidung aufkommen. In Bild 4 - 4.26 sind diese experimentellen Axialbeulspannungen den rechnerischen Werten nach Teil 4 gegenübergestellt. "Rechnerische Werte" heißt im vorliegenden Schlankheitsbereich ($\bar{\lambda}_{Sx} = 0,41 \div 0,62$) entweder $\sigma_{xS,R,k}/f_y = \kappa_{2q} = \kappa_2$ nach Gl. (53a) oder, wenn die Umfangszugspannung so groß war, daß der Vergleichsspannungsnachweis maßgebend wird,

$$\frac{\sigma_{xS,R,k}}{f_y} = \sqrt{1 - 0,75\left(\frac{\sigma_\varphi}{f_y}\right)^2} - 0,5\left(\frac{\sigma_\varphi}{f_y}\right) . \qquad (4 - 4.41)$$

Man erkennt, daß der beullastmindernde Einfluß des frühzeitigen Plastizierens in den Ringbeulen möglicherweise unterschätzt worden ist. Die Verfasser dieses Kommentars empfehlen, bis zu einer weitergehenden Klärung der Problematik für bezogene Schlankheitsgrade $\bar{\lambda}_{Sx} \leq 1,0$ die Abminderungsfaktoren κ_{2q} nach Teil 4, Gl. (53a) bzw. (53b), vorsichtshalber nur für Innendruckparameter

$$\frac{q_l}{E}\cdot\left(\frac{r}{t}\right)^2 \leq \frac{f_y}{E}\cdot\frac{r}{t}\cdot\left[0,5\sqrt{1-0,75\kappa_{2q}^2}-0,25\kappa_{2q}\right] \quad (4\text{ - }4.42)$$

auszunutzen. Dieser Ausdruck beschreibt die Mitte des horizontalen Abstandes zwischen Ordinatenachse und v.MISES-Ellipse in Bild 4 - 4.25. Bei größeren Innendrücken sollte die Axialbeulspannung in Anlehnung an die in Bild 4 - 4.25 eingezeichneten ECCS-Kurven abgemindert werden.

Zu Element 430, Anzusetzende Axialdruckspannung

Bei geschlossenen KZS unter Innendruck entsteht in der Zylinderwandung eine Axialzugspannung

$$\sigma_{x,\,Zug} = 0,5\cdot\sigma_{\varphi,\,Zug} = 0,5\cdot q_i\cdot r/t\ . \quad (4\text{ - }4.43)$$

Es ist folgerichtig, diese auf der Einwirkungsseite von der beulauslösenden Axialdruckspannung σ_x zu subtrahieren. Hinsichtlich des Teilsicherheitsbeiwertes γ_F gilt das weiter oben Gesagte.

Zu Element 431, Knicken von langen Kreiszylindern unter innerem Manteldruck

Ist wegen fehlender Deckel in einem durch inneren Manteldruck beanspruchten langen, stabartigen KZ (Rohr) die im vorigen Element angesprochene Axialzugspannung nicht vorhanden, so entsteht auch dann ein Stabilitätsfall, wenn die Rohrwandung nicht axialdruckbeansprucht ist! Das erscheint auf den ersten Blick paradox - handelt es sich doch um ein ausschließlich durch Zugspannungen beanspruchtes Bauteil. Dieses scheinbare stabilitätstheoretische Paradoxon ist seit langem bekannt und wird z.B. in [4-9/4-10] ausführlich beschrieben; es kann hier nicht vertieft werden. In jedem Falle wird es aber durch den Knicksicherheitsnachweis unter einer fiktiven Axialdruckkraft $q_i\cdot\pi r^2$ (das ist die nicht vorhandene Axialzugkraft!) exakt wiedergegeben, nicht etwa näherungsweise. Praktische Anwendungsfälle sind Druckrohrleitungen, bei denen die Rohre durch Dehnstücke (Stopfbuchsen) gekoppelt werden, so daß die dem Deckeldruck entsprechenden Längsspannungen nicht auftreten. Solche Rohre sind wegen der oben aufgezeigten Gefahr gegen seitliches Ausweichen zu sichern.

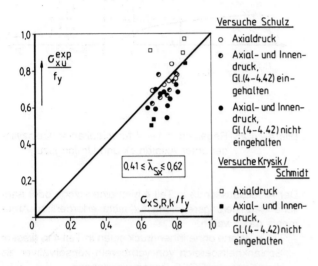

Bild 4 - 4.26 Vergleich zwischen neuen Axialbeulversuchen an Kreiszylinderschalen unter innerem Manteldruck und DIN 18 800 Teil 4

5 Kreiszylinderschalen mit abgestufter Wanddicke

5.0 Vorbemerkungen zum generellen Konzept mit Ersatz-Kreiszylinder

Der Vorgang für die Berechnung der Beulspannungen wird sowohl für Kreiszylinderschalen mit abgestufter Wanddicke ("abgestufte KZS") in Abschn. 5 als auch für Kegelschalen mit konstanter Wanddicke in Abschn. 6 in systematisch analoger Weise aufbereitet und an einem Ersatz-Kreiszylinder mit konstanter Wanddicke formuliert (s. Bild 4 - 5.1). Ein Grund für diese gemeinsame Vorgangsweise besteht darin, daß die beiden oben genannten Schalentypen aus dem gemeinsamen Sonderfall der KZS mit konstanter Wanddicke hervorgehen, wenn jeweils ein neuer geometrischer Parameter hinzugenommen wird. Bei der abgestuften KZS ist es die Form der Wanddickenabstufung (die genau genommen noch eine zweite Veränderlichkeit hat, nämlich die Richtung, nach der der Versatz der Wanddicken erfolgt, was in praktischen Fällen jedoch außer Acht gelassen werden kann), bei der Kegelschale ist der zusätzliche Parameter der veränderliche Öffnungswinkel.

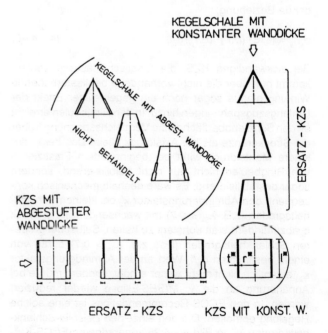

Bild 4 - 5.1 Generelle Vorgangsweise mit Ersatz-Kreiszylinderschale

Man erkennt aus Bild 4 - 5.1, daß der systematisch allgemeinste Fall dieser einfach gekrümmten Schalentypen eigentlich die abgestufte Kegelschale wäre, aus der alle anderen als Sonderfälle hervorgingen; dieser Grundfall ist bis heute jedoch noch nicht aufbereitet worden.

Die allgemeineren Schalentypen der abgestuften KZS und der Kegelschale lassen sich nun - trotz der großen äußerlichen Unterschiede - einerseits in ihrem "idealen Beulverhalten" formal auf das Rechenmodell eines Ersatz-Kreiszylinders mit konstanter Wanddicke zurückführen, andererseits bestehen auch für die Beschreibung des "realen Beulverhaltens" die umfangreichsten, auf Versuchen beruhenden Kenntnisse für die KZS mit konstanter Wanddicke, und es können diese - in ingenieurmäßiger Näherung - auf die allgemeineren Schalentypen übertragen werden.

Als Maßstab für die Modellbildung des Ersatz-Zylinders wird das Steifigkeitsverhalten der jeweiligen Schalen herangezogen, welches sich in der je nach betrachtetem Einwirkungsfall unterschiedlichen Beulfigur ausdrückt. Es wird jene Zylinderschale "ersatzweise" zugrundegelegt, welche mit ihren drei Größen r^*, t^*, l^* die Verhältnisse im beulgefährdeten Bereich der wirklichen Schale am besten beschreibt. Dieses Steifigkeitsverhalten bzw. die zugehörige Beulform wird einerseits durch die Form der Wanddickenabstufung der KZS oder den Öffnungswinkel der Kegelschale beeinflußt und ist andererseits auch je nach Beanspruchungsfall unterschiedlich. Es werden sich demnach nicht nur für die verschiedenen geometrischen Schalenformen, sondern auch für die verschiedenen Einwirkungs- bzw. Beanspruchungsfälle unterschiedliche Ersatz-Zylinder ergeben.

Diese Ersatz-Zylinder werden der Berechnung der idealen Beulspannung zugrundegelegt sowie der Bestimmung der Abminderungsfaktoren für die reale Beulspannung. Die Beanspruchungsgrößen zufolge äußerer Einwirkungen werden hingegen an der wirklichen Schalengeometrie ermittelt.

5.1 Formelzeichen, Randbedingungen

Zu Element 501, Geometrische Größen
Durch die Regelungen des Abschn. 5 werden KZS abgedeckt, welche aus Schüssen mit jeweils konstanter Wanddicke bestehen, wobei die Zunahme der Schuß-Wanddicken von einem Zylinderende zum anderen erfolgt. Der praktische Anwendungsfall hierfür sind stehende Flüssigkeitsbehälter oder Silos. Weiters werden auch KZS mit konstanter oder nahezu konstanter Wanddicke behandelt, deren Einzelschüsse überlappt angeordnet sind.

Zu Element 502, Beanspruchungsgrößen, Beulspannungen
Von der Einwirkungsseite her werden die Beanspruchungsfälle Axialdruck und Umfangsdruck geregelt. Schubbeanspruchungen konnten mangels vorliegender Untersuchungen hierfür nicht aufgenommen werden.

Zu Element 503, Randbedingungen
Die Lagerung der abgestuften KZS ist so vorausgesetzt, daß beide Zylinderränder radial unverschieblich ausgesteift sind (z.B. Bodenblech und Dachscheibe von Behältern). Freie Ränder, wie sie im Zuge von Montagevorgängen ohne mitgeführte Randversteifung vorkommen, sind in dieser Norm nicht behandelt. Da die Schale in solchen Fällen - insbesondere dann, wenn keine axiale Verankerung am gelagerten Rand vorhanden ist - ganz erheblich an Steifigkeit verliert, sollte solchen Zuständen unter Rücksichtnahme auf die möglichen Einwirkungen durch geeignete konstruktive Maßnahmen vorgebeugt werden.

Hinsichtlich der Randbedingung in axialer Richtung ist freie Verschieblichkeit vorausgesetzt, d.h. die einspannende Wirkung einer allfällig vorhandenen Randverankerung - wie sie vor allem beim Einwirkungsfall Außendruck oder Unterdruck wirksam wird - bleibt unberücksichtigt. Der damit verlorene Gewinn auf der Widerstandsseite ist in der Regel jedoch gerade bei abgestuften KZS sehr gering, da die unteren dickeren Schüsse ebenfalls eine solche einspannende Wirkung ausüben und der zusätzliche Gewinn durch eine Verankerung demzufolge meist kaum ins Gewicht fällt.

5.2 Planmäßiger Versatz
(Zu den Elementen 504 und 514)

Über den Einfluß der planmäßigen Wanddickenexzentrizität der Mittelflächen benachbarter Zylinderschüsse - hier zur sprachlichen Unterscheidung von den unplanmäßigen Exzentrizitäten (Imperfektionen) als "planmäßiger Versatz" bezeichnet, vgl. Kommentar zu El. 304 in Abschn. 3 - liegen, insbesondere im Hinblick auf die Breite der theoretischen Variationsmöglichkeiten des Versatzes, nur wenige Untersuchungsergebnisse vor. Die in Abschn. 5 gegebenen Regelungen stellen demgemäß grobe, auf der sicheren Seite liegende Festlegungen dar, welche die baupraktisch gängigsten Ausführungen - bündige und überlappte Anordnung - abdecken sollen.

Grundsätzlich kann festgestellt werden, daß
- bei **Umfangsdruck** der Einfluß des Versatzes geringfügig ist und im Genauigkeitsrahmen solcher Regelungen verschwindet, und daß
- bei **Axialdruck**, der ja auf derartige Exzentrizitäten naturgemäß empfindlicher reagiert, je nach Größe des Versatzes ein deutlicher Abfall der Beulspannung auftritt. Dabei ist zu beachten, daß die Exzentrizität selbst eine erhebliche Imperfektion (Vorverformung) darstellt und die abgestufte KZS wesentlich weniger vorbeulempfindlich reagiert als der glatte Zylinder, so daß die Abminderung von der idealen Beullast aus geringer ausfällt.

Ausgehend von den Untersuchungen von *ESSLINGER* [4-43] wird in Abschn. 5 folgende Vorgangsweise festgelegt:

Bündige Anordnung der Zylinderschüsse
Die Regelung erfolgt im El. 504 mittels zulässiger Werte für den planmäßig vorgesehenen Versatz e_v. Werden

diese eingehalten, so darf die reale Beulspannung wie für zentrische Anordnung der Schüsse ermittelt werden. Es ist dies dadurch gerechtfertigt, daß der dickere Schuß eine einspannende Wirkung auf den dünneren ausübt, so daß die beullastvermindernde Wirkung des Versatzes kompensiert wird.

Es wird damit für **Axialdruck ohne Innendruck** eine bündige Anordnung der Schüsse zulässig, solange der Wanddickensprung gleich oder kleiner als die kleinere Wanddicke bleibt, das Wanddickenverhältnis max t/min t also höchstens 2 beträgt (vgl. Bild 4 - 5.2a). Bei größeren Wanddickensprüngen, die baupraktisch wohl kaum auftreten werden, müßte die Wandung beidseitig abgesetzt werden, so daß zul e_v = 0,5 · min t eingehalten werden kann.

Für **Axialdruck mit Innendruck** wird die Abgrenzung strenger vorgenommen; die Grenze für bündige Anordnung beträgt hier max t/min t = 1,4. Bei größeren Wanddickensprüngen ist zul e_v = 0,2 · min t einzuhalten.

Für **Umfangsdruck** allein (ohne Axialdruck) darf der Versatz so groß sein, daß er sogar einer überlappten Ausführung entspricht.

Überlappte Anordnung der Zylinderschüsse
Die Regelung hierfür erfolgt in El. 514. Der Anwendungsbereich ist auf gleich dicke Schüsse bzw. bis zu Wanddickenunterschieden von maximal 20% eingeschränkt. Der Versatz beträgt somit höchstens e_v = 1,1 · min t (vgl. Bild 4 - 5.2a). (Bei **Umfangsdruck** allein gilt auch hier El. 504, d.h. es darf die Beulspannung wie für zentrische Anordnung in Rechnung gestellt werden.)

Bei **Axialdruck** ist die reale Beulspannung gegenüber der zentrischen Anordnung zu reduzieren, im ungünstigsten Fall bei Ausnutzung des zulässigen Dickenunterschiedes und bei $\lambda_{Sx} \geq 1,5$ bis auf 42% (vgl. Gl. (62a) und (62b)). Diese im Verhältnis zur Größe des Versatzes geringe Abminderung ist dadurch begründet, daß der Überlappungsbereich zufolge der doppelt angeordneten Bleche versteifend und damit stabilisierend wirkt. (Da diese Versteifung bei der bündigen Anordnung fehlt, ist dort beim Übergang zu den gleich dicken Schüssen der KZS mit konstanter Wanddicke kein planmäßiger Versatz zugelassen, so daß dort jede Abweichung von der zentrischen Anordnung eine "unplanmäßige Exzentrizität" ist; vgl. Abschn. 3, El. 304.)

Die nach den Regeln des Teils 4 zulässigen Fälle planmäßiger Versatzmaße und unplanmäßiger Exzentrizitäten sind für den Fall "Axialdruck ohne Innendruck" mit $\lambda_{Sx} \geq 1,5$ in Bild 4 - 3.3 zusammengestellt.

5.3 Beulsicherheitsnachweis für Axialdruck

Zu den Elementen 505 bis 508,
Ideale Axialbeulspannung
Bei Axialdruckbeanspruchung wird davon ausgegangen, daß die dort sehr lokal ausgebildeten Beulen in den Bereich eines einzelnen Zylinderschusses fallen oder jedenfalls nur wenig darüber hinausreichen, so daß die konstante Wanddicke dieses Schusses die Steifigkeit und damit das Beulverhalten bestimmt.

Als Ersatz-Kreiszylinder, an dem die ideale Beulspannung wie für konstanten Axialdruck ermittelt wird, kann somit für jeden Schuß ein Zylinder mit der konstanten Wanddicke des jeweiligen Schusses und - auf der sicheren Seite liegend - mit der Gesamtlänge der abgestuften KZS zugrundegelegt werden (vgl. Bild 4 - 5.2b).

Zu den Elementen 513 und 514,
Reale Axialbeulspannung
Die reale Beulspannung wird unter Beachtung des jeweiligen Versatzes - bündige oder überlappte Anordnung - nach El. 513 oder El. 514 ermittelt. Letzteres wurde bereits oben erläutert.

Zu Element 515, Maßgebende Membranspannung in Axialrichtung
Der **Beulsicherheitsnachweis** ist dann im allgemeinen für jeden der Zylinderschüsse zu führen - im speziellen Fall natürlich nur dann, wenn die Axialspannungen max σ_x aus den äußeren Einwirkungen mit zunehmender Wanddicke größer werden.

5.4 Beulsicherheitsnachweis für Umfangsdruck

Zu den Elementen 509 bis 512,
Ideale Umfangsbeulspannung
Unter Umfangsdruckbeanspruchung, wie sie aus konstant über den Zylinder verteiltem Manteldruck entstehen würde, treten nun wesentlich andere - und zwar wesentlich ausgedehntere - Beulformen auf als beim axial gedrückten Zylinder. Beim Zylinder mit konstanter Wanddicke umfassen sie die gesamte Zylinderlänge und bei abgestufter Wanddicke erstrecken sie sich je nach Wanddickenverlauf über einen mehr oder weniger großen Längenbereich (vgl. Bild 4 - 5.2c).

Der Fall, daß nur der obere dünnwandigere Bereich einbeult, die unteren dickeren Schüsse stabilisierend wirken - man spricht hier von einer einspannenden Wirkung im Sinne einer Wölbbehinderung -, kann als "Teilbeulen" bezeichnet werden. Der andere Fall, daß alle Schüsse gemeinsam instabil werden, also praktisch der Zylindermantel über die ganze Länge einbeult, wird demgegenüber "Gesamtbeulen" genannt. Es ist dies keine notwendige Abgrenzung für den Berechnungsvorgang, es trägt jedoch zum besseren Verständnis des Tragverhaltens bei.

Als generelle Voraussetzung für die Ableitung der idealen Beulspannung $\sigma_{\varphi Si}$ gilt konstanter Manteldruck auf die abgestufte KZS und demnach auch auf den Ersatzzylinder mit konstanter Wanddicke. Dieser Ersatzzylinder wird durch die konstante Ersatzwanddicke $t^* = t_o$ und die Ersatzlänge l_o/β definiert, welche die mittlere Wanddicke und Längenausdehnung des einbeulenden Bereichs der abgestuften KZS beschreiben.

Die drei Größen t_o, l_o, β stellen Bezugsgrößen dar und wurden aus einem gedanklich "zwischengeschalteten" dreischüssigen Ersatzzylinder hergeleitet (vgl. Bild 4-5.2c). Dieser dreischüssige Zylinder (vgl. auch [4-47/4-62]) dient zur vereinfachten Erfassung unterschiedlicher Wanddickenverläufe durch wenige, leicht handhabbare Parameter. Es sind dies die Verhältniswerte l_o/l, t_m/t_o und t_u/t_o. Dabei sind t_o, t_m und t_u die in den drei definierten Längenbereichen gemittelten Wanddicken. Da von den drei Längenbereichen der oberste Bereich mit der Wanddicke t_o und der Länge l_o in vielen Fällen das Beulverhalten dominiert, wird dieser für die Rechnung als Bezugszylinder zugrundegelegt. Seine Länge l_o ist dabei so festgelegt, daß sie bis zu jenem Schuß reicht, dessen Wanddicke den 1,5-fachen Wert der kleinsten Wanddicke t_1 überschreitet. Die beiden anderen Längen l_m und l_u werden dann mit Gl. (54) ermittelt.

Über den Beiwert β wird der stabilisierende oder destabilisierende Einfluß der unteren Zylinderschüsse berücksichtigt, so daß die Ersatzzylinderlänge l_o/β des Ersatzzylinders mit konstanter Wanddicke gegenüber der Länge l_o des Bezugszylinders je nach Wanddickenverlauf größere oder kleinere Werte annehmen kann. Die β-Werte stammen aus einer numerischen Analyse der Beuldrücke dreischüssiger, abgestufter KZS auf der Basis der klassischen, linearen Beultheorie [4-47]. β ist aus den Diagrammen in Bild 20 zu entnehmen, in Abhängigkeit von l_o/l, t_m/t_o und t_u/t_o. Man erkennt, daß durch die waagerecht verlaufenden Kurvenäste "Teilbeulen" angezeigt wird, da eine Vergrößerung der unteren Wanddicken in t_u/t_o keine Änderung mehr hervorruft, während die mit t_u/t_o ansteigenden Kurvenäste "Gesamtbeulen" ausdrücken (vgl. Bild 4-5.2c).

Aus dem idealen Beuldruck q_{Ki} des Ersatzzylinders, welcher voraussetzungsgemäß konstant über die Zylinderhöhe verteilt ist, lassen sich nun die idealen Beulspannungen $\sigma_{\varphi Si(j)}$ für die Einzelschüsse mit der Wanddicke t_j einfach errechnen (vgl. Bild 4 - 5.2c). Die Gl. (56) und (58) für $\sigma_{\varphi Si(j)}$ münden in die ideale Umfangsbeulspannung $\sigma_{\varphi Si}$ des jeweils mittellangen bzw. langen Ersatzzylinders nach den Gl. (34) und (36), multipliziert mit dem Wanddickenverhältnis t_o/t_j.

Zu Element 513, Reale Umfangsbeulspannung
Die reale Beulspannung wird entsprechend El. 513 mittels des Abminderungsfaktors κ_1 ermittelt.

Zu Element 516, Maßgebende Membranspannung in Umfangsrichtung
Bei der Durchführung des **Beulsicherheitsnachweises** stellt sich die Frage, welche aus den äußeren Einwirkungen folgenden Umfangsspannungen $\sigma_{\varphi(j)}$ in einem allgemeinen Fall beliebig veränderlicher Spannungen dem Nachweis zugrundezulegen sind (vgl. Bild 4 - 5.2c dieses Kommentares und Bild 22 in Teil 4). Mit Bedacht darauf, daß die idealen Beulspannungen $\sigma_{\varphi Si(j)}$ für konstanten Manteldruck abgeleitet wurden, sind die Spannungen ebenfalls einem konstanten Manteldruck zuzuordnen; dieser wird - auf der sicheren Seite liegend - als fiktiver einhüllender Manteldruck q^* festgelegt und ergibt sich aus dem Größtwert der Umfangsnormalkraft aller Schüsse max $n_{\varphi(j)}$ = max ($\sigma_{\varphi(j)} \cdot t_j$) zu q^* = max $n_{\varphi(j)}/r$. Daraus folgen dann die dem Beulsicherheitsnachweis zugrundezulegenden "maßgebenden Membranspannungen" $\sigma^*_{\varphi(j)}$ der Einzelschüsse mit $\sigma^*_{\varphi(j)} = q^* \cdot r/t_j$.

Ein schußweises Nachweisen der Beulsicherheit mit den Spannungen $\sigma_{\varphi Si(j)}$ und $\sigma^*_{\varphi(j)}$ hat nur dann einen Sinn, wenn die kombinierte Wirkung aus Axialdruck und Umfangsdruck nachzuweisen ist oder wenn einzelne Schüsse im plastischen Bereich liegen. Im elastischen Bereich unter Umfangsdruck allein ergibt der Nachweis - wie wohl offensichtlich ist - für jeden Schuß dieselbe Beulsicherheit, da ja sowohl auf Seiten der idealen Beulspannung als auch auf Seiten der Spannung infolge Einwirkungen stets ein konstanter Manteldruck im Hintergrund steht.

Zu Element 517, Ersatzwindbelastung für die Ermittlung der Umfangsdruckspannung
In El. 517 wird die Regelung, welche für KZS mit konstanter Wanddicke in El. 424 getroffen wurde, auf abgestufte KZS erweitert. Während die Regel für konstante Wanddicke versuchsmäßig hergeleitet ist, erfolgte die Erweiterung auf abgestufte Wanddicken in plausibler ingenieurmäßiger Art, indem nun in die Gl. (4 - 4.37) für δ die theoretische Beulwellenzahl m_B der abgestuften KZS eingesetzt wird, das übrige Konzept aber gleichgehalten wird [4-49]. Die Gl. (64) und (65) in Teil 4 entsprechen zusammen der Gl. (47) für die KZS mit konstanter Wanddicke.

Die Gl. (65a) und (65b) stellen Näherungsformeln für die theoretische Umfangsbeulwellenzahl der abgestuften KZS dar, welche aus dem dreischüssigen Vergleichszylinder hergeleitet wurden. Je nachdem, ob "Gesamtbeulen" oder "Teilbeulen" der abgestufen KZS auftritt, ergeben sich unterschiedliche Gleichungen für die Beulwellenzahl. Es gilt Gl. (65a) für Gesamtbeulen und Gl. (65b) für Teilbeulen, wobei die Abgrenzung zwischen den beiden Beulformen durch die Abgrenzungsgleichungen für t_u/t_o erfolgt.

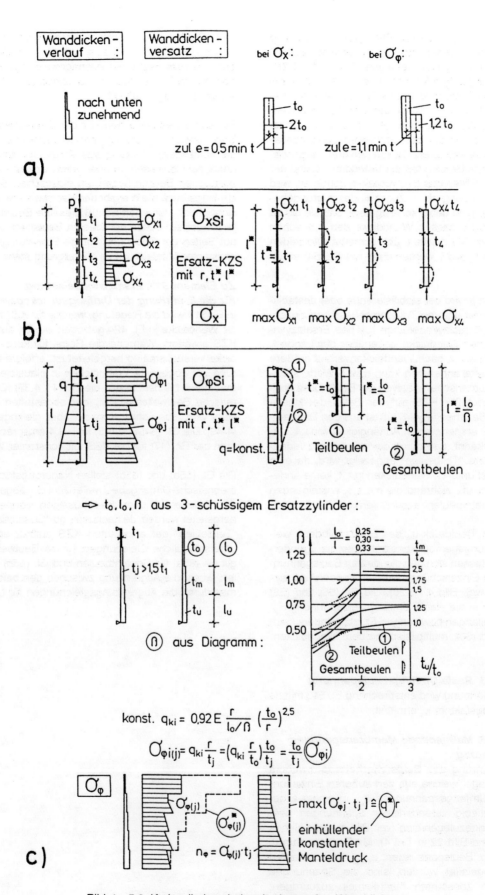

Bild 4 - 5.2 Kreiszylinderschale mit abgestufter Wanddicke:
   a) zum planmäßigen Versatz,
   b) zum Beulsicherheitsnachweis für Axialdruck,
   c) zum Beulsicherheitsnachweis für Umfangsdruck

6 Kegelschalen mit konstanter Wanddicke

6.0 Ersatz-Kreiszylinder
(Zu Element 604)

Die generelle Vorgangsweise mit Ersatz-Kreiszylindern für die Bestimmung der idealen Beulspannungen ist bereits unter Abschn. 5.0 auch für Kegelschalen erläutert worden. In der Anmerkung zu El. 604 wird das Konzept noch einmal in knapper Form beschrieben.

6.1 Formelzeichen, Randbedingungen

Zu Element 601, Geometrische Größen
Durch die Regelungen des Abschn. 6 werden grundsätzlich Kegelschalen abgedeckt, die sowohl volle Kegel als auch kegelstumpfartige Schalen darstellen können, deren (halber) Öffnungswinkel ϱ aber kleiner als 60° bleibt, d.h., daß flache Kegel ausgeschlossen werden (s. El. 604). Diese Einschränkung beruht auf dem Umstand, daß flache Kegelschalen - ähnlich wie Kugelkappen - zu einem Stabilitätsversagen in Form des Durchschlagens neigen und darüber kaum rechnerische oder experimentelle Untersuchungen vorliegen.

Eine Abweichung zu obigem liegt im Falle der Schubbeanspruchung vor, bei welcher volle Kegelschalen, d.h. Kegelschalen mit geschlossener Spitze nicht abgedeckt werden. Die Abgrenzung ist so definiert, daß die Mantellänge des Kegelstumpfes höchstens 80% der theoretischen Mantellänge bis zur gedachten Spitze annehmen darf (s. Gl. (75)). Der Grund hierfür liegt darin, daß die Schubspannungen aus Torsion - Torsion dient wie bei der KZS als Basisbeulfall der Schubbeanspruchung - bei Annäherung an die Kegelspitze sehr rasch zunehmen und eine einfache formelmäßige Darstellung der Beulspannungen nicht mehr gelingt.

Zu Element 602, Beanspruchungsgrößen, Beulspannungen
Von der Einwirkung her werden alle drei Beanspruchungsfälle Meridiandruck, Umfangsdruck und Schubbeanspruchung abgedeckt.

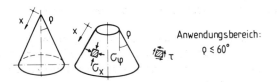

Bild 4 - 6.1   Kegel-Bezeichnungen

Für Einwirkungsfälle, wie sie in den Bildern 24e und 24f dargestellt sind, d.h. durch Füllgut oder Flüssigkeit gefüllte und am kleineren Rand gelagerte Trichter, können auch die ECCS-Recommendations, die diesen Fall ausführlich und gezielt behandeln, herangezogen werden.

Zu Element 603, Randbedingungen
Die Lagerung der Kegelschalen wird grundsätzlich radial unverschieblich vorausgesetzt, bei Kegelstumpfschalen an beiden Rändern. Zusätzlich axial unverschiebliche (wölbbehinderte) Ränder können nur bei Umfangsdruckbeanspruchung in Rechnung gestellt werden; bei den übrigen Beanspruchungsarten kann dieser günstige Effekt durch die vorliegenden Regelungen nicht eigens erfaßt werden.

6.2 Beulsicherheitsnachweis für Axialdruck

Zu den Elementen 605 bis 607, ideale Meridianbeulspannung
Genauer ausgedrückt handelt es sich hier bei der Druckbeanspruchung σ_x der Kegelwandung um "Druckbeanspruchung in Meridianrichtung". Von seiner grundsätzlichen Wirkungsweise her entspricht dieser Fall der axialgedrückten Kreiszylinderschale. Man kann daher davon ausgehen, daß unter der Druckbeanspruchung σ_x ebenfalls lokal begrenzte Beulen auftreten und daß diese infolge der veränderlichen Krümmungsverhältnisse entlang des Kegelmantels auch entsprechend veränderliche Beulspannungen bedingen.

Für die Bestimmung der idealen Beulspannungen σ_{xSi} wird dieses Beulverhalten mittels Ersatz-Kreiszylindern erfaßt, deren Radien r* den lokal maßgebenden Hauptkrümmungsradien der betrachteten Kegelbereiche entsprechen. Die Zylinderlänge l* ist - näherungsweise - gleich der Mantellänge des Kegels (s. Bild 4 - 6.2). Die idealen Beulspannungen nehmen daher - wie ja zu vermuten war - von oben nach unten, d.h. vom kleineren zum größeren Rand hin deutlich ab.

Die Abgrenzung Gl. (70) für Kegelschalen entspricht der Abgrenzung Gl. (29) für KZS mit konstanter Wanddicke. Es bedeutet dies, daß das Stabknicken eines leicht konischen "stabförmigen" Kegelstumpfes nur nachzuweisen ist, wenn es sich im Sinne des Beulverhaltens um eine "lange" Kegelschale handelt. Diese wird sinngemäß an einem Zylinder gleicher mittlerer Krümmung definiert. Der Knicksicherheitsnachweis des "langen Kegels" als Rohrstab ist unter Berücksichtigung der veränderlichen Biegesteifigkeit nach Teil 2 zu führen.

Auf El. 607 sei besonders hingewiesen. Eine der Gl. (31) vergleichbare Beziehung läßt sich für sehr lange Kegel, d.h. konische Rohrstäbe, nicht aufstellen.

Zu Element 611, Reale Meridianbeulspannung
Die realen Beulspannungen werden analog wie bei der KZS ermittelt. Dabei ist grundsätzlich zu beachten, daß die Abminderungsfaktoren über die Kegellänge veränderlich sind, und daß z.B. im oberen Bereich plastisches Verhalten vorliegen kann, während der untere Bereich im elastischen Bereich bleibt.

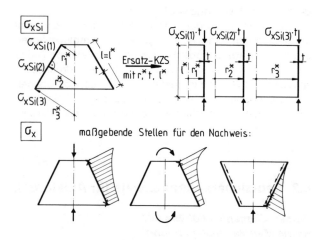

Bild 4 - 6.2   Kegelschale unter Axialdruck

Zu Element 612, Maßgebende Membranspannung in Meridianrichtung

Für welche Stelle des Kegels der **Beulsicherheitsnachweis** maßgebend wird, hängt von der jeweiligen Verteilung der Spannungen infolge der Einwirkungen ab (vgl. Bild 4 - 6.2):

- Bei **Axiallast** (vgl. Bild 24a in Teil 4) nimmt die Spannung entsprechend der zunehmenden Fläche mit dem Kehrwert des Radius nach unten ab. Bei elastischem Verhalten ist der Nachweis am unteren Rand maßgebend, bei plastischem Verhalten kann die maßgebende Stelle auch am oberen Rand liegen.
- Bei **Momentenangriff** (vgl. Bild 24b in Teil 4) nimmt die Spannung entsprechend dem zunehmenden Widerstandsmoment mit dem quadratischen Kehrwert des Radius nach unten ab. Die maßgebende Stelle des Nachweises liegt hier am oberen Rand.
- Bei anderen Einwirkungen, wie dem in Bild 24e gezeigten Angriff von **Wandreibungskräften**, können maßgebende Stellen des Nachweises auch im Zwischenbereich liegen.

Beim Einwirkungsfall **allseitiger Außendruck** (vgl. Anmerkung 3 zu El. 612) ist der Deckeldruck gesondert als äußere Axialdruckbeanspruchung zu behandeln, während die aus dem Druckanteil auf den Kegelmantel entstehenden Meridiandruckspannungen bereits im Einwirkungsfall Umfangsdruck erfaßt sind und im Nachweis für "Meridiandruckspannungen" nicht gesondert anzusetzen sind (s. auch Erläuterungen im Abschn. 6.3).

6.3 Beulsicherheitsnachweis für Umfangsdruck

Zu den Elementen 608 und 609, Ideale Umfangsbeulspannung

Der Grundfall für Druckbeanspruchung in Umfangsrichtung bedeutet in den vorliegenden Regelungen der Kegelschale den Umfangsdruck, der in einem Einwirkungsfall Manteldruck q - normal auf die Kegelfläche wirkend (vgl. Bild 24d in Teil 4) - entsteht. Reine Umfangsdruckspannungen entstünden nur aus normal zur Kegelachse wirkendem Radialdruck q_r (vgl. Bild 24c), der in praktischen Fällen kaum vorkommt und für den auch keine systematischen Untersuchungen vorliegen. Es sei daher stets bedacht, daß die gegebenen Beulspannungen für Umfangsdruck aus einem Basisbeulfall stammen, in dem - aus Gleichgewichtsgründen - zugleich auch Membrandruckspannungen in Meridianrichtung wirken. (Es handelt sich hier gewissermaßen um eine "inkonsequente" Vorgangsweise, die daher stammt, daß die Grenzzustände der Stabilität in Teil 4 wegen der angestrebten Anwendbarkeit auf beliebige Einwirkungsfälle, vgl. Abschn. 2.4, als Spannungszustände definiert werden mußten, nicht wie in enger gefaßten Regelwerken als Einwirkungsfälle. Das Beibehalten des Basisbeulfalles "Kegel unter konstantem Manteldruck" hatte jedoch praktische Gründe und liegt - wie später ausgeführt wird - etwas auf der sicheren Seite.)

Bezüglich der Beulfigur bei Druckbeanspruchung in Umfangsrichtung ist bereits von den KZS her bekannt, daß sich deren Beulform über die ganze Länge erstreckt. Beim Kegel wirkt der obere Bereich kleinerer Krümmungsradien gegenüber dem restlichen Bereich jedoch versteifend, so daß bei entsprechender Kegellänge ein stützender, d.h. wölbbehindernder Effekt auftritt und sich die Beulform nur mehr über den unteren Teilbereich der Mantellänge erstreckt (s. Bild 4 - 6.3).

Aus zahlreichen numerischen Untersuchungen [4-53] mittels der linearen Beultheorie läßt sich diese Mantellänge l_o formelmäßig angeben (vgl. Gl. (71b)). Die Mantellänge l_o stellt somit eine obere Grenzlänge dar, über die hinaus eine Verlängerung des Kegels ohne Auswirkung bleibt. Für das Beulverhalten ist somit nur der Mantelbereich l_o von Bedeutung.

Für die Ermittlung der idealen Beulspannung $\sigma_{\varphi Si}$ wird daher ein Ersatz-Zylinder zugrundegelegt, dessen Länge l^* der Kegellänge entspricht, aber begrenzt durch den Wert l_o. Die Gl. (71a) und (71b) beschreiben diese Festlegung. Als beste Beschreibung der Krümmungsverhältnisse hat sich aus Vergleichsuntersuchungen jener Radius r^* herausgestellt, der bei 55% der Mantellänge l^* auftritt; dieser gilt daher als Radius des Ersatz-Zylinders (vgl. Gl. (72)). (Die Bezeichnung von r^* mit dem zusätzlichen Index φ in Bild 4 - 6.3 soll deutlich machen, daß der Ersatzzylinder-Radius einwirkungsfallabhängig ist.)

Den erwähnten Untersuchungen [4-53] liegt der genannte Basisbeulfall, d.h. Kegel unter konstanter Manteldruckbelastung, mit Axiallagerung am großen Breitenkreis zugrunde (s. Bild 4 - 6.3).

In diesem Bezugseinwirkungsfall sind die Umfangsdruckspannungen σ_φ linear - also nicht konstant - über die Kegellänge verteilt, und zudem treten aus Gleichgewichtsgründen σ_x- Spannungen auf, die den Kegel in Meridianrichtung zusätzlich auf Druck beanspruchen. Diese Meridiandruckspannungen sind im Grundfall "Umfangsdruck" daher zwangsläufig miteinbezogen und brauchen nicht gesondert angesetzt zu werden (vgl. Anmerkung 3 zu

El. 612). Weiters liegen den Untersuchungen zwei Randbedingungsfälle zugrunde (s. Bild 4 - 6.3), welche sich bei Umfangsdruckbeanspruchung auf die ideale Beulspannung auswirken und durch die Formeln des Ersatz-Zylinders berücksichtigbar sind.

Für die ideale Beulspannung τ_{si} und die Abmessungen des Ersatz-Zylinders r* und l* wurden die numerischen Untersuchungen [4-87] für torsionsbeanspruchte Kegelstumpfschalen herangezogen.

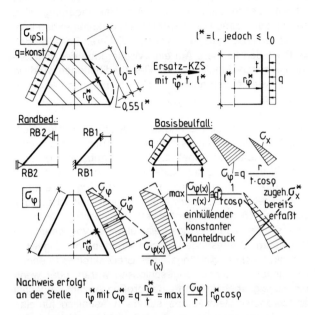

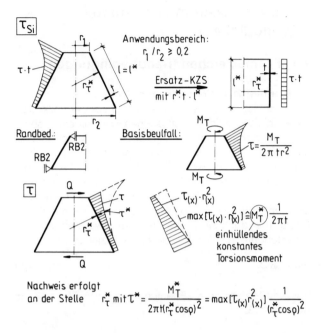

Bild 4 - 6.3   Kegelschale unter Umfangsdruck

Bild 4 - 6.4   Kegelschale unter Schubbeanspruchung

Zu Element 611, Reale Umfangsbeulspannung
Die realen Beulspannungen werden wie bei einer KZS mit den Abmessungen des Ersatz-Zylinders bestimmt.

Zu Element 613, Maßgebende Membranspannung in Umfangsrichtung
Bei der Führung des **Beulsicherheitsnachweises** ist die Frage, welche der aus den äußeren Einwirkungen folgenden - im allgemeinen veränderlichen - Spannungen dem Nachweis zugrunde zu legen ist, ganz ähnlich zu beantworten, wie zuvor bei der abgestuften KZS unter Umfangsdruck. Auch hier ist ein einhüllender konstanter Manteldruck q* zu bestimmen, welcher den gegebenen Spannungszustand σ_φ auf der sicheren Seite abdeckt. Hierfür wird nun - wie sich einfach erkennen läßt (vgl. Bild 4 - 6.3) - der Größtwert von [σ_φ/r], der am gesamten Kegelmantel auftritt, maßgebend.

Der Nachweis erfolgt dann an der Stelle r* ≡ r_φ^* mit der dort auftretenden Spannung σ_φ^*, die sich aus dem einhüllenden Manteldruck q* ergibt. (Die zum Einwirkungsfall q* zugehörigen Spannungen σ_x sind dabei bereits abgedeckt und es braucht hierfür nicht ein kombinierter Nachweis mit σ_φ und σ_x geführt zu werden).

6.4 Beulsicherheitsnachweis für Schubbeanspruchung

Zu Element 610, Ideale Schubbeulspannung
Dem Grundfall "Schubbeanspruchung" liegt, wie bei der KZS, der Basisbeulfall "Kegel unter konstantem Torsionsmoment" zugrunde.

Unter Beibehaltung der wirklichen Mantellänge des Kegelstumpfes für l* läßt sich für den maßgebenden Radius r* eine formelmäßige Beziehung finden, welche durch Gl. (74) wiedergegeben wird (vgl. Bild 4 - 6.4; in r_τ^* bezeichnet der Index τ den Beanspruchungsfall Schubbeanspruchung, im Gegensatz zu r_φ^* in Bild 4 - 6.3).

Vorausgesetzt sind dabei zumindest radial unverschieblich gehaltene Ränder; die Wirkung zusätzlicher axialer Wölbeinspannungen kann nicht in Rechnung gestellt werden, sondern wird auf der sicheren Seite abgedeckt.

Auf den Umstand, daß nur Kegelstümpfe mit $r_1/r_2 \geq 0{,}2$ abgedeckt werden, wurde bereits hingewiesen.

Zu Element 611, Reale Schubbeulspannung
Die Ermittlung der realen Schubbeulspannung erfolgt analog zur KZS.

Zu Element 614, Maßgebende Membranschubspannung
Bei der Führung des **Beulsicherheitsnachweises** sind Schubspannungsverläufe aus den äußeren Einwirkungen, wenn sie nicht jenem aus einem konstanten Torsionsmoment entsprechen, durch ein einhüllendes gedachtes Torsionsmoment M_T^* abzudecken. In Bild 4 - 6.4 ist dies beispielhaft für Querkraftbeanspruchung dargestellt. Dieses einhüllende Torsionsmoment errechnet sich aus dem Größtwert [$\tau \cdot r^2$], der am gesamten Kegelmantel auftritt.

Der Nachweis hat nun an der durch $r^* \equiv r_\tau^*$ gekennzeichneten Stelle des Mantels mit der Schubspannung τ^*, die sich an dieser Stelle unter dem Torsionsmoment M_T^* ergibt,

7 Kugelschalen mit konstanter Wanddicke

7.1 Formelzeichen, Randbedingungen

Zu Element 701, Geometrische Größen
Kugelschalen im Sinne von Teil 4 sind sowohl Vollkugeln als auch Teilkugeln, die längs eines Breitenkreises abgetrennt sind (mathematisch Kugelsegmente, in der Technik meist Kugelkalotten oder Kugelkappen genannt). Deshalb muß unterschieden werden zwischen den variablen geometrischen Größen r und α, mit denen ein beliebiger Breitenkreis auf der Kugelschale angesprochen werden kann, und den Größen r_0 und α_0 des Grundkreises einer Kugelkalotte (der auch ein Breitenkreis ist). Zwischen R, r und α besteht die aus Bild 29 ablesbare Beziehung

$$\sin\alpha = \frac{r}{R} \ . \qquad (4 - 7.1)$$

Vgl. außerdem die Erläuterungen zu El. 107 in Abschn. 1.3.

Zu Element 702, Beanspruchungsgrößen, Beulspannungen
Von den drei in Rotationsschalen beulrelevanten (beulauslösenden) Membrankomponenten ist die Schubbeanspruchung für Kugelschalen in Teil 4 **nicht** geregelt. Der Wissensstand dazu ist sehr dürftig und nicht "normungsfähig".

In Bild 30 stellen die unter a) und b) dargestellten Einwirkungsfälle den **Basisbeulfall** dar. Er ist - bei Bild 30b unter Vernachlässigung der Randbedingungen, vgl. Abschn. 2.2.1 - durch einen reinen Druckmembranspannungszustand mit in beiden Richtungen gleich großem, über die gesamte Schalenfläche konstantem Wert

$$\sigma_x(x,\varphi) = \sigma_\varphi(x,\varphi) = const = q \cdot 0{,}5 \frac{R}{t} \qquad (4 - 7.2)$$

gekennzeichnet.

Der in Bild 30c dargestellte Einwirkungsfall ist ein **Beispiel** für ein in Meridianrichtung veränderliches Membranspannungsfeld. Als Hilfestellung bei der Ermittlung der Membranspannungen auf der "Einwirkungsseite" des Beulsicherheitsnachweises sind die Formeln nach der Membrantheorie, d.h. unter Vernachlässigung der tatsächlichen Randbedingungen angegeben; s. hierzu Anmerkung 2 zu El. 707. Ähnliche Membranformeln für weitere Einwirkungsfälle findet man in einschlägigen Schalenstatikbüchern (z.B. [4-14/4-16]).

Zu Element 703, Randbedingungen
Die allgemeinen Erläuterungen zur Bedeutung der Randbedingungen bei Kreiszylinderschalen in Abschn. 4.1.2 gelten sinngemäß auch für Kugelschalen; nur haben die Randbedingungen hier noch größeren Einfluß. In El. 703 ist eine beschränkte Auswahl von Randlagerungsfällen definiert, mit denen die baupraktisch vorkommenden konstruktiven Lösungen jeweils auf der sicheren Seite "modelliert" werden können. Auf eine Wiedergabe der schalentheoretischen Definitionen der Randbedingungen wurde in Teil 4 - wie bei den anderen Schalentypen auch - bewußt verzichtet.

RB1 beschreibt den Grundfall einer störungsfreien Vollkugel. Dabei handelt es sich strenggenommen um eine "frei schwebende" Kugel, z.B. im Auftriebsgleichgewicht unter Wasser. In guter Näherung beschreibt RB1 auch eine "quasi-membrangerecht" gelagerte Kugel, die längs eines Breitenkreises normal zur Kugelmittelfläche radial verschieblich, aber tangential unverschieblich gehalten ist. Eine solche Lagerung läge beispielsweise vor, wenn eine Kugel am Meeresboden gegen Auftrieb mit Zugseilen verankert würde, die längs eines Breitenkreises in engen Abständen tangential angeschlossen wären, oder wenn ein Kugelgasbehälter auf einer großen Anzahl tangential angeordneter Gelenkstäbe stünde. Wesentlich für eine Quasi-Membranlagerung ist, daß die Lagerkräfte kontinuierlich tangential eingeleitet werden können, ohne dabei die radiale Aufweitung oder Zusammenziehung längs des Lagerringes zu behindern, so daß sich keine wesentlichen Biegestörungen aufbauen können.

Die vier Randbedingungen **RB2 bis RB5** beschreiben in der genannten Reihenfolge wachsende Störeinflüsse des Randes auf das Beulverhalten von Kugelkalottenschalen.

Bei **RB2 und RB3** ist der Rand unverschieblich gehalten:
$$u = v = w = w' = 0, \qquad (4 - 7.3)$$
$$u = v = w = m_x = 0. \qquad (4 - 7.4)$$
Diese Randlagerungsfälle entsprechen etwa den Zylinderfällen "RB1" und "RB2" - mit Ausnahme der Meridianverschiebungen ("Verwölbung"), die im Gegensatz zur Zylinder-RB2 bei der Kugel-RB3 ebenfalls verhindert werden. Der Störeinfluß des Randes besteht hier in der Verformungsbehinderung längs des Randes, die vor dem Beulen, d.h. im Grundzustand, einen biegungsfreien Membran-Vorbeulzustand unmöglich macht. Es handelt sich also um den Modellierungsfehler der klassischen linearen Beultheorie (vgl. Abschn. 2.2.1).

Bei **RB4** ist der Rand "quasi-membrangerecht" verschieblich:
$$u = n_{x\varphi} = q_x^* = m_x = 0. \qquad (4 - 7.5)$$
Hier kann sich also - wenn vom Einwirkungsfall her als Gleichgewichtszustand möglich - ein reiner Membran-Vorbeulzustand ausbilden. Jedoch verhält sich der Rand beim Beulen ähnlich wie ein freier Rand bei Zylindern (dort "RB3").

RB5 schließlich stellt quasi die Überlagerung der beiden vorgenannten Störeinflüsse dar: Ein reiner Membran-Vorbeulzustand ist schon aus Gleichgewichtsgründen nicht möglich, und aus diesem stark gestörten Vorbeulzustand heraus erfolgt dann das Beulen wie mit freiem Rand.

Eine Vollkugel, die ringförmig gelagert ist (Bild 4 - 7.1a), entspricht mit ihren Beul-Randbedingungen ungünstigstenfalls zwei unverschieblich gelenkig gelagerten Teilkugeln (Bild 4 - 7.1b). Je nachgiebiger der Lagerring ist, insbesondere in horizontaler Richtung (im Sinne geringen Widerstandes gegen Aufweiten und Zusammenziehen), desto mehr ähnelt das Beulverhalten dem einer ungestörten Vollkugel. Eine horizontal verschieblich ringgelagerte Vollkugel entspricht beulmechanisch **nicht** zwei horizontal verschieblich gelagerten Teilkugeln!

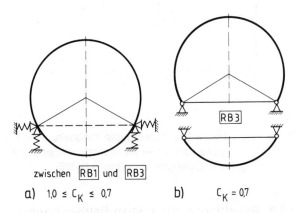

Bild 4 - 7.1 Randbedingungen für ringförmig gelagerte Vollkugeln: a) allgemein, b) ungünstigste Idealisierung

7.2 Ideale Beulspannung

7.2.1 Verzweigungstheorie des Basisbeulfalles

Basisbeulfall ist die Kugelschale unter konstantem Manteldruck q, entweder als Außendruck oder als innerer Unterdruck aufgebracht. Er ist durch den Membranspannungszustand nach Gl. (4 - 7.2) gekennzeichnet. Es ist zweckmäßig, den Fall der störungsfreien Vollkugel (RB1 nach El. 703) getrennt von den randgelagerten Kugelkalotten zu betrachten.

Störungsfreie Vollkugel
Für den Fall einer störungsfreien Vollkugel liefert die lineare Beultheorie in der DONNELLschen Version folgenden allgemeinen Ausdruck für den idealen Beuldruck (vgl. z.B. [4-18]):

$$q_{Ki} = 2E\frac{t}{R} \cdot \left[\frac{1}{n^2+m^2} + \frac{(t/R)^2}{12(1-\mu)^2} \cdot (n^2+m^2) \right] \quad (4 - 7.6)$$

In Gl. (4 - 7.6) bedeuten
n ... Anzahl der Beulvollwellen über den Kugelumfang $2\pi R$ in Meridianrichtung,
m ... Anzahl der Beulvollwellen über den Kugelumfang $2\pi R$ des Großkreises in Umfangsrichtung (nicht über den Breitenkreisumfang $2\pi r$!).

Wenn man Gl. (4 - 7.6) nach n und m minimiert, erhält man folgende Beziehung zwischen n und m:

$$\frac{1}{n^2+m^2} = \frac{t}{R}\sqrt{\frac{1}{12(1-\mu^2)}} = \frac{t}{R} \cdot 0{,}3026 \quad (4 - 7.7)$$

Einsetzen in Gl. (4 - 7.6) liefert den Minimalwert des idealen Beuldruckes zu

$$q_{Ki} = \frac{1}{\sqrt{3(1-\mu^2)}} \cdot 2E\left(\frac{t}{R}\right)^2 \quad (4 - 7.8)$$

und schließlich mit Gl. (4 - 7.2) den Minimalwert der idealen Beulspannung zu

$$\sigma_{xSi} = \sigma_{\varphi Si} = \frac{1}{\sqrt{3(1-\mu^2)}} \cdot E \cdot \frac{t}{R} \quad (4 - 7.9a)$$

$$= 0{,}605 \cdot E \cdot \frac{t}{R} \quad \text{für } \mu = 0{,}3. \quad (4 - 7.9b)$$

Die überraschend einfache Beulformel Gl. (4 - 7.9) ist seit 1915 bekannt, sie geht auf *ZOELLY* zurück [4-88] und wird nach ihm benannt. Man beachte die weitgehende Analogie zur mittellangen axialgedrückten Kreiszylinderschale, vgl. Abschn. 4.2.1.1. Sie geht so weit, daß sogar die Gleichungen für die idealen Beulspannungen formal identisch sind! Auch die Eigenschaft, daß das zu σ_{xSi} bzw. $\sigma_{\varphi Si}$ gehörende Verzweigungsbeulmuster mehrdeutig ist bzw. unbestimmt bleibt, ist gleich. Als eines der möglichen Beulmuster erhält man mit m = n aus Gl. (4 - 7.7) ein **quadratisches Schachbrettbeulmuster** mit der Halbwellenlänge

$$l_{xi} = l_{\varphi i} = 2{,}44 \sqrt{Rt} \quad (4 - 7.10)$$

Die Abmessungen dieser Beulen liegen in derselben Größenordnung wie bei der axialgedrückten Kreiszylinderschale, vgl. Gln. (4 - 4.7) bis (4 - 4.9). Es ist demnach als wichtiges Fazit folgende verzweigungstheoretische Analogie zwischen mittelanger axialgedrückter Kreiszylinderschale und manteldruckbeanspruchter Kugelschale festzuhalten:
- Die idealen Beulspannungen sind identisch.
- Das Verzweigungsverhalten ist in beiden Fällen "multimodal".
- Die kritischen Beulmuster schließen auch solche mit ziemlich kleinen Beulen ein, d.h. die einzelnen Beulen können sehr geringe Abmessungen haben.

Ähnlich wie bei der mittellangen axialgedrückten Kreiszylinderschale, liefert auch hier die strengere Schalentheorie kaum abweichende Ergebnisse [4-18].

Randgelagerte Kugelkalotten
Für unverschieblich randgelagerte Kugelkalotten (**RB2 und RB3** in El. 703) unter konstantem Membrandruckspannungszustand liefert die klassische lineare Beultheorie nur unwesentlich andere Ergebnisse als für die Vollkugel, solange der Öffnungswinkel α_0 groß genug ist, um mehreren der kleinen Beulen nach Gl. (4 - 7.10) "Platz zu bieten". Rechnet man aber randbedingungskonsistent und mit nichtlinearem Vorbeulzustand (vgl. Abschn. 2.2), so stellt sich ein im Prinzip ähnlicher Effekt ein, wie bei der

axialgedrückten Kreiszylinderschale mit radial unverschieblichen Rändern (vgl. Abschn. 4.2.1.1). Der Effekt ist aber bis doppelt so groß, d.h. die Dehnungsbehinderung längs des gelagerten Randes führt im Randbereich bereits bei Membran-Nennspannungen zur Gleichgewichtsverzweigung, die nur ca. **70 bis 80%** des elementaren Wertes nach Gl. (4 - 7.9) betragen.

Gibt man längs des Grundkreises die Verschiebung "membrangerecht" in Richtung Kugelmittelpunkt frei (**RB4** in El. 703), so wirkt sich das, ähnlich wie bei der Kreiszylinderschale mit freiem Rand, sehr negativ aus: Die ideale Beulspannung fällt auf ca. **50%** des Wertes nach Gl. (4 - 7.9).

Ist der gelagerte Rand zwar radial verschieblich, aber nicht "membrangerecht", sondern in Grundkreisebene (**RB5** in El. 703), so sind, wenn der halbe Öffnungswinkel deutlich von $\alpha_0 = 90°$ abweicht, die Beanspruchungsverhältnisse im Vorbeulzustand wesentlich ungünstiger als bei RB4 und auch ungünstiger als bei RB2 und RB3. Der elementare Membranspannungszustand nach Gl. (4 - 7.2) ist jetzt kein Gleichgewichtszustand mehr, die Kugelkappe muß sich quasi im Randbereich selbst mit Hilfe von Umfangsspannungen eine Art Stabilisierungsring aufbauen. Aus diesem stark gestörten Grundzustand heraus beult die Schale noch früher, im ungünstigsten Fall bei einer Membran-Nennspannung, die nur ca. **20%** des elementaren Wertes nach Gl. (4 - 7.9) beträgt.

Allen vorstehend gemachten Aussagen liegt eine umfangreiche numerische Parameterstudie von WUNDERLICH/OBRECHT/SCHNABEL [4-85] zugrunde, die speziell für die Erarbeitung von Teil 4 angefertigt wurde. Das verwendete Rechenprogramm führte nichtlineare Beulanalysen im Sinne der Ausführungen in Abschn. 2.2.2 durch.

Bei verschieblich gelagerten Kugelkalotten (RB4 und RB5) trat bei einigen Schalengeometrien keine Gleichgewichtsverzweigung in ein periodisches Beulmuster vor dem Erreichen des rechnerischen Druckmaximums auf; in diesen Fällen wurde im Sinne von Bild 4 - 2.3 der Durchschlagsdruck als idealer Beuldruck verwendet.

In Bild 4 - 7.2 sind einige Ergebnisse aus [4-85] wiedergegeben. Auf die mit "g" gekennzeichneten Ergebnisse wird später eingegangen. Für alle vier Randbedingungsfälle wurden auch Kontrollrechnungen mit R/t = 2000 durchgeführt, die stets höhere ideale Beulspannungen lieferten. Es sei besonders darauf hingewiesen, daß bei $\alpha_0 = 90°$ (Halbkugel) die Randbedingungen RB4 und RB5 natürlich identisch sind, vgl. Gl. (4 - 7.5).

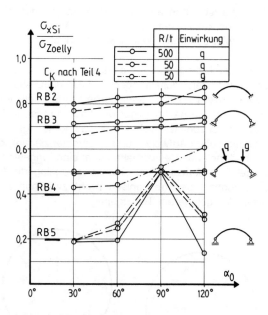

Bild 4 - 7.2 Ideale Beulspannungen randgelagerter Kugelkalotten unter konstantem Manteldruck q und Eigengewicht g (nach [4-85])

7.2.2 Regelungen zur idealen Beulspannung

Zu Element 704, Kein Nachweis erforderlich
Die Abgrenzungsbedingung (80) ist das "Dickwandigkeitskriterium" für manteldruckbeanspruchte Kugelschalen. Sie folgt aus dem Plateauwert $\lambda_s = 0{,}25$ der κ_2-Kurve, zusammen mit Gl. (82) bzw. (83), in Analogie zu Gl. (4 - 4.15).

Gl. (81) beschreibt extrem flache Kugelkalotten, die praktisch biegebeanspruchte Kreisplatten darstellen und als solche nachgewiesen werden müssen (Bild 4 - 7.3).

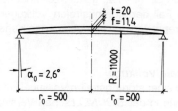

Bild 4 - 7.3 Flache Kugelkalotte, die Bed. (81) erfüllt

Zu Element 705, Ideale Beulspannung
Gl. (82) bzw. (83) in El. 705 entspricht der Gl. (4 - 7.9) dieses Kommentars für die elementare ideale Beulspannung des Basisbeulfalles "ungestörte Vollkugel unter konstantem Manteldruck", versehen mit einem Beiwert C_K, der die beschriebenen Randeinflüsse bei randgelagerten Kugelkalotten erfaßt. Die Zahlenwerte für C_K in Tab. 5 wurden aus der bereits erwähnten Arbeit [4-85] hergeleitet, vgl. Bild 4 - 7.2.

7.3 Reale Beulspannung
(Zu Element 706)

Zur Gültigkeitsgrenze R/t ≤ 3000 gilt sinngemäß das in Abschn. 4.3 zu El. 418 Gesagte.

Die mit Gl. (84) bzw. (85) vorgenommene Zuordnung zum Abminderungsfaktor κ_2 entspricht der im Kommentar zu El. 204 gemachten Aussage, daß die κ_2-Kurve - neben dem Basisbeulfall "Kreiszylinderschale unter konstantem Axialdruck" - auch am Basisbeulfall "Kugelschale unter konstantem Manteldruck" kalibriert wurde.

Kugelschalen unter Druckbeanspruchung werden also in Teil 4 als genauso extrem imperfektionsempfindlich eingestuft wie Kreiszylinderschalen unter Axialdruckbeanspruchung. Das ist aus der Sicht der weitgehenden Analogie der beiden Beulfälle auf der idealisierten Ebene logisch und entspricht der Meinung im Fachschrifttum (z.B.[4-50]). In einigen Regelwerken gelten manteldruckbeanspruchte Kugelschalen sogar als noch imperfektionsempfindlicher als axialgedrückte Kreiszylinderschalen. Der ASME-Code schreibt z.B. für dünnwandige Kugelschalen einen elastischen Imperfektionsfaktor $\alpha = 0,124$ im Gegensatz zu $\alpha = 0,207$ für dünnwandige Zylinderschalen vor. Auch in der DASt-Ri 013 waren für Kugelschalen je nach Randbedingung kleine bis sehr kleine elastische Imperfektionsfaktoren angegeben: $\alpha = 0,15/\ 0,13/\ 0,06$ für RB2/ RB3/ RB5. In all diesen Literaturstellen und Regelwerken wird aber die reale Kugelbeulspannung direkt auf die ZOELLY-Beulspannung nach Gl. (4 - 7.9) bezogen; d.h. die genannten niedrigen Zahlenwerte für α erfassen in Wirklichkeit neben der eigentlichen Imperfektionsempfindlichkeit auch die in Abschn. 7.2.1 beschriebenen, beträchtlichen Randstöreinflüsse auf die ideale Beulspannung. In Teil 4 wurden die beiden Einflüsse im Sinne des halbempirischen Nachweiskonzeptes "sauber" getrennt, indem nun die Randstörungen mit Hilfe der Beiwerte C_K im theoretischen Teil und nur die wirklichen Imperfektionseinflüsse im empirischen Teil des Nachweises erfaßt werden. Das war erstmalig in [4-32] vorgeschlagen worden.

In Bild 4 - 7.4 ist die κ_2-Kurve den auf das Konzept des Teils 4 umgerechneten bezogenen Kugel-Tragbeulspannungen der DASt-Ri 013 gegenübergestellt. Zum besseren Vergleich ist auch die $(1,1/\gamma_{M2})$-fache κ_2-Kurve eingetragen. Der Vergleich zeigt, daß die Beulspannungen für unverschieblich gelagerte Kugelkalotten (RB2 und RB3) im gedrungenen und mittelschlanken Bereich gegenüber der DASt-Ri 013 erheblich angehoben wurden (bis zu 55%!), dagegen im schlanken Bereich etwas abgesenkt wurden. Ersteres ist eine Folge der in Teil 4 vorgenommenen "Gleichstellung" mit der axialgedrückten Kreiszylinderschale hinsichtlich Imperfektionsempfindlichkeit. (Die Kugelschalen waren in DASt-Ri 013 in diesem Schlankheitsbereich aufgrund der konstant verwendeten niedrigen α-Werte deutlich schlechter eingestuft als die Zylinderschalen.) Die Berechtigung der Anhebung folgt aus dem Vergleich mit Versuchsergebnissen, siehe weiter unten. Verschieblich gelagerte Kugelkalotten werden im Gegensatz dazu, wie ebenfalls aus Bild 4 - 7.4 abzulesen, in Teil 4 ab $\bar{\lambda}_s >$ ca. 1,0 erheblich konservativer behandelt als in der DASt-Ri 013. Das ist ebenfalls - nun aber in umgekehrter Richtung - eine Folge der Gleichstellung hinsichtlich Imperfektionsempfindlichkeit; siehe hierzu Kommentar am Ende dieses Abschnittes.

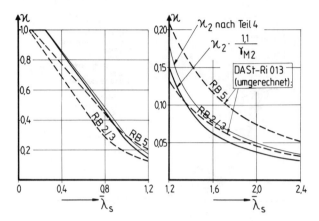

Bild 4 - 7.4 Vergleich der bezogenen Kugelbeulspannungen nach DASt-Ri 013 und DIN 18 800 T. 4

In den Bildern 4 - 7.5 und 4 - 7.6 sind die Ergebnisse von ca. 400 veröffentlichten und in einer Essener Diplomarbeit ausgewerteten Beulversuchen an unverschieblich randgelagerten Kugelkalotten auf zweierlei Weise im Vergleich zum Abminderungsfaktor κ_2 aufgetragen. (Versuche an Vollkugeln und an verschieblich gelagerten Kugelkalotten gibt es kaum). Der Vergleich ist gegen das linke Ende der Darstellung nicht für alle Versuche korrekt, da dort in Abhängigkeit vom Quotienten E/f_y die Kurve $\kappa_2 \cdot \bar{\lambda}_s^2$ bereits ansteigen müßte. Die bei den Versuchen angestrebte unverschiebliche Randlagerung ist versuchstechnisch erfahrungsgemäß nicht ganz einfach zu realisieren; andererseits ist, selbst wenn man gelenkige Lagerung anstrebt, eine gewisse Randeinspannung im Versuch auch nicht zu vermeiden. Die Versuchsrandbedingungen dürften also, je nach Sorgfalt, zwischen gelenkig und eingespannt und zwischen unverschieblich und geringfügig verschieblich gelegen haben. Um die Darstellung auf der sicheren Seite zu halten, wurden alle Versuche mit $C_K = 0,8$ (RB2) ausgewertet. Auf eine Wichtung der Zuverlässigkeit einzelner Versuchsreihen mit dem Ziel, "tiefliegende" Versuchswerte auszusondern, wurde hier - wie auch bei den analogen Darstellungen für die axialgedrückte KZS in den Bildern 4 - 4.17 und 4 - 4.19 - bewußt verzichtet. In anderen ähnlichen Auswertungen [4-32/4-74] ist das unterschiedlich gehandhabt worden.

Die "Punktwolke" der Versuchsbeullasten streut ähnlich breit wie bei der axialgedrückten KZS; auch darin besteht Analogie. Die $(\kappa_2 \cdot 1,1/\gamma_{M2})$-Kurve stellt im mittleren Schlankheitsbereich nur dann eine untere Fraktilkurve dar, wenn man einige der Darmstädter Versuche an stählernen Kugelkalotten (mit "Klöppel/Jungbluth" und "Ebel" gekennzeichnet) ignoriert. Alle Modellschalen dieser Versuchsreihen waren im Tiefziehverfahren hergestellt worden und ziemlich imperfekt, die begleitende Werkstoffprüfung ist nicht vollständig nachzuvollziehen.

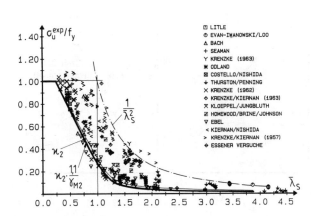

Bild 4 - 7.5 Ergebnisse veröffentlichter Kugelbeulversuche im Vergleich zum Abminderungsfaktor κ_2

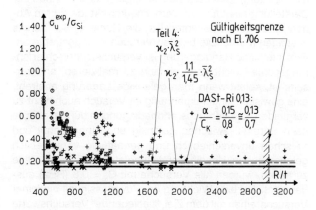

Bild 4 - 7.6 Ergebnisse veröffentlichter Kugelbeulversuche im Vergleich zum elastischen Imperfektionsfaktor $\alpha = \kappa_2 \cdot \bar{\lambda}^2$

Bei der Erstellung der DASt-Ri 013 waren diese Versuche nicht voll berücksichtigt worden. Der Arbeitsausschuß Teil 4 folgte dieser Einschätzung. Die Entscheidung wird durch Bild 4 - 7.7, das [4-6] entnommen ist, bestätigt. Es zeigt eine Auswahl von als vertrauenswürdig ausgewählten Versuchen im Vergleich zu DASt-Ri 013. Beim Vergleich mit Teil 4 würden zwar gemäß Bild 4 - 7.4 die Versuchspunkte in Bild 4 - 7.7 um bis zu 55% nach rechts rutschen, jedoch auf der konservativen Seite bleiben.

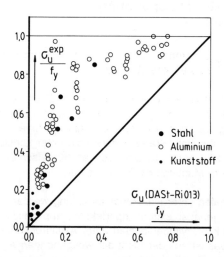

Bild 4 - 7.7 Vergleich zwischen ausgewählten Kugelbeulversuchen und DASt-Ri 013 (nach [4-6])

Radial verschieblich gelagerte Kugelkalotten

Wie bereits festgestellt, werden dünnwandige Kugelkalotten, die in Grundkreisebene verschieblich sind, in Teil 4 konservativer behandelt als in der DASt-Ri 013. Das ist eine quasi "unbeabsichtigte" Folge der konsequenten Umstellung des Nachweiskonzeptes. Zwar war der seinerzeitige Zahlenwert $\alpha_{DASt} = 0{,}06$ nur auf wenige Versuche abgestützt [4-51]; jedoch hat er sich im Prinzip bewährt, zumindest sind keine Schadensfälle bekannt geworden. Es spricht deshalb aus der Sicht der Verfasser dieses Kommentars nichts dagegen, hier das bewährte Sicherheitsniveau der DASt-Ri 013 beizubehalten. Das bedeutet, daß bei Vorliegen (bzw. bei Ansetzen) der Randbedingung RB5 zusammen mit dem Beiwert $C_K = 0{,}2$ wie folgt vorgegangen werden kann:

- Als Abminderungsfaktor wird für $\bar{\lambda}_S > 1$ statt κ_2 nach Gl. (8c) und (8d)

$$\kappa_{RB5} = \frac{0{,}3}{\bar{\lambda}_S^2} \qquad (4 - 7.11)$$

- und als Teilsicherheitsbeiwert statt γ_{M2} nach Gl. (13) der Grundwert

$$\gamma_{M.\,RB5} = 1{,}1 \qquad (4 - 7.12)$$

verwendet. De facto führen damit die beiden Randbedingungsfälle RB5 und RB4 bei dünnwandigen, d.h. rein elastisch beulenden Kugelkalotten zu identischen Grenzbeulspannungen, denn

$0{,}2 \cdot 0{,}3/1{,}1 \cong 0{,}4 \cdot 0{,}2/1{,}45 \cong 0{,}055 = 0{,}06/1{,}1$.

Das ist beulmechanisch plausibel, wie nachfolgend begründet: Der eigentliche verzweigungstheoretische Abfall gegenüber der ZOELLY-Spannung infolge des freien Randes tritt bereits bei RB4 auf und beträgt für alle Geometrien ziemlich konstant 50% (vgl. Bild 4 - 7.2). Diese Gleichgewichtsverzweigung dürfte ähnlich imperfektionsempfindlich einzuschätzen sein, wie die der Vollkugel selbst, da sie ebenfalls aus einem reinen Membranzustand heraus erfolgt. Der weitere Stabilitätsabfall bis auf ca. 20% bei Öffnungswinkeln $\alpha_0 \neq 90°$ und RB5 wird durch große Biegestörungen verursacht. Derart reduzierte ideale Beullasten sind erfahrungsgemäß ihrerseits nicht noch einmal mit derselben Imperfektionsempfindlichkeit behaftet.

Es sei hier ausdrücklich noch auf zwei Punkte hingewiesen:
- Die Gl. (4 - 7.11) und (4 - 7.12) dürfen nur zusammen mit $C_K = 0,2$, keinesfalls zusammen mit $C_K = 0,4$ verwendet werden - auch nicht bei Halbkugeln, obwohl bei ihnen RB4 und RB5 identisch sind.
- Bei RB5 darf der Vergleichsspannungsnachweis nicht vergessen werden.

7.4 Spannungen infolge Einwirkungen
(Zu Element 707)

Die Regelung in El. 707 entspricht dem im Kommentar zu El. 207 ausführlich diskutierten Grundkonzept des Teils 4, auf der "Einwirkungsseite" des Beulsicherheitsnachweises - sofern nichts Besseres bekannt ist - Größtwerte der beulrelevanten Membranspannungen einzusetzen. In Anmerkung 2 wird darauf hingewiesen, daß diese Membranspannungen in der Regel durchaus nach der elementaren Membrantheorie der Schalen ermittelt werden dürfen.

Für den Einwirkungsfall Eigengewicht wurde das vorgenannte Vorgehen in [4-85] mit Hilfe numerischer nichtlinearer Beulanalysen überprüft. Dabei ergaben sich für alle Randbedingungen außer RB4 im idealen Beulzustand unter Eigengewichtslast (Gleichgewichtsverzweigung oder Durchschlag) rechnerische, membrantheoretische Meridiandruckspannungen max σ_x (vgl. Bild 30c in Teil 4), die größer waren als σ_{xSi} für den Basisbeulfall. Mit Rücksicht auf die Ausnahme RB4 (vgl. Bild 4 - 7.2, Ergebnisse für "g") wurde der zugehörige Beiwert in Teil 4, Tab. 5, zu $C_K = 0,4$ festgelegt - statt $C_K = 0,5$, wie für konstanten Manteldruck q eigentlich möglich.

Als mögliche Einwirkungen werden "konstante oder stetig veränderliche Flächenlasten" genannt. "Linien- oder punktförmig konzentrierte Belastungen" werden in der Anmerkung 1 ausdrücklich ausgeschlossen, weil nicht genügend Kenntnisse vorlagen, um hierfür einfache Regeln aufstellen zu können. Es muß aber zunächst präzisiert werden, daß damit rechtwinklig zur Schalenfläche wirkende Belastungen gemeint sind; tangential angreifende Linien- und Punktlasten können ohne weiteres mit den Regeln des Teils 4 erfaßt werden, wenn man die von ihnen verursachten Membranspannungen kennt. Für rechtwinklig zur Schalenfläche angreifende, konzentrierte Lasten können keine allgemeinen Empfehlungen gegeben werden. Wenn sie nicht klein genug sind, um mit einfachen Spannungsnachweisen und Näherungen im Sinne des Kommentars zu El. 113 in Abschn. 1.4 beherrscht werden zu können, müssen ggf. mit baustatischen Methoden geeignete Versteifungen angebracht werden, die ihrerseits in die Kugelschale nur tangentiale Kräfte absetzen.

Hinweise auf die Beultragfähigkeit von unversteiften Kugelkappen unter einer Einzellast im Scheitel werden in [4-2] gegeben. Demnach wird bei bestimmten Abmessungsverhältnissen der Beulsicherheitsnachweis nicht maßgebend, sondern es tritt Versagen durch Überschreitung der plastischen Festigkeit auf. Als Bedingung, innerhalb der ein Beulsicherheitsnachweis entfallen kann, wird angegeben:
- bei verschieblichen Rändern:
$\sqrt{R/t} \cdot \sin(\alpha_0/2) \leq 1$, (4 - 7.13a)
- bei eingespannten Rändern:
$\sqrt{R/t} \cdot \sin(\alpha_0/2) \leq 2$. (4 - 7.13b)

Der zusätzlich zu führende Spannungsnachweis unter der konzentrierten Flächenlast kann nach [4-20] (Tab. 31) geführt werden; zur Verbesserung der Beanspruchungshöhe ist - bei ortsfesten Einzellasten - oft eine Vergrößerung der Aufstandsfläche durch eine Fußplatte zielführend.

Auf den in Anmerkung 2 zu El. 707 angesprochenen Vergleichsspannungsnachweis sei besonders im Zusammenhang mit flachen, verschieblich gelagerten Kugelkalotten (RB5) noch einmal hingewiesen. Wie mehrfach erwähnt, treten bei ihnen unter radialen und/oder axialen Flächenlasten (Manteldruck, Eigengewicht, Schneelast usw.) im Randbereich aus Gleichgewichtsgründen große Umfangszugspannungen auf, welche zusammen mit den Meridiandruckspannungen u.U. den Vergleichsspannungsnachweis gegenüber dem Beulsicherheitsnachweis maßgebend werden lassen.

7.5 Kombinierte Beanspruchung

Zu Element 708, Druck in Meridianrichtung und Druck in Umfangsrichtung

Im Gegensatz zur Kreiszylinderschale, deren Basisbeulfälle "reine" einachsige Membranspannungszustände darstellen, enthält der Basisbeulfall der Kugelschale bereits beide Membrandruckspannungskomponenten. Wenn man also für einen gegebenen Einwirkungsfall mit $\sigma_x \neq \sigma_\varphi$ den Einzelnachweis mit dem größeren der beiden Größtwerte max σ_x oder max σ_φ geführt hat, befindet man sich bereits auf der sicheren Seite.

Ein Interaktionsnachweis wäre nur erforderlich, wenn zusätzlich nennenswerte Schubspannungen vorhanden wären. Für diese enthält aber Teil 4 keine Regeln.

Zu Element 709, Druck in Meridianrichtung und Zug in Umfangsrichtung

Es ist davon auszugehen, daß auch bei dünnwandigen, elastisch beulenden Kugelschalen - ähnlich wie bei dünnwandigen, elastisch beulenden Kreiszylinderschalen - Membranzugspannungen eine stabilisierende Wirkung auf rechtwinklig zu ihnen wirkende, beulauslösende Membrandruckspannungen haben. Das darf jedoch keinesfalls mit den speziell aus Kreiszylinderversuchen hergeleiteten Abminderungsfaktoren κ_{2q} erfaßt werden. Eine ähnlich einfache Regel für Kugelschalen ist nicht bekannt.

8 Beispiele

Die nachfolgenden Beispiele sind im Prinzip an baupraktischen Aufgabenstellungen orientiert. Wo wegen ihres demonstrativen Charakters erforderlich, wurden sie aber vereinfacht oder modifiziert.

8.1 Rohrförmige Stütze

8.1.1 Aufgabenstellung, System, technische Daten
Im Vorentwurfsstadium eines Kugelgasbehälters ist zu prüfen, ob beim Tragsicherheitsnachweis der Stützen unter Umständen das Schalenbeulen unter Axialdruckbeanspruchung berücksichtigt werden muß.

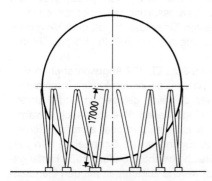

Stützenquerschnitt:
Rohr 406,4 × 5,0

Werkstoff:
Baustahl Fe 360 B (St 37-2) mit
$E = 210000$ N/mm²
$f_{y,k} = 240$ N/mm²

Bild 4 - 8.1 Systemskizze

8.1.2 Schalenbeulsicherheitsnachweis erforderlich ?

Dickwandiger Kreiszylinder ?   El. 405

$E/(25\,f_{y,k}) = 2{,}1 \cdot 10^5/(25 \cdot 240) = 35{,}0$

$r/t = 200{,}7/5{,}0 = 40{,}1 > 35{,}0 \Rightarrow$ nein

Sehr langer Kreiszylinder ?   El. 410

Annahme : $s_K \approx 0{,}8 \cdot l = 0{,}8 \cdot 17000 = 13600$ mm

$10\sqrt{r/t} = 10\sqrt{40{,}1} = 63{,}6$

$s_K/r = 13600/200{,}7 = 67{,}8 > 63{,}3 \Rightarrow$ ja

Es braucht kein Beulsicherheitsnachweis geführt zu werden.

8.2 Zylindrische Standzarge

8.2.1 Aufgabenstellung, System, technische Daten
Die kreiszylindrische Standzarge eines Silos ist für die maßgebende Einwirkungskombination auf Beulsicherheit unter Axialdruckbeanspruchung nachzuweisen.

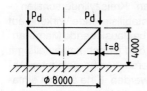

Bemessungswert der Einwirkungsgröße:
$p_d = 400$ kN/m
Werkstoff:
Baustahl Fe 360 B (St 37-2) mit
$E = 210000$ N/mm²
$f_{y,k} = 240$ N/mm²

Bild 4 - 8.2 Systemskizze

8.2.2 Beanspruchung: Maßgebende Membranspannung

σ_x = 400/8,0 = 50,0 N/mm²

8.2.3 Beanspruchbarkeit: Grenzbeulspannung

l/r	= 4000/4000	= 1,0	$l/r < 0{,}5\sqrt{r/t} = 11{,}2$	Gl. (27)
r/t	= 4000/8	= 500	$\Rightarrow$ kein langer KZ	

σ_{xSi} = 0,605 · 1,0 · 2,1 · 10⁵ · (8/4000) = 254,1 N/mm²   Gl. (26)

$\bar{\lambda}_{Sx}$ = $\sqrt{240/254{,}1}$ = 0,972   Gl. (1)

κ_2 = 1,233 − 0,933 · 0,972 = 0,326   Gl. (8b)

$\sigma_{xS,R,k}$ = 0,326 · 240 = 78,24 N/mm²   Gl. (43)

γ_{M2} = 1,1(1 + 0,318 · (0,972 − 0,25)/1,75) = 1,244   Gl. (13b)

$\sigma_{xS,R,d}$ = 78,24/1,244 = 62,9 N/mm²   Gl. (9)

8.2.4 Beulsicherheitsnachweis

$\dfrac{\sigma_x}{\sigma_{xS,R,d}} = \dfrac{50{,}0}{62{,}9}$ = 0,79 < 1   Gl. (14)

8.3 Zylindrischer Glattblechsilo

8.3.1 Aufgabenstellung, System, technische Daten

Für den gefüllten Zustand eines kreiszylindrischen Glattblechsilos ist die Beulsicherheit nachzuweisen.

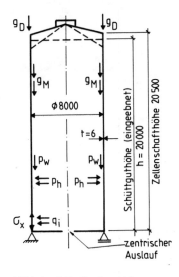

Silogut:
Schüttgut (Weizen) mit
γ = 9,0 kN/m³

Werkstoff:
Baustahl Fe 360 B (St 37-2) mit
E = 210000 N/mm²
$f_{y,k}$ = 240 N/mm²

Bild 4 - 8.3 Systemskizze

8.3.2 Einwirkungen

Charakteristische Werte
Eigengewicht:
Dach + Aufbau: $g_{D,k}$ ≅ 1,0 kN/m

Zylindermantel: $g_{M,k}$ = 0,785 · 0,6 ≅ 0,5 kN/m²

| | | 8 Beispiele | Hinweise |

Schneelast, Windlast: (wird hier nicht weiter verfolgt) — DIN 1055

Silolasten: — DIN 1055 Teil 6 (05/1987)

Füllen:
$\lambda = 0{,}6$ $\mu_3 = 0{,}25$ $e_h = 1{,}4$ $\beta_G = 0{,}5$ $c_b = 1{,}5$

A/u $= 2{,}00$ m

$\max p_{hf} = 9{,}0 \cdot 2{,}00/0{,}25$ $= 72{,}0$ kN/m²

$\max p_{wf} = 9{,}0 \cdot 2{,}00$ $= 18{,}0$ kN/m²

$z_0 = 2{,}00/(0{,}6 \cdot 0{,}25)$ $= 13{,}33$ m

$z/z_0 = 20{,}00/13{,}33$ $= 1{,}5$ $\Rightarrow \Phi = 0{,}777$

$p_{hf}(z) = \max p_{hf} \cdot \Phi = 72{,}0 \cdot 0{,}777 = 55{,}9$ kN/m²

$p_{wf}(z) = \max p_{wf} \cdot \Phi = 18{,}0 \cdot 0{,}777 = 14{,}0$ kN/m²

$\Sigma p_{wf}(z) = \max p_{wf} \cdot (z - z_0 \cdot \Phi)$

       $= 18{,}0 \cdot (20{,}00 - 13{,}33 \cdot 0{,}777) = 174$ kN/m $\equiv p_{wf,k}$

Entleeren:
$r/t = 4{,}00/0{,}006 = 666{,}7$ > 100

$h/d = 20{,}00/8{,}00 = 2{,}5$ > 1

$\beta_h = 0{,}2h/d + 0{,}8 = 0{,}2 \cdot 2{,}5 + 0{,}8 = 1{,}30$ $< 1{,}40$

$\beta_a = 1{,}0$ da $a/r < 1/3$

$\beta_r = 0{,}05$ da $r/t > 100$

$\beta = \beta_h \cdot \beta_a \cdot \beta_r \cdot \beta_G = 1{,}30 \cdot 1{,}0 \cdot 0{,}05 \cdot 0{,}5 \cong 0{,}033$

$\kappa = 1{,}0 + 3{,}0 \cdot \beta \cdot \sqrt{h/d}$ da $r/t > 100$

    $= 1{,}0 + 3{,}0 \cdot 0{,}033 \cdot \sqrt{2{,}5} = 1{,}157$

$p_{he} = \kappa \cdot e_h \cdot p_{hf} = 1{,}157 \cdot 1{,}4 \cdot 55{,}9 = 90{,}55$ kN/m²

$p_{we} = 1{,}1\, p_{wf} = 1{,}1 \cdot 14{,}0 = 15{,}40$ kN/m²

$\Sigma p_{we} = 1{,}1\, \Sigma p_{wf} = 1{,}1 \cdot 174 = 191$ kN/m $\equiv p_{we,k}$

Anmerkung: Die in DIN 1055 Teil 6, Abschn. 5, für den Beulsicherheitsnachweis dünner Silowände vorgesehene Erhöhung der summierten Wandreibungslast um 10% war seinerzeit im Zusammenhang mit der DASt-Richtlinie 013 festgelegt worden, die einen globalen Beulsicherheitsfaktor $\gamma = 1{,}5$ forderte. Sie kann jetzt entfallen, da nach DIN 18 800 Teil 4 die globale Beulsicherheit mit $\gamma_F \cdot \gamma_M = 1{,}65$ bereits um 10% größer ist als $\gamma = 1{,}5$.

Mindestwert der bei maximaler Wandreibungslast Σp_{we} gleichzeitig wirkenden Horizontallast: — DIN 1055 Teil 6 Abschn. 5

$\min p_h = 0{,}333 \cdot p_{hf} = 0{,}333 \cdot 55{,}9 = 18{,}63$ kN/m² $\equiv q_{i,k}$

Bemessungswerte
Einwirkungskombination 1 (EK1):
$1{,}35 \cdot$ Eigengewicht $+ 1{,}5 \cdot$ Silolast

Einwirkungskombination 2 (EK2): | Teil 1, El. 710
1,35 · Eigengewicht + 1,5 · 0,9 · (Silolast + Schneelast + 0,5 · Windlast)
oder
1,35 · Eigengewicht + 1,5 · 0,9 · (Silolast + 0,5 · Schneelast + Windlast) (hier nicht weiter verfolgt)

8.3.3 Beanspruchung: Maßgebende Membranspannung
EK1: σ_x = [1.35(1,0 + 20,5 · 0,5) + 1,5 · 191]/6 = 50,3 N/mm²

8.3.4 Beanspruchbarkeit: Grenzbeulspannung

Abminderungsfaktor für Axialbeulen:

l/r	= 20000/4000	= 5,0 $\}$ $l/r < 0{,}5\sqrt{r/t}$ = 12,9	Gl. (27)
r/t	= 4000/6	= 666,7 $\}$ ⇒ kein langer KZ	

σ_{xSi} = 0,605 · 1,0 · 2,1 · 10⁵(6/4000) = 190,6 N/mm² Gl. (26)

$\bar{\lambda}_{Sx}$ = $\sqrt{240/190{,}6}$ = 1,122 Gl. (1)

κ_2 = 0,3/1,122³ = 0,212 Gl. (8c)

Berücksichtigung der beullasterhöhenden Wirkung des inneren Manteldruckes:

$q_{i,d}$ = 1,5 · min p_h = 1,5 · 18,63 = 27,95 kN/m²

$(q_{i,d}/E)(r/t)^2$ = (27,95 · 10⁻³/2,1 · 10⁵) · 666,7² = 0,0592

κ_{2q} = 0,212(1 + 1,2 · 1,122 · 0,0592^{0,38}) = 0,309 Gl. (53c)

$\sigma_{xS,R,k}$ = 0,309 · 240 = 74,2 N/mm² Gl. (43)

γ_{M2} = 1,1(1 + 0,318 · (1,122 − 0,25)/1,75) = 1,274 Gl. (13b)

$\sigma_{xS,R,d}$ = 74,2/1,274 = 58,2 N/mm² Gl. (9)

8.3.5 Beulsicherheitsnachweis

$\dfrac{\sigma_x}{\sigma_{xS,R,d}}$ = $\dfrac{50{,}3}{58{,}2}$ = 0,86 < 1 Gl. (14)

8.4 Unterwasser-Pipeline

8.4.1 Aufgabenstellung, System, technische Daten
Die Beulsicherheit einer auf dem Grund eines Sees verlegten Pipeline ist für den Fall, daß infolge eines Pumpenschadens der Innendruck des transportierten Mediums ausfällt, nachzuweisen.

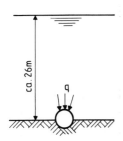

Pipelinequerschnitt:
 geschw. Stahlrohr 914 × 10

Werkstoff:
 Baustahl Fe 360 B (St 37-2) mit
 E = 210000 N/mm²
 $f_{y,k}$ = 240 N/mm²

Bild 4 - 8.4 Systemskizze

8.4.2 Einwirkung

Charakteristischer Wert
Äußerer Manteldruck aus Wasserauflast: q_k = 260,0 kN/m²

Bemessungswert
Die Wasserauflast wird als "kontrollierte Einwirkung" angesetzt. | Teil 1, El. 710
q_d = 1,35 · 260,0   = 351,0 kN/m²

8.4.3 Beanspruchung: Maßgebende Membranspannung
σ_φ = 351,0 · 10⁻³ · 452/10   = 15,87 N/mm²

8.4.4 Beanspruchbarkeit: Grenzbeulspannung
l/r   ≅ ∞   ⇒ langer KZ | Gl. (35)

$\sigma_{\varphi Si}$ = 2,1 · 10⁵(10/452)² · 0,275   = 28,27 N/mm² | Gl. (36)

$\bar{\lambda}_{S\varphi}$ = $\sqrt{240/28,27}$ = 2,91 | Gl. (2)

κ_1 = 0,65/2,91²   = 0,0768 | Gl. (7c)

$\sigma_{\varphi S,R,k}$ = 0,0768 · 240   = 18,42 N/mm² | Gl. (44)

$\sigma_{\varphi S,R,d}$ = 18,42/1,1   = 16,75 N/mm² | Gl. (10)

8.4.5 Beulsicherheitsnachweis

$\dfrac{\sigma_\varphi}{\sigma_{\varphi S,R,d}} = \dfrac{15,87}{16,75}$ = 0,95 < 1 | Gl. (15)

8.5 Zylindrischer Vakuumbehälter

8.5.1 Aufgabenstellung, System, technische Daten
Für das maßgebende Teilfeld eines in einem Gebäude witterungsgeschützt stehenden kreiszylindrischen, ringversteiften Vakuumbehälters ist der Beulsicherheitsnachweis zu führen.

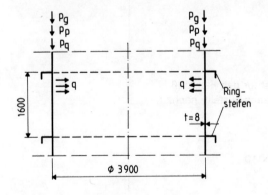

Werkstoff:
Baustahl Fe 360 B (St 37-2) mit
E   = 210000 N/mm²
$f_{y,k}$ = 240 N/mm²

Bild 4 - 8.5 Systemskizze

8.5.2 Einwirkungen

Charakteristische Werte
<u>Eigengewicht:</u>
Zylindermantel, Deckel,
Betriebseinrichtungen: $p_{g,k}$ ≅ 55,0 kN/m
<u>Unterdruck:</u>
Manteldruck: q_k = 100,0 kN/m²

Deckellast: $p_{q,k}$ = 100,0 · 3,90/4 = 97,5 kN/m

Verkehrslast:
auf Bedienungsbühnen: $p_{p,k}$ ≅ 25,0 kN/m

Bemessungswerte
Einwirkungskombination 1 (EK1):
Eigengewicht plus größte veränderliche Einwirkung; der Unterdruck wird als "kontrollierte Einwirkung" angesetzt.   Teil 1, El. 710

$p_{g,d}$ = 1,35 · 55,0 = 74,25 kN/m

$p_{q,d}$ = 1,35 · 97,5 = 131,6 kN/m
p_d = Σ = 205,9 kN/m

q_d = 1,35 · 100,0 = 135,0 kN/m²

Einwirkungskombination 2 (EK2):
Eigengewicht plus alle veränderlichen Einwirkungen.   Teil 1, El. 710

$p_{g,d}$ = 1,35 · 55,0 = 74,25 kN/m

$p_{q,d}$ = 1,35 · 0,9 · 97,5 = 118,5 kN/m

$p_{p,d}$ = 1,5 · 0,9 · 25,0 = 33,75 kN/m
p_d = Σ = 226,5 kN/m

q_d = 1,35 · 0,9 · 100,0 = 121,5 kN/m²

8.5.3 Beanspruchungen: Maßgebende Membranspannungen
EK1:
σ_x = 205,9/8 = 25,7 N/mm²

σ_φ = 135,0 · 10⁻³ · (1950/8) = 32,9 N/mm²

EK2:
σ_x = 226,5/8 = 28,3 N/mm²

σ_φ = 121,5 · 10⁻³ · (1950/8) = 29,6 N/mm²

8.5.4 Beanspruchbarkeiten: Grenzbeulspannungen

Druckbeanspruchung in Axialrichtung
l/r = 1600/1950 = 0,821 } l/r < 0,5√(r/t) = 7,8   Gl. (27)
r/t = 1950/8 = 243,8 } ⇒ kein langer KZ

σ_{xSi} = 0,605 · 1,0 · 2,1 · 10⁵ · (8/1950) = 521,2 N/mm²   Gl. (26)

$\bar{\lambda}_{Sx}$ = $\sqrt{240/521,2}$ = 0,679   Gl. (1)

κ_2 = 1,233 - 0,933 · 0,679 = 0,600   Gl. (8b)

$\sigma_{xS,R,k}$ = 0,600 · 240 = 144,0 N/mm²   Gl. (43)

γ_{M2} = 1,1(1 + 0,318 · (0,679 - 0,25)/1,75) = 1,186   Gl. (13b)

$\sigma_{xS,R,d}$ = 144,0/1,186 = 121,4 N/mm²   Gl. (9)

Druckbeanspruchung in Umfangsrichtung
Randbedingungen: RB2 - RB2 ⇒ C_φ = 1,0   El. 403, Bild 11f
l/r = 0,821 } l/r < 1,63C_φ√(r/t) = 25,4
r/t = 243,8 } ⇒ kein langer KZ   Gl. (33)

		Hinweise
$C_\varphi^* = 1,0 + 3,0/(0,821 \cdot \sqrt{243,8})^{1,35}$	$= 1,096$	Tab. 2
$\sigma_{\varphi Si} = 0,92 \cdot 1,096 \cdot 2,1 \cdot 10^5/(0,821 \cdot 243,8^{1,5})$	$= 67,8$ N/mm²	Gl. (34)
$\bar{\lambda}_{S\varphi} = \sqrt{240/67,8}$	$= 1,881$	Gl. (2)
$\kappa_1 = 0,65/1,881^2$	$= 0,184$	Gl. (7c)
$\sigma_{\varphi S,R,k} = 0,184 \cdot 240$	$= 44,1$ N/mm²	Gl. (44)
$\sigma_{\varphi S,R,d} = 44,1/1,1$	$= 40,1$ N/mm²	Gl. (10)

8.5.5 Beulsicherheitsnachweise

Einzelnachweise

$$\frac{\max \sigma_x}{\sigma_{xS,R,d}} = \frac{28,3}{121,4} = 0,23 < 1 \qquad \text{Gl. (14)}$$

$$\frac{\max \sigma_\varphi}{\sigma_{\varphi S,R,d}} = \frac{32,9}{40,1} = 0,82 < 1 \qquad \text{Gl. (15)}$$

Interaktionsnachweise

EK1:

$$\left[\frac{25,7}{121,4}\right]^{1,25} + \left[\frac{32,9}{40,1}\right]^{1,25} = 0,144 + 0,781 = 0,93 < 1 \qquad \text{Gl. (50)}$$

EK2:

$$\left[\frac{28,3}{121,4}\right]^{1,25} + \left[\frac{29,6}{40,1}\right]^{1,25} = 0,162 + 0.684 = 0,85 < 1 \qquad \text{Gl. (50)}$$

Anmerkung: Die Ringsteifen können beispielsweise mit Hilfe der ECCS-Recommendations oder auch mit Hilfe der DASt-Richtlinie 017 nachgewiesen werden.

8.6 Seiltrommel

8.6.1 Aufgabenstellung, System, technische Daten
Für die skizzierte seiltrommelähnliche Rohrkonstruktion ist unter der eingezeichneten Nutzlast die Beulsicherheit nachzuweisen.

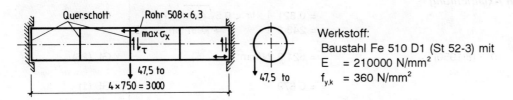

Werkstoff:
Baustahl Fe 510 D1 (St 52-3) mit
$E = 210000$ N/mm²
$f_{y,k} = 360$ N/mm²

Bild 4 - 8.6 Systemskizze

Die Trommel sei am Auflagerring auch in Axialrichtung verformungsschlüssig gelagert (Biegeeinspannung).

8.6.2 Einwirkungen

Charakteristischer Wert
Eigengewicht:
vernachlässigt
Nutzlast: $F_k = 475$ kN

Bemessungswert
$F_d = 1{,}50 \cdot 475$ = 712,5 kN — Teil 1, El. 710

8.6.3 Beanspruchungen: Maßgebende Membranspannungen

Biegung:
$M_B = 712{,}5 \cdot 3{,}00/8$ = 267,2 kNm

$\max \sigma_x = 267{,}2 \cdot 10^6/(\pi \cdot 250{,}9^2 \cdot 6{,}3)$ = 214,5 N/mm²

Querkraft:
$V = 0{,}5 \cdot 712{,}5$ = 356,3 kN

$\max \tau_V = 356{,}3 \cdot 10^3/(\pi \cdot 250{,}9 \cdot 6{,}3)$ = 71,8 N/mm²

Torsion:
$M_T = 0{,}5 \cdot 712{,}5 \cdot 0{,}254$ = 90,5 kNm

$\tau_T = 90{,}5 \cdot 10^6/(2 \cdot \pi \cdot 250{,}9^2 \cdot 6{,}3)$ = 36,3 N/mm²

8.6.4 Beanspruchbarkeiten: Grenzbeulspannungen
Randbedingungen: RB2 an allen Querschotten.
Geometrie:
$l = 3000/4$ = 750 mm

$r = 0{,}5(508 - 6{,}3)$ ≅ 250,9 mm

t = 6,3 mm

Druckbeanspruchung in Axialrichtung
$l/r = 750/250{,}9$ = 2,99 ⎫ $l/r < 0{,}5\sqrt{r/t} = 3{,}2$ — Gl. (27)
$r/t = 250{,}9/6{,}3$ = 39,8 ⎭ ⇒ kein langer KZ

$\sigma_{xSi} = 0{,}605 \cdot 1{,}0 \cdot 2{,}1 \cdot 10^5 \cdot (6{,}3/250{,}9)$ = 3190 N/mm² — Gl. (26)

$\bar{\lambda}_{Sx} = \sqrt{360/3190}$ = 0,336 — Gl. (1)

$\kappa_2 = 1{,}233 - 0{,}933 \cdot 0{,}336$ = 0,920 — Gl. (8b)

$\sigma_{xS,R,k} = 0{,}920 \cdot 360$ = 331 N/mm² — Gl. (43)

$\gamma_{M2} = 1{,}1(1 + 0{,}318 \cdot (0{,}336 - 0{,}25)/1{,}75)$ = 1,117 — Gl. (13b)

$\sigma_{xS,R,d} = 331/1{,}117$ = 296 N/mm² — Gl. (9)

Schubbeanspruchung
$l/r = 750/250{,}9$ = 2,99 ⎫ $l/r < 8{,}7\sqrt{r/t} = 54{,}9$ — Gl. (38)
$r/t = 250{,}9/6{,}3$ = 39,8 ⎭ ⇒ kein langer KZ

$\tau_{Si} = 0{,}75 \cdot 1{,}0 \cdot 2{,}1 \cdot 10^5 \cdot (1/39{,}8)^{1{,}25} \cdot (1/2{,}99)^{0{,}5}$ = 911 N/mm² — Gl. (39)

$\bar{\lambda}_{S\tau} = \sqrt{360/(\sqrt{3} \cdot 911)}$ = 0,478 — Gl. (3)

$\kappa_1 = 1{,}274 - 0{,}686 \cdot 0{,}478$ = 0,946 — Gl. (7b)

$\tau_{S,R,k} = 0{,}946 \cdot 360/\sqrt{3}$ = 196,6 N/mm² — Gl. (45)

$\tau_{S,R,d} = 196{,}6/1{,}1$ = 179 N/mm² — Gl. (11)

8.6.5 Beulsicherheitsnachweise

Einzelnachweise

$$\frac{\max \sigma_x}{\sigma_{xS,R,d}} = \frac{214{,}5}{296} = 0{,}72 < 1 \qquad \text{Gl. (14)}$$

$$\frac{\max \tau}{\tau_{S,R,d}} = \frac{71{,}8 + 36{,}3}{179} = \frac{108{,}1}{179} = 0{,}60 < 1 \qquad \text{Gl. (16)}$$

Interaktionsnachweis

Zu kombinierende Axialdruckspannung: El. 427

$0{,}16\, C_\varphi r \sqrt{r/t} = 0{,}16 \cdot 1{,}0 \cdot 250{,}9 \sqrt{39{,}8}$ = 253 mm

$l_R = 0{,}10 \cdot l = 0{,}10 \cdot 750$ = 75 mm < 253 mm Gl. (51)

Hilfsbild zu 8.6

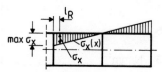

$\sigma_x = \max \sigma_x \cdot (750 - 75)/750 = 214{,}5 \cdot 0{,}9 \cong 193$ N/mm²

Nachweis:

$$\left[\frac{193}{296}\right]^{1{,}25} + \left[\frac{108{,}1}{179}\right]^2 = 0{,}586 + 0{,}365 = 0{,}95 < 1 \qquad \text{Gl. (50)}$$

8.7 Zylindrische Apparatebau-Komponente

8.7.1 Aufgabenstellung, System, technische Daten

Eine behälterähnliche kreiszylindrische Komponente in einer biochemischen Anlage, die primär für hydrostatischen Innendruck ausgelegt ist, soll für den dargestellten Katastrophenfall "äußerer Differenz-Flüssigkeitsdruck" auf seine Beulsicherheit untersucht werden.

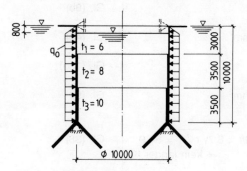

Flüssigkeit:
γ = 10,0 kN/m³

Werkstoff:
Baustahl Fe 360 B (St 37-2) mit
E = 210000 N/mm²
$f_{y,k}$ = 240 N/mm²

Bild 4 - 8.7 Systemskizze

8.7.2 Einwirkung

Charakteristischer Wert

$q_{0,k} = 10{,}0 \cdot 0{,}80$ = 8,00 kN/m²

Bemessungswert

Der Differenz-Flüssigkeitsdruck wird als "außergewöhnliche Einwirkung" angesetzt. Teil 1, El. 714
$q_{0,d} = 1{,}0 \cdot 8{,}00$ = 8,00 kN/m²

8.7.3 Beanspruchung: Maßgebende Membranspannung
Schuß 1:
$\sigma_{\varphi 1} = 8{,}00 \cdot 10^{-3} \cdot 5000/6$ $\qquad = 6{,}67$ N/mm²

8.7.4 Beanspruchbarkeit: Grenzbeulspannung
Regelvorgehensweise:
Ermittlung der idealen Umfangsbeulspannung mit den Norm-Gleichungen für einen drei-schüssigen Kreiszylinder nach Abschn. 5.3.2.

$l_o = 3{,}00$ m	$t_o = 6$ mm	$l_o/l = 3{,}00/10{,}00$	$= 0{,}30$
$l_m = 3{,}50$ m $\cong l_o$	$t_m = 8$ mm	$t_m/t_o = 8/6$	$= 1{,}33$
$l_u = 3{,}50$ m	$t_u = 10$ mm	$t_u/t_o = 10/6$	$= 1{,}67$

Bild 19b

$\beta \cong 0{,}675$ — Bild 20b

$(l_o/\beta)/r = (3000/0{,}675)/5000 \qquad = 0{,}889$

$1{,}63\sqrt{r/t_o} = 1{,}63\sqrt{5000/6} \qquad = 47{,}05$

$47{,}05 > 0{,}889 \qquad \Rightarrow$ kein langer KZ — Gl. (55)

$\sigma_{\varphi Si,1} = (6/6)0{,}92 \cdot 2{,}1 \cdot 10^5 (1/0{,}889) \cdot (6/5000)^{1{,}5} \qquad = 9{,}04$ N/mm² — Gl. (56)

$\bar{\lambda}_{S\varphi} = \sqrt{240/9{,}04} \qquad = 5{,}153$ — Gl. (2)

$\kappa_1 = 0{,}65/5{,}153^2 \qquad = 0{,}0245$ — Gl. (7c)

$\sigma_{\varphi S,R,k} = 0{,}0245 \cdot 240 \qquad = 5{,}88$ N/mm² — Gl. (44)

$\sigma_{\varphi S,R,d} = 5{,}88/1{,}1 \qquad = 5{,}35$ N/mm² — Gl. (10)

Spezielle Vorgehensweise:
Ermittlung der idealen Umfangsbeulspannung durch ein "geeignetes Berechnungsverfahren" im Sinne von El. 201.
Es wurde eine Eigenwertanalyse mit dem Programm F04B08 zur Spannungs- und Beulberechnung von Rotationsschalen (Erstellerin: Prof. Dr.-Ing. M. Esslinger) durchgeführt [4-8/4-41/4-42]. Angesetzte Randbedingungen (vgl. Bild 4 - 8.7):
- oben: RB2, d.h. $w = 0$, $w'' = 0$, $v = 0$, $n_x = 0$,
- unten: RB1, d.h. $w = 0$, $w'' = 0$, $v = 0$, $u = 0$ (!) .

Die Beulrechnung liefert als niedrigsten Verzweigungsbeuldruck:
$q_{oki} = 0{,}0135$ N/mm² mit $m = 14$ Beulwellen in Umfangsrichtung.

Daraus folgt als ideale Beulspannung:
$\sigma_{\varphi Si,1} = 0{,}0135 \cdot 5000/6 \qquad = 11{,}25$ N/mm²

Weitere Rechnung analog zur Regelvorgehensweise:

$\bar{\lambda}_{S\varphi} = \sqrt{240/11{,}25} \qquad = 4{,}62$ — Gl. (2)

$\kappa_1 = 0{,}65/4{,}62^2 \qquad = 0{,}0305$ — Gl. (7c)

$\sigma_{\varphi S,R,k} = 0{,}0305 \cdot 240 \qquad = 7{,}32$ N/mm² — Gl. (44)

$\sigma_{\varphi S,R,d} = 7{,}32/1{,}1 \qquad = 6{,}65$ N/mm² — Gl. (10)

8.7.5 Beulsicherheitsnachweis

Regelvorgehensweise:
$\dfrac{\sigma_\varphi}{\sigma_{\varphi S,R,d}} = \dfrac{6{,}67}{5{,}35} \qquad = 1{,}25 > 1$ — Gl. (15)

Der Nachweis ist nicht führbar. Es wäre demnach eine Verstärkung des oberen Schusses erforderlich!

Spezielle Vorgehensweise:

$$\frac{\sigma_\varphi}{\sigma_{\varphi S,R,d}} = \frac{6{,}67}{6{,}65} = 1{,}003 \approx 1 \qquad \text{Gl. (15)}$$

Mit Hilfe der genauen Berechnung der idealen Umfangsbeulspannung ist der Nachweis führbar. Es ist also keine Verstärkung erforderlich!

8.8 Konischer Vakuumbehälterabschluß

8.8.1 Aufgabenstellung, System, technische Daten

Ein stehender Vakuumbehälter wird durch ein kegelstumpfförmiges Dach abgeschlossen, auf dessen kleinem oberen Rand eine zusätzliche Axiallast aus Betriebsaufbauten abgesetzt wird. Für die Kegelwandung ist der Beulsicherheitsnachweis zu führen. Dabei darf der Deckel nicht als Randabstützung herangezogen werden.

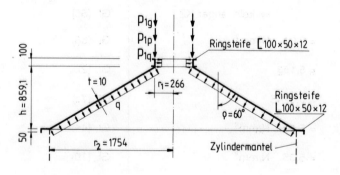

Werkstoff:
Baustahl Fe 360 B (St 37-2) mit
$E = 210000$ N/mm²
$f_{y,k} = 240$ N/mm²

Bild 4 - 8.8 Systemskizze

8.8.2 Einwirkungen

Charakteristische Werte
Eigengewicht:
Deckel + Betriebseinrichtungen: $\qquad p_{1g,k} = 32{,}2$ kN/m
(Eigengewicht des Kegels wird vernachlässigt)

Unterdruck:
Manteldruck (1 bar): $\qquad q_k = 100$ kN/m²

Deckellast: $\qquad p_{1,q,k} = 100{,}0 \cdot 0{,}266/2 = 13{,}3$ kN/m

Betriebslast: $\qquad p_{1p,k} = 129{,}3$ kN/m

Bemessungswerte
Maßgebende Einwirkungskombination:
Ständige Einwirkung Eigengewicht plus alle ungünstig wirkenden veränderlichen Einwirkungen.

$p_{1g,d} = 1{,}35 \cdot 32{,}2 \qquad = 43{,}50$ kN/m

$p_{1q,d} = 0{,}9 \cdot 1{,}35 \cdot 13{,}3 \qquad = 16{,}20$ kN/m

$p_{1p,d} = 0{,}9 \cdot 1{,}50 \cdot 129{,}3 \qquad = 174{,}6$ kN/m

$p_{1,d} = \qquad \Sigma \quad = 234{,}3$ kN/m

$q_d = 0{,}9 \cdot 1{,}35 \cdot 100{,}0 \qquad = 121{,}5$ kN/m²

8.8.3 Beanspruchungen: Maßgebende Membranspannungen

$$\sigma_x = \frac{p_{1d}r_1}{rt\cos\rho} + \frac{q_d r}{2t\cos\rho}\left[1-\left(\frac{r_1}{r}\right)^2\right]$$

$$\sigma_\varphi = \frac{q_d r}{t\cos\rho}$$

Auswertung für die später benötigten fünf Berechnungspunkte s. nachstehende Skizze. (Die Koordinate $\bar{x}$ beschreibt die Axialrichtung, nicht die Meridianrichtung.)

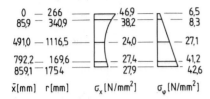

$\bar{x}$[mm]   r[mm] σ_x [N/mm²] σ_φ [N/mm²]

8.8.4 Regelvorgehensweise

8.8.4.1 Beanspruchbarkeiten: Grenzbeulspannungen

Ermittlung der idealen Beulspannungen mit den Norm-Gleichungen nach Abschn. 6.2. Dazu müssen die beiden Kegelränder als radial unverschieblich von den Ringsteifen gehalten angenommen werden. Die axiale Verschiebungsbehinderung (Wölbbehinderung) durch den Zylindermantel wird vernachlässigt: RB2 - RB2. *El. 603*

Druckbeanspruchung in Meridianrichtung

l^*	$= l$	$= h/\cos\varrho$	$= 859{,}1/\cos 60°$	$= 1718{,}2$ mm	Gl. (68)
min r	$= r_1$			$= 266$ mm	
min r^*	$= r_1^*$		$= 266/\cos 60°$	$= 532$ mm	Gl. (69)
max r	$= r_2$			$= 1754$ mm	
max r^*	$= r_2^*$		$= 1754/\cos 60°$	$= 3508$ mm	Gl. (69)

$$\frac{l^*}{\min r^*} = \frac{1718{,}2}{532} = 3{,}22 < 0{,}5\sqrt{\frac{\min r^*}{t}} = 0{,}5\sqrt{\frac{532}{10}} = 3{,}65 \Rightarrow \text{kein langer Ersatz-Kreiszylinder} \qquad \text{Gl. (27)}$$

Die weitere Berechnung erfolgt tabellarisch für die fünf Berechnungspunkte.

$\bar{x}$	r	r^*	C_x	σ_{xSi}	$\bar{\lambda}_{Sx}$	κ_2	$\sigma_{xS,R,k}$	γ_{M2}	$\sigma_{xS,R,d}$	$\sigma_x / \sigma_{xS,R,d}$
mm	mm	mm	—	N/mm²	—	—	N/mm²	—	N/mm²	—
		Gl.(69)	Gl.(28)	Gl.(26)	Gl.(1)	Gl.(8)	Gl.(43)	Gl.(13)	Gl.(9)	Gl.(14)
0,0	266,0	532,0	1,003	2394,6	0,317	0,938	225,0	1,113	202,1	0,232
85,9	340,4	680,8	1,003	1872,6	0,358	0,899	215,7	1,122	192,3	0,199
491,0	1116,5	2233,0	1,011	575,4	0,646	0,630	151,3	1,179	128,3	0,187
792,2	1696,0	3392,0	1,017	381,0	0,794	0,493	118,2	1,209	97,7	0,280
859,1	1754,0	3508,0	1,018	368,6	0,807	0,480	115,2	1,211	95,1	0,293

Druckbeanspruchung in Umfangsrichtung

l^*	$= (1754/\sin60°) \cdot (0{,}53 + 0{,}125(60/180)\pi)$	$= 1338{,}6$ mm $1 < l$	Gl. (71)
r^*	$= (1754 - 0{,}55 \cdot 1338{,}6 \cdot \sin60°)/\cos60°$	$= 2232{,}9$ mm	Gl. (72)
C_φ		$= 1{,}0$	

$$\frac{l^*}{r^*} = 0{,}60 < 1{,}63 \cdot C_\varphi \sqrt{\frac{r^*}{t}} = 24{,}4 \quad \Rightarrow \text{kein langer Ersatz-Kreiszylinder} \qquad \text{Gl. (33)}$$

$$\bar{l} = \left(\frac{l^*}{r^*}\right)\sqrt{\frac{r^*}{t}} = \left(\frac{1338{,}6}{2232{,}9}\right) \cdot \sqrt{\frac{2232{,}9}{10}} = 8{,}958 \qquad \text{Tab. 2}$$

C_φ^*	$= 1{,}0 + 3{,}0/8{,}958^{1{,}35}$	$= 1{,}155$	Tab. 2
$\sigma_{\varphi Si}$	$= 0{,}92 \cdot 1{,}155 \cdot 2{,}1 \cdot 10^5 \cdot (2232{,}9/1338{,}6)(10/2232{,}9)^{1{,}5}$ = 111,6 N/mm²		Gl. (34)
$\bar{\lambda}_{S\varphi}$	$= \sqrt{240/111{,}6}$	$= 1{,}466$	Gl. (2)
κ_1	$= 0{,}65/1{,}466^2$	$= 0{,}302$	Gl. (7c)
$\sigma_{\varphi S,R,k}$	$= 0{,}302 \cdot 240$	$= 72{,}5$ N/mm²	Gl. (44)
$\sigma_{\varphi S,R,d}$	$= 72{,}5/1{,}1$	$= 65{,}9$ N/mm²	Gl. (10)

8.8.4.2 Beulsicherheitsnachweise

Einzelnachweise

$$\max\left[\frac{\sigma_x}{\sigma_{xS,R,d}}\right] = \frac{27{,}9}{95{,}1} = 0{,}29 < 1 \qquad \text{Gl. (14)}$$

$$\frac{\sigma_\varphi^*}{\sigma_{\varphi S,R,d}} = \frac{27{,}1}{65{,}9} = 0{,}41 < 1 \qquad \text{Gl. (15)}$$

Interaktionsnachweis
Zu kombinierende Membranspannung:
Größtwert des Membranspannungsquotienten $\sigma_x/\sigma_{xS,R,d}$ innerhalb der freien Länge ($l - l_{R1} - l_{R2}$), vgl. Skizze:

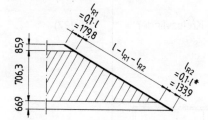

Nachweis:
$$\left[\frac{27{,}4}{97{,}7}\right]^{1{,}25} + \left[\frac{27{,}1}{65{,}9}\right]^{1{,}25} = 0{,}204 + 0{,}329 = 0{,}53 < 1 \qquad \text{Gl. (50)}$$

8.8.5 Spezielle Vorgehensweise

8.8.5.1 Beanspruchbarkeiten: Grenzbeulspannungen

Beim verantwortlichen Tragwerksplaner bestehen Zweifel, ob er die relativ schwach erscheinenden Ringsteifen als radial unverschiebliche Ränder des Kegelstumpfes annehmen darf. Deshalb genauere Ermittlung der idealen Beulspannungen durch ein "geeignetes Berechnungsverfahren" im Sinne von El. 201.

El. 201

Vorbereitung der numerischen Eigenwertanalysen
Normierung der Einwirkungskombination auf eine Einwirkungsgröße:

p_{1d} = 234,3 kN/m = 234,3 N/mm

q_d = 121,5 kN/m² = 0,122 N/mm²

p_{1d} = 234,3/0,122 = 1928 · q_d N/mm

p_{2d} = 1928 · q_d · (266/1754) + q_d(1754/2)[1 - (266/1754)²] = 1149,2 · q_d N/mm
(Reaktionskraft)

Zerlegung der Einwirkungskombination in zwei Teileinwirkungen, so daß "reine" Membranspannungsfelder σ_x und σ_φ erzeugt werden:

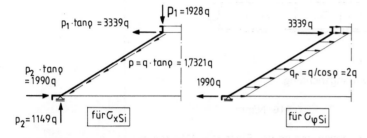

Randbedingungen:
- oben:
  Die Ringsteife kann sich nirgends abstützen
  ⇒ freier Rand.
- unten:
  Die radiale Abstützung der Ringsteife am Zylinderrand und die axiale Verschiebungsbehinderung (Wölbbehinderung) des Kegelrandes durch den Zylindermantel werden vernachlässigt.
  ⇒ Vorbeulzustand: w ≠ 0, w" = 0, v = 0, u = 0.
  ⇒ Beulzustand: w ≠ 0, w" = 0, v = 0, u ≠ 0.

Die Eigenwertanalyse wurde mit dem Programm F04B08 zur Spannungs- und Beulberechnung von Rotationsschalen (Erstellerin: Prof. Dr.-Ing. M. Esslinger) [4-8/4-41/4-42] durchgeführt. Dabei wurden die Ringsteifen als Schalen- bzw. Plattenelemente in die diskretisierte Struktur mit einbezogen.

Druckbeanspruchung in Meridianrichtung
Ergebnis der Eigenwertanalyse:

q_{Si} = 1,478 N/mm² mit m = 2 Beulwellen in Umfangsrichtung

p_{1Si} = 1928 · 1,478 = 2849 N/mm

p_{Si} = 1,7321 · 1,478 = 2,560 N/mm²

$$\sigma_{xSi} = \frac{p_{1Si} r_1}{rt\cos\varphi} + \frac{p_{Si} r}{2t\sin\varphi}\left[1 - \left(\frac{r_1}{r}\right)^2\right]$$

$\sigma_{\varphi Si} = 0$

Die weitere Berechnung erfolgt tabellarisch für die fünf Berechnungspunkte.

$\bar{x}$	r	σ_{xSi}	$\bar{\lambda}_{Sx}$	κ_2	$\sigma_{xS,R,k}$	γ_{M2}	$\sigma_{xS,R,d}$	$\sigma_x / \sigma_{xS,R,d}$
mm	mm	N/mm²	—	—	N/mm²	—	N/mm²	—
			Gl.(1)	Gl.(8)	Gl.(43)	Gl.(13)	Gl.(9)	Gl.(14)
0,0	266,0	569,8	0,649	0,627	150,6	1,180	127,6	0,367
85,9	340,4	464,8	0,719	0,563	135,0	1,194	113,1	0,338
491,0	1116,5	291,4	0,908	0,386	92,7	1,231	75,3	0,319
792,2	1696,0	333,9	0,848	0,442	106,1	1,220	86,9	0,315
859,1	1754,0	339,7	0,841	0,449	107,7	1,218	88,4	0,316

Druckbeanspruchung in Umfangsrichtung
Ergebnis der Eigenwertanalyse:
q_{Si} = 0,458 N/mm²   mit m = 7 Beulwellen in Umfangsrichtung

q_{rSi} = 2 · 0,458   = 0,916 N/mm²

Die Umfangsbeulspannung wird analog zur Regelvorgehensweise an der Stelle r* = 2232,9 mm, d.h. bei $\bar{x}$ = 491,0 mm ermittelt:

r = 1116,5 mm

$\sigma_{\varphi Si}$ = q_{rSi} · (r/t)   = 0,916 · (1116,5/10)   = 102,2 N/mm²

$\bar{\lambda}_{S\varphi}$ = $\sqrt{240/102,2}$ = 1,532   Gl. (2)

κ_1 = 0,65/1,532²   = 0,277   Gl. (7c)

$\sigma_{\varphi S,R,k}$ = 0,277 · 240   = 66,4 N/mm²   Gl. (44)

$\sigma_{\varphi S,R,d}$ = 66,4/1,1   = 60,3 N/mm²   Gl. (10)

8.8.5.2 Beulsicherheitsnachweise

Einzelnachweise

max $\left[\dfrac{\sigma_x}{\sigma_{xS,R,d}}\right]$ = $\dfrac{46,9}{127,6}$ = 0,37 < 1   Gl. (14)

$\dfrac{\sigma_\varphi^*}{\sigma_{\varphi S,R,d}}$ = $\dfrac{27,1}{60,3}$ = 0,45 < 1   Gl. (15)

Interaktionsnachweis

$\left[\dfrac{38,2}{113,1}\right]^{1,25} + \left[\dfrac{27,1}{60,3}\right]^{1,25}$ = 0,258 + 0,368   = 0,63 < 1   Gl. (50)

Fazit: Bei den vorliegenden schwachen Ringsteifen ist der Quotient des genauen Beulsicherheitsnachweises trotz Vernachlässigung des Zusammenwirkens mit dem Zylindermantel nur 17% größer als beim Regelnachweis mit unverschieblich angenommenen Kegelrändern. Daraus folgt, daß der wirkliche Fehler deutlich unter 10% liegen wird, also wohl vernachlässigbar wäre.

8.9 Zylindrischer Festdachtank

8.9.1 Aufgabenstellung, System, technische Daten

Für einen Lagertank, der für den Zustand Flüssigkeitsfüllung ausgelegt ist, ist der Stabilitätsnachweis für den Mantel bei leerem Tank zu führen. Dabei können das Dachgespärre und das Bodenblech als radial unverschiebliche Lagerungen aufgefaßt werden.

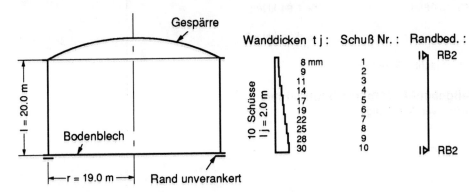

Bild 4 - 8.9 Systemabmessungen

Werkstoff:
Baustahl Fe 360 B (St 37-2) mit
$E = 210000$ N/mm²
$f_{y,k} = 240$ N/mm²

8.9.2 Einwirkungen (Belastungen)

Charakteristische Werte

Dacheigengewicht	0,65 kN/m²
Schneelast	0,75 kN/m²
Innerer Unterdruck	0,25 kN/m²
Windlast (DIN 4119)	0,80 kN/m²
	0,50 kN/m²
Mantelgewicht	$0,80 \cdot t_j$ kN/m² (t_j in cm)

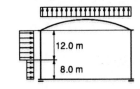

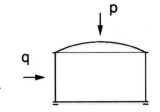

Bemessungswerte
Lastkomponenten p, q auf Dach und Mantel
Mantelgewicht:
$p_{Mj,d} = 1,35 \cdot 0,8 \cdot t_j = 1,08 \cdot t_j$

Nach der Bestimmung A5 im Anhang zur DIN 18 800 Teil 1 sind die Einwirkungsgruppen (s + w/2) bzw. (w + s/2), gebildet aus den Einwirkungen Schnee s und Wind w, als eine veränderliche Einwirkung anzusehen.

Einwirkungskombination 1 (alle veränderlichen Einwirkungen)

a) $p_d = 1,35 \cdot 0,65 + 1,5 \cdot 0,9 \cdot (0,75/2 + 0,25 - 0,48) = 1,07$ kN/m²

$q_d = 1,5 \cdot 0,9 \cdot (0,80 + 0,25) = 1,42$ kN/m²

b) $p_d = 1,35 \cdot 0,65 + 1,5 \cdot 0,9 \cdot (0,75 + 0,25 - 0,48/2) = 1,90$ kN/m²

$q_d = 1,50 \cdot 0,9 \cdot (0,80/2 + 0,25) = 0,88$ kN/m²

c) ohne Wind
$p_d = 1,35 \cdot 0,65 + 1,5 \cdot 0,9 \cdot (0,75 + 0,25) = 2,23$ kN/m²

$q_d = 1,5 \cdot 0,9 \cdot 0,25 = 0,34$ kN/m²

Hinweise:

DIN 4119

Teil 1, Anhang A5

Teil 1, El. 710

DIN 18 800 Teil 4   8 Beispiele | Hinweise

Einwirkungskombination 2 (nur eine veränderliche Einwirkung) | Teil 1, El. 710
a) größter Einfluß Wind: (w + s/2)
$p_d = 1{,}35 \cdot 0{,}65 + 1{,}5 \cdot (-0{,}48 + 0{,}75/2)$ $= 0{,}72 \text{ kN/m}^2$

$q_d = 1{,}5 \cdot 0{,}80$ $= 1{,}20 \text{ kN/m}^2$

b) größter Einfluß Schnee: (s + w/2)
$p_d = 1{,}35 \cdot 0{,}65 + 1{,}5 \cdot (0{,}75 - 0{,}48/2)$ $= 1{,}64 \text{ kN/m}^2$

$q_d = 1{,}5 \cdot 0{,}8/2$ $= 0{,}60 \text{ kN/m}^2$

Die Einwirkungskombination 2 ist hier nicht maßgebend.

8.9.3 Beanspruchungen: Maßgebende Membranspannungen
(Spannungen σ_x zufolge $q_{(Wind)}$ werden vernachlässigt)

$\sigma_x = p_d \cdot r/2t + \Sigma(p_{Mj,d} \cdot l_j)/t$

$\sigma_\varphi = q_d \cdot r/t$

Für die maßgebende Membranspannung σ_φ^* gemäß El. 516 ist der Größtwert des Winddruckes im oberen Bereich mit 0,8 kN/m² zugrundezulegen; als Ersatzwindbelastung gemäß El. 517 ist in diesem Fall wegen $\delta^* \approx 1$ der größte Druckwert im Staupunkt anzusetzen (Nachweis hierfür folgt später). | El. 516
El. 517

Zum Beispiel für Schuß 1 (oberster Schuß):
Kombination 1a:
$\sigma_x = 1{,}07 \cdot 10^{-4} \cdot 1900/2 \cdot 0{,}8 + 1{,}08 \cdot 0{,}8 \cdot 10^{-4} \cdot 200/0{,}8$ $= 0{,}127 + 0{,}022 = 0{,}15 \text{ kN/cm}^2$

$\sigma_\varphi^* = 1{,}42 \cdot 10^{-4} \cdot 1900/0{,}8$ $= 0{,}34 \text{ kN/cm}^2$

Kombination 1b:
$\sigma_x = 1{,}90 \cdot 10^{-4} \cdot 1900/2 \cdot 0{,}8 + 0{,}022$ $= 0{,}226 + 0{,}022 = 0{,}25 \text{ kN/cm}^2$

$\sigma_\varphi^* = 0{,}88 \cdot 10^{-4} \cdot 1900/0{,}8$ $= 0{,}21 \text{ kN/cm}^2$

Kombination 1c:
$\sigma_x = 2{,}23 \cdot 10^{-4} \cdot 1900/2 \cdot 0{,}8 + 0{,}022$ $= 0{,}265 + 0{,}022 = 0{,}29 \text{ kN/cm}^2$

$\sigma_\varphi^* = 0{,}34 \cdot 10^{-4} \cdot 1900/0{,}8$ $= 0{,}08 \text{ kN/cm}^2$

Werte für Schuß 1, 2, 3 ...

Zylinderteil	t_j	Kombination 1a		Kombination 1b		Kombination 1c	
		σ_x	σ_φ^*	σ_x	σ_φ^*	σ_x	σ_φ^*
	cm	kN/cm²					
Schuss 1	0,8	0,15	0,34	0,25	0,21	0,29	0,08
Schuss 2	0,9	0,15	0,30	0,24	0,19	0,28	0,07
Schuss 3	1,1	0,15	0,25	0,22	0,15	0,25	0,06
usw.							

8.9.4 Beanspruchbarkeiten: Grenzbeulspannungen

- Anmerkung zu den Toleranzwerten für die Herstellungsungenauigkeiten:
Die gemäß DIN 4119 Teil 1, Abschn. 6.2.2.c) zulässigen Maßabweichungen überschreiten die Toleranzwerte nach El. 302; hierauf wird nachfolgend jedoch nicht im Sinne von El. 305 | DIN 4119 Teil 1
El. 302, El. 305

| | | 8 Beispiele | Hinweise |

Rücksicht genommen. (Diese Diskrepanz wird bei der Anpassung der Anwendungsnorm DIN 4119 Teil 1 in Ordnung gebracht werden.)

- Planmäßiger Versatz zwischen Blechen benachbarter Zylinderschüsse:
Die Wanddickenabstufung des Anwendungsbeispiels erfolgt nach außen, mit bündiger Innenfläche. Die Regeln nach El. 504 sind demnach eingehalten, da (max t - min t) zwischen allen Schüssen kleiner ist als min t. | El. 504

Druckbeanspruchung in Axialrichtung
Abgrenzung gemäß Gl. (27): | El. 505, Gl. (27)

$l/r < 0{,}5 \sqrt{r/t}$, $20/19 < 0{,}5\sqrt{1900/0{,}8}$ d.h. $1{,}05 < 24{,}4 \Rightarrow$ kein langer Zylinder | El. 407

Zum Beispiel für Schuß 1 (oberster Schuß):

σ_{xSi}	$= 0{,}605 \cdot 2{,}1 \cdot 10^4 \cdot 0{,}8/1900$	$= 5{,}35$ kN/cm²	Gl. (26)
$\bar{\lambda}_{Sx}$	$= \sqrt{24/5{,}35}$	$= 2{,}12$	Gl. (1)
κ_2	$= 0{,}20/2{,}12^2$	$= 0{,}0445$	Gl. (8d)
$\sigma_{xS,R,k}$	$= 0{,}0445 \cdot 24$	$= 1{,}07$ kN/cm²	Gl. (43)
γ_{M2}		$= 1{,}45$	Gl. (13c)
$\sigma_{xS,R,d}$	$= 1{,}07/1{,}45$	$= 0{,}74$ kN/cm²	Gl. (9)

Werte für Schuß 1, 2, 3 ...

Zylinderteil	t	σ_{xSi}	κ_2	$\sigma_{xS,R,k}$	γ_{M2}	$\sigma_{xS,R,d}$
	cm	kN/cm²	—	kN/cm²	—	kN/cm²
Schuß 1	0,8	5,35	0,0445	1,07	1,45	0,74
Schuß 2	0,9	6,02	0,0502	1,20	1,45	0,83
Schuß 3	1,1	7,36	0,0613	1,47	1,41	1,04
usw.						

Druckbeanspruchung in Umfangsrichtung
Dreischüssiger Ersatz-Kreiszylinder: | El. 509

$1{,}5 \cdot t_1 = 1{,}5 \cdot 0{,}8$ $= 1{,}2$ cm $< t_4 = 1{,}4$ cm

obere Schußlänge: $l_o = 3 \cdot 2$ m $= 6$ m ($l_o < l/3 = 20/3$)

mittlere Schußlänge: l_m $= 6$ m

untere Schußlänge: $l_u = 20 - 12$ $= 8$ m

$t_o = (0{,}8 + 0{,}9 + 1{,}1)/3$ $= 0{,}933$ cm

$t_m = (1{,}4 + 1{,}7 + 1{,}9)/3$ $= 1{,}666$ cm

$t_u = (2{,}2 + 2{,}5 + 2{,}8 + 3{,}0)/4$ $= 2{,}625$ cm

aus Bild 20b mit: $l_o/l = 6/20$ $= 0{,}30$

t_m/t_o $= 1{,}79$

t_u/t_o $= 2{,}81$

folgt $\beta = 1{,}01$ | El. 510, Bild 20

Abgrenzung gemäß Gl. (55):

$$\frac{6/1{,}01}{19} \leq 1{,}63 \sqrt{\frac{1900}{0{,}933}} \quad \text{d.h.} \quad 0{,}31 < 73 \Rightarrow \text{kein langer KZ}$$

Gl. (55)

Zum Beispiel für Schuß 1 (oberster Schuß):

$\sigma_{\varphi Si}$ = $(0{,}933/0{,}80) \cdot 0{,}92 \cdot 2{,}1 \cdot 10^4 \cdot (1900/(600/1{,}01)) \cdot (0{,}933/1900)^{1{,}5}$ = 0,78 kN/cm² — Gl. (56)

$\bar{\lambda}_{S\varphi}$ = $\sqrt{24/0{,}78}$ = 5,53 — Gl. (2)

κ_1 = $0{,}65/5{,}53^2$ = 0,0212 — Gl. (7c)

$\sigma_{\varphi S,R,k}$ = $0{,}0212 \cdot 24$ = 0,51 kN/cm² — Gl. (44)

γ_{M1} = 1,10 — Gl. (12)

$\sigma_{\varphi S,R,d}$ = $0{,}51/1{,}10$ = 0,46 kN/cm² — Gl. (10)

Werte für Schuß 1, 2, 3 ...

Zylinderteil	t	$\sigma_{\varphi Si}$	κ_1	$\sigma_{\varphi S,R,k}$	γ_{M1}	$\sigma_{\varphi S,R,d}$
	cm	kN/cm²	—	kN/cm²	—	kN/cm²
Schuß 1	0,8	0,78	0,0212	0,51	1,1	0.46
Schuß 2	0,9	0,70	0,0189	0,45	1,1	0,41
Schuß 3	1,1	0,57	0,0154	0,37	1,1	0,34
usw.						

Nachweis von δ^* (Ersatzwindbelastung, vgl. Abschn. 8.9.3):

El. 517

t_u/t_o = 2,81 > $0{,}4 \cdot (t_m/t_o + 0{,}2/(l_o/l) + 2)$ = $0{,}4 \cdot (1{,}79 + 0{,}2/0{,}3 + 2)$ = 1,78

$$m_B = 2{,}74 \cdot 1{,}01 \cdot \left(0{,}92 + \frac{0{,}38}{1{,}79^6}\right) \sqrt{\frac{19}{6} \sqrt{\frac{1900}{0{,}933}}} = 31$$

Gl. (65b)

δ^* = $0{,}46 \cdot (1 + 0{,}037 \cdot 31)$ = 0,99 ≈ 1,0 — Gl. (64)

8.9.5 Beulsicherheitsnachweise

Einzelnachweise

El. 207

Zum Beispiel für Schuß 1 (oberster Schuß):

$\sigma_x \leq \sigma_{xS,R,d}$ ⇒ 0,29 kN/cm² < 0,74 kN/cm² (Komb. 1c) — Gl. (14)

$\sigma_\varphi \leq \sigma_{\varphi S,R,d}$ ⇒ 0,34 kN/cm² < 0,46 kN/cm² (Komb. 1a) — Gl. (15)

Nachweise bei kombinierter Beanspruchung

El. 426

$(0{,}15/0{,}74)^{1{,}25} + (0{,}34/0{,}46)^{1{,}25}$ = 0,81 < 1 (Komb. 1a) — Gl. (50)

$(0{,}25/0{,}74)^{1{,}25} + (0{,}21/0{,}46)^{1{,}25}$ = 0,63 < 1 (Komb. 1b) — Gl. (50)

Werte für Schuß 1, 2, 3 ...

Zylinderteil	$\sigma_x < \sigma_{xS,R,d}$	$\sigma_\varphi < \sigma_{\varphi S,R,d}$	$(\sigma_x/\sigma_{xS,R,d})^{1,25} + (\sigma_\varphi/\sigma_{\varphi S,R,d})^{1,25}$
Schuß 1	0,29 < 0,74	0,34 < 0,46	0,136 + 0,678 = 0,81 < 1
Schuß 2	0,28 < 0,83	0,30 < 0,41	0,122 + 0,678 = 0,80 < 1
Schuß 3	0,25 < 1,04	0,25 < 0,34	0,086 + 0,681 = 0,77 < 1
usw.			

Im vorliegenden Fall weitgehend gleich großer Axialdruckkräfte in den Einzelschüssen erweist sich der Nachweis im obersten dünnsten Schuß als ausreichend. Im Falle nach unten zunehmender Axialdruckkräfte, wie z.B. aus Wandreibung bei Silos oder aus Biegung bei turmartigen Behältern sind die Nachweise jedoch auch in den dickeren Schüssen zu führen.

8.9.6 Anmerkungen zum Beispiel
Die Wanddicken des Zylindermantels des vorliegenden Beispiels sind gegenüber jenen eines Lagertanks heutiger Ausführung untypisch groß; sie mußten hier derart gewählt werden, um die Durchführung des Beulsicherheitsnachweises für einen unversteiften Zylindermantel unter wirklichkeitsnahen Belastungsverhältnissen demonstrieren zu können. Zufolge Verwendung höherfester Stahlsorten kann ein solcher Mantel mit einem Wanddickenverlauf von 7 mm (oberster Schuß) bis etwa 18 mm (unterster Schuß) ausgeführt werden, jedoch erfordert dies aus Stabilitätsgründen die Anbringung von Versteifungsringen. Letzteres stellt sicherlich die insgesamt wirtschaftlichere Lösung dar.

Vergleich mit genauer Beulberechnung (Programm BOSOR) für ideale Beulspannung:
$\sigma_{\varphi Si} = 0,77$ kN/cm² ; $m_B = 28$ BOSOR

$\sigma_{\varphi Si} = 0,78$ kN/cm² ; $m_B = 31$ DIN 18 800 Teil 4, Gl. (56),
(vgl. Abschn. 8.9.4)

8.10 Konusförmige Standzarge

8.10.1 Aufgabenstellung, System, technische Daten
Der Fußteil eines Mastes, Hochbehälters oder dergleichen wird zur Vergrößerung der Verankerungsfläche konisch aufgeweitet und bildet eine konusförmige Standzarge, für welche der Beulsicherheitsnachweis der für die Auslegung bestimmende Nachweis ist. Die Randbedingungen der Kegelschale werden idealisiert mit RB2 und RB1 festgelegt, was voraussetzt, daß der obere Ring ausreichend stark ausgelegt und der untere Ring eng genug verankert ist. (Die Lastannahme "Innerer Unterdruck" ist "akademisch" zur Demonstration eines Nachweises mit allen möglichen Einwirkungsgrößen gewählt worden.)

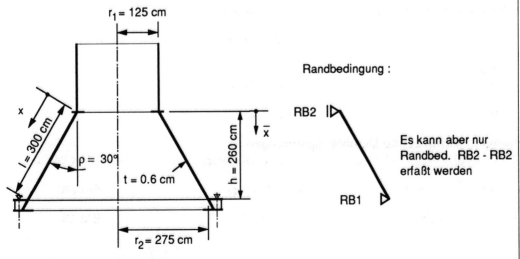

Bild 4 - 8.10 Systemabmessungen

Werkstoff:
E = 210000 N/mm²
$f_{y,k}$ = 240 N/mm²

8.10.2 Einwirkungen (Belastungen)

Charakteristische Werte

Schafteigengewicht	G_k	= 200	kN
Nutzlast (Eislast)	P_k	= 150	kN
Windlast	$V_{w,k}$	= 75	kN
	$M_{w,k}$	= 1500	kNm
Innerer Unterdruck	$q_{u,k}$	= 1,0	kN/m²

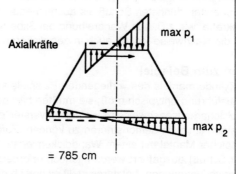

Maximale Axiallast max p:

max p = $G/U + P/U + (M_w + V_w \cdot \bar{x})/W$

U_1 = $2 \cdot r_1 \cdot \pi$ = 785 cm

W_1 = $r_1^2 \cdot \pi$ = 49087 cm²

max $p_{1,k}$ = 200/785 + 150/785 + 15 · 10⁴/49087 = 0,255 + 0,191 + 3,056 kN/cm

Bemessungswerte
max. Axialkraft am oberen Rand max $p_{1,k}$
Schubkraft V
Unterdruck q_u

<u>Einwirkungskombination 1</u>
(alle veränderlichen Einwirkungen)

max $p_{1,d}$	= 1,35 · 0,255 + 1,5 · 0,9 · (0,191 + 3,056)	= 4,73	kN/cm
V_d	= 1,5 · 0,9 · 75	= 101	kN
$q_{u,d}$	= 1,5 · 0,9 · 1,0	= 1,35	kN/m²

Teil 1, El. 710

<u>Einwirkungskombination 2</u>
(nur eine veränderliche Einwirkung)
a) größter Einfluß Wind:

max $p_{1,d}$	= 1,35 · 0,255 + 1,5 · 1 · 3,056	= 4,93	kN/cm
V_d	= 1,5 · 1 · 75	= 112,5	kN/cm

Teil 1, El. 710

b) größter Einfluß Unterdruck:

max $p_{1,d}$	= 1,35 · 0,255	= 0,344	kN/cm
$q_{u,d}$	= 1,5 · 1 · 1,0	= 1,50	kN/m²

8.10.3 Beanspruchungen: Maßgebende Membranspannungen

max σ_x = $(P_d + G_d)/(2 \pi r t \cos\varrho) + M_{w,d}/(r^2 \pi t \cos\varrho)$ = max $p_{1,d}/(t \cdot \cos\varrho)$ — Bilder 24a, b

σ_φ = $(q_{u,d} \cdot r)/(t \cdot \cos\varrho)$ → $[\sigma_\varphi/r]$ = $q_{u,d}/(t \cdot \cos\varrho)$ — Bild 24d

max τ = $V_d/(\pi \cdot r \cdot t)$ → $[\tau \cdot r^2]$ = $V_d \cdot r/(\pi \cdot t)$ — Bild 25b

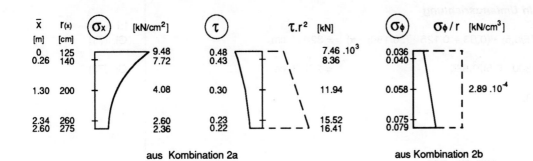

aus Kombination 2a   aus Kombination 2b

(Die aus dem Manteldruck q_u entstehenden Meridiandruckspannungen σ_x sind in der Beulspannung $\sigma_{\varphi Si}$ bzw. $\sigma_{\varphi S,R,d}$ bereits erfaßt und sind hier nicht zusätzlich anzusetzen.)

El. 612

8.10.4 Beanspruchbarkeiten: Grenzbeulspannungen

Druckbeanspruchung in Meridianrichtung
Ersatz-Kreiszylinder:

l^* = 300 cm

El. 605
Gl. (68)

$r^*_{(x)} = r_{(x)}/\cos\varrho = r_{(x)}/0{,}866$

Gl. (69)

Abgrenzung nach Gl. (27):

El. 407

$$\frac{l^*}{r^*} \leq 0{,}5 \sqrt{\frac{r^*}{t}}$$

Gl. (27)

ungünstigste Stelle:
$r^* = r^*_1 = 125/0{,}866 = 144{,}3$ cm

$l^*/r^* = 300/144{,}3 < 0{,}5 \sqrt{144{,}3/0{,}6}$ d.h. 2,08 < 7,75 ⇒ kein langer Ersatz-KZ

Gl. (27)

$C_x = 1 + 1{,}5 \cdot (144{,}3/300)^2 \cdot (0{,}6/144{,}3) = 1{,}001 \approx 1$

Gl. (28)

$\sigma_{xSi} = 0{,}605 \cdot 1{,}0 \cdot 2{,}1 \cdot 10^4 \cdot (0{,}6/r^*)$

Gl. (26)

$\bar\lambda_{Sx} = \sqrt{f_{y,k}/\sigma_{xSi}}$

Gl. (1)

κ_2

Gl. (8)

$\sigma_{xS,R,k} = \kappa_2 \cdot f_{y,k}$

Gl. (43)

$\gamma_{M2} = f(\bar\lambda_{Sx})$

Gl. (13)

$\sigma_{xS,R,d} = \sigma_{xS,R,k}/\gamma_{M2}$

Gl. (9)

Berechnung tabellarisch für die fünf Berechnungspunkte.

$\bar x$	r^*	σ_{xSi}	$\bar\lambda_{Sx}$	κ_2	$\sigma_{xS,R,k}$	γ_{M2}	$\sigma_{xS,R,d}$
m	cm	kN/cm²	—	—	kN/cm²	—	kN/cm²
0	144,3	52,8	0,674	0,604	14,50	1,185	12,24
0,26	161,7	47,1	0,714	0,567	13,61	1,193	11,41
1,30	230,9	33,0	0,853	0,437	10,49	1,221	8,59
2,34	300,2	25,4	0,972	0,326	7,82	1,244	6,28
2,60	317,6	24,0	1	0,300	7,20	1,25	5,76

			8 Beispiele · Hinweise

Druckbeanspruchung in Umfangsrichtung
Ersatz-Kreiszylinder: — El. 608
l^* = 300 cm ≤ (275/0,5) · (0,53 + 0,125 · (30/180) · π) = 328 cm — Gl. (71)

r^* = (275 − 0,55 · 300 · 0,5)/0,866 = 222,3 cm — Gl. (72)

Abgrenzung nach Gl. (33):

$$\frac{l^*}{r^*} \leq 1{,}63\, C_\varphi \sqrt{\frac{r^*}{t}}$$

l^*/r^* = 300/222,3 < 1,63 $\sqrt{222{,}3/0{,}6}$ d.h. 1,35 < 31,4 ⇒ kein langer Ersatz-KZ — Gl. (33)

C_φ aus Randbedingungskombination RB2 - RB2 (da RB1 - RB1 nicht konstruktiv gegeben). — Bild 11

$\bar{l} = \dfrac{300}{222{,}3}\sqrt{\dfrac{222{,}3}{0{,}6}}$ = 26 — Tab. 2

C_φ^* = 1,0 + 3,0/$26^{1{,}35}$ = 1,04 — Tab. 2

$\sigma_{\varphi Si}$ = 0,92 · 1,04 · 2,1 · 10^4 · (222,3/300) · $(0{,}6/222{,}3)^{1{,}5}$ = 2,09 kN/cm² — Gl. (34)

$\bar{\lambda}_{S\varphi}$ = $\sqrt{24/2{,}09}$ = 3,389 — Gl. (2)

κ_1 = 0,65/$3{,}389^2$ = 0,057 — Gl. (7c)

$\sigma_{\varphi S,R,k}$ = 0,057 · 24 = 1,36 kN/cm² — Gl. (44)

γ_{M1} = 1,10 — Gl. (12)

$\sigma_{\varphi S,R,d}$ = 1,36/1,10 = 1,23 kN/cm² — Gl. (10)

Schubbeanspruchung
Ersatz-Kreiszylinder: — El. 610
l^* = 300 cm — Gl. (73)

r^* = [0,5 · (125 + 275)/0,866] · [1−((300/275) · 0,5)$^{2{,}5}]^{0{,}4}$ = 209,1 cm — Gl. (74)

Abgrenzung nach Gl. (75):

$l \cdot \sin\varrho / r_2$ = 300 · 0,5/275 = 0,55 < 0,8 — Gl. (75)

Abgrenzung nach Gl. (38):

$$\frac{l^*}{r^*} \leq 8{,}7\sqrt{\frac{r^*}{t}}$$

l^*/r^* = 300/209,1 < 8,7 $\sqrt{209{,}1/0{,}6}$ d.h. 1,44 < 162 — Gl. (38)

C_τ = $[1 + 42 \cdot (209{,}1/300)^3 \cdot (0{,}6/209{,}1)^{1{,}5}]^{0{,}5}$ = 1,001 ≈ 1 — Gl. (40)

τ_{Si} = 0,75 · 1 · 2,1 · 10^4 · $(0{,}6/209{,}1)^{1{,}25}$ · $(209{,}1/300)^{0{,}5}$ = 8,73 kN/cm² — Gl. (39)

$\bar{\lambda}_{S\tau}$ = $\sqrt{24/(\sqrt{3} \cdot 8{,}73)}$ = 1,260 — Gl. (3)

κ_1 = 0,65/$1{,}260^2$ = 0,410 — Gl. (7c)

$\tau_{S,R,k}$ = 0,410 · 24/$\sqrt{3}$ = 5,67 kN/cm² — Gl. (45)

$\tau_{S,R,d}$ = 5,67/1,1 = 5,16 kN/cm² — Gl. (11)

8.10.5 Beulsicherheitsnachweise

Einzelnachweise

I.) $\max \sigma_{x(x)} \le \sigma_{xS,R,d(x)}$ (an jeder Stelle x) — El. 612, Gl. (14)

II.) $\sigma_\varphi^* \le \sigma_{\varphi S,R,d}$ σ_φ^* nach Gl. (76) — El. 613, Gl. (15), (76)

III.) $\tau^* \le \tau_{S,R,d}$ τ^* nach Gl. (77) — El. 614, Gl. (16), (77)

ad I.)
Maßgebend: Einwirkungskombination 2a.

Im gegebenen Beispiel wird der Nachweis für σ_x allein am oberen Rand maßgebend, da die Meridiankräfte zufolge des dominierenden Momentes M_w mit dem Quadrat des Radius nach unten hin abnehmen (im Falle alleiniger Einwirkung (P + G) würde er am unteren Rand maßgebend werden).

$\max \sigma_{x(1)} = 9{,}48 < \sigma_{xS,R,d(1)} = 12{,}24 \text{ kN/cm}^2$

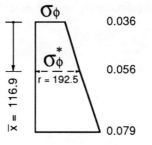

ad II.)
Maßgebend: Einwirkungskombination 2b.

$\max [\sigma_{\varphi(x)}/r_{(x)}] = 2{,}89 \cdot 10^{-4}$
(ist im gegebenen Beispiel konstant)

$\sigma_\varphi^* = 222{,}3 \cdot 0{,}866 \cdot 2{,}89 \cdot 10^{-4} = 0{,}056 \text{ kN/cm}^2$

$\sigma_\varphi^* = 0{,}056 < \sigma_{\varphi S,R,d} = 1{,}23 \text{ kN/cm}^2$

El. 613, Gl. (76)

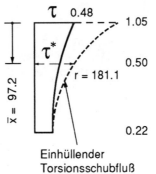

ad III.)
Maßgebend: Einwirkungskombination 2a.

$\max [\tau_{(x)} \cdot r^2_{(x)}] = 16{,}41 \cdot 10^3$
(am unteren Rand r_2)

$\tau^* = 1/(209{,}1 \cdot 0{,}866)^2 \cdot 16{,}41 \cdot 10^3 = 0{,}50 \text{ kN/cm}^2$

$\tau^* = 0{,}50 < \tau_{S,R,d} = 5{,}16 \text{ kN/cm}^2$

El. 614, Gl. (77)

Einhüllender Torsionsschubfluß

Nachweis bei kombinierter Beanspruchung

"Darf-Regel" in El. 617 erlaubt den Größtwert $[\sigma_x/\sigma_{xS,R,d}]$ sowie die einhüllenden Membranspannungen σ_φ^* und τ^* unter Außerachtlassung schmaler Randbereiche $l_{R1} = 0{,}1 \cdot l$ und $l_{R2} = 0{,}1 \cdot l^*$ zu bestimmen.

El. 616
El. 617

$l_{R1} = l_{R2} = 0{,}1 \cdot 3{,}00 = 0{,}30 \text{ m}$; $\overline{x} = 0{,}26 \text{ m}$

<u>Einwirkungskombination 2a</u>
$\max [\sigma_x / \sigma_{xS,R,d}] = 7{,}72/11{,}41 = 0{,}676$

$\max [\tau_{(x)} \cdot r^2_{(x)}] = 15{,}52 \cdot 10^3$
(bei $\overline{x} = 2{,}34 \text{ m}$)

$\tau^* = 15{,}52 \cdot 10^3 / (209{,}1 \cdot 0{,}866)^2 = 0{,}47 \text{ kN/cm}^2$

$\tau^*/\tau_{S,R,d} = 0{,}47/5{,}16 = 0{,}092$

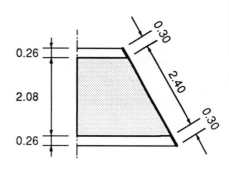

σ_φ^* bei Einwirkungskombination 2a nicht enthalten.

$0{,}676^{1,25} + 0{,}092^2$ $\qquad = 0{,}62 < 1$

Einwirkungskombination 1
Aus Einwirkungskombination 2a im Verhältnis der Beanspruchungen umgerechnet:
σ_x bei $\bar{x} = 0{,}26$ m:

$\sigma_x \quad = 7{,}72 \cdot (4{,}73/4{,}93)$ $\qquad = 7{,}41$ kN/cm²

$\max [\sigma_x / \sigma_{xS,R,d}] = 7{,}41/11{,}41$ $\qquad = 0{,}649$

$\tau^* \quad = 0{,}47 \cdot (101/112{,}5)$ $\qquad = 0{,}43$ kN/cm²

$\tau^* / \tau_{S,R,d} = 0{,}43/5{,}16$ $\qquad = 0{,}083$

$\sigma_\varphi^* \quad = 222{,}3 \cdot 0{,}866 \cdot 2{,}89 \cdot 10^{-4} \cdot (1{,}35/1{,}50)$ $\qquad = 0{,}05$ kN/cm²

$\sigma_\varphi^* / \sigma_{\varphi S,R,d} = 0{,}05/1{,}23$ $\qquad = 0{,}041$

$0{,}649^{1,25} + 0{,}041^{1,25} + 0{,}083^2$ $\qquad = 0{,}67 < 1$

8.10.6 Anmerkungen zum Beispiel

Vergleich mit genauer Beulberechnung (Programm BOSOR) für ideale Beulspannung:

$\sigma_{xSi} = 49{,}3$ kN/cm² $\qquad$ BOSOR

Beulenmitte bei $\bar{x} = 0{,}27$ m

$\sigma_{xSi} = 48{,}6$ kN/cm² $\qquad$ DIN 18 800 Teil 4, Gl. (26) (vgl. Abschn. 8.10.4)

Beulenmitte bei $\bar{x} \cong 0{,}19$ m

wobei $\bar{x} \cong \dfrac{4 \cdot \sqrt{rt}}{2}$ mit $r = r_1^*$

Kommentar Abschn. 4.2.2.1, 4.4

$\sigma_{\varphi Si} = 2{,}12$ kN/cm² $\qquad$ BOSOR

$\sigma_{\varphi Si} = 2{,}09$ kN/cm² $\qquad$ DIN 18 800 Teil 4, Gl. (34) (vgl. Abschn. 8.10.4)

9 Literatur
9.1 Monographien, Handbücher

[4 - 1] Başar, Y., Krätzig, W.B.: Mechanik der Flächentragwerke. Braunschweig/Wiesbaden: Vieweg 1985

[4 - 2] Baker, E.H., Kovalevsky, L., Rish, F.L.: Structural analysis of shells. New York: McGraw-Hill 1972

[4 - 3] Beedle, L.S. (Hrsg.): Stability of Metal Structures - A World View, 2nd ed.. Bethlehem (Pennsylvania U.S.A.): Structural Stability Research Council 1991

[4 - 4] Bürgermeister, G., Steup, H., Kretzschmar,H.: Stabilitätstheorie, Bd. 1 u. 2. Berlin: Akademie-Verlag 1963

[4 - 5] Column Research Committee (CRC) of Japan (Hrsg.): Handbook of structural stability. Tokyo: Corona 1971

[4 - 6] Ellinas, C.P., Supple, W.J., Walker, A.C. (Hrsg.): Buckling of offshore structures - a state-of-the-art-review. London/Toronto/Sydney/-New York: Granada 1984

[4 - 7] Esslinger, M., Geier, B.: Postbuckling behavior of structures. Wien/New York: Springer 1975

[4 - 8] Esslinger, M., Wendt, U.: Eingabebeschreibung für das Programm F04B08. Inst. f. Strukturmechanik, IB 131-84/29, Braunschweig: DFVLR 1984

[4 - 9] Flügge, W.: Statik und Dynamik der Schalen, 3. Aufl. Berlin/Heidelberg/New York: Springer 1981

[4 - 10] Flügge, W.: Stresses in Shells, 2nd ed. New York/Heidelberg/Berlin: Springer 1973

[4 - 11] Galambos, T. V. (Hrsg.): Guide to Stability Design Criteria for Metal Structures, 4th ed. New York/Chichester/Brisbane/Toronto/Singapore: J. Wiley and Sons 1988

[4 - 12] Girkmann, K.: Flächentragwerke, 6. Aufl. Wien/New York: Springer 1978

[4 - 13] Hampe, E.: Stabilität rotationssymmetrischer Flächentragwerke. Berlin/München: Ernst & Sohn 1983

[4 - 14] Hampe, E.: Statik rotationssymmetrischer Flächentragwerke, Bd. 1 bis 5. Berlin: VEB Verlag für Bauwesen 1973

[4 - 15] Kollár, L., Dulácska, E.: Schalenbeulung - Theorie und Ergebnisse der Stabilität gekrümmter Flächentragwerke. Düsseldorf: Werner-Verlag 1975

[4 - 16] Márkus, G.: Theorie und Berechnung rotationssymmetrischer Bauwerke, 3. Aufl. Düsseldorf: Werner-Verlag 1978

[4 - 17] Martens, P.: Silo-Handbuch. Berlin: Ernst & Sohn 1988

[4 - 18] Petersen, C.: Statik und Stabilität der Baukonstruktionen, 2. Aufl. Braunschweig/Wiesbaden: Vieweg 1982

[4 - 19] Pflüger, A.: Stabilitätsprobleme der Elastostatik, 3. Aufl. Berlin/Heidelberg/New York: Springer 1975

[4 - 20] Roark, R.J., Young, W.C.: Formulas for Stress and Strain. New York: McGraw-Hill 1984

[4 - 21] Eggwertz, S., Samuelson, L.Å.: The Shell Stability Handbook. London/New York: Elsevier 1992

[4 - 22] Timoshenko, S.P., Gere, J.M.: Theory of Elastic Stability, 2nd ed. New York/Toronto/London: McGraw-Hill 1961

[4 - 23] Yamaki, N.: Elastic Stability of cylindrical shells. Amsterdam/New York/Oxford: North-Holland 1984

9.2 Tagungsbände

[4 - 24] Dubas, P., Vandepitte, D. (Hrsg.): Stability of Plate and Shell Structures - Proc. of an Int. Coll. (April 1987, Ghent). Ghent: Uni. a. ECCS 1987

[4 - 25] European Convention for Constructional Steelwork (Hrsg.): Stability of Steel Structures - Prel. Rep. 2nd Int. Coll. (April 1977, Liege). Brüssel: ECCS 1977

[4 - 26] Harding, J.E., Dowling, P.J., Agelidis, N. (Hrsg.): Buckling of Shells in Offshore Structures. London/Toronto/Sydney/New York: Granada 1982

[4 - 27] Jullien, J.F. (Hrsg.): Buckling of shell structures, on land, in the sea and in the air - Proc. of Int. Coll. on Buckling of Shell Structures Lyon 1991. London/New York: Elsevier 1991

[4 - 28] Ramm, E. (Hrsg.): Buckling of Shells - Proc. of state-of-the-art-Coll. Stuttgart 1982. Berlin/-Heidelberg/New York: Springer 1982

9.3 Aufsätze, Einzelbeiträge, Forschungsberichte

[4 - 29] Brazier, L.G.: Of the flexure of "thin" cylindrical shells and other thin sections. Proc. Roy. Soc. Lond.,ser. A, Vol.116, London: (1927) 104-114

[4 - 30] Bornscheuer, F.W.: Beulsicherheitsnachweise für Schalen (DASt-Richtlinie 013). Bautechnik 58 (1981) 313-317

[4 - 31] Bornscheuer, F.W.: Schalenbeulen: Von der DASt-Richtlinie 013 zur DIN 18 800, Teil 4. Bautechnik 65 (1988) 325-331

[4 - 32] Bornscheuer, B.-F.: Einheitliches Bemessungskonzept für gedrückte Schalen, Platten und Stäbe aus Baustahl. Diss. Universität Stuttgart 1984. (Inst. f. Tragkonstr. u. konstr. Entw. d. Uni. Stuttgart, Forsch.ber. Nr.19, 1984)

[4 - 33] Bornscheuer, B.-F., Bornscheuer, F.W.: Zur α-freien Bemessung dünnwandiger Schalen. Stahlbau 54 (1985) 112-115

[4 - 34] Bornscheuer, F.W.: Flächige, gekrümmte Bauteile - Beulsicherheitsnachweise für isotrope Schalen. In: Deutscher Stahlbau-Verband (Hrsg.): Stahlbau Handbuch, 3. Aufl. Köln: Stahlbau-Verlags-GmbH 1992

[4 - 35] Chiba, M., Yamashida, T., Yamauchi, M.: Buckling of circular cylindrical shells partially subjected to external liquid pressure. (Kurzbericht: Neff, I.: Zum Beulen von Kreiszylinderschalen, die teilweise durch äußeren Flüssigkeitsdruck belastet werden. Bauingenieur 65 (1990) 365-366)

[4 - 36] Donnell, L.H.: Stability of thin-walled tubes under torsion. NACA Techn. Rep. No. 479 (1933) 95-116

[4 - 37] Donnell, L.H.: A new Theory for the Buckling of Thin Cylinders under Axial Compression and Bending. Trans. ASME, Vol. 56, No. 11 (1934) 795-806

[4 - 38] Ebner, H.: Theoretische und experimentelle Untersuchung über das Einbeulen zylindrischer Tanks durch Unterdruck. Stahlbau 21 (1952) 153-159

[4 - 39] Eggert, H.: Ein Beitrag zum Problem der Mindeststeifigkeit bei Schalen. Stahlbau 34 (1965) 353-358

[4 - 40] Esslinger, M.: Eine Erklärung des Beulmechanismus von dünnwandigen Kreiszylinderschalen. Stahlbau 36 (1967) 366-371

[4 - 41] Esslinger, M., Geier, B., Wendt, U.: Berechnung der Spannungen und Deformationen von Rotationsschalen im elastoplastischen Bereich. Stahlbau 53 (1984) 17-25

[4 - 42] Esslinger, M., Geier, B., Wendt, U.: Berechnung der Traglast von Rotationsschalen im elastoplastischen Bereich. Stahlbau 54 (1985) 76-80

[4 - 43] Esslinger, M.: Schnittkräfte und Beullasten von Silos aus überlappt verschraubten Blechplatten. Stahlbau 42 (1973) 264-268

[4 - 44] Esslinger, M., Geier, B., Wood, J.G.M.: Some complements to the ECCS design code concerning isotropic cylinders. In: [4 - 25], 589-598

[4 - 45] Esslinger, M., Geier, B., Poblotzki, G.: Beispiele zur Berechnung von Rotationsschalen im elastoplastischen Bereich. Stahlbau 60 (1991) 181-187

[4 - 46] Flügge, W.: Die Stabilität der Kreiszylinderschale. Ing.-Archiv, Bd.III, (1932) 463-506

[4 - 47] Greiner, R.: Ein baustatisches Lösungsverfahren zur Beulberechnung dünnwandiger Kreiszylinderschalen unter Manteldruck. Bauingenieur-Praxis H.17, Berlin/München/Düsseldorf: Ernst & Sohn (1972)

[4 - 48] Greiner, R.: Zur Klärung des Tragverhaltens von Zylindern unter Außendruck mit besonderer Berücksichtigung des Randeinflusses. Sonderheft des DFVLR, Schalenbeultagung in Meersburg 1976, 182-194.

[4 - 49] Greiner, R.: Zum Beulnachweis von Zylinderschalen unter Winddruck bei abgestuftem Wanddickenverlauf. Stahlbau 50 (1981) 176-179

[4 - 50] Hoff, N.J.: Some recent studies on the buckling of thin shells. AIAA Journal, Vol. 73,No 12 (1969) 1057-1070

[4 - 51] Klöppel, K., Roos, E.: Beitrag zum Durchschlagproblem dünnwandiger versteifter und unversteifter Kugelschalen für Voll- und halbseitige Belastung. Stahlbau 25 (1956) 49-60

[4 - 52] Koiter, W.T.: The Effect of Axisymmetric Imperfections on the Buckling of Cylindrical Shells under Axial Compression. Proc. Roy. Netherl. Acad. Sci. B66 (1963) 265-279

[4 - 53] Koller, S.: Die Stabilität der Kegelschale unter Außendruck. Diss. Universität Graz 1980.

[4 - 54] Kromm, A.: Die Stabilitätsgrenze der Kreiszylinderschale bei Beanspruchung durch Schub und Längskräfte. Jahrbuch der deutsch. Luftf.-Forschung 1 (1940), 602-616.

[4 - 55] Krysik, R., Schmidt, H.: Beulversuche an längsnahtgeschweißten stählernen Kreiszylinder- und Kegelstumpfschalen im elastisch-plastischen Bereich unter Meridiandruck- und innerer Manteldruckbelastung. Forsch.ber. FB Bauwesen d. Uni. GH Essen, H. 51. Essen: Selbstverlag 1990

[4 - 56] Lacher, G., Haspel, H.: Baustellenmaßnahmen zur Erzielung von Maßhaltigkeit bei einem großen Zementklinkersilo.
Stahlbau 49 (1980) 65-69

[4 - 57] Lorenz, R.: Achsensymmetrische Verzerrungen in dünnwandigen Hohlzylindern.
VDI-Zeitschrift 52 (1908) 1706-1713

[4 - 58] Mises, v. R.: Der kritische Außendruck zylindrischer Rohre.
VDI-Zeitschrift 58 (1914) 750-755

[4 - 59] Pfeiffer, M.: Tragsicherheitsnachweise für axialdruckbelastete orthotrope Kreiszylinderschalen. In: Deutscher Stahlbau-Verband (Hrsg.): Stahlbau Handbuch, 3. Aufl. Köln: Stahlbau-Verlags-GmbH

[4 - 60] Pflüger, A.: Zur axial gedrückten Kreiszylinderschale. Braunschw. Wiss. Gesellschaft XIV (1962) 91-109

[4 - 61] Pflüger, A.: Zur praktischen Berechnung der axial gedrückten Kreiszylinderschale.
Stahlbau 32 (1963) 161-165

[4 - 62] Resinger, F., Greiner, R.: Praktische Beulberechnung oberirdischer zylindrischer Tankbauwerke für Unterdruck.
Stahlbau 45 (1976),10-15

[4 - 63] Resinger, F., Greiner, R.: Erläuterungen zur ÖNORM B 4650, Teil 4 "Stahlbau; Beulung von Kreiszylinderschalen". Sonderdruck aus ÖNORM Heft 5 und 6 (1978)

[4 - 64] Resinger, F., Greiner, R.: Kreiszylinderschalen unter Winddruck - Anwendung auf die Beulberechnung oberirdischer Tankbauwerke.
Stahlbau 50 (1981) 65-72

[4 - 65] Saal, H.: Buckling of circular cylindrical shells under combined axial compression and internal pressure. In: [4 - 25], 573-578

[4 - 66] Saal, H., Kahmer, H., Reif, A.: Beullasten axial gedrückter Kreiszylinderschalen mit Innendruck - Neue Versuche und Vorschriften.
Stahlbau 48 (1979) 262-269

[4 - 67] Saal, H., Kahmer, H., Hein, J.-C.: Experimentelle und theoretische Untersuchungen an beulgefährdeten langen Kreisrohren.
Stahlbau 48 (1979) 353-359

[4 - 68] Saal, H.: The buckling strength of long cylinders subjected to axial or transverse loading.
In: [4 - 24], 611-616

[4 - 69] Samuelson, L.Å.: Effect of local loads on the stability of shells subjected to uniform pressure distribution. In: IUTAM Symp. on Contact Loading and Local Effects in Thinwalled Plated and Shell Structures, Prag 1990

[4 - 70] Schardt, R., Staack, U.: Zum Stabilitätsnachweis für Bauteile aus austenitischen nichtrostenden Stählen.
Bauingenieur 65 (1990) 153-161

[4 - 71] Schmidt, H., Krysik, R.: Beulsicherheitsnachweis für baupraktische stählerne Rotationsschalen mit beliebiger Meridiangeometrie - mit oder ohne Versuche ? In: Scheer, J., Ahrens, H., Bargstädt, H.-J. (Hrsg.): Festschrift H. Duddeck. Braunschweig: TU Braunschweig - Inst. f. Statik 1988 271-288

[4 - 72] Schmidt, H.: Dickwandige Kreiszylinderschalen aus Stahl unter Axialdruckbelastung.
Stahlbau 58 (1989) 143-148

[4 - 73] Schmidt, H., Krysik, R.: Towards recommendations for shell stability design by means of numerically determined buckling loads.
In: [4 - 27], 508-519

[4 - 74] Schulz, U.: Stabilitätsnachweis bei Schalen. Bericht der Versuchsanstalt für Stahl, Holz und Steine der Uni. Karlsruhe, 4.Folge, Heft 2 1981

[4 - 75] Schulz, U.: Die Stabilität von Zylinderschalen im plastisch-elastischen Bereich. Bericht der Versuchsanstalt für Stahl, Holz und Steine der Uni. Karlsruhe, 4.Folge, Heft 9 1984

[4 - 76] Schulz, U.: Zylinderschalen mit und ohne Innendruck im elastisch-plastischen Beulbereich. Stahlbau 60 (1991) 103-110

[4 - 77] Schwerin, E.: Die Torsionsstabilität des dünnwandigen Rohres. ZAMM 5 (1925) 235-243

[4 - 78] Seide, P., Weingarten, V.I.: On the Buckling of Cylindrical Shells under Pure Bending. Journal of Applied Mechanics 28 (1961) 112-116

[4 - 79]   Steinhardt, O., Schulz, U.: Zum Beulverhalten von Kreiszylinderschalen. Schweizerische Bauzeitung 89 (1971) 1-14

[4 - 80]   Stracke, M.: Stabilität kurzer stählerner Kreiszylinderschalen unter Außendruck. Diss. Universität GH Essen 1986. (Schweißtechn. Forsch. ber. Bd.12. Düsseldorf: Deutscher Verlag für Schweißtechnik 1987.)

[4 - 81]   Weingarten, V.I., Morgan, E.J., Seide, P.: Final Report on Development of Design Criteria for Elastic Stability on Thin Shell Structures. Space Technology Laboratories STL/TR-60-0000-19425, Los Angeles, Calif.: STC 1960

[4 - 82]   Weingarten, V.I., Morgan, E.J., Seide, P.: Elastic stability of thin-walled cylindrical and conical shells under axial compression. AIAA Journal, Vol. 3, No 3, (1965) 500-505

[4 - 83]   Weingarten, V.I., Morgan, E.J., Seide, P.: Elastic stability of thin-walled cylindrical and conical shells under combined internal pressure and axial compression. AIAA Journal, Vol. 3, No 6, (1965) 1118-1125

[4 - 84]   Windenburg, D.F., Trilling, Ch.: Collapse by Instability of Thin Cylindrical Shells under External Pressure. U.S. Transactions of ASME 56 (1934) 819-825

[4 - 85]   Wunderlich, W., Obrecht, F., Schnabel, F.: Beulverhalten von Kugelschalen unter stetig veränderlichen Flächenlasten. Schlußber. z. Forsch.vorh. Nr. 16.65 d. Inst. f. Bautechnik, Berlin. München/Bochum: TU München-Lehrstuhl f. Statik/RU Bochum-Inst. f. Konstr. Ingenieurbau 1989

[4 - 86]   Timoshenko, S.P.: Einige Stabilitätsprobleme aus der Elastizitätstheorie. Zeitschr. Math. & Physik, Vol. 58 (1910) 337-385

[4 - 87]   Yamaki, N., Tani, J.: Buckling of Truncated Conical Shells under Torsion. ZAMM 49 (1969) 471-480

[4 - 88]   Zoelly, R.: Über ein Knickproblem an der Kugelschale. Diss. Zürich 1915

Regelwerke

NORMEN

DIN 931 - Sechskantschrauben, metrische Gewinde, Ausführung m und mg (E) (11.70)

DIN 933 - Sechskantschrauben, Gewinde annähernd bis Kopf, metrische Gewinde, Ausführung m und mg (E) (12.70)

DIN 1028 - Gleichschenkliger Winkelstahl (10.76)

DIN 1029 - Ungleichschenkliger Winkelstahl (07.78)

DIN 1045 - Beton und Stahlbeton; Bemessung und Ausführung (07.88)

DIN 1050 - Stahl im Hochbau, Berechnung und bauliche Durchbildung (06.68)

DIN 1052 Teil 1 - Holzbauwerke; Berechnung und Ausführung (04.88)

DIN 1053 Teil 1 - Mauerwerk; Rezeptmauerwerk; Berechnung und Ausführung (02.90)

DIN 1054 - Zulässige Belastung des Baugrundes (11.76)

DIN 1055 Teil 1 - Lastannahmen für Bauten; Eigenlasten von Baustoffen und Bauteilen (07.78)

DIN 1055 Teil 2 - Lastannahmen für Bauten; Bodenkenngrößen (02.76)

DIN 1055 Teil 3 - Lastannahmen für Bauten - Verkehrslasten (06.71)

DIN 1055 Teil 4 - Lastannahmen für Bauten; Verkehrslasten; Windlasten bei nicht schwingungsanfälligen Bauwerken (08.86)

DIN 1055 Teil 5 - Lastannahmen für Bauten; Verkehrslasten; Schneelast und Eislast (06.75)

DIN 1055 Teil 6 - Lastannahmen für Bauten; Lasten in Silozellen (05.87)

DIN 1073 - Stählerne Straßenbrücken; Berechnungsgrundlagen (07.74)

DIN 3051 Teil 1 - Drahtseile aus Seildrähten; Grundlagen; Übersicht (03.72)

DIN 3051 Teil 2 - Drahtseile aus Seildrähten; Grundlagen; Seilarten, Begriffe (04.72)

DIN 3051 Teil 3 - Drahtseile aus Seildrähten; Grundlagen; Berechnung, Faktoren (03.72)

DIN 3051 Teil 4 - Drahtseile aus Seildrähten; Grundlagen; Technische Lieferungsbedingungen (03.72)

DIN 4113 Teil 1 - Aluminiumkonstruktionen unter vorwiegend ruhender Belastung; Berechnung und bauliche Durchbildung (05.80)

DIN 4114 - Berechnungsgrundlagen für Stabilitätsfälle im Stahlbau (Knickung, Kippung, Beulung), Blatt 1 (7.52) und Blatt 2 (2.53)

DIN 4119 Teil 1 - Oberirdische zylindrische Flachboden-Tankbauwerke aus metallischen Werkstoffen; Grundlagen, Ausführung, Prüfungen (06.79)

DIN 4119 Teil 2 - Oberirdische zylindrische Flachboden-Tankbauwerke aus metallischen Werkstoffen; Berechnung (02.80)

DIN 4131 - Antennentragwerke aus Stahl; Berechnung und Ausführung (03.69) (Neuausgabe (11.91))

DIN 4149 - Bauten in deutschen Erdbebengebieten; Lastannahmen, Bemessung und Ausführung üblicher Hochbauten (04.81)

DIN 4227 Teil 1 - Spannbeton; Bauteile aus Normalbeton mit beschränkter und voller Vorspannung (07.88)

DIN 4141 Teil 1 - Lager im Bauwesen, Allgemeine Regelungen (09.84)

DIN 4421 - Traggerüste; Berechnung, Konstruktion und Ausführung (05.88)

DIN 6914 - Sechskantschrauben mit großen Schlüsselweiten, HV-Schrauben in Stahlkonstruktionen (10.89)

DIN 7999 - Sechskantpaßschrauben, hochfest mit großen Schlüsselweiten für Stahlkonstruktionen (12.83)

DIN EN 10 025 - Warmgewalzte Erzeugnisse aus unlegierten Baustählen; Technische Lieferungsbedingungen (Deutsche Fassung 01.91)

DIN 17 100 "Allgemeine Baustähle. Gütenorm" (01.80)

DIN 17 440 - Nichtrostende Stähle; Technische Lieferungsbedingungen für Blech, Warmband, Walzdraht, gezogenen Draht, Stabstahl, Schmiedestücke und Halbzeug (07.85)

DIN 18 800 Teil 1 - Stahlbauten; Bemessung und Konstruktion (03.81)

DIN 18 800 Teil 7 - Stahlbauten; Herstellung, Eignungsnachweise zum Schweißen (05.83)

DIN 18 801 - Stahlhochbau; Bemessung, Konstruktion und Herstellung (09.83)

DIN 18 807 Teil 1 - Trapezprofile im Hochbau; Stahltrapezprofile; Allgemeine Anforderungen, Ermittlung der Tragfähigkeit durch Berechnung (06.87)

DIN 18 807 Teil 2 - Trapezprofile im Hochbau; Stahltrapezprofile; Durchführung und Auswertung von Tragfähigkeitsversuchen (06.87)

DIN 18 807 Teil 3 - Trapezprofile im Hochbau; Stahltrapezprofile; Festigkeitsnachweis und konstruktive Ausbildung (06.87)

DIN 18 809 - Stählerne Straßen- und Wegbrücken; Bemessung, Konstruktion, Herstellung (09.87)

DIN 18 914 - Dünnwandige Rundsilos aus Stahl (09.85)

DIN 50 049 - Bescheinigungen über Materialprüfungen (07.72) (Neuausgabe (04.92))

EUROCODES

Eurocode 2 Teil 1 - Planung von Stahlbeton- und Spannbetontragwerken. Grundlagen und Anwendungsregeln für den Hochbau (Entwurf der deutschen Vornorm 08.91)

Eurocode 3 Teil 1 - Gemeinsame einheitliche Regeln für Stahlbauten; Grundregeln und Regeln für Hochbauten (Entwurf (11.90))

DAST-RICHTLINIEN

DASt-Richtlinie 008 - Anwendung des Traglastverfahrens im Stahlbau (03.73) (1992 zurückgezogen)

DASt-Richtlinie 009 - Empfehlungen zur Wahl der Stahlgütegruppen für geschweißte Stahlbauten (04.73) (Neufassung in Vorbereitung)

DASt-Richtlinie 012 - Beulsicherheitsnachweise für Platten (10.78)

DASt-Richtlinie 013 - Beulsicherheitsnachweise für Schalen (07.80)

DASt-Richtlinie 015 - Bemessung und konstruktive Gestaltung von Tragwerken aus dünnwandigen kaltgeformten Bauteilen (07.88)

DASt-Richtlinie 016 - Träger mit schlanken Stegen (10.90)

DASt-Richtlinie 017 - Beulsicherheitsnachweise für Schalen - spezielle Fälle (Entwurf 10.92)

SONSTIGE REGELWERKE

AD-Merkblätter a) B2 - Kegelförmige Mäntel unter innerem und äußerem Überdruck; b) B3 - Gewölbte Böden unter innerem und äußerem Überdruck; c) B4 - Tellerböden; d) B6 - Zylindrische Mäntel unter äußerem Überdruck. Berlin: Heymanns/Beuth, 1983

API RP 2A - Recommended Practice for Planning, Designing, and Constructing Fixed Offshore Plattforms, 13th ed. Dallas: API, 1982

ASME Boiler and Pressure Vessel Code - Section III, Code Case N-284, New York: ASME, 1989

BS 5500 - Specification for Unfired Fusion Welded Pressure Vessels. London: BSI, 1988

CODAP - Code Francais de Construction des Appareils a Pression non soumis a l'Action de la Flamme, edition 1985. Paris: SNCT, 1985

Det Norske Veritas (DNV) - Rules: a) Classification Notes - Buckling strength analysis of mobile offshore units, Note No.30.1. Hovik; DNV 1987; b) Rules for Certification - Diving Systems. Hovik: DNV, 1988

ECCS - Recommendations Buckling of Steel Shells, 4th ed. Brüssel: ECCS, 1988

ECCS - European Recommendations for Steel Constructions (03.78)

KTA 3401.2 - Reaktorsicherheitsbehälter aus Stahl; Teil 2: Auslegung, Konstruktion und Berechnung. Köln/Berlin: Carl Heymanns Verlag KG, 1985

ÖNORM B 4650 Teil 4, 5 u. 7 - Stahlbau: Beulung von Kreiszylinderschalen, Beulung von Kreiszylinderschalen mit abgestufter Wanddicke. Wien: ON 1977/1980

SIA 161 - Stahlbauten. Zürich: SIA, 1979

TGL 19 348 - Örtliche Stabilität gekrümmter Flächentragwerke. Leipzig: Verlag für Standardisierung 1965

Stichwortverzeichnis

Stichwortverzeichnis

Es betreffen Seitenangaben von	1 bis 133	Teil 1
	135 bis 275	Teil 2
	277 bis 327	Teil 3
	329 bis 412	Teil 4

Abgrenzungskriterien 39, 90, 101, 193, 242
Abminderungsfaktoren 277f, 281f
- Biegedrillknicken 173, 174, 220, 263
- Biegeknicken 161, 180, 220, 258
- κ_{PK} bei knickstabähnlichem Verhalten 286, 288
- κ_p beim Plattenbeulen 282, 299
- κ beim Stabknicken 188, 193, 194, 197
- κ allgemein beim Schalenbeulen 335, 336, 337, 340, 341, 342, 362
- κ_1 . . . . 341, 364, 367
- κ_2 . . . . 341, 342, 343, 362, 381
- κ_{2q} 368, 369
- red κ 336, 348
Abscheren 11, 58, 75, 77, 124f
Abscherkräfte 67f, 73f, 119ff
Abschnitt zusammengesetzter Schalen 330
Abtriebskräfte 34, 187, 189, 191, 193, 194, 246
Abweichung von den Solleigenschaften 330
Aluminium 329
Anfangsbeulanalyse, lineare 339
Angrenzende Bauteile 166, 168, 172, 182, 279
Anschlüsse 10, 45, 86, 186, 191
Anschlußexzentrizität 186
Anschlußmomente 182, 207
Anschlußsteifigkeiten 170, 267ff
Auflagerung 334, 345
- Unebenheiten der 334
- Nachgiebigkeiten der 334, 345
Ausklinkungen 176
Ausknicken
- aus der Tragwerksebene 196
- in der Fachwerkebene 187
- rechtwinklig zur Fachwerkebene 187
Ausreichende Drehbettung 167
Ausreichende Behinderung 161
Ausreichende Schubsteifigkeit 171
Außermittigkeit 36, 187
Aussteifung von Stockwerksrahmen 189
Aussteifungselemente 189ff, 245
Aussteifungskonstruktion 181
Ausweichen 136
- in der Bogenebene 196, 197, 198, 256
- in der Fachwerkebene 187
- rechtwinklig zur Bogenebene 197, 198, 256
- rechtwinklig zur Fachwerkebene 187, 194
Axialdruck (siehe Druck)
Axialdruckkraft, fiktive 370
Axiallast 366, 376
Axialrichtung, Druckbeanspruchung in (siehe Druckbeanspruchung)
Axialverschiebung 350
Axialzug 366

Stichwortverzeichnis

Es betreffen Seitenangaben von   1 bis 133   Teil 1
                               135 bis 275   Teil 2
                               277 bis 327   Teil 3
                               329 bis 412   Teil 4

Basisbeulfall
- allgemein 336, 337, 341
- für κ_1 .... 341, 364
- für κ_2 .... 341, 362, 381
- Kreiszylinderschale 348, 351, 356, 360, 362, 364, 367
- Kegelschale 375, 376, 377
- Kugelschale 378, 379, 381
Bauteile, unzugängliche 66
Bauzustand 136
Beanspruchbarkeit 5, 16ff, 24, 26, 67, 336, 340
Beanspruchungen (siehe auch Druckbeanspruchung)
- allgemein 90, 337, 343
- Erhöhung relativ kleiner 23
- kombinierte 340, 344, 366, 367, 369, 383
  - Axiallast - Manteldruck 366
  - Axialdruck - Schub 367
  - Axialdruck - Umfangsdruck 364, 367
  - Axialdruck - Umfangszug 369
  - Umfangsdruck - Schub 367
- Querkraftbeanspruchung, Kegelschale 377
- verringern 20, 22
Beanspruchungsgröße 334, 348, 371, 375, 378
Begriffe beim Knicken 136
Behälter
- offener 350
- offener Behälter mit Flüssigkeitsfüllung 333
- Vakuumbehälter 333
- Tankbehälter 334, 399
- Bau von 333, 347
Behinderung der Verformung 166
Beiwert
- C_φ^* 359
- C_φ 358
- C_τ 360, 361
- C_K 380, 381, 383
- C_x 354
- β 373, 374
- ψ 366
Belastung (siehe auch Einwirkungen)
- nicht richtungstreu 187, 197
- räumlich 198
- richtungstreu 197
Bemessungswerte
- allgemeine 4f, 20f, 63
- der Einwirkungen 89, 95
- der Widerstandsgrößen 89
Berechnung
- genauere 344, 365, 393, 397, 403, 408
- schalenstatische 349
Berechnungsverfahren, geeignetes 336, 338, 393, 397
Bescheinigungen 8, 10
Betriebsfestigkeit 11, 44, 77
Betriebsüberdruck 368
Beulen
- allgemein 198, 203
- Axialdruckbeulen 351, 362

418

Es betreffen Seitenangaben von	1 bis 133	Teil 1
	135 bis 275	Teil 2
	277 bis 327	Teil 3
	329 bis 412	Teil 4

- Beulanalyse
  - lineare 339
  - nichtlineare 339, 380
  - numerische 331, 337
- Beulbereich, lokaler 365
- Beuldruck, idealer 331, 339, 357, 358, 373, 379, 393
- Beulenbreite 352, 359, 361
- Beulenlänge 345, 352
- Beulformel, klassische 351, 354, 379
- Beulknicken 281, 355
- Beulkurve (siehe Abminderungsfaktor)
- Beullast
  - ideale 331, 338
  - numerisch ermittelte 335, 338, 344
  - reale 331
- Beulhalbwellenzahl n 351
- beullasterhöhende Wirkung des inneren Manteldruckes 368, 369
- beullastmindernder Einfluß des Plastizierens 369
- Beulmuster
  - kritisches (Verzweigungsbeulmuster) 338, 345, 346, 351, 352, 358, 361, 368, 379
  - Längsbeulmuster 352, 359
  - Nachbeulmuster 345, 368
  - Rautenbeulmuster 345, 368
  - Ringbeulmuster 351, 369
  - Schachbrettbeulmuster 352, 368, 379
- Beulrechnung (siehe Berechnung)
- Beulrelevanz (siehe Membranspannung, beulrelevante)
- Beulsicherheitsfaktor γ, globaler 386
- Beulsicherheitsnachweis
  - numerisch gestützter 339, 340
  - Vorgehen beim 335
- Beulspannung (siehe Spannung)
- Beultheorie
  - Donnellsche 331, 353, 379
  - Flüggesche 331, 353
  - klassische, lineare 279, 337, 351, 356, 357, 360, 366, 373, 379
  - randbedingungskonsistente 337, 353, 379
- Beultraglast 332
- Beulversuch 334, 344, 362, 363, 367, 370, 381
- Beulwellenzahl m 351, 358, 359, 360, 373, 379
- Beulwiderstandsgröße 336
- Biegebeulen 356, 363, 364
- elastisches 329, 341, 343, 362
- Gesamtbeulen 372, 373
- globales 331
- lokales 330
- Schubbeulen 360, 364
- Teilbeulen 372, 373
- Umfangsdruckbeulen 356, 364
- Zwängungsbeulen 334
Beulfeld 277
- maßgebende Beulfeldbreite 278
- parallelogrammförmiges 278
- trapezförmiges 278
Beulfläche 277, 286
Beulsicherheit 277ff, 282, 285, 287ff

Es betreffen Seitenangaben von	1 bis 133	Teil 1
	135 bis 275	Teil 2
	277 bis 327	Teil 3
	329 bis 412	Teil 4

Beulsteifen 279
- maßgebende Steifigkeiten 277
Beulwert k 202
Biegedrillknicken 28, 44, 140, 161, 164, 173, 178, 180, 188, 191, 198, 203, 242, 244, 248
- einfachsymmetrisches Profil 165, 212
- Gesamtsystem 161
- Einfluß des Beulens 231
- Momentenbeiwerte 179, 268
- planmäßige Torsion 173
- Rahmenstütze 221
- Stabilisierung durch angrenzende Bauteile 166, 205
- Veränderlicher Querschnitt 175, 236
- Wabenträger 175, 217
Biegedrillknickmoment
- ideales 173, 176, 203
Biegedruckbereich 201
Biegeeinspannung (siehe Randeinspannung)
Biegeknicken 140, 161, 188, 191, 193, 202, 211, 220, 243f, 248, 281
- Nachweismethode 2 180
- Theorie I. Ordnung 160
- Theorie II. Ordnung 160
Biegesteifigkeit 188, 196
Biegestörung 347
Biegeverformung 189, 193
Biegezugbereich 201
Biegezuggurt 202
Blechdicken 277
Bleche
- Bindebleche 185, 186, 226
- geringe Dicke 162
- flammgeschnitten 162
Bodensetzung 334
Bogenachse 196, 197, 198
Bogenlänge 256
Bogenpaar
- mit Windverband 197
Bogenträger 196, 197
Bruchkraft 82f

Charakteristische Werte
- der Einwirkungen 95, 97
- der Widerstandsgrößen 105, 120ff
Computerprogramm
- für numerische Beulanalysen 338, 339, 393, 397, 403, 407

Dach
- kegelstumpfförmiges 394
Dachscheibe 242
Dauerhaftigkeit 17, 66
Deckel 350
Deckenscheibe 242
Dehnsteifigkeit 196
Dicke Schweißnaht 163
Dickwandigkeitskriterium 342, 354, 359, 361, 380, 384
Dischingerfaktor 191
Doppelwinkel 162

Es betreffen Seitenangaben von   1 bis 133   Teil 1
                               135 bis 275   Teil 2
                               277 bis 327   Teil 3
                               329 bis 412   Teil 4

Drehachse
- gebundene 166, 168, 176
- freie 168
Drehbettung 176
- $\bar{c}_{\vartheta A}$ aus der Verformung des Anschlusses 169
- theoretische 169
- vorhandene 168, 206, 215
Drehbettungsbeiwert 167
Dreigelenkrahmen 254
Drillknicken 209
Druck
- Außendruck, allseitiger (hydrostatischer) 356, 357, 364, 367, 376, 379
- Axialdruck 355, 374, 375
- Beuldruck (siehe Beulen)
- Deckeldruck 356, 357, 370
- Flüssigkeitsdruck, äußerer 365, 392
- hydrostatisch 196
- Manteldruck 339, 356, 357, 364, 374, 376, 377, 387
  - dreieckförmig verteilter 365
  - einhüllender 373, 374, 377
  - innerer 368, 370, 387
  - veränderlicher 339
- Meridiandruck 375
- Umfangsdruck 356, 374, 375, 376, 377
- Unterdruck, innerer 379, 388
Druckbeanspruchung
- in Axialrichtung 349, 351, 353, 362, 365
- in Meridianrichtung 375, 383
- in Umfangsrichtung 349, 356, 359, 364, 365, 377, 383
Druckgurt 187, 194
- als Druckstab 172, 203
Druckkraftbeiwert 173
Druckrohrleitung 370
Druckspannungen 281, 285
- quergerichtete σ_y 291
Druckstab 181
Druckübertragung
- durch Kontakt 81
Dunkerley-Gerade 367
Durchlaufstützen 189
Durchlaufträger 50, 188f, 191
- elastisch gestützt (gelagert) 189, 194, 195
- starr gestützt 188, 242
Durchmesserabweichung 347
Durchschlagen 196
Durchschlagsdruck 380
Durchschlagslast 338

Eigenform (siehe auch Vorverformungen und Beulmuster, kritisches) 352, 353
Eigenspannungen 39, 139, 145, 151, 154, 156, 161, 174, 178, 179, 197
Eigenspannungsverteilung 139, 163
Eigenträgheitsmoment 184
Eigenwert (siehe auch Beullast, ideale) 352, 353
Eigenwertanalyse (siehe auch Beulanalyse) 338, 339, 340, 393, 397

421

Es betreffen Seitenangaben von	1	bis 133	Teil 1
	135	bis 275	Teil 2
	277	bis 327	Teil 3
	329	bis 412	Teil 4

Einachsige Biegung
- mit Normalkraft 177, 203
- ohne Normalkraft 165, 203

Einfachsymmetrisches Profil 210

Einspannung
- elastisch 187f, 247

Einwirkung
- allgemein 5, 88, 333, 336
- außergewöhnliche 19, 113, 392
- die Beanspruchungen verringern 22
- Erhöhung der 20f
- kontrollierte veränderliche 333, 388, 389
- Spannungen infolge 364, 373, 376, 377, 383
- ständige 6f, 22, 88
- Teileinwirkung 350
- veränderliche 6, 21, 84, 88, 113

Einwirkungsgröße 3, 332
Einzellasten 169, 174
Einzelstabschlankheit 186
Elastisch-Plastisch 191, 243, 251
Elastizitätsmodul, fiktiver 329
Elastizitätstheorie 193, 197f
   I. Ordnung 190, 192, 242, 250
   II. Ordnung 191, 192, 193, 194, 196, 198, 243, 250

Elementschnittgrößen 203
Elephant's foot (siehe auch Ringbeulen) 354
Endportal 197
Endringsteife 353, 361
Erddruck 22, 96, 349

Erhöhung
- dynamische 20
- relativ kleiner Beanspruchung 23

Ermüdungssicherheit 1

Ersatz-Kreiszylinder
- für Kreiszylinderschalen mit abgestufter Wanddicke 370, 372, 373, 374
- für Kegelschalen 398, 375, 376, 377
- dreischüssiger 373, 374

Ersatz-Manteldruck 365, 373
Ersatz-Windbelastung 365, 373
Ersatzbelastung 189, 193, 249
Ersatzimperfektionen 162, 184
- Ansatz 146
- Elastisch-Elastisch 153
- ergänzende 160
- geometrische 194ff, 335
- Interaktionsbedingung bei der Ermittlung 148ff

Ersatzlasten 194, 195, 196
Ersatzstabverfahren 188, 190ff, 242f, 249
- Theorie I. Ordnung 177

Erschütterung 365
Eulerhyperbel 284f
Europäische Knickspannungslinie 161, 283

Exzentrizität (siehe auch Außermittigkeit)
- planmäßige (siehe Versatzmaß, planmäßiges)
- unplanmäßige 344, 347
- des Anschlusses 188

Es betreffen Seitenangaben von	1 bis 133	Teil 1
	135 bis 275	Teil 2
	277 bis 327	Teil 3
	329 bis 412	Teil 4

Fachwerkträger 197
Fahrbahn 197
Faserzementplatten 167
Federsteifigkeit 194, 196
Feinkornbaustähle 162
Felder
- Einzelfelder 280, 285, 291
- Gesamt-, Teil- und Einzelfelder 277f
- Teilfelder 277f, 289f
FEM (siehe Computerprogramm)
Fertigungsmethode 330
Festigkeit 4, 7, 25, 36, 61, 332
- charakteristische Werte der 25
Flachdachtank (siehe Behälter)
Flachstahlfutterstücke 186
Fließgelenke 192, 194, 251, 252, 254
Fließgelenkkette 18, 29, 62
Fließgelenktheorie 60, 74, 138, 192, 194, 197
- I. Ordnung 192, 194
- II. Ordnung 191, 192, 194, 243, 251, 255
Fließzonenausbreitung 178
Fließzonentheorie 138, 153, 162
Flüssigkeitsdruck 349, 368
Formabweichung 292, 345, 346
Fraktil-Regel, 10%-Fraktile 348
Fraktilkurve 363, 381
Freileitungsmast 184
Füllstäbe 187, 194
Fundamente 189
Futter 14

Gabellagerung 140, 177, 208
Gasdruck 368
Gebrauchstauglichkeit 200
- Nachweise der 3, 18, 77, 136, 278, 330
- bei Gefährdung von Leib und Leben 18
Gebundene Drehachse 206
Geltungsbereich 329
Gesamtfelder 294, 297
Gesamtsystem 140
Gleichgewichtsbiegemomente 334
Gleichgewichtsverzweigung (siehe auch Eigenwertanalyse) 331, 338
Gleichstreckenlast 177
Gleichzeitiger Ansatz von Vorkrümmung und Vorverdrehung 159
Gleiten 65, 83
Grenzwerte 1, 5, 35, 42, 46ff, 60, 62, 126ff
- geometrische
  - grenz (b/t) 46, 49, 59, 91, 127ff, 198f, 280, 294, 320ff
  - grenz (r/t), grenz (d/t) 46, 49, 59, 342, 354
- Schrauben 15
- Schweißen 15
- Seilverankerungen 77
- Schnittgrößen
  - Schrauben 5, 9, 39, 63, 74f, 77ff, 93f
  - Seile 65, 83
  - Stäbe 25, 51, 59, 63

	Es betreffen Seitenangaben von	1 bis 133	Teil 1
		135 bis 275	Teil 2
		277 bis 327	Teil 3
		329 bis 412	Teil 4

- Spannungen
  - Streckgrenze 60
  - Plattenbeulen 280f
  - Schweißen 93f, 118
- Grenzzustände 5, 18
- Großversuche 170
- Grundbeulfälle 277
- Grundkombinationen 2, 20f
  - Schnee und Wind 96f
- Grundzustand 331
- Gültigkeitsgrenze für r/t 361, 381
- Gurtbreite, geometrische 170, 281
- Gurte 185

- Halbrahmen 187, 194, 196
- Halbwellenlänge (siehe auch Beulenlänge) 196
- Hänger 196, 197, 198, 256
- Hauptachsen 204
- Hauptkombination 21ff
- Hauptkrümmungsradius 332
- Herstellungsungenauigkeit, Toleranzwerte für 292, 330, 333, 336, 344
- Hertzsche Pressung 66
- Hohlprofile 153, 161, 163
- Holzverbinder 171
- Horizontalkräfte 189, 246
- Horizontallast 189, 191, 194
  - aus Silogut 368, 386

- I-Profile
  - mit großen Dicken 163
  - einfachsymmetrisch 175
- Imperfektionen 187, 189, 193f, 197f, 246, 285, 330, 341, 344
  - geometrische 2, 27, 33f, 61, 98, 138, 145, 161, 283
  - strukturelle (Eigenspannung, Fließgrenzenstreung) 138, 146, 156, 283
- Imperfektions-Rechenannahme 345
- Imperfektionsamplitude 348
- Imperfektionsempfindlichkeit 341, 352
- Imperfektionsfaktor, elastischer 335, 342, 362, 363, 364, 368, 381
- Innendruckparameter 368, 369
- Interaktion (siehe auch Beanspruchung, kombinierte)
  - allgemein 57, 110, 188, 191, 199, 253, 282, 337, 340, 367
  - Plattenbeulen 299, 304
  - Plattenbeulen-Stabknicken 281
  - Zylinderbeulen-Stabknicken 355

- Kaltprofil 210, 227
- Kegel (-schale)
  - allgemein 370, 375ff
  - flache 339, 375
  - lange 375
  - mit Füllgut oder Flüssigkeitsfüllung 375
  - unter konstantem Manteldruck 376
  - unter konstantem Torsionsmoment 377
  - unter Momentenangriff 376

Es betreffen Seitenangaben von 1 bis 133 Teil 1
135 bis 275 Teil 2
277 bis 327 Teil 3
329 bis 412 Teil 4

Stichwort	Seiten
Kegelstumpf (-schale)	
- Mantellänge	375
- torsionsbeanspruchter	377
Kehlnähte	11, 79ff
- Grenzwerte der	15
Kenngröße, physikalische	332
Kerbspannungen	39
Kettenlinien	196
Kippen	137, 165
Kleine Verdrehungen	170
Klemmen	82ff
Knickbiegelinie	196
Knickeigenwert	194
Knicken	
- des langen Kreiszylinders als Stab	353, 355, 356, 370
- des Kreisringes	357, 360
- in der Fachwerkebene	187
Knicklänge	
- allgemein	164, 185
- Beiwert	135, 164, 172, 185, 256
- Bogenträger	197
- Durchlaufträger	196
- Fachwerkstab	187, 188
- Rahmenstab	188, 191, 193
Knicklast	191, 194, 196
Knickspannungslinie	161, 195, 196, 242, 247, 249, 256
Knickstabähnliches Verhalten	277, 281, 286, 288, 298, 303
Knotenpunkte	
- unverschieblich	188, 189, 191
- verschieblich	191, 192
Koiter circle	352
Kombinationen (siehe auch Grundkombinationen)	21, 24, 62
- außergewöhnliche	23
Kombinationsbeiwerte	5f, 16, 20, 23
Kontaktmoment	170, 183
Kontaktstoß	11, 142, 182
Kopfplatten	176
Korrosionsschutz	3, 9, 66f, 87
Krafteinleitungen	10, 45, 111f
Kranlasten	194
Kreisbogen	197, 198
Kreiszylinder (-schale)	
- allgemein	348ff
- außermittig axialgedrückter	356, 363
- biegebeanspruchter	356, 363
- dickwandiger	384
- dünnwandiger	362
- kurzer	353, 354, 357, 359, 360, 361, 364, 368
- langer	353, 355, 358, 359, 360, 361, 369, 370
- mittellanger	351, 352, 356, 357, 359, 360, 361, 368, 369
- sehr kurzer	366
- sehr langer	356, 384
- mit abgestufter Wanddicke	370, 374
Krümmungsradius, effektiver	346

Es betreffen Seitenangaben von 1 bis 133   Teil 1
                              135 bis 275   Teil 2
                              277 bis 327   Teil 3
                              329 bis 412   Teil 4

Kugel (-schale)
- allgemein 378ff
- Halbkugel 380
- Kugelbeulspannung 381
- Kugelbeulversuch 382
- Kugelgasbehälter, Stütze 384
- Kugelkappe (siehe Kugelkalotte)
- Kugelkalotte 339, 378, 379, 380, 381, 382, 383
  - dünnwandige 382
  - extrem flache 380
  - verschieblich gelagerte 381, 382, 383
  - unter Einzellast 383
- Kugelsegment (siehe Kugelkalotte)
- mit konzentrierten Belastungen 383
- Teilkugel 378
- unter Eigengewicht 383
- unter konstantem Manteldruck 379, 381
- Vollkugel 378, 379
KZS (siehe Kreiszylinder(-schale))

Lagerung, Lagerungsbedingungen
- allgemein 336, 338, 349, 350
- wölbbehindert/wölbfrei 350
Lagesicherheit 2, 17, 64f
Längsaussteifung 288
Längsstoß 347
Längsverankerung 350
Lastangriff am Obergurt 173
Lasteinleitung 306
Lastgröße 332
Lasthebelarm 175
Laststeigerungsfaktor 331
Lippen 202
Lochleibung 11, 14, 39, 67f, 73ff, 86, 94, 105, 121ff
Lochschwächung 44f, 68, 104, 143
Lochspiel 244
Luftdruck 368

Maßhaltigkeit 344, 347
Mast 365
Mauerwerk 166
Membranlagerung, Quasi-Membranlagerung 378
Membranschnittkraft 332
Membranspannungszustände 286
Membrantheorie der Schalen 383
Meridiandruckbeanspruchung (siehe Druckbeanspruchung)
Meridianspannung (siehe Spannung)
Meßlänge für Vorbeulen 292, 345
Meßlehre, -draht, -lineal für Vorbeulen 346
Metalle, andere als Stahl 329, 330
Mindestdicken 10
Mindeststeifigkeit 148, 167
Mindeststeifigkeit von Steifen 288f, 330, 353, 361
Mischung 100, 135
Mischungsverbot 1f
Mittiger Druck 203

DIN 18 800 — Stichwortverzeichnis

Es betreffen Seitenangaben von	1 bis 133	Teil 1
	135 bis 275	Teil 2
	277 bis 327	Teil 3
	329 bis 412	Teil 4

Modellierungsfehler der klassischen linearen Beultheorie 337, 338, 378
Momentenbeiwert
- für das Biegeknicken 177, 179
- für das Biegedrillknicken 168, 176, 179
Momentenumlagerung 30, 33, 36, 50, 60, 77, 80, 114
Montage 344
Muttern 9f, 12, 87

Nachbarzustand 331
Nachbeulminimum 362, 364
Nachbeulverhalten 331, 341, 352, 362
Nachgiebigkeit 186
- von Gründungen 145
Nachweis
- Durchbiegungsnachweis 290
- Gebrauchstauglichkeit 18
- Lagesicherheit 2, 64
- vereinfachter 278, 291
Nachweiskonzept für Beulsicherheitsnachweis
- allgemein 329, 335
- halbempirisches 335
- κ-Konzept 335, 336, 340, 341, 381
Nachweisverfahren
- beim Stabknicken 138, 199
- Elastisch-Elastisch 1, 8, 17f, 22, 26ff, 36, 39ff, 46, 48, 50, 59, 84f, 114, 126f
- Elastisch-Plastisch 1, 8, 17f, 26f, 30ff, 36, 48ff, 59f, 64f, 77, 80, 92, 100, 126f
- Plastisch-Plastisch 17f, 26ff, 30ff, 50f, 59ff, 74, 76
Nahtgüte 80
Nebenkombinationen 21f
Nebenspannungen 39, 187
Nenndicke 348
Netzlänge 187
Nietabstände 15
Nieten 9, 12f, 18, 67
- Senk- 76
Normalkraft des Kreiszylinderquerschnittes
- vollplastische 354
- Normalkraft-Fließgelenke 354
Normalkraftverformungen 189, 190, 196, 244
- Vernachlässigbarkeit 189, 190, 193, 248f

Öffnungswinkel ϱ eines Kegels 375
Ovalisierung 356, 361
Ovalität 346

P-δ-Effekt 193
P-Δ-Effekt 193
Parabelbogen 255
Pendelstützen 192f, 248, 252
Pfeilverhältnis 196f, 256
Pipeline 387
Planmäßig mittiger Druck 161

Plastischer Formbeiwert 50, 143
Plastizierungen 44, 48, 84, 92, 110
- örtlich begrenzte 31, 38f, 48

Es betreffen Seitenangaben von 1 bis 133 Teil 1
135 bis 275 Teil 2
277 bis 327 Teil 3
329 bis 412 Teil 4

Plastizierungsvermögen	140
Plastizitätsfaktor	335
Plateau, plastisches	342, 354, 359, 361, 363, 380
Platte, ebene Platten als Näherung	334
Platten	
- längsversteifte	288, 291
- Schlankheitsgrad λ_P	279, 287f
- schwach gekrümmte	292
Plattenbeulen	334, 353, 354, 358, 360, 361, 364
Plattenbeulkurven (siehe auch Abminderungsfaktoren)	282
Plattenbreite	
- mitwirkende	84
- wirksame	199, 201, 280
Poltreue Last	164
Portalrahmen	197
Profile	
- Kaltprofile	175, 198, 202
- Rechteckprofile	175
- Trapezprofile	169, 181
- Winkelprofile	165, 186
Profilformen	199
Profilverformung	169
Proportionalitätsgrenze	140
Punktschweißung	86f
Qualitätsstandard	344
Querdehnungsbehinderung am Schalenrand	337
Querkontraktionszahl	329
Querkraftschub	349, 360, 377
Querkraftverformung	189
Querrahmen	197
Querriegel	187
Querschnitt, elliptischer	346
Querschnitt	196, 197, 198
- Abstufung	187
- Druckgurt	187, 194
Querschnitt	
- doppeltsymmetrisch	165
- einfachsymmetrisch	165
- gedrungene	280
- punktsymmetrisch	165
- reduzierter	201
- unsymmetrisch	165
- veränderlich	184, 234
- veränderliche und Normalkraft	164
- wirksamer	199, 200, 202f, 228, 230
Querschnittsform	186
Querschnittsmitwirkung	
- grenz (b/t)	142
- Beulen	142
Querschnittsteile, dünnwandige	198
Querträger	187
Querverbindungen	183
Quotient, E/f_y	342
Radiusabweichung	347

Es betreffen Seitenangaben von 1 bis 133 Teil 1
135 bis 275 Teil 2
277 bis 327 Teil 3
329 bis 412 Teil 4

Rahmen 190, 191, 193, 247ff, 251
- ausgesteift 191
- einstöckig 192, 194
- unverschieblich 188, 189, 191, 244f, 247f
- verschieblich 189, 191, 192, 193, 248f
Rahmenknoten 189
- unverschieblich 188, 189, 190, 244
- verschieblich 190, 192, 193
Rahmenstab 222
Rahmensteifigkeit 188, 248
Rahmenstockwerk 193
Rand (siehe auch Randbedingung)
- freier 81, 350, 353, 371
- längsverankerter 350, 359
- radial verschieblicher 353
- wölbbehinderter/wölbfreier 350, 359, 360, 361, 364
Randabstände 15, 94
Randausbildung, konstruktive 15, 350, 354
Randbedingung
- allgemein 279, 330, 334, 336, 338
- für Kreiszylinder 349, 353, 357, 358, 361, 371, 377
- für Kegel 375
- für Kugel 378, 380
- Biege-/Membranrandbedingungen 357
Randbedingungskonsistenz (siehe Vorbeulzustand)
Randbereich beim Interaktionsnachweis 368
Randeinspannung 350, 359
Randgröße 349
Randkreisebene 350
Randlagerungsfall (siehe Randbedingung)
Randquerkraft, Kirchhoffsche 349
Randverdrehung 349
Rechenprogramm (siehe Computerprogramm)
Reduktionsfaktor r_2 .... 34, 156
Reduktionsfaktor r_1 .... 34, 156
Reibungszahlen 10, 65
Reserven 291
- überkritische 277, 283, 285, 287
Richtarbeit 292, 348
Riegel 189, 190, 197, 247, 249
Riegel-Stützen-Verbindung
- steifenlos 193
Ringbeule 352, 369
Ringknicken (siehe Knicken)
Ringsteife 354, 361, 366, 390, 397, 398
Ringträger 349
Rohr 357, 360, 361
Rohrbiegung 363
Rohrstab (siehe auch Knicken) 349, 353, 355
- konischer 375

Schale (siehe auch Kreiszylinder, Kegel, Kugel)
- imperfekte 336
- perfekte 331, 336, 338
- Schalenabschnitt 330
- Schalenbiegemoment 333, 344

Es betreffen Seitenangaben von 1 bis 133 Teil 1
                                135 bis 275 Teil 2
                                277 bis 327 Teil 3
                                329 bis 412 Teil 4

- Schalenschnittgröße	348
- sehr dünnwandige	329
- Teilbereich einer Schale	338
- Teilfelder versteifter Schalen	330
- tragsichere	336
- versteifte	331
Schalenbeulen	284, 292
Schalenbeulfall, normal/sehr imperfektionsempfindlich	341
Schalenbeulkurve (siehe auch Abminderungsfaktor)	342
Schalengeometrie	336
Schalenschlankheitsgrad	332, 336, 340, 363
Schalenteil	330
Schalentheorie	
- Donnellsche	331, 352
- Flüggesche	331, 353
- technische	349
Schalentyp	330
Scheiben	86
Schellen	83
Scherverbindungen	14, 39, 63, 67
Schiefstellung	34, 189, 191
Schlankheitsgrad	144, 288f
- bezogener	188, 196, 197, 198, 279, 282
Schlupf	36, 73, 142, 186, 245, 246
Schnittgrößenermittlung	184
- Theorie II. Ordnung	141
Schrauben	5, 7, 9, 11f, 15, 67f, 75, 87, 93f, 104ff, 121, 123, 171
- Abstände	171
- Verbindungen	11, 87, 121
- verzinkte	9
Schubbeanspruchung	
- Kreiszylinder	349, 360, 361, 364, 365, 371
- Kegel	375, 377
Schubfeld	167
Schubsteifigkeit	166, 171, 176, 181, 184, 189, 205
Schweißeigenspannung	348
Schweißen	
- in kaltgeformten Bereichen	16
Schweißnahtdicke	79, 163
Schweißverwerfung	345
Schwerpunkt	187
Schwerpunktsverschiebung	201, 202
Seile	10, 83
Seiltrommel	390
semi-rigid-joints	141
Senkschrauben	76
Setzbolzen	171
Setzungsunterschied	334
Silo	349, 368, 384, 385
Silolast	386
Silowand, dünne	386
Sonderbefestigungen	171
Spannung	383
- Axialbeulspannung	
- ideale	351, 372
- reale	362, 372
- Axialdruckspannung, anzusetzende	370

Es betreffen Seitenangaben von 1 bis 133 Teil 1
135 bis 275 Teil 2
277 bis 327 Teil 3
329 bis 412 Teil 4

- Axialzugspannung aus Innendruck ... 370
- Beulspannung
  - allgemein ... 348
  - ideale ... 332, 337, 338, 339, 340, 351, 379, 380
  - reale ... 332, 334, 340, 341, 361, 381
  - Grenzbeulspannung ... 332, 337, 340, 343
- Eigenspannung ... 348
- infolge Einwirkungen (siehe auch Beanspruchung) ... 337, 343, 364, 373, 376, 377, 383
- Membranspannung
  - allgemein ... 332, 340
  - beulrelevante ... 332, 336, 337, 339, 344, 348, 378
  - maßgebende ... 337, 343, 344, 364, 372, 373, 376, 377
  - zu kombinierende ... 367
- Membranspannungsfeld, veränderliches ... 337, 344, 349, 365, 378
- Membranzustand, reiner ... 332, 337, 340, 348
- Meridianbeulspannung
  - ideale ... 375
  - reale ... 375
- Schubbeulspannung
  - ideale ... 360, 377
  - reale ... 364, 377
- Schubspannung ... 200, 230
  - sinusförmige ... 360
- Tragbeulspannung ... 362, 363, 381
- Umfangsbeulspannung
  - ideale ... 339, 356, 372, 376
  - reale ... 364, 373, 377
- Umfangsdruckspannung bei Windbelastung ... 365, 373
- Umfangszugspannung ... 368, 369

Spannungsdehnungslinie ... 329
Spannungskategorie ... 334
Spannungsnachweis ... 48, 188, 191, 198
Spreizung, gering ... 186
Stab, rohrförmiger ... 354, 355, 384
Stabdrehwinkel ... 35, 98, 114, 194, 196, 246
Stäbe
- Einzelstäbe ... 185
- Füllstäbe ... 185
- Gitterstäbe ... 185
- mehrteilig ... 183
- mit geringer Normalkraft ... 177
- Rahmenstäbe ... 185, 186
- Schubweicher Vollstab ... 183
- zweiteilig ... 183

Stabendmomente ... 188
Stabendschnittgrößen ... 140
Stabilisierung
- durch Trapezprofile ... 205
- durch Querträger ... 214
Stabilisierungskräfte ... 181
Stabilitätsanalyse (siehe Beulanalyse)
Stabkennzahl ... 137, 196, 249, 254
Stabknicken (siehe Knicken)
Stabsysteme ... 188, 191
Stabwerk ... 183, 187, 198

Es betreffen Seitenangaben von 1 bis 133   Teil 1
                              135 bis 275   Teil 2
                              277 bis 327   Teil 3
                              329 bis 412   Teil 4

Stahl
- austenitischer ... 329
- bei höheren Temperaturen ... 9, 329
- höherfester ... 343
- Baustahl ... 342
Stahlguß ... 7, 84
Stahlgütegruppen ... 8
Stahlsorte ... 8, 329
Stahltrapezprofile ... 166, 205ff
Ständer ... 197, 198
Standsicherheit ... 2, 4, 17
Standzarge
- zylindrische ... 384
- konusförmige ... 403
Statistische Auswertung ... 174
Stauchungskapazität, plastische ... 354
Stauwand, versteifte ... 335
Stegfläche ... 194
Steifen
- allgemein ... 202, 330
- Endquersteifen ... 291
- gedrückte Randsteifen ... 281
- Gurtbreite gedrückter Längssteifen ... 280
- Längs- und Quersteifen ... 278
- Quersteifen ... 278, 288ff
Steifigkeiten ... 4, 25f, 73, 141, 150
- charakteristische Werte der ... 25
Stich der Vorkrümmung ... 150
Stichprobe für Herstellungsungenauigkeiten ... 345
Stiele ... 189, 191, 192, 194, 244, 247f, 254
Stirnkehlnähte ... 86
Stockwerk ... 191, 192
Stockwerkrahmen
- ausgesteift ... 189
- nichtausgesteift ... 189
- unverschieblich ... 189, 193
- verschieblich ... 193
Stockwerksquerkraft ... 192ff, 245f, 252
Stockwerksteifigkeit ... 189
Stoffachse ... 183
Stofffreie Achse ... 183, 184, 185
Stoßdeckung ... 12
Stöße ... 10, 80, 85f, 191
Streckgrenze ... 4ff, 24f, 39, 41, 43ff, 58, 60, 80f, 89ff, 98, 121ff, 151, 329, 343
- fiktive ... 343
- obere Grenzwerte der ... 60, 77
Stumpfnähte ... 80
Stumpfstöße ... 80, 86
Stützenschiefstellung ... 155
Stützlinie ... 196, 197
Stützlinienbogen ... 196
Stützung
- federnd ... 187, 188
Systemempfindlichkeit ... 343

Tank (siehe Behälter)

Es betreffen Seitenangaben von	1 bis 133	Teil 1
	135 bis 275	Teil 2
	277 bis 327	Teil 3
	329 bis 412	Teil 4

Teil-Erddruck 349
Teil-Flüssigkeitsdruck 349
Teileinwirkung 340, 397
Teilfeld 278
- ringversteifter Kreiszylinderschale 366
- versteifter Schale 330
Teilfläche, axialdruckbeanspruchte 365
Teilsicherheitsbeiwerte
- allgemein 2ff, 16, 18f, 36, 83, 96, 119
- für den Widerstand γ_M 337, 343
- erhöhter γ_{M2} 343
- für die Einwirkungen γ_F 333
- zusätzlicher $\gamma_{M,imp}$ 343
- zusätzlicher $\gamma_{M,dünn}$ 362
Theorie II. Ordnung 188ff, 196, 245f, 257, 355, 365
Theorie I. Ordnung 40, 188, 191, 192, 193, 194, 197f, 246, 257
Toleranzwert für Herstellungsungenauigkeiten 330, 333, 336, 344
- für Unrundheit 346
- für Vorbeulen 346
- für Exzentrizitäten 347
- Überschreitung des 347
Torsion 178, 180, 183, 237
Torsionsbeanspruchung 360, 361, 364, 377
Torsionsbeulversuche 364
Torsionskennzahl 175
Torsionsmoment 360, 377
Tragbeulspannungen 277, 281ff
Träger
- Wabenträger 175
- Voutenträger 175
Trägerbeiwert 174
Trägerkette 159
Tragreserven, überkritische 204
Tragsicherheit 2ff, 7, 10f, 14ff, 20ff, 29ff, 50, 61, 66f, 73, 76f, 80
- Nachweise der 15, 18, 20, 25ff, 30, 39, 46, 64, 67, 79ff, 82ff, 94, 126, 135, 330, 333
Tragsicherheitsnachweis 2, 10f, 17ff, 39, 66, 80, 82, 96, 126, 187ff, 190, 192, 194, 196ff, 242ff, 247ff, 254ff
- Abgrenzungskriterien und Detailregelungen 39
- vereinfacht 139
Trapezprofile 166, 205
Trichter 375
Trogbrücke 194
Turm 365

Übergangsbedingung 338
Übergangsschlankheitsbereich (siehe Unstimmigkeit, scheinbare)
Umfangsbeulhalbwellenlänge 352, 359, 361
Umfangsbeulwellenzahl (siehe Beulwellenzahl m)
Umfangsdruckbeanspruchung (siehe Druckbeanspruchung in Umfangsrichtung)
Umfangsstoß, axialgedrückter 347
Umfangszug aus innerem Manteldruck 366
Umkippen 65
Umlenklager 1, 82f
Unrundheit 344, 346, 347
Unstimmigkeit, scheinbare, des Abminderungsfaktors κ_2 342
Unterlegscheiben 12
Unterschreitung der Nenndicke 348

Es betreffen Seitenangaben von 1 bis 133 Teil 1
135 bis 275 Teil 2
277 bis 327 Teil 3
329 bis 412 Teil 4

Unverschieblichkeit eines Randes (siehe auch Randbedingung)
- axiale 350
- radiale 350, 353
- tangentiale 350

Vakuumbehälter, zylindrischer 388
Vakuumbehälterabschluß, konischer 394
Verankerung am gelagerten Rand (siehe auch Randbedingung) 371
Verbände 85, 181, 244, 248
- aussteifende 86
Verbandsstab 189, 244, 245, 246, 247
Verbindungen 1, 9ff, 16, 27, 36, 38ff, 62f, 67f, 73ff, 86, 104f, 120ff
- Schlupf in 36, 38
Verbindungsmittel 206
Verfestigung des Werkstoffs 29, 38
Vergleichsspannung(snachweis) 48, 333, 334, 344, 369, 383
Vergrößerungsfaktor 191, 193, 245f
Versatz, planmäßiger 347, 371, 372, 374
Versuche 161, 174, 178, 180, 199
Versuchsberichte 3
Vertikallasten 189, 194
Verwölbung 350
Verzweigungsanalyse (siehe Beulanalyse)
Verzweigungsbeuldruck (siehe Beuldruck, idealer)
Verzweigungslast (siehe Beullast, ideale)
Verzweigungslast(faktor) 193, 196, 197
Verzweigungstheorie 187, 351, 356, 360, 366, 378
Verzweigungsverhalten, multimodales 352, 379
Vollwandträger 194
Vorbeule 344, 345
Vorbeultiefe 346
Vorbeulzustand
- allgemein 331, 338
- Membranvorbeulzustand 337
- nichtlinearer 339, 379
- randbedingungskonsistenter 338, 352, 379
Vorkrümmungen 147, 194, 196
Vorverdrehungen
- allgemein 33, 155, 191, 193f
- Aussteifungskonstruktion 160
- Größe 155
- mehrstöckige Stabwerke 158
- Rahmenstäbe 158
- reduzierte 159
- um die Stablängsachse 146
- Schlupf 158
- verminderte 155
Vorzeichen Normalkraft 137
Vorzeichenregelung 332

Walzstahl 7, 84
Wanddicke, abgestufte 347, 371
Wanddickenexzentrizität, planmäßige (siehe Versatz, planmäßiger)
Wanddickensprung (siehe Versatz, planmäßiger)
Wanddickenverhältnis (siehe Versatz, planmäßiger)
Wandreibungslast aus Silogut 368, 376, 386

Es betreffen Seitenangaben von 1 bis 133 Teil 1
135 bis 275 Teil 2
277 bis 327 Teil 3
329 bis 412 Teil 4

Wandscheiben 244, 248
Wasserauflast 388
Werkstattfertigung 344
Werkstoff
- duktiler 329
- nichtmetallischer 330
Werkstoffeigenschaft 329, 342
Werkstoffkenngröße 329, 332
Werkstoffnachweis 8, 80
Widerstand 4ff, 29
Werkstoffverhalten, nichtelastisches 332, 341
Werkstoffversagen 333
Wichtungsfaktor ϱ 276
Widerstandsgrößen 4ff, 24ff, 66, 89, 97f
Windbelastung 349, 365
- Ersatz-Windbelastung 365
Windverband 197
Winkelprofil 45, 48, 188
Winterkurve 283f, 288, 291
Wirksame Breite 199, 201, 280
Wölbbehinderung, -einspannung der Ränder, -Verankerung
    (siehe Rand, wölbbehinderter)
Wölbbimoment 181

Zoelly-Beulspannung 381
Zug in Umfangsrichtung 368, 383
Zugband 196, 255f
Zugehörige Schnittgrößen 179, 180
- Biegedrillknicken 180
Zugfeldwirkung 291
Zugglieder
- hochfeste 1, 10, 16, 67, 82
Zuordnung der Querschnitte zu Knickspannungslinien 161
Zusammenwirken von Membranspannungen (siehe Beanspruchung, kombinierte)
Zwangsbeanspruchungen 3
Zwängungsbeulen 334
Zwängungsbiegemoment 334
Zweiachsige Biegung 143, 179, 203
- Theorie I. Ordnung 179
Zweigelenkrahmen 197, 254
Zylinderschuß
- benachbarter 347
- bündige Anordnung 371
- überlappte Anordnung 372

DIN

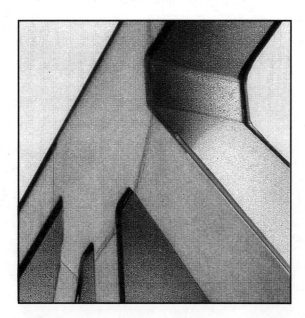

Bauen mit Stahl

Die Normen vom DIN — die Bücher von Beuth

DIN-Taschenbuch 176
Baukonstruktionen, Lastannahmen, Baugrund, Beton- und Stahlbetonbau, Mauerwerksbau, Holzbau, Stahlbau
Normen für das Studium
2. Aufl. 1989. 432 S. A5.
1 Tafel A4. Brosch.
126,- DM
ISBN 3-410-**12250**-8

DIN-Taschenbuch 401
Stahl und Eisen: Gütenormen 1
Allgemeines
1993. 300 S. A5. Brosch.
97,- DM
ISBN 3-410-**12830**-1

DIN-Taschenbuch 402
Stahl und Eisen: Gütenormen 2
Bauwesen, Metallverarbeitung
1993. 536 S. A5. Brosch.
155,- DM
ISBN 3-410-**12831**-X

DIN Handbook 401
Iron and Steel: Quality Standards 1
General
ISBN 3-410-**12836**-0
              In Vorbereitung

DIN Handbook 402
Iron and Steel: Quality Standards 2
Structural steelwork, building and metalwork technology
ISBN 3-410-**12837**-9
              In Vorbereitung

DIN-Taschenbuch 144
Stahlbau (Ingenieurbau)
4. Aufl. 1990. 368 S. A5.
Brosch. 107,- DM
ISBN 3-410-**12510**-8

DIN-Taschenbuch 69
Stahlhochbau
7. Aufl. 1992. 424 S. A5.
Brosch. 124,- DM
ISBN 3-410-**12455**-1

DIN-Taschenbuch 93
Stahlbauarbeiten
3. Aufl. 1990. 400 S. A5.
Brosch. 100,- DM
ISBN 3-410-**12509**-4

Stahlbaunachweise im Normenvergleich
DIN-TGL-EC3-SNIP
von F. Werner
1991. 122 S. 24×30 cm.
56 Abb. Geb. 89,- DM
ISBN 3-410-**12662**-7

Tabellenbuch Stahl
für Auswahl und Anwendung
1992. 592 S. C5. Brosch.
88,- DM
ISBN 3-410-**12767**-4

Beuth

Beuth Verlag GmbH
Burggrafenstraße 6
D-1000 Berlin 30
Tel. 030/ 26 01 - 22 60
Fax 030/ 26 01 - 12 31

Ernst & Sohn. Bücher mit realem Hintergrund.